# 难溶性药物制剂技术

（原著第三版）

# Water-Insoluble Drug Formulation

Third Edition

（美）R. 刘　主编　　刘 荣　主译
Ron Liu

化学工业出版社
·北京·

## 内容简介

本书原著为第三版，是一部经典的药物制剂参考书。本书全面阐述了难溶性药物的开发技术与工艺，为难溶性药物开发过程中，药物溶解度问题的解决，提供循序渐进的科学方法。全书共23章，系统阐述了与难溶性药物开发相关的溶解度、溶解度预测模型、处方前研究方法、生物药剂学、药动学、指导原则及各种可用于难溶性药物开发的药物传递系统。本书几乎囊括了难溶性药物开发技术最新的研究资料与数据，详细介绍了15项可用于难溶性药物开发的药物传递系统及其相关技术，并通过详细的案例研究与分析，阐述了这些技术在口服制剂与注射剂中的应用。

本书适用于新药制剂研究与开发人员，也可供相关院校高校师生参考。

Water-Insoluble Drug Formulation 3rd Edition / by Ron Liu / ISBN: 978-1-4987-2941-3


北京市版权局著作权合同登记号：01-2021-3489

**图书在版编目（CIP）数据**

难溶性药物制剂技术 / （美）R. 刘（Ron Liu）主编；刘荣主译. —北京：化学工业出版社，2021.9（2024.2 重印）
书名原文：Water-Insoluble Drug Formulation
ISBN 978-7-122-39372-2

Ⅰ. ①难… Ⅱ. ①R… ②刘… Ⅲ. ①药物-制剂-技术 Ⅳ. ①TQ460.6

中国版本图书馆 CIP 数据核字（2021）第 123559 号

---

责任编辑：杨燕玲　　文字编辑：朱　允　陈小滔
责任校对：宋　玮　　装帧设计：史利平

---

出版发行：化学工业出版社（北京市东城区青年湖南街13号　邮政编码100011）
印　　装：北京建宏印刷有限公司
787mm×1092mm　1/16　印张40　字数988千字　2024年2月北京第1版第3次印刷

---

购书咨询：010-64518888　　售后服务：010-64518899
网　　址：http: // www. cip. com. cn
凡购买本书，如有缺损质量问题，本社销售中心负责调换。

---

定　　价：198.00元　

# 翻译人员名单

主　　译　刘　荣

翻译及审校人员

| 章节 | 翻译 | 审校 |
| --- | --- | --- |
| 1 | 冯柏康 | 岳占国　刘　荣 |
| 2 | 邓广汉 | 岳占国　刘　荣 |
| 3 | 王彩立 | 岳占国　刘　荣 |
| 4 | 张颖烨 | 岳占国　刘　荣 |
| 5 | 黄　文 | 岳占国　刘　荣 |
| 6 | 王寒冰 | 岳占国　刘　荣 |
| 7 | 魏文清 | 岳占国　刘　荣 |
| 8 | 王秋云 | 岳占国　刘　荣 |
| 9 | 康永强 | 岳占国　刘　荣 |
| 10 | 严米娜 | 岳占国　刘　荣 |
| 11 | 桂春华 | 岳占国　刘　荣 |
| 12 | 潘　阳 | 岳占国　刘　荣 |
| 13 | 潘　阳 | 李　伟　刘　荣 |
| 14 | 徐春莲 | 岳占国　刘　荣 |
| 15 | 苏文怡 | 岳占国　刘　荣 |
| 16 | 曾午娟　张福明 | 岳占国　刘　荣 |
| 17 | 邓　硕 | 岳占国　刘　荣 |
| 18 | 颜文熙 | 岳占国　刘　荣 |
| 19 | 冯思欣 | 岳占国　刘　荣 |
| 20 | 吴　萌 | 李　伟　刘　荣 |
| 21 | 赖青海 | 岳占国　刘　荣 |
| 22 | 汤晨懿　王雅萍 | 李　伟　刘　荣 |
| 23 | 彭俊杰 | 岳占国　刘　荣 |

# 编者简介

刘荣，1991 年毕业于爱荷华大学（University of Iowa），并取得药剂学博士学位；2002 年，获罗格斯大学（Rutgers University）市场营销 MBA 学位。

刘荣博士拥有超过 25 年的制药行业从业经验，现为美国 AustarPharma LLC 和广州玻思韬控释药业有限公司的首席执行官。他在药物传递技术和药物制剂创新方面累积了丰富的开发经验，难溶性药物传递技术一直是刘荣博士最感兴趣的研究领域。他是 CRC 出版社出版的《难溶性药物制剂技术》一书的主编；并是 15 项授权和待授权的药物传递技术与制剂配方相关专利的发明人。此外，刘荣博士还是美国国立卫生研究院（NIH）新释药技术审评委员。

刘荣博士的职业生涯是从惠氏公司（原为 Cyanamid，现为辉瑞）开始。在此期间，他参与该公司多个产品早期的及整体的开发，并做出了卓越的贡献。其中最具代表性的产品是注射用维替泊芬脂质体（Visudyne）。该产品是美国 FDA 批准的为数不多的脂质体之一。该产品亦是迄今为止，美国销量最大的脂质体品种（年销售额达 5 亿美元）。刘荣博士正是这个产品关键的脂质体技术的唯一发明人。在离开惠氏公司后，刘荣博士加入雅培公司（Abbott Labs），担任该公司的产品研发经理。他代表雅培公司，负责领导与管理 TAP 合资公司（Taketa Abbott Pharmaceuticals，武田-雅培制药）产品的 CMC（chemical manufacture and control）研究工作。在此期间，他领导和参与了包括兰索拉唑（Pravecid）、非诺贝特（Tricor）在内的多个著名重磅产品的开发工作，并在药品生命周期管理方面积累了丰富的经验。刘荣博士在离开雅培后，加入了百时美施贵宝公司（BMS），任职该公司的全球产品开发总监。在任职的 5 年间，他全面领导了该公司的药物研发工作，具体包括药物的探索性研究、临床前研究、处方前研究、药物传递技术平台、处方、工艺、规模放大以至产品的商业化生产。在他的带领下，该公司的多个产品成功上市，这些产品部分是由美国研发中心研发，再技术转移至 BMS 的上海 GMP 工厂实现产业化生产，最终在美国市场销售。在 BMS 工作期间，刘荣博士还与 BMS 的销售团队密切配合，积极参与企业的经营活动，从中获得了大量的产品营销经验。

# 原著编写人员

**Gabriele Betz**
Mozart Pharmacy
Mozartstr, Germany

**John B. Cannon**
University of South Carolina at Beaufort
Bluffton, South Carolina

**Yisheng Chen**
Novast Laboratories (China), Ltd.
Nantong, People's Republic of China

**Rose-Marie Dannenfelser**
Norvartis Pharmaceuticals
East Hanover, New Jersey

**Jinquan Dong**
Johnson & Johnson
Raritan, New Jersey

**Silvia Kocova El-Arini**
National Research Centre
Cairo, Egypt

**M. Laird Forrest**
Department of Pharmaceutical Chemistry
University of Kansas
Lawrence, Kansas

**Stephen J. Franklin**
Pfizer Essential Health R&D
Lake Forest, Illinois

**Liangran Guo**
AustarPharma, LLC
Edison, New Jersey

**Pramod Gupta**
Spectrum Pharmaceuticals
Irvine, California

**Shanker L. Gupta**
Pharmaceutical Research Branch
Developmental Therapeutics Program
Division of Cancer Treatment
Diagnosis National Cancer Institute
National Institutes of Health
Bethesda, Maryland

**Simerdeep Singh Gupta**
Teva Pharmaceuticals USA Inc.
Salt Lake City, Utah

**Lian-Feng Huang**
Johnson & Johnson
Raritan, New Jersey

**Richard (Ruey-ching) Hwang**
Pfizer, Inc.
Ann Arbor, Michigan

**Michael J. Jozwiakowski**
AMAG Pharmaceuticals
Waltham, Massachusetts

**Shyam B. Karki**
Johnson & Johnson
Raritan, New Jersey

**Glen S. Kwon**
Madison School of Pharmacy
University of Wisconsin
Madison, Wisconsin

**Robert W. Lee**
Pharmaceutical Development
Novavax, Inc.
Malvern, Pennsylvania

**Sau Lawrence Lee**
FDA Office of Generic Drugs
Derwood, Maryland

**Hans Leuenberger**
AMIFICAS Ltd.
Oviedo, Florida

**Shaoling Li**
Alza Corporation
Johnson & Johnson
Mountain View, California

**Shoufeng Li**
Norvartis Pharmaceuticals
East Hanover, New Jersey

**Wei (William) Li**
Guangzhou Bristol Drug Delivery Co., Ltd.
Guangzhou, China

**Xiang (Lisa) Li**
AustarPharma, LLC
Edison, New Jersey

**Robert A. Lionberger**
FDA Office of Generic Drugs
Derwood, Maryland

**Rong (Ron) Liu**
AustarPharma, LLC
Edison, New Jersey

**Nikhil C. Loka**
Ascent Pharmaceuticals
Central Islip, New York

and

Philadelphia College of Pharmacy
Philadelphia, Pennsylvania

**Michelle A. Long**
Abbvie Inc.
North Chicago, Illinois

**James McShane**
Pharmaceutical and Analytical Research and Development
Eisai Inc.
Research Triangle Park, North Carolina

**Paul B. Myrdal**
University of Arizona
Tucson, Arizona

**Steven H. Neau**
Philadelphia College of Pharmacy
Philadelphia, Pennsylvania

**Sophia Y. L. Paspal**
Halozyme Therapeutics, Inc.
San Diego, California

**Nitin P. Pathak**
Pfizer, Inc.
New York, New York

**Xiaohong Qi**
AustarPharma, LLC
Edison, New Jersey

**Kalyan K. Saripella**
Douglas Pharma US Inc.
Warminster, Pennsylvania

**Pradeep Sathe**
FDA Office of Generic Drugs
Derwood, Maryland

**Abu T. M. Serajuddin**
Novartis Pharmaceutical Corporation
East Hanover, New Jersey

**J. Michael Shaw**
Elan Pharmaceuticals Technologies
King of Prussia, Pennsylvania

**Dinesh B. Shenoy**
Formulation Development Novavax, Inc.
Rockville, Maryland

**Yi Shi**
Abbvie Inc.
North Chicago, Illinois

**S. Esmail Tabibi**
Pharmaceutical Research Branch
Developmental Therapeutics Program
Division of Cancer Treatment
Diagnosis National Cancer Institute
National Institutes of Health
Bethesda, Maryland

**Wei-Qin (Tony) Tong**
AustarPharma, LLC
Edison, New Jersey

**Jay S. Trivedi**
Patrin Pharma
Skokie, Illinois

**Madhav Vasanthavada**
Novartis Pharmaceuticals Corporation
East Hanover, New Jersey

**Nuo (Nolan) Wang**
AustarPharma, LLC
Edison, New Jersey

**Hong Wen**
U.S. Food and Drug Administration
Silver Spring, Maryland

**Ray W. Wood**
Pharmaceutical and Analytical Research and Development
Eisai Inc.
Research Triangle Park, North Carolina

**Xiaobing Xiong**
Wake Forest University School of Medicine
Winston-Salem, North Carolina

**Lawrence X. Yu**
FDA Office of Generic Drugs
Derwood, Maryland

**Zhanguo Yue**
AustarPharma, LLC
Edison, New Jersey

**Di (Doris) Zhang**
AustarPharma, LLC
Edison, New Jersey

**Zhihong (John) Zhang**
AustarPharma, LLC
Edison, New Jersey

**Honghui Zhou**
Global Clinical Pharmacology
Janssen Research and Development, LLC
Spring House, Pennsylvania

**Hao Zhu**
Office of Clinical Pharmacology
U.S. Food and Drug Administration
Silver Spring, Maryland

# 中文版序一

本书的主编刘荣博士是我的朋友，当他把《难溶性药物制剂技术》一书的中文版初稿交给我，征求我的意见时，我随即被书中严谨的论述体系和丰富翔实的内容所吸引。新型释药系统和药物传递技术都是药学界近年的热词，但迄今为止，国内尚未有一本书能如此系统翔实地总结近年全球新型释药系统和药物传递技术的发展与应用情况，本书的出版将很好地弥补这一空白。

本书不仅系统地介绍了溶解度理论和难溶性药物开发策略，还详细地论述了胶束、脂质体、乳剂、微乳剂等多项新型释药系统的技术理论及其在难溶性药物中的应用。因此本书不仅是一本给从事难溶性药物开发研究者的工具书，同样也适合从事药物制剂技术研究的读者阅读，相信本书能为你们的研究工作带来启发。此外，随着我国一系列药品供给侧改革的落地，仿制药的竞争越来越激烈，改良型新药的研发已成为我国医药工业下一个发展机遇。如何把握机遇，开发临床需求大、技术壁垒强、市场价值高的产品，这本书或许能给读者开拓一些新的思路。

本书主编刘荣博士一直致力于新型释药系统与药物传递技术的研究，近 10 年来，通过与国内医药企业的合作，成功开发数十个药物制剂产品，为推动中国药物制剂产业技术水平与中国制剂国际化事业做出了卓越的贡献。本次他组织《难溶性药物制剂技术》一书中文版的出版，正值我国药品注册改革、药品制剂产业迎来新的机遇之际，可谓用心良苦。

推荐这部翻译佳作，权作为序。

毕开顺<br>
教授<br>
国务院药学学科评议组召集人<br>
国家药典委员会委员<br>
2021 年 6 月

# 中文版序二

提高难溶性药物的溶解与吸收是当代药物研发领域的一个重大的挑战。据统计，目前市售的药物中约40%为难溶性化合物，在高通量筛选中新发现的活性化合物，也有70%的是溶解性差的化合物。难溶性的化合物口服吸收差、生物利用度低，难以达到预期的治疗效果。日新月异的药物传递技术的发展，为难溶性药物的开发带来了新的希望。国内广大的药学工作者迫切需要了解国际上难溶性药物开发的新理论、新技术与新产品。

由美国 CRC 出版社出版的《难溶性药物制剂技术》一书是难溶性药物研究领域的权威之作，全书由国际著名的制剂技术专家刘荣博士联合全球 50 多名药学、制剂学的科学家编写，该书涵盖了药物溶解度理论、难溶性药物开发策略、各种难溶性药物开发的新技术与案例，是一本系统论述难溶性药物开发技术的专著。对我国药学研究人员，尤其是新药开发者来说，是一本极具参考价值的实用参考书。

本书主编刘荣博士长期从事药物传递技术的研究与产品的开发，在难溶性药物开发上有丰富的实践经验，作为原英文版的主编，现又组织国内 20 多名相关专业的学者通力合作，将英文最新版本（第三版）进行了准确的翻译，给我国广大药学工作者带来国际上有关难溶性药物开发的最新理论、开发方法与技术信息。他们的敬业与奉献精神，值得称赞。

该书自 2000 年首次出版以来，已再版 2 次，此次化学工业出版社适时引进该书的第 3 版，必然会受到广大读者的欢迎，本书的出版也将大力推进我国难溶性药物的开发及新型药物制剂事业的发展。

邵蓉<br>
博士生导师<br>
中国药科大学 国家药物政策与医药产业经济研究中心 执行副主任<br>
国家药品监督管理局 药品监管创新与评价重点实验室 主任<br>
2021 年 6 月

# 中文版前言

我自 1991 年从美国爱荷华大学博士毕业起，就一直在医药工业领域从事药物制剂技术的研究与产业化开发工作，迄今已有 30 年。在过去的职业生涯中，我先后在美国惠氏（今辉瑞）、雅培、施贵宝工作，领导和参与开发了多个“重磅炸弹”级别的新型制剂，同时也见证了新型释药系统技术在制药工业中的高速发展。新型释药系统技术的应用，已成为解决创新药物普遍存在的溶解性差、生物利度用低的重要手段。同时，新型释药系统也为众多已上市产品的二次开发提供了机会，许多利用新型释药系统技术开发的老药，在临床上和市场上都实现了新的价值。

2013 年，我回国创立了广州玻思韬控释药业有限公司，并将公司定位为一个“一站式”的制剂技术合作平台，希望能通过技术合作，将国际先进的制剂技术与开发理念带给国内同行，共同推动中国制剂技术的发展。在与同行的合作与交流中，我发现很多同行对新型制剂技术十分感兴趣，并希望能有一本专业的制剂技术的工具书可以供他们参考。我向他们推荐了《Water-Insoluble Drug Formulation》（第三版）一书。这本书是由我主编、并联合国际多位药物制剂专家共同撰写的难溶性药物开发的专业著作，全书收录了国际最新的难溶性药物开发理论与新型制剂技术，对国内的广大同行的研究工作具有一定的参考价值。

2019 年，应众多同行和读者的要求，我决心将《Water-Insoluble Drug Formulation》（第三版）翻译为中文，并在中国出版。直至今年，在一帮与我一起创业的青年制剂科学家共同努力下，全书终于完成翻译并即将出版。我非常感谢他们为本书中文版的出版所做的辛勤付出，也非常感谢化学工业出版社对本书出版工作的支持。同时，由于本书的专业性很强，翻译难度较大，如有不足之处，敬请广大读者批评指证。

刘荣

2021 年 6 月

# 原著前言

《难溶性药物制剂技术》一书在 2000 年首次出版。八年后，即 2008 年，我们对第一版原章节进行了更新，并新增了 6 个章节，再次出版。该书出版后的近 20 年以来，我们不断地收到很多积极的反馈。我们很高兴得知，不管是在工业界还是在学术界，该书为很多从事难溶性药物研究的科学家提供了帮助。该书第二版出版到现在，又过去了 9 年，这期间，又有很多新的技术被发明，许多采用先进难溶性药物制剂技术开发的新制剂产品上市销售。与此同时，行业的监管指南也有很多的变化与更新。因此，我们决定再次对该书进行更新，并收录难溶性药物制剂技术领域的最新进展。

在本版中，几乎所有章节都有所更新，特别是第 4 章、第 10 章、第 11 章、第 13 章、第 14 章、第 17 章、第 18 章、第 20 章、第 22 章。本版还增补了新的表格、数据和最新的研究案例。其中还对第 20 章“药物微粉化技术——ICH Q8 和构建知识金字塔”重新进行了撰写，以收录最新的技术。

除要对前两版前言中提及的为本书出版做出卓越贡献的药物及相关科学领域的专家表达再次感谢外，还要特别感谢为第三版更新做出巨大贡献的以下专家：Joseph Boni 博士（Pfizer Oncology）；Isidoro Caraballo 博士 （University of Sevilla，Seville，Spain）；Kun Cheng 博士（University of Missouri-Kansas City，Kansas City，Missouri）；Caly Chien 博士（Janssen Research&Development，Raritan，New Jersey）；Gerard M. Jensen 博士（Gilead Sciences，Foster City，California）；Peter Kleinebudde 博士（Heinrich Heine University，Düsseldorf，Germany）；Feng Qi（齐峰）博士（University of Missouri-Columbia，Missouri）；Robert G. Strickley 博士（Gilead Sciences，Foster City，California）；Vicky Wang 博士（Regeneron Pharmaceuticals Inc.，Tarrytown，New York）。我还非常感激 Zhanguo Yue（岳占国）博士在第三版的编写和出版过程中，在作者的组织协调及出版社的沟通中所做出的贡献。最后，我想借此机会向我深爱的妻子 Ping Chen 表达谢意和赞赏，感谢她对我工作的持续支持和理解。还有我的家人：我的女儿 Catherine 和女婿 Dan，我的儿子 Eric，我可爱的孙子 Sebastian，还有我美丽的孙女 Elle，非常感谢你们的爱。我非常爱你们！

所有的撰稿人和我都希望，本书第三版能继续为从事难溶性药物研究的科学家提供有价值的信息和帮助。

Rong（Ron）Liu

2017 年

# 原著第一版前言

这本书最早源于 6 年前由美国药学科学家协会主办的题为“药物溶解度在药物开发中的地位”的培训课程。这个课程是为了帮助年轻的药学科学家和药学研究生解决他们在药物开发及药物研究课题中经常遇到的难溶性药物问题。当时该课程由爱荷华大学药学院 Maureen Donovan 博士主持，并由萨斯城大学药学院的 Steven Neau 博士、雅培制药的 Pramod Gupta 博士以及当时在美国惠氏制药工作的我共同讲授。该培训课程结束约一年后，出版社 Interpharm Press 找到我，与我讨论出版一本关于难溶性药物技术开发的书。

作为在美国 Cyanamid 和 Abbott 从事药物研发支持、处方前研究及制剂研究领域工作多年的药学研究者，我在日常工作中渐渐认识到利用增溶技术解决药物难溶性问题的重要性。我也意识到制药行业对收集现有的和最新的关于难溶性药物的知识和技术的急迫性。经过多位撰稿人多年来的辛勤努力，使本书的出版成为现实。我在此要感谢他们的辛勤工作和贡献。

在我编写这本书的过程中，许多制药和相关科学领域的杰出学者对本书给予了许多有益的讨论和宝贵的建议。我想借此机会由衷地向他们表达感谢，这些专家包括：

J. B. Cannon 博士（Abbott Laboratories，Chicago，Illinois）；P. P. Constantinides 博士（Sonus Pharmaceuticals，Bothell，Washington DC）；M. D. Donovan 博士（University of Iowa，Iowa City，Iowa）；J. L. Ford 博士（Liverpool John Moors University，Liverpool，England）；S. G. Frank 博士（Ohio State University，Columbus，Ohio）；J. K. Guillory 博士（University of Iowa，Iowa City，Iowa）；R. J. Y. Ho 博士（University of Washington，Seattle，Washington）；V. Kumar 博士（University of Iowa，Iowa City，Iowa）；M. Long 博士（Abbott Laboratories，Chicago，Illinois）；S. H. Neau 博士（University of Missouri-Kansas City，Kansas City，Missouri）；J. T. Rubino 博士（American Home Products，Chicago，Illinois）；A. Sinkula 博士（West Pharmaceutical Services，West Whiteland Township，Pennsylvania）；W. Q. Tong 博士（Glaxo-Welcome，Inc.，Brentford，UK）；V. P. Torchilin 博士（Northeastern University，Boston，Massachusetts）；M. R. Violante 博士（Medisperse）；Y. Wei 博士（R.P. Scherer）；G. Zografi 博士（University of Wisconsin，Madison，Wisconsin）。

最后，我还要感谢我的妻子 Ping Chen，我的女儿 Catherine 和我的儿子 Eric，感谢他们在我写这本书的过程中给予我的爱、理解、支持和鼓励。

Rong（Ron）Liu

# 原著第二版前言

《难溶性药物制剂技术》一书在2000年出版，距今已有7年了。出版以来，我和出版社都从读者那里得到了许多积极的反馈。在过去的十年中，难溶性药物传递技术领域取得了很大的进步和发展。因此，我觉得有义务向读者更新这一领域的最新进展。此外，我还希望能拓宽原书的讨论范围，将难溶性药物的药动学、早期开发、法规、生产等科学领域包括在内，为读者提供难溶性药物的开发中更完整、更全面的研究参考。基于上述原因，我决定对《难溶性药物制剂技术》进行更新与修订。

在第二版中，我们对第一版中的已有章节进行了更新（其中描述固体分散体的章节进行了完全修订），并增加了 6 个新章节。新章节如下："难溶性药物及其药动学""难溶性药物制剂溶出方法的监管""制剂策略在难溶性候选药物毒理学、生物学和药理学研究中的应用与实践""乳剂、微乳剂和基于脂质的药物传递系统在口服药物溶解及给药系统中的应用""用于难溶性药物的口服缓释给药技术"和"难溶性药物的产业化开发"。

除了要继续感谢在第一版序言中提及的那些对本书提供意见与帮助的药物开发及相关领域的杰出学者外，还要感谢以下专家，他们对本书提供了大量有益建议，对第二版新章节的撰写做出了极具价值的贡献。他们包括 Parviz Mojaveria 博士（FCP，Quintiles Inc.，Durham，North Carolina）、Ken Yamamoto 博士（Pfizer Inc.，New York）、Marcus Brewster 博士（PhD，Johnson & Johnson Company，New Brunswick，New Jersey）和 Liang Dong 博士（PhD，Johnson & Johnson Company，New Brunswick，New Jersey）。

所有的撰稿人和我都希望，本书的第二版可为从事难溶性药物研究的科学家提供更有价值的信息。

Rong（Ron）Liu

# 目录

# 第 1 章 绪论

Rong (Ron) Liu

"这些新的化合物，就像石头一样，无法在水里面溶解。"您是不是也经常这样抱怨？药物研究科学家在药物制剂开发过程中，经常会遇到候选化合物水溶性差的难题（Sweetana 和 Akers，1996；Yamashita 和 Furubayashi，1998；Willmann 等，2004；Di 等，2006）。先导化合物的"成药性"差，往往使药物在给药部位无法吸收，药物不良的药动学性能已成为导致药物高临床失败率的重要因素（Caldwell 等，2001；Kerns 和 Di，2003；Hartmann 等，2006）。然而，难溶性药物在药物开发中所占的比例越来越大。制药行业普遍认为，在新发现候选药物中，超过 40%的药物是水溶性差的化合物。最近的研究报告显示，近年新开发的新化学实体中，难溶性化合物的比例已上升至 90%（Kalepu 和 Nekkanti，2015）；正在研发的化合物中，难溶性化合物的比例亦已增加至 75%（Rodriguez-Aller 等，2015）。事实上，在美国已上市排名前 200 的口服药物中，难溶性化合物占比达 40%，《美国药典》（USP）收载的药物中，超过三分之一的药物是属于水溶性差或水不溶性类别（Pace 等，1999；Takagi 等，2006；Rodriguez-Aller 等，2015）。

对于"难溶性药物"的定义，目前尚未形成统一的标准。根据 USP 40-NF 35，"微溶"定义为"一份溶质可被 100～1000 份溶剂溶解。"如果溶剂为水，则"微溶性"药物的水溶性范围为 1～10 mg/mL。如果采用相同的假设，则"极微溶解"和"几乎不溶或不溶"药物的水溶性范围可分别转化为：100 μg/mL～1 mg/mL 和≤100 μg/mL。本书中所定义的"难溶性药物"有广义和狭义两种，在广义的定义中，难溶性药物指的是在水中的溶解度属于"微溶性"及以下范围的药物（即＜10 mg/mL）；而在狭义的定义中，"难溶性药物"指的是在水中属于"几乎不溶或不溶"范畴的药物（即＜100 μg/mL）。

在过去的 20 年中，随着基因组学、高通量筛选、机器人学、组合化学、计算机建模、信息学和微型化在药物开发领域的应用，产生了比以往更多的可用于新药开发的候选化合物（Lipper，1999；Hann 和 Oprea，2004）。然而，候选化合物的药理活性及实现化合物药理活性的最大化，往往是候选化合物筛选过程中首要考虑的因素，而候选化合物的生物药剂学或"成药"特性（包括水溶性）往往因此受到影响（Yamashita 和 Furubayashi，1998；Lipinski，2000；Caldwell 等，2001）。尽管近年来许多公司改善了临床前研究部门和化合物研发部门之间"不相容"的工作伙伴关系（Alanine 等，2003），但值得注意的是，在候选化合物的筛选中，只要候选化合具有良好的受体亲和力或选择性，即使在药物传递技术或制剂角度上不具备良好的"成药"特性，大部分仍可进入下一开发阶段，极少会因此被淘汰。虽然化合物不良的"成药性"往往成为药物开发时间延长的原因，但这种药物开发模式仍在药物开发工业中占主导地位（Lipper，1999；Kola 和 Landis，2004）。仅根据受体性质及化合物作用于受体的效价筛选优化的化合物，通常都是疏水性或难溶性的化合物。因此，近期很多药物的研究，在早期制剂开发中就遇到了许多问题（Sweetana 和 Akers，1996；Corswant 等，1998；Pace 等，1999；Di 等，2006）。药物的难溶性可使新药的研发过程被延误，甚至导致整个研发的终止。此外，药物的难溶性，往往也成了对已上市的药品进行改良性开发的障碍（Pace 等，1999；Caldwell 等，2001；

Hartmann 等，2006）。

除创新药开发外，对已上市药物在制剂上进行二次开发已变得越来越重要。通过提高已上市药物的溶解速率和生物利用度申报的505（b）（2）（改良型新药）的产品数量显著增加，这种药物开发策略可为制药企业带来较高的回报。

经过数十年的努力研究，药学科学家开发了许多解决难溶性药物开发问题的技术和方法，并被收载于药学文献中。对于药物研发人员来说，如能有一本可系统地描述难溶性药物开发技术的工具书，可对他们的研究工作带来很大的帮助。基于这个原因，我们在2000年出版了《难溶性药物制剂技术》一书，且在2008年对该书内容进行了更新，并再度出版。在过去的10年，各种难溶性药物的传递技术，特别是基于纳米颗粒的药物传递技术，在学术界和工业界蓬勃发展，并有多个相关的技术平台已被众多药企成功采用。因此，我们决定对《难溶性药物制剂技术》一书的内容进行再度更新，并进行第三次出版。

本书可为药学科学家在解决难溶性药物制剂问题时提供指导与参考，亦可作为辅助教材，增强药学与化学的本科生、药学与生物药剂学研究生对药物溶解度及药物增溶技术的理解和认识。本书内容涵盖了溶解理论、溶解度预测模型、处方前研究、生物药剂学、难溶性药物药动学、法规与指导原则及各种可用于难溶性药物开发的药物传递系统的介绍。总体而言，本书每一章均是从本章所介绍的增溶技术的背景理论开始，逐步深入到该技术的工业应用，并通过技术应用实例或研究案例对相关技术进行分析与总结。

“溶解度理论”一章系统地回顾了现有的关于溶质和溶剂之间相互作用的理论；“溶解度的预测”一章可帮助那些从事新化合物设计的化学家和药物学家，设计、合成出水溶性更好的新候选化合物；“难溶性化合物的处方前研究”和“难溶性药物及其药动学”这两个章节，可让制剂处方的设计者（尤其是新入门者）更好地理解难溶性药物理化性质、生物药剂学特性及药动学特性；当要对“成药性”较差的先导化合物进行早期的处方开发时，药剂学科学家可以参考“制剂策略在难溶性候选药物毒理学、生物学和药理学研究中的应用与实践”一章，可获得不同的制剂方式，为在动物身上进行的药物毒理学、药理学和药动学的研究提供支持；“难溶性药物制剂溶出方法的监管”一章从美国食品药品管理局（FDA）的角度，为难溶性药物的溶出提供了一些非常有用的法规指导。以上章节，可为难溶性药物处方开发前常需进行的增溶性试验研究提供指导。

对于具有高渗透性的难溶药物或 FDA 生物药剂学分类系统（BCS）中的Ⅱ类药物，胃肠道（GI）中的药物吸收主要受药物溶出速率的限制（Amidon 等，1995；McGilveray，1996；Yu 等，2002；Pepsin 等，2016）。因此，Ⅱ类化合物口服固体剂型的开发应以提高溶出速率为重点。增加口服固体制剂的溶出速率及其相关技术被收录于本书的“药物固态的改变：多晶型、溶剂化物和无定型态”“难溶性药物固体分散体开发”“减小粒径与药物增溶”“药物微粉化技术——ICH Q8 和构建知识金字塔”“改善水溶性的前体药物”“成盐药物”“络合作用在难溶性药物制剂开发中的应用”“脂质体增溶作用”“胶束化与药物增溶”和“聚合物胶束在难溶性药物传递中的应用”章节。

液体分散体系和溶液系统均可用于口服液体制剂的开发，可提高难溶性药物的生物利用度（Pouton，1997；Yamashita 和 Furubayashi，1998；Porter 和 Charman，2001；Wasan，2001）。除口服液体制剂外，这些系统还可用于肠外给药的剂型及难溶性药物的开发（Karlowsky 和 Zhanel，1992；Sweetana 和 Akers，1996；Pace 等，1999；Corswant 等，1998；Sarker，2005）。

提高口服液体制剂的生物利用度和难溶性药物的肠外剂型给药技术的开发可参见本书“共溶剂增溶技术”“胶束化与药物增溶”“聚合物胶束在难溶性药物传递中的应用”“脂质体增溶作用”“减小粒径与药物增溶”“用于药物增溶和传递的乳剂、微乳剂及其他基于脂质的药物传递系统：肠外给药的应用”“软胶囊的开发”“改善水溶性的前体药物”和“药物成盐”章节。“用于难溶性药物的口服缓释给药技术”一章对各种缓控释技术进行了系统描述，这些技术可用于难溶性药物的长效释药技术开发。最后，“难溶性药物的产业化开发”一章对难溶性药物的生产工艺过程，尤其是难溶性药物产品的大规模生产进行了讨论。

在药物研发过程中，许多先导化合物的溶解度极低。许多可提高药物溶出速率的药物传递系统，如通过减小粒径，提高溶出速率的传递系统，仍不能提高这些先导化合物在胃肠道的吸收，这是因为这些先导化合物分子的口服吸收受到其溶解度的限制（Willmann 等，2004；Qiu 等，2016）。在吸收受溶解度限制的情况下，使药物在胃肠液中形成过饱和溶液，对于这类难溶性药物的吸收是非常关键的。因为难溶性药物的过饱和可大大改善这类药物的口服吸收（Tanno 等，2004；Shanker，2005；Taylor 和 Zhang，2016）。维持难溶性药物在胃肠道中过饱和的技术包括微乳、乳液、脂质体、包合物、聚合物胶束和传统胶束等，本书的相关章节中均有论述。

除了本书所述的增溶技术外，还有一些难溶性药物的传递技术在学术研究中报道较多，如介孔二氧化硅颗粒（Latify 等，2017）、氧化石墨烯（Liu 等，2008）、其他无机颗粒（Yue 等，2011）、各种敏感有机颗粒（Guo 和 Huang，2014）和靶向或胞内传递技术（Mitragotri 等，2014）。但这些技术离临床实际应用尚远，从学术研究到实际应用过程中，仍有许多问题有待解决。因此，本书对这些研究不做重点论述。

希望本书能帮助读者了解难溶性药物及相关技术，推动开发出更好的难溶性药物的剂型，实现或进一步加强这一类药物的治疗优势。

## 参考文献

Alanine, A., M. Nettekoven, E. Roberts, and A. W. Thomas. 2003. Lead generation—Enhancing the success of drug discovery by investing in the hit to lead process. *Combinatorial Chemistry & High Throughput Screening* 6: 51–66.

Amidon, G. L., H. Lennernas, V. P. Shah, and J. R. Crison. 1995. A theoretical basis for biopharmaceutic drug classification: The correlation of in vitro drug product dissolution and in vitro bioavailability. *Pharmaceutical Research* 12: 413–420.

Caldwell, G. W., D. M. Ritchie, J. A. Masucci, W. Hageman, and Z. Yan. 2001. The new pre-preclinical paradigm: Compound optimization in early and late phase drug discovery. *Current Topics in Medicinal Chemistry* 1: 353–366.

Corswant, C. V., P. Thoren, and S. Engstrom. 1998. Triglyceride-based microemulsion for intravenous administration of sparingly soluble substances. *Journal of Pharmaceutical Sciences* 87: 200–208.

Di, L., E. H. Kerns, S. Q. Li, and S. L. Petusky. 2006. High throughput microsomal stability assay for insoluble compounds. *International Journal of Pharmaceutics* 317: 54–60.

Guo, S. and L. Huang. 2014. Nanoparticles containing insoluble drug for cancer therapy. *Biotechnology Advances* 32(4): 778–788.

Hann, M. M. and T. I. Oprea. 2004. Pursuing the leadlikeness concept in pharmaceutical research. *Current Opinion in Chemical Biology* 8: 255–263.

Hartmann, T., J. Schmitt, C. Röhring, D. Nimptsch, J. Noller, and C. Mohr. 2006. ADME related profiling in 96 and 384 well plate format—A novel and robust HT-assay for the determination of lipophilicity and serum albumin binding. *Current Drug Delivery* 3: 181–192.

Kalepu, S. and V. Nekkanti. 2015. Insoluble drug delivery strategies: Review of recent advances and business prospects. *Acta Pharmaceutica Sinica B* 5(5): 442–453.

Kerns, E. H. and L. Di. 2003. Pharmaceutical profiling in drug discovery. *Drug Discovery Today* 8: 316–323.

Kola, I. and J. Landis. 2004. Can the pharmaceutical industry reduce attrition rates? *Nature Reviews Drug Discovery* 3: 711–715.

Latify, L., S. Sohrabnezhad, and M. Hadavi. 2017. Mesoporous silica as a support for poorly soluble drug: Influence of pH and amino group on the drug release. *Microporous and Mesoporous Materials* 250: 148–157.

Lipinski, C. A. 2000. Drug-like properties and the causes of poor solubility and poor permeability. *Journal of Pharmaceutical and Toxicological Methods* 44: 235–249.

Lipper, R. A. 1999. *E. pluribus* product. *Modern Drug Discovery* 2: 55–60.

Liu, Z., J. T. Robinson, X. Sun, and H. Dai. 2008. PEGylated nanographene oxide for delivery of water-insoluble cancer drugs. *Journal of the American Chemical Society* 130(33): 10876–10877.

McGilveray, I. J. 1996. Overview of workshop: In vitro dissolution of immediate release dosage forms: Development of in vivo relevance and quality control issues. *Drug Information Journal* 30: 1029–1037.

Mitragotri, S., P. A. Burke, and R. Langer. 2014. Overcoming the challenges in administering biopharmaceuticals: Formulation and delivery strategies. *Nature Reviews Drug Discovery* 13(9): 655–672.

Pace, S. N., G. W. Pace, I. Parikh, and A. K. Mishra. 1999. Novel injectable formulations of insoluble drugs. *Pharmaceutical Technology* 23: 116–134.

Pepsin, X. J., T. R. Flanagan, D. J. Holt, A. Eidelman, D. Treacy, and C. E. Rowlings. 2016. Justification of drug product dissolution rate and drug substance particle size specifications based on absorption PBPK modeling for Lesinurad immediate release tablets. *Molecular Pharmaceutics* 13(9): 3256–3269.

Porter, C. J. H. and W. N. Charman. 2001. In vitro assessment of oral lipid based formulations. *Advanced Drug Delivery Review* 50: S127–S147.

Pouton, C. W. 1997. Formulation of self-emulsifying drug delivery systems. *Advanced Drug Delivery Reviews* 25: 47–58.

Qiu, Y., Y. Chen, G. G. Zhang, L. Yu, and R. V. Mantri (Eds.). 2016. *Developing Solid Oral Dosage Forms: Pharmaceutical Theory and Practice*. London, UK: Academic Press.

Rodriguez-Aller, M., D. Guillarme, J. L. Veuthey, and R. Gurny. 2015. Strategies for formulating and delivering poorly water-soluble drugs. *Journal of Drug Delivery Science and Technology* 30: 342–351.

Sarker, D. K. 2005. Engineering of nanoemulsions for drug delivery. *Cancer Drug Delivery* 2: 297–310.

Shanker, R. M. 2005. Current concepts in the science of solid dispersion. *2nd Annual Simonelli Conference in Pharmaceutical Sciences*, June 9, Long Island University, Brookville, NY.

Sweetana, S. and M. J. Akers. 1996. Solubility principles and practices for parenteral drug dosage from development. *PDA Journal of Pharmaceutical Science & Technology* 50: 330–342.

Takagi, T., C. Ramachandran, M. Bermejo, S. Yamashita, L. X. Yu, and G. L. Amidon. 2006. A provisional biopharmaceutical classification of the top 200 oral drug products in the United States, Great Britain, Spain, and Japan. *Molecular Pharmaceutics* 3(6): 631–643.

Tanno, F., Y. Nishiyama, H. Kokubo, and S. Obara. 2004. Evaluation of hypromellose acetate succinate (HPMCAS) as a carrier in solid dispersions. *Drug Development and Industrial Pharmacy* 30: 9–17.

Taylor, L. S. and G. G. Zhang. 2016. Physical chemistry of supersaturated solutions and implications for oral absorption. *Advanced Drug Delivery Reviews* 101: 122–142.

Wasan, K. M. 2001. Formulation and physiological and biopharmaceutical issues in the development of oral lipid-based drug delivery systems. *Drug Development and Industrial Pharmacy* 27: 267–276.

Willmann, S., W. Schmitt, J. Keldenich, J. Lipert, and J. B. Dressman. 2004. A physiological model for the estimation of the fraction dose absorbed in humans. *Journal of Medicinal Chemistry* 47: 4022–4031.

Yamashita, S. and T. Furubayashi. 1998. In vitro–in vivo correlations: Application to water insoluble drugs. *Bulletin Technique Gattefossé* 91: 25–31.

Yu, L. X., G. L. Amidon, J. E. Polli, H. Zhao, M. U. Mehta, D. P. Conner, V. P. Shah, L. J. Lesko, M. L. Chen, and V. H. L. Lee. 2002. Biopharmaceutics classification system: The scientific basis for biowaiver extension. *Pharmaceutical Research* 19: 921–925.

Yue, Z. G., W. Wei, Z. X. You, Q. Z. Yang, H. Yue, Z. G. Su, and G. H. Ma. 2011. Iron oxide nanotubes for magnetically guided delivery and pH-activated release of insoluble anticancer drugs. *Advanced Functional Materials* 21(18): 3446–3453.

# 第 2 章 溶解度理论

Steven H. Neau

## 2.1 引言

溶解度是溶质相和溶液相达到平衡时溶液中溶质的浓度（Huang 和 Tong，2004）。当溶液浓度很低时，难以准确测定药物的溶解度，但在高浓度下，测定却不是问题（Johnson 和 Zheng，2006）。Lipinski 等（1997）认为，如果药物的溶解度大于 65 μg/mL，药物在体内吸收就不会受到溶解度的限制，但若小于 10 μg/mL 将会有生物利用度问题。了解药物在水中的溶解度对于处方筛选、分析方法开发以及评估药物在体内的转运、分布至关重要。本章将介绍理想溶液理论、正规溶液理论和汉森溶解度方法。在以上 3 个理论中，汉森溶解度方法是唯一描述涉及极性溶液的解决途径。然而，汉森溶解度方法主要基于正规溶液理论，而后者又源于理想溶液理论。因此，在满足一定条件的前提下，用汉森溶解度方法讨论溶解行为才有意义。

本章首先介绍理想溶液理论，因为理想状态是判断所有其他溶液行为的参照。了解溶液在何种情况下是不理想的，才能更好地理解真溶液的特性。正规溶液理论最能描述非电解质在非极性溶剂中的溶液行为，其中混合焓不可忽略不计。汉森溶解度方法开辟了描述偶极-氢键相互作用产生焓的可能性，因而可成功地描述和预测极性介质中涉及极性溶质的溶液行为。

## 2.2 理想溶液

### 2.2.1 理论

熵是一种无序的量度，是溶质和溶剂混合形成溶液的驱动力。当它们混合形成溶液时，溶剂和溶质分子的随机性增加。如果该过程吸热，熵对自由能变化的贡献增加不超过焓增加，化合物将不易溶解。用 $\Delta S_{\text{mix}}$ 表示溶剂中单一液体溶质的二元系统的理想混合熵，$X$ 表示溶液中的摩尔分数，则

$$\Delta S_{\text{mix}} = -R(n_1 \ln X_1^i + n_2 \ln X_2^i) \tag{2.1}$$

当下标 1 表示溶剂，2 表示溶质时，上标 $i$ 表示理想条件成立，$n$ 为物质的量，$R$ 为理想气体常数（Lewis 和 Randall，1961）。

式（2.1）的推导基于以下要素：两种组分的统计混合，随机分子混合的假设，溶质和溶剂具有基本相等的分子尺寸，溶液中溶质分子的聚集，以及没有溶剂渗透到溶质相中，也就是说，溶剂分子不会作为暴露于溶液的溶质相中的组分。如果溶质和溶剂的摩尔体积不相等，但有足够的热搅拌来实现混合的最大熵，则式（2.1）仍然成立（Hildebrand 和 Scott，1950）。由于摩尔分数

小于 1，因此混合溶液时熵的这种变化总是正的，并且有助于溶液形成的自发性。理想溶液有个特征，溶液混合时没有体积变化，最终溶液体积是液体组分体积的总和。对于由固体溶解在液体中组成的理想溶液，最终体积将等于溶剂体积的总和加上过冷时溶质的固体状态的体积。

如果考虑溶液相对于溶质的部分摩尔熵，则式（2.1）变为：

$$\Delta\overline{S}_{\text{mix},2} = -R\ln X_2^i \tag{2.2}$$

如果溶质和溶剂的摩尔体积相差太大，并且热搅拌不足以实现最大混合熵，则存在非理想的混合熵（Bustamante 等，1989）。通过考虑每个溶液组分占据的部分摩尔体积 $\overline{V}$ 和体积分数 $\phi$，得到混合的非理想熵的两个方程。第一个是由 Flory 和 Huggins 提出（Hildebrand，1949；Kertes，1965）：

$$\Delta\overline{S}_{\text{mix},2} = -R\left[\ln\phi_2+\phi_1\left(1-\frac{\overline{V}_2}{\overline{V}_1}\right)\right] \tag{2.3}$$

第二个由 Huyskens 和 Haulait - Pirson（1985）提出：

$$\Delta\overline{S}_{\text{mix},2} = -R\left[\ln\phi_2+0.5\phi_1\left(1-\frac{\overline{V}_2}{\overline{V}_1}\right)-0.5\ln\left(\phi_2+\phi_1\frac{\overline{V}_2}{\overline{V}_1}\right)\right] \tag{2.4}$$

如式(2.2)中所定义，这两个表达式都可以代替混合的理想部分摩尔熵。例如，Flory-Huggins 法已被用于预测磺胺甲氧哒嗪（Bustamante 等，1989）和替马西泮（Richardson 等，1992）在包括水的各种溶剂中的溶解度。

如果溶质和溶质分子、溶质和溶剂分子以及溶剂和溶剂分子之间的相互作用在类型和大小上相似，则混合焓可忽略不计。如果混合液体溶质的焓可以忽略不计，并可假设为零，则可认为是理想溶液，并且等式：

$$\Delta\overline{H}_{\text{mix},2} = 0 \tag{2.5}$$

成立。如果关注与溶质混合的局部摩尔转化，熟悉 Gibbs-Helmholtz 的关系：

$$\Delta G = \Delta H - T\Delta S \tag{2.6}$$

则有：

$$\Delta\overline{G}_{\text{mix},2} = \overline{H}_{\text{mix},2} - T\overline{S}_{\text{mix},2} \tag{2.7}$$

用相对于溶质的部分混合摩尔焓变[式（2.5）]代替，则有：

$$\Delta\overline{G}_{\text{mix},2} = -T\overline{S}_{\text{mix},2} \tag{2.8}$$

然后用相对于溶质的部分混合摩尔熵[式（2.2）]代替，则有：

$$\Delta\overline{G}_{\text{mix},2} = R\ln X_2^i \tag{2.9}$$

通过热力学定义：

$$\Delta\bar{G}_{\text{mix},2} = RT\ln a_2 \tag{2.10}$$

$a_2$ 表示溶液中溶质的活性。因此，根据式（2.9）和式（2.10），当溶液是理想溶液时，摩尔分数等于溶液中溶质的活性。

考虑到一种情况，晶体加热到与溶剂一样的温度后，溶解在液体溶剂中。在理想溶液中，即使混合的部分摩尔焓为零，但仍需克服焓在晶体结构中的吸引力。Van't Hoff 方程（Adamson，1979）则有：

$$\frac{\partial\left(\frac{\Delta G}{T}\right)}{\partial T} = -\frac{\Delta H}{T^2} \tag{2.11}$$

使用上标 sc 表示在恒温下从固体结晶到过冷液体的转变，则有：

$$\Delta\bar{G}_2^{\text{sc}} = -RT\ln a_2 \tag{2.12}$$

对于 $\Delta G$，认为熔化的摩尔焓是这种转变的焓变化（Hildebrand 和 Scott，1962），方程变为：

$$\frac{\mathrm{d}\ln a_2}{\mathrm{d}T} = \frac{\Delta\bar{H}_{\text{f}}}{RT^2} \tag{2.13}$$

熔点 $T_{\text{m}}$ 和溶液温度 $T$ 之间的积分（Kertes，1965）得出：

$$\ln a_2 = -\frac{\bar{H}_{\text{f}}}{RT_{\text{m}}}\left(\frac{T_{\text{m}} - T}{T}\right) \tag{2.14}$$

在理想溶液的前提下，摩尔分数溶解度可以代替活性：

$$\ln X_2^i = -\frac{\bar{H}_{\text{f}}}{RT_{\text{m}}}\left(\frac{T_{\text{m}} - T}{T}\right) \tag{2.15}$$

因此，熔点、摩尔熔化焓和溶液温度这三个实验参数是结晶溶质在饱和理想溶液中的理想的摩尔溶解度的函数。式（2.15）可以表示为相对于溶液温度的倒数的线性关系：

$$\ln X_2^i = -\frac{\Delta\bar{H}_{\text{f}}}{RT} + \frac{\Delta\bar{H}_{\text{f}}}{RT_{\text{m}}} \tag{2.16}$$

$\dfrac{\Delta\bar{H}_{\text{f}}}{RT_{\text{m}}}$ 被假定为常数。

熔点对熔化焓的影响的一般规则是：熔点越高，理想溶解度越低，摩尔熔化焓越大，理想溶解度越低。在晶体溶质的情况下，摩尔熔化焓决定了温度敏感性。最简单的方法之一是将摩尔分数溶解度绘制为溶液温度倒数的对数线性函数（见图 2.1）。这种线性关系的预测见式（2.16）。因此，斜率可以从表达式以数学方式导出：

$$\frac{\mathrm{d}\ln X_2^i}{\mathrm{d}\left(\frac{1}{T}\right)} = -\frac{\Delta\bar{H}_{\text{f}}}{R} \tag{2.17}$$

因此可以看出，摩尔熔化焓越大，溶液温度增加时溶解度的增加越大，并且在如图 2.1 所示的凹槽中将出现更陡峭的斜率。对于真溶液，指定溶液的$\Delta\bar{H}_{\text{sol'n}}$代替式（2.17）中的熔化焓。溶液的焓包括熔化焓和溶质假设的过冷液体形式与溶剂混合后产生的焓。

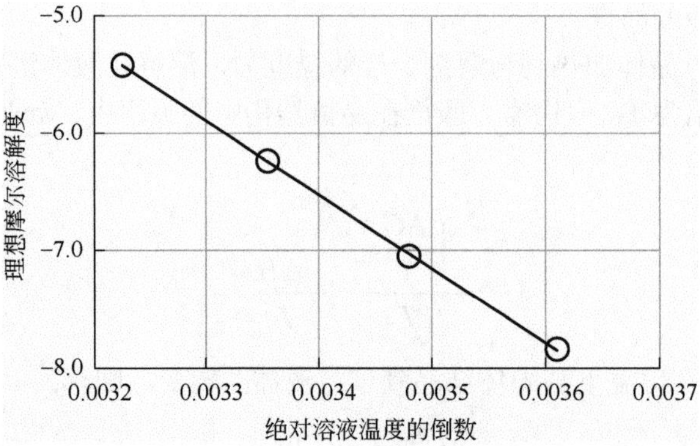


图 2.1　Van't Hoffplot 理想摩尔溶解度与绝对溶液温度倒数的函数

## 2.2.2　摩尔热容量

固体转变到过冷液体的过程中，摩尔焓会受到温度的影响。在低于熔点的温度下，固体作为溶质在恒定压力下转变到过冷液体形式的热容量影响这种转变的摩尔焓的大小。恒定压力下的热容$C_p$，是将特定材料的温度升高特定量（$\Delta T$）所需的热量形式的能量（$\Delta q$）（Dave 等，2014）：

$$C_p = \frac{\partial q}{\partial T} \sim \frac{\Delta q}{\Delta T} \tag{2.18}$$

恒定压力下的摩尔热容，即热容除以材料的物质的量$n$，以显示熔化焓的相关性：

$$\bar{C}_p = \left[\left(\frac{\partial \bar{H}_{\mathrm{f}}}{\partial T}\right)_p\right] / n \tag{2.19}$$

人们经常假设固体在恒定压力下的热容（$\bar{C}_{p,\mathrm{s}}$）和形成液体的摩尔热容（$\bar{C}_{p,\mathrm{l}}$）几乎是恒定的，或者它们随着温度的变化以相同的速率变化。在任何一种情况下，摩尔差热容定义为：

$$\Delta\bar{C}_p = \bar{C}_{p,\mathrm{l}} - \bar{C}_{p,\mathrm{s}} \tag{2.20}$$

摩尔差热容是不会变的。然后，在这些温度下，可以通过简单地确认摩尔差热容对每个固体到过冷液体热力学参数的贡献来确定总焓和熵变化：

$$\Delta\bar{H}_2^{\mathrm{sc}} = \Delta\bar{H}_{\mathrm{f}} - \Delta\bar{C}_p(T_{\mathrm{m}} - T) \tag{2.21}$$

$$\Delta\bar{S}_2^{\mathrm{sc}} = \Delta\bar{S}_{\mathrm{f}} - \Delta\bar{C}_p \ln\left(\frac{T}{T_{\mathrm{m}}}\right) \tag{2.22}$$

然后将式（2.6）转变成：

$$\Delta\bar{G}_2^{\mathrm{sc}} = \Delta\bar{H}_{\mathrm{f}} - \Delta\bar{C}_p(T_{\mathrm{m}} - T) - T\left[\Delta\bar{S}_{\mathrm{f}} - \Delta\bar{C}_p \ln\left(\frac{T}{T_{\mathrm{m}}}\right)\right] \tag{2.23}$$

如果考虑熔点的热力学参数，则式（2.6）转变成：

$$\Delta\bar{G}_{\mathrm{f}}=\Delta\bar{H}_{\mathrm{f}}-T_{\mathrm{m}}\Delta\bar{S}_{\mathrm{f}} \tag{2.24}$$

溶解可以被认为是熔点的可逆过程，$\Delta\bar{G}_{\mathrm{f}}$ 为零。因此，将式（2.24）重新排列，则有：

$$\Delta\bar{S}_{\mathrm{f}}=\frac{\Delta\bar{H}_{\mathrm{f}}}{T_{\mathrm{m}}} \tag{2.25}$$

将其替换为式（2.23）中的摩尔熵，并重新排列，得到：

$$\Delta\bar{G}_2^{\mathrm{sc}}=\Delta\bar{H}_{\mathrm{f}}\left(\frac{T_{\mathrm{m}}-T}{T_{\mathrm{m}}}\right)-\Delta\bar{C}_pT\left[\left(\frac{T_{\mathrm{m}}-T}{T}\right)+\ln\left(\frac{T}{T_{\mathrm{m}}}\right)\right] \tag{2.26}$$

式（2.12）代替 $\Delta\bar{G}_2^{\mathrm{sc}}$，得到：

$$-RT\ln a_2=\Delta\bar{H}_{\mathrm{f}}\left(\frac{T_{\mathrm{m}}-T}{T_{\mathrm{m}}}\right)-\Delta\bar{C}_pT\left[\left(\frac{T_{\mathrm{m}}-T}{T}\right)+\ln\left(\frac{T}{T_{\mathrm{m}}}\right)\right] \tag{2.27}$$

由于是理想溶液，除以（$-RT$）并代入活性的摩尔溶解度，得到：

$$\ln X_2^i=-\frac{\Delta\bar{H}_{\mathrm{f}}}{RT_{\mathrm{m}}}\left(\frac{T_{\mathrm{m}}-T}{T}\right)+\frac{\Delta\bar{C}_p}{R}\left[\left(\frac{T_{\mathrm{m}}-T}{T}\right)+\ln\left(\frac{T}{T_{\mathrm{m}}}\right)\right] \tag{2.28}$$

这是结晶材料在液体溶剂中形成理想溶解度的更精确表达。

为了简化该表达式，摩尔差热容通常进行两个假设。第一个假设是 $\Delta\bar{C}_p$ 是可以忽略的，即将其设置为零，得到式（2.15）：

$$\ln X_2^i=-\frac{\Delta\bar{H}_{\mathrm{f}}}{RT_{\mathrm{m}}}\left(\frac{T_{\mathrm{m}}-T}{T}\right)$$

第二个假设是 $\Delta\bar{C}_p$ 基本上等于摩尔熔化熵 $\Delta\bar{S}_{\mathrm{f}}$，它可以用熔点和摩尔熔化焓表示，如式（2.23）所示，得到表达式：

$$\ln X_2^i=-\frac{\Delta\bar{H}_{\mathrm{f}}}{RT_{\mathrm{m}}}\ln\left(\frac{T_{\mathrm{m}}}{T}\right) \tag{2.29}$$

事实证明，熔点的摩尔差热容对苯和刚性多环芳烃来说可以忽略不计，汇编的文献数据表明 $\Delta\bar{C}_p$ 为摩尔熔化熵的 80%（Neau 和 Flynn，1990）。目前第一个假设已经应用于许多研究中，但第二个假设仅出现在少量出版物中（Subrahmanyam 等，1992；Claramonte 等，1993；Yu 等，1994）。

## 2.3　非理想溶液

任何真溶液都不可能满足严格意义上理想溶液。实际上，只有当溶剂作为溶质溶解在自身中时才存在理想溶液。非理想溶液理论的发展相当于定量估计非理想溶液中溶质的活度系数。

无论非理想溶液的性质如何，均满足：

$$a_2 = \gamma_2 X_2 \tag{2.30}$$

其中$\gamma$为当溶解度以摩尔分数单位表示时的活度系数。注意，该方程适用于非理想溶液，故上标$i$没出现在式（2.30）中的摩尔分数上。对于一个真溶液，式（2.15）将是：

$$\ln\gamma_2 X_2 = -\frac{\Delta \bar{H}_\mathrm{f}}{RT_\mathrm{m}}\left(\frac{T_\mathrm{m}-T}{T}\right) \tag{2.31}$$

重新排列变成：

$$\ln X_2 = -\frac{\Delta \bar{H}_\mathrm{f}}{RT_\mathrm{m}}\left(\frac{T_\mathrm{m}-T}{T}\right) - \ln\gamma_2 \tag{2.32}$$

### 2.3.1 正规溶液

分子会迅速地与具有相同内聚能密度的分子混合。内聚能密度是每单位体积的相互作用力的总和；正规溶液理论的常用单位是 cal[❶]/$cm^3$。如果两种物质的内聚能密度存在实质性差异，则具有较大内聚能密度的分子将优先彼此相互作用，甚至可能排除较低内聚能密度的分子，这将导致两种物种全部或部分不混溶。

Hildebrand（1949）指出，如果有足够的热搅拌来克服溶质和溶剂之间内聚能密度不相等的分离效应，则非理想溶液转变为正规溶液。因此，最终溶液的最大随机性和式（2.2）中所定义的理想的部分摩尔混合熵仍然成立。描述非电解质在非极性溶剂中的行为已经被假设并建立定量关系（Hildebrand，1929；Scatchard，1931，1934）。到 20 世纪 70 年代，关于溶质与溶剂之间的内聚能密度差异的溶解度的一般方程得到充分发展（Hildebrand 和 Scott，1950，1962；Hildebrand 等，1970）。

内聚能密度是不一定有相互作用的不同类型力的总和，所以内聚能密度的相似性不能确保混溶性。考虑到这一点，正规溶液具有由内聚能密度差异引起的若干特征。正规溶液和理想溶液之间最显著的差异是非零的部分摩尔混合焓。尽管正规溶液的形成通常伴随着膨胀和熵的增加，但一般假设混合时的过量体积可以忽略不计（Hildebrand，1949）；从组分的统计混合得到理想的混合熵保持不变；溶质和溶剂的摩尔体积基本相等。

当溶质与溶剂混合时，可以假设当溶质-溶质和溶剂-溶剂相互作用都被破坏时，存在两种溶质-溶剂相互作用的机会。因此，假设每摩尔溶质的混合焓与内聚能密度的差异成正比，相同的比例为 1∶1∶2，则有：

$$\Delta \bar{H}_{\mathrm{mix},2} = \alpha C_{11} + C_{22} - 2C_{12} \tag{2.33}$$

式中，$C_{xx}$是指内聚能密度，$C_{11}$和$C_{22}$分别代表溶剂和溶质的内聚能密度（Nelson 等，1970）。

二元混合物的内聚能密度（$C_{12}$）不易从溶质和溶剂的物理化学性质预测到。相反，使用纯组分的内聚能密度的几何平均值来估算混合物的内聚能密度：

$$C_{12} = \sqrt{C_{11}C_{22}} \tag{2.34}$$

---

❶ 1cal=4.1868J。

代入式（2.33），得到：

$$\Delta\bar{H}_{\mathrm{mix},2} = \alpha C_{11} + C_{22} - 2\sqrt{C_{11}C_{22}} = (\sqrt{C_{11}} - \sqrt{C_{22}})^2 \quad (2.35)$$

内聚能密度的平方根用 $\delta$ 表示，同时被 Hildebrand 标记为溶解度参数（1949；Hildebrand 和 Scott，1962）。早期文献中这个参数的典型单位是 $(\mathrm{cal/cm^3})^{\frac{1}{2}}$，SI 单位是 $\mathrm{MPa}^{\frac{1}{2}}$，其中 $1\,(\mathrm{cal/cm^3})^{\frac{1}{2}}$ 等于 0.489 $\mathrm{MPa}^{\frac{1}{2}}$。替换式（2.35）中的平方根项：

$$\Delta\bar{H}_{\mathrm{mix},2} = \alpha(\delta_1 - \delta_2)^2 \quad (2.36)$$

通过混合具有不同内聚能密度的两种化合物得到的混合物理论部分摩尔焓，可通过式（2.37）估算：

$$\Delta\bar{H}_{\mathrm{mix},2} = \bar{V}_2\phi_1^2(\delta_1 - \delta_2)^2 \quad (2.37)$$

式中，$\phi_1$ 是溶剂占溶液体积的分数（Hildebrand 和 Scott，1950）。对于稀释溶液，$\phi_1$ 基本上等于 1。

纯化合物的内聚能密度可以通过不同的技术去估算（Scatchard，1949；Hoy，1970；Fedors，1974）。其中一种方法是（Hildebrand 等，1970）将该参数与相同化合物的摩尔蒸发焓 $\Delta\bar{H}_{\mathrm{v}}$ 相关联：

$$C_{22} = \frac{(\bar{H}_{\mathrm{v}2} - RT)}{\bar{V}_2} \quad (2.38)$$

式中，$\bar{V}_2$ 是溶质的液体形式的摩尔体积，单位为 $\mathrm{cm^3/mol}$；$\Delta\bar{H}_{\mathrm{v}}$ 的单位为 cal/mol。对于未曾报道摩尔蒸发焓的液体，近似地采用 Hildebrand 经验式，其基于沸点 $T_{\mathrm{b}}$，以开尔文单位表示：

$$\Delta\bar{H}_{\mathrm{v,298K}} = 0.020T_{\mathrm{b}}^2 + 23.7T_{\mathrm{b}} - 295 \quad (2.39)$$

其产生以 cal/mol 为单位的蒸发摩尔焓（Hildebrand 和 Scott，1950）。对于氢键结合的液体，该等式不能提供精确的摩尔蒸发焓。Burrell（1955a，1955b）发现可以将校正值添加到计算的溶解度参数中，以提供对大多数实际应用足够可靠的估计。由此计算出醇的溶解度参数为 1.4，酯为 0.6，沸点低于 100℃的酮为 0.5。在其他情况下，不需要进行任何修正。

用式（2.37）代替混合的部分摩尔焓，以及式（2.2）混合的部分摩尔熵，这仍然被认为是理想的，式（2.1）代替式（2.6）中的自由能变化，得到：

$$RT\ln a_2 = \bar{V}_2\phi_1^2(\delta_1 - \delta_2)^2 + RT\ln X_2 \quad (2.40)$$

根据式（2.28），得出：

$$RT\ln\gamma_2 = \bar{V}_2\phi_1^2(\delta_1 - \delta_2)^2 \quad (2.41)$$

并且已经针对涉及液体溶质的二元正规溶液估计了活度系数，将等式重新排列，得到：

$$\ln\gamma_2 = \frac{\bar{V}_2\phi_1^2}{RT}(\delta_1 - \delta_2)^2 \quad (2.42)$$

式（2.30）中包含该项，以定义晶体溶质的常规解方程：

$$\ln X_2 = -\frac{\Delta \bar{H}_f}{RT_m}\left(\frac{T_m - T}{T}\right) - \frac{\bar{V}_2 \phi_1^2}{RT}(\delta_1 - \delta_2)^2 \tag{2.43}$$

应注意，实际上$\bar{V}_2$表示溶液温度下溶质的液体形式的部分摩尔体积，而不是液体的摩尔体积。如果溶液温度低于溶质的熔点，$\bar{V}_2$则可以通过温度 $T$ 下溶质的过冷液体形式的摩尔体积来估算。

如果可以估计溶解度参数的值和过冷液体溶质的部分摩尔体积，则式（2.41）可用。目前已经开发了基于分子官能团来估计偏微分体积和溶解度参数的方法（Small，1951；Hoy，1970；Konstam 和 Feairheller，1970；Fedors，1974）。Rathi（2010）基于 Fedors（1974）提供的官能团贡献值，计算了沙曲硝唑的 Hildebrand 溶解度参数（图 2.2，表 2.1）。根据化学品中官能团的类型和出现的次数进行计算，还包括化学结构的特征，例如每次出现共轭（由一系列双键组成但用单键表示）和每个闭环（例如 *N*-甲基咪唑环）。在表 2.1 中，D 列中的条目总和等于对沙曲硝唑的内聚能密度的估计贡献；F 列中的条目总和等于室温下过饱和液体形式的沙曲硝唑的估计摩尔体积。因此，沙曲硝唑的溶解度参数等于 D 列总和的平方根除以 F 列的总和：

沙曲硝唑溶解度参数，$\delta = \sqrt{\dfrac{30580\ \text{cal/mol}}{235.6\ \text{cm}^3/\text{mol}}} = 11.4(\text{cal/cm}^3)^{\frac{1}{2}}$

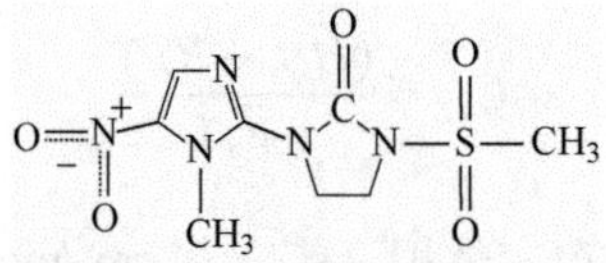

图 2.2 沙曲硝唑的化学结构

**表 2.1 Fedors 基团贡献法（1974）计算沙曲硝唑的溶解度参数**

| A | B | C | D | E | F |
|---|---|---|---|---|---|
| 官能团或特征 | 数目① | 内聚能/(cal/mol) | Col B×Col C | 对摩尔体积的贡献② | Col B×Col E |
| —$CH_3$ | 2 | 1125 | 2250 | 33.5 | 67.0 |
| —$CH_2$— | 2 | 1180 | 2360 | 16.1 | 32.2 |
| ═CH— | 1 | 1030 | 1030 | 13.5 | 13.5 |
| ═C< | 3 | 1690 | 5070 | 6.5 | 19.5 |
| >N— | 3 | 2800 | 8400 | 5.0 | 15.0 |
| ═N— | 1 | 2800 | 2800 | 5.0 | 5.0 |
| —$NO_2$ | 1 | 3670 | 3670 | 32.0 | 32.0 |
| —$SO_2$ | 1 | 3700 | 3700 | 23.8 | 23.8 |
| 共轭③ | 2 | 400 | 800 | −2.2 | −4.4 |
| 环闭合 | 2 | 250 | 500 | 16.0 | 32.0 |
| 总和 | | | 30580 | | 235.6 |

① 特定官能团或出现的次数。

② 特定官能团或特征对摩尔体积的贡献。

③ 共轭表示一系列的双键、单键、双键和单键。

另一种方法是测定化合物在一系列非极性溶剂中的溶解度，并利用式（2.41），通过计算式中的其他参数来估计溶质的溶解度参数。氢化可的松（Hagen 和 flynn，1983）和对氨基苯甲酸盐（Neauetal，1989）获得了某种程度上的成功。根据式（2.43），$\ln X_2$ 与溶剂溶解度参数的函数曲线图（图 2.3）揭示了在规则非极性溶剂中溶解度数据呈抛物线。当溶剂溶解度参数等于溶质溶解度参数时，抛物线的最大值代表理想溶解度，如式（2.15）或式（2.29）所定义。结果表明，通过选择一种非极性溶剂，从正己烷（$\delta_1$=7.27）或正庚烷（$\delta_1$=7.50）等溶质的计算值中合理地去除溶解度参数，可以很容易地用式（2.43）估计所研究的每种对氨基苯甲酸盐的溶解度参数，并计算出该非极性溶剂中的溶解度（Neau 等，1989）。将与非极性溶剂有关的溶解度数据回归为溶剂溶解度参数的二次方程，在这些条件下，式（2.43）右侧的熔化焓是一个常数，以估计溶质溶解度参数。

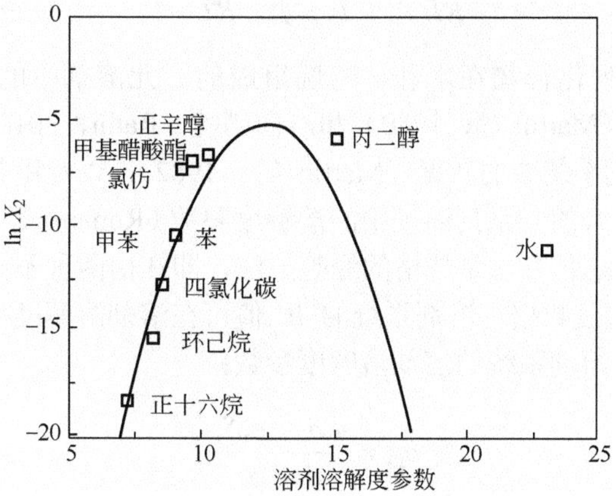


图 2.3　氢化可的松溶解度参数的规则溶液理论曲线

该曲线表示通过式（2.43），使用来自正己烷、环己烷、四氯化碳、甲苯和苯的数据预测的溶解度，来估计氢化可的松的溶解度参数。（来源：Hagen T A.University of Michigan，1979，94-96. 经许可转载）

## 2.3.2　拓展 Hildebrand 溶解度法

正规溶液理论主要局限于描述非电解质在非极性溶剂中的溶液行为。对于溶液的内聚能密度，几何平均假设的不足或不适当的应用被认为是正规溶液理论无法描述其他实解的原因（Martin 等，1985）。研究发现，看似符合正规溶液标准的溶液往往不能得到正规溶液方程所预测的溶解度。例如，溶解在烷烃溶剂中的苯或简单取代芳烃的溶液显示出与文献中的溶解度参数和正规溶液方程预测的行为不同（Funk 和 Prausnitz，1970；Hildebrand 等，1970；Fung 和 Higuchi，1971）。对这些系统的研究经常表明，应用于几何平均值的校正系数可以减小偏差；目前概括观察到的行为，并根据经验纠正这些与预测溶解度的偏差。在一种方法中，几何平均值替换为 $k\delta_1\delta_2$，其中 $k$ 表示一个常数（Walker，1952），这在制药系统中得到应用（Martin 和 Carstensen，1981）。我们发现，几何平均值规则可以通过一个比统一性小的二元常量（$l_{12}$）放宽（Funk 和 Prausnitz，1970；Hildebrand 等，1970）：

$$C_{12}=(1-l_{12})\sqrt{C_{11}C_{22}} \tag{2.44}$$

因此式（2.42）应该改写为：

$$\ln\gamma_2 = \frac{\bar{V}_2\phi_1^2}{RT}[(\delta_1 - \delta_2)^2 + 2l_{12}\delta_1\delta_2] \tag{2.45}$$

通过在计算中包括 $l_{12}$，对雄甾酮、诺龙和睾酮酯在有机溶剂中的溶解度的预测有可能得到改进（James 等，1976）。

目前，医药文献中解释偏离几何平均数的最常见方法是使用 $W$，其定义如下：

$$W = k\delta_1\delta_2 \tag{2.46}$$

式中，$K$ 是一个非常数的溶质-溶剂相互作用因子。在扩展的 Hildebrand 溶解度法中使用的溶解度方程（Adjei 等，1980）是：

$$\ln X_2 = -\frac{\Delta\bar{H}_{\mathrm{f}}}{RT_{\mathrm{m}}}\left(\frac{T_{\mathrm{m}} - T}{T}\right) - \frac{\bar{V}_2\phi_1^2}{RT}(\delta_1^2 - 2W + \delta_2^2) \tag{2.47}$$

该方程已应用于系列化合物在水和二噁烷组成的二元溶剂中的溶解度测定，如咖啡因（Adje 等，1980）、茶碱（Martin 等，1980）和沙曲硝唑（Rathi，2010）；也适用于睾酮在氯仿和环己烷组成的二元溶剂系统中的数据（Martin 等，1982）；以及甲芬那酸的多晶型在乙醇和水、乙酸乙酯和乙醇等组合的一系列溶剂中的溶解度参数（Romero 等，1999）。Adjei 等（1980）的溶解度数据见图 2.4。这种方法是严格的经验方法，即在由两种不同比例的特定溶剂组成的一系列二元溶剂中的溶解度数据。溶剂系统的 $W$ 值可在溶剂溶解度参数中回归为幂级数，使用式（2.48）计算。二元溶剂系统的溶剂溶解度参数：

$$\delta_{13} = \frac{\phi_1\delta_1 + \phi_3\delta_3}{\phi_1 + \phi_3} \tag{2.48}$$

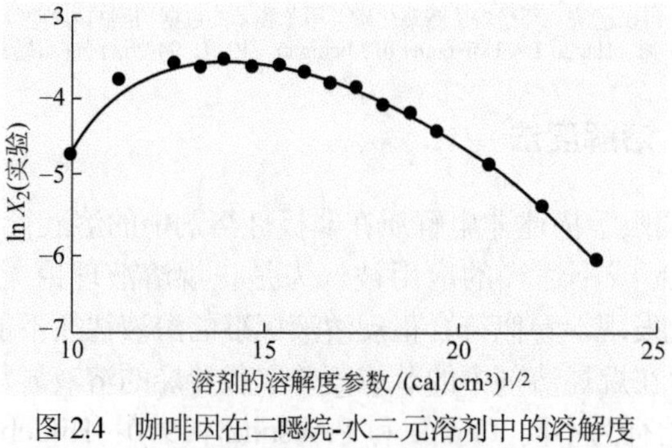


图 2.4 咖啡因在二噁烷-水二元溶剂中的溶解度

该曲线是计算值之间的插值

（来源：Adjei A，Newburger J，Martin A.J.Pharm.Sci.，1980，69：659-661.版权所有 Wiley-VCH Verlag GmbH & Co. KGAA，经许可转载）

式中，下标 1 和 3 分别表示第一和第二溶剂。溶剂溶解度参数 $\delta_{13}$ 将取代式（2.47）中的 $\delta_1$。对于共溶剂-水系统中的咖啡因（Adje 等，1980）、对乙酰氨基酚（Subrahmanyam 等，1992）和甲芬那酸（Romero 等，1999），将 $W$ 值回归为溶剂溶解度参数中的四阶多项式，以实现与实验数据的紧密匹配（见图 2.4）。如果有足够的可调参数（Grant 和 Higuchi，1990），就可以拟合地非常好，因为使用多项式可以拟合任何数据集。多项式中的每个新项都引入另一个可调整参数。

Lin 和 Nash（1993）提出了严格从溶质在 $n$ 种不同溶剂中的摩尔溶解度和相应的溶剂溶解度参数去估算溶质的 Hildebrand 溶解度参数的方程：

$$\delta_2 = \frac{\sum_{i=1}^{n} X_{2,i}\delta_{1,i}}{\sum_{i=1}^{n} X_{2,i}} \tag{2.49}$$

式中，$X_{2,i}$ 是指溶质在特定溶剂中的摩尔溶解度，$\delta_{1,i}$ 是该特定溶剂的溶解度参数。Lin 和 Nash（1993）将此方程应用于苯甲酸、茶碱和对羟基苯甲酸的测定，Romero 等（1999）将此方程应用于甲芬那酸数据的多形态，并取得了一定的成功。溶液中的溶质相互作用不依赖于由多晶型物定义的固体特性，因而两种多晶型的甲芬那酸的溶解度参数估计值非常相似。据报道，不同多晶型之间的溶解度差异通常小于一个数量级（Huang 和 Tong，2004），甚至小于 2 倍（Pudipeddi 和 Serajuddin，2005）。

Grant 和 Higuchi（1990）指出，尽管这种方法可以用来关联和压缩数据，但它作为一个预测的方法还有待论证。如果 $W$ 与极性特征有关，那将更有前景，但到目前为止还没有办法根据溶质或溶剂的物理化学性质对其进行估算（Adjei 等，1980）。这种方法的价值在于，回归方程可用于插入来自同一系统的二元溶剂的 $W$ 值，但该系统尚未通过实验研究。因此，它可直接应用于共溶剂混合物中溶解度的研究，这将在后面讨论。

### 2.3.3 Hansen 法

人们尝试将溶解度参数法推广到极性系统。氢键补偿（Burrell，1955a，1955b；Crowley 等，1966；Karger 等，1976）和极性贡献（Hildebrand 和 Scott，1962；Blanks 和 Prausnitz，1964；Harris 和 Prausnitz，1969；Karger 等，1976）改进了应用，但更成功的方法是强调了内聚能密度是分子间的总和，即由分散力（$D$）、涉及永久偶极的极性力（$P$）和氢键（$H$）组成的力（Hansen，1967）。这些组分中的每一种都可以用三维溶解度参数表示：

$$\delta_T^2 = \delta_D^2 + \delta_P^2 + \delta_H^2 \tag{2.50}$$

式中，本章前面提及的符号为 $\delta$，这里 $\delta_T$ 是一维溶解度参数。每个组分的溶解度参数都用与常规溶解度参数相同的单位表示。三维溶解度参数一直是许多研究的主题，这些溶解度参数表目前都可以查到，特别是普通溶剂（Beerbower 和 Dickey，1969；Hansen 和 Beerbower，1971；Hansen，1972，2007；Barton，1983）。

药物的溶解性是在具有不同官能团（非极性和极性）的多种溶剂中测定的，以满足对每个三维溶解度参数进行估计。得出组分溶解度参数值的一种典型方法是使用多元回归分析（Thimmasetty 等，2009）。或者，每个三维溶解度参数可以使用基团贡献法进行估算，如下所述。

目前，水被指定为 $\delta_D$=7.0$(\mathrm{cal/cm^3})^{\frac{1}{2}}$、$\delta_P$=8.0$(\mathrm{cal/cm^3})^{\frac{1}{2}}$、$\delta_H$=20.9$(\mathrm{cal/cm^3})^{\frac{1}{2}}$，这与从醇的溶解度和摩尔体积数据产生的分散和极性组分的推断一致。因为水具有两个醇氢原子，所以可认为与氢键作用有关。在有机溶剂-水二元系统的计算中使用这些值已经取得了成功（Hansen，1967）。最近报道的一组基于蒸发能量的水参数仍然与以上提出的理论相似：$\delta_D$=7.58$(\mathrm{cal/cm^3})^{\frac{1}{2}}$、$\delta_P$=7.82$(\mathrm{cal/cm^3})^{\frac{1}{2}}$、$\delta_H$=20.7$(\mathrm{cal/cm^3})^{\frac{1}{2}}$（Hansen，2007）。

分散溶解度参数可以使用同形物的经典一维溶解度参数来估算（Blanks 和 Prausnitz，1964；Hansen，1969；Barton，1983）。极性分子的同形性定义为分子大小和形状几乎相同的非极性分子。或者，可以使用官能团贡献 $F_{D,i}$ 和式（2.51）来估算分散贡献：

$$\delta_D = \frac{\sum F_{D,i}}{\bar{V}} \tag{2.51}$$

其他组分也可以使用加权官能团贡献来估计，并且可以获得分散、极性和氢键贡献的官能团贡献表（Hansen 和 Beerbower，1971；van Krevelen 和 Hoftyzer，1976；Barton，1983；Hansen，2007；Abbott 和 Hansen，2010；Just 等，2013）。如果我们将极性官能团贡献标记为 $F_{P,i}$，则极性贡献为：

$$\delta_P = \sqrt{\frac{\sum F^2_{P,i}}{\bar{V}}} \tag{2.52}$$

氢键内聚能贡献为 $-U_{H,i}$，也被认为是加权的，其溶解度参数的组分估计：

$$\delta_H = \sqrt{\frac{\sum(-U_{H,i})}{\bar{V}}} \tag{2.53}$$

实验结果表明，氢键组分是最难用基团贡献数据估计的（Barton，1983），但氢键组分可能是测定水溶性药物三种分子力中最关键的一种。事实上，氢键电位在最近的计算化学方法中对预测药物在水中的溶解度（Jorgensen 和 Duffy，2002；Schaperetal，2003；Raevsky 等，2004）和药物赋形剂的可混溶性（Alhalaweh 等，2014）至关重要。通过在计算模型中增加氢键供体强度，可以提高药物在水的溶解性（Schaper 等，2003；Raevsky 等，2004）。

三维溶解度参数代替式（2.42）中的溶解度参数，以得出描述这些解决方案中活度系数的表达式：

$$\ln\gamma_2 = \frac{\bar{V}_2\phi_1^2}{RT}[(\delta_{D1}-\delta_{D2})^2+(\delta_{P1}-\delta_{P2})^2+(\delta_{H1}-\delta_{H2})^2] \tag{2.54}$$

如果将该活度系数项应用于式（2.43），则当 $\delta_{D1}$ 等于 $\delta_{D2}$，$\delta_{P1}$ 等于 $\delta_{P2}$，并且 $\delta_{H1}$ 等于 $\delta_{H2}$ 时，摩尔溶解度达到最大值。Teas（1968）呈现了一个三角形图，其中侧面代表溶剂溶解度参数的三个贡献，表示为一维溶解度参数 $f_D$、$f_P$ 和 $f_H$ 的百分比。例如，分散力的贡献是：

$$f_D = \frac{\delta_D^2}{\delta_T^2}\times 100\% \tag{2.55}$$

它的值可以在三角形的一边找到。另外两个方面是极性和氢键贡献，并且类似的方程将 $f_P$ 和 $f_H$ 定义为在这两个三角形边上的单个值，如溶剂 A，将由图中的单个点表示。根据睾酮丙酸酯在各种溶剂中的溶解度，发现在这样的三角图中，最大溶解度在 $f_D = 65$、$f_P = 20$ 和 $f_H = 15$ 附近（Jamesetal，1976）。使用 $\delta_T = 9.5\,(\text{cal}/\text{cm}^3)^{\frac{1}{2}}$ 和类似于重新排列的式（2.55）的估算，适用于溶剂选择的丙酸睾酮的近似组分溶解度参数，例如：

$$\delta_D = \sqrt{f_D\frac{\delta_T^2}{100}} = \sqrt{65\frac{9.5^2}{100}} = 7.7(\text{cal}/\text{cm}^3)^{\frac{1}{2}} \tag{2.56}$$

相似计算结果：$\delta_P = 4.2\,(\text{cal}/\text{cm}^3)^{\frac{1}{2}}$ 和 $\delta_H = 3.7\,(\text{cal}/\text{cm}^3)^{\frac{1}{2}}$。

如果两种化学物质的$\delta_D$、$\delta_P$、和$\delta_H$值各自在数量上相当，那么这两种化学物质将具有相互高的亲和力（Hansen，2007）。类似的$\delta_T$值可能不表示这种高亲和力，仅是三个部分溶解度参数的数学组合。乙醇和硝基甲烷的$\delta_T$值相似，但两者表现出明显不同的物理化学性质（Hansen，1967）。例如，乙醇可与水混溶，但与硝基甲烷不溶。

Hansen 法认为$\delta_H$代表涉及电子转移的相互作用的潜力而得到拓展，不限于氢键，还包括路易斯酸碱相互作用（Hansen，1967；Thimmasetty 等，2008）。当发生使氢键作用模糊的酸碱作用时，可以使用$\delta_{\mathrm{a}}$和$\delta_{\mathrm{ab}}$而不是单独的$\delta_H$来分离酸和碱的相互作用（Thimmasetty 等，2008；Stefanis 和 Panayiotou，2012），即

$$\delta_H^2 = \delta_{\mathrm{a}}^2 + \delta_{\mathrm{b}}^2 \tag{2.57}$$

在式（2.54）中进行这种更换（Thimmasetty 等，2008）：

$$\ln\gamma_2 = \frac{\bar{V}_2\phi_1^2}{RT}[(\delta_{D1}-\delta_{D2})^2+(\delta_{P1}-\delta_{P2})^2+(\delta_{\mathrm{a1}}-\delta_{\mathrm{a2}})^2+(\delta_{\mathrm{b1}}-\delta_{\mathrm{b2}})^2] \tag{2.58}$$

由于很少有单独汇编的酸和碱溶解度参数，特别与已发表的氢键组分溶解度参数汇编的数量相比（Stefanis 和 Panayiotou，2012），这种方法在实际应用和已发表的研究方面并没有得到很多关注。

三维溶解度参数已经在固体溶液的制备中得到应用，药物可以在分子水平上分散在聚合物载体中。用 Hildebrand 和 Hansen 法计算布洛芬和几种极性化学物质的溶解度参数，以便鉴定制备药物固体分散体的潜在载体。虽然一维溶解度参数方法能够表明载体与药物的相容性趋势，但三维溶解度参数的使用揭示了不兼容性和更高的准确性（Greenlaigh 等，1999）。极性聚合物的使用备受关注，因为它们不仅可以改善药物的崩解和溶出速率（Vasconselos 等，2007），在某些情况下还可以将药物制成短暂的过饱和溶液（Curatolo 等，2009；Ozaki 等，2013；Ilevbare 等，2013）。[读者可参考 Serajuddin（1999）以及 Leuner 和 Dressman（2000）对药物-聚合物分散体的评论。]通过对比它们的三维溶解度参数的差异，可以表明极性聚合物和难溶性药物之间的不相容性（Greenlaigh 等，1999）。

### 2.3.4 Hansen 法的拓展

Hansen 方程已经得到扩展（Martin 等，1981，1984；Wu 等，1982；Beerbower 等，1984；Thimmasetty 等，2008），以确认经验修正项$C_0$；经验系数应用于每种类型的溶解度参数$C_i$：

$$\ln\gamma_2 = \frac{\bar{V}_2\phi_1^2}{RT}[C_0+C_1(\delta_{D1}-\delta_{D2})^2+C_2(\delta_{P1}-\delta_{P2})^2+C_3(\delta_{H1}-\delta_{H2})^2] \tag{2.59}$$

在将该表达式应用于估算苯二氮䓬在各种溶剂中的溶解度参数时，表明扩展的 Hansen 法远优于 Hansen 法（Verheyen 等，2001）。在一项关于替马西泮在 29 种溶剂中的溶解度的研究中（Richardson 等，1992），预测的摩尔溶解度与实验值具有相同的数量级。当应用 Flory-Huggins 校正时，总体上显著增加了预测能力。在最终分析中，预测的平均溶解度仅比实验溶解度低 33%，结果如图 2.5 所示，而估算的水溶解度仅低 12%。

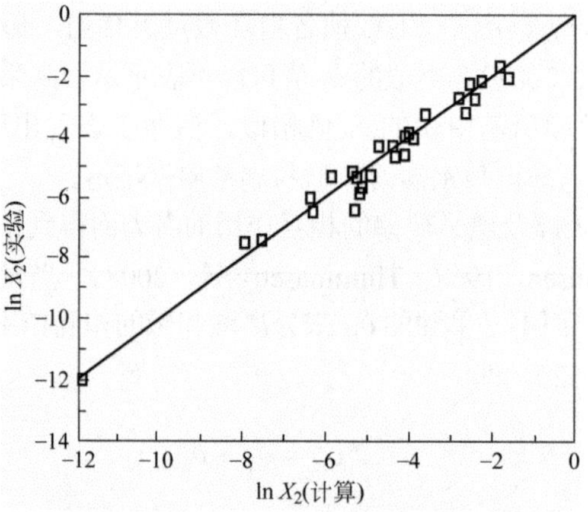


图 2.5 扩展的 Hansen 溶解度方法适用于预测替马西泮在各种极性的溶剂中的溶解度
该线代表相等的计算值和实验值
（来源：Richardson P J，McCafferty D F，Woolfson A D.Int.J.Pharm.，1992，78：189-198.经 Elsevier 许可）

## 2.4 优势和劣势

已经注意到正规溶液的方程式（2.34），仅适用于非极性系统（Claramonte 等，1993）；在稀溶液系统中，溶质-溶剂和溶剂-溶剂相互作用仅限于分散力，即伦敦力（Hildebrand，1949；Neau 等，1989）。极性溶剂的使用引入了超过伦敦力的分子间力，在正规溶液理论中没有考虑到过量的混合熵（Hildebrand，1949）。这可以归因于溶质或溶剂分子的自缔合、溶质在溶剂中溶解，或溶液中溶质的络合作用（Martin 等，1980；Grant 和 Abougela，1984）。分子间相互作用可能由氢键、偶极相互作用、电荷转移络合作用和其他类型的路易斯酸-碱相互作用综合而成（Hildebrand，1949；Martin 等，1982，1984，1985；Grant 和 Abougela，1984）。正规溶液理论已成功地解释了氢化可的松（Hagen 和 Flynn，1983）、同源正构烷烃和正醇中的甾体化合物（Gharavi 等，1983）在非极性溶剂中的溶解行为（Hagen 和 Flynn，1983），以及萘普生在外用剂型生产所用溶剂中的溶解行为（Claramonte 等，1993）。

Hildebrand 和 Hansen 方法的扩展都是经验性的。在研究的实验部分，在一系列溶剂系统中评估溶解行为后，可以使用回归分析来估算经验系数，包括扩展 Hansen 方法的 $C_0$ 项，然后可以在未包括的溶剂系统中估算溶解度。但这些方程的预测能力的问题在于，在能够预测所选溶剂中的溶解度之前，首先得确定它在许多溶剂中的溶解度。其实，直接在所选溶剂中进行溶解度研究，并完全消除预测方程误差更容易。另一方面，在由水和适用于肠外产品的共溶剂组成的二元溶剂系统的研究中，通过数学表达式可以轻松地估计该系列中的溶解度最大值。

此外，通过使用结构相关化学品的实验溶解度数据，Hildebrand 和 Hansen 方法中的理论方程可以有效地应用于预测新化学品的溶解度。新化学品的预测值将基于结构相关化学品的实验性一维或三维溶解度参数，并且官能团贡献规则将用于估计第二化学品的相应溶解度参数。与 Hildebrand 和 Hansen 方法相关的溶解度参数已被证明不仅可用于选择溶剂，还可用于选择配方中的其他赋形剂（Belmares 等，2004）。

该方法很大程度受限于溶解度参数方法，加上定量的限制，其应用有限。但令人欣慰的是，这些理论方法及其应用有利于深入认识溶解行为和溶解度预测方法。更重要的是，可粗略估计新化学品在经过充分研究的溶剂中的溶解度，或在新溶剂中充分表征的化学品的溶解度，外推和插值显著地扩展了这些方法的适用性。1949 年，Hildebrand 说：

“由于研究的数量有限……但并没少到影响该理论的适用性。我们寻求定性和相对溶解度数据的需求远超过对精确数据的需求，我们寻求某种溶质的最佳或最差溶剂，我们不怎么需要精确度为 1%的溶解度数据，实际上，我们也很少将温度或纯度控制在相应的范围。如果我们确实需要精度很高的溶解度数据，我们必须依靠测定……来达到我们的目的。”（经 Hildebrand J H 许可转载，Chem.Rev.，1949，44：37-45。美国化学学会版权所有 1949。）

## 参考文献


Abbott, S., and C. M. Hansen. 2010. *Hansen Solubility Parameters in Practice, Complete with Software, Data and Examples*, 3rd ed., v. 3.1. Book and software published by Hansen-Solubility.com.

Adamson, A. W. 1979. *A Textbook of Physical Chemistry*, p. 235. New York: Academic Press.

Adjei, A., J. Newburger, and A. Martin. 1980. Extended Hildebrand approach: Solubility of caffeine in dioxane-water mixtures. *J. Pharm. Sci.* 69:659–661.

Alhalaweh, A., A. Alzghoul, and W. Kaialy. 2014. Data mining of solubility parameters for computational prediction of drug-excipient miscibility. *Drug Dev. Ind. Pharm.* 40:904–909.

Barton, A. F. M. 1983. *Handbook of Solubility Parameters and Other Cohesion Parameters*. Boca Raton, FL: CRC Press.

Beerbower, A., and J. R. Dickey. 1969. Advanced methods for predicting elastomer/fluids interactions. *ASLE Trans.* 12:1–20.

Beerbower, A., P. L. Wu, and A. Martin. 1984. Expanded solubility parameter approach I: Naphthalene and benzoic acid in individual solvents. *J. Pharm. Sci.* 73:179–188.

Belmares, M., M. Blanco, W. A. Goddard, R. B. Ross, G. Caldwell, S.-H. Chou, J. Pham, P. M. Olofson, and C. Thomas. 2004. Hildebrand and Hansen solubility parameters from molecular dynamics with applications to electronic nose polymer sensors. *J. Comput. Chem.* 25:1814–1826.

Blanks, R. F., and J. M. Prausnitz. 1964. Thermodynamics of polymer solubility in polar and nonpolar systems. *Ind. Eng. Chem. Fund.* 3:1–8.

Burrell, H. 1955a. Solubility parameters, Part I. *Interchem. Rev.* 14:3–16.

Burrell, H. 1955b. Solubility parameters, Part II. *Interchem. Rev.* 14:31–46.

Bustamante, P., B. Escalera, A. Martin, and E. Sellés. 1989. Predicting the solubility of sulfamethoxypyridazine in individual solvents I: Calculating partial solubility parameters. *J. Pharm. Sci.* 78:567–573.

Claramonte, M. D. C., A. P. Vialard, and F. G. Vichez. 1993. An application of regular solution theory in the study of the solubility of naproxen in some solvents used in topical preparations. *Int. J. Pharm.* 94:23–30.

Crowley, J. D., G. S. Teague, and J. W. Lowe. 1966. A three-dimensional approach to solubility. *J. Paint Technol.* 38:269–280.

Curatolo W., J. A. Nightingale, and S. M. Herbig. 2009. Utility of hydroxypropylmethylcellulose acetate succinate (HPMCAS) for initiation and maintenance of drug supersaturation in the GI milieu. *Pharm. Res.* 26:1419–1431.

Dave, V. S., S. Hepburn, and S. W. Hoag. 2014. Physical states and thermodynamic principles in pharmaceutics. In A. K. Dash, S. Singh, and J. Tolman (Eds.), *Pharmaceutics: Basic Principles and Application to Pharmacy Practice*. New York: Academic Press, p. 40.

Fedors, R. F. 1974. A method for estimating both the solubility parameter and molar volumes of liquids. *Polymer Eng. Sci.* 14:147–154.

Fung, H.-L., and T. Higuchi. 1971. Molecular interactions and solubilities of polar nonelectrolytes in nonpolar solvents. *J. Pharm. Sci.* 60:1782–1788.

Funk, E. W., and J. M. Prausnitz. 1970. Thermodynamic properties of liquid mixtures: Aromatic-saturated hydrocarbon systems. *Ind. Eng. Chem.* 62:8–15.

Gharavi, M., K. C. James, and L. H. Sanderds. 1983. Solubilities of mestanolone, methandienone, methyltestosterone, nandrolone, and testosterone in homologous series of alkanes and alkanols. *Int. J. Pharm.*

14:333–341.
Grant, D. J. W., and I. K. A. Abougela. 1984. Solubility behavior of griseofulvin in solvents of relatively low polarity. *Labo-Pharma Probl. Technol.* 32:193–196.
Grant, D. J. W., and T. Higuchi. 1990. *Solubility Behavior of Organic Compounds*. New York: John Wiley & Sons.
Greenhalgh, D. J., A. C. Williams, P. Timmins, and P. York. 1999. Solubility parameters as predictors of miscibility in solid dispersions. *J. Pharm. Sci.* 88:1182–1190.
Hagen, T. A. 1979. Physicochemical study of hydrocortisone and hydrocortisone n-alkyl-21-esters. PhD dissertation, University of Michigan, Ann Arbor, MI, pp. 94–96.
Hagen, T. A., and G. L. Flynn. 1983. Solubility of hydrocortisone in organic and aqueous media: Evidence for regular solution behavior in a polar solvents. *J. Pharm. Sci.* 72:409–414.
Hansen, C. M. 1967. The three dimensional solubility parameter. Key to paint component affinities: I. Solvents, plasticizers, polymers, and resins. *J. Paint Technol.* 39:104–117.
Hansen, C. 1969. The universality of the solubility parameter. *Ind. Eng. Chem., Prod. Res. Develop.* 8:2–11.
Hansen, C. 1972. Solvents for coatings. *Chem. Technol.* 2:547–553.
Hansen, C. 2007. *Hansen Solubility Parameters: A User's Handbook*, 2nd ed. Boca Raton, FL: CRC Press, pp. 12, 13, 38.
Hansen, C., and A. Beerbower. 1971. Solubility parameters. In A. Standen (Ed.), *Kirk-Othmer Encyclopedia of Chemical Technology*. New York: John Wiley & Sons, pp. 889–910.
Harris, H. G., and J. M. Prausnitz. 1969. Thermodynamics of solutions with physical and chemical interactions. *Ind. Eng. Chem. Fund.* 8:180–188.
Hildebrand, J. H. 1929. Solubility. XII. Regular solutions. *J. Am. Chem. Soc.* 51:66–80.
Hildebrand, J. H. 1949. A critique of the theory of solubility of non-electrolytes. *Chem. Rev.* 44:37–45.
Hildebrand, J. H., and R. L. Scott. 1950. *The Solubility of Nonelectrolytes*. New York: Reinhold Publishing.
Hildebrand, J. H., and R. L. Scott. 1962. *Regular Solutions*. Englewood Cliffs, NJ: Prentice Hall.
Hildebrand, J. H., J. M. Prausnitz, and R. L. Scott. 1970. *Regular and Related Solutions*. New York: Van Nostrand Reinhold.
Hoy, K. L. 1970. New values of the solubility parameters from vapor pressure data. *J. Paint Technol.* 42:76–118.
Huang, L.-F., and W.-Q. Tong. 2004. Impact of solid state properties on developability assessment of drug candidates. *Adv. Drug Deliv. Rev.* 56:321–334.
Huyskens, P. L., and M. C. Haulait-Pirson. 1985. A new expression for the combinatorial entropy of mixing in liquid mixtures. *J. Mol. Liq.* 31:135–151.
Ilevbare, G. A., H. Liu, K. J. Edgar, and L. S. Taylor. 2013. Maintaining supersaturation in aqueous drug solutions: Impact of different polymers on induction times. *Cryst. Growth Des.* 13:740–751.
James, K. C., C. T. Ng, and P. R. Noyce. 1976. Solubilities of testosterone propionate and related esters in organic solvents. *J. Pharm. Sci.* 65:656–659.
Johnson, S. R., and W. Zheng. 2006. Recent progress in the computational prediction of aqueous solubility and absorption. *AAPS J.* 8:E27–E40.
Jorgensen, W. L., and E. M. Duffy. 2002. Prediction of drug solubility from structure. *Adv. Drug Deliv. Rev.* 54:355–366.
Just, S., F. Sievert, M. Thommes, and J. Breitkreutz. 2013. Improved group contribution parameter set for the application of solubility parameters to melt extrusion. *Eur. J. Pharm. Biopharm.* 85(3 Pt B):1191–1199.
Karger, B. L., L. R. Snyder, and C. Eon. 1976. An expanded solubility parameter treatment for classification and use of chromatographic solvents and adsorbents. *J. Chromatogr.* 125:71–88.
Kertes, A. S. 1965. Solubility and activity of high-molecular amine hydrochlorides in organic solvents. *J. Inorg.Nucl. Chem.* 27:209–217.
Konstam, A. H., and W. R. Feairheller. 1970. Calculation of solubility parameters of polar compounds. *AIChE J.* 16:837–840.
Leuner, C., and J. Dressman. 2000. Improving drug solubility for oral delivery using solid dispersions. *Eur. J. Pharm. Biopharm.* 50:47–60.
Lewis, G. N., and M. Randall. 1961. *Thermodynamics*, revised by K. S. Pitzer and L. Brewer, 2nd ed. New York: McGraw-Hill, p. 281.
Lin, H., and R. A. Nash. 1993. An experimental method for determining the Hildebrand solubility parameter of organic nonelectrolytes. *J. Pharm. Sci.* 82:1018–1026.
Lipinski, C. A., F. Lombardo, B. W. Dominy, and P. J. Feeney. 1997. Experimental and computational approaches to estimate solubility and permeability in drug discovery and development settings. *Adv.*

*Drug Deliv. Rev.* 23:3–25.

Martin, A., and J. Carstensen. 1981. Extended solubility approach: Solubility parameters for crystalline solid compounds. *J. Pharm. Sci.* 70:170–172.

Martin, A., J. Newburger, and A. Adjei. 1980. Extended Hildebrand solubility approach: Solubility of theophylline in polar binary solvents. *J. Pharm. Sci.* 69:487–491.

Martin, A., P. L. Wu, A. Adjei, A. Beerbower, and J. M. Prausnitz. 1981. Extended Hansen solubility approach: Naphthalene in individual solvents. *J. Pharm. Sci.* 70:1260–1264.

Martin, A., P. L. Wu, A. Adjei, M. Mehdizadeh, K. C. James, and C. Metzler. 1982. Extended Hildebrand solubility approach: Testosterone and testosterone propionate in binary solvents. *J. Pharm. Sci.* 71:1334–1340.

Martin, A., P. L. Wu, and A. Beerbower. 1984. Expanded solubility parameter approach II: Naphthalene and benzoic acid in individual solvents. *J. Pharm. Sci.* 73:188–194.

Martin, A., P. L. Wu, Z. Liron, and S. Cohen. 1985. Dependence of solute solubility parameter on solvent polarity. *J. Pharm. Sci.* 74:638–642.

Neau, S. H., G. L. Flynn, and S. H. Yalkowsky. 1989. The influence of heat capacity assumptions on the estimation of solubility parameters from solubility data. *Int. J. Pharm.* 49:223–229.

Neau, S. H., and G. L. Flynn. 1990. Solid and liquid heat capacities of n-alkyl para-aminobenzoates near the melting point. *Pharm. Res.* 7:1157–1162.

Nelson, R. C., R. W. Hemwall, and G. D. Edwards. 1970. Treatment of hydrogen bonding in predicting miscibility. *J. Paint Technol.* 42:636–643.

Ozaki, S., I. Kushida, T. Yamashita, T. Hasebe, O. Shirai, and K. Kano. 2013. Inhibition of crystal nucleation and growth by water-soluble polymers and its impact on the supersaturation profiles of amorphous drugs. *J. Pharm. Sci.* 102:2273–2281.

Pudipeddi, M., and A. T. M. Serajuddin. 2005. Trends in solubility of polymorphs. *J. Pharm. Sci.* 94:929–339.

Raevsky, O. A., O. E. Raevskaja, and K.-J. Schaper. 2004. Analysis of water solubility data on the basis of HYBOT descriptors, part 3: Solubility of solid neutral chemicals and drugs. *QSAR Combinator. Sci.* 23:327–343.

Rathi, P. B. 2010. Determination and evaluation of solubility parameter of satranidazole using dioxane-water system. *Ind. J. Pharm. Sci.* 72:671–674.

Richardson, P. J., D. F. McCafferty, and A. D. Woolfson. 1992. Determination of three-component partial solubility parameters for temazepam and the effects of change in partial molal volume on the thermodynamics of drug solubility. *Int. J. Pharm.* 78:189–198.

Romero, S., B. Escalera, and P. Bustamante. 1999. Solubility behavior of polymorphs I and II of mefenamic acid in solvent mixtures. *Int. J. Pharm.* 178:193–202.

Scatchard, G. 1931. Equilibria in non-electrolyte solutions in relation to the vapor pressures and densities of the components. *Chem. Rev.* 8:321–333.

Scatchard, G. 1934. Non-electrolyte solutions. *J. Am. Chem. Soc.* 56:995–996.

Scatchard, G. 1949. Equilibrium in non-electrolyte mixtures. *Chem. Rev.* 44:7–35.

Schaper, K.-J., B. Kunz, and O. A. Raevsky. 2003. Analysis of water solubility data on the basis of HYBOT descriptors, part 2: Solubility of liquid chemicals and drugs. *QSAR Combinator. Sci.* 22:943–948.

Serajuddin, A. T. M. 1999. Solid dispersion of poorly water-soluble drugs: Early promises, subsequent problems, and recent breakthroughs. *J. Pharm. Sci.* 88:1058–1066.

Small, P. A. 1951. Some factors affecting the solubility of polymers. *J. Appl. Chem.* 3:71–80.

Stefanis, E., and C. Panayiotou. 2012. A new expanded solubility parameter approach. *Int. J. Pharm.* 426:29–43.

Subrahmanyam, C. V. S., M. S. Reddy, J. V. Rao, and P. G. Rao. 1992. Irregular solution behavior of paracetamol in binary solvents. *Int. J. Pharm.* 78:17–24.

Teas, J. P. 1968. Graphic analysis of resin solubilities. *J. Paint Technol.* 40:19–25.

Thimmasetty, J., C. V. S. Subrahmanyam, P. R. Sathesh Babu, M. A. Maulik, and B. A. Viswanath. 2008. Solubility behavior of pimozide in polar and nonpolar solvents: Partial solubility parameters approach. *J. Solution Chem.* 37:1365–1378.

Thimmasetty, J., C. V. S. Subrahmanyam, B. A. Vishwanath, and P. R. Sathesh Babu. 2009. Solubility parameter estimation of celecoxib by current methods. *Asian J. Res. Chem.* 2:188–195.

Van Krevelen, D. W., and P. J. Hoftyzer. 1976. *Properties of Polymers: Their Estimation and Correlation with Chemical Structure.* New York: Elsevier Science.

Vasconcelos, T., B. Sarmento, and P. Costa. 2007. Solid dispersion as strategy to improve oral bioavailability of poor water soluble drugs. *Drug Discov. Today* 12:1068–1075.

Verheyen, S., P. Augustijns, R. Kinget, and G. Van den Mooter. 2001. Determination of partial solubility parameters of five benzodiazepines in individual solvents. *Int. J. Pharm.* 228:199–207.

Walker, E. E. 1952. The solvent action of organic substances on polyacrylonitrile. *J. Appl. Chem.* 2:470–481.

Wu, P. L., A. Beerbower, and A. Martin. 1982. Extended Hildebrand approach: Calculating partial solubility parameters of solid solutes. *J. Pharm. Sci.* 71:1285–1287.

Yu, X., G. L. Zipp, and G. W. R. Davidson. 1994. The effect of temperature and pH on the solubility of quinolone compounds: Estimation of heat of fusion. *Pharm. Res.* 11:522–527.

# 第3章 溶解度的预测

Yisheng Chen，Xiaohong Qi，Rong（Ron）Liu

## 3.1 引言

溶解度通常被归因于溶质的最大热力学活性（Higuchi，1977，1982）。在药剂学中，溶解度通常与目标化合物的生物利用度有关，尤其是对于难溶性化合物。通常，可溶性化合物比难溶性化合物有更高的生物利用度。

这种药物与肠道通透性的关系是生物药剂学分类的基础，从而可以根据药物结构对其体内代谢情况进行预判（Amidon 等，1995；FDA，2000）。根据 FDA 制定的 BCS 评价指南，如果生产药品所用的原料药具有高生物渗透性和快速溶出能力，溶解度是豁免生物等效性研究的重要依据。

化合物的高溶解性和 BE 的成功豁免，对 FDA 监管上市后变更有重大意义。如果新化学实体（NCE）具有足够的水溶性并且不需要任何特殊的增溶技术来达到预期的生物利用度，就可以显著节省 NCE 的开发成本，从而降低产品开发成本，并缩短研发时间，使药品更快造福患者。因此，预测溶解度在药物的设计和开发中是十分重要的。

溶解度可以通过热力学和结构-溶解度关系来研究。通过溶液热力学表达式，将化合物的溶解程度与混合自由能联系在一起。与许多其他物质的平衡过程类似，混合自由能决定了溶解过程和溶液的平衡状态。对于恒定压力下的等温过程，溶解过程的部分摩尔混合自由能变化 $\Delta\bar{G}_{d,2}$ 可表示如下：

$$\Delta\bar{G}_{d,2} = \Delta\bar{H}_{d,2} - T\Delta\bar{S}_{d,2} \tag{3.1}$$

式中，下角标 d 为溶解过程；下角标 2 是指溶质作为溶液体系的第二组分；$\Delta\bar{H}_{d,2}$ 是指溶质的部分摩尔焓变；$T$ 是指溶解过程释放的热力学温度；$\Delta\bar{S}_{d,2}$ 是指溶质的部分摩尔熵变。因此，放热过程促进溶解，吸热过程抑制溶解。

在热力学的基础上，混合自由能又与溶液的平衡有关，可用如下表达式表示：

$$\Delta\bar{G}_{mix,2} = RT\ln a_2 \tag{3.2}$$

$a_2$ 为溶液中溶质的活性。

从式（3.1）和式（3.2）可知，如果可以确定自由能的变化，则可以计算溶液平衡时溶质的活性。实际上，Hildebrand 已采用这种方法来制定解决问题的理论方法（Hildebrand 等，1970）。在正规溶液中，混合焓接近几何规则，在理想溶液中，混合熵可以被简化应用。在特定情况下，假定没有发生相互作用，可以用该理论解决相关问题。当在分子相互作用中发生氢键作用时，混合焓将偏离几何规则，并且混合熵将小于随机混合的理想溶液。因此，考虑到溶液中特定分子相互作用的新方法有助于溶解度的研究。

同时，结构-溶解度关系利用溶解度和溶质分子关系的表达式来预测溶解度。通常，结构-溶解度关系属于经验方法。对于溶解度研究，精确的理论方法无疑是优于经验方法的。然而，由于分子间的相互作用非常复杂，并且模型被不断地简化，如果不进行大量的实验研究，热力学方法未必可以提供准确的结果。目前，理论和经验方法的准确度相似，都可以用于溶解度研究。

在本章中，讨论了近年来用于预测有机化合物在溶液中溶解度的新方法，包括理论和经验的方法。旨在向读者介绍溶解度预测方法，并为药物研究和开发新的分子提供工具。

## 3.2 顺序移动理论

考虑到溶液中的特定相互作用，Ruelle 等（1991）建立了一个用于计算非电解质溶解度的综合表达式。这个表达式被称为顺序移动理论。该表达式部分是基于分子的永恒移动的性质。根据该理论，溶液中每种物质的每个特定分子具有相同的移动环境。溶液中分子的空间方位不断变化。溶液中分子的运动是随机的，如果系统中分子间没有优先相互作用，则混合溶液的熵与理想溶液的熵相同。当发生诸如氢键的优先相互作用时，溶液中分子取向和移动则不是随机的。因此，与理想溶液相比，溶液的熵降低了。然后使用由于优先的分子间相互作用导致的熵变化来解释溶解度。分子间的优先相互作用导致熵的改变，从而影响溶解度。在该方法中，以正规溶液来预测非极性溶液的溶解度，而在极性溶液中考虑到分子间的相互作用。因此，该方法预测溶解度更准确。

根据顺序移动理论，体积分数溶解度 $\Theta_2$ 的通用表达式如下：

$$\ln\Theta_2 = -A_m + B - D - F + O - OH \tag{3.3}$$

式(3.3)中每项的物理意义和数学表达在以下段落中释义。读者可以参考原出版物（Ruelle 等，1991，1992）得知每项的物理意义。为了与其他方法进行比较，应将溶解度单位从体积分数转换为摩尔分数。

式（3.3）中的 $A_m$ 为流态化，表示假设结晶和熔融溶质互为溶解过程。假设结晶和熔融溶质的热量相同，对于结晶型溶质的常规溶解过程，$A_m$ 的表达式相同：

$$A_m = \frac{\Delta\bar{H}_m}{R}\left(\frac{T_m - T}{T_m T}\right) \tag{3.4}$$

式中，$\Delta H_m$ 表示结晶型溶质在其绝对熔点 $T_m$ 处的摩尔熔化焓；$R$ 为气体常数；$T$ 表示测量溶解度时的热力学温度。式（3.4）表示在理想状态下结晶型溶质的溶解度和溶剂的相同。

式（3.3）中的 $B$ 为任何摩尔体积不同于溶剂的溶质的熵校正项。在常规表达式中，理想溶液混合的偏离熵与目标物质的物质的量浓度相关：

$$\Delta\bar{S}_{mix,2} = -R\ln x_2^i \tag{3.5}$$

式中，$x_2^i$ 是理想溶液中溶质的物质的量浓度。如果溶剂和溶质的摩尔体积不同，则混合的熵将偏离式(3.5)(Bustamante 等，1989)。为了校正这种偏差，又建立了几个表达式（Huyskens

和 Haulait-Pirson，1985）。$B$ 用于混合熵的校正，表达式为：

$$B = 0.5\Phi_1\left(\frac{V_2}{V_1} - 1\right) + 0.5\ln\left(\Phi_2 + \frac{\Phi_1 V_2}{V_1}\right) \tag{3.6}$$

式中，$V_1$ 和 $V_2$ 分别是溶剂和溶质的摩尔体积。如果溶质和溶剂的摩尔体积相同，则 $B$ 不会影响溶解度。当将式（3.6）代入式（3.3）时，溶解度方程的两侧都出现溶解度。因此，需要迭代法来计算溶解度。

$D$ 表示溶液焓的部分影响。当溶质-溶剂相互作用力与溶质-溶质和溶剂-溶剂相互作用不同时，产生混合焓。分子间作用力可进一步表征为分散、偶极和氢键力。在顺序移动溶解度方法中，分散和偶极没有分开。用改进的溶解度参数 $\delta_1'$ 和 $\delta_2'$ 表示这两种作用力对溶解度的影响。正如本书第 2 章的正规溶液表达式，溶解度和溶解度参数之间的关系可以按照相同的方式导出，表示如下：

$$D = \frac{V_2\Phi_1^2}{RT}\left(\delta_2' - \delta_1'\right)^2 \tag{3.7}$$

式（3.7）中的改进溶解度参数 $\delta'$ 与 Hildebrand 溶解度参数不同，但类似于 Hansen 部分溶解度参数的离散溶解度参数 $\delta_d$ 和极性溶解度参数 $\delta_p$ 的总和（Hansen，1967）。改进溶解度参数的值可以由溶质在非极性溶剂中的溶解度确定。例如，用戊烷作溶剂来确定苯甲酸甲酯的 $\delta'$（Ruelle 等，1991）。

$F$ 表示溶质对溶剂分子间氢键的疏水作用。该术语表示溶剂分子之间形成的氢键导致混合熵降低的值：

$$F = \Phi_1\left(\frac{r_1 V_2}{V_1} - n_2\right) \tag{3.8}$$

式中，$n_2$ 表示溶质分子上的两亲性基团 OH 的数目。溶剂的结构指标 $r_1$ 对于非缔合溶剂的值为零，对于醇为 1，对于水为 2。

$O$ 表示溶质-溶剂间氢键的影响。溶质和溶剂之间的分子间氢键导致 Gibbs 自由能降低，从而促进溶质和溶剂的混合。溶剂和溶质供体/受体结构的不同，可以产生不同的氢键模式。该术语描述了质子供体溶剂和质子受体溶质之间形成的氢键作用。$O$ 准确地表示为：

$$O = \ln\left(\frac{K_{12}\Phi_1}{V_1} + 1\right) \tag{3.9}$$

式中，$K_{12}$ 表示质子供体溶剂和质子受体溶质分子之间氢键的稳定常数。

当溶剂分子仅为质子受体，溶质分子既为质子供体，又是质子受体时，不同分子间的氢键竞争是不可避免的。对于这样的系统，溶剂和溶质之间氢键的影响可以通过式（3.3）中的 OH 项来描述。显然，不同物质的化合键的稳定性对氢键起着重要作用。稳定常数越大，形成的氢键越强。因此，可以用黏合稳定常数反映溶剂和溶质间氢键对溶解度产生的影响。

$$\mathrm{OH} = \ln\left(\frac{K_{22}}{V_2} + 1\right) - \ln\left(\frac{K_{\mathrm{OH}}\Phi_1}{V_1} + 1 + \frac{K_{22}\Phi_2}{V_2}\right) \tag{3.10}$$

$K_{22}$ 为溶质间稳定的氢键常数；$K_{OH}$ 为质子供体溶质和质子受体溶剂之间的键合常数。

溶解度计算的一般表达式可以通过将式（3.4）、式（3.6）～式（3.10）代入式（3.3）得到：

$$\ln\Phi_2 = \frac{-\Delta\bar{H}_m}{R}\left(\frac{T_m - T}{T_m T}\right) + 0.5\Phi_1\left(\frac{V_2}{V_1} - 1\right) + 0.5\ln\left(\Phi_2 + \frac{\Phi_1 V_2}{V_1}\right) - \frac{V_2\Phi_1^2}{RT}\left(\delta_2' - \delta_1'\right)^2$$
$$- \Phi_1\left(\frac{r_1 V_2}{V_1} - n_2\right) + \ln\left(\frac{K_{12}\Phi_1}{V_1} + 1\right) - \ln\left(\frac{K_{22}}{V_2} + 1\right) + \ln\left(\frac{K_{OH}\Phi_1}{V_1} + 1 + \frac{K_{22}\Phi_2}{V_2}\right) \tag{3.11}$$

显然，目前为止，式（3.11）是计算溶解度最全面的表达式。通过稳定常数来解释氢键效应，可以更好地表示溶解度而且预测结果会更准确。这种方法是处理分子间相互作用的一个步骤。然而，使用式（3.11）时需要确定溶质和溶剂的改进溶解度常数和不同类型的氢键常数，以及熔点、熔化焓、溶剂的摩尔体积和假设熔融的溶质。显然，这些特异性常数和相关溶解度参数的确定并非易事。因此，可能必须使用近似值来估算溶解度。此外，由于溶解度出现在等式的两侧，因此需要根据表达式用迭代法计算。

## 3.3 分配理论

由于氢键在水溶液中的主导作用，使用常规溶液方程无法估算水溶液中的溶解度。在 20 世纪 80 年代早期，Yalkowsky 和 Valvani 开发了一种分配理论（Yalkowsky 和 Valvani，1980），用于估算水溶液中的溶解度。在分配理论中，用溶质的活度系数来表示溶解度。因此，用油/水分配系数预测溶质在水中的溶解度，即溶质在水和辛醇中的活度系数比。

通常，溶液中溶质的活度可以通过下式描述：

$$a_2 = x_2\gamma_2 \tag{3.12}$$

其中 $a_2$、$x_2$ 和 $\gamma_2$ 分别是溶液中溶质的活度、物质的量浓度和活度系数。在理想溶液中，活度系数是固定的，并且 $a_2 = x_2^i$。

当溶液和纯溶质达到平衡时，溶液中溶质的活度与纯溶质物质的活度相同。对于理想溶液中的结晶型物质，溶解度可用下式表示：

$$\lg a_2 = \lg x_2^i = \frac{-\Delta\bar{H}_m}{2.303R}\left(\frac{T_m - T}{TT_m}\right) \tag{3.13}$$

$\Delta\bar{H}_m / T_m$ 的比率等于 $\Delta\bar{S}_m$。当温度为 25℃（298.2 K）时，$R = 1.987$ cal/（mol·K），式（3.13）可以简化为：

$$\lg x_2^i = \frac{-\Delta\bar{S}_m(\text{mp} - 25)}{1364} \tag{3.14}$$

式中，mp 是结晶型溶质的熔点，℃。

在实际情况中，由于分子间相互作用，活度系数将有所偏离，尤其是优先氢键和偶极相互作用发生时。活度系数对溶解度的影响可以用式（3.12）来解释。温度为 25℃时，将式（3.13）

和式（3.14）代入式（3.12），溶质在水中的摩尔溶解度可表示为：

$$\lg x_2 = \frac{-\Delta\overline{S}_{\mathrm{m}}(\mathrm{mp}-25)}{1364} - \lg\gamma_2 \qquad (3.15)$$

$\Delta\overline{S}_{\mathrm{m}}$的值可以测量。此外，可以通过熔融过程和溶质的分子结构来预估$\Delta\overline{S}_{\mathrm{m}}$。当结晶材料熔融时，分子从固定的高度有序的晶格状态变为混乱的液态。在这个过渡过程中，溶质的熵在三个子过程中增加：旋转、平移和内部分子旋转。熔融过程的总熵变是三个子过程熵变的总和：

$$\Delta\overline{S}_{\mathrm{m}} = \Delta\overline{S}_{\mathrm{m}}^{\mathrm{rot}} + \Delta\overline{S}_{\mathrm{m}}^{\mathrm{tr}} + \Delta\overline{S}_{\mathrm{m}}^{\mathrm{intr}} \qquad (3.16)$$

式中，$m$ 表示熔融状态；rot 表示分子旋转；tr 表示平移；intr 表示由柔性键的构象变化引起的内部分子旋转。

式(3.16)右侧每个项的值可以通过统计学计算，这种方法已用于理想气体(Levine，1988)。此外，可用实验数据的平均值来估算。在任何一种情况下，都可以根据分子结构和几何结构进行简化。具体而言，球形分子的$\Delta\overline{S}_{\mathrm{m}}^{\mathrm{rot}}$为零，刚性分子的$\Delta\overline{S}_{\mathrm{m}}^{\mathrm{intr}}$为零。多数化合物的$\Delta\overline{S}_{\mathrm{m}}^{\mathrm{intr}}$相对恒定，平均值为 3.5 cal/(mol•K)。同样，非球形分子的$\Delta\overline{S}_{\mathrm{m}}^{\mathrm{rot}}$约为 10 cal/（mol•K)。可由此推算小的、刚性的和非球形分子的熔化熵：

$$\Delta\overline{S}_{\mathrm{m}} = \Delta\overline{S}_{\mathrm{m}}^{\mathrm{rot}} + \Delta\overline{S}_{\mathrm{m}}^{\mathrm{tr}} = 13.5\ \mathrm{cal}/(\mathrm{mol}\cdot\mathrm{K}) \qquad (3.17)$$

并且，对于刚性球形分子，

$$\Delta\overline{S}_{\mathrm{m}} = \Delta\overline{S}_{\mathrm{m}}^{\mathrm{tr}} = 3.5\ \mathrm{cal}/(\mathrm{mol}\cdot\mathrm{K}) \qquad (3.18)$$

实际上，几乎所有的药物分子都不是球形的。因此，很少使用式（3.18)。

与结晶状态相比，$\Delta\overline{S}_{\mathrm{m}}^{\mathrm{intr}}$由液态中空间构象变化自由度的增加来确定。在晶格中，不会发生围绕柔性键旋转引起的空间构象变化。然而，在液态下可能会发生这种旋转。由于空间约束每个柔性键存在三种可能的构象，围绕一个单键产生每个构象的概率是三分之一，并且完全拉伸构象的概率是：

$$p = \left(\frac{1}{3}\right)^{n-3} \qquad (3.19)$$

因此，由于分子内旋转引起的熵变为：

$$\Delta\overline{S}_{\mathrm{m}}^{\mathrm{intr}} = -R\ln p = -R\ln\left(\frac{1}{3}\right)^{n-3} = 2.2(n-3) \qquad (3.20)$$

其中 $n$ 是柔性链中碳和杂原子的数量，$(n-3)$ 是链中可扭转角的数量。其中 $n \leqslant 3$ 时 $\Delta\overline{S}_{\mathrm{m}}^{\mathrm{intr}} = 0$。在实践中发现（Yalkowsky 和 Valvani，1980)，分子内部旋转近似于以下表达式：

$$\Delta\overline{S}_{\mathrm{m}}^{\mathrm{intr}} = 2.5(n-5) \qquad (3.21)$$

当 $n \leqslant 5$ 时，$\Delta\overline{S}_{\mathrm{m}}^{\mathrm{intr}} = 0$。

在此基础上，基于分子结构预测理想的溶解度。如式（3.17）所示，对于刚性和非球形分子使用$\Delta\overline{S}_{\mathrm{m}}$=13.5，式（3.14）给出的理想溶解度可近似为：

$$\lg x_2^i = -0.01(\text{mp} - 25) \tag{3.22}$$

对于部分柔性分子，表达式为：

$$\lg x_2^i = -[0.01+0.0018(n-5)](\text{mp}-25) \tag{3.23}$$

通过分配理论建立溶解度方程，然后估算水溶液中溶质的活度系数 $\gamma_w$。如果水溶液用辛醇平衡，可以证明 $\gamma_w$ 与辛醇-水分配系数有关。

$$P = \frac{\gamma_w}{\gamma_o} \tag{3.24}$$

式中，$P$ 是辛醇-水分配系数，$\gamma_o$ 是辛醇中溶质的活度系数。$\gamma_w$ 和 $\gamma_o$ 以摩尔分数表示。

当溶质的内聚能约等于辛醇的内聚能时，辛醇中的活度系数近似于 1。因此，在水中的活度系数可以用辛醇-水分配系数来表达：

$$\lg r_w \approx \lg P \tag{3.25}$$

因此，通过将式（3.25）代入式（3.15）替换 $\lg r_2$，可以得到 $\lg P$ 来预测水中的溶解度。

可以用基于浓度的分配系数 PC 代替式（3.24）给出的摩尔分数分配系数，表达式如下：

$$\text{PC} = \frac{c_o}{c_w} \tag{3.26}$$

式中，$c_o$ 是与水相平衡的辛醇中溶质的物质的量浓度；$c_w$ 表示与辛醇平衡的水相中溶质的物质的量浓度。

假设溶剂被稀释到水中的物质的量浓度约等于 55 mol/L，在辛醇中的物质的量浓度为 6.3 mol/L，那么可以假定 $\lg P \approx \lg \text{PC} + 0.94$。据此，部分刚性分子的摩尔溶解度可写为：

$$\lg x_2 = -[0.01+0.0018(n-5)](\text{mp}-25)-\lg\text{PC}-0.94 \tag{3.27}$$

除了用摩尔分数表示浓度之外，在水中的溶解度还可以表示为物质的量浓度 $S_w$，假设溶液是稀释的，$S_w$ 可以近似为 $x_2$ 与水的物质的量浓度 55 mol/L 的乘积。在 25℃时，溶解度可表示为：

$$\lg S_w = -[0.01+0.0018(n-5)](\text{mp}-25)-\lg\text{PC}+0.80 \tag{3.28}$$

对于不会发生内部分子旋转的刚性分子，式（3.28）可简化为：

$$\lg S_w = -0.01\text{mp}-\lg\text{PC}+1.05 \tag{3.29}$$

对于 25℃的液体，溶解度的表达式可进一步简化为：

$$\lg S_w = \lg\text{PC}+1.05 \tag{3.30}$$

分配方法是一种相对简单的方法，可用于预测物质在溶液中溶解度，涉及复杂的分子间相互作用。此外，还可以简便地确认表达式中涉及的参数。例如，基于溶质的结构，可以使用很多方法预测分配系数（Rekker，1977；Dunn 等，1986；Rekker 和 Mannhold，1992；Mannhold 等，1995）。因此，对于具有已知化学结构的化合物，如果已知溶质的熔点和辛醇-水分配系数，当温度为 25℃时，则可以计算化合物在水中的溶解度。如 Yalkowsky 和 Valvani（1980）的报道，这种方法通常可以得到较高的准确度。如果根据溶质的化学结构推算，可以获得更准确的结果。Yalkowsky 和他的同事评估不同类别化合物在水中的溶解度 $\lg S_{est}$，并将结果与 $\lg S_{obs}$（Yalkowsky 和 Valvani，1980；Valvani 等，1981）进行了比较。已证明，对于多环化合物，预测值大于实验值，如下所示：

$$\lg S_{obs}=0.944\lg S_{est}-0.785 \tag{3.31}$$

对于卤素取代的苯，也发现了类似的结果：

$$\lg S_{obs}=0.9801\lg S_{est}-0.32 \tag{3.32}$$

式（3.31）和式（3.32）表明，对于特定的化合物，使用分配理论预测的溶解度须通过研究建立的唯一值来校正。否则，对于某些特定的化合物可能会产生极大的偏差。Jain 和 Yalkowsky 重新评估了 Valvani 和 Yalkowsky 在 1980 年提出的一般溶解度方程（GSE），并修订了 GSE。修订后的 GSE 在 580 种包括药学、环境和工业相关的非电解质上得到验证。修订后的方程具有更强的理论支持，可以更准确地估算在水中的溶解度（Jain 和 Yalkowsky，2001）。GSE 的适用范围可以扩展到弱电解质。结果表明，GSE 预测的 949 种化合物在水中的溶解度，包括 367 种弱电解质，AAE 为 0.58。此外，$pK_a+\lg S$（w）≤0 的弱酸的固有溶解度为 $pK_a+\lg S$（w）≤14 的弱碱总溶解度的 2 倍（Jain 等，2006）。

**实例 3.1**

计算对羟基苯甲酸甲酯在 25℃水中的溶解度。对羟基苯甲酸甲酯的熔点为 131℃（Windholz 和 Budavari，1983）。对羟基苯甲酸甲酯的化学结构式：

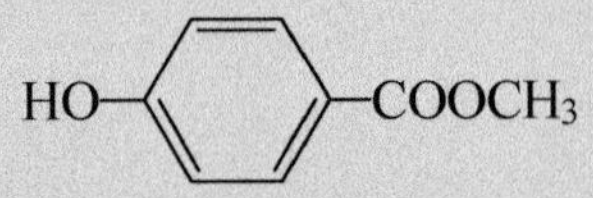

**计算过程**

使用下式（Rekker，1977）所述的碎片法估算对羟基苯甲酸甲酯的辛醇-水分配系数：

$$\lg PC=\sum_{i=1}^{n} f_i \tag{3.33}$$

其中 $f$ 是 $n$ 个分子片段中每个片段的分配系数。使用式（3.33）和 Rekker（1977）确定的 $f$ 值，预测对羟基苯甲酸甲酯的分配系数为：

$$\lg PC=f_{C_6H_4}+f_{OH}+f_{COO}+f_{CH_3}=1.719-0.359-0.430+0.695=1.625 \tag{3.34}$$

由于对羟基苯甲酸甲酯的侧链少于 5 个原子，因此可以使用式（3.29）估算其溶解度。结果为：

$$\lg S_w=-0.01\times131-1.625+1.05=-1.885$$

摩尔溶解度为 0.013 mol/ L，结果与实验值 0.0196 mol/ L（Windholz 和 Budavari，1983）和 0.0158 mol /L（Manzo 和 Ahumada，1990）基本一致。

## 3.4 定量结构-溶解度关系

此前的讨论已经表明，可以得到不同的表达式来预测溶解度。对于某些具体情况，每个方程具有独特的优点。然而，许多表达式是基于很多的假设和简化得到的，因此具有局限性。此外，表达式中的一些物理或化学常数较难得到。那么或许可通过定量结构-溶解度关系（QSSR）预测溶解度。QSSR 是定量构效关系（QSAR）的延伸，是基于统计技术建立的表达式，用于表达一系列相关化合物的生物学效应，作为其物理化学性质的线性函数（Cramer 等，1979）。QSAR 最初是由 Hansch 等在 20 世纪 60 年代早期开发的，将苯氧乙酸的生物活性与 Hammett 常数和分配系数联系起来（1962）。从那时起，QSAR 被广泛使用（Hansch，1993），主要用于药物设计，以及有效药物的鉴定和开发（Cramer 等，1979；Gould 等，1988）。QSAR 也已经扩展到生物活性的相关性之外，并且已经被用于将一些物理化学性质与其他物理性质相关联，例如分配系数（Rekker，1977；Seydel，1985；Leo，1993）、结合常数（Charton 和 Charton，1985）、色谱保留指数（Kaliszan 和 Höltje，1982；Kaliszan，1992）、药动学参数（Schaper 和 Seydel，1985；Herman 和 Veng-Pedersen，1994）以及溶解度（Zhou 等，1993；Sutter 和 Jurs，1996）。为预测溶解度已经开发了许多这样的经验方法。然而，这些方法并不能预测所有情况。在本章的其余部分，将讨论新开发的方法，如分子模拟方法（Bodor 和 Huang，1992；Zhou 等，1993）、基团贡献方法（Wakita 等，1986；Klopman 等，1992；Kühne 等，1995；Myrdal 等，1995）和常用的线性自由能关系方法。

### 3.4.1 分子模拟方法

#### 3.4.1.1 部分原子电荷法

建立溶解度表达式的关键步骤之一是建立溶液中分子间相互作用的关系。实际上，分子间相互作用的处理一直是溶解度研究中的主要挑战。对于非极性分子，分子相互作用主要是分散力。对于极性分子，分子间相互作用因溶液中偶极作用和氢键的存在而变得复杂。因此，如果可以准确地表达相互作用的来源和强度，则可以计算相互作用。众所周知，由于不同原子的电负性差异，分子的极性是分子内电子分布不均匀的结果。因此，分子内电子的定位程度可用于表示极性而且可以表示极性相互作用。原子电荷已经成功地应用于与渗透率的相关性（Chen 等，1993，1996）和在水中的溶解度（Bodor 和 Huang，1992）。以下将介绍使用部分原子电荷预测极性化合物在极性溶剂异丙醇中的溶解度。

根据 Hildebrand 等（1970）的说法，对于常规溶液中的结晶型溶质，简化的溶解度方程（假设溶质结晶和熔融的热容差异可以忽略不计）为：

$$\ln x_2 = -\frac{\Delta \bar{H}_{\mathrm{m}}}{R}\left(\frac{1}{T}-\frac{1}{T_{\mathrm{m}}}\right)-\frac{v_2\Phi_1^2}{RT}\left(E_1+E_2-2E_{12}\right) \tag{3.35}$$

式中，$v_2$ 为假设过冷液体溶质的摩尔体积；$\Phi_1$ 为平衡时溶液中溶剂的体积分数；$E$ 为内聚或黏合能密度；下标 1、2 和 12 分别代表溶剂、溶质和溶质-溶剂相互作用。

假设式（3.35）中的 $E$ 项是极性和非极性相互作用能的线性组合，公式可表达如下：

$$E_1 + E_2 - 2E_{12} = \left(E_1^n + E_2^n - 2E_{12}^n\right) + \left(E_1^p + E_2^p - 2E_{12}^p\right) \tag{3.36}$$

式中，$E^n$ 是非极性相互作用能；$E^p$ 代表极性相互作用能。将式（3.36）代入式（3.35），溶解度可表示为：

$$\ln x_2 = -\frac{\Delta \bar{H}_{\mathrm{m}}}{R}\left(\frac{1}{T} - \frac{1}{T_{\mathrm{m}}}\right) - \frac{v_2 \Phi_1^2}{RT}\left[\left(E_1^n + E_2^n - 2E_{12}^n\right) + \left(E_1^p + E_2^p - 2E_{12}^p\right)\right] \tag{3.37}$$

Hansen（1967）研究了将总内聚能分解成多组分，并且已经完成了在不同情况下对不同化合物溶解度的预测（Martin 等，1981；Bustamante 等，1991；Richardson 等，1992）。

在这项研究中，使用部分原子电荷作为预测因子来表示内聚力和黏附力极性部分的影响。在该方法中，基于分子的化学结构的元素，将分子分成极性和非极性部分。分子的极性部分由以下两类元素组成：①分子中的氧和/或氮原子；②直接键合到氧和/或氮原子上的任何氢和碳原子。将其他剩余的碳原子连同它们键合的氢和/或卤素定义为分子的非极性部分。图 3.1 给出了这种分类的一个例子。

从图 3.1 所示的结构可以看出，分子的非极性部分基本上是烃片段。分子的非极性部分对溶解度的影响可以使用常规解方程来预测，即

$$E_1^n + E_2^n - 2E_{12}^n = (\delta_1^n - \delta_2^n)^2 \tag{3.38}$$

其中 $\delta^n$ 是非极性部分的溶解度参数。$\delta_1^n$ 和 $\delta_2^n$ 可通过如下定义的基团贡献法来估计：

$$\delta^n = \frac{\sum {}^zF_i}{\sum {}^zv_i} \tag{3.39}$$

式中，${}^zF_i$ 是基团摩尔吸引常数；${}^zv_i$ 是第 $i$ 组的摩尔体积。

分子极性部分的影响可能与部分原子电荷有关。在该研究中，使用分子建模计算机软件 SYBYL（Tripos，1992）来生成分子模型。然后使用 SYBYL®中的 Gast-Hück 方法计算原子电荷。计算原子电荷的例子如图 3.2 所示。估计原子电荷有几种不同的方法。不同的方法（Levine，1988；Tripos，1992）可能导致不同的电荷值，但结果可能相似（Klopman 和 Iroff，1981；Kantola 等，1991；Cramer 等，1993）。

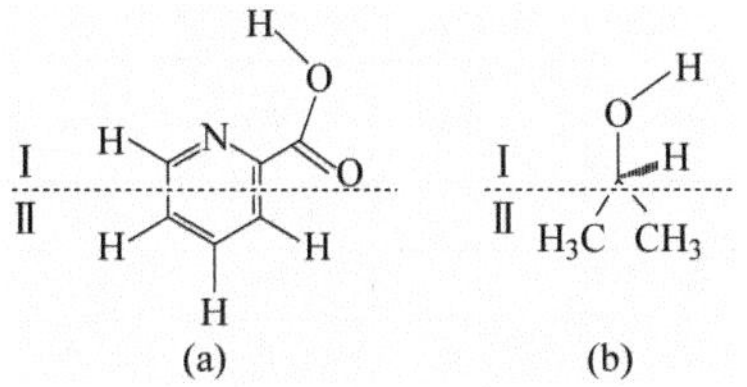

图 3.1　分子的极性和非极性部分的分类示意

（a）吡啶甲酸；（b）异丙醇

Ⅰ—极性；Ⅱ—非极性

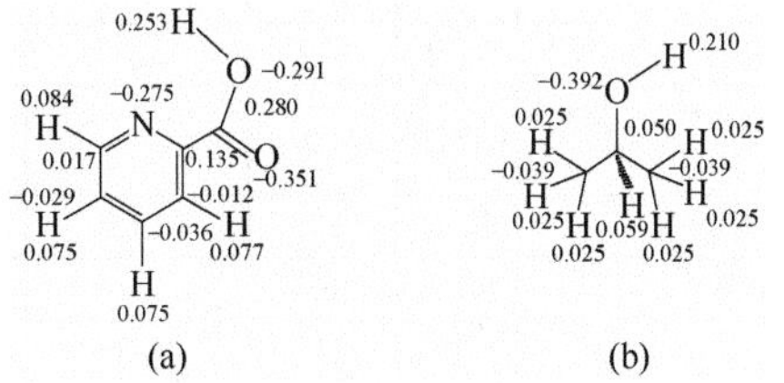

图 3.2　部分原子电荷计算示例

（a）吡啶甲酸；（b）异丙醇

在该研究中，观察到只有氮、氧和极性氢原子的电荷对物质在异丙醇中的溶解度存在显著影响。当原子不参与分子内氢键时，根据经验将极性氢定义为电荷值高于 0.15 的任何氢原子。例如，羟基、羧酸和氨基中的氢原子可以是极性氢。在这些研究的基础上，溶质的电荷分为三种类型，即氮、氧和极性氢。在异丙醇中，电荷分为两种形式，即氧和极性氢[图 3.2（b）]。

30℃下，在异丙醇中的固体化合物的摩尔溶解度与所选参数的回归方程为：

$$\lg x_2 = -7.54\times10^{-3}(\mathrm{mp}-30) - 6.50\times10^{-5}\mathrm{MW}(\delta_1'' - \delta_2'')^2$$

$$-4.12\times10^{-3}\mathrm{MW}\left(\sum Q_{1i} + \sum Q_{2j}\right) + 5.08\times10^{-3}\times2\mathrm{MW}\sum\sqrt{Q_{2j}} \qquad (3.40)$$

式中，$x_2$ 是 30℃下化合物在异丙醇中的摩尔溶解度；MW 代表溶质的分子量；$\delta_1''$ 表示异丙醇非极性部分的溶解度参数；$\delta_2''$ 是溶质的非极性溶解度参数；$Q$ 表示极性氢 $Q_H$、极性氧 $Q_O$、极性氮 $Q_N$ 原子电荷总和的绝对值。式（3.40）中的最后两个参数通过式（3.41）和式（3.42）计算得到。表 3.1 列举了各化合物在 30℃下，在异丙醇和所选溶解度参数条件下实验和预测的溶解度。

**表 3.1　化合物在 30℃下，在异丙醇和所选参数条件下的实验和预测的摩尔溶解度**

| 化合物 | 分子量 | 熔点/℃ | 非极性部分溶解度参数 | $Q_H$ | $Q_O$ | $Q_N$ | lg*x* 实验值 | 式（3.40）lg*x* | 残差 | 式（3.41）和式（3.42）lg*x* | 残差 |
|---|---|---|---|---|---|---|---|---|---|---|---|
| 4-硝基咪唑 | 113.08 | 303 | 0.0 | 0.232 | 0.240 | 0.692 | −3.4556 | −2.9012 | −0.5544 | −2.958 | −0.497 |
| 咪唑 | 68.08 | 90 | 0.0 | 0.241 | 0.000 | 0.596 | −0.3859 | −0.6703 | 0.2843 | −0.677 | 0.291 |
| 苯并咪唑 | 118.14 | 170 | 9.8 | 0.234 | 0.000 | 0.557 | −1.0691 | −1.2217 | 0.1526 | −1.258 | 0.188 |
| 2-甲基苯并咪唑 | 132.17 | 176 | 8.4 | 0.232 | 0.000 | 0.565 | −0.9681 | −1.2141 | 0.2460 | −1.225 | 0.257 |
| 2-甲基-5-硝基苯并咪唑 | 177.16 | 223 | 8.1 | 0.229 | 0.232 | 0.689 | −1.8752 | −2.3534 | 0.4782 | −2.336 | 0.460 |
| 2-羟基苯并咪唑 | 134.14 | 318 | 9.8 | 0.498 | 0.277 | 0.521 | −2.4421 | −2.7498 | 0.3077 | −2.828 | 0.386 |
| 吲哚 | 117.15 | 52 | 9.8 | 0.227 | 0.000 | 0.280 | −0.2138 | −0.2114 | −0.0024 | −0.200 | −0.014 |
| 7-硝基吲哚 | 162.15 | 94 | 9.8 | 0.225 | 0.230 | 0.402 | −1.5654 | −1.2712 | −0..2942 | −1.272 | −0.293 |
| 2-甲基吲哚 | 131.18 | 61 | 8.7 | 0.226 | 0.000 | 0.274 | −0.4383 | −0.2225 | −0.2158 | −0.219 | −0.219 |
| 2-甲基咪唑 | 82.11 | 142 | 6.3 | 0.237 | 0.000 | 0.565 | −0.5445 | −0.8926 | 0.3481 | −0.874 | 0.330 |
| 2-乙基咪唑 | 96.13 | 85 | 6.9 | 0.237 | 0.000 | 0.604 | −0.2186 | −0.4824 | 0.2638 | −0.482 | 0.263 |
| 4-甲基-5-咪唑羧酸乙酯 | 154.17 | 204 | 6.3 | 0.237 | 0.651 | 0.568 | −2.3883 | −2.2523 | −0.1354 | −2.242 | −0.096 |
| 吡唑 | 68.08 | 69 | 9.8 | 0.258 | 0.000 | 0.443 | −0.2606 | −0.3538 | 0.0932 | −0.356 | 0.095 |
| 3, 5-二甲基吡唑 | 96.13 | 107 | 6.8 | 0.248 | 0.000 | 0.475 | −0.5573 | −0.6069 | 0.0496 | −0.620 | 0.063 |
| 1, 5-二甲基-2-吡咯腈 | 120.16 | 54 | 7.8 | 0.000 | 0.000 | 0.616 | −0.7200 | −0.7598 | 0.0398 | −0.772 | 0.052 |
| 2-甲基-5-硝基咪唑 | 127.1 | 252 | 6.3 | 0.235 | 0.226 | 0.741 | −2.4816 | −2.2935 | −0.1881 | −2.339 | −0.142 |
| 2-氨基吡嗪 | 95.11 | 119 | 0.0 | 0.312 | 0.000 | 0.806 | −1.0482 | −0.9770 | −0.0712 | −0.988 | −0.060 |
| 7-氨基-2, 4-二甲基-1, 8-萘啶 | 173.22 | 221 | 8.0 | 0.316 | 0.000 | 0.847 | −2.0640 | −1.5931 | −0.4709 | −1.578 | −0.486 |
| 5-氯-3-吡啶醇 | 129.55 | 160 | 10.5 | 0.251 | 0.325 | 0.307 | −1.0605 | −1.6464 | 0.5860 | −1.636 | 0.575 |
| 3, 5-二氯吡啶 | 147.99 | 65 | 10.6 | 0.000 | 0.000 | 0.296 | −0.9726 | −0.9660 | −0.0066 | −0.981 | 0.008 |
| 烟酸 | 123.11 | 236 | 9.8 | 0.252 | 0.646 | 0.290 | −2.3830 | −2.2611 | −0.1219 | −2.235 | −0.148 |
| 3-氨基吡啶 | 94.12 | 64 | 9.8 | 0.304 | 0.000 | 0.584 | −0.2845 | −0.3548 | 0.0703 | −0.348 | 0.063 |
| 2-氨基吡啶 | 94.12 | 57 | 9.8 | 0.308 | 0.000 | 0.553 | −0.3099 | −0.2929 | −0.0170 | −0.292 | −0.018 |

续表

| 化合物 | 分子量 | 熔点/℃ | 非极性部分溶解度参数 | $Q_H$ | $Q_O$ | $Q_N$ | $\lg x$ 实验值 | 式（3.40）$\lg x$ | 残差 | 式（3.41）和式（3.42）$\lg x$ | 残差 |
|---|---|---|---|---|---|---|---|---|---|---|---|
| 2-甲氧基-5-硝基吡啶 | 154.13 | 108 | 9.8 | 0.000 | 0.539 | 0.410 | −2.1175 | −2.1415 | 0.0240 | −2.121 | 0.004 |
| 2-羟基-5-硝基吡啶 | 140.1 | 188 | 9.8 | 0.249 | 0.551 | 0.410 | −2.2700 | −2.0919 | −0.1781 | −2.085 | −0.185 |
| 2-羟基吡啶 | 95.10 | 106 | 9.8 | 0.251 | 0.315 | 0.274 | −0.8165 | −1.0290 | 0.2126 | −1.024 | 0.207 |
| 3-羟基吡啶 | 95.10 | 129 | 9.8 | 0.251 | 0.325 | 0.307 | −0.8477 | −1.2025 | 0.3548 | −1.219 | 0.372 |
| 吡啶甲酸 | 123.11 | 136 | 9.8 | 0.000 | 0.642 | 0.275 | −1.7595 | −1.9953 | 0.2358 | −1.995 | 0.236 |
| 2-氨基-4-甲基吡啶 | 108.14 | 98 | 8.1 | 0.308 | 0.000 | 0.564 | −0.7206 | −0.5409 | −0.1797 | −0.546 | −0.174 |
| 2-氨基-4, 6-二甲基吡啶 | 122.17 | 63 | 7.5 | 0.308 | 0.000 | 0.568 | −0.3534 | −0.2846 | −0.0688 | −0.277 | −0.076 |
| 2-氨基-5-硝基吡啶 | 139.11 | 188 | 9.8 | 0.302 | 0.228 | 0.696 | −2.3820 | −1.9122 | −0.4698 | −1.936 | −0.446 |
| 2, 4-二羟基吡啶 | 111.10 | 278 | 9.8 | 0.505 | 0.643 | 0.290 | −2.4535 | −2.3887 | −0.0648 | −2.453 | −0.001 |
| 2, 5-吡啶二羧酸 | 167.12 | 256 | 9.8 | 0.252 | 1.284 | 0.269 | −3.2840 | −2.7647 | −0.5193 | −2.769 | −0.515 |
| 6-氯代烟酸 | 157.56 | 190 | 10.4 | 0.252 | 0.648 | 0.275 | −1.5935 | −2.1464 | 0.5529 | −2.157 | 0.563 |
| 2-氨基-5-氯吡啶 | 128.56 | 136 | 10.4 | 0.308 | 0.000 | 0.552 | −1.4023 | −0.9582 | −0.4441 | −0.955 | −0.447 |
| 6-羟基烟酸 | 139.11 | 304 | 9.8 | 0.507 | 0.964 | 0.266 | −3.2757 | −2.7662 | −0.5095 | −2.729 | −0.547 |
| 苯甲酸 | 122.12 | 122 | 9.8 | 0.252 | 0.650 | 0.000 | −0.6979 | −0.8753 | −0.1774 | −0.879 | 0.181 |
| 水杨酸 | 138.12 | 158 | 9.8 | 0.503 | 0.986 | 0.000 | −0.7553 | −1.1001 | 0.3456 | −1.109 | 0.354 |
| 3-氨基苯甲酸 | 137.14 | 178 | 9.8 | 0.252 | 0.651 | 0.281 | −2.0602 | −1.8992 | −0.1610 | −1.913 | −0.147 |
| 苯酚 | 94.11 | 43 | 9.8 | 0.248 | 0.333 | 0.000 | −0.0250 | −0.1443 | 0.1193 | −0.136 | 0.110 |
| 4-氨基苯酚 | 109.13 | 188 | 9.8 | 0.244 | 0.341 | 0.288 | −2.1285 | −1.7167 | −0.4118 | −1.693 | −0.436 |
| 3-叔丁基苯酚 | 150.22 | 41 | 7.2 | 0.249 | 0.326 | 0.000 | −0.1322 | −0.0602 | −0.0720 | −0.048 | −0.084 |
| 3-羟基苯甲酸 | 138.12 | 202 | 9.8 | 0.500 | 0.982 | 0.000 | −0.8804 | −1.4259 | 0.5455 | −1.448 | 0.568 |
| 4-羟基苯甲酸 | 138.12 | 214 | 9.8 | 0.502 | 0.987 | 0.000 | −0.8948 | −1.5163 | 0.6214 | −1.501 | 0.607 |
| 间硝基苯甲醛 | 151.12 | 58 | 9.8 | 0.000 | 0.588 | 0.122 | −1.4763 | −1.4867 | 0.0104 | −1.507 | 0.031 |
| 4-氨基苯乙酮 | 135.17 | 106 | 8.6 | 0.304 | 0.385 | 0.279 | −1.2757 | −1.1351 | −0.1406 | −1.141 | −0.135 |
| 4-叔丁基苯甲酸 | 178.23 | 164 | 7.2 | 0.253 | 0.637 | 0.000 | −0.9893 | −1.1616 | 0.1723 | −1.162 | 0.173 |
| 对羟基苯甲酸甲酯 | 152.15 | 131 | 9.8 | 0.250 | 0.973 | 0.000 | −0.7376 | −1.0620 | 0.3276 | −1.082 | 0.345 |
| 对羟基苯甲酸乙酯 | 166.18 | 116 | 8.6 | 0.250 | 0.970 | 0.000 | −0.6983 | −0.9030 | 0.2047 | −0.922 | 0.224 |
| 间苯二甲酸 | 166.13 | 348 | 9.8 | 0.504 | 1.300 | 0.000 | −2.3205 | −2.5848 | 0.2643 | −2.633 | 0.312 |
| 4-硝基苯甲酸 | 167.12 | 242 | 9.8 | 0.252 | 0.877 | 0.125 | −2.0636 | −2.4252 | 0.3616 | −2.447 | 0.384 |
| 4-羧基苯甲醛 | 150.13 | 247 | 9.8 | 0.252 | 1.008 | 0.000 | −2.0689 | −1.9393 | −0.1296 | −1.962 | −0.107 |
| 4-氯苄醇 | 142.59 | 70 | 10.2 | 0.213 | 0.382 | 0.000 | −0.5037 | −0.4617 | −0.0420 | −0.451 | −0.053 |
| 2-氨基苄醇 | 123.16 | 83 | 9.8 | 0.212 | 0.385 | 0.285 | −1.0240 | −1.0394 | 0.0154 | −1.033 | 0.009 |
| 间甲苯甲酸 | 136.15 | 108 | 8.6 | 0.252 | 0.650 | 0.000 | −0.7593 | −0.7278 | −0.0315 | −0.726 | −0.033 |
| 间茴香酸 | 152.15 | 106 | 9.8 | 0.252 | 0.970 | 0.000 | −0.9050 | −0.8744 | −0.0306 | −0.898 | −0.007 |
| 3-氯苯甲酸 | 156.57 | 155 | 10.2 | 0.252 | 0.650 | 0.000 | −1.0378 | −1.2052 | 0.1674 | −1.207 | 0.169 |
| 4-氯苯甲酸 | 156.57 | 239 | 10.2 | 0.252 | 0.650 | 0.000 | −1.8124 | −1.8387 | −0.0263 | −1.873 | 0.060 |
| 4-氨基苯甲酸 | 137.14 | 188 | 9.8 | 0.556 | 0.658 | 0.279 | −1.4845 | −1.8079 | 0.3234 | −1.837 | 0.353 |
| 对茴香酸 | 152.15 | 182 | 9.8 | 0.252 | 0.966 | 0.000 | −1.8529 | −1.4469 | −0.4060 | −1.448 | −0.405 |
| 4-乙酰氧基苯甲酸 | 180.16 | 191 | 8.6 | 0.252 | 1.230 | 0.000 | −1.6047 | −1.5217 | −0.0830 | −1.537 | −0.068 |
| 4, 7-二氯喹啉 | 198.05 | 93 | 10.6 | 0.000 | 0.000 | 0.296 | −1.5670 | −1.4147 | −0.1524 | −1.431 | −0.136 |
| 8-羟基奎尼丁 | 159.19 | 72 | 8.7 | 0.000 | 0.328 | 0.299 | −1.4486 | −1.6543 | 0.2057 | −1.664 | 0.215 |
| 8-硝基喹啉 | 174.16 | 89 | 9.8 | 0.000 | 0.220 | 0.424 | −2.2366 | −1.9696 | −0.2670 | −1.983 | −0.254 |

续表

| 化合物 | 分子量 | 熔点/℃ | 非极性部分溶解度参数 | $Q_H$ | $Q_O$ | $Q_N$ | lgx实验值 | 式（3.40）lgx | 残差 | 式（3.41）和式（3.42）lgx | 残差 |
|---|---|---|---|---|---|---|---|---|---|---|---|
| 8-氨基喹啉 | 144.18 | 66 | 9.8 | 0.156 | 0.000 | 0.571 | −1.0701 | −0.5583 | −0.5118 | −0.537 | −0.533 |
| 2-氯哌啶 | 177.63 | 56 | 8.5 | 0.000 | 0.000 | 0.295 | −0.9666 | −0.9237 | −0.0429 | −0.907 | −0.060 |
| 8-硝基奎尼丁 | 188.19 | 139 | 8.7 | 0.000 | 0.222 | 0.427 | −2.6840 | −2.3958 | −0.2882 | −2.397 | −0.287 |
| 4-氨基奎尼丁 | 158.20 | 167 | 8.7 | 0.316 | 0.000 | 0.592 | −1.1561 | −1.1264 | −0.0297 | −1.146 | −0.010 |
| 5-硝基-8-羟基喹啉 | 190.16 | 181 | 9.8 | 0.000 | 0.564 | 0.421 | −3.1713 | −3.0758 | −0.0955 | −3.081 | −0.090 |
| 5-氯-8-羟基喹啉 | 179.61 | 122 | 10.2 | 0.000 | 0.326 | 0.294 | −2.2660 | −2.3010 | −0.0350 | −2.293 | 0.027 |
| 4-甲氧基-2-喹啉羧酸 | 203.20 | 197 | 9.8 | 0.000 | 0.943 | 0.294 | −3.0809 | −3.3521 | 0.2712 | −3.328 | 0.247 |
| 6-喹啉羧酸 | 173.13 | 295 | 9.8 | 0.252 | 0.649 | 0.293 | −3.0223 | −2.9974 | −0.0249 | −2.967 | −0.055 |
| 2-喹啉羧酸 | 173.13 | 157 | 9.8 | 0.000 | 0.639 | 0.272 | −2.0809 | −2.6355 | 0.5546 | −2.641 | 0.560 |
| 2-羟基-4-甲基喹啉 | 159.19 | 245 | 8.8 | 0.256 | 0.313 | 0.291 | −2.4547 | −2.2967 | −0.1580 | −2.260 | −0.195 |
| 2, 4-喹啉二醇 | 161.16 | 355 | 9.8 | 0.513 | 0.633 | 0.299 | −3.3566 | −3.2031 | −0.1535 | −3.284 | −0.072 |
| 6-氨基喹啉 | 144.18 | 117 | 9.8 | 0.302 | 0.000 | 0.581 | −1.0013 | −0.8072 | −0.1941 | −0.808 | −0.193 |
| 5-氨基喹啉 | 144.18 | 110 | 9.8 | 0.308 | 0.000 | 0.577 | −1.0867 | −0.7485 | −0.3382 | −0.753 | −0.334 |
| 3-氨基喹啉 | 144.18 | 91 | 9.8 | 0.302 | 0.000 | 0.575 | −0.6925 | −0.6088 | −0.0836 | −0.619 | −0.074 |
| 2-羟基喹啉 | 145.16 | 198 | 9.8 | 0.256 | 0.311 | 0.279 | −2.2111 | −1.9272 | −0.2839 | −1.961 | −0.250 |
| 4-羟基喹啉 | 145.16 | 200 | 9.8 | 0.258 | 0.316 | 0.316 | −1.5317 | −1.9720 | 0.4404 | −2.005 | 0.473 |
| 6-硝基喹啉 | 174.16 | 151 | 9.8 | 0.000 | 0.224 | 0.403 | −2.5935 | −2.4280 | −0.1655 | −2.424 | −0.169 |
| 5-硝基喹啉 | 174.16 | 71 | 9.8 | 0.000 | 0.218 | 0.433 | −1.4647 | −1.7404 | 0.2757 | −1.723 | 0.258 |
| 3-喹啉羧酸 | 173.17 | 277 | 9.8 | 0.252 | 0.649 | 0.291 | −2.8508 | −2.8601 | 0.0093 | −2.898 | 0.047 |
| 8-喹啉羧酸 | 173.17 | 183 | 9.8 | 0.000 | 0.652 | 0.293 | −2.9390 | −2.8566 | −0.0824 | −2.856 | −0.083 |
| 4-喹啉羧酸 | 173.17 | 254 | 9.8 | 0.252 | 0.643 | 0.280 | −2.8268 | −2.6741 | −0.1527 | −2.656 | −0.171 |
| 1-异喹啉羧酸 | 173.17 | 164 | 9.8 | 0.000 | 0.641 | 0.275 | −2.6861 | −2.6923 | 0.0062 | −2.702 | 0.016 |
| 6-甲氧基-8-硝基喹啉 | 204.19 | 158 | 9.8 | 0.000 | 0.543 | 0.428 | −3.1675 | −3.0390 | −0.1285 | −3.020 | −0.148 |
| 2-甲氧基萘 | 158.20 | 73 | 9.8 | 0.000 | 0.321 | 0.000 | −1.2697 | −1.0309 | −0.2388 | −1.042 | −0.228 |
| 1-硝基萘 | 173.17 | 59 | 9.8 | 0.000 | 0.222 | 0.127 | −1.5899 | −1.4287 | −0.1612 | −1.440 | −0.150 |
| 1-萘甲酸 | 172.18 | 160 | 9.8 | 0.252 | 0.650 | 0.000 | −1.4781 | −1.2363 | −0.2419 | −1.241 | −0.237 |
| 2-萘酚 | 144.17 | 122 | 9.8 | 0.249 | 0.332 | 0.000 | −0.5560 | −0.7631 | 0.2071 | −0.759 | 0.203 |
| 1, 6-二羟基萘 | 160.17 | 138 | 9.8 | 0.501 | 0.662 | 0.000 | −0.5881 | −0.8865 | 0.2984 | −0.883 | 0.295 |
| 4-氯-3-硝基苯乙酮 | 199.50 | 99 | 8.3 | 0.000 | 0.608 | 0.122 | −2.2700 | −2.1572 | −0.1128 | −2.089 | -0.181 |
| 苯脲 | 136.15 | 145 | 9.8 | 0.590 | 0.391 | 0.452 | −1.3110 | −1.4623 | 0.1513 | −1.449 | 0.138 |
| 苯氧肟酸 | 137.14 | 126 | 9.8 | 0.470 | 0.657 | 0.163 | −1.2472 | −1.2674 | 0.0202 | −1.264 | 0.017 |
| 苯甲酰胺 | 121.14 | 128 | 9.8 | 0.362 | 0.385 | 0.300 | −1.2959 | −1.2791 | −0.0168 | −1.293 | −0.003 |
| 2, 4-二甲基-6-羟基嘧啶 | 124.14 | 198 | 6.8 | 0.257 | 0.309 | 0.535 | −1.6716 | −1.8626 | 0.1910 | −1.836 | 0.165 |
| 吖啶 | 179.22 | 111 | 9.8 | 0.000 | 0.000 | 0.303 | −1.3091 | −1.3954 | 0.0863 | −1.399 | 0.090 |
| 2-羟基喹喔啉 | 146.15 | 271 | 9.8 | 0.258 | 0.305 | 0.526 | −2.8665 | −2.6195 | −0.2470 | −2.586 | −0.281 |
| 1, 2, 4-三唑 | 69.07 | 119 | 0.0 | 0.263 | 0.000 | 0.672 | −0.7941 | −0.8948 | 0.1008 | −0.902 | 0.108 |
| 3-氨基-1, 2, 4-三唑 | 84.08 | 159 | 0.0 | 0.554 | 0.000 | 0.946 | −1.4170 | −1.1839 | −0.2331 | −1.179 | −0.238 |
| 烟酰胺 | 122.13 | 130 | 9.8 | 0.362 | 0.382 | 0.299 | −1.2795 | −1.2965 | 0.0170 | −1.288 | 0.008 |
| 8-羟基喹啉 | 145.15 | 75 | 9.8 | 0.000 | 0.328 | 0.299 | −1.5171 | −1.6192 | 0.1021 | −1.604 | 0.087 |
| 吡嗪羧酸 | 124.10 | 225 | 0.0 | 0.000 | 0.637 | 0.515 | −2.7058 | −3.0149 | 0.3091 | −3.014 | 0.308 |

$$\sum Q_{2j} = Q_{2\mathrm{H}} - Q_{2\mathrm{O}} - Q_{2\mathrm{N}} \tag{3.41}$$

$$\sum \sqrt{Q_{2j}} = \sqrt{Q_{2\mathrm{H}}} - \sqrt{Q_{2\mathrm{O}}} - \sqrt{Q_{2\mathrm{N}}} \tag{3.42}$$

将式（3.40）与式（3.37）进行比较时，可以看出式（3.40）中的分子量是摩尔体积的近似值，原子电荷项表示极性相互作用能。所研究的溶质均是小的刚性分子。Yalkowsky 和 Valvani 指出，式（3.40）中熔点的系数 0.00754 与理论值 0.00974 相近，是在 30℃条件下，通过 13.5 cal/(mol•K) 的平均熔化熵计算出来的。这种相似性表明，结晶能对溶解度的影响可以通过式（3.40）准确地表示。相对贡献分析（Tripos，1992）表明，模型中的其他参数对预测溶解度也很重要。表 3.2 显示，两个原子电荷对模型的贡献为 60.1%，而熔点的贡献仅为 36.2%。这些结果表明原子电荷对预测极性溶质在极性溶剂中的溶解度极为重要。

回归统计显示，在式（3.40）中可以计算出 97.8%异丙醇中极性溶质的 $\lg x$ 变化。式（3.40）也通过交叉验证方法进行评估确认（Myers，1990；Tripos，1992）。在这项研究中，数据被分为两组，每组中有等量的化合物。其中一组数据中的 52 种化合物用于生成模型，得到的表达式用于预测其他 52 种化合物的溶解度。然后使用另一组数据重复该过程，从而开发出两个方程，用来预测 104 种化合物的溶解度。下标 p 代表通过交叉验证开发的两个模型。

$$\begin{aligned}\lg x_2 = &-7.9\times10^{-3}(\mathrm{mp}-30) - 6.0\times10^{-5}\mathrm{MW}(\delta_1^n - \delta_2^n)^2 \\ &-4.5\times10^{-3}\mathrm{MW}\left(\sum Q_{1i} + \sum Q_{2j}\right) + 5.2\times10^{-3}\times 2\mathrm{MW}\sum\sqrt{Q_{2j}}\end{aligned} \tag{3.43}$$

$$\begin{aligned}\lg x_2 = &-7.3\times10^{-3}(\mathrm{mp}-30) - 7.0\times10^{-5}\mathrm{MW}(\delta_1^n - \delta_2^n)^2 \\ &-3.8\times10^{-3}\mathrm{MW}\left(\sum Q_{1i} + \sum Q_{2j}\right) + 5.0\times10^{-3}\times 2\mathrm{MW}\sum\sqrt{Q_{2j}}\end{aligned} \tag{3.44}$$

$s_{\mathrm{p}}$=0.272;　　$r_{\mathrm{p}}^2$=0.908;　　$F_{\mathrm{p}}$=242;　　$n$=104

比较式（3.40）、式（3.43）和式（3.44），可以发现，化合物的数量减少一半时，方程系数基本上没有变化，这表明式（3.40）是比较稳定的。对于式（3.43）和式（3.44），对溶出度的预测误差为 0.272，一般来说，预测误差在 2 倍以内认为是准确的。

氢键是控制药物溶解度、分配和转运的重要作用，也是药物-受体相互作用的重要作用力。然而，氢键很难量化，因此在 QSAR 中对氢键描述仅限于指标变量。Ghafourian 和 Dearden 通过理论化学，在 QSAR 研究中设计了易于获得的氢键表达。分子表面静电势（ESP）主要受该键的静电性质的影响，并且溶剂及表面上的最高分子静电势（ESP +）被用作分子的氢键-供体。将该描述预测的氢键能与经验得到的原子电荷能进行比较。结果表明 ESP +优于原子电荷描述，在 QSAR 研究中使用该参数作为氢键参数是准确的（Ghafourian 和 Dearden，2004）。

**表 3.2　式（3.40）中回归系数、对照系数和相对贡献**

| 预测参数 | 回归系数 | 对照系数 | 相对贡献 |
|---|---|---|---|
| $(\mathrm{mp}-30)$ | $-7.53\times10^{-3}$ | 0.630 | 36.2% |
| $\mathrm{MW}(\delta_1^n - \delta_2^n)^2$ | $-6.50\times10^{-5}$ | 0.063 | 3.6% |
| $\mathrm{MW}(\Sigma Q_{1i} + \Sigma Q_{2j})$ | $-4.11\times10^{-3}$ | 0.248 | 14.2% |
| $2\mathrm{MW}\,\Sigma\sqrt{Q_{2j}}$ | $5.08\times10^{-3}$ | 0.798 | 45.9% |

### 3.4.1.2 分子表面积法

分子表面积是可以使用分子建模技术来推导溶解度的方法之一。理论上，假设溶解过程是分四步进行：①结晶型溶质的熔融；②溶质分子与熔融体的分离；③在溶剂中产生容纳溶质分子的空间；④将溶质分子放入该空间。这些过程所需的能量可以使用熔化焓、溶质和溶剂的内聚能以及界面处的黏附能来表征，其与界面面积成正比。因此，溶解度可能与溶质分子的表面积有关。

通过预测特异性和非特异性相互作用的分子表面积，可以得到脂肪族化合物在水中的溶解度，通过式（3.45）将分子表面积与脂肪族化合物的溶解度联系到一起（Amidon 等，1974，1975；Valvani 和 Yalkowsky，1976）：

$$\lg S_{\mathrm{w}} = \theta_0 + \theta_1 \mathrm{HYSA} + \theta_2 \mathrm{FGSA} + \theta_3 \mathrm{IFG} \tag{3.45}$$

式中，HYSA 表示烃表面积；FGSA 表示官能团表面积；IFG 表示官能团指数（烃为零，单官能化合物为 1）；$\theta$ 表示方程系数。

与其他经验表达式类似，式（3.45）中的系数仅限于特定溶质。不同官能团的表面积对溶解度的影响也不同。因此，预测具有不同官能团的化合物在水中溶解度的表达式也不同。

如前面所讨论的，分子相互作用可以分为分散、极性和氢键相互作用。显然，氢键及极性官能团都属于静电作用。原子电荷用来表示不同官能团的效果。结合部分原子电荷和熔点，分子表面积法已经扩展为简单的表达式，使用文献中的溶解度数据（Kamlet 等，1987；Bodor 和 Huang，1992），将分子表面积法扩展到预测不同类别化合物的水溶性的简单方程中（Zhou 等，1993）。115 种芳香族化合物的水溶性，包括取代苯、多环芳香族化合物和具有官能团（包括醇、酮、羧酸、醚、酯、胺、硝基和卤素）的杂芳香族化合物，与原子电荷和分子表面积相关，见式（3.46）。实验和计算结果列于表 3.3 中。

$$\lg S_{\mathrm{w}} = 2.06 - 0.0290(\mathrm{PHOBSAc}) + 4.41\left(\sum Q_i\right) - 0.0243(\mathrm{TSA}) - 0.008(\mathrm{mp} - 25) \tag{3.46}$$

$$s=0.282; \quad r^2=0.970; \quad F=876; \quad n=115$$

式中，PHOBSAc 是疏水接触表面积；TSA 代表分子总表面积；mp 为熔点，℃；$\sum Q_i$ 表示溶质中氧和氮原子的负电荷绝对值之和。仅当氧原子的电子对没有形成共轭对时表示氧上的电荷。例如，选择酮和羟基中的氧电荷，但是不选择呋喃环中的氧和羧基中的单键氧。

**表 3.3 文献中的参考值、实验值及应用式（3.46）计算得到的溶解度**

| 化合物 | 分子总表面积 | 疏水接触表面积 | （熔点-25）/℃ | 溶质中氧和氮原子的负电荷 | $\lg S_{\mathrm{w}}$ 实验值 | $\lg S_{\mathrm{w}}$ 计算值 | 残差 |
|---|---|---|---|---|---|---|---|
| 苯 | 91.71 | 45.26 | 0 | 0 | -1.68 | -1.49 | -0.19 |
| 甲苯 | 110.70 | 50.54 | 0 | 0 | -2.29 | -2.10 | -0.19 |
| 乙苯 | 130.69 | 58.33 | 0 | 0 | -2.91 | -2.81 | -0.10 |
| 正丙基苯 | 151.80 | 62.45 | 0 | 0 | -3.30 | -3.44 | 0.14 |
| 异丙基苯 | 145.21 | 60.85 | 0 | 0 | -3.38 | -3.24 | -0.14 |
| 正丁基苯 | 172.64 | 69.09 | 0 | 0 | -3.94 | -4.14 | 0.20 |
| 叔丁基苯 | 165.89 | 65.89 | 0 | 0 | -3.60 | -3.89 | 0.29 |

续表

| 化合物 | 分子总表面积 | 疏水接触表面积 | （熔点-25）/℃ | 溶质中氧和氮原子的负电荷 | $\lg S_w$ 实验值 | $\lg S_w$ 计算值 | 残差 |
|---|---|---|---|---|---|---|---|
| 2-丁苯 | 162.16 | 65.21 | 0 | 0 | -3.67 | -3.78 | 0.11 |
| 苯甲醇 | 121.91 | 46.19 | 0 | 0.38 | -0.45 | -0.57 | 0.12 |
| 苯甲酸 | 129.17 | 37.48 | 97.13 | 0.36 | -0.78 | -1.36 | 0.58 |
| 苯乙酸 | 139.69 | 43.45 | 52 | 0.37 | -0.91 | -1.38 | 0.47 |
| 苯乙烯 | 123.95 | 57.6 | 0 | 0 | -2.57 | -2.63 | 0.06 |
| 苯胺 | 114.77 | 39.31 | 0 | 0.28 | -0.41 | -0.64 | 0.23 |
| *N*-甲基苯胺 | 132.71 | 51.69 | 0 | 0.27 | -1.28 | -1.48 | 0.20 |
| *N,N*-二甲基苯胺 | 142.54 | 58.8 | 0 | 0.26 | -2.04 | -1.97 | -0.07 |
| 苯酚 | 103.10 | 37.94 | 18 | 0.33 | -0.08 | -0.24 | 0.16 |
| 苯甲醛 | 114.84 | 40.69 | 0 | 0.37 | -1.21 | -0.28 | -0.93 |
| 苯乙酮 | 140.89 | 53.28 | 0 | 0.38 | -1.34 | -1.24 | -0.10 |
| 溴苯 | 113.48 | 61.22 | 0 | 0 | -2.55 | -2.48 | -0.07 |
| 氯苯 | 108.55 | 57.7 | 0 | 0 | -2.35 | -2.26 | -0.09 |
| 氟苯 | 100.98 | 51.41 | 0 | 0 | -1.87 | -1.89 | 0.02 |
| 碘苯 | 117.75 | 69.36 | 0 | 0 | -2.78 | -2.82 | 0.04 |
| 叔戊基苯 | 171.07 | 68.42 | 0 | 0 | -4.15 | -4.09 | -0.06 |
| 苯甲酸正丙酯 | 181.74 | 65.55 | 0 | 0.36 | -2.67 | -2.67 | 0.00 |
| 硝基苯 | 122.73 | 57.18 | 0 | 0.22 | -1.80 | -1.61 | -0.19 |
| 苯甲酸甲酯 | 144.75 | 56.62 | 0 | 0.36 | -1.53 | -1.52 | -0.01 |
| 苯甲酸乙酯 | 160.80 | 59.12 | 0 | 0.36 | -2.22 | -1.98 | -0.24 |
| 茴香醚 | 126.31 | 55.61 | 12.3 | 0.32 | -1.85 | -1.31 | -0.54 |
| 邻二甲苯 | 134.35 | 56.95 | 0 | 0 | -2.79 | -2.86 | 0.07 |
| 间二甲苯 | 131.93 | 56.73 | 0 | 0 | -2.86 | -2.80 | -0.06 |
| 对二甲苯 | 132.59 | 56.72 | 0 | 0 | -2.83 | -2.81 | -0.02 |
| 间氯苯胺 | 131.21 | 51.75 | 0 | 0.28 | -1.37 | -1.40 | 0.03 |
| 邻氯苯胺 | 128.15 | 51.85 | 0 | 0.28 | -1.53 | -1.33 | -0.20 |
| 邻甲苯胺 | 130.63 | 47.10 | 0 | 0.29 | -0.82 | -1.21 | 0.39 |
| 间甲苯胺 | 133.95 | 44.59 | 0 | 0.28 | -0.85 | -1.26 | 0.41 |
| 邻甲酚 | 123.84 | 47.56 | 5.9 | 0.34 | -0.65 | -0.88 | 0.23 |
| 间甲酚 | 125.89 | 48.48 | 0 | 0.34 | -0.71 | -0.91 | 0.20 |
| 间二氯苯 | 131.75 | 73.33 | 0 | 0 | -3.08 | -3.27 | 0.19 |
| 邻二氯苯 | 126.76 | 67.10 | 0 | 0 | -2.98 | -2.97 | -0.01 |
| 对二氯苯 | 128.55 | 70.57 | 28.0 | 0 | -3.28 | -3.34 | 0.06 |
| 对二溴苯 | 139.56 | 78.04 | 62.3 | 0 | -4.01 | -4.10 | 0.09 |
| 1,2-二氟苯 | 108.52 | 57.11 | 0 | 0 | -2.00 | -2.24 | 0.24 |
| 1,2-二溴苯 | 138.20 | 77.83 | 0 | 0 | -3.50 | -3.56 | 0.06 |
| 1,2-二碘苯 | 150.14 | 91.27 | 2 | 0 | -4.29 | -4.26 | -0.03 |
| 1,3-二溴苯 | 141.17 | 80.09 | 0 | 0 | -3.38 | -3.70 | 0.32 |
| 1,3-二碘苯 | 152.64 | 97.55 | 15.4 | 0 | -4.55 | -4.61 | 0.06 |
| 1,4-二氟苯 | 105.83 | 52.02 | 0 | 0 | -1.97 | -2.02 | 0.05 |

续表

| 化合物 | 分子总表面积 | 疏水接触表面积 | （熔点-25）/℃ | 溶质中氧和氮原子的负电荷 | $\lg S_w$ 实验值 | $\lg S_w$ 计算值 | 残差 |
| --- | --- | --- | --- | --- | --- | --- | --- |
| 1,4-二碘苯 | 148.10 | 94.32 | 106.5 | 0 | -5.25 | -5.13 | -0.12 |
| 1-氟-4-碘苯 | 125.17 | 72.97 | 0 | 0 | -3.13 | -3.10 | -0.03 |
| 1-氯-2-氟苯 | 116.57 | 61.69 | 0 | 0 | -2.42 | -2.57 | 0.15 |
| 1-溴-2-氯苯 | 134.65 | 73.62 | 0 | 0 | -3.19 | -3.35 | 0.16 |
| 1-溴-3-氯苯 | 137.60 | 77.49 | 0 | 0 | -3.21 | -3.53 | 0.32 |
| 1-溴-4-氯苯 | 132.82 | 73.87 | 43 | 0 | -3.63 | -3.66 | 0.03 |
| 1-溴-4-碘苯 | 143.12 | 87.07 | 67 | 0 | -4.56 | -4.48 | -0.08 |
| 1-氯-4-碘苯 | 138.42 | 83.34 | 32 | 0 | -4.03 | -3.98 | -0.05 |
| 3-硝基苯 | 143.50 | 64.29 | 0 | 0.22 | -2.44 | -2.33 | -0.11 |
| 邻苯二甲酸二甲酯 | 228.68 | 55.10 | 0 | 0.72 | -1.69 | -1.92 | 0.23 |
| 邻苯二甲酸二乙酯 | 220.88 | 72.29 | 0 | 0.72 | -2.57 | -2.23 | -0.34 |
| 1-溴-2-乙基苯 | 152.34 | 71.07 | 0 | 0 | -3.67 | -3.71 | 0.04 |
| 1,4-二硝基苯 | 153.63 | 69.53 | 157 | 0.44 | -3.33 | -3.01 | -0.32 |
| 1-硝基-4-氯苯 | 137.88 | 69.64 | 65 | 0.22 | -2.85 | -2.86 | 0.01 |
| 对硝基甲苯 | 145.72 | 63.40 | 35 | 0.22 | -2.39 | -2.63 | 0.24 |
| 1,3,5-三甲基苯 | 155.11 | 65.20 | 0 | 0 | -3.40 | -3.60 | 0.20 |
| 1,2,4-三甲基苯 | 145.30 | 59.26 | 0 | 0 | -3.32 | -3.19 | -0.13 |
| 1,2,4,5-四甲基苯 | 167.96 | 67.26 | 60 | 0 | -4.34 | -4.46 | 0.12 |
| 五甲基苯 | 178.58 | 70.25 | 29 | 0 | -3.99 | -4.55 | 0.56 |
| 六氯苯 | 180.61 | 95.28 | 205 | 0 | -6.78 | -6.74 | -0.04 |
| 1,2,4-三氯苯 | 147.21 | 79.98 | 0 | 0 | -3.57 | -3.84 | 0.27 |
| 1,2,3-三氯苯 | 143.16 | 77.44 | 28 | 0 | -3.76 | -3.89 | 0.13 |
| 1,2,4-三溴苯 | 156.06 | 88.03 | 19.5 | 0 | -4.50 | -4.45 | -0.05 |
| 1,3,5-三氯苯 | 146.57 | 77.96 | 38 | 0 | -4.44 | -4.07 | -0.37 |
| 1,3,5-三溴苯 | 157.87 | 90.29 | 97 | 0 | -5.60 | -5.17 | -0.43 |
| 1,2,3,4-四氯苯 | 158.93 | 85.98 | 22 | 0 | -4.47 | -4.48 | 0.01 |
| 1,2,3,5-四氯苯 | 163.10 | 90.25 | 29 | 0 | -4.77 | -4.76 | -0.01 |
| 1,2,4,5-四氟苯 | 119.73 | 59.04 | 0 | 0 | -2.38 | -2.57 | 0.19 |
| 1,2,4,5-四氯苯 | 164.73 | 89.85 | 114.5 | 0 | -5.26 | -5.47 | 0.21 |
| 1,2,4,5-四溴苯 | 180.30 | 104.89 | 157 | 0 | -6.98 | -6.62 | -0.36 |
| 五氯苯 | 178.86 | 97.08 | 61 | 0 | -5.57 | -5.59 | 0.02 |
| 联苯 | 169.71 | 69.96 | 46 | 0 | -4.33 | -4.46 | 0.13 |
| 二苯甲烷 | 182.74 | 75.69 | 0.3 | 0 | -4.70 | -4.58 | -0.12 |
| 萘 | 135.77 | 53.97 | 55.5 | 0 | -3.62 | -3.25 | -0.37 |
| 2-甲基萘 | 151.44 | 60.61 | 9.6 | 0 | -3.84 | -3.46 | -0.38 |
| 1,3-二甲基萘 | 183.22 | 74.32 | 0 | 0 | -4.30 | -4.55 | 0.25 |
| 1,4-二甲基萘 | 167.20 | 61.76 | 0 | 0 | -4.16 | -3.80 | -0.36 |
| 2,3-二甲基萘 | 171.23 | 64.96 | 80 | 0 | -4.70 | -4.63 | -0.07 |
| 1-乙基萘 | 168.76 | 66.11 | 0 | 0 | -4.20 | -3.96 | -0.24 |
| 1-甲基萘 | 147.29 | 59.47 | 0 | 0 | -3.70 | -3.25 | -0.45 |

续表

| 化合物 | 分子总表面积 | 疏水接触表面积 | (熔点-25)/℃ | 溶质中氧和氮原子的负电荷 | $\lg S_w$ 实验值 | $\lg S_w$ 计算值 | 残差 |
|---|---|---|---|---|---|---|---|
| 1,5-二甲基萘 | 167.43 | 64.28 | 57 | 0 | −4.68 | −4.33 | −0.35 |
| 1-氯萘 | 143.36 | 63.52 | 0 | 0 | −3.86 | −3.27 | −0.59 |
| 2-氯萘 | 158.91 | 73.69 | 36 | 0 | −4.14 | −4.23 | 0.09 |
| 2,6-二甲基萘 | 177.53 | 72.95 | 83 | 0 | −4.89 | −5.04 | 0.15 |
| 1,4,5-三甲基萘 | 192.31 | 73.42 | 39 | 0 | −4.90 | −5.06 | 0.16 |
| 蒽 | 164.15 | 64.94 | 190 | 0 | −5.39 | −5.34 | −0.05 |
| 9-甲基蒽 | 203.10 | 79.10 | 56.5 | 0 | −5.87 | −5.63 | −0.24 |
| 2-甲基蒽 | 208.47 | 83.21 | 184 | 0 | −6.75 | −6.89 | 0.14 |
| 9,10-二甲基蒽 | 212.48 | 84.37 | 158 | 0 | −6.57 | −6.82 | 0.25 |
| 菲 | 178.49 | 75.41 | 75 | 0 | −5.15 | −5.07 | −0.08 |
| 1-甲基菲 | 201.70 | 83.66 | 84 | 0 | −5.85 | −5.94 | 0.09 |
| 吡啶 | 86.70 | 36.60 | 0 | 0.3 | 0.47 | 0.21 | 0.26 |
| 3-甲基吡啶 | 112.74 | 46.65 | 0 | 0.3 | 0.04 | −0.71 | 0.75 |
| 喹啉 | 127.34 | 50.53 | 0 | 0.3 | −1.30 | −1.18 | −0.12 |
| 异喹啉 | 133.68 | 51.21 | 1.5 | 0.3 | −1.45 | −1.37 | −0.08 |
| 3-甲基异喹啉 | 153.71 | 65.39 | 43 | 0.3 | −2.19 | −2.60 | 0.41 |
| 苯喹啉 | 175.96 | 68.58 | 68 | 0.29 | −3.36 | −3.47 | 0.11 |
| 呋喃 | 76.90 | 36.58 | 0 | 0 | −0.83 | −0.87 | 0.04 |
| 苯甲腈 | 118.69 | 41.18 | 0 | 0.33 | −1.65 | −0.57 | −1.08 |
| 反-1,2-二苯基乙烯 | 203.50 | 86.17 | 98 | 0 | −5.79 | −6.17 | 0.38 |
| 1-氯-3-氟苯 | 119.58 | 62.45 | 0 | 0 | −2.35 | −2.66 | 0.31 |
| 1-溴-2-氟苯 | 118.30 | 62.92 | 0 | 0 | −2.70 | −2.64 | −0.06 |
| 1-溴-3-氟苯 | 125.52 | 68.73 | 0 | 0 | −2.67 | −2.99 | 0.32 |
| 1-氯-2-碘苯 | 138.10 | 57.12 | 0 | 0 | −3.54 | −2.96 | −0.58 |
| 1-氯-3-碘苯 | 144.94 | 85.19 | 0 | 0 | −3.55 | −3.94 | 0.39 |
| 2-氯联苯 | 182.38 | 79.82 | 9 | 0 | −4.84 | −4.76 | −0.08 |
| 3-氯联苯 | 188.40 | 81.49 | 0 | 0 | −5.03 | −4.89 | −0.14 |
| 邻溴枯烯 | 163.04 | 75.42 | 0 | 0 | −4.19 | −4.09 | −0.10 |

只有当氧原子的非共享电子对未结合时，才选择氧的电荷。例如，选择酮和羟基中的氧电荷，而不选择呋喃环中的氧电荷和羧基中的单键氧电荷。

回归统计表明，式（3.46）对于具有宽范围极性的不同类别的化合物是可靠的。通过预测48种新化合物（包括取代的苯、吡啶、多环芳烃和类固醇）的水溶性，进一步评估了式（3.46）的预测性能。在式（3.46）的开发过程中，未使用这些化合物进行实验，现将其结果列于表3.4。实验值和预测值之间的关系是：

$$\text{Exp.}\lg S_w = 0.985\ \text{Pred.}\lg S_w - 0.0057 \qquad (3.47)$$

$s_p$=0.355；　$r_p^2$=0.983；　$F_p$=2583；　$n$=48

式（3.47）表明预测结果与实验值非常接近，因为近似单位的斜率和截距基本上可以忽略不计。而且，分子建模方法有望用于预测不同类别化合物的溶解度。

在一项单独的研究中使用半经验量子化学方法（AM1），通过分子建模得到的分子描述符成功地计算了331种有机液体和固体的溶解度，而没有使用熔点（Bodor和Huang，1992）。还使用神经网络方法来预测溶解度、原子电荷、偶极矩、表面积和其他分子描述符的组合（Sutter和Jurs，1996）。

**表3.4　应用式（3.46）预测溶解度**

| 化合物 | $\lg S_w$ 实验值 | $\lg S_w$ 预测值 | 残差 |
|---|---|---|---|
| 1,4-二溴苯 | −4.07 | −4.29 | 0.22 |
| 1,2-二氯苯 | −3.20 | −3.10 | −0.10 |
| 1,3-二氯苯 | −3.09 | −3.30 | 0.21 |
| 1,4-二氯苯 | −3.21 | −3.46 | 0.25 |
| 1,3-二氟苯 | −2.00 | −2.30 | 0.30 |
| 对氨基苯甲酸甲酯 | −1.60 | −1.46 | −0.14 |
| 对氨基苯甲酸乙酯 | −1.99 | −1.95 | −0.04 |
| 对氨基苯甲酸丙酯 | −2.33 | −2.18 | −0.15 |
| 对氨基苯甲酸戊酯 | −3.35 | −3.48 | 0.13 |
| 对氨基苯甲酸己酯 | −3.95 | −3.82 | −0.13 |
| 对氨基苯甲酸庚酯 | −4.60 | −4.37 | −0.23 |
| 对氨基苯甲酸十二烷基酯 | −7.80 | −7.56 | −0.24 |
| 对氨基苯甲酸辛酯 | −5.40 | −5.02 | −0.38 |
| 对氨基苯甲酸壬酯 | −6.00 | −5.49 | −0.51 |
| 对羟基苯甲酸乙酯 | −2.22 | −1.71 | −0.51 |
| 尼泊金丙酯 | −2.59 | −2.04 | −0.55 |
| 对羟基苯甲酸丁酯 | −2.89 | −2.60 | −0.29 |
| 茚满 | −3.03 | −2.93 | −0.10 |
| 苊 | −4.59 | −4.33 | −0.26 |
| 芴 | −4.92 | −5.41 | 0.49 |
| 芘 | −6.18 | −6.31 | 0.13 |
| 荧蒽 | −5.90 | −6.12 | 0.22 |
| 1,2-苯芴 | −6.68 | −7.30 | 0.62 |
| 䓛 | −8.06 | −7.93 | −0.13 |
| 联苯 | −6.73 | −7.45 | 0.72 |
| 并四苯 | −8.69 | −8.59 | −0.10 |
| 萘蒽 | −7.21 | −7.33 | 0.12 |
| 苝 | −8.80 | −8.36 | −0.44 |
| 3,4-苯并芘 | −7.82 | −8.01 | 0.19 |
| 2,3-苯芴 | −7.27 | −7.79 | 0.52 |
| 苯并苝 | −9.02 | −9.06 | 0.04 |
| 3-甲基氯蒽 | −7.97 | −8.47 | 0.50 |
| 2-氨基吡啶 | 1.05 | 0.36 | 0.69 |
| 2-羟基-5-硝基吡啶 | −1.07 | −1.46 | 0.39 |

续表

| 化合物 | $\lg S_w$ 实验值 | $\lg S_w$ 预测值 | 残差 |
|---|---|---|---|
| 2-羟基吡啶 | 1.00 | 0.69 | 0.31 |
| 吡啶甲酸 | 0.66 | −0.02 | 0.68 |
| 2-氯哌啶 | −3.14 | −3.14 | 0.00 |
| 4-羟基苯甲酸 | −1.27 | −0.89 | −0.38 |
| 4'-氨基苯乙酮 | −1.24 | −0.91 | −0.33 |
| 3,5-二氯吡啶 | −2.04 | −1.73 | −0.31 |
| 2-氨基-4-甲基吡啶 | −0.23 | −0.48 | 0.25 |
| 5-硝基喹啉 | −2.25 | −2.01 | −0.24 |
| 黄体酮 | −4.42 | −5.06 | 0.64 |
| 睾丸激素 | −4.08 | −4.35 | 0.27 |
| 去氧皮质酮 | −3.45 | −3.61 | 0.16 |
| 11-羟基孕酮 | −3.82 | −3.84 | 0.02 |
| 醋酸去氧皮质酮 | −4.63 | −5.10 | 0.47 |

#### 3.4.1.3 比较分子场分析

比较分子场分析（CoMFA）是近年来为 QSAR 研究开发的另一种有前景的方法。CoMFA 是一种用于测定分子空间和静电力场的分子模拟技术（Tripos，1992）。它已成功用于推导分子描述符，用于预测类固醇的生物活性（Cramer 等，1988），通过聚合物膜的分子通量（Liu 和 Matheson，1994），以及新陈代谢和细胞色素 P450 酶活性（Long 和 Walker，2003）。

为了比较 CoMFA 研究中不同分子的空间效应，必须根据一组指定的规则在空间中移动分子（Cramer 等，1988；Tripos，1992；Liu 和 Matheson，1994）。在预测异丙醇中溶解度的研究中，芳香族化合物的最佳分子模型参照苯分子与指定的碳原子位置对齐，符合以下规则：

① 对于单取代的化合物，选择与官能团连接的芳香族碳原子作为主要原子并指定为位置 1。

② 对于多取代化合物，基于先前研究（Hu，1990）中确定的碎片系数，连接到对溶解度具有最大影响的官能团的环碳原子被选择为主要原子并指定为位置 1。

③ 以上述方式将所有其他六元环与参比苯环对齐，添加的条件是烷基和大基团在参比分子上的碳原子 4 和 5 的方向上排列。

在使用最小二乘法将每个分子拟合到参考苯之后，计算分子的静电场和空间域，沿 $x$ 轴和 $y$ 轴从−14.0 Å 到 14.0 Å，沿 $z$ 轴从−10 Å 到+10 Å。$sp^3$ 的探针原子将电荷为+1 的碳置于限定的区域中，并且用探针原子沿轴线以 2 Å 的间隔移动来计算场能量。所得的空间和静电场能量以及熔点（mp）和分子内氢键指示剂（IHB）用于 SYSYL 包中的偏最小二乘法（PLS）的 QSSR 研究。应该注意的是，由于分子场分析的性质，分子立体和静电力场将有数百或数千个描述符（表 3.5），并且在下面写下 QSSR 方程是不方便和不必要的。CoMFA 研究自生成这些描述符并直接用于使用相同的软件包预测目标属性。将异丙醇中的摩尔溶解度（mol/L）与 60 种芳香族和杂芳香族结晶化合物的所需参数相关联的最终模型的统计结果是 SD = 0.243，$r^2$ =0.942，且 $F$ = 146。表 3.5 中列出了两个 CoMFA 模型中每个参数的贡献。使用 CoMFA、mp 和 IHB 作为预测因子的模型 2 的实验和计算的摩尔溶解度列于表 3.6 中。

**表 3.5　CoMFA 中预测因子对溶解度的相对贡献**

| 变量 | 模型 1 | | 模型 2 | |
|---|---|---|---|---|
| | 对照系数 | 贡献值/% | 对照系数 | 贡献值/% |
| CoMFA（864 变量）（空间位） | 1.469 | 40.1 | 0.942 | 31.0 |
| CoMFA（864 变量）（静电） | 1.575 | 43.0 | 1.092 | 35.9 |
| 100/mp | 0.622 | 17.0 | 0.656 | 21.6 |
| 1000×IHB | | | 0.351 | 11.5 |

**表 3.6　使用 CoMFA、100/mp、1000×IHB 作为预测因子的模型 2 中的 CoMFA 在异丙醇中的实验和计算的摩尔溶解度**

| 化合物 | 100/mp | 实验值 lg*x* | 计算值 lg*x* | 残差 |
|---|---|---|---|---|
| 苯酚 | 0.3185 | −0.0250 | −0.0317 | 0.0067 |
| 苯甲酸 | 0.2528 | −0.6979 | −0.6610 | −0.0386 |
| 3-羟基苯甲酸 | 0.2105 | −0.8804 | −1.2841 | 0.4037 |
| 3-叔丁基苯酚 | 0.3145 | −0.1322 | −0.0267 | −0.1055 |
| 4-羟基苯甲酸 | 0.2105 | −0.8948 | −1.1456 | 0.2508 |
| 2-羟基-5-硝基吡啶 | 0.2162 | −2.2700 | −2.2887 | 0.0186 |
| 间硝基苯甲醛 | 0.3021 | −1.4763 | −1.6243 | 0.1480 |
| 4-氨基苯乙酮 | 0.2639 | −1.2757 | −0.9580 | −0.3177 |
| 4-叔丁基苯甲酸 | 0.2278 | −0.9893 | −0.9893 | −0.0000 |
| 3-羟基吡啶 | 0.2500 | −0.8477 | −1.1053 | 0.2576 |
| 3,5-二氯吡啶 | 0.2950 | −0.9726 | −0.5225 | −0.4401 |
| 3-氨基吡啶 | 0.3017 | −0.2845 | −0.2789 | −0.0056 |
| 2-氨基吡啶 | 0.3008 | −0.3099 | −0.0783 | −0.2316 |
| 2-甲氧基-5-硝基吡啶 | 0.2621 | −2.1175 | −1.8728 | −0.2447 |
| 2-羟基吡啶 | 0.2639 | −0.8165 | −0.7767 | −0.0397 |
| 2,4-二羟基吡啶 | 0.1815 | −2.4535 | −2.4962 | 0.0428 |
| 2-氨基-4-甲基吡啶 | 0.2688 | −0.7206 | −0.7493 | 0.0287 |
| 2-氨基-5-氯吡啶 | 0.2442 | −1.4023 | −1.1059 | −0.2964 |
| 2-氨基-5-硝基吡啶 | 0.2174 | −2.3820 | −2.3100 | −0.0719 |
| 2,5-吡啶二羧酸① | 0.1916 | −3.2840 | −3.1436 | −0.1404 |
| 3-喹啉羧酸 | 0.1813 | −2.8508 | −2.7836 | −0.0672 |
| 4,7-二氯喹啉 | 0.2793 | −1.5670 | −1.1765 | −0.3905 |
| 8-硝基喹啉 | 0.2755 | −2.2366 | −2.2387 | 0.0021 |
| 8-羟基喹啉① | 0.2890 | −1.5171 | −1.4499 | −0.0067 |
| 8-氨基喹啉① | 0.2941 | −1.0701 | −1.2900 | 0.2200 |
| 5-氯-8-羟基喹啉① | 0.2525 | −2.2660 | −2.1263 | −0.1397 |
| 5-硝基-8-羟基喹啉① | 0.2198 | −3.1713 | −3.2861 | 0.1147 |
| 4-甲氧基-2-喹啉羧酸① | 0.2128 | −3.0809 | −2.8765 | −0.2044 |
| 6-喹啉羧酸 | 0.1771 | −3.0223 | −2.8650 | −0.1573 |
| 2-羟基-4-甲基喹啉 | 0.2020 | −2.4547 | −2.4130 | −0.0417 |
| 6-氨基喹啉 | 0.2558 | −1.0013 | −1.2423 | 0.2410 |
| 3-氨基喹啉 | 0.2743 | −0.6925 | −1.3218 | 0.6293 |
| 2-羟基喹啉 | 0.2121 | −2.2111 | −2.1970 | −0.0142 |
| 4-羟基喹啉 | 0.2110 | −1.5317 | −1.7020 | 0.1704 |

续表

| 化合物 | 100/mp | 实验值 lg$x$ | 计算值 lg$x$ | 残差 |
|---|---|---|---|---|
| 6-硝基喹啉 | 0.2353 | −2.5935 | −2.6597 | 0.0662 |
| 8-喹啉羧酸① | 0.2174 | −2.9393 | −2.7353 | −0.2040 |
| 4-喹啉羧酸 | 0.1898 | −2.8268 | −2.5109 | −0.3159 |
| 6-甲氧基-8-硝基喹啉 | 0.2315 | −3.1675 | −3.2908 | 0.1233 |
| 对羟基苯甲酸乙酯 | 0.2564 | −0.6983 | −0.8481 | 0.1498 |
| 5-氯-3-吡啶醇 | 0.2304 | −1.0605 | −1.4744 | 0.4139 |
| 烟酸 | 0.1959 | −2.3830 | −2.1697 | −0.2133 |
| 6-羟基烟酸 | 0.1745 | −3.2757 | −2.8374 | −0.4384 |
| 吡啶甲酸① | 0.2439 | −1.7595 | −2.0545 | 0.2950 |
| 6-氯烟酸 | 0.2119 | −1.5935 | −2.0052 | 0.4118 |
| 8-羟基喹哪啶① | 0.2894 | −1.4486 | −1.4640 | 0.0155 |
| 2-氯哌啶 | 0.3030 | −0.9666 | −0.8891 | −0.0775 |
| 8-硝基喹哪啶 | 0.2421 | −2.6840 | −2.5881 | −0.0959 |
| 4-氨基喹哪啶 | 0.2268 | −1.1561 | −1.3149 | 0.1588 |
| 6-甲氧基喹哪啶 | 0.2976 | −0.5146 | −0.2470 | −0.2676 |
| 2,4-喹啉二醇 | 0.1592 | −3.3566 | −3.2571 | −0.0995 |
| 2-氨基-4,6-二甲基吡啶 | 0.2972 | −0.3534 | −0.3495 | −0.0039 |
| 1-异喹啉羧酸① | 0.2288 | −2.6861 | −2.6689 | −0.0172 |
| 2,4-二甲基-6-羟基嘧啶 | 0.2119 | −1.6716 | −1.6693 | −0.0024 |
| 吖啶 | 0.2621 | −1.3091 | −1.2955 | −0.0136 |
| 2-羟基喹喔啉 | 0.1837 | −2.8665 | −2.8543 | −0.0121 |
| 吲哚 | 0.3067 | −0.2138 | −0.3988 | 0.1850 |
| 2-喹啉羧酸① | 0.2320 | −2.0809 | −2.6499 | 0.5690 |
| 5-氨基喹啉 | 0.2625 | −1.0867 | −0.7165 | −0.3703 |
| 5-硝基喹啉 | 0.2899 | −1.4647 | −1.4359 | −0.0289 |
| 对羟基苯甲酸甲酯 | 0.2500 | −0.7376 | −0.9939 | 0.2564 |

① 能够形成分子内氢键的化合物。

为了测试该方法的适用性，随机除去了 8 种化合物。剩下的 52 种化合物用于开发 CoMFA 模型。然后将所得模型用于预测去除的化合物的溶解度。结果显示预测值与实验值很好地吻合（表 3.7）。

**表 3.7 采用 CoMFA 预测化合物在异丙醇中的溶解度**

| 化合物 | 实验值 lg$x$ | 预测值 lg$x$ | 残差 |
|---|---|---|---|
| 3-喹啉羧酸 | −2.8508 | −2.9596 | 0.1088 |
| 2-氨基-4,6-二甲基吡啶 | −0.3534 | −0.1888 | −0.1646 |
| 吖啶 | −1.3091 | −1.5100 | 0.2009 |
| 4-羟基苯甲酸 | −0.8948 | −1.1464 | 0.2516 |
| 2-氨基-5-硝基吡啶 | −2.3820 | −2.4363 | 0.0544 |
| 间硝基苯甲醛 | −1.4763 | −1.4609 | −0.0154 |
| 对羟基苯甲酸甲酯 | −0.7376 | −0.9768 | 0.2392 |
| 8-羟基喹啉 | −1.5171 | −1.2862 | −0.2309 |

Puri 等（2003）将 CoMFA 方法用于三维 QSPR 模型，用于代表一组多氯联苯（PCB）熔点下的熔化焓。使用各种对准方案，例如惯性、原子拟合和场拟合，来评估模型的预测能力。CoMFA 模型也是使用 ESP 和 Gasteiger-Marsili（GM）方法计算的部分原子电荷得出的。原子拟合比对和 GM 电荷的组合产生最大的自洽性[$r^2$=0.955]和内部预测能力[$r_{cv}^2$=0.783]。该 CoMFA 模型用于预测整套 209 PCB 同系物的$\Delta_{fus}H_m(T_{fus})$，包括 193 个 PCB 同源物，其实验值不可用。将 CoMFA 预测值与先前的汽化焓和升华焓的估计值相结合，用于构建热力学循环，该循环验证了这三种热力学性质的预测的内部自洽性。CoMFA 预测的熔化焓也用于使用移动顺序和无序理论计算 PCB 在水中的溶解度。298.15 K 时溶解度的计算值和实验值之间的一致性，以±0.41 对数单位的标准偏差表征，证明了 CoMFA 预测的熔化焓可用于计算 PCB 在水中的溶解度。

### 3.4.2 基团贡献法

在基团贡献方法中，溶解度被假定为添加剂-组成性质。也就是说，分子的每个片段都具有一些固有的溶解度。因此，分子的溶解度可以表示为所有基团的溶解度的总和：

$$-\lg S_w = \sum f_i \tag{3.48}$$

其中$f_i$是片段溶解度常数。

片段溶解度常数可以使用回归技术根据实验溶解度数据凭经验确定。1986 年，Wakita 等研究了大量非同源化合物在水中的溶解度。在该研究中，片段溶解度常数通过以下步骤确定：

① 通过对由氢和碳原子组成的一些主要基团进行回归，使用液态脂肪烃来得到片段常数。

② 然后使用来自步骤①的主要基团常数来确定除液体脂肪族化合物的烃之外的各种官能团的常数。

③ 使用液体芳香族化合物的溶解度数据，使用脂肪族片段值计算芳香族片段值。

④ 在上述值的基础上，测定固体化合物的熔点贡献。

使用片段溶解度常数，用式（3.48）计算 436 种脂肪族和芳香族化合物（液体和固体）在水中的溶解度（Wakita 等，1986）。结果显示在式（3.49）和图 3.3 中：

$$\text{Exp.}\lg\frac{1}{S_w} = 0.198 + 0.917\ \text{Calc.}\lg\frac{1}{S_w} \tag{3.49}$$

$$s = 0.498;\ r^2 = 0.956;\ F = 10050;\ n = 463$$

在类似于上面讨论的方法中，Kühne 等（1995）测定了 58 个结构片段的碎片溶解度和化合物的熔点用于 694 个化合物在水中的溶解度（mol/L）的计算。Kühne 比较了不同方法在水中溶解度计算的性能，并表明他的方法得到的计算误差最小。

也有其他学者一直在对基团贡献法进行研究。Klopman 等（1992）使用式（3.50）定义了对大量基团水中溶解度的贡献值和确定的溶解度：

$$\lg S = C_0 + \sum_{i=1}^{N} C_i G_i \tag{3.50}$$

式中；$S$ 是在 25℃下在水中的质量分数溶解度，%；$C_0$ 是常数；$C_i$ 是基团 $G_i$ 的贡献系数，$G_i$ 指代一个官能团。

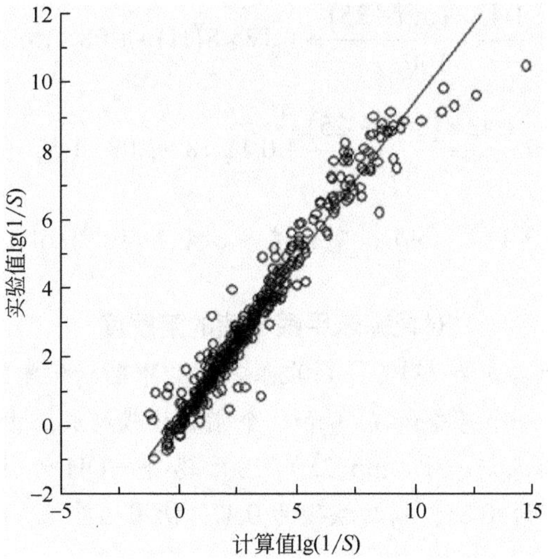


图 3.3　用片段溶解度常数计算 lg(1/$S$)
［数据源于 Wakita 等所获得的数据（1986）］

在 Klopman 等的研究中（1992），他们的数据库中的溶质官能团用两种不同的方法定义。第一种定义方法比第二种方法更具限制性。例如，羟基（-OH），或者通过非常有限的方法定义为伯、仲、叔醇以及基于-OH 基团连接或定义的原子类型的另外五个-OH 亚组，或通过限制性较少的方法将其定义为一组，无论该组的化学结构环境如何。显然，对限制性较强的方法，官能团的限制性定义可以使计算水中溶解度的结果更准确。然而，由于数据集中出现的官能团不充分，对于由非常严格的方法定义的一些官能团，贡献系数的可靠性较低。基于官能团的不同定义，开发了两种模型（模型Ⅰ和Ⅱ）用于计算水中溶解度。在模型Ⅰ中总共 45 个组贡献系数定义为 469 种化合物在水中的溶解度，并且在模型Ⅱ中定义了 33 种不同的组贡献系数，用于 483 种化合物（包括模型Ⅰ中的 469 种化合物）的溶解度。Klopman 研究中的回归统计表明，使用模型Ⅰ计算溶解度的准确度略高于使用模型Ⅱ的准确度。在预测溶解度模型的应用中，当可靠的贡献系数可用于由非常严格的方法定义的所有官能团时，使用模型 I。另外，溶质的官能团由限制较少的方法定义，并且使用模型Ⅱ预测在水中的溶解度。

碎片方法的突出特征是固体溶质的熔点可能不需要包括在溶解度方程中。消除熔点使得可以在没有任何测量的物理化学性质的情况下预测溶解度。只要化合物的化学结构已知，就可以估计化合物在水中的溶解度。这可能是经验 QSSR 方法优于本章第一部分讨论的理论方法的优势之一。此外，如实例 3.2 所示，使用碎片方法的预测的准确性与移动顺序理论和分区理论的准确性相当。

**实例 3.2**

使用基团贡献法估算萘和对羟基苯甲酸甲酯在水中的溶解度。

**萘的溶解度**

萘的熔点为 80.2℃。萘含有 8 个氢原子（H）和 1.67 个苯基（Ph）。使用 Wakita 等确定的数据（1986），可以发现每个氢原子的溶解度片段系数值为 0.12，每个苯基的为 1.08，熔点归一化为 1.43。使用这些值，估计萘的溶解度为：

$$-\lg S_{est} = \frac{1.43\times(mp-25)}{100} + 0.12\times 8(H) + 1.08\times 1.67(Ph) \tag{3.51}$$

$$-\lg S_{est} = \frac{1.43\times(80.2-25)}{100} + 0.12\times 8 + 1.08\times 1.67 = 3.55 \tag{3.52}$$

该值转化为 $S_{est} = 2.8\times 10^{-4}$ mol/L，实验值 $S_{obs} = 2.7\times 10^{-4}$ mol /L（Wakita 等，1986）。

**对羟基苯甲酸甲酯的溶解度**

对羟基苯甲酸甲酯的熔点为 131℃。对羟基苯甲酸甲酯的化学结构由一个芳香族—OH、七个氢原子、一个苯基、一个芳香酯 $CO_2$ 和一个脂肪族碳组成。由 Wakita 等确定的片段系数（1986）如下：1.43，熔点归一化（mp−25）/ 100；芳香—OH 为−1.50；每个氢原子为 0.12；苯基为 1.08；芳香酯 $CO_2$ 为−0.81；脂肪族碳为 0.37。使用这些值，对羟基苯甲酸甲酯的溶解度可以计算为：

$$-\lg S_{est} = \frac{1.43\times(mp-25)}{100} - 1.50(OH) + 0.12\times 7(H) + 1.08(Ph) - 0.81(CO_2) + 0.37(C) \tag{3.53}$$

$$-\lg S_{est} = \frac{1.43\times(131-25)}{100} - 1.50 + 0.12\times 7 + 1.08 - 0.81 + 0.37 = 1.50 \tag{3.54}$$

则 $S_{est} = 0.032$ mol/L。实验溶解度为 0.0145 mol/L（Wakita 等，1986）。作为比较，通过分配理论计算的，$S_{est} = 0.0066$ mol/L；移动次序理论，$S_{est} = 0.066$ mol/L。

### 3.4.3 线性溶剂能关系

在 Kamlet、Taft 及其同事的溶剂化变色效应研究中，溶液中的分子相互作用和分子的极性相关性质通过溶剂化变色参数表征，包括氢键供体（HBD）的酸度 $\alpha$，氢键受体（HBA）碱度 $\beta$ 和极性/极化率 $\pi^*$（Kamlet 和 Taft，1976；Taft 和 Kamlet，1976；Kamlet 等，1977）。这些溶剂化变色参数的值最初是从具有不同极性和氢键的一系列溶剂中的探测分子对的 UV 光谱位移测量的。通过仔细选择溶质和溶剂，探测溶质在不同溶剂中的紫外光谱位移，随后将其分配到非特异性极性/极化效应和溶剂的特定氢键效应。$\alpha$ 值，即溶剂的 HBD 酸度，是由在相同溶剂条件下测定的甲醇的光谱位移值归一化得到的光谱位移（Taft 和 Kamlet，1976）。类似地，溶剂的 $\beta$ 值是六甲基磷酰胺的光谱位移归一化得到的光谱位移（Kamlet 和 Taft，1976），并且 $\pi^*$ 值是从一系列溶剂中的一对分子探针的线性光谱关系的斜率获得的（Kamlet 等，1977）。其他方法，如氢键形成常数的反算、NMR 位移、分配系数、HPLC 和 GLC 容量因子，以及其他极性相关的性质也被用来确定溶剂化变色参数（Kamlet 和 Taft，1976；Kamlet 等，1987；Abraham，1993）。

由于溶剂化变色参数源自分子间相互作用产生的能量的直接测量，因此它们可用于预测溶解度，溶解度由溶质-溶质、溶剂-溶剂和溶质-溶剂相互作用能量确定。对于具有弱或非氢键供体的非自身相关的液体脂肪族化合物（Taft 等，1985；Kamlet 等，1986），25℃下在水中的溶解度与摩尔体积（$\overline{V}$），氢键受体的碱度（$\beta$）和极性/极化率（$\pi$*）呈线性溶剂化能量关系（LSER），如式（3.55）所示：

$$\lg S_{\mathrm{w}} = 0.54 - 3.32\frac{\overline{V}}{100} + 5.17\,\beta + 0.46\,\pi^{*} \tag{3.55}$$

$s$=0.137； $r$=0.995； $n$=105

等式中的$\overline{V}$项表征与溶剂相为溶质分子提供空间位穴时所需的自由能。

式（3.55）显示在水中的溶解度很大程度上取决于溶质的溶剂化变色参数。对数刻度上的小标准偏差 0.137 表明，使用式（3.55）的预测误差与溶解度测量中的实验误差处于相同的范围内（Valvani 等，1981）。与其他方法相比，LSER 方法对非自缔合、非氢键和弱氢键脂肪族液体的溶解度产生了最准确的结果（Kamlet 等，1986）。

与传统的 QSAR 类似，特定的 LSER 方程仅限于一组特定的化合物。在随后的研究中，Kamlet 等（1987）发现，对于芳香族液体，水中溶解度对极性/极化率的依赖性不同于脂肪族液体。对于具有氢键受体且没有氢键供体的液体芳香族化合物，LSER 是：

$$\lg S_{\mathrm{w}} = 1.44 - 3.17\frac{\overline{V}}{100} + 4.05\,\beta - 0.81\,\pi^{*} \tag{3.56}$$

$s$=0.150； $r$=0.990； $n$=31

从式（3.56）可以看出，液体芳香族化合物的溶解度仍然与溶剂化变色参数高度相关。然而，式（3.56）中的截距和 $\beta$、$\pi$*的系数与式（3.55）中的截距和系数大不相同。实际上，式（3.56）中的 $\pi$*项具有不正确的符号（Kamlet 等，1987），因为依靠溶质-溶剂偶极相互作用的溶解过程应该是放热的而不是吸热的。当使用固有范德瓦尔斯摩尔体积 $V_{\mathrm{I}}$ 代替实验摩尔体积时，可校正 $\pi$*项的不正确符号。有趣的是，当使用 $V_{\mathrm{I}}$ 项时，$\pi$*项在方程中不再显著，并且芳香液体的 LSER 变为：

$$\lg S_{\mathrm{w}} = 0.44 - 5.33\frac{V_{\mathrm{I}}}{100} + 3.89\,\beta \tag{3.57}$$

$s$=0.166； $r$=0.987； $n$=31

应用 Yalkowsky 和 Valvani（1980）研究的溶剂化能量关系，LSER 中包含了固体芳香化合物溶解度的熔点项，结果为：

$$\lg S_{\mathrm{w}} = 0.54 - 5.60\frac{V_{\mathrm{I}}}{100} + 3.68\,\beta - 0.0103(\mathrm{mp} - 25) \tag{3.58}$$

$s$=0.238； $r$=0.987； $n$=39

式（3.55）～式（3.58）的相关系数很高。然而，除了溶剂化变色参数对水溶性的贡献的差异之外，方程中还缺少一些重要参数。如在分子表面方法部分中所讨论的，溶解度由以下四个步骤产生的自由能变化决定：①结晶溶质的熔化；②从溶质分离溶质分子；③在溶剂相中产生用于容纳溶质分子的空腔；④将溶质分子放入空腔中。步骤②中的自由能变化是由溶质-溶质相互作用引起的，步骤④中的自由能变化是溶质-溶剂相互作用的结果，其由氢键酸性效应、极性/极化率和溶液中的氢键碱性效应组成。在式（3.55）～式（3.58）中，溶质-溶质相互作用和氢键酸度效应均缺失，即使数据集中的大量溶质是氢键供体。Kamlet 等（1987）试图通过将 Hildebrand 溶解度参数（$\delta$）添加到方程中来解释溶质-溶质相互作用效应。为解释缺失的 $\delta$ 项，Kamlet 等（1986）假设溶质-溶质和溶质-溶剂相互作用未在 $\delta$ 和 $\pi^*$ 之间正确分选。为了解释 $\alpha$ 和溶解度之间无关紧要的关系，Kamlet 和同事推断烷醇溶质在水里仅作为氢键受体。

在 Lee（1996）最近的一项研究中，LSER 与扩展的 Hildebrand 溶解度方程相结合。通过 LSER 和扩展溶解度参数模型之间的比较，发现 LSER 方程中缺少溶质-溶质相互作用能量项。已经提出了一种具有补充相互作用能量项的新 LSER 方程用于溶剂化过程。脂肪族和芳香族液体的新 LSER 方程是：

$$\lg S_w = 0.25(\pm 0.17) + 0.15(\pm 0.15)\ R + 1.99(\pm 0.34)\ \pi^* + 4.64(\pm 0.80)\ \alpha + 4.78(\pm 0.17)\beta - 1.67(\pm 0.50)\frac{V_I}{100} - 3.34(\pm 0.58)U \tag{3.59}$$

$s$=0.189； $r$=0.993； $n$=55

式（3.59）显示，通过 $t$-检验，$\alpha$ 和 $U$ 对溶解度的贡献是显著的。通过包含 $\alpha$ 和 $U$，脂肪族或芳香族化合物的溶解度可以用单个 LSER 方程表示。式（3.59）的整体拟合非常好。然而，用于表示色散能量的 $R$ 项（Abraham，1993）在统计上并不显著，如 $R$ 项系数的标准误差所示。

### 3.4.4 其他统计方法和预测模型

在现代药物发现研究中，通常为具有不同结构的大量化合物建立药物样性质的数据库，包括分配系数、电离常数和水溶性。这些数据库可用于开发通过统计方法预测溶解度的模型。随着越来越多的分子描述符的使用，传统的回归方法变得不太可能成功建模，因为独立变量的数量不能大于传统回归分析的因变量的数据点的数量。为了处理非常规的大量描述符，以下两种统计方法特别有用。这两种方法是 PLS 和人工神经网络（ANN）。

PLS 方法与主成分分析有一定关系。它不是找到最大方差的超平面，而是找到了一个线性模型，用其他可观察变量来描述一些预测变量。它用于找到两个矩阵（$\boldsymbol{X}$ 和 $\boldsymbol{Y}$）之间的基本关系，即用于对这两个空间中的协方差结构进行建模的潜变量方法。PLS 模型将尝试在 $\boldsymbol{X}$ 空间中找到多维方向，该方向解释了 $\boldsymbol{Y}$ 空间中的最大多维方差方向。

Bergstrom 等（2004）开发了计算机协议，以预测药物的水溶性。他们使用 ChemGPS 方法确定了覆盖药物样空间的 85 种化合物的溶解度数据。电子分布、亲脂性、柔韧性和尺寸的二维分子描述符由 Molconn-Z 和 Selma 计算。使用宏观模型中的蒙特卡罗模拟来获得全局最小能量构象，并且由 Marea 计算分子表面区域性质的三维描述符。通过使用训练和测试数据集获得 PLS 模型。产生全局药物溶解度模型和子集特异性模型（在将 85 种化合物分成酸、碱、两性电解质和非蛋白水解物之后）。此外，最终模型成功地预测了来自文献的外部测试集的溶解度值。结果表明，可以从易于理解的模型中高精度地预测同源系列和子集，而对于具有大结构多样性的数据集可能需要共识建模。

ANN 是一组相互连接的人工神经元，它使用数学或计算模型进行信息处理，这是基于计算的连接方法。它是一个自适应系统，根据流经网络的外部或内部信息改变其结构，如图 3.4 所示。

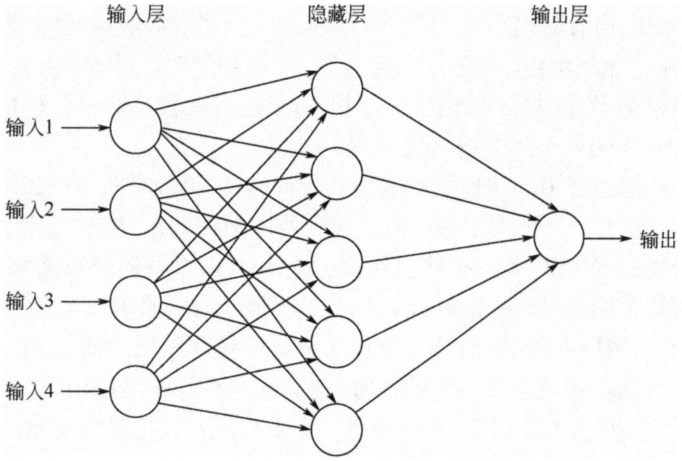


图 3.4　神经网络结构的示意

ANN 能够从训练数据中自学习以最大化预测能力。这在数据或任务的复杂性使得手工设计这种功能的应用中特别有用（Haykin，1999）。

Goller 等（2006）提出了用于预测有机化合物在 pH 6.5 的缓冲溶液中的溶解度的 ANN 模型，以模拟人胃肠道中的培养基。该模型源自对约 5000 种化合物溶解度的测量。在通过统计和数据挖掘方法预选显著贡献者之后，采用半经验 VAMP/AM1 量子化学波函数衍生的、HQSAR 衍生的 lg*P* 和基于拓扑的描述符。对 10 个人工神经网络进行了培训，其中 90%作为训练集，10%作为测试集，并且以迭代方式使用预测质量的确定性分析来基于 Corina 三维分子结构和 AM1/COSMO 单点波函数优化 ANN 结构和描述符空间。在生产模式中，创建了 10 个 ANN 的平均预测值，以及基于标准偏差的质量参数。基于 Corina 几何和 AM1/COSMO 波函数的生产 ANN 导致 $r^2$ cv 为 0.50，均方根误差为 0.71 个对数单位，87%和 96%的化合物误差小于 1 且分别为 1.5 个对数单位。该模型能够预测永久带电物种，例如两性离子或季铵，以及有问题的结构，例如互变异构体和未分离的非对映异构体以及中性化合物。

Tantishaiyakul（2005）开发了一种模型，用多变量 PLS 和 ANN 预测苄胺盐的水溶性。通过使用针对 Windows 的 Hyperchem 和 ChemPlus QSAR 程序计算分子描述符，包括结合能和盐的表面积。其他理化性质，如氧和氮原子的氢键受体、氢键供体、氢键形成能力、分子量和对位取代苯甲酸的计算对数分配系数（clg *P*），也被用于描述。在这项研究中，人工神经网络，特别是多层感知器（MLP）架构网络的预测能力被发现优于 PLS 模型。推导出的最佳 ANN 模型、6-1-1 架构，总体 $r^2$ 为 0.850，交叉验证和测试集的均方根误差分别为 0.189 和 0.185 个对数单位。由于所有使用的描述符都很容易从计算中获得，因此这些模型提供了不需要对某些描述符进行实验确定的优点。

Jouyban 等（2004）应用 ANN 计算药物在水-共溶剂混合物中的溶解度，使用 35 个实验数据集。使用的网络具有一个隐藏层的前馈反向传播错误。神经网络的拓扑结构在 6-5-1 架构中进行了优化。每组中的所有数据点都用于训练 ANN，并且使用训练后的网络反向计算溶解度。计算的溶解度和实验值之间的差异用作准确度标准并定义为平均百分比偏差（MPD）。对于 35 个数据集获得的总 MPD±SD 为 0.90%±0.65%。为了评估该方法的预测能力，每组中的五个数据点用作训练集，并且使用经过训练的 ANN 预测其他溶剂组成的溶解度，由此该分析的总 MPD±SD 为 9.04%±3.84%。当来自 35 个数据集的所有 496 个数据点用于训练一般 ANN 模型时，MPD±SD 为 24.76%±14.76%。为了测试一般 ANN 模型的预测能力，使用来自 35 个数据集的具有奇数组的所有数据点来训练 ANN 模型，并且预测偶数编号的数据，总 MPD±SD 为 55.97%±57.88%。当为给定的共溶剂系统开发 ANN 模型时，总 MPD 小于 10%。将人工神经网络结果与最准确的多元线性回归模型得到的结果进行比较，即组合近似理想的二元溶剂/Redlich-Kister 方程，表明人工神经网络优于回归模型。

Yan 等（2004）通过使用多线性回归分析和反向传播神经网络，在 2084 种化合物的多样化数据集的基础上，开发了几种用于预测有机化合物水溶性的定量模型。通过两种不同的结构表示方法描述化合物：①具有 18 个拓扑描述符；②具有 32 个径向分布函数代码，其代表分子的三维结构和另外 8 个描述符。在 Kohonen 的自组织神经网络的基础上，将数据集分为训练集和测试集。对于反向传播神经网络模型，获得了良好的预测结果：18 个拓扑描述符，对于测试集中的 936 个化合物，相关系数为 0.92，SD 为 0.62；对于三维描述符，测试集中的 866 种化合物，相关系数为 0.90，SD 为 0.73。还使用另一个数据集对模型进行了测试，并通过 Kohonen 的自组织神经网络检验了两个数据集的关系。

近年来，努力提高模拟效率并利用容易获得的开源软件进行溶解度预测。Sellers 等（2016）使用经典模拟扩展了各种自由能方法，以确定完全柔性分子固相和液相的化学势。他们概述了一种有效的技术，使用一组模拟来计算固体绝对化学势，并使用一组模拟来计算固-液自由能差，从而找到完全柔性分子的绝对化学势和熔点。通过这种组合，仅需要少量模拟，从而获得化学势的绝对量，用于其他性质计算，例如晶体多晶型的表征或熵的确定。使用 LAMMPS 分子模拟器，Frenkel 和 Ladd 以及伪超临界路径技术适用于产生固体和液体化学势的三阶拟合。结果在 1.0 atm（101325 Pa）下产生热力学熔点 $T_m = 488.75$ K。

从概念上讲，计算模拟溶解度的最简单方法是进行“强力”直接共存模拟（Espinosa 等，2016；Kolafa 等，2016）。虽然这种方法具有简便的优点，但它通常需要长时间的模拟（在某些情况下高达几微秒）才能达到溶解度平衡，即使对于高度可溶的化合物也是如此。为了开发通用但仅利用现成的开源软件，Li 等（2017）开发了一种通用溶解度预测方法。他们开发了一种数值方法，可以在固体和溶液共存的任意热力学条件下方便地估算一般分子晶体。该方法基于标准的炼金术自由能方法，如热力学积分和自由能扰动，由两部分组成：①系统扩展爱因斯坦晶体法计算分子晶体在任意温度下的绝对固体自由能和压力；②灵活的腔体方法，可以准确估计过量的溶剂化自由能。结果表明，通过经典的分子动力学模拟，他们的方法可以预测基于 OPLS-AA（液体模拟的优化电位）萘在 SPC（简单点电荷）水中的溶解度，与各种温度和压力下的实验数据非常一致。

改进的内聚能密度模型分离（MOSCED）是一种有效的分析方法，用于预测一系列温度下的无限稀释活度系数。可预测性使 MOSCED 成为一种极具吸引力的工程设计工具。但是，它的使用是有限的。在尝试对新化合物建模时，必须首先提供参考数据以回归必要的 MOSCED 参数。在这里，Ley 等（2016）提出使用分子模拟来生成参考数据集。通过这种方式，MOSCED 可以成为真正的预测工程设计工具。这将分子模拟的预测强度与 MOSCED 的效率相结合，创造了一个强大的新工具。通过从现有的实验数据中采用这些化合物的熔点温度和熔化焓，能够预测平衡溶解度。使用新的可预测的 MOSCED 分析方法进行预测的结果与非水溶剂中对乙酰氨基酚的可用实验溶解度数据非常一致，如图 3.5 所示。

Cox 等（2017）证明了对羟基苯甲酸甲酯、对羟基苯甲酸乙酯、对羟基苯甲酸丙酯、对羟基苯甲酸丁酯、利多卡因和麻黄碱的溶质如何在连续溶剂中进行常规分子模拟自由能计算或电子结构计算，而不是用于生成必要的参考数据，从而使 MOSCED 具有可预测性的特点。通过实验得出这些化合物的熔点温度和熔化焓，他们发现该方法能够很好地将非水溶剂中的（摩尔分数）

平衡溶解度与四个数量级相关联，具有良好的定量一致性。Phifer 等（2017）应用 MOSCED 并比较了 422 种非水性和 193 种水性实验溶解度，并发现所提出的方法能够很好地关联数据。他们的预测工作表明，MOSCED 结合使用分子模拟可以成为直观选择溶剂和配制溶剂的有效工具。

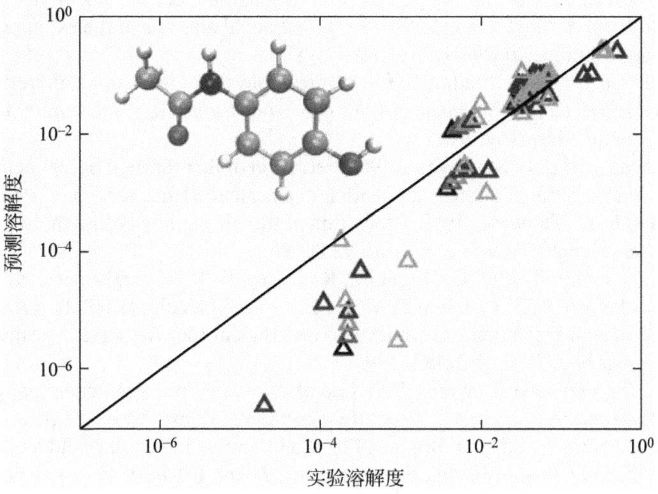


图 3.5　使用 MOSCED 预测溶解度

## 3.5 总结

有机非电解质的溶解度很大程度上取决于溶液中的分子相互作用和溶质的结晶能（如果溶质是固体化合物）。溶解度可以通过理论或经验方法估算。然而，由于涉及特定的分子相互作用，经验方程的预测能力通常取决于其对特定溶质组的有限应用或方程式开发中使用的化合物的有限域。通常，对于液体化合物而言，溶解度的估计比结晶化合物更容易，因为结晶能量不是液体的考虑因素。此外，由于分子间或分子内相互作用的复杂性，具有非特异性相互作用的分子的溶解度比具有氢键的溶质更容易预测。溶质-溶质、溶剂-溶剂和溶质-溶剂分子相互作用的表征仍然是预测溶解度的主要挑战。

## 参考文献

Abraham, M. H. 1993. Physicochemical and biochemical processes. *Chem. Soc. Rev.* 22:73–83.

Amidon, G. L., H. Lennernaes, V. P. Shah, and J. R. Crison. 1995. A theoretical basis for a biopharmaceutic drug classification: The correlation of in vitro drug product dissolution and in vivo bioavailability. *Pharm. Res.* 12:413–420.

Amidon, G. L., S. H. Yalkowsky, S. T. Anik, and S. C. Valvani. 1975. Solubility of nonelectrolytes in polar solvents. V. Estimation of the solubility of aliphatic monofunctional compounds in water using a molecular surface area approach. *J. Phys. Chem.* 79:2239–2246.

Amidon, G. L., S. H. Yalkowsky, and S. Leung. 1974. Solubility of nonelectrolytes in polar solvents II: Solubility of aliphatic alcohols in water. *J. Pharm. Sci.* 63:1858–1866. 1

Barton, A. F. M. 1983. *Handbook of Solubility Parameters and Other Cohesion Parameters*, pp. 1–88. Boca Raton, FL: CRC Press.

Bergstrom, C. A., C. M. Wassvik, U. Norinder, K. Luthman, and P. Artursson. 2004. Global and local computational models for aqueous solubility prediction of drug-like molecules. *J. Chem. Inf. Comput. Sci.* 44:1477–1488.

Bodor, N. and M. J. Huang. 1992. A new method for the estimation of the aqueous solubility of organic compounds. *J. Pharm. Sci.* 81:954–960.

Bustamante, P., B. Escalera, A. Martin, and E. Selles. 1989. Predicting the solubility of sulfamethoxypyridazine in individual solvents I: Calculating partial solubility parameters. *J. Pharm. Sci.* 78:567–573.

Bustamante, P., D. V. Hinkley, A. Martin, and S. Shi. 1991. Statistical analysis of the extended Hansen method using the Bootstrap technique. *J. Pharm. Sci.* 80:971–977.

Charton, M. and B. Charton. 1985. The prediction of chemical, physical and biological properties of haloaromatic compounds. In *QSAR and Strategies in the Design of Bioactive Compounds*, J. K. Seydel (Ed.), pp. 398–402. Weinheim, Germany: VCH.

Chen, Y., P. Vayumhasuwan, and L. E. Matheson. 1996. Prediction of flux through polydimethylsiloxane membranes using atomic charge calculations: Application to an extended data set. *Int. J. Pharm.* 137:149–158.

Chen, Y., W. L. Yang, and L. E. Matheson. 1993. Prediction of flux through polydimethylsiloxane membranes using atomic charge calculations. *Int. J. Pharm.* 94:81–88.

Cox, C. E., J. R. Phifer, L. F. da Silva, G. G. Nogueira, R. T. Ley, E. J. O'Loughlin, A. K. P. Barbosa, B. T. Rygelski, and A. S. Paluch. 2017. Combining MOSCED with molecular simulation free energy calculations or electronic structure calculations to develop an efficient tool for solvent formulation and selection. *J. Comput. Aided Mol. Des.* 31(2):183–199.

Cramer, C. J., G. R. Famini, and A. H. Lowrey. 1993. Use of calculated quantum chemical properties as surrogates for solvatochromic parameters in structure–activity relationships. *Acc. Chem. Res.* 26:599–605.

Cramer, R. D., III, D. E. Patterson, and J. D. Bruce. 1988. Comparative molecular field analysis (CoMFA). 1. Effect of shape on binding of steroids to carrier proteins. *J. Am. Chem. Soc.* 110:5959–5967.

Cramer, R. D., III, K. M. Snader, C. R. Willis, L. W. Chakrin, J. Thomas, and B. M. Sutton. 1979. Application of quantitative structure-activity relationships in the development of the antiallergic pyranenamines. *J. Med. Chem.* 22:714–724.

Dunn, W. J., III, J. H. Block, and R. S. Pearlman. 1986. *Partition Coefficient Determination and Estimation.* New York: Pergamon Press.

Espinosa, J. R., J. M. Young, H. Jiang, D. Gupta, C. Vega, E. Sanz, P. G. Debenedetti, and A. Z. Panagiotopoulos. 2016. On the calculation of solubilities via direct coexistence simulations: Investigation of NaCl aqueous solutions and Lennard-Jones binary mixtures. *J. Chem. Phys.* 145(15):154111.

FDA. 2000. Waiver of *in vivo* bioavailability and bioequivalence studies for immediate-release solid oral dosage forms based on a biopharmaceutics classification system.

Ghafourian, T. and J. C. Dearden. 2004. The use of molecular electrostatic potentials as hydrogen-bonding-donor parameters for QSAR studies. *Farmaco* 59:473–479.

Goller, A. H., M. Hennemann, J. Keldenich, and T. Clark. 2006. In silico prediction of buffer solubility based on quantum-mechanical and HQSAR- and topology-based descriptors. *J. Chem. Inf. Model* 46: 648–658.

Gould, K. J., C. N. Manners, D. W. Payling, J. L. Suschitky, and E. Wells. 1988. Predictive structure–activity relationships in a series of pyranoquinoline derivatives. A new primate model for the identification of antiallergic activity. *J. Med. Chem.* 31:1445–1453.

Hansch, C. 1993. Quantitative structure–activity relationships and the unnamed science. *Acc. Chem. Res.* 26:147–153.

Hansch, C., P. P. Maloney, and T. Fujita. 1962. Correlation of biological activity of phenoxyacetic acids with Hammett substituent constants and partition coefficients. *Nature* 194:178–180.

Hansen, C. M. 1967. The three dimensional solubility parameter—Key to paint component affinities: I. Solvents, plasticizers, polymers and resins. *J. Paint Technol.* 39:104–117.

Haykin, S. 1999. *Neural Networks: A Comprehensive Foundation.* Upper Saddle River, NJ: Prentice Hall.

Herman, R. A. and P. Veng-Pedersen. 1994. Quantitative structure–pharmacokinetic relationships for systemic drug distribution kinetics not confined to a congeneric series. *J. Pharm. Sci.* 83:423–428.

Higuchi, T. 1977. Pro-drug, molecular structure and percutaneous delivery. In *Design of Biopharmaceutical Properties through Prodrugs and Analogs*, E. B. Roche (Ed.), pp. 409–421. Washington, DC: APhA.

Higuchi, T. 1982. *In vitro* drug release from ointment and creams. In *Dermal and Transdermal Absorption*, R. Brandau and B. H. Lippold (Eds.), pp. 90–100. Stuttgart, Germany: WBA.

Hildebrand, J. H., J. M. Prausnitz, and R. L. Scott. 1970. *Regular and Related Solutions, the Solubility of Gases, Liquids, and Solids.* New York: Van Nostrand Reinhold.

Hu, M. W. 1990. Prediction of the Diffusion Rate of Aromatic and Heteromatic Compounds in

Polydimethylsiloxan Membranes. PhD Thesis. Iowa City, IA: The University of Iowa.
Huyskens, P. L. and M. C. Haulait-Pirson. 1985. A new expression for the combinatorial entropy of mixing in liquid mixtures. *J. Mol. Liq.* 31:135–151.
Jain, N. and S. H. Yalkowsky. 2001. Estimation of the aqueous solubility I: Application to organic nonelectrolytes. *J. Pharm. Sci.* 90:234–252.
Jain, N., G. Yang, S. G. Machatha, and S. H. Yalkowsky. 2006. Estimation of the aqueous solubility of weak electrolytes. *Int. J. Pharm.* 319:169–171.
Jouyban, A., M. R. Majidi, H. Jalilzadeh, and K. Asadpour-Zeynali. 2004. Modeling drug solubility in water–cosolvent mixtures using an artificial neural network. *Farmaco* 59:505–512.
Kaliszan, R. 1992. Quantitative structure–retention relationships. *Anal. Chem.* 64:619A–631A.
Kaliszan, R. and H. D. Höltje. 1982. Gas chromatographic determination of molecular polarity and quantum chemical calculation of dipole movements in a group of substituted phenoles. *J. Chromatogr.* 234:303–311.
Kamlet, M. J., J. L. Abboud, and R. W. Taft. 1977. The solvatochromic comparison method. 6. The $\pi^*$ scale of solvent polarities. *J. Am. Chem. Soc.* 99:6027–6037.
Kamlet, M. J., R. M. Doherty, J. L. Abboud, M. H. Abraham, and R. W. Taft. 1986. Linear solvation energy relationships: 36. Molecular properties governing solubilities of organic nonelectrolytes in water. *J. Pharm. Sci.* 75:338–349.
Kamlet, M. J., R. M. Doherty, M. H. Abraham, P. W. Carr, R. F. Doherty, and R. W. Taft. 1987. Linear solvation energy relationships. 41. Important differences between aqueous solubility relationships for aliphatic and aromatic solutes. *J. Phys. Chem.* 91:1996–2004.
Kamlet, M. J. and R. W. Taft. 1976. The solvatochromic comparison method. I. The β-scale of solvent hydrogen-bond acceptor (HBA) basicities. *J. Am. Chem. Soc.* 98:377–383.
Kantola, A., H. O. Villar, and G. H. Loew. 1991. Atom based parametrization for a conformationally dependent hydrophobic index. *J. Comput. Chem.* 12:681–689.
Klopman, G. and L. D. Iroff. 1981. Calculation of partition coefficients by the charge density method. *J. Comput. Chem.* 2:157–160.
Klopman, G., S. Wang, and D. M. Balthasar. 1992. Estimation of aqueous solubility of organic molecules by the group contribution approach. Application to the study of biodegradation. *J. Chem. Inf. Comput. Sci.* 32:474–482.
Kolafa, J. 2016. Solubility of NaCl in water and its melting point by molecular dynamics in the slab geometry and a new BK3-compatible force field. *J. Chem. Phys.* 145(20):204509.
Kühne, R., R. U. Ebert, F. Kleint, G. Schmidt, and G. Schüürmann. 1995. Group contribution methods to estimate water solubility of organic chemicals. *Chemosphere* 30:2061–2077.
Lee, S. B. 1996. A new linear solvation energy relationship for the solubility of liquids in water. *J. Pharm. Sci.* 85:348–350.
Leo, A. J. 1993. Calculating log *Poct* from structures. *Chem. Rev.* 93:1281–1306.
Levine, I. N. 1988. *Physical Chemistry*. New York: McGraw-Hill.
Ley, R. T., G. B. Fuerst, B. N. Redeker, and A. S. Paluch. 2016. Developing a predictive form of MOSCED for nonelectrolyte solids using molecular simulation: Application to acetanilide, acetaminophen, and phenacetin. *Ind. Eng. Chem. Res.* 55(18):5415–5430.
Li, L., T. Totton, and D. Frenkel. 2017. Computational methodology for solubility prediction: Application to the sparingly soluble solutes. *J. Chem. Phys.* 146(21):214110.
Liu, R. and L. E. Matheson. 1994. Comparative molecular field analysis combined with physicochemical parameters for the prediction of polydimethylsiloxane membrane flux in isopropanol. *Pharm. Res.* 11:257–266.
Long, A. and J. D. Walker. 2003. Quantitative structure-activity relationships for predicting metabolism and modeling cytochrome p450 enzyme activities. *Environ. Toxicol. Chem.* 22:1894–1899.
Mannhold, R., R. F. Rekker, C. Sonntag, A. M. T. Laak, K. Dross, and E. E. Polymeropoulos. 1995. Comparative evaluation of the predictive power of calculation procedures for molecular lipophilicity. *J. Pharm. Sci.* 84:1410–1419.
Manzo, R. H. and A. A. Ahumada. 1990. Effects of solvent medium on solubility. V: Enthalpic and entropic contributions to the free energy changes of di-substituted benzene derivatives in enthanol:water and enthanol:cyclohexane mixtures. *J. Pharm. Sci.* 79:1109–1116.
Martin, A., P. L. Wu, A. Adjei, A. Beerbower, and J. M. Prausnitz. 1981. Extended Hansen solubility approach: Naphthalene in individual solvents. *J. Pharm. Sci.* 70:1260–1264.
Myers, R. H. 1990. *Classical and Modern Regression with Applications*. Boston, MA: PWS-KENT.

Myrdal, P. B., A. M. Manka, and S. H. Yalkowsky. 1995. AQUAFAC 3: Aqueous functional group activity coefficients; application to the estimation of aqueous solubility. *Chemosphere* 30:1619–1637.

Phifer, J. R., C. E. Cox, L. F. da Silva, G. G. Nogueira, A. K. P. Barbosa, R. T. Ley, S. M. Bozada, E. J. O'Loughlin, and A. S. Paluch. 2017. Predicting the equilibrium solubility of solid polycyclic aromatic hydrocarbons and dibenzothiophene using a combination of MOSCED plus molecular simulation or electronic structure calculations. *Mol. Phys.* 115:1286–1300.

Puri, S., J. S. Chickos, and W. J. Welsh. 2003. Three-dimensional quantitative structure–property relationship (3D-QSPR) models for prediction of thermodynamic properties of polychlorinated biphenyls (PCBs): Enthalpies of fusion and their application to estimates of enthalpies of sublimation and aqueous solubilities. *J. Chem. Inf. Comput. Sci.* 43:55–62.

Rekker, R. F. 1977. *The Hydrophobic Fragmental Constant*. New York: Elsevier.

Rekker, R. F. and R. Mannhold. 1992. *Calculation of Drug Lipophilicity, the Hydrophobic Fragmental Constant Approach*. Weinheim, Germany: VCH.

Richardson, P. J., D. F. McCafferty, and A. D. Woolson. 1992. Determination of three-component partial solubility parameters for temazepam and the effects of change in partial molal volume on the thermodynamics of drug solubility. *Int. J. Pharm.* 78:189–198.

Ruelle, P., M. Buchmann, H. Nam-Tran, and U. W. Kesselring. 1992. The mobile order theory versus UNIFAC and regular solution theory-derived models for predicting the solubility of solid substances. *Pharm. Res.* 9:788–791.

Ruelle, P., C. Rey-Mermet, M. Buchmann, H. Nam-Tran, U. W. Kesselring, and P. L. Huyskens. 1991. A new predictive equation for the solubility of drugs based on the thermodynamics of mobile disorder. *Pharm. Res.* 8:840–850.

Schaper, K. J. and J. K. Seydel. 1985. Multivariate methods in quantitative structure–pharmacokinetics relationship analysis. In *QSAR and Strategies in the Design of Bioactive Compounds*, J. K. Seydel (Ed.), pp. 173–189. Weinheim, Germany: VCH.

Sellers, M. S., M. Lísal, and J. K. Brennan. 2016. Free-energy calculations using classical molecular simulation: Application to the determination of the melting point and chemical potential of a flexible RDX model. *Phys. Chem. Chem. Phys.* 18(11):7841–7850.

Seydel, J. K. 1985. *QSAR and Strategies in the Design of Bioactive Compounds*. Weinheim, Germany: VCH.

Sutter, J. M. and P. C. Jurs. 1996. Prediction of aqueous solubility for a diverse set of heteroatom-containing organic compounds using a quantitative structure–property relationship. *J. Chem. Inf. Comput. Sci.* 36:100–107.

Taft, R. W., M. H. Abraham, R. M. Doherty, and M. J. Kamlet. 1985. The molecular properties governing solubilities of organic nonelectrolytes in water. *Nature* 313:384–386.

Taft, R. W. and M. J. Kamlet. 1976. The solvatochromic comparison method. 2. The α-scale of solvent hydrogen-bond donor (HBD) acidities. *J. Am. Chem. Soc.* 98:2886–2894.

Tantishaiyakul, V. 2005. Prediction of the aqueous solubility of benzylamine salts using QSPR model. *J. Pharm. Biomed. Anal.* 37:411–415.

Tripos. 1992. *SYBYL® Theory Manual*. St. Louis, MO: Tripos Associates.

Valvani, S. C. and S. H. Yalkowsky. 1976. Solubility of nonelectrolytes in polar solvents. VI. Refinements in molecular surface area computations. *J. Phys. Chem.* 80:829–835.

Valvani, S. C., S. H. Yalkowsky, and T. J. Roseman. 1981. Solubility and partitioning IV: Aqueous solubility and octanol-water partition coefficients of liquid nonelectrolytes. *J. Pharm. Sci.* 70:502–507.

Wakita, K., M. Yoshimoto, S. Miyamoto, and H. Watanabe. 1986. A method for calculation of the aqueous solubility of organic compounds by using new fragmental solubility constants. *Chem. Pharm. Bull.* 34:4663–4681.

Windholz, M. and S. Budavari. 1983. *The Merck Index, An Encyclopedia of Chemicals, Drugs, and Biologicals*. Rathway, NJ: Merck & Co.

Yalkowsky, S. H. and S. C. Valvani. 1980. Solubility and partitioning. I: Solubility of nonelectrolytes in water. *J. Pharm. Sci.* 69:912–922.

Yan, A., J. Gasteiger, M. Krug, and S. Anzali. 2004. Linear and nonlinear functions on modeling of aqueous solubility of organic compounds by two structure representation methods. *J. Comput. Aided Mol. Des.* 18:75–87.

Zhou, H., R. Liu, Y. Chen, and L. E. Matheson. 1993. A 3-dimensional molecular modeling approach for prediction of aqueous solubilities of aromatic compounds. *Pharm. Res.* 10:S261.

# 第 4 章　难溶化合物的处方前研究

Wei-Qin（Tony）Tong，Hong Wen

## 4.1　引言

处方前研究可以描述为对药物的物理化学性质和生物药剂学特性进行表征的开发阶段。表 4.1 总结了药物开发中需要考虑的物质属性。对这些物理化学性质和生物药剂学特性的全面了解对于开发具有理想生物利用度的稳健的、可放大的处方至关重要，最关键的参数是溶解度、渗透性（Burton 和 Goodwin，2010）和稳定性。关于药物处方前研究的详细综述已经发表（Fiese 和 Hagen，1986；Wells，1988；Ravin 和 Radebough，1990；Carstensen 2002；Marini 等，2003；Lipinski 等，2012）。

**表 4.1　药物的物质属性**

| 物理性质 | 力学性质① | 化学性质 | 生物学性质 |
|---|---|---|---|
| 外观 | 弹性 | 分子结构 | 分配系数 |
| 粒径及形态 | 塑性 | 分子量 | Caco-2 渗透性 |
| 多晶型 | 黏弹性 | p$K_a$ | 生物药剂学分类 |
| 结晶度 | 脆性 | 化学稳定性 | |
| 熔点 | 强度 | | |
| 表面积 | 黏度 | | |
| 密度（松密度、振实密度和真密度）和流动性 | | | |
| 吸湿性 | | | |
| 溶解度 | | | |
| 溶出度 | | | |
| 润湿性 | | | |

① 物理性能一般包括机械性能。

溶解度有限的化合物（通常小于 0.1～1 mg/mL，这取决于化合物的效价）在水和常用药用溶剂中表现出与众不同的特性。虽然所有的处方前研究一般原则均适用，但有一些特定的处方前研究是难溶性化合物所特有的。需要考虑到这些方面，以确保成功地为这些制剂开发处方。本章的目的是讨论难溶性化合物处方前研究的理论和实际考虑因素；综述了难溶性化合物表征的实验方法；最后，讨论这些处方前研究因素如何影响处方设计和工艺开发。

## 4.2　分析方法的开发和验证

在处方前研究阶段必须尽早开发和验证稳定性指示方法。USP 通则、FDA 指南和 ICH 质量指南为分析方法的开发和方法验证提供了非常有用和全面的指南。在处方前研究过程的早期就建立分析方法，对确保处方前研究结果的质量至关重要。

前几批药物在处方前研究科学家手中可能不仅非常有限，而且不纯。这些化合物本身可能不稳定，或者在用于溶解度研究的溶剂中不稳定。此外，对于难溶性化合物，由于溶解度的限制，方法的开发往往很复杂。通常，有机溶剂或其他增溶剂必须用于强制降解研究和对照品制备。增溶体系对方法的影响应作为方法开发过程的一部分加以考虑。此外，如果需要不同的增溶剂，应对方法进行相应的评估和修改，使这些增溶剂不会干扰方法。

## 4.3 溶解度和溶出度

候选药物溶解行为的测定是难溶性化合物处方前研究的重要方面之一。对于通常需要临床前和早期临床研究的肠外给药制剂，药物必须溶解在药物可接受的载体中。对于口服制剂，该药物必须具有足够的溶解度和溶出速率，以达到适当的生物利用度。然而，测定这些难溶性化合物的溶解度和确定增溶体系并非易事。应当特别注意，往往必须采用特殊技术才能取得理想的结果。

FDA 生物药剂学分类系统（BCS）对“可溶性”药物的要求是，其人体给药剂量在整个胃肠道 pH（1～7.5）范围内可溶于 250 mL。对于渗透性中等的药物，当预测剂量约为 1 mg/kg 时，药物不同溶解度的影响可以粗略估计如表 4.2（Chemical Sciences，2001）。

**表 4.2 溶解度数据解释**

| 溶解度 | 分类 | 注解 |
|---|---|---|
| ≤20 μg/mL | “低” | 会有溶解问题 |
| 20～65 μg/mL | “中” | 可能会有溶解问题 |
| ≥65 μg/mL | “高” | 没有溶解问题 |

### 4.3.1 理论分析

pH、同离子效应、温度等各种因素对难溶性化合物的溶解度的影响比对可溶性化合物的影响更大。溶解度的一般理论在文献中得到了广泛讨论（Grant 和 Higuchi，1990；James，1986）。为了更好地理解难溶性化合物的溶解行为，本文将综述相关的溶解度理论及其实际意义。

#### 4.3.1.1 溶解度的定义

溶解度最简单的定义是，一种物质的溶解度 $S_T$ 是该物质（包括所有溶液种类）在化学平衡状态下的物质的量浓度，该溶液中含有过量的未溶物质。这意味着在整个系统中也必须有一个统一的温度，因为 $S_T$ 通常依赖于温度（Ramette，1981）。

#### 4.3.1.2 对溶解度的影响——pH-溶解度曲线

碱性化合物的单质子共轭酸达到解离平衡时，可用下式表示：

$$BH^+ + H_2O \xrightleftharpoons{K_a'} B + H_3O^+ \tag{4.1}$$

式中，$BH^+$为质子化酸；B 为游离碱；$K_a'$ 为 $BH^+$的表观解离常数，可用下式表示：

$$K_a' = \frac{[H_3O^+][B]}{[BH^+]} \tag{4.2}$$

一般情况下，对于所有弱电解质的平衡，式（4.1）和式（4.2）描述的关系都是成立的，与 pH 和饱和度无关。在任意 pH 条件下，化合物的总浓度 $S_T$ 是其各种形态物质浓度的总和：

$$S_T = [BH^+] + [B] \tag{4.3}$$

在任意 pH 条件下的饱和溶液中，总浓度 $S_T$ 为一种物质的溶解度及质量平衡物质的浓度的总和。

在低 pH 条件下，$BH^+$ 的溶解度受到限制，符合下列公式：

$$S_{T,\text{pH}<\text{pH}_{max}} = [BH^+]_s + [B] = [BH^+]_s\left(1 + \frac{K_a'}{[H_3O^+]}\right) \tag{4.4}$$

其中 $pH_{max}$ 为溶解度最大时的 pH，下标$\text{pH}<\text{pH}_{max}$是指该公式仅当 pH 低于 $pH_{max}$ 时才成立。下标 s 是指达到饱和的物质。当 pH 大于 $pH_{max}$ 时，也可得到类似的公式，在该情况下，游离碱的溶解度受到限制：

$$S_{T,\,\text{pH}>\text{pH}_{max}} = [BH^+] + [B]_s = [B]_s\left(1 + \frac{[H_3O^+]}{K_a'}\right) \tag{4.5}$$

上述每个公式均描述了一条独立的曲线，每条曲线都受到解离后其中一种离子溶解度的限制。

在各自溶解曲线的连接处，pH-溶解度曲线并不是连续均一的。这种情况发生在两种离子同时达到饱和的精确 pH 处，即指定的 $pH_{max}$。

在一个简单的体系中[如式（4.1）所示]，给定盐的溶解度、自由碱的溶解度和表观解离常数，可以用式（4.4）和式（4.5）生成理论 pH-溶解度曲线。图 4.1 为自由碱（B）的盐酸盐 pH-溶解度曲线，假设盐酸盐的溶解度为 1 mg/mL，自由碱的溶解度为 0.001 mg/mL，化合物的 $pK_a'$ 为 6.5。

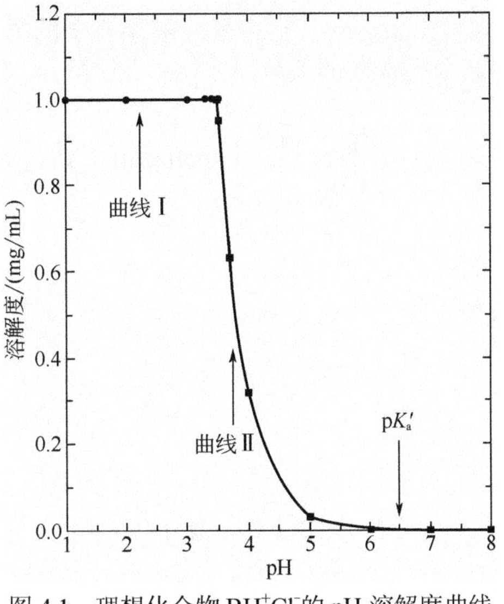


图 4.1　理想化合物 $BH^+Cl^-$ 的 pH-溶解度曲线

（假设$[BH^+]$=1 mg/mL，$[B^+]_s$=0.001 mg/mL，$pK_a'$=6.5。要注意的是 $pK_a'$，$S_T$=2$[B^+]_s$，$[BH^+]$=$[B]_s$）

虽然 $pK_a'$ 不能判定 pH-溶解度曲线的形状，但它确定了该曲线在 pH 坐标上的位置。在所有其他因素相同的情况下，每一个 $pK_a'$ 向上或向下的移动都与 $pH_{max}$ 的向上或向下移动完全匹配。如果自由碱的溶解度相对于盐酸盐的溶解度非常小，则整个 pH-溶解度曲线的自由碱极限曲线（曲线Ⅱ）会深入到酸性 pH 范围内。因此，假设所需浓度超过游离碱溶解度，游离碱的溶解度和 $pK_a'$ 基本上决定了处方作为溶液的最大 pH（Kramer 和 Flynn，1972）。

4.3.1.3　盐的溶解度

（1）总则

在不考虑溶解的实际逐步机理的情况下，可以提出 1∶1 化合物（如盐酸盐 $BH^+Cl^-$）与饱和溶液接触时的平衡系统模型（Ramette，1981；Kramer 和 Flynn，1972）：

$$BH^+Cl^-(s) \rightleftharpoons BH^+Cl^-(aq) \xrightleftharpoons{K_s'} BH^+ + Cl^- \tag{4.6}$$

盐的固有溶解度 $S_0$，只是这个方案第一步的平衡熵：

$$S_0 = \frac{[BH^+Cl^-(aq)]}{X_{BH^+Cl^-(s)}} \tag{4.7}$$

若该固体是纯的，那么 $X_{BH^+Cl^-(s)}=1$，则：

$$S_0 = [BH^+Cl^-(aq)] \tag{4.8}$$

解离常数 $K_s'$，可以定义为：

$$K_s' = \frac{[BH^+][Cl^-]}{[BH^+Cl^-(aq)]} = \frac{[BH^+][Cl^-]}{S_0} \tag{4.9}$$

溶度积常数 $K_{sp}$ 被定义为平衡表达式，它将最终解离离子的浓度与固体物质联系起来。它是一个整体平衡熵，不能揭示中间物质的浓度。

$$K_{sp} = \frac{[BH^+][Cl^-]}{X_{BH^+Cl^-(s)}} = [BH^+][Cl^-] \tag{4.10}$$

（2）不含其他来源离子的饱和溶液

质量平衡可以用以下两种方式之一来表示：

$$S_T = [BH^+Cl^-(aq)]+[BH^+] \tag{4.11}$$

或

$$S_T = [BH^+Cl^-(aq)]+[Cl^-] \tag{4.12}$$

式中，$S_T$ 为化合物的总浓度，即溶解度。已知 $[BH^+Cl^-(aq)]=S_0$，且 $K_{sp}=[BH^+]^2=[Cl^-]^2$，又因 $[BH^+]=[Cl^-]$，可得：

$$S_T = S_0 + (K_{sp})^{1/2} \tag{4.13}$$

（3）含有额外普通离子的饱和溶液

当溶液中含有其他一些可以贡献 $Cl^-$ 的溶质时，$BH^+Cl^-$ 的解离作用会部分减弱，$BH^+$ 的浓度和 $Cl^-$ 的浓度会不相等，盐的溶出速率也会降低（Li 等，2005）。然而，溶度积本身仍然是有效的，因此，可以得出：

$$[BH^+] = \frac{K_{sp}}{[Cl^-]_T} = \frac{K_{sp}}{[BH^+]+[Cl^-]_A} \tag{4.14}$$

式中，$[Cl^-]_T$ 为 $BH^+Cl^-$（$[BH^+]$）的解离和第二来源 $Cl^-$（$[Cl^-]_A$）所贡献的总浓度。盐酸盐的溶解度与 $Cl^-$ 的平衡浓度成反比。

（4）饱和溶液中存在缓冲物质

当在缓冲体系中测定盐的溶解度时，如盐酸盐，必须考虑缓冲物质种类对溶解度的影响。如式（4.15）所示，缓冲液中的阴离子 $L^-$，如醋酸盐，将与 $Cl^-$ 竞争形成盐。

$$\begin{array}{ccccc} BH^+Cl^-(s) & \rightleftharpoons & BH^+Cl^-(aq) & \rightleftharpoons & BH^+ + Cl^- \\ & & & & K_s \updownarrow +L^- \\ & & BH^+L^-(s) & \rightleftharpoons & BH^+L^-(aq) \end{array} \tag{4.15}$$

式中，$K_s$ 是 $BH^+L^-(aq)$ 的解离常数。

**实例 4.1**

如果与缓冲液阴离子 $L^-$ 形成的盐比盐酸盐溶解性差，即 $K_{sp(BH^+Cl^-)} > K_{sp(BH^+L^-)}$，则当缓冲液浓度足够高时，达到 $K_{sp(BH^+L^-)}$，化合物 $BH^+L^-(s)$ 很可能析出。这意味着溶液的溶解度由 $BH^+L^-(s)$ 的溶解度决定。

**实例 4.2**

如果与缓冲液阴离子 $L^-$ 形成的盐比盐酸盐更容易溶解，即 $K_{sp(BH^+Cl^-)} < K_{sp(BH^+L^-)}$，化合物 $BH^+L^-(s)$ 就不会析出。如果 $BH^+L^-(aq)$ 形成量不大，假设离子强度的影响可以忽略不计，则该缓冲物质的存在不会影响盐酸盐的溶解度。

**实例 4.3**

如果与缓冲液阴离子 $L^-$ 形成的盐比盐酸盐更容易溶解，但 $BH^+L^-(aq)$ 形成显著，则溶解度会因 $BH^+L^-(aq)$ 的形成而增强。溶解度 $S_T$ 应考虑到式（4.12）所述的所有物质。

$$S_T = S_0 + [BH^+] + [BH^+L^-(aq)] = S_0 + [BH^+] + \frac{[BH^+][L^-]}{K_s} \tag{4.16}$$

如果 $S_0$ 已知，通过 $S_T$、$[L^-]$ 作图，$K_s$ 可以估计：

$$K_s = \frac{截距}{斜率} \tag{4.17}$$

（5）原位盐筛选法

对于可电离化合物来说，pH 调节常常是提高溶解度最重要的方法之一。例如，Cosalane 的双质子性质(NSC 658586)可通过简单的pH调节使溶解度提高>107倍(Venkatesh等，1996)。大多数预测盐类溶解度的经验方法都要求熔点，而没有实际制备盐类是很难预测熔点的。原位盐筛选法是一种无需制备单个盐就能获得溶解度信息的方法（Tong 和 Whitesell，1998）。

如果将自由碱（B）加入一定浓度的酸中，碱会与酸形成相应的盐。如果选择酸的浓度使溶液中有过量的酸（确保溶液的 pH 低于$pH_{max}$），则化合物的溶解度将受到盐（$[BH^+]$）溶解度的限制，如式（4.4）所示。知道溶液中药物的量、溶液的体积、溶液的 pH 和起始酸浓度，就可以计算出原位形成的盐的溶解度和$K_{sp}$。

该化合物的析出量$X_p$（mg），可以计算如下：

$$X_p = X - S \cdot V \tag{4.18}$$

式中，$X$为固体碱的添加量，mg；$S$为研究确定的酸溶液的溶解度，mg/mL；$V$为溶液的体积，mL。

则可计算溶液中剩余酸的浓度$[A_s]$：

$$[A_s] = [A] - \frac{X_p}{V \cdot MW} \tag{4.19}$$

式中，[A]为所用酸的浓度；MW为化合物的分子量。

已知酸的电离常数$pK_a'$和饱和溶液的 pH，根据式（4.2）可计算出酸的离子形式浓度$[A_{离子化}]$：

$$[A_{离子化}] = \frac{[A_s]}{1 + [H^+]/K_a'} \tag{4.20}$$

溶液中化合物的物质的量浓度为：

$$[S] = \frac{S}{MW} \tag{4.21}$$

式中，$S$的单位为mg/mL。

然后可以计算出盐的$K_{sp}$：

$$K_{sp} = S \cdot [A_{离子化}] \tag{4.22}$$

最后，计算盐的溶解度，$S_{salt}$（mg/mL），计算如下：

$$S_{salt} = (K_{sp})^{1/2} \cdot MW \tag{4.23}$$

#### 4.3.1.4 温度对溶解度的影响

溶液的热能$\Delta H_s$表示1 mol溶质在大量溶剂中溶解时释放或吸收的热量。它可以通过溶液量热法或在控制温度范围内平衡的饱和溶液的溶解度值来确定。$\Delta H_s$可用下式表示：

$$\ln S = \frac{\Delta H_s}{R}\left(\frac{1}{T}\right) + 常数 \tag{4.24}$$

式中，$S$ 为温度为 $T$（K）时的摩尔溶解度；$R$ 为理想气体常数。溶解度与温度倒数的半对数呈线性关系（范霍夫曲线），$\Delta H_s$ 可由斜率得到。如果 $\Delta H_s$ 等于 10 kcal/mol（这是大多数有机化合物的典型值），$S$（25℃）除以 $S$（4℃），大约是 3.6，这表明在制冷条件下溶解度降低了 3.6 倍。

很少有系统遵循理想状态，大多数的偏离是由溶质-溶剂之间的相互作用造成的。对于难溶性化合物在不同的增溶体系中尤其如此。对于不同的增溶体系，溶解度对温度的依赖关系很可能会发生变化，因此需要仔细研究。

对于胶束体系，温度的变化会影响胶束的大小和药物的吸收程度，导致溶出依赖于温度。温度的升高使表面活性剂单体的环氧乙烷链逐渐脱水，从而增加聚氧乙烯非离子表面活性剂的团聚体尺寸（Elworthy，1968）。这种胶束尺寸的变化通常会导致溶质的吸收随温度的升高而增加。这种增加的程度显然取决于温度对溶解分子溶液特性的影响，以及对胶束结构的影响。然而，也有报道指出，某些表面活性剂体系的溶解度随温度的升高而降低。例如，在 30～70℃的温度范围内，苯佐卡因在聚氧乙烯（23）月桂醚和聚山梨酯 80 溶液中的溶解度实际上随着温度的升高而降低（Hamid 和 Parrott，1971）。

对于含有络合剂的增溶体系，由于伴随络合过程的标准焓变一般为负值，温度升高会降低络合程度（Szejtli，1982）。根据所形成复合物的结合常数，这种减少的结合很容易超过随温度升高而增加的本征溶解度，从而导致在络合剂存在的情况下，溶解度随温度升高而降低。

对于共溶剂体系，由于不同溶剂体系中溶液的热值不同，温度对溶解度的影响也不同。为了开发一个稳健的处方，例如软凝胶处方，通常需要在有益的溶剂中进行详细的溶解度映射，包括 pH（对于可电离化合物）、温度和共溶剂组分的影响。

## 4.3.2　溶解度的测定

确定难溶性化合物的溶解度可能非常具有挑战性且耗时。我们要认识到各种方法的优点和局限性，并为特定的预先制定要求的药物选择适当的方法或方法组合，这对于确保数据质量至关重要。由于溶解度测定通常非常耗费人力和时间，因此人们已经开发了许多用于溶解度测定的高质量方法（Bard 等，2008；Colclough 等，2008；Heikkila 等，2008；Alelyunas 等，2009；Heikkilae 等，2011；Wenlock 等，2011）。

### 4.3.2.1　溶解平衡法

通过用溶剂平衡小瓶中过量的药物来获得候选药物的平衡溶解度。在恒定温度下摇动或搅拌小瓶，并通过分析上清液定期测定药物量。通常，应在不同的时间间隔测定几个样品以确定是否已达到平衡。当两个连续样本的结果相同时，很可能达到平衡。应检查溶解度研究中的残留固体，看是否有任何晶型变化。

对于非常难溶的化合物，直接使用这种方法会遇到特殊困难，因此可能不实用（Higuchi 等，1979）。首先，分析方法可能不够灵敏，无法定量测量溶解度。其次，由低溶解度导致的极低溶出速率可能导致难以达到平衡，最终导致溶解度结果有大的误差。例如，报道的胆固醇在水中的溶解度范围为 0.025～2600 μg/mL（Madan 和 Cadwallader，1973）。

有几种方法可能可以提高饱和度。延迟达到平衡的一个原因是溶解过程中有效表面积的减少。这可以通过在溶解度样品中使用大量过量的固体来克服（Higuchi 等，1979）。通过预处理溶解度样品也可以增加固体的表面积。使用小型聚四氟乙烯球和超声处理都是非常有效的技术。

另一种提高溶出速率的方法是加入与水不混溶的溶剂，其中的有机溶质更易溶解，从而增加可用于溶解的有效表面积（Higuchi 等，1979；Anderson 等，1996）。由于少量溶于水的非水溶剂可显著改变溶解度，因此确保所选择的与水不混溶的溶剂在水中足够不混溶是重要的，这样溶解度不会受到显著影响。检查溶剂的影响是否显著的一种方法是确定药物在几种不同溶剂-水体系中的溶解度。溶解度结果应该与所用溶剂无关。一些常用的与水不混溶的溶剂包括异辛烷、辛醇和大豆油。

对于水溶性差的药物，当通过过滤器过滤平衡药物溶液时，一定要检查药物过滤器的相容性，并确保选择的过滤器对药物具有低结合能力或没有结合能力。因为一些过滤器可能吸附少量药物，并且考虑到其水溶性差，吸附可能影响测量的药物溶解度。

#### 4.3.2.2 特性溶出速率法

如果选择适当的实验条件[例如适用于特性溶出速率（intrinsic dissolution rate，IDR）测量的条件]，则溶出速率与平衡溶解度成正比。旋转盘法是用于测量 IDR 最有用和使用最广泛的方法。该方法的理论思考和实验细节将在本章后面关于溶解的讨论中讲述。

在不能使用平衡方法的情况下，IDR 方法非常有用。例如，当人们希望检查晶体习性、溶剂化物和水合物、多晶型和晶体缺陷对表观溶解度的影响时，IDR 方法通常会避免在平衡方法中可能发生的晶体转变。但是，对无水茶碱来说，晶体转变仍然可以在表面发生（Smidt，1986），其中无水形式转化为水合物并且 IDR 随时间变化。在这些情况下，应用光纤视镜探针是非常有效的，它可以每隔几秒检测药物浓度。

#### 4.3.2.3 非平衡法

任何不包含确保建立平衡的步骤的方法都可以被认为是非平衡方法。已经报道了在早期发现中常用于溶解度测量的几种方法（Curatolo，1996，Pan 等，2001），并且这些方法通常以二甲基亚砜（DMSO）溶液或无定型材料开始。通常使用浊度和紫外线检测，因为它们可以很容易地引入高通量筛选仪。

来自这些非平衡方法的溶解度数据的有效性通常是值得怀疑的。一些制药公司使用这些数据作为消除溶解性差的化合物的第一标准。然而，如果在非平衡方法中不控制结晶度对溶解度的贡献，则不能保证数据的可靠性。如果将实验误差最小化，通常可以安全地假设当固体药物随后用于确定平衡溶解度时溶解度可以更小。因此，使用这些溶解度数据作为下限似乎是合理的。但是，这些方法生成的数据是否比计算方法生成的数据更好是值得讨论的。此外，由于对于高活性候选药物，溶解度要求是与剂量相关的，其溶解度在微克范围内的化合物仍然可以开发。因此，设定正确的标准以消除难溶性化合物所带来的问题可能是具有挑战性的。

#### 4.3.2.4 分配系数预估法

对于极难溶的化合物，直接测量溶解度可能是不切实际和不可靠的。在这些情况下获得溶解度信息的一种可能方法是通过分配系数估算（Higuchi 等，1979）。这些非常难溶于水的化合物在水不混溶的有机溶剂中通常充分可溶，可以直接测量。一旦已知在一些选定的有机溶剂中的溶解度，在水中的溶解度就可以直接测量或用更常见的估计分配系数来计算。基于基团贡献方法的假设（Davis，1974），通过假设它们是协同作用的，可以从其组成部分的分区特征预测分子的分配系数。

该方法的另一个应用是估计在水中不稳定药物或前药的溶解度（Beall 等，1993）。前药的合成是增强溶解性和生物利用度的常用方法。然而，一些前药在水中不稳定，使得它们在水中溶解度的直接测量非常困难。该方法成功的关键是能够非常快速地确定分配系数。Bell 等通过剧烈摇动两相（约 10 s），然后允许两相通过重力分离（仅 1 min），能够确定水解不稳定的前药如 1-烷基羰基-5-FU 的分配系数，该前药在 pH 4.0 下半衰期仅约 7 min（Beall 等，1993）。他们还发现，辛醇可能不是这类实验的良好溶剂。首先，一些在水中不稳定的前药在质子溶剂如辛醇中也可能不稳定。另外，辛醇在水相中剧烈摇动时倾向于形成乳液，不可能进行所需的快速分离。已发现肉豆蔻酸异丙酯或类似的酯可迅速从水相中分离出来，并成功应用于这些类型的实验（Beall 等，1993）。

#### 4.3.2.5　熔点和辛醇/水分配系数计算法

还有经验方程可用于溶解度估计。Yalkowsky 和 Valvani 通过将溶质从固态转移到辛醇然后转移到水相而开发了以下等式（Yalkowsky 和 Valvani，1980）：

$$\lg S_{aq} = -\lg P_{O/W} - 0.01mp + 1.05 \qquad (4.25)$$

式中，$S_{aq}$ 是药物在水中的溶解度，$P_{O/W}$ 是辛醇/水分配系数；mp 是熔点。通过拟合 167 种化合物的溶解度数据作为其辛醇/水分配系数和熔点的函数来获得该等式。

请注意，这是一种经验方法，因此，期望它可以适用于某些化合物而不是所有化合物是切合实际的。当该方法用于估算非常难溶的化合物比如 Cosalane 的溶解度时，结果与促进溶解的方法一致（Venkatesh 等，1996）。然而，当该方法用于估计一系列 5-FU 前药的溶解度时，计算出的溶解度要高 1～3 个数量级，并没有准确反映该系列的趋势（Beall 等，1993）。

#### 4.3.2.6　pH-溶解度曲线和盐的溶解度

关于 pH 的溶解度函数，传统上通过在具有不同 pH 的缓冲溶液中平衡过量的药物来确定。由于缓冲物质对溶解度的影响，特别是对于难溶性化合物来讲，是有问题的。使用 pH-stat 程序和滴定系统控制 pH 的技术可能更为适用，并避免了使用缓冲系统（Todd 和 Winnike，1994）。首先将化合物在 HCl（对于碱）或 NaOH（对于酸）溶液中平衡。然后在确定初始溶解度后将 pH 升高（或降低）至下一个所需值。对于某一个因其盐酸盐的低溶解度而在 HCl 溶液中溶解度非常低的化合物，该方法可能无法提供非常有用的 pH-溶解度曲线。克服这一点的一种方法是将数据与原位盐筛选的结果相结合。如果在研究 pH 和溶解度的关系之前进行原位盐筛选，则可以选择具有最高溶解度的酸作为 pH-溶解度曲线滴定中的酸。然后可以使用 HCl 溶液将 pH 滴定回酸性区域。得到的 pH-溶解度曲线，尤其是模拟胃液（pH 1.2）和模拟肠液（pH 7.5）中的药物溶解度，该曲线会包含第四类药物和口服制剂开发有用的信息。

通常使用成盐来增强难溶性化合物的溶解度。这些难溶性化合物具有非常低的固有溶解度，其与弱碱性或酸性相结合可能使得这些盐的溶解度测定非常困难。例如，非常难溶的化合物 GW1818X 的磷酸盐的水中溶解度测定为 6.8 mg/mL，饱和溶液的 pH 为 5.0（Tong 和 Whitesell，1998）。显示在该 pH 下的溶解度受碱的溶解度限制，并且不足以代表盐的溶解度。避免该问题的一种方法是使用与碱形成盐的相同酸测定在稀酸溶液中的溶解度。然后可以通过校正来自酸的同离子效应来估计溶解度。请记住，只有在 pH 低于 $pH_{max}$ 的溶解度实验中才能估算出盐的溶解度。

### 4.3.3 增溶技术

各种溶解技术在本书的其他章节中讨论，在此不再单独讨论。当一种特定技术不能产生令人满意的结果时，应考虑技术的组合。但是，重要的是要记住，由于竞争机制，技术组合可能并不总是产生协同效应。

用于口服和注射剂型的常用增溶辅料包括 pH 调节剂、水溶性溶剂、表面活性剂、水难溶性有机溶剂（比如中链甘油三酯、长链甘油三酯、环糊精和磷脂）（Strickley，2004）。常用药物溶剂中的药物溶解度在选择合适的增溶方法中通常非常有用。那些溶剂包括但不限于乙醇、苯甲醇、聚山梨酯 80、PEG 400、丙二醇和甘油。

与单独使用的这些增溶剂中的每一种相比，环糊精（CD）和表面活性剂的结合通常能降低增溶能力。这是由于 CD 和表面活性剂可形成络合物。关于研究 β-CD 的存在对十二烷基硫酸钠或全氟辛酸钠在水中胶束化过程的影响，Junquera 等（1993）得出结论，与络合过程直接相关的所有参数主要取决于表面活性剂链的疏水性及其长度，这表明这是包含在 CD 腔中的表面活性剂的一部分。还报告了其他几个例子。甲睾酮可通过 HP-β-CD 溶解。然而，当加入胶束形成辅料脱氧胆酸钠时，药物完全从腔中移出（Albers 和 Muller，1995）。非离子表面活性剂 Solutol HS 15 和 β-CD 均可增加地西泮在水中的溶解度。然而，两种增溶剂的混合溶液却不能增加地西泮的溶解度。由于表面活性剂/β-CD 的高稳定性常数，地西泮从其与 β-CD 的复合物中被置换（Kraus，1991）。Muller（1991）也报道了与单独的 2-HP-β-CD 相比，1，2-丙二醇和 2-HP-β-CD 的组合导致系统增溶能力降低。

### 4.3.4 溶出度

药物的溶解受几种物理化学性质的控制，包括溶解度、表面积和润湿性。对于难溶性化合物，溶解通常是吸收过程中的限速步骤。因此，了解药物的溶出速率对于制剂开发非常有用。适当的溶出试验可以帮助确定影响生物利用度问题的因素，并且还有助于选择合适的晶型和/或盐形式。溶出度测试也可以用于其他方面，如质量控制和协助确定生物等效性（Dressman 等，1998）。

在 IDR 测量的实验中，通过用模具和冲头装置将粉末压缩到已知区域的盘中来获得恒定的表面积。旋转磁盘和静态磁盘都被广泛使用。该方法的潜在问题是在将粉末压缩成颗粒期间或在溶解实验期间的晶体形式转化。由于许多候选药物都是弱酸或弱碱，因此固体-液体界面的 pH 和常见离子梯度会导致错误的结论，如 Mooney 及其同事的报道（1981）。

粉末溶解是另一种广泛使用的方法。当药物不易通过压缩形成盘状或当需要研究粒度对溶解的影响时，该方法特别有用。已经报道了用于研究粉末溶解的各种技术（Finholt，1974；Goldberg 等，1965；Cakiryildiz 等，1975；Löter 等，1983）。疏水性物质的颗粒倾向于聚集，并且通常难以润湿，导致暴露于溶解介质的有效表面积减小。例如，发现苯巴比妥、阿司匹林和非那西丁的溶出速率随着粒径的增加而意外增加（Finholt，1974），这归因于原料药的润湿性差。发现通过向溶出介质中添加 0.2%聚山梨酯 80 可以克服这些药物的浮起和聚集问题。通过在将难溶性药物的样品引入溶解介质之前解决聚集，也可以有效地消除聚集体对溶解过程的影响（Löter 等，1983）。

上面讨论的常有的溶解方法和粉末溶解方法通常用于药物的表征。对于药物制剂，USP 装置（如 USP 装置 2）更适用。根据生物药剂学分类系统（Amidon 等，1995），药物可以基于它们的水溶性和它们渗透肠黏膜的能力分为四类。低溶解度化合物定义为在通常条件下其在水性介质中的溶解度不足以使整个剂量溶解于胃肠道（GI）内容物中的化合物。由于这些物质的溶解可取决于多种因素，如表面活性剂、pH、缓冲容量、离子强度和可用于溶解的体积，因此用于溶出度研究的溶出介质需要真实代表胃肠道上端的条件，以实现有意义的体外/体内相关性。

基于生理参数，已经提出了用于模拟进食和禁食状态下的胃和小肠状况的溶出介质（Galia 等，1996；Dressman 等，1998）。然而，对于许多难溶性化合物，保持“漏槽”条件可能是非常具有挑战性的。对于可电离化合物，可以通过改变 pH 来使用完全含水介质。但是，非离子化物质必须采用替代策略。含有增溶剂的溶解介质已用于满足“漏槽”条件的要求。但是，在解释这些研究的结果时需要谨慎。在溶出方法可用于预测药物的体内效用之前，需要建立良好的体外/体内相关性。

添加共溶剂可提高药物在水基溶解介质中的溶解度，已被广泛用于为难溶性化合物的溶解提供漏槽条件（Poirier 等，1981；Dodge 等，1987；Corrigan，1991）。当使用该技术时，需要仔细考虑共溶剂对片剂崩解的影响，尤其是剂型中存在的辅料的溶解度和溶出速率，以避免造成异常释放。通常选择高度水溶性辅料用于含有难溶性化合物的剂型。这些水溶性辅料如乳糖的溶解度和溶出速率在足够浓度的共溶剂存在下可能会降低。取决于制剂中辅料的比例，共溶剂系统中的药物溶解可以通过溶解度较低的辅料的溶出速率来控制。预测共溶剂对简单的双组分药物-辅料的溶解影响的理论模型可在文献中获得（Corrigan，1991）。在水-乙醇混合物中使用甲苯磺丁脲和乳糖混合物的溶解度和溶出度研究提供了与理论模型高度相似的结果。

在开发水溶性差的药物的溶出方法中，除了在溶出介质中选择合适的 pH 外，通常还使用表面活性剂来获得合适的漏槽条件。然而，在开发具有表面活性剂的生物相关溶解方法时需要特别注意。Tang 等（2001）使用 1%、0.5%和 0.25%三种不同浓度的十二烷基硫酸钠（SLS），对水溶性差的药物制剂进行溶解。在 1%SLS-sink 条件下，所有制剂的药物释放完全。然而，最好的生物相关溶出条件是 0.25%SLS，其中所有来自制剂的药物不能完全释放。

## 4.4　离子强度及 p$K_a$

### 4.4.1　p$K_a$ 的重要性

对可电离候选药物来讲，了解其在水中的电离常数 p$K_a$ 非常重要，因为它可用于预测不同 pH 下的溶解度、亲脂性和渗透性。因此，通过选择合适的 pH 有助于改善药物吸收。溶液中的药物基于 pH 和 p$K_a$ 分布在它们的中性和带电形式之间。取决于药物是酸性还是碱性化合物，pH 分别低于或高于它们的 p$K_a$ 会产生更多的电离，并使药物更易溶解，但渗透性更低。

如果在药物开发过程的早期阶段已知其 p$K_a$，则可以用最少量的实验完成分析测定方法开发，pH 也可以作为溶解度和稳定性评估的函数，并且它还可以指导第四类制剂处方的开发。

### 4.4.2　温度对 p$K_a$ 的影响

温度对电离常数的影响通过下式表示，且与电离过程的熵变有关（Perrin，1981）：

$$\frac{-\mathrm{d}(\mathrm{p}K_\mathrm{a})}{\mathrm{d}T}=\frac{(\mathrm{p}K_\mathrm{a}+0.052\Delta S^0)}{T} \tag{4.26}$$

因为与电离相关的熵变对于不同的酸或碱是不同的，所以温度对电离常数的影响是高度依赖于其化学结构的。

普通羧酸的 p$K_a$ 值仅随环境温度略微变化。对于有机碱的电离，涉及很少的熵变，因为离子的数量和它们的电荷不变[$\Delta S_0$ 为−17 J/（deg • mol）]。因此，温度对有机碱的 p$K_a$ 的影响通过以下等式给出：

一元碱：

$$\frac{-\mathrm{d}(\mathrm{p}K_\mathrm{a})}{\mathrm{d}T}=\frac{(\mathrm{p}K_\mathrm{a}-0.9)}{T} \tag{4.27}$$

二元碱：

$$\frac{-\mathrm{d}(\mathrm{p}K_\mathrm{a})}{\mathrm{d}T}=\frac{(\mathrm{p}K_\mathrm{a})}{T} \tag{4.28}$$

温度接近 25℃，其中 $T$ 的单位为 K。

例如，对于一个 p$K_a$ 为 7.0 的弱碱，温度每升高 10℃就会使 p$K_a$ 降低约 0.2 个单位。

当开发一个非常难溶的弱碱的第四类制剂时，重点要考虑温度对 p$K_a$ 的影响。如果这些制剂的 pH 不够低，则化合物可能在高压灭菌时作为游离碱沉淀出来。在升高的温度下，化合物的 p$K_a$ 可以移动到这样的程度，即游离碱的溶解度在溶液 pH 下变得有限。沉淀的游离碱由于其低溶解度和缓慢的溶出速率可能需要很长时间才能重新溶解，导致药物失效（Tong 等，1995）。

## 4.4.3 溶剂对 p$K_a$ 的影响

酸性和碱性的溶剂对 p$K_a$ 的影响也不同。当酸离子化时，每个分离的中性分子产生两个离子。该电离平衡对介质的介电常数非常敏感。在低介电常数的溶剂中，p$K_a$ 显著增加（酸性变弱）。p$K_a$ 偏移高于 2 个 pH 单位并不少见（Rubino，1987）。

另一方面，碱的电离是等电子过程，因此溶剂的影响要小得多；通常 p$K_a$ 略有下降（碱性变弱）。对于这种类型的平衡，通常可以外推在混合溶剂中进行测量以便在水溶液中给出一个值，这样就可以估计非常难溶的化合物的 p$K_a$。

这种溶剂效应对 p$K_a$ 的直接影响是共溶剂对药物缓冲液作用的影响。这对于注射剂的处方特别值得考察，因为许多含有共溶剂的可注射制剂还含有用于控制 pH 的缓冲系统（Rubino，1987）。由于在共溶剂存在下 p$K_a$ 的变化，我们特别要注意应根据载体中使用的特定溶剂体系中的 p$K_a$ 选择缓冲体系。因为对于含有共溶剂的注射剂，可以使用的缓冲液浓度通常受缓冲液溶解度的限制。选择 p$K_a$ 接近所需 pH 的缓冲液当然有助于保持缓冲液浓度尽可能低，同时缓冲液容量保持足够高以达到所需目的。

除了考虑混合溶剂体系中调整的缓冲范围外，还应考虑稀释对制剂 pH 的影响（Rubino，1987）。当稀释含有混合溶剂体系的配方时，对 p$K_a$ 的溶剂效应将降低。例如，由于共溶剂的稀释，随着制剂的稀释，缓冲酸的 p$K_a$ 将降低。应仔细研究这些 p$K_a$ 变化对药物的物理化学稳定性的影响。

### 4.4.4　测定 p$K_a$ 的方法

虽然有几种完善的 p$K_a$ 测定方法（Albert 和 Serjeant，1984）。但并非所有方法都适用于难溶性化合物。有时根据需要估计或预测 p$K_a$ 可能就足够了。这里仅讨论与获得难溶性化合物的 p$K_a$ 相关的一些实际考虑因素。

#### 4.4.4.1　相平衡

可以基于式（4.5）从 pH-溶解度曲线计算 p$K_a$，重新换算即给出式（4.29）。

$$pK_a = pH + \lg\left(\frac{S_T}{[B]_s} - 1\right) \tag{4.29}$$

对于酸，可以得出类似的等式：

$$pK_a = pH - \lg\left(\frac{S_T}{[A]_s} - 1\right) \tag{4.30}$$

其中 $[B]_s$ 和 $[A]_s$ 分别是中性分子种类对碱和酸的溶解度。

对于一些非常难溶的化合物，中性分子的溶解度太低而不能精确测量。在这种情况下，仍然可以通过测定两个 pH 下的溶解度来估计 p$K_a$ 以及中性物质的溶解度。如果可以沿着图 4.1 中曲线Ⅱ的上升部分测量几个溶解度值，则可以使用非线性回归曲线拟合来估计 p$K_a$ 和中性物质的溶解度。

#### 4.4.4.2　分光光度法

通过 UV 或可见分光光度法测定电离常数对于难溶性化合物可能特别有用（Albert 和 Serjeant，1984）。对于许多难溶性化合物，浓度低至 $10^{-6}$ mol/L 的溶液仍可提供分析上有用的生色团。该方法取决于在一系列非吸收性缓冲溶液中直接测定分子种类（中性分子）与离子化物质的比例。选择通常称为“分析波长”的波长，观察两种物质的吸光度之间的最大差异（Albert 和 Serjeant，1984）。

对于酸来说，如果电离吸光度大于中性吸光度则使用式（4.31），而如果情况相反则使用式（4.32）。

$$pK_a = pH + \lg\frac{A_I - A}{A - A_M} \tag{4.31}$$

$$pK_a = pH + \lg\frac{A - A_I}{A_M - A} \tag{4.32}$$

式中，$A_I$ 和 $A_M$ 分别是电离物质和中性物质的吸光度；$A$ 是在任何特定 pH 下观察到的吸光度。

对于碱来说，如果电离吸光度大于中性吸光度，则使用式（4.33），如果相反则使用式（4.34）。

$$pK_a = pH + \lg\frac{A - A_M}{A_I - A} \tag{4.33}$$

$$pK_a = pH + \lg \frac{A_M - A}{A - A_I} \tag{4.34}$$

#### 4.4.4.3 电位滴定法

电位滴定是 p$K_a$ 测定的常用技术(Albert 和 Serjeant，1984；Takacs-Novak 等，1997；Glomme 等，2005)。由 Sirius Analytical Instruments Ltd.开发和制造的 PCA101 化学分析仪是第一个专门用于确定电离常数的商业仪器（Avdeef，1993）。

为了使用电位滴定法，该化合物必须具有至少 $5\times10^{-4}$ moL/L 的溶解度。对于难溶性化合物，可以使用混合溶剂方法（Avdeef，1993）。甲醇是最常用的共溶剂，并且其对 p$K_a$ 的影响已被广泛研究。实验中，需要在具有各种甲醇-水比例的混合溶剂溶液中进行多次 p$K_a$ 测量。将表观 p$K_a$ 外推至无甲醇来推断水性 p$K_a$。可用于此目的并且由 PCA101 支持的其他共溶剂包括乙醇、乙二醇、DMSO 和 1,4-二噁烷。值得注意的是，不同的共溶剂会对 p$K_a$ 产生不同的影响，这些影响对酸和碱的影响也不同。表观 p$K_a$ 与有机溶剂质量分数（通常为 0～60%）的图会显示“曲棍球棒”形状或“弓形”形状，但很少是直线。

#### 4.4.4.4 预估 p$K_a$

尽管有很多可用于 p$K_a$ 测量的方法，但是也会存在化合物太难溶或太不稳定而无法测量的情况。在多元酸和碱的情况下，将实验 p$K_a$ 分配给特定位点可能具有挑战性。在一些情况下，仅需要估计 p$K_a$，例如在早期发现阶段。由于这些原因，用于快速 p$K_a$ 估计的方法会很有帮助。

已经有很专业的综述讨论 p$K_a$ 预测（Fraczkiewicz，2006；Wan 和 Ulander，2006；Cruciani 等，2009；Dearden，2012）。Advanced Chemistry Development（1998）已经建立了独特的预测算法，其中 ACD/p$K_a$ 是计算 25℃下 p$K_a$ 和水溶液中零离子强度的程序。它使用结构片段方法并考虑电子、空间、电荷、互变异构、乙烯基和共价水合作用。每次计算都提供 95%置信区间和详细报告，还包括 Hammett 型方程、取代基常数和文献参考（如果有）。p$K_a$ 计算所依据的参数来自科学文献中的 8900 多种结构，结合不同温度下超过 23000 个实验值及在纯水溶液中的离子强度。计算的准确性通常优于 0.2 个 p$K_a$ 单位，除非非常复杂的结构或表征不佳的取代基，其精度通常优于 0.5 个 p$K_a$ 单位。Berger 等（1997）使用实验（电位滴定）和计算（ACD）方法总共确定了 25 种药物的 p$K_a$，表示一系列结构和液相性质，并且大多数 p$K_a$ 落在±0.5 p$K_a$ 个单位范围内。结果表明非常有效。

## 4.5 亲脂性和体内渗透性

通常通过检查其在水性和非极性有机相如正辛醇之间的分布来测量一种药物的亲脂性。分配系数（$P_{O/W}$），即药物亲脂性的测量，定义为在平衡时分布在有机相和水相之间的未解离化合物的比例。

$$P_{O/W} = \left(\frac{C_{油}}{C_{水}}\right)_{平衡} \tag{4.35}$$

应注意，分配系数是常数。药物的所有存在形式的表观分配系数，显然可以随 pH 的变化而变化，定义为分配系数（$D_{O/W}$）。lg$P$ 和 lg$D$ 都被广泛用作一种药物的亲脂性的表示方法。

一种药物的亲脂性将影响其在脂质膜、蛋白质结合，以及体液中的分布，从而影响许多生物药剂学性质，例如 ADME（吸收、分布、代谢和排泄）、血浆蛋白结合、毒性、活性（Dressman 等，1984；Suzuki 等，1970；Wells，1988）。尽管表观分配系数/分配系数数据不能提供对体内吸收的考量，但它们确实提供了表征药物的亲脂/亲水性质的方法。通常，一种药物的 $\lg D$ 为 0.5～3，表明该药物具有中等亲脂性并且具有合适的胃肠道吸收（Chemical Sciences，2001）。

药物的渗透性是最重要的生物药剂学性质之一（Varma 等，2012；Hermens 等，2013）。对于通过口服药物传递系统的任何药物，为了从胃肠道（GI）到达全身循环，药物必须渗透 GI 道细胞屏障。药物进入体循环后，一些药物仍然需要透过细胞膜才能发挥其治疗作用。渗透可以通过不同的途径发生，包括主动转运、外排和细胞旁扩散。然而，大多数药物主要通过被动跨细胞扩散。为了评估药物的被动扩散，已经设计了不同的人造膜，如磷脂膜，以测量从供体侧到受体侧的膜的扩散。在制药工业中，渗透率测量中最常用的方法是 Caco-2 细胞膜测量法和大鼠空肠灌注法。

考虑到这些难溶性药物的低溶解度，通常使用增溶辅料来增加渗透性测量中的药物浓度。有时，那些增溶辅料也可能影响药物渗透性。Saha 和 Kou（2000）研究了增溶辅料对三种水溶性差的化合物 Sch 56592、Sch-X 和 Sch-Y 的 Caco-2 转运的影响。Caco-2 测量显示三种化合物都具有良好的渗透性。对于 Sch 56592，1%聚维酮不仅可以提高其溶解度，还可以将其通过 Caco-2 细胞膜的通量提高 40%。即使一些其他增溶辅料也可以溶解 Sch 56592，但它们不改变甚至降低其通过细胞膜的通量。对于 Sch-X，1%聚维酮、普朗尼克 F-68，Gelucire 44/14 和丙二醇/聚山梨酯 80（3∶2）可以显著改善其溶解度以及通过细胞膜的通量。相当多的增溶辅料可以增强 Sch-Y 的溶解度，但只有 1%普朗尼克 F-68 和 PEG 300 可以增加 35%～50%的通量。该研究表明，对于不同的药物，增溶辅料可能不会增加跨越 Caco-2 细胞膜的通量达到与溶解度增强相同的程度，但也有一些增溶辅料降低药物渗透性。增溶辅料对口服药物吸附的影响将取决于它们对可溶性药物浓度和运输参数的综合贡献。因此，对于难溶性药物，应仔细评估增溶辅料的药物渗透性以便制出生物利用度更高的制剂。

### 4.5.1 分配系数的测量

通常用于测量分配系数的方法包括传统的摇瓶法、HPLC、过滤器-探针和 pH-度量技术（Dunn Ⅲ等，1986；Avdeef，1993）。Dearden 和 Bresnen（1988）给出了关于实验程序的“GLP”建议。Hersey 等（1989）发表了方法选择指南。此外，还有几种方法可用于分配系数的计算（Lipinski 等，2012）。

#### 4.5.1.1 摇瓶法

摇瓶法是最常用的测量分配系数的方法（Leo 等，1971）。然而，对于许多难溶性化合物，在水相中的溶解度可能太低而不能精确测定。在这些情况下，需要用到替代方法。

#### 4.5.1.2 电位滴定法

通过电位法确定分配系数是 Sirus PCA 101 功能的一部分（Avdeef，1993）。通常，将预酸化的弱酸溶液碱化滴定至某一适当高的 pH；然后加入分配溶剂如辛醇，并将双溶剂混合物进行酸滴定至起始 pH。对两个滴定曲线的分析将产生两个 $\mathrm{p}K_\mathrm{a}$：$\mathrm{p}K_\mathrm{a}$ 和 $\mathrm{po}K_\mathrm{a}$。其中 $\mathrm{po}K_\mathrm{a}$ 是源自含辛醇的数据段的表观常数。分配系数由下式计算：

$$酸中：P_{HA}=[10^{+(\mathrm{po}K_a-\mathrm{p}K_a)}-1]/r \qquad (4.36)$$

$$碱中：P_{B}=[10^{-(\mathrm{po}K_a-\mathrm{p}K_a)}-1]/r \qquad (4.37)$$

$$r=\frac{有机相体积}{水相体积} \qquad (4.38)$$

与该技术相反的是分配衍生的 p$K_a$ 测定，其对于难溶性化合物的 p$K_a$ 估计可能非常有用。如果可以通过一些替代方法获得 lg$P$ 数据，则在辛醇存在下滴定弱酸将得到明显的 p$K_a$、po$K_a$。式（4.36）和式（4.37）可用于计算含水 p$K_a$。

#### 4.5.1.3 色谱疏水性指数

在反相液相色谱中，化合物的亲脂性决定了它们的保留情况。正确转化的保留数据应可以揭示化合物的亲脂性。Valko 等（1997）使用一组测试化合物将快速梯度反相保留时间转换为色谱疏水性指数（CHI）以校准 HPLC 系统。已经发现 CHI 值与 lg$D$ 很好地相关，表明 CHI 可以作为 lg$P$ 或 lg$D$ 的替代物。因为不需要确定实际浓度，并且可以使用有机溶剂来溶解化合物，该方法特别适用于水溶性差的化合物。

#### 4.5.1.4 分配系数的预估

用于测定 lg$P$ 的预测软件也可从 Advanced Chemical Development（ACD）（1998）获取。ACD/lg$P$ 是使用来自大型数据库的参数的结构片段方法计算分子的中性形式的辛醇/水分配系数。预测计算的准确性通常小于±0.3 lg$P$ 单位，除非非常复杂的结构或表征不佳的取代基，其准确度通常小于±0.5 lg$P$ 单位。在对 25 种药物的研究中（Berger 等，1997），通过摇瓶法、Sirius 电位法和计算（ACD）法产生的 lg$P$ 数据非常接近。

### 4.5.2 分配溶剂的选择

如上所述，lg$P$/lg$D$ 最重要的用途之一是预测药物从水性隔室进入生物膜的趋势，并将这种趋势用来与药物吸收的速率和程度以及生物学效应相关联。传统上，辛醇-水分配系数是最广泛用于研究药物分子亲脂特性的。在辛醇-水体系中，相对于电离形式，中性形式的药物分子的分配是有优势的。在膜-水系统中，已经发现离子化物质的分配比辛醇-水体系中显示的显著增强（Hellwich 和 Schubert，1995；Miyazaki 等，1992；Austin 等，1995）。显然，辛醇-水体系不足以解释生物膜的某些关键特征，毕竟生物膜是由具有强静电相互作用的两亲性基团组成的脂质双层（Schwarz，1996）。

Rogers 和 Choi（1993）已经证明，脂质体膜-水系统中的分配系数优于辛醇-水系统，可用于预测某些类别药物的生物活性。透析（Formelova 等，1991；Kuhnvelten，1991；Pauletti 和 Wunderli-Allenspach，1994）和超滤（Austin 等，1995；Kuhnvelten，1991）方法已被用于测量脂质体膜-水分配系数。Avdeef 等（1998）成功应用一种有效和准确的 pH 测量技术，能够确定可电离药物的脂质体膜-水分配系数，结果与超滤和透析方法的结果一致。尽管辛醇作为预测膜分配的溶剂存在局限性，但由于存在大量数据并且易于生成数据，因此仍然是值得选择的分配溶剂。

### 4.5.3 Caco-2 细胞膜测量法

药物的渗透性可以在 Caco-2 聚碳酸酯 Transwell 过滤细胞培养系统中测定。通过将药物溶解在 DMSO 中并将 HBSS/HEPES 稀释至合适的药物浓度来制备溶液。有时，将适量的聚山梨酯 80 添加到溶液中以确保药物在 Caco-2 供体室中进一步稀释时不会沉淀。将该溶液分成三份加入 Caco-2 中。用 Epithelia Voltohmmeter，计算 TER（跨上皮电阻），检测单层完整性。在 120 min 内从接收室中取出等量样品并通过 HPLC 分析。在非梯度 pH 条件（两侧 pH 7.4）和 pH 梯度条件（pH 5.5 顶端，pH 7.4 基底外侧）下，在顶端至基底外侧（A→B）和基底外侧至顶端（B→A）方向进行实验（Koljonen 等，2006）。良好的回收率对于准确确定药物渗透性很重要。

美托洛尔、普萘洛尔和阿替洛尔通常用作渗透性测量的对照。其中，美托洛尔一般用于手工法，普萘洛尔用于自动法。如果在顶端（A）至基底外侧（B）方向上的一种药物的表观渗透系数（$P_{app}$）高于美托洛尔，则药物可具有良好的渗透性。如果（B→A）/（A→B）的 $P_{app}$ 高于 1，则药物可能在 Caco-2 系统中具有外排性。

### 4.5.4　大鼠空肠灌注法

在一些条件下，优先选用大鼠空肠灌注法再次测量药物渗透性。例如，当 Caco-2 测量中药物回收率低时，测量药物渗透性数据可能不准确。当从 Caco-2 研究中测量的药物渗透性为中等至低等时，用大鼠灌注方法确认药物渗透性是重要的。对于难溶性药物，来自 Caco-2 研究测量的渗透性可能有比较大的实验误差，所以需要经常使用大鼠灌注研究来评估它们的肠吸收。对于临床开发中的几种难溶性新化学实体，Caco-2 研究显示它们具有中等至低等渗透性，但是大鼠灌注研究证实它们具有高渗透性。大鼠灌注测量结果与动物和人的 PK 研究是一致的。

在大鼠空肠灌注研究中，通过禁食大鼠的中线切口暴露空肠（Swenson 等，1994）。用 20 mL 温盐水轻轻冲洗肠道以除去残留的内容物，然后牢固地扎紧近端和远端切口处。将灌注的片段用盐水润湿并用保鲜膜覆盖。在等渗 pH 6.5 磷酸钠/硫酸钠缓冲液中含有 0.25 mg/mL 目标药物用于灌注肠，如有需要，可加入一些表面活性剂。将灌注溶液保持在 37℃。在 4 个 15 min 的间隔内收集灌注液样品。基于测量的流速、灌注肠段的体积以及进入和排出的药物浓度，计算每个 15 min 间隔的吸附速率常数。类似地，进行可逆性实验，不同之处在于灌注进行 4 h，灌注液以 15 min 的增量收集。同时进行胃肠道稳定性研究以确保在大鼠灌注研究期间药物不降解。总体而言，渗透性数据应该是 3 或 4 只大鼠的平均值。将空肠中药物的有效肠道通透性（$P_{eff}$）与美托洛尔的值进行比较，看它们是否具有合适的渗透性。

### 4.5.5　BCS 分类系统

生物药剂学分类取决于药物的溶解度和渗透性，并为预测药物的口服吸收提供了基础。在 FDA 生物药剂学分类系统（BCS）指南中，当最高剂量强度在 pH 1～7.5 的范围内可溶于＜250 mL 水时，药物被认为是高度可溶的。高渗透性被认为基于质量平衡或与静脉内参考剂量相比，人体吸收程度大于给药剂量的 90%。对于具有良好渗透性但溶解性差的 BCS Ⅱ类药物的口服剂型，其生物利用度主要受溶出过程的限制；然而，具有低渗透性和低溶解性的 BCS Ⅳ类药物的生物利用度不仅受到溶出过程限制，而且受到吸附过程的限制。基于 pH 依赖性渗透性和溶解性，BCS 概念已成功扩展到基于药物体内处置的生物药剂学分类系统（BDDCS），以解释药物清除的潜在机制，并了解摄取和外排转运蛋白对吸收、分布、代谢和消除的影响（Varma 等，2012）。

在药剂学中，用 Caco-2 测量法和大鼠空肠灌注法进行测量，如果药物具有比美托洛尔更高的渗透性，则该药物被认为是高渗透性的。渗透系数约为 $1\times10^{-6}$ cm/s，美托洛尔具有约 95% 的人体吸收系数（Regardh 等，1974；Kim 等，2006）。尽管体外渗透性测量可能与体内渗透性数据不完全相同，但许多出版物已经表明，真正的渗透速率常数与来自 Caco-2 单层或大鼠空肠灌注的测量渗透性之间存在良好的等级顺序关系（Polli 和 Ginski，1998；Winiwarter 等，1998；Kim 等，2006）。因此，通过在相同的测量系统中比较测量的药物渗透性与测量的美托洛尔渗透性，可以评估药物是否具有高渗透性。

值得注意的是，BCS 旨在评估临床生物等效性是否可以基于体外溶出度试验来证明，特别是快速释放固体口服剂型。然而，该系统中高溶解度和高渗透性的标准其实是高于实际药物可开发性的。例如，一些具有低于标准的溶解度和渗透性的Ⅳ类药物仍然是开发中的良好候选药物，以实现期望的生物利用度。渗透率约为 $0.1\sim0.3\times10^{-6}$ cm/s，阿替洛尔和 $\alpha$-甲基多巴等药物的吸收率约为 50%（Walter 等，1996；Kim 等，2006）。结合有关美托洛尔渗透性和吸收分数的信息，有效药物渗透性大致可分为三类，如表 4.3 所示（Chemical Sciences，2001）。该表可以提供比 BCS 评估更实际的药物渗透性评估。

**表 4.3　有效渗透率的分类**

| 实际渗透率（$P_e$） | 等级 | 评价 |
|---|---|---|
| $\leqslant0.1\times10^{-6}$ cm/s | 低 | 有渗透率方面的问题 |
| $0.1\sim1\times10^{-6}$ cm/s | 中 | 可能有渗透率方面的问题 |
| $\geqslant1\times10^{-6}$ cm/s | 高 | 没有渗透率方面的问题 |

## 4.6 稳定性

关于药物稳定性的研究信息对于药物合成、制剂、储存至最终给药剂量都是至关重要的。除了本节所述药物的化学稳定性外，物理稳定性将在后面的固体特性部分进行表述。表 4.4 说明了一些指示性稳定性研究（Chemical Sciences，2001）。值得注意的是，这些难溶性化合物在增溶剂存在下的稳定性很可能与在水溶液中的稳定性不同。因此，纯水介质中的稳定性可能与此根本不相关，而且溶解度限制可能难以确定。除了那些增溶辅料之外，确定研究的药物是否与用于处方设计和工艺开发的其他辅料相容也非常关键。

**表 4.4　稳定性研究因素**

| 稳定性 | 相关因素 |
|---|---|
| 酸稳定性 | 胃 |
| 碱稳定性 | 大肠 |
| 光稳定性 | 实验室及厂房环境 |
| 温度/湿度稳定性 | 加速试验条件 |
| 氧化稳定性 | 环境和处方 |
| 血液稳定性 | 血液 |

### 4.6.1 强降解研究

强降解研究不仅可用于检查不同条件下的药物稳定性，还可用于分析方法开发和方法验证

（Maheswaran，2012）。在强降解研究中，溶解的药物暴露于极端的酸、碱、热、氧化和光等条件。典型的实验条件是 0.1 mol/L HCl、0.1 mol/L NaOH、水/热、3%$H_2O_2$溶液和光（1000 mW/$cm^2$UV 光和 500fc 荧光）。为了在研究所需的时间和分析准确度之间达到最佳平衡，所需的降解范围通常为 5%～20%。在 HPLC 方法开发中，最佳波长对于检测所有重要杂质和降解物是至关重要的，有时可以使用双波长检测器。合适的溶剂和流动相应与所研究的药物及其杂质/降解物兼容。还应该对色谱方法进行测试，以确保没有杂质/降解物与目标主峰共洗脱。

最后，所开发的 HPLC 方法需要保证主要降解物具有合适的质量平衡。

鉴定降解物对于了解潜在的降解途径非常重要。LC-MS、LC-MS/MS 和 LC-NMR 通常可以用来帮助研究降解产物的结构。

Glaxo Smith Kline 的科学家们（Sims 等，2002）使用自动化工作站进行强降解研究。使用的条件是在宽范围的 pH、氧化条件和溶液中加热。该系统包括自动进样器、稀释器、由软件控制的反应站，以及具有 UV 检测和质谱检测的 HPLC。自动化过程不仅可以节省分析人员的操作时间，还可以将样品制备和分析之间的延迟降至最低。通过在系统中结合质量检测和 HPLC，还可以收集关于降解物的结构信息以及在强降解过程中降解物的出现和消失时的动力学数据。总而言之，了解自动化降解反应系统的知识有助于科学家更有效地关注主要的降解过程。

### 4.6.2　pH 稳定性曲线

出于对稳定性预估的考量，药物的 pH-速率曲线的可用性是非常高的（Connors 等，1986）。在溶液中，许多因素如 pH、离子强度、缓冲液种类和初始浓度都会影响药物的稳定性。然而，由于在某些 pH 区域中的溶解度限制，研究作为 pH 的函数的难溶性化合物的稳定性可能是复杂的，因此可能需要使用增溶剂。另一方面，即使可以在水溶液中产生 pH-速率分布，它也可以不直接用于预测增溶剂存在的稳定性。通过存在增溶剂如共溶剂和表面活性剂，可以显著改变活化能和温度对稳定性的影响。如果使用缓冲剂，它们的缓冲能力和溶解度也可能受到增溶剂存在的影响。在获得 pH 稳定性曲线之前仔细考虑这些因素对于生成最有意义和有用的数据是必要的。

### 4.6.3　溶剂、表面活性剂、络合剂对稳定性的影响

对于难溶性药物，为了获得所需的生物利用度，已经使用过许多方法，例如 pH 控制、共溶剂、表面活性剂和络合剂。有时，可以将几种方法联合应用以获得最佳的增溶效果。人们研究了难溶性抗 HIV 药物的三种组合技术，并且也获得了良好的稳定性（Ran 等，2005）。但是，确保增溶剂不会对药物稳定性产生不利影响至关重要。

#### 4.6.3.1　溶剂对稳定性的影响

Kearney 及其同事（1994）研究了 PD144872 的降解动力学。在含有 10%乙醇、不同量丙二醇（PG，体积分数为 0～30%）和水的共溶剂系统中，PD144872 是一种双作用缺氧细胞放射增敏剂。他们发现，将 PG 的体积分数从 0 增加到 10%对 PD144872 的稳定性几乎没有影响，而将 PG 的体积分数从 10%增加到 30%导致降解率增加约 1.3 倍。他们将这种速率的增加归因于溶出介质的表观 pH 的变化和/或 PG 诱导的 PD144872 的表观 $pK_a$ 增加。据报道，对于其他弱碱如三乙醇胺（Rubino，1987）来讲，$pK_a$ 也发生了类似的变化。

Ni 等（2002）研究了 SarCNU（NSC364432）在水、乙醇、丙二醇（PG）、Capmul PG 和 DMSO 中的稳定性，以及在 25～60℃的温度范围内它们的组合中的稳定性。两种共溶剂是 80% PG∶20%乙醇混合物（PE），含有 50%水∶40% PG∶10%乙醇的半水性载体（WPE）。所有研究溶剂中的降解机理是相同的，并且这些载体的稳定性遵循 Capmul PG＞乙醇＞PE＞PG＞WPE＞水的顺序，这与它们的极性逐渐降低是一致的。

在新药物的稳定性评价中，氧化降解与水降解同样重要。在许多情况下，溶液中的氧浓度是一个影响因素，并且通常取决于所用的溶剂。据报道，抗坏血酸在 90%丙二醇或 Syrup USP 中比在水中更稳定，可能是因为这些载体中的氧浓度较低（Ravin 和 Radebaugh，1990）。

#### 4.6.3.2 表面活性剂对稳定性的影响

人们已经发现许多有机反应在胶束介质存在下被加速或抑制。由于在胶束和水相之间存在不同反应速率的基质分布，胶束溶液中的表观反应速率发生了变化（Fendler 和 Fendler，1975）。

胶束对有机反应的影响可归因于静电和疏水相互作用（Rosen，1979）。静电相互作用是重要的，因为它可能影响反应的过渡态或反应位点附近的反应物浓度。疏水相互作用也是重要的，因为它们决定了溶液中胶束溶解的程度和位置。

有大量反应证明了这些原理。读者可以参考 Fendler（1975）和 Rosen（1979）的文章，进行详细讨论。

#### 4.6.3.3 络合剂对稳定性的影响

由于络合物的形成，难溶性化合物的稳定性通常会发生变化。这种稳定性变化可能是微溶剂效应、氢键和/或构象效应的结果（Szejtli，1982）。络合剂对药物稳定性的影响决定性地取决于复合物的几何形状，以及客体分子的不稳定部分结构相对于络合物的亲核催化中心的距离和相对取向（Albers 和 Muller，1995）。在酯水解的情况下，络合物的一个羟基在高 pH 下的亲核攻击可以加速水解。因此，酯基与络合物的可电离羟基在空间上越接近，水解速率就越快，特别是当发生部分络合时。当酯官能团包含在保护免受任何活性物质侵袭的空腔中时，初期会抑制水解。

在文献中已经报道了许多络合时稳定性变化的例子（Albers 和 Muller，1995）。然而，由于预测络合物的精确结构仍然相当困难，因此在现阶段不可能预测络合反应会如何影响稳定性。对于具有潜在稳定性问题的难溶性化合物，在不存在和存在络合剂的情况下，在快速考察稳定性方面是非常有用的。如果络合剂使化合物不稳定，它肯定会使络合作用变得不那么值得考虑。

## 4.7 固体特性

药物的结晶度、多晶型（晶体结构）、形状（形态）、粒径等固态特性对其稳定性、溶解性和工艺可加工性至关重要的。固态研究中的一些常用方法包括显微镜检测、具有偏振光的热台显微术、X 射线粉末衍射（PXRD）、热重分析（TGA）、差示扫描量热法（DSC），FT-IR /拉曼、固态 NMR 等。

### 4.7.1 粒径

研究表明，溶出速率、吸收速率、含量均匀性、颜色、味道、质地和稳定性在不同程度上取决于粒径和粒径分布（Ravin 和 Radebaugh，1990）。对于难溶性药物，应使用具有小粒径的 API 来增强自身溶解。一般来说，API 的粒径建议减少到 $D_{50}$ 小于 10 μm 和 $D_{90}$ 小于 30 μm。对于法规层面，Sun 等（2010）发表了关于固体口服剂型的粒径规格的综述。

粒径非常重要，因为对于大多数难溶性化合物，吸收过程受到胃肠液中溶出速率的限制。例如，地高辛在直径大于 10 μm 的颗粒尺寸下表现出溶出速率受限的吸收，因为由溶解度提供的溶出驱动力差，加上较大颗粒尺寸药物的低表面积，不足以确保及时溶解（Dressman 和 Fleisher，1986）。用灰黄霉素也观察到生物利用度随颗粒尺寸减小而增加。当表面积增加约 6 倍时，口服剂量的吸收程度增加 2.5 倍。微粉化灰黄霉素即使剂量减少 50%也足以获得令人满意的临床效果。

由于粒径减小通常可以提高生物利用度，因此需要仔细研究微粉化过程对药物物理化学性质的影响。通过研磨或其他方法增加表面积可能导致化合物的快速降解。药物在研磨过程中也可能经历多晶型转变。研磨通常使结晶材料部分转化为无定型形式。无定型材料通常比它们的结晶状态更具吸湿性并且更容易发生降解反应。

除了粒径减小可能引起的稳定性问题之外，药物的流动性通常会随着粒径的减小而降低，这使得在处方设计和工艺开发中难以使用粉末直压技术。在高药物比例情况下，微粉化 API 导致药物的流动性差也可能进一步引起在干法制粒和熔融制粒方面的问题。考虑到某些难溶性药物的亲脂性，即使减小粒径可以提高溶出速率，如果使用粉末直压和干法制粒，API 在压缩过程中的黏附也可能成为严重的问题。

制药过程中一些最常用的粒度测定方法包括筛分或筛选、显微镜检查、沉降、流扫描和光散射。显微镜方法从二维信息测量尺寸，而 Malvern 方法从三维信息测量尺寸。用不同方法测量的粒度有时可能不同，例如，对于针状药物，显微镜方法就比用 Malvern 方法会得到更大的 API 尺寸。

### 4.7.2　含水量和吸湿性

人们已经广泛研究了水分含量对药物含量和成品剂型的影响。静态水分含量可通过许多方法测定，如 Karl Fisher 滴定、干燥失重（LOD）和 TGA。药物的动态吸湿性分为四类：无吸湿性、微吸湿性、中度吸湿性和重度吸湿性（Callahan 等，1982）。可以用 DVS 或 VTI 测量吸湿性，方法是在室温下通过至少两个相对湿度梯度在 0～90%之间的循环检查药物重量增加/减少。在每个增加的相对湿度下，药物样品要合适，以确保水分吸附/解吸接近完成。对于吸湿性药物，建议使用干燥器将其储存在密封容器中。难溶性药物的一个好处是它们中的大多数吸湿性相对较低。

对于那些同时具有无水和含水形式的药物而言，它们在储存和加工过程中可能水合/脱水。在脱水期间，一些药物可能转变成无定型形式，甚至可能产生稳定性问题。由于无水和含水形式之间存在着显著的溶解度差异，转化也可能影响治疗效果。因此，研究无水和含水形式之间的关系是至关重要的，以此来避免在储存和加工过程中出现药物和成品的转晶现象。

### 4.7.3　盐和多晶型的选择

盐的选择可能有助于改善药物的各种性质，如生物利用度、稳定性、可加工性。盐的筛选通常与药物的多晶型筛选平行进行，以免无法获取某一个药物的可放大结晶工艺。多晶型在药物中的重要性怎么强调都不过分。一些晶体结构分别含有水或溶剂分子，分别称为水合物或溶剂化物，它们也称为假多晶型物。在药物的早期开发阶段识别所有有关多晶型物和溶剂化物已成为制药工业中的常见做法。对于难溶性化合物，理解它们的多晶型行为甚至更为重要，因为溶解度、晶体形状、溶出速率和生物利用度可能随多晶型变化而变化。在制剂研发中将药物转化为热力学更加稳定的状态可能会显著增加开发成本，甚至可能导致药物研发失败。

制剂处方前研究应严格包括确定存在的多晶型物的数量、各种多晶型物的相对稳定性程度、溶解度、每种晶型形式的制备方法、微粉化和压片的影响，以及与制剂成分的相互作用。Byrn 等（1995）将这些结果以一系列决策树形式呈现药物固体特征描述的概念方法，并提出了一个收集药物数据的序列，该序列将有效地回答关于固态行为的具体问题，按逻辑顺序陈述。这些决策树虽然不是 FDA 的要求，但应该成为在药物开发过程早期组织信息收集的良好战略工具。

控制药物晶体形式的重要性也得到了美国 FDA 的充分认可。FDA 对简略新药申请（ANDA）药物固体多态性的指导原则指出，应该使用“适当的”分析程序来检测药物的多晶型、水合型或无定型形式。该指导原则还指出，申请人有责任控制药物的晶体形式，如果生物利用度受到影响，则应该证明控制方法的适用性。最近，FDA 还完成了针对新药申请（NDA）和 ANDA 申请人在共晶方面的指南。

除了法规层面的重要性之外，盐、多晶型物和水合物/溶剂化物也具有明显的新颖性和可专利性，考虑到它们具有不同化学组成或可区分的固态（von Raumer 等，2006）。这些新形式不仅可以影响它们的可加工性，如结晶、过滤、压缩性，还可以影响它们的生物学性质，如溶解度、生物利用度。除了这些形式本身，这些形式的工艺过程通常是创新的，因此都是可以申请专利的。

### 4.7.4 散装药物稳定性

研究散装药物在热、湿和光下的稳定性对于推荐 API 和成品剂型的合适储存方式、包装和运输条件非常重要。人们通常在 40℃/75% RH 条件下研究药物的固态稳定性，样品安瓿瓶可以打开或关闭（火焰密封）。根据药物的稳定性，有时药物需要在冷藏条件下储存，添加干燥剂，避光，或密闭容器等。

## 4.8 一些特定剂型

除了对难溶性化合物的一般物理化学评价之外，我们还对一些特定剂型进行讨论。

### 4.8.1 固体制剂

优化溶出曲线是难溶性化合物固体剂型开发的最重要方面之一。由于通常使用减小粒径来提高溶出速率，因此需要仔细研究微粉化对粉末性质和晶型的影响，微粉化也经常会对流动性和混合效率带来不利影响。对于某些具有高静电荷的小颗粒可能会出现一些特殊的问题。如果使用制粒技术来克服流动和混合问题，则还需要研究制粒对溶出速率和晶型的影响。在新药的早期开发中，固体分散体技术常用于提高溶出速率，因此具有更高的生物利用度。尽管像他克莫司这样的一些药物已经使用固体分散体成功商业化，但固体分散体的物理稳定性仍然是药物开发中的重大挑战。

### 4.8.2　口服液体制剂

对于口服液体，掩味技术变得至关重要，需要评估增溶剂如络合剂和共溶剂对味道的影响。防腐剂如苯甲酸钠、山梨酸、对羟基苯甲酸甲酯和对羟基苯甲酸丙酯已用于液体和半固体剂型中。据报道，当在各种表面活性剂存在下使用时，对羟基苯甲酸酯已经失活。人们认为这种活性丧失是由于防腐剂和表面活性剂之间形成了复合物。聚山梨酯 80 与对羟基苯甲酸酯之间的相互作用也已通过透析技术得到了证实（Ravin，1990）。报道还表明了对羟基苯甲酸酯与聚乙二醇（PEG）和甲基纤维素混合时也会形成分子复合物。但其结合程度小于用聚山梨酯 80 观察到的结合程度。山梨酸也与聚山梨酯相互作用，但不与 PEG 相互作用。季铵化合物也会与聚山梨酯 80 结合，这都会降低它们的防腐活性。

将口服液体制剂稀释成模拟胃液并随后稀释成模拟肠液的研究可用于该制剂的体外处方筛选工作（Tong 等，1998）。这对于一些难溶于模拟胃液的化合物尤其重要。关于化合物如何在胃中沉淀以及沉淀物质如何重新溶解的信息有助于处方选择，以最大化生物利用度。

### 4.8.3　半固体制剂

对于局部给药，在难溶性化合物半固体制剂中常会用到渗透促进剂，需要仔细研究这些渗透促进剂和赋形剂对活性物质晶型的影响。某些半固体赋形剂为晶体生长提供了理想的环境。

### 4.8.4　注射剂

注射剂存在一些特别的注意事项，最明显的是需要确保无菌，而且有必要评估加热灭菌过程对药物和制剂的影响（例如加热时的 $pK_a$ 偏移）。某些增溶体系如乳剂可能并不适合高压灭菌。

还必须考虑添加表面活性剂对制剂的影响，特别是在离子强度和常见离子效应方面。一些添加剂可能影响溶解度或与活性物质形成难溶性盐，导致处方失效。

我们还需要评估在注射时化合物是否有沉淀的可能。这对于含有共溶剂体系或通过 pH 调节而溶解的处方尤其重要。在这些情况下，化合物的溶解度在稀释时非线性地变化，并且化合物可能在注射部位沉淀（Yalkowsky 和 Roseman，1981）。几种体外方法包括静态连续稀释、动态注射和逐滴稀释作为筛选工具已经在检测沉淀问题等方面得到了成功应用（Yalkowsk，1983；Ward 和 Yalkowsky，1993；Ping 等，1998）。这些方法的细节将在随后的章节中讨论。

## 4.9　总结

难溶性化合物的处方前研究具有许多独特的方面。需要使用特殊技术来评估它的物理化学性质和生物学性质，并了解潜在的问题，以便为成功的处方研究和最终成品奠定正确的基础。

## 参考文献


Albers, E. and Muller, B. W. (1995). Cyclodextrin derivatives in pharmaceutics, *Crit. Rev. Ther. Drug Carrier Syst.*, 12(4): 311–337.

Alelyunas, Y. W., Liu, R., Pelosi-Kilby, L., and Shen, C. (2009). Application of a dried-DMSO rapid throughput 24-h equilibrium solubility in advancing discovery candidates, *Eur. J. Pharm. Sci.*, 37(2): 172–182.

Austin, R. P., Davis, A. M., and Manners, C. N. (1995). Partitioning of ionizing molecules between aqueous buffers and phospholipid vesicles, *J. Pharm. Sci.*, 84(10): 1180–1183.

Avdeef, A. (1993). *Applications and Theory Guide to pH-Metric pKa and log P Determination*, Sirius Analytical Instruments, Forest Row, UK.

Avdeef, A., Box, K. J., Comer, J. E. A., Hibbert, C., and Tam, K. Y. (1998). pH-metric logP 10. Determination of lopisomal membrance-water partition coefficents of ionizable drugs, *Pharm. Res.*, 15(2): 209–215.

Bard, B., Martel, S., and Carrupt, P.-A. (2008). High throughput UV method for the estimation of thermodynamic solubility and the determination of the solubility in biorelevant media, *Eur. J. Pharm. Sci.*, 33(3): 230–240.

Beall, H. D., Getz, J. J., and Sloan, K. B. (1993). The estimation of relative water solubility for prodrugs that are unstable in water, *Int. J. Pharm.*, 93: 37–47.

Burton, P. S. and Goodwin, J. T. (2010). Solubility and permeability measurement and applications in drug discovery, *Comb. Chem. High Throughput Screen.*, 13(2): 101–111.

Byrn, S., Pfeiffer, R., Ganey, M., Hoiberg, C., and Poochilian, G. (1995). Pharmaceutical solids: A strategic approach to regulatory considerations, *Pharm. Res.*, 12(7): 945–954.

Cakiryildiz, C., Methta, P. J., Rahmen, W., and Schoenleber, D. (1975). Dissolution studies with a multichannel continuous-flow apparatus, *J. Pharm. Sci.*, 64(10): 1692–1697.

Callahan, J. C., Cleary, G. W., Elefant, M., Kaplan, G., Kensler, T., and Nash, R. A. (1982). Equilibrium moisture content of pharmaceutical excipients, *Drug Dev. Ind. Pharm.*, 8(3): 355–369.

Carstensen, J. T. (2002). Preformulation, *Drugs Pharm. Sci.*, 121 (Modern Pharmaceutics (4th ed): 167–185.

Chemical Sciences. (2001, July). *Pharmaceutical Profiling User's Guide*. Version 1.0.

Colclough, N., Hunter, A., Kenny, P. W., Kittlety, R. S., Lobedan, L., Tam, K. Y., and Timms, M. A. (2008). High throughput solubility determination with application to selection of compounds for fragment screening, *Bioorganic Med. Chem.*, 16(13): 6611–6616.

Connors, K. A., Amidon, G. L., and Stella, V. J. (1986). *Chemical Stability of Pharmaceuticals, A Handbook for Pharmacists* (2nd ed.), John Wiley & Sons, New York.

Corrigan, O. I. (1991). Co-solvent systems in dissolution testing: Theoretical considerations, *Drug Dev. Ind. Pharm.*, 17(5): 695–708.

Cruciani, G., Milletti, F., Storchi, L., Sforna, G., and Goracci, L. (2009). In silico p$K_a$ prediction and ADME profiling, *Chem. Biodivers.*, 6(11): 1812–1821.

Curatolo, W. J. (1996). Screening studies for transport properties, *Proceeding for 38th Annual International Industrial Pharmaceutical Research and Development Conference*, Merrimac, WI.

Davis, S. S., Higuchi, T., and Rytting, J. H. (1974). *Advances in Pharmaceutical Sciences*, Vol. 4, Bean, H. S., Beckett, A. H., and Carless, J. E. (Eds.), Academic Press, London, UK, pp. 73–261.

Dearden, J. C. (2012). Prediction of physicochemical properties, *Methods Mol. Biol.*, 929 (Computational Toxicology, Volume I): 93–138.

Dearden, J. C. and Bresnen, G. M. (1988). The measurement of partition coefficents, *Quant. Struct.-Act. Relat.*, 7: 133–144.

De Smidt, J. H., Fokkens, J. G., Grijseels, H., and Crommelin, D. J. A. (1986). Dissolution of theophylline monohydrate and anhydrous theophylline in buffer solutions, *J. Pharm. Sci.*, 75(5): 497–501.

Dressman, J. B. and Fleisher, D. (1986). Mixing-tank model for predicting dissolution rate control of oral absorption, *J. Pharm. Sci.*, 75: 109–116.

Dressman, J. B., Fleisher, D., and Amidon, G. L. (1984). Physicochemical model for dose-dependent drug absorption, *J. Pharm. Sci.*, 73(9): 1274–1279.

Elworthy, P. H., Florence, A. T., and Macfarlane, C. B. (1968). *Solubilization by Surface-Active Agents*, Chapman and Hall, London, UK.

Fendler, J. H. and Fendler, E. J. (1975). *Catalysis in Micellar and Macromolecular Systems*, Academic Press, New York, pp. 98–100.

Fiese, E. F. and Hagen, T. A. (1986). Preformulation, Chapter 8 in *The Theory and Practice of Industrial*

*Pharmacy*, Lachman, L., Lieberman, H. A., and Kanig, J. L. (Eds.), Lea & Febiger, Philadelphia, PA.

Finholt, P. (1974). Influence of Formulation on dissolution rate, in *Dissolution Technology*, Lesson, L. J. and Carstensen, J. T. (Eds.), Washington, DC, Academy of Pharmaceutical Sciences, p. 106.

Formelova, J., Breier, A., Gemeiner, P., and Kurillova, L. (1991). Trypsin entrapped within liposomes. Partition of a low-molecular-mass substrate as the main factor in kinetic control of hydrolysis, *Coll. Czech. Chem. Comm.*, 56: 712–217.

Fraczkiewicz, R. (2006). In silico prediction of ionization, *Compr. Med. Chem. II*, 5, 603–626.

Glomme, A., Maerz, J., and Dressman, J. B. (2005). Comparison of a miniaturized shake-flask solubility method with automated potentiometric acid/base titrations and calculated solubilities, *J. Pharm. Sci.*, 94(1): 1–16.

Goldberg, A. H., Gibaldi, M., Kanig, J. L., and Shanker, J. (1965). Method for determining dissolution rates of multiparticulate systems, *J. Pharm. Sci.*, 54(12): 1722–1725.

Hamid, I. A. and Parrott, E. L. (1971). Effect of temperature on solubilization and hydrolytic degradation of solubilized benzocaine and homatropine, *J. Pharm. Sci.*, 60(6): 901–906.

Heikkila, T., Peltonen, L., Taskinen, S., Laaksonen, T., and Hirvonen, J. (2008). 96-Well plate surface tension measurements for fast determination of drug solubility, *Lett. Drug Des. Discov.*, 5(7): 471–476.

Heikkilae, T., Karjalainen, M., Ojala, K., Partola, K., Lammert, F., Augustijns, P., Urtti, A., Yliperttula, M., Peltonen, L., and Hirvonen, J. (2011). Equilibrium drug solubility measurements in 96-well plates reveal similar drug solubilities in phosphate buffer pH 6.8 and human intestinal fluid, *Int. J. Pharm.*, 405(1–2):132–136.

Hellwich, U. and Schubert, R. (1995). Concentration-dependent binding of the chiral b-blocker oxprenolol to isoelectric or negatively charged unilamellar vesicles, *Biochem. Pharmacol.*, 49(4): 511–517.

Hermens, J. L. M., de Bruijn, J. H. M., and Brooke, D. N. (2013). The octanol-water partition coefficient: Strengths and limitations, *Environ. Toxicol. Chem.*, 32(4): 732–733.

Hersey, A., Hill, A. P., Hyde, R. M., and Livingstone, D. J. (1989). Principles of method selection in partition studies, *Quant. Struct. -Act. Relat.*, 8: 288–296.

Higuchi, T., Shih, F. L., Kimura, T., and Rytting, J. H. (1979). Solubility determination of barely aqueous soluble organic solids, *J. Pharm. Sci.*, 68(10): 1267–1272.

Junquera, E., Tardajos, G., and Aicart, E. (1993). Effect of the presence of β-cyclodexdtrin on micellization process of sodium dodecyl sulfate or sodium perfluorooctanoate in water, *Langmuir*, 9, 1212–1219.

Kearney, A. S., Mehta, S. C., and Radebaugh, G. W. (1994). Preformulation studies to aid in the development of an injectable formulation of PD 144872, a radiosensitizing anticancer agent, *Int. J. Pharm.*, 102: 63–70.

Kim, J. S., Mitchell, S., Kijek, P., Tsume, Y., Hilfinger J., and Amidon, G. L. (2006). The suitability of an in situ perfusion model for permeability determinations: Utility for BCS class I biowaiver requests, *Mol. Pharm.*, 3(6): 686–694.

Koljonen, M., Hakala, K. S., Antola-Satila, T., Laitinen, L., Kostiainen, R., Kotiaho, T., Kaukonen, A. M., and Hirvonen, J. (2006). Evaluation of cocktail approach to standardize Caco-2 permeability experiments, *Eur. J. Pharm. Biopharm.*, 64: 379–387.

Kraus, C., Mehnert, W., and Fromming, K.-H. (1991). Interactions of β-cyclodextrin with Solutol HS 15 and their influence on diazepam solubilization, *Pharm. Ztg. Wiss.*, Nr. 1•4./136. Jahrgang, 11–15.

Kuhnvelten, W. N. (1991). Thermodynamics and modulation of progesterone microcompartmentation and hydrophobic interaction with cytochrome P450XVII based on quantification of local ligand concentrations in a complex multi-component system, *Eur. J. Biochem.*, 197: 381–390.

Leo, A., Hansch, C., and Elkins, D. (1971). Partition coefficients and their uses, *Chem. Rev.*, 71: 525–616.

Li, S., Doyle, P., Metz, S., Royce, A. E., and Serajuddin, A. T. M. (2005). Effect of chloride ion on dissolution of different salt forms of haloperidol, a model basic drug, *J. Pharm. Sci.*, 94(10): 2224–2231.

Lipinski, C. A., Lombardo, F., Dominy, B. W., and Feeney, P. J. (2012). Experimental and computational approaches to estimate solubility and permeability in drug discovery and development settings, *Adv. Drug Deliv. Rev.*, 64: 4–17.

Lötter, A. P., Flanagan, D. R., Jr., Palepu, N. R., and Guillory, J. K. (1983). A simple reproducible method for determining dissolution rates of hydrophobic powders, *Pharm. Technol.*, 4: 56–66.

Madan, D. K. and Cadwallader, D. E. (1973). Solubility of cholesterol and hormone drugs in water, *J. Pharm. Sci.*, 62(9): 1567–1569.

Maheswaran, R. (2012). FDA perspectives: Scientific considerations of forced degradation studies in ANDA submissions, *PharmTech*, 36(5): 73–80.

Marini, A., Berbenni, V., Bruni, G., Cofrancesco, P., Giordano, F., and Villa, M. (2003). Physico-chemical characterization of drugs and drug forms in the solid state, *Curr. Med. Chem. Anti-Infect. Agents*, 2(4): 303–321.
Miyazaki, J., Hideg, K., and Marsh, D. (1992). Interfacial ionization and partitioning of membrance-bound local anaesthetics, *Biochim. Biophys. Acta*, 1103: 63–68.
Mooney, K. G., Mintun, M. A., Himmelstein, K. J., and Stella, V. J. (1981a). Dissolution kinetics of carboxylic acids I: Effect of pH under unbuffered conditions, *J. Pharm. Sci.*, 70(1): 13–22.
Mooney, K. G., Mintun, M. A., Himmelstein, K. J., and Stella, V. J. (1981b). Dissolution kinetics of carboxylic acids II: Effect of buffers, *J. Pharm. Sci.*, 70(1): 22–32.
Muller, B. W. and Albers, E. (1991). Effect of hydrotropic substances on the complexation of sparingly soluble drugs with cyclodextrin derivatives and the influence of cyclodextrin complexation on the pharmacokinetics, *J. Pharm. Sci.*, 80: 599–604.
Ni, N., Sanghvi, T., and Yalkowsky, S. H. (2002). Solubilization and preformulation of carbendazim, *Int. J. Pharm.*, 244(1–2): 257–264.
Pan, L., Ho, Q., Tsutsui, K., and Takahashi, L. (2001). Comparison of chromatographic and spectroscopic methods used to rank compounds for aqueous solubility, *J. Pharm. Sci.*, 90: 521–529.
Pauletti, G. M. and Wunderli-Allenspach, H. (1994). Partition coefficients in vitro: Artificial membranes as a standardized distribution model, *Eur. J. Pharm. Sci.*, 1: 273–282.
Perrin, D. D., Dempsey, B., and Serjeant, E. P. (1981). *pKa Prediction for Organic Acids and Bases*, Chapman and Hall in association with Methuen, New York.
Ping, L., Vishnuvajjala, R., Tabibi, S. E., and Yalkowsky, S. H. (1998). Evaluation of in vitro precipitation methods, *J. Pharm. Sci.*, 87(2): 196–199.
Polli, J. E. and Ginski, M. J. (1998). Human drug absorption kinetics and comparison to Caco-2 monolayer permeabilities, *Pharm. Res.*, 15(1): 47–52.
Ran, Y., Jain, A., and Yalkowsky, S. H. (2005). Solubilization and preformulation studies on PG-300995 (an anti-HIV drug), *J. Pharm. Sci.*, 94(2): 297–303.
Ravin, L. J. and Radebaugh, G. W. (1990). Preformulation, Chapter 75: in *Remington's Pharmaceutical Sciences* (18th ed.), Gennaro, A. R. (Ed.), Mack Publishing Company, Easton, PA.
Regardh, C. G., Borg, K. O., Johansson, R., Johnsson, G., and Palmer, L. (1974). Pharmacokinetic studies on the selective b1-receptor antagonist metoprolol in man, *J. Pharm. Biopharm.*, 2(4): 347–364.
Rogers, J. A. and Choi, Y. W. (1993). The liposome partitioning system for correlating biological activities of imidazolidine derivatives, *Pharm. Res.*, 10(6): 913–917.
Rosen, M. J. (1979). *Surfactants and Interfacial Phenomena*, John Wiley & Sons, New York.
Rubino, J. T. (1987). The effect of cosolvents on the action of pharmaceutical buffers, *J. Parenter. Sci. Technol.*, 41: 45–49.
Saha, P. and Kou, J. H. (2000). Effect of solubilizing excipients on permeation of poorly water-soluble compounds across Caco-2 cell monolayers, *Eur J. Pharm Biopharm.*, 50(3): 403–411.
Sims, J. L., Roberts, J. K., Bateman, A. G., Carreira, J. A., and Hardy, M. J. (2002). An automated workstation for forced degradation of active pharmaceutical ingredients, *J. Pharm. Sci.*, 91(3): 884–892.
Strickley, R. G. (2004). Solubilizing excipients in oral and injectable formulations, *Pharm. Res.*, 21(2): 201–230.
Sun, Z., Ya, N., Adams, R. C., and Fang, F. S. (2010). Particle size specifications for solid oral dosage forms: A regulatory perspective, *Am. Pharm. Rev.*, 13(4): 68–73.
Suzuki, A., Higuchi, W. I., and Ho, N. F. (1970). Theoretical model studies of drug absorption and transport in the gastrointestinal tract I, *J. Pharm. Sci.*, 59(5): 644–651.
Swenson, E. S., Milisen, W. B. and Curatolo, W. (1994). Intestinal permeability enhancement: Efficacy, acute local toxicity, and reversibility, *Pharm. Res.*, 11(8): 1132–1142.
Szejtli, J. (1982). *Inclusion Compounds and Their Complexes*, Akademiai Kiado, Budapest, Hungary.
Takacs-Novak, K., Box, K. J., and Avdeef, A. (1997). Potentiometric p$K_a$ determination of water-insoluble compounds: Validation study in methanol/water mixtures, *Int. J. Pharm.*, 151(2): 235–248.
Tang, L., Khan, S. U., and Muhammad, N. A. (2001). Evaluation and selection of bio-relevant dissolution media for a poorly water-soluble new chemical entity, *Pharm. Dev. Technol.*, 6(4): 531–540.
Todd, D. and Winnike, R. A. (1994). A rapid method for generating pH-solubility profiles for new chemical entities, *Pharm. Res.*, 11(10): S-271.
Tong, W. Q., Wells, M. L., and Williams, S. O. (1994). Solubility behavior of GF120918A, *Pharm. Res.*, 11(10): S-269.
Tong, W. Q. and Whitesell, G. (1998). In situ salt screening – A useful technique for discovery support and

preformulation studies, *Pharm. Dev. Tech.*, 3(2): 215–223.

Varma, M. V., Gardner, I., Steyn, S. J., Nkansah, P., Rotter, C. J., Whitney-Pickett, C., Zhang, H. et al. (2012). pH-Dependent solubility and permeability criteria for provisional biopharmaceutics classification (BCS and BDDCS) in early drug discovery, *Mol. Pharm.*, 9(5): 1199–1212.

Venkatesh, S., Li, J. M., Xu, Y. H., Vishnuvajjala, R., and Anderson, B. D. (1996). Intrinsic solubility estimation and pH-solubility behavior of cosalane (NSC 658586), an extremely hydrophobic diprotic acid, *Pharm. Res.*, 15(10): 1453–1459.

Von Raumer, M., Dannappel, J., and Hilfiker, R. (2006). Polymorphism, salts, and crystallization: The relevance of solid-state development. *Chim. Oggi.*, 24(1): 41–44.

Walter, E., Janich, S., Roessler, B. J., Hilfinger, J. M., and Amidon, G. L. (1996). HT29-MTX/Caco-2 co-cultures as an in vitro model for the intestinal epithelium: In vitro–in vivo correlation with permeability data from rats and humans, *J. Pharm. Sci.*, 85(10): 1070–1076.

Wan, H. and Ulander, J. (2006). High-throughput p$K_a$ screening and prediction amenable for ADME profiling, *Exp. Opin. Drug Metab. Toxicol.*, 2(1): 139–155.

Ward, G. H. and Yalkowsky, S. H. (1993). Studies in phlebitis VI: Dilution-induced precipitation of amiodarone HCL, *J. Parenter. Sci. Technol.*, 47: 161–165.

Wells, J. I. (1988). *Pharmaceutical Preformulation: The Physicochemical Properties of Drug Substances*, Ellis Horwood Limited, Chichester, UK.

Wenlock, M. C., Austin, R. P., Potter, T., and Barton, P. (2011). A highly automated assay for determining the aqueous equilibrium solubility of drug discovery compounds, *J. Lab. Autom.*, 16(4): 276–284.

Winiwarter, S., Bonham, N. M., Ax, F., Hallberg, A., Lennernaes, H., and Karlen, A. (1998). Correlation of human jejunal permeability (in vivo) of drugs with experimentally and theoretically derived parameters. A multivariate data analysis approach, *J. Med. Chem.*, 41(25): 4939–4949.

Yalkowsky, S. H. and Roseman T. J. (1981). Solubilization of drugs by cosolvents, in *Techniques of Solubilization of Drugs*, Yalkowsky, S. H. (Ed.), Marcel Dekker, New York.

Yalkowsky, S. H., Valvani S. C., and Johnson B. W. (1983). In vitro method for detecting precipitation of parenteral formulatrion after injection, *J. Pharm. Sci.*, 72: 1014–1017.

# 第 5 章　难溶性药物及其药动学

Honghui Zhou，Hao Zhu

随着高通量化学合成和生物活性鉴定的巨大进步，在这个后基因组时代，越来越多的新化学实体（NCE）涌入药物开发的管线中。这些实体中大多数难溶于水，对处方前研究和剂型的开发，以及其药动学特征的评估均带来巨大挑战。

根据生物药剂学分类系统（BCS），难溶性药物分为两大类，BCS Ⅱ类（低溶解性和高渗透性）和 BCS Ⅳ类（低溶解性和低渗透性）。考虑到难溶性药物固有的溶解性差和缓慢的溶出速率，在所难免地会遇到如体内 PK 评价中个体差异大、显著的食物效应、不稳定的吸收模式、口服生物利用度不佳、开发缓释制剂困难以及难以建立可靠的体内-体外相关性等一系列问题。由于溶解性差对药动学的影响主要发生在溶出和吸收层面，本章仅关注药物的体内吸收部分。而分布和消除等药动学其他方面受该影响较低，因此不在本章展开讨论。

为帮助研究者克服上述障碍，本章将从药动学角度介绍几个案例研究，以及讨论药物开发中的一些药动学策略，以减轻或克服难溶性药物的固有缺陷。

## 5.1　药物吸收的背景

1937 年，首创论文《Kinetics of Distribution of Substances Administered to the Body》（Teorell，1937）发表。此后，药动学作为一门独立的学科发展日趋成熟。然而，药物吸收的特征通常是经验性的假设，缺乏足够的生理学基础。即使到目前为止，一些吸收过程仍然没有得到很好的解释和充分定义。

现在市面上大部分药物都是口服的。只要药物吸收良好，口服给药被认为是最安全、最经济的给药方式，为患者带来了有效、方便的治疗手段。口服给药的缺点包括某些药物因其理化特性（如溶解性、解离常数）而导致药物吸收受限、对胃肠道（GI）黏膜的刺激引起呕吐、某些药物被消化酶或低胃 pH 崩解和破坏、存在食物或其他药物（例如胃 pH 调节剂）的情况下吸收或推进不规则，以及患者合作的必要性（Goodman & Gilman's 10th ed.，2001）。对于一些不溶于水和微溶于水的药物，其口服吸收可能有限或不稳定，这将导致疗效不一致或增加安全性问题。

Hellriegel 等（1996）注意到药物的生物利用度与其变异系数之间存在显著的负线性关系。口服生物利用度很低的难溶性药物，其吸收药动学参数的受试者间变异性通常非常大，这将引发令人担忧的安全性或不良效果的问题。

大多数难溶性 NCE 不见得能按部就班地进入临床试验。尽管如此，在某些特殊情况下，如 NCE 属于首创新药或者首创疗效的话，即便其溶解性差，其进入进一步的临床试验也并非不可能。

### 5.1.1 药物吸收的影响因素

胃肠道吸收受许多因素控制。广义上，这些因素可以被分成三类：理化性质、生物药剂学因素，及生理和病理生理因素（Mojaverian 等，1985，1988；Nomeir 等，1996）。因为这一章集中于药动学视角，因此下文仅列出了影响药物吸收的主要因素，并将在其他章节中详细讨论。

#### 5.1.1.1 药物理化性质

- 解离常数、溶解度、渗透性。
- 晶型。
- 溶出速率。

#### 5.1.1.2 剂型生物药剂学因素

- 辅料。
- 压片参数。
- 包衣和基体。

#### 5.1.1.3 生理和病理生理因素

- 胃肠道运动和 pH 微环境。
- 系统前代谢。
- 运输机制/流出。
- “吸收窗”。
- 疾病，人口统计学，包括性别、年级、种族等。

新药申请（NDA）能够被批准主要是基于指定患者群体进行的关键安全性和疗效研究的结果。口服药物能够安全有效地应用于临床，必须要对药物体内吸收有着深入的了解。如前所述，药物口服吸收以及随后的口服生物利用度可能受诸多因素影响。已有研究表明，食物的影响（Welling，1977）或与某些能改变胃肠动力（Greiff 和 Rowbotham，1994）或胃肠道酸碱值（Yago，2014；Zhang，2014）的药物联用时，影响甚至能显著改变口服药物吸收的速率和程度。对于具有狭窄治疗窗的难溶性药物存在这种实质的相互作用时，则非常具有临床意义。

## 5.2 食物相互作用对难溶性药物药动学的影响

食物-药物作用机制是可变的，而且是药物特有的（Toothaker 和 Welling，1980；Welling 和 Tse，1984）。对难溶性药物在食物-药物相互作用中的更进一步理解，在优化患者管理和简化药物研发中尤为重要。难溶性药物的食物-药物相互作用通常表现为吸收速率或吸收程度的改变。在此选择几个案例来进一步说明难溶性药物的食物-药物相互作用。

**案例研究 1**

化合物 A 被开发用于急性疼痛的治疗。它具有麻醉的药理学，并被定位为临床开发中的一线止痛药。

化合物 A 在很大的 pH 范围内不溶于水，其分子量很大（＞700）。通过冗长的制剂前和制剂工艺研究，人们做了许多尝试来改善其口服吸收，并将其食物效应降至最低。然而，在处方性能和减轻食物影响方面没有取得实质性的改善。试验了不同的制剂，只在犬模型中观察到显著的食物效应（大约是 2 倍）。当化合物 A 进入临床阶段，食物效应是最突出的药动学问题，研究团队意识到它很可能是进一步临床研究的一大障碍。

将一个食物效应纳入首次人体单次递增剂量研究中，初步评价化合物 A 的食物效应。在这个食物效应研究中，当少量受试者在同时摄入高脂肪膳食和化合物 A 时，观察到在饱腹条件下口服生物利用度增加了大约 5～8 倍。认识到如此显著的食物效应可能是进一步开发化合物 A 的一大困难。研究团队决定用 FDA 建议的高脂肪餐和低脂肪餐进行一个正式的食物相互作用研究。以交叉方式在三个研究治疗（即空腹、进食低脂肪食物和进食高脂肪食物）中各采集密集和相同的药动学样品。高脂肪餐导致化合物 A 的平均血浆药物浓度最高，接着是低脂肪餐，正如图 5.1 所示。与少数受试者的第一次人体试验的初步发现一致，低脂肪餐的口服生物利用度增加了 2～3 倍，而高脂肪餐的口服生物利用度增加了近 5 倍。很显然，口服生物利用度增加与试验餐中脂肪含量有关，如图 5.2 所示的 AUC 和图 5.3 所示的 $C_{max}$。另一种不溶性药物灰黄霉素也观察到相似的结果（Ogunbona 等，1985）。

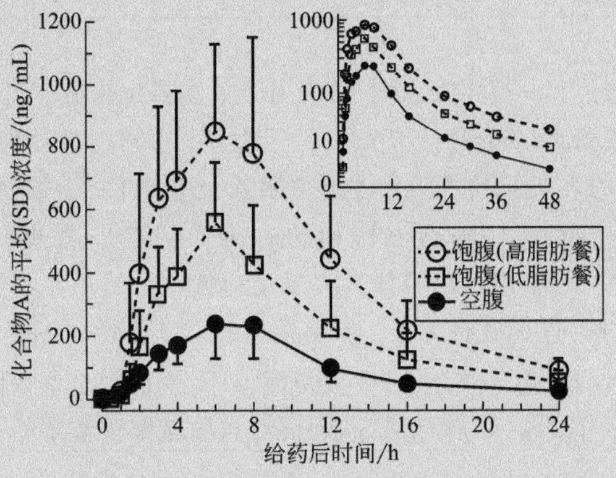


图 5.1　化合物 A 在空腹、进食高脂肪餐和进食脂肪餐的平均（SD）浓度-时间曲线

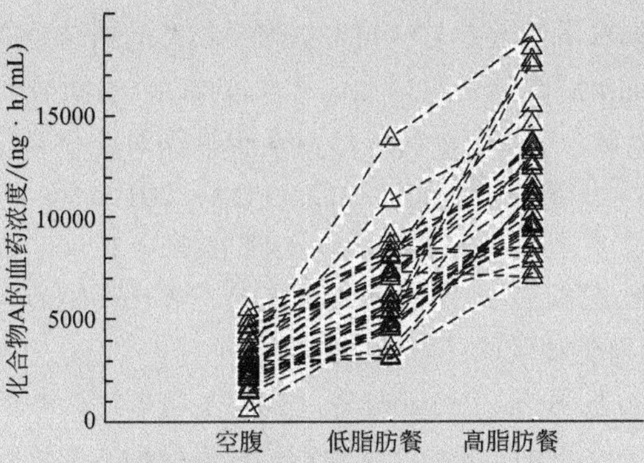


图 5.2　在饱腹情况下，化合物 A 药物浓度-时间曲线下面积（AUC）增加呈脂肪含量依赖

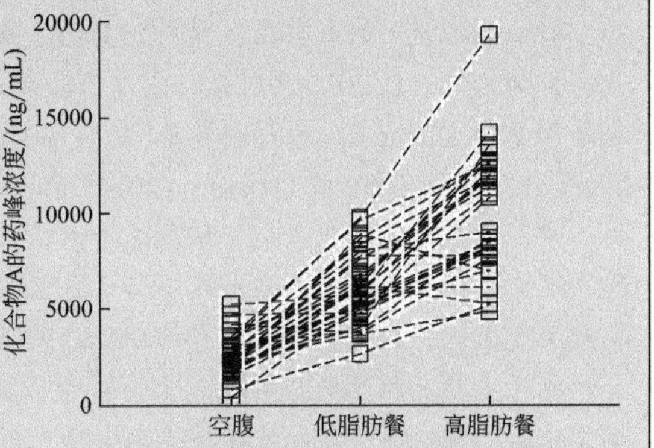


图 5.3　在饱腹情况下，化合物 A 的药峰浓度（$C_{max}$）增加呈脂肪含量依赖

正如预期的那样，化合物 A 的口服生物利用度可通过食物摄入而显著改变，这种食物相互作用的程度叫脂肪含量依赖性。食物效应的程度确实造成了很大的临床开发困难。由于其在水中的不溶性，非常低的口服绝对生物利用度导致个体内和个体间的差异很大，这可能掩

盖了固有量效反应的关系。由于不同膳食类型能够引起化合物 A 的不同口服生物利用度，在Ⅱ期和Ⅲ期临床的设置中，膳食条件不会像Ⅰ期临床的研究一样严格控制。而且，不同地理位置或地区可能有非常多不同的食物（如日本食物和美国食物相比）。因此，当大量和不同的患者群体使用化合物 A 时，其食物相互作用在实际临床情况下可能变得难以控制，这可能具有严重的安全性和疗效影响。

为了缓和或降低对化合物 A 造成的不可控的食物效应，研究者也制定了一些策略。广泛的人群药动学-药代学程序设计用于化合物 A 的Ⅱ/Ⅲ期临床研究：Ⅰ期临床研究中确定的一些生物标志物将与人群药动学一起进行检查，以建立和阐明量效关系；一些协变量的统计和临床相关性将在化合物 A 的药动学方面进行评估；食物类型作为一个最重要的协变量被测试。在Ⅱ/Ⅲ期临床试验指定的患者群中，食物效应对药动学、药效学和临床结果的影响将被仔细研究和量化（如果可能的话），在综合考虑化合物 A 的疗效、安全性、药动学和药理学后，将提出最佳剂量建议。

**案例研究 2**

伊曲康唑（Sporanox®），一种有效的和广泛用于抗真菌的药物，几乎不溶于水和稀酸（<5 mg/L）。它具有很高的亲脂性（Mlg$P$=5.7），其分子量超过 700。口服的绝对生物利用度约 55%。

由于其很低的水溶性，对几种不同处方的伊曲康唑进行了一些食物相互作用的研究。结果表明，全餐可使伊曲康唑的 AUC 提高 63%（Lange 等，1997）。因此，在其产品标签中，标明 Sporanox®胶囊应与全餐一起服用，以确保最大限度地吸收。然而，对健康受试者 Spiranox®口服液的食物效应研究发现，在饱腹条件下，伊曲康唑的口服生物利用度实际上下降了 31%（Van de Velde 等，1996）。因此，在其产品标签中，还标明应在不进食的情况下服用 Sparinox®口服液，以确保最大限度地吸收。此外，还应标明 Sporanox®口服液和胶囊不能交换使用。

**案例研究 3**

鲁拉西酮是一种非典型抗精神病药物，被批准用于治疗与双相Ⅰ型障碍相关的精神分裂症和抑郁发作。自 2010 年以来，它以商品名 Latuda®在美国市场上销售。治疗精神分裂症的起始剂量为 20 mg/d，推荐剂量为 40～160 mg/d。双相患者的起始剂量和推荐剂量分别为 20 mg/d、20～120 mg/d（Alamo，2014；Bawa，2015；Citrome，2012；FDA；2010）。

鲁拉西酮的溶解性很低，极微溶于水，几乎不溶于或不溶于 0.1 mol/L 盐酸，微溶于乙醇，略溶于甲醇，几乎不溶于或不溶于甲苯，极易溶于丙酮。正如所预测的，鲁拉西酮的生物利用度很低。结果表明，只有约 9%～19%的剂量被吸收（FDA，2010）。

由于鲁拉西酮的低溶解性，食物影响是显而易见的。Preskorn 等（2013）报道了两个药动学试验，旨在评估食物对鲁拉西酮生物利用度的影响。这两个试验都是对缓解期患者进行的随机、开放式、交叉试验。第一个试验比较了在三种膳食中使用鲁拉西酮与在空腹条件下使用鲁拉西酮的血药浓度。给患者的三餐是 100 kcal/中脂肪餐、200 kcal/中脂肪餐和 800～1000 kcal/高脂肪餐。高脂肪高热量餐（800～1000 kcal/高脂肪餐）下的鲁拉西酮暴露量是空腹条件下给予时鲁拉西酮的 2～3 倍。进食 100 kcal/中脂肪餐和 200 kcal/中脂肪餐条件下患者鲁拉西酮的血药浓度明显低于进食高脂肪高热量餐（800～1000 kcal/高脂肪餐）。第二个试验是进一步评估食物对鲁拉西酮生物利用度的影响。患者在空腹状态或5种不同饮食类型（350 kcal/高脂肪餐、500 kcal/低脂肪餐、500 kcal/高脂肪餐、800～1000 kcal/低脂肪餐和800～1000 kcal/高脂肪餐）给予鲁拉西酮。第二个试验证明，与第一个试验报告的空腹条件下的患者相比，进食高脂肪高热量餐的患者鲁拉西酮的血药浓度发生了变化。此外，这项试验表明，摄入含350～1000 kcal食物的患者，鲁拉西酮的血药浓度相似，与食物中的脂肪含量无关。

根据对食物影响的评估，按照Latuda®的美国包装说明书（FDA，2010），将鲁拉西酮与至少含有350 kcal的食物一起服用，以确保足够的血药浓度。

**案例研究4**

在2015年，帕博西尼在基于提高生存率而加速审批下获得批准，并在美国以商品名Ibrance®上市。帕博西尼是一种激酶抑制剂，用于治疗绝经后女性患者的雌激素受体阳性（ER）及人表皮生长因子受体阴性（HER2）的晚期乳腺癌，作为其转移性疾病的最初内分泌治疗。

帕博西尼的$pK_a$分别为7.4和3.9，在不同的pH下，其溶解度变化显著。帕博西尼在pH 4以下是高溶解度，在pH 4以上的溶解度显著降低（FDA，2015）。

研究表明，在相同种群水平下，当晚空腹和进食高脂肪高热量餐（约800～1000 cal，分别从蛋白质、碳水化合物和脂肪中获取150 cal、250 cal和500～600 cal）、低脂肪低热量餐（约400～500 cal，分别从蛋白质、碳水化合物和脂肪中获取120 cal、250 cal和28～35 cal）或中等脂肪的标准卡路里餐（约500～700 cal，从蛋白质、碳水化合物和脂肪中分别获得75～105 cal、250～350 cal和175～245 cal的热量）下给予帕博西尼。帕博西尼血药浓度相似。

然而，空腹条件下，大约13%的患者对帕博西尼的吸收率非常低。出现这一现象的原因目前并不清楚，因此无法通过现在仅有的资料去辨识其实验设计，了解其潜在机制。有研究表明，食物增加了患者亚组的帕博西尼血药浓度，而没有改变其他患者的血药浓度。由于食物的摄入降低了帕博西尼吸收的个体间变异性，FDA在Ibrance®的说明书中建议将帕博西尼与食物一起服用（FDA，2015）。

## 5.3 胃酸调节剂对难溶性药物药动学的影响

口服具有溶解度-pH依赖性的药物，尤其是弱碱性药物，已被证实在不同胃肠道pH环境的患者体内，药物吸收将被改变。胃液pH可能受到多种因素的影响，包括患者的生理或病理变化（Haruma，2000）、酸性饮料（Malhotra，2002）、食物（Lennard-Jones，1968）和果汁（Claytor，1941）。胃酸调节剂是显著改变胃酸的另一个因素。有三种胃酸调节剂，包括抗酸剂、组胺$H_2$受体拮抗剂（或$H_2$受体阻滞剂）和质子泵抑制剂（PPI）。抗酸剂，如碳酸钙、氢氧化镁和氢氧化铝，中和胃酸，导致胃液pH在短时间内内迅速增加。$H_2$受体拮抗剂，如法莫替丁和雷尼替丁，以胃壁细胞中的组胺$H_2$受体为靶点，可在约12 h内减少胃酸分泌（FDA，2014）。奥美拉唑和雷贝拉唑是质子泵抑制剂的代表，通过抑制胃壁细胞中的氢/钾腺苷三磷酸酶系统（FDA，1989）抑制胃酸分泌，给药后抑酸超过24 h。正如所预测的，当同时使用胃酸调节剂时，具有溶解度-pH依赖性的药物的血药浓度可能会有显著差异。因此，建议在药物开发中评估这种药物相互作用，以指导这些药品的安全、有效使用（Zhang，2014）。

**案例研究 5**

达沙替尼是一种激酶抑制剂，自 2006 年（FDA，2006）以来已被批准用于治疗慢性期、急性期、髓系或淋巴母细胞期的费城染色体阳性慢性髓系白血病（Ph+ CML）和费城染色体阳性急性淋巴母细胞白血病（Ph+ ALL）。它已在美国以 Sprycel®的商品名上市。建议的起始剂量分别为：慢性期 CML，每日 100 mg；急性期 CML、骨髓或淋巴母细胞期 CML 或 Ph+ ALL，每日 140 mg。

达沙替尼不溶于水，微溶于乙醇和甲醇。作为弱碱性药物，达沙替尼（$pK_a$=3.1、6.8、10.8）显示出具有 pH 依赖的溶解度变化，随着 pH 从 1 增加到 6.5，溶解度显著降低。Tusme 等（2015）报道，达沙替尼在 pH 4.0 下的饱和浓度为 $3.6\times10^{-2}$ mg/mL。在 pH 6.3，该值下降 5 倍。用 USP 装置 2（桨法）检测 20 mg 达沙替尼的溶出曲线。30 min 时，在 pH 1.2 溶液中，有 80%的达沙替尼释放；但是 pH 6.5 只有不超过 1%的达沙替尼释放。此外，还报道了一种更为精确的方法，即使用微型胃肠道模拟器来评估 pH 1.2 到 pH 6.0 的溶出度变化。与 USP 装置 2 的结果一致，从 pH 1.2 到 pH 4.0，达沙替尼的溶出度显著降低（41.9% vs. 5.6%）。

随着年龄的增长和/或同时接受胃酸调节剂治疗，癌症患者的胃液分泌可能会减少。与预期的一样，患者体内达沙替尼的血药浓度差异很大。Wang 等（2013）报道了一个达沙替尼的人群药动学模型，该模型是基于从 7 个临床试验中约 1000 名患者获得的 6000 多个达沙替尼浓度观察结果建立的。结果表明，线性双室药动学模型充分描述了观察到的浓度数据。该模型假设了主要药动学参数的随机个体间变异性（IIV）。此外，考虑到患者不同给药情况下的相对生物利用度的随机变化，引入了事件间变异性（IOV）。有研究表明，达沙替尼暴露的总体变异性大部分可以用相对生物利用度的变异性来解释（IIV 为 34.6%，IOV 为 37.4%），这比表观血浆清除率的变异性更大（IIV 为 28.8%）。

在开发过程中进行了专门的临床药理学研究，以进一步评估胃酸调节剂对达沙替尼暴露的影响，并指导用药。Eley 等（2009）报道了对 24 名接受达沙替尼、达沙替尼联合莫替丁（$H_2$受体拮抗剂）和达沙替尼联合氢氧化铝/氢氧化镁（抗酸剂）的健康受试者进行的 3 周期、3 向交叉、药物相互作用研究。研究表明，在达沙替尼给药前 10 h 给予法莫替丁，达沙替尼的血药浓度减少了 60%。另外，当达沙替尼与氢氧化铝/氢氧化镁合用时，达沙替尼血药浓度减少了 55%～58%；在达沙替尼给药前 2 h 给予氢氧化铝/氢氧化镁，达沙替尼血药浓度有变化。另外进行了一项临床药理学研究，评估奥美拉唑（质子泵抑制剂）对 14 名健康受试者体内达沙替尼血药浓度的影响（FDA，2006）。稳定状态下服用奥美拉唑的患者，达沙替尼血药浓度减少了约 40%。根据研究结果，美国 SPRYCEL®包装说明书表明不建议达沙替尼和 $H_2$受体拮抗剂或质子泵抑制剂同时服用。应避免同时服用达沙替尼和抗酸剂。SPRYCEL®给药至少 2 h 前或者 2 h 后使用抗酸药。

为了进一步了解由于低氯缺乏引起的达沙替尼吸收的减少。Yago 等（2014）报道了一个 3 治疗、3 向交叉研究。健康受试者在用雷贝拉唑（一种质子泵抑制剂）预处理后服用达沙替尼，并在用雷贝拉唑预处理后同时服用达沙替尼和盐酸甜菜碱。研究表明，服用雷贝拉唑，达沙替尼的血药浓度降低 80%～90%。然而，联合服用盐酸甜菜碱可使达沙替尼的 $C_{max}$ 增加 15 倍，AUC 增加 7.5 倍，使其恢复到单独服用达沙替尼时浓度的 105%～121%。结果表明，同时服用甜菜碱酸和达沙替尼可能是一个有效的策略，以确保达沙替尼在升高的胃 pH 患者中充分吸收。

**案例研究 6**

当伊曲康唑胶囊制剂用在艾滋病患者中，其口服吸收比健康受试者低，这可能是由于大部分艾滋病患者都有相对或绝对胃酸缺乏。这一假设是通过改变胃的酸碱度得到证实的。在空腹条件下，摄入 8 盎司[1]的可乐与伊曲康唑，与那些摄入 8 盎司水和伊曲康唑的人相比，其全身暴露量大大增加（$C_{max}$增加了 95%，$AUC_{0\sim24\,h}$增加了 75%）。有趣的是，在健康受试者中，Sparinox®胶囊和 Sparinox®口服溶液的效应完全相反。这一发现的基本机制尚未完全阐明。

雷尼替丁是一种能降低胃酸的 $H_2$ 受体拮抗剂，以雷尼替丁作为预处理给药后，伊曲康唑的血药浓度减少了 40%。对于雷尼替丁预处理后伊曲康唑血药浓度的减少可被随后摄入的可乐促进产生的胃酸所抵消（Jaruratanasirikul 和 Sleepkaew，1997）。

## 5.4 胃肠动力调节剂对难溶性药物药动学的影响

有两类药物可以改变胃肠动力。这两种都被指定为胃肠动力调节剂。其中一类药物可以提高胃排空速率和上肠动力，称为胃肠促动力剂。另一类可以延迟胃排空的速率，称为胃排空减速剂。

### 5.4.1 胃肠促动力剂的作用

可归类为胃肠促动力剂的几种药物或新化学实体包括（但不限于）甲氧氯普胺（Lauritsen 等，1990）、西沙必利（Bedford 和 Rowbotham，1996）、诺西沙必利（Gal，2002）、多潘立酮、普芦卡比利（Boeckxstaens 等，2002）、替加色罗（Degen 等，2005）、红霉素（Bradley，2001）和雷尼替丁（Mojaverian，1990）。通过增强胃肠动力，预计这类药物会通过减少胃肠运动或停留时间（影响药物溶解和吸收的时间）来影响联合用药的总生物利用度。然而，有时也可以观察到相反的效果，其潜在机制还没有完全理解。

**案例研究 7**

灰黄霉素是一种抗真菌剂，不溶于水。它在水中的不溶性部分是由于它的熔点较高（217～224℃）。为了增加其水溶性和口服吸收，已经做出了许多努力，包括通过微粉化或超微粉化（Bijanzadeh 等，1990）。

由于其在水介质中的不溶性，其口服吸收缓慢和不完全，并存在胃肠道吸收差异。对于不同灰黄霉素的剂型，甲氧氯普胺对灰黄霉素药动学的影响是不同的（Jamali 和 Axelson，1977）。甲氧氯普胺预处理可使血药浓度减少约一半，使 $t_{max}$ 缩短 2.7 h。然而，对于在 PEG 600 处方中的灰黄霉素，甲氧氯普胺的预处理可使灰黄霉素的血药浓度增加约 2.5 倍。黄霉素的不同剂型观察到的相反结果的潜在机制尚未明确。不能排除 PEG 600 在促进灰黄霉素口服吸收方面的潜在作用。

**案例研究 8**

环孢素是一种免疫调节剂，水溶性差（在 25℃时为 19 nmol/L）。分子量非常大（1203）。其口服吸收是不完全的，并且存在胃肠道吸收差异，肝移植患者的绝对生物利用度低于 10%，

[1] 1 盎司=28.35g。

但一些肾移植患者的绝对生物利用度高于 89%。甲氧氯普胺预处理可显著缩短环孢素的达峰时间，这是由于甲氧氯普胺提高了环孢素的吸收率。同时，使用胃肠促动力剂，其口服生物利用度也提高了 29%（Wadhwa 等，1987）。

### 5.4.2 胃排空减速剂的作用

胃排空减速剂是另一类胃肠动力调节剂，包括（但不限于）类阿片[如吗啡、哌替啶（Wood，1991）]、抗胆碱药、β 肾上腺素受体激动剂、奥美拉唑（Cowan，2005）和艾塞那肽（Kolterman 等，2003）。这类药物由于减少胃排空而降低其吸收率，有望提高联合用药的总生物利用度。

一个例子是考察胃排空减速剂对药物的影响，即丙美卡因对环格列酮生物利用度的影响（Cox 等，1985）。异丙酚的联合给药导致环格列酮的生物利用度增加 20%，这一增加可以用“吸收窗假说”来解释。胃排空减速剂增加的停留时间可能使更多的药物在吸收点溶解。尽管可支持的数据非常有限，但理论上，胃排空减速剂增加难溶性药物的停留时间，可能会促进吸收前在胃肠道内溶解，从而增加其口服生物利用度（Zhou，2003）。

尽管文献中报道的许多作用在临床上意义上比较有限，但在使用窄治疗窗药物时，尤其是当药物由于难溶性而吸收不良时，它们可能具有重要意义。

## 5.5 通过建模方法描述吸收过程

在过去的几十年中，模型建立和模拟技术已经越来越广泛地用于表征口服药物的体内溶解和随后的吸收特性。这些建模和模拟方法有助于难溶性药物的处方开发和优化。对吸收动力学的理解和表征是成功建立吸收模型的重要步骤。

### 5.5.1 典型吸收

一般来说，假设口服吸收过程遵循一级动力学。这种假设似乎对大多数药物有效。一级过程也能科学合理地描述一些难溶性药物的口服吸收过程。有时，可能需要加入吸收时滞来解释药物从剂型溶出到胃肠道水介质的滞后时间。然而，在某些情况下，吸收模式不能很容易地用有或无吸收时滞的一级动力学来表征，相反，它们可以通过以下不典型或不稳定的吸收过程来描述。

#### 5.5.1.1 零级吸收

对于一种典型的零级吸收药物，口服后浓度上升到一个尖峰，然后迅速下降，没有中间平台。吸收过程遵循零级动力学的不溶性药物的例子有环孢素（Grevel 等，1986）和灰黄霉素（Bates 和 Carrigan，1975）。

#### 5.5.1.2 不稳定吸收

有时，吸收可以用连续的零级和一级吸收过程来描述。从概念上讲，如果一级速率常数与零级输入有关，则可以假设模型是溶解限制吸收的结果（Garrigues 等，1991；Holford 等，1992）。

**案例研究 9**

Apomine™ 是一种生物磷酸酯，溶解度小（水中小于 0.1 μg/mL），亲脂性高（Mlg$P$ = 6.8）。

在空腹状态下健康男性受试者的第一次单剂量研究中，观察到高剂量（150 mg）下发生吸收饱和。这与 Apomine™ 的低溶解性一致，这是由于 Apomine™ 的吸收会受到溶出速率的限制，并且增加剂量最终会饱和胃肠液（Bonate 等，2004）。采用非 MEM 的人群药动学模型方法，对健康男性以及实体瘤男性和女性患者体内的 Apomine™ 药动学进行了研究。考虑到 Apomine™ 的难溶性，采用两个主要的模拟步骤来表征其在空腹和饱腹条件下的吸收过程：

**食物对 Apomine™ 药动学的影响模型**

预计食物会影响相对生物利用度（$F1$），因此，测试了三种模型：

模型 1：$相对生物利用度=1-剂量\div(D_{50}+剂量)\times(1+食物\times\theta_{食物})$　（5.1）

模型 2：$相对生物利用度=1-剂量^{n}\div(D_{50}^{n}+剂量^{n})\times(1+食物\times\theta_{食物})$　（5.2）

模型 3：$相对生物利用度=[1-\exp(-D_{50}\times剂量)]\times(1+食物\times\theta_{食物})$　（5.3）

式中，$D_{50}$是相对生物利用度降低 50%的剂量；$n$是形状系数；食物是一个二元虚拟变量，在没有（取值为 0）或有食物（取值为 1）的情况下服用剂量；$\theta_{食物}$是与食物效应相关的可估计参数。

在模型选择过程中，模型 1[式（5.1）]最能描述食物对 Apomine™ F1 的影响。

**Apomine™ 吸收过程的建模**

在这种情况下，简单的一级吸收模型可能不适用。因此，在模型开发过程中测试了几种吸收模型，包括如下：

- 有或无滞后时间的一级吸收模型。
- 使用有或无滞后时间变化点模型的时间依赖吸收（Higaki 等，2001）。
- 使用有或无滞后时间的贝特曼函数模型的时间依赖吸收（Higaki 等，2001）。
- 零级吸收。
- 同时有一级吸收（有和无滞后时间）和零级吸收。
- 一级吸收（有和无滞后时间）视为混合模型。

测试了所有的吸收模型，最后一个吸收模型（吸收速率常数和滞后时间被视为混合模型的一级模型）最符合数据。97%的受试者的总体估计吸收率常数为 1.77 $h^{-1}$，滞后时间为 0.821 h，其余 3%的受试者的总体估计吸收率常数为 0.361 $h^{-1}$，无滞后时间（Bonate 等，2004）。

除了案例研究 9 中描述的基于人群的药动学建模方法外，最近还使用了其他几种机械建模方法来描述和预测吸收过程。例如，基于生理学的药动学（PBPK）模型（商用软件应用程序，如 Gastroplus™ 和 Simcyp®）在辅助处方设计和吸收优化方面越来越受欢迎。

## 5.6　总结

难溶性药物在其药动学研究中通常具有相当大的个体间和/或个体内差异，这使得 I 期临床研究的设计和实施非常具有挑战性，使得评估量效关系更加困难，并使剂量建议和优化不太适用于 NDA 和产品标签。

难溶性药物在吸收水平上通常具有很高的药物相互作用倾向，如食物相互作用、与胃肠促动力剂的相互作用、与胃肠道 pH 调节剂同时使用时胃肠道 pH 变化的影响，特别是当这些药物的治疗窗口也很窄时。在制定临床药物开发计划时，应考虑这些困难和风险。现实的风险/利益应在每个关键阶段进行核查，如果风险太大，则应终止项目。尽早关注吸收特性以及临床药理学专家和药物开发科学家之间的密切合作和沟通对于确保处方的改变以解决吸收挑战的影响可能不会对开发时间表产生不利影响至关重要。

由于这些药物的固有局限性，需要更加谨慎并且可能需要更多的资源以确保可以对其安全性和疗效进行合理评估。同样地，生物检测方法的灵敏性和重现性以及对体内吸收的评估方法也存在着一定难度。迄今为止，很少有药动学策略可用于解决此类问题，并最终帮助选择和优化剂量方案。例如，药学统计建模方法的日益流行（如在临床后期发展进行的人群量效分析）可能减轻由难溶性和相关缺点而引起的缺陷。新兴技术和工具的可用性，如正电子发射断层扫描（PET）、吞咽装置（如 InteliSite®或 IntelliCap®通过伽马闪烁扫描或胃肠道 pH 和温度数据实现胶囊的实时定位）也可能使人们更深入地了解这些药物的药物吸收过程。此外，在药物开发阶段早期引入越来越多的经验证明和预测的替代标记物或生物标记物，无疑有助于克服目前对这些难溶性药物进行基于药动学的评估的某些（如果不是全部）局限性。

## 参考文献


Alamo, C., F. López-Muñoz, P. García-García, The effectiveness of lurasidone as an adjunct to lithium or divalproex in the treatment of bipolar disorder. *Expert Rev. Neurother.*, 2014; 14(6): 593–605.

Bates, T. R., P. J. Carrigan, Apparent absorption kinetics of micronized griseofulvin after its oral administration on single- and multiple-dose regimens to rats as a corn oil-in-water emulsion and aqueous suspension. *J. Pharm. Sci.*, 1975; 64: 1475–1481.

Bawa, R., J. R. Scarff, Lurasidone: A new treatment option for bipolar depression-a review. *Innov. Clin. Neurosci.*, 2015; 12(1–2): 21–23.

Bedford, T. A., D. J. Rowbotham, Cisapride. Drug interactions of clinical significance. *Drug Saf.*, 1996; 15: 167–175.

Bijanzadeh, M., M. Mahmoudian, P. Salehian, T. Khazainia, L. Eshghi, A. Khosravy, The bioavailability of griseofulvin from microsized and ultramicrosized tablets in nonfasting volunteers. *Indian J. Physiol. Pharmacol*, 1990; 34: 157–161.

Boeckxstaens, G. E., J. F. Bartelsman, L. Lauwers, G. N. Tytgat, Treatment of GI dysmotility in scleroderma with the new enterokinetic agent prucalopride. *Am. J. Gastroenterol*, 2002; 97: 194–197.

Bonate, P. L., S. Floret, and C. Bentzen, Population pharmacokinetics of APOMINE™: A meta-analysis in cancer patients and healthy males. *Br. J. Clin. Pharmacol*, 2004; 58: 142–155.

Bradley, C., Erythromycin as a gastrointestinal prokinetic agent. *Intens Crit Care Nurs*, 2001; 17: 117–119.

Citrome, L., Lurasidone in schizophrenia: New information about dosage and place in therapy. *Adv. Ther.*, 2012; 29(10): 815–825.

Claytor, F. W., W. L. Smith, E. L. Turner, The effect of orange juice on gastric acidity. *J. Natl. Med. Assoc.*, 1941; 33: 160–165.

Cowan, A., D. L. Earnest, G. Ligozio, M. A. Rojavin, Omeprazole-induced slowing of gastrointestinal transit in mice can be countered with tegaserod. *Eur. J. Pharmacol.*, 2005; 517: 127–131.

Cox, S. R., E. L. Harrington, V. J. Capponi, Bioavailability studies with ciglitazone in beagles: II. Effect of propantheline bromide and metoclopramide HCL on bioavailability of a tablet. *Biopharm. Drug Dispos.*, 1985; 6: 81–90.

Degen, L., C. Petrig, D. Studer, S. Schroller, C. Beglinger, Effect of tegaserod on gut transit in male and female subjects. *Neurogastroenterol Motil.*, 2005; 17: 821–826.

Eley, T., F. R. Luo, S. Agrawal, A. Sanil, J. Manning, T. Li, A. Blackwood-Chirchir, R. Bertz, Phase I study of the effect of gastric acid pH modulators on the bioavailability of oral dasatinib in healthy subjects. *J. Clin. Pharmacol*, 2009; 49(6): 700–709.

FDA. 1989. Nexium® U.S. Package Insert: http://www.accessdata.fda.gov/drugsatfda_docs/label/2014/022101s014021957s017021153s050lbl.pdf. Accessed October 3, 2015.

FDA. 2006. Sprycel® U.S. Package Insert: http://www.accessdata.fda.gov/drugsatfda_docs/label/2015/021986s016s017lbledt.pdf. Accessed October 3, 2015.

FDA. 2010. Latuda® U.S. Package Insert: http://www.accessdata.fda.gov/drugsatfda_docs/label/2013/200603s015lbl.pdf. Accessed October 3, 2015.

FDA. 2014. Pepcid® U.S. Package Insert: http://www.accessdata.fda.gov/drugsatfda_docs/label/2014/019462s038lbl.pdf. Accessed October 3, 2015.

FDA. 2015. Ibrance® U.S. Package Insert: http://www.accessdata.fda.gov/drugsatfda_docs/label/2015/207103s000lbl.pdf. Accessed October 3, 2015.

Gal, J., New single-isomer compounds on the horizon. *CNS Spectr.*, 2002; 7(Suppl 1): 45–54.

Garrigues, T. M., U. Martin, J. E. Peris-Ribera, L. F. Prescott, Dose-dependent absorption and elimination of cefadroxil in man. *Eur. J. Clin Pharmacol.*, 1991; 41: 179–183.

Goodman and Gilman's *The Pharmacological Basis of Therapeutics*, 10th ed., Hardman, J.G., Limbird, L.E., Gilman, A.G. (Eds.). New York: McGraw Hill, 2001.

Greiff, J. M., Rowbotham, D., Pharmacokinetic drug interactions with gastrointestinal motility modifying agents. *Clin. Pharmacokinet*, 1994; 27: 447–461.

Grevel, J., E. Nüesch, E. Abisch, K. Kutz, Pharmacokinetics of oral cyclosporine A (Sandimmun) in healthy subjects. *Eur. J. Clin. Pharmacol*, 1986; 31: 211–216.

Haruma, K., T. Kamada, H. Kawaguchi, S. Okamoto, M. Yoshihara, K. Sumii, M. Inoue, S. Kishimoto, G. Kajiyama, A. Miyoshi, Effect of age and Helicobacter pylori infection on gastric acid secretion. *J Gastroenterol Hepatol*, 2000; 15(3): 277–283.

Hellriegel, E. T., T. D. Bjornsson, W. W. Hauck, Interpatient variability in bioavailability is related to the extent of absorption: Implications for bioavailability and bioequivalence studies. *Clin Pharmacol Ther*, 1996; 60: 601–607.

Higaki, K., S. Yamashita, G. L. Amidon, Time-dependent oral absorption models. *J. Pharmacokinet. Pharmacodyn.*, 2001; 28: 109–128.

Holford, N. H., R. J. Ambros, K. Stoeckel, Models for describing absorption rate and estimating extent of bioavailability: Application to cefetamet pivoxil. *J. Pharmacokinet. Biopharm.*, 1992; 20: 421–442.

Jamali, F., J. F. Axelson, Influence of metoclopramide and propantheline on GI absorption of griseofulvin in rats. *J. Pharm. Sci.*, 1977; 66: 1540–1543.

Jaruratanasirikul, S., A. Sleepkaew, Influence of an acidic beverage (Coca-Cola) on the absorption of itraconazole. *Eur. J. Clin. Pharmacol.*, 1997; 52: 235–237.

Kolterman, O. G., J. B. Buse, M. S. Fineman, E. Gaines, S. Heintz, T. A. Bicsak, K. Taylor, et al. Synthetic exendine-4 (exenatide) significantly reduces postprandial and fasting plasma glucose in subjects with type 2 diabetes. *J. Clin. Endocrinol. Metab.*, 2003; 88: 3082–3089.

Lange, D., J. H. Pavao, J. Wu, M. Klausner, Effect of cola beverage on the bioavailability of itraconazole in the presence of $H_2$ blockers. *J. Clin. Pharmacol.*, 1997; 37: 535–540.

Lauritsen, K., L. S. Laursen, J. Rask-Madsen, Clinical pharmacokinetics of drugs used in the treatment of gastrointestinal diseases (Part I). *Clin. Pharmacokinet*, 1990; 19: 11–31.

Lennard-Jones, J. E., A. F. Cher, D. G. Shaw, Effect of different foods on the acidity of the gastric contents in patients with duodenal ulcer. *Gut.*, 1968; 9: 177–182.

Malhotra, S., R. K. Dixit, S. K. Garg, Effect of an acidic beverage (Coca-Cola) on the pharmacokinetics of carbamazepine in healthy volunteers. *Methods Find Exp. Clin. Pharmacol.*, 2002; 24(1): 31–33.

Mojaverian, P., P. K. Ferguson, P. H. Vlasses, M. L. Rocci Jr, A. Oren, J. A. Fix, L. J. Caldwell, C. Gardner, Estimation of gastric residence time of the Heidelberg capsule in humans: Effect of varying food composition. *Gastroenterology*, 1985; 89: 392–397.

Mojaverian, P., P. H. Vlasses, P. E. Kellner, M. L. Rocci Jr, Effects of gender, posture, and age on gastric residence time of an indigestible solid: pharmaceutical considerations. *Pharm. Res.*, 1988; 5: 639–644.

Mojaverian, P., P. H. Vlasses, S. Parker, C. Warner, Influence of single and multiple doses of oral ranitidine on the gastric transit of an indigestible capsule in humans. *Clin. Pharmacol. Ther.*, 1990; 47: 382–388.

Nomeir, A. A., P. Mojaverian, T. Kosoglou, M. B. Affrime, J. Nezamic, E. Rodwanski, C. C. Lin, M. N. Cayen, Influence of food on the oral bioavailability of loratadine and psuedoephedrine from extended-release tablets in healthy volunteers. *J. Clin. Pharmacol.*, 1996; 36: 923–930.

Ogunbona, F. A., I. F. Smith, O. S. Olawoye, Fat contents of meals and bioavailability of griseofulvin in man. *J. Pharm. Pharmacol.*, 1985; 37: 283–284.

Preskorn, S., L. Ereshefsky, Y. Y. Chiu, N. Poola, A. Loebel, Effect of food on the pharmacokinetics of lurasidone: results of two randomized, open-label, crossover studies. *Hum. Psychopharmacol*, 2013; 28(5): 495–505.

Teorell, T., Kinetics of distribution of substances administered to the body. *Arch. Intern. Pharmacodyn.*, 1937; 57: 205–240.
Toothaker, R. D., P. G. Welling, The effect of food on drug bioavailability. *Annu. Rev. Pharmacol. Toxicol.*, 1980; 20: 173–199.
Tsume, Y., S. Takeuchi, K. Matsui, G. E. Amidon, G. L. Amidon, In vitro dissolution methodology, mini-Gastrointestinal Simulator (mGIS), predicts better in vivo dissolution of a weak base drug, dasatinib. *Eur. J. Pharm. Sci.*, 2015; 76: 203–212.
Van de Velde, V. J., A. P. Van Peer, J. J. Heykants, R. J. Woestenborghs, P. Van Rooy, K. L. De Beule, G. F. Cauwenbergh, Effect of food on the pharmacokinetics of a new hydroxypropyl-beta-cyclodextrin formulation of itraconazole. *Pharmacotherapy*, 1996; 16: 424–428.
Wadhwa, N. K., T. J. Schroeder, E. O'Flaherty, A. J. Pesce, S. A. Myre, M. R. First, The effect of oral metoclopramide on the absorption of cyclosporine. *Transplantation*, 1987; 43: 211–213.
Wang, X., A. Roy, A. Hochhaus, H. M. Kantarjian, T. T. Chen, N. P. Shah, Differential effects of dosing regimen on the safety and efficacy of dasatinib: Retrospective exposure-response analysis of a Phase III study. *Clin. Pharmacol.*, 2013; 10(5): 85–97.
Welling, P. G., Influence of food and diet on gastrointestinal drug absorption: A review. *J Pharmacokinet Biopharm.*, 1977; 5: 291–334.
Welling, P. G., F. L. Tse, Factors contributing to variability in drug pharmacokinetics. I. Absorption. *J Clin Hosp Pharm.*, 1984; 9: 163–179.
Wood, M., Pharmacokinetic drug interactions in anesthetic practice. *Clin. Pharmacokinet.*, 1991; 21: 285–307.
Yago. M. R., A. Frymoyer, L. Z. Benet, G. S. Smelick, L. A. Frassetto, X. Ding, B. Dean et al., The use of betaine HCl to enhance dasatinib absorption in healthy volunteers with rabeprazole-induced hypochlorhydria. *AAPS J.*, 2014; 16(6): 1358–1365.
Zhang, L., F. Wu, S. C. Lee, H. Zhao, L. Zhang, pH-dependent drug-drug interactions for weak base drugs: Potential implications for new drug development. *Clin. Pharmacol. Ther.*, 2014; 96(2): 266–277.
Zhou, H., Pharmacokinetic strategies in deciphering atypical drug absorption profiles. *J. Clin. Pharmacol.*, 2003; 43: 211–227.

# 第 6 章　难溶性药物制剂溶出方法的监管

Pradeep Sathe，Robert A. Lionberger，Sau Lawrence Lee，
Lawrence X. Yu，Di（Doris）Zhang

## 6.1　引言

尽管近年来组合化学与高通量筛选技术在识别口服活性药物方面取得了一定进展，但围绕难溶性化合物进行药品研发的可能性在短期内仍将存在（Yu，1999；Lipinski，2000）。我们一直非常依赖于采用制剂手段去解决与难溶性化合物吸收不良有关的问题（Pinnamaneni 等，2002；Pouton，2006）。然而，基于药物特性的合理处方设计远未实现。在诸多因素中，缺乏预测性的体外溶出度测试方法常常导致漫长而昂贵的制剂开发过程。本章中，我们首先阐述溶出度测试在药品研发、生产、获批后变更中的作用，并综述与 BCS 分类及难溶性药物传递相关的一些重要问题。然后，本章继续讨论如何开发合适的溶出度测试方法，包括药物的分类与表征、合适溶出介质的确定、溶出装置和转速的选择以及溶出度可接受标准的确定。最后，通过几个例子来说明有意义的溶出度测试方法的开发。

## 6.2　溶出度测试的作用

溶出度测试在药品研发与商业生产中发挥着重要作用。在药品研发阶段，溶出度测试被用来评估药物制剂的释放速率、药物的稳定性和制剂变化。此外，溶出度测试还被用于建立体内-体外相关性（IVIVC），以预测产品的生物利用度及生物等效性。对于药品释放，溶出度测试用来保证生产和产品的一致性。例如，在速释产品中常常采用单点释放标准，如 30 min 内累积溶出度 $Q$=80%。有些情况下会采取完整溶出曲线比较而非单点法来评估（Food and Drug Administration CDER，1997）。溶出度测试也用于小规格产品 BE 豁免及获批后的生产变更的批准。BCS 指南（Food and Drug Administration CDER，2015）运用溶出度测试来说明速释口服固体制剂的快速溶出，从而使得 BE 的豁免被批准。

溶出度测试持续作为质量控制的工具是基于《美国药典》（USP）中提出的：溶出度测试通常对处方差异十分敏感。所以，用于质量控制的溶出度测试强调区分力介质和条件。相比之下，用于生物利用度/生物等效性预测的溶出度测试则要求选择生物相关的介质和条件。虽然人们渴望有一个既可以用来评价体内效果又可以用于保证产品一致性的溶出度测试方法，但找到这么一个方法依然是很大的挑战，尤其是对于含有难溶性药物的制剂（Brown 等，2004；Zhang 和 Yu，2004）。

## 6.3 低溶解度药物制剂

### 6.3.1 低溶解度的定义

美国FDA于2000年8月发布并于2015年5月修订了关于BCS分类系统的指南(Food and Drug Administration CDER，2015)。BCS分类系统是一个用于根据药物在水中的平衡溶解度及对小肠渗透性进行分类的科学框架（Amidon等，1995）。结合药品的体外溶出特征，BCS分类系统将溶解度、小肠渗透性及溶出速率等3个主要因素考虑在内。这3个因素控制了口服速释固体制剂给药后吸收的速率和程度（Food and Drug Administration CDER，2015）。根据药物的溶解度和渗透度，BCS分类系统将其定义为4类。

| | 高溶解度 | 低溶解度 |
|---|---|---|
| 高渗透性 | Ⅰ类 | Ⅱ类 |
| 低渗透性 | Ⅲ类 | Ⅳ类 |

在BCS分类指南中，判定溶解度高低的准绳是最大规格与其在（37±1）℃、pH 1～6.8范围内最小溶解度的比值。这个比值被称为剂量溶解体积，其单位是体积单位。剂量溶解体积是该规格在整个pH范围内溶解所需的体积。如果剂量溶解体积≤250 mL，就认为此药物具有较高溶解度。如果剂量溶解体积＞250 mL，就认为此药物具有较低溶解度。250 mL这个估计值来源于典型的生物等效性研究方案，该方案规定空腹志愿者用1杯约8盎司的水送服药物。

渗透性分类不是直接依据人小肠对药物的吸收程度，而是直接测量跨人小肠上皮细胞的物质转运速率。如果某药物的小肠吸收程度大于或等于85%，就会被认为是高渗透性的。否则，该药物就是低渗透性的。

如果一个速释产品在特定溶出条件下可在30 min内释放出不少于85%标示量的药物，该产品被认为是快速溶出产品。这里所说的特定溶出条件是指：篮法100 r/min或者桨法50 r/min（若可证明合理，也可采用75 r/min)；溶出介质体积小于或等于500 mL；溶出介质为盐酸[如0.1 mol/L HCl或USP中不含酶的模拟胃液（SGF）]、pH 4.5缓冲液、pH 6.8缓冲液或USP中不含酶的模拟肠液（SIF）。反之，此药品为非快速溶出产品。

我们采用BCS定义来界定低溶解度药物。但是发现此方法是保守的，因为BCS分类是用来豁免BCSⅠ类药物的生物等效性研究的（Yu等，2002)。认为此法过于保守的原因有二。其一是证明在pH 1.0到pH 7.5范围内溶解度高的必要性。由于可离子化基团的存在，弱碱在胃内的溶解度高于在小肠中的溶解度。在高pH条件下的低溶解度可能并不影响弱碱的吸收，因为其吸收过程可能在药物进入胃肠道中的低溶解度、高pH区域前已经完成。另外，在低pH条件下的低溶解度对于弱酸性药物可能也不是一个问题，因为小肠末端的高溶解度和高渗透性对于其完全吸收已经足够。例如，尽管根据BCS分类许多非甾体抗炎药被归为低溶解度，但是生物利用度却高达90%以上（Yazdanian等，2004)。

第二个原因是，对于低溶解度药物，其体外水中溶解度并不反映它们在体内胃肠道中的溶解度。由于胆盐和卵磷脂胶束的存在，亲脂性药物在体内环境中的溶解性通常更好。近年来的研究表明，BCSⅡ类药物（包括灰黄霉素和达那唑）在生物相关性溶剂中的溶解度可以比其水中溶解度大1.1～1.6倍（Takano等，2006)。

### 6.3.2 难溶性药物的制剂

一些由于体外水中溶解度测量值低而被划分为难溶性的药物，可能因为 pH 依赖性或者在胃肠液中的溶解度而具有可接受的体内溶解度。如果这些具有可接受体内溶解度的药物属于 BCS Ⅱ类（Food and Drug Administration CDER，2015），估计它们的标准口服固体制剂就会有可接受的口服生物利用度。对于已证明由于溶解度低和不能快速溶出而生物利用度低的 BCS Ⅱ类药物，处方选择对于开发一个成功的口服给药制剂就显得尤为重要。这些药物的口服生物利用度可通过一些制剂手段来提高。最普遍的增溶方式（既不是弱酸也不是弱碱）是成盐。即使所形成的盐对于溶解度没有显著影响，由于药物颗粒周围薄薄的扩散层 pH 存在差异，其溶出速率常常加快。溶出速率还可通过降低固体药物颗粒的粒径从而增加溶出的面积来提高。典型的微粉化方法如气流粉碎可将粒径降低至 2～5 μm。进一步的粒径降低需要使用球形研磨介质来研磨混悬液（Merisko-Liversidge 等，2003）。这项技术可将晶体颗粒粒径减小至 100～250 nm，从而大大提高溶出速率。

另一种提高难溶性药物生物利用度的方法是制备无定型的制剂，因为无定型药物比相应的晶型药物溶出更快。无定型制剂的制备是通过喷雾干燥或热熔挤出（Pouton，2006）等技术将药物分散在载体骨架中（聚维酮和聚乙烯醇）。然而，必须指出的是无定型固体是非稳态的，因而通常不如其对应的结晶态具有优良的化学稳定性。

脂质制剂是难溶性药物增溶的另一选择。这些剂型包括油性系统、水不溶性自乳化药物传递系统（SEDDS）、水溶性 SEDDS 以及含有极少量脂质分散形成的胶束溶液（Pouton，2006）。脂质传递系统的主要优势是药物可以存在于稳定的溶液中。这就免去了固体颗粒溶出所需要的时间。此外，制剂中的脂质可使药物的跨小肠细胞膜转运变得更容易，进而改善脂质制剂中药物的吸收（Pouton，2006）。但是与这类型制剂相关的一个可能隐患是稀释时的药物析出和不希望出现的相转化为更稳定的多晶型（Bauer 等，2001）。

除了上述方法之外，难溶性药物的溶解度还可通过环糊精等增溶物质来提高。环糊精可与难溶性化合物形成水溶性的包合物从而实现增溶。但是，由于某些市售环糊精类的毒性而存在潜在风险，使用这类增溶物质时剂量受到限制。

## 6.4 溶出方法的开发

FDA 鼓励项目发起者在药品研发过程中应用质量源于设计（QbD）的理念进行药品开发。QbD 意味着为了保证产品的质量而设计和开发处方及生产工艺，并理解处方和工艺变量如何影响产品质量（Yu，2006）。QbD 包含以下要素。

- 定义目标产品质量概况。
- 设计并开发产品和生产工艺以满足目标产品质量概况。
- 确认和控制关键物料属性、工艺参数和变异来源。
- 监控和调整工艺以确保长期的质量连贯性。

由于药物体外溶出与释放是药物传递到作用部位的一个必要步骤，口服固体制剂的目标产品质量概况应该包含体外溶出。在 QbD 的体系下，药品质量通过理解并控制处方和生产变量来保证，而包括体外溶出在内的成品检验可确保产品的质量稳定。在溶出的情况下，QbD 意味着建立起始物料性质（如粒度）、处方变量（赋形剂用量和型号）、工艺参数（如压力和混合时间）与目标产品质量概况之间的关系。QbD 的有效实施需要在产品开发期间进行具有生物相关性的溶出度测试。在 QbD 系统中，由 QC 溶出测试间接监测的产品属性（如粒径或多晶型）是通过设计和控制生产过程来监测和控制的。因此，在 QbD 背景下，溶出度测试方法的开发应主要关注其临床相关性。

以下步骤对于设计难溶性药物产品的溶出度测试方法至关重要。

① 分类和表征。

- 测量不同 pH 下的溶解度
- 依据 BCS 对药物进行分类
- 考虑处方因素

② 确定合适的溶出介质和体积。

③ 选择合适的溶出装置和运行速度。

④ 确定恰当的可接受标准。

## 6.5 分类和表征

第一步是了解药物的 BCS 分类情况并借助此信息设计处方并评估体内-体外相关性（IVIVC）的可能性。对于难溶性药物的速释制剂，产品的崩解通常是迅速的，口服后的吸收主要受溶出速率和/或渗透速率（渗透性）的限制，此处渗透速率指的是药物透过小肠膜的流量。溶出速率和渗透的摄取速率决定了胃肠道中的药物浓度。然而，药物在胃肠道中的浓度还受其溶解度的限制。当溶出速率远远大于渗透的摄取速率时，胃肠道中药物浓度接近其溶解度极限。因此，药物粒径（$r$）和/或溶解度（$C_S$）可导致溶出缓慢。为了强调溶解度的重要性，Yu（1999）将溶出/溶解度限制的情况称为溶解度限制的吸收。溶出/粒径限制的情况仍然称为溶出限制的吸收。所以说，渗透性、溶解度和/或溶出可限制难吸收药物的吸收。

对于溶出限制吸收的难溶性药物，常用来克服溶出缓慢的制剂手段是通过减小粒径来增加比表面积。体外溶出测试对于粒径减小效果的评价具有预测性。但是，粒径非常小时可使溶出方法的开发变得复杂，因为小颗粒能通过滤膜而造成溶出完全的假象。这种情况下就需要小孔滤膜、离心、超滤或多波长紫外检测（Brown 等，2004）。

对于溶解度限制吸收的难溶性药物，可能的制剂手段是使用无定型物料、脂质制剂或前文所述的其他技术。这些制剂技术及其可能的失败模式会影响溶出方法的选择。在使用无定型物料的制剂中，应考虑溶出过程中可能的晶型转换。该问题的一个案例是 Dressman 和 Reppas（2000）报道的曲格列酮数据。曲格列酮在空腹状态下的模拟肠液（FaSSIF）溶出及饱腹状态下的模拟肠液（FeSSIF）溶出对于体内药动学研究中的食物影响具有预测性。曲格列酮在 FaSSIF 下的溶出曲线存在一个最大值。这个最大值产生的原因是活性物质在溶出过程中重结晶形成一种溶解度较小的晶型。而 FeSSIF 溶出介质中不存在这个峰，说明了溶出介质组成对溶解度较小晶型成核速率的影响。

对于药物存在于溶液中的脂质制剂，评价药物溶出时不采用溶出度测试方法，而是测量产品胶囊破裂和稀释后可能出现的乳化及析出。然而，如果维持体外漏槽条件，体内可能发生的析出在体外将不会观察到。因此，我们在建立脂质制剂的溶出方法时应小心。

## 6.6 溶出介质

### 6.6.1 质量控制溶出介质

溶出介质的选择取决于溶出试验的目的。对于批间质量控制检测，溶出介质的选择部分依据溶解度数据和药品的剂量范围，以确保达到漏槽条件。但是，特定情况下不能提供漏槽条件的介质也可以是合理的（Brown 等，2004）。如果 pH 依赖性的溶解度表明药物只在某一特定 pH 范围内溶解度低，合适的质量控制溶出介质最可能是某一 pH 的水性缓冲液，在该 pH 下药物具有高溶解度。当高溶解度对应的 pH 大于 6.8 时，这种介质选择方法就有问题了，因为此条件与体内溶出不相关。尽管如此，在 FDA OGD 的溶出度数据库[http://www.accessdata.fda.gov/scripts/cder/dissolution/index.cfm]里，总共约 300 种溶出方法中，有 19 种使用高于 7.2 的 pH、10 种使用高于 6.8 但低于或等于 7.2 的 pH。应强烈建议不要使用在生理相关的 pH 之外的 pH。

选择与更昂贵模拟生物液体中溶解度匹配的溶出介质可添加生物相关的表面活性剂。但是表面活性剂更常用于溶解度极低（即使是体内溶解度）而无法建立漏槽条件的药物的质量控制中。Noory（2000）等讨论了一些溶出方法的开发策略并为特定表面活性剂的使用提供了依据。FDA 批准的溶出方法中所使用的表面活性剂包括 SLS、聚山梨酯、CTAB 和 Tris 缓冲液，其中，SLS 是目前为止最常用的表面活性剂。通常希望使用尽可能少的表面活性剂来达到漏槽条件。如果表面活性剂用量太多，就会像 ICH Q6A 提示的那样，溶出测试将无法检测到多晶型或粒径的变化。

### 6.6.2 生物相关性溶出介质

尽管溶出试验目前主要用于质量控制，但还是希望能通过溶出试验预测体内表现。因此，近年来人们对于开发一些特性与人的胃液或小肠液相匹配的生物相关性溶出介质很有兴趣（Kalantzi 等，2006）。Vertzoni 等（2005）提出了表 6.1 中所列的空腹状态模拟胃液（FaSSGF）。FaSSGF 的使用改善了弱碱性药物溶出的预测性，但对中性药物没有预测性。表 6.1 中还列出了 Dressman 提出的模拟空腹和饱腹状态小肠液的生物相关性溶出介质。比较生物相关性介质中的体外溶出数据与体内数据可知，模拟食物的影响、体现同种活性物质不同产品在生理相关介质（FaSSIF、FeSSIF 和牛奶）中的吸收差异是可能的（Nicolaides 等，1996）。

**表 6.1　胃肠道环境的生物相关性介质**

| 成分 | FaSSGF：胃（空腹状态） | FaSSIF：小肠（空腹状态） | FeSSIF：小肠（饱腹状态） |
|---|---|---|---|
| $NaH_2PO_4$ /（mg/mL） | — | 3.95 | — |
| 乙酸/（mg/mL） | — | — | 8.65 |
| 胃蛋白酶/（mg/mL） | 0.1 | — | — |
| 牛磺胆酸钠/（mmol/L） | 0.08 | 3 | 15 |
| 卵磷脂/（mmol/L） | 0.02 | 0.75 | 3.75 |
| NaCl /（mmol/L） | 34.2 | 0.068 g | 0.20 |

## 6.7 溶出装置和条件

对于速释产品，最常用的溶出装置是 USP 装置 1（篮法）和 USP 装置 2（桨法）。通常，篮法的转速是 100 r/min，桨法是 50 r/min。但是有人建议把桨法的转速改为 75 r/min，以减少底部物料堆积成锥形（Dressman，2005）。由于溶解度是热力学性质，因此预期转速不会影响低溶解度药物的溶出程度。然而，一旦通过选择 pH 和表面活性剂解决了溶解度低的问题，选择合适的转速会产生与高溶解度药物相似的问题。转速可以体内流体动力学为基础来设定，选择最敏感的转速，或者选择可使溶出试验中变异最小化的转速。一篇文章中（Mirza 等，2005）评估了流体动力学对低溶解度和高溶解度药物的影响。该文章发现低溶解度药物对湍流比较不敏感。在这篇文章中，低溶解度药物在 1000 mL pH 8.0、含有 0.1%聚山梨酯 80 的硼酸盐缓冲液中，45 min 内仍然可以溶出 90%以上。

其他的 USP 装置，如 USP 装置 3 往复式圆筒和 USP 装置 4 流通池不常用于溶出试验，但可能对于产品开发过程中在生物相关性溶出方法里使用是有价值的。USP 装置 3 被认为拥有更能代表体内流体动力学的流动模式（Yu 等，2002）。流通池可以使溶出的药物及时移走以避免其他封闭装置中出现的介质饱和，从而更接近一个真正的难溶性药物在体内遇到的情况。

## 6.8 可接受限度

溶出试验的条件确定后，在设定接受限度之前，溶出规范仍是不完整的。在 1997 年 FDA 出台的速释（Food and Drug Administration CDER，1997）和缓释（FDA Center for Drug Evaluation and Research，1997）药品工业指南中描述了三类关于速释药品的溶出度测试可接受限度。

- 单点法。作为常规的质量控制试验（用于高溶解、快速溶出的产品）。
- 两点法。对于缓慢溶出或者难溶性（BCS Ⅱ类）药物，推荐用两点法表征产品的质量，其中一点在 15 min 溶出度处于某一范围（溶出窗），另一稍迟的点（10 min、45 min 或 60 min）保证 85%的溶出。
- 溶出曲线对比。

尽管 FDA 的速释制剂溶出指南（Food and Drug Administration CDER，1997）建议低溶解性药物采用两点限度，实际应用中几乎所有难溶性药物的速释制剂都采用单点接受限度。

对于口服固体制剂新药申请（NDA）/简略新药申请（ANDA）的监管批准，申办者需要开展适当的体外溶出试验。对于 NDA，溶出规范目前以可接受的临床、关键生物利用度和/或生物等效性批次为基础。对于 ANDA，溶出规范一般与参比制剂（RLD）相同。这些溶出细则后续会通过测试生物等效性合格批次的仿制药的溶出行为来确认。如果仿制产品的溶出与 RLD 截然不同，但在体内研究中生物等效，就需要设定其他不同的溶出度规范（Food and Drug Administration CDER，1997）。

**案例研究 1**

甲苯咪唑是一种广谱驱虫药，对于蛔虫、线虫、钩虫和鞭虫感染具有较高治愈率。该药几乎不溶于水，具有三种溶解度和治疗效果不同的晶型（A、B 和 C）（Swanepoel 等，2003）。甲苯咪唑片在 USP 中的溶出方法是含有 1% SLS 的 0.1 mol/L HCl。可接受标准是 120 min 内释放 75%以上。Swanepoel 等（2003）采用 USP 方法测定甲苯咪唑晶型 A、B 和 C 粉末的溶出速率。甲苯咪唑晶型 A、B 和 C 在含有 1% SLS 的 0.1 mol/L HCl 中 120 min 溶出都大于 90%（图 6.1）。当溶出介质不含 SLS 时，溶出曲线就改变了，晶型 C 溶出（120 min 70%）比晶型

B（120 min 37%）和晶型 A（120 min 20%）快。这个例子说明，对于 BCS Ⅱ类药，过量使用表面活性剂可能使溶出试验对晶型和粒径等处方因素的变化不敏感。这样就会导致溶出测试无法确保产品质量和批间一致性。

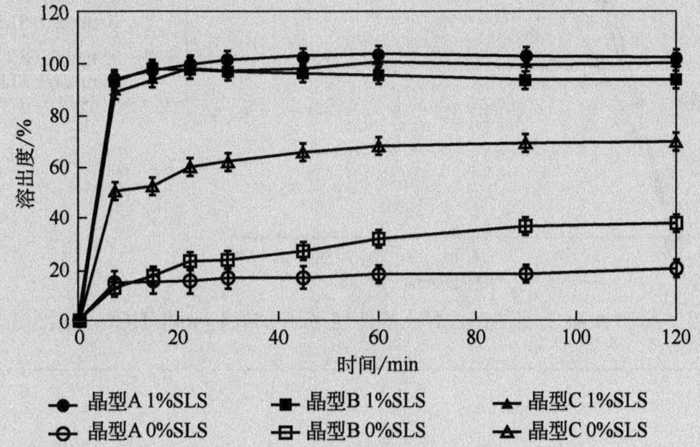


图 6.1　甲苯咪唑不同晶型在 0.1 mol/L HCl（空心符号）和含有 1% SLS 的 0.1 mol/L HCl（实心符号）中的溶出曲线

（来源：Swanepoel E. Liebenberg W，de Villiers M M. Eur. J. Pharm. Biopharm.，2003，55：345．经 Elsevier 许可）

**案例研究 2**

药物 A 是一种肽类大分子（MW＞700），高度亲脂而水溶性很差，属于 BCS Ⅱ类。其胶囊和传统片剂的口服生物利用度低，血药浓度检测不出来。开发了一种含有溶剂、高 HLB 值非离子表面活性剂和脂肪酸的新型脂质制剂，该制剂具有足够的口服生物利用度，可用于临床。

溶出试验首先是采用 USP 桨法以 50 r/min 在以下介质中进行: pH 4.5 乙酸盐缓冲液、pH 7.5 磷酸盐缓冲液、0.1 mol/L HCl 和含有 25 mmol/L SLS 的 0.1 mol/L HCl。溶出结果见图 6.2。

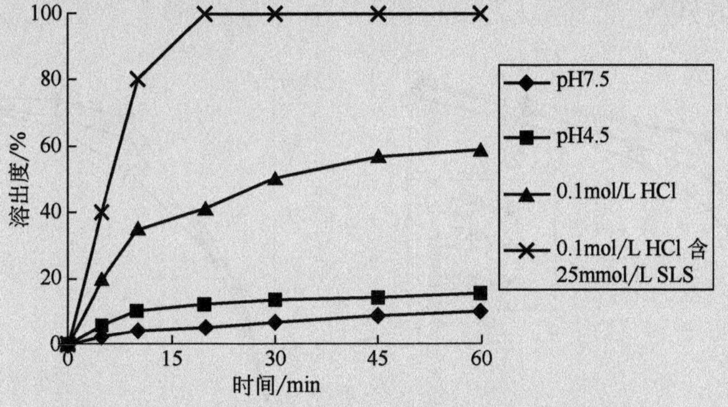


图 6.2　药物 A 脂质制剂在不同溶出介质中的溶出结果

30 min 的溶出结果提示需要进一步研究在含有 25 mmol/L SLS 的 0.1 mol/L HCl 中的溶出情况。在第二组实验中，研究了含有不同浓度 SLS 的 0.1 mol/L HCl，结果见图 6.3。最后选择了含有 5 mmol/L SLS 的 0.1 mol/L HCl 作为溶出介质。可接受标准设定为 30 min 内释放 80%。

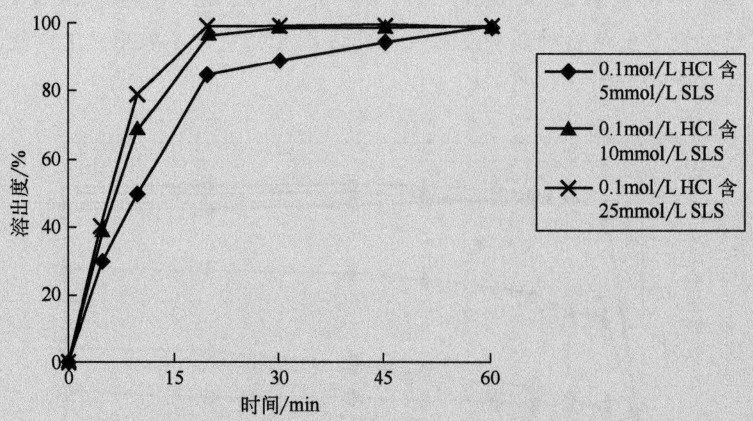


图 6.3　药物 A 脂质制剂在含有不同浓度 SLS 的 0.1 mol/L HCl 中的溶出结果

**案例研究 3**

药物 B 微溶于水，且其在水中的溶解度具有 pH 依赖性，pH 越高，溶解度越大。药物 B 的渗透性中等，属于 BCS Ⅳ类。最初提出的药物 B 片剂溶出方法是 USP 桨法，50 r/min、pH 6.8 磷酸盐缓冲液，可接受标准是 30 min 溶出 80%。但是，在研发过程中，研究了相同处方不同生产工艺的三批产品的生物等效性/生物利用度。尽管批次 C 没有达到 30 min 溶出 80% 的标准且批次 B 需要使用 S2 才能达到标准，但这三批产品是生物等效的。因此，该溶出试验区分力更强，如图 6.4。

为了建立合适的可接受标准，额外进行了表 6.1 中 FaSSIF 这种生物相关性溶出介质的溶出试验，溶出结果见图 6.5。图 6.5 显示，三批产品的溶出速率都增大了，全部达到 30 min 溶出 80%的标准。依据这些生物相关性介质的溶出结果和生物等效性研究数据，可接受标准降低为 30 min 溶出 70%。

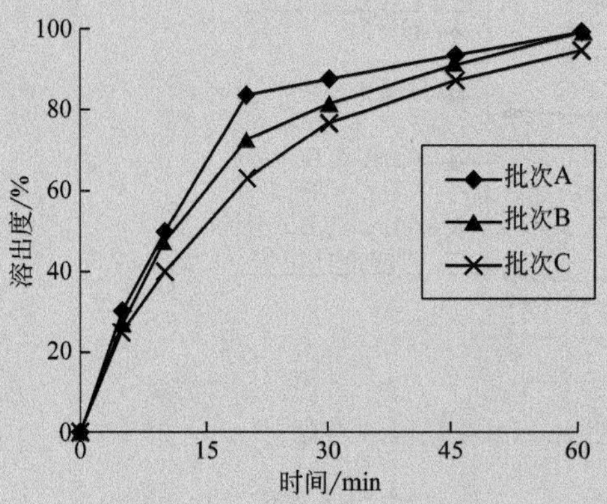


图 6.4　药物 B 三批产品在 pH 6.8 磷酸盐缓冲液中的溶出结果

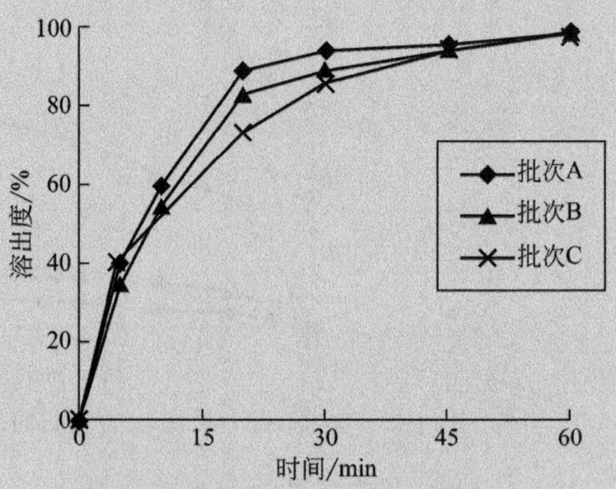


图 6.5　药物 B 三批片剂在 pH 6.8 的模拟空腹状态小肠液（FaSSIF）中的溶出结果

## 6.9 总结

为难溶性药物建立具有体内预测性的溶出方法的需求与日俱增。在质量控制溶出方法中使用含表面活性剂的溶出介质被广泛接受。药物在模拟胃液/模拟肠液中溶解度的测定让我们了解所用表面活性剂浓度是否与体内发现的增溶效果相似。本章提供了一些案例来说明有意义的溶出测试的开发过程，以及在难溶药物开发中溶出相关的监管挑战。这种挑战包括如何评估所提出的用于产品质控和体内效果预测的溶出方法。

## 6.10 未来发展

工业和药事管理研究者们在不遗余力地开发满足以下两个目的的溶出方法：保证批间一致性的质量控制工具和可以指导处方开发并预测体内生物等效性试验结果的体外替代方法。由于最适合质量控制目的的条件可能不适用于建立 IVIVC，开发和使用两种溶出方法是有益的：一种用于质量控制，一种用于体内性能预测，分别满足两个不同目标。质量控制溶出试验对相关产品变化足够敏感以保证产品的高质量和质量一致性，用于体内-体外相关性的溶出试验可预测药品的体内表现从而减少不必要的人体试验并加快药品研发进程和获批后变更的验证。

目前，具有监管效力的溶出方法通常是药物或药品特异性的。每种药品使用不同的溶出方法，这会导致体内-体外相关性的建立是基于尝试或者是错误的基础上（Zhang 和 Yu 2004）。因此，从成千上万次溶出试验中得到的数据很少可以用帮助理解特定药品体内表现的溶出知识。更进一步讲，实际上没有充分的科学和法规依据证明类似药物的速释口服固体产品不能使用类似的溶出方法来预测体内生物利用度和生物等效性。因此，应该开发适当的生物相关性溶出度测试方法，学术界、工业界和监管机构应该更加重视设计预测性溶出度测试方法。

## 参考文献

Amidon, G. L., H. Lennernäs, V. P. Shah, and J. R. Crison. 1995. A theoretical basis for a biopharmaceutic drug classification: The correlation of *in vitro* drug product dissolution and *in vivo* bioavailability, *Pharm. Res.*, 12: 413.

Bauer, J., S. Spanton, R. Henry, J. Quick, W. Dziki, W. Porter, and J. Morris. 2001. Ritonavir: An extraordinary example of conformational polymorphism, *Pharm. Res.*, 18: 859.

Brown, C. K., H. P. Chokshi, B. Nickerson, R. A. Reed, B. R. Rohrs, and P. A. Shah. 2004. Acceptable analytical practices for dissolution testing of poorly soluble compounds, *Pharm. Technol.*, 28: 56–65.

Dressman, J. B. 2005. Dissolution tests—How they relate to drug product performance, FDA.

Dressman, J. B. and C. Reppas. 2000. *In vitro–in vivo* correlations for lipophilic, poorly water-soluble drugs, *Eur. J. Pharm. Sci.*, 11: S73.

FDA Center for Drug Evaluation and Research. 1997. Extended release oral dosage forms: Development, evaluation, and application of *in vitro/in vivo* correlations, FDA.

Food and Drug Administration CDER. 1997. Dissolution testing of immediate-release solid oral dosage forms.

Food and Drug Administration CDER. 2015. Guidance for industry: Waiver of *in vivo* bioavailability and bioequivalence studies for immediate-release solid oral dosage forms based on a biopharmaceutics classification system.

Kalantzi, L., K. Goumas, V. Kalioras, B. Abrahamsson, J. B. Dressman, and C. Reppas. 2006. Characterization of the human upper gastrointestinal contents under conditions simulating bioavailability/bioequivalence studies, *Pharm. Res.*, 23: 165.

Lipinski, C. A. 2000. Drug-like properties and the causes of poor solubility and poor permeability, *J. Pharmacol. Toxicol. Methods*, 44: 235.

Merisko-Liversidge, E., G. G. Liversidge, and E. R. Cooper. 2003. Nanosizing: A formulation approach for poorly water-soluble compounds, *Eur. J. Pharm. Sci.*, 18: 113.

Mirza, T., Y. Joshi, Q. J. Liu, and R. Vivilecchia. 2005. Evaluation of dissolution hydrodynamics in the USP, peak and flat-bottom vessels using different solubility drugs, *Dissol. Technol.*, 12: 11–16.

Nicolaides, E., E. Galia, C. Efthymiopoulos, J. B. Dressman, and C. Reppas. 1999. Forecasting the *in vivo* performance of four low solubility drugs from their *in vitro* dissolution data, *Pharm. Res.*, 16: 1876.

Noory, C., N. Tran, L. Ouderkirk, and V. Shah. 2000. Steps for development of a dissolution test for sparingly water-soluble drug products, *Dissol. Technol.*, 7: 3.

Pinnamaneni, S., N. G. Das, and S. K. Das. 2002. Formulation approaches for orally administered poorly soluble drugs, *Pharmazie*, 57: 291.

Pouton, C. W. 2006. Formulation of poorly water-soluble drugs for oral administration: Physicochemical and physiological issues and the lipid formulation classification system, *Eur. J. Pharm. Sci.*, 29: 278.

Swanepoel, E., W. Liebenberg, and M. M. de Villiers. 2003. Quality evaluation of generic drugs by dissolution test: Changing the USP dissolution medium to distinguish between active and non-active mebendazole polymorphs, *Eur. J. Pharm. Biopharm.*, 55: 345

Takano, R., K. Sugano, A. Higashida, Y. Hayashi, M. Machida, Y. Aso, and S. Yamashita. 2006. Oral absorption of poorly water-soluble drugs: Computer simulation of fraction absorbed in humans from a miniscale dissolution test, *Pharm. Res.*, 23: 1144.

Vertzoni, M., J. Dressman, J. Butler, J. Hempenstall, and C. Reppas. 2005. Simulation of fasting gastric conditions and its importance for the *in vivo* dissolution of lipophilic compounds, *Eur. J. Pharm. Biopharm.*, 60: 413.

Yazdanian, M., K. Briggs, C. Jankovsky, and A. Hawi. 2004. The high solubility definition of the current FDA Guidance on Biopharmaceutics Classification System may be too strict for acidic drugs, *Pharm. Res.*, 21: 293.

Yu, L. Implementing quality-by-design: OGD initiatives, Advisory Committee for Pharmaceutical Science, October 5, 2006. http://www.fda.gov/ohrms/dockets/ac/06/slides/2006-4241s1-index.htm (accessed December 1, 2006).

Yu, L. X. 1999. An integrated absorption model for determining causes of poor oral drug absorption, *Pharm. Res.*, 16: 1883.

Yu, L. X., G. L. Amidon, J. E. Polli, H. Zhao, M. U. Mehta, D. P. Conner, V. P. Shah et al. 2002. Biopharmaceutics classification system: The scientific basis for biowaiver extension, *Pharm. Res.*, 19: 921.

Yu, L. X., J. T. Wang, and A. S. Hussain. 2002. Evaluation of USP apparatus 3 for dissolution testing of immediate-release products, *AAPS Pharm. Sci.*, 4: E1.

Zhang, H. and L. X. Yu. 2004. Dissolution testing for solid oral drug products: Theoretical consideration, *Am. Pharm. Rev.*, 5: 26–31.

# 第 7 章 制剂策略在难溶性候选药物毒理学、生物学和药理学研究中的应用与实践

Lian-Feng Huang，Jinquan Dong，Shyam B. Karki

## 7.1 引言

高通量筛选技术、组合化学、计算机建模和蛋白质组学的出现使得药物发现阶段能筛选出更多的化合物和活性靶点（Venkatesh 和 Lipper，2000）。然而，这些化合物中大多数为亲脂性极强并且具有高分子量的化合物。而有上述特点的化合物能与酶或受体表面具有更大的疏水相互作用力，使得它们具有更高的体外结合活性（Lombardino 和 Lowe Ⅲ，2004）。但它们通常具有极低的溶解度，从而导致药动学（PK）和口服生物利用度差，不具有成药性。因此，低溶解度的特点使得对它们的进一步研究举步维艰，并且导致更高的损耗和生产力的损失。

由于药物在体内的传递方式直接影响药动学行为以及化合物在功效研究和毒理学研究中的可行性，因此，确定合适的处方对于准确评估化合物性质和药物开发适用性显得至关重要。处于早期开发阶段的处方将面临额外的挑战，例如时间和材料限制。此外，毒理学研究中对超药理学暴露（高剂量）的要求也是一个挑战。

因此，相应阶段的应对策略、严格的时间安排和成本预算是应对挑战非常重要手段。良好的处方应有助于建立构效关系（SAR）；最大限度地体现化合物的功效，同时最大限度地减少动物模型中的副作用，并通过评估生物药剂学特性确定潜在的发展挑战。

## 7.2 制剂策略的需求和挑战

在药物早期开发阶段，主要有三项研究需要制剂策略：体内药效研究、PK 研究和毒理学研究。由于所涉及的化合物数量众多且每种化合物的可用性极低，为此开发出了多个处方的高通量筛选平台，以实现高效处方开发。对于难溶性化合物，通常需要评估多种处方。根据研究目的，有时必须使用外来载体，而不考虑处方的商业可行性。通常，来自药物化学实验室材料的质量控制门槛较低，并且随着批次的变化，其主要含量和杂质也有不同的变化（Gardner 等，2004）。因此，材料的状态（Huang 和 Tong，2004）、形态和粒径等物理参数没有得到优化（Kerns 和 Di，2002；Pritchard 等，2003；Balbach 和 Korn，2004；Chaubal，2004），不同质量的材料的溶解度/溶出速率可能不同，这也可能导致不同的 PK 性能。

## 7.3 制剂策略及药物输送方案

有几篇文章回顾了候选药物在研发阶段的制剂开发（Chen 等，2006；Neervannan，2006；Maas 等，2007；Timpe 和 Forschung，2007）。Amidon 等（1995）首先开创了一种根据药物分子的不同溶解度/渗透性对药物分子进行分组的系统，称为生物药剂学分类系统（BCS）。该分类已被广泛用作评估药物处方开发挑战的指南。然而，由于开发早期缺乏剂量信息，因此评估难度较大。这是因为最小溶解度要求取决于剂量和渗透性（Lipinski，2002）。

此外，BCS 不考虑药物代谢情况，而这是影响药物生物利用度的另一个重要因素。分子参数，如氢键供体、氢键受体、分子量和 lg$P$ 也可以作为了解处方开发中挑战的指南（Lipinski 等，1997）。Lee 等（2003）提出了一种高通量处方筛选的决策方案，以应对早期注射剂研发阶段面临的问题和处方开发上的挑战。Strickley（2004）总结了市售可溶性药物口服制剂和注射制剂中常用的增溶赋形剂，为赋形剂的选择提供了很好的参考。为了确保处方开发的高速有效，Maas 等（2007）介绍了一种用于选择具有良好渗透性（$P_{eff}>10^{-6}$ cm/s）的高活性化合物的合适处方体系的溶解度分类。该处方体系表明，标准处方可用于溶解度大于 100 μg/mL 的化合物；对于溶解度大于 10 μg/mL 但小于 100 μg/mL 的化合物，可能需要根据剂量调整处方；如果溶解度小于 10 μg/mL，则认为制剂处方是必须使用增溶剂的。

下面将讨论的几种处方技术的详细信息，请参阅本书的其他章节。

### 7.3.1 pH 调节及成盐

现有的药物中，约三分之二都具有可电离基团，且在水溶液中呈现弱电解性（Stahl 和 Wermuth，2002）。以水作为溶剂的情况下，化合物在电离状态下的溶解度将会大于其处于中性状态下的溶解度（Sweetana 和 Akers，1996）。如果分子中存在可电离基团，则使用 HCl、NaOH 或缓冲液（如柠檬酸盐、乙酸盐、磷酸盐、碳酸盐或三羟基氨甲烷盐酸盐）调节 pH 通常会增加药物在给药载体中的溶解度。对于静脉注射制剂，理想情况下应为中性（pH 7.4），但根据药物不同的耐受性和给药量，注射制剂的 pH 范围可以控制在 3～9 之间。对于口服制剂，pH 一般应在 2～9 之间。

对于具有离子化基团的化合物，其总溶解度 $S_T$ 是固有溶解度 $S_o$ 的函数，因此，也是分子解离常数 p$K_a$ 和溶液 pH 之间的差异。固有溶解度是中性分子的溶解度。

对于弱酸

$$S_T = S_o(1+10^{pH-pK_a}) \tag{7.1}$$

对于弱碱

$$S_T = S_o(1+10^{pK_a-pH}) \tag{7.2}$$

弱酸可以在高于其酸性 p$K_a$ 的 pH 下溶解，而弱碱则可以在低于其碱性 p$K_a$ 的 pH 下溶解。必须注意的是，这些方程忽略了可能对化合物 $S_T$ 有显著改变的表面活性剂的影响。

对于 pH≪p$K_a$（例如 2 个单位）的弱酸性化合物，溶解性实际上与 pH 无关，并在一定情

况下维持在 $S_0$。在 pH＞p$K_a$ 时，化合物的溶解度随 pH 呈指数增加，其中与饱和溶液平衡的过量固相为游离酸。在一定 pH 下，溶解度与 pH 的对数线性关系突然结束，溶解曲线进入一个几乎恒定的范围，其中过量固相为盐。对数线性关系结束且接近恒定溶解度开始时的 pH 是最大 pH（$pH_{max}$）。对于同时含有酸性和碱性官能团的化合物，两性离子（内盐对）在等电点的溶解度在整个 pH 范围内通常最低。

对于稳定溶液（口服或非肠道）的处方，平衡溶解度比溶出速率更重要。在处方的 pH 调整过程中，具有自由形式和适当反离子的原位成盐可能提供与使用盐相同的优势。在预测盐和含有其他具有反离子盐溶液的特定环境中的溶解度时，需要考虑盐的溶解度及 $K_{sp}$。对不同抗衡离子的 pH-溶解度曲线进行初步调查，可以找到最适合最大化溶解度的抗衡离子（或根据稳定性和/或耐受性优化 pH）。Marra Feil 和 Anderson（1998）证明，在多个平衡离子溶液中，预定添加的量不超过任何盐的 $K_{sp}$，将会获得比任何单一平衡离子高得多的溶解度。Stahl 和 Wermuth（2002）便报告了 $pH_{max}$ 与静脉注射可接受的 pH 的溶液处方的相关性。

然而，成盐的方式对于不具有可离子化基团的化合物是不可行的。此外，形成的盐还可能与血流或胃肠道中已有的酸或碱成盐形式相悖。众所周知，血液是一种非常有效的缓冲液（pH7.4），这将导致药物制剂在注射部位存在发生沉淀的可能，从而致使出现溶血、静脉炎、血栓栓塞和药物分布的潜在变化等问题（Yalkowsky 等，1998）。使用体外方法评估了沉淀倾向的结果表明（Portmann 和 Simmons，1995；Johnson 等，2003）：通过缓慢给药、降低载药浓度以及借助缓冲剂的相对缓冲能力（Alvarez-Nunez 和 Yalkowsky，1999），在一定程度上提高了化合物与血液蛋白结合的效率，从而达到降低沉淀风险的目的。

难溶性酸性药物配制成具有 pH 调节功能溶液处方也会出现类似问题。口服时，当制剂通过胃部的酸性环境时，一个潜在的问题是酸性药物可能会在这样的外界条件影响下沉淀出来。由于沉淀动力学高度依赖于外部条件，可能使得颗粒成核而致使高变异性的发生，因此可能影响化合物的口服吸收，从而使生物利用度较低。

溶液制剂中的药物可能更容易发生降解反应，最常见的反应是水解和氧化。通常，发生降解反应的速率或类型受 pH 的影响。例如，乙酰水杨酸（阿司匹林）的水解是 pH 依赖型的，它所体现出来的四种不同的反应机理随其 pH-速率曲线显示出极为复杂的变化（Alibrandi 等，2001）。因此，必须监测和了解该药物在 pH 调节制剂中的化学稳定性。

### 7.3.2　共溶剂

溶解难溶性化合物的常见做法是使用与水混溶的溶剂。共溶剂的使用可以将非极性溶质的溶解度提高几个数量级。遵循“相似相溶”的原则，通过与其他极性较小的亲水性物质混合，可以降低水的极性，从而提高非极性难溶性物质的溶解度。对于没有任何可电离基团的化合物，且调节溶液 pH 也不能明显改善其溶解性时，通常使用共溶剂来解决。共溶剂系统的溶解度通常随着有机溶剂分子的线性增加而呈对数增加（Rubino 和 Yalkowsky，1987）。

假设系统的总自由能等于各个组分的自由能之和（Trivedi 和 Wells，2000），化合物在水和有机溶剂的二元混合物中的溶解度可以描述为：

$$\lg S_t = \lg S_w + f(\lg S_c - \lg S_w)$$

式中，$S_t$为共溶剂混合物中的总溶解度；$S_c$为纯有机溶剂中的溶解度；$S_w$为水中的溶解度；$f$ 为共溶剂混合物中有机溶剂的分数。如果共溶剂混合物含有两种以上的有机溶剂（即三元或更高的共溶剂混合物），则总药物溶解度可通过增溶潜力的总和近似为：

$$\lg S_t = \lg S_w + \sum[f_i(\lg S_{ci} - \lg S_{wi})] \tag{7.3}$$

通常情况下，采用简单地调节溶液 pH 或共溶剂的方法是不足以达到目标药物浓度的，可以联合应用溶液 pH 调节与共溶剂法，能进一步提高化合物的溶解度。使用这种方法，Lee 等（2003）发现，辉瑞（Ann Arbor）在 2000 年提交用于发现和临床前可注射制剂开发的方法中，发现的化合物（$n$>300）近 85%可以通过 pH 调节、添加共溶剂或两者的组合来配制。还观察到 11%的化合物不能用这种方法形成，另外 32%的处方使用了超过 55%的共溶剂。有机溶剂含量的提高会限制铅化合物等相关安全性评估。因此，溶液 pH 调节和共溶剂的协同组合不足以开发商业上可行的难溶性药物制剂。这导致了在早期发现阶段采用的额外处方技术，如络合、胶束的形成、纳米化等。

早期发现配方最常用的溶剂是聚乙二醇 400（PEG 400）、丙二醇、乙醇、甘油、二甲基亚砜、二甲基乙酰胺（DMA）和 *N*-甲基-2-吡咯烷酮（NMP）。PEG 400 在口腔和肠外给药的几个治疗领域有广泛的应用。较高分子量的 PEG 具有高于室温的熔点并且有较大的黏性。而在体内研究中，分子量比 PEG 300 和 PEG 400 更低的 PEG 在体内研究中耐受性较差。

共溶剂系统的一个缺点是当用水或含水的体液稀释时，共溶剂体系将会发生沉淀行为。在体内测试期间可能发生药物沉淀，这将导致生物利用度的降低。若是注射制剂，这会导致注射部位的药物沉淀，引起注射部位刺激。尽管在研发阶段，优选体积占比较小、浓度高的共溶剂以增加溶解度并以此增加药物的给药量，但这种做法增加了静脉给药时溶血和组织刺激的风险。因此，需要注意单一辅料不要超过共溶剂的毒性水平。基于各种新化合物个体的物理和化学性质差异很大，制剂研发人员通常需要考虑分子结构，并咨询治疗团队成员，为特定的药动学-药效学模型选择合适的溶剂。例如，由于其中毒作用，高浓度的乙醇可能不适合中枢神经系统。丙二醇的溶血作用（Krzyzaniak 等，1997）可能使其成为心血管疾病的罪魁祸首。在急性和/或慢性动物研究中，如 NMP 和二甘醇单乙基醚（Transcutol）等极为有效的共溶剂中，往往表现出严重的耐受性问题（如嗜睡）（Maas 等，2007）。

水不溶性溶剂包括花生油、玉米油、大豆油、芝麻油、橄榄油、氢化植物油、氢化大豆油等长链甘油三酯，以及从椰子油和棕榈籽中提取的中链甘油三酯，为药物化合物的增溶提供了另一种途径。这些油性制剂主要作为口服溶液或填充到软胶囊中，可能需要表面活性剂来优化油配方的性能。

### 7.3.3 络合

使用环糊精（CD）络合是另一种可用的增溶方法。CD 是一类环状低聚糖，最常见的α-CD、β-CD、和γ-CD，由 6～8 个 d-吡喃葡萄糖基单元组成，具有亲水性外表面和亲脂性空腔，疏水载体分子可与之形成复合物（Szente 和 Szejtli，1999）。不同数量的葡萄糖-外消旋糖单元将会有不同的空腔尺寸。对于α-CD、β-CD 和γ-CD，疏水腔的内径分别约为 4.7～5.3 Å、6.0～6.5 Å 和 7.5～8.3 Å（Loftsson 和 Brewster，1996）。利用亲脂性内腔和亲水性外表面，CD 能够与多种载体分子相互作用以形成非共价包合复合物（Challa 等，2005）。天然 CD 由于其有限的水溶性而在药物分子增溶中的应用有限。羟丙基-β-环糊精（HP-β-CD）是通过用 *β*-环氧丙烷处理 β-CD 的碱溶性溶液而获得的化学修饰的 β-CD，其溶解度比未官能化的 β-CD 大得多。此外，HP-β-CD 具有良好的耐受性，并且在临床试验中近乎安全，没有可观察到如 β-CD 显现出的肾毒性（Irie 和 Uekama，1997）。另一种常用的环糊精 Captisol®是 β-CD 的磺基丁基醚（SBE-β-CD），它是一种聚阴离子 β-环糊精衍生物，由丁基醚空缺基团或磺基丁基醚从亲脂性空腔中分离出磺酸钠盐。HP-β-CD 和 β-CD 的磺基丁醚（SBE-β-CD）都是广泛用于提高溶解度的环糊精片品种。

如果药物分子和 CD 络合剂结合形成 1∶1 复合物：

$$D + CD \xrightleftharpoons{K} D * CD$$

在 1∶1 复合物的情况下，在给定的总 CD 浓度（$C_{CD}$，mol/L）存在下，药物的总水中溶解度（$S_t$，mol/L）可描述为：

$$S_t = S_w + [KS_w/(1+KS_w)]C_{CD} \tag{7.4}$$

式中，$K$ 是络合物的结合常数；$S_W$ 是化合物在不存在 CD 的情况下的水中溶解度。大多数药物制剂和 CD 之间的结合常数 $K$ 的范围为 0～100000 L/mol（Rajewski 和 Stella，1996）。因此，络合方法的实用性取决于结合常数 $K$、药物固有溶解度 $S_w$、制剂的剂量要求和制剂可以容纳的最大 CD 量（Rao 和 Stella，2003）。

相溶解度图经常用于计算药物/ CD 复合物的化学计量。线性图（AL 型系统）表明复合物相对于 CD 是一级的，并且相对于药物是一级的，即，该复合物中药物与 CD 的物质的量之比为 1∶1。线性度的正偏差（AP 型系统）表明形成相对于药物为一级但对于 CD 为二级或更高级的复合物，即形成的复合物药物/CD 物质的量之比可大于 1。线性度的负偏差（AN 型系统）表明在高浓度下 CD 的溶液伪影或自缔合。有时药物/ CD 复合物的化学计量不能来自简单的相溶解度研究，药物/ CD 复合物可以自我结合形成水溶性聚集体，然后通过非包含性络合进一步溶解药物（Loftsson 等，2002）。通过形成几种药物/CD 复合物的水溶性聚集体的自缔合可以通过非包含性络合进一步溶解药物。

由于在注射或胃和肠道内容物中很容易达到稀释效果，降低药物复合物的百分比，因此可以释放出透过生物膜的游离药物。游离药物与复合药物对难溶性药物/CD 复合物的稀释率取决于系统的相溶性行为。当药物溶解度与 CD 浓度呈线性关系时，例如，在 CD 与药物 1∶1 相互作用中，稀释后沉淀的可能性小于共溶剂处方。然而，当药物溶解性与 CD 浓度呈非线性关系时（Rajewski 和 Stella，1996），或者能与另一个分子优先形成复合物，药物沉淀仍可能发生在稀释过程中。

尽管药物/CD 复合物通常具有比其离子对应物更高的稳定性（基于 $K$）（Loftsson 等，1993），但获得的总溶解度（游离电离药物+游离联合药物+电离药物复合物+联合药物复合物）通常会增加。与 CD 的络合和同时形成盐可以成功地应用于改善离子药物的性质，特别是用于增加其水中溶解度（$S_W$）。使用 CD 络合的形式可稳定化合物的性质，降低刺激作用，改善吸收速率和程度，并掩盖味道。与简单的二元复合物相比，同时实现络合和盐的形成将能获得更高的溶解度（Redenti 等，2000，2001）。

CD 络合与共溶剂的结合使用曾被广泛报道。20 世纪 90 年代初，人们认为共溶剂降低了 CD 的增溶能力。据报道，在 80%乙醇的存在下，睾酮与 HP-β-CD 的溶解度较低（Pitha 和 Hoshino，1992）。在 CD 水溶液中，加入丙二醇或乙醇会降低睾酮和布洛芬的溶解度（Loftsson

等，1993）。然而，也有报道称，聚合物可以提高 CD 的增溶能力。观察了 CD 和水溶性聚合物对萘普生增溶的协同作用（Faucci 和 Mura，2001）。水溶性聚合物提高了 CD 对萘普生的络合效果。羟丙基甲基纤维素（HPMC）可提高 CD 的增溶效果。在溶液存在 HPMC 的情况下，固体剂型所需的 CD 量显著降低（Savolainen 等，1998）。Li 等（1999）建立了一个数学模型来描述共溶剂和络合剂对氟菊酯增溶的联合作用。Nandi 等（2003）已经观察到，在含有 Trapposol HPB（HP-β-CD）的溶液中，在较低的 PEG 400 浓度（＜50%）下，观察到的溶解度明显大于预期的溶解度。在 PEG 400 浓度大于 60%的体系中，协同效应降低，可观察到接近理论值的溶解度。总的来说，PEG 400 和 HP-β-CD 在提高黄体酮在水中的溶解度方面表现出协同作用。对于含有 Captisol®的系统，在提高黄体酮的溶解度实验中，观察到的溶解度小于理论溶解度而没有体现协同作用。作者推测，CD 和 PEG 400 的协同作用可能是由水分子结构中氢键的额外断裂和偶极矩的减小所致。当 PEG 400 浓度≥50%时，协同效应减弱。

CD 在制剂中的应用决不限于肠外和溶液给药的溶液制剂。CD 和药物的固体分散体已被广泛研究（Nagarsenker 等，2000；Govindarajan 和 Nagarsenker，2005）。然而，由于 CD 的分子量大，这种方法通常适用于高活性药物。

评估静脉注射后 β-CD 和 HP-β-CD 的药动学（Frijlink 等，1990）。在永久性插管大鼠中，当剂量为 25 mg/kg、100 mg/kg 和 200 mg/kg 时，两种 CD 的血浆水平在注射后迅速下降。给药后 24 h 内，大部分通过尿液排出。没有证据表明静脉注射的 CD 有明显的代谢异常。Grosse 等（1999）研究了甲基-β-环糊精（MEBCD）和阿霉素（DOX）单独或联合给药后，家兔体内甲基-β-环糊精和阿霉素的药动学和组织浓度。结果表明，DOX 并没有改变 MEBCD 的药动学特性，但 MEBCD 显著降低了 DOX 的分布半衰期。组织测定结果表明，MEBCD 对 DOX 的心脏堆积无明显促进作用。

与此同时 CD 络合法也存在许多缺点，包括：①载体分子的结构与 CD 分子大小及 CD 空腔尺寸有严格的契合关系；②CD 在水中的溶解度有限，因而限制了该方法可达到的最大浓度；③如果结合常数 $K$ 过高，CD 可以显著改变吸收、分布、代谢和排泄/消除（ADME）参数，从而限制游离药物的吸收量（Miller 等，2006）。

### 7.3.4 表面活性剂和胶束

处方中使用表面活性剂主要有三个原因：①增加药物的润湿性，进而增加溶出度；②防止制剂中药物的析出；③通过胶束化增加药物溶解度。

胶束是在一定浓度下由两亲性或表面活性剂自发形成的胶体分散体，其分子由两个不同的区域组成，对给定溶剂（如水）具有相反的亲和力（Torchilin，2007）。当这些两亲化合物的浓度高于临界胶束浓度（CMC）时，就会形成胶束。它们由组装的疏水段的内核和亲水外壳组成，作为疏水核和外部水环境之间的稳定界面。胶束核内溶解难溶性的非极性药物分子，而极性分子可吸附在胶束表面，中间极性的物质沿表面活性剂分子分布在中间位置。

药物在表面活性剂水溶液中的总溶解度可以描述为：

$$S_t = S_w + k(C_s - C_{cmc}) \tag{7.5}$$

式中，$k$ 为胶束的增溶能力；$C_s$ 为表面活性剂浓度；$C_{cmc}$ 为表面活性剂的 CMC。通常，如果客体药物位于胶束的深处，$k$ 随烷基链长度的增加而增加（Kawakami 等，2004）。

表面活性剂胶束仅在其 CMC 之上形成，并且在稀释时迅速裂解，这可导致药物过早泄漏并发生沉淀。聚合物胶束通常比表面活性剂胶束稳定得多，表现出较低的 CMC 需求、较慢的解离速率和较长的负载药物时间（Kataoka 等，1993；Francis 等，2004；Gillies 和 Frechet，2004）。

胶束配方中常用的表面活性剂有两性表面活性剂（如卵磷脂）、非离子型表面活性剂（如聚山梨酯 80、Cremophor EL、Solutol HS 15、TPGS）、嵌段共聚物（如泊洛沙姆）或离子型表面活性剂（如十二烷基硫酸钠）。聚氧乙烯蓖麻油衍生物 Cremophor EL 是注射制剂中最常用的两亲性表面活性制剂，该表面活性剂在静脉注射时具有相对良好的耐受性，并且对水溶性差的化合物具有高溶解潜力。Van Zuylen 等（2001）曾对 Cremophor EL 的血浆药动学做了深刻的总结。聚山梨酯 80（聚氧乙烯脱水山梨糖醇单油酸酯）是另一种非离子型表面活性剂，常用于水溶性极小的化合物的注射制剂（例如亲脂性抗癌药）中。与 Cremophor EL 一样，在浓度大于临界胶束浓度时，聚山梨酯 80 将在溶液中呈现出胶束结构（Shokri 等，2001）。此外，聚山梨酯 80 在体外调节多药耐药性，并且是比 Cremophor EL 更有效的 P 糖蛋白（P-gp）抑制剂（Mountfield 等，2000）。另一个表面活性剂的例子是主要成分为 12-羟基硬脂酸的 PEG 660 酯的 HS 15。HS 15 对多种化合物具有很高的增溶潜力（Bittner 和 Mountfield，2002），但文献中缺乏有关其药动学特征的数据。D-α-生育酚聚乙二醇 1000 琥珀酸酯（TPGS）已被公认为是一种有效的口服吸收促进剂，可提高低吸收药物的生物利用度，并可作为脂质药物的载体。即使在低于 10 倍的 CMC 下，TPGS 也是引起主动外排的有效抑制剂，这表明单体 TPGS 能够抑制机体的外排机制。因此，TPGS 不仅通过增加溶解度的胶束形成并且通过抑制外排机制提高整体肠道通透性（Wu 和 Hopkins，1999）。总之，表面活性制剂成分的使用可适用于防止水溶性差的化合物注射时发生沉淀的情况。

胶束的制备方法往往有一定缺点，例如即使在相对较低的浓度下，表面活性剂的有关毒性也不可忽视。一般来说，非离子表面活性剂的毒性最小。Cremophor EL 在人和动物中会产生超敏反应（Jonkman- de Vries 等，1996）。聚山梨酯 80 也被认为会引起急性肝炎和肾功能衰竭（Uchegbu 和 Florence，1996）。静脉注射时，由于其表面活性，表面活性剂分子有可能穿透和破坏生物膜，并可能导致溶血（Ten Tije 等，2003）。通常胶束的吸收能力很小，增溶作用的范围也小。因此，经常需要高浓度的表面活性剂，以形成单相区域而提高容载空间。表面活性剂也可能改变共给药化合物的药动学行为，这主要是由相关胶束的热力学稳定性导致药物释放延迟所致。然而，胶束制剂的许多优点将它们独特地定位为最有用的药物传递系统之一。

有文献研究了胶束与共溶剂或络合作用的组合。总的来说，这种组合对难溶性化合物的增溶没有明显的协同作用，其效果取决于表面活性剂、络合剂和个别共溶剂的类型和浓度。Rao 等（2006）建立了一个数学模型，为表面活性剂和 CD 的联合使用提供定量依据。共溶剂的加入改变了表面活性剂分子间的相互作用以及溶液性质。在关于 Gelucire44/14（一种含 20%甘油单酯、甘油二酯和甘油三酯的半固态蜡状材料，PED 1500 的 72%单脂肪酸酯和二脂肪酸酯，8%游离 PEG 1500）和共溶剂对吲哚美辛和苯妥英增溶作用的研究中，Kawakami 等（2004）发现联合使用在溶解性方面的优势很小。十二烷基硫酸钠（SDS）、聚山梨酯 80 和共溶剂的组合也观察到类似的结果（Kawakami 等，2006）。

### 7.3.5　乳液和微乳液

与胶束不同，乳液是液体体系，其中一种液体通常是以液滴的形式分散在第二种不混溶的液体中，并加入乳化剂以稳定分散体系。常规乳液具有大于 200 nm 的液滴直径，因此呈现乳状的光学不透明的特性。常规乳液是热力学不稳定的，倾向于通过减少两相界面的总面积来降低它们的总自由能。相反，具有小于 100 nm 液滴直径的微乳液是光学透明且热力学稳定的。与需要输入大量能量的常规乳液不同，微乳液易于制备并且在混合时自发形成，施加很少甚至不施加机械能（Lawrence 和 Rees，2000）。

乳液，可以是油相分散在水相中，形成水包油（O/W）乳液；也可以是油相分散在水相中，形成油包水（W/O）乳液。对于难溶性药物，可将药物溶于油相中，并分散在水相中形成乳液。乳液中的总溶解度 $S_t$ 是水相和油相中浓度的总和（Strickley，2004）。乳液体系的总溶解度是水相中药物溶解度 $S_w$ 和油相中的溶解度之和，可以通过药物在纯油中的溶解度 $S_o$ 和 $f_o$ 的乘积求得：

$$S_t = S_w + S_o f_o \tag{7.6}$$

因此，对于具有良好油溶性的化合物，可以成功地使用基于乳液的系统，尤其是基于脂质的载体。

市售的肠外脂质乳剂，例如脂肪乳剂 Intralipid®，通常含有 10%～20%的油相，由长链或中链脂肪酸、卵磷脂和甘油组成。Intralipid®被批准用于肠外营养，并且在静脉给药时通常具有良好的耐受性（Li 等，1998）。因此，可以研究大量新候选药物，而无需进行密集和耗时的制剂开发。在通过防止共用药的亲脂性非电离化合物沉淀达到高剂量浓度方面，这些载体通常优于诸如 pH 调节、共溶剂和胶束等处方方法。

微乳液的形成通常涉及油、水、表面活性剂和辅助表面活性剂的组合。W/O 或 O/W 微乳液的趋势取决于油和表面活性剂、辅助表面活性剂、水油比和温度。非离子表面活性剂根据亲水-亲油平衡（HLB）的经验等级分类，其分类数值为 1～20。一般而言，W/O 微乳液是使用 HLB 值在 3～6 范围内的表面活性剂形成的，而 O/W 微乳液是使用 HLB 值在 8～18 范围内的表面活性剂形成的。辅助表面活性剂（通常是短链醇）的作用是通过渗透到表面活性剂膜中来增加界面流动性，从而由表面活性剂分子之间的空隙空间而产生无序膜（Leung 和 Shah，1989）。然而，并不是一定在微乳液体系中使用辅助表面活性剂。为了最大限度地溶解，希望在油和水之间的界面处具有大部分表面活性剂，而不是溶解在油相或水相中。增加界面面积也应增加溶解度。在 GIT 中药物释放后自发形成乳液呈现溶解形式的药物，并且小液滴尺寸为药物吸收提供了大的界面表面积。为了选择合适的自乳化微乳液载体，重要的是评估：①药物在各种组分中的溶解度；②相图中自乳化区域的面积；③自身乳化后的液滴尺寸分布（Kommuru 等，2001）。自乳化处方已经通过在水性介质中的简单分散测试以及粒度测量来评估自乳化制剂以定义所得分散体。然而，最近有人建议，需要额外评估脂质消化对脂质基制剂溶解能力的影响，以更准确地解释脂质基制剂的体内性能（Dahan 和 Hoffman，2006）。

微乳液的配制过程从建立伪三元相图开始。在对许多样品进行目视检查的基础上，将微乳液相确定为相图中获得清晰透明配方的区域。构建三元相图的一种常用方法是将两种组分视为单一组分，例如油和表面活性剂或表面活性剂和辅助表面活性剂。为了制备含药物的微乳液，采用以下方法：首先称量所需量的药物，然后溶解在适量的油相中。随后将含有药物的油相加入适量的表面活性剂和辅助表面活性剂混合物中（Constantinides 和 Scalart，1997）。

脂质乳剂对共给药化合物的药动学特性有显著影响。根据乳剂循环系统的时间、药物对油相的亲和力以及油滴的粒径，静脉内乳剂可能会影响所并入药物的药动学。除了上述因素之外，口服制剂的乳剂也可能通过体内的油成分消化来影响药物的药动学。Cuine 等（2007）报道，脂肪酶介导的消化对药物增溶有显著影响，脂质含量的降低（和表面活性剂含量的增加）导致药物沉淀增加。与这些数据一致的是当制剂中的脂质含量降低时，达那唑的生物利用度显著降低。

### 7.3.6　纳米混悬液

纳米混悬液是纯药物颗粒的亚微米胶体分散体，具有大的表面积以增强溶解。溶出速率取决于表面积和其他因素，可以用 Noyes-Whitney 方程表示：

$$\frac{\mathrm{d}C}{\mathrm{d}t}=\left(\frac{DS}{h}\right)(C_{\mathrm{s}}-C) \tag{7.7}$$

式中，$\mathrm{d}C/\mathrm{d}t$ 为溶出速率；$D$ 为扩散系数；$S$ 为表面积；$h$ 为扩散层厚度；$C_{\mathrm{s}}$ 为饱和溶液的浓度；$C$ 为药物在体积溶液中的浓度。

难溶性药物可以配制成具有高表面积和增强溶出速率的纳米颗粒，同时减少药物颗粒。将化合物加工成规定尺寸的小颗粒给药优于共溶剂制剂。在后一种情况下，从体外试验中很难控制或预测沉淀、沉淀的粒径和沉淀在体内的位置（Pannuti 等，1987）。假设药物颗粒呈近球形，颗粒尺寸从 10 μm 减小到 200 nm 会使药物表面积增加 50 倍，这可能对药物吸收产生深远影响。对于生物利用度受溶出速率限制的药物，粒径减小可以显著改善药物的 PK 性能（Liversidge 和 Cundy，1995）。

纳米粒子通常是通过湿法研磨、均质化或沉淀技术生产的（Liversidge 和 Cundy，1995；Merisko-Liversidge 等，2003；Douroumis 和 Fahr，2007）。纳米混悬液是热力学亚稳定的，颗粒容易再生长，因此表面稳定剂被用来保持颗粒尺寸。稳定剂种类和浓度的选择，促进粒径减小过程，生成物理稳定的处方。稳定剂能够润湿药物物质的表面并提供空间或离子屏障以防止纳米颗粒聚集。许多常用的药物赋形剂，如纤维素、破乳剂、聚山梨酯和聚维酮，是用于产生物理稳定的纳米颗粒分散体的可接受的稳定剂（Liversidge 和 Cundy，1995）。纤维素增加水的黏度并延缓悬浮药物的沉降，从而改善剂量均匀性。常用制剂包括含有分散剂如羟丙基纤维素 1%～3%的载体和表面活性剂如多库酯钠（DOSS）0.1%～1%的载体。

近年来，纳米混悬液技术广泛应用于口服、注射、吸入和体内注射（Merisko Liversidge 等，2003）。纳米混悬液技术应用于临床前阶段对难溶性药物进行各种筛选研究是非常有用的。由于该剂型处方不含高比例的赋形剂（共溶剂、表面活性剂），因此此类研究的结果可以更精确地与候选分子关联。运用该技术方法具有许多处方和临床运用的优点，例如相对简单的制备方法、较低的处方赋形剂要求、降低候选药物的毒性、显著提高生物利用度从而降低最佳剂量、降低顺应可变性等（Rabinow，2004；Wu 等，2004；Dubey，2006）。

其中，纳米混悬液的主要应用之一是可以配制静脉给药的药物组合物处方。静脉注射混悬液时，混悬液中的颗粒粒径必须小于 5 μm，因为这是人体内最小毛细血管的直径。静脉注射纳米混悬剂可能会有一些优点，例如没有更高浓度的有毒共溶剂，并且可以提高药物作为常规口服制剂的治疗效果。至今已有几种基于纳米悬浮原理运用的产品。

纳米混悬技术通常不适用于具有高 pH 依赖性溶解度的碱性化合物。当口服给药时，碱性药物的纳米颗粒可能在胃中迅速溶解，但仅在小肠中作为不受控制的颗粒沉淀出来，从而无法达到纳米化的目的（Peagram 等，2005）。由于晶体的生长，一些晶体倾向于团聚或增大粒径

（Neervannan，2006）。另一个缺点是并非所有化合物都能形成纳米悬浮液。

### 7.3.7 无定型固体分散体

药物的无定型状态缺乏有序结构并具有较高的自由能、热力学动力，这些特性导致无定型药物表现出极高的水溶性和溶出速率，最终可改善药物的口服吸收。但高自由能经常带来诸如物理和化学稳定性差的缺点。因此，单纯的无定型药物很少用于处方开发。为了利用无定型药物较好的溶解度和溶出速率，已经开发了许多无定型固体分散体（ASD）。ASD 是无定型药物在聚合物基质中的分散体。在给药时，形成过饱和溶液，因此穿过肠膜的通量大大增加。过饱和的持续时间可长达数小时，从而大大增强药物的吸收。ASD 技术不仅可在毒理研究中提供高药物的血浆暴露量，降低变异性，在临床研究中实现目标分子的有效传递（Verreck 和 Six，2003；Vandecruys 等，2007；Bikiaris，2011），还因此技术的应用衍生了许多成功的商业产品（Baghel 等，2016）。

聚合物是 ASD 中的关键组分，因为它们充当药物的载体并抑制剂型和体内结晶。通过在溶解期间保持无定型状态，当溶解度是吸收的限制因素时，药物可以实现过饱和并且可能具有更大的吸收。除了考虑体内性能之外，聚合物性质如玻璃化转变温度（$T_g$）、在有机溶剂中的溶解度和吸湿性是使 ASD 稳定和成功制备的关键考虑因素。通常运用在 ASD 的聚合物包括羟丙基甲基纤维素（HPMC）、乙酸琥珀酸羟丙基甲基纤维素（HPMC-AS）、邻苯二甲酸羟丙基甲基纤维素（HPMCP）、聚乙烯吡咯烷酮（PVP）、甲基丙烯酸酯-甲基丙烯酸共聚物（Eudragits）。除聚合物外，表面活性剂通常用作 ASD 中的增溶剂或乳化剂。应用表面活性剂的主要目的是增加药物的表观水溶性和生物利用度。ASD 中常用的表面活性剂包括维生素 E-TPGS、聚山梨酯 20、聚山梨酯 80、脱水山梨糖醇单硬脂酸酯 60/80（司盘 60/80）、聚氧乙烯 40 氢化蓖麻油（Cremophor RH 40）等。

与 Discovery 支持中描述的其他制剂方法相比，无定型固体分散体具有更高的复杂性，并且需要更多的资源用于体内研究的制剂开发和制备供应。文献中报道了各种无定型固体分散技术。在 Discovery 支持早期临床前研究中，制备方法通常包括溶剂浇铸、旋转蒸发、熔融、热熔挤出和喷雾干燥。

#### 7.3.7.1 溶剂浇铸/旋转蒸发

基于溶剂的 ASD 制剂能够进行分子水平混合，这对于提高产物的溶解度和稳定性是非常有优势的。固体载荷通常由 API/聚合物/表面活性剂在溶剂中的溶解度决定，通常为 5%～25%（质量分数）表示。该技术首先将 API 和制剂组分（聚合物、表面活性剂）溶解在药学上可接受的溶剂中，然后除去溶剂。对于溶剂浇铸，将溶液混合物涂布在模具——光滑小瓶或玻璃载玻片上，并使其在通风橱中干燥。干燥后，收集薄膜用于后续表征。通过旋转蒸发制备 ASD 对于药物开发的早期阶段（临床前阶段Ⅰ）是理想的。除去溶剂后，分离所得的 ASD，干燥并研磨至所需的粒度。通常采用在真空烘箱或盘式干燥器中的二次干燥来除去残留在最终 ASD 粉末中的溶剂。

旋转蒸发的主要优点是可以防止药物、表面活性剂和聚合物热分解，因为通常使用低温来蒸发有机溶剂。溶剂浇铸/旋转蒸发方法的挑战包括难以找到用于药物物质、表面活性剂和聚合物的合适溶剂系统，并且缓慢的溶剂去除速率经常导致药物-聚合物相分离。

旋转蒸发用于在早期筛选期间使用毫克量的材料快速制备大量样品。小样品可以快速进行更大、更全面的筛选，同时仍然为有意义的表征提供足够的材料。然后可以在更大规模上制备潜在的处方制剂用于进一步评估，包括物理和化学稳定性研究、体外释放表征和动物体外研究（Padden 等，2011）。

#### 7.3.7.2　喷雾干燥

通过喷雾干燥制备 ASD 也可以通过首先将药物和制剂组分（聚合物、表面活性剂）溶解在药学上可接受的溶剂中的方式来进行。进料溶液中的总固体载量通常为 5%～25%（质量分数），这通常由 API /聚合物/表面活性剂溶解度以及溶液的黏度决定。喷雾干燥的其中一个步骤是将溶液转化为干粉。溶剂的蒸发在喷雾干燥中以非常快的速率发生，致使药液黏度突然升高，这导致药物分子在聚合物基质中被截留（Araujo 等，2010）。因为溶剂蒸发时间非常快（大约几秒），喷雾干燥对于制备热稳定性差的化合物的 ASD 特别有利。水溶性差的药物可喷雾干燥成非常小的颗粒，前提是它们可溶于适于喷雾干燥的某些溶剂中。在研发的早期阶段采用喷雾干燥的方式带来的挑战包括由喷雾干燥所得粉末固有的小粒径而导致的流动性和压缩性差。此外，目前可用的实验室规模的喷雾干燥器的产量很低，并且通常不能用于高于毫克至克级产量的材料（Padden 等，2011）。

#### 7.3.7.3　熔融/热熔挤出

用于 ASD 制备的融熔方法是加热药物、表面活性剂和聚合物的物理混合物以形成熔融混合物，然后在剧烈搅拌下冷却和固化。热熔挤出方法是熔融方法的现代版本，其中由挤出机引起组分的强烈混合。与传统的熔融方法相比，热熔挤出提供了将熔融的药物-聚合物混合物制成植入物、颗粒或口服剂型的潜力（Patil 等，2016）。该方法需要药物和聚合物在熔融状态下完全混溶。热熔挤出在加工热敏性和/或高熔点药物的能力方面受到限制，并且不适用于临床前开发所需的小批量（mg 至 g）生产。

ASD 本质上是亚稳态系统。必须仔细评估固体分散体配方的化学和物理稳定性，以确保其具有足够的处理和储存特性，以用于所需的研究（Six 等，2004；Vandecruys 等，2007；Qian 等，2010）。表征应包括在水介质中分析固体形式和体外 API 释放。表征 ASD 的许多方法中，通常使用偏振光显微镜（PLM）、X 射线粉末衍射（PXRD）、热重分析（TGA）和差式扫描量热分析（DSC）。动态蒸汽吸附（DVS）、固态 NMR 光谱、拉曼光谱、红外光谱和等温微量量热法也广泛用于 ASD 表征。

ASD 药物释放试验的一种简单方法是在不断搅拌的情况下，将已知质量的物质转移到已知体积的生物相关溶解介质（例如模拟的胃/肠液）中。测量溶液浓度对时间的函数，来拟合药物的浓度对时间的释放曲线。当溶液浓度明显超过 API 在特定介质中的溶解度时，应以测试 ASD 实现和保持过饱和度的能力。

ASD 的加速稳定性研究应在极端条件下进行（例如在 40℃/75% RH、60℃/75% RH 等条件下开放式放样），以了解 ASD 的物理稳定性和赋形剂存在时化学反应性增加的风险。此外，无定型固体相关的物理和化学不稳定性的风险也可能在长期稳定性考察中增加（Baghel 等，2016）。

## 7.4　不同研究阶段的制剂考虑

### 7.4.1　体内 PK 研究阶段的制剂开发

当发现药物有体外活性时，合成类似化合物以探索化合物结构家族的构效关系（SAR），最大化其活性作用，并克服药动学难题。由于这些化合物是通过体外筛选得到的，所以必须在体内测试所选化合物的药动学特性，以评估体外数据预测体内性能的好坏。

研究者期望全面了解候选药物研究期间的理化性质、生物药剂学分类（BCS）和所需给药途径，然而在先导化合物研究阶段，有限的药物供应量、周转时间短、缺乏理化表征及不利的药物特性都是药物处方所面对的主要挑战。

为了能够对发现的一系列化合物进行排序，需要确定特定化合物系列的标准载体。在早期阶段，最好将溶液处方用于 PK 筛选研究，因为使用溶液处方可以避免由于不同晶体和粒径的溶出速率不同而导致 PK 结果的变化，并为每种化合物提供最佳性能。最常用的方法包括调节酸碱度、共溶剂、络合、油溶及使用表面活性剂。

如果在化合物 PK 筛选研究中采用混悬剂的形式，在对化合物排序之前，了解固态形式对 PK 性能的影响是非常重要的。如果有 100 mg API 可用，建议在进行体内 PK 筛选研究时，保留至少 5 mg 药物，以进行可能的固态形式评估。如果混悬剂处方中的化合物具有良好的 PK 结果，则应通过 X 射线粉末衍射（PXRD）、差示扫描量热分析（DSC）和热重分析（TGA）评估该化合物的固态形式，以了解该化合物高暴露量是否来自结晶无水物、溶剂化物/水合物或无定型物质。如果分子的较高 PK 暴露是使用可溶性更好的无定型物质的结果，则需要使用相同化合物的结晶材料进行重复 PK 研究。只有这样，一系列化合物的排序才有意义。在这个早期阶段，大多数结晶材料可以通过在不同溶剂中沉淀无定型材料获得。如果悬浮液配方中的化合物不能提供足够的暴露，则不需要对这些化合物进行固态表征。

在进行任何实际实验之前，可首先利用先进化学开发公司的 ACDLabs 或其他软件计算该化合物的溶解度、p$K_a$ 和 lg$P$，以评估该化合物在制剂开发中的难度。Glomme 等（2005）比较了摇瓶法和软件计算产生的溶解度，发现计算理论溶解度数据似乎足以对溶解度进行首次估算。lg$P$ 值有助于我们了解难溶性是由其高疏水性还是结晶性引起的，因此，可以选择合适的增溶工具来提高溶解性。对于高度疏水性的化合物，可以使用中链（甘油单酯、甘油二酯）和长链甘油三酯、表面活性剂和油来提高溶解度。如果化合物的水溶性差是由高结晶度和高熔点引起的，则通过选择非晶态形式（如非晶态固体分散体）或转换为更多可溶盐来改变结晶度可以增加溶解性。

通过外加例如 75% PG 和 25%维生素 E TPGS、100% PE G400 和 50% 聚山梨酯 80、50% Imwitor 742 的方法可用于这一阶段研究。这种方法的优点是增加的这些处方成分通常没有太高的活性，而大部分的化合物又能溶解在这些载体中，并可用于迅速筛选。但是这类处方通常只适合于单剂量或短期使用。大鼠是这类处方的最为常用的受试动物。

通常，在首次体内药动学筛选中，静脉和经口制剂均给予啮齿类动物种属，主要是大鼠。如果可能，静脉和经口组应使用相同处方的制剂。尽管在发现阶段最好使用低容量、高浓度的共溶剂制剂以增加溶解度，从而增加给药量，但静脉给药时确实会增加溶血和组织刺激的风险。因此，需要采取预防措施，不要超过共溶剂的致毒水平。

### 7.4.2 评估疗效的临床前药理学研究阶段的制剂开发

早期疗效研究的主要目的是使用已知与目标受体相互作用的化合物验证药理学模型，并建立药动学-药效学（PK-PD）关系，以便对候选的先导化合物进行进一步的筛选与优化（Neervannan，2006）。在这过程中，选用对测定终点无干扰的辅料作为溶剂的辅料至关重要，尤其是对于那些在临床上尚未有有效药物验证的疾病动物模型。在这种情况下，在研究中应使用溶剂作为阴性对照。

在开始处方开发之前，必须考虑一些关键因素，如化合物的物理化学性质、作用时间、研究持续时间和给药途径。获得这种初步疗效评价的最简单方法可能是使用溶液制剂，而不是悬浮液，因为溶液制剂可以消除药物终点的溶解影响，并且通常可体现化合物的最佳性能，因此能够对一系列化合物的活性进行排序。

处方开发策略不仅取决于物理化学性质，还取决于作用持续时间和所需的给药途径。对于典型的口服给药，制剂策略类似于体内 PK 筛选的制剂策略。在早期研究中使用过饱和溶液是常见的。但是，应充分了解过饱和系统的物理和化学稳定性，因为所提供的信息将有助于制剂研究员决定是否需要每天、每周或每月制备处方。通常，应考虑使用成核抑制剂以改善过饱和溶液的稳定性，药物聚合物、络合剂和表面活性剂已被广泛用于改善饱和溶液的稳定性（Brewster 等，2007）。

### 7.4.3　PK 分析和生物药剂学评估阶段的制剂开发

在这一阶段，处方研究员的目标是通过了解候选化合物的关键物理化学性质和其他可能影响药物传递和药物暴露量的因素来支持候选化合物的筛选。精心设计和全面执行处方支持工作有助于筛选具有适当物理化学性质的候选化合物，从而确保该化合物适用于开发为药物。口服给药后，血浆暴露量不足，往往导致需寻找新的或改良的化合物，这个过程通常和识别化合物中引起低暴露量的不良特性结合。

在这个阶段，必须将制剂开发视为化合物到药物产品之间的接口（Chassagneux，2004）。对于大多数药物来说，它们最终将被开发为固体剂型，用于口服给药，因此通常需要使用悬浮液制剂获得该药物在动物血浆暴露的初始数据，以获得对该化合物成药性开发前景的信息。这对于预期剂量水溶性低的化合物尤其重要。如果可能，混悬剂给药应使用热力学最稳定的晶体材料，因为难溶性化合物的最稳定形式通常可使药物在动物实验中的最差情况暴露。不幸的是，大多数化合物的结晶形式在这个阶段可能还没有最终确定。由于结晶形式或粒度的批间差异，通常会看到不同的 PK 结果。关于悬浮液制剂中使用的晶体形式和粒度的记录将有助于更好地理解溶解度和溶出速率对 PK 结果的影响。因此，应评估固体药物物质的溶解度和溶出速率对口服药物吸收的速率和程度的影响，并与口服溶液（或作为动物的静脉注射）后的吸收进行比较。

如果吸收受溶解度所限，应采用制剂增溶技术。使用非晶态等亚稳态形式不仅可以增加溶解性，而且还可以提高溶出速率，而且化合物的非晶态和结晶形式之间的表观溶解度差异可以是多个数量级。使用非晶态材料的缺点是存在从非晶态材料向晶态材料转化的风险。在选择非晶型开始进一步研究之前，必须对其物理稳定性进行全面研究。对于溶解性限制的吸收，粒径减小不会产生增加血浆暴露的预期效果。相反，对于吸收受溶出速率限制的，可以通过改变处方增加溶出速率，例如固体药物的粒径减小或在可电离化合物的情况下使其成盐，都会对药物吸收速率和程度产生深远的影响。对于溶液制剂，可最终开发为液体填充或软凝胶胶囊制剂，这可能是减少药物溶出的一种选择；但在该过程中，全面评价溶液制剂的物理和化学稳定性特征至关重要。一旦获得了水不溶性化合物的混悬液和溶液制剂的药动学参数，就可以对制剂方法进行评估。这些制剂方法将为未来上市的制剂奠定基础。因此，一个适当的 PK 研究设计可以提供有价值的信息，这对于与生物利用度有关的溶解度的开发风险评估至关重要。不同处方的偏向性将会给出不同的指示。表 7.1 总结了拟定用于动物 PK 研究的四级制剂方法及其对未来上市制剂开发的启示（Huang 和 Tong，2004）。例如，如果该化合物在悬浮液制剂中有合理的 PK 血浆暴露，传统的固体剂量制剂（片剂或胶囊）可能是一种可行的方法。另一方面，如果一个难溶性化合物，尽管已使用溶液制剂技术开发，仍呈现出较差的生物利用度，那么要将其开发为传统的固体剂型难度将非常大。

**表 7.1　PK 研究中的分级制剂方法及其对未来制剂开发的启示**

| 层级 | 制剂方法 | 对未来制剂开发的启示 |
| --- | --- | --- |
| 1 | 悬浮液（结晶度和颗粒尺寸监测） | • 常规剂型（胶囊和片剂） |
| 2 | pH 调节溶液 | • 常规剂型：成盐<br>• 最优情况：通过成盐法实现增溶 |
| 3 | 非水溶剂（如 PEG 400 和 PG） | • 非常规剂型，如软胶囊 |
| 4 | 自乳化脂基体系/微乳液 | • 非常规剂型，如软胶囊<br>• 对于溶解性限制吸收的药物，许多药物在低剂量时会降低生物利用度（药物分配到胶束中，导致“游离”药物的浓度较低） |
| 5 | 纳米乳 | • 最优情况：常规剂型 |

来源：Huang LF，Tong WQ. Adv. Drug Deliv.Rev,2004,56：321-334.

如前所述，难溶性化合物的口服生物利用度受所用配方的影响很大。从专业角度来看，不同的溶液配方可能会对动物暴露量产生显著的影响。Quest Pharmaceutical Services 的一个例子表明，三种制剂[甲基纤维素（MC）悬浮液、PEG 400 溶液、甘油基和 PEG 酯]，大鼠口服给药，MC 悬浮液和 PEG 400 溶液的全身暴露量非常低，而甘油基和 PEG 酯载体的生物利用度比悬浮液或 PEG 溶液大约高 7 倍（Aungst，2006）。显然，溶于上述溶剂的化合物在进入胃肠道被稀释后，会不同程度地析出。这也常常会导致口服生物利用度研究的结果非常混乱。因此，在处方选择过程中，必须对溶液处方进行沉淀析出研究，以了解处方的体内行为。否则，根据最初的动物药动学结果，原本很有前景的化合物，可能会因为溶解性较差而被淘汰。胃肠道中制剂的沉淀析出行为可以通过体外模拟方法如模拟人工介质[SGF/SIF/FASIF/FESSIFP（Johnson 等，2003）]进行评价。通常，沉淀析出研究即是指通过将 1～9 份 SGF/SIF 加入 1 份制剂中，充分混合然后监测沉淀析出行为。若制剂在稀释后显示为澄清溶液，则可以用于后续研究。如果所有比例稀释后均显示沉淀，则可根据沉淀的行为来选择处方，例如从稀释开始到发生沉淀的时间，以及沉淀的固态形式和粒径进行选择。

在此阶段，更精确地测定化合物水中溶解度对于设计合适的制剂处方显得尤为重要。理想情况下，这些溶解度测量应从固体化合物（最好是晶体化合物）开始，并且实验应持续足够长的时间，直到达到平衡。

如采用比格犬作为受试动物，制剂研究员应该意识到，在测试弱碱化合物的情况下，作为非基底分泌物种，与人胃 pH 相比，犬胃的 pH 显然更高。在给药前 1 h 用五肽胃泌素[一种激素胃酸分泌刺激剂，pH＜2（Akomoto，2000）] 6 mg/kg 肌内注射对犬进行预处理，应在给药后 0.5～1.5 h 内降低 pH（Timpe 和 Forschung 2007）。

在本章我们暂不讨论化合物渗透性，但是渗透性不好其实是可明显影响药物吸收的。因此，假如当几种不同的溶液处方均不能使药物在动物体内充分暴露，那么可能就需要考虑其他导致药物生物利用度差的因素了，如渗透限制、流出和代谢。

### 7.4.4　初步毒理学研究阶段的制剂

在选择候选物之前，评估化合物的初步毒理学是化合物分析的重要部分。早期毒理学研究的主要目标是找到在一种或多种啮齿动物或非啮齿动物物种中产生毒性的剂量。该研究的好处是可在关注的动物种属中有效地了解到化合物的药动学行为以及理化性质。然而，该研究也对制剂带来很大的挑战，因为研究所需的最高毒理学剂量可能比 $ED_{50}$ 剂量大两个数量级，且需在化合物不引起不良反应的前提下，剂量要增至 FDA 推荐的最大值 2 g/kg。

为了避免长期研究中辅料可能对药物产生干扰，在试验时应首选含表面活性剂水平大于临界胶束浓度（CMC）的混悬液给药，并进行 pH 调节（例如，0.5%～1% HPMC 或甲基纤维素和 0.1% 聚山梨酯 80，碱调节至 pH 2～4，酸调节至 pH 7～9）。该方法提供了多种增溶技术，在溶解度极低的情况下，由于 HPMC 存在，化合物仍可以混悬液形式充分分散在介质中。由于毒理学研究通常包括广泛的剂量范围，因此在研究中，低制剂与高剂量组均以相同的配方配制给药，较低剂量组，化合物可以溶液形式给药，而在较高剂量组，化合物则以混悬液形式给药。由于混悬液在胃肠道中溶解度较差及溶解不充分，在试验时，混悬液制剂的体内暴露量通常不能按给药剂量成比例地增加。为克服平台效应（暴露量不随剂量增加而增加），处方开发的目标就是通过提高处方技术的溶解度，使药物分子在体内可最大化地暴露。在早期毒理学研究中，如使用了不合适的配方方法，很可能因为化合物的生物利用度较低导致暴露量不足，错误地低估了药物毒性。

在开发用于药物毒理学研究的制剂配方时，应尽可能让配方贴近临床制剂，如果可以的话，最好能直接用最终的临床制剂作为毒理学研究的研究试药。由于毒理学研究中需要用到较高的给药剂量，毒理学研究的制剂处方中通常富含临床上研究中无法使用的有机溶剂（参见本章的溶剂部分）。因此在毒理学研究前，研究者通常会平行开发几种可替代的制剂处方和不同的制剂方法，来确保给药时可覆盖高剂量组。为更好地优选合适的制剂处方，一般可在体外溶出试验的同时，平衡开展动物体内药动学筛选实验。

Gad 等（2016）通过多种途径总结了 368 项多物种（如犬、灵长类、大鼠、小鼠、兔、豚鼠、小型猪、鸡胚和猫）研究中使用的 65 种单组分载体的最大耐受量的综合信息，可为毒理学研究中制剂处方开发提供很好的参考资料。

### 7.4.5　临床前研究阶段的制剂开发

表 7.2 列出了临床前研究阶段中常用的制剂处方。

**表 7.2　临床前研究阶段中使用的典型处方**

| 口服 | 静脉注射 |
|---|---|
| • 调节 pH 的水（碱为 2～4，酸为 7～9）① | • 含 20% 羟丙基-β-环糊精，调节/不调节 pH 4～9① |
| • 调节/不调节 pH 的 20%的羟丙基-β-环糊精 | • 含 40% Captisol（磺丁基醚-β-环糊精），调节/不调节 pH 4～9① |
| • 调节/不调节 pH 的 40% Captisol®（磺丁基醚-β-环糊精） | • 10%聚氧乙烯蓖麻油，10%乙醇① |
| • 10%聚氧乙烯蓖麻油，10%乙醇① | • 100% 二甲基亚砜：只用于单剂量① |
| • 10%聚氧乙烯蓖麻油，含 5%的聚山梨酯 80 | • 10%二甲基乙酰胺，10%乙醇，20%丙二醇，只用于单剂量① |
| • 10%二甲基乙酰胺，10%乙醇，20%丙二醇① | • 20% 脂肪乳剂含 5%～10% 大豆油、1%～3% 大豆或蛋黄卵磷脂和缓冲液① |

续表

| 口服 | 静脉注射 |
|---|---|
| • 100%聚乙二醇 400 | • 达 10%的 Solutol HS 15 |
| • 40%聚乙二醇 400，10%乙醇① | • 达 50%的丙二醇 |
| • 20%聚乙二醇 400，10%聚氧乙烯蓖麻油，10%乙醇（不同的加入次序）① | • 达 50%的聚乙二醇 300 |
| • 0.5%～2%纤维素衍生物（甲基、羟丙基甲基、羟丙基和羧甲基），含 10% 聚山梨酯 80，调节/不调节 pH① | • 达 50%的聚乙二醇 400① |
| • 10%～50% 二甲基亚砜① | • 达 40%的 *N*-甲基吡咯烷酮① |
| • 含 25% 丙二醇、20%维生素 E TPGS 的聚乙二醇 400 | • 达 40%的甘油① |
| • 25% 维生素 E TPGS 和 75%丙二醇 | • 达 15%的泊洛沙姆① |
| • 50%硬脂酸甘油酯 742 和 50%聚山梨酯 80 | • 达 40%的二甲基异山梨醇① |
| • 含/不含表面活性剂的玉米油、大豆油或芝麻油 | • 纳米混悬剂（90%粒径 ＜1 μm）含 1%～1.5% 羟丙基纤维素（SL）和 0.05%～0.1%多库酯钠（0.1%聚山梨酯 80 或 0.1%十二烷基硫酸钠可替代多库酯钠）① |
| • 油混悬液：玉米油、芝麻油、大豆油，含表面活性剂 30% | |
| • 30%Solutol HS 15（聚乙二醇/羟基硬脂酸酯）水溶液（质量分数）① | |
| • 20% Solutol HS 15，30%聚乙二醇 400，有/无 pH 调节剂或有/无表面活性剂 | |
| • 10%二甲基乙酰胺，20% 丙二醇，40% 聚乙二醇 400① | |
| • 含 5%聚乙二醇月桂酸甘油酯的聚乙二醇 400① | |
| • 含 10% 聚山梨酯 80 或 10% 泊洛沙姆 | |
| • 20% 维生素 E TPGS，60%聚乙二醇 400，5%聚乙烯吡咯烷酮 | |
| • 研磨/纳米混悬 | |

① Neervannan S. Drug Metab.Toxicol.，2006，715-731.

注：所有配方数量足以满足含水成分的体积要求（辅料为 100%的情况除外）。所有经静脉给药的载体也可经腹腔给药。

## 7.4.6　动物种类和给药途径的考虑

由于在化合物不同评估阶段会使用不同的动物种类，因此必须了解各种动物和给药途径的局限性。表 7.3 列出了不同动物种类通过不同给药途径的典型给药剂量。

**表 7.3　不同动物种类通过不同给药途径的典型给药剂量**

| 动物种类 | 标称体重/kg | 给药途径 | 理想剂量 | |
|---|---|---|---|---|
| | | | /（mL/kg） | /mL |
| 大鼠 | 0.25 | 口服 | 10 | 2.5 |
| | | 静脉注射（推注）① | 5 | 1.25 |
| | | 静脉注射（慢注）② | 20 | 5 |
| | | 腹腔注射 | 10 | 2.5 |
| | | 皮下注射 | 5 | 1.25 |
| 小鼠 | 0.025 | 口服 | 10 | 0.25 |
| | | 静脉注射（推注）① | 5 | 1.25 |
| | | 静脉注射（慢注）② | 25 | 0.625 |
| | | 腹腔注射 | 10 | 0.25 |

续表

| 动物种类 | 标称体重/kg | 给药途径 | 理想剂量 | |
|---|---|---|---|---|
| | | | /( mL/kg ) | /mL |
| 犬 | 10 | 皮下注射 | 5 | 0.125 |
| | | 口服 | 5 | 50 |
| | | 静脉注射（推注）① | 1 | 10 |
| | | 静脉注射（慢注）② | 5 | 50 |
| | | 腹腔注射 | 1 | 10 |
| | | 皮下注射 | 1 | 10 |
| 猴 | | 口服 | 5 | 20 |
| | | 静脉注射（推注）① | 1 | 4 |
| | | 腹腔注射 | 3 | 12 |
| | | 皮下注射 | 1 | 4 |

① 静脉推注定义是在短时内（≤1 min）完成给药。

② 静脉慢注定义为在 5～10 min 内完成给药。

来源：Diehl K H Hull R，Morton D，et al. J.Appl.Toxicol.，2001，21：15-23.

Neervannan　S. Drug Metab.Toxicol.，2006，2：715-713.

### 7.4.7　处方稳定性和表征

对于要从胃肠道吸收的药物，在转运过程中制剂量必须溶解或溶解在胃肠液中；因此，化合物必须在胃肠液中至少稳定 24 h。一般地，在早期阶段，需要检查化合物在模拟肠液以及有和没有光保护的模拟胃液中的 24 h 化学稳定性，以确定产生的活性或 PK 分布是由化合物本身而不是降解产物所产生的。一旦有充足的药物供应，就应对所有为体内研究开发的制剂配方进行化学稳定性研究。稳定性研究的持续时间应涵盖预期动物研究的持续时间。在毒理学、生物学及药量学研究阶段，给药制剂一般均是当天配制的；不稳定性问题的解决则有待于后期通过更多的实验室的制剂处方的密集开发和/或盐基的筛选来解决。

充分表征悬浮液的理化性质，对准确解释 PK 数据具有重要意义。药物物质的典型特征包括纯度、残留溶剂、水溶性曲线（pH 2、FaSSIF）、结晶度（XRPD/DSC）、粒径、p$K_a$和 lg$P$。对于在发现研究的各个阶段的溶液配方，剂量分析至关重要，对于疗效评估和毒理学研究，化学稳定性研究也是必不可少的。对于混悬液制剂，可使用光学显微镜测定粒度和结晶度的均匀度。对于长期研究，如有效性评估或毒理学研究，需要监测化学稳定性和物理稳定性（晶型转换）。

## 参考文献


Akomoto, M., N. Furuya, A. Fukushima, K. Higuchi, F. Shohei, and T. Suwa (2000). Gastric pH profiles of beagle dogs and their use as an alternative to human testing. *Eur. J. Pharm. Biopharm.*, 49: 99–102.

Alibrandi, G., S. Coppolino, N. Micali, and A. Villari (2001). Variable pH kinetics: An easy determination of pH-rate profile. *J. Pharm. Sci.*, 90: 270–274.

Alvarez-Nunez, F. A. and S. H. Yalkowsky (1999). Buffer capacity and precipitation control of pH solubilized phenytoin formulations. *Int. J. Pharm.*, 185: 45–49.

Amidon, G. L., H. Lennernas, V. P. Shah, and J. R. Crison (1995). A theoretical basis for a biopharmaceutic drug classification: the correlation of *in vitro* drug product dissolution and *in vivo* bioavailability. *Pharm. Res.*, 12: 413–420.

Araujo, R., C. Teixeira, and L. Freitas (2010). The preparation of ternary solid dispersions of an herbal drug via spray drying of liquid feed. *Dry Technol.*, 28: 412–421.

Aungst, B. J. (2006). Optimising oral bioavailability of pharmaceutical leads. *AAPS Newsmagazine*, 9: 14–47.

Baghel, S., H. Cathcart, and N. J. O'Reilly (2016). Polymeric amorphous solid dispersions: A review of amorphization, crystallization, stabilization, solid-state characterization, and aqueous solubilization of Biopharmaceutical Classification System class II drugs. *J. Pharm. Sci.*, 105(9): 2527–2544.

Balbach, S. and C. Korn (2004). Pharmaceutical evaluation of early development candidates "the 100 mg-approach." *Int. J. Pharm.*, 275: 1–12.

Bikiaris, D. N. (2011). Solid dispersions, part I: Recent evolutions and future opportunities in manufacturing methods for dissolution rate enhancement of poorly water-soluble drugs. *Exp. Opin. Drug Deliv.*, 8(11): 1501–1519.

Bittner, B. and R. J. Mountfield (2002). Intravenous administration of poorly soluble new drug entities in early drug discovery: The potential impact of formulation on pharmacokinetic parameters. *Curr. Opin. Drug Disc. Dev.*, 5: 59–71.

Brewster, M., C. Mackie, M. Noppe, A. Lampo, and T. Loftsson (2007). The use of solubilizing excipients and approaches to generate toxicology vehicles for contemporary drug pipelines. In P. Augustijns and M. Brewster (Eds.), *Solvent Systems and Their Selection in Pharmaceutics and Biopharmaceutics*, New York: Springer, pp. 221–256.

Challa, R., A. Ahuja, J. Ali, and R. Khar (2005). Cyclodextrins in drug delivery: An updated review. *AAPS Pharm. Sci. Tech.*, 6: E329–E357.

Chassagneux, E. (2004). Preformulation and formulation development as tools for a good balance between time constraints and risks. *Business Briefing: Pharm Tech.*, 2004: 1–4.

Chaubal, M. V. (2004). Application of formulation technologies in lead candidate selection and optimization. *Drug Discov. Today*, 9: 603–609.

Chen, X.-Q., M. D. Antman, C. Gesenberg, and O. S. Gudmundsson (2006). Discovery pharmaceutics—Challenges and opportunities. *AAPS J.*, 8: E402–E408.

Constantinides, P. P. and J.-P. Scalart (1997). Formulation and physical characterization of water-in-oil microemulsions containing long- versus medium-chain glycerides. *Int. J. Pharm.*, 158: 57–68.

Cuine, J. F., W. N. Charman, C. W. Pouton, G. A. Edwards, and C. J. H. Porter (2007). Increasing the proportional content of surfactant (Cremophor EL) relative to lipid in self-emulsifying lipid-based formulations of Danazol reduces oral bioavailability in beagle dogs. *Pharm. Res.*, 24: 748–757.

Dahan, A. and A. Hoffman (2006). Use of a dynamic *in vitro* lipolysis model to rationalize oral formulation development for poor water-soluble drugs: Correlation with *in vivo* data and the relationship to intra-enterocyte processes in rats. *Pharm. Res.*, 23: 2165–2174.

Diehl, K.-H., R. Hull, D. Morton, R. Pfister, Y. Rabemampianina, D. Smith, J.-M. Vidal, and C. van de Vorstenbosch (2001). A good practice guide to the administration of substances and removal of blood, including routes and volumes. *J. Appl. Toxicol.*, 21: 15–23.

Douroumis, D. and A. Fahr (2007). Stable carbamazepine colloidal systems using the cosolvent technique. *Eur. J. Pharm. Sci.*, 30: 367–374.

Dubey, R. (2006). Impact of nanosuspension technology on drug discovery & development. *Drug Deliv. Tech.*, 6: 65, 67–71.

Faucci, M. T. and P. Mura (2001). Effect of water-soluble polymers on naproxen complexation with natural and chemically modified β-cyclodextrins. *Drug Dev. Ind. Pharm.*, 27: 909–917.

Francis, M. F., M. Cristea, and F. M. Winnik (2004). Polymeric micelles for oral drug delivery: Why and how. *Pure Appl. Chem.*, 76: 1321–1335.

Frijlink, H. W., J. Visser, N. R. Hefting, R. Oosting, D. K. F. Meijer, and C. F. Lerk (1990). The pharmacokinetics of β-cyclodextrin and hydroxypropyl-β-cyclodextrin in the rat. *Pharm. Res.*, 7: 1248–1252.

Gad, S. C., C. B. Spainhour, C. Shoemake, D. R. S. Pallman, A. Stricker-Krongrad, P. A. Downing, R. E. Seals, L. A. Eagle, K. Polhamus, and J. Daly (2016). Tolerable levels of nonclinical vehicles and formulations used in studies by multiple routes in multiple species with notes on methods to improve utility. *Int. J. Toxicol.*, 25: 499–521.

Gardner, C. R., C. T. Walsh, and O. Almarsson (2004). Drugs as materials: Valuing physical form in drug discovery. *Nat. Rev. Drug Discov.*, 3: 926–934.

Gillies, E. R. and J. M. J. Fréchet (2004). Development of acid-sensitive copolymer micelles for drug delivery. *Pure Appl. Chem.*, 76: 1295–1307.

Glomme, A., J. Marz, and J. B. Dressman (2005). Comparison of a miniaturized shake-flask solubility method with automated potentiometric acid/base titrations and calculated solubilities. *J. Pharm. Sci.*, 94: 1–16.

Govindarajan, R. and M. S. Nagarsenker (2005). Formulation studies and *in vivo* evaluation of a flurbiprofen-hydroxypropyl β-cyclodextrin system. *Pharm. Dev. Technol.*, 10: 105–114.
Grosse, P. Y., F. Bresolle, P. Rouanet, J. M. Joulia, and F. Pinguet (1999). Methyl-β-cyclodextrin and doxorubicin pharmacokinetics and tissue concentrations following bolus injection of these drugs alone or together in the rabbit. *Int. J. Pharm.*, 180: 215–223.
Huang, L. F. and W. Q. Tong (2004). Impact of solid state properties on developability assessment of drug candidates. *Adv. Drug Deliv. Rev.*, 56: 321–334.
Irie, T. and K. Uekama (1997). Pharmaceutical applications of cyclodextrins. 3. Toxicological issues and safety evaluation. *J. Pharm. Sci.*, 86: 147–162.
Johnson, J. L. H., Y. He, and S. H. Yalkowsky (2003). Prediction of precipitation-induced phlebitis: A statistical validation of an *in vitro* model. *J. Pharm. Sci.*, 92: 1574–1581.
Jonkman-de Vries, J. D., K. P. Flora, A. Bult, and J. H. Beijnen (1996). Pharmaceutical development (investigational) anticancer agents for parenteral use—A review. *Drug Dev. Ind. Pharm.*, 22: 475–494.
Kataoka, K., G. S. Kwon, M. Yokoyama, T. Okano, and Y. Sakurai (1993). Block copolymer micelles as vehicles for drug delivery. *J. Control. Release*, 24: 119–132.
Kawakami, K., K. Miyoshi, and Y. Ida (2004). Solubilization behavior of poorly soluble drugs with combined use of gelucire 44/14 and cosolvent. *J. Pharm. Sci.*, 93: 1471–1479.
Kawakami, K., N. Oda, K. Miyoshi, T. Funaki, and Y. Ida (2006). Solubilization behavior of a poorly soluble drug under combined use of surfactants and cosolvents. *Eur. J. Pharm. Sci.*, 28: 7–14.
Kerns, E. H. and L. Di (2002). Multivariate pharmaceutical profiling for drug discovery. *Curr. Top. Med. Chem.*, 2: 87–98.
Kommuru, T. R., B. Gurley, M. A. Khan, and I. K. Reddy (2001). Self-emulsifying drug delivery systems (SEDDS) of coenzyme Q10: formulation development and bioavailability assessment. *Int. J. Pharm.*, 212: 233–246.
Krzyzaniak, J. F., D. M. Raymond, and S. H. Yalkowsky (1997). Lysis of human red blood cells 2: Effect of contact time on cosolvent induced hemolysis. *Int. J. Pharm.*, 152: 193–200.
Lawrence, M. J. and G. D. Rees (2000). Microemulsion-based media as novel drug delivery systems. *Adv. Drug Deliv. Rev.*, 45: 89–121.
Lee, Y.-C., P. D. Zocharski, and B. Samas (2003). An intravenous formulation decision tree for discovery compound formulation development. *Int. J. Pharm.*, 253: 111–119.
Leung, R. and D. O. Shah (1989). Microemulsions: An evolving technology for pharmaceutical applications. In M. Rossof (Ed.), *Controlled Release of Drugs: Polymers and Aggregate Systems*, New York: VCH, pp. 85–215.
Li, G.-X., J.-H. Che, B.-C. Kang, W.-W. Lee, J.-H. Ihm, J.-Y. Jung, B.-H. Yi, J.-S. Nam, J.-H. Park, and Y.-S. Lee (1998). Acute toxicity and four-week intravenous toxicity studies of intralipid. *J. Toxicol. Public Health*, 14: 443–452.
Li, P., L. Zhao, and S. H. Yalkowsky (1999). Combined effect of cosolvent and cyclodextrin on solubilization of nonpolar drugs journal of pharmaceutical sciences. *J. Pharm. Sci.*, 88: 1107–1111.
Lipinski, C. (2002). Poor aqueous solubility—an industry wide problem in drug discovery. *Am. Pharm. Rev.*, 5(3): 82–85.
Lipinski, C. A., F. Lombardo, B. W. Dominy, and P. J. Feeney (1997). Experimental and computational approaches to estimate solubility and permeability in drug discovery and development settings. *Adv. Drug Deliv. Rev.*, 23: 3–25.
Liversidge, G. G. and K. C. Cundy (1995). Particle size reduction for improvement of oral bioavailability of hydrophobic drugs: I. Absolute bioavailability of nanocrystalline danazol in beagle dogs. *Int. J. Pharm.*, 125: 91–97.
Loftsson, T. and M. Brewster (1996). Pharmaceutical applications of cyclodextrins. 1. Drug solubilization and stabilization. *J. Pharm. Sci.*, 85: 1017–1025.
Loftsson, T., A. Magnusdottir, M. Masson, and J. F. Sigurjonsdottir (2002). Self-association and cyclodextrin solubilization of drugs. *J. Pharm. Sci.*, 91: 2307–2316.
Loftsson, T., B. Olafsdottir, H. Fridriksdottir, and S. Jonsdottir (1993). Cyclodextrin complexation of NSAIDs: Physicochemical characteristics. *Eur. J. Pharm. Sci.*, 1: 95–101.
Lombardino, J. G. and J. A. Lowe III (2004). The role of the medicinal chemist in drug discovery—Then and now. *Nat. Rev. Drug Discov.*, 3: 853–862.
Maas, J., W. Kamm, and G. Hauck (2007). An integrated early formulation strategy—From hit evaluation to preclinical candidate profiling. *Eur. J. Pharm. Biopharm.*, 66: 1–10.
Merisko-Liversidge, E., G. G. Liversidge, and E. R. Cooper (2003). Nanosizing—A formulation approach for poorly water-soluble compounds. *Eur. J. Pharm. Sci.*, 18: 113–120.
Miller, L. A., R. L. Carrier, and I. Ahmed (2006). Practical considerations in development of solid dosage

forms that contain cyclodextrin. *J. Pharm. Sci.*, 96: 1691–1707.
Mountfield, R. J., S. Senepin, M. Schleimer, I. Walter, and B. Bittner (2000). Potential inhibitory effects of formulation ingredients on intestinal cytochrome P450. *Int. J. Pharm.*, 211: 89–92.
Nagarsenker, M. S., R. N. Meshram, and G. Ramprakash (2000). Solid dispersion of hydroxypropyl-β-cyclodextrin and ketorolac: Enhancement of *in-vitro* dissolution rates, improvement in anti-inflammatory activity and reduction in ulcerogenicity in rats. *J. Pharm. Pharmacol.*, 52: 949–956.
Nandi, I., M. Bateson, M. Bari, and H. N. Joshi (2003). Synergistic effect of PEG-400 and cyclodextrin to enhance solubility of progesterone. *AAPS Pharm. Sci. Tech.*, 4: 1–5.
Neervannan, S. (2006). Preclinical formulations for discovery and toxicology: Physicochemical challenges. *Exp. Opin. Drug Metab. Toxicol.*, 2: 715–731.
Padden, B. E., J. M. Miller, T. Robbins, P. D. Zocharski, L. Prasad, J. K. Spence, and J. LaFountaine (2011). Amorphous solid dispersions as enabling formulations for discovery and early development. *Am. Pharm. Rev.*, 14(1): 66–73.
Pannuti, F., C. M. Camaggi, E. Strocchi, and R. Comparsi (1987). Medroxyprogesterone acetate plasma pharmacokinetics after intravenous administration to rabbits. *Cancer Chemother. Pharmacol.*, 19: 311–314.
Patil, H., R. Tiwari, and M. Repka (2016). Hot-melt extrusion: From theory to application in pharmaceutical formulation. *AAPS PharmSciTech.*, 17(1): 20–42.
Peagram, R., R. Gibb, and K. Sooben (2005). The rational selection of formulations for preclinical studies—An industrial perspective. *Bull. Tech. Gattefossé*, 98: 53–64.
Pitha, J. and T. Hoshino (1992). Effect of ethanol on formation of inclusion complexes of hydroxypropylcyclodextrins with testosterone or with methyl orange. *Int. J. Pharm.*, 80: 243–251.
Portmann, G. A. and M. Simmons (1995). Microscopic determination of drug solubility in plasma and calculation of injection rates with a plasma circulatory model to prevent precipitation on intravenous injection. *J. Pharm. Biomed. Anal.*, 13: 1189–1193.
Pritchard, J. F., M. Jurima-Romet, M. L. J. Reimer, E. Mortimer, B. Rolfe, and M. N. Cayen (2003). Making better drugs: Decision gates in non-clinical drug development. *Nat. Rev. Drug Discov.*, 2: 542–553.
Qian, F., J. Huang, and M. A. Hussain (2010). Drug-polymer solubility and miscibility: Stability consideration and practical challenges in amorphous solid dispersion development. *J. Pharm. Sci.*, 99(7): 2941–2947.
Rabinow, B. E. (2004). Nanosuspensions in drug delivery. *Nat. Rev. Drug Disc.*, 3: 785–796.
Rajewski, R. A. and V. J. Stella (1996). Pharmaceutical applications of cyclodextrins. 2. *In vivo* drug delivery. *J. Pharm. Sci.*, 85: 1142–1169.
Rao, V., M. Nerurkar, S. Pinnamaneni, F. Rinaldi, and K. Raghavan (2006). Co-solubilization of poorly soluble drugs by micellization and complexation. *Int. J. Pharm.*, 319: 98–106.
Rao, V. and V. J. Stella (2003). When can cyclodextrins be considered for solubilization purposes? *J. Pharm. Sci.*, 92: 927–932.
Redenti, E., L. Szente, and J. Szejtli (2000). Drug/cyclodextrin/hydroxy acid multicomponent systems. Properties and pharmaceutical applications. *J. Pharm. Sci.*, 89: 1–8.
Redenti, E., L. Szente, and J. Szejtli (2001). Cyclodextrin complexes of salts of acidic drugs. Thermodynamic properties, structural features, and pharmaceutical applications. *J. Pharm. Sci.*, 90: 979–986.
Rubino, J. T. and S. H. Yalkowsky (1987). Cosolvency and deviations from log-linear solubilization. *Pharm. Res.*, 4: 231–236.
Savolainen, J., K. Jarvinen, H. Taipale, P. Jarho, T. Loftsson, and T. Jarvinen (1998). Co-administration of a water-soluble polymer increases the usefulness of cyclodextrins in solid dosage forms. *Pharm. Res.*, 15: 1696–1701.
Shah, A. and S. A. Agnihotri (2011). Recent advances and novel strategies in pre-clinical formulation development: An overview. *J. Control. Release*, 156: 281–296.
Shokri, J., A. Nokhodchi, A. Dashbolaghi, D. Hassan-Zadeh, T. Ghafourian, and J. Barzegar (2001). The effects of surfactants on the skin penetration of diazepam. *Int. J. Pharm.*, 228: 99–107.
Six, K., G. Verreck, J. Peeters, M. Brewster, and G. Van Den Mooter (2004). Increased physical stability and improved dissolution properties of itraconazole, a class II drug, by solid dispersions that combine fast- and slow-dissolving polymers. *J. Pharm. Sci.*, 93(1): 124–131.
Stahl, P. H. and C. G. Wermuth (Eds.) (2002). *Handbook of Pharmaceutical Salts—Properties, Selection, and Use*, New York: Wiley-VCH.
Strickley, R. G. (2004). Solubilizing excipients in oral and injectable formulations. *Pharm. Res.*, 21: 201–230.
Sweetana, S. and M. J. Akers (1996). Solubility principles and practices for parenteral drug dosage form devel-

opment. *PDA J. Pharm. Sci.*, 50(5): 330–342.
Szente, L. and J. Szejtli (1999). Highly soluble cyclodextrin derivatives: Chemistry, properties, and trends in development. *Adv. Drug Deliv. Rev.*, 36: 17–28.
Ten Tije, A. J., J. Verweij, W. J. Loos, and A. Sparreboom (2003). Pharmacological effects of formulation vehicles—Implications for cancer chemotherapy. *Clin. Pharmacokinet.*, 42: 665–685.
Timpe, C. and L. Forschung (2007). Strategies for formulation development of poorly water-soluble drug candidates—A recent perspective. *Am. Pharm. Rev.*, 10: 104–109.
Torchilin, V. P. (2007). Micellar nanocarriers: Pharmaceutical perspectives. *Pharm. Res.*, 24: 1–16.
Trivedi, J. S. and M. L. Wells (2000). Solubilization using cosolvent approach. In R. Liu (Ed.), *Water-Insoluble Drug Formulation*, Denver, CO: Interpharm Press, pp. 141–168.
Uchegbu, I. F. and A. T. Florence (1996). Adverse drug events related to dosage forms and delivery systems. *Drug Saf.*, 14: 39–67.
van Zuylen, L., J. Verweij, and A. Sparreboom (2001). Role of formulation vehicles in taxane pharmacology. *Invest. New Drugs*, 19: 125–141.
Vandecruys, R., J. Verreck, and M. E. Brewster (2007). Use of a screening method to determine excipients which optimize the extent and stability of supersaturated drug solutions and application of this system to solid formulation design. *Int. J. Pharm.*, 342(1–2): 168–175.
Venkatesh, S. and R. A. Lipper (2000). Role of the development scientist in compound lead selection and optimization. *J. Pharm. Sci.*, 3: 145–154.
Verreck, G. and K. Six (2003). Characterization of solid dispersion of itraconazole and hydroxypropylmethylcellulose prepared by melt extrusion—Part I. *Int. J. Pharm.*, 251(1–2): 165–174.
Wu, S. H.-W. and W. K. Hopkins (1999). Characteristics of d-α-tocopheryl PEG 1000 succinate for applications as an absorption enhancer in drug delivery systems. *Pharm. Tech.*, 23: 44–58.
Wu, W., A. Loper, E. Landis, L. Hettrick, L. Novak, K. Lynn, C. Chen et al. (2004). The role of biopharmaceutics in the development of a clinical nanoparticle formulation of MK-0869: A beagle dog model predicts improved bioavailability and diminished food effect on absorption in human. *Int. J. Pharm.*, 285: 135–146.
Yalkowsky, S. H., J. F. Krzyzaniak, and G. H. Ward (1998). Formulation-related problems associated with intravenous drug delivery. *J. Pharm. Sci.*, 87: 787–796.

# 第 8 章 包合作用在难溶性药物制剂开发中的应用

Wei-Qin（Tony）Tong，Hong Wen

## 8.1 引言

尽管在提高候选药物的可开发性方面做出很大努力并取得一定的进展，但是制剂研究依旧面临着一大重要挑战——水难溶性。调查发现近 40%的上市药物以及 90%的分子难溶于水（Kalepu 和 Nekkanti，2015）。包合作用作为传统的增溶技术之一，在提高药物稳定性、减少药物对胃肠道刺激等方面得到了广泛的应用（Szekely-Szentmiklosi 和 Tokes，2011）。近年来，环糊精（CD）的应用不断增加，环糊精与疏水药物复合形成环状碳水化合物，以及含环糊精产品的成功申报，引发了人们对这项技术的研究兴趣。本章目的是讨论包合技术在应用过程中运用的理论和实践总结，并回顾了近年来基于环糊精的包合技术的应用。

## 8.2 背景

### 8.2.1 定义

络合物是一种由确定底物（S）和配体（L）通过一定的化学计量关系，在溶液或固态中结合并且达到平衡并稳定存在（Connors，1990）的物质。络合物 $S_mL_n$ 的形成以化学方程式简洁地表示为：

$$mS + nL \rightleftharpoons S_mL_n \tag{8.1}$$

不区分底物和配体，只是为了方便实验研究。通常，化学计量比以底物∶配体表示，化学计量比为 1∶2 表示 $SL_2$，2∶1 表示 $S_2L$，以此类推。

### 8.2.2 复合物的类型

根据化学键的类型，复合物一般可分为两类（Connors，1990）：

① 配位络合物，是由配位键形成的，其中一对电子在一定程度上从一个分子转移到另一个分子。最重要的例子是金属离子和碱之间的金属离子配位络合物。

② 分子复合物，是由底物和配体之间的非共价相互作用形成的。这类复合物中包括小分子-小分子复合物、小分子-大分子复合物、离子对、二聚体和其他自缔合物，以及包合物。包合物中，其中一个分子为“宿主”分子，形成或具有一个空腔，空腔可容纳一个

“客体”分子。

将复合物分为不同类型是任意的，还可以根据复合物涉及的物种类型和相互作用力的性质进行分类（Repta，1981）。除了典型的二元络合物外，三元络合物是由三种不同的分子实体组成的超分子体系，其第三组分作为辅助组分与镉结合，进一步提高了制剂的预期性能（Lokamatha 等，2010；Kurkov 和 Loftsson，2013）。药学上应用最多的系统是包合物和小分子复合物。因此，这将是本章的主题。

### 8.2.3 包合作用的优缺点

包合增溶是通过特定的相互作用实现的，而其他增溶系统是通过改变自身溶剂的性质来实现的，如共溶剂、乳液和 pH 调节。因此，其解离是非常迅速的（Cramer 等，1967；Hersey 等，1986）、定量的、可预测的。包合技术的另一个显著优点是，与其他增溶剂如表面活性剂和共溶剂相比，一些常用的络合剂如 HP-β-CD 和 SBE-β-CD 毒性更小。由于形成的大多数复合物是 1∶1 的类型，因此，稀释复合物不会产生底物相对过饱和的溶液。这对于难溶性化合物是非常重要的，这些化合物在被其他系统（如共溶剂）溶解时，可能在注射时出现沉淀。此外，包合作用还可与固体分散方法相结合，以提高难溶性药物的生物利用度（Zoeller 等，2012）。

环糊精包合物的另一优点是提高了化合物的化学稳定性，如抗氧化性、光解性和水解性（Uekama 等，1983）。Nagase 等（2001）报道，SBE-β-CD 与一种新的细胞保护剂 DY-9760e 形成药物-环糊精复合物，能显著提高 DY-9760e 的溶解性，抑制 DY-9760e 水溶液的光降解作用，同时防止 DY-9760e 水溶液吸附于聚氯乙烯（PVC）管上。环糊精包合物重要的增稳效果，不仅体现在对包合物产品的物理化学方面，而且在产品体内过程表现尤为突出。

尽管包合物有着众多的优点，但也存在着不少弊端。第一，包合物必须能够与选定的配体形成复合物。对于难溶性化合物，包合作用的增溶作用是非常有限的。第二，对于 $A_p$ 型络合物，体系的稀释仍然可能导致沉淀，pH 调节剂增溶也会出现类似状况。第三，与配体存在相关的潜在毒性、监管及质量控制问题可能会增加开发过程的难度和成本。最后，包合效率通常很低，因此通常需要相对大量的环糊精才能达到理想的增溶效果（Loftsson 等，1999）。

### 8.2.4 环糊精的结构和理化性质

环糊精是由数量不等的 D-(+)吡喃葡萄糖通过 α-1，4-糖苷键连接构成的环状寡糖（Clarke 等，1988）。其中最重要的是α-环糊精、β-环糊精和 γ-环糊精三种，分别由 6、7、8 个葡萄糖单元构成。它们的结构及编号如图 8.1。由于 α-D-葡萄糖残基的 $^4C_1$ 构象，糖苷键无法自由旋转，这些化合物并不是完全的圆柱形分子，而是有点圆锥形，所有的二级羟基都位于环的一端，而一级羟基则位于环的另一端。空腔由一个氢原子环（与 C-5 键合）、一个 D-葡萄糖苷氧原子环和另一个氢原子环（与 C-3 键合）组成，因此使空腔相对无极性。相邻 α-D-葡萄糖残基的二羟基之间的氢键作用，使得分子的形状处于稳定构型。α-环糊精、β-环糊精和 γ-环糊精空腔的内径分别在 5.7 Å、7～8 Å、9.5 Å。这些结构特征已经被确定为晶型（Hursthouse 等，1982；Koehler 等，1987，Vicens 等，1988；Harata，1989），也可以在溶液中存在（Rao 和 Foster 1963；Glass，1965；Casu 等，1970）。图 8.2 给出了环糊精分子的物理形状。

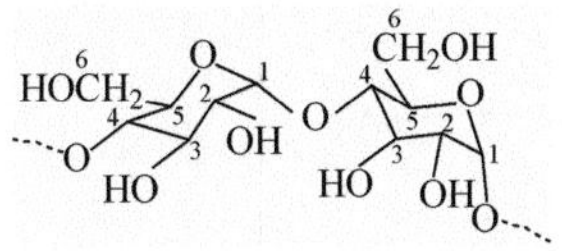

图 8.1　环糊精的结构和编号

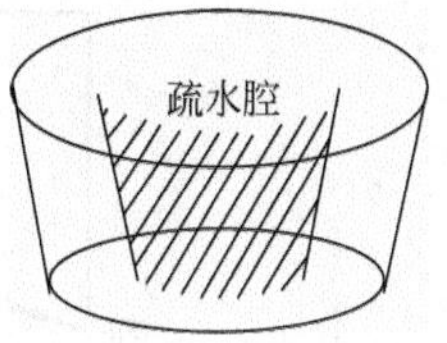


图 8.2　环糊精分子的物理形状

目前，大多数的环糊精衍生物都来源于 β-环糊精。环糊精衍生物尤其 β-环糊精的最主要缺点是肠外毒性和低水溶性。β-环糊精在水中的溶解度是 1.85 g/100 mL，而 α-环糊精和 γ-环糊精的溶解度分别为 15 g/100 mL 和 23 g/100 mL。根据取代的类型、程度和模式进行适当的化学修饰，可得到无定型的或至少部分结晶态的环糊精衍生物，这类衍生物水溶性高、肠外毒性低。其中羟丙基-β-环糊精和磺丁基-β-环糊精最受关注，尤其是磺丁基-7M-β-环糊精（Stella 和 Rajewski，1997；Ammar 和 Salama，2006）。未衍生化的环糊精通常通过升高温度来提高溶解度。相反的，甲基化的环糊精的溶解度与温度成反比。温度的升高可能导致甲基化的环糊精脱水，这种现象在某种程度上类似于非离子表面活性剂（Uekama，1985）。

羟丙基-β-环糊精的空腔内径都在 7～8 Å，与其母核 β-环糊精的内径相近。由于羟丙基化合物的自由旋转特性，因此，其他尺寸如圆环面高度、外径和空腔的有效体积，只能在一个比较宽的范围内进行估测。对于磺丁基-β-环糊精，取代基中具有离子头的长疏水性基团，期望减少与类似于胶束形成的水环境的相互作用，以保持自身一致，从而形成扩展的疏水腔。由于阴离子硫酸盐相互排斥，空腔的开口仍然保持不变。

环糊精在碱性溶液中相当稳定，但是在强酸溶液中会发生水解，形成线性低聚糖（Bender 和 Komiyama，1978）。酸催化开环的速率取决于空腔的大小，空腔越大，开环的速率越快。空腔中存在客体分子可降低 β-环糊精的开环速率（Uekama 等，1994）。研究者认为，这是因为客体分子占满了环糊精的空腔，抑制了氧离子催化分解环糊精分子中的糖苷键。

## 8.3　包合作用的研究方法

### 8.3.1　溶液中结合常数的测定

要知道一个药物（底物）能否与任一配体结合成复合物，以及该复合物的稳定性，可以通过测定络合物的结合常数来确定。一般来说，只要是利用分子间相互作用引起的一个或多个系统性质的变化，这些方法都可以使用，如表面张力法（Baszkin 等，1999）。本文详细介绍了几种在制药工业中广泛应用的方法，包括溶解度测定法、紫外光谱分析法、动力学法和滴定量热法。

#### 8.3.1.1　溶解度的测定

物质的溶解度会随着与第二种物质形成复合物而改变。溶解度的大小取决于两种化合物的结合亲和力。因此，可以利用溶解度数据来计算平衡常数（Higuchi 和 Connors，1965）。

溶解度法的核心在于它由底物在溶液中溶解的总物质的量浓度（$S_T$）与配体总物质的量浓度（$L_T$）的关系图构成。根据形成的络合物的溶解度，相溶解度图一般分为 A 型图和 B 型图，如图 8.3 所示。

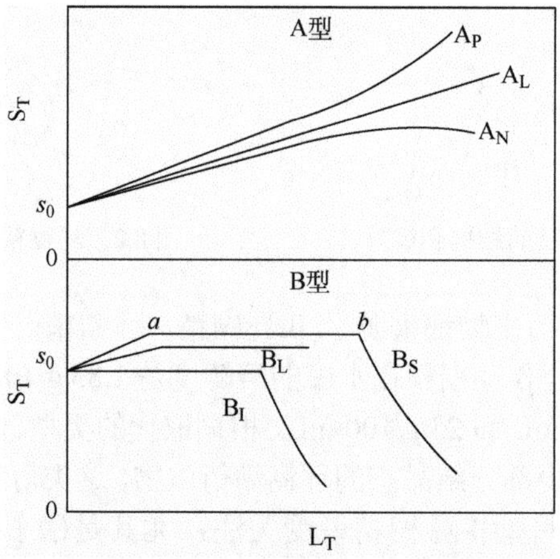


图 8.3　A 型和 B 型体系的相溶解度

在 A 型图中，可溶性复合物（$S_mL_n$）的形成导致溶液中底物总量的增加。如果形成的所有配合物都是一阶的（即所有配合物中 $n$=1），则溶解度图是线性的，用 $A_L$ 表示。反过来不一定是正确的，但是溶解度图为线性图经常被作为 $n$=1 的证据。如果斜率大于 1，那么至少存在一个复合物 $m$ 大于 1，因为如果复合物的化学计量比为 1∶1，1 mol L 的溶液中不可能含有 1 mol S。另一方面，斜率小于 1 并不一定意味着只形成 1∶1 的复合物。具有上凹曲率的非线性图（$A_P$），意味着至少有一个复合型的 $n>1$。具有下凹曲率的非线性图（$A_N$），可以作为非理想效应（活性系数的非恒定性）或配体自结合的依据。

第二类主要的相溶解度图，标记为 B 型图，显示了一个特征平坦区，它表示附加配体数量不变的最大值 $S_T$。初始直线部分与 A 型图中观察到的相似，其中底物 S 的表观溶解度由于可溶性复合物的形成而增加。在整个平坦区域（$a$—$b$），伴随着复合物的沉淀和固体基质的溶解，底物的表观溶解度保持不变。当所有的固体底物都被消耗殆尽（$b$）时，进一步添加配体，会通过复合物的形成和复合物的沉淀消耗溶液中的底物。在某种情况下，形成的复合物极难溶，以至于底物的表观溶解度没有出现初始的上升趋势（$B_I$）。如果 L 不易溶，曲线的断裂可能是 L 的饱和引起的（$B_L$）。正如 S 与 L 形成复合物，增加了 S 的溶解度，也增加了 L 的溶解度。通常，化学计量比可以用 B 型图来计算。

底物（S）和配体（L）遵循质量平衡原则形成一个 1∶1 型络合物，根据稳定常数 $K$ 的定义，得出稳定性等温线方程式：

$$S_T = s_0 + \frac{K_{11} s_0 L_T}{1 + K_{11} s_0} \tag{8.2}$$

因为系统中存在纯固体底物，$s_0$ 为恒定自由底物浓度，故 L 与 $S_T$ 呈线性关系，由式（8.2）可得稳定常数为：

$$K_{11} = \frac{斜率}{s_0(1-斜率)} \tag{8.3}$$

若一个系统存在多重平衡，则不能以一个简单的、不近似的线性图形式来估算结合常数。考虑一个体系中存在多种复合物 SL、$SL_2$…$SL_n$。$\beta_{1i}$ 为总结合常数，当 $i$=1～$n$，用通常的方法代入底物的质量平衡表达式，得到式（8.4）。

$$S_T = s_0 + s_0 \sum_{i=1}^{n} \beta_{1i}[L]^i \tag{8.4}$$

由配位平衡得出下式：

$$L_T = [L] + s_0 \sum_{i=1}^{n} i\beta_{1i}[L]^i \tag{8.5}$$

当体系中存在 $n$=2 的情况，由式（8.4）和式（8.5）得：

$$S_T = s_0 + K_{11}s_0[L] + K_{11}K_{12}s_0[L]^2 \tag{8.6}$$

$$L_T = [L] + K_{11}s_0[L] + 2K_{11}K_{12}s_0[L]^2 \tag{8.7}$$

有几种方法是由 $S_T$、$L_T$ 来计算的络合物的稳定常数，例如，由式（8.6）转换成线性方程式（8.8）：

$$\frac{S_T - s_0}{[L]} = K_{11}s_0 + K_{11}K_{12}s_0[L] \tag{8.8}$$

可近似认为，$[L] \approx L_T$，然后绘制 $(S_T - s_0)/[L]$ 对 $L_T$ 的线性图。可由斜率和截距计算得结合常数。

#### 8.3.1.2　紫外光谱分析

在环糊精的包合作用下，许多芳香族有机分子的紫外-可见吸收光谱发生变化（Cramer 等，1967；Connors，1987；Nagabhushanam 等，2013）。通常，观察到的光谱变化与溶剂变化引起的效应相似。这些变化是由客体分子对电子能级的干扰所引起的，也可能是受环糊精或难溶性分子直接干扰，或两种干扰同时存在。

络合物的稳定常数可以通过一系列的吸收光谱分析来确定（Connors，1987）。溶液体系中，一个 1∶1 型络合物的吸收光谱和游离底物的吸收光谱有显著差异。某一波长下，底物（$\varepsilon_s$）和络合物（$\varepsilon_{11}$）的摩尔吸光系数不同，这个波长就会被选择为检测波长。在底物浓度一定，无配体存在时，溶液的吸光度表示为式（8.9）：

$$A_0 = \varepsilon_s b S_T \tag{8.9}$$

$b$ 为吸收层厚度。在配体存在且总浓度为 $L_T$，假设溶液中所有物质均遵循朗伯-比尔定律。含有相同物质浓度的吸光度可表示为式（8.10）：

$$A_L = \varepsilon_s b[S] + \varepsilon_L b[L] + \varepsilon_{11} b[SL] \tag{8.10}$$

又根据 S 和 L 的质量守恒，得：

$$A_L = \varepsilon_s b S_T + \varepsilon_L b L_T + \Delta\varepsilon_{11} b[SL] \tag{8.11}$$

$\Delta\varepsilon_{11} = \varepsilon_{11} - \varepsilon_s - \varepsilon_L$；$\varepsilon_L$ 为配体摩尔吸光系数。通过测定含有相同总浓度配体的对照溶液总

浓度 $L_T$ 的吸光度，推导得：

$$A_L = \varepsilon_s b S_T + \Delta\varepsilon_{11} b[SL] \quad (8.12)$$

由式（8.12）与稳定常数定义相结合，得：

$$\Delta A = A - A_0 = K_{11}\Delta\varepsilon_{11} b[S][L] \quad (8.13)$$

由底物的质量守恒，得式（8.14），代入式（8.13），得式（8.15）：

$$[S] = \frac{S_T}{1+K_{11}[L]} \quad (8.14)$$

$$\frac{\Delta A}{b} = \frac{S_T K_{11}\Delta\varepsilon_{11}[L]}{1+K_{11}[L]} \quad (8.15)$$

式（8.15）是结合等温线方程，它显示了吸收率对自由配体浓度的双曲线依赖性。

通过简单变换，可推导出一个双倒数的坐标图形式，即 Bensi-Hildebrand 方程：

$$\frac{b}{\Delta A} = \frac{1}{S_T K_{11}\Delta\varepsilon_{11}[L]} + \frac{1}{S_T\Delta\varepsilon_{11}} \quad (8.16)$$

络合物稳定常数，可根据曲线图由下式求得：

$$K_{11} = \frac{y-截距}{斜率} \quad (8.17)$$

注：对照溶液与样品溶液含有相同的总配体浓度 $L_T$。

虽然配体在该分析光谱波长下无吸收，建议配制对照溶液时，也将其加入，以便样品和对照品具有相同的折射率。

目前尚不清楚结合等温线[式（8.15）]和双倒数图[式（8.16）]，可表示为自由配体浓度的函数。通过配体的质量守恒定律，$L_T$ 与已知的总配体浓度有关。

$$L_T = [L] + \frac{S_T K_{11}[L]}{1+K_{11}[L]} \quad (8.18)$$

对于多重平衡，假设一个仅包含两种复合状态的体系：1∶1（SL）和 1∶2（$SL_2$）。按 1∶1 复合物体系处理结果如下：

$$\frac{\Delta A}{b} = \frac{S_T(\beta_{11}\Delta\varepsilon_{11}[L]+\beta_{12}\Delta\varepsilon_{12}[L]^2)}{1+\beta_{11}[L]+\beta_{12}[L]^2} \quad (8.19)$$

$$L_T = [L] + \frac{S_T(\beta_{11}[L]+2\beta_{12}[L]^2)}{1+\beta_{11}[L]+\beta_{12}[L]^2} \quad (8.20)$$

$\beta_{11} = K_{11}$，$\beta_{12} = K_{11}K_{12}$，经非线性回归分析可对参数进行评估。

对于多重平衡，并不常用光谱分析，这是因为吸光度并不是直接衡量复合物结合率的参数，而是与结合率成正比。所以，体系中每个化学计量数都会在等温线上添加两个未知参数：结合常数和摩尔吸光系数。因此，参数的数量是复合物状态数量的两倍。

#### 8.3.1.3　动力学方法

非共价键包合物的形成和微溶剂效应以及构象，都可能是底物稳定性的影响因素（Szejtli，1982）。动力学方法利用配体（L）存在时 S 反应速率的降低来获得有关络合物性质的信息。基础假设：随着络合物的生成，反应速率降低，络合底物的反应活性比自由底物低。动力学测量方案如下：

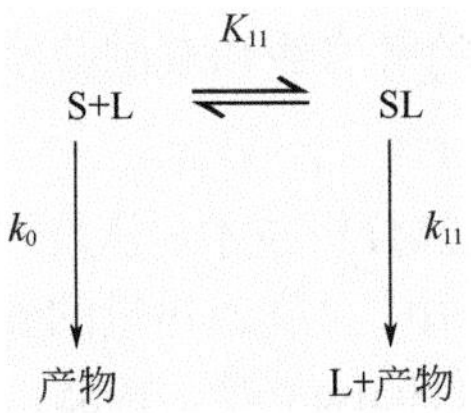


底物在络合物中的降解速率与在纯底物中不同

$k_0$ 为非络合物底物分解速率常数，$k_{11}$ 为络合物（SL）分解速率常数，$K_{11}$ 为络合物的稳定常数。假设降解是在准一级条件下进行的，理论上降解速率方程为：

$$v = k_0[\mathrm{S}]+k_{11}[\mathrm{SL}] \tag{8.21}$$

实际降解速率方程为：

$$v = k_{0\mathrm{bs}}\mathrm{S_T} \tag{8.22}$$

$k_{\mathrm{obs}}$ 为准一级速率常数。设置这些相等值并除以 $\mathrm{S_T}$，可得：

$$k_{\mathrm{obs}} = k_0 f_{10} + k_{11} f_{11} \tag{8.23}$$

$f_{10}$ 和 $f_{11}$ 分别 S 和 SL 的分布系数，可分别表示为式（8.24）和式（8.25）：

$$f_{10} = \frac{1}{1+K_{11}[\mathrm{L}]} \tag{8.24}$$

$$f_{11} = \frac{K_{11}[\mathrm{L}]}{1+K_{11}[\mathrm{L}]} \tag{8.25}$$

将稳定常数代入式（8.24）和式（8.25），可得：

$$k_0 - k_{\mathrm{obs}} = f_{11}(k_0 - k_{11}) \tag{8.26}$$

规定

$$\Delta k = k_0 - k_{\mathrm{obs}} \tag{8.27}$$

$$q_{11} = 1 - \frac{k_{11}}{k_0} \tag{8.28}$$

式（8.26）可转变为结合等温线表达式：

$$\frac{\Delta k}{k_0}=\frac{q_{11}K_{11}[\mathrm{L}]}{1+K_{11}[\mathrm{L}]} \tag{8.29}$$

可以很容易地推导出一个双倒数线性绘图形式：

$$\frac{1}{\Delta k}=\frac{1}{q_{11}K_{11}k_0[\mathrm{L}]}+\frac{1}{q_{11}k_0} \tag{8.30}$$

式（8.29）、式（8.30）与光谱学的等温线和双倒数线性图形相同[式（8.15）、式（8.16）]。

#### 8.3.1.4 滴定量热法

滴定量热法或热滴定法是一种量热分析技术，就是用一种反应物滴定另一种反应物，随着加入滴定剂的数量变化，测定反应体系中温度或热量的变化。在恒温环境下，对反应容器进行时间-滴定反应热函数监测（图 8.4）（Hansen 等，1985；Winnike，1989）。单次滴定量热实验得到的热数据，是反应物浓度比的函数。

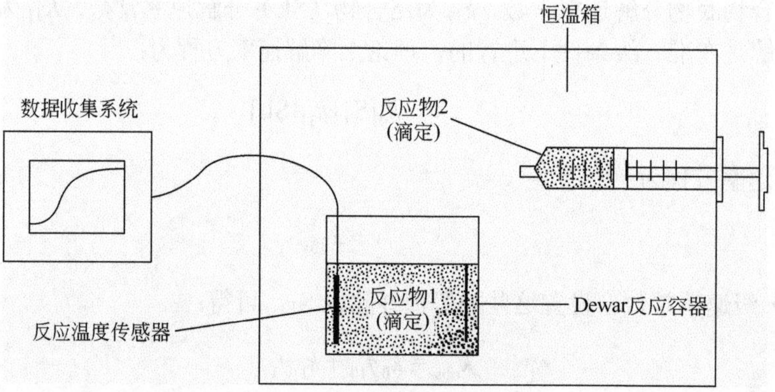


图 8.4　恒温滴定量热仪的主要组件简化示意图

滴定量热法根据反应所产生的热量计算反应的程度。其适用条件为：①平衡条件和反应条件相对温和（反应不彻底）；②反应焓可测量且不为 0。

等温滴定量热法的基本概念是反应热 $Q_R$ 与反应产物生成量 $A_p$ 的关系，表示如下：

$$Q_R=A_p\cdot\Delta H^{\ominus} \tag{8.31}$$

$\Delta H^{\ominus}$为标准反应焓变。

对于一步反应[式（8.32）]，式（8.33）为式（8.32）所示的平衡常数方程，可导出式（8.34），$SL_1$ 可由二次公式推导求解。反应热可以表示为生成物质的量的函数[式（8.35）]。

$$\mathrm{S+L}\underset{\Delta H_1^{\ominus}}{\overset{K_{11}}{\rightleftharpoons}}\mathrm{SL_1} \tag{8.32}$$

$$K_{11}=\frac{[\mathrm{SL_1}]}{[\mathrm{S}][\mathrm{L}]} \tag{8.33}$$

$$\mathrm{SL}_1^2-\mathrm{SL}_1\left(\mathrm{S_T}+\mathrm{L_T}+\frac{V_{\mathrm{ol}}}{K_{11}}\right)+\mathrm{S_T L_T}=0 \tag{8.34}$$

$$Q_{\mathrm{R}}=\mathrm{SL}_1\cdot\Delta H_1^{\ominus} \tag{8.35}$$

$K_{11}$ 为结合常数，$\Delta H_1^{\ominus}$为反应焓变，$\mathrm{L_T}$ 为配体总量，L 为游离配体总量，$\mathrm{S_T}$ 为底物总量，S 为自由底物总量，$V_{\mathrm{ol}}$ 为反应容器中溶液的体积。

多阶反应方程式与式（8.36）相同。由质量守恒可知，总配体-总结合配体-游离配体=0，其中总结合配体如式（8.37）所示。一旦由当前 $K$ 的估算值确定了自由配体浓度，则络合物的物质的量按式（8.39）计算。根据式（8.40），由当前 $\Delta H^{\ominus}\,\mathrm{SL}_n$ 的估算值计算得出反应热。

$$\mathrm{S+L}\underset{\Delta H_1^{\ominus}}{\overset{K_{11}}{\rightleftharpoons}}\mathrm{SL}_1+\mathrm{L}\underset{\Delta H_2^{\ominus}}{\overset{k_{12}}{\rightleftharpoons}}\cdots\cdots\underset{\Delta H_n^{\ominus}}{\overset{K_{1n}}{\rightleftharpoons}}\mathrm{SL}_n \tag{8.36}$$

$$\boxed{\text{结合配体总数}}=\mathrm{S_T}\cdot\frac{\sum_{i=1}^{n}\left(i[\mathrm{L}]^i\prod_{j=1}^{i}K_{1j}\right)}{1+\sum_{i=1}^{n}\left([\mathrm{L}]^i\prod_{j=1}^{i}K_{1j}\right)} \tag{8.37}$$

$$\mathrm{S}=\frac{\mathrm{S_T}}{1+\sum_{i=1}^{n}\left([\mathrm{L}]^i\prod_{j=1}^{i}K_{1j}\right)} \tag{8.38}$$

$$\mathrm{SL}_n=\mathrm{S}[\mathrm{L}]^n\prod_{i=1}^{n}K_{1i} \tag{8.39}$$

$$Q_{\mathrm{R}}=\Delta H_1^{\ominus}(\mathrm{SL}_1+\mathrm{SL}_2+\cdots+\mathrm{SL}_n)+\Delta H_2^{\ominus}(\mathrm{SL}_2+\cdots+\mathrm{SL}_n)+\cdots+\Delta H_n^{\ominus}(\mathrm{SL}_n) \tag{8.40}$$

利用最小二乘法对式（8.35）或式（8.40）的非线性拟合曲线求解，可同时求得 $\Delta H^{\ominus}$ 和 $K$。一旦得知这两个数值，其他热力学参数即可由式（8.41）计算得出。

$$\Delta G^{\ominus}=-RT\ln K=\Delta H^{\ominus}-T\Delta S^{\ominus} \tag{8.41}$$

由于量热法观察到的热反应包含化学和非化学组分，因此必须从该热反应组合中减去所有外部热效应，以获得相关的化学反应热。非化学热效应由搅拌、热敏电阻加热、反应容器和恒温水浴之间的热传递以及滴定剂/滴定液温度不匹配引起。化学热效应是由蒸发、反应物稀释和化学反应热引起的。Winnike（1989）详细描述了外来热效应的数据简化和校正的信息。

滴定量热法已成功用于包合作用热力学参数的测定（Siimer 等，1987；Tong 等；1991）。该技术的优点是采用直接量热法，被认为是最可靠的方法（Szejtli，1982）。应该注意的是，从多步串联反应中得到的信息实质上是宏观的。与只提供平衡常数信息的分光光度法不同，滴定量热法还提供了反应焓的信息，这对于解释包合过程中涉及的机理很重要。

### 8.3.2　固体包合物的表征

固体包合物的表征有几种方法，最常用的方法有：差示扫描量热法（DSC）、X 射线衍射法（XRD）、傅里叶变换红外光谱（FTIR）、X 射线晶体学和核磁共振（NMR）（Demirel 等，2011；Sravya 等，2013；Zeng 等，2013；Kim 等，2014）。

#### 8.3.2.1 差示扫描量热法

差示扫描量热法被广泛运用于固体包合物研究。基质的熔化吸热峰通常会因为包合物的生成而改变。所形成的包合物可能具有不同的熔点，或由于其非晶体性质而没有熔点。在大多数情况下，物理混合物仍然表现出基质和环糊精的熔融吸热特性（若其为晶体）。

#### 8.3.2.2 X 射线衍射法

X 射线衍射是研究固体包合物的有效工具（Simon 等，1981；Kim 等，2014）。与主体分子和客体分子的物理混合物相比，包合物应该具有不同的 X 射线衍射模式。如果形成的包合物是晶体，就有可能得到单晶 X 射线图来阐明包合物的结构。

#### 8.3.2.3 傅里叶变换红外光谱

虽然红外光谱的应用仅限于具有特殊吸收带的客体，如羰基或磺基，但是在某些情况下，红外光谱可以测定在固体或溶液状态下包合物的形成情况。例如，由于客体分子间的氢键断裂，客体分散在环糊精腔中，通过环糊精的包合作用，对羟基苯甲酸酯类的羰基伸缩带（约 1700 $cm^{-1}$）可移动约 40 $cm^{-1}$，到达一个更高的波数（Uekama 等，1980）。4-联苯乙酸羰基伸缩的特征吸收带在 1690 $cm^{-1}$，表现出较弱的吸收峰，而与 β-环糊精络合后，β-环糊精中的仲醇羟基和客体分子上的含氧羰基形成氢键，导致吸收带转移至 1710 $cm^{-1}$（Puglisi 等，1990）。然而，大多数情况下，包合物的形成并不会引起特征吸收带的转移。吸收带的改变是客体分子组分的改变或对红外光吸收强度的改变导致的，但是客体分子仅仅占据包合物的 5%～15%，决定吸收光谱特征带的主要是主体分子。因此，通过傅里叶变换红外光谱并不能获得有用的信息。

#### 8.3.2.4 X 射线晶体学

X 射线晶体学是认识包合物晶体结构的基本工具。据报道，许多与环糊精形成的包合物都具有晶体结构（Connors，1997；Caira，1999）。由于环糊精形成的水溶性衍生物多为无定型，因此该技术对于环糊精形成的包合物研究用处不大。

#### 8.3.2.5 核磁共振

核磁共振可用于分析固态和液态包合物。$^{1}$H-NMR 和 $^{13}$C-NMR 可用于研究 β-环糊精包合物的空间构象，以及某些药物质子或环糊精的峰移可以证明包合物的形成（Demirel 等，2011）。对于酮康唑与 β-环糊精形成的包合物，其冻干产品的 $^{1}$H -NMR 上磁场偏移（0.082）证实了酮康唑的芳香基团与 β-环糊精之间的相互作用。

## 8.4 包合物的制备

化合物能否与环糊精形成包合物，很大程度上取决于化合物的粒径与环糊精腔尺寸是否匹配。然而，包合物的稳定性还取决于药物分子的其他性质，如极性。药用化合物通常为大分子化合物。因此，常见的现象是，包合物的形成中只有特定的基团或侧链才能进入碳水化合物通道。

卤代苯包合物很好地证明了分子大小的重要性（Cohen 和 Lach，1963）。1∶1 型包合物可以由氯代苯、溴代苯和碘代苯形成，而氯代苯只能与 α-环糊精形成 1∶1 包合物，溴代苯可以与 α-环糊精和 β-环糊精形成 1∶1 包合物，碘代苯可以与β-环糊精和γ-环糊精形成 1∶1 包合物。

当客体分子太大无法进入空腔，且分子的另一端易形成包合物时，有可能形成 1∶2 型包合物，如前列腺素、维生素 $D_3$、吲哚美辛等与 β-环糊精生成的包合物。

然而，几何结构并不是决定包合物稳定性的唯一因素。如果只考虑分子大小，安他唑啉与阿地芬宁对 β-环糊精的亲和力应该相似。但是，安他唑啉与 β-环糊精的亲和力大约是阿地芬宁的两倍。醋酸可的松和睾酮与 β-环糊精预计有相似的亲和力，然而，睾酮与 β-环糊精的结合效果更好。可能是因为醋酸可的松 17 位上的羟基产生的位阻效应降低了其同 β-环糊精的亲和力（Lach 和 Pauli，1966）。

某些化学基团和取代基可能对包合物的形成有很大影响。例如：药物的溶解度和包合能力存在一定的相关性，但硝基和氨基可能会改变这种关系（Lach 和 Pauli，1966）。关于对硝基酚，甲基在 2 位或 6 位上时，包合物的稳定性无显著差异，但是假设 3 位上含有且只有一个甲基，包合物的稳定性会降低两个数量级。3,5-二甲基-4-硝基苯酚根本不能形成包合物（Szejtli，1982）。

包合物的稳定性与取代基的疏水性成正比，因此，甲基或乙基等取代基可提高包合物的稳定性。羟基阻碍包合物的形成，其亲水性递减顺序为：邻位＞间位＞对位。在氨基存在的情况下，重要的是氨基是以中性形式存在还是以电离形式存在。离子型化合物通常不能形成稳定的包合物（Szejtli，1982）。

Cromwell 等（1985）的研究强调了腔体大小和配体大小的最佳匹配在决定结合强度方面的重要性。他们研究了在金刚烷羧酸甲酯与三种空腔大小不同的环糊精形成包合物时，标准自由能变化（$\Delta G^{\ominus}$）和标准焓变（$\Delta H^{\ominus}$），以表征构效关系。β-环糊精与金刚烷羧酸甲酯形成结合能力最强的包合物时，焓变为负值（$\Delta H^{\ominus} = -4.85$ kcal/mol）。他们将这个有利的标准焓变解释为，由于 β-环糊精的空腔恰到好处地容纳金刚烷羧酸甲酯，包合物的结合力来自强大的范德华力。α-环糊精的空腔比较小，γ-环糊精的空腔比较大，均不能很好地容纳金刚烷羧酸甲酯，因此结合效果不好（α-环糊精的结合常数为 β-环糊精的 1/140）。他们还发现金刚烷羧酸甲酯的中性羧酸形式比羧酸盐形式能够更好地与环糊精结合。

在研究脂环族化合物的大小变化对环糊精包合作用的影响时发现，包合物的自由能变化和热焓变，均依赖于客体分子的大小（Eftink 等，1989）。脂肪酸同系物（如金刚烷羧酸甲酯）与 α-环糊精或 β-环糊精在水溶液中形成包合物的热力学参数是确定的。这些客体分子的侧链大多是近球形的，碳原子个数为 5～11。在 β-环糊精的研究中发现，无论在低 pH 还是高 pH 环境中，均能形成 1∶1 型的包合物，但在低 pH 环境中，客体分子的羧酸形式占主导地位，形成的包合物结合力更强。α-环糊精与羧酸盐形式的化合物络合成 1∶1 型包合物，与羧酸形式则通过协同反应的方式形成 2∶1 型包合物。

尽管中性药物分子与中性环糊精（α-CD、β-CD、γ-CD 和 HP-β-CD）能形成结合力较强的包合物，但是对于 SBE-β-CD 等阴离子环糊精，药物分子的电荷状态对包合作用的影响更加复杂。据 Okimoto 等（1995）报道，中性药物与 SBE-β-CD 等阴离子环糊精通常按照 1∶1 结合，结合比例与 HP-β-CD 等中性环糊精相当或优于中性环糊精，可能是由于丁基胶束臂延长了环糊精的疏水腔，从而使其具有更强的结合力。对于阳离子型药物，SBE-β-CD 比 HP-β-CD 结合效果更好，形成的包合物更稳定。然而，对于阴离子型药物，静电斥力可能显著影响其同 SBE-β-环糊精的包合能力。例如，阴离子华法林与 SBE-β-CD 的结合常数远低于 HP-β-CD。但是，还有一些情况是：阴离子型化合物与阴离子 SBE-β-CD 形成包合物的结合常数近似于它们与中性 HP-β-CD 的结合常数，如消炎痛和萘普生就符合这种情况。综上所述，药物分子与环糊精包合最关键的可能是药物中所带的电荷及药物与环糊精的相互作用方式（Thompson，1997）。

包合物的结合强度与客体分子的结构特性或其他理化性质有关，但是这种相关性局限于某一些化合物。目前为止，不乏一些通过客体分子结构成功预测其与 α-环糊精的结合常数的情况（Connors，1997），但不同的理化性质的客体分子与环糊精及其衍生物形成包合物的能力没有明显的相关性。Connor（1997）从环糊精相关文献中对包合物稳定常数 $K_{11}$ 进行了总结，将稳定常数视为一个统计总体，包合物稳定常数 $K_{11}$ 的对数 $\lg K_{11}$ 可视为服从正态分布，α-环糊精、β-环糊精、γ-环糊精 $\lg K_{11}$ 分别为 2.11、2.69、2.55。

### 8.4.1 包合热力学

环糊精包合物的形成过程中，标准自由能降低一般是由于包合过程中标准焓变（$\Delta H^{\ominus}$）为负值。尽管在大多数客体分子的研究中发现其标准熵变（$\Delta S^{\ominus}$）为负值，但标准熵变（$\Delta S^{\ominus}$）仍有可能为正值或负值。

在水溶液中，环糊精包合物的形成被认为是几种分子间的相互作用引发的（Matsui 等，1985；Connors，1997）。主要包括：①疏水作用；②范德华相互作用，主要是诱导力和分散力；③氢键和偶极-偶极相互作用；④底物包合时环糊精空腔释放的“高能水”；⑤环糊精-水包合物中异构体的释放，同时，底物环糊精大环分子的 O（2）、O（3）侧链形成氢键网络。

由此，得出一个合理的结论是：因为包合物的$\Delta H^{\ominus}$和$\Delta S^{\ominus}$值变化范围很广，在很大程度上，上述各分子间的相互作用方式和程度主要取决于主体分子和客体分子的性质。

对于大多数其他非包合分子络合物，形成络合物的驱动力包括伦敦分散力、偶极（包括氢键）、离子键、π 键和疏水作用（Higuchi 和 Connors，1965）。据报道，大多数小分子可以通过分子间氢键作用力形成小分子型络合物。此外，大多数包合物分子显现出平面芳基的结构，数据明显表明，这些化合物是以平面对平面的形式堆叠构成的（Higuchi 和 Kristiansen，1970）。

## 8.5 环糊精包合物

许多相关研究的例子表明，环糊精对水难溶性化合物的溶解度、释放度和生物利用度都有影响（Uekama 等，1985；Green 和 Guillory，1989；Szejtli，1994；Uekama 等，1994；Thompson，1997；Emara 等，2002；Patel 等，2005；Lahiani-Skiba 等，2006；Yao 等，2014）。在生物利用度方面，吸收速率和吸收程度都有显著提高：不仅表现为血药浓度升高，峰值出现得更快，而且曲线下面积也更大。这一结论可以在大量动物实验中获得，如犬口服地高辛与γ-环糊精的包合物（Uemama 等，1981），兔口服地西泮与γ-环糊精的包合物（Uekama 等，1983），兔口服双烯丙巴比妥、异戊巴比妥、巴比妥、戊巴比妥或苯巴比妥与 β-环糊精的包合物（Koizumi 和 Kidera，1977）。在人体试验中也可获得类似结论，如人口服水杨酸与 β-环糊精的包合物（Frömming 和 Weyermann，1973）或泼尼松龙与 β-环糊精的包合物（Uekama 等，1983）。

许多环糊精被成功用于增加难溶性药物的溶解度，这里列出了部分文献中提出的环糊精衍生物：羟丙基-β-环糊精（HP-β–CD）、磺丁基-β-环糊精（SBE-β–CD）、随机甲基化-β-环糊精（RM-β–CD）、2,3,6-部分甲基化-β-环糊精（PM-β-CD）、葡萄糖基-β-环糊精（G1-β–CD）、麦芽糖基-β-环糊精（G2-β–CD）、羟乙基-β-环糊精（He-β-CD）、二乙基-β-环糊精（DE-β–CD）、

*O*-羧甲基-*O*-乙基-β-环糊精（CME-β-CD）、2,6-二甲基-β-环糊精（DOM-β-CD）、2-羟丙基-γ-环糊精（HP-γ-CD）。

人们普遍认为，与环糊精包合提高生物利用度的机制是通过提高溶解度和释放度，从而提高药物的生物利用度的。然而，还应当注意的是，环糊精还可能改变吸收部位的脂质屏障，从而促进药物的吸收。这主要是因为，环糊精可与胆固醇、磷脂和蛋白质等膜成分形成复合物，从而改变脂质屏障（Nakanishi 等，1992）。Jambhekar 等（2004）比较了 β-CD、HP-β-CD 和 He-β-CD 对吲哚美辛的增溶效果，结果显示，这三种环糊精对吲哚美辛的增溶效果相似。在 0.1 mol/L HCl 和蒸馏水中，吲哚美辛/HP-β-CD 包合物和吲哚美辛/He-β-CD 包合物比吲哚美辛/β-CD 包合物的溶解性更强。但是，只有含有 β-环糊精包合物胶囊的生物利用度显著高于其他两种包合物。因此，除了溶解度和溶出速率外，其他因素对生物利用度也有影响。

可以肯定的是几乎每一种剂型都有可能被改善。除了口服和注射制剂外，环糊精包合物已被证明还可以提高其他途径给药的药物生物利用度，包括眼部给药、局部给药、鼻腔给药和直肠给药（Uekama 等，1994；Marttin 等，1998；Loftsson 和 Masson，2001；Bary 和 Tucker，2001；Rode 等，2003）。下面总结了一些适用于不溶性化合物的重要应用。

（1）固体制剂

① 通过增加溶出速率和/或表观溶解度改善难溶性药物的口服生物利用度（使胃肠道中的溶液达到过饱和状态）。

② 通过抑制或防止晶体生长，提高化合物在亚稳态（如非结晶态）中的物理稳定性。

③ 通过增加分散性和流动性，可以确保少量药物在大体积稀释液中的含量均匀度。

④ 增加药物的稳定性，延长药物的有效期。

（2）液体制剂

可提高药物在水中的溶解度和/或稳定性。

（3）混悬液和乳剂

① 环糊精的保护层可以抑制结块、沉降和相变。

② 可控制悬浮液的触变性。

③ 提高分散系统的物理稳定性。

（4）半固体制剂

① 提高软膏和栓剂的药物释放度，从而提高药物的局部生物利用度。

② 亲水性的环糊精可提高脂质基质和油包水型基质的吸水能力。

（5）注射制剂

① 可改善药物在水中的溶解度和/或稳定性。

② 可减少药物引起的溶血和肌肉组织损伤。

③ 可通过冷冻干燥技术制备溶解性较好的环糊精包合物，提高药物的稳定性。

④ 可采用球磨机将药物研磨成环糊精包合物的细粉末，从而制备肠外给药的混悬液。

值得注意的是，$(SBE)_{7m}$-β-CD 具有控释作用，尤其适用于水不溶性药物。众所周知，微孔渗透泵片中药物的水溶性很低，导致其释放受限。然而，Okimoto 等（1999）用 $(SBE)_{7m}$-β-CD 成功研制出了睾酮渗透泵片。因为每个 $(SBE)_{7m}$-β-CD 平均有 7 个负电荷和 7 个钠离子，$(SBE)_{7m}$-β-CD 除了通过包合作用使不溶性药物增溶外，还可作为渗透泵介质。此外，基于阴离子 SBE-β-CD 和阴离子聚合物之间的离子相互作用，设计了一种亲脂性很强、水不溶性抗菌剂三氯生的持续给药系统，即海美溴铵（Loftsson 等，2001）。

### 8.5.1 影响包合效果的因素

为了提高包合粉体的溶解性，许多研究者尝试在包合体系中添加共溶剂。可参考最近对六种不同类型的三元环糊精包合物的综述（Kurkov 和 Loftsson，2013）。水溶性高分子聚合物，例如：羟丙基甲基纤维素（HPMC）、聚维酮（PVP）、高分子聚乙二醇等已被证明可提高难溶性药物环糊精包合物的溶出速率（Taneri 等，2003；Duan 等，2005；Ammar 等，2006；Zoeller，等，2012；Dahiya 等，2013；Zaki 等，2013）。例如，加入亲水性聚合物，如 Soluplus®和两种类型的羟丙基甲基纤维素（Metolose® 90SH-100 和 Metolose® 65SH-1500），显著提高了 HP-β-CD 对卡马西平的增溶能力（Djordje，等，2015）。这些三元体系的药物溶出度与聚合物类型和浓度密切相关，经研究发现，增加格列美脲溶出度的最佳聚合物浓度为 5%的 PEG 4000 或 PEG 6000 和 20%的 HPMC 或 PVP。

一些小分子也能增强难溶性药物与环糊精的包合作用。Basavaraj 等（2006）研究了多羟基碱的影响，*N*-乙酰葡糖胺（亦称葡甲胺）和 DRF-4367 与 HP-β-CD 的包合作用，其中 DRF-4367 是一种水溶性很差的分子。相溶解度研究表明，葡甲胺通过多种方式提高药物的溶出度，这些方式包括特定的氢键和/或与主体分子的空间排列等。如赖氨酸、抗坏血酸和氯化镁等其他辅料，同样也能提高 HP-β- CD 和随机甲基化-β-环糊精（RM-β-CD）对一些不溶性药物的溶解度（Duan 等，2005）。通过与 HP-β-CD 的包合作用以及和精氨酸成盐，萘普生的溶解度和溶出度得到了明显提高（Mura 等，2005）。

需要注意的是：同时使用两种增溶剂有时会导致增溶能力下降。例如，SLS 和（SBE）$_{7m}$-β-环糊精同时用作难溶性药物 NSC-639829 的增溶剂，比任一种单独使用效果更差（Yang 等，2004）。在这种情况下，表面活性剂分子在包合剂对药物的增溶过程中起竞争性抑制剂的作用，而包合剂又使表面活性剂无法对药物增溶。

温度对包合反应的影响极其复杂。通常来说，温度对包合作用效率的影响是有限的。虽然升高温度可增加固有溶解度，但是由于负标准焓变（$\Delta H^{\ominus}$）伴随包合过程，较高温度通常使得包合结合常数降低。如难溶性药物阿法沙龙与 HP-β-CD 的包合反应（Peeters 等，2002）。

## 8.6 其他包合物

除了环糊精制备的包合物之外，其他类型的分子包合物也被广泛报道（Murugan 等，2014；Zhang 和 Isaacs，2014）。例如，季铵盐（丙烯亚胺）树枝状聚合物已被成功用于难溶性药物尼美舒利的药物载体，以增加其溶解度（Murugan 等，2014）。Devarkonda 等（2005）对比了聚酰胺-胺型树枝状高分子（PAMAM）与环糊精对尼可刹米的增溶效果，发现 PAMAM 更能提高尼可刹米的溶解度。然而，PAMAM 包合物的药物溶出速率却低于环糊精包合物，这是由于尼可刹米和 PAMAM 之间具有极强的相互作用力，从而延迟了药物从树状大分子复合物中的释放。

Chen 等（1994）研究了水溶性维生素、氨基酸以及无毒的药用辅料等作为难溶性物质的增溶剂，这类难溶性物质包括腺嘌呤核苷酸、鸟嘌呤核苷酸以及与此结构相似的药物阿昔洛韦和氨苯蝶啶等，结果发现由同一类配体（Higuchi 和 Kristiansen，1970）组成的配体对（两个配体）对核苷及结构相关化合物具有叠加增溶作用。

Hussain（1978）发现 2-乙酰氧基苯甲酸与烟酰胺或异烟酰胺可形成稳定的包合物。与 2-乙酰氧基苯甲酸相比，该配合物的药动学研究结果更好。配合物让水杨酸以高度溶解和解离的形式释放，因此获得了极高的血药浓度水平，包合剂则仍然是无毒部分，被代谢成无毒的副产物。

*p*-HPB 包含两个羰基基团，它们能够通过氢键与供质子分子结合。它与许多氨类化合物形成的复合物被认为是电荷转移复合物（Marletti 和 Notelli，1976）。

文献中报道的分子包合物总结如表 8.1 所示。

**表 8.1 分子包合物文献来源总结**

| 药物 | 配体 | 参考文献 |
|---|---|---|
| 尼美舒利 | 四分之一化聚丙烯亚胺树枝状聚合物 | Murugan 等（2014） |
| 19 不溶性药物 | [*n*]元瓜环取代 | Zhang 和 Isaacs（2014） |
| 解热镇痛药和布洛芬 | 葡甲胺 | De Villiers 等（1999） |
| *N*-4472 | L-抗坏血酸 | Itoh 等（2003） |
| 4-磺酸杯[*n*]芳烃 | 呋喃苯胺酸 | Yang 和 De Villiers（2004） |
| 水杨酰胺 | 咖啡因 | Reuning 和 Levy（1968）；Donbrow 等（1976） |
| 六羟甲基三聚氰胺 | 龙胆酸 | Kreilgård 等（1975） |
| 对羟苯基丁氮酮（*p*-HPB） | 胺类化合物 | Marletti 和 Notelli（1976） |
| 磺胺类药物 | 冠-6 环聚醚 180 | Takayama 等（1977a） |
| 氨基苯甲酸 | *N*-甲基吡咯烷酮 | Takayama 等（1977b） |
| 阿克罗宁 | 龙胆酸烷酯 | Repta and Hincal（1980） |
| 茶碱 | 一元胺和二元胺 | Nishijo 等（1982） |
| 抗肿瘤杂环药物：E-9-（2-羟基-3-壬烷基）腺嘌呤，3-脱氧尿苷鸟嘌呤 | 烟酰胺 | Truelove 等（1984） |
| 甲苯磺丁脲 | 尿素 | McGinity 等（1975） |
| 硝苯地平 | 酚醛取代树脂配体 | Boje 等（1988） |
| *p*-二羟硼基苯基丙氨酸 | 单糖类，如：甘露醇 | Mori 等（1989） |

## 8.7 实际问题

### 8.7.1 确定有用的系统

如式（8.1）所示，包合是一个平衡的过程。大多数药物（底物）与各种配体（如环糊精）形成 1∶1 的包合物，这些包合物由一个结合常数 $K_{11}$ 来定义。从溶解度方面考虑，若 $S$ 表示药物在没有任何配体情况下的溶解度，那么，在很大程度上，药物溶解度的增加由 $K_{11}$ 和[L]的乘积决定，其中，[L]=[$L_{total}$] − [SL]。由于大多数 $K_{11}$ 的值小于 20000 L/mol，[$L_{total}$]通常小于 0.1～0.2 mol/L，在 1∶1 包合条件下，最大溶解度是固有溶解度的 1000～2000 倍（Stella 和 Rajewski，1997）。这意味着在缺乏任何配体的情况下，要溶解 mg/mL 级的药物，药物的溶解度必须在 μg /mL 级。例如，如果药物的固有溶解度为 10 ng /mL，几乎不可能找到一种配体能够通过 1∶1 的包合作用将药物溶解度提高到 mg/mL 级。解决这个问题的唯一办法就是通过其他方法增加药物的固有溶解度，如调节溶液的 pH。虽然药物分子的电离作用可能会降低包合物的结合常数，但是固有溶解度的提高往往可以抵消结合常数的降低带来的溶解度降低的问题，从而达到预期的溶解度（Johnson 等，1994）。

虽然在某些情况下，结合能力可能与某些结构特征有关（Tong 等，1991a 和 1991b），但是如果不进行实际的实验，就没有普遍的规律可以用来预测结合常数。幸运的是，确定某些配体是否能够与目标化合物形成包合物相对比较容易。潜在有用配体的快速溶解度筛选可以提供一种方法来识别最有用的系统。例如，倘若 20% HP-β-CD 和 40% SBE-β-CD 不能将溶解度提高至理想水平，显然，这些环糊精的增溶作用不是很好。

在考虑选择哪种配体时，除了考虑结合常数和安全性问题以外，经济和质量控制问题也是应当考虑的关键点。因为很难筛选出特定的羟基化衍生物，所以，大多数具有药用价值的改良型环糊精很可能都是复杂的混合物（Stella 和 Rajewski，1997）。因此，需要制订适当的方法来表征这些混合物，以确保批间重现性。评价任何新环糊精衍生物的急性和慢性安全性研究所需的成本非常高，这妨碍了其在药物中的广泛应用。

### 8.7.2 包合物的制备

包合物的制备方法多种多样，包合效果取决于所形成包合物的性质和制备方法。在开发包合物制备方法时，应评估该方法是否具有较好的重现性。

在溶液中，包合物的是以控制扩散的速率形成的，此速率与主体分子和客体分子的混合扩散速率有关，形成复合物的数量取决于结合常数。固体络合物的制备方法有：共沉淀法（Celebi 和 Nagai，1988；Ficarra 等，2002）、中和反应（Celebi 和 Nagai，1988）、捏合法（Lengyel 和 Szejtli，1985）、冷冻干燥法（Kurozumi 等，1975；Fugioka 等，1983；Pralhad 和 Rajendrakumar，2004）、喷雾干燥法（Tokumura 等，1984；Fukuda 等，1986；Miro 等，2004）、共蒸发法（Zugasti 等，2009）和研磨法（Nakai 等，1977 和 1980；Lin 1988；Mukne 和 Nagarsenker，2004；Mura 等，2005）。熔融法是一种制备药物-环糊精和聚合物等三元体系固体配合物的非常有效的方法，这类聚合物有 PEG 6000 和 PEG 4000 等（Lahiani-Skiba 等，2006）。读者也可参考最近的文献（Chordiya 和 Senthilkumaran，2012）。

捏合法是将底物加到配体（如环糊精）浆中，然后揉捏直至得到包合物膏体。将产物进行干燥并用少量溶剂清洗，以除去多余的游离底物，水性溶液通常使用冷冻干燥和喷雾干燥的方法。然而，除非可以使用有机溶剂，否则这些方法不适用于难溶性化合物。在共沉淀法中也经常使用有机溶剂。使用有机溶剂的一个主要问题是，大多数有机溶剂会竞争环糊精腔中的包含体，从而抑制复合物的形成。中和法利用了酸性或碱性官能团，对难溶性化合物的增溶非常有效。然而，重要的是要确保化合物在酸性或碱性条件下是稳定的。研磨法中无水参与，因此适用于在水溶剂和/或高温下不稳定的药物。

Palmieri 等（1997）研究了制备方法对甲氧丁酸与 β-CD 和 HP-β-CD 形成的固体包合物性质的影响。采用固体分散法、捏合法和干燥法制备的包合物，再用 UV、HPLC、DSC、XRD 以及溶出度的测定进行评估。结果表明，对于 β-CD 包合物，喷雾干燥制备的包合物包合效果和溶出度最好；对于 HP-β-CD 包合物，固体分散体是最佳的包合方法。

Fini 等（1997）研究了采用低频超声压缩 β-CD/IM 混合物的方法，制备 β-环糊精-吲哚美辛（IM）复合物的可行性。实验结果表明，超声所得产物的溶出速率与捏合法制备产物的溶出速率相当。然而，使用超声波既可以减少生产时间，又可以提高目标化合物和 β-CD 之间的含量均匀度。该方法的机制可能是，在无溶剂的情况下，固体物吸收超声从而促进相转变或破坏晶格，导致化合物接近无定型的状态，或在低熔点化合物的情况下，可以为低温熔合创造条件。在 β-环糊精-吲哚美辛包合物中，吲哚美辛似乎是包裹在 β-环糊精颗粒上的一层薄膜，形成一个两组分密切连接的复合物。

### 8.7.3 包合物的药物释放

如之前所述，复合物的形成是一个平衡过程，药物和配体分子都是非共价结合的。同时，实验结果也表明了包合物的形成和解离都非常快。随着包合物的不断形成和分解，这非常接近扩散控制的极限，其发生率大于 $10^{-8}$ L/(mol • s)（Cramer 等，1967；Thomason 等，1990）。因此，很容易得出这两种包合物解离的机制：稀释和竞争性置换（药物和/或配体分子与其他竞争药物的结合）（Stella 和 He，2008；Kurkov 等，2012；Loftsson 和 Brewster，2013）。

考虑一种内在溶解度为 0.4 mmol/L 的药物，通过与 0.1 mol/L 的环糊精形成 1∶1 的包合物，溶解度提高至 20 mmol/L，包合物的形成条件为：结合常数为 610 L/mol、稀释度为 1∶700（假设进样 5 mL 20 mmol/L 溶液，且包合物的分配体积约为 3.5 L）。这将导致 92.1%的包合物解离（Stella 和 Rajewski，1997）。药物与配体分子或其他竞争性抑制剂的结合可通过以下作用来说明，即体外稀释血浆对萘普生或氟比洛芬 HP-β-CD 包合物解离的影响（Frijlink 等，1991）。Frijlink 等发现，只有一小部分药物在血浆中仍然与环糊精结合。两种药物会与环糊精竞争性地与白蛋白结合，与之竞争的药物如血浆胆固醇取代了环糊精中的药物，这可能是环糊精中药物残留比例较低的原因之一。

根据大量文献综述的报道，Rajewski 和 Stella（1996）得出一个结论，对于肠外给药的包合物，药物从其包合物中定性和定量释放，对药物的药动学几乎没有任何干扰，但局部给药除外。局部给药后，药物与环糊精的浓度都能维持在一个较高水平。对于结合常数很大（＞10000 L/mol）的药物环糊精包合物，为了将药物包合物的比例降低到很小的不明显的水平，往往需要更大的稀释度。药物与血浆蛋白复配并被内源性脂质（如胆固醇）取代的趋势也将降低（Mesens 和 Putteman，1991）。由于这些联合作用，药动学研究中，较早的时间点可能受到干扰（Frinjlink 等，1991）。根据所有包合物的解离机理，类似的结论也适用于其他包合物。读者可参阅最近的综述，获得更多关于环糊精和药物药动学问题的工作总结（Palem，Chopparapu 等，2012；Kumar 等，2013；Kurkov 和 Loftsson，2013）。

虽然大多数复合物在血液稀释后会解离，但是 Guo 和他的同事发现，一种潜在的抗真菌药物两性霉素 B，可与胆固醇硫酸钠形成非常紧密的复合物，静脉注射后不易解离（1991）。该药物独特的结构和与稳定的盘状配合体的紧密结合可能阻止了两性霉素 B 进入宿主组织和细胞。通过使用该复合物，药物的毒副作用和治疗指标均有明显改善。

对于口服给药，包合物在胃和肠内容物中稀释后也会迅速解离，一般认为只有药物被吸收，而络合物则不被吸收（Thompson，1997）。因此，络合物的主要作用是提高药物溶出的速率和程度。如本章前面所述，其他报道的环糊精复合物对药物口服吸收的影响还包括环糊精能增强胃肠道黏膜的渗透性。

眼用制剂、黏膜给药制剂、鼻腔给药制剂和透皮吸收制剂对结合强度最敏感（Abdul Rasool

和 Salmo，2012；Kumar 等，2013；Juluri 和 Narasimha Murthy，2014；Kim 等，2014）。这些给药途径的稀释程度极小。然而，这可能不是一个重要的问题，因为药物通常也可以与输送部位亲脂性化合物发生竞争性抑制作用，使药物从环糊精中置换出来。这类亲脂性化合物主要有甘油三酯、胆固醇、胆汁酸盐和其他疏水化合物等，这些化合物的浓度通常要高得多（Thompson，1997）。

### 8.7.4 安全性方面的考虑

当在制剂处方中使用这类复合物时，必须评估药物与包合剂的毒性。包合剂的存在可能改变药物的毒性特征，反之亦然。在设计毒性研究时需要考虑这些因素。

Stella 和 He 已经对各种环糊精复合物的安全性进行了综述，同时指出，在环糊精衍生物的人体试验中，SBE-β-CD 和 HP-β-CD 在人体中耐受性良好，口服或静脉注射后对肾脏或其他器官无不良影响（Stella 和 He，2008）。总之，CD 在口服给药后不被吸收，因此表现出良好的口服安全性特征（Thompson，1997）。口服给药观察到的主要不良反应是在非常高的剂量下，由肝肠循环中去除胆盐引起的继发效应所致。在药物制剂正常使用剂量下，通常未观察到该不良反应。预计阴离子 SBE -β-CD 对复杂胆盐的作用与中性环糊精相比较弱，因为胆盐上的阴离子电荷可能排斥阴离子环糊精。

母体环糊精中，由于α-CD 和β-CD 的肾毒性较大，不适用于肠外给药制剂，但是在γ-CD、HP-β-CD 或 SBE-β-CD 上未发现肾损害（Stella 和 He，2008）。由于 HP-β-CD 具有良好的水溶性和较低的溶血性，适用于注射制剂（Dilova 等，2004）。经过动物安全性研究得出，SBE-β-CD 的安全剂量是 2 g/(kg • d)；经人体静脉注射安全性研究发现，HP-β-CD 的静脉给药剂量为 3 mg，注射速率为 100 mg/min。由于二甲基-β-CD 的膜损伤作用较大，它可能只能作为渗透促进剂。

### 8.7.5 监管方面的考虑

一种包合物被证明可以用作药物制剂时，包合剂不能被视为标准的非活性成分（普通辅料），目前还没有评估这类新辅料的批准程序。监管机构负责评估和批准最终的商业药物制剂，但不负责批准新的辅料（Thompson，1997）。在美国，新辅料的申报资料必须由辅料生产商作为药物主文件（DMF）4 类备案。然后，当使用赋形剂申请剂型时，该数据将被用于试验性新药申请（IND）、新药申请（NDA）或仿制药申请（ANDA）。然而，特定辅料 DMF 的存在并不保证监管机构接受该辅料与药物一起使用。DMF 中提供的辅料安全性数据需要支持给药途径、辅料给药剂量和给药频率（Stella 和 Rajewski，1997）。此外，引用 DMF 的监管文件还需要提供有关包合剂/药物组合的安全性数据的支持。因为使用一种新的辅料会带来额外的问题，当考虑在药物制剂中使用包合技术时，建议在开发过程中尽早开始与制剂监管部门对话，以便清楚地获得制剂想要达到的水平。

### 8.7.6 含有环糊精的药物产品

值得注意的是，各种环糊精本身已被用于治疗不同的适应证，如官方临床试验所示，静脉注射 HP-β-CD 可治疗尼曼-匹克 C1 型疾病、口服 α-CD 可排泄粪便脂肪和降低血清胆固醇。

根据官方临床试验，目前有 32 项临床研究涉及环糊精或环糊精复合物，其中 11 项研究仍在招募受试者或准备招募受试者。CyDex Pharmaceuticals, Inc.是专注于环糊精包合领域的重要公司，2011 年被 Ligand 收购，是 Ligand 的全资子公司（http://www.ligand.com/cydex）。除了批准的药物产品外，CyDex 还与 40 多家公司合作支持药物开发工作，包括为 Onyx Pharmaceuticals 开发一种 Captisol®-enabled Ⅳ型的卡非佐米（Carfilzomib）制剂，用于治疗难治性多发性骨髓瘤（2013 年被 Amgen 收购）。

Chordiya 和 Senthilkumaran 通过对不同的环糊精衍生物上市产品的市场分布情况进行分类总结，如 α-CD、β-CD、HP-β–CD、RM-β–CD、SBE-β–CD 和 HP-γ-CD，结果发现，在欧洲和日本被批准上市销售的居多，在美国较少（2012）。在美国和世界各地批准使用 SBE-β-CD（Captisol®）的药物，包括但不限于辉瑞的 Vfend®（伏立康唑）和 Zeldox®/ Geodon®（甲磺酸齐拉西酮）、百时美施贵宝的 ABILIFY（阿立哌唑）（https://notendur.hi.is/thorstlo/cyclodextrin.pdf）以及百特的 Nexterone（盐酸胺碘酮）。美国和世界各地批准利用 HP-β-CD 的药物，包括但不限于强生的 Sporanox（伊曲康唑）、Chauvin 的 Idocid（吲哚美辛）和诺华的 MitoExtra（丝裂霉素）。对于以 HP-β-CD 为基础的广谱抗真菌药 Spiranox（伊曲康唑），Janssen 开发了不同的口服（胶囊）和口服（溶液）制剂。

### 8.7.7　专利问题

包合剂的应用，尤其是改良型环糊精的应用已获得了大量专利。如使用环糊精的衍生物通常要支付一定的知识产权费用。然而，这也可能为含新化学实体（NCE）复合物的新配方提供专利保护。

### 8.7.8　商品的成本考虑

商品成本是当前药物开发环境中需要考虑的一个重要因素。在激烈的市场竞争中，当在药物制剂中使用包合技术时，包合剂的成本和与该技术相关的潜在专利权使用费可能会降低配方产品的吸引力。此外，由于需要进行额外的毒性研究，含包合剂的开发成本可能更高。然而，应该注意的是，在早期开发阶段，与其他增溶技术相关的许多潜在问题可能不那么明显，比如患者对注射制剂导致严重疼痛的依从性问题。因此，在对复杂技术作出最终承诺之前，仔细考虑所有因素（利弊）的影响，在早期的预配方研究中是很重要的。

## 8.8　总结

在解决药物溶解性的问题中，包合作用比其他增溶方法具有明显的优势。环糊精的研发和商业化领域的发展，可带来更低的成本，同时具有批量生产方法，使得这项技术更具吸引力。随着许多产品的上市销售，已经确立了包合药物制剂的商业可行性。但是，开发成本高、潜在的监管问题、知识产权费用和复杂的商品代理成本等问题，仍限制了这项技术的广泛应用。

# 参考文献


Abdul Rasool, B. K. and H. M. Salmo. 2012. Development and clinical evaluation of clotrimazole-β-cyclodextrin eyedrops for the treatment of fungal keratitis. *AAPS PharmSciTech* 13(3): 883–889.

Ammar, H. O., H. A. Salama, M. Ghorab and A. A. Mahmoud. 2006. Implication of inclusion complexation of glimepiride in cyclodextrin-polymer systems on its dissolution, stability and therapeutic efficacy. *Int. J. Pharm.* 320(1–2): 53–57.

Bary, A. R., I. G. Tucker and N. M. Davies. 2001. An insight into how cyclodextrins increase the ocular bioavailability of poorly water-soluble compounds. *Proceedings–28th International Symposium on Controlled Release of Bioactive Materials and 4th Consumer & Diversified Products Conference*, San Diego, CA, June 23–27, 2001.

Basavaraj, S., V. Sihorkar, T. R. S. Kumar, P. Sundaramurthi, N. R. Srinivas, P. Venkatesh, M. Ramesh and S. K. Singh. 2006. Bioavailability enhancement of poorly water soluble and weakly acidic new chemical entity with 2-hydroxy propyl-β-cyclodextrin: Selection of meglumine, a polyhydroxy base, as a novel ternary component. *Pharm. Dev. Tech.* 11(4): 443–451.

Baszkin, A., A. Angelova and C. Ringard-Lefebvre. 1999. Host-guest complexation of water soluble and water insoluble drugs by cyclodextrins. *Book of Abstracts, 218th ACS National Meeting*, New Orleans, LA, August 22–26. COLL-011.

Bender, M. L. and M. Komiyama. 1978. *Cyclodextrin Chemistry*, Berlin, Germany: Springer-Verlag.

Boje, K. M., M. Sak and H. L. Fung. 1988. Complexation of nifedipine with substituted phenolic ligands, *Pharm. Res.* 5(10): 655–659.

Caira, M. R. and D. R. Dodds. 1999. Inclusion of nonopirate analgesic drugs in cyclodextrins. I. X-ray structure of a 1:1 beta-cyclodextrin-p-bromoacetanilide complex. *J. Incl. Phenom. Macrocycl. Chem.* 34: 19–29.

Casu, B., M. Reggiani, G. G. Gallo and A. Vigevanni. 1970. *Carbohydr. Res.* 12: 157–170.

Celebi, N. and T. Nagai. 1988. Improvement of dissolution characteristics of piromidic acid by dimethyl-β-cyclodextrin complexation. *Drug Dev. Ind. Pharm.* 14: 63–75.

Chen, A. X., S. W. Zito and R. A. Nash. 1994. Solubility enhancement of nucleosides and structurally related compounds by complex formation. *Pharm. Res.* 11(3): 398–401.

Chordiya, M. A. and K. Senthilkumaran. 2012. Cyclodextrin in drug delivery: A review. *Res. Rev. J. Pharm. Pharm. Sci.* 1(1): 19–29.

Clarke, R. J., J. H. Coates and S. F. Lincoln. 1988. Inclusion complexes of the cyclomalto-oligosaccharides. In *Advances in Carbohydrate Chemistry and Biochemistry*, R. S. Tipson and D. Horton (Eds.), San Diego, CA: Academic Press.

Cohen, J. and J. L. Lach. 1963. Interaction of pharmaceuticals with Schardinger Dextrins I interaction with hydroxybenzoic acids and p-hydroxybenzoates. *J. Pharm. Sci.* 52: 132–136.

Connors, K. A. 1987. *Binding Constants—The Measurement of Molecular Complex Stability*. New York: John Wiley & Sons.

Connors, K. A. 1990. Complex formation. In *Remington's Pharmaceutical Sciences*, 18th ed., A. R. Gebbaro (Ed.), London, UK: Mack Publishing Company.

Connors, K. A. 1997. The stability of cyclodextrin complexes in solution. *Chem. Rev.* 97: 1325–1357.

Cramer, F., W. Saenger and H. C. Spatz. 1967. Inclusion compounds. XIX. The formation of inclusion compounds of α-cyclodextrin in aqueous solutions. Thermodynamics and kinetics. *J. Am. Chem. Soc.* 89: 14–20.

Cromwell, W. C., K. Byström and M. R. Eftink. 1985. Cyclodextrin-adamantanecarboxylate inclusion complexes: Studies of the variation in cavity size. *J. Phys. Chem.* 89: 326–332.

Dahiya, S. and P. Tayde. 2013. Binary and ternary solid systems of carvedilol with 2-hydroxypropyl-β-cycllodextrin and Kollidon 30. *Bull. Pharm. Res.* 3(3): 128–134.

De Villiers, M. M., W. Liebenberg, S. F. Malan and J. J. Gerber. 1999. The dissolution and complexing properties of ibuprofen and ketoprofen when mixed with N-methylglucamine. *Drug Dev. Ind Pharm.* 25(8): 967–972.

Demirel, M., G. Yurtdas and L. Genc. 2011. Inclusion complexes of ketoconazole with beta-cyclodextrin: Physicochemical characterization and in vitro dissolution behaviour of its vaginal suppositories. *J. Incl. Phenom. Macrocycl. Chem.* 70(3–4): 437–445.

Devarakonda, B., R. A. Hill, W. Liebenberg, M. Brits and M. M. de Villiers. 2005. Comparison of the aqueous solubilization of practically insoluble niclosamide by polyamidoamine (PAMAM) dendrimers and cyclodextrins. *Int. J. Pharm.* 304(1–2): 193–209.

Dilova, V., V. Zlatarova, N. Spirova, K. Filcheva, A. Pavlova and P. Grigorova. 2004. Study of insolubility problems of dexamethasone and digoxin: Cyclodextrin complexation. *Bollettino Chimico Farmaceutico.* 143(1): 20–23.

Djordje, M., K. Kyriakos, D. Zorica and I. Svetlana. 2015. Influence of hydrophilic polymers on the complexation of carbamazepine with hydroxypropyl-b-cyclodextrin. *Eur. J. Pharm. Sci.* 78: 273–285.

Donbrow, M., E. Touitou and H. Ben Shalom. 1976. Stability of salicylamide-caffeine complex at different temperatures and its thermodynamic parameters. *J. Pharm. Pharmac.* 28: 766–769.

Duan, M. S., N. Zhao, I. B. Oessurardottir, T. Thorsteinsson and T. Loftsson. 2005. Cyclodextrin solubilization of the antibacterial agents triclosan and triclocarban: Formation of aggregates and higher-order complexes. *Int. J. Pharm.* 297(1–2): 213–222.

Eftink, M. R., M. L. Andy, K. Bystrom, H. D. Perlmutter and D. S. Kristol. 1989. Cyclodextrin inclusion complexes: Studies of the variation in the size of alicyclic guests. *J. Am. Chem. Soc.* 111: 6765–6772.

Emara, L. H., R. M. Badr and A. A. Elbary. 2002. Improving the dissolution and bioavailability of nifedipine using solid dispersions and solubilizers. *Drug Dev. Ind Pharm.* 28(7): 795–807.

Ficarra, R., S. Tommasini, D. Raneri, M. L. Calabro, M. R. Di Bella, C. Rustichelli, M. C. Gamberini and P. Ficarra. 2002. Study of flavonoids/β-cyclodextrins inclusion complexes by NMR, FT-IR, DSC, X-ray investigation. *J. Pharm. Biomed. Anal.* 29(6): 1005–1014.

Fini, A., M. J. Fernàndez-Hervàs, M. A. Holgado, L. Rodriguez, C. Cavallari, N. Passerini and O. Caputo. 1997. Fractal analysis of β-cyclodextrin-indomethacin particles compacted by ultrasound, *J. Pharm. Sci.* 86(11): 1303–1309.

Frijlink, H. W., J. F. Franssen, A. C. Eissens, R. Oosting, C. F. Lerk and D. K. F. Meijer. 1991. The effect of cyclodextrins on the disposition of introvenously injected drugs in the rat. *Pharm. Res.* 8: 380–384.

Frömming, K. H. and I. Weyermann. 1973. Release of active substance after oral application of β-cyclodextrin inclusion compound to humans. *Arzneim. Forsch.* (*Drg. Res.*) 23: 424–426.

Fugioka, K., Y. Kurosaki, S. Sato, T. Noguchi and Y. Yamahira. 1983. Biopharmaceutical study of inclusion complexes. I. Pharmaceutical advantages of cyclodextrin complexes of bencyclane fumarate. *Chem. Pharm. Bull.* 31: 2416–2423.

Fukuda, N., N. Higuichi, M. Ohno, H. Kenmochi, H. Sekikawa and M. Takada. 1986. Dissolution behavior of prednisone from solid dispersion systems with cyclodextrins and polyvinylpyrrolidone. *Chem. Pharm. Bull.* 34: 1366–1369.

Glass, C. A. 1965. Proton magnetic resonance spectra of D-glucopyranose polymers. *Can. J. Chem.* 43: 2652–2659.

Green, A. R. and J. K. Guillory. 1989. Heptakis (2,6-di-o-methyl)-β-cyclodextrin complexation with the antitumor agent chlorambucil. *J. Pharm. Sci.* 78: 427–431.

Guo, L. S. S., R. M. Fielding, D. D. Lasic, R. L. Hamilton, and D. Mufson. 1991. Novel antifungal drug delivery: Stable amphotericin B-cholesteryl sulfate discs. *Int. J. Pharm.* 75: 45–54.

Hansen, L. D., E. A. Lewis and D. J. Ratough. 1985. In *Analytical Solution Calorimetry*, J. K. Grime (Ed.), New York: John Wiley & Sons.

Harata, K. 1989. Crystal structure of the inclusion complex of hexakis(2,6-di-O-methyl)cyclomaltohexaose with 3-iodopropionic acid. *Carbohydr. Res.* 192: 33–42.

Hersey, A., B. H. Robinson and H. C. Kelly. 1986. Mechanisms of inclusion-compound formation for binding of organic dyes, ions and surfactants to α-cyclodextrin studied by kinetic methods based on competition experiments. *J. Chem. Soc. Faraday Trans.* 82: 1271–1287.

Higuchi, T. and H. Kristiansen. 1970. Binding specificity between small organic solutes in aqueous solution: Classification of some solutes into two groups according to binding tendencies. *J. Pharm. Sci.* 59: 1601–1608.

Higuchi, T. and K. A. Connors. 1965. *Advances in Analytical Chemistry and Instrumentation*, Vol. 4., C. N. Reilly (Ed.), New York: Interscience.

Hursthouse, M. B., C. Z. Smith, M. Thornton-Pett and J. H. P. Utley. 1982. The x-ray crystal structure of an ethyl cinnamate-β-cyclodextrin guest-host complex. *J. Chem. Soc., Chem. Commun.* (15): 881–882.

Hussain, A. A. 1978. Novel 2-acetoxybenzoic acid-nicotinamide complexes. United States Patent 4120958.

Itoh, K., Y. Tozuka, T. Oguchi and K. Yamamoto. 2003. Improvement of physicochemical properties of N-4472. Part III. VC/N-4472 complex formation and self-association in aqueous solution. *Chem. Pharm. Bull.* 51(1): 40–45.

Jambhekar, S., R. Casella and T. Maher. 2004. The physicochemical characteristics and bioavailability of indomethacin from β-cyclodextrin, hydroxyethyl-β-cyclodextrin, and hydroxypropyl-β-cyclodextrin

complexes. *Int J. Pharm.* 270(1–2): 149–166.
Johnson, M. D., B. L. Hoesterey and B. D. Anderson. 1994. Solubilization of a tripeptide HIV inhibitor using a combination of ionization and complexation with chemically modified cyclodextrins. *J. Pharm. Sci.* 83(8): 1142–1146.
Juluri, A. and S. Narasimha Murthy. 2014. Transdermal iontophoretic delivery of a liquid lipophilic drug by complexation with an anionic cyclodextrin. *J. Control. Release* 189: 11–18.
Kalepu, S. and V. Nekkanti. 2015. Insoluble drug delivery strategies: Review of recent advances and business prospects. *Acta Pharm. Sin B.* 5(5): 442–453.
Kim, J.-E., H.-J. Cho and D.-D. Kim. 2014. Budesonide/cyclodextrin complex-loaded lyophilized microparticles for intranasal application. *Drug Dev. Ind. Pharm.* 40(6): 743–748.
Koehler, J. E. H., W. Saenger and W. F. van Gunsteren. 1987. A molecular dynamics simulation of crystalline α-cyclodextrin hexahydrate. *Eur. Biophys. J.* 15: 197–210.
Koizumi, K. and Y. Kidera. 1977. Effect of α- and β-cyclodextrin on gastrointestinal absorption of barbituric acid derivatives. *Yakugaku Zasshi*, 97: 705–711.
Kreilgård, B., T. Higuchi and A. J. Repta. 1975. Complexation of parenteral solutions: Solubiliztion of cyctoxic agent hexamethylmelamine by complexation with gentisic acid species. *J. Pharm. Sci.* 11: 1850–1855.
Kumar, A. R., K. Ashok, B. Brahmaiah, S. Nama and C. B. Rao (2013). The cyclodextrins: A review. *Int. J. Pharm. Res. Bio-Sci.* 2(2): 291–304.
Kurkov, S. V. and T. Loftsson. 2013. Cyclodextrins. *Int. J. Pharm.(Amsterdam, the Netherlands)*, 453(1): 167–180.
Kurkov, S. V., D. E. Madden, D. Carr and T. Loftsson. 2012. The effect of parenterally administered cyclodextrins on the pharmacokinetics of coadministered drugs. *J. Pharm. Sci.* 101(12): 4402–4408.
Kurozumi, M., N. Nambu and T. Nagai. 1975. Inclusion compounds of non-steroidal antiinflammatory and other slightly water soluble drugs with α- and β-cyclodextrins in powdered form. *Chem. Pharm. Bull.* 23: 3062–3068.
Lach, J. L. and W. A. Pauli. 1966. Interaction of pharmaceuticals with Schardinger dextrins VI. Interactions of β-cyclodextrin, sodium deoxycholate, and deoxycholic acid with amines and pharmaceutical agents. *J. Pharm. Sci.* 55: 32–38.
Lahiani-Skiba, M., C. Barbot, F. Bounoure, S. Joudieh and M. Skiba. 2006. Solubility and dissolution rate of progesterone-cyclodextrin-polymer systems. *Drug Dev Ind. Pharm.* 32(9): 1043–1058.
Lengyyel, M. T. and J. Szejtli. 1985. Menadione-gamma cyclodextrin inclusion complex. *J. Inclus.Phenom.* 3: 1–8.
Lin, S. Y., Y. H. Kao and J. C. Yong. 1988. Grinding effect on some pharmaceutical properties of drugs by adding β-cyclodextrin. *Drug Develop. Indus. Pharm.* 14: 99–118.
Loftsson, T. and M. E. Brewster. 2013. Drug solubilization and stabilization by cyclodextrin drug carriers. Drug Delivery Strategies Poorly Water-Soluble Drugs, 67–101.
Loftsson, T. and M. Masson. 2001. Cyclodextrins in topical drug formulations: Theory and practice. *Int. J. Pharm.* 225(1–2): 15–30.
Loftsson, T. and M. Masson. 2004. The effects of water-soluble polymers on cyclodextrins and cyclodextrin solubilization of drugs. *J. Drug Deliv. Sci. Technol.* 14(1): 35–43.
Loftsson, T., M. Masson, and J. F. Sigurjonsdottir. 1999. Methods to enhance the complexation efficiency of cyclodextrins. *STP. Pharma. Sci.* 9(3): 237–242.
Loftsson, T., N. Leeves, J. F. Sigurjonsdottir, H. H. Sigurosson and M. Masson. 2001. Sustained drug delivery system based on a cationic polymer and an anionic drug/cyclodextrin complex. *Pharmazie* 56(9): 746–747.
Lokamatha, K. M., A. Bharathi, S. M. Shanta Kumar and N. Rama Rao. 2010. Effect of PVP-K30 on complexation and dissolution rate of Nevirapine-β-cyclodextrin complexes. *Int. J. Pharm. Pharm. Sci.* 2(4): 169–176.
Marletti, F. and S. Notelli. 1976. Charge-transfer complexes of p-hydroxyphenylbutazone. *Il Farmaco, Ed. Sc.* 31: 665–670.
Marttin, E., J. C. Verhoef and F. W. H. M. Merkus. 1998. Efficacy, safety and mechanism of cyclodextrins as absorption enhancers in nasal delivery of peptide and protein drugs. *J. Drug Target.* 6(1): 17–36.
Matsui, Y., T. Nishioka and T. Fujita. 1985. Quantitative structure-reactivity analysis of the inclusion mechanism by cyclodextrins. *Top. Curr. Chem.* (*Biomimetic inorganic Chemistry*). 128: 61–89.
McGinity, J.W., A. B. Combs and H. N. Martin. 1975. Improved method for microencapsulation of soluble pharmaceuticals. *J. Pharm. Sci.*, 64: 889–890.
Mesens, L. J. and P. Putteman. 1991. Pharmaceutical applications of 2-hydroxypropyl-β-cyclodextrin. In *New Trends in Cyclodextrins and Derivatives*, D. Duchene (Ed.), Paris: Editions de Santé.
Miro, A., F. Quaglia, U. Sorrentino, M. I. La Rotonda, R. D'Emmanuele Di Villa Bianca and R. Sorrentino.

2004. Improvement of gliquidone hypoglycaemic effect in rats by cyclodextrin formulations. *Eur. J. Pharm. Sci.* 23(1): 57–64.

Mori, Y., A. Suzuki, K. Yoshino and H. Kakihana. 1989. Complex formation of p-Boronophenylalanine with some monosaccharides. *Pigment Cell Res.* 2: 273–277.

Mukne, A. P. and M. S. Nagarsenker. 2004. Triamterene-β-cyclodextrin systems: Preparation, characterization and in vivo evaluation. *AAPS PharmSciTech* 51(1): article 19: 142–150.

Mura, P., G. P. Bettinetti, M. Cirri, F. Maestrelli, M. Sorrenti and L. Catenacci. 2005. Solid-state characterization and dissolution properties of Naproxen-Arginine-Hydroxypropyl-β-cyclodextrin ternary system. *Eur. J. Pharm. Biopharm.* 59(1): 99–106.

Murugan, E., D. P. Geetha Rani and V. Yogaraj. 2014. Drug delivery investigations of quaternised poly(propylene imine) dendrimer using nimesulide as a model drug. *Colloids Surf B Biointerfaces* 114: 121–129.

Nagabhushanam, M. V., P. Radhika, M. V. Ramana and P. S. Surekha. 2013. Solubility enhancement of Naproxen by using cyclodextrin complexes. *Int. J. Invent. Pharm. Sci.* 1(6): 537–541, 535 pp.

Nagase, Y., M. Hirata, M., K. Wada, H. Arima, F. Hirayama, T. Irie, M. Kikuchi, and K. Uekama. 2001. Improvement of some pharmaceutical properties of DY-9760e by sulfobutyl ether β-cyclodextrin. *Int. J. Pharm.* 229(1–2): 163–172.

Nakai, Y., E. Fukuoka, S. Nakajima and K. Yamamoto. 1977. Effects of grinding on physical and chemical properties of crystalline medicinals with microcrystalline cellulose. I. Some physical properties of crystalline medicinals in ground mixtures. *Chem. Pharm. Bull.*, 25: 3340–3346.

Nakai, Y., S. Nakajima, K. Yamamoto, K. Terada and T. Konno. 1980. Effects of grinding on the physical and chemical properties of crystalline medicinals with microcrystalline cellulose V: Comparison with tri-O-methyl-β-cyclodextrin ground mixtures. *Chem. Pharm. Bull.*, 28: 1552–1558.

Nakanishi, K., T. Nadai, M. Masada and K. Miyajima. 1992. Effect of cyclodextrins on biological membrane II. Mechanism of enhancement on the intestinal absorption of non-absorbable drug by cyclodextrins. *Chem. Pharm. Bull.* 40: 1252–1256.

Nishijo, J., K. Ohno, K. Nishimura, M. Hukuda, H. Ishimaru and I. Yonetani. 1982. Soluble complex formation of theophylline with aliphatic di- and monoamines in aqueous solution. *Chem. and Pharm. Bull.* 30(3): 771–776.

Okimoto, K., R. A. Rajewski, J. A. Jona and V. J. Stella. 1995. The interaction of charged and uncharged drugs with a neutral (HP-β-CD) and anionically charged (SBE-β-CD) β-cyclodextrin. *Pharm. Res.* 12: S205.

Okimoto, K., R. A. Rajewski and V. J. Stella. 1999. Release of testosterone from an osmotic pump tablet utilizing (SBE)7m-β-cyclodextrin as both a solubilizing and an osmotic pump agent. *J. Control. Release.* 58(1): 29–38.

Palem, C. R., K. S. C. Chopparapu, P. V. R. S. Subrahmanyam and M. R. Yamsani. 2012. Cyclodextrins and their derivatives in drug delivery: A review. *Curr. Trends Biotechnol. Pharm.* 6(3): 255–275.

Palmieri, G. F., D. Galli-Angeli, G. Giovannucci and S. Martelli. 1997. Inclusion of methoxybutropate in β- and hydroxypropyl β-cyclodextrins: comparison of preparation methods. *Drug Dev. Ind. Pharm.* 23(1): 27–37.

Patel, R. P., K. K. Sawant, M. M. Patel and N. R. Patel. 2005. Enhancement of the dissolution properties of furosemide by inclusion complexation with β-cyclodextrin. *Drug Deliv. Technol.* 5(3): 62–66.

Peeters, J., P. Neeskens, J. Adriaensen and M. Brewster. 2002. Alfaxalone: Effect of temperature on complexation with 2-hydroxypropyl-β-cyclodextrin. *J. Incl. Phenom. Macrocycl. Chem.* 44(1–4): 75–77.

Pralhad, T. and K. Rajendrakumar. 2004. Study of freeze-dried quercetin-cyclodextrin binary systems by DSC, FT-IR, X-ray diffraction and SEM analysis. *J. Pharm. Biomed. Anal.* 34(2): 333–339.

Puglisi, G., N.A. Santagati, R. Pignatello, C. Ventura, F. A. Bottino, S. Mangiafico and G. Mazzone. 1990. Inclusion complexation of 4-biphenylacetic acid with β-cyclodextrin. *Drug Dev. Ind. Pharm.* 16: 395–413.

Rajewski, R. A. and V. J. Stella. 1996. Pharmaceutical applications of cyclodextrins. II. In vivo drug delivery. *J. Pharm. Sci.* 85: 1142–1169.

Rao, V. S. R. and J. F. Foster. 1963. On the conformation of the D-glucopyranose ring in maltose and in higher polymers of D-glucose. *J. Phys. Chem.* 67: 951–952.

Repta, A. J. 1981. Alteration of apparent solubility through complexation. In *Techniques of Solubilization of Drugs*, S. H. Yolkowsky (Ed.), New York: Marcel Dekker.

Repta, A. J. and A. A. Hincal. 1980. Complexation and solubilization of acronine with alkylgentisates. *Int. J. Pharm.* 5: 149–155.

Reuning, R. H. and G. Levy. 1968. Characterization of complex formation between small molecules by membrane permeation measurements. *J. Pharm. Sci.* 57: 1556–1561.

Rode, T., M. Frauen, B. W. Muller, H. J. Dusing, U. Schonrock, C. Mundt and H. Wenck. 2003. Complex formation of sericoside with hydrophilic cyclodextrins: Improvement of solubility and skin penetration in topical emulsion based formulations. *Eur. J. Pharm. Biopharm.* 55(2): 191–198.

Siimer, E., M. Kurvits and A. Kostner. 1987. Thermochemical investigation of β-cyclodextrin complexes with benzoic acid and sodium benzoate. *Thermochimica Acta* 116: 249–256.

Simon, K., A. Stadler and F. Hange. 1981. Investigation of cyclodextrin complexes by X-ray powder diffraction. *Proceedings of the First International Symposium on Cyclodextrins*, Budapest, Hungary, pp. 251–259.

Sravya, M., R. Deveswaran, S. Bharath, B. V. Basavaraj and V. Madhavan. 2013. Development of orodispersible tablets of candesartan cilexetil-β-cyclodextrin complex. *J. Pharm.* (*N.Y., NY, U.S.*): 583536/583531–583536/583514.

Stella, V. J. and Q. He (2008). Cyclodextrins. *Toxicol. Pathol.* 36(1): 30–42.

Stella, V. J. and R. A. Rajewski. 1997. Cyclodextrins: Their future in drug formulation and delivery. *Pharm. Res.* 14(5): 556–567.

Szejtli, J. 1982. *Cyclodextrins and Their Inclusion Complexes*. Budapest: Akademiai Kiadó.

Szejtli, J. 1994. Medicinal applications of cyclodextrins. *Med. Res. Rev.* 14: 353–386.

Szekely-Szentmiklosi, B. and B. Tokes. 2011. Characterization and molecular modelling of cyclodextrin/fluoroquinolone inclusion complexes. *Acta Med. Marisiensis* 57(2): 116–120.

Takayama, K., N. Nambu and T. Nagai. 1977a. Interaction of n-methyl-2-pyrrolidone with aminobenzoic acids in solution and in solid state. *Chem. Pharm. Bull.* 25(5): 887–897.

Takayama, K., N. Nambu and T. Nagai. 1977b. Interaction of sulfonamides with cyclic polyether 18-crown-6. *Chem. Pharm. Bull.* 25(10): 2608–2612.

Taneri, F., T. Guneri, Z. Aigner, I. Eroes and M. Kata. 2003. Improvement of the physicochemical properties of clotrimazole by cyclodextrin complexation. *J. Incl. Phenom. Macrocyclic Chem.* 46(1–2): 1–13.

Thomason, M. A., H. Mwakibete and E. Wyn-Jones. 1990. Ultrasonic and electrochemical studies on the interactions of the drug chlorocyclizine hydrochloride with α-cyclodextrin and surfactant micelles. *J. Chem. Soc. Faraday Trans.* 86: 1511–1515.

Thompson, D. O. 1997. Cyclodextrins-enabling excipients: Their present and future use in pharmaceuticals. *Crit. Rev. Ther. Drug Carrier Syst.* 14(1): 1–104.

Tokumura, T., H. Ueda, Y. Tsushima, M. Kasai, M. Kayano, I. Amada, Y. Machida and T. Nagai. 1984. Inclusion complex of cinnarizine with β-cyclodextrin in aqueous solution and in solid state. *J. Inclus. Phenom.* 2: 511–521.

Tong, W. Q., J. L. Lach, T. F. Chin and J. K. Guillory. 1991a. Structural effects on the binding of amine drugs with the diphenylmethyl functionality to cyclodextrin II: A molecular modeling study. *Pharm. Res.* 8: 1307–1312.

Tong, W. Q., J. L. Lach, T. F. Chin and J. K. Guillory. 1991b. Structural effects on the binding of amine drugs with the diphenylmethyl functionality to cyclodextrin I: A microcalorimetric study. *Pharm. Res.* 8: 951–957.

Tong, W.Q., T. F. Chin and J. K. Guillory. 1991. Microcalorimetric investigation of the complexation between 2-Hydroxypropyl-β-cyclodextrin and amine drugs with the diphenylmethyl functionality. *J. Pharm. Biomed. Anal.* 9: 1139–1146.

Truelove, J., R. Bawarshi-Nassar, N. R. Chen and A. Hussain. 1984. Solubility enhancement of some developmental anti-cancer nucleoside analogs by complexation with nicotinamide. *Int. J. Pharm.* 19: 17–25.

Uekama, K. 1985. Pharmaceutical applications of methylated cyclodextrins. *Pharm. Int.* 5: 61–65.

Uekama, K., T. Imai, T. Maeda, T. Irie, F. Hirayama and M. Otagiri. 1985. Improvement of dissolution and suppository release characteristics of flurbiprofen by inclusion complexation with heptakis(2,6-di-O-methyl)-β-cyclodextrin. *J. Pharm. Sci.* 74(8): 841–845.

Uekama, K., F. Hirayama and T. Irie. 1994. Application of cyclodextrins. In *Drug Absorption Enhancement*, A. G. de Boer. (Ed.), Chur, Switzerland: Harwood Academic Publishers.

Uekama, K., M. Otagiri, Y. Uemura, T. Fujinaga, K. Arimori, N. Matsuo, K. Tasaki and A. Sugii. 1983a. Improvement of oral bioavailability of prednisolone by β-cyclodextrin complexation in humans. *J. Pharmacobio-Dyn.* 6: 124–127.

Uekama, K., S. Narisawa, F. Hirayama and M. Otagiri. 1983b. Improvement of dissolution and absorption characteristics of benzodiazepines by cyclodextrin complexation. *Int. J. Pharm.* 16: 327–338.

Uekama, K., T. Fuginaga, F. Horayama, M. Otagiri, M. Yamasaki, H. Seo, T. Hashimoto and M. Tsuruoka. 1983c. Improvement of the oral bioavailability of digitalis glycosides by cyclodextrin complexation. *J. Pharm. Sci.* 72: 1338–1341.

Uekama, K., T. Fujinaga, F. Hirayama, M. Otagiri, H. Seo and M. Tsuruoka. 1981. *Proceedings of the First International Symposium on Cyclodextrins*, Budapest, p. 141.

Uekama, K., Y. Ikeda, F. Hirayama, M. Otagiri and M. Shibata. 1980. Inclusion complexation of *p*-hydroxybenzoic acid esters with α- and β-cyclodextrins: Dissolution behaviors and antimicrobial activities. *Yakugaku Zasshi*, 100: 994–1003.

Vicens, J., T. Fujiwara and K.-I. Tomita. 1988. X-ray structural studies of β-cyclodextrin inclusion complexes with racemic and S(-)methyl-p-tolylsulfoxides. *J. Incl. Phenom.* 6: 577–581.

Winnike, R. A., D. E. Wurster and J. K. Guillory. 1988. A solid sampling device for use in batch solution calorimetry. *Thermochimica Acta* 124: 99–108.

Yang, G., N. Jain and S. H. Yalkowsky. 2004. Combined effect of SLS and (SBE)7M-β-CD on the solubilization of NSC-639829. *Int. J. Pharm.* 269(1): 141–148.

Yang, W. and M. M. De Villiers. 2004. Aqueous solubilization of furosemide by supramolecular complexation with 4-sulphonic calix[n]arenes. *J Pharm Pharmacol.* 56(6): 703–708.

Yao, Y., Y. Xie, C. Hong, G. Li, H. Shen and G. Ji. 2014. Development of a myricetin/hydroxypropyl-β-cyclodextrin inclusion complex: Preparation, characterization, and evaluation. *Carbohydr. Polym.* 110: 329–337.

Zaki, R. M., A. A. Ali, S. F. El Menshawi and A. Abdel Bary. 2013. Effect of binary and ternary solid dispersions prepared by fusion method on the dissolution of poorly water soluble diacerein. *Int. J. Drug Deliv.* 5(1): 99–109.

Zeng, F., L. Wang, W. Zhang, K. Shi and L. Zong. 2013. Formulation and in vivo evaluation of orally disintegrating tablets of clozapine/hydroxypropyl-β-cyclodextrin inclusion complexes. *AAPS PharmSciTech* 14(2): 854–860.

Zhang, B. and L. Isaacs. 2014. Acyclic cucurbit[n]uril-type molecular containers: Influence of aromatic walls on their function as solubilizing excipients for insoluble drugs. *J. Med. Chem.* 57(22): 9554–9563.

Zoeller, T., J. B. Dressman and S. Klein. 2012. Application of a ternary HP-β-CD-complex approach to improve the dissolution performance of a poorly soluble weak acid under biorelevant conditions. *Int. J. Pharm. (Amsterdam, the Netherlands)* 430(1–2): 176–183.

Zugasti, M. E., A. Zornoza, M. d. M. Goni, J. R. Isasi, I. Velaz, C. Martin, M. Sanchez and M. C. Martinez-Oharriz. 2009. Influence of soluble and insoluble cyclodextrin polymers on drug release from hydroxypropyl methylcellulose tablets. *Drug Dev. Ind. Pharm.* 35(10): 1264–1270.

# 第 9 章 共溶剂增溶技术

Jay S. Trivedi，Zhanguo Yue

## 9.1 引言

随着新化合物结构复杂性的增加，分子的溶解度通常会显著降低。药物吸收过程的第一个步骤之一是在进行任何吸收之前，剂型（例如片剂或胶囊）会先崩解，然后药物溶出。因此，溶出度是整个药物吸收过程中的限速步骤。在开发的早期阶段（如先导化合物或先导物优化），当物理化学性质信息有限（如结晶度、溶解度、溶出速率等）时，迫切需要一个可溶解的配方，以最小化溶出限制性吸收以及最小化研究间的可变性。通常，这些早期配方成为后期商业配方的支柱。因此，选择合适的增溶技术对研究人员来说是一个巨大的挑战。

科研人员已经使用了许多技术，从 pH 调节到与环糊精的络合，再到乳液和微乳液。本书中很好地描述了这些技术。

## 9.2 共溶剂

当药物的溶解度远低于其治疗剂量时，需要加入溶剂混合物以达到足够高的溶解度。因此，与水混溶的有机溶剂，作为共溶剂被用于增加难溶性化合物的溶解度或增加药物的化学稳定性。

共溶剂可以将非极性药物的溶解度提高几个数量级。这对于需要显著增加药物溶解度的制剂是非常重要的。其他方法如络合或胶束化可能无法达到所需治疗剂量的所需溶解度。除非药物符合某些结构要求，否则可能无法确定与药物形成可溶性复合物的合适物质，所以像络合作用等技术可能会因此受到影响（Higuchi 和 Kristiansen，1970）。在药物配方中使用表面活性剂可能会导致毒性问题，尤其是通过肠外给药途径时（Attwood 和 Florence，1980）。尽管像前药和成盐形式的方法可以导致溶解度的增加，但它需要合成新的药物实体，从而导致更多的动物研究来证实它们的有效性和毒性。因此，使用共溶剂的优点不仅是大大增加了药物的溶解度，而且方法上也比较简便。

使用共溶剂的另一个方面是，溶剂性质的改变可以大大改变反应的速率和顺序。1890 年，Menschutkin 证明了不同溶剂介质对三乙胺与碘乙烷在 23 种溶剂中的反应速率的影响（Menschutkin，1900）。对于可能发生水解降解的药物，使用共溶剂的优点是通过降低处方中水的浓度来减少药物的降解，从而增加药物在液态下的化学稳定性。另一种选择是，在过渡态比反应物极性大的前提下，共溶剂可以通过为反应物的过渡态提供不良的环境来增强药物的稳定性（Connors 等，1979；Soni 等，2014；Chen 等，2015；Thakkar 等，2016；Verma 等，2016；Jouyban 等，2017）。

当以肠外或口服方式给药时，与固体剂型相比，溶液中的药物具有更高的生物利用度。如其他增溶技术所指出的，共溶剂方法也具有一些限制。当使用共溶剂使药物增溶时，它必须满足一定的要求，如无毒、与血液相容、不增敏、不刺激，尤其是物理和化学稳定性和惰性。还有一些关于共溶剂是否改变疏水药物与其靶标亲和力的问题（Senac 等，2017）。使用共溶剂的最大缺点是，大多数共溶剂具有很好的增加药物溶解度的能力，但却具有毒性。溶剂的毒理学性质是指，它的一般毒性、靶器官毒性、组织刺激或对生物膜的张力，会限制或禁止其在制剂中的应用。配方的不良味道始终是选择共溶剂用于口服剂型的主要考虑因素。目前已开展了很多研究，主要用如玉米糖浆、柠檬酸和果糖等辅料来掩盖味道不佳的配方。关于口服配方的调味和味觉掩蔽的讨论不属于本章的范围，但对于那些对这一领域感兴趣的读者来说，可以从 Roy 的综述文章入手了解（Roy，1990，1992，1994）。

在早期动物研究的极端时间限制以及进行适当的溶解度研究所需药物数量的限制下，利用各种“外来”辅料对药物进行溶解是非常有诱惑力的。然而，人们应该敏锐地意识到，有明确的证据表明，配方载体对代谢酶、转运和分布的影响，从而间接地改变药物的药动学特性。人们对肠外途径中药物与辅料在血液中的相互作用了解甚少，特别是低剂量化合物、生物标志物和微剂量。因此，药物-辅料相互作用在药物开发过程中是非常重要的，特别是用于动物体内药动学研究或后续商业剂型的肠外途径。除非对药物-辅料相互作用有充分的了解，否则处方研究者必须避免使用某些赋形剂。

在本章中，讨论了共溶剂的使用和一些具体的限制。讨论仅限于共溶剂对溶解度和稳定性的影响，以及它们在肠外产品中的应用。有关在其他剂型如软明胶胶囊中使用共溶剂的信息，请参阅本书关于该主题的特定章节。

## 9.3 共溶剂中溶解度的预测方法

### 9.3.1 理论方法

Rubino（1984）回顾了在共溶剂中预测溶解度方法的进展。比经验试错的第一个进步是使用介电常数（$\varepsilon$）来优化共溶剂体系。介电常数是填充有目标材料的电容器的电容与真空的比率，因此是无量纲参数。极性更大的共溶剂具有更大的介电常数。围绕使用介电常数优化药物共溶剂体系已经做了大量工作（Moore，1958；Paruta 等，1962，1964；Sorby 等，1963，1965；Gorman 和 Hall，1964；Paruta，1964，1966a，1966b，1969；Paruta 和 Irani，1965；Paruta 等，1965a，1965b；Paruta 和 Sheth，1966；Kato 和 Ohuchi，1972；Amirjahed 和 Blake，1974，1975；Neira 等，1980；Chien，1984；Ibrahim 和 Shawky，1984）。简单地说，最佳的共溶剂体系应该有一个与溶解溶质类似的介电常数。一般来说，人们已经认识到，两种或两种以上溶剂组成的混合物的介电常数与其中单个溶剂的比例成正比（Yalkowsky 和 Roseman，1981）。在这种方法中，要计算溶剂混合物的介电常数，要先知道纯溶剂的介电常数。溶剂混合物的介电常数的计算是基于简化的 Onsager-Kirkwood 方程，如下所示：

$$\text{D.C.} = \sum(\text{溶剂A比例} \times \text{溶剂A介电常数}) + (\text{溶剂B比例} \times \text{溶剂B介电常数}) \qquad (9.1)$$

只有当混合物是理想溶液时，使用式（9.1）计算复杂混合物的介电常数的方法才是正确的。由于大部分溶剂混合物会展现出高度的分子间关联，该体系的介电常数会与实验数据有所偏离。简化的 Onsager-Kirkwood 方程仅为混合溶剂体系提供了良好的近似介电常数。

由于易于使用，体积/体积分数体系在两种或两种以上溶剂的混合中使用得更为频繁。在体积/体积分数体系中，需要认识到，可混溶溶剂的最终体积可能达不到 100%。Sorby 等（1963）测量了含有水-乙醇-甘油和水-乙醇-丙二醇的混合物的介电常数，并将其与使用 Onsager-Kirkwood 方程计算的混合物介电常数进行了比较。观察到介电常数的测量值与使用 Onsager-Kirkwood 简化方程计算的测量值有很大偏差。他们还指出，二元体系也出现了如此大的偏差。另一项观察指出，尽管计算的介电常数和测量的介电常数之间的一致性很低，但这些曲线的性质确实表明，这些体系中的介电常数显然是某种类型的线性函数，以体积为基础表示各种组分的浓度。然而，由于这些体系的各种复杂性，混合物的介电常数与纯组分的介电常数之间似乎并不存在简单的关系，这将允许通过 Onsager-Kirkwood 简化方程进行计算。此外，使用质量分数而不是体积分数并没有优势。

Rubino（1984）指出了介电常数的缺点，即该单个分子极性参数无法反映围绕分子的所有吸引力的总和，导致无法预测不同溶剂体系中的溶解度。

使用溶解度参数 $\delta$ 可以更好地估计分子周围的所有吸引力（Hildebrand，1916，1919）。Hancock 等（1997）综述了溶解度参数在药物剂型设计中的应用。在非理想溶液中，溶解度参数被用于测量溶剂和溶质内部压力的量度。极性较高的共溶剂具有较大的溶解度参数。内聚能密度的平方根，即每单位体积物质的汽化能量的平方根，被称为溶解度参数，它是由 Scatchard-Hildebrand 方程中 Hildebrand 的正规溶液理论基础上发展而来的（Hildebrand 和 Scott，1950，1962）：

$$-\lg X_2 = \frac{\Delta H_\mathrm{f}}{2.303RT}\left(\frac{T_\mathrm{m}-T}{T_\mathrm{m}}\right) + \frac{V_2\Phi_1^2}{2.303RT}(\delta_1-\delta_2)^2 \tag{9.2}$$

式中，$X_2$ 是溶质的摩尔分数；$\Delta H_\mathrm{f}$ 是溶质的熔化焓；$R$ 是气体常数；$T$ 是溶液的热力学温度；$T_\mathrm{m}$ 是固体溶质的绝对熔点；$V_2$ 是过冷液体溶质的摩尔体积；$\Phi_1$ 是溶剂的体积分数。等号右边的第二项表示由溶质和溶剂分子的分子间相互作用差异导致的溶解度降低。尽管这代表了对溶解度理解的进步（Gordon 和 Scott，1952；Chertkoff 和 Martin，1960；Restaino 和 Martin，1964），但是正规溶液理论仍存在一些缺陷。Rubino 等（1984）将这些方程概括为使用该方程仅限于一种溶质和一种溶剂，该方程仅适用于溶质和溶剂具有相当大小的溶液，但最重要的是，该方程在技术上仅适用于溶质和溶剂之间的分子间力由伦敦分散力组成的溶液。

由于需要对更多水共溶剂体系进行更好的预测，因此将 Scatchard-Hildebrand 方程修改为扩展的 Hildebrand 方程（Martin，1979，1980）：

$$-\lg X_2 = \frac{\Delta H_\mathrm{f}}{2.303RT}\left(\frac{T_\mathrm{m}-T}{T_\mathrm{m}}\right) + \frac{V_2\Phi_1^2}{2.303RT}(\delta_1^2+\delta_2^2-2W)^2 \tag{9.3}$$

式中，$W$ 项是溶质和溶剂之间的势能或相互作用能。虽然扩展的 Hildebrand 方程已经在几种不同极性的共溶剂体系中得到证明（Martin 等，1979，1980，1981；Adjei 等，1980；Martin 和 Miralles，1982），但它并不是万能的，因为 $W$ 项的计算需要药物在目标共溶剂体系中溶解度数据的非线性回归。因此，它并不具有预测性。

为了进一步改进该方程，有人提出了三维溶解度参数（Beerbower 和 Hansen，1971；Martin 等，1981；Barton，1983），以解释可能发生的更具体的相互作用，例如氢键。溶解度参数分为 3 个部分：

$$\delta_{t}^{2}=\delta_{d}^{2}+\delta_{p}^{2}+\delta_{h}^{2} \tag{9.4}$$

式中，$\delta_t^2$ 是总内聚能密度；$\delta_d^2$ 是由伦敦分散力引起的对内聚能密度的贡献；$\delta_p^2$ 是极性相互作用对内聚能密度的贡献；$\delta_h^2$ 是由氢键导致的对内聚能密度的贡献。分散力的内聚能密度可以通过非极性同态像来计算，也可以通过基团贡献方法来估算所有 3 个项（Martin 等，1981）。

随后，将氢键参数划分为酸性和碱性溶解度参数，将溶解度参数方法从 3 个项扩展到 4 个术语，以量化电子供体和电子受体的性质（Beerbower 等，1984；Martin 等，1984）。然而，这些溶解度参数术语的扩展并未使该等式更容易用于共溶剂体系中溶解度的先验预测。

在描述与理想溶解度理论的偏差方面，有人进行了其他尝试。Anderson 等（1980）表明，通过假设形成特定的溶质-溶剂复合物，可以使正规溶液理论下无法合理化的溶解度理论合理化。Yalkowsky 等（1975）和 Amidon 等（1974）表明，与理想溶解度的偏差可以用界面张力和表面积来表示：

$$-\lg X_{2}=\frac{\Delta H_{f}}{2.303RT}\left(\frac{T_{m}-T}{T_{m}}\right)+\frac{A\gamma_{12}}{2.303RT} \tag{9.5}$$

式中，$A$ 是溶质的表面积；$\gamma_{12}$ 是溶质和溶剂之间的界面张力。Yalkowsky 等（1976）进一步扩展了这个概念。这些方程的缺点是必须知道溶质的表面积 $A$，这个方法的优势在于，当无法获知溶解度参数时，可以很容易地测量到不同极性化合物的界面张力。当难以测量界面张力时，例如，当极性低且非常相似时，溶解度参数方法就更合理。因此这两种方法是互补的。

Acree 和 Rytting（1982 和 1983）开发了近乎理想的二元溶剂（NIBS）方法来预测溶解度。与 Scatchard-Hildebrand 方程相比，NIBS 提高了预测溶解度的能力。但是，它仅限于在仅涉及非特异性相互作用的体系中使用。

根据 Wohl 的过剩吉布斯自由能方法（Wisniak 和 Tamir，1978），Williams 和 Amidon（1984a～c）预测了水溶剂体系中的溶解度。该方法基于将化合物在二元溶剂体系中的溶解度表示为化合物在每种纯溶剂中的溶解度加上由溶剂-溶剂与溶剂-溶质相互作用产生的任何相互作用项的总和。该方法很好地预测了溶解度，但包括了一些关于溶质-溶剂相互作用的简化假设，这些假设可能不适用于所有体系。

在 Rubino（1984）关于预测共溶剂体系中溶解度的方法的综述中，Yalkowsky 和 Roseman（1981）提出了一种最简单和最有用的方法。

$$\lg S_{m}=f\lg S_{c}+(1-f)\lg S_{w} \tag{9.6}$$

式中，$S_m$ 是二元混合物的溶解度；$f$ 是共溶剂的体积分数；$S_c$ 是药物在纯共溶剂中的溶解度；$S_w$ 是药物在水中的溶解度。式（9.6）预测了增加共溶剂时溶解度的对数呈线性增加。该方程基于这样的假设：体系的总自由能等于各个分量的自由能之和。Rubino 还指出，该方程也适用于整个共溶剂范围内的非极性化合物。对于在溶解度与共溶剂比例的关系曲线中显示最大值的半极性化合物，该方程对于曲线的上升和下降部分是有用的。

式（9.6）可以进一步被简化为：

$$\lg S_m = \lg S_w + f\sigma \tag{9.7}$$

其中

$$\sigma = \lg ac_w - \lg ac_c \tag{9.8}$$

$ac_w$ 和 $ac_c$ 分别是药物在水和共溶剂中的活度系数。在给定的共溶剂-水体系中，σ 将是固定的。因此，如果绘制 $\lg S_m$ 对 $f$ 的曲线，则斜率为 $\sigma$。通过使用 $\sigma$ 作为共溶剂的溶解潜力的量度，可以容易地比较不同共溶剂-水体系的斜率。该方程假设溶质的熔点或熔化焓没有变化。如果溶质以不同的结晶形式沉淀，则不会出现这种情况（Bogardus，1983）。尽管该方程不是先验预测的，但知道在水和纯共溶剂中的溶解度，可以估计非极性溶质在给定条件下在水和共溶剂的所有其他组合中的溶解度。

Yalkowsky 和 Roseman（1981）通过分配系数研究了活度 $a$。由于分配系数实际上是有机相（通常是辛醇）中化合物的活性，相对于水相或其他相，式（9.8）可以改写为：

$$\sigma = \lg PC_{o/w} - \lg PC_{o/c} \tag{9.9}$$

式中，$PC_{o/w}$ 是辛醇/水分配系数，$PC_{o/c}$ 是辛醇/共溶剂分配系数。对于非极性药物，已经证明了可以估计为小于且与 $\lg PC_{o/w}$ 成比例（Leo 等，1971）。该方程为：

$$\sigma = S\lg PC_{o/w} + T \tag{9.10}$$

式中，$S$ 和 $T$ 是每种共溶剂的常数。Yalkowsky 和 Roseman（1981）的研究表明，对于药物中最受关注的共溶剂，丙二醇/聚乙二醇 200～500/乙醇/甘油的相对 $\sigma$ 是 1∶1∶2∶0.5。

Yalkowsky 和 Rubino（1985）、Rubino 等（1984，1987）、Rubino 和 Yalkowsky（1985）、Li 和 Yalkowsky（1994）进一步研究了对数线性共溶剂的增溶作用。对于丙二醇-水混合物中的有机溶质，Yalkowsky 和 Rubino 发现了以下方程规律：

$$\lg\frac{S_m}{S_w} = (0.714\lg p_{o/w} + 0.174)f \tag{9.11}$$

该方程对近 400 种有机溶质的溶解度进行了很好的预测（Yalkowsky 和 Rubino 1985）。因此，只要知道化合物在水中的溶解度和辛醇/水分配系数，就可以得到任何丙二醇-水混合物的合理溶解度估计值。

类似地，Li 和 Yalkowsky（1994）发现，对于乙醇-水混合物，其中乙醇的比例小于 0.6 时，下列方程可用于计算有机溶剂的溶解度曲线：

$$\lg S_m - \lg S_w = (1.274 + 0.791C\lg P)f \tag{9.12}$$

其中 $C\lg P$ 是通过 Hansch 片段方法计算的化合物分配系数的对数。

Rubino 等（1984，1987）、Rubino 和 Yalkowsky（1985）研究了二元和三元体系中共溶剂的增溶作用，并用对数线性溶解度方程近似阐述了难溶性药物的溶解度，这个情况适用于多个溶剂体系：

$$\lg\frac{S_m}{S_w}=\sum_{i=1}^{n}(\sigma_i f_i) \tag{9.13}$$

然而，在这些研究中，都存在着与确切的对数线性行为之间的偏差。

如上所述，当共溶剂浓度变化导致固体结晶相发生变化时，就会存在偏差。水合物的形成降低了主要含水体系的溶解度（Gould 等，1989）。Rubino 和 Thomas（1990）发现，晶体溶解对混合溶剂体系中钠盐溶解行为有重要影响。虽然对数线性方程不适用于可电离药物，但它依旧在这个情况下有应用。这个时候，需要清楚共溶剂会影响化合物的电离常数。换句话说，与完全水体系相比，当化合物处于未电离状态时，pH 的范围会随着共溶剂量的不同而有所不同。Rubino（1987）认为，通常共溶剂会增加酸性物质的 $pK_a$，会降低胺类物质的 $pK_a$。

即使上述解释都不适用于所研究体系，对数线性行为衍生的偏差仍然可能发生（Groves 等，1984；Rubino 和 Yalkowsky，1987；Rubino 和 Obeng，1991；Tarantino 等，1994）。偏差经常存在于低和/或高浓度的共溶剂中，在低浓度的共溶剂中会观察到负偏差，在高浓度的共溶剂中会观察到正偏差。在 Rubino 和 Yalkowsky（1991）对该方面的综述中，偏差并不总是由共溶剂-水混合物或溶质晶体的变化引起的。他们的结论是溶剂的结构变化对预期的对数线性溶解度偏差有影响。

Yalkowsky 和 Roseman（1981）还讨论了药物在半极性和极性共溶剂体系中的溶解度。通常情况下，半极性药物具有抛物线对数溶解曲线。这些图中的峰值，表示能够使化合物达到最大溶解程度时共溶剂和水的最佳混合情况。由于药物是半极性的，因此进一步添加更多的非极性共溶剂会导致药物溶解度降低。Yalkowsky 和 Roseman（1981）提出了可应用于半极性药物的半经验二次方程。对于极性药物，添加极性较小的溶剂往往降低该化合物的溶解度。因此，这种情况下，随着共溶剂含量的增加，化合物溶解度会降低。

Gould 等（1984）研究了极性、半极性和非极性药物在混合共溶剂中的溶解度关系。正如所预期的，随着共溶剂含量的增加，非极性化合物的溶解度将呈对数线性式增加，半极性化合物的溶解度则为抛物线曲线。当加入共溶剂时，极性化合物的溶解度呈对数线性式减小。

已有研究将扩展的 Hildebrand 溶解度方法与对数线性溶解度方程进行比较（Martin 等，1982；Wu 和 Martin，1983），但是，弄清对数线性溶解度方程适用情形的关键在于理解共溶剂和溶质之间的相对极性。

其他计算共溶剂体系溶解度的方法包括 UNIFAC 组贡献法（Grunbauer 等，1986）和 UNIQUAC 局部成分模型（Grant 和 Higuchi，1990）。通常，两种方法都适用官能团的贡献值来估计或预测非电解质在共溶剂体系中的溶解度，也都要求使用列表参数和至少经过实验确定的药物在水中的溶解度，以预测溶解度曲线。这些是用于计算机辅助设计增加溶解度的药物剂型的优异方法。有关更多详细信息，请参阅参考文献（Grunbauer 等，1986；Grant 和 Higuchi，1990）。

Rubino 和 Yalkowsky（1987）回顾了潜溶剂和共溶剂的极性。在这项研究中，他们通过线性或多元线性回归将溶解度曲线的斜率 $\sigma$ 和极性指数（例如介电常数、溶解度参数、表面张力、界面张力和辛醇-水分配系数）联系起来，也对另外两个指标——氢键供体密度（HBD）和氢键受体密度（HBA）进行了研究。通过将 HBD 的质子供体基团数量或 HBA 非键合电子对，乘以共溶剂的密度，再乘以 1000，然后再除以共溶剂的分子量可以计算这些项的值。反映溶剂内聚性质的指标，例如溶解度参数和界面张力，会导致与斜率 $\sigma$ 产生最大的相关性。因此，这些指标能够很好地比较化合物的极性。

### 9.3.2 实证研究

上一节讨论了描述共溶剂体系中溶解度的具体理论方法。虽然这对于理解增溶作用背后的原理很有帮助，但是借助统计实验设计，可以采用更多的实证研究方法来表征共溶剂体系的溶解度。这种方法的优势是可以添加额外的辅料，例如表面活性剂，而不必考虑在推导方程时所使用的假设及其对所研究体系的有效性。另一个优势是这些研究通常提供在所研究的设计空间内非常准确的预测。这样就可以确定辅料的最佳混合物，以实现最大的溶解度。这种方法的缺点是，它没有提供关于增溶机制的科学见解。因此，科学家仍然必须解释这些研究数据背后的含义。

虽然多因素实验设计对于研究不同水平的多个变量非常有用，但通常它们不适用于共溶剂溶解度研究，因为存在所有组分必须加到 100%的限制。因此，通常采用混合实验设计。混合实验设计背后的统计理论已被广泛发表（Scheffé，1957，1963；Cornell，1975，1990，1991），此外，还有用于药物体系溶解度研究的多个例子（Anik 和 Sukumar，1981；Moustafa 等，1981；Belloto 等，1985；Ochsner 等，1985；Lewis 和 Chariot，1991；Vojnovic 等，1995，1996，1997；Wells 等，1996）。

在进行混合研究之前，必须进行一些初步试验以缩小和选择在设计中使用的共溶剂或其他赋形剂。在选择合适的赋形剂后，必须确定要研究的范围。这样做时，通常希望保持在先前用于市售产品的范围内。另一个需要考虑的项目是，如果使用缓冲溶液，将使用什么样的缓冲浓度和 pH 或表观 pH。在决定 pH 时，必须选择 pH 或 pH 范围，以确保化合物的固态形式在整个研究样品中不会发生变化。尽管无法完全确定这一点，但由于简单地改变共溶剂浓度会引起这样的变化，因此选择表观 pH 时，应该有助于确保可电离化合物从电离到未电离状态的转变。

## 9.4 稳定性因素

### 9.4.1 介电常数对反应速率的影响

有一些研究者利用介电常数（$\varepsilon$）和黏度参数，从理论上表达溶剂对反应速率的影响。Grissom 等（1993）报道了黏稠物质的加入，例如甘油和聚蔗糖，会增加维生素 $B_{12}$ 的光稳定性。但是，本节的重点将放在溶剂介电常数的影响上。

药物的降解速率可随介质的介电常数变化而变化。一般来说，对于产品极性小于起始物料的反应，极性较低的媒介可能会加快反应速率。另一方面，产品极性大于起始物料的反应，在极性媒介中会加快。

根据离子附近电位的 Debye-Huckel 理论，Scatchard 推导得到溶剂介电常数的表达式：

$$\psi = \frac{Z_i \varepsilon}{Dr} \frac{\exp^{[\chi(a_i - r)]}}{1 + \chi a_i} \tag{9.14}$$

式中，$Z_i$ 是第 $i$ 个离子的价态；$\varepsilon$ 是电子电荷；$D$ 是溶剂介质的介电常数；$a_i$ 是最接近 $i$ 离子的距离；$r$ 是电位为 $\Psi$ 时与离子的距离，$\chi$ 是 Debye kappa。该 Debye $\chi$ 是：

$$\chi=\sqrt{\frac{4\pi\varepsilon^2}{DkT}}\sqrt{\sum n_iZ_i^2} \tag{9.15}$$

式中，$k$ 是玻尔兹曼气体常数；$T$ 是热力学温度；$n_i$ 是第 $i$ 离子的数量。

第 $i$ 离子的活动系数 $f_i$ 是：

$$\ln f_i=\frac{1}{kT\int_0^{Z_i\varepsilon}\psi\mathrm{d}(Z_i\varepsilon)} \tag{9.16}$$

将式（9.14）中的 $\Psi$ 值代入式（9.16）中：

$$\ln f_i=\frac{Z_i^2\varepsilon^2}{2DkT(1+\chi a_i)r}\exp^{[\chi(a_i-r)]} \tag{9.17}$$

对于简单的反应：

$$\mathrm{A+B}\rightleftharpoons[\mathrm{G}]\longrightarrow\text{产物} \tag{9.18}$$

从式（9.17）得：

$$\ln\frac{f_\mathrm{A}f_\mathrm{B}}{f_\mathrm{G}}=\frac{[Z_\mathrm{A}^2+Z_\mathrm{B}^2-(Z_\mathrm{A}+Z_\mathrm{B})^2]\varepsilon^2}{DkTr(1+\chi a_i)}\exp^{[\chi(a_i-r)]} \tag{9.19}$$

其中（$Z_\mathrm{A}+Z_\mathrm{B}$）代表中间体 G 的总电荷。

$$\frac{f_\mathrm{A}f_\mathrm{B}}{f_\mathrm{G}}=\exp\left(-\frac{Z_\mathrm{A}Z_\mathrm{B}\varepsilon^2}{DkTr(1+\chi a_i)}\right)\exp[\chi(a_i-r)] \tag{9.20}$$

式（9.20）进一步简化 $\chi=0$：

$$\frac{f_\mathrm{A}f_\mathrm{B}}{f_\mathrm{G}}=\exp\left(-\frac{Z_\mathrm{A}Z_\mathrm{B}\varepsilon^2}{DkTr}\right) \tag{9.21}$$

将 Bronsted 方法（1922，1925）应用于式（9.5）中零电子强度的反应：

$$\frac{C_\mathrm{G}^0f_\mathrm{G}}{C_\mathrm{A}^0f_\mathrm{A}C_\mathrm{B}^0f_\mathrm{B}}=K^0 \tag{9.22}$$

并且代入式（9.21）中：

$$\ln\frac{f_\mathrm{A}f_\mathrm{B}}{f_\mathrm{G}}=\ln\frac{1}{K^0}\frac{C_\mathrm{G}^0}{C_\mathrm{A}^0C_\mathrm{B}^0}=-\frac{Z_\mathrm{A}Z_\mathrm{B}\varepsilon^2}{DkTr} \tag{9.23}$$

当溶剂的介电常数（D.C.）为 $D$ 时，以及溶剂的介电常数为某个标准的参考值时，取对数项的差，则溶质、反应物和混合物的活度系数就会统一：

$$\begin{aligned}\ln\frac{f_A f_B}{f_G}-\ln\left(\frac{f_A f_B}{f_G}\right)_+ &= \ln\left(\frac{f_A f_B}{f_G}\right)=\ln\frac{C_G^0}{C_A^0 C_B^0}-\ln\left(\frac{C_G^0}{C_A^0 C_B^0}\right)_+ \\ &=\frac{Z_A Z_B \varepsilon^2}{DkTr}-\left(\frac{Z_A Z_B \varepsilon^2}{D'kTr}\right)=\frac{Z_A Z_B \varepsilon^2}{kTr}\left(\frac{1}{D'}-\frac{1}{D}\right)\end{aligned} \tag{9.24}$$

现在使用 Bronsted（1922，1925）方法，对于在热力学温度 $T$ 和零离子强度的反应，速率常数 $k_{\chi=0}$，其独立于由离子和带电反应物引起的静电效应，得到的简化方程：

$$\begin{aligned}\ln k'_{\chi=0} &= \ln k_{\chi=0,D=D'}+\ln\frac{f_A f_B}{f_G} \\ &= \ln k'_{\chi=0,D=D'}+\frac{Z_A Z_B \varepsilon^2}{kTr}\left(\frac{1}{D'}-\frac{1}{D}\right)\end{aligned} \tag{9.25}$$

式（9.25）中的 $k'_{\chi=0,D=D'}$ 项表示由于反应物从标准参考介电常数 $D'$转移至介电常数 $D$ 而针对特定速率变化校正的特定速率常数。因此，在随介电常数变化（由于溶剂成分的变化）而变化的速率主要由静电因素控制情况下，式（9.25）提供了零离子强度时的反应的特定速率常数在恒定温度下随着溶剂介电常数变化而变化。

正如 Amis（1949）、Amis 和 LaMer（1939）建议的那样，如果将介电常数的标准参考状态视为无穷大：

$$\ln k'_{\chi=0}=\ln k'_{\chi=0,D=D'}-\frac{Z_A Z_B \varepsilon^2}{kTrD} \tag{9.26}$$

Scatchard 也使用了该方法计算式（9.21）中的中间体 $C_G$。式（9.26）中的 $r$ 是中间体的半径，并且可以表示为 $r=r_A+r_B$（Christiansen，1924）。为了能反应，分子 A 和 B 必须接近这个距离。式（9.26）证明了反应速率和介质介电常数之间的关系。

总之，介质 $\varepsilon$ 的增加会导致有相同标志离子存在的反应速率的增加，并且当离子具有相反符号时反应速率降低。随着溶剂介电常数增加，离子和中性分子之间的反应速率将降低。读者想进行进一步的理论探讨，可以参考 Reichardt 的著作（Christian，2011）。

### 9.4.2　实证研究的例子

开发新分子过程中，第一步通常就是确认药物分子的水溶性和 pH。测量可电离基团分子的固有溶解度也是非常重要的。Garrett（1956）应该是第一个报道载体对制剂中药物（维生素）稳定性影响的人。尽管如此，Garrett 关注的只是稳定性研究和 Arrhenius 相关性来预测这些制剂在较低温度下（室温）的速率常数，但这两种制剂中 *d*-戊醇的降解为研究载体对反应速率影响提供了很好的例子。

Garrett 的这两种制剂载体主要由 60%糖和 19%乙醇（配方 A），以及 36%糖和 2.35%乙醇

（配方 B）组成的。Arrhenius 曲线的斜率以及配方 A 和 B 中 *d*-泛醇活化热是相同的，但曲线是不可折叠的，这表明在给定的温度下，实际的反应速率是不同的（图 9.1）。Garrett 假设在两种制剂中存在类似的降解催化机制，这也可以得出结论：在 A 中，对降解的催化作用可能比在 B 中大。由于 Garrett 的工作重点并不在于确定溶剂成分对反应常数的独立影响，因此很难得出制剂 A 的降解速率增加是由于含糖量高还是乙醇含量高的结论。总体而言，这些数据表明了溶剂载体对 *d*-泛醇降解速率的影响。

最近，有关共溶剂对齐留通的降解作用研究已有报道（Trivedi 等，1996）。在水性条件下，齐留通遵循一级动力学。在该研究中，作者使用了由水、乙醇和丙二醇组成的三元溶剂体系来检测齐留通的溶解度和稳定性。

Trivedi 等展示了，随着有机溶剂比例的增加，齐留通的降解速率也随之增加（图 9.2）。降解增加和溶剂混合物极性（介电常数）降低是一致的。

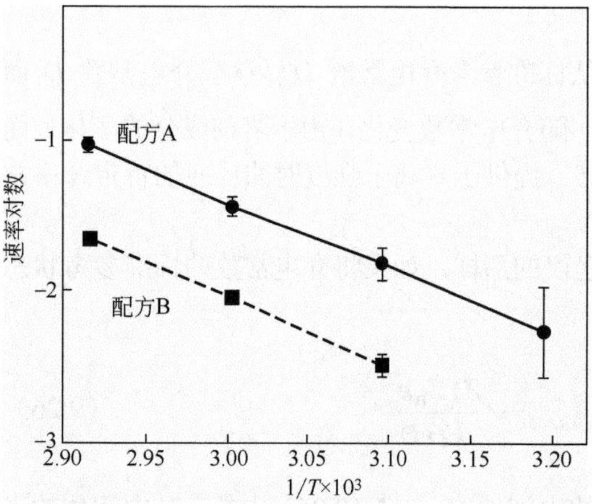


图 9.1 配方 A（60%糖和 19%乙醇）和配方 B（36%糖和 2.35%乙醇）中 *d*-泛醇的一级速率常数 Arrhenius 关联式

[重新绘制制剂配方 A 的数据，摘自 J. Am.Pharm.Assoc.Sci.Ed.，45，470-473，1956（表 Ⅰ）；制剂配方B，J. Am.Pharm. Assoc. Sci. Ed.，45，171-177，1956（表Ⅱ）]

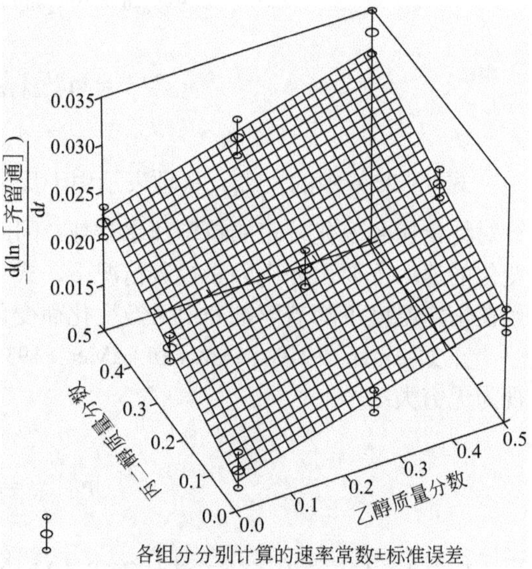


图 9.2 齐留通的水-乙醇-丙二醇混合物体系的伪一级降解速率常数

Trivedi 等利用 Sorby 的水-乙醇-丙二醇实验数据，拟合了完整的二级多项式模型并进行了逐步回归，得到以下方程，其中 $x$ 和 $y$ 分别代表乙醇和丙二醇的质量分数：

$$\varepsilon = 81.25 - 77.5x - 42.9y + 19.2 \times 2 - 10.4y^2 \tag{9.27}$$

作者进一步证明了齐留通降解速率与溶剂介质的 $\varepsilon$ 之间存在线性关系（图 9.3）。

由于齐留通的降解是在水性环境中水解降解后发生的，因此在非水体系中，降解速率的增加（例如，50∶50 的乙醇和丙二醇混合物表现出了最高的速率）是由于溶剂参与降解机制，这通常被称为溶剂溶解。Patel 等（1992）已报道，与水性介质相比，含有羧酸基团的药物 1 的降解速率，在含有甘油的介质中有所上升。

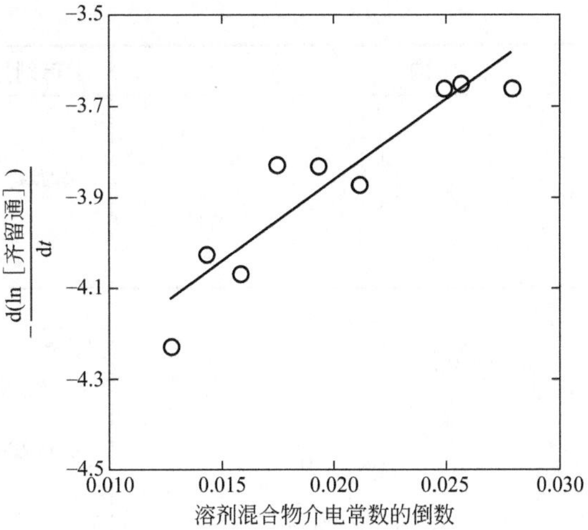


图 9.3　水-乙醇-丙二醇混合物介电常数对齐留通速率常数的影响

## 9.5　市售产品中的共溶剂

大约 50%的市售产品是通过口服途径给药的。这些产品的大多数是片剂或胶囊。然而，仍有大量产品是做成溶液、糖浆和酏剂。液体制剂主要是为了方便无法吞咽片剂或胶囊的儿童和老年人。此外，增溶制剂可以帮助克服溶出速率限制的吸收问题。例如，当水不溶性的地高辛与丙二醇、乙醇和其他赋形剂做成地高辛酏剂，可以观察到 70%～85%生物利用度的增溶剂量（Physician's Desk Reference，2006）。增溶制剂也可以通过软或硬明胶胶囊给药。除了增溶之外，这些胶囊剂还具有其他挑战，例如交联和相容性。这些将在本书的单独章节中讨论，本章不再进一步讨论。

文献和 PDR 的快速调查表明，最常用的水溶性共溶剂是二甲基乙酰胺（DMA）、二甲基亚砜（DMSO）、乙醇、甘油、PEG 300 和 PEG 400、丙二醇（PG）、羟丙基-β-环糊精（HP-β-CD）、磺丁基-β-环糊精（Captisol®），以及表面活性剂，如 Cremophor®（EL&RH）、聚山梨酯（Tween® 20 和 Tween® 80）、*d*-生育酚聚乙二醇琥珀酸酯（TPGS）、Labrasol®、Labrafil®、Gellucire®和 Solutol HS-15®。这些表面活性剂中许多在其临界胶束浓度 CMC 时会自组装成胶束，并可能促进增溶过程。

表 9.1 是按字母顺序列出的市售增溶口服制剂。

**表 9.1　市售增溶口服制剂列表**

| 通用名称 | 结构 | 上市剂型 | 辅料 |
|---|---|---|---|
| 安泼那韦 | 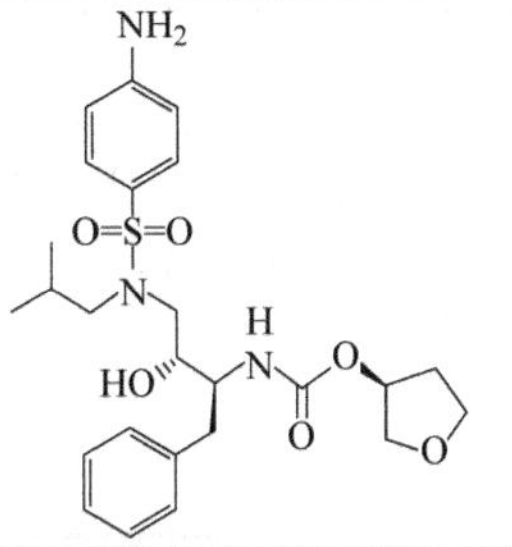 | 1．软胶囊<br>2．口服液 | 1．聚乙二醇 400（247 mg，740 mg），TPGS（280 mg），丙二醇（19 mg，57 mg）<br>2．聚乙二醇 400（16%），TPGS（12%），丙二醇（55%），氯化钠，柠檬酸钠，柠檬酸 |

续表

| 通用名称 | 结构 | 上市剂型 | 辅料 |
|---|---|---|---|
| 贝沙罗汀 | 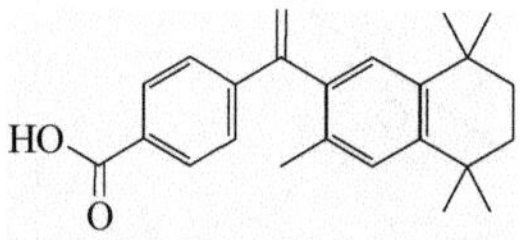 | 软胶囊 | 聚乙二醇400，聚山梨酯20，聚维酮，丁羟茴醚（BHA） |
| 骨化三醇 | 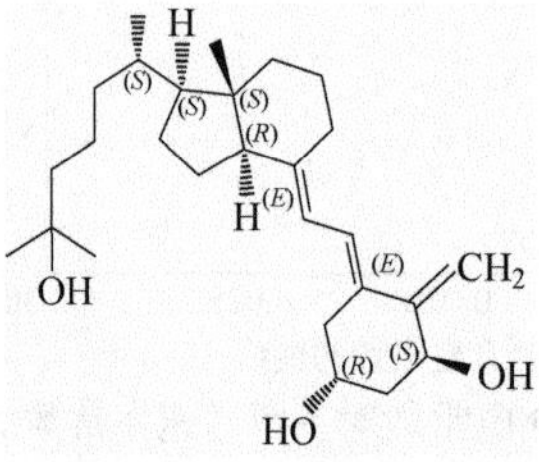 | 1. 软胶囊<br>2. 口服液 | 1. 分馏椰子油（中链甘油三酯）<br>2. 分馏棕榈籽油（中链甘油三酯），丙二醇，油，蜂蜡 |
| 氯法齐明 | 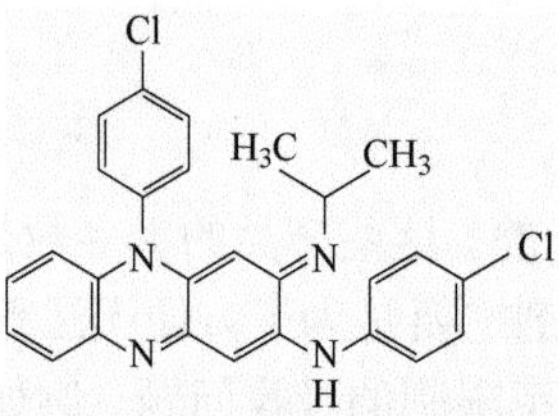 | 软胶囊 | 丙二醇，油，蜂蜡 |
| 环孢素 | 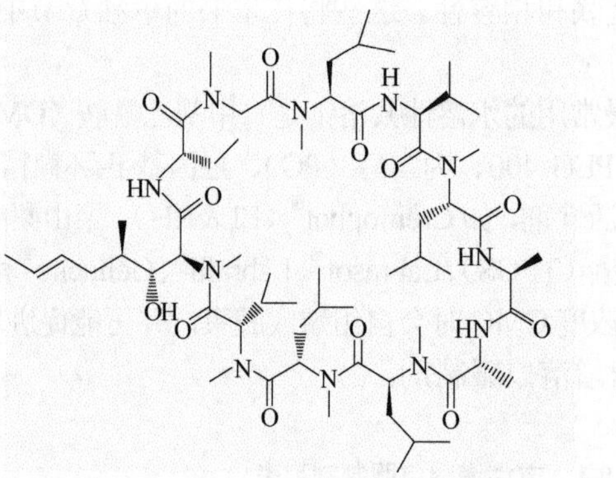 | 1. 软胶囊（诺华）<br>2. 口服液（诺华） | 1. 聚氧乙烯氢化蓖麻油40，甘油，丙二醇，DL-α-生育酚，乙醇，玉米油单双甘油三酯<br>2. 聚氧乙烯氢化蓖麻油40，丙二醇，DL-α-生育酚，乙醇，玉米油单双甘油三酯 |
| | | 硬胶囊（雅培） | 聚氧乙烯蓖麻油，聚山梨酯80，丙二醇，失水山梨醇油酸酯，乙醇 |
| | | 1. 软胶囊（诺华）<br>2. 口服液（诺华） | 1. 玉米油，乙醇，Labrafil M2125 CS，甘油<br>2. 橄榄油，乙醇，Labrafil M1944-CS |
| 地高辛 | 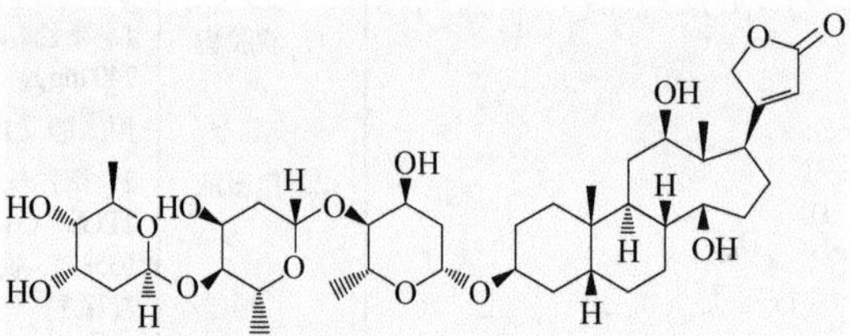 | 1. 软胶囊<br>2. 酏剂 | 1. 聚乙二醇400，丙二醇，乙醇<br>2. 乙醇，丙二醇，柠檬酸，磷酸钠，蔗糖，香精，对羟基苯甲酸甲酯 |

续表

| 通用名称 | 结构 | 上市剂型 | 辅料 |
|---|---|---|---|
| 度骨化醇 | 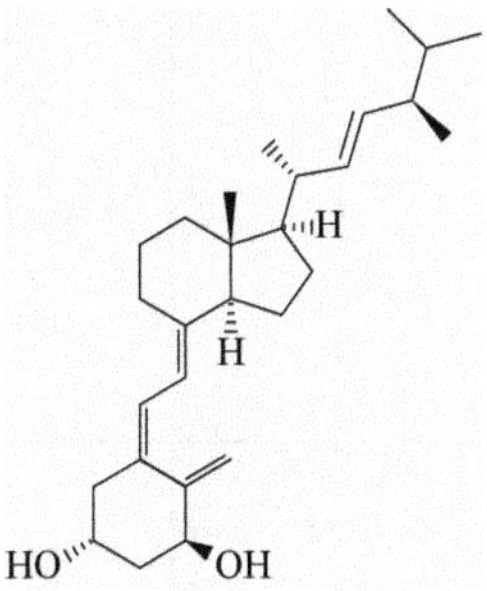 | 软胶囊 | 乙醇，中链甘油三酯 |
| 度他雄胺 | 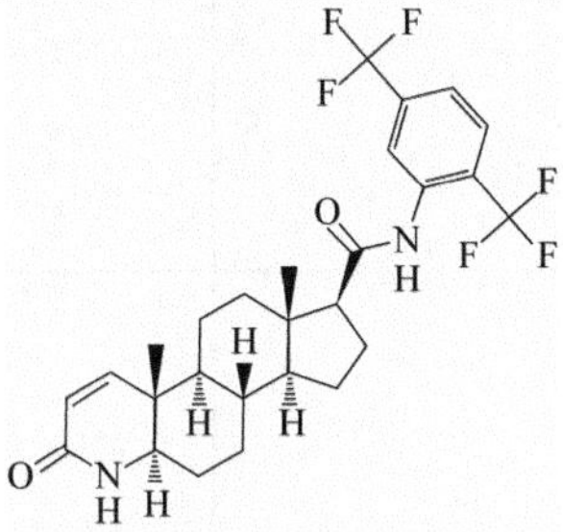 | 软胶囊 | 辛酸/癸酸的甘油单酯和甘油二酯 |
| 依托泊苷 | 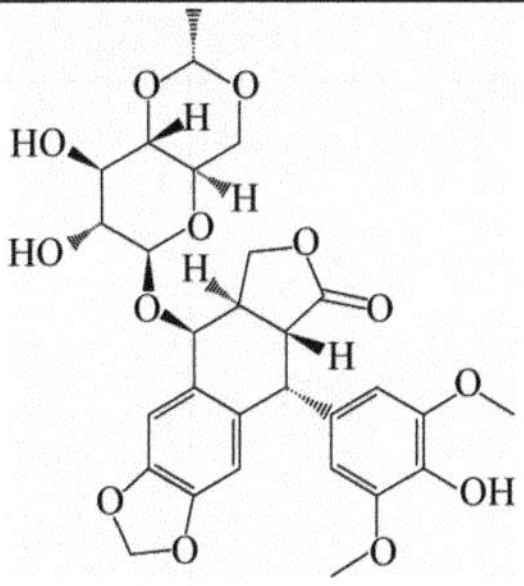 | 软胶囊 | 聚乙二醇 400，甘油，柠檬酸 |
| 伊曲康唑 | 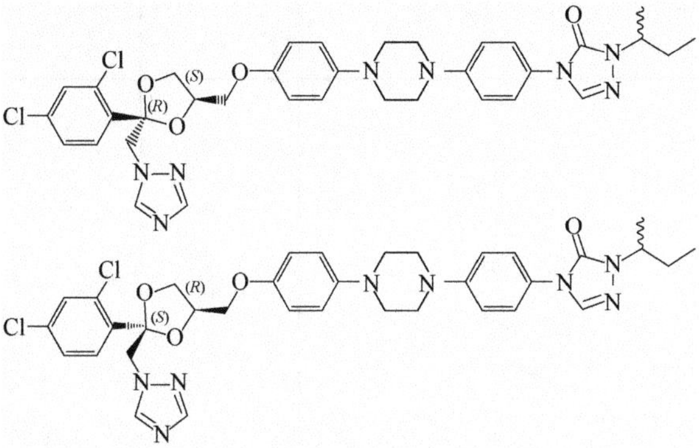 | 口服液 | 丙二醇，羟丙基-β-环糊精 |
| 氯雷他定 | 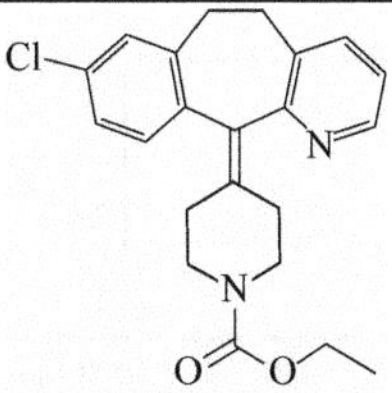 | 糖浆剂 | 丙二醇，甘油，柠檬酸，乙二胺四乙酸，糖 |

续表

| 通用名称 | 结构 | 上市剂型 | 辅料 |
|---|---|---|---|
| 硝苯地平 | 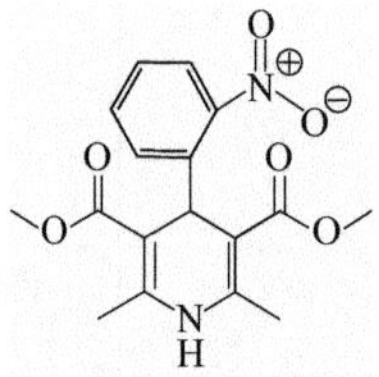 | 软胶囊 | 聚乙二醇400，甘油，薄荷油 |
| 尼莫地平 | 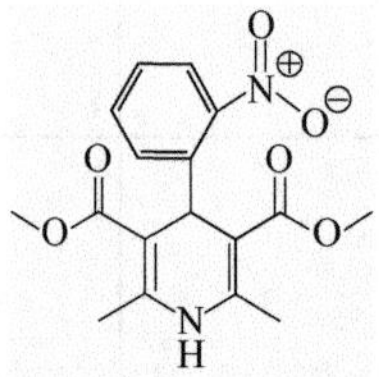 | 软胶囊 | 聚乙二醇400，甘油，薄荷油 |
| 苯巴比妥 | 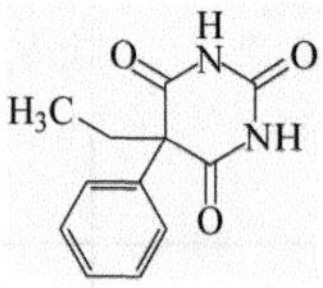 | 酏剂 | 果糖，乙醇，水，糖精钠 |
| 利托那韦 | 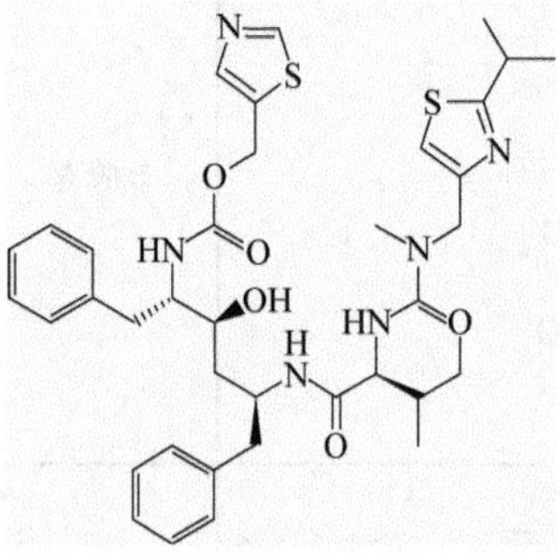 | 1. 软胶囊<br>2. 口服液 | 1. 聚氧乙烯蓖麻油，乙醇，丁羟甲苯（BHT）<br>2. 聚氧乙烯蓖麻油，丙二醇，乙醇 |
| 西罗莫司 | 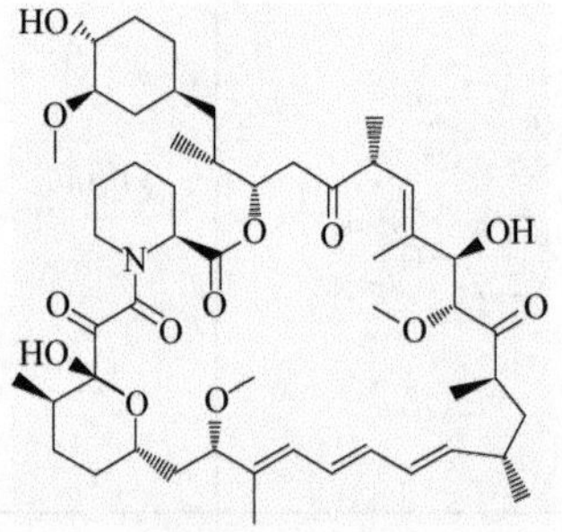 | 口服液 | Phosal 50 PG，聚山梨酯80 |
| 维A酸 | 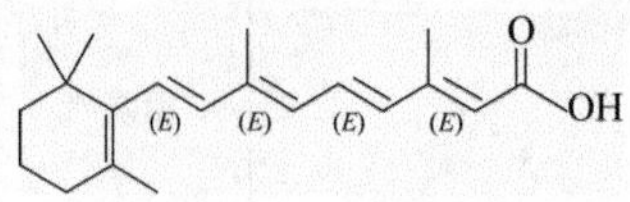 | 软胶囊 | 豆油，轻化植物油，蜂蜡，BHT，乙二胺四乙酸 |

来源：改编自Strickley, R. G., Pharm.Sci Technol. Pharm. Res., 21, 201-230, 2004. 并获许可。

## 9.6　共溶剂的肠外使用

如上文所述，使用共溶剂是改变化合物溶解度和稳定性的一种有效方法。在制作肠外产品时，可以利用这两个参数来生产商业上可接受的优质产品。通常，共溶剂可用于浓缩制剂以便生产装于安瓿瓶或西林瓶的剂型。在对患者给药前，对浓缩的安瓿瓶或西林瓶进行稀释。Nema 等（1997）回顾了包含共溶剂在内的辅料在市售注射剂产品中的应用。

尽管在肠外制剂中使用共溶剂有它的优势，但是它们的使用也带来了一些需要制剂研究者解决的其他问题。

共溶剂配方与包装成分，如西林瓶、安瓿瓶、胶塞和塑料给药装置，如静脉注射装置、注射器之间的相容性，是必须要彻底研究清楚的内容（Motola 与 Agharkar，1992）。此外，还应该敏锐地意识到配方载体对代谢酶、转运蛋白和分布的影响，且由此间接导致的药动学特性的改变。关于通过肠外途径给药的药物-赋形剂在血液中的相互作用，特别是低剂量化合物、生物标记物和微剂量，目前还并不清楚。因此，药物-赋形剂相互作用在药物开发过程中非常重要，特别是用于动物体内药动学研究的肠外途径，除非相互作用被充分理解，否则制剂研究者必须避免使用一些赋形剂。

更有可能的是，如果肠外产品中使用共溶剂，注射时可能会出现沉淀。在这方面，共溶剂的使用是喜忧参半的。一方面，共溶剂可以增加溶解度的数量级。然而，一旦稀释，即使使用很少量的水，溶解度也通常会呈指数下降。Yalkowsky 和 Valvani 报道了防止注射时沉淀的共溶剂体系（1997，1983）。要记住的关键是不仅要包含足够多的共溶剂，使其高于配方的平衡溶解度，还要有足够的共溶剂防止注射时出现沉淀。图 9.4 举例虚构的化合物说明了这一点。

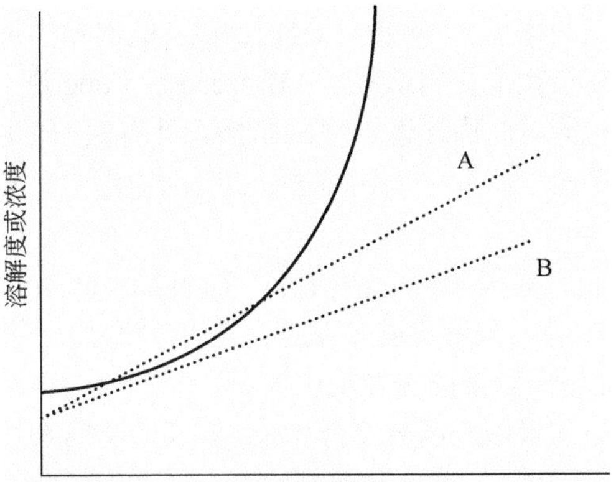


图 9.4　两种制剂的稀释曲线，其中含有相同浓度的药物，但含有不同浓度的共溶剂

图 9.4 中的虚线表示制剂 A 和制剂 B 的稀释曲线。制剂 A 和制剂 B 具有相同的药物浓度，并且二者都远低于药物在任一制剂中的平衡溶解度，因为它们远低于固体的平衡溶解度线。然而，因为制剂 B 具有更多的共溶剂，它在固体溶解度极限线以上具有较小的面积，因此在注射时应该不易沉淀。评估注射时是否沉淀的体外方法包括静态方法（Yalkowsky 和 Valvani，1977）和动态方法（Schroeder 和 DeLuca，1974；Yalkowsky 等，1983；Cox 等，1991；Davio 等，1991；

Irwin 和 Iqbal.1992）。静态方法仅涉及将制剂与另一种液体混合，而不是像动态方法，将制剂注入另一种液体流中，以便更接近地模拟实际的注射过程。这些技术允许在动物测试开始之前对配方制剂进行优化。

还必须记住，用其他静脉注射液稀释时也会发生沉淀。在推荐使用方式时，要对常用注射用稀释剂（如生理盐水、5%葡萄糖溶液或可能共同给药的产品）进行溶解性和稳定性的研究。静脉炎、溶血和注射疼痛也是含有共溶剂的肠外制剂的问题。

由共溶剂引起的溶血已被广泛研究（Cadwallader，1963；Banziger，1967；Oshida 等，1979；Osigo 等，1983；Fort 等，1984；Howard 和 Gould，1985；Reed 和 Yalkowsky，1985，1986；Cherng-Chyi Fu，1987；Obeng 和 Cadwallader，1989；Ward 和 Yalkowsky，1992；Krzyzaniak 等，1996，1997）。在这些参考文献中，给出了各种评估溶血的方法。Reed 和 Yalkowsky（1985）使用体外测定溶血的方法，以 10%乙醇、40%丙二醇和 50%水组成的制剂作为对比。他们测定了 $LD_{50}$，即会导致 50%健康红细胞产生溶血的各种共溶剂的浓度。测量所得的 $LD_{50}$ 表示为共溶剂在全血中的总体积分数。较高的 $LD_{50}$ 表示溶血性较低的共溶剂。Reed 和 Yalkowsky 测定了几种物质的 $LD_{50}$ 值，分别是 39.5%二甲基异山梨醇、37%二甲基乙酰胺、30%聚乙二醇 400、21.2%乙醇、10.3%参考制剂、5.7%丙二醇和 5.1%二甲基亚砜。因此，尽管丙二醇通常用于肠外制剂，但它是一种容易引起溶血的共溶剂。Reed 和 Yalkowsky（1985）、Cadwallader（1963）都已证明向 40%丙二醇溶液中加入氯化钠可减少或防止红细胞溶血。根据 Reed 和 Yalkows（1985）、Fort 等（1984）的实验数据，得到这样的结论：乙醇和聚乙二醇 400 一般不会引起溶血，可以替代丙二醇来使用。

当肌内注射共溶剂时，肌肉损伤或肌肉毒性是一个问题（Brazeau，1989a，1989b，1990a，1990b，1992）。Brazeau 和 Fung（1989a）使用体外模型评估肌肉毒性，以确定介电常数、表观 pH、表面张力或黏度是否有相关性。其中他们研究了丙二醇、乙醇和聚乙二醇 400 的含水混合物。通过肌酸激酶的释放评估肌肉损伤。Brazeau 和 Fung 表示没有一个单一属性或组合属性可以预测所发生肌肉损伤的程度（1989b）。他们推测，肌肉损伤可能是由特定的共溶剂与骨骼肌中发生的生化过程的复杂相互作用造成的。Brazeau 和 Fung 进一步的研究表明，混合共溶剂体系中的聚乙二醇 400 可能对肌内注射产生的肌肉毒性有保护作用（1990a）。在不同的共溶剂体系中进行肌内注射的地西平研究中，不同程度的肌肉损伤似乎并未影响该化合物的生物利用度。

皮下注射共溶剂引起的炎症尚未被广泛报道。Radwan（1994）使用体内筛选模型研究油中各种油和共溶剂对皮下注射后大鼠皮肤褶皱厚度增加的影响。除了苄醇、油酸乙酯和磷脂 100 外，大多数赋形剂仅显示出轻微的炎症反应。

在需要使用防腐剂体系的多用途肠外产品中，研究表明防腐剂的有效性会受到共溶剂的影响。Darwish 和 Bloomfield（1995）确定共溶剂的存在，增加防腐剂的溶解度，使得对羟基苯甲酸甲酯和对羟基苯甲酸丙酯的防腐剂活性增加。进一步的研究表明，共溶剂也会通过引起细胞膜本身的损伤来影响防腐功效（Darwish 与 Bloomeld，1997）。

由于共溶剂在肠外使用时可能会产生不必要的影响，如果疼痛、炎症或静脉炎很显著，那么研究溶解化合物的其他方法可能是有价值的。Oner 等（1995）确定，含水溶性共溶剂的静脉注射奥氮平制剂的溶血性是乳液配方的十倍。AI-Suwayeh（1996）发现洛沙平的脂质体包封产生的肌毒性显著低于含有丙二醇和聚山梨酯 80 的市售制剂。Stella 等（1995a）确定，在共溶剂混合物中，肌内注射泼尼松龙所产生的肌酸激酶水平明显高于与正常生理盐水相比，

SBE4-β-环糊精溶解时引起的肌酸激酶水平。该研究小组的进一步研究表明，与 SBE4-β-环糊精溶解相比，当甲泼尼龙作为共溶剂体系，进行静脉注射时，药动学参数没有变化，这表明药物是从环糊精包合物中快速和定量释放出来（Stella 等，1995b）。表 9.2 列出了各种增溶技术以及可能遇到的局限性。

**表 9.2　增溶技术的实例和局限性**

| 技术 | 实例 | 市售产品（Radwan，1994） | 潜在缺点 |
|---|---|---|---|
| 水溶液<br>（生理 pH 和等渗） | 生理盐水（0.9%氯化钠） | pH 2～10 静脉注射<br>pH 2～10 静脉滴注（适宜 pH 范围：4～9） | 沉淀<br>疼痛 |
| 共溶剂 | 丙二醇 | ≤68% 静脉注射，≤6%静脉滴注 | 沉淀 |
| | 乙醇 | ≤20% 静脉注射，≤10%静脉滴注 | 疼痛/刺激 |
| | 聚乙二醇 300 | ≤50%静脉注射 | 溶血 |
| | 聚乙二醇 400 | ≤9%静脉注射 | 对 PK 属性产生影响 |
| 表面活性剂 | 聚氧乙烯蓖麻油<br>聚山梨酯 80 | ≤10%静脉滴注<br>≤4%静脉注射，≤2%静脉滴注 | 沉淀<br>疼痛/刺激 |
| | Solutol HS 15 | 50% | 溶血<br>影响 PK 属性 |
| 络合剂 | 羟丙基-β-环糊精 | 20%静脉滴注 | 沉淀<br>疼痛/刺激<br>溶血 |
| 分散体系 | 水和 10%～20%油 | | 影响 PK 属性 |
| 乳液/微乳液<br>（Darwish，1995，1997） | 水和 5～20 mg/mL 磷脂质 | （卵磷脂+甘油+脂肪酸）+缓冲液+等渗剂+胆固醇 | 持续释放不稳定 |
| 脂质体 | 水和稳定剂 | 尚未上市（Oner，1995） | 慢速溶解 |
| 纳米悬浮剂 | | | |

## 9.7　市售注射产品

当单独调节 pH 不足以达到所需要的肠外给药的药物浓度时，使用可混溶有机溶剂或表面活性剂的共溶剂是一种选择。肠外制剂常用的水混溶性溶剂和表面活性剂是丙二醇 300、丙二醇 400、*N*-甲基-2-吡咯烷酮、二甲基亚砜（DMSO）、二甲基乙酰胺（DMA）、Solutol HS 15、Cremophores 和聚山梨酯。由于上面讨论的各种问题，市售制剂会以更高的浓度配制并在护理时进一步稀释。表 9.3 列出了按字母顺序排列的市售水溶性注射制剂（Strickley 2004）。

表 9.3　市售水溶性注射制剂

| 通用名称/商品名/公司/适应证 | 化学结构 | 配方 | 配制 | 给药途径 | 增溶技术 |
| --- | --- | --- | --- | --- | --- |
| 前列地尔（$PGE_1$）/Edex/Schwarz/勃起功能障碍 | 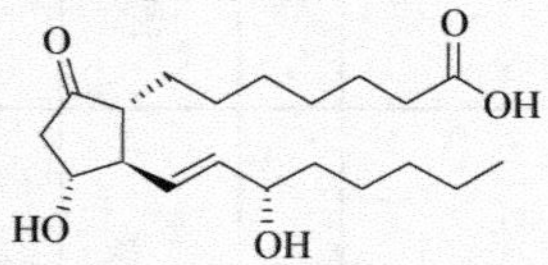 | 冻干粉末 12～50μg<br>α-环糊精 400～1610μg<br>乳糖 56mg<br>pH 4～8 | 1.2mL 盐溶液复溶 | 海绵窦内注射 | 环糊精包合，环糊精/药物分子比 12∶1 |
| 盐酸氯胺酮/Cordarone/Wyeth-Ayerst/抗心律不齐，减轻心绞痛 | 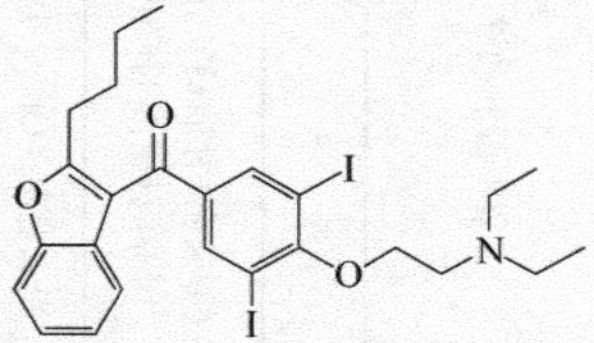 | 溶液 50mg/mL<br>聚山梨酯 80 10%<br>苯甲醇 2%<br>pH 4.1 | 用 5%葡萄糖溶液稀释至<2mg/mL | 静脉滴注 | 弱碱 pH<p$K_a$，共溶剂，胶束 |
| 两性霉素 B/Ambisome/Gilead/抗真菌 | 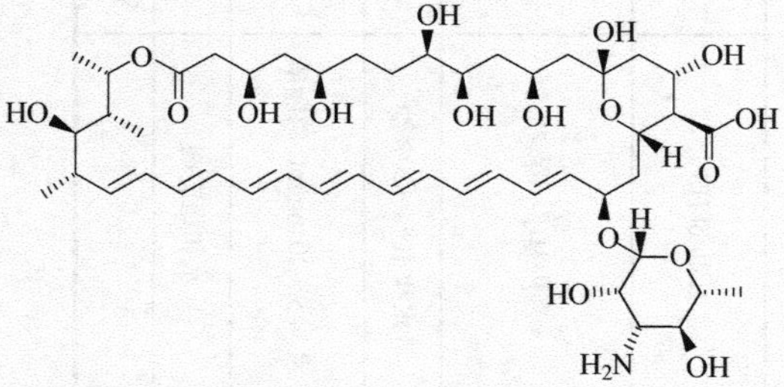 | 冻干粉末 50mg<br>氢化大豆卵磷脂 18mg/mL<br>胆固醇 4mg/mL<br>α-生育酚 0.05mg/mL<br>蔗糖 75mg/mL<br>琥珀酸二钠 2mg/mL<br>pH 5～6 | 采用注射水复溶至 4mg/mL，5%葡萄糖溶液稀释至 1～2mg/mL | 静脉滴注 | 脂质体 |
| 两性霉素 B/Abelcet/Elan/抗真菌 | 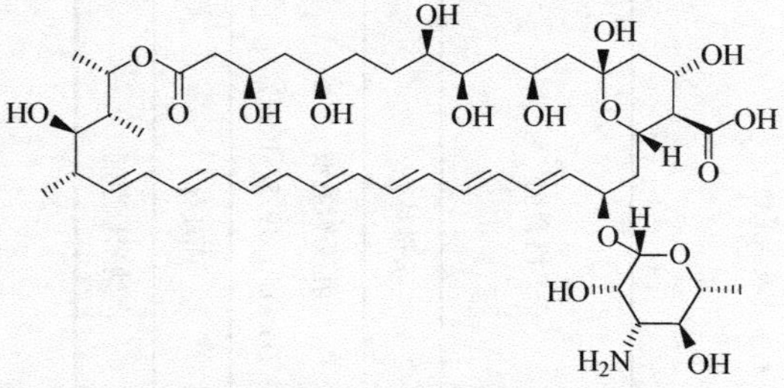 | 溶液 5mg/mL<br>二肉豆蔻酰磷脂酰胆碱 3.4mg/mL<br>二肉豆蔻酰磷脂酰甘油 1.5mg/mL<br>氯化钠 9mg/mL<br>pH 5～7 | 采用 5%葡萄糖溶液稀释至 1～2mg/mL | 静脉滴注 | 脂质体 |

续表

| 通用名称/商品名/公司/适应证 | 化学结构 | 配方 | 配制 | 给药途径 | 增溶技术 |
|---|---|---|---|---|---|
| 骨化三醇/Calcijex/Abbott/慢性肾透析患者低钾血症 | 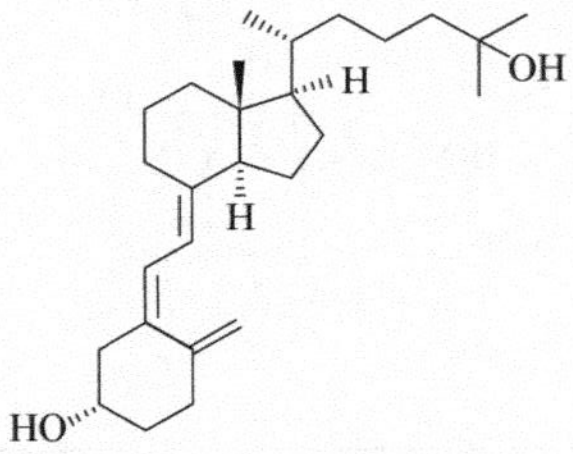 | 溶液 1～2μg/mL<br>聚山梨酯 20 4mg/mL<br>抗坏血酸钠 10mg/mL<br>氯化钠 15mg/mL<br>乙二胺四乙酸 1.1mg/mL<br>磷酸钠 9.2mg/mL<br>pH 6.5～8 | 无 | 静脉注射 | 胶束 |
| 卡莫司汀/BiCNU/Bristol–Myers–Squibb /抗肿瘤 | 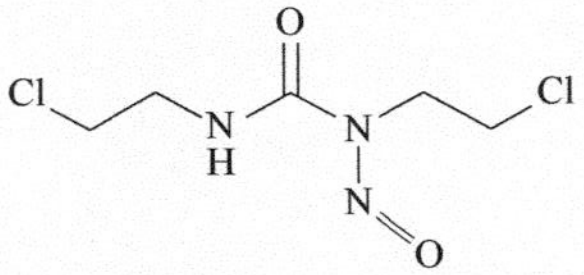 | 冻干固体 100mg<br>pH 5～6 | 采用 3mL 乙醇复溶，并用 27mL 注射水稀释 | 静脉滴注 | 乙醇 |
| 盐酸氯氮䓬/Librium/ICN/镇定剂 | 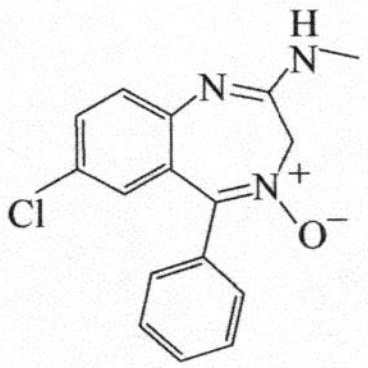 | 粉末 100mg<br>稀释液：<br>丙二醇 20%<br>聚山梨酯 80 4%<br>苯甲醇 1.5%<br>马来酸 1.6%<br>pH 3 | 肌内注射时采用稀释液复溶至 50mg/mL，静脉推注时采用盐溶液或注射水稀释至 20mg/mL | 肌内注射/慢速静脉注射（1min 以上） | 弱碱 pH$<$p$K_a$，共溶剂 |
| 伊曲康唑/Sporanox/ Orthobiotech 和 Janssen /抗真菌 | 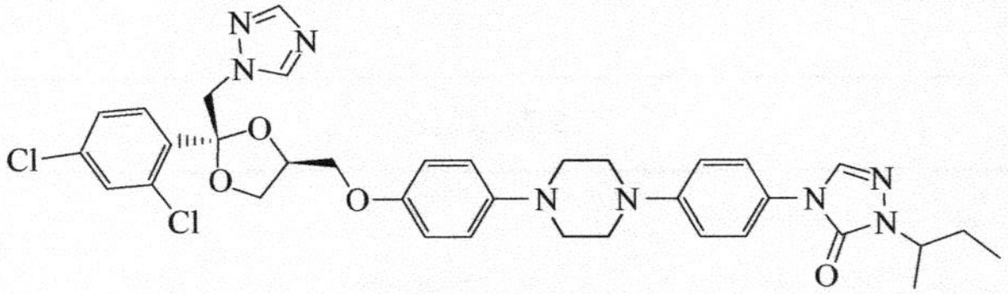 | 溶液 10mg/mL<br>羟丙基-β-环糊精 40%<br>丙二醇 2.5%<br>pH 4.5 | 采用盐溶液稀释至 5mg/mL | 静脉滴注 | 环糊精包合 |

续表

| 通用名称/商品名/公司/适应证 | 化学结构 | 配方 | 配制 | 给药途径 | 增溶技术 |
|---|---|---|---|---|---|
| 盐酸美法仑/Alkeran/ GlaxoSmithKline /抗肿瘤，烷化剂 | 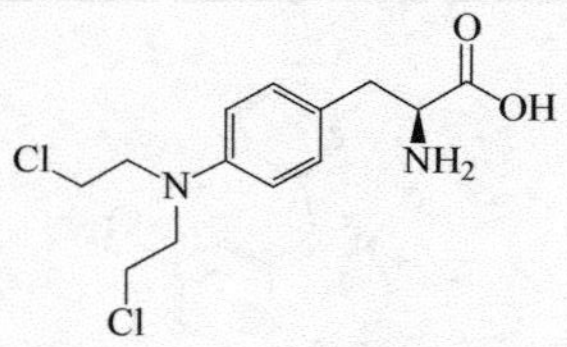 | 冻干粉末 50mg<br>聚维酮 20mg<br>10ml 稀释液：<br>水 35%<br>丙二醇 60%<br>乙醇 5%<br>柠檬酸钠 0.2g<br>pH 6.5～7.0 | 采用稀释液充分复溶至 5mg/mL，并用盐溶液稀释至 0.45mg/mL | 静脉滴注 15～20min | 共溶剂 |
| 美索巴莫/Robaxin/A.H. robbins/肌肉松弛剂 | 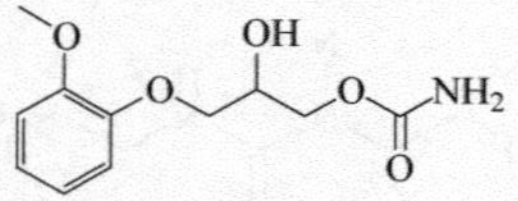 | 溶液 100mg/mL<br>聚乙二醇 300 50%<br>pH 4～5 | 肌内注射或静脉推注无处理；静脉输注是采用 250mL 盐溶液或 5%葡萄糖溶液稀释 | 肌内注射/静脉注射/静脉滴注 | 共溶剂 |
| 土霉素/Terramycin/Pfizer/抗菌 | 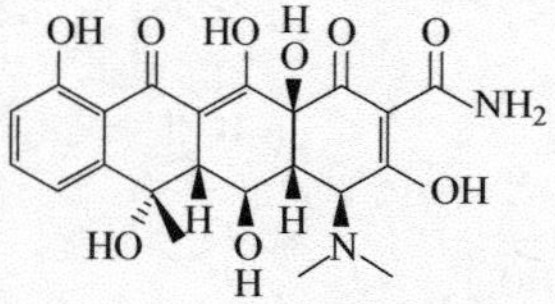 | 溶液 50～125mg/mL<br>利多卡因 20mg/mL<br>丙二醇 67%～75%<br>硫代甘油 10mg/mL<br>氯化镁 17～42mg/mL<br>柠檬酸 10mg/mL<br>没食子酸丙酯 0.2mg/mL | 无 | 肌内注射 | 弱碱<p$K_a$，共溶剂 |

续表

| 通用名称/商品名/公司/适应证 | 化学结构 | 配方 | 配制 | 给药途径 | 增溶技术 |
| --- | --- | --- | --- | --- | --- |
| 帕立骨化醇/Zemplar/Abbott/继发性甲状旁腺功能亢进合并慢性衰竭的治疗 | 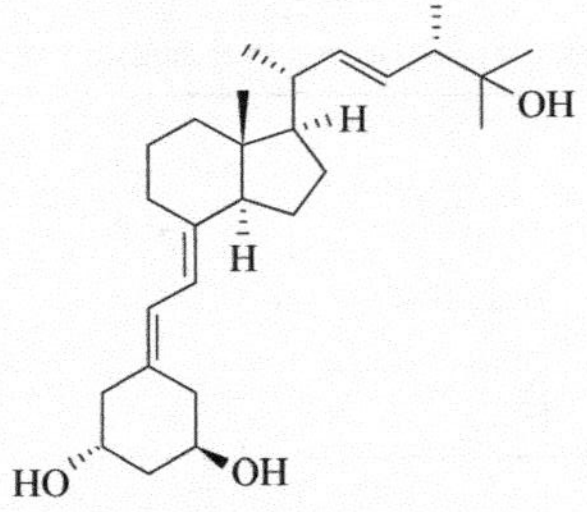 | 溶液 0.005mg/mL<br>丙二醇 30%<br>乙醇 20% | 无 | 静脉注射 | 共溶剂 |
| 戊巴比妥钠/Nembutal/Abbott/抗痉挛，镇定，安眠，麻醉 | 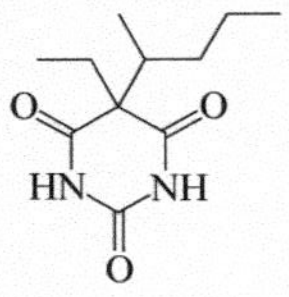 | 溶液 50mg/mL<br>丙二醇 40%<br>乙醇 10%<br>pH 9.5 | 无需处理或采用盐溶液，5%葡萄糖溶液或乳酸林格氏液稀释 | 肌内注射/慢速静脉注射 | 弱酸>p$K_a$和共溶剂 |
| 苯妥英钠 | 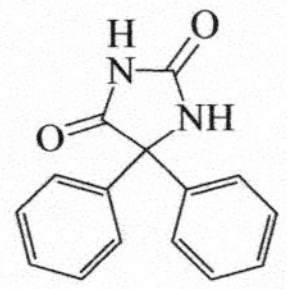 | 溶液 50mg/mL<br>丙二醇 40%<br>乙醇 10%<br>pH 10～12.3 | 无 | 肌内注射/静脉注射 | 弱酸<br>pH>p$K_a$和共溶剂 |
| 叶绿醌（维生素 $K_1$）/Aqua-MEPHYTON/Merck/维生素 K 缺乏 | 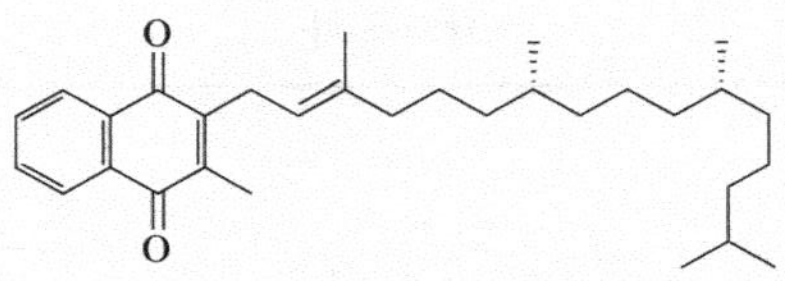 | 水分散液 2～10mg/mL<br>聚氧乙烯化脂肪酸 70mg/mL<br>葡萄糖 37mg/mL<br>苯甲醇 0.9%<br>pH 3.5～7 | 皮下、肌内或静脉注射时无需处理；静脉滴注时，采用盐溶液、5%葡萄糖水溶液或乳酸林格氏液稀释 | 皮下注射/肌内注射/静脉注射/静脉滴注 | 水分散体 |

续表

| 通用名称/商品名/公司/适应证 | 化学结构 | 配方 | 配制 | 给药途径 | 增溶技术 |
|---|---|---|---|---|---|
| 丙泊酚/Diprivan 1%/AstraZeneca/麻醉，镇定 | 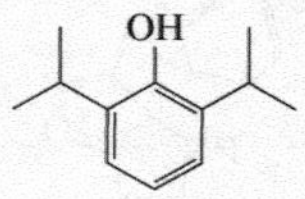 | 乳液 10mg/mL<br>豆油 100mg/mL<br>甘油 22.5mg/mL<br>蛋卵磷脂 12mg/mL<br>乙二胺四乙酸 | 无（摇匀即可） | 静脉注射/静脉滴注 | 乳液 |
| 伏立康唑/Vfend/Prizer/抗真菌 | 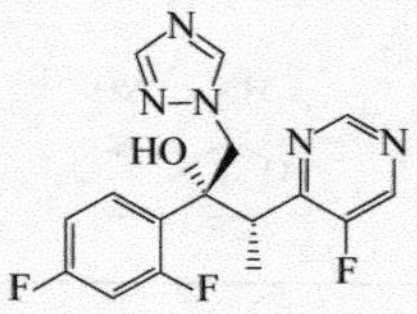 | 冻干粉末 200mg<br>磺丁基-β-环糊精 3200mg | 采用水复溶至10mg/mL，用盐溶液、5%葡萄糖水溶液或乳酸林格氏液稀释至小于5mg/mL | 静脉滴注 | 环糊精包合 |
| 甲磺酸齐拉西酮/Geodon/Prizer/治疗精神病 | 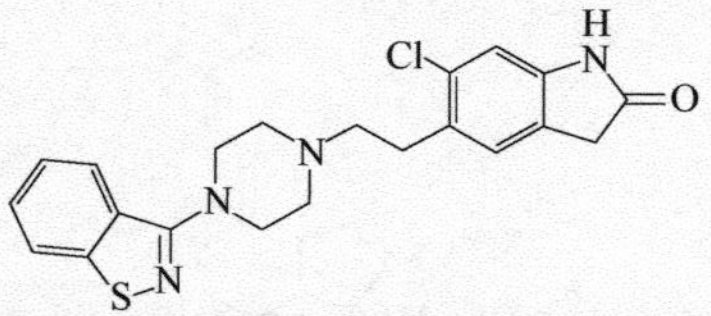 | 冻干粉末 24mg<br>磺丁基-β-环糊精 350mg | 采用 1.2mL 水复溶至 20mg/mL | 肌内注射 | 环糊精包合 |

来源：经 Springer Science 和 Business Media 的许可，对 Strickley R G. Pharm. Sci. Technol. Pharm. Res.，2004，21：201-230 中的表格 4 进行重绘。

## 9.8　总结

对于配制难溶性化合物，使用共溶剂是最简单和常用的方法之一。该方法也广泛应用于早期开发阶段，因为那时该药物分子的信息很有限。该方法还可以克服溶出速率受限的药物吸收。此外，增溶制剂在儿童、老年人和吞咽困难的患者中非常受欢迎。

有几种理论模型，可用于估算溶质在溶剂中的溶解度。然而，使用介电常数是最古老和最简单的方法之一，并且非常受制剂研究者的欢迎。估算介电常数的分数法是最简单的方法，虽不是最准确的，但是，它为估算提供了一个很好的起点。此外，溶质的溶解度取决于溶剂混合物的介电常数，而不是特定的组成。其他方法，如溶解度参数方法和 UNIFAC 组理论贡献，不常被行业制剂研究者所采用。

与其他方法一样，共溶剂方法存在某些限制，如口感不好的共溶剂（PG）、不利的生理作用（例如乙醇）和共溶剂对代谢酶、转运蛋白和分布的影响而间接导致药物药动学性质改变的可能性。对于增溶的肠外应用，共溶剂的选择还受到生理学接受、注射时沉淀和给药时疼痛的限制。然而，正如许多市售产品展示的，该方法在口服和肠外制剂中仍普遍应用。此外，随着越来越多的新型共溶剂的使用，有望克服部分问题。

## 参考文献


Acree, W. E. and J. H. Rytting. 1982. Solubility in binary solvent systems I: Specific versus nonspecific interactions, *J. Pharm. Sci.*, 71: 201–205.

Acree, W. E. and J. H. Rytting. 1983. Solubility in binary solvent systems III: Predictive expressions based on molecular surface areas, *J. Pharm. Sci.*, 72: 292–296.

Adjei, A., J. Newburger, and A. Martin. 1980. Extended Hildebrand approach: Solubility of caffeine in dioxin–water mixtures, *J. Pharm. Sci.*, 69: 659–661.

Al-Suwayeh, S. A., I. R. Tebbett, D. Wielbo, and G. A. Brazeau. 1996. *In vitro–in vivo* myotoxicity of intramuscular liposomal formulations, *Pharm. Res.*, 13: 1384–1388.

Amidon, G. L., S. H. Yalkowsky, and S. Leung. 1974. Solubility of non-electrolytes in polar solvents II: Solubility of aliphatic alcohols in water, *J. Pharm. Sci.*, 63: 1858–1866.

Amirjahed, A. K. and M. I. Blake. 1974. Relationship of composition of nonaqueous binary solvent systems and dielectric constant, *J. Pharm. Sci.*, 63: 81–84.

Amirjahed, A. K. and M. I. Blake. 1975. Deviation of dielectric constant from ideality for certain binary solvent systems, *J. Pharm. Sci.*, 64: 1569–1570.

Amis, E. S. 1949. *Kinetics of Chemical Change in Solution*, New York: Macmillan, Chapter 4.

Amis, E. S. and V. K. LaMer. 1939. The entropies and energies of activation of ionic reactions, *J. Am. Chem. Soc.*, 61: 905.

Anderson, B. D., J. H. Rytting, and T. Higuchi. 1980. Solubility of polar organic solutes in nonaqueous systems: Role of specific interactions, *J. Pharm. Sci.*, 69: 676–680.

Anik, S. T. and L. Sukumar. 1981. Extreme vertexes design in formulation development: Solubility of butoconazole nitrate in a multicomponent system, *J. Pharm. Sci.*, 70: 897.

Attwood, D. and A. T. Florence. 1983. *The Surfactant Systems, Their Chemistry, Pharmacy and Biology*, New York: Chapman & Hall, Chapters 6 and 7.

Banziger, R. 1967. Hemolysis testing *in vivo* of parenteral formulations, *Bull. Parent. Drug Assoc.*, 21: 148.

Barton, A. F. M. 1983. *Handbook of Solubility Parameters and Other Cohesion Parameters*, Boca Raton, FL: CRC Press, pp. 85–87, 153–158.

Beerbower, A. and C. Hansen. 1971. Solubility parameters. *Encyclopedia of Chemical Technology*, Standen, E. A. (Ed.), New York: Interscience, pp. 889–910.

Beerbower, A., P. L. Wu, and A. Martin. 1984. Expanded solubility parameter approach I: Naphthalene and benzoic acid in individual solvents, *J. Pharm. Sci.*, 73: 179–188.

Belloto, R. J., A. M. Dean, M. A. Moustafa, A. M. Molokhia, M. W. Gouda, and T. D. Sokoloski. 1985. Statistical techniques applied to solubility predictions and pharmaceutical formulations: An approach to problem solving using mixture response surface methodology, *Int. J. Pharm.*, 23: 195.

Bogardus, J. B. 1983. Crystalline anhydrous–hydrate phase changes of caffeine and theophylline in solvent–water mixtures, *J. Pharm. Sci.*, 837–838.

Brazeau, G. A. and H.-L. Fung. 1989a. Physicochemical properties of binary organic cosolvent-water mixtures and their relationships to muscle damage following intramuscular injection, *J. Parent. Sci. Technol.*, 43: 144–149.

Brazeau, G. A. and H.-L. Fung. 1989b. Use of an *in vitro* model for the assessment of muscle damage from intramuscular injections: *In vitro–in vivo* correlation and predictability with mixed solvent systems, *Pharm. Res.*, 6: 766–771.

Brazeau, G. A. and H.-L. Fung. 1990a. Effect of organic cosolvent-induced skeletal muscle damage on the bioavailability of intramuscular [14C] Diazepam, *J. Pharm. Sci.*, 79: 773–777.

Brazeau, G. A. and H.-L. Fung. 1990b. Mechanisms of creatine kinase release from isolated rat skeletal muscles damaged by propylene glycol and ethanol, *J. Pharm. Sci.*, 79: 393–397.

Brazeau, G. A., S. S. Watts, and L. S. Mathews. 1992. Role of calcium and arachidonic acid metabolites in creatine kinase release from isolated rat skeletal muscles damaged by organic cosolvents, *J. Parent. Sci. Technol.*, 46: 25–30.

Bronsted, J. N. 1922. Solvent and solvent effects on the kinetics, *Z. Physik. Chem.*, 102: 169.

Bronsted, J. N. 1925. The effect of the hydrogen ion concentration on the rate of hydrolysis of glycyl glycine, glycyl leucine, glycyl alanine, glycyl asparagine and biuret base by Erepsid, *Z. Physik. Chem.*, 115: 337.

Cadwallader, D. W. 1963. Behavior of erythrocytes in various solvent systems, *J. Pharm. Sci.*, 52: 1175.

Charumanee, S., S. Okonogi, J. Sirithunyalug, P. Wolschann, and H. Viernstein. 2016. Effect of cyclodextrin types and co-solvent on solubility of a poorly water soluble drug, *Sci. Pharm.*, 84(4): 694–704.

Chen, X., H. M. Fadda, A. Aburub, D. Mishra, and R. Pinal. 2015. Cosolvency approach for assessing the solubility of drugs in poly (vinylpyrrolidone), *Int. J. Pharm.*, 494(1): 346–356.

Cherng-Chyi Fu, R., D. M. Lidgate, J. L. Whatley, and T. McCullough. 1987. The biocompatibility of parenteral vehicles—*In vitro/in vivo* screening comparison and the effect of excipients on hemolysis, *J. Parent. Sci. Technol.*, 41: 164–168.

Chertkoff, M. J. and A. N. Martin. 1960. The solubility of benzoic acid in mixed solvents, *J. Pharm. Sci.*, 49: 444–447.

Chien, Y. W. 1984. Solubilization of metronidazole by water-miscible multi-cosolvents and water-soluble vitamins, *J. Parent. Sci. Technol.*, 38: 32–36.

Christian R. 2011. Solvent effects on the rate of homogeneous reactions. In *Solvents and Solvent Effects in Organic Chemistry*, (2nd ed.), New York: Wiley-VCH Verlag GMBH, Chapter 5.

Christiansen, J. A. Z. 1924. Über die Geschwindigkeit bimolekularer Reaktionen in Lösungen, *Physik. Chem.*, 113: 35.

Connors, K. A., G. L. Gordon, and L. Kennon. 1979. *Chemical Stability of Pharmaceuticals*, New York: Wiley Interscience, pp. 39–42.

Cornell, J. A. 1975. Some comments on designs for cox's mixture polynomial, *Technometrics*, 17: 25.

Cornell, J. A. 1990. *Experiments with Mixtures: Designs, Models, and the Analysis of Mixture Data*, (2nd ed.), New York: Wiley.

Cornell, J. A. 1991. The fitting of Scheffé-type models for estimating solubilities of multisolvent systems, *J. Biopharm. Stat.*, 1: 303.

Cox, J. W., G. P. Sage, M. A. Wynalda, R. G. Ulrich, P. G. Larson, and C. C. Su. 1991. Plasma compatibility of injectables, *J. Phar. Sci.*, 80: 371–375.

Darwish, R. M. and S. F. Bloomfield. 1995. The effect of co-solvents on the antibacterial activity of paraben preservatives, *Int. J. Pharm.*, 119: 183–192.

Darwish, R. M. and S. F. Bloomfield. 1997. Effect of ethanol, propylene glycol, and glycerol on the interaction of methyl and propyl *p*-hydroxybenzoate with *Staphylococcus aureas* and *Pseudomonas aeruginosa*, *Int. J. Pharm.*, 147: 51–60.

Davio, S. R., M. M. McShane, T. J. Kakuk, R. M. Zaya, and S. L. Cole. 1991. Precipitation of the renin inhibitor ditekiren upon IV infusion, *Pharm. Res.*, 8: 80–83.

Fort, F. L., I. A. Heyman, and J. W. Kesterson. 1984. Hemolysis study of aqueous Polyethylene Glycol 400, propylene glycol, and ethanol combinations *in vivo* and *in vitro*, *J. Parent. Sci. Technol.*, 38: 82.

Garrett, E. R. 1956. Prediction of stability in pharmaceutical preparations III, *J. Am. Pharm. Assoc. Sci. Ed.*, 45: 171–177.

Gordon, L. J. and R. L. Scott. 1952. Enhanced solubility in solvent mixtures I. The system phenanthrene–cyclohexane–methylene iodide, *J. Am. Chem. Soc.*, 74: 4138–4140.

Gorman, W. G. and G. D. Hall. 1964. Dielectric constant correlations with solubility parameters, *J. Pharm. Sci.*, 53: 1017–1020.

Gould, P. L., M. Goodman, and P. A. Hanson. 1984. Investigation of the solubility relationships of polar, semi-polar and non-polar drugs in mixed co-solvent systems, *Int. J. Pharm.*, 19: 149–159.

Gould, P. L., J. R. Howard, and G. A. Oldershaw. 1989. The effect of hydrate formation on the solubility of theophylline in binary aqueous cosolvent systems, *Int. J. Pharm.*, 51: 195–202.

Grant, D. J. W. and T. Higuchi. 1990. Group contributions in prediction. *Solubility Behavior of Organic Compounds, Techniques of Chemistry*, Vol. 21, New York: John Wiley, Chapter 7.

Grissom, C. B., A. M. Chagovetz, and Z. Wang. 1993. Use of viscosigens to stabilize vitamin B12 solutions against photolysis, *J. Pharm. Sci.*, 82: 641–643.

Groves, M. J., B. Bassett, and V. Sheth. 1984. The solubility of 17 β-oestradiol in aqueous polyethylene glycol 400, *J. Pharm. Pharmacol.*, 36: 799–802.

Grunbauer, H. J. M., A. L. J. deMeere, and H. H. vanRooij. 1986. Local composition models in pharmaceutical chemistry. III. Prediction of drug solubility in binary aqueous mixtures, *Int. J. Pharm.*, 32: 187–198.

Gupta, S. L., J. P. Patel, D. L. Jones, and R. W. Partipilo. 1994. Parenteral formulation development of rennin inhibitor Abbott 72517, *J. Parent. Sci. Technol.*, 48: 86–91.

Hancock, B. C., P. York, and R. C. Rowe. 1997. The use of solubility parameters in pharmaceutical dosage form design, *Int. J. Pharm.*, 148: 1–21.

Higuchi, T. and H. Kristiansen. 1970. Binding specificity between small organic solutes in aqueous solution: Classification of some solutes into two groups according to binding tendencies, *J. Pharm. Sci.*, 59: 1601–1608.

Hildebrand, J. H. 1916. Solubility, *J. Am. Chem. Soc.*, 38: 1452–1473.

Hildebrand, J. H. 1919. Solubility III. Relative values of internal pressures and their application, *J. Am. Chem. Soc.*, 41: 1067–1080.

Hildebrand, J. H. and R. L. Scott. 1950. *Solubility of Nonelectrolytes*, New York: Reinhold Publishing.

Hildebrand, J. H. and R. L. Scott. 1962. *Regular Solutions*, Englewood Cliffs, NJ: Prentice-Hall, Chapter 7.

Howard, J. R. and P. L. Gould. 1985. The use of co-solvents in parenteral formulation of low-solubility drugs, *Int. J. Pharm.*, 25: 359–362.

Ibrahim, S. A. and S. Shawky. 1984. Solubility of acetazolamide and chlorthalidone in mixed aqueous solvent system, *Pharm. Ind.*, 46: 412–416.

Irwin, W. J. and M. Iqbal. 1992. Bropirimine formulation: The dynamic testing of injections, *Int. J. Pharm.*, 83(1–3): 241–249.

Jouyban, A., F. Martinez, and W. E. Acree. 2017. Correct derivation of cosolvency models and some comments on "Solubility of fenofibrate in different binary solvents: Experimental data and results of thermodynamic modeling," *J. Chem. Eng. Data*, 62(3): 1153–1156.

Kato, Y. and T. Ohuchi. 1972. Studies on solubilizing agents IV. Dielectric constant correlations with drug solubility in mixtures of glycols and their derivatives with water, *Yakugaku Zashi*, 92: 257–263.

Krzyzaniak, J. F., D. M. Raymond, and S. H. Yalkowsky. 1996. Lysis of human red blood cells 1: Effect of contact time on water induced hemolysis, *PDA J. Pharm. Sci. Technol.*, 50: 223–226.

Krzyzaniak, J. F., D. M. Raymond, and S. H. Yalkowsky. 1997. Lysis of human red blood cells 2: Effect of contact time on cosolvent induced hemolysis, *Int. J. Pharm.*, 152: 193–200.

Leo, A., C. Hansch, and D. Elkins. 1971. Partition coefficients and their uses, *Chem. Rev.*, 71: 525–616.

Lewis, G. A. and M. Chariot. 1991. Nonclassical experimental designs in pharmaceutical formulations, *Drug Dev. Ind. Pharm.*, 17: 1551.

Li, A. and S. H. Yalkowsky. 1994. Solubility of organic solutes in ethanol/water mixtures, *J. Pharm. Sci.*, 83: 1735–1740.

Martin, A. and M. J. Miralles. 1982. Extended Hildebrand solubility approach: Solubility of tolbutamide, acetohexamide, and sulfisomidine in binary solvent mixtures, *J. Pharm. Sci.*, 71: 439–442.

Martin, A., J. Newburger, and A. Adjei. 1979. New solubility equation, *J. Pharm. Sci.*, 68: IV.

Martin, A., J. Newburger, and A. Adjei. 1980. New solubility equation, *J. Pharm. Sci.*, 69: 487–491.

Martin, A., J. Newburger, and A. Adjei. 1981. Extended Hildebrand solubility approach: Methylxanthines in mixed solvents, *J. Pharm. Sci.*, 70: 1115–1120.

Martin, A., P. L. Wu, A. Adjei, A. Beerbower, and J. M. Prausnitz. 1981. Extended Hansen solubility approach: Naphthalene in individual solvents, *J. Pharm. Sci.*, 70: 1260–1264.

Martin, A., P. L. Wu, A. Adjei, R. E. Lindstrom, and P. H. Elworthy. 1982. Extended Hildebrand solubility approach and the log-linear solubility equation, *J. Pharm. Sci.*, 71: 849–855.

Martin, A., P. L. Wu, and A. Beerbower. 1984. Expanded solubility parameter approach II: *p*-hydroxybenzoic acid and methyl-*p*-hydroxybenzote in individual solvents, *J. Pharm. Sci.*, 73: 188–194.

Menschutkin, N. Z. 1890. Über die affinitätskoeffizienten der alkylhaloide und der amine, *Phys. Chem.*, 6: 41.

Menschutkin, N. Z. 1900. Zur Frage über den Einfluss chemisch indifferenter Lösungsmittel auf die Reaktionsgeschwindigkeiten, *Phys. Chem.*, 34: 157.

Moore, W. E. 1958. The use of approximate dielectric constant to blend solvent systems, *J. Am. Pharm. Assoc. Sci. Ed.*, 47: 855–857.

Motola, S. and S. N. Agharkar. 1992. Preformulation research of parenteral medications. In Avis, K. E., Lieberman, H. A., and Lachman, L. (Eds.), *Pharmaceutical Dosage Forms: Parenteral Medications*, Vol. 1, 2nd ed., New York: Marcel Dekker, pp. 158–163, Chapter 4.

Moustafa, M. A., A. M. Molokhia, and M. W. Gouda. 1981. Phenobarbital solubility in propylene glycol–glycerol–water systems, *J. Pharm. Sci.*, 70: 1172.

Neira, O. M. C., M. F. Jimenez, and L. F. Ponce de Leon. 1980. Influencia de la constante dielectrica in la solubilization del diazepam, *Rev. Colomb. Cien. Quim.-Farm.*, 3: 37–61.

Nema, S., R. J. Washkuhn, and R. J. Brendel. 1997. Excipients and their use in injectable products, *PDA J.Pharm. Sci. Tech.*, 51: 166–171.

Obeng, E. K. and D. E. Cadwallader. 1989. *In vitro* method for evaluating the hemolytic potential of intravenous solutions, *J. Parent. Sci. Technol.*, 43: 167–173.

Ochsner, A. B., R. J. Belloto, and T. D. Sokoloski. 1985. Prediction of xanthine solubilities using statistical techniques, *J. Pharm. Sci.*, 74: 132.

Oner, F., M. Yalin, and A. A. Hincal. 1995. Stability and hemolytic effect of parenteral lorazepam emulsion formulations, *FABAD J. Pharm. Sci.*, 20: 61–66.

Oshida, S., K. Degawa, Y. Takahashi, and S. Akaishi. 1979. Physico-chemical properties and local toxic effects of injectables, *Tohoku J. Exp. Med.*, 127: 301–316.

Osigo, T., M. Iwaki, and M. Kuranari. 1983. Relationship between hemolytic concentrations and physicochemical properties of basic drugs and major factors inducting hemolysis, *Chem. Pharm. Bull.*, 31: 4508.

Paruta, A. N. and S. A. Irani. 1965. Dielectric solubility profiles in dioxane–water mixtures for several antipyretic drugs, *J. Pharm. Sci.*, 54: 1334–1338.

Paruta, A. N. and B. B. Sheth. 1966. Solubility of xanthines, antipyrine and several derivatives in syrup vehicles, *J. Pharm. Sci.*, 55: 896–901.

Paruta, A. N. 1964. Solubility of several solutes as a function of dielectric constant of sugar solutions, *J. Pharm. Sci.*, 53: 1252–1254.

Paruta, A. N. 1966a. Solubility of parabens in syrup vehicles, *J. Pharm. Sci.*, 55: 1208–1211.

Paruta, A. N. 1966b. The solubility of succinic acid in binary mixtures as a function of the dielectric constant, *Am. J. Pharm.*, 138: 137–154.

Paruta, A. N. 1969. Solubility of the parabens in ethanol–water mixtures, *J. Pharm. Sci.*, 58: 364–366.

Paruta, A. N., B. J. Sciarrone, and N. G. Lordi. 1962. Correlation between solubility parameters and dielectric constants, *J. Pharm. Sci.*, 51: 704–705.

Paruta, A. N., B. J. Sciarrone, and N. G. Lordi. 1964. Solubility of salicylic acid as a function of dielectric constant, *J. Pharm. Sci.*, 53: 1349–1353.

Paruta, A. N., B. J. Sciarrone, and N. G. Lordi. 1965a. Dielectric solubility profiles of acetanilide and several derivatives in dioxane–water mixtures, *J. Pharm. Sci.*, 54: 1325–1333.

Paruta, A. N., B. J. Sciarrone, and N. G. Lordi. 1965b. Solubility profiles for the xanthines in dioxane–water mixtures, *J. Pharm. Sci.*, 54: 838–841.

Patel, M. S., F. S. S. Morton, H. Seager, and D. Howard. 1992. Factors affecting the chemical stability of carboxylic acid drugs in enhanced solubility system (ESS) softgel formulations based on polyethylene glycol (PEG), *Drug Dev. Ind. Pharm.*, 18: 1–19.

*Medical Economic*. 2006. *Physician's Desk Reference*, 60th ed., Montvale, NJ: Thomson Publishing.

Radwan, M. 1994. *In vivo* screening model for excipients and vehicles used in subcutaneous injections, *Drug Dev. Ind. Pharm.*, 20: 2753–2762.

Reed, K. W. and S. H. Yalkowsky. 1985. Lysis of human red blood cells in the presence of various cosolvents, *J. Parent. Sci. Technol.*, 38: 64–69.

Reed, K. W. and S. H. Yalkowsky. 1986. Lysis of human red blood cells. II. The effect of differing NaCl concentrations, *J. Parent. Sci. Technol.*, 40: 88.

Restaino, F. A. and A. N. Martin. 1964. Solubility of benzoic acid and related compounds in a series of *n*-Alkanols, *J. Pharm. Sci.*, 53: 636–639.

Roy, G. 1990. The applications and future implications of bitterness reduction and inhibition in food products, *Crit. Rev. Food Sci. Nutr.*, 29: 59–71.

Roy, G. 1992. Bitterness reduction and inhibition, *Trends Food Sci. Technol.*, 3: 85–91.

Roy, G. 1994. Taste masking in oral pharmaceuticals, *Pharm. Tech.,* 18(4): 84.

Rubino, J. T. 1984. Solubilization of some poorly soluble drugs by cosolvents, University of Arizona, PhD dissertation, Tucson, AZ.

Rubino, J. T. 1987. The effects of cosolvents on the action of pharmaceutical buffers, *J. Parent. Sci. Technol.*, 41: 45–49.

Rubino, J. T. and E. K. Obeng. 1991. Influence of solute structure on deviations from the log-linear solubility equation in propylene glycol: Water mixtures, *J. Pharm. Sci.*, 80: 479–483.

Rubino, J. T. and E. Thomas. 1990. Influence of solvent composition on the solubilities and solid-state properties of the sodium salts of some drugs, *Int. J. Pharm.*, 65: 141–145.

Rubino, J. T. and S. H. Yalkowsky. 1985. Solubilization by cosolvents III: Diazepam and benzocaine in binary solvents, *J. Parent. Sci. Technol.*, 39: 106–111.

Rubino, J. T. and S. H. Yalkowsky. 1987a. Cosolvency and cosolvent polarity, *Pharm. Res.*, 4: 220–230.

Rubino, J. T. and S. H. Yalkowsky. 1987b. Cosolvency and deviations from log-linear solubilization, *Pharm. Res.*, 4: 231–236.

Rubino, J. T., J. Blanchard, and S. H. Yalkowsky. 1984. Solubilization by cosolvents II: Phenytoin in binary and ternary solvents, *J. Parent. Sci. Technol.*, 38: 215–221.

Rubino, J. T., J. Blanchard, and S. H. Yalkowsky. 1987. Solubilization by cosolvents IV: Benzocaine, diazepam and phenytoin in aprotic cosolvent–water mixtures, *J. Parent. Sci. Technol.*, 41: 172–176.

Scatchard, G. 1932. Statistical mechanics and reduction reaction rates in liquid solutions, *Chem. Rev.*, 10: 229.

Scheffé, H. 1957. Experiments with mixtures, *J. R. Statist. Soc.*, B20: 344.

Scheffé, H. 1963. The simplex-centroid design for experiments with mixtures, *J. R. Statist. Soc.*, B25: 235.

Schroeder, H. G. and P. P. DeLuca. 1974. A study on the in vitro precipitation of poorly soluble drugs from nonaqueous vehicles in human plasma, *Bull. Parent. Drug Assoc.*, 28: 1–14.

Senac, C., P. Fuchs, W. Urbach, and N. Taulier. 2017. Does the presence of a co-solvent alter the affinity of a hydrophobic drug to its target? *Biophys. J.*, 112(3): 493a.

Soni, L. K., S. S. Solanki, and R. K. Maheshwari. 2014. Solubilization of poorly water soluble drug using mixed solvency approach for aqueous injection, *Br. J. Pharm. Res.*, 4(5): 549–568.

Sorby, D. L., R. G. Bitter, and J. G. Webb. 1963. Dielectric constants of complex pharmaceutical solvent systems. I. Water–ethanol–glycerin and water-ethanol-propylene glycol, *J. Pharm. Sci.*, 52: 1149–1153.

Sorby, D. L., G. Liu, and K. N. Horowitz. 1965. Dielectric constants of complex pharmaceutical solvent systems II, *J. Pharm. Sci.*, 54: 1811–1813.

Stella, V. J., H. K. Lee, and D. O. Thompson. 1995a. The effect of SBE4-β-CD on I.M. prednisolone pharmacokinetics and tissue damage in rabbits: Comparison to a co-solvent solution and a water-soluble prodrug, *Int. J. Pharm.*, 120: 197–204.

Stella, V. J., H. K. Lee, and D. O. Thompson. 1995b. The effect of SBE4-β-CD on I.V. methylprednisolone pharmacokinetics in rats: Comparison to a co-solvent solution and two water-soluble prodrugs, *Int. J. Pharm.*, 120: 189–195.

Strickley, R. G. 2004. Solubilizing excipients in oral and injectable formulations, *Pharm. Sci. Technol. Pharm. Res.*, 21: 201–230.

Tarantino, R., E. Bishop, F.-C. Chen, K. Iqbal, and A. W. Malick. 1994. *N*-Methyl-2-pyrrolidone as a cosolvent: Relationship of cosolvent effect with solute polarity and the presence of proton-donating groups on model drug compounds, *J. Pharm. Sci.*, 83: 1213–1216.

Thakkar, V. T., R. Dhankecha, M. Gohel, P. Shah, T. Pandya, T. Gandhi, and V. Thakkar. 2016. Enhancement of solubility of artemisinin and curcumin by co-solvency approach for application in parenteral drug delivery system, *Int. J. Drug Del.*, 8(3): 77–88.

Trivedi, J. S., W. R. Porter, J. J. Fort. 1996. Solubility and stability characterization of zileuton in a ternary solvent system, *Eur. J. Pharm. Sci.*, 4: 109–116.

Verma, M., S. S. Gangwar, Y. Kumar, M. Kumar, and A. K. Gupta. 2016. Study the effect of cosolvent on the solubility of a slightly water-soluble drug, *J. Drug Dis. Ther.*, 4(37).

Vojnovic, D. and D. Chicco. 1997. Mixture experimental design applied to solubility predictions, *Drug Dev. Ind. Pharm.*, 23: 639–645.

Vojnovic, D., M. Moneghini, and D. Chicco. 1996. Nonclassical experimental design applied in the optimization of a placebo formulation, *Drug Dev. Ind. Pharm.*, 22: 997.

Vojnovic, D., M. Moneghini, and F. Rubessa. 1995. Experimental design for a granulation process with "priori" criterias, *Drug Dev. Ind. Pharm.*, 21: 823.

Ward, G. H. and S. H. Yalkowsky. 1992. The role of effective concentration in interpreting hemolysis data, *J. Parent. Sci. Technol.*, 46: 161–162.

Wells, M. L., W.-Q. Tong, J. W. Campbell, E. O. McSorley, and M. R. Emptage. 1996. A four-component study for estimating solubilities of a poorly soluble compound in multisolvent systems using a Scheffétype model, *Drug Dev. Ind. Pharm.*, 22: 881–889.

Williams, N. A. and G. L. Amidon. 1984a. An excess free energy approach to the estimation of solubility in mixed solvent systems, *J. Pharm. Sci.*, 73: 9–12.

Williams, N. A. and G. L. Amidon. 1984b. An excess free energy approach to the estimation of solubility in mixed solvent systems II: Ethanol–water mixtures, *J. Pharm. Sci.*, 73: 14–18.

Williams, N. A. and G. L. Amidon. 1984c. An excess free energy approach to the estimation of solubility in mixed solvent systems III: Ethanol–propylene glycol–water mixtures, *J. Pharm. Sci.*, 73: 18–23.

Wisniak, J. and A. Tamir. 1978. *Mixing and Excess Thermodynamic Properties*, New York: Elsevier Scientific, pp. IX–XXXXVIII.

Wu, P. L. and A. Martin. 1983. Extended Hildebrand solubility approach: *p*-hydroxybenzoic acid in mixtures of dioxane and water, *J. Pharm. Sci.*, 72: 587–592.

Yalkowsky, S. H. and T. J. Roseman. 1981. Solubilization of drugs by cosolvents. In *Techniques of Solubilization of Drugs*, Yalkowsky, S. H. (Ed.), pp. 91–134. New York: Marcel Dekker, Chapter 3.

Yalkowsky, S. H. and J. T. Rubino. 1985. Solubilization by cosolvents I: Organic solutes in propylene glyol–water mixtures, *J. Pharm. Sci.*, 74: 416–421.

Yalkowsky, S. H. and S. C. Valvani. 1977. Precipitation of solubilized drugs due to injection or dilution, *Drug. Intell. Clin. Pharm.*, 11: 417–419.

Yalkowsky, S. H., G. L. Amidon, G. Zografi, and G. L. Flynn. 1975. Solubility of nonelectrolytes in polar solvents III: Alkyl *p*-aminobenzoates in polar and mixed solvents, *J. Pharm. Sci.*, 64: 48–52.

Yalkowsky, S. H., S. C. Valvani, and G. L. Amidon. 1976. Solubility of nonelectrolytes in polar solvents IV: Nonpolar drugs in mixed solvents, *J. Pharm. Sci.*, 65: 1488–1494.

Yalkowsky, S. H., S. C. Valvani, and B. W. Johnson. 1983. *In vitro* method for detecting precipitation of parenteral formulations after injection, *J. Pharm. Sci.*, 72: 1014–1017.

# 第 10 章 用于药物增溶和传递的乳剂、微乳剂及其他基于脂质的药物传递系统：肠外给药的应用

John B. Cannon，Yi Shi，Pramod Gupta

## 10.1 引言

乳剂作为一种药物传递系统，已有长达几十年的研究历史。与口服/注射给药的溶液剂等均一单相（或分子分散）系统不同，乳剂是由互不相溶的两相（或以上）液体在乳化剂的作用下形成的胶体分散系统。与口服溶液和液体注射剂等其他传统剂型相比，乳剂的优势在于其可形成稳定的多相体系，并以一种可重现的方式实现多相系统的传递。本章将重点阐述乳剂在亲脂药物注射给药方面的应用，主要包括以下内容：①乳剂的基本概念和性质，及其用于亲脂药物传递的原理；②乳剂用于亲脂药物注射给药的实验/临床例证；③乳剂开发面临的挑战；④乳剂与其他药物增溶技术的对比。

## 10.2 一种药物剂型——乳剂

### 10.2.1 定义

乳剂是指互不相溶的两相液体（即水相和油相）在乳化剂的作用下，其中一相以液滴状态分散于另一相中形成的混合物（Davis 等，1987）。通常情况下，乳剂的液滴直径大于 100 nm（最高可达 50 μm），是一种不透明的乳白色液体。从本质上来说，乳剂是热力学不稳定的，随着时间的进展，乳剂始终会发生相分离。但通过选择合适的乳化剂（一般占比 1%～5%）及制备条件，可延迟相分离的进程，使乳剂稳定长达两年以上，以达到对药物货架期的基本要求。根据分散相和连续相的不同，乳剂可分为水包油型（O/W，可包含高达 40%的油相）和油包水型（W/O）。除此之外还有复乳（例如 W/O/W），但其在药学研究领域的应用较少，在此不再赘述。

除上文介绍的常规乳剂（或粗乳）之外，还有一种被称为微乳的乳剂。微乳这一概念在 1959 年由 Schulman 首次提出，由于其液滴直径更小（6～80 nm），是一种热力学稳定的透明液体。在微乳体系中，除了常规乳剂中使用的水相、油相和表面活性剂（即乳化剂），还引入了大量的“共表面活性剂”，如含 4～8 个碳原子的烷醇，或非离子型表面活性剂。由于含有较高比例的表面活性剂和共溶剂，微乳在注射给药时存在一定的安全隐患（如溶血），因此相较

于注射给药而言，微乳更多地被用于口服给药（详见第 11 章）。微乳在注射给药领域的应用较少，其中一个案例是由聚乙二醇/乙醇/水/中链甘油三酯/Solutol HS15/大豆卵磷脂组成的微乳，其在大鼠上的安全输液速率可高达 0.5 mL/kg。被水稀释后，该微乳可转化为液滴大小在 60～190 nm 范围内的 O/W 乳剂（Von Corswant 等，1998）。

注射用乳剂中的液滴大小一般低于 1 μm（通常在 100～1000 nm 范围内），因此常被称为“亚微乳”，或“纳米乳”。纳米乳这一称呼常引起对概念的混淆：一方面是因为，纳米乳的液滴大小（100～1000 nm）相比上文中介绍的微乳（6～80 nm）反而更大；另一方面，之前曾有人提出“纳米乳”应包含直径≤100 nm 的亚稳定乳剂，以及热力学稳定的微乳（Sarker，2005）。因此，“纳米乳”实际上是一种不太合适的称呼。在亚微乳的制备方面，需要用到特殊的均质机，下文将对此进行详细的介绍。

## 10.3 肠外应用乳剂的组成

通常情况下，以静脉注射或静脉滴注的方式给药的 O/W 型乳剂应至少由脂质液滴（10%～20%）、乳化剂和渗透压调节剂组成，通过静脉注射或静脉滴注的方式给药。除上述组分外，包装于多次给药容器中的乳剂还需加入防腐剂，以抑制微生物的生长。

### 10.3.1 脂质

脂质一般指生命体中不溶于水而溶于有机溶剂（如二氯甲烷）的成分，而药学研究人员更倾向于将其定义为脂肪酸及其衍生物，以及在生物合成过程中或功能上与脂肪酸及其衍生物相关的物质（Christie，2010）。也就是说，脂质不仅是指天然的脂溶性物质，同时也指天然脂质的衍生物。表 10.1 总结了注射用乳剂中常用的脂质。其中，长链甘油三酯（LCT）和中链甘油三酯（MCT）由于其安全性经历了历史考验，是最常用于乳剂商业化产品的脂质，可单用也可合用。LCT 来源于大豆油、红花籽油、芝麻油、棉籽油等植物油，MCT 则是通过将分馏后的椰子油（主要含辛酸和癸酸）再酯化获得。除此之外，也有其他用于注射乳剂的脂质：油酸乙酯可作为油相用于肌内/皮下注射乳剂；油酸在静脉注射乳剂中的应用也开展了相应的实验研究，其在口服乳剂中的应用则已有上市产品；生育酚（维生素 E）近年来被作为一种新型脂质用于注射乳的研究（Constantinides 等，2004），且有数据表明，生育酚的患者耐受性较好，以 2300 mg/m$^2$ 的注射剂量可连续给药 9 天（Helson，1984），但更高的注射剂量及周期的安全性仍有待进一步评估；含大量长链 ω-3 多不饱和脂肪酸的海洋生物油脂，由于可带来健康获益，受到了广泛的关注，其在注射乳剂领域的应用已见研究报道（Ton 等，2005；Cui 等，2006）。临床获批用于注射乳剂的脂质及注射用乳剂中使用的表面活性剂分别见表 10.1 和表 10.2。

**表 10.1 临床获批用于注射乳剂的脂质**

| 类别 | 商品名或通用名 | 化学名 |
|---|---|---|
| 长链甘油三酯类 | 三油酸甘油酯<br>豆油<br>红花油<br>芝麻油<br>棉籽油<br>蓖麻油 | (*Z*)-9-十八碳烯酸-1,2,3-丙三醇酯 |

续表

| 类别 | 商品名或通用名 | 化学名 |
| --- | --- | --- |
| 中链甘油三酯类 | 分馏椰子油<br>Miglyol®，810，812<br>Neobee® M5<br>Captex® 300 | 中链甘油三酯类 |
| 脂肪酸及其衍生物 | 油酸<br>油酸乙酯 | (Z)-9-十八碳烯酸<br>(Z)-9-十八碳烯酸乙酯 |
| 新型脂类 | 维生素 E | D-α-生育酚 |

**表 10.2 注射用乳剂中使用的表面活性剂**

| 化学名或通用名 | 商品名 | HLB 值 | 推荐使用浓度 |
| --- | --- | --- | --- |
| 聚氧乙烯（35）蓖麻油 | Cremophor® EL | 12～14① | 10% |
| 聚氧乙烯-660-羟基硬脂酸酯 | Solutol® HS15 | | |
| 聚氧乙烯山梨醇酐单月桂酸酯 | Polysorbate 20 (Tween® 20) | 16.7① | |
| 聚氧乙烯山梨醇酐单月桂酸酯 | Polysorbate 40 (Tween® 40) | 15.6① | |
| 聚氧乙烯山梨醇酐单月桂酸酯 | Polysorbate 80 (Tween® 80) | 15.0① | |
| 山梨醇酐单月桂酸酯 | Span® 20 | 8.6① | 0.01%～0.05%① |
| 山梨醇酐单月桂酸酯 | Span® 40 | 6.7① | 0.01%～0.05%① |
| 山梨醇酐单月桂酸酯 | Span® 80 | 4.3① | |
| 山梨醇酐 | Span® 85 | 1.8① | 0.01%～0.05%① |
| 聚氧乙烯-聚氧乙烯嵌段共聚物 | Poloxamer 188 (Pluronic®F68) | 29② | 0.3%① |
| 7-去氧胆酸钠 | Bile salt | 26 | |
| 卵磷脂 | Phospholipon® 90 | | 1%～3% |

① 参考自 Handbook of Pharmaceutical Excipients。
② 参考自供应商提供信息。

### 10.3.2 表面活性剂

表面活性剂常被用于降低乳剂中油相与水相之间的表面张力，以使乳剂稳定。尽管表面活性剂的种类繁多，但只有少数几种被批准用于注射乳产品。注射药品中最常用的表面活性剂是磷脂酰胆碱（PC）。PC 是一种天然乳化剂，来源于蛋黄或大豆。PC 也被称为卵磷脂，但这一名词同时也代指含有 PC、磷脂酰乙醇胺及其他磷脂的粗产品。脱氧胆酸钠（胆汁盐）也是一种已被用于注射用上市产品（如 Fungizone®）的天然表面活性剂。此外，在已上市的注射乳剂产品中，还使用了其他人工合成的非离子表面活性剂，包括 Cremophor® EL[聚氧乙烯（35）蓖麻油]、Solutol® HS-15（聚氧乙烯-660-羟基硬脂酸酯）、聚山梨酯 20、聚山梨酯 40、聚山梨酯 80、司盘 20 和泊洛沙姆 188。与其他表面活性剂相比，泊洛沙姆 188 在维持高压灭菌中的乳剂稳定方面表现突出（Jumaa 和 Muller，1998），但大量或长期注射的安全性仍需进一步评价。表 10.2 列出了各表面活性剂用于注射给药时的推荐使用浓度（稀释后）。

### 10.3.3 HLB 分类体系及乳剂制备对 HLB 的要求

亲水-亲脂平衡值（HLB 值）分类体系最早由 Griffin 在 1949 年提出，该体系被用于指征表面活性剂对水相及油相的亲和力。HLB 值在 1～30 范围内，是一个经验性的指标。表面活性剂的 HLB 值越高，代表其亲水性越强；反之，HLB 值越低，亲脂性越强。因此，HLB 值较高（＞8）的表面活性剂可用于形成 O/W 型乳剂，而 HLB 值较低（3～6）的表面活性剂则用于制备 W/O 型乳剂。注射乳中常用表面活性剂的 HLB 值已列于表 10.2 中。

乳剂制备所需的 HLB 值是指能使油水两相表面张力降至最低的表面活性剂的 HLB 值，在 O/W 型乳剂中，不同的脂质组分对表面活性剂 HLB 值的要求也不同（例如，棉籽油所需要的表面活性剂 HLB 值为 6～7，蓖麻油则为 14）。使用的表面活性剂 HLB 值越是接近要求值，所制备的乳剂越稳定。

### 10.3.4 其他组分

除上述主要组分外，乳剂中还时常需要添加其他组分。当注射用乳剂处方中含不饱和脂质，常需添加抗氧化剂以抵抗脂质的氧化。丙三醇也经常被加入乳剂中以调节乳剂的渗透压。此外，由于乳剂的水相中有可能滋生细菌，还需加入足量的防腐剂。防腐剂通常与乳剂中的油相亲和力较高，因此，乳剂中防腐剂的用量应比单纯水相中所需的防腐剂用量高。此外，由于防腐剂仅在非离子状态下才能渗透进入细菌以发挥作用，故而在选用防腐剂时，还需考虑其在特定环境下的状态，若发生解离或与其他物质相结合，都将使防腐效果受到影响。例如，某些亲水性防腐剂（如苯甲酸、抗坏血酸）仅在酸性 pH 条件下才起效，因其在碱性 pH 条件下呈解离态。除此之外，在乳剂开发过程中，也应充分考虑防腐剂对乳剂稳定性的影响。

## 10.4 已上市的乳剂产品

乳剂用于局部给药已有几百年历史，其在市面上销售的商业化产品已有数十载，主要可分为 O/W 和 W/O 型。不过乳剂用于局部给药主要是促进药物的扩散、渗透而非溶解，因此本章不对该部分的内容展开详细的介绍。乳剂作为静脉注射营养混合物（即全肠外营养）用于补充患者所需的高热量脂质已有一段时间，这种类型的乳剂通常是大豆油、芝麻油或红花油（10%～20%）经磷脂乳化后形成，磷脂可使用含 PC 60%～70%的蛋黄卵磷脂。最典型的两个商业化产品是 Hospira 生产的 Liposyn®和 Kabi Vitrum 生产的 Intralipid®。这两种产品分别含有 10%～20%的大豆油（Intralipid®）或红花油（Liposyn®），使用的磷脂分别是 1.2%的蛋黄卵磷脂（Intralipid®）和 2.5%的甘油（Liposyn®）。除此之外的全肠外营养乳剂还有脂蛋白（Braun），含大豆油或棉籽油 10%～20%、大豆磷脂 0.75%、木糖醇或山梨糖醇 5%、α-生育酚 0～0.6%。Trive1000®（Egic）、Nutrafundin®（Braun），以及由 Travenol、Green Cross 和 Daigo 销售的 Intralipid®型产品也都属于该类型制剂（Hansrani 等，1983）。Liposyn®和 Intralipid®这两款全肠外营养制剂最近在临床上还被用于麻醉药、抗精神病药、抗抑郁药、抗心律失常药、钙通道阻滞剂等脂溶性药物的用量过度和药物解毒（Muller 等，2015；Cave 等，2014），其作用机制是将药物包裹在血管中乳剂形成的“脂质池”中以降低游离药物浓度（Waring，2012；Clark 等，2014）。

和脂肪乳剂相比，用于静脉注射的载药乳剂产品较少，表 10.3 列出了日本、欧洲和美国市场的静脉注射载药乳剂。这些产品涉及的药物（地西泮、丙泊酚、前列腺素 $E_1$、依托咪酯、维生素 A、维生素 D、维生素 E、维生素 K、地塞米松棕榈酸酯、氟比洛芬、全氟萘烷、多西紫杉醇和环孢素）都是难溶性的，制备成乳剂可提高药物的溶解性，递药效果得以提升。在人造血液产品 Fluosol-DA 中，“药物”实际上是乳剂中的油相，它可以溶解氧气。2008 年，一款氯维地平乳剂产品（Cleviprex®）获准用于治疗高血压。氯维地平是一种钙通道阻滞剂，几乎不溶于水，于是被溶解于大豆油/蛋黄卵磷脂/油酸的乳剂中用于注射（Erickson 等，2010）。Ciclomulsion®是一种环孢素乳液制剂，将药物溶解在大豆油/中链甘油三酯/卵磷脂/油酸钠乳液中获得，由NeuroVive制药公司开发，目前处于临床Ⅲ期研究阶段，用于治疗心肌梗死患者的再灌注损伤，作为可致敏的Cremophor EL的替代品（Ehinger等，2013）。2015年，多西紫杉醇注射乳剂（含2.5%大豆油、42%聚乙二醇300、55%聚山梨酯80）获批用于乳腺癌、非小细胞肺癌、前列腺癌、胃腺癌和头颈癌的治疗，针对治疗后可能引起的酒精中毒问题，开发了不含乙醇的配方。

由表10.3可以看出，长久以来，乳剂在肠外给药领域的应用十分有限，这可能是因为肠外给药对药品的安全性要求高、生产难度大，因为我们对患者对该剂型的接受度缺乏了解，或者是其他方面的原因。但近期我们在乳剂开发领域的经验已有了一定程度的积累，当下的这种局面或许能发生转变，本章将对此进行概述。

**表10.3 含难溶性药物的市售乳剂产品列表**

| 药品名称 | 产品名称 | 生产厂家 | 给药途径 | 药物作用 | 产品状态 | 参考来源 |
|---|---|---|---|---|---|---|
| 地西泮 | Diazemuls®<br>Diazepam®-Lipuro | Braun Melsungen | 静脉注射 | 镇静 | 欧洲、加拿大、澳大利亚上市 | Collins-Gold等（1990） |
| 依托咪酯 | Etomidat®-Lipur | Braun Melsungen | 静脉注射 | 麻醉 | 欧洲上市 | Hippalgaonkar等（2010） |
| 前列腺素$E_1$ | Liple | Green Cross | 静脉注射 | 血管扩张 | 日本上市 | Collins-Gold等（1990）；Yamaguchi等（1994） |
| 丙泊酚 | Diprivan®<br>Propofol®-Lipuro | AstraZeneca<br>Braun | 静脉注射<br>静脉注射 | 麻醉<br>麻醉 | 全球上市<br>欧洲上市 | Collins-Gold等（1990）；dailymed.nlm.nih.gov<br>Kam等（2004） |
| 维生素A，维生素D，维生素E，维生素K | Vitalipid® | Kabi | 静脉注射 | 营养 | 欧洲上市 | Collins-Goldet等（1990） |
| 氯维地平 | Cleviprex® | The Medicines Co. | 静脉注射 | 抗高血压 | 美国上市 | Erickson等（2010）；dailymed.nlm.nih.go |
| 地塞米松棕榈酸酯 | Limethason (Lipotalon) | Green Cross<br>Merckle | 静脉注射；关节注射 | 皮质激素 | 日本、德国上市 | Yamaguchi等（1994） |
| 氟比洛芬 | Lipfen® | Green Cross | 静脉注射 | 镇痛 | 日本上市 | Yamaguchi等（1994） |
| 全氟萘烷+全氟三丙胺 | Fluosol-DA | Green Cross；Alpha | 冠状动脉内 | 代血 | 1994全球上市 | Yamaguchi等（1994）；Physicians Desk Reference，p. 593（1993） |
| 环孢素 | Restasis™ | Allergan | 眼部 | 免疫调节 | 美国上市 | dailymed.nlm.nih.gov |
| 前列地尔 | Liple | Green Cross | 静脉注射 | 外周血管紊乱 | 日本上市 | Hippalgaonkar等（2010） |
| 标记NSAID | Flurbiprofen axetil | Kaken | 静脉注射 | 术后镇痛或癌症疼痛 | 日本上市 | Hippalgaonkar等（2010） |
| 多西他赛 | Docetaxel nonalcohol formula | Eagle/Teikoku Pharma | 静脉注射 | 癌症 | 美国上市 | dailymed.nlm.nih.gov |

## 10.5 乳剂的制备

乳剂的制备是一个向混有表面活性剂的不相溶两相体系施加能量（通常是机械能）的过程，能量所产生剪切力可使两相界面变形从而形成液滴，通过控制能量大小和时间，可使液滴的大小达到目标尺寸。乳化设备很多，可分为批量型、连续型。乳化机制的理论研究尚未成熟，但根据原理不同可分为三类——层流、湍流、空化。层流是指两相液体做层状流动，流动过程中产生的黏性力可致液滴形成并变小，管流装置、胶体磨、球磨机和辊磨机都是利用层流原理进行乳化。湍流可形成漩涡，所产生的惯性力可产生乳化效果。摇晃或注射都可实现湍流。空化是指气泡瞬间形成后突然消失而产生冲击波的过程，空化所产生的冲击波可致使液滴的形成和破坏。超声波装置的乳化原理是空化与湍流共同作用，转子-定子及与之类似的搅拌装置的乳化原理是结合了湍流和层流，而高压均质机则是通过这三种作用力共同进行乳化。虽然绝大多数的乳化方法都适用于实验室，但只有转子-定子搅拌机、胶体磨、高压均质机和超声波装置可应用于大规模生产（Walstra，1983）。

脂肪乳剂（如 Liposyn®、Intralipid®）已被广泛使用长达几十年，因此药用 O/W 型乳剂的大规模生产工艺已相当成熟。通常情况下，先将表面活性剂及其他水溶性组分（如张力调节剂甘油）通过搅拌分散于水相中，必要时还可进行加热处理，直到形成均一的混合物；然后，在搅拌或振摇下加入油相，以形成液滴较大（>10 μm）的初乳；接着使用上文介绍的任意一种乳化设备对其进行高能机械均质，最终所形成乳剂的液滴大小取决于处方组成及工艺条件（如温度、均质压力及均质时间）（Collins-Gold 等，1990）。

用于制备药用乳剂的设备有很多，其中，Gaulin®和 Rannie®均质机在大规模生产中最常用，Microfluidizer®和 FiveStar®均质机则适用于实验室或中试规模。但无论使用何种设备，生产工艺的开发必须考虑到剪切力引起的药物损失、产品的无菌性、设备的清洁以及产品的交叉污染等问题，以通过 GMP 验证。

乳剂的载药方法有多种，可根据药物的性质进行恰当的选择。最简单的一种情况是药物具有较强的脂溶性，因此可在制备初乳之前将药物溶解于油相中，例如表 10.3 中列出的前列腺素 $E_1$ 乳剂，以及脂溶性维生素乳剂 Vitalipid®，就是采用这样的方法。与之类似，Penclomedine 在大豆油中的溶解度高达 100 mg/mL，可制备成含 10%大豆油的乳剂，最终药物浓度可达 4.7 mg/mL（Prankerd 和 Stella，1990）。除上述方法外，在某些情况下，也可将油溶性药物直接加入已制备完成的乳液（如 Liposyn®或 Intralipid®），由于这些药物的亲脂性很强，最终将主动溶于油相。一般来说，这种方式更适用于室温时呈液态的药物，因为固态药物的溶出速率太慢。麻醉剂通常符合这一标准，例如氟烷和丙泊酚。丙泊酚乳剂的上市产品是 Diprivan®，该产品属于静脉乳，含 1%丙泊酚和 10%大豆油。

当乳剂所载药物的水溶性较强时，可在制备初乳之前，将其溶解于水相，也可直接将药物加入制备好的乳剂中。在这种情况下，需要对药物的油水分配系数具有足够的认识，以预测药物最终在油相中的分布情况。Sila-On 等（2008）考察了不同制备方法（从头制备或临时制备）对大豆磷脂酰胆碱乳剂的影响，选用的是阿普唑仑、氯硝西泮、地西泮、劳拉西泮等亲脂性药物。实验发现，对于亲脂性最强的地西泮，无论使用何种方法，药物最终都会分布于油相。其他三种亲脂性稍弱的药物则与乳剂中的磷脂亲和力最强，因此，使用从头制备的方法能使药物更多地分布于油相中。对于可解离的药物，可通过调节 pH 来控制乳剂的载药过程，即：在药物呈离子态的 pH 条件下将药物加入水相，此时药物水溶性较强，可较好地溶解于水相；然后，调节水相 pH，使药物去离子化，药物的脂溶性得以增强，促使药物向油相分布。

还有一些药物在水相和油相中的溶解度均较差，这时药物只能分布于油水界面，尽管这样的乳剂通常制备难度较高，但仍有成功的案例以供参考。最经典的方法便是引入可溶解药物的共溶剂，当药物在共溶剂中溶解后，可直接加入已制备完成的乳剂，也可在制备初乳之前加入油相中。药用共溶剂包括乙醇、丙二醇、聚乙二醇 300、二甲基乙酰胺、三乙酸甘油酯，以及它们的混合物。在使用这些共溶剂的同时，还有必要评估共溶剂对乳剂化学稳定性、乳滴大小和药物油水分布的影响。Diazemuls®是一种在丹麦上市的地西泮（安定）乳剂。它以 5%乙酰化单酸甘油酯为共溶剂。该乳剂含 15%大豆油、1.2%卵磷脂和 2.25%甘油（Collins-Gold 等，1990）。两性霉素 B 也可用该法制备成乳剂，首先将药物溶于二甲基乙酰胺，然后再加入乳剂中（Kirsch 和 Ravin，1987）。与此类似，三乙酸甘油酯可作为共溶剂用于制备紫杉醇乳剂（Tarr 等，1987），化疗药物紫苏酮则可在溶于 10%乙醇/40%丙二醇/50%水中后，加入 Intralipid®中，以获得 1 mg/mL 药物制剂（Collins-Gold 等，1990）。如果共溶剂具有挥发性，可以在乳剂制备完成之后将其除去，对于两性霉素 B 乳液来说就是这种情况：首先以甲醇协助药物溶解，然后通过蒸发除去甲醇，最后再与油相混合进行乳化（Forster 等，1988）。除了使用与水互溶的共溶剂之外，还可引入亲脂性抗衡离子以增加药物在油中的溶解度。例如，将克拉霉素溶解于脂肪酸/油混合物（如油酸/大豆油或癸酸/Neobee® MCT 油）中，然后再制备成 O/W 乳剂（Lovell 等，1994），图 10.1 展示了处方及工艺流程，通过 Microfluidizer®来降低粒径。除上述方法，还可直接使用适当的乳化剂来促进药物在乳液中的溶解。例如，临床上使用的两性霉素 B 乳剂就是将冻干的 Fungizone®分散于 20% Intralipid®体系而非标准的葡萄糖溶液。Fungizone®中的脱氧胆酸盐可促进药物在乳滴中的分布（Caillot 等，1992），但这样制备获得的乳剂有时可检测到未溶解的两性霉素 B（Davis，1995），因此这种方法的有效性还有待进一步研究。

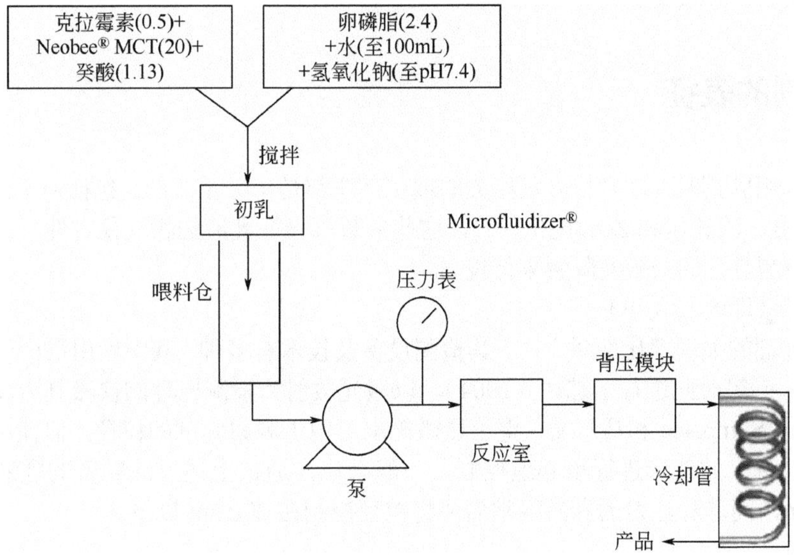


图 10.1　使用 Microfluidizer®制备主要组分为克拉霉素/癸酸/Neobee®MCT 油/卵磷脂的水包油乳剂的流程
以克为质量单位，制备所得乳液的最终体积为 100 mL（Lovell 等，1994）

若药物可制备成磷脂混悬液（即脂质体），则可通过将油相加入药物脂质体中再乳化的方法获得乳剂，这种方法曾被用于制备两性霉素 B 乳液（Davis 等，1987；Forster 等，1988）。若药物是分布于脂质体的脂双层中，那么在被制备成乳剂后，药物仍将留在油水界面。还有一种更简单的方法曾被用于制备 Almitrine 乳液，将氯仿/甲醇溶液中的药物-磷脂溶液旋转蒸发，形成药物-脂质膜（脂质体经典制备方法的第一步），然后使用 10%Intralipid®水合以形成乳液。但据报道，在使用这种方法时，制备所得的乳液在几周内即形成了药物晶体（Van Bloois 等，1987）。

Muller 等（2004）报道了使用高压均质化将难溶性药物掺入肠外乳剂中的无溶剂制备法（SolEmuls®）。通过搅拌将粉末药物或精细研磨的药物悬浮液加入市售乳液（如 Lipofundin®或

Intralipid®）中；或在乳剂的从头生产过程中混合药物，然后将混合所得的含有油滴及药物颗粒的分散体进行高压均质，这种高流速可使药物溶解并分配到界面层中。该方法已被用于制备酮康唑、曲康唑、卡马西平、两性霉素 B 等难溶性药物乳剂。有研究表明，该法制得的浓度为 1 mg/mL、平均粒径 255 nm 的伊曲康唑乳剂，可在室温下稳定 9 个月，并且在显微镜下观察不到任何药物晶体（Akkar 等，2004）。由于乳剂的油水界面层可溶解的药量是有限的，因此当药量超过饱和浓度时，可形成包含载药油滴和药物纳米晶体的混合分散体，浓度为 2 mg/mL 的两性霉素 B 乳剂即可在偏光显微镜下观察到微小的晶体（Müller，2004）。

在制备肠外用药乳剂时，确保产品的无菌性是至关重要的，优选的灭菌方法通常是终端高压灭菌。营养乳液如 Intralipid®和 Liposyn®可通过高压灭菌进行灭菌，不会发生相分离或其他稳定性问题（Washington 等，1993）。但高压灭菌被发现可导致脂质和卵磷脂发生一定程度的水解，释放出来的游离脂肪酸将降低乳液的 pH。为使乳剂在高压灭菌后 pH 不会下降，建议在高压灭菌之前将乳液调至弱碱性（pH 8.0）（Floyd，1999）。若由于某些组分的稳定性问题而无法使用高压灭菌，那么还可考虑使用无菌过滤法作为替代方案，即用孔径为 0.22 μm 的滤器对乳剂进行过滤(Lidgate 等,1992)。乳剂还可进行冻干处理,例如,将 HIV 蛋白酶抑制剂 AG1284 溶解于 Imwitor® 742/聚山梨酯 80/司盘 80 乳液中，该乳液可以被冻干后再水化，其活性和药效不会发生变化（Chiang 等，1995）。

## 10.6 乳剂的表征

在开发药用乳剂时，许多与乳剂相关的理化性质都是十分重要的，包括但不限于粒径（乳滴大小）、黏度、渗透压和 Zeta 电位（$\zeta$），这些参数可表征乳液的物理稳定性。乳剂的化学稳定性则通过检测乳剂的药效及降解来体现。

（1）粒径（即乳滴大小）

粒径是乳剂的关键理化性质之一，其检测设备及技术有多种，其中使用最广泛的是激光散射技术，Tadros 等对此进行了综述（2004）。以激光散射为检测原理的仪器制造商有尼康、库尔特、Horiba、Sympatec 和马尔文。电子显微镜也可用于观察乳剂的粒径，但使用该法时，需对固化技术上带来的伪影进行小心地控制。一般来说，通过上述方法制备的乳液粒径大约为 100～1000 nm，而静脉注射的乳液通常需要将粒径控制在 200 nm 以下。

（2）黏度

黏度可通过标准的流变学方法测得。Sherman（1983）的综述指出，乳剂的流变学较为复杂，具体取决于所使用的表面活性剂及油相的特性、分散相与连续相的比例、粒度及其他因素。絮凝通常会使黏度增加，因此监测黏度对于评估乳剂的保质期非常重要。

（3）渗透压

乳液的渗透压主要由连续相的组分决定，而分散相则对渗透压的贡献很小。因此，甘油等水溶性赋形剂常被加入乳剂中以调节肠外用药的乳剂张力。渗透压的常规测定方法都可用于乳剂渗透压检测，但基于蒸气压降低的仪器比基于冰点降低的仪器更为适合，因为低温可能会破坏乳剂的结构。

（4）Zeta 电位

Zeta 电位与乳滴表面电荷有关，通常通过电泳法测定。Zeta 电位主要由所用的表面活性剂来决定，Yamaguchi 等（1995）比较了由两种不同来源卵磷脂制备的 10%大豆油乳液：一种含 99% PC，另一种仅含 70% PC，余下的磷脂成分基本都是磷脂酰乙醇胺（PE），当 pH 分别为 4、5、6、8 时，纯化的（99%）卵磷脂乳液的 Zeta 电位分别为 5 mV、−3 mV、−8 mV 和−30 mV，这体现了 PC 的两性电离性质；相对而言，粗制（70%）制剂在 pH 分别为 4、5、6、8 时的 Zeta 电位分别为−15 mV、−30 mV、−45 mV 和−60 mV，这体现了 PE 的游离氨基的电离特性（Yamaguchi 等，1995）。除了表面活性剂之外，界面处的带电药物分子也会影响 Zeta 电位。

（5）化学稳定性

某些乳液组分，尤其是不饱和脂质衍生物，可在储存时降解或氧化（如脂质氢过氧化物和脂质醛），这可能会影响药物的稳定性。图 10.2 是以亚油酸酯（如甘油酯）为例的脂质过氧化示意图。

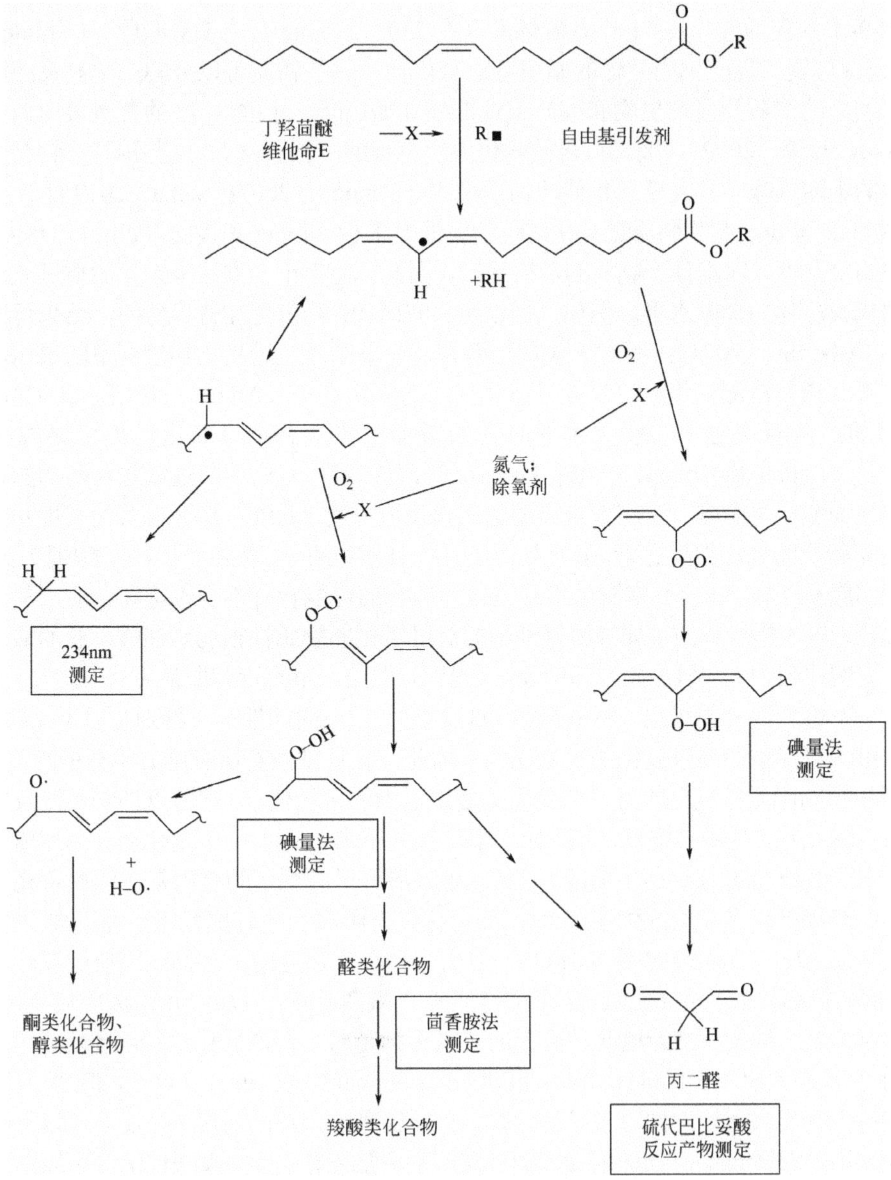


图 10.2　以亚油酸酯为底物的脂质过氧化机理示意

脂质的氧化过程非常复杂，可通过多种途径进行，可产生多种降解产物，同时，也有多种方法可用于监测脂质的过氧化。脂质过氧化是一种自由基引发的反应，这些自由基最初可来自痕量金属离子或其他杂质，也可来自处方中含 PEG 单元的表面活性剂中的过氧化物，还可来自暴露在日光下时产生的单线态氧。由于共振稳定作用，*α*-、*δ*-二烯双键（常富含于亚油酸和亚麻酸中）间的亚甲基特别容易与自由基发生反应，形成的脂质自由基又可进一步与氧气反应产生过氧基，主要是通过夺取未反应的脂质中的氢以形成脂质氢过氧化物，这一反应可通过碘量法进行测定（Porter，1984）。这种脂质氢过氧化物可以分解产生丙二醛（可吸收波长为 532 nm 的可见光）和其他产物，由于硫代巴比妥酸可与丙二醛形成有色产物，可利用该原理进行定量测定，该检测方法被称为硫代巴比妥酸反应产物（thiobarbituric acid reactive substances，TBARS）测定（Abuja 和 Albertini，2001）。除此之外，*α*-、*δ*-二烯还可通过交替共振反应形成共轭二烯，如形成顺-9-十八碳烯酸和反-11-十八碳烯酸（在 230～235 nm 处有 UV 吸收）（Antolovich 等，2002）；或者与氧气反应生成共轭的脂质氢过氧化物。这些物质可以分解产生高反应活性的羟自由基（剩余的脂质片段产生酮和醇）或短链醛（如己醛、丁醛），醛的含量可用茴香胺法测定（Antolovich 等，2002）。醛又可再被氧化成短链羧酸（如丁酸）。这些羰基产物会产生一种脂质酸败的难闻气味，并且还可致使药物不稳定（Cannon，2007；Stella，2013）。

如图 10.2 可知，监测脂质过氧化过程的方法有多种（Lang 和 Vigo-Pelfrey，1993）。由于氧化过程的复杂性，很难预测氧化的最终途径。因此，使用单一方法来定量脂质过氧化的程度总是无法代表总体的降解水平。例如，据报道，TBARS 测定是非特异性的，结果可出现偏差（Abuja 和 Albertini，2001）；而对于碘量法而言，如果脂质氢过氧化物没有不断累积，反而有所降解，那么碘量法测定将无法反映过氧化反应的真实水平（Antolovich 等，2002）。此外，有人尝试通过测量电导率和相关诱导时间的增加来监测总体过氧化过程，该方法被称为 Rancimat 法（Laubli 和 Bruttel，1986；Halbaut 等，1997）。若脂质的过氧化对药物的稳定性或制剂的属性均能产生影响，监测特定类型的氧化反应产物（HPLC 测定醛类）可能更有意义。

除检测脂质的氧化程度之外，通过处方的设计其实也可达到控制或尽量避免脂质过氧化的目的。饱和脂质（如 MCT）本身虽不易氧化，但它们可能含有不少不饱和杂质，从而带来隐患。类似地，单不饱和脂质（如油酸甘油酯）对过氧化的敏感性很弱。油酸、亚油酸和亚麻酸过氧化速率的比值为 6：64：100（Swern，1995）。但是，单不饱和脂质可含有多不饱和杂质，这将催化单不饱和组分的氧化（Swern，1995）。此外，表面活性剂（特别是基于 PEG 的表面活性剂）可含有促进脂质过氧化的过氧化物，因此，应特别注意所有配方组分的纯度和来源。

延缓和控制脂质过氧化的另一个手段是使用适当的抗氧化剂，它可以抑制不同反应通路并稳定脂质。最常用的是酚类抗氧化剂，如丁基化羟基甲苯（BHT）、丁基化羟基苯甲醚（BHA）、没食子酸丙酯和维生素 E（α-生育酚）。上述物质都可形成稳定的自由基，因此可充当自由基清除剂和链终止剂。当使用维生素 E 时，要记住只有游离酚才有抗氧化活性；维生素 E 乙酸酯或维生素 E 聚乙二醇琥珀酸酯（TPGS）等衍生物在代谢之前不会抑制脂质过氧化。其他抗氧化剂（例如抗坏血酸、抗坏血酸棕榈酸酯）可充当氧清除剂，其将防止形成脂质氢过氧化物，但不能抑制共轭二烯的生成。这两种类型的抗氧化剂是对不同的氧化途径起作用，因此，两者一起使用可以发挥协同作用（Handbook of Pharmaceutical Excipients，1994）。但需要注意的是，抗坏血酸衍生物类氧清除剂同时也是还原剂，在金属离子存在的情况下，反而可以促进而非延缓过氧化作用（Sevanian 和 Ursini，2000）；在制剂中加入螯合剂（如 EDTA）可以防止这种情况发生，并增强抗坏血酸的抗氧化活性。当药物对还原剂敏感时，应避免使用抗坏血酸。在制剂制备过程中引入氮气，可实现排除氧气从而避免氧化的目的，但该法操作的便利性十分有限。

水解是某些脂质（甘油酯和磷酸甘油酯）降解的另一个重要机制。水解和脂质过氧化都可导致 pH 降低（Arakane 等，1995），因为两种机制都可产生酸性产物。据报道，水解和过氧化可以在脂质体双层中发生相互协同作用（Swern，1995），但不确定这是否会发生在乳剂和油脂等其他结构中，因为不同结构中的水解和氧化机制是有差别的（Antolovich 等，2002）。游离脂肪酸、甘油单酯、甘油二酯、溶血磷脂等水解产物主要分布于乳剂的水相中，它们可改变乳液的表面性质和 Zeta 电位（Herman 和 Groves，1992，1993）。脂肪酸还可以降低 pH 并提高乳液的电导率（Santos Magalhaes 等，1991），因此，应监测这两个参数以对制剂的稳定性进行评估。此外，还需要对乳液赋形剂（即油、表面活性剂和共溶剂）进行定期测定，以确保赋形剂的浓度没有降低。

（6）物理稳定性

如前所述，从物理学角度来看，常规乳液本质上是不稳定的，这一不稳定性最终将通过相分离的形式被观察到。在发生明显的相分离之前，乳液的某些性质将在很早的阶段就开始发生变化。乳滴尺寸的增加可直接表征物理学的不稳定性，因为它是聚结或絮凝等微观现象的宏观体现，这是相分离过程中不可缺少的一部分。另外，黏度的增加（由絮凝引起）和 Zeta 电位的变化（由液滴表面积的减少引起）也都可表征制剂具有较差的物理稳定性，而药物和共溶剂的存在还可能加速相分离这一过程。

从理论角度来看，物理稳定性可能是乳剂最复杂的性质。两相之间的界面张力被认为是决定乳剂稳定性的关键因素，较低的界面张力（主要由表面活性剂控制）可使乳剂的稳定性增加（Collins-Gold 等，1990），足够低的界面张力是微乳液维持稳定的必要条件。预测乳液稳定性的模型有多种，其中最有用的方法之一是所谓的 DLVO 理论，由 Derjaguin 和 Landau（1941）、Verwey 和 Overbeek（1948）建立。根据这一理论，乳液的稳定性取决于静电斥力和伦敦型范德华吸引力的平衡。因此，较高的表面电荷（表现出具有较高的 Zeta 电位绝对值）通常使得乳剂具有更好的稳定性，因为此时乳滴之间具有的较高互斥力。例如，70% PC 乳液比 99% PC 乳液具有更好的物理稳定性，说明后者的表面电荷更少（Yamaguchi 等，1995）。当表面电荷较少时，过多的电解质通常会直接导致乳液的去稳定，即所谓的盐析效应，在这个过程中，乳液将发生絮凝和相分离。钙和其他二价离子的去稳定能力很强。絮凝开始时的电解质浓度可被定义为“临界絮凝浓度”（CFC）。对于上文所述的 PC 乳液，$CaCl_2$ 的 CFC 对于 99% PC 是 0.4 mmol/L，对于 70% PC 是 1.2 mmol/L（Yamaguchi 等，1995）。

## 10.7　乳剂用于药物增溶及传递

### 10.7.1　基本原理

实现药物增溶及传递的制剂有多种。若药物分子含离子化基团，成盐是首选方案。此外，引入共溶剂是最常用的方法，该法不仅效果好，操作也简单。但共溶剂的使用有可能导致药物在稀释时析出沉淀，并且在肠外给药时引起疼痛和组织损伤；相对而言，乳剂则可避免注射后沉淀的产生。除此之外，还有将药物制备成前药、载入表面活性剂（胶束）系统、形成络合物和制备成脂质体等各种方案。并且，将上述方法与制备乳剂相结合，也不失为一种有效的策略。

前文提到的共溶剂，就常用于辅助乳剂载药。类似地，使用亲脂性离子增加乳剂对药物的亲和力，也可看作是药物成盐和乳化相结合的一种策略。相对于药物本身，亲脂性前药对乳液油相的亲和力更好，更易于被保留其中，目前已有多篇关于亲脂性前药的报道。将棕榈酰基根瘤菌掺入乳液中可降低药物在血浆中的降解（Kurihara 等，1996）。类似的前药乳剂实例，包括前列腺素 $E_1$ 前药（Matsuo，1998）、油酸依托泊苷（Azevedo 等，2005）和油酸紫杉醇（Rodriguez 等，2005）。

制备乳剂是药物增溶的有效方法之一。如果药物在药用油中的溶解性一般，那么乳剂将会是一种不错的备选方案，并且与其他方法相比好处较多，例如降低药物毒性，延长体内释放时间，减少注射后的疼痛、刺激及组织损伤。例如，与商业化产品 Fungizone®相比，两性霉素 B 乳剂对 RBC 的损伤明显较小（Forster 等，1988）；另外，乳液还可降低药物（如咪康唑）毒性（Levy 等，1995）；还有其他降低肠外给药后不良反应的乳剂实例，将在随后的章节中进行介绍。

使用乳剂作为药物传递系统时，通常要求药物存在于内水/油相（即分散相）和/或油水界面处，这意味着乳剂的制备应当符合以下条件之一。

① 药物具有较高的 lg*P* 值，即药物更易溶于油相而非水性介质中。例如，*O*-烷基-*N*-芳基硫代氨基甲酸酯在水中或含共溶剂的水中溶解性均较差；然而，它在油中的溶解度比在水中高 2～3 个数量级，这更利于乳剂的制备（Strickley 和 Anderson，1993）。

② 药物微溶于油类，但在加入赋形剂后溶解性增强。例如，己酸和油酸等抗衡离子可增强克拉霉素的溶解度（Lovell 等，1994）。

③ 药物既不溶于油也不溶于水，但可存在于乳剂的油水界面上。对于这一类药物而言，当制备成脂质体时，药物将分布于脂质双层中；或者，也可与合适的表面活性剂组合制备成胶束；还可制备成乳剂，药物存在于油水界面。

达到上述一条以上标准的药物才有机会被开发成乳剂，否则该药物将难以以液体形式用于肠外给药。乳剂可改善口服、局部及肠外等多种给药途径的用药效果，还可提高患者的顺应性（例如减轻肠外给药的疼痛和刺激，以及改善口服用药的口感）。

除上述要求外，乳剂配方还应满足以下两项要求：

① 在使用及储存条件下，药物应始终分布于分散相或油水界面。

② 乳剂在使药物增溶及提高传递效率的同时，药物的化学稳定性、功效不会变差，毒性不会提高。

表 10.4 列出了乳剂用于药物传递的成功案例，该剂型的优势主要依赖于实现了药物的增溶。同时，越来越多的研究采用乳剂手段来增溶，表 10.5 对此进行了总结。

**表 10.4 以乳剂为给药剂型的药物代表**

| 乳剂配方的原理 | 测试药物 | 参考来源 |
|---|---|---|
| 注射疼痛和静脉刺激 | 依托咪酯 | Doenick 等（1990）①；Kulka 等（1993）① |
| | 地西泮 | Von Dardel 等（1983）① |
| | 克拉霉素 | Lovell 等（1994，1995） |
| | 长春瑞滨 | Li 等（2013） |
| | 二烯丙基三硫化物 | Mao 等（2010） |
| | 桂利嗪 | Shi 等（2009） |
| | 替利拉扎 | Wang 等（1999） |

续表

| 乳剂配方的原理 | 测试药物 | 参考来源 |
|---|---|---|
| 血栓性静脉炎 | 依托咪酯 | Doenicke 等（1990）①；Kulka 等（1993）① |
| 降低毒性 | 环孢素 | Tibell 等（1993）；Venkatraman 等（1990）；Ehinger 等（2013）①；Suzuki 等（2004） |
| | 两性霉素 B | Forster 等（1988）；Lamb 等（1991）；Sundar 等（2008）①；Sundar 等（2014）① |
| | 长春新碱 | Junping 等（2003） |
| | 雷公藤内酯 | Li 等（2015） |
| | α-细辛脑 | Ma 等（2013） |
| | 紫杉醇 | Lundberg 等（2003）；Jing 等（2014） |
| 增溶 | 苯巴比妥钠 | Dietz 等（1988） |
| | 氧硫杂环己二烯甲酰胺 | Oh 等（1991） |
| | 毒扁豆碱 | Pathak 等（1990） |
| | 紫苏酮（NSC 348407） | Paborji 等（1988） |
| | 川芎嗪 | Wei 等（2012a） |
| | 灯盏花素 | Wei 等（2012b） |
| | 地西泮 | Jumaa 和 Muller 等（2001） |
| | 依托泊苷 | Tian 等（2007） |
| 缓释 | 肽类 | Gasco 等（1990） |
| | 生长激素 | Tyle 和 Cady（1990） |
| | 毒扁豆碱 | Benita 等（1986） |
| | 依托泊苷 | Reddy 和 Venkateswarlu（2005） |
| | 制霉菌素 | Marín-Quintero 等（2013） |
| | 桂利嗪 | Shi 等（2010） |
| | 纳布啡 | Wang 等（2006） |
| 靶向 | 博来霉素 | Tanigawa 等（1987）① |
| | 二氯二茂钛 | Muller 等（1991） |
| | 丝裂霉素 C | Nakamoto 等（1975） |
| | 雷公藤内酯 | Xiong 等（2010） |
| 疫苗佐剂 | 胞壁酰二肽 | Lidgate 等（1989） |

① 临床研究描述。

**表 10.5　通过乳剂实现药物增溶的探索性研究**

| 药物名称 | 参考来源 | 应用/结果 |
|---|---|---|
| 氧硫杂环己二烯甲酰胺（NSC 615985） | Oh 等（1991） | 毒性研究中乳剂的增溶 |
| 抗癌剂 NSC 278214 | El Sayed 和 Repta（1983） | 相对于水性系统，乳剂中的稳定性增强（100 倍） |
| 六甲蜜胺 | Ames 和 Kovach（1982） | 乳剂可减少静脉注射后的局部刺激和静脉血栓形成 |
| 依托泊苷和替尼泊苷诱导剂 | Lundberg（1994） | 增强亲脂性前体药物的溶解、细胞摄取和细胞毒活性 |
| 氯丙嗪 | Prankerd 等（1988） | 乳剂型在小鼠肿瘤模型中活性更强，毒性更低 |
| 紫杉醇 | Tarr 等（1987） | 三乙酸甘油酯乳剂用于增溶药物，替代表面活性剂和共溶剂 |
| 紫杉醇 | Jing 等（2014） | 对 HeLa 细胞的毒性与紫杉醇相同，治疗指数更好 |
| 氟烷 | Johannesson 等（1984）；Biber 等（1984） | 静脉给予乳剂制剂诱导的麻醉与吸入途径相似 |
| 孕（甾）烷醇酮 | Hogskilde 等（1987a，1987b） | 乳剂具有良好的麻醉效果，避免过敏反应 |
| 芦根毒素（NSC 332598） | Stella 等（1988） | 缓慢输注乳剂制剂中的增溶作用 |
| 抗 HIV：NSC 629243 | Strickley 和 Anderson（1993） | 乳剂制剂增强了增溶和稳定性 |

续表

| 药物名称 | 参考来源 | 应用/结果 |
|---|---|---|
| 睾酮及其酯类；黄体酮；醋酸甲羟孕酮 | Malcolmson 和 Lawrence（1993） | 类固醇在乳剂中的增溶；根据 $\lg P_{O/W}$ 可实现的高载药量 |
| 克拉霉素 | Lovell 等（1994） | 乳剂制剂降低注射疼痛 |
| 全反式维 A 酸（ATRA） | Hwang 等（2004） | 乳剂制剂增强了药物的增溶和稳定作用；保持了抗肿瘤活性 |
| 全反式维 A 酸 | Chansri 等（2006） | 在肝转移模型中，小鼠肝脏摄取较高，小鼠生存期延长 |
| 前列腺素：TEI-9826 | Fukushima 等（2000） | 在持续输注的小鼠和大鼠模型中，乳剂制剂延缓了肿瘤生长 |
| 氟比洛芬 | Park 等（1999） | 乳剂配方中的增溶减少了肠外给药所需的体积 |
| 多西他赛 | Gao 等（2008） | 大鼠中的 AUC 和 $C_{max}$ 高于胶束溶液 |
| 雷公藤内酯 | Li 等（2015） | 增加了对胰腺的分布，并提高了小鼠癌症的治疗效果 |
| 环巴胺 | You 等（2015） | 抗肿瘤细胞毒性（$IC_{50}$ 降低至 1/8～1/4）高于游离药物 |
| α-细辛脑 | Ma 等（2013） | 提高体内功效 |
| 川芎嗪 | Wei 等（2012a） | 生物利用度改善：AUC 是现有产品的 1.6 倍 |
| 灯盏花素 | Xiong 等（2010） | 小鼠心脏中分布较高 |
| 桂利嗪 | Shi 等（2010） | 与溶液形式相比，AUC 较高，清除率较低，分布容积较低 |
| 全反式维 A 酸 | Chansri 等（2006） | 在肝转移模型中，小鼠肝脏摄取较高，小鼠生存期延长 |
| 二氯酚酸 | Ramreddy 等（2012） | 与溶液相比，大鼠中的药动学改善，AUC 升高，消除半衰期延长 |
| 纳布啡 | Wang 等（2006） | 改善啮齿类动物的镇痛持续时间和效力 |
| 油酸紫杉醇（紫杉醇前药） | Lundberg 等（2003） | 与 Cremophor EL 制剂相比，家兔中的 AUC 较大、$C_{max}$ 较高、全身清除率较低、分布容积较小 |
| 油酸依托泊苷 | Azevedo 等（2005） | 与正常卵巢组织相比，将药物掺入富含胆固醇的微乳剂导致 4 例患者恶性卵巢组织的摄取量增加 4 倍 |
| 阿克拉霉素 A | Wang 等（2002） | 在荷瘤小鼠中 AUC 较高，毒性较低，抗肿瘤作用较高 |
| 阿克拉霉素 A | Shiokawa 等（2005） | 与游离药物相比，掺入叶酸偶联的微乳剂可产生更大的体外细胞毒性、2.6 倍的体内肿瘤蓄积和更强的肿瘤生长抑制作用 |

## 10.8 药物释放与吸收机理

当含有药物的乳剂融入体液（如通过静脉给药进入血浆）中时，药物将从乳滴中扩散出来。这一过程的动力学将在一定程度上受到药物在油相、水相、两相界面之间的分配系数的影响。Yamaguchi 等（1994）通过平衡透析法测定了 O/W 乳剂的 $PGE_1$ 释放，结果显示，93%的药物均扩散到缓冲液中，剩余的药物除 0.2%之外，其余均位于两相界面处，这一过程属于 Fick 扩散。另一项研究使用“反向透析”法测定氯贝胺乳剂的体外释放，将 1 mL 乳液加入 500 mL 缓冲液中，缓冲液中放置仅装有缓冲液的透析袋（Santos Magalhaes 等，1991），测量透析袋中药量的增加速率，以此计算乳剂的释药速率。该研究结果与使用微量离心过滤器的超滤法相当，上述方法均优于经典的透析法（即将乳液置于透析袋内），因为药物在透析膜上的扩散有可能成为透析法的限速步骤。除此之外，Lundberg（1994）还曾使用凝胶渗透色谱法监测抗癌药物依托泊苷油酸酯和替尼泊苷油酸酯乳剂的药物泄漏率。

乳剂在血液中的释药行为更为复杂，因为药物及乳剂的其他组分可与血浆蛋白结合，不仅如此，乳液中的脂质成分还可能被代谢。目前已知的是，Liposyn®/Intralipid®型乳剂的磷脂可与血浆脂蛋白结合，尤其是其中的 HDL 成分（Williams 和 Tall，1988）。Minagawa 等（1994）开发了一种方法用于检测抗血栓药物 TEI-9090 乳剂在血清中的释放，即将乳剂/血清混合物与聚二甲基硅氧烷玻璃珠一起孵育，并且同时加入 SDS 用于置换与血清白蛋白结合的药物，而玻璃珠则可选择性地吸附游离药物。但在体内真实条件下，情况还可以更复杂，因为乳滴还可被网状内皮系统（RES）的吞噬细胞摄取。以磷脂和油为主要组成的乳剂组装成乳糜微粒结构，其可被肝脏快速清除：65%外源注射的乳糜微粒可在注射后 30 min 内被肝脏摄取（Van Berkel 等，1991）。甘油三酯可被毛细血管内皮细胞中的脂蛋白脂肪酶消除，而剩余的乳滴则几乎将在几小时内完全被肝脏吸收（Handa 等，1994）。由此可见，上述过程均可对药物的药动学及体内分布产生显著影响。若药物从乳滴中扩散出来的速率缓慢，那么 RES 细胞对药物具有较高的摄取。这可能适用于肝脏和脾脏是治疗靶标时的情况，因为药物被肝脾中的 RES 细胞摄取后，将在靶标组织中慢慢释放，同时还可降低药物对其他非靶标组织的毒性。相反，若药物从乳滴中释放的速率比乳滴在体内的代谢和清除都要快，那么药物的药动学和体内分布将与其水性制剂的药动学和体内分布几乎没有差别。在一项大鼠肝脏灌注实验中，比较了平均粒径为 252 nm 和 85 nm 的[$^3$H]视黄酸（$\lg P_{O/W} = 6.6$）乳剂及[$^{14}$C]胆固醇油酸酯（计算 $\lg P_{O/W}=18$）乳剂，结果显示药物的 RES 摄取量和血浆释放量可受乳剂粒径的大小和药物分配系数的双重影响（Takino 等，1995）。同时有人提出，$\lg P_{O/W}>9$ 的药物将始终存留于油相中，无论乳剂的组成和粒径如何（Kawakami 等，2000）。

由此可知，乳剂处方有时可对药物的药动学性质产生显著影响，但有时也不会，目前已有许多研究对乳剂与水性溶液的体内药动学展开了讨论。环孢素（Sandimmune®）通常与 Cremophor EL 一起配制用于静脉注射，Cremophor EL 是一种增溶剂，已知会引起肾毒性。当配制成含有 2～3 mg/mL 药物的 1.2%磷脂/ 10%大豆油乳液时，大鼠的肾毒性降低（Tibell 等，1993），但不改变全身清除率、分布容积或半衰期，鼠和猪都是如此。因此，这两种制剂被认为是生物等效的（Tibell 等，1995）。另一项研究比较了环孢素脂质体、环孢素乳剂（10 mg/mL 环孢素于 20%Intralipid®中）以及 Sandimmune®，结果显示，三种剂型的药物清除半衰期相当，但 Sandimmune®的 AUC 更高，同时分布容积更低（Venkatraman 等，1990），引起这一差异的原因，可能是环孢素与脂蛋白的结合。以地西泮进行同样的实验，获得的是类似的结果。早期报道显示，Diazemuls®乳剂的血药含量显著低于 Valium®注射液（5 mg/mL 地西泮于 10%乙醇/ 40%丙二醇中）（Fee 等，1984）；但后来的研究显示没有显著差异（Naylor 和 Burlingham，1985）。

含六甲蜜胺的 20%Intralipid®乳剂与其 pH 2～3 的盐酸水溶液相比，峰值血浆药物浓度和消除速率均相当，但乳剂可减轻注射时兔的静脉刺激（Ames 和 Kovach，1982），这表明药物可在乳滴中停留足够长的时间以减少注射时的局部组织刺激，但又可在注射后迅速扩散到血清中。丙泊酚乳剂（Diprivan®）是一种麻醉剂，其药物分子可从血液迅速分布到组织，血脑平衡时间仅 2～3 min，健康患者和肝硬化患者之间没有药动学差异（Dundee 和 Clarke，1989），这些结果表明制备成乳剂对丙泊酚的体内分布几乎没有影响。由于丙泊酚是一种低分子量的药物，这样的结果并不让人惊讶。

抗真菌药物两性霉素 B（AmB）目前在市场上是以胶体分散体的剂型用于静脉注射，以脱氧胆酸钠作为增溶剂（Fungizone®）。该制剂具有溶血和肾毒性作用，这些作用是由膜损伤作用引起的。因此，其替代制剂（如脂质体）（Lopez-Berestein，1988；Gates 和 Pinney，1993）和乳剂的开发工作在如火如荼地进行，其目的是降低毒副作用。研究显示，从头制备的 PC/油 AmB 乳剂在细胞和动物研究中均显示出更低的毒性（Davis 等，1987；Kirsch 和 Ravin，1987；Forster 等，1988；Collins-Gold 等，1990；Lamb 等，1991）。这些结果表明该剂型改变了药物在敏感膜的分布，机理可能是乳剂可以更多地被 RES 细胞摄取（Collins-Gold 等，1990）。

当需要阻止乳滴被 RES 细胞摄取时，可通过模仿脂质体在脂质双层引入 PEG 或唾液酸以延长循环半衰期的策略来实现（Allen 等，1989；Woodle 和 Lasic，1992）。Liu 等（1995）最早对“长循环乳剂”进行了研究，他们尝试将 PEG 衍生化磷脂掺入乳滴外层。常规乳剂在注射后 30 min，只有 30%保留于血液中，50%分布到肝脏；相较而言，在同样的时间点，PEG 化乳剂在血液中的量可高达 65%，肝中含量仅为 15%。造成这一显著差异的原因是 PEG 化乳剂的表面亲水性强，导致 RES 细胞的调理作用和吞噬作用减弱（Liu 和 Liu，1995）。布洛芬辛酯的泊洛沙姆 338/油乳剂也可以产生类似的效果：与 PC/油乳剂相比，泊洛沙姆 338/油乳剂降低了药物的 RES 吸收，这或许是因为泊洛沙姆 338 较强的亲水性降低了 RES 细胞对乳滴的摄取（Lee 等，1995）。此外，使用更亲水的油（如三乙酸甘油酯）也可作为降低乳剂 RES 摄取的策略之一（Tarr 等，1987），将鞘磷脂掺入 100 nm 乳滴的表面同样也能延长乳剂的体内循环（Takino 等，1994）。

目前，将乳剂用于其他肠外给药途径（例如肌内注射、皮下注射和腹腔注射）的报道还比较少。研究发现，博来霉素、丝裂霉素 C 和 5-氟尿嘧啶的 W/O 和 W/O/W 乳剂在以上述注射途径进行给药时，可致局部淋巴摄取显著增加，这就是所谓的“淋巴细胞乳剂”(Davis 等，1987)。Gasco 等（1990）制备了 LHRH 类似物的 W/O 乳剂，大鼠肌内注射后测得的睾酮水平表明该剂型可延长药物的释放。

## 10.9 难溶性药物的乳剂研究案例

### 10.9.1 研究实验

氟烷具亲脂性，可制成乳剂用于肠外给药。在一项研究中，制备了 5%氟烷脂肪乳（Intralipid®）用于大鼠尾静脉注射。乳剂为注射前临时配制，注射量为 0.3 mL。该乳剂可短效镇痛（30～100 s），且副作用降低。实验动物的所有主要器官（如肺、肾、心、脑、肝）在注射后 29 天内均无组织学异常。尽管某些动物在注射后死亡（可能是因为注射速率不合适），但该制剂已比常规氟烷的注射安全性有了大大的改善，常规氟烷的注射可造成肺组织的严重损伤（Johannesson 等，1984）。

环孢素（CsA）是一种有效的免疫抑制剂，是器官移植时使用的保护剂。但是，CsA 的常规剂型含聚氧乙烯蓖麻油 EL，在注射时可产生剂量相关的肾毒性。据报道，这一增溶剂对某些患者具有肾毒性和致敏性。因此，有人对毒副作用降低的肠外给药 CsA 乳剂的可行性进行了评价（Venkatraman 等，1990），将药物加入 20% Intralipid®中，混合直至粉末完全分散，给药前临时配制，并与市售 IV 产品 Sandimmune®相比较，以兔为实验动物。结果显示，尽管乳剂的药物半衰期与 Sandimmune®相当，但体内分布参数有所不同，乳剂的血药浓度与时间曲线下面积（AUC）显著低于 Sandimmune®[乳剂为（7397±2223）h · μg/mL，Sandimmune®为（13075±224）h · μg/mL；平均值±SD，$n = 4$]（$P = 0.002$）。乳剂较低的生物等效性体现出了它的优势，因为乳剂给药后更多地分布于肝脏，血中的浓度随之降低。乳剂的体内平均停留时间（MRT）为（462±173）h，几乎是 Sandimmune®[(214±17)h，$P = 0.029$]的两倍，表明与商业化产品相比，乳剂具有更好的疗效。总的来说，CsA 乳剂与 Sandimmune®相比，副作用减轻，但药效始终如一（Venkatraman 等，1990）。

有些化合物在肠外给药后可引起疼痛、刺激和局部组织损伤。这些化合物中有些是不溶于水的。尽管这些不良反应的确切机制尚不清楚，但我们通常认为若药物溶解并被包封于 O/W 乳剂的油滴中，即可减轻上述不良反应。例如，标准的地西泮制剂由 40%丙二醇、10%乙醇和水（Valium®）组成，以 5 mg/mL 静脉给药时，常引起疼痛并导致静脉后遗症（如注射静脉的颜色和/或厚度随周围组织的红斑、水肿、坏死和发炎而改变）。在一项研究中，有人尝试通过兔耳缘静脉注射 5 mg/mL 地西泮 O/W 乳剂或水醇溶液，注射剂量为 0.3 mg/kg，注射速率为每 30 s 约 0.18 mL，以盐水作为阴性对照，比较各制剂的静脉后遗症诱导效果。结果显示，与地西泮水醇制剂相比，乳剂引起的局部组织反应显著减少（$P<0.05$）（图 10.3）；且盐水组与乳剂组的组织反应不存在统计学差异，病理学评分结果也与此一致。由此可见，在制剂中避免使用刺激性的增溶剂，以及尽量降低体内药物的沉淀，可减少局部的组织反应（Levy 等，1989）。

为减轻克拉霉素静脉注射的疼痛，也对该药物制备成乳剂的可行性进行了评估。以油酸和己酸为亲脂性抗衡离子，开发了 5 mg/mL 的乳剂（Lovell 等，1994），通过各种动物模型评估疼痛的减轻程度，如小鼠划痕实验、大鼠舔爪实验、兔耳静脉刺激实验和大鼠尾静脉刺激实验。在小鼠划痕实验中发现，5 mg/mL 乳剂所致的疼痛与 1.6～2.7 mg/mL 的药物溶液相当（参见图 10.4）。在大鼠舔爪实验中发现，注射药物溶液的动物产生疼痛反应的概率高达 100%，而注射乳剂的动物产生疼痛反应的概率只有 70%，舔爪程度（即每只大鼠的舔食次数和总舔时间）也减少 50%以上。在兔和大鼠的静脉刺激实验中，乳剂注射部位的不良反应程度显著低于药物溶液；与此同时，乳剂不会改变药物的药物分布、毒性和药效（Lovell 等，1994）。

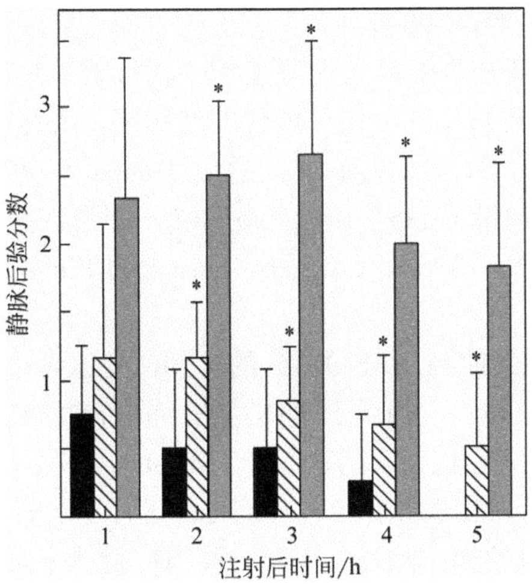


图 10.3　兔静脉注射生理盐水（■）、地西泮乳剂（▧）和地西泮水醇溶液（▩）后的平均静脉后遗症评分

┬—每组 4～6 只动物的 SD；*—$P=0.05$ 的显著差异

注意：评分的增加表明炎症和/或药物反应的严重性增加

（来源：Levy M Y，Langermar L，Gottschalk-Sabag S，et al. Pharm. Res.，1989，6：510-516.已经授权）

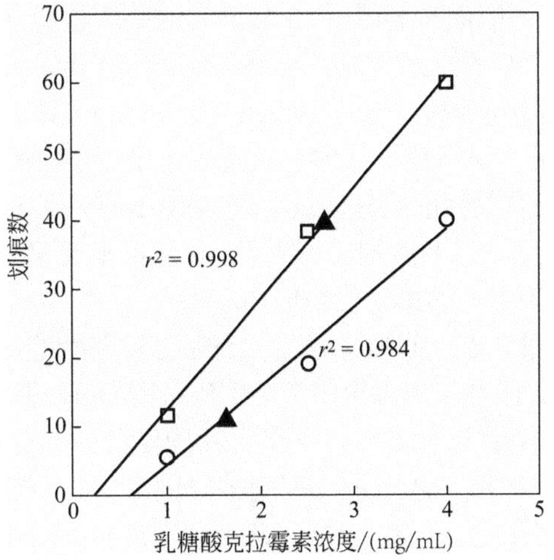


图 10.4　小鼠划痕模型中分别注射 1 mg/mL、2.5 mg/mL、4 mg/mL 乳糖酸克拉霉素溶液后 5 min（○）和 10 min（□）时的剂量响应曲线

▲—5 mg/mL 克拉霉素的划痕

（来源：Lovell M W，Johnson H W，Hui H W，et al. Int. J. Pharm.，1994，109：45-57.已经授权）

乳剂在靶向药物传递方面的研究也有一些进展。癌症细胞表面的 LDL 受体表达高于正常细胞，富含胆固醇的乳剂可被这些受体摄取。紫杉醇油酸酯制备成上述乳剂后，其在肿瘤组织的摄取量比相邻正常组织高出 4 倍，而乳剂的致死剂量（$LD_{50}$）是商业化（聚氧乙烯蓖麻油 EL）制剂的 9 倍（Rodriguez 等，2005）。富含胆固醇的柔红霉素（Dorlhiac-Llacer 等，2001）、

卡莫司汀（Teixeira 等，2004）、依托泊苷（Valduga，2003）等药物的乳剂，其动物实验也可获得类似结果。这些研究证明，乳剂具有提高癌症化学治疗剂治疗指数的潜力。

### 10.9.2 临床研究

尽管人们对于乳剂在药用领域的应用有着十分浓厚的兴趣，但药用乳剂的人体试验数据少之又少，仅有的几款上市产品列于表 10.3 中。通常而言，乳剂经静脉注射的血浆药物浓度与其他增溶剂型（如胶束、共溶剂系统等）相似，但可以显著改善注射疼痛和毒性。以下是乳剂应用实例。

① 两性霉素 B 乳剂可通过将 Fungizone®加入 20%Intralipid®中获得，该乳剂的几项临床研究均表明，该乳剂可在确保药效的同时降低肾毒性（Caillot 等，1992；Chavenet 等，1992）。但也有一项研究显示，某一患者在使用两性霉素 B 乳剂后出现了急性肾功能衰竭现象（Alford 等，1994），这可能是由药物没有完全包裹于乳滴之中，形成了药物沉淀所致（Davis，1995）。

② 孕烷醇酮是一种水不溶性麻醉剂，被 Kabi Pharmacia 开发为乳液进行了临床试验。在一项临床研究中，成功地使用孕烷醇酮乳剂对 13 名健康志愿者实施了全身麻醉，受试者的心肺功能与其他麻醉剂类似（Gray 等，1992）。EEG 监测表明诱导 50%最大 CNS 抑制作用的剂量约为 0.57 μg/mL（Hering 等，1995）。在 6 名志愿者的药动学和药效学研究中，孕烷醇酮的消除半衰期为 0.9～1.4 h；血流动力学和通气仅受轻微影响（Carl 等，1990）。

③ Intraiodol®是一种由 RES 组织吸收的碘化脂质乳剂，已被作为肝脏计算机断层扫描（CT）的诊断剂用于 15 名患者的临床检查（Ivancev 等，1989）。

④ 全氟溴辛烷（全氟溴烷）乳液 Imagent®是阿莱恩斯制药公司开发的一款可用于肝脏 CT 和超声成像的产品（Behan 等，1993）。该产品同时还可用作淋巴结成像的造影剂。研究表明，18 名受试者皮下注射全氟溴烷乳剂后，其腋窝淋巴结 CT 图像显影得以增强（Hanna 等，1994）。另一款类似的全氟溴烷乳剂 Oxygent®，则曾以极低剂量（1.35～1.8 g/kg）作为一种临时氧气载体用于 57 名清醒受试者及 30 名麻醉患者（Keipert，1995）。Oxygent®可被视为 Fluosol-DA（表 10.3）的第二代类似物。

⑤ 在一项临床研究中评估了亲脂性前列腺素 $E_1$ 前药（AS-013）的乳剂，受试者中包括 10 名慢性外周血管闭塞性疾病（PAOD）患者。结果显示，相对于母体药物，前药的稳定性得到改善；除此之外，乳剂可在确保药效的前提下不引起任何其他副作用（Matsuo，1998）。

如表 10.4 所示，对依托咪酯和地西泮乳剂在降低血栓性静脉炎和疼痛方面进行了研究（Von Dardel 等，1983；Doenicke 等，1990；Kulka 等，1993）。此外，还对肿瘤内注射博来霉素乳剂用于治疗囊性水肿和淋巴管瘤进行了研究，结果显示 27 例患者获得了满意的结果（Tanigawa 等，1987）。

TOCOSOL®紫杉醇是一款紫杉醇的生育酚乳剂，目前正处于治疗癌症的Ⅲ期临床试验中（Constantinides 等，2004）。该制剂的制备过程如下：将 10 mg/mL 紫杉醇溶解在维生素 E 中，然后与水及由 TPGS 和泊洛沙姆 407 组成的表面活性剂进行均质，即可获得平均粒度约 100 nm 的乳剂。与 Taxol®（紫杉醇，百时美施贵宝）相比，使用生育酚可显著减少与聚氧乙烯（35）蓖麻油相关的毒副作用。此外，紫杉醇给药需静脉滴注 3 h，而基于生育酚的紫杉醇乳剂可在 15 min 内完成给药。目前，临床上已在膀胱癌、卵巢癌和非小细胞肺癌中证实了该制剂的抗肿瘤活性（Hanauske 等，2005）。而当前紫杉醇的上市制剂仅包括含聚氧乙烯（35）蓖麻油和乙醇的溶液剂，以及人白蛋白纳米悬浮液制剂（Abraxane）。

目前正在开发一款含 2%丙泊酚的 MCT 乳液（不溶性药物输送-微滴，IDD-D™），其可作为基于 LCT 的 1%丙泊酚乳剂（如 Diprivan®）的替代品，以避免使用 Diprivan®时常出现的甘油三酯水平升高的不良后果。在 I 期临床研究中，2%丙泊酚 IDD-D™ 乳剂具有与 Diprivan®类似的血药浓度、麻醉诱导时间及麻醉时间。由于 MCT 比 LCT 代谢更快，且 IDD-D™ 的油含量低于 Diprivan®（分别为 4%和 10%），因此推测，基于 MCT 的乳剂可避免高脂血症效应和基于 LCT 的乳液常见的细菌生长（Ward 等，2002）。

富含胆固醇的乳剂对肿瘤细胞的 LDL 受体具有靶向能力，在四名卵巢癌患者中进行了 I 期临床研究。数据显示，患癌侧卵巢的[$^3$H]依托泊苷油酸酯和[$^{14}$C]胆固醇油酸酯的摄取分别是对侧正常卵巢的 4.1 倍和 4.9 倍。这表明大多数依托泊苷在被肿瘤细胞内化之前仍保留在乳剂中，并证明富含胆固醇的乳剂对卵巢癌具有靶向作用（Azevedo 等，2005）。

## 10.10　乳剂用于药物增溶及传递的挑战

### 10.10.1　物理稳定性

如上文所述，乳剂的物理稳定性或许是药用乳剂最重要的性质之一，决定了它是否能获得商业上的成功。作为一种热力学不稳定的异质系统，乳剂比其他剂型的物理稳定性更差。评估乳剂等分散系统的物理稳定性，对于筛选合适的处方来说是非常重要的。通过评估物理稳定性，可预估制剂的长期稳定性及货架期，且有利于理解制剂不稳定的机制，为制剂规格的设定提供依据。

乳液的物理不稳定性通常始于乳剂分层化，即乳滴在水相中缓慢上浮，这一过程是可逆的。分层可导致絮凝和聚结，即脂滴的聚集，这一过程是不可逆的。下一阶段是凝聚乳滴的乳析，最终可导致油相和水相的分离。由于乳剂的这种热力学不稳定性，几乎所有乳液在储存时都表现出乳滴尺寸的增大。该过程的程度取决于处方及储存条件（图 10.5）。优化的乳剂处方可最大限度地避免变化，而不良的乳剂处方则可在短时间内发生严重的颗粒聚结和不可逆的相分离。通常在可能的情况下，应尽量减少乳剂中的颗粒聚结，因为它会影响口服药物吸收的速率，且可影响传递药物的效率（Toguchi 等，1990）。

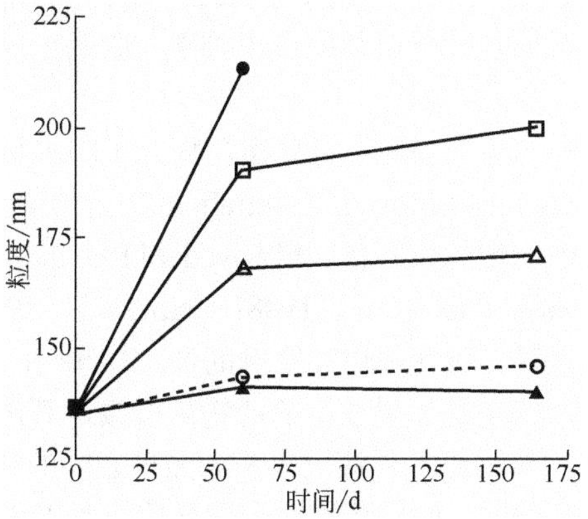


图 10.5　在 165 天内，储存温度对克拉霉素乳剂粒度变化的影响（乳剂初始 pH 为 7.5）

▲—5℃；○—30℃；△—40℃；□—50℃；●—60℃

（来源：Lovell M W，Johnson H W，Gupta P K. Int. J. Pharm.，1995，118：47－54.已经授权）

其他影响乳液物理稳定性的因素包括表面活性剂的种类和浓度、相体积比（即油相与水相的比例）、乳滴大小、药物和赋形剂的相容性及储存条件。

引入合适的乳化剂可改善乳剂的物理稳定性，机制为以下的一种或多种：降低界面张力、防止聚集（乳化剂吸附于乳滴外周）、赋予液滴电位（增强乳滴间的排斥作用）和/或增加黏度（使液滴相互作用最小化）。表面活性剂浓度过低将难以防止乳滴聚集，但浓度过高又常常导致药物不稳定及给药困难等问题。此外，过量的表面活性剂分子常发生自缔合，形成胶束或层状结构，这可能影响乳剂的有效性。

通常而言，降低分散相的浓度可以增加乳剂的物理稳定性。分散相浓度的降低直接导致每单位体积乳剂中乳滴数量的减少，进而避免了乳滴间的相互作用、聚集程度及相分离的程度。一般来说，分散相浓度<40%是可接受的，<20%是十分理想的。

在乳剂中，药物和辅料的相容性是十分重要的，辅料的化学性质及用量可直接影响乳剂的物理稳定性。例如，增加药物在油相中的浓度，不仅可使用体积更小的容器来制备乳剂，还可减少用药剂量及包装尺寸；然而，当药物浓度超过一定值时，可能会导致药物在水相中产生沉淀。因此，从改善物理稳定性的观点来看，可使用抗衡离子来帮助药物在油相中溶解。不过，若是临时向乳液中添加药物，则会引起物理的不稳定性（Collins-Gold 等，1990）。

乳剂储存条件若突然发生变化，通常可对乳剂的物理稳定性产生严重影响。尽管温度的微小变化或许是可以接受的，但大的温度变化可能导致相转化，即从 O/W 转换为 W/O，反之亦然。发生该过程的温度称为相转化温度。通常，乳液应储存在相转化温度以下至少 20℃（Collins-Gold 等，1990）。

### 10.10.2 化学稳定性

当乳剂的物理稳定性得到保障后，还需使乳剂的化学稳定性满足商业化产品的要求，即保证药物和其他辅料的化学稳定性在 18 个月以上。影响乳剂化学稳定性的关键因素包括药物在油中的稳定性、药物在水性介质中的稳定性、油相及乳剂中的药物浓度、相体积比、乳滴大小、辅料以及空气和/或过氧化物自由基。如前所述，选择合适的抗氧化剂很重要。

了解药物在各种药用油和水性介质中的稳定性，对于选择合适的处方十分有帮助。各种油的脂肪酸组成的差异通常可导致不同程度的药物不稳定。若乳剂是药物传递的优选剂型，那么药物在油或水性介质中的相对稳定性可以帮助做出判断。也就是说，只有当药物在油中更稳定时，才适合开发为乳剂。

通常来说，乳剂中药物所处的疏水环境将延缓药物分子的水解，因而获得优于水性制剂的稳定性优势。例如，有研究发现，在 Liposyn®或 Intralipid®乳液中配制抗肿瘤药物 NSC 278214，可使药物比在简单的水溶液中稳定约 100 倍（El Sayed 和 Repta，1983）；其他的研究中也报道了类似的结果（Dietz 等，1988；Paborji 等，1988；Pathak 等，1990；Oh 等，1991）。当药物在油中比在水性介质中更稳定时，可使用更高比例的油，与此同时，药物浓度也随之降低。这可以改善制剂的物理稳定性，特别是如果油中的药物浓度接近其溶解度极限时。

乳滴大小对药物稳定性的作用源于乳滴大小和表面积之间的相关性，以及乳滴表面积和药物暴露于水性介质之间的相互关系。如果药物对水性介质相对来说不敏感，这可能不会是一个重要的问题；然而，若药物对水性介质敏感，具有相对较大的乳滴尺寸的乳剂时，可提高药物的稳定性。但与此同时，也要考虑乳滴大小对乳剂物理稳定性及口服给药后药物吸收效率的影响（Toguchi 等，1990）。

而有时候，某些乳液组分的存在也可能对药物稳定性产生影响。尤其是存在于起始物料的脂质和/或表面活性剂组分中的脂质氢过氧化物，它可使不易氧化降解的药物变得不稳定。例如，含有硫代氨基甲酸酯基团的抗 HIV 药物 NSC 629243 在配制成乳剂时，由于油中存在过氧化物而被氧化降解。研究发现，根据油的生产日期及供应商的不同，降解 $t_{90}$ 从小于 1 天到超过 100 天不等（Strickley 和 Anderson，1993）。过氧化物可能不直接与药物相互作用，而是作为氧化过程的引发剂。由于过氧化物引发的氧化，油相中的药物浓度太低也可能导致乳液中不希望的药物降解水平。因此，乳液制剂可能需要添加油溶性抗氧化剂，例如巯基乙酸（图 10.6）（Strickley 和 Anderson，1993）。如果药物对水解（水相）和氧化（脂质相）过程都敏感，则可能必须仔细平衡药物浓度、相比和剂量体积等因素以获得最佳配方。

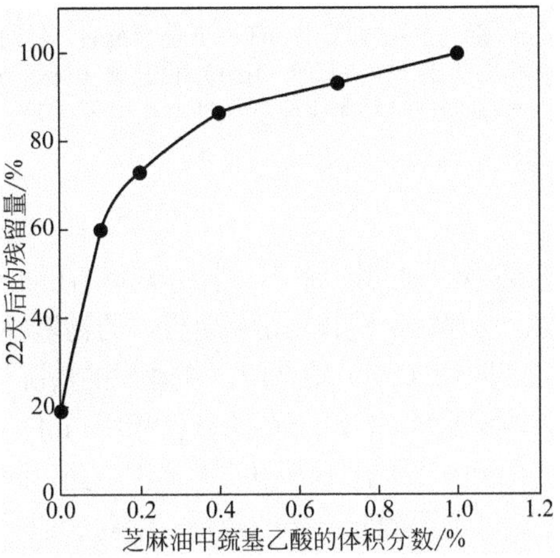


图 10.6　巯基乙酸对 *O*-烷基 *N*-芳基硫代氨基甲酸酯在 50℃芝麻油中稳定性的影响

（来源：Strickley R G. Anderson B D. Pharm. Res.，1993，10：1076－1082.已经授权）

脂肪酸水解引起的乳剂 pH 降低程度取决于制剂处方及其储存条件。据理论推测可知，较高的储存温度将增加脂肪酸的水解速率，从而导致 pH 更大程度地降低。虽然储存过程中的水解速率通常都很低，但 pH 值就算只是每月降低 0.05～0.08 单位，随着时间的积累，也可产生较大变化（图 10.7）（Lovell 等，1995）。若乳剂中的药物对 pH 变化敏感，则应仔细监测乳剂的水解，如果需要，还应加入缓冲液或氢氧化钠来对乳剂的 pH 进行控制。

在其他乳剂成分存在的情况下，测定药物效力可能需要开发特殊的分析方法。例如，油可能会干扰标准的反相 HPLC 分析，需要对样品进行提取，或开发正相分析方法。类似地，当药物以乳剂形式存在时，生物测定可能给出错误的结果。因此，必须开发适当的控制和/或提取方法，从而在生物测定中获得可靠的数据。

一直以来，评估乳剂的保质期（化学和物理稳定性）都是一个复杂的问题。通常而言，在加速条件获得的数据不能很好地预估出准确的保质期，因为乳剂的物理稳定性可随温度改变而发生显著变化。温度可改变药物在乳剂两相中的相对溶解度、分配和相互作用；有时甚至可改变药量随时间降低的机制。举个例子，克拉霉素 O/W 乳液在 5℃下储存 1 年后，药物含量为 90%～101%；然而，根据 40～60℃加速实验的数据，该乳液在 5℃下的预测保质期，远低于在 5℃下实际监测的保质期，并且不遵循 Arrhenius 动力学（Lovell 等，1995）。其他研究人员也报道了类似的乳剂保质期预测的复杂情况（Pathak 等，1990）。

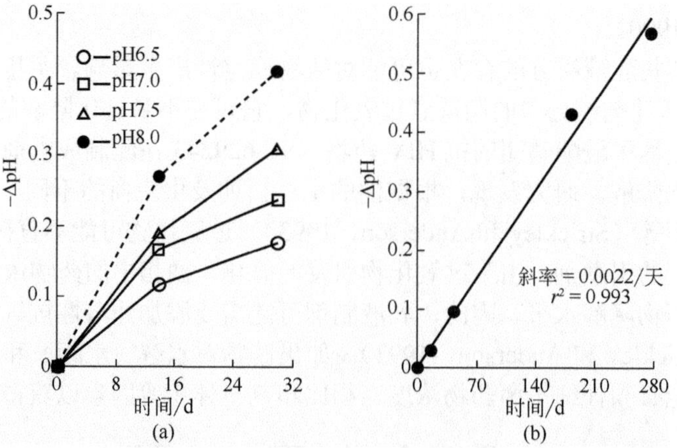


图 10.7（a）不同初始 pH 下，克拉霉素乳剂在 40℃时 pH 降低值（ΔpH）随时间的变化；（b）长期储存对克拉霉素乳剂在 30℃下的 pH 降低（−ΔpH）的影响（初始 pH 为 7.5）

（来源：Lovell M W，Johnson H W，Gupta P K. Int. J. Pharm.，1995，118：47-54．已经授权）

### 10.10.3 给药体积

如前所述，乳剂之所以能称为一种药物剂型，是因为药物在油中可溶。然而，根据药物的剂量、药物在油中的固有溶解度、物理稳定性和化学稳定性，药物浓度过低的乳剂可能难以商业化，特别是当乳剂用于皮下（SC）或肌内（IM）给药时。在理想的情况下，乳剂中的药物浓度应在一定范围内，以使给药体积符合实际要求（例如，SC 给药体积≤1 mL，IM 给药体积≤5 mL）。然而，对于大剂量化合物而言，乳剂可能需要进行不方便的大体积给药。因此，在该剂型的开发过程中，应该牢记这方面的问题。不过对于需要静脉给药的药物，给药量通常不是重要的问题。

### 10.10.4 毒性

如果乳剂使用的辅料是被批准用于人体的，那么制剂的毒性则不会高于药物的毒性。但若要使用未经批准的辅料（例如增加药物溶解度）或如果辅料的用量远超允许用于人体的限量，则需在人体试验前进行广泛的毒性试验，并且在与该辅料供应商合作时，必将面临很大的监管障碍。Solutol HS-15（聚氧乙烯-660-羟基硬脂酸酯）就是最近被批准用于肠外乳剂辅料的一个实例，其与 Cremophor EL 相比，可显示出更优越的安全性（Velagaleti 和 Ku，2010）；并且，在制备乳剂时，有时可降低毒性（例如环孢素和两性霉素 B）（表 10.4）。

## 10.11 处方工艺优化

乳剂处方的优化可能是其开发过程中最具挑战性的工作之一。初始处方通常还需进一步的改进，例如在稳定性、毒性和加工时间方面。然而，一旦改变参数以满足预期目标，通常同时会导致丧失另一些其他期望的特征。例如，增加药物浓度以减少剂量可能导致物理不稳定（Davis，1995）。或者，增加油分以帮助药物溶解和/或减少注射时的疼痛或刺激也可能引起物理不稳定。通过回顾表 10.6 中列出的改变一些明显变量的影响，可以理解这个问题的复杂性。然而，这并不意味着乳剂配方不能优化。实际上，如果处方优化对于项目的开发至关重要，那么我们应该使用统计实验的方案来进行。如果药物的化学稳定性非常关键，那么应该使用实时数据来得出关于处方优化的结论。

**表 10.6 不同变量对乳剂处方性质的影响**

| 变量 | 可能效应 |
|---|---|
| 提高药物浓度 | (a) 物理/化学不稳定性<br>(b) 注射时疼痛/刺激 |
| 提高油中浓度 | (a) 粒径和黏度增加<br>(b) 滤器灭菌困难<br>(c) 物理/化学不稳定性<br>(d) 注射时疼痛/刺激减轻 |
| 存于辅料中 | (a) 物理/化学稳定性改变<br>(b) 毒性改变 |
| 增加表面活性剂浓度 | (a) 粒径减小<br>(b) 改进物理稳定性<br>(c) 注射时疼痛/刺激增加<br>(d) 增加非乳剂组分（即胶束、脂质体） |
| 制剂 pH 增加 | (a) 改进物理稳定性<br>(b) 药物在油中溶解度的改变<br>(c) 化学稳定性的改变<br>(d) 容器/密封件不相容性增加 |
| 提高加工温度 | (a) 改进物理稳定性<br>(b) 药物在油中溶解度的改变<br>(c) 化学稳定性的改变<br>(d) 容器/密封件不相容性增加 |
| 提高加工压力 | (a) 粒径分布较窄<br>(b) 药物降解的概率增加 |

我们应认识到，药用乳剂的制备具有以下挑战：

① 乳剂作为一种给药系统，可能改变肠外给药的生物分布。确有研究表明，乳剂在用于肠外给药后，可改变药物的体内分布（表 10.4）。我们必须理解药物从乳滴中流出并与血浆蛋白结合，与药物被网状内皮系统摄取之间的动力学过程。

② 乳剂作为注射剂使用时，须确保产品无菌。尽管全肠外营养（TPN）乳剂可以采用 FDA 推荐的热灭菌方法，但该法有可能影响含药乳剂的化学稳定性和物理稳定性。而近期，支持乳剂过滤除菌的数据已经公布。

③ 乳剂的制备工艺显然比常规制剂更麻烦、耗时，这将增加产品的成本。

④ 为获得较好的物理、化学稳定性，乳剂可能要求储存温度低于 5℃。这将限制配送中心的制造量和产品储存。

有时，即便可以在临用前添加药物到即用型乳液（如 Liposyn®）中，但这或许不是开发制剂的优选方式。理由如下：

① 该过程可能需要使用有机溶剂。例如，通常需要将药物溶解在纯共溶剂（如乙醇、二甲基亚砜、二甲基乙酰胺或 *N*-甲基吡咯烷酮）中，然后再将其加入乳液中。如前所述，这具有毒理学/安全性问题。

② 将药物直接或以溶剂溶解后再加入乳液，有可能对乳滴有破坏作用，有时甚至导致其物理稳定性的永久丧失。

③ 加入药物有时还可能存在药物不完全溶解或再沉淀的现象。

④ 该过程将破坏乳液的无菌性。

因此，综合以上原因，我们通常尽可能地选择含油药物的从头乳化这一方法。

## 10.12 展望

从本章所述文献的综述中可以看出，乳剂为难溶性化合物的给药提供了一种有吸引力的替代方案。从研发人员的角度来看，药物的剂量和制剂的物理稳定性是该药物传递技术最具挑战性的两个方面。然而，由于乳剂制剂可增加药物溶解、改善化学稳定性和降低毒性，因此对其可能存在的问题带来了很好的补偿。对于肠外给药方面的应用而言，不良反应（例如疼痛或刺激）的减少可带来一大好处，那就是改善了患者的顺应性。

由于如今发现的新药中，难溶性药物的数量在不断增加，药用乳剂的前景可能在未来将愈加宽广。这也将刺激更多新的“油状”合成液体及乳化剂的开发。此外，该行业将继续升级这些制剂的商业化生产技术。总之，这些改变将为高难度的药物乳剂开发提供更多选择，而不会像如今由于辅料选择受限而难以获得理想的药物溶解及物理稳定性。乳剂未来发展的另一个方向是靶向药物传递，例如利用癌细胞 LDL 受体对胆固醇的摄取，使富含胆固醇的乳剂具有肿瘤靶向效果（Azevedo 等，2005）。除此之外也可探索单克隆抗体和其他靶向结构。通过叶酸连接的微乳靶向叶酸受体，可使阿克拉霉素 A 更多地被肿瘤摄取（Shiokawa 等，2005）。对于 PEG（Liu 和 Liu，1995）或鞘磷脂（Takino 等，1994）衍生化的长循环乳剂，也值得进行深入研究，以拓宽乳剂在药物传递领域的应用。部分药品的注册商标列于表 10.7。

**表 10.7 注册商标表**

| 名称 | 公司 |
|---|---|
| Intralipid®；Vitalipid® | Kabi Vitrum，Stockholm，Sweden |
| Valium® | Roche Laboratories Inc.，Nutley，New Jersey，USA |
| Diprivan® | Astra Zeneca，Wilmington Delaware，USA |
| Taxol®；Fungizone® | Bristol-Myers Squibb，Princeton，New Jersey，USA |
| Liposyn® | Hospira，Lake Forest，Illinois，USA |
| Gaulin®；Rannie® | Invensys APV，Denmark |
| Microfluidizer® | Microfluidics，Newton Massachusetts，USA |
| Five Star® | Five Star Technologies，Cleveland，Ohio，USA |
| Captex® | Abitec Corp，Columbus，Ohio，USA |
| Cremophor®；Solutol®；Pluronic® | BASF，Mount Olive，New Jersey，USA |
| Imwitor®；Miglyol® | Cremer Oleo GMBH，Hamburg Germany，USA |
| SPAN®；Tween® | Uniqema North America Inc.，Chicago，Illinois，USA |
| Neobee® | Stepan Company，North_eld，Illinois，USA |
| Sandimmune® | Novartis Pharmaceuticals Corporation，East Hanover，New Jersey，USA |
| Phospholipon® | Lipoid GMBH，Ludwigshafen，Germany |
| Cleviprex® | The Medicines Company，Parsippany，New Jersey，USA |
| Ciclomulsion® | NeuroVive Pharmaceutical AB，Lund，Sweden |

# 参考文献

*Handbook of Pharmaceutical Excipients* 1994. Wade, A., and P. J. Weller (Eds.), Pharmaceutical Press (London), pp. 352, 372, 377, 475.

*Physicians Desk Reference* 1995. Sifton, D. W. (Ed.), Medical Economics Co., Montvale, NJ, pp. 1019, 2436, 2618.

*Physicians Desk Reference* 1999. the PDR staff (Ed.), Medical Economics Co., Montvale, NJ, pp. 2063, 2079, 3411.

Abuja, P. M. and R. Albertini. 2001. Methods for monitoring oxidative stress, lipid peroxidation and oxidation resistance of lipoproteins. *Clin. Chim. Acta*, 306: 1–17.

Akkar, A., P. Namsolleck, M. Blaut, and R. H. Muller. 2004. Solubilizing poorly soluble antimycotic agents by emulsification via a solvent-free process. *AAPS Pharm Sci Tech.*, 5(1): 159–164.

Alford, K. M., M. A. Gales, B. J. Gales, and V. Ramgopal. 1994. Acute renal failure with amphotericin b in 20% lipid emulsion. *ASHP Midyear Clin. Meeting*, 29: 415.

Allen, T. M., C. Hansen, and J. Rutledge. 1989. Liposomes with prolonged circulation times: Factors affecting uptake by reticuloendothelial and other tissues. *Biochim. Biophys. Acta*, 981: 27–35.

Ames, M. M. and J. S. Kovach. 1982. Parenteral formulation of hexamethylmelamine potentially suitable for use in man. *Cancer Treat. Rep.*, 66: 1579–1581.

Antolovich, M., P. D. Prenzler, E. Patsalides, S. McDonald, and K. Robards. 2002. Methods for testing antioxidant activity. *Analyst*, 127: 183–198.

Arakane, K., K. Hayashi, N. Naito, T. Nagano, and M. Hirobe. 1995. pH lowering in liposomal dispersions induced by phospholipid peroxidation. *Chem. Pharm. Bull.*, 43: 1755–1758.

Attwood, D. and A. T. Florence. 1985. *Surfactant Systems*. Chapman & Hall, New York, pp. 469–568.

Azevedo, C. H. M., J. P. Carvalho, C. J. Valduga, and R. C. Maranhão. 2005. Plasma kinetics and uptake by the tumor of a cholesterol-rich microemulsion (LDE) associated to etoposide oleate in patient with ovarian carcinoma. *Gynecol. Oncol.*, 97: 178–182.

Behan, M., D. O'Connell, R. F. Mattrey, and D. N. Carney. 1993. Perfluorooctylbromide as a contrast agent for CT and sonography: Preliminary clinical results. *Am. J. Roentgenol.*, 160: 399–405.

Benita, S., D. Friedman, and M. Weinstock. 1986. Physostigmine emulsion: A new injectable controlled release delivery system. *Int. J. Pharm.*, 30: 47–55.

Biber, B., G. Johannesson, O. Lennander, J. Martner, H. Sonander, and O. Werner. 1984. Intravenous infusion of halothane dissolved in fat. Hemodynamic effects in dogs. *Acta Anesthesiol. Scand.*, 28: 385–389.

Caillot, D., P. Chavanet, O. Casasnovas, E. Solary, G. Zanetta, M. Buisson, O. Wagner, B. Cuisenier, A. Bonnin, P. Camerlynck, et al. 1992. Clinical evaluation of a new lipid-based delivery system for intravenous administration of amphotericin B. *Eur. J. Clin. Microbiol. Infect. Dis.*, 11: 722–725.

Cannon, J. B. 2007. Chemical and physical stability considerations for lipid-based drug formulations. *Amer. Pharm. Rev.*, 10: 132–138.

Carl, P., S. Hogskilde, J. W. Nielsen, M. B. Sorensen, M. Lindholm, B. Karlen, and T. Backstrom. 1990. Pregnanolone emulsion. A preliminary pharmacokinetic and pharmacodynamic study of a new intravenous anaesthetic agent. *Anaesthesia*, 45: 189–197.

Cave, G., M. Harvey, J. Willers, D. Uncles, T. Meek, J. Picard, and G. J. Weinberg. 2014. LIPAEMIC report: Results of clinical use of intravenous lipid emulsion in drug toxicity reported to an online lipid registry. *Med Toxicol.*, 10: 133–142.

Chansri, N., S. Kawakami, F. Yamashita, and M. Hashida. 2006. Inhibition of liver metastasis by all-trans retinoic acid incorporated into o/w emulsions in mice. *Int. J. Pharm.*, 321: 42–49.

Chavanet, P. Y., I. Garry, N. Charlier, D. Caillot, J. P. Kisterman, M. D'Athis, and H. Portier. 1992. Trial of glucose versus fat emulsion in preparation of amphotericin for use in HIV infected patients with candidiasis. *Brit. Med. J.*, 305: 921–925.

Chiang, C.-C., M. Longer, P. Tyle, D. Fessler, and B. Shetty. 1995. Formulation development of an oral dosage form for an HIV protease inhibitor, AG1284. *Int. J. Pharm.*, 117: 197–207.

Christie, W. W. and X. Han. 2010. *Lipid Analysis: Isolation, Separation, Identification and Lipidomic Analysis*, Fourth Edition (Oily Press Lipid Library Series). Woodhead Publishing, Cambridge, UK, p. 4.

Clark, LA., J. Beyer, and A. Graudins. 2014. An in vitro analysis of the effects of intravenous lipid emulsion on free and total local anaesthetic concentrations in human blood and plasma. *Crit. Care Res. Pract.*, 2014: 7.

Collins-Gold, L. C., R. T. Lyons, and L. C. Bartholow. 1990. Parenteral emulsions for drug delivery. *Adv. Drug Del. Rev.*, 5: 189–208.

Constantinides, P. P., A. Tustian, and D. R. Kessler, 2004. Tocol emulsion for drug solubilization and parenteral delivery. *Adv. Drug Del. Rev.*, 56: 1243–1255.

Cui, G., L. Wang, P. J. Davis, M. Kara, and H. Liu. 2006. Preparation and physical characterization of a novel marine oil emulsion as a potential new formulation vehicle for lipid soluble drugs. *Int. J. Pharm.*, 325: 180–185.

Davis, S. S. 1995. Drug delivery applications of multiphase systems. Multiphase systems for oral and parenteral drug delivery: Physical and biopharmaceutical aspects. *37th Annual International Industrial Pharmaceuticals R&D Conference*, Merrimac, WI, June 5–9.

Davis, S. S., C. Washington, P. West, L. Illum, G. Liversidge, L. Sternson, and R. Kirsch. 1987. Lipid emulsions as drug delivery systems. *Ann. NY Acad. Sci.*, 507: 75–88.

Derjaguin, B. V. and L. D. Landau. 1941. Theory of the stability of strongly lyophobic sols and of the adhesion of strongly charged particles in solutions of electrolytes. *Acta Physicochim.*, 14: 633–662.

Dietz, N. J., P. J. Cascella, J. E. Houglum, G. S. Chappell, and R. M. Sieve. 1988. Phenobarbital stability in different dosage forms: Alternatives for elixirs. *Pharm. Res.*, 5: 803–805.

Doenicke, A., A. Kugler, N. Vollmann, H. Suttmann, and K. Taeger, 1990. Etomidate using a new solubilizer. Experimental clinical studies on venous tolerance and bioavailability. *Anaesthesist*, 39: 475–480.

Dorlhiac-Llacer, P. E., M. V. Marquezini, O. Toffoletto, R. C. G. Carneiro, R. C. Maranhão, and D. A. F. Chamone. 2001. *In vitro* cytotoxicity of the LDE: Daunorubicin complex in acute myelogenous leukemia blast cells. *Braz. J. Med. Biol. Res.*, 34: 1257–1263.

Dundee, J. W. and R. S. J. Clarke. 1989. Propofol. *Eur. J. Anaesthesiol.*, 6: 5–22.

Ehinger, K. H., M. J. Hansson, F. Sjövall, and E. Elmér. 2013. Bioequivalence and tolerability assessment of a novel intravenous ciclosporin lipid emulsion compared to branded ciclosporin in Cremophor EL ®. *Clin Drug Investig.*, 33: 25–34.

El Sayed, A. A. A. and A. J. Repta. 1983. Solubilization and stabilization of an investigational antineoplastic drug (NSC-278214) in an intravenous formulation using an emulsion vehicle. *Int. J. Pharm.*, 13: 303–312.

Erickson, A. L., J. R. DeGrado, and J. R. Fanikos, 2010. Clevidipine: A short-acting intravenous dihydropyridine calcium channel blocker for the management of hypertension. *Pharmacotherapy*, 30: 515–528.

Fee, J. P. H., J. W. Dundee, P. S. Collier, and E. McClean. 1984. Bioavailability of intravenous diazepam. *Lancet*, 2: 813.

Floyd, A. G. 1999. Top ten considerations in the development of parenteral emulsions. *Pharm. Sci. Technol. Today*, 2: 134–143.

Forster, D., C. Washington, and S. S. Davis. 1988. Toxicity of solubilized and colloidal amphotericin B formulations to human erythrocytes. *J. Pharm. Pharmacol.*, 40: 325–328.

Fukushima, S., S. Kishimoto, Y. Takeuchi, and M. Fushima. 2000. Preparation and evaluation of o/w type emulsions containing antitumor prostaglandin. *Adv. Drug Del. Rev.*, 45: 65–75.

Gao, K., J. Sun, K. Liu, X. Liu, and Z. He, 2008. Preparation and characterization of a submicron lipid emulsion of docetaxel: Submicron lipid emulsion of docetaxel. *Drug Dev. Ind. Pharm.*, 34: 1227–1237.

Gasco, M. R., F. Pattarino, and F. Lattanzi. 1990. Long-acting delivery systems for peptides: Reduced plasma testosterone levels in male rats after a single injection. *Int. J. Pharm.*, 62: 119–123.

Gates, C. and R. J. Pinney, 1993. Amphotericin B and its delivery by liposomal and lipid formulations. *J. Clin. Pharm. Ther.*, 18: 147–153.

Gray, H. S. J., B. L. Holt, D. K. Whitaker, and P. Eadsforth, 1992. Preliminary study of a pregnanolone emulsion (KABI 2213) for i.v. induction of general anaesthesia. *Br. J. Anaesth.*, 68: 272–276.

Griffin, W. C. 1949. Classification of surface active agents by HLB. *J. Soc. Cosmetic Chem.*, 1: 311–326.

Halbaut, L., C. Barbe, M. Aroztegui, and C. de la Torre. 1997. Oxidative stability of semi-solid excipient mixtures with corn oil and its implication in the degradation of vitamin A. *Int. J. Pharm.*, 147: 31–40.

Hanauske, A. R., L. Goedhals, H. Gelderblom, Y. Lee, A. Awada, J. B. Vermorken, C. Bolling, A. Rui-Garcia, J. Pratt, and M. B. Stewart. 2005. Tocosol® paclitaxel and Cremophor EL® -paclitaxel: The pharmacokinetic comparison shows that a new paclitaxel formulation leads to increased drug exposure. *Eur. J. Cancer Suppl.*, 3: 427.

Handa, T., Y. Eguchi, and K. Miyajima. 1994. Effects of cholesterol and cholesteryl oleate on lipolysis and liver uptake of triglycerides/phosphatidylcholine emulsions in rats. *Pharm. Res.*, 11: 1283–1287.

Hanna, G., D. Saewert, J. Shorr, K. Flaim, P. Leese, M. Kopperman, and G. Wolf. 1994. Preclinical and clinical studies on lymph node imaging using perflubron emulsion. *Artif. Cells Blood Substit. Immobil. Biotechnol.*, 22: 1429–1439.

Hansrani, P. K., S. S. Davis, and M. J. Groves, 1983. The preparation and properties of sterile intravenous emulsions. *J. Parent. Sci. Technol.*, 37: 145–150.

Helson, L. A. 1984. Phase I study of vitamin E and neuroblastoma. In *Vitamins, Nutrition and Cancer*, Prasa, L., (Ed.), Krager, Basel, Switzerland, pp. 274–281.

Hering, W., R. Schlecht, G. Geisslinger, G. Biburger, M. Dinkel, K. Brune, and E. Ruegheimer. 1995. EEG analysis and pharmacodynamic modelling after intravenous bolus injection of eltanolone (pregnanolone). *Eur. J. Anaesthesiol.*, 12: 407–415.

Herman, C. J. and M. J. Groves. 1992. Hydrolysis kinetics of phospholipids in thermally stressed intravenous lipid emulsion formulations. *J. Pharm. Pharmacol.*, 44: 539–542.

Herman, C. J. and M. J. Groves, 1993. The influence of free fatty acid formation on the pH of phospholipid–Stabilized triglyceride emulsions. *Pharm. Res.*, 10: 774–776.

Hippalgaonkar, K., S. Majumdar, and V. Kansara. 2010. Injectable lipid emulsions—advancements, opportunities and challenges. *AAPS Pharm. Sci. Tech.,* 11: 1526–1540.

Hogskilde, S., J. W. Nielsen, P. Carl, and M. Sorenson, 1987a. Pregnanolone emulsion. *Anaesthesia*, 42: 586–590.

Hogskilde, S., J. Wagner, P. Carl, and M. Sorenson. 1987b. Anesthetic properties of pregnanolone emulsion. *Anaesthesia*, 42: 1045–1050.

Hwang, S. R., S. J. Lim, J. S. Park, and C. K. Kim. 2004. Phospholipid-based microemulsion formulation of all-trans-retinoic acid for parenteral administration. *Int. J. Pharm.*, 276: 175–183.

Ivancev, K., A. Lunderquist, A. Isaksson, P. Hochbergs, and A. Wretlind, 1989 Clinical trials with a new iodinated lipid emulsion for computed tomography of the liver. *Acta Radiol.*, 30: 449–457.

Jing, X., L. Deng, B. Gao, L. Xiao, Y. Zhang, X. Ke, J. Lian, Q. Zhao, L. Ma, J. Yao, and J. Chen. 2014. A novel polyethylene glycol mediated lipid nanoemulsion as drug delivery carrier for paclitaxel. *Nanomedicine,* 10: 371–380.

Johannesson, G., P. Alm, B. Biber, O. Lennander, and O. Werner. 1984. Halothane dissolved in fat as intravenous anesthetic to rats. *Acta Anesthesiol. Scand.*, 28: 381–384.

Jumaa, M. and B. W. Muller, 1998. The stabilization of parenteral fat emulsion using non-ionic ABA copolymer surfactant. *Int. J. Pharm.*, 174: 29–37.

Jumaa, M. and B. W. Müller, 2001. Development of a novel parenteral formulation for tetrazepam using a lipid emulsion. *Drug Dev. Ind. Pharm.,* 27: 1115–1121.

Junping, W., K. Takayama, T. Nagai, and Y. Maitani, 2003. Pharmacokinetics and antitumor effects of vincristine carried by microemulsions composed of PEG-lipid, oleic acid, vitamin E and cholesterol. *Int. J. Pharm.*, 251: 13–21.

Kam, E., M. S. Abdul-Latif, and A. McCluskey. 2004. Comparison of propofol-lipuro with propofol mixed with lidocaine 10 mg on propofol injection pain. *Anesthesia*, 59: 1167–1169.

Kawakami, S., F. Yamashita, and M. Hashida, 2000. Disposition characteristics of emulsions and incorporated drugs after systemic or local injection. *Adv. Drug Del. Rev.*, 45: 77–88.

Keipert, P. E. 1995. Use of Oxygent (R), a perfluorochemical-based oxygen carrier, as an alternative to intraoperative blood transfusion. *Artif. Cells, Blood Substit., Immobil. Biotechnol.*, 23: 381–394.

Kirsch, R. L. and L. J. Ravin. 1987. Polyene antibiotic emulsion formulation. *US Patent* 4,707,470.

Kulka, P. J., F. Bremer, and J. Schuttler. 1993. Anesthesia induction using etomidate in a lipid emulsion (Germany). *Anaesthesist*, 42: 205–209.

Kurihara, A., Y. Shibayama, A. Mizota, A. Yasuno, M. Ikeada, and M. Hisaoka. 1996. Pharmacokinetics of highly lipophilic autitumor agent palmitoyl Rhizoxin incorporated in lipid emulsion in rats. *Biol. Pharm. Bull.*, 19: 252–258.

Lamb, K. A., C. Washington, S. S. Davis. and S. P. Denyer. 1991. Toxicity of amphotericin B emulsion to cultured canine kidney cell monolayers. *J. Pharm. Pharmacol.*, 43: 522–524.

Lang, J. K. and A. Vigo-Pelfrey. 1993. Quality control of liposomal lipids with special emphasis on peroxidation of phospholipids and cholesterol. *Chem. Phys. Lipids*, 64: 19–29.

Laubli, M. W. and P. A. Bruttel. 1986. Determination of the oxidative stability of fats and oils comparison between the active oxygen method and the rancimat method. *J. Am. Oil Chem. Soc.*, 63: 792–795.

Lee, M. -J., M. -H. Lee, and C. -K. Shim, 1995. Inverse targeting of drugs to reticuloendothelial system-rich organs by lipid microemulsion emulsified with poloxamer 338. *Int. J. Pharm.*, 113: 175–187.

Levy, M. Y., L. Langerman, S. Gottschalk-Sabag, and S. Benita, 1989. Side effect evaluation of a new diazepam formulation venous sequalae reduction following i.v. injection of diazepam emulsion in rabbits. *Pharm. Res.*, 6: 510–516.

Levy, M. Y., I. Polacheck, Y. Barenholz, and S. Benita. 1995. Efficacy evaluation of a novel submicron miconazole emulsion in a murine Cryptococcosis model. *Pharm. Res.*, 12: 223.

Li, X., Y. Mao, K. Li, T. Shi, H. Yao, J. Yao, and S. Wang, 2015. Pharmacokinetics and tissue distribution study in mice of triptolide loaded lipid emulsion and accumulation effect on pancreas. *Drug Deliv.*, 20: 1–11.

Li, Y., W. Jin, H. Yan, H. Liu, and C. Wang. 2013. Development of intravenous lipid emulsion of vinorelbine based on drug-phospholipid complex technique. *Int. J. Pharm.*, 454: 472–477.

Lidgate, D. M., R. C. Fu, N. E. Byars, L. C. Foster, and J. S. Felitman. 1989. Formulation of vaccine adjuvant muramyldipeptides. 3. Processing optimization, characterization, and bioactivity of an emulsion vehicle. *Pharm. Res.*, 6: 748–752.

Lidgate, D. M., T. Trattner, R. M. Shultz, and R. Maskiewicz 1992. Sterile filtration of a parenteral emulsion. *Pharm. Res.*, 9: 860–863.

Liu, F. and D. Liu. 1995. Long-circulating emulsions (oil-in-water) as carriers for lipophilic drugs. *Pharm. Res.*, 12: 1060–1064.

Lopez-Berestein, G. 1988. Liposomal amphotericin b in antimicrobial therapy. In: *Liposomes as Drug Carriers,* Gregoriadis, G. (Ed.), John Wiley & Sons, New York, p. 345.

Lovell, M. W., H. W. Johnson, and P. K. Gupta, 1995. Stability of a less-painful intravenous emulsion of clarithromycin. *Int. J. Pharm.*, 118: 47–54.

Lovell, M. W., H. W. Johnson, H. -W. Hui, J. B. Cannon, P. K. Gupta, and C. C. Hsu. 1994. Less-painful emulsion formulations for intravenous administration of clarithromycin. *Int. J. Pharm.*, 109: 45–57.

Lundberg, B. 1994. The solubilization of lipophilic derivatives of podophyllotoxins in sub-micron sized lipid emulsions and their cytotoxic activity against cancer cells in culture. *Int. J. Pharm.*, 109: 73–81.

Lundberg, B. B., V. Risovic, M. Ramaswamy, and K. M. Wasan, 2003. A lipophilic paclitaxel derivative incorporated in a lipid emulsion for parenteral administration. *J Contr. Release.*, 86: 93–100.

Ma, W. C., Q. Zhang, H. Li, C. A. Larregieu, N. Zhang, T. Chu, H. Jin, and S. J. Mao. 2013. Development of intravenous lipid emulsion of α-asarone with significantly improved safety and enhanced efficacy. *Int. J. Pharm.*, 450: 21–30.

Malcolmson, C. and M. J. Lawrence, 1993. Comparison of the incorporation of model steroids into non-ionic micellar and microemulsion systems. *J. Pharm. Pharmacol.*, 45: 141–143.

Mao, C., J. Wan, H. Chen, H. Xu, and X. Yang, 2010. The composition of oil phase modulates venous irritation of lipid emulsion-loaded diallyl trisulfide. *Drug Dev. Ind. Pharm.*, 36: 698–704.

Marín-Quintero, D., F. Fernández-Campos, A. C. Calpena-Campmany, M. J. Montes-López, B. Clares-Naveros, and A. Del Pozo-Carrascosa. 2013. Formulation design and optimization for the improvement of nystatin loaded lipid intravenous emulsion. *J. Pharm. Sci.,* 102: 4015–4023.

Matsuo, H. 1998. Preliminary evaluation of AS-013 (prodrug of prostaglandin E1) administration for chronic peripheral arterial occlusive disease. *Int. J. Angiol.*, 7: 22–24.

Minagawa, T., Y. Kohno, T. Suwa, and A. Tsuji. 1994. Entrapping efficiency of an oil-in-water emulsion containing isocarbacyclin methyl ester (TEI-9090) in dog and human Sera. *Pharm. Res.*, 11: 1677–1679.

Muller, R. H., J. S. Lucks, J. Herbort, and P. Couvreur. 1991. Improved treatment of liver metastasis by titanocene dichloride using an emulsion carrier. *Arch. Pharma.*, 324: P37.

Muller, R. H., S. Schmidt, I. Buttle, A. Akkar, J. Schmitt, and S. Bromer. 2004. SolEmuls—novel technology for formulation of i.v. emulsions with poorly soluble drugs. *Int. J. Pharm.*, 269: 293–302.

Muller, S. H., J. H. Diaz, and A. D. Kaye. 2015. Clinical applications of intravenous lipid emulsion therapy. *J. Anesth.*, 29: 920–926.

Nakamoto, Y., M. Fujiwara, T. Naguchi, T. Kimura, S. Muranishi, and H. Sezaki, 1975. Studies on pharmaceutical modification of anticancer drugs. I. Enhancement of lymphatic transport of mitomycin C by parenteral emulsion. *Chem. Pharm. Bull.*, 23: 2232–2238.

Naylor, H. C. and A. N. Burlingham. 1985. Pharmacokinetics of diazepam emulsion. *Lancet*, 1: 518–519.

Oh, I., S. -C. Chi, B. R. Vishnuvajjala, and B. D. Anderson, 1991. Stability and solubilization of oxathiin carboxanilide a novel anti-HIV agent. *Int. J. Pharm.*, 73: 23–32.

Paborji, M., C. M. Riley, and V. J. Stella, 1988. A novel use of Intralipid for the parenteral delivery of perilla ketone (NSC-348407), an investigational cytotoxic drug with a high affinity for plastic. *Int. J. Pharm.*, 42: 243–249.

Park, K. M. and C. K. Kim, 1999. Preparation and evaluation of flurbiprofen-loaded microemulsion for parenteral delivery. *Int. J. Pharm.*, 181: 173–179.

Pathak, Y. V., A. Rubinstein, and S. Benita. 1990. Enhanced stability of physostigmine salicylate in submicron o/w emulsion. *Int. J. Pharm.*, 65: 169–175.

Porter, N. A. 1984. Chemistry of lipid peroxidation. *Meth. Enzymol.*, 105: 273.

Prankerd, R.J. and Stella, V.J. 1990. The use of oil-in-water emulsions as a vehicle for parenteral administration. *J. Parent. Sci. Technol.*, 44: 139–149.

Prankerd, R. J., S. Frank, and V. J. Stella, 1988. Preliminary development and evaluation of a parenteral formulation of penclomedine (NSC-338720); 3,5-dichloro-2,4-dimethoxy-6-trichloromethylpyridine): A novel, practically water insoluble cytotoxic agent. *J. Parent. Sci. Technol.*, 42: 76–81.

Ramreddy, S., P. Kandadi, and K. Veerabrahma, 2012. Formulation and pharmacokinetics of diclofenac lipid nanoemulsions for parenteral application. *PDA J. Pharm. Sci. Technol.*, 66: 28–37.

Reddy, P. R. and V. Venkateswarlu, 2005. Pharmacokinetics and tissue distribution of etoposide delivered in long circulating parenteral emulsion. *J. Drug Target*, 13: 543–553.

Rodriguez, D. G., D. A. Maria, D. C. Fernandes, J. V. Claudete, R. D. Couto, O. C. M. Ibanez, and R. C. Maranhão, 2005. Improvement of paclitaxel therapeutic index by derivatization and association to a cholesterol-rich microemulsion: *In vitro* and *in vivo* studies. *Cancer Chemother. Pharmacol.*, 55: 565–576.

Santos-Magalhaes, N. S., G. Cave, M. Seiller, and S. Benita. 1991. The stability and *in vitro* release kinetics of a clofibride emulsion. *Int. J. Pharm.*, 76: 225–237.

Sarker, D. K. 2005. Engineering of nanoemulsions for drug delivery. *Cancer Drug Deliv.*, 2: 297–310.

Sevanian, A. and F. Ursini. 2000. Lipid peroxidation in membranes and low-density lipoproteins: Similarities and differences. *Free Rad. Biol. Med.*, 29: 306–311.

Sherman, P. 1983. Rheological properties of emulsions. In *Encyclopedia of Emulsion Technology,* P. Becher, (Ed.), vol. II, Marcel Dekker, New York, p. 405.

Shi, S., H. Chen, Y. Cui, and X. Tang, 2009. Formulation, stability and degradation kinetics of intravenous cinnarizine lipid emulsion. *Int. J. Pharm.*, 373: 147–155.

Shi, S., H. Chen, X. Lin, and X. Tang. 2010. Pharmacokinetics., tissue distribution and safety of cinnarizine delivered in lipid emulsion. *Int. J. Pharm.*, 383: 264–270.

Shiokawa, T., Y. Hattori, K. Kawano, Y. Ohguchi, H. Kawakami, K. Toma, and Y. Maitani. 2005. Effect of polyethylene glycol linker chain length of folate-linked microemulsions loading aclacinomycin A on targeting ability and antitumor effect in vitro and in vivo. *Clin. Cancer Res.*, 11: 2018–2025.

Sila-on, W., N. Vardhanabhuti, B. Ongpipattanakul, and P. Kulvanich. 2008. Influence of incorporation methods on partitioning behavior of lipophilic drugs into various phases of a parenteral lipid emulsion. *AAPS Pharm. Sci. Tech.*, 9: 684–692.

Stella, V. J. 2013. Chemical drug stability in lipids, modified lipids, and polyethylene oxide-containing formulations. *Pharm. Res.*, 30: 3018–3028.

Stella, V. J., K. Umprayn, and W. Waugh. 1988. Development of parenteral formulations of experimental cytotoxic agents. I. Rhizoxin (NSC-332598). *Int. J. Pharm.*, 43: 191–199.

Strickley, R. G. and B. D. Anderson. 1993. Solubilization and stabilization of an anti-HIV thiocarbamate, NSC 629243, for parenteral delivery, using extemporaneous emulsions. *Pharm. Res.*, 10: 1076–1082.

Sundar S., J. Chakravarty, D. Agarwal, A. Shah, N. Agrawal, and M. Rai. 2008. Safety of a preformulated amphotericin B lipid emulsion for the treatment of Indian Kalaazar. *Trop. Med. Int. Health.*, 13: 1208–1212.

Sundar, S., K. Pandey, C. P. Thakur, T. K. Jha, V. N. Das, N. Verma, C. S. Lal, D. Verma, S. Alam, and P. Das, 2014. Efficacy and safety of amphotericin B emulsion versus liposomal formulation in Indian patients with visceral leishmaniasis: A randomized, open-label study. *PLoS Negl. Trop. Dis.*, 8: e3169.

Suzuki, Y., Y. Masumitsu, K. Okudaira, and M. Hayashi, 2004. The effects of emulsifying agents on disposition of lipid soluble drugs included in fat emulsion. *Drug Metab. Pharmacokinet.*, 19: 62–67.

Swern, D. 1995. Reactions of fats and fatty acids. In *Bailey'sIndustrial Oil and Fat Products,* Vol. 1, 4th Ed., John Wiley & Sons, New York, pp. 130–161.

Tadros, T., P. Izquierdo, J. Esquena, and C. Solans. 2004. Formation and stability of nano-emulsions. *Adv. Coll. Interface Sci.*, 108–109: 303–318.

Takino, T., K. Konishi, Y. Takadura, and M. Hashida. 1994. Long circulating emulsion carrier systems for highly lipophilic drugs. *Biol. Pharm. Bull.,* 17: 121–125.

Takino, T., E. Nagahama., T. Sakaeda, F. Yamashita, Y. Takakura, and M. Hashida, 1995. Pharmacokinetics disposition analysis of lipophlic drugs injected with various lipid carriers in the single-pass rat liver perfusion system. *Int. J. Pharm.*, 114: 43–54.

Tanigawa, N., T. Shimomatsuya, K. Takahashi, Y. Inomata, K. Tanaka, K. Satomura, Y. Hikasa, M. Hashida, S. Muranishi, and H. Sezaki. 1987. Treatment of cystic hygroma and lymphangioma with the use of bleomycin fat emulsion. *Cancer,* 60: 741–749.

Tarr, B. D., T. G. Sambandan, and S. H. Yalkowsky, 1987. A new parenteral emulsion for the administration of taxol. *Pharm. Res.*, 4: 162–165.

Teixeira, R. S., R. Curi, and R. C. Maranhão. 2004. Effects on Walker 256 tumour of Carmustine associated with a cholesterol-rich microemulsion (LDE). *J. Pharm. Pharmacol.*, 56: 909–914.

Tian, L., H. He, and X. Tang. 2007. Stability and degradation kinetics of etoposide loaded parenteral lipid emulsion. *J. Pharm. Sci.*, 96: 1719–1728.

Tibell, A., M. Larsson, and A. Alvestrand. 1993. Dissolving intravenous cyclosporin A in a fat emulsion carrier prevents acute renal side effects in the rat. *Transpl. Int.*, 6: 69–72.

Tibell, A., A. Linholm, J. Sawe, and B. Norrlind. 1995. Cyclosporin A in fat emulsion carriers: Experimental studies on pharmacokinetics and tissue distribution. *Pharmacol. Toxicol.*, 76: 115–121.

Toguchi, H., Y. Ogawa, and T. Shimamoto. 1990. Effects of the physicochemical properties of the emulsion formulation on the bioavailability of ethyl 2-chloro-3-[4-(2-methyl-2-phenylpropyloxy)phenyl] propionate in rats. *Chem. Pharm. Bull.*, 38: 2797–2800.

Ton, M. N., C. Chang, Y. A. Carpentier, and R. J. Deckelbaum. 2005. *In vivo* and *in vitro* properties of an intravenous lipid emulsion containing only medium chain and fish oil triglycerides. *Clin. Nutr.*, 24: 492–501.

Tyle, P. and S. M. Cady. 1990. Sustained release multiple emulsions for bovine somatotropin delivery. *Proc. Int. Sym. Cont. Rel. Bioact. Mater.*, 17: 49–50.

Valduga, C. J., D. C. Fernandes, A. C. Lo Prete, C. H. M. Azevedo, D. G. Rodrigues, R. C. Maranhão, 2003. Use of a cholesterol-rich microemulsion that binds to low-density lipoprotein as vehicle for etoposide. *J. Pharm. Pharmacol.*, 55: 1615–1622.

Van Berkel, T. J. C., J. Kar Kruijt, P. C. De Schmidt, and M. K. Bijsterbosch, 1991. Receptor-dependent targeting of lipoproteins to specific cell types of the liver. In *Lipoproteins as Carriers of Pharmacological Agents*, Shaw, J.M., (Ed.), Marcel Dekker, New York, p. 225–249.

Van Bloois, L., D. D. Dekker, and D. J. A. Crommelin. 1987. Solubilization of lipophilic drugs by amphiphiles improvement of the apparent solubility of almitrine bismesylate by liposomes mixed micelles and o–w emulsions. *Acta Pharm. Technol.*, 33: 136–139.

Velagaleti, R., and S. Ku. 2010. Solutol HS15 as a novel excipient. *Pharm. Tech.*, 34(11). Accessed on November 2, 2010, http://www.pharmtech.com/solutol-hs15-novel-excipient.

Venkatraman, S., W. M. Awni, K. Jordan, and Y. E. Rahman, 1990. Pharmacokinetics of two alternative dosage forms for cyclosporine liposomes and intralipid. *J. Pharm. Sci.*, 79: 216–219.

Verwey, E. J. W. and J. T. G. Overbeek. 1948. *Theory of the Stability of Lyophobic Colloids*. Elsevier, Amsterdam, The Netherlands.

Von Corswant, C., P. Thoren, and S. Engstrom. 1998. Triglyceride-based microemulsion for intravenous administration of sparingly soluble substances. *J. Pharm. Sci.*, 87: 200–208.

Von Dardel, O., C. Mebius, T. Mossberg, and B. Svensson. 1983. Fat emulsion as a vehicle for diazepam. A study of 9492 patients. *Br. J. Anesth.*, 55: 41–47.

Walstra, P. 1983. Formation of emulsions. In *Encyclopedia of Emulsion Technology*, Vol. I, P. Becher, (Ed.), Marcel Dekker, New York, p. 57.

Wang, J., Y. Maitani, and K. Takayama. 2002. Antitumor effects and pharmacokinetics of aclacinomycin A carried by injectable emulsions composed of vitamin E, cholesterol, and PEG-lipid. *J. Pharm. Sci.*, 91: 1128–1134.

Wang, J. J., K. C. Sung, O. Y. Hu, C. H. Yeh, and J. Y. Fang, 2006. Submicron lipid emulsion as a drug delivery system for nalbuphine and its prodrugs. *J Cont. Release.*, 115: 140–149.

Wang, Y., G. M. Mesfin, C. A. Rodríguez, J. G. Slatter, M. R. Schuette, A. L. Cory, and M. J. Higgins. 1999. Venous irritation., pharmacokinetics, and tissue distribution of tirilazad in rats following intravenous administration of a novel supersaturated submicron lipid emulsion. *Pharm Res.*, 16: 930–938.

Ward, D. S., R. J. Norton, P. -H. Guivarc'h, Litman, R. S. Bailey, P.L. 2002. Pharmacodynamics and pharmacokinetics of propofol in medium-chain triglyceride emulsion. *Anesthesiology*, 97: 140–1408.

Waring, W. S. (2012). Intravenous lipid administration for drug-induced toxicity: A critical review of the existing data. *Expert Rev. Clin. Pharmacol.*, 5: 437–444.

Washington, C., F. Koosha, and S. S. Davis. 1993. Physicochemical properties of parenteral fat emulsions containing 20% triglyceride; intralipid and Ivelip. *J. Clin. Pharm. Ther.*, 18: 123–131.

Wei, L., G. Li, Y. D. Yan, R. Pradhan, J. O. Kim, and Q. Quan. 2012b. Lipid emulsion as a drug delivery system for breviscapine: Formulation development and optimization. *Arch. Pharm. Res.*, 35: 1037–1043.

Wei, L., N. Marasini, G. Li, C. S. Yong, J. O. Kim, and Q. Quan, 2012a. Development of ligustrazine-loaded lipid emulsion: Formulation optimization, characterization and biodistribution. *Int. J. Pharm.*, 437: 203–212.

Williams, K. J. and A. R. Tall. 1988. Interactions of liposomes with lipoproteins. In *Liposomes as Drug Carriers,* Gregoriadis, G. (Ed.), John Wiley & Sons, New York, p. 93.

Woodle, M. C. and D. D. Lasic, 1992. Sterically stabilized liposomes. *Biochim. Biophys. Acta*, 113: 171–199.

Xiong, F., H. Wang, K. K. Geng, N. Gu, and J. B. Zhu, 2010. Optimized preparation, characterization and biodistribution in heart of breviscapine lipid emulsion. *Chem. Pharm. Bull. (Tokyo).*, 58: 1455–1460.

Yamaguchi, T. and Y. Mizushima, 1994. Lipid microspheres for drug delivery from the pharmaceutical viewpoint. *Crit. Rev. Drug Carrier Syst.*, 114: 215–229.

Yamaguchi, T., K. Nishizaki, S. Itai, H. Hayashi, and H. Oshima, 1995. Physicochemical characterization of parenteral lipid emulsion. *Pharm. Res.*, 12: 342–347.

You, J., J. Zhao, X. Wen, C. Wu, Q. Huang, F. Guan, R. Wu, D. Liang, and C. Li, 2015. Chemoradiation therapy using cyclopamine-loaded liquid-lipid nanoparticles and lutetium-177-labeled core-crosslinked polymeric micelles. *J. Cont. Release.*, 202: 40–48.

# 第11章 用于药物增溶和传递的乳剂、微乳剂及其他基于脂质的药物传递系统：口服药物的应用

John B. Cannon，Michelle A. Long

## 11.1 引言

临床开发中，因难溶性药物的数量大量增加，作为制剂和药物传递工具的脂质已处于最前沿，特别是对于溶出度限制吸收型药物。口服脂质药物传递系统（LBDDS）通常用来以可溶性形式传递难溶性药物，以避免晶型态的溶出成为药物吸收的限速步骤（Pouton，2000）。对于难溶性药物，生理条件下极低的溶出速率会导致口服生物利用度差和不随剂量增加而增加的非线性暴露（Hörter 和 Dressman，1997）。许多亲脂药物也会表现出强烈的食物效应，即因摄入食物的增溶效果和随之发生的胆汁排泄而导致生物利用度增加（Charman 等，1997，Fleisher 等，1999）。通过以可溶性形式引入药物，脂类制剂具有增加生物利用度和消除食物效应的潜力。

对于口服制剂，术语 LBDDS 涵盖的制剂广泛，这些制剂都是以酰基甘油酯、脂肪酸、脂肪酸衍生物和乳化剂的混合物为基础。这些制剂背后的统一概念是，通常表现出溶出度限制吸收的难溶性药物在体内以可溶性形式存在。一些综述提供了这类制剂设计和性能的讨论（Humberstone 和 Charman，1997；Pouton，1997；Armstrong 和 James，1980；Charman，2000；Porter 和 Charman，2001；Wasan，2001；Porter 等，2013；Porter 等，2008；Williams 等，2013a）。虽然乳剂是脂质肠道外制剂的典型给药方式，但用于口服的 LBDDS 通常以高脂质、低水含量/无水的液体或半固体形式给药。这些口服制剂仅在摄入并与胃或肠内容物混合后形成乳液。在本章，我们将综述用于口服给药的 LBDDS 的开发方法。从主要组成部分的基本定义和功能开始，在此基础上，描述增溶方法和性能表征方法，并提供关于稳定性和生产需考虑的特殊附加信息。除用于增溶，还有一些难溶性药物的悬浮液存在于脂质基质中（例如控释目的）（Hamdani 等，2003；Bummer，2004；Galal 等，2004；Mengesha 等，2013）和用于掩味的案例，但是这些不属于本章讨论的内容。

## 11.2 定义

除了在第 10 章中介绍的乳剂、亚微型乳剂和微乳剂概念外，以下概念和背景信息对口服制剂非常重要。

### 11.2.1 脂质

LBDDS 的主要溶剂是脂类成分，它可以是单一物质，也可以是多种类型脂质的混合物。正如第 10 章所讨论的，脂质的传统定义是指生物材料中那些水不溶但可溶于有机溶剂（如二氯甲烷）的成分（自然存在或容易从自然存在的成分中提取）。或者，脂质是脂肪酸及其衍生物，以及与这些化合物在生物合成或功能上相关的物质。这些定义包括胆固醇和脂质中其他固醇类物质。然而，在口服制剂中最重要的是脂肪链脂质（脂肪酸和脂肪酸衍生物）。根据脂肪酸链的不饱和程度、链长和脂肪酸分布的均匀性，室温下的物理形态可以是固体，也可以是液体。

脂肪链脂质按其相对极性可分为若干组，示例如表 11.1 所示。极性的差异是制剂选择增溶脂质的重要依据。疏水性最强的脂质是中性脂肪（甘油三酯），它是甘油与脂肪酸的三酯化合物。脂肪酸可以是饱和的，也可以是不饱和的，例如，棕榈酸和硬脂酸是饱和脂肪酸，油酸和亚油酸是不饱和脂肪酸；可以是 14～20 个碳的长链脂肪酸，也可以是 6～12 个碳的中链脂肪酸。常见的植物油，如大豆油、玉米油、芝麻油、橄榄油和花生油，是含有长链不饱和甘油三酯的混合物。植物油完全或部分氢化将产生长链饱和甘油三酯，在室温下为固态或半固态。即使在饱和的情况下，中链甘油三酯（MCT）在室温下也通常是液体，它们在自然界中也不常见，但可以通过物质的分馏制备，如椰油。这些材料比长链甘油三酯（LCT）的极性强，因此，通常是更好的溶剂。

**表 11.1 应用在口服脂质制剂中的脂质**

| 类别 | 化学名 | 商品名和通用名（举例） |
|---|---|---|
| 长链甘油三酯 | | 玉米油<br>豆油<br>红花油<br>橄榄油 |
| 中链甘油三酯 | 三辛酸甘油酯/癸酸酯 | 分馏椰子油<br>Captex® 300<br>Miglyol® 810<br>Miglyol® 812<br>Neobee® M-5 |
| 丙二醇酯 | 丙二醇单辛酸酯<br>丙二醇单月桂酸酯 | Capmul® PG-8<br>Capmul® PG-12；Lauroglycol |
| 脂肪酸 | 顺-9-十八碳烯酸<br>十六烷酸<br>十八酸<br>*Z*, *Z*-9, 12-十八碳二烯酸 | 油酸<br>软脂酸<br>硬脂酸<br>亚麻仁油酸 |
| 甘油单酯/甘油二酯 | 辛酸甘油酯/癸酸酯；甘油单辛酸酯<br>单油酸甘油酯 | Capmul® MCM；Imwitor® 742<br>Imwitor® 308<br>Capmul® GMO |
| 脂质混合物 | 饱和 C8～C18 甘油三酯<br>中链甘油三酯 + 磷脂酰胆碱<br>磷脂酰胆碱 + 红花油/乙醇 | Gelucire® 33/01<br>Phosal® 53 MCT<br>Phosal® 75 SA |

由甘油三酯水解而成的脂肪酸比相应的甘油三酯极性更强。对于多种药物，油酸（顺-9-十八烯酸）是一种特别好的溶剂，并在一些市售口服产品中使用（Strickley，2004）。脂肪酸是可电离的，脂肪酸可与基础药物形成离子对，从而增强在甘油三酯载体中的溶解度（Lovell 等，1994）。

甘油单酯和甘油二酯也是甘油三酯的水解产物，它们与脂肪酸具有相似的极性和溶解能力，但不能电离。单油酸甘油酯（Capmul® GMO）和辛酸甘油酯/癸酸酯（Capmul® MCM，Imwitor® 742）是该类中较常用的脂质。与所有脂质一样，中链衍生物比长链物质极化程度更高。通常，由于是甘油单酯和甘油二酯的混合物以及游离甘油酯的存在，在室温下，药用级中链物质可以是液体。纯化的单甘酯（如单辛酸甘油酯，Imwitor® 308）在室温下为蜡状半固体或固体。

与甘油酯有关的物质是丙二醇酯，它是丙二醇和脂肪酸的化学衍生物。重要的例子是丙二醇单辛酸酯（Capmul® PG-8）和丙二醇单月桂酸酯（Capmul® PG-12，Lauro glycol®）。这些都是特别好的溶剂，并可以获得高纯度物质。

各种不太常见的脂质也可用在处方中。结构脂质是甘油三酯，这些甘油三酯是由长链和中链脂肪酸酯化成的相同甘油骨架组成。这些脂质已被用于营养产品中，它们利用 MCT 的快速水解特性来传递长链甘油单酯（Jandacek 等，1987；Bell 等，1997）。这些合成脂质是由中链和长链脂肪酸与甘油进行反式酯化制得。

额外的天然脂质可能是口服脂质制剂的次要成分。萜烯，如薄荷油（＞50%薄荷醇），疏水性好，但也具备一定的溶解能力。胆固醇等类固醇虽然在局部和肠外脂质产品中很重要，但作为口服药物佐剂并不重要。磷脂（如蛋黄卵磷脂或大豆磷脂）是细胞膜的基本成分，被认为是极性脂质，具有表面活性剂的性质。

许多脂质材料都有药典规范。不同药典的标准不同。一般来说，详细说明的属性包括酸值（样品中游离酸的量度，包括有机酸和无机酸）、羟值（样品中与甘油单酯和甘油二酯含量相关的羟基的量度）、碘值（不饱和度的量度）、过氧化值（氧化程度的量度，这对明胶的兼容性很重要）、皂化值（可皂化物的量度，例如酯化的酸）、不可皂化物（残余甾醇、烃类、醇类等）。药典中列出的其他值得检测的属性包括游离脂肪酸含量、脂肪酸分布、碱性杂质、固化或冷凝温度、重金属含量和水含量。值得注意的是，由于甘油三酯和其他脂类的自然来源，它们在性质上是不均匀的。例如，大豆油的脂肪酸分布为 50%～57%的亚油酸、5%～10%的亚麻酸、17%～26%的油酸、9%～13%的棕榈酸和 3%～6%的硬脂酸（*Handbook of Pharmaceutical Excipients*，1994）。同样，在分馏的椰油中发现的脂肪酸由辛酸和癸酸组成。只要来源、生产方法一致，并采用一致的放行标准，一般不会损害其药用功能。如有必要，可以从供应商处以额外的费用获得纯度更高的材料。

### 11.2.2 乳化剂

通常以脂质为基础的口服制剂含有乳化剂（表面活性剂），以促进药物和处方成分在摄入后的分散。根据表面活性剂的亲水疏水平衡值（HLB 值），可以对其进行分类（Griffin，1949）；示例如表 11.2 所示。HLB 值较低（1～9）的表面活性剂亲脂性更强，是脂溶性的，在制备油包水乳剂方面有应用价值；HLB 值较高（＞10）的表面活性剂的亲水性更强，加入水中后往往形成透明的胶束溶液，有利于水包油乳剂的形成。低 HLB 值表面活性剂作为高 HLB 值表面活性剂和亲脂性溶剂组分的偶联剂，并与亲脂性溶剂在分散后保持一定的缔合关系，从而促进溶剂的增溶，因此也可能是口服脂质制剂的重要组成部分。此外，在水相中加入低 HLB 值和高 HLB 值表面活性剂的混合物也可能导致更快速的分散和更精细的乳液液滴，因为在稀释/水化的初期阶段，水会被制剂吸收，在相转化之前形成油包水乳液。甘油单酯、丙二醇单酯以及上述脂质，也具有低 HLB 值乳化剂所具有的表面活性性质，因此也被包括在表 11.2 中。Strickley（2004）以常用的脂质和乳化剂进行了全面的综述，并附带了产品实例。

表 11.2 应用在口服脂质制剂中的表面活性剂

| 化学或通用名 | 商品名 | HLB 值 |
|---|---|---|
| 聚氧乙烯山梨醇酐单月桂酸酯 | 聚山梨酯 20 | 16.7① |
| 聚氧乙烯失水山梨醇单棕榈酸酯 | 聚山梨酯 40 | 15.6① |
| 聚氧乙烯山梨醇酐单硬脂酸酯 | 聚山梨酯 60 | 14.9① |
| 聚氧乙烯失水山梨醇单油酸酯 | 聚山梨酯 80 | 15.0① |
| 聚氧乙烯失水山梨醇三油酸酯 | 聚山梨酯 85 | 11.0① |
| 去水山梨糖醇单油酸酯 | 司盘 80 | 4.3① |
| 脱水山梨醇三油酸酯 | 司盘 85 | 1.8① |
| 脱水山梨醇单硬脂酸酯 | 司盘 60 | 4.7① |
| 山梨糖醇酐单棕榈酸酯 | 司盘 40 | 6.7① |
| 山梨醇酐月桂酸酯 | 司盘 20 | 8.6① |
| 聚氧乙烯（35）蓖麻油 | Cremophor EL | 12～14① |
| 聚氧乙烯（40）氢化蓖麻油 | Cremophor RH40 | 14～16① |
| 聚氧乙烯-聚氧乙烯嵌段共聚物 | 泊洛沙姆 188（普朗尼克 F-68）；<br>泊洛沙姆 407（普朗尼克 127） | 29②<br>22② |
| 不饱和聚甘油酯 | Labrafil M2125，M1944 | 4② |
| 饱和聚甘油酯 | Gelucire 44/14，50/13 | 13～14② |
| PEG-8 辛酸/癸酸甘油酯 | Labrasol | 14② |
| PEG-8 辛酸/癸酸甘油酯 | Labfac CM10 | 10② |
| 生育酚 PEG 琥珀酸酯 | Vitamin E TPGS | 13② |
| 硬脂酸 40 聚烃氧基酯 | Myrj 52 | 16.9① |
| 磷脂酰胆碱 | Phospholipon | |
| 辛酸甘油酯/癸酸酯 | Capmul® MCM | 5～6 |
| 单油酸甘油酯 | Capmul® GMO | 4～5 |
| 丙二醇单月桂酸酯 | Capmul® PG-12；Lauroglycol | 4 |

① *Handbook of Pharmaceutical ingredients*。

② 供应商信息（Abitec Corp.；BASF Corp.；Gattefosse SAS；Uniqema）。

## 11.2.3 共溶剂

如需要提高药物溶解度，可以在脂质口服制剂中使用亲水共溶剂[如乙醇、丙二醇、聚乙二醇 400（PEG 400）]。这些亲水性成分也可能通过促进水进入制剂而有助于分散。与仅由共溶剂组成的制剂相比，具有共溶剂的脂质体系的一个重要优点是，亲水性组分消散后，脂质仍将保留以防止药物沉淀，而在没有脂质的情况下，很可能发生药物沉淀。图 11.1 说明了这一点，对于亲脂性药物 RO-15-0778，脂质自乳化药物传递系统（SEDDS）在犬中的生物利用度，相对于 PEG 400 溶液，增强 4 倍；相对于胶囊或片剂，增强 10 倍（Gershanik 和 Benita，2000）。共溶剂的用量受制剂与包封材料相容性的限制。某些共溶剂（如丙二醇）会迁移到明胶胶囊壳内，导致其软化。相反，某些共溶剂由于其吸湿性，可能引起水从胶囊壳向填充物迁移，从而导致胶囊脆化。Cole（1999）总结了各种辅料与明胶胶囊的相容性。

理想情况下，只有经适当的监管局批准的辅料才能被使用，用量不超过已建立的安全剂量，如在美国 FDA 批准的非活性成分清单中列出的用量（http://www.accessdata.fda.gov/scripts/cder/iig/index）。如果需要新型辅料，那么在开发过程的后期将会遇到监管障碍，因为新型辅料的安全性通常只在新药申请（NDA）时进行评估。然而，新型辅料的批准途径确实存在，需要制药公司和辅料制造商之间的密切合作（Goldring，2009）。生育酚 PEG 琥珀酸酯（Tocophersolan）是一种水溶性（HLB 值约 13）维生素 E 的衍生物，可促进难溶性药物的溶解和吸收（Wu 和 Hopkins，1999）。它首次用在 HIV 蛋白酶抑制剂 Amprenavir 的商业处方中（Strickley，2004）。

### 11.2.4　自乳化药物传递系统

自乳化药物传递系统是由药物、油、表面活性剂，有时还有共溶剂组成的口服剂型（Constantinides，1995；Pouton，1997；Pouton，2000）。加入水（或进入胃肠道），轻轻搅拌，系统将会很容易形成乳剂或微乳（定义见 11.2.5）。自乳化可能由几种机制驱动（López-Montilla 等，2002）。药物处方分散最可能的机制是“扩散和滞留”，即由渗透压不平衡（Greiner 和 Evans，1990）、相变和环境条件（如 pH）改变而引起的变化所驱动的机制。如果分散后的液滴尺寸远小于 1 μm，则 SEDDS 通常被认定为自乳化纳米药物传递系统（SNEDDS）。考虑到药物制剂中发现的成分的数量，几个机制并行运行并不令人意外。基于对体积的考虑和将其制成软明胶胶囊剂型的便捷性，相比即用型乳剂，SEDDS 在口服应用上更实用。图 11.1 显示了与其他配方相比，亲脂药物的 SEDDS 制剂具有更好的性能。

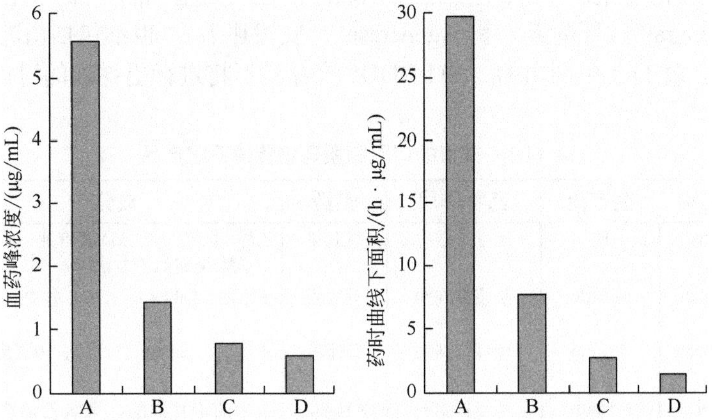


图 11.1　一种亲脂药物（RO-15-0778）的四种处方在犬内的生物利用度比较

A—脂质 SEDDS；B—PEG 400 溶液；C—胶囊（粉末）；D—片剂

（Gershanik T，Benita S. Eur. J. Pharm. Biopharm.，2000，50：179-188.）

### 11.2.5　微乳

“微乳”这一术语常被用来描述某些 LBDDS 分散后的状态。虽然这个术语意味着一种粒径非常精细的乳剂，但微乳实际上并不是乳剂。与均质化作用至关重要的传统乳剂相反，在施加少量机械能或没有机械能的情况下，微乳可以自发形成。Schulman 在 1959 年首次提出了这个术语，尽管实际上早在 1943 年就有人用“透明的水和油分散体”“亲水性油胶束”（代表 O/W）、“亲脂性水胶束”（代表 W/O）或“膨胀胶束溶液”（Friberg 和 Venable，1983）等术语对它们进行了描述。相对于乳剂，微乳具有更小的液滴直径（6～80 nm），因此在视觉上是透明或半透明的。与热力学稳定的乳剂不同，微乳是一种单一的由亲油域组成的热力学稳定相，通过中间的表面活性剂层将亲油域和亲水域分离（Strey，1994）。从结构上讲，微乳可以由分散在连续水性介质中的油滴、分散在亲脂性连续介质中的水滴，以及域间交织的双连续结构组成（Gelbart 和 Ben-Shaul，1996；Hellweg，2002）。除了水相、油相和表面活性剂，还可能包括“助表面活性剂”，并且所选组分的比例使它们处于各自相图的稳定区域；含油量一般为 2%～20%。对于医药可接受的脂质，有必要使用高含量乳化剂和助表面活性剂来设计能够形成微乳的处方（Von Corswant 等，1997；Malcolmson 等，1998；Garti 等，2001）。

正如最初设想的那样，助表面活性剂通常是一种由 4～8 个碳组成的烷醇，不适于药用。最近，已成功地研制出不含乙醇的口服微乳；通常，这可以通过使用适当比例的亲脂表面活性剂和亲水表面活性剂来实现，特别是聚氧乙烯醚类非离子型表面活性剂（Constantinides，1995；Lawrence，1996）。自乳化微乳药物传递系统，顾名思义，是指在加入水和温和搅拌下形成微乳的自乳化系统。

## 11.3 市售脂质药物传递系统的口服产品

表 11.3 列出了市售的被认为是 LBDDS 的口服产品。市售剂型中它们都不是乳剂，但在胃肠道水环境中稀释后可产生乳剂（如 Sandimmune®）或微乳（如 Neoral®）。有些液体在摄入前与水或果汁混合，形成乳剂。表中不包括主要以表面活性剂为基础的产品，如在 Strickley（2004）综述中总结的 Gengraf®（环孢素）和 Agenerase®（安泼那韦）。也不包括由乳化蓖麻或矿物油组成的泻药产品。表 11.3 中列出的一些 LBDDS 产品稍后将进行更详细的讨论。

**表 11.3 市售的口服脂质药物传递系统产品**

| 通用名称 | 商品名称 | 生产商 | 药物作用 | 剂型 | 成分 | 参考来源 |
|---|---|---|---|---|---|---|
| 替拉那韦 | Aptivus | BI | 治疗艾滋病 | 软胶囊 | 乙醇、聚氧乙烯（35）蓖麻油、丙二醇、辛酸/癸酸单/双甘油酯 | PDR① |
| 环孢素 | Sandimmune oral | Novartis | 免疫抑制剂 | 软胶囊 | 玉米油、Labrafil、乙醇、甘油 | Strickley |
| 环孢素 | Sandimmune oral | Novartis | 免疫抑制剂 | 口服液 | 橄榄油、Labrafil、乙醇、丙二醇、α-生育酚 | Strickley |
| 环孢素 | Neoral | Novartis | 免疫抑制剂 | 颗粒剂，口服液 | 玉米油单甘油酯、聚氧乙烯蓖麻油 RH40、乙醇、丙二醇、α-生育酚 | PDR |
| 利托那韦 | Norvir | Abbott | 治疗艾滋病 | 软胶囊 | 丁基化羟基甲苯、乙醇、明胶、氧化铁、油酸、聚氧乙烯（35）蓖麻油 | PDR |
| 利托那韦/洛匹那韦 | Kaletra | Abbott | 治疗艾滋病 | 软胶囊 | 油酸、聚氧乙烯蓖麻油、丙二醇 | Strickley |
| 帕立骨化醇 | Zemplar | Abbott | 钙调节剂 | 软胶囊 | 中链甘油三酯、乙醇和丁羟基甲苯 | PDR |
| 度他雄胺 | Avodart | GSK | 治疗前列腺增生 | 软胶囊 | 辛酸/癸酸单甘油酯和丁羟基甲苯 | PDR |
| 异维 A 酸 | Accutane | Roche | 治疗痤疮 | 软胶囊 | 蜂蜡、丁羟茴醚、氢化大豆油、氢化植物油和大豆油 | PDR |
| 维 A 酸 | Vesanoid | Roche | 治疗痤疮 | 软胶囊 | 蜂蜡、丁羟茴醚、氢化大豆油、氢化植物油和大豆油 | PDR |
| 丙戊酸 | Depakene | Abbott | 抗癫痫 | 软胶囊 | 玉米油 | PDR |
| 黄体酮 | Prometrium | Solvay | 治疗子宫内膜增生 | 软胶囊 | 花生油、甘油、卵磷脂 | PDR |
| 骨化三醇 | Rocaltrol | Roche | 钙调节剂 | SG，Liquid | 中链甘油三酯 | Strickley，2004 |
| 氯法齐明 | Lamprene | Geigy | 治疗麻风 | 软胶囊 | 植物油、蜂蜡 | Strickley，2004 |
| 度骨化醇 | Hectoral | Bone care | 钙调节剂 | 软胶囊 | 中链甘油三酯 | Strickley，2004 |
| 屈大麻酚 | Marinol | Roxane | 治疗厌食 | 软胶囊 | 芝麻油 | Strickley，2004 |
| 沙奎那韦 | Fortovase | Roche | 治疗艾滋病 | 软胶囊 | 中链单/双甘油酯、聚维酮、α-生育酚 | Strickley，2004 |
| 西罗莫司 | Rapamune | WyethAyerst | 免疫抑制剂 | 口服液 | Phosal50PG | Strickley，2004 |
| 氯美噻唑 | Heminevrin | AstraZeneca | 镇静剂 | 软胶囊 | 中链甘油三酯、明胶、甘油、山梨醇、甘露醇、寡糖 | Nanjwade 等，2011 |
| 阿法骨化醇 | Alfarol | Chugai | 治疗维生素 D 代谢性疾病 | 软胶囊 | 中链甘油三酯，乙醇 | Nanjwade 等，2011 |

续表

| 通用名称 | 商品名称 | 生产商 | 药物作用 | 剂型 | 成分 | 参考来源 |
|---|---|---|---|---|---|---|
| 四烯甲萘醌 | Glakay | Eisai | 治疗骨质疏松症 | 软胶囊 | L-天冬氨酸、巴西棕榈蜡、氢化油、D-山梨醇、甘油、丙二醇脂肪酸酯、单油酸甘油酯 | Nanjwade 等，2011 |
| 托特罗定 | Detrol®LA | Pharmacia Upjohn | 治疗膀胱过度活跃症 | 硬胶囊 | 蔗糖、淀粉、羟丙甲纤维素、乙基纤维素、中链甘油三酯、油酸、明胶 | Nanjwade 等，2011 |
| 非诺贝特 | Fenogal | Genus | 治疗高脂血症 | 硬胶囊 | 月桂酰聚氧甘油酯，聚乙二醇 20000，羟丙基纤维素 | Nanjwade 等，2011 |
| 睾酮 | Hormone replacement | Organon | 激素替代 | 软胶囊 | 蓖麻油、月桂酸丙二醇酯、中链甘油三酯、卵磷脂、甘油 | Nanjwade 等，2011 |
| 生育酚烟酸酯 | Juvela | Eisai | 治疗高血压 | 软胶囊 | L-天冬氨酸、巴西棕榈蜡、脂肪酸甘油酯、氧化钛、明胶、D-山梨醇、中链脂肪酸甘油三酯、甘油 | Kalepu 等，2013 |

① PDR：Physicians Desk Reference，PDR® Electronic Library，Thomson MICROMEDEX，2007.

## 11.4　脂质药物传递系统的设计和表征

虽然对影响 LBDDS 生物利用度的因素的原理有一定理解，但目前还没有确切的体外释放试验可以可靠、准确地预测 LBDDS 在体内的性能。摄入这种制剂会发生什么取决于所选择的成分。类似于片剂的崩解和溶出，脂质制剂的分散已被证明会影响给定药物的药动学行为。文献中对自乳化或自微乳化制剂的使用给予了很大的重视，诺华 Neoral®环孢素制剂取得了显著的成功（Trull 等，1993；Mueller 等，1994a，1994b；Ritschel，1996）。自乳化制剂的设计目的是在水介质中易于分散，从而减少由于依赖肠道运动和消化机制而造成的固有变异性。然而，一些市售产品，如 Depakene®和 Accutane®，在不添加额外乳化剂的情况下，以甘油三酯传递药物（*Physicians Desk Reference*）。自然的消化过程包括甘油三酯分解成甘油单酯、甘油二酯和脂肪酸，这将促进这类制剂的乳化，它们的简单性可能会增强它们作为商业产品的可取性。

重要的是，LBDDS 的开发不应仅仅关注脂质填充体的体内行为，还必须考虑其他因素，如与包封材料的相容性以及产品的物理和化学稳定性。LBDDS 可以封装在硬胶囊壳或软胶囊壳内，也可以封装在羟丙甲纤维素（HPMC）胶囊中。如果是明胶壳，必须特别注意与不饱和脂质同时出现的醛可以导致凝胶交联（Chafetz 等，1984）；也要注意溶剂在壳和填充物之间的迁移（Tahibi 和 Gupta，2000；R. Liu，2000），这会导致胶囊壳的软化或脆化（Kuentz 和 Röthlisberger，2002）。此外，由于这些 LBDDS 通常是液体溶液，相对于固体系统，降解动力学是加速的。口服脂质制剂的其他次要成分可能包括抗氧化剂（如果使用不饱和脂质，可能需要）、黏度调节剂、pH 调节剂和其他具有特定功能的辅料。

## 11.5　脂质药物传递系统的体内处理过程和分类

尽管后面会讨论半固体制剂或固体制剂的例子（Serajuddin 等，1988；Khoo 等，2000），但脂质药物传递系统通常是包封的液体制剂。无论是何种形式，摄入后，LBDDS 都要经过胃肠道处理。这一过程包括乳化形成脂质液滴、甘油二酯和甘油三酯水解、这些消化产物被胆汁酸溶解并通过混合胶束运输到肠壁（Patton 等，1985；Thomson 等，1993；Embleton 和 Pouton，

1997)。图 11.2 总结了 LBDDS 发生在胃肠道中的这些过程。由于胃肠道处理，在摄入后，LBDDS 提供的溶剂环境不断变化，药物的释放机制还不完全清楚。可能包括从乳化油滴中进行简单的分配；从胆盐混合胶束中分配；或胶束传递到肠壁，由于胆盐的质子化或脂肪酸和甘油单酯的吸收导致混合胶束分解，从而促进吸收（Charman 等，1997）。虽然药物释放的确切机制尚不清楚，但该制剂的某些特性确实提高了这些载体中药物的生物利用度。例如，从乳剂释放比从纯油剂型释放的生物利用度高（Humberstone 和 Charman，1997）；与需要更多能量才能形成的乳剂相比，自乳化系统的药动学行为可重复性更强（Holt 和 Johnston，1997）；形成黏性液晶的制剂会显示出药物释放延迟或减少现象（Alfons 和 Engstrom，1998；Trotta，1999）。

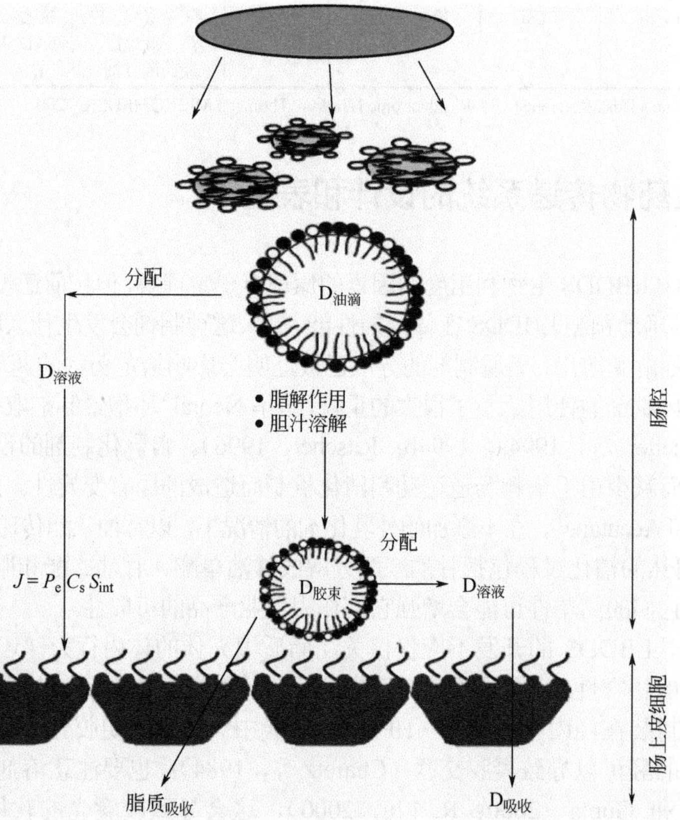


图 11.2 LBDDS 分散和肠道处理过程的图解说明
D—药物

控制药物最终生物利用度的体内处理步骤取决于制剂的组成。如果一种制剂仅仅是将药物溶解在甘油三酯中，那么消化过程要做的就是将制剂分散并分解以提取药物。20 世纪 70 年代，Carrigan 和 Bates 评估了大鼠从芝麻油悬浮液、水包油（O/W）乳液和水悬浮液中对灰黄霉素的吸收情况（图 11.3）。虽然发现大鼠对乳液中的灰黄霉素具有最高的生物利用度，但显然由于油的消化和随之发生的药物溶解，导致大鼠对油悬浮液中的灰黄霉素的吸收显著增加。此外，$C_{max}$ 和 $AUC_{\infty}$ 的变异性顺序为：水悬浮液＞油悬浮液＞乳液。因此，发现该乳液制剂以可重复和一致的方式增加药物吸收（Carrigan 和 Bates，1973）。与仅由甘油三酯组成的制剂相比，自乳化制剂对消化过程的依赖性很小。

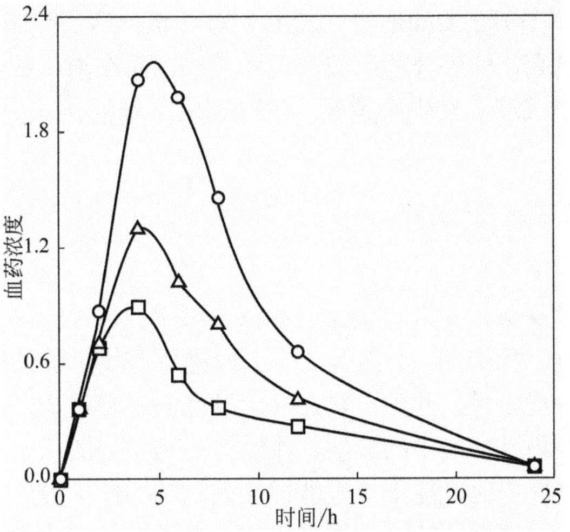


图 11.3　大鼠口服 50 mg/kg 灰黄霉素后的平均血药浓度

□—水悬浮液；△—油悬浮液；○—O/W 乳液

（Carrigan P J，Bates T R. J. Pharm. Sci.，1973，62：1476-1479.）

Pouton（2000）提出了一个分类系统，平衡处方的固有分散性和它们依赖消化来促进分解的性质（表 11.4）。Ⅰ型处方中药物简单地分散在甘油三酯或混合甘油酯中，并会形成粗乳液，在体内保持其对药物的增溶能力。Ⅱ型处方中加了表面活性剂以提高分散性，为降低表面活性剂向水相分配，保证对药物持久的增溶性，使用了更多的亲脂性表面活性剂。Ⅲ型处方是使用亲水性表面活性剂和共溶剂的自乳化系统，以增加形成水包油乳液（如果组成正确，形成微乳）的驱动力。由于组分分配到水相中，这些处方在分散过程中极有可能失去增溶能力。在脂质处方中，当使用亲水性共溶剂以增加初始载药量时尤其如此。

**表 11.4　Pouton（2000）开发的脂质药物传递系统的分类及典型特性**

亲水性增加 →

| 类型 | Ⅰ型 | Ⅱ型 | ⅢA 型 | ⅢB 型 |
|---|---|---|---|---|
| 经典组合/% | | | | |
| 甘油三酯或混合甘油酯 | 100 | 40～80 | 40～80 | <20 |
| 表面活化剂 | — | 20～60（HLB<12） | 20～60（HLB>11） | 20～50（HLB>11） |
| 亲水性共溶剂 | — | — | 0～40 | 20～50 |
| 分散粒度/nm | 大颗粒 | 100～250 | 100～250 | 50～100 |
| 对水溶解度的重要性 | 不重要 | 溶剂容量不受影响 | 溶剂容量部分损失 | 显著相变和潜在溶剂容量损失 |
| 对消化吸收率的重要性 | 关键 | 非关键但可能发生 | 非关键但可能抑制 | 非关键且不会发生 |

来源：Pouton C W. Eur. J. Pharm. Sci.，2000，11，S93-S98.

由不含脂质的表面活性剂/共溶剂混合物组成的Ⅳ型处方在 2006 年被补充进来（Pouton，2006；Porter 等，2008）。然而，由于共溶剂和高 HLB 表面活性剂从乳滴中扩散，ⅢA 型处方，特别是ⅢB 型处方和Ⅳ型处方，更低的油含量增加了与肠道环境混合后药物沉淀的风险。此外，制剂中的表面活性剂也可能被肠道脂肪酶消化，从而失去增溶能力，导致药物沉淀。因此，应采用在生物相关介质（比如模拟肠道液体）中进行体外溶出试验来评估候选处方，比如

Dressman 开发的生物相关介质。Cuine 等（2008）对一系列达那唑脂质 SMEDDS 制剂的研究表明，表面活性剂含量越高，体外分散后液滴尺寸越小，而在消化条件下，表面活性剂的含量越高，在犬体内导致药物沉淀的发生率越高，生物利用度越低。

## 11.6 可行性评估

理想的口服脂质剂型必须满足几个要求：在该剂型下，可以溶解治疗剂量的药物；在所有预期的贮存条件下，在整个货架期（一般为 2 年）内维持药物足够的溶解度；为药物和制剂成分提供足够的化学和物理稳定性。此外，它必须由批准的辅料组成，用量在安全范围内。当被摄入时，它应促进剂型在肠道环境中的分散，并保持药物在分散状态下的溶解度。它应该能适应消化道的消化过程，这样消化既能维持也能提高药物的溶解。最后，将药物呈递给肠黏膜细胞，使其被细胞吸收并进入体循环的过程得到优化。为了满足这些要求，制剂开发人员可以在广泛的不同链长的亲脂溶剂（如脂肪酸和脂肪酸酯）中进行选择，甚至可以在更宽范围的乳化剂中进行选择。该制剂必须平衡由药物在现有辅料中的溶解度决定的单位剂量中药物的实际载药量限制、处方中药物的稳定性以及处方是否依赖于体内处理或自乳化。该处方开发将需要结合体外和体内试验评估。

首先，应确定生物利用度是否确实受溶出速率限制。当与食物配伍时，生物利用度的提高表明药物增溶可能是一个重要的处方设计概念。由于胃 pH 的改变（例如，升高的胃 pH 导致酸性化合物的溶解度更高）或胃排空和肠道转运的减慢（影响具有区域吸收窗的药物的停留时间），也可能发生所谓的食物效应（Charman 等，1997；Fleisher 等，1999）。改进的增溶作用的贡献可以通过适当设计的体内研究加以证实，例如在简单的亲水共溶剂系统（例如乙醇/丙二醇/水）中增加剂量。如果共溶剂处方的生物利用度存在非线性剂量反应，则随后将进行一项使用简单处方的实验，该简单处方是使用共溶剂实验中使用的较高剂量将药物在甘油三酯中溶解。脂质制剂的生物利用度在高剂量时的显著改善表明，生物利用度可能受到溶出速率的限制，因此有必要进行 LBDDS 的研究。由 Burcham 等（1997）为此提供的简单证明显示，在比格犬中，亲脂性药物 DMP 565 的生物利用度，相比 PEG 300 制剂（$F = 13.1\% \pm 3.4\%$）和水性 HPMC 溶液制剂（$F = 6.3\% \pm 0.7\%$），在红花油制剂中（$F = 36.7\% \pm 10.7\%$）更高。在另一个例子中，一种不溶于水的类固醇衍生物达那唑，在口服给药后，吸收与给药剂量不成比例。口服给药的粉状药物（如胶囊），与空腹状态相比，餐后的生物利用度几乎增加了三倍（$P = 0.0001$）。一种药物完全溶解的单油酸甘油酯乳剂在 12 名受试者中，口服吸收与给药剂量成比例情况良好（图 11.4）。此外，乳剂中药物的生物利用度不受食物的影响（$P = 0.47$，见图 11.5）（Charman 等，1993）。药物口服吸收曲线的变化归因于乳剂中存在作为药物特性溶出和乳化助剂的甘油三酯。研究表明，使药物增溶的因素也能提高其口服生物利用度。

Abrams 等（1978）的一项研究说明了通过脂质使药物增溶的重要性。对于亲脂性类固醇药物，在芝麻油中的生物利用度是在水悬浮液中的 3 倍。但是，只要药物在油中的溶解度不是过高，吸收量与剂量成比例，超过溶解度限制（即以芝麻油悬浮液给药时），吸收并没有随着剂量增加而成比例增加。当需要开发难溶性药物时，还应考虑其他旨在提高溶出速率的制剂，如纳米粒、固体分散体或修改固体形式（通过开发非晶体系或盐）。

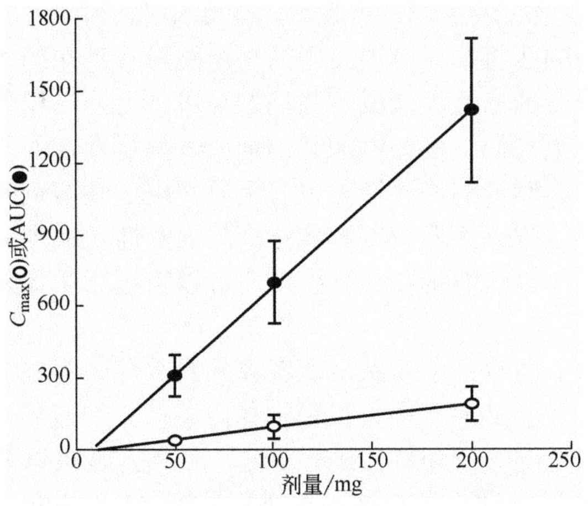


图 11.4　人体中达那唑剂量与 $C_{max}$（○；ng/mL，$r^2$=0.999）和剂量与 AUC（●；h · ng /mL，$r^2$=0.999）之间的相关性。Ⅰ代表每组 12 个人的 SD。

（改编自：Charman W N，Rogge M C，Boddy A W，et al. J. Clin.Pharmacol.，1993，33：381-386.）

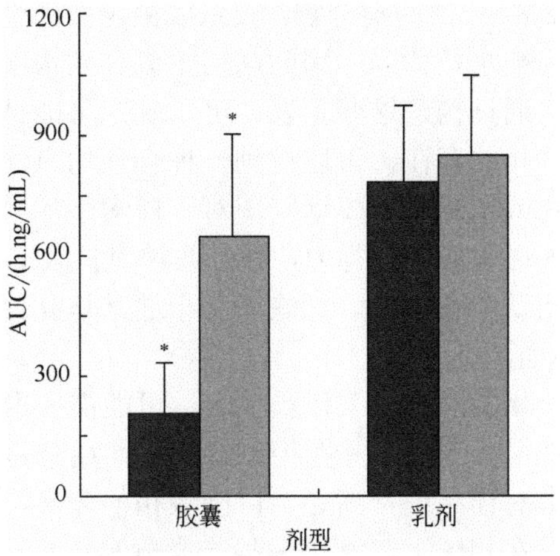


图 11.5　剂型和食物对 11 个人口服 100 mg 达那唑后 AUC 的影响

■—空腹 AUC；□—餐后 AUC；*—显著差异

（改编自：Charman W N，Rogge MC，Boddy AW，et al. J. Clin.Pharmacol.，1993，33：381-386.）

一旦确定简单的 LBDDS 可以显著提高生物利用度，下一步就是开发和优化制剂。尽管已经取得了相当大的进展，但目前还没有将体外测量转化为体内表现的确切试验。与此同时，这并不意味着应该使用反复试验法来开发这类处方。Pouton 的分类系统指出，在解释这些处方在体内的行为时，需要考虑的因素是脂解作用、分散性和增溶能力对稀释的作用。重要的是要了解，每种作用的平衡取决于制剂中的药物，而且不可能有一个通用的制剂适用于所有化合物。

在接下来的几节中，我们将回顾用于评估每个过程的可用技术的状态。虽然每个领域都将单独讨论，但不能以线性变化方式对制剂进行优化。例如，Gao 等（2004）描述了将使用统计混合实验设计作为一种合理的策略来识别亲脂溶剂/表面活性剂/共溶剂的平衡，从而获得高载药量的自乳化制剂。

## 11.7　相行为和复杂流体结构

在回顾设计 LBDDS 的步骤之前，有必要简要回顾一下这些系统的相态行为和相图的用途。众所周知，油、水和表面活性剂的混合物会根据每种成分的相对比例产生各种微结构（Gelbart 和 Ben-Shaul，1996）。形成的不同结构是表面活性剂两亲性的结果，即表面活性剂的亲水域和亲油域将其驱动到油/水系统的交界面。这些相包括薄层状、六角形和立方液晶的有序结构；包括胶束和水包油微乳的水连续 $L_1$ 相；包括反相胶束和油包水微乳的（图 11.6）油连续 $L_2$ 相。$L_1$ 相（胶束/微乳）和 $L_2$ 相（油包水微乳液/各向同性油连续相）是开发 LBDDS 时最常遇到的两种相。亲脂溶剂和乳化剂的混合物形成的药用口服制剂，是典型的 $L_2$ 相体系。稀释时，该制剂可能进入 $L_1$ 相，但这不是必要的，因为许多在稀释时形成亚稳态乳剂的制剂都具有足够的生物利用度。

三元表面活性剂-油-水相图是理解各组分在体系中相对作用的基础。药物产品通常是表面活性剂/油的混合物，其组成由表面活性剂-油坐标轴上的一点表示。在摄入时，该配方必然会被水相稀释，因此从初始成分到水端所画的线将描述可能发生的平衡路径和潜在的相变。通过构建这些图表，可以确定可能抑制分散的黏性乳液或液晶相的形成潜力。认识到这些相的存在，可以找到一种合理的方法来避免它们，例如添加共溶剂或表面活性剂的代替物或亲脂溶剂。这些图对于探索添加共溶剂的制剂的增溶能力也有重要作用。共溶剂的加入可以影响相行为，并且通常对扩大 $L_2$ 区域、提高亲脂溶剂和乳化剂的混溶性及减少液晶相发生有影响。这些液晶相通常是黏性的，如果沿着稀释路径出现，可以阻止脂质体系的分散。

相图的构建工作量很大。可能需要准备和平衡数百个样品，涵盖成分的所有比例。它们被彻底混合，并在控制的温度（通常是37℃）下达到平衡，以模拟体内条件。平衡后，通常对样品进行离心，以确保相的分离，并对相的数量和特征进行目测。单相区域可以被映射在相图上。利用偏振光光学显微镜可以对层状和六角形液晶相进行鉴别（Laughlin，1994）。利用光散射或小角度 X 射线散射可以表征 $L_1$ 和 $L_2$ 区域的粒子大小，以及液晶相的重复间距。对于多组分共混物，可以用表示组分固定比例的伪组分法构建伪三元图（如在包含表面活性剂和水的三元体系中将 MCT/乙醇的比例 9∶1 作为一个组分）。虽然了解给定制剂的一条稀释路径上产生的结构对于确保稀释后形成稳定的分散结构很重要，但通常不需要构建整个相图。

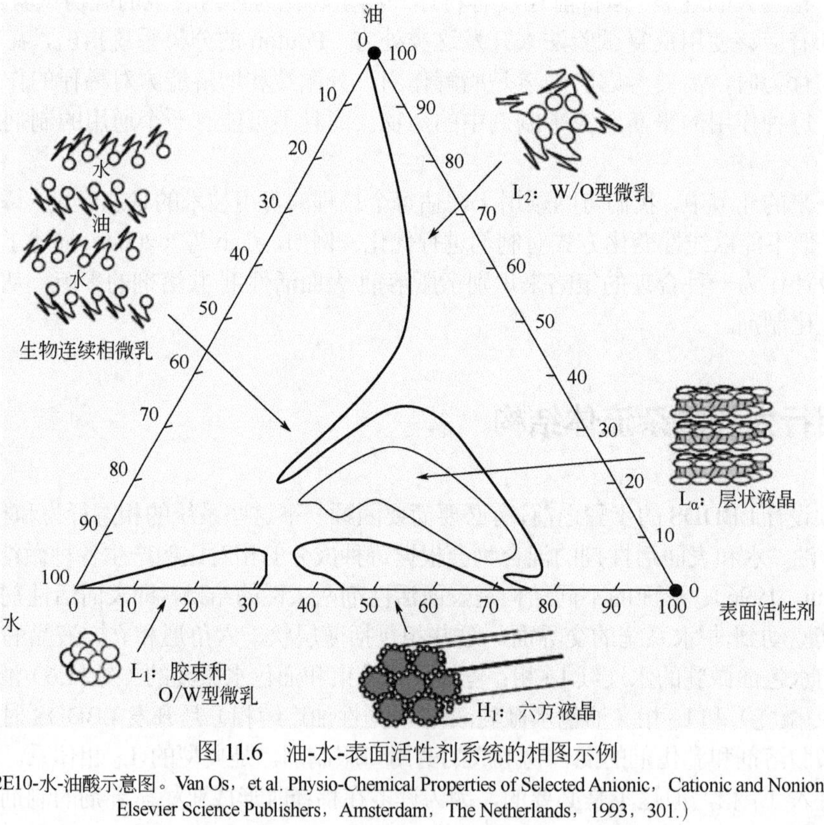


图 11.6　油-水-表面活性剂系统的相图示例

（改编自 C12E10-水-油酸示意图。Van Os，et al. Physio-Chemical Properties of Selected Anionic，Cationic and Nonionic Surfactants. Elsevier Science Publishers，Amsterdam，The Netherlands，1993，301.）

## 11.8　增溶作用

脂质药物传递系统的候选药物应该是水溶性差且亲脂的（通常 $\lg P>3$），即除了是难溶性外，还需要在 LBDDS 的脂质成分中有溶解度。启动 LBDDS 开发时，要从溶解度筛选研究开始，包括脂质辅料、乳化剂和共溶剂（如乙醇、丙二醇、PEG 400）筛选。主溶剂通常为烷基甘油，共溶剂用于增加混合物的溶解度。必须限制特定共溶剂（如丙二醇）的浓度，原因有两个。第一，对于包封在明胶胶囊壳中的制剂，某些共溶剂（如丙二醇）会迁移到胶囊壳内，导致胶囊壳软化。也会导致对胶囊内填充物增溶能力的减弱。由于水从胶囊壳进入填充物而导致溶解力损失有过相关报道（Serajuddin 等，1986）。第二，过多的共溶剂会导致在水环境（即胃肠道）中稀释后增溶能力减弱，从而导致固体药物沉淀，有损 LBDDS 的优势。

添加用于提高体内分散性的表面活性剂，可以提高或降低混合物的溶解度。为了保持一个系统的方法来优化溶解度，建议使用三元相图。三元相图可以将混合物映射到辅料不溶性区域，并记录药物溶解度，以确定最佳组合物。这也有助于认识到其他的辅料（如交换表面活性剂）可以提供类似增溶能力的系统。具有可电离基团的化合物提供了其他选择。例如，含有胺的药物可通过形成离子对溶于油酸，如市售制剂利托那韦和利托那韦/洛匹那韦。疏水非电离药物（通常以 $\lg P_{辛醇/水}>3$ 为特征）可被长链或中链甘油三酯和/或由脂质与低 HLB 表面活性剂（如卵磷脂/中链甘油三酯或油酰基聚乙二醇甘油酯）的混合物溶解。疏水性较差的药物（即 $\lg P_{辛醇/水}<3$）可由甘油单酯或丙二醇单酯溶解，或由这些脂质与高 HLB 表面活性剂或亲水共溶剂的混合物溶解。通常，低 HLB 和高 HLB 表面活性剂的组合物具有良好的增溶性，这也可以优化将在后面描述的分散性能。筛选研究可以通过在处方中混合所需的药物量，并通过视觉或显微镜监测药物晶体的存在，然后用高效液相色谱法更准确地测定重点制剂中药物的溶解度。

在优化制剂起始载药量的同时，还对稀释时产生沉淀的趋势进行了评估。这仍然是一个探索领域，有几项研究评估了不同介质，如模拟胃肠液、水、含有胆汁酸的介质以及不同组成的磷脂以模拟餐后和空腹条件（González 等，2002；Gao 等，2003）。Gao 等（2003）采用常规溶出仪和模拟胃液对紫杉醇 LBDDS 制剂在 3 h 内的沉淀进行了实验。在这种情况下，HPMC 的加入产生了一种能够抑制沉淀的制剂，相较没有 HPMC 的 SEDDS 制剂，生物利用度提高了 10 倍。

目前，有必要采用系统的而非通过经验得来的方法来识别对药物有足够溶解度的系统。高通量筛选系统已被用以提高效率。例如，用自动液体分配器制备了一系列尼伐地平 SMEDDS 制剂，即油、表面活性剂和乙醇的混合物，然后确定最优的低 HLB/高 HLB 混合物（Sakai 等，2010）。开发可以预测 LBDDS 中化合物溶解度的计算方法是研究的热点。有几种模型具有潜在的应用价值，包括线性自由能关系，如 Abraham's 模型（Abraham 和 Le，1999）和移动有序理论（Ruelle 和 Kesselring，1994）。应用 Abraham's 模型以在 MCT 中增溶表明预测溶解度的潜力和内在复杂性（Cao 等，2004）。作者用 Abraham 描述符已经建立的六种模型溶质开发了一个模型。他们使用 MCT 和角鲨烷的混合物来调整溶解能力。在证明了对角鲨烷分区的准确预测之后，他们开发了一个对数-线性校正方法，来分开 MCT 中酯部分增加的氢键酸度、碱度和极化率方面的贡献。该研究还试图模拟通常存在于酰基甘油酯中的水的影响。作者通过实验证明，水调节了所研究溶质（苯甲酰胺和 *N*-甲基苯甲酰胺）的溶解度，但结论是，目前模型中用于水的溶质描述符需要修改。最近，Persson 等（2013）测量了 30 种结构各异的亲脂药物分子在 LCT、MCT、聚山梨酯和 PEG 400 中的溶解度。然后利用实验结果建立偏最小二乘模型，根据熔点、辛醇-水分配系数、极性表面积和氮含量等分子描述符来预测药物的溶解度。

该模型可以预测 LCT 和 MCT 中的溶解度，$r^2$ 分别为 0.81 和 0.84。使用计算模型可能更适合比较溶质在简单脂质溶剂中的分区，而不是实际溶解度。与为包含共溶剂和乳化剂的更复杂系统建模相比，这应该足以作为选择初级溶剂系统的指南。

## 11.9 脂质药物传递系统分散性、溶出/分散行为的表征

许多关于 LBDDS 设计和性能的已发表文章描述了对分散性的表征，产生的颗粒尺寸比较受关注，其概念是较小的颗粒增加了药物分配的表面积或载体液滴向肠上皮细胞扩散的速率。为了使粒径成为一个重要的衡量标准，需要对形成的乳剂在测量时间内的稳定性进行一定的评价，从而使测量有意义。此外，还需要仔细选择进行测量的介质。根据 LBDDS 的组成，介质 pH、渗透强度和胆汁的存在都会影响分散后最终形成颗粒的尺寸。此外，机械搅拌力可以改变颗粒分布。

虽然仍然对介质环境敏感，但相对于颗粒尺寸，分散的容易程度可能是衡量体内性能的更好指标。易分散性是指制剂较易与水相混合，通常表现为较低的界面张力。正是这种特性驱动了自乳化过程。促进自乳化的机制是当前研究的一个主题（Pouton，1997；Buchanan 等，2000；Nishimi 和 Miller，2000；Shahidzadeh 等，2000；López-Montilla 等，2002）。药物制剂分散最可能涉及的机制是“扩散和滞留”，即由渗透压失衡（Greiner 和 Evans，1990）、相变和环境条件（如 pH）改变而引起的变化所驱动的机制。考虑到在药物制剂中发现的成分的数量，几个机制并行运行并不令人意外。

“扩散和滞留”是乳剂形成的一种机制，它依赖于存在于一个相的溶质实际上可以溶解在两个相中，并在有限的组成范围内对这些相进行偶合。亲水性共溶剂的加入可以诱导扩散和滞留乳化（Miller，1988；Zourab 和 Miller，1995；Pouton，1997；Rang 和 Miller，1999）。共溶剂最初可能会改善脂质制剂与水介质的混溶性，但当它继续被稀释到水相时，亲脂性更强的物质就会以液滴的形式“滞留”。在油包水液滴的情况下，渗透机理是可能的，即当溶质溶解于内水相，连续油相为半透性屏障时。溶质可以是一种添加剂，如亲水聚合物或盐。当使用可电离成分时，pH 的变化会引起分散。例如，当环境 pH 高于羧酸的 $pK_a$（例如辛酸的 $pK_a$ 为 4.89）时，脂肪酸的易散性增加（CRC，*Handbook of Chemistry and Physics*，1993）。

构建随水含量和条件（如 pH 的变化或胆汁成分的添加）变化的 LBDDS 的相图可以帮助识别影响分散的因素。相较单一表面活性剂，低 HLB 和高 HLB 表面活性剂的组合往往导致乳剂液滴尺寸更小。这些更复杂的系统可以用伪三元相图来检验。虽然处方的体内处理是动态的，但平衡相行为的研究可以为发生的转变的驱动力提供一个指导。例如，相图可以用来比较制剂在胃的酸性环境中和在肠道的中性环境中的平衡状态。添加胆汁成分可以解决溶解制剂的能力。自乳化制剂应避免黏性液晶的形成。因此，形成黏性液晶的组成区域将被映射到相图上，从而允许制剂开发人员改变 LBDDS 的成分以避免该区域。这些相图可以用来比较辅料替代物的效果（例如，使用乳化剂 Tween® 80 代替 Cremophor® EL）。如果肠道环境的表面活性成分与这些组合的相互作用没有不同，那么具有相似相图的脂质/乳化剂组合在体内的行为可能相似。

易分散程度的目视观察对处方筛选是有用的。Khoo 等（1988）提供了一个例子。他构建了一个视觉评级系统，描述了将 1 mL 制剂稀释到 200 mL 水溶液（在出版物中为 0.1 mol/L HCl 或水）后制剂的最终状态。这种方法的一个扩展是使用模拟餐后和空腹流体，如 Nicolaides 等（1999）所描述的，将为胆汁的溶解作用提供指导。将该制剂添加到水介质中后，通过使用第

10 章中描述的动态光散射（DLS）技术测量液滴尺寸，也可以评估分散行为。Gao 等（2004）使用定制的 DLS 探针优化了 SEDDS 制剂，采用的是统计混合实验设计。对制剂分散行为的评估可以与被增溶药物浓度的定量分析相结合，以评估处方在这些条件下失去增溶能力的程度。关于增溶能力，重要的是要考虑到溶液中可能不会立即发生沉淀，对动力学的评估可能对制剂的比较是有用的（González 等，2002）。

Shaba 等（2012）通过测定水性溶液稀释后药物溶解度和稀释后的粒径，考察了桂利嗪优化后的 SEDDS 处方的分散行为和沉淀趋势。含有中链混合甘油酯的Ⅱ型处方（如 Miglyol 810/Imwitor 308/聚山梨酯 85，25∶25∶50），水性溶液稀释后，产生的液滴尺寸不大于 50 nm，外观透明，且稀释后约 90%的药物保留在溶液中。

由于市售环孢素口服制剂的性质差异和由此对药动学产生的影响，分散的影响就突出了。Sandimmune®胶囊制剂是以玉米油和低 HLB 乳化剂 Labrafil® M 2125 CS（聚氧乙烯甘油酯，corn oil PEG 6 esters）的混合物为基础。稀释后，形成粗乳。在相似的稀释条件下，以玉米油甘油单酯、甘油二酯和高 HLB 表面活性剂聚氧乙烯（40）氢化蓖麻油为基础的 Neoral®处方容易形成微乳。该微乳液的特点是形成小而均匀的颗粒。在非空腹肾移植患者中，相对于 Sandimmune®，Neoral®的达峰时间更短（1.2 h vs. 2.6 h），$C_{max}$ 更高（892 μg/L vs . 528 μg/L），AUC 更高（3028 h • μg/L vs. 2432 h • μg/L）。一项比较在移植患者中环孢素生物利用度的临床研究发现，与 Sandimmune®软胶囊制剂相比，Neoral®软胶囊制剂的 $C_{max}$ 和 AUC 分别增加 39% 和 15%（Mueller 等，1994a）。在一项对健康志愿者进行的高剂量研究中发现了更大的差异，与 Sandimmune®相比，Neoral®维持了剂量线性，并将相对生物利用度提高 239%（Mueller 等，1994b）。空腹患者表现出了类似的趋势，Neoral®剂型的变异性更低（Holt 等，1994）。图 11.7 比较了 Neoral®和 Sandimmune®之间的生物利用度特性。虽然这两种剂型都显示出最小的食物效应，但在人体中同等剂量的条件下，Neoral®显示出更高的 $C_{max}$ 和 AUC 值，这是由于在胃肠道乳化后 Neoral®具有更小的液滴尺寸（Constantinides，1995）。另一个说明颗粒尺寸在口服脂质系统中重要性的例子是在 Myers 和 Stella（1992）的一项研究阐述的。10%三辛酸甘油酯乳剂中 Penclomedine 的生物利用度比乳剂中含相同量的三辛酸甘油酯中 Penclomedine 的生物利用度高 10 倍。这种差异是由乳液的粒径较小造成的。

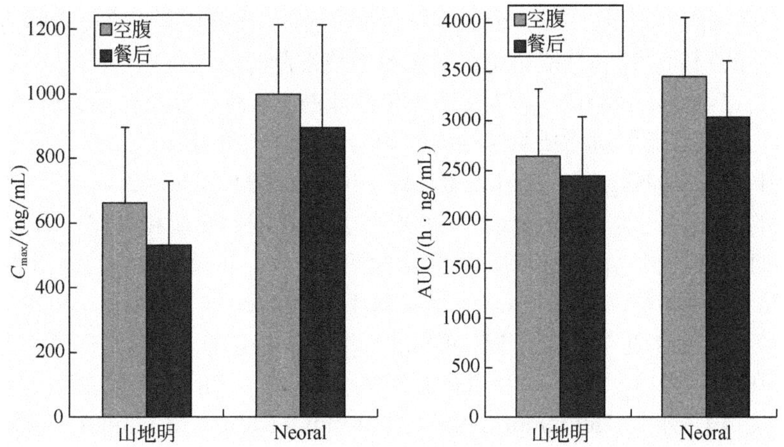


图 11.7　市售环孢素脂质制剂山地明（橄榄油 SEDDS）和 Neoral™（水解玉米油 SMEDDS）在患者体内的对比

（Constantinides P P. Pharm. Res.，1995，12：1561-1572.）

为了在原子水平上了解药物的相行为和分散，计算分子动力学模型被用来为Ⅰ型脂质制剂的药物分散建模。将几种亲脂药物（阿昔洛韦、达那唑、氢化可的松、酮洛芬和黄体酮）与单月桂酰甘油酯和双月桂酰甘油酯及0～75%水混合，建立模型。模拟药物在界面上的位置和呈现的相；药物位置是由药物本身的局部极性/非极性和疏水性/亲水性的特性驱动的（Warren 等，2013）。

## 11.10 脂解作用和脂质吸收

除了由制剂成分决定的内在分散特性外，制剂的体内处理过程也有助于分散。消化系统已经发展出一种非常有效的机制来分解和吸收脂肪（Thomson 等，1993；Embleton 和 Pouton，1997；Norkskog 等，2001；Mu 和 Høy，2004）。消化始于胃，由胃脂肪酶引起。然而，在小肠中发现的胰脂肪酶负责大部分脂肪的消化。胰脂肪酶的活性较低，但可被辅脂酶提高，辅脂酶是被胆酸激活。三酰甘油酯被水解成可以被迅速吸收的甘油单酯和脂肪酸。甘油三酯的消化过程产生结晶、液晶、胶束和由甘油单酯、甘油二酯、脂肪酸和钙脂肪酸盐组成的囊泡相（Patton 等，1985；Hernell 等，1990；Staggers 等，1990）。

脂肪酶的效率取决于脂肪乳剂中由液滴的数量及其大小所决定的暴露表面积（Turnberg 和 Riley，1985；Norkskog 等，2001；Mu 和 Høy，2004）。这是将脂质制剂的分散性作为性能指标的一个原因。脂肪酶的活性是酰基链长度的函数，LCT 的水解速率比 MCT 的水解速率慢（Mu 和 Høy，2004）。此外，制剂中的表面活性剂可以抑制脂肪酶（MacGregor 等，1997）。因此，通过添加表面活性剂来提高分散性不一定能提高制剂的性能。将消化作用的影响降至最小的一种方法是利用脂质消化产物（脂肪酸、甘油单酯、甘油二酯）开发 LBDDS。

消化后，脂类被肠上皮细胞吸收，大部分会分布在门静脉血里（Mu 和 Høy，2004）。此外，长链甘油酯和脂肪酸可以促进乳糜微粒的形成，进入淋巴系统，绕过肝脏的首关代谢（Shen 等，2001）。关于这种改善药物生物利用度的作用的详细评论已经被发表（Charman 和 Stella，1992；Porter 和 Charman，1997）。改善药物的淋巴吸收可以影响某些高亲脂性药物（比如 $\lg D>5$ 的药物）的清除。例如，已经证明 LCT 载体中的高亲脂性抗疟药物卤泛群的淋巴吸收达到 27%（Holm 等，2000），就像溶解在豆油中的白三烯 B4 抑制剂昂唑司特（$\lg D>4$）的淋巴吸收（Hauss et al，1998）。然而，淋巴途径通常是一个低容量的吸收途径，因此仅限于高度亲脂药物（$\lg D>5$）。因此，本章所述的制剂设计和性能讨论仅限于肠上皮细胞吸收过程。

处方开发者已经认识到消化过程对 LBDDS 性能的重要性，以及对候选脂类制剂的消化产物进行表征的重要性。脂解对脂质系统性能的影响的体外评价方法已经被开发出来（Porter 和 Charman，2001；Zangenberg 等，2001a，Kaukonen 等，2004；Christensen 等，2004），并显示出与体内性能的良好相关性（Kossena 等，2005）。虽然在消化介质和具体技术上存在差异，但介质一般由含有钙盐、胆盐和磷脂酰胆碱的缓冲溶液组成，并通过胰脂肪酶消化（Zangenberg 等，2001b；Christensen 等，2004；Porter 等，2004；Fatouros 和 Mullertz，2008）。脂类制剂分类系统（LCFS）联合会正在努力建立 LBDDS 的标准化体外试验，尤其是在消化方面（Williams 等，2012a，2012 b，2013，2014）。推荐的标准条件是 pH 6.5 的消化缓冲液，由 2 mmol/L 三羟甲基氨基甲烷马来酸酯、150 mmol/L NaCl、1.4 mmol/L $Ca^{2+}$、3 mmol/L 牛磺脱氧胆酸钠和 0.75 mmol/L 磷脂酰胆碱组成。胰脂肪酶可以以消化酶（如猪胰酶）的粗混合物的形式提供，也可以以纯化的形式提供，但这种情况不太常见。利用氢离子浓度稳定滴定法监测脂肪酸的生成，从而监测消化过程。监测消化效果的目的在于模拟制剂在经历化学和物理（如胶束、囊泡和液晶）转化过程时溶解度的变化。为了做到这一点，消化后的样品被离心或进行尺寸排除层析来分离不同的相，并在每个相中测量药物浓度（Kossena 等，2003）。Dahan 和 Hoffman（2008）对灰黄霉素长链甘油三酯（LCT）、中链甘油三酯（MCT）、短链甘油三酯（SCT）和水悬浮液的处方进行了体外脂解模型研究和大鼠生物利用度研究。体外和体内研究均显示 MCT＞LCT＞SCT＞水悬浮液的增溶顺序，相关系数 $r^2$＞0.98。

Sassene 等（2014）研究了不同水平的猪胰酶和钙在达那唑体外脂解模型中的作用。将胰酶水平从 150 USPU 提高到 900 USPU，长链和中链脂质制剂的总消化程度分别提高 51%和 59%。不同的钙水平会引起与消化产物相互作用（如沉淀游离脂肪酸）的间接影响，从而导致药物沉淀。建议钙浓度为 1.4 mmol/L 以减少沉淀，胰酶浓度为 600 USPU/mL，在空腹条件下，两者的体内活性相似。虽然大多数研究是在 pH 6.5 和胰脂肪酶下进行的，且主要关注小肠中的消化过程，但 Bakala 等（2015）在较低的 pH（1.5～5.0）和胃脂肪酶下进行了脂解研究。胃脂肪酶的最佳 pH 为 4～5，8 种有代表性的脂类制剂均发生脂解。然而，作者的结论是，作为脂质制剂的比较，在 pH 6.5 下使用胰脂肪酶进行标准化研究，更实用也更有意义。

其他分析方法已成功地用于补充体外消化试验的结果，并阐明其作用机理。Phan 等（2013）从正在消化的中链甘油三酯（Captex 355）中取出不同时间点（0～60 min）的样品，用同步加速器小角度 X 射线散射和低温透射电镜观察。研究人员能够识别出 MCT 消化时形成的囊泡相的类型和结构；最初只有胶束存在，但 20～25 min 后，逐渐形成层状相。Stillhart 等（2013）使用在线拉曼光谱检测了非诺贝特 SMEDDS 制剂在消化过程中的药物沉淀动力学，该制剂由 Miglyol 812/Imwitor® 988/Cremophor® RH 40（40∶20∶40）组成。拉曼光谱结果与离线纳米过滤测量结果吻合较好，但其更高的灵敏度和时间分辨率，为建立沉淀动力学数学模型和药物在消化过程中的时间依赖性溶解度提供了可能。Buyukozturk 等（2013）使用电子顺磁共振自旋标记探针（TEMPOL benzoate，$\lg P_{O/W} = 2.46$）作为水不溶性药物模型，检测在大豆油/聚山梨酯 80（1∶1）SEDDS 制剂中的变化。在有消化脂质存在的情况下，药物的溶解度提高了 8 倍，由于消化作用，药物的释放量从 9%增加到 70%。该方法建立了消化过程中药物溶出和分配的定量力学模型，并计算了药物的消化、溶出和释放速率常数。计算模型对 LBDDS 的理解和优化越来越重要，Alskar 和 Bergstrom（2016）最近对其进行了综述。

近年来，人们认识到 LBDDS 引起药物在肠道吸收增加的因素之一是药物在肠细胞膜附近的局部过饱和，为药物的吸收提供了高的热力学驱动力。有人提出，过饱和是由摄入后的不同阶段引起的：最初的分散；消化后产生的胶体系统；由胆汁分泌和稀释所产生的结构；脂质吸收（Williams 等，2013c）。过饱和引起的药物沉淀是可能的，但对达那唑、非诺贝特和托灭酸的研究表明，局部过饱和比＜3（即达到水平衡药物溶解度的 3 倍）是可耐受的，不会产生药物沉淀（Williams 等，2012b；Williams 等，2013b），可据此设计处方。

Porter 等（2004）研究了由 LCT、MCT 或共混物组成的卤泛群类脂质制剂的体外消化/增溶与体内性能的关系。早期的研究表明 MCT 制剂比 LCT 制剂具有更显著的水相过饱和度，因此研究人员预测 MCT 制剂在早期的时间点具有更显著的吸收。事实上，LCT 制剂的吸收更强，作者在它们的体外脂解试验中证明了过饱和能力取决于脂质的量。与 250 mg/10 mL 相比，将消化的 MCT 的量降低到 50 mg/10 mL，从而减少了囊泡的比例，这些囊泡是比胶束更好的卤泛群增溶剂。相比之下，LCT 处方即使在较低的脂质水平下也能维持过饱和状态。

从脂类制剂中吸收药物的最后一个考虑是，许多亲脂化合物是 P-糖蛋白（PgP）和肠道细胞色素 P450（CyP3A）酶的底物（Kaminsky 和 Fasco，1991；Seelig 和 Landwojtowicz，2000；Wu 和 Benet，2005）。前者是膜结合的外排转运蛋白，将化合物从肠细胞转运回肠腔，而后者是羟化酶，将药物代谢为极性更强、可能不活跃的物质（Wacher 等，1995；Wasan，2001；Wang 等，2003）。PgP 的净效应是由于外排转运而降低了药物的吸收。表 11.2 中列出的许多表面活性剂，包括 Cremophor EL、Cremophor RH 40、聚山梨酯 80 和 Vitamin E TPGS，在体外高浓度使用时被认为是 PgP 抑制剂（Rege 等，2002；Bogman 等，2003）。然而，这些表面活性剂在正常水平下使用时，是否会由于 PgP 或 CyP3A 的抑制而在体内产生净吸收增强效果还不确定。然而，在新候选药物的制剂开发过程中，了解外排转运蛋白和 CyP3A 参与药物吸收是很重要的，并且可能要考虑制剂中选择的表面活性剂的 PgP 和 CyP3A 的抑制特性。胺碘酮和 Talinol 的 SNEDDS 制剂的体内外试验表明，随着增溶作用的增加，PgP 外排的减少和 CyP3A 肠细胞内代谢的抑制促进了生物利用度的提高（Elgart 等，2013）。

LBDDS 中药物的吸收可以在体外活体模型中进行检测，从而使体内-体外相关性更好。Yeap 等（2013）采用单通道大鼠空肠灌注模型，研究了对油酸中桂利嗪和 $^3$H-油酸的吸收情况，油酸中包含肠道胆盐混合胶束。阿米洛利可作为酸性微环境的衰减器，是一种具有竞争力的质膜 $Na^+/H^+$交换抑制剂。研究发现，未搅拌水层的酸性微环境可促进肠道混合胶束中药物的吸收，结果支持脂质吸收诱导药物过饱和，从而促进药物吸收。类似地，大鼠体内的单向原位肠灌注实验和体外脂质消化模型，可以实时分析非诺贝特在ⅢA 型、ⅢB 型和Ⅳ型处方中的吸收情况。虽然在体外观察到了因过饱和引起的药物沉淀，但灌注实验表明仍然有吸收，说明如果吸收足够快，过饱和可以促进吸收而不发生沉淀。作者的结论是，在体外消化试验中缺乏“吸收池”会导致对体内性能的低估（Crum 等，2016）。

临床试验前的下一步是在动物体内测试候选配方，评估脂质系统的药物生物利用度，从而评估体内-体外相关性。大鼠和犬是应用最广泛的物种，但猪最近被认为在饮食行为和胃肠道生理学上更接近人（O'Driscoll 和 Griffin，2008）。在一系列豆油/长链甘油三酯/Cremophor EL /乙醇的达那唑处方中发现，在体外消化模型中，增加表面活性剂/脂质比可增加药物沉淀。因此，低表面活性剂/脂质比的制剂具有更高的生物利用度，并且观察到了体外/体内相关性的等级顺序（Cuine 等，2007）。Kollipara 和 Gandhi（2014）综述了 LBDDS 的药动学和体内-体外相关性趋势。许多研究显示了体外分散与体内生物利用度之间的良好相关性（如环孢素、利托那韦、洛匹那韦、丙基辛酸和非诺贝特）和体外脂解与体内生物利用度之间的良好相关性（如卤泛群、灰黄霉素、桂利嗪、地塞米松、达那唑、普罗布考和维生素 $D_3$）。

虽然本讨论设想了 LBDDS 的逐步发展，以检查溶解、分散、消化和吸收，但因这些过程之间的相互影响，它们不应该被孤立检测。此外，一些表面活性剂在肠道环境中容易被消化（Cuine 等，2008）。例如，在 Labrasol（PEG-8 辛酸/癸酸甘油酯）的研究中，发现胃脂肪酶主要将甘油二酯和甘油三酯消化为甘油单酯，而胰脂肪酶则对 PEG、脂肪酸和甘油进行消化（Fernandez 等，2013）。消化后药物溶解度可增加（如Ⅰ型处方）或减少。一个ⅢA 型桂利嗪 SNEDDS 处方，芝麻油/油酸/ Cremophor RH 40/Brij 97 /乙醇（21∶15∶45∶9∶10），高载药量（50 mg/g，饱和度为 85%）会有药物沉淀发生，但低载药量（12.5 mg/g）不会有药物沉淀发生（Larsen 等，2013）。

关于增溶、分散、消化和吸收的相互作用，Porter 等（2008）概述了脂类制剂设计的七条方针：

① 药物在分散和消化后，维持药物在制剂中的溶解度至关重要。

② 在增强吸收方面，消化处理后形成的胶体物质的性质可能比处方本身的性质更为重要。

③ 脂质比例越高（＞60%），表面活性剂比例越低（＜30%），共溶剂比例越低（＜10%），

稀释和消化后的药物增溶性越强。

④ 中链甘油三酯可使处方中药物溶解度更大、处方更稳定，长链甘油三酯有助于胆盐-脂质胶体物质的更有效形成，因此可能产生更高的生物利用度。

⑤ ⅢB 型 SMEDDS 处方使分散后的液滴尺寸更小。然而，它们更依赖于表面活性剂的性质；非消化表面活性剂通常具有较高的生物利用度。

⑥ 含有两种共溶剂的Ⅳ型处方的分散效果可能比只包含单一表面活性剂的制剂的分散效果更好。

⑦ Ⅳ型制剂可能具有更高的药物溶解度，但必须谨慎设计，以避免药物分散后沉淀。

## 11.11　脂质药物传递系统的最终剂型

脂质制剂可以是：①即食乳剂；②在给药前用水或果汁稀释的液体体系；③液体填充胶囊（表 11.3）。虽然胶囊通常是最方便的剂型，但儿童和老年患者更容易接受液体。此外，在药物开发的早期阶段，液体脂质制剂提供了一种相对快速的方法进入首次人体研究，因为该制剂易于生产。首次人体试验的目的通常是证明药物的安全性和有效性，其主要目标通常是尽快进入临床。在这些研究中，为使患者或志愿者更好地接受，在给药前最好立即用果汁、水或其他水性载体稀释处方；产生的乳剂也能使给药的剂量和吸收更加均匀。如果脂质载体中药物稳定性不足（<6 个月），不足以支持临床用品的生产和储存，则可以在临床现场用“瓶装粉剂制剂”的方法，采用药物粉末即时配制。在生产过程中，将称量的药物粉末或简单的固体药物辅料混合物装入所需数量的适当容器中；准备脂质/表面活性剂/共溶剂共混物，并将其称重到其他容器中。在临床现场，根据需要将药物粉末和脂质混合物混合使用。

如果时间允许，在临床试验中使用液体灌装胶囊制剂可以更顺利地过渡到商业剂型。软明胶胶囊是最常用的，因为它适用于各种液体脂质载体（Jimerson，1986）。对于大多数制药公司来说，软胶囊产品的生产由于使用了专业的生产设备，需要使用第三方生产厂家。例如，最近有人描述了采用 Capsugel's Li-Caps®系统将液体灌装到硬明胶胶囊中，这对于批量较小的早期药物开发尤为适用（Cade 等，1986）。必须考虑脂质载体与硬明胶胶囊和软明胶胶囊的相容性不同（Cole，1999）。最近，由于对 BSE/TSE 的关注以及避免动物性产品的趋势，人们对 HPMC 等替代壳材料产生了一些兴趣，HPMC 最近被证明在体内的分解时间与明胶胶囊类似（Tuleu 等，2007）。

被封装到硬明胶胶囊中时，脂质制剂也可以发展成半固体制剂。半固体制剂可以定义为高比例的固体与液体混合的多相分散体。一般来说，它们是通过将固体脂质与其他液体成分混合并在熔融状态下灌装到胶囊中制备的（Walker 等，1980）。为了防止泄漏，通常需要封住胶囊。另一种选择是触变性凝胶半固体制剂。其中，胶体二氧化硅等制剂作为基质，以防止液体载体的流动。Lombardin 等（2000）描述了触变性处方的特殊考虑因素和表征方法。与液体相比，半固体的优点是它们更容易被硬胶囊所接受，并且胶囊壳和填充物之间稳定性和兼容性更好。

胶囊软化、外壳脆性和填充物泄漏都是必须监测的可能出现的问题。亲水组分（如乙醇、丙二醇和甘油）特别容易导致填充物与壳不相容。甘油在某些甘油单酯和甘油二酯脂质辅料中可能是杂质，必须小心控制其含量。虽然半固体填充物可以改善一些兼容性问题，但它们也有潜在的物理稳定性问题，可能需要更多的时间来开发，而且可能更难表征。

已经开发了几种将脂质制剂转化为固体剂型的方法，如片剂或灌装进硬胶囊（Cannon，2005；

Tan 等，2013；Jannin 等，2008；Tang 等，2008；Dening 等，2016）。一种选择是固体分散，它可以被定义为含有被分散或溶解药物的固体基质（例如聚合物或脂质）。由于固体分散基质中可能仍然存在一些液体成分（特别是温度高于 37℃时），在半固体和固体分散体之间存在连续体，文献中往往没有明确的区分这两种类型的系统。聚合物是固体分散制剂中最常见的基质（Breitenbach，2002），固体脂质也可作为基质。固体分散体可以获得较高的载药量，但生物利用度将取决于吸收是需要溶解的药物还是无定型药物。一项关于维生素 E 固体分散体在 Gelucire 44/14 熔化物中被灌装到硬明胶胶囊的生物研究表明，相对于商业产品，维生素 E 固体分散体的生物利用度有所提高，见图 11.8（Barker 等，2003）。与液体和半固态不同，具有高熔点的固体分散体有可能被压成片剂。固体分散体也可以设计成缓释制剂（Hamdani 等，2003；Galal 等，2004）。泊洛沙姆 188 和 PEG 8000 与脂质（甘油或丙二醇脂肪酸单酯）和药物（非诺贝特或普罗布考）的混合物在 75℃熔融冷却后形成固体分散体。形成物在固态下无相分离，分散在水中形成 200～600 nm 的小液珠，或在某些情况下形成微乳液，药物在脂质相中溶解。泊洛沙姆 188 既可作为脂类的固化剂，也可作为乳化剂（Shah 和 Serajuddin，2012）。以月桂酰聚氧甘油酯（如 Acconon® C-44 和 Gelucire® 44/14）、中链甘油酯（如 Captex® 355）和 Cremophor® EL 的混合物为原料，在 65℃下熔融，填充到硬明胶胶囊中，制备固体 SEDDS 制剂。DSC、粉末 XRD、显微镜分析表明，该药物（普罗布考）溶解于分散在固相中的脂质液相中，没有药物结晶。在水中分散产生的乳液颗粒的尺寸小于 650 nm，固体制剂中无明显药物沉淀（Patel 等，2012）。

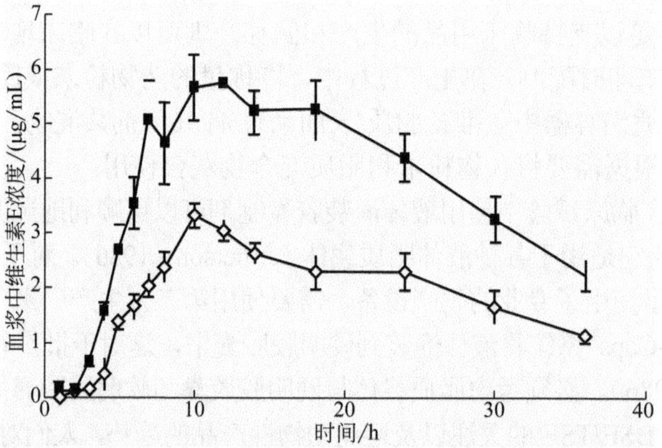


图 11.8　一种维生素 E 固体分散体口服给药后血浆中维生素 E 的浓度

■—PEG-32 月桂酸甘油酯（Gelucire® 44/14）固体分散体；◇—市售产品

（Barker S A，Yap S P，Yuen K H，et al. J. Control. Rel.，2003，91：477-488.）

固体脂质纳米粒的尺寸分布在亚微米范围内，其分子结构与脂质固体分散体相似。生产方法包括热：熔均质化，其中药物-脂质熔化物被乳化并冷却；冷熔均质化，其中药物-脂质熔体凝固，在粉碎机中研磨、分散和乳化；溶剂乳化，其中药物和脂质溶解在亲脂溶剂中，乳化并蒸发（Mehnert 和 Mader，2001）。最近的变化是纳米脂质载体（NLC），Das 和 Chaudhury（2011）对 SLN 和 NLC 进行了综述。虽然 SLN 制剂最初被应用于肠外，但它们也用于口服，具有缓释作用。采用热熔均质法制备了环孢素/硬脂酸 SLN，大鼠口服后，该制剂具有缓释作用，相对于微乳剂具有 80%的生物利用度（Zhang 等，2000）。以硬脂酸棕榈酸甘油酯为原料，采用反溶剂沉淀法制备了含托彻普的 SLN。与托彻普粉末相比，SLN 在大鼠体内的 AUC 增加了 11.6 倍，$t_{max}$ 为 1 h（Liu 等，2015）。以硬脂酰胺、大豆卵磷脂和泊洛沙姆 188 为原料，采用改性溶剂注射法制备了负载紫杉醇的 SLN。获得的颗粒尺寸约 100 nm，小鼠口服给药，$t_{max}$ 为 6 h，与 $t_{max}$ 为 2 h 的紫杉醇溶液相比，AUC 提高 6.4 倍（Pandita 等，2011）。

有几篇由脂质和表面活性剂吸附在硅酸盐上形成的固体 SEDDS 制剂的报道。中链甘油酯（Capmul MCM 和/或 Captex 355）和含有普罗布考的表面活性剂（Cremophor EL）的液体混合物被吸附到 Neusilin US2 上，Neusilin US2 是一种含有其他氧化物（如氧化镁、氧化铝和氧化钙）的硅酸盐。Neusilin /液体为 1∶1，可以制备出流动性和压实性能良好的、可被压成片剂的固体 SEDDS 粉体（Gumaste 等，2013）。采用喷雾干燥 Aerosil 200，将药物溶解在油相 Lauroglycol/Labrasol/Transcutol 中，制备了姜黄色素固体 SEDDS 制剂。与姜黄色素粉末相比，固体 SEDDS 对大鼠具有更高的生物利用度，$C_{max}$ 和 AUC 分别是前者的 4.6 倍和 7.6 倍（Yan 等，2011）。

口服脂类制剂的固体剂型的其他可能设计包括液-固压实剂和干乳剂（Cannon，2005；Tan 等，2013）。在液-固压实剂的制备中，药物被溶解在非水溶剂中，吸附在固体载体上。使用的固体载体包括二氧化硅纳米颗粒或微粒、多糖、聚合物（Tan 等，2013）和介孔无机材料（Dening 等，2016）。由此产生的固体可以压缩成片剂或填充进胶囊。例如，含有柠檬油、Cremophor EL 和吸附在麦芽糖糊精/Avicel 载体上的 Capmul MCM 的辅酶 $Q_{10}$ 自乳化混合物（Nazzal 等，2002）。在干乳液或固态乳液方法中，药物首先溶解在亲脂溶剂中，与含有膨胀剂（冷冻保护剂）的水相结合，并均质形成乳液。然后通过冻干、喷雾干燥或类似的干燥方法除去水分；由此产生的干粉可以填充成胶囊或压缩成片剂。这种方法制备的药物包括氢氯噻嗪（Corvelyn 和 Remon，1998）、万古霉素（Shively 和 Thompson，1995）、茶碱（Chambin 等，2000）、氨氯地平（Jang 等，2006）、洛伐他丁（Ge 等，2008）和吲哚美辛（Hamoudi 等，2012；Wang 等，2010）。由于对固体载体的要求，无论是液-固压实剂还是干乳剂方法，都存在载药量低的缺点，除非药物本身是一种油（如维生素 E）（Takeuchi 等，1991）和丙戊酸（Cannon，2005）。

使用这些半固体和固体方法可以缓解有时观察到的液体填充制剂的化学稳定性问题，并可能最终提供使用传统设备开发片剂剂型的可能性。虽然液体脂质制剂通常能够最大限度地提高难溶性药物的生物利用度，并为首次人体研究提供更快速的开发。但关于最佳制剂路线的任何决定都必须在个案的基础上加以评价。

一个商业化制剂必须是稳健的，能够重复和易于生产控制，在成分、特点和性能上的批间差异最小。在早期阶段，表征测试主要针对功能性能，评估药物在载体中的溶解度、分散特性和生物利用度。稳定性研究证实，药效损失最小，这些功能特征没有显著变化。这些测试在后期阶段仍然很重要，但是必须由那些能够最好地识别批间差异来源、监控关键生产参数并给出有意义的质量标准的测试补充或替代。在开发的早期阶段使用的分析测试和表征不一定适合设置质量标准。

Fatouros 等（2007）综述了剂型为口服脂质制剂的药物的临床研究。除表 11.3 所列药物外，临床试验中检测的用于口服 LBDDS 的药物还包括阿托伐醌、氯美噻唑、达那唑、安定、双香豆素、氟芬那酸、灰黄霉素、芬维 A 胺、呋喃妥因、紫杉醇、奎孕酮、泛醌、棕榈酸视黄醇、三烯生育酚。

## 11.12 脂质药物传递系统中药物增溶和传递的挑战

### 11.12.1 物理稳定性和明胶相容性

在制备脂质制剂时经常遇到的挑战之一是物理稳定性。对于液体处方，常见的问题是与胶囊壳的相互作用和泄漏。亲水性成分如甘油（通常是在脂质辅料中发现的一种微量成分）、丙二醇、乙醇和水可以在胶囊壳和填充物之间迁移。外壳成分的改变可能导致胶囊脆性或软化，损害胶囊的物理完整性，并可能改变产品的溶解曲线。Cole（1999）编制了辅料与硬明胶胶囊的相容性资料。此外，填充物含量的变化可能改变药物在填充物中的溶解度，从而可能导致药物沉淀和生物利用度损失。

由于它们是同时包含液相和固相的动态系统，半固态制剂可能会有额外的挑战。必须考虑基体的结晶度，这可能与脂质纯度、链长分布和脂质多态性高度相关。例如，甘油酯可以是六角相（α）、正交相（β'）和三斜相（β）（Mehnert 和 Mader，2001）。后者最稳定，而前两个相是亚稳相，但仍然很常见。生产条件（如混合、熔化和冷却速率）和储存条件会影响晶型的比例。此外，基质的结晶通常会促进药物的结晶，这可能会对体内和体外的行为产生负面影响。在开发过程中，通过适当的技术监测药物和辅料的结晶性始终是重要的[如差示扫描量热法（DSC）、X 射线粉末衍射（PXRD）、热台显微镜、傅里叶变换红外光谱（FTIR）、傅里叶变换拉曼光谱（FT-Raman）]。即使该制剂最初含有微粉化固体药物并具有足够的生物利用度，半固态制剂的动态特性最终也会导致药物粒度的增加，从而对生物利用度产生不利影响。

### 11.12.2 化学稳定性：氧化和明胶交联的典型机制

正如第 10 章所详细介绍的，导致脂类制剂组分化学不稳定性的两个最重要的机制是水解（对于含有酯键的组分）和氧化（对于不饱和脂类、氧不稳定共溶剂和表面活性剂，如 PEG 400 和 Labrafil® M2125 CS）。以 PEG 为基础的表面活性剂和不饱和脂质在脂质制剂中的应用使脂质过氧化反应很可能发生（Cannon，2005；Stella，2013）。而脂质过氧化产物会引起药物的不稳定性，主要的问题是醛类产物会与硬明胶胶囊壳和软明胶胶囊壳发生反应，导致交联，延缓溶出。图 11.9 显示了不同浓度的醛类化合物对明胶交联的影响以及由此导致的溶出曲线的变化（Gold 等，1997）。脂类制剂应考虑醛类产品和明胶交联的测定。一般来说，适当的脂质和表面活性剂的纯度、来源及质量标准对于保持产品的稳定性是至关重要的，如有必要，应使用抗氧化剂。

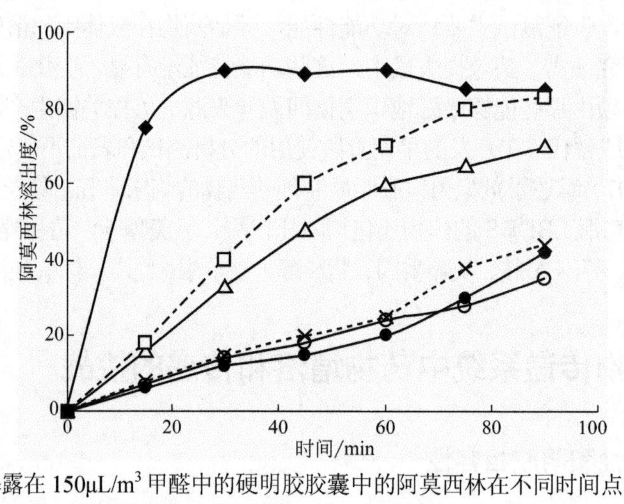


图 11.9 暴露在 150μL/m³ 甲醛中的硬明胶胶囊中的阿莫西林在不同时间点的溶出曲线

◆—对照；□—2.25 h；△—4.60 h；×—9.42 h；○—16.0 h；●—24.0 h

（来源：Gold T B，Bruice R G，Lodder R A，et al. Pharm. Res.，1997，14：1046-1050.）

如前所述，水解是一些脂类（甘油和磷酸甘油酯）降解的另一个重要机制，通过水解可以释放游离脂肪酸，导致 pH 降低，在第 10 章讨论了这一点。与肠外产品相比，这一现象对口服制剂来说不那么重要，因为口服制剂中的水含量通常较低。如果水从明胶壳中或通过明胶壳被吸收，在储存过程中会发生水解。

## 11.13 口服脂质药物传递系统的毒理学考虑

与肠外制剂相比，口服脂质制剂的毒性很少受到关注。这里讨论的大多数脂质被认为是安全的（GRAS）。事实上，从食物中吸收的长链甘油三酯、甘油二酯和甘油单酯的量比由给药导致的吸收要多。虽然有报道称，MCT 可以加速小肠运输时间并诱发腹泻（Verkijk 等，1997），但在临床试验中，高达 1g/kg MCT 的饮食消耗已被证明是安全的（Traul 等，2000）。在脂质制剂中使用的表面活性剂的毒性各不相同，水平应保持在报告可接受的限度内。除了毒理学之外，对于以液体形式口服给药的脂质制剂，还要从味道、气味和口感的角度进行特殊关注及研究。

## 11.14 结论和展望

虽然在口服脂质制剂领域有很大的前景，但未来有几个研究方向将扩大这些系统的用途。虽然有许多辅料可用于制备这些制剂（表 11.1 和表 11.2），但用于脂质制剂的新型脂质和相关物质将对未来的制剂开发者提供重要帮助。新型辅料的理想特性是增强候选药物在多种药物特性中的增溶作用，有利的毒理学特性，稳定，易于生产，获得足够的质量标准和纯度控制，与其他脂类、表面活性剂和胶囊外壳的相容性。必须认识到，新辅料的获批困难重重，一般必须与新药物产品的批准挂钩，这需要制药公司和辅料公司之间的密切合作。最近获批的一个脂质制剂的新辅料是 *d*-α-生育酚聚乙二醇 1000 琥珀酸酯（Vitamin E TPGS，Eastman），第一次用在蛋白酶抑制剂 Agenerase®（安泼那韦，Glaxo Smith Kline）的处方配制中。Vitamin E TPGS 增加了安泼那韦的溶解度和渗透性，由辅料导致的吸收增强被认为是开发这种 HIV 蛋白酶抑制剂的软明胶胶囊产品的关键（Yu 等，1999）。

另一项需要是改进脂质制剂表征方法。尽管由于 LFCS 联合会的努力体外表征方法已经取得了相当大的进展，但仍然需要改进，以提供体内-体外相关性。由于在注册申报时提交的溶出方法需要有漏槽条件，因此通常必须在介质中添加表面活性剂，以获得足够的药物溶解度。这可能会改变处方的分散行为，使其不能预测体内的分散行为。虽然对于已经开发的制剂，传统的溶出方法可能足以作为质量控制措施来评估批间差异性，但其他测量分散行为的方法可能更适合作为筛选工具来比较一些处方。可能的方法包括联合溶出/Caco Ⅱ模型（Ginski 和 Polli，1999；Kataoka 等，2006）或透析法，如旋转透析池（Takahashi 等，1994）。此外，正在进行的表征 LBDDS 消化时药物的去向的工作，应该为开发更简单的体外方法提供新的见解。

综上所述，近年来难溶性候选药物数量的增加无疑将在未来几年增加口服脂类制剂的重要性。如果候选药物在本章描述的载体中有足够的溶解度，脂质系统通常会为临床和商业处方的有效内部开发提供一个有吸引力的方法。部分药品的注册商标列于表 11.5。

表 11.5 注册商标一览表

| 名称 | 企业 |
|---|---|
| Accutane® | Roche Laboratories Inc.，Nutley，New Jersey |
| Agenerase® | GlaxoSmithKline，Research Triangle Park，North Carolina |
| Capmul®；Captex® | Abitec Corp，Columbus Ohio |
| Cremophor®；Pluronic® | BASF，Mount Olive，New Jersey |
| Depakene® | Abbott Laboratories，North Chicago Illinois |
| Gelucire®; Labrafac®; Labrafil®; Labrasol®; Lauroglycol® | Gattefosse Gattefossé SA，St. Priest Cedex，France |
| Imwitor®；Miglyol® | Sasol North America Inc.，Houston Texas |
| Myrj®；SPAN®；Tween® | Uniqema North America Inc.，Chicago Illinois |
| Neobee® | Stepan Company，Northfield，Illinois |
| Neoral®；Sandimmune® | Novartis Pharmaceuticals Corporation，East Hanover，New Jersey |
| Phosal®；Phospholipon® | American Lecithin Company，Oxford，Connecticut |

# 参考文献


Abraham, M. H. and J. Le. (1999). The correlation and prediction of the solubility of compounds in water using an amended solvation energy relationship. *J. Pharm. Sci.*, 88: 868–880.

Abrams, L. S., H. S. Weintraub, J. E. Patrick, and J. L. McGuire. (1978). Comparative bioavailability of a lipophilic steroid. *J. Pharm. Sci.*, 67: 1287–1290.

Alfons, K. and S. Engstrom. (1998). Drug compatibility with the sponge phases formed in monoolein, water, and propylene glycol or poly(ethylene glycol). *J. Pharm. Sci.*, 87: 1527–1607.

Alskär, L. C. and C. A. S. Bergström. (2015). Models for predicting drug absorption from oral lipid-based formulations. *Curr. Mol. Bio. Rep.*, 1: 141–147.

Armstrong, N. A. and K. C. James. (1980). Drug release from lipid-based dosage forms. II. *Int. J. Pharm.*, 6: 195–204.

Bakala-N'Goma, J. C., H. D. Williams, P. J. Sassene, K. Kleberg, M. Calderone, V. Jannin, et al. (2015). Toward the establishment of standardized in vitro tests for lipid-based formulations. 5. Lipolysis of representative formulations by gastric lipase. *Pharm. Res.*, 32: 1279–1287.

Barker, S. A., S. P. Yap, K. H. Yuen, C. P. McCoy, J. R. Murphy, and D. Q. M. Craig. (2003). An investigation into the structure and bioavailability of alpha-tocopherol dispersions in Gelucire. *J. Control. Rel.*, 91: 477–488.

Bell, S. J. et al. (1997). The new dietary fats in health and disease. *J. Am. Dietetic Assoc.*, 97: 280–288.

Bogman, K., F. Erne-Brand, J. Alsenz, and J. Drewe. (2003). The role of surfactants in the reversal of active transport mediated by multidrug resistance proteins. *J. Pharm. Sci.*, 92: 1250–1261.

Bravo González, R. C., J. Huwyler, I. Walter, R. Mountfield, and B. Bittner. (2002). Improved oral bioavailability of cyclosporin A in male Wistar rats comparison of a Solutol HS 15 containing self-dispersing formulation and a microsuspension. *Int. J. Pharm.*, 245: 143–151.

Breitenbach, J. (2002). Melt extrusion: From process to drug delivery technology. *Eur. J. Pharm. Biopharm.*, 54: 107–117.

Buchanan, M. et al. (2000). Kinetic pathways of multiphase surfactant systems. *Phys. Rev. E: Stat. Phys., Plasm., Fluids, Relat. Interdisc. Topics*, 62: 6895–6905.

Bummer, P. M. (2004). Physical chemical considerations of lipid-based oral drug delivery—solid lipid nanoparticles. *Crit. Rev. Therap. Drug Carrier Syst.*, 21: 1–19.

Burcham, D. L. et al. (1997). Improved oral bioavailability of the hypocholesterolemic DMP 565 in dogs following oral dosing in oil and glycol solutions. *Biopharm. Drug Disp.*, 18: 737–742.

Buyukozturk, F., S. Di Maio, D. E. Budil, and R. L. Carrier. (2013). Effect of ingested lipids on drug dissolution and release with concurrent digestion: A modeling approach *Pharm. Res.*, 30: 3131–3144.

Cade, D., E. T. Cole, J. P. Mayer, and F. Wittwer. (1986). Liquid filled and sealed hard gelatin capsules. *Drug. Dev. Ind. Pharm.*, 12: 2289–2300.

Cannon, J. (2005). Oral solid dosage forms of lipid-based drug delivery systems. *Am. Pharm. Rev.*, 8: 108–113.

Cao, Y. et al. (2004). Predictive relationships for the effects of triglyceride ester concentration and water uptake on solubility and partitioning of small molecules into lipid vehicles. *J. Pharm. Sci.*, 93: 2768–2779.

Carrigan, P. J. and T. R. Bates. (1973). Biopharmaceutics of drugs administered in lipid containing dosage forms. I. GI absorption of griseofulvin from an oil-in-water emulsion in the rat. *J. Pharm. Sci.*, 62: 1476–1479.
Chafetz, L. et al. (1984). Decrease in the rate of capsule dissolution due to formaldehyde from Polysorbate 80 autoxidation. *J. Pharm. Sci.*, 73: 1186–1187.
Chambin, O., C. Bellone, D. Champion, M. H. Rochat-Gonthier, and Y. Poucelot. (2000). Dry adsorbed emulsion: I. characterization of an intricate physicochemical structure. *J. Pharm. Sci.*, 89: 991–999.
Charman, W. N. (2000). Lipids, lipophilic drugs, and oral drug delivery—some emerging concepts. *J. Pharm. Sci.*, 89: 967–978.
Charman, W. N. and V. J. Stella. (1992). *Lymphatic Transport of Drugs*, CRC Press, Boca Raton, FL.
Charman, W. N. et al. (1997). Physicochemical and physiological mechanisms for the effects of food on drug absorption: The role of lipids and pH. *J. Pharm. Sci.*, 86: 269–282.
Charman, W. N., M. C. Rogge, A. W. Boddy, and B. M. Berger. (1993). Effect of food and a monoglyceride emulsion formulation on danazol bioavailability. *J. Clin. Pharmacol.*, 33: 381–386.
Christensen, J. O. et al. (2004). Solubilisation of poorly water-soluble drugs during *in vitro* lipolysis of medium- and long-chain triacylglycerols. *Eur. J. Pharm. Sci.*, 23: 287–296.
Cole, E. (1999). Liquid filled and sealed hard gelatin capsules. Technical report, Capsugel, *Arlesheim, Switzerland.*
Constantinides, P. P. (1995). Lipid microemulsions for improving drug dissolution and oral absorption: Physical and biopharmaceutical aspects. *Pharm. Res.*, 12: 1561–1572.
Corvelyn, S. and J. P. Remon. (1998). Formulation of a lyophilized dry emulsion tablet for poorly soluble drugs. *Int. J. Pharm.*, 166: 65–74.
Crum, M. F., N. L. Trevaskis, H. D. Williams, C. W. Pouton, and C. J. Porter. (2016). A new in vitro lipid digestion in vivo absorption model to evaluate the mechanisms of drug absorption from lipid-based formulations. *Pharm. Res.*, 33: 970–982.
Cuiné, J. F., W. N. Charman, C. W. Pouton, G. A. Edwards, and C. J. Porter. (2007). Increasing the proportional content of surfactant (Cremophor EL) relative to lipid in self-emulsifying lipid-based formulations of danazol reduces oral bioavailability in beagle dogs. *Pharm. Res.*, 24: 748–757.
Cuine, J. F., C. L. McEvoy, W. N. Charman, C. W. Pouton, G. A. Edwards, H. Benameur, and C. J. Porter. (2008). Evaluation of the impact of surfactant digestion on the bioavailability of danazol after oral administration of lipidic self-emulsifying formulations to dogs. *J. Pharm. Sci.*, 97: 995–1012.
Dahan, A. and A. Hoffman, (2008). Rationalizing the selection of oral lipid based drug delivery systems by an in vitro dynamic lipolysis model for improved oral bioavailability of poorly water soluble drugs. *J. Control. Release*, 129: 1–10.
Das, S. and A. Chaudhury. (2011). Recent advances in lipid nanoparticle formulations with solid matrix for oral drug delivery. *AAPS Pharm. Sci. Tech.*, 12: 62–76.
Dening, T. J., S. Rao, N. Thomas, and C. A. Prestidge. (2016). Novel nanostructured solid materials for modulating oral drug delivery from solid state lipid based drug delivery systems. *AAPS J.*, 18: 23–40.
Elgart, A., I. Cherniakov, Y. Aldouby, A. J. Domb, and A. Hoffman. (2013). Improved oral bioavailability of BCS class 2 compounds by self nano-emulsifying drug delivery systems (SNEDDS): The underlying mechanisms for amiodarone and talinolol *Pharm. Res.*, 30: 3029–3044.
Embleton, J. K. and C. W. Pouton. (1997). Structure and function of gastro-intestinal lipases. *Adv. Drug Del. Rev.*, 25: 15–32.
Fatouros, D. G. and A. Mullertz. (2008). In vitro lipid digestion models in design of drug delivery systems for enhancing oral bioavailability. *Expert Opin. Drug Metab. Toxicol.*, 4: 65–76.
Fatouros, D. G., D. M. Karpf. F. S. Nielsen, and A. Mullertz. (2007). Clinical studies with oral lipid based formulations of poorly soluble compounds. *Ther. Clin. Risk Manag.*, 3: 591–604.
Fernandez, S., V. Jannin, S. Chevrier, Y. Chavant, F. Demarne, and F. Carrière. (2013). In vitro digestion of the self-emulsifying lipid excipient Labrasol® by gastrointestinal lipases and influence of its colloidal structure on lipolysis rate *Pharm. Res.*, 30: 3077–3087.
Fleisher, D. et al. (1999). Drug, meal and formulation interactions influencing drug absorption after oral administration. *Clin. Pharmacokinet.*, 36: 233–254.
Friberg, S. E. and R. L. Venable. (1983). Microemulsions. In *Encyclopedia of Emulsion Technology*, P. Becher, (Ed.), Vol. I, Marcel Dekker, New York, p. 287.
Galal, S., A. A. El Massik, O. Y. Abdallah, and N. A. Daabis. (2004). Study of *in vitro* release of carbamazepine extended release semi-solid matrix filled capsules based on Gelucires. *Drug Dev. Ind. Pharm.*, 30: 817–829.
Gao, P. et al. (2003). Development of a supersaturable SEDDS (S-SEDDS) formulation of paclitaxel with improved oral bioavailability. *J. Pharm. Sci.*, 92: 2386–2398.

Gao, P. et al. (2004). Application of a mixture experimental design in the optimization of a self-emulsifying formulation with a high drug load. *Pharm. Dev. Tech.*, 9: 301–309.

Garti, N. et al. (2001). Improved oil solubilization in oil/water food grade microemulsions in the presence of polyols and ethanol. *J. Agric. Food Chem.*, 49: 2552–2562.

Ge, Z., X. Zhang, L. Gan, and Y. Gan. (2008). Redispersible, dry emulsion of lovastatin protects against intestinal metabolism and improves bioavailability. *Acta Pharmacol. Sin.*, 29: 990–997.

Gelbart, W. M. and A. Ben-Shaul. (1996). The "new" science of "complex fluids." *J. Phys. Chem.*, 100: 13169–13189.

Gershanik, T. and S. Benita. (2000). Self-dispersing lipid formulations for improving oral absorption of lipophilic drugs. *Eur. J. Pharm. Biopharm.*, 50: 179–188.

Ginski, M. J. and J. E. Polli. (1999). Prediction of dissolution–absorption relationships from a dissolution/Caco-2 system. *Int. J. Pharm.*, 177: 117–125.

Gold, T. B., R. G. Bruice, R. A. Lodder, and G. A. Digenis. (1997). Determination of the extent of formaldehyde-induced cross-linking in hard gelatin capsules by near-infrared spectrophotometry. *Pharm. Res.*, 14: 1046–1050.

Goldring, J. (2009). Novel excipients: The next pharmaceutical frontier. *Amer. Pharm. Rev.*, 12: 56–59.

Greiner, R. W. and D. F. Evans. (1990). Spontaneous formation of a water-continuous emulsion from a w/o microemulsion. *Langmuir*, 6: 1793–1796.

Griffin, W. C. (1949). Classification of surface-active agents by "HLB." *J. Soc. Cos. Chem.*, 1: 311–326.

Gumaste, S.G., D. M. Dalrymple, and A. T. M. Serajuddin. (2013). Development of solid SEDDS, V: Compaction and drug release properties of tablets prepared by adsorbing lipid-based formulations onto Neusilin® US2. *Pharm. Res.*, 30: 3186–3199.

Hamdani, J., A. Moes, and K. Amighi. (2003). Physical and thermal characterization of Precirol and Compritol as lipophilic glycerides used for the preparation of controlled-release matrix pellets. *Int. J. Pharm.*, 260: 47–57.

Hamoudi, M. C., F. Bourasset, V. Domergue-Dupont, C. Gueutin, V. Nicolas, E. Fattal et al. (2012). Formulations based on alpha cyclodextrin and soybean oil: An approach to modulate the oral release of lipophilic drugs. *J. Cont. Release.*, 161: 861–867.

*Handbook of Pharmaceutical Excipients*. (1994). American Pharmaceutical Association. The Pharmaceutical Press, London. pp. 371, 375, 379, 473, 481.

Hauss, D. J., S. E. Fogal, J. V. Ficorilli, C. A. Price, T. Roy, A. A. Jayara, and J. J. Keirns. (1998). Lipid-based delivery systems for improving the bioavailability and lymphatic transport of a poorly water-soluble LTB4 inhibitor. *J. Pharm. Sci.*, 87: 164–169.

Hellweg, T. (2002). Phase structures of microemulsions. *Curr. Opin. Coll. Interf. Sci.*, 7: 50–56.

Hernell, O. et al. (1990). Physical–chemical behavior of dietary and biliary lipids during intestinal digestion and absorption. 2. Phase analysis and aggregation states of luminal lipids during duodenal fat digestion in healthy adult human beings. *Biochemistry*, 29: 2041–2056.

Holm, R., C. J. H. Porter, G. A. Edwards, A. Mullertz, H. G. Kristensen, and W. N. Charman. (2003). Examination of oral absorption and lymphatic transport of halofantrine in a triple-cannulated canine model after administration in self-microemulsifying drug delivery systems (SMEDDS) containing structured triglycerides. *Eur.J. Pharm. Sci.*, 20: 91–97.

Holt, D. W., E. A. Mueller, J. M. Kovarik, J. B. van Bree, and K. Kutz. (1994). The pharmacokinetics of Sandimmun Neoral: A new oral formulation of cyclosporine. *Transplant Proc.*, 26: 2935–2939.

Holt, D. W. and A. Johnston. (1997). Cyclosporin microemulsion. A guide to usage and monitoring. *BioDrugs*, 7: 175–197.

Hörter, D. and J. B. Dressman. (1997). Influence of physicochemical properties on dissolution of drugs in the gastrointestinal tract. *Adv. Drug Del. Rev.*, 25: 3–14.

Humberstone, A. J. and W. N. Charman. (1997). Lipid-based vehicles for the oral delivery of poorly water soluble drugs. *Adv. Drug Del. Rev.*, 25: 103–128.

Jandacek, R. J. et al. (1987). The rapid hydrolysis and efficient absorption of triglycerides with octanoic acid in the 1 and 3 positions and long-chain fatty acid in the 2 position. *Am J. Clin. Nutr.*, 45: 940–945.

Jang, D. J., E. J. Jeong, H. M. Lee, B. C. Kim, S. J. Lim, and C. K. Kim. (2006). Improvement of bioavailability and photostability of amlodipine using redispersible dry emulsion. *Eur. J. Pharm. Sci.*, 28(5): 405–411.

Jannin, V., J. Musakhanian, and D. Marchaud. (2008). Approaches for the development of solid and semi-solid lipid-based formulations. *Adv. Drug Deliv. Rev.*, 60: 734–746.

Jantratid, E., N. Janssen, H. Chokshi, K. Tang, and J. B. Dressman. (2008). Designing biorelevant dissolution tests for lipid formulations: Case example—lipid suspension of RZ-50. *Eur. J. Pharm. Biopharm.*, 69: 776–785.

Jimerson, R. F. (1986). Soft gelatin capsule update. *Drug. Dev. Ind. Pharm.*, 12: 1133–1144.

Kalepu, S., M. Manthina, and V. Padavala. (2013). Oral lipid-based drug delivery systems—An overview *Acta Pharm Sinica B*, 3: 361–372.
Kaminsky, L. S. and M. J. Fasco. (1991). Small intestinal cytochromes P450. *Crit. Rev. Toxicol.*, 21: 407–422.
Kataoka, M. et al. (2006). Effect of food intake on the oral absorption of poorly water-soluble drugs: *In vitro* assessment of drug dissolution and permeation assay system. *J. Pharm. Sci.*, 95: 2051–2061.
Kaukonen, A. M. et al. (2004). Drug solubilization behavior during *in vitro* digestion of simple triglyceride lipid solution formulations. *Pharm. Res.*, 21: 245–253.
Khoo, S.-M. et al. (1998). Formulation design and bioavailability assessment of lipidic self-emulsifying formulations of halofantrine. *Int. J. Pharm.*, 167: 155–164.
Khoo, S.-M. et al. (2000). The formulation of halofantrine as either non-solubilizing PEG 6000 or solubilizing lipid based solid dispersions: Physical stability and absolute bioavailability assessment. *Int. J. Pharm.*, 205: 65–78.
Kollipara, S. and R. K. Gandhi. (2014). Pharmacokinetic aspects and in vitro–in vivo correlation potential for lipid-based formulations. *Acta Pharm. Sin. B.*, 4: 333–349.
Kossena, G. A. et al. (2003). Separation and characterization of the colloidal phases produced on digestion of common formulation lipids and assessment of their impact on the apparent solubility of selected poorly water-soluble drugs. *J. Pharm. Sci.*, 92: 634–648.
Kossena, G. A. et al. (2005). Influence of the intermediate digestion phases of common formulation lipids on the absorption of a poorly water-soluble drug. *J. Pharm. Sci.*, 94: 481–492.
Kuentz, M. and D. Röthlisberger. (2002). Determination of the optimal amount of water in liquid-fill masses for hard gelatin capsules by means of texture analysis and experimental design. *Int. J. Pharm.*, 236: 145–152.
Larsen, A. T., P. Åkesson, A. Juréus. L. Saaby. R. Abu-Rmaileh. B. Abrahamsson, J. Østergaard, and A. Müllertz. (2013). Bioavailability of cinnarizine in dogs: Effect of SNEDDS loading level and correlation with cinnarizine solubilization during in vitro lipolysis. *Pharm. Res.*, 30: 3101–3113.
Laughlin, R. (1994). *The Aqueous Phase Behavior of Surfactants*. Academic Press, London.
Lawrence, M. J. (1996). Microemulsions as drug-delivery vehicles. *Curr. Opin. Coll. Interface Sci.*, 1: 826–832.
Lide, D. R. (Ed.). (1993). *CRC Handbook of Chemistry and Physics*, 74th edition. CRC Press, Boca Raton, FL, pp. 8–46.
Liu Y., G. M. Salituro, K. J. Lee, A. Bak, and D. H. Leung. (2015). Modulating drug release and enhancing the oral bioavailability of torcetrapib with solid lipid dispersion formulations. *AAPS PharmSciTech.*, 16: 1091–1100.
Lombardin, P., M. Seiller, E. Leverd, E. Goutay, J. Bougaret, and J. L. Grossiord. (2000). Study of thixotropic bases for the filling of hard capsules. *STP Pharm. Sci.*, 10: 429–437.
López-Montilla, J. C. et al., (2002). Spontaneous emulsification: Mechanisms, physicochemical aspects, modeling, and applications. *J. Disp. Sci. Tech.*, 23: 219–268.
Lovell, M. W., H. W. Johnson, H.-W. Hui, J. B. Cannon, P. K. Gupta, and C. C. Hsu. (1994). Less-painful emulsion formulations for intravenous administration of clarithromycin. *Int. J. Pharm.*, 109: 45–57.
MacGregor, K. J. et al. (1997). Influence of lipolysis on drug absorption from the gastro-intestinal tract. *Adv. Drug Del. Rev.*, 25: 33–46.
Malcolmson, C. et al. (1998). Effect of oil on the level of solubilization of testosterone propionate into nonionic oil-in-water microemulsions. *J. Pharm. Sci.*, 87: 109–116.
Mehnert, W. and K. Mader. (2001). Solid lipid nanoparticles: Production, characterization, and applications. *Adv. Drug Del. Rev.*, 47: 165–196.
Mengesha, A. E., R. J. Wydra, J. Z. Hilt, and P. M. Bummer. (2013). Binary blend of glyceryl monooleate and glyceryl monostearate for magnetically induced thermo-responsive local drug delivery system. *Pharm. Res.*, 30: 3214–3224.
Miller, C. A. (1988). Spontaneous emulsification produced by diffusion—a review. *Coll. Surf.*, 29: 89–102.
Mu, H. and C.-E. Høy. (2004). The digestion of dietary triacylglycerols. *Prog. Lipid Res.*, 43: 105–133.
Mueller, E. A. et al. (1994a). Improved dose linearity of cyclosporine pharmacokinetics from a microemulsion formulation. *Pharm. Res.*, 11: 301–304.
Mueller, E. A. et al. (1994b). Pharmacokinetics and tolerability of a microemulsion formulation of cyclosporine in renal allograft recipients—a concentration-controlled comparison with the commercial formulation. *Transplantation*, 57: 1178–1182.
Myers, R. A. and V. J. Stella. (1992). Factors affecting the lymphatic transport of penclomedine (NSC-338720), a lipophilic cytotoxic drug: Comparison to DDT and hexachlorobenzene. *Int. J. Pharm.*, 80: 51–62.
Nanjwade, B. K., D. J. Patel, R. A. Udhani, and F. V. Manvi. (2011). Functions of lipids for enhancement of oral bioavailability of poorly water-soluble drugs. *Sci Pharm.*, 79: 705–727.

Nazzal, S., M. Nutan, A. Palamakula, R. Shah, A. A. Zaghloul, and M. A. Khan. (2002). Optimization of a self-nanoemulsified tablet dosage form of Ubiquinone using response surface methodology: Effect of formulation ingredients. *Int. J. Pharm.*, 240: 103–114.

Nicolaides, E. et al. (1999). Forecasting the *in vivo* performance of four low solubility drugs from their *in vitro* dissolution data. *Pharm. Res.*, 16: 1877–1883.

Nishimi, T. and C. A. Miller. (2000). Spontaneous emulsification of oil in Aerosol-OT/water/hydrocarbon systems. *Langmuir*, 16: 9233–9241.

Norkskog, B. K. et al. (2001). An examination of the factors affecting intestinal lymphatic transport of dietary lipids. *Adv. Drug Del. Rev.*, 50: 21–44.

O'Driscoll, C. M. and B. T. Griffin. (2008). Biopharmaceutical challenges associated with drugs with low aqueous solubility—the potential impact of lipid-based formulations. *Adv Drug Deliv Rev.*, 60: 617–624.

Pandita, D., A. Ahuja, V. Lather, B. Benjamin, T. Dutta, T. Velpandian, and R. K. Khar. (2011). Development of lipid-based nanoparticles for enhancing the oral bioavailability of paclitaxel. *AAPS Pharm Sci Tech.*, 12: 712–722.

Patel, N., N. Hetal, H. N. Prajapati, D. D. Dalrymple, and A. T. M. Serajuddin. (2012). Development of Solid SEDDS, II: Application of Acconon® C-44 and Gelucire® 44/14 as solidifying agents for self-emulsifying drug delivery systems of medium chain triglyceride. *J. Excipients Food Chem.*, 3: 54–66.

Patton, J. S. et al. (1985). The light microscopy of triglyceride digestion. *Food Microstruct.*, 4: 29–41.

Persson, L. C., C. J. H. Porter, W. N. Charman, and C. A. S. Bergström, (2013). Computational prediction of drug solubility in lipid based formulation excipients. *Pharm. Res.*, 30: 3225–3237.

Phan, S., A. Hawley, X. Mulet, L. Waddington, C. A. Prestidge, and B. J. Boyd. (2013). Structural aspects of digestion of medium chain triglycerides studied in real time using sSAXS and Cryo-TEM. *Pharm. Res.*, 30: 3088–3100.

*Physicians Desk Reference*. (2007). Thompson PDR staff (eds.), PDR® Electronic Library, Thomson MICROMEDEX. Montvale, NJ, Physician's Desk Reference.

Porter, C. J., C. W. Pouton, J. F. Cuine, and W. N. Charman. (2008). Enhancing intestinal drug solubilisation using lipid-based delivery systems. *Adv. Drug Deliv. Rev.*, 60: 673–691.

Porter, C. J. H. and W. N. Charman. (1997). Uptake of drugs into the intestinal lymphatics after oral administration. *Adv. Drug Del. Rev.*, 25: 71–89.

Porter, C. J. H. and W. N. Charman. (2001). *In vitro* assessment of oral lipid based formulations. *Adv. Drug Del. Rev.*, 50: S127–S147.

Porter, C. J. H. et al. (2004). Use of *in vitro* lipid digestion data to explain the *in vivo* performance of triglyceride-based oral lipid formulations of poorly water-soluble drugs: Studies with halofantrine. *J. Pharm. Sci.*, 93: 1110–1121.

Porter, C. J. H., H. D. Williams, and N. L. Trevaskis. (2013). Recent advances in lipid-based formulation technology. *Pharm. Res.*, 30: 2971–2975.

Pouton, C. W. (2006). Formulation of poorly water-soluble drugs for oral administration: Physicochemical and physiological issues and the lipid formulation classification system. *Eur. J. Pharm. Sci.*, 29: 278–287.

Pouton, C. W. (1997). Formulation of self-emulsifying drug delivery systems. *Adv. Drug Del. Rev.*, 25: 47–58.

Pouton, C. W. (2000) Lipid formulations for oral administration of drugs: Non-emulsifying, self-emulsifying and "self-microemulsifying" drug delivery systems. *Eur. J. Pharm. Sci.*, 11 (Suppl. 2): S93–S98.

Rang, M-J. and C. A. Miller. (1999). Spontaneous emulsification of oils containing hydrocarbon, nonionic surfactant, and oleyl alcohol. *J. Coll. Interface Sci.*, 209: 179–192.

Rege, B. D., J. P. Kao, and J. E. Polli. (2002) Effects of nonionic surfactants on membrane transporters in Caco-2 cell monolayers. *Eur.J. Pharm. Sci.*, 16: 237–246.

Ritschel, W. A. (1996). Microemulsion technology in the reformulation of cyclosporine: The reason behind the pharmacokinetic properties of Neoral. *Clin. Transplant.*, 10: 364–373.

Robson, H., D. Q. M. Craig, and D. Deutsch. (2000). An investigation into the release of cefuroxime axetil from taste-masked stearic acid microspheres. II. The effects of buffer composition on drug release. *Int. J. Pharm.*, 195: 137–145.

Ruelle, P. and U. W. Kesselring. (1994). Solubility predictions for solid nitriles and tertiary amides based on the mobile order theory. *Pharm. Res.*, 11: 201–205.

Sakai, K., T. Yoshimori, K. Obata, and H. Maeda. (2010). Design of self-microemulsifying drug delivery systems using a high-throughput formulation screening system. *Drug Dev. Ind. Pharm.*, 36: 1245–1252.

Sassene, P., K. Kleberg, H. D. Williams, J. C. BakalaN'Goma, F. Carrière, M. Calderone et al. (2014). Toward the establishment of standardized in vitro tests for lipid-based formulations, part 6: Effects of varying pancreatin and calcium levels. *AAPS J.*, 16: 1344–1357.

Seelig, A. and E. Landwojtowicz. (2000). Structure–activity relationship of P-glycoprotein substrates and modifiers. *Eur. J. Pharm. Sci.*, 12: 31–40.

Serajuddin, A. T. M. et al. (1986). Water migration from soft gelatin capsule shell to fill material and its effect on drug solubility. *J. Pharm. Sci.*, 75: 62–64.

Serajuddin, A. T. M. et al. (1988). Effect of vehicle amphiphilicity on the dissolution and bioavailability of a poorly water-soluble drug from solid dispersions. *J. Pharm. Sci.*, 77: 414–417.

Shah, A. V. and A. T. Serajuddin. (2012). Development of solid self-emulsifying drug delivery system (SEDDS) I: Use of poloxamer 188 as both solidifying and emulsifying agent for lipids. *Pharm Res.*, 29: 2817–2832.

Shahba, A. A., K. Mohsin, and F. K. Alanazi. (2012). Novel self-nanoemulsifying drug delivery systems (SNEDDS) for oral delivery of cinnarizine: Design, optimization, and in-vitro assessment. *AAPS Pharm. Sci. Tech.*, 13: 967–977.

Shahidzadeh, N. et al. (2000). Dynamics of spontaneous emulsification for fabrication of oil in water emulsions. *Langmuir*, 16: 9703–9708.

Shen, H. et al. (2001). From interaction of lipidic vehicles with intestinal epithelial cell membranes to the formation and secretion of chylomicrons. *Adv. Drug Del. Rev.*, 50: S103–S125.

Shively, M. L. and D. C. Thompson. (1995). Oral bioavailability of vancomycin solid-state emulsions. *Int. J. Pharm.*, 117: 119–122.

Staggers, J. E. et al. (1990). Physical–chemical behavior of dietary and biliary lipids during intestinal digestion and absorption. 1. Phase behavior and aggregation states of model lipid systems patterned after aqueous duodenal contents of healthy adult human beings. *Biochemistry*, 29: 2028–2040.

Stella, V. J. (2013). Chemical drug stability in lipids, modified lipids, and polyethylene oxide-containing formulations. *Pharm. Res.*, 30: 3018–3028.

Stillhart, C., G. Imanidis, and M. Kuentz. (2013). Insights into drug precipitation kinetics during in vitro digestion of a lipid-based drug delivery system using in-line Raman Spectroscopy and mathematical modeling. *Pharm. Res.*, 30: 3114–3130.

Strey, R. (1994). Microemulsion microstructure and interfacial curvature. *Coll. Polym. Sci.*, 272: 1005–1019.

Strickley, R. G. (2004). Solubilizing excipients in oral and injectable formulations. *Pharm. Res.*, 21: 201–230.

Tahibi, S. E. and S. L. Gupta. (2000). Soft gelatin capsules development. In R. Liu, (Ed.) *Water Insoluble Drug Formulation*. Interpharm Press, Englewood, CO, pp. 609–633.

Takahashi, M., M. Mochizuki, K. Wada, T. Itoh, and M. Goto, (1994). Studies on dissolution tests of soft gelatin capsules. Part 5. Rotating dialysis cell method. *Chem. Pharm. Bull.*, 42: 1672–1675.

Takeuchi, H., H. Saski, T. Niwa, T. Hino, Y. Kawashima, K. Uesugi, M. Kayano, and Y. Miyake. (1991). Preparation of a powdered redispersible vitamin E acetate emulsion by spray-drying. *Chem. Pharm. Bull.*, 39: 1528–1531.

Tan, A., S. Rao, and C. A. Prestidge. (2013). Transforming lipid-based oral drug delivery systems into solid dosage forms: An overview of solid carriers, physicochemical properties, and biopharmaceutical performance. *Pharm. Res.*, 30: 2993–3017.

Tang, B., G. Cheng, J. C. Gu, and C. H. Xu. (2008). Development of solid self-emulsifying drug delivery systems: Preparation techniques and dosage forms. *Drug Discov. Today*, 13: 606–612.

Thomson, A. B. R. et al. (1993). Lipid absorption: Passing through the unstirred layers, brush-border membrane, and beyond. *Can. J. Physiol. Pharmacol.*, 71: 531–555.

Traul, K. A., A. Driedger, D. L. Ingle, and D. Nakhasf. (2000). Review of the toxicologic properties of medium-chain triglycerides. *Food Chem. Toxicol.*, 38: 79–98.

Trotta, M. (1999). Influence of phase transformation on indomethacin release from microemulsions. *J. Contr. Rel.*, 60: 399–405.

Trull, A. K. et al. (1993). Cyclosporine absorption from microemulsion formulation in liver transplant recipient. *Lancet*, 341: 433.

Tuleu, C., M. K. Khela, D. F. Evans, B. E. Jones, S. Nagata, and A. W. Basit. (2007). A scintigraphic investigation of the disintegration behavior of capsules in fasting subjects: A comparison of hypromellose capsules containing carrageenan as a gelling agent and standard gelatin capsules. *Eur.J. Pharm. Sci.*, 30: 251–255.

Turnberg, L. A. and S. A. Riley. (1985). Digestion and absorption of nutrients and vitamins. In *Handbook of Physiology*. Oxford Press, New York, pp. 977–1008.

Van Os, N. M. et al. (1993). *Physio-Chemical Properties of Selected Anionic, Cationic and Nonionic Surfactants*. Elsevier Science Publishers, Amsterdam, The Netherlands, p. 301.

Verkijk, M., J. Vecht, H. A. J. Gielkens, C. Lamers, and A. Masclee. (1997). Effects of medium-chain and long-chain triglycerides on antroduodenal motility and small bowel transit time in man. *Dig. Diseases Sci.*, 42: 1933–1939.

Von Corswant, C. et al. (1997). Microemulsions based on soybean phosphatidylcholine and triglycerides. Phase behavior and microstructure. *Langmuir*, 13: 5061–5070.

Wacher, V. J., C.-Y. Wu, and L. Z. Benet. (1995). Overlapping substrate specificities and tissue distribution of cytochrome P450 3A and P-glycoprotein: Implications for drug delivery and activity in cancer chemotherapy. *Mol. Carcinog.*, 13: 129–134.

Walker, S. E., J. A. Ganley, K. Bedford, and T. Eaves. (1980). The filling of molten and thixotropic formulations into hard gelatin capsules. *J. Pharm. Pharmacol.*, 32: 389–393.

Wang, J., Y. Hu, L. Li, T. Jiang, S. Wang, and F. Mo. (2010). Indomethacin-5-fluorouracil-methyl ester dry emulsion: A potential oral delivery system for 5-fluorouracil. *Drug Dev. Ind. Pharm.*, 36: 647–656.

Wang, R. B., C. L. Kuo, L. L. Lien, and E. J. Lien. (2003). Structure activity relationship: Analysis of P-glycoprotein substrates and inhibitors. *J. Clin. Pharm. Ther.*, 28: 203–228.

Warren, D. B., D. King, H. Benameur, C. W. Pouton, and D. K. Chalmers. (2013). Glyceride lipid formulations: Molecular dynamics modeling of phase behavior during dispersion and molecular interactions between drugs and excipients. *Pharm. Res.*, 30: 3238–3253.

Wasan, K. M. (2001). Formulation and physiological and biopharmaceutical issues in the development of oral lipid-based drug delivery systems. *Drug Dev. Ind. Pharm.*, 27: 267–276.

Williams, H. D., M. U. Anby, P. Sassene, K. Kleberg, J. C. BakalaN'Goma, M. Calderone, et al. (2012b). Toward the establishment of standardized in vitro tests for lipid-based formulations. 2. The effect of bile salt concentration and drug loading on the performance of type I, II, IIIA, IIIB, and IV formulations during in vitro digestion. *Mol. Pharm.*, 9: 3286–3300.

Williams, H. D., P. Sassene, K. Kleberg, J. C. BakalaN'Goma, M. Calderone, V. Jannin et al. (2012a). Toward the establishment of standardized in vitro tests for lipid-based formulations, part 1: Method parameterization and comparison of in vitro digestion profiles across a range of representative formulations. *Pharm. Sci.*, 101: 3360–3380.

Williams, H. D., P. Sassene, K. Kleberg, M. Calderone, A. Igonin, E. Jule, et al. (2014). Toward the establishment of standardized in vitro tests for lipid-based formulations, part 4: Proposing a new lipid formulation performance classification system. *J. Pharm. Sci.*, 103: 2441–2455.

Williams, H. D., P. Sassene, K. Kleberg, M. Calderone, A. Igonin, E. Jule. et al. (2013b). Toward the establishment of standardized in vitro tests for lipid-based formulations, Part 3: Understanding supersaturation versus precipitation potential during the in vitro digestion of Type I, II, IIIA, IIIB and IV lipid-based formulations. *Pharm. Res.*, 30: 3059–3076.

Williams, H. D., N. L. Trevaskis, S. A. Charman, R. M. Shanker, W. N. Charman, C. W. Pouton, and C. J. Porter, (2013a). Strategies to address low drug solubility in discovery and development. *Pharmacol. Rev.*, 65: 3154–3199.

Williams, H. D., N. L. Trevaskis, Y. Y. Yeap, M. U. Anby, C. W. Pouton, and C. J. H. Porter, (2013c). Lipid-based formulations and drug supersaturation: Harnessing the unique benefits of the lipid digestion/absorption pathway. *Pharm. Res.*, 30: 2976–2992.

Wu, C.-Y. and L. Z. Benet, (2005). Predicting drug disposition via application of BCS: Transport/absorption/elimination interplay and development of a biopharmaceutics drug disposition classification system. *Pharm. Res.*, 22: 11–23.

Wu, S. H. and W. K. Hopkins, (1999). Characteristics of D-alpha tocopheryl PEG 1000 succinate for applications as an absorption enhancer in drig delivery systems. *Pharm. Tech.*, 23: 52–58.

Yan, Y. D., J. A. Kim, M. K. Kwak, B. K. Yoo, C. S. Yong, H. G. Choi. (2011). Enhanced oral bioavailability of curcumin via a solid lipid-based self-emulsifying drug delivery system using a spray-drying technique. *Biol Pharm Bull.*, 34: 1179–1186.

Yeap, Y. Y., N. L. Trevaskis, and C. J. H. Porter, (2013). Lipid absorption triggers drug supersaturation at the intestinal unstirred water layer and promotes drug absorption from mixed micelles. *Pharm. Res.*, 30: 3045–3058.

Yu, L., A. Bridgers, J. Polli, A. Vickers, S. Long, A. Roy, R. Winnike, and M. Coffin. (1999). Vitamin E-TPGS increases absorption flux of an HIV protease inhibitor by enhancing its solubility and permeability. *Pharm. Res.*, 16: 1812–1817.

Zangenberg, N. H. et al. (2001a). A dynamic *in vitro* lipolysis model I. Controlling the rate of lipolysis by continuous addition of calcium. *Eur. J. Pharmaceut. Sci.*, 14: 115–122.

Zangenberg, N. H., A. Mullertz, H. G. Kristensen, and L. Hovgaard. (2001b). A dynamic in vitro lipolysis model. II: Evaluation of the model. *Eur. J. Pharm. Sci.*, 14: 237–244.

Zhang, Q., G. Yie, Y. Li, Q. Yang, and T. Nagai. (2000). Studies on the cyclosporin A loaded stearic acid nanoparticles. *Int. J. Pharm.*, 200: 153–159.

Zourab, S. M. and C. A. Miller. (1995). Equilibrium and dynamic behavior for systems containing nonionic surfactants, n-hexadecane, triolein and oleyl alcohol. *Coll. Surf.*, 95: 173–183.

# 第 12 章 胶束化与药物增溶

Rong ( Ron ) Liu，Rose-Marie Dannenfelser，Shoufeng Li，Zhanguo Yue

众所周知，表面活性剂可以提高难溶药物在水溶液中的溶解度，并已用于药物制剂的开发（Florence，1981；Sweetana 和 Akers，1996）。例如，表面活性剂可以作为润湿剂改善片剂中药物的溶出（Buckton 等，1991；Efentakis 等，1991；Chen 和 Zhang，1993；Ruddy 等，1999；Chen 等，2015），也经常被用来配制溶出介质，以满足药物溶出测试所需的漏槽条件（Nagata 等，1979；Crison 等，1997；Rao 等，1997；Desai 等，2014；Deng 等，2017）。另外，生物学上相关的表面活性剂，像胆盐和卵磷脂，能够形成混合胶束，对消化过程中的脂肪和油脂类化合物产生增溶和运输作用，并可能促进难溶性药物在肠道流体中的释放和运输（Humberstone 等，1996；Kossena 等，2003，2004；Zhang 等，2016）。

表面活性剂可以提高水溶解度，是因其具有双重性的分子结构。表面活性剂这一术语来源于表面具有活性试剂的概念。表面活性剂分子结构包含疏水性和亲水性区域，使得它们能够在极性-非极性界面定向排列，比如水/空气界面。一旦界面达到饱和状态后，表面活性剂就能够自发形成胶束或其他聚集体，它们的疏水区域就会聚集在中心，而表面由它们的亲水性区域掩盖与水溶液接触。这样产生的独特疏水性环境就可以起到对许多难溶药物增溶的作用（Attwood 和 Florence，1983；Li 等，1999；Zhao 等，1999）。

胶束增溶的方案已经被广泛研究，该领域中可见许多优秀的综述发表（Florence，1981；Attwood 和 Florence，1983；Ahmad 等，2014）。胶束作为药物传递载体的优势，主要是利用表面活性剂的增溶作用，可以消除溶出限速的药物吸收问题，也可以降低原型药物的毒副作用，提高易降解药物的稳定性。但是，含表面活性剂的处方也有其不利的方面，如表面活性剂自身的毒性、较低的载药能力（Lawrence，1994）。这些不足的方面正在通过开发两亲性聚合物及其他聚合物类表面活性剂来解决，这类聚合物可以形成具有疏水核和亲水壳结构的胶束（Kataoka 等，1993，1996；Kwon 和 Okano，1996，1999；Pasquali 等，2005；Wei 等，2013）。另外，已经开发出了低毒副作用的表面活性剂，以代替更为常见的碳氢类表面活性剂（Meinert 等，1992；Zuberi 等，1997；Zuberi 等，1999）。在制剂开发过程中，选择特定的表面活性剂，很大程度上是基于药物性质及其应用目的（如给药途径、增溶、促进吸收、提高药物稳定性和降低毒副作用）来考虑。

本章的内容是描述使用表面活性剂形成胶束提高难溶药物的溶解度。在 Attwood 和 Florence 于 1983 年出版的表面活性剂系统书籍中，提供了表面活性剂在药物处方开发应用中较为全面的参考。Florence 在表面活性剂系统书中关于药物增溶的介绍，主要集中在问题的提出，并对表面活性行为和传统碳氢类表面活性剂（尤其是非离子型表面活性剂）增溶进行了详尽的描述。本章将会综合性地讨论传统表面活性剂胶束，并为读者更新最近表面活性剂在实际或商业上增溶的应用，而其他关于表面活性剂作为润湿剂、乳化剂、表面修饰剂和其他在药物制剂中的应用，则不在此重点描述，读者可以参考本书其他章节关于表面活性剂应用的详细介绍。聚合物类表面活性剂将会在第 13 章中进行讨论。

## 12.1　传统表面活性剂分类

传统或常用的表面活性剂由两大独立区域组成：具有“尾部”结构特点的疏水部分和具有“头部”结构特点的亲水部分。这些表面活性剂的疏水区域通常由直链或支链的碳氢链组成，包括环或芳香基团。尾部的碳氢链大多具有柔韧易弯曲的特点，容易聚集，以流动的碳氢环境呈现，能够增加难溶物质的溶解度（Tanford，1980）。烷烃碳链少于 10 个碳原子的表面活性剂，其增溶能力相对较弱，而当烷烃碳链在 18 个碳原子以上时，则其增溶能力是非常高效的。有些表面活性剂的疏水性尾部具有碳氟和氟烃结构，但因为其毒性而无法应用于制剂处方中（Kissa，1994）。不具有传统的头部或尾部结构的表面活性剂也是存在的，例如胆盐，为较为少见的平面结构，它的甾体骨架为疏水面，而另一面为亲水性面（Small 等，1969）。对于传统的表面活性剂，亲水部分（头部）的化学性质提供了特征化或区分表面活性剂最为有效的方式，可将表面活性剂分为 4 类：非离子型、阴离子型、阳离子型和两性离子型。

### 12.1.1　非离子型表面活性剂

这类表面活性剂分子头部官能团不包含带电的基团，因具有羟基而表现出亲水性。非离子型表面活性剂因具有与其他辅料相容性好、稳定和较低毒性的优点，是制药领域中最为常用的表面活性剂，它们可以分为水溶和水不溶两类。比如一些水不溶的非离子型表面活性剂，具有长链脂肪酸类似物的结构，如脂肪醇、甘油酯和脂肪酸酯。脂肪醇在亲水的两亲性体系中，可以作为助乳化剂，甘油酯在外用制剂中最为常用。脂肪酸酯，比如与胆固醇、蔗糖或山梨聚糖形成的酯类，则广泛应用于制剂中。这些化合物可能具有不饱和或芳香基团，为了增加水溶解性，可以通过与醇羟基形成醚键的方式，引入聚氧乙烯（PEO）链。在水溶性表面活性剂中，最为常用的方式是将 PEO 转变为山梨聚糖脂肪酸酯，用于口服、肠外给药和局部外用制剂中。

### 12.1.2　阴离子型表面活性剂

这类表面活性剂分子头部区域带负电荷，最广泛使用的阴离子型表面活性剂为羧酸盐类，比如肥皂、磺酸盐和硫酸盐。肥皂为甘油三酯被氢氧化钠水解产生的脂肪酸形成的盐。磺酸盐，比如多库酯钠和癸烷磺酸盐，已经广泛用于制剂体系中。最常见的烷烃类磺酸盐是十二烷基硫酸钠，常被用于乳化剂和增溶剂。不像磺酸盐，硫酸盐则更容易被水解，导致容易产生长链脂肪醇，因此，必须要控制硫酸盐类表面活性剂溶液的 pH。其水溶性很大程度上受烷烃链的长度和存在的双键影响。多价离子类，比如钙盐和镁盐，即使有一些小的烷烃链，也能显著增加阴离子型表面活性剂的水溶性。另外，同时具有非离子型/阳离子型或非离子型/阴离子型这种二元结构的表面活性剂，包括疏水链长度对溶解度的影响，也已经被研究。

### 12.1.3　阳离子型表面活性剂

阳离子型表面活性剂头部结构因带正电荷而被定义为阳离子型，比如一些胺类、季铵盐和吡啶类。这类表面活性剂中最易获得的是卤素盐，比如十六烷基三甲基溴化铵，与非离子型和两性霉素表面活性剂具有很好的相容性。阳离子型表面活性剂和阴离子型表面活性剂相互作用可以形成水不溶性盐，因此不能同时使用。荷负电荷的底物，像皮肤、头发、玻璃和其他一些微生物，可以牢固地吸附在荷正电荷的表面活性剂表面。季铵盐类则可在任何 pH 溶液中维持其荷正电的状态。阳离子型表面活性剂在药物中的应用，一般仅限于抗菌防腐，易非特异性地吸附在细胞膜表面，导致细胞（包括血红细胞）裂解，因此具有细胞毒性，可以杀死细菌和真菌（Schott，1995）。

### 12.1.4　两性离子型表面活性剂

两性离子型表面活性剂（例如氨基酸、甜菜碱、肉毒碱和磷脂酰胆碱）同时具有阴离子基团和阳离子基团，且具有 pH 依赖性的特点。在高 pH 环境下，表现为阴离子型表面活性剂；在低 pH 环境下，则表现为阳离子型表面活性剂；在中间 pH 时，呈中性的特点，即同时具有阴离子和阳离子性质。这类分子大多含有作为阴离子部分的羧基或磷酸官能团和作为阳离子部分的氨基或季铵盐官能团。长链的两性分子比拥有同样疏水结构的离子型表面活性剂的表面活性更强，尤其适用于乳化剂。代表性的为一些丙烯酸的衍生物，例如具烷烃的氨基丙酸、取代的烷酰胺和磷脂。磷脂（如卵磷脂）常作为脂肪和胆固醇的乳化剂使用，在胃肠道中，磷脂可以和甘油酯、脂肪酸、胆盐一起形成混合胶束，是一种非常有效的胆固醇增溶剂（Carey，1983；Jin 等，2014）。

## 12.2　非传统表面活性剂

### 12.2.1　胆盐

胆酸盐及其衍生物称为胆盐，胆盐与传统表面活性剂不同，具有刚性结构，在分子一侧有多个极性官能团，因而具有表面活性。

### 12.2.2　药物

许多药物分子自身因具有极性和非极性官能团，可以自组装成表面活性剂，这些药物分子可以自组装形成聚集体和胶束。这类药物有盐酸维拉帕米、布洛芬和苯佐卡因等（Surakitbanharn 等，1995）。

## 12.3　热力学

### 12.3.1　表面与界面

为了更好地理解表面活性行为，表面与界面的概念在讨论传统表面活性剂前进行介绍。表面或界面至少是互不相溶两相之间的界面，比如水和空气界面。从几何角度来说，很明显在互不相溶的两相之间只能形成单个界面。对于三相体系，在不同相之间，只能存在单线路界面

（图 12.1）。有五种基本的界面存在，分别是固态-气态界面（S/V）、固态-液态界面（S/L）、固态-固态界面（S/S）、液态-气态界面（L/V）和液态-液态界面（L/L）。表面活性剂对体系物理性质的主要影响，存在于体系中至少一相为液相。位于界面的分子与非界面的分子具有显著的物理性质差异，因此，每个界面区域都有一定的自由能。尤其是位于界面的原子和分子所受到的力场，与非界面处分子、原子存在极为显著的差异，因为其相邻的分子和原子的种类与数量不同。最近有一项关于气-液界面吸附不同表面活性剂的研究（Kalekar 和 Bhagwat，2006），研究吸附平衡与表面张力的动力学特征，用一个新的参数定义了吸附量的动力学行为，根据一定时间可以吸附的量，给出了降低表面张力至最大降低量一半时所需要的表面活性剂浓度。

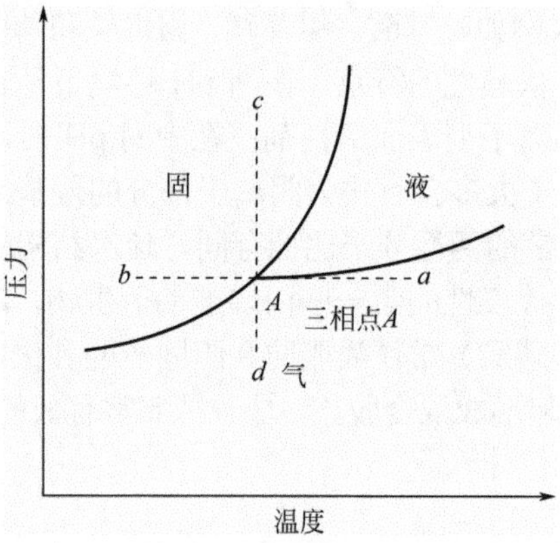


图 12.1 温度-压力相图

对于相界面，尤其是含水相的界面，有一个显著的特征，即可能有存在的电荷会跨过相界面。尽管一些电荷跨越相界面的现象并不常在，但一旦存在，即会对体系的性质产生极大的影响。电荷的影响主要存在于水系混悬液、乳剂、泡沫、气溶胶及其他分散体系，这些体系中一相以极小颗粒分散于另一相中，产生较大的界面面积。

### 12.3.2 胶束与增溶模型

基于实验得出的经验表达式用于建立模型，例如团聚框架模型，对合理选择表面活性剂以有效并高效地提高增溶作用提供了帮助。当然，当前需要开发更为高效、低毒的表面活性剂用于药物传递系统，一种不需要进行大量实验就能预测表面活性剂临界胶束浓度和胶束尺寸的模型，可以加速开发新的具有表面活性的化合物用于药物研究。

如图 12.2（a）所示，表面活性分子由与水具有较好相溶性的极性头部和与油具有较好相溶性的疏水性尾部组成。这种二元性质使得表面活性剂具有独特的溶液和界面特征，其中最值得注意的是在其稀释水相体系中的行为，表面活性剂分子能够自我聚集成聚集体，疏水性部分则会与水相分离（Nagarajan 和 Ruckenstein，1991）。在较低浓度的表面活性剂溶液中，极性头部会排列成外壳状结构，而碳氢链会朝向中心，形成内核结构[图 12.2（a）]，多种这类分子结构均能发生自组装行为。根据表面活性剂种类和溶液条件，形成的聚集体可以是球形、球体、棒状或具有双分子层结构的球形。具有疏水内核的紧密聚集体称为胶束，具有双分子层结构、能够在内部包载水相的聚集体称为囊泡[图 12.2（b）]。

图 12.2（a）和（b）示例了球状和球柱状模型，形成胶束内部的碳氢链是非极性的，呈流

动状态，胶束在稀释溶液中呈现的完美的球形或圆柱体是理想化模型（Lieberman 等，1996），形成球状胶束的表面活性剂实例有十二烷酸钠（$C_{11}H_{23}COO^-Na^+$）、十二烷基硫酸钠（$C_{12}H_{25}SO_4^-Na^+$）和十六烷基三甲基溴化铵（$C_{16}H_{33}N^+(CH_3)_3Br^-$）（Mukerjee，1979）。

当胶束尺寸变大后，其对称性会变差，形状由球形变为圆柱状和薄片状。在中间相薄片结构中[图 12.2（c）]，表面活性剂分子碳氢链会排列成平行的片状，形成内分子层，因此水也会被这种片状结构分层，水化外部的极性头部基团（Schott，1995）。

水性表面活性剂最显著的特征是能够提高在水中极难溶解的疏水性溶质的溶解性，其增溶原理是表面活性分子聚集体疏水性区域微环境与疏水性溶质具有很好的相容性，与在水中的溶解度相比，在表面活性剂溶液中可以提高数个数量级（Nagarajan 和 Ruckenstein，1991）。如果溶质分子完全位于表面活性剂分子尾部，则聚集体的形状在增溶前后不会有显著变化，这种增溶模型被 Nagarajan 和 Ruckenstein 于 1991 年定义为Ⅰ型，即膨胀型聚集体[图 12.2（d）]。另外，如果溶质分子同时分布于聚集体内部和表面活性剂尾部，这种增溶模型则被作者（Nagarajan 和 Ruckenstein，1991）定义为Ⅱ型，即微乳[图 12.2（e）]。感兴趣的读者可以参考 Nagarajan 和 Ruckenstein 的文章中关于理论模型与预测的详细介绍，更多关于增溶的讨论将于本章相关部分进行介绍。

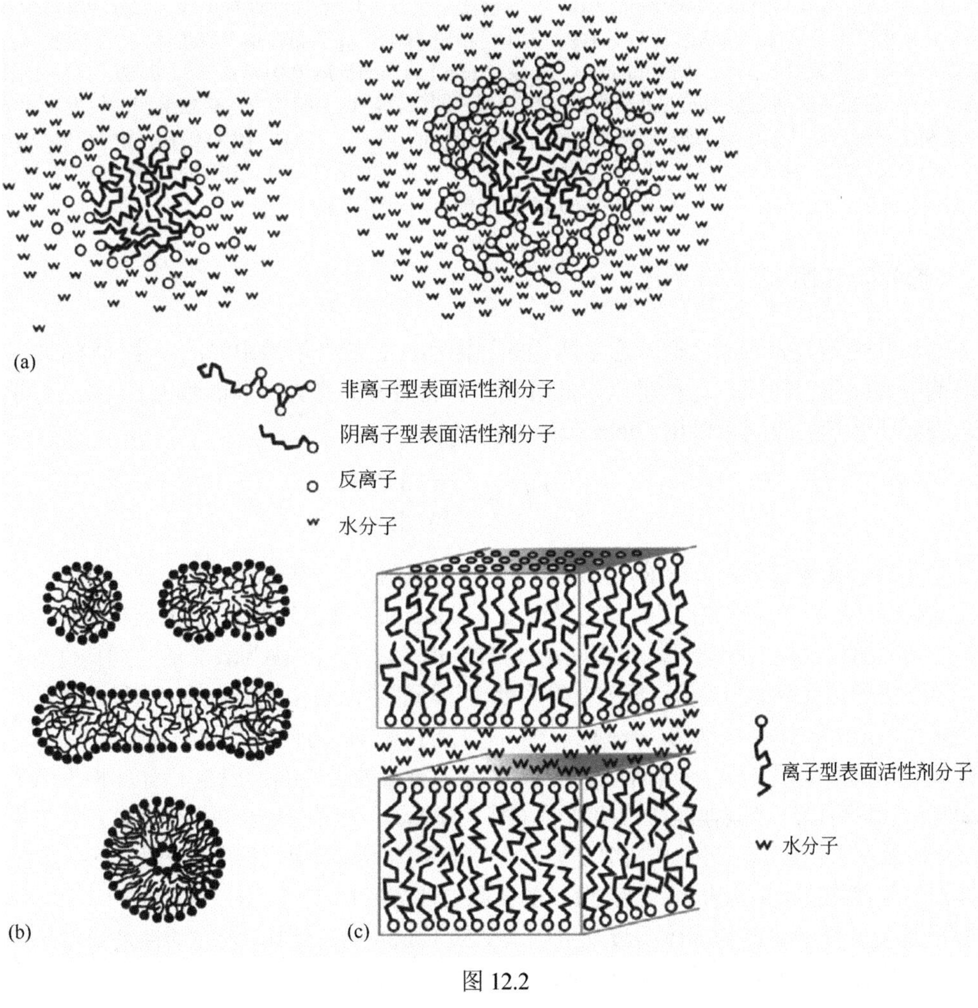


图 12.2

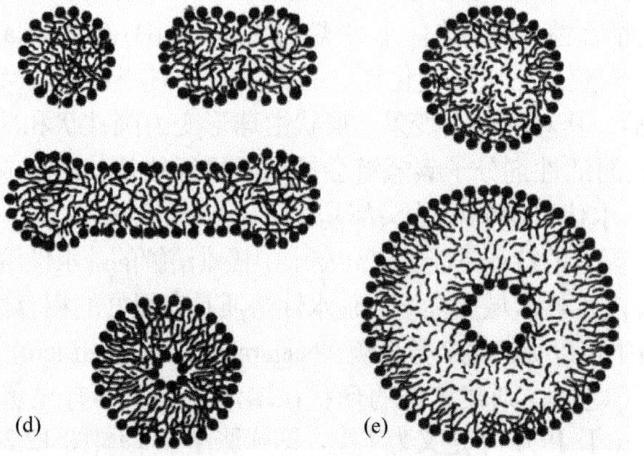


图 12.2（a）球状阴离子型表面活性剂胶束（左）和非离子型表面活性剂（右）（来源：Schott，H. Remington：The science and practice of pharmacy，Vol. 1. edited by A. R. Gennaro. Easton：Mack Publishing Co，1995.已获同意）；（b）表面活性剂聚集体在稀释水溶液中的结构图例，图中所示的聚集体有球柱状胶束和具双分子层结构的球形（来源：Nagarajan R，Ruckenstein E. Langmuir，1991，7：2934-2969. 已获美国化学协会同意）；（c）离子型表面活性剂中间相薄片结构（来源：Schott，H. Remington：The science and practice of pharmacy，Vol. 1，edited by A. R. Gennaro. Easton，PA：Mack Publishing Co，1995.已获同意）；（d）表面活性剂中疏水部分增溶后形成的Ⅰ型聚集体，即膨胀型聚集体。被增溶物质位于表面活性剂尾部区域，并分布在整个聚集体，小的聚集体尺寸受表面活性剂尾部长度限制（来源：Nagarajan R，Ruckenstein E. Langmuir，1991，7：2934-2969.已获美国化学协会同意）；（e）表面活性剂聚集形成的Ⅱ型增溶结构模型，即微乳。这类结构中，被增溶物质位于表面活性剂尾部区域和仅有溶质组成的区域。增溶物区域构成了图中所示的第一个聚集体的内核结构，图中第二个结构中，亲水性外壳将聚集体分为双分子层结构，Ⅱ型聚集体的尺寸不受表面活性剂分子尾部的限制（来源：Nagarajan R，Ruckenstein E. Langmuir，1991，7：2934-2969.已获美国化学协会同意）

### 12.3.3 热力学作用

表面活性剂是具有表面活性或通常所说的界面活性、能在溶液中界面发生迁移的化合物，与纯溶剂中界面张力相比，迁移可以降低溶液中界面的表面张力（界面张力）。从热力学角度来讲，表面活性剂的吸附可以用 Gibbs 吸附方程表示：

$$\varGamma_2 = -\frac{a}{RT}\frac{\mathrm{d}\gamma}{\mathrm{d}a} \tag{12.1}$$

式中，$\varGamma_2$表示相对于本体溶液，溶质表面的超量吸附量；$\gamma$ 表示溶液的表面张力；$a$ 为溶液中溶质的活度；$R$ 是气体常数；$T$ 是热力学温度（Lieberman 等，1996）。根据这个方程，任何降低两相之间界面自由能的物质，均是表面活性剂[见式（12.4）]。因为表面活性剂具有两亲性的性质，使得分子间有聚集的趋势，排列在界面处，并降低界面自由能。此外，这种疏水尾在界面朝气相排列，亲水核朝水相排列，反映了表面活性分子朝有利方向排列的趋势。

能量守恒的主要机制是表面活性剂可以吸附在各种可能的界面，但是，当如水-空气界面达到饱和时，吸附可以通过其他途径持续进行（图 12.3）。这类情况是表面活性剂在溶液中的重结晶或沉淀，即发生相分离。另一类情况是处方中分子聚集体或胶束仍能维持热力学稳定状态，其分散类别与含有单分子结构表面活性剂分子的各向同性溶液有显著差异（Myers，1992）。

胶束是胶束分子单体和本体溶液发生频繁交换形成的动态结构，表面活性剂或聚集体自组装的热力学特征可以用表面活性剂分子单体在水中形成胶束所需的转换自由能进行表征。

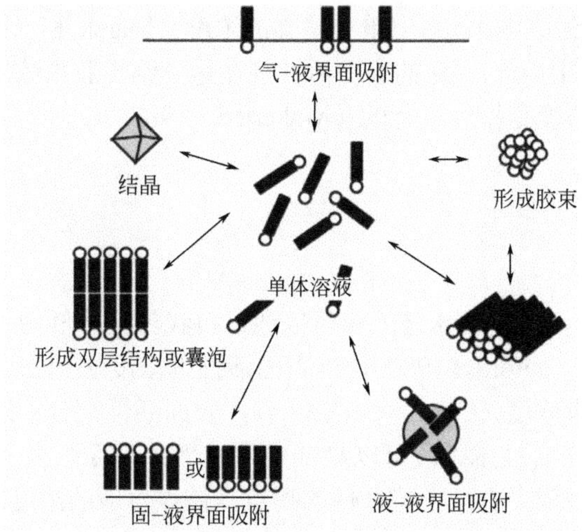


图 12.3　表面活性剂降低表面和界面自由能的模型

（来源：Myers D. Surfactant Science and Technology. 2nd ed. New York：VCH Publishers，1992. 已获授权）

已经有数种模型被建立，用于阐明胶束的行为（Mukerjee，1967；Lieberman 等，1996），本章对质量作用和相分离这两种模型进行了详细描述。质量作用模型中，胶束与未聚集的表面活性剂或单体之间保持动态平衡。对于缔合的非离子型表面活性剂，质团模型预测 $n$ 个非离子型表面活性剂单体 S 缔合形成胶束 M。

$$nS \Longleftrightarrow M \tag{12.2}$$

因此，胶束形成的平衡常数可以表示为：

$$K_m = \frac{[M]}{[S]^n} \tag{12.3}$$

$K_m$ 值由聚集体的数量决定，$K_m$ 值随着聚集体数量的增加而增加，胶束在达到临界胶束浓度时胶束化的标准化自由能为：

$$\Delta G_m^{\ominus} = RT\ln[S]_{CMC} \tag{12.4}$$

相分离模型是基于胶束在临界胶束浓度时发生相变而提出的（Mukerjee，1967），这种模型利用了水相中游离表面活性剂的化学势（$\mu_s$）和胶束相中聚集体表面活性剂的化学势（$\mu_m^{\ominus}$）。

$$\mu_s = \mu_s^{\ominus} + RT\ln[S] \tag{12.5}$$

$\mu_s^{\ominus}$是指水相中表面活性剂的标准状态，当胶束材料处于标准状态时，则 $\mu_m=\mu_m^{\ominus}$，胶束化的标准自由能方程为：

$$\Delta G_m^{\ominus} = \mu_m^{\ominus} - \mu_s^{\ominus} = RT\ln X_s - (RT/m)\ln(X_m/m) \tag{12.6}$$

式中，$X_m$ 和 $X_s$ 分别代表表面活性剂在胶束相和水相中单体的摩尔分数；$m$ 代表单体的数量，对于大分子的胶束，$m$ 通常为无穷大，因此式（12.6）可以简化为式（12.4）。通常，胶束化是放热反应，负值表示胶束的自发形成。根据吉布斯相定律，式（12.6）真实地反映了相分离的发生，$X_s$是存在于胶束平衡体系中单个单体的浓度（Marsh 和 King，1986）。但是，这个模型并不是较为现实的，因为它预测的表面活性剂在达到临界胶束浓度时，发生的改变是非常短暂的，而实际上这种改变是持续进行的（Mukerjee，1967）。

## 12.3.4 关键参数

### 12.3.4.1 临界胶束浓度

已有文献表明，表面活性剂在水溶液中可以通过自我聚集降低疏水性尾部与水溶液的接触面积（Mukerjee，1979；Tanford，1980），当表面活性剂浓度达到临界胶束浓度时，即会发生这种现象。小于临界胶束浓度（CMC，见图 12.4），表面活性剂分子以单个单体为主，而大于 CMC 多以胶束存在。有多种技术手段可以测试 CMC，例如表面张力、光散射和渗透压测定法，每种方法测试的浓度曲线都会有一个特征性的拐点，该点对应的浓度即为 CMC。知道特定的表面活性系统 CMC 值和理解升高或降低 CMC 的因素，对设计基于胶束增溶的处方非常重要。

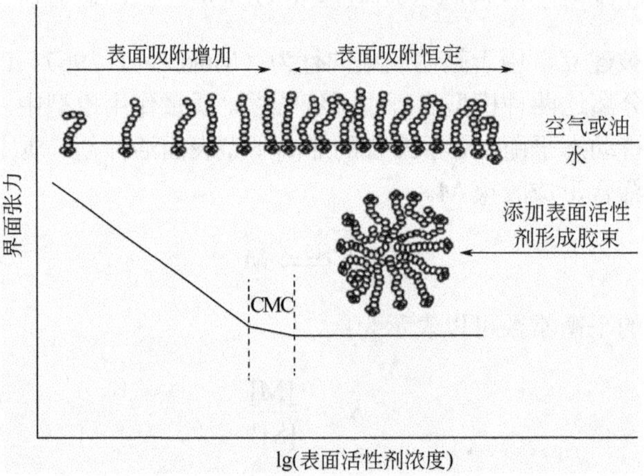


图 12.4 表面活性剂吸附的示意

表面活性剂因其两亲性性质，强烈地吸附在水-空气界面或水-油界面（上），伴随的界面张力降低[根据吉布斯吸附方程，式（12.1）]止于很窄的浓度范围内（CMC）。在该范围以上的浓度，表面活性剂的增加将会导致聚集并形成胶束（Friberg 和 El-Nokaly，1985，已获同意）。

据文献报道，CMC 会随着相应参数的改变而变化，从而洞悉了可以控制表面活性剂开始胶束化的因素，不再需要使用传统的经验模式。例如，CMC 值会随着疏水性尾部链长的增加、聚氧乙烯头分子量的降低或离子型表面活性剂溶液中盐的加入而降低。另外，溶剂环境也会影响表面活性剂的CMC，据报道，胶束在甲醇中比在其他醇类溶剂中更易形成（Andriamainty，2007）。

Mysels和Mukerjee于1979年定义CMC是从单体中可以分离检测到的胶束时的小范围浓度，CMC 也可以被定义为单体可以获得的最大化学势，是影响脂质分子跨膜的一个可控因素。CMC 提供了一种较为方便的确定表面活性剂性质的方式，如果根据浓度绘制轨迹图，会发现在 CMC 浓度以上和以下，轨迹变化的速率都不相同，利用这一性质外推轨迹图，即可得到 CMC 值。

表面活性剂的 CMC 值与其性质有关，如电荷、疏水链长度。例如，离子型表面活性剂的带电荷的头部外周具有静电排斥作用，其 CMC 值较非离子型表面活性剂的要高，因此成胶束更为困难。但是，阴离子型表面活性剂如长链脂肪酸与辅酶 A 形成的酯，其 CMC 值（5～

250 μmol/L；取决于测试条件）非常低，是因为其庞大的荷电亲水性头部（Constantinides 和 Steim，1985）。Attwood 等于 1994 年研究了一系列非离子型表面活性剂极性基团引入至十八烷基聚乙二醇单醚疏水碳氢链后的表面活性性质。结果发现引入取代基后，十八烷基聚乙二醇单醚的 CMC 值显著升高。作者将这种行为归因于构成胶束内核的疏水性基团极性的增加，一般极性基团的引入可以导致 CMC 值的提高。例如，对于非离子型表面活性剂，其形成的胶束外部聚氧乙烯（PEO）链之间的排斥作用，远低于离子型表面活性剂中的这种作用。对于一个确定的聚集体外表面，其离子的改变可以被定位。在非离子型表面活性剂中，PEO 极性链的尺寸远大于烷烃链的尺寸（十八烷基聚乙二醇单醚）。对于阴离子型和阳离子型表面活性剂，加入盐可以降低静电排斥作用，导致 CMC 值的降低，例如加入氯化钠可以降低烷烃硫酸盐的 CMC 值。碳氢链长度也是决定表面活性剂 CMC 值的一个主要因素，在同系列结构类似物中，CMC 值随着碳氢链长度的增加而降低，同时其表面活性也随之增强（Schott，1995）。在同系列类似物中，CMC 值随着链中碳原子的增加呈对数降低，对于十六碳或是更短碳链的直链表面活性剂，每增加一个亚甲基，其 CMC 值会降低一半，且这种变化趋势不依赖于表面活性剂的性质和亲水性头部尺寸的大小。对于具有较高电荷和较大头部基团的离子型表面活性剂，如 $C_{16}$～$C_{18}$ 脂肪酸辅酶 A 酯，测得的 CMC 值与相应的脂肪酸的 CMC 值相当（Constantinides 和 Steim，1985）。对于非离子型表面活性剂，这种影响会更大，碳链中每引入 10 个碳原子，CMC 会降低一个级别（Myers，1992）。另外，Mysels 和 Mukerjee 于 1979 年推导出符合化学式 $C_mE_{1.25m}$ 化合物的 CMC 值的计算公式：

$$\lg\text{CMC} = 1.58 - 0.44m \qquad 4 \leqslant m \leqslant 16 \tag{12.7}$$

$m$ 表示碳链中碳的数量。

各种 CMC 值测试方法都是基于表面活性剂胶束化时所观察到的性质变化，包括表面张力、光散射、染料增溶和表面活性剂离子电极（Carey，1983）。不同的绘图程序也可以用来表征 CMC，但是，不同的测试方法可能会得到不同的 CMC 值。1997 年，Mysels 和 Mukerjee 建议在图谱中准线性区域以上和拐点以下进行外推，可以找到 CMC 值，尤其适用于物理特征-浓度非线性关系图。

胶束的物质的量浓度可用如下公式进行计算：

$$[M] = \frac{[C_s]-\text{CMC}}{n} \tag{12.8}$$

式中，$[C_s]$表示表面活性剂的物质的量，mol/L 浓度；$n$ 表示聚集体的平均数量；CMC 是临界胶束浓度，mol/L。例如，一个含有辛基葡萄糖苷的溶液，其 CMC 为 22 mmol/L，在其物质的量浓度为 100 mmol/L 的磷酸缓冲液中，含有的胶束浓度大约是：

$$\frac{(100-22\text{mmol/L})}{27} \text{或} 2.9\text{mmol/L}$$

需记住，当表面活性剂的浓度超过 CMC 时，胶束的数量、尺寸和形状都会发生变化，但单体的浓度不会增加。此外，在解释某些表面活性剂的 CMC 值时也需谨慎，例如具有体积大、刚性疏水部分的表面活性剂（如胶束化浓度范围很宽的胆盐），其单体浓度在 CMC 以上时性质也会有差异，因此，CMC 并不代表临界现象。

在测定表面活性剂 CMC 时，尤其是离子型表面活性剂，实际操作时要考虑以下两方面

（Constantinides 和 Steim，1985）：①商业表面活性剂的表面活性杂质，如 SDS，可根据表面张力-浓度图使用其最低量，除非使用高纯度的表面活性剂，可以使用与 CMC 值近似的用量；②在采用染料增溶的方法时，如果染料和表面活性剂带同种电荷时，需要注意避免胶束化前缔合，即还未达到真实的表面活性剂 CMC 时，染料和表面活性剂发生成盐行为。

#### 12.3.4.2 胶束尺寸和聚集数

胶束与增溶相关的第二重要特征是尺寸，难溶性化合物可以溶解在胶束的内核结构中，或是更为常见的，位于胶束表面头部基团内，也可以位于胶束栅栏状结构中。对胶束尺寸的预测依赖于热力学模型中使用的经验关系，例如胶束化过程中缔合与未缔合（单体）表面活性剂分子处于平衡的质量作用规律（Attwood 和 Florence，1983）。

聚集形成胶束的单体数量称为聚集数（*n*），由于胶束的动态特征，这个数字代表了一段时间内胶束组成的模型。聚集数量可以根据胶束分子量和表面活性剂单体分子量的比值进行计算，胶束分子量可以通过多种方法进行测定，如光散射、沉降平衡、动态光散射和小角 X 射线散射。由于 CMC 的性质，胶束尺寸对实验条件也很敏感，包括 pH、温度、离子强度和添加剂（Myers，1992），一些特定的表面活性剂聚集数可能仅在特定浓度范围内有效，各种表面活性剂聚集数见表 12.1。

**表 12.1 表面活性剂在水中的聚集数**

| 表面活性剂 | 温度/℃ | 聚集数 |
|---|---|---|
| $C_{10}H_{21}SO_3^-$ | 30 | 40 |
| $C_{12}H_{25}SO_3^-Na^+$ | 40 | 54 |
| $(C_{12}H_{25}SO_3^-)Mg^{2+}$ | 60 | 107 |
| $C_{12}H_{25}SO_4^-Na^+$ | 23 | 71 |
| $C_{14}H_{29}SO_3^-Na^+$ | 60 | 80 |
| $C_{12}H_{25}N(CH_3)^+Br^-$ | 23 | 50 |
| $C_8H_{17}O(CH_2CH_2O)_6H$ | 30 | 41 |
| $C_{10}H_{21}O(CH_2CH_2O)_6H$ | 35 | 260 |
| $C_{12}H_{25}O(CH_2CH_2O)_6H$ | 15 | 140 |
| $C_{12}H_{25}O(CH_2CH_2O)_6H$ | 25 | 400 |
| $C_{12}H_{25}O(CH_2CH_2O)_6H$ | 35 | 1400 |
| $C_{14}H_{29}O(CH_2CH_2O)_6H$ | 35 | 7500 |

来源：摘自 Myers，D. Micellization and association//Myers D. Surfactant science and technology.2nd ed.New York：VCH Publishers.1992.

① 水溶液中，同一系列表面活性剂的疏水链越长，聚集数 *n* 越大。

② 头部基团亲水性的降低（如离子结合度的提高、聚氧乙烯链的缩短），聚集数 *n* 也会呈相似的增大。

③ 可以导致头部基团亲水性降低的外部因素，如高浓度中性电解质会增加聚集数 *n* 的增大。

④ 对于离子型表面活性剂，温度的升高会导致聚集数 *n* 的降低。

⑤ 加入少量水溶性较低的非表面活性有机材料，会使胶束的尺寸明显增大（Myers，1992）。

#### 12.3.4.3 包封参数

胶束中表面活性剂分子的包封行为非常重要，因为它直接关系到胶束的结构和其他关键的胶束化参数，如微黏度（Berlepsch 等，1998；Eads 和 Robosky，1999；Zhang 等，1999）。“包封参数”概念的提出，将表面活性剂分子结构和预期的聚集形状联系起来（Nagarajan 和 Ruckenstein，1991；Israelachvili，1994），根据约束维数（$V/Sr$；球=1/3，圆柱体=1/2，片状=1）将不同聚集体的体积/面积比进行标准化，与表面活性剂分子的体积/面积比 $v/al$ 相关，$v$ 表示表面活性剂尾部体积，*a* 表示表面活性剂头部基团排斥性区域面积，*l* 表示表面活性剂尾部的长度（Israelachvili，1994）。

包封参数提供了一个半定量的模型，可以用来阐明表面活性剂动态结构对胶束尺寸和形状的影响（Israelachvili，1994），一个经常被引用的例子是十二烷基硫酸钠（SDS）的胶束化，有一个较大的排斥性头部，尺寸为 60 $Å^2$，12 碳链尾部形成的体积为 350 $Å^3$，长 18.4 Å，因此包封参数相当于 0.32，表明会形成球形胶束。SDS 头部基团因负电荷之间的静电排斥作用而具有较大的面积，加入电解质可以降低静电排斥作用，从而降低头部基团的排斥性区域面积。通过降低头部基团面积，提高了计算的包封参数，会使最优的胶束形状发生改变，从球形变为圆柱形，最终变为片状结构。类似地，包封参数可以用来阐明表面活性剂链长的变化对胶束体积和长度的影响。

## 12.3.5　亲水-亲油平衡

表面活性剂极性和非极性（亲水和疏水）相对值的变化会显著影响界面行为，这个参数的测定有助于表面活性剂的分类。HLB 值是表面活性剂亲水、疏水特征的一种表达方式，也可以用于表面活性剂分类，表面活性剂的 HLB 值可以通过以下公式进行计算：

$$\text{HLB} = \Sigma(\#\text{亲水基团}) - \Sigma(\#\text{疏水基团}) + 7 \tag{12.9}$$

也可以通过实验进行测试。HLB 值范围为 1～50，值越大表明亲水性越强。HLB 值在 1～10 范围内的表面活性剂是亲脂性的（Griffin，1949），表 12.2 列举了一些常用的表面活性剂的 HLB 值。如 100%亲水性分子聚乙二醇，其 HLB 值是 20，聚氧乙烯链的延长会导致极性的增加，从而提高 HLB 值。这一体系的优点是，当两种表面活性剂的极性基团和非极性基团都不相同时，可以用近似的一种来比较另一种表面活性剂（Schott，1971）。非离子型表面活性剂的 HLB 值可以通过 PEO 链的比例进行计算。

**表 12.2　部分表面活性剂的近似 HLB 值**

| 表面活性剂的化学名或通用名 | HLB 值 |
|---|---|
| 山梨糖醇酐三油酸酯 | 1.8 |
| 丙二醇单硬脂酸酯 | 3.4 |
| 单硬脂酸甘油酯 | 3.8 |
| 丙二醇单月桂酸酯 | 4.5 |
| 山梨醇酐单硬脂酸酯 | 4.7 |
| 单硬脂酸甘油酯（自乳化） | 5.5 |
| 山梨醇酐单月桂酸酯 | 8.6 |
| 聚氧乙烯-4-月桂醚 | 9.5 |
| 聚乙二醇 400 单硬脂酸酯 | 11.6 |
| 聚氧乙烯-4-山梨醇酐单月桂酸酯 | 13.3 |
| 聚氧乙烯-20-山梨醇酐单棕榈酸酯 | 15.6 |
| 聚氧乙烯-40-硬脂酸钠 | 16.9 |
| 硬脂酸钠 | 17.6① |
| 油酸钠 | 18.0 |
| 月桂酰肌氨酸钠 | 29① |
| 十二烷基硫酸钠 | 40.0 |

① 数据来源于 Treiner 等（1988）。

来源：Schott H. Colloidal dispersions. Remington：The Science and Practice of Pharmacy.Gennaro A R（Ed.）. Vol. 1，Mack Publishing Co，Easton，PA，1995；Treiner C，Nortz M，Vaution C，et al. J. Coll. nterf. Sci.，1988，125，261-270.

### 12.3.6 温度组分相图

表面活性剂溶液温度-组分相图是一种特征性相图，描绘了结晶态表面活性剂、单体或胶束存在时的条件。如图 12.5 所示（Smirnova，1995），L 代表液相，S 代表固相，$X_1$ 代表表面活性剂摩尔分数。临界胶束温度 CMT 定义为晶态和胶束相之间的线。临界胶束浓度 CMC 是胶束和单体相的分界线。Krafft 点（*B* 点）定义为三相交界点，或达到 CMC 时的 CMT，或是 CMC 曲线与溶解曲线的交叉点。在这个温度时，可以达到 CMC。在该点温度以上，单体溶解度的少量增加会导致单体浓度的大幅度升高，总浓度也会随之大幅升高（Mukerjee，1967）。当胶束溶液固相（S）和液晶相（E）达到平衡时的温度称为 *C* 点（昙点），昙点是表面活性剂溶液发生相分离时的温度，从 *C* 点到 *D* 点向上的两条线是胶束溶液（L）和液晶相（E）平衡的边界线。

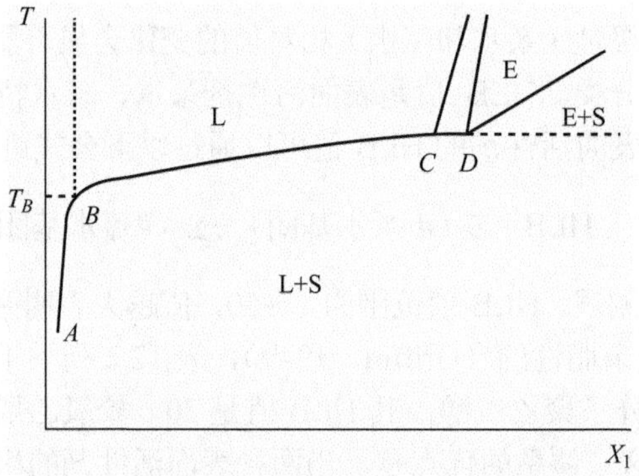


图 12.5　部分表面活性剂-水体系相图

（虚线表示 CMC 曲线，来源：Smirnova N A. Fluid Phase Equilibria，1995，110：1－15．已获授权）

实验研究证明表面活性剂的溶解曲线形状非常具有特色，在初始的高度稀释溶液阶段，曲线会急剧上升，靠近 Krafft 点时斜率发生改变，达到平稳状态时，斜率常为正值，但不同表面活性剂之间可能会不同。对于两性离子型和非离子型表面活性剂，斜率非常小，说明表面活性剂在 Krafft 点以上，温度的小幅升高，表面活性剂的溶解性会急剧上升。1995 年，Simirnova 用两种模型来解释胶束溶液-固体表面活性剂相平衡的温度-组分依赖关系：理想的单分散模型和伪相分离模型。伪相分离模型将胶束溶液表述为由液相和胶束相组成的两相体系，这种模型被发现是不符合实际情况的，因为它规定了溶解曲线的零度斜率。理想的单分散胶束溶液模型用于二元表面活性剂-水体系，指明温度-组分相图呈线性变化，Krafft 边界斜率（图 12.5 中的线 *BC*）取决于聚集体数量、温度和表面活性剂溶解时的热量，这种模型与实验数据吻合很好。

对于离子型表面活性剂，经常发现表面活性剂的溶解度在特征温度下会呈急剧、持续上升，称为 Krafft 点，即图 12.5 中 $T_B$。在该温度以下，表面活性剂的溶解度由体系晶格能和水化热决定，在 $T_B$ 以上，表面活性剂单体溶解度在开始形成聚集体（胶束）时上升，溶液中聚集体变成热力学稳定类型。对于非离子型聚氧乙烯类表面活性剂，当温度高于 CMT 时，表面活性剂的物理状态会受影响，这种影响被认为是聚氧乙烯头的脱水作用所致，形成“巨型胶束”。胶束尺寸的改变导致了增溶随温度的变化而变化，水中溶解度随胶束化温度而变化也出现在阴离子型表面活性剂中（Moroi 等，1999）。

# 12.4　胶束增溶

## 12.4.1　增溶过程

简而言之，胶束增溶可以被定义为难溶物质以嵌入胶束内的方式而溶解在溶剂中。溶质的加入可能会导致胶束单体包封的改变，难溶于水但易溶于疏水性溶剂的化合物，可以溶解在胶束内部，即环绕在亲水性头的烷烃链尾（Florence，1981；Saket，1996，1997）。因此，根据溶质在胶束中的位置和朝向，可以免受不溶于胶束溶剂的破坏（Mukerjee，1979；Mall 等，1996）。Mukerjee 很好地综述了大量胶束增溶的基本问题。非离子型表面活性剂在极性溶剂中的胶束性质主要取决于胶束烃核溶解非极性溶质的能力，因此其溶解能力受限于内核体积。但是，极性化合物，如苯甲酸，会被吸附在胶束内核和亲水层的界面处（Florence，1981）。因此，增溶能力受内核的影响较小，更大程度上取决于表面活性剂的极性头部。例如，以重量为基础比较表面活性剂时，增溶效率会随着聚氧乙烯链长的增加而降低，而以物质的量为基础比较则相反（Florence，1981；Saket，1996；1997）。

药物增溶可以用胶束溶液中溶质和胶束之间的缔合平衡来表示，因此：

$$D_w + M \xleftrightarrow{K_m} D_m \qquad (12.10)$$

$D_w$ 是溶解在水相中的药物，$M$ 是胶束浓度，$K_m$ 是胶束相和水相之间的分布系数，$D_m$ 是溶解在胶束相中的药物，因此溶解度可以通过以下公式确定：

$$S_m = K_m S_o M \qquad (12.11)$$

$S_m$ 和 $S_o$ 分别表示胶束相和水相中非解离药物溶解度（Fahelel bom 等，1993），每个药物都有一个增溶限度，决定于表面活性剂的温度、性质和浓度。胶束的增溶能力通常取决于增溶溶质和胶束化表面活性剂的物质的量之比。根据 Hartley，将增溶溶质分为两类：①形成结晶固体的大的、不对称的刚性分子，与组成胶束内核的尾不相容，仍保持为明显的溶质分子；②室温为液态、由柔性分子组成的化合物（McBain 和 Hutchinson，1955）。

1996—1997 年，Saket 研究了难溶性盐酸氯苯甲嗪（McHCl）的胶束增溶。该药物为止吐药，主要用于恶心呕吐。改善药物水溶性，有利于制备成液体制剂，促进药物吸收，提高生物利用度。药物分别在 30℃、37℃、45℃溶解在一系列非离子型表面活性剂中，包括聚山梨酯、硬脂醇醚、苄泽、卖泽。药物的溶解度随着表面活性剂浓度的增加呈线性升高，证明胶束增溶符合分配模型，因此，药物分布在水相和胶束伪相之间。结果表明在同系列表面活性剂中，烃链越长，增溶能力越强，聚山梨酯 80 增溶比聚山梨酯 20 更有效，苄泽 58 增溶能力强于苄泽 35，证明药物是被嵌入胶束内核，而不是外周胶囊状区域。从另一方面来说，同系列表面活性剂中，聚氧乙烯链越短，增溶能力越强。因此，硬脂醇醚 1000 的增溶能力强于硬脂醇醚 1500，卖泽 53 强于卖泽 59。

Mall 等于 1996 年利用热力学方法研究了磺胺类药物在 SDS 胶束溶液中的溶解行为，利用接触角数据测试了四种磺胺类药物的表面能，计算出药物和 SDS 头尾的吸附自由能，药物最易吸附于 SDS 尾部，而非头部。根据溶出速率数据计算出了活化热力学参数，水和

SDS 胶束之间的迁移焓和药物与 SDS 头尾之间的吸附自由能存在线性关系。当比较药物与 SDS 头附着力和迁移焓数据时，会发现增溶受 SDS 头部和药物区域之间作用的影响，极性的氨基苯磺酰胺与 SDS 头之间的静电排斥作用（已经被正的吸附自由能和正的迁移焓所证明），会抑制药物的溶解，良好的吸附自由能和迁移焓可以促进其他 3 种磺胺药物的溶解：磺胺甲基嘧啶、磺胺嘧啶、磺胺二甲嘧啶。因此，作者总结出高度非极性药物拥有最有利的吸附自由能和最有利的迁移焓，高度极性药物与 SDS 头部的吸附自由能较差，其迁移焓也不利，由此可见，从水介质跨越到胶束疏水核最大的障碍是药物极性力和表面活性剂头部自由能之间的单极排斥力。作者认为，这为理解增溶机制提供了新的视角，有利于更好地理解复杂分配行为。

## 12.4.2 胶束体系中溶质的位置

溶质在胶束中的位置很大程度上取决于溶质的整体结构（Mukerjee，1979）。因此，非极性溶质主要溶解在烃链内核，同时具有极性基团和非极性基团的两亲性化合物朝向极性基团表面，疏水官能团位于胶束的疏水内核。对几种溶质在胶束表面的吸附进行了假设，认为灰黄霉素溶质可能存在于非离子型表面活性剂胶束 PEO 的外表面，位于胶束内核的溶质增大了胶束的尺寸，改变了每个胶束中表面活性剂的数量，这意味着为了填充膨胀的胶束内核，聚集体的数量会增加。相反，位于胶束表面的溶质对聚集体数量的影响甚微，但胶束的尺寸会因嵌入的溶质分子而增大。

脂肪族溶质主要溶解在表面活性剂胶束的碳氢链内核。当摩尔分数 $X$ 增加到单位值时，疏水性溶质的增溶等温线（活度系数-摩尔分数）会从无限稀释时的相对较大值降低到较小值（图 12.6）。芳香烃处于固定在胶束表面区域的高极性溶质和优先溶解于烃链核心区域的脂肪烃中间状态（Kondo 等，1993）。

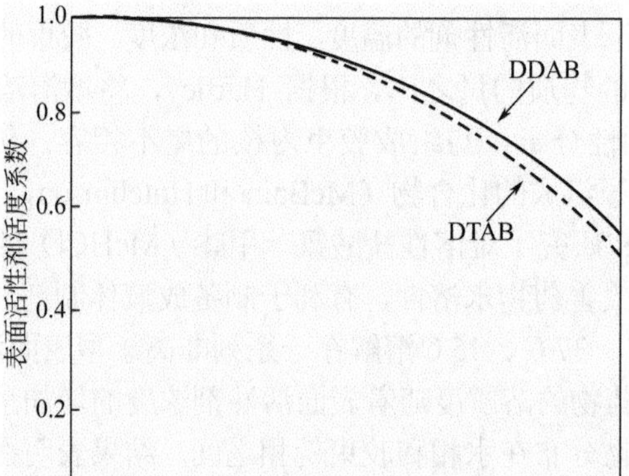


图 12.6 DDAB 和 DTAB 的活度系数与 PEA 的摩尔分数的相关性
（来源：Kondo Y，Abe M，Ogino K，et al. Langmuir，1993，9：899－902. 已获批准）

两态增溶模型或许可以用来描述溶质在胶束体系中的位置，这种模型包括位于胶束内核的溶解态和位于胶束水相界面的吸附态。处于溶解态的分子因胶束内核溶剂的性质而停留在胶束中，处于吸附态的分子因溶解物的表面活性，类似于表面超量（Mukerjee，1979）。

### 12.4.3　溶质性质-胶束增溶关系

药物（溶质）的性质已经被广泛研究，以确定其与胶束溶解度和增溶的关系，尤其是 Gadiraju 等于 1995 年表征了盐酸胺碘酮溶解度与 pH、缓冲液浓度和 CMC 的关系曲线，发现这个两亲性药物的溶解行为在缓冲液中具有 pH 和离子强度依赖性。图 12.7 证明盐酸胺碘酮的溶解度随着缓冲液强度的增加而增加，随着反离子数的增加，胶束的密集程度增大，离子型表面活性剂的溶解度有望增加。Kondo 等也测试了 2-苯乙醇在十二烷基三甲基溴化铵中的增溶行为，他们发现较小极性有机溶质，如酸和醇类，其极性头会固定在聚集的离子型表面活性剂极性或离子区域，这些极性溶质的脂肪族或芳香族基团，至少会部分趋向于被胶束的烃链内核溶解。

非离子型表面活性剂作为增溶剂用于难溶性药物增溶，已被广泛研究（Samaha 和 Naggar，1988），无论是非离子型还是阴离子型表面活性剂，其疏水性胶束部分对不能离子化的难溶性溶质均具有增溶能力，溶质分子的极性是决定其溶解程度的主要因素。离子型和非离子型表面活性剂对位于胶束内核的溶质增溶能力的排列顺序是：阴离子型＜阳离子型＜非离子型。这种影响归因于系列表面活性剂每个头部基团面积相应的增加，导致胶束呈“松散”状态，烃链内核的密度降低，从而可以容纳更多溶质（Fahelelbom 等，1993）。这种情形与位于界面处的溶质不同，例如，Shihab 等（1979）通过研究利尿剂呋塞米在非离子型表面活性剂（聚山梨酯 80）、阴离子型表面活性剂（十二烷基硫酸钠）和聚乙二醇（PEG）中与聚合物分子量和温度的关系，发现增溶剂对药物在水中溶解性的增溶能力顺序为：十二烷基硫酸钠＞聚山梨酯 80＞PEG。PEG 的分子量越高，对药物的增溶能力越强。溶解度随表面活性剂浓度的增加而呈线性升高，这是典型的胶束增溶特征（图 12.8 和图 12.9）。

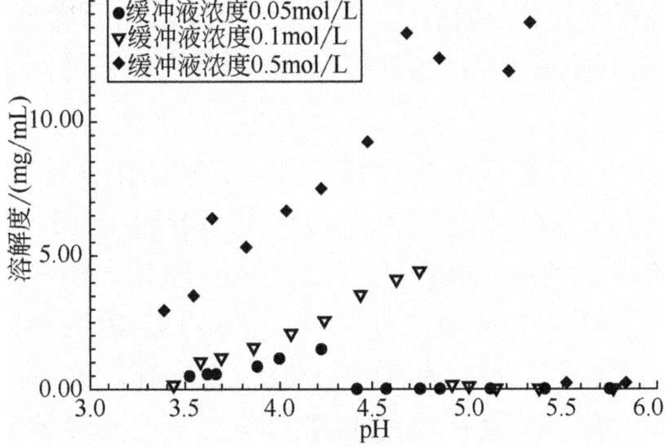


图 12.7　不同离子强度缓冲液的溶解度-pH 曲线

[来源：Gadiraju R R，Poust R I，Huang H S. The effect of buffer species，pH，and buffer strength on the CMC and solubility of amiodarone HCl，Poster presentation（AAPS 年会），1995. 已获同意]

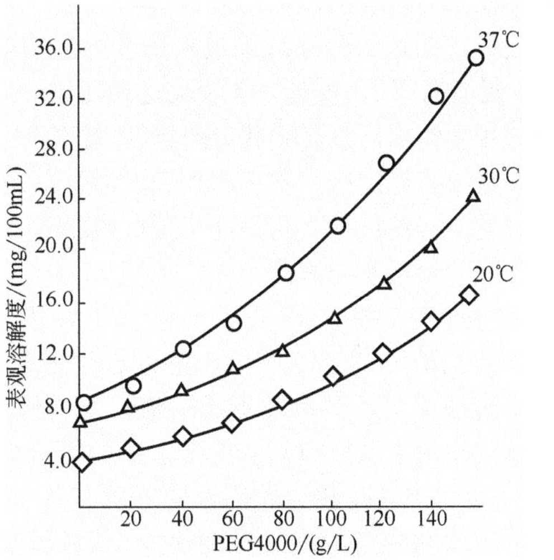


图 12.8　呋塞米在不同温度的 PEG 4000 水溶液中的溶解度

（来源：Shihab F A，Ebian A R，Mustafa R M. Int. J. Pharm.，1979，4：13－20. 已获授权）

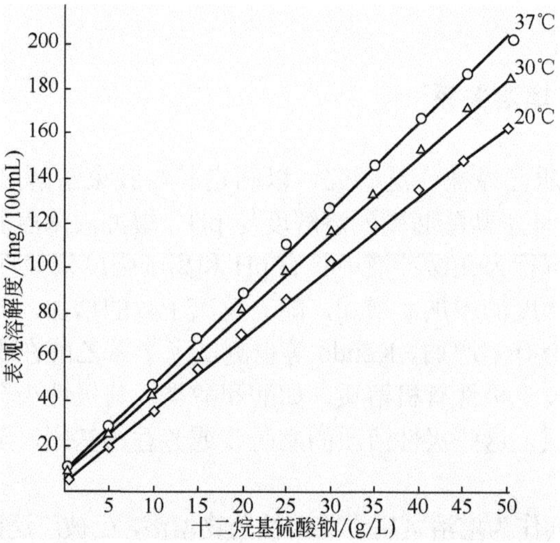


图 12.9 呋塞米在不同温度和浓度的十二烷基硫酸钠溶液中的溶解度

（来源于 Shihab F A Ebian A R，Mustafa R M. Int.J.Pharm.，1979，4，13-20.已获授权）

Fahelelbom 等（1993）测试了表面活性剂浓度对氯法齐明溶解度的影响，发现表面活性剂溶液的 pH，尤其是十二烷基硫酸钠，随着表面活性剂浓度的增加，其溶解度以非线性的方式增加，溶解度的增加被认为是溶液中胶束数量的增加所致。Akbuga 和 Gursoy（1987）测试了聚山梨酯和卖泽（聚氧乙烯脂肪酸酯）对呋塞米溶解度的影响，并确定了药物溶解度与表面活性剂化学结构之间的关系。表 12.3 列出了表面活性剂对呋塞米的溶解能力，聚山梨酯的增溶能力与其烷烃链长直接相关，增溶能力会随着烷烃链长的增加而相应地提高。Hamza 和 Kata（1989）在对系列表面活性剂（聚山梨酯、卖泽、苄泽和普朗尼克系列）对别嘌醇的增溶研究中，也得到了相似的结果，拥有相同聚氧乙烯链长的同系列表面活性剂中，烃核的扩张会导致药物在不同浓度条件下溶解量的降低。另一方面，对于拥有相同烃链的同系列表面活性剂，聚氧乙烯链的延长会导致除最高浓度外药物溶解量的增加（关于聚合物表面活性剂更详细的讨论，见本书第 13 章热力学胶束化和药物增溶部分）。在一个特定处方中，增溶剂和其他组分之间的相互作用，会影响其对药物的增溶能力（Florence，1981）。聚合物经常被用作黏度调节剂和混悬液的稳定剂，聚合物和表面活性剂之间的相互作用会随着大分子的疏水性增加而增大。据报道，当表面活性剂头具长而直的烃链，且极性基团末端为烷烃时，给定聚合物和表面活性剂之间的相互作用最佳。

Chen 等（1998）研究了非离子型表面活性剂对三油酰甘油酯/脂肪酸混合物增溶的速率，将含有三油酸甘油酯和脂肪酸混合物的油滴注射入含有非离子表面活性剂 Tergitol 15-S-7 的水溶液中时，会自发形成对流，并有快速的初始增溶。Tergitol 15-S-7 是一种混合物，其醇基位于沿着 11～15 个碳原子链的不同位置，并具平均环氧乙烷数为 7 的 PEG 衍生物，如 $C_{12}E_6$、$C_{12}E_8$ 和纯的线性醇乙氧基化合物。油酸质量分数为 15%～25%的油滴，增溶速率至少比纯的三油酸甘油酯快 1 个数量级，5 min 内，在没有额外搅拌的条件下，油滴体积至少降低 45%～70%，因此认为快速的增溶在刚一开始时立即发生，因为大多数油酸都已被增溶。在随后的时间，增溶速率与纯的三油酸甘油酯在相同表面活性剂中大致相同，相似的作用也发现于碳氢化合物/油酸混合物刚接触的前 1～2 min 内，这些结果证明溶质能够显著影响增溶的速率。

表 12.3 表面活性剂对呋塞米溶解度的影响

| 表面活性剂/(g/L) | 蒸馏水 | | 0.1 mol/L 盐酸 | |
|---|---|---|---|---|
| | 总溶解度/(μg/mL) | 增溶量/(μg/mL) | 总溶解度/(μg/mL) | 增溶量/(μg/mL) |
| 0 | 41.2 | — | 15.0 | — |
| 聚山梨酯 20（$C_{12}$） | | | | |
| 0.05 | 31.2 | — | 40.0 | — |
| 0.5 | 45.0 | 3.7 | 41.1 | 26.1 |
| 5 | 57.0 | 15.7 | 50.0 | 35.0 |
| 10 | 167.0 | 125.7 | 145.0 | 130.0 |
| 50 | 705.0 | 663.7 | 670.0 | 655.0 |
| 聚山梨酯 40（$C_{16}$） | | | | |
| 0.05 | 32.5 | | 25.0 | |
| 0.5 | 45.0 | 3.7 | 22.5 | 7.5 |
| 5 | 112.5 | 71.2 | 72.5 | 57.5 |
| 10 | 143.7 | 102.4 | 137.5 | 122.5 |
| 50 | 792.5 | 751.2 | 887.0 | 872.0 |
| 聚山梨酯 80（$C_{18}$） | | | | |
| 0.05 | 43.7 | 2.4 | 15.9 | 0.9 |
| 0.5 | 43.7 | 2.4 | 18.7 | 3.7 |
| 5 | 141.2 | 100.0 | 74.0 | 59.0 |
| 10 | 205.0 | 163.7 | 160.0 | 145.0 |
| 50 | 980.0 | 938.7 | 808.0 | 793.0 |

来源：摘自 Akbuga J，Gursoy A. S.T.P. Pharma.，1987，3：395-399.

## 12.4.4 影响胶束化和胶束增溶的因素

### 12.4.4.1 温度

温度对胶束化和胶束增溶有重要的影响。如温度-组分相图中所讨论的，温度的变化导致温度依赖的增溶变化，从而引起胶束尺寸变化。如前文所提及的，Saket 早期研究了盐酸氯苯甲嗪在胶束中的增溶情况，采用一系列不同非离子型表面活性剂溶液分别于 30℃、37℃和 45℃溶解药物，包括聚山梨酯、Eumulgins、苄泽和卖泽，发现当温度从 30℃依次上升至 37℃、45℃时，会促进酸氯苯甲嗪在上述表面活性剂溶液中的溶解，降低药物在胶束相和水相之间的分布系数（$K_m$），其他研究也得出了相似的结果。例如，温度对灰黄霉素增溶的影响实验证明，当温度增加 30℃时，溶解度可以提高 50%左右。但是，当升温 30～70℃范围时，苯佐卡因在聚氧乙烯十二烷基醚和聚山梨酯溶液中的表观溶解度会降低（Hamid 和 Parrott，1971）。

在研究温度对药物在胶束体系中溶解度的影响时，胶束性质及其中溶质水溶性的变化会显著影响溶质的溶解。对于非离子型表面活性剂，CMC 值随温度的升高而降低，且表面活性剂溶解度与温度呈反比。对于 PEO 表面活性剂，其水溶性归因于环氧乙烷链的醚氧和水分子之间的氢键作用，当温度升高时，氢键发生断裂，聚氧乙烯链的亲水性会降低，导致表面活性剂水溶性降低，表面活性剂会在一个更低的浓度发生胶束化（Shahjahan 和 Enever，1992）。因此，溶质在更低浓度的表面活性剂中也会增溶，溶液中同样用量的表面活性剂，因升温所致的 CMC 值降低而增强了增溶能力。另外，随着温度的升高，非离子型表面活性剂胶束的尺寸也快速增大，可能一定程度上由单体疏水性增加的所致，也出于胶束几何学方面的原因。因此，一般来讲，温度越高，表面活性剂对溶质的增溶能力越强。例如，PEO表面活性剂温度的升高，由于环氧乙烷链的逐步脱水，会导致聚集体数量的增加。胶束尺寸的改变，导致溶质溶解度随温度的升高因吸附率的增加而提高。胶束尺寸增加程度取决于温度对溶质分子的溶液特征的影响（Florence，1981）。

对于小分子离子型表面活性剂，如十二烷基硫酸钠（SDS）和十六烷基三甲基溴化铵（CTAB），表面活性剂溶液中分子运动因温度的升高而被激活。对于离子型表面活性剂分子，在较高温度时维持胶束结构相对于较低温度时要更为困难，在较高温度时维持聚集体状态需要的表面活性剂浓度更高，其CMC值也因温度的升高而增加（Attwood和Florence，1983）。

表12.4列出了温度对胆盐增溶灰黄霉素的影响，当温度升高17℃以上时，灰黄霉素溶解度提高了近50%。

需要注意的是，考虑到温度对胶束增溶的影响，溶质的水溶性和胶束/水的分配系数也会随温度的变化而变化。例如，据报道，尽管苯甲酸在一系列聚氧乙烯类非离子表面活性剂中溶解度随温度的升高而增大，但胶束/水的分配系数$K_m$，在27℃时最低，推测是由苯甲酸水溶解度的增加所致（Humphreys和Rhodes，1968）。表面活性剂温度达到昙点温度后，$K_m$随着温度的升高而增加，这与胶束尺寸的增加有关（Humphreys和Rhodes，1968）。

**表12.4　温度对胆盐增溶灰黄霉素能力的影响**

| 表面活性剂 | MAC × $10^3$（每1000 mol表面活性剂最高能增溶的药物的物质的量） | | |
|---|---|---|---|
| | 27℃ | 37℃ | 45℃ |
| 无 | $4.59\times10^{-4}$ | $7.19\times10^{-4}$ | $10.2\times10^{-4}$ |
| 胆酸钠 | 5.36 | 6.18 | 6.80 |
| 脱氧胆酸钠 | 4.68 | 6.18 | 6.54 |
| 牛磺胆酸钠 | 3.77 | 4.90 | 6.15 |
| 甘胆酸钠 | 3.85 | 5.13 | 5.29 |

### 12.4.4.2　pH

很多难溶性药物是强酸或强碱，水溶液中的弱酸或弱碱会以离子态和非离子态形式平衡存在，pH会影响离子态和非离子态溶质之间的平衡，并随之影响胶束的增溶能力。这样的一个实例是，当聚山梨酯80的pH从3.0上升至4.4时，发现其对4-苯甲酸的溶解能力有所降低。另一个是Castrod等（1998）所研究的例子，SDS胶束对阿替洛尔、纳多洛尔、咪达唑仑和硝西泮$pK_a$的影响，通过电位滴定或分光光度法测试了药物在25℃、0.1 mol/L NaCl的SDS水溶液中的表观酸度常数（$pK_{app}$），SDS的浓度范围为$5.0\times10^{-4}$～$2.0\times10^{-2}$ mol/L，当SDS的浓度低于CMC（约$1.0\times10^{-3}$ mol/L）时，上述化合物的$pK_{app}$与SDS浓度不相关，但当浓度高于CMC时，$pK_{app}$则开始下降。这种行为已被观察到多种指标，其中至少有一种形式是与阴离子胶束相互作用的阳离子（Khaledi等，1990；Pal和Jana，1996）。另一个实例中，对于pH依赖性药物头孢泊肟中间体，建立了一个表面活性剂浓度小于40%的自乳化体系（Date，2007），液体尺寸不受稀释介质pH的影响。通常，药物与胶束制剂的相互作用越强，其$pK_a$值的变化会越大（Khaledi等，1990），β受体阻断药的$pK_a$值变化接近0.5个lg单位，苯二氮䓬类药物则变化近1个lg单位。由于阳离子型药物和阴离子胶束之间强烈的相互作用，使得这些药物从质子化形式平衡到中性形式，$pK_{app}$也因此增大。这种结果也表明阴离子胶束和质子化的苯二氮䓬类药物之间的相互作用强于与 β 受体阻断药之间的作用。

阴离子表面活性剂仅溶于 pH 高于其可离子化基团 $pK_a$ 的溶剂，而阳离子表面活性剂则仅溶于 pH 低于其 $pK_a$ 的溶剂（如伯胺、仲胺或叔胺）。但是，季铵类表面活性剂在任意 pH 条件下均可溶。两性离子型表面活性剂，如硫代甜菜碱，在 pH 2～12 范围内呈中性；而一些非离子型表面活性剂，如烷基二甲胺氧化物，在酸性 pH 条件下，会经质子化作用转化为阳离子型。

Shahjahan 和 Enever（1992）测试了呋喃西林、Uvinul D-50（2,2′,4,4′-四羟基苯甲酮）和 Uvinul N-35（乙基-2-氰基-3,3-二苯基丙烯酸酯）在不同温度和 pH 非离子表面活性剂水溶液中的溶解度，如图 12.10 所示，发现 Uvinul D-50 在 pH 4 时溶解度最低，而呋喃西林溶解度则随着缓冲液 pH 的升高而降低（图 12.11），这些结果解释了药物在胶束和水相之间的分配系数（$K_m$）大小，顺序为 Uvinul N-35＞Uvinul D-50＞呋喃西林。另外，$K_m$ 值随着环氧乙烷链长的增加而增大。Ikeda 等（1997）的工作很好地解释了四环素抗生素和阴离子型、阳离子型和非离子型表面活性剂之间的相互作用随 pH 变化而变化。他们采用了平衡透析的方法研究了药物和不同 pH（2.1～5.6）胶束之间的相互作用，药物包括四环素、土霉素、金霉素和米诺环素，表面活性剂包括聚氧乙烯十二烷基醚（PLE）、十二烷基硫酸钠（SDS）和十二烷基三甲基氯化铵（DTAC）。这些研究中使用的四环素衍生物在溶液中以两性离子存在，其所带的阳离子或阴离子电荷与 pH 呈函数关系，因此可以通过 pH 预测四环素衍生物不同存在形式与给定表面活性剂溶液中胶束之间的相互作用/结合力的差异。相互作用强度可以由相应的离子型药物浓度和两性离子型药物浓度之间的分配系数（$K_m$）定量得到。表 12.5 列出了 $K_m$ 与 pH 之间的关系，四环素、土霉素和金霉素的 $K_m$ 值随 pH 的升高而降低，而米诺环素呈相反的变化趋势，这表明所有的阳离子型药物均比两性离子型药物更易溶解，确定了胶束与抗生素之间的相互作用，与药物的氢键和亲脂性均不相关。从机制上去分析，这些抗生素以阳离子形式存在时，更容易被定向机制增溶；而以两性离子形式存在时，则通过分子内电荷的消除溶解（Ikeda 等，1977）。这些研究得出了一个有用的结论，即四环素-PLE 胶束之间相互作用的 pH 依赖性和正辛醇-水的分配系数不相关。在溶剂/膜模型中，特定药物的正辛醇-水分配系数是一个非常有用的膜吸收预测工具，但是由于药物吸收过程涉及其他复杂的物理化学和生理因素，还不能替代体内研究（Nook 等，1988；Alcorn 等，1991，1993）。

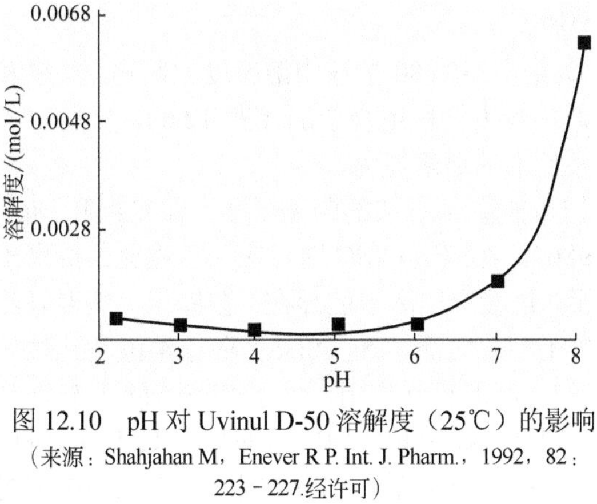

图 12.10　pH 对 Uvinul D-50 溶解度（25℃）的影响
（来源：Shahjahan M，Enever R P. Int. J. Pharm.，1992，82：223－227.经许可）

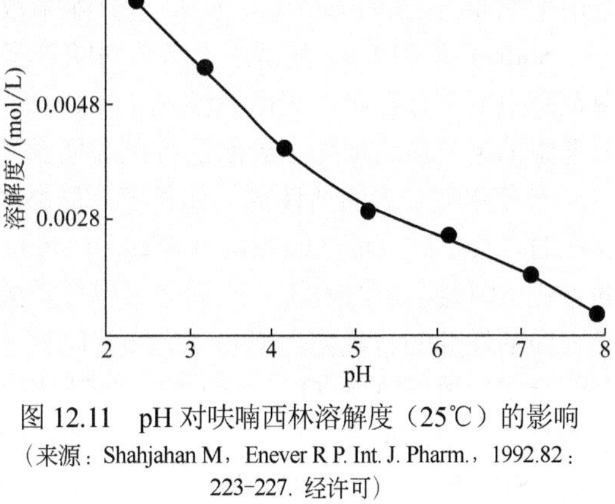

图 12.11　pH 对呋喃西林溶解度（25℃）的影响
（来源：Shahjahan M，Enever R P. Int. J. Pharm.，1992.82：223-227. 经许可）

表 12.5　不同 pH 下，PLE 溶液中的表观分配系数（25℃）

| 药物 | 表观分配系数 | | | |
|---|---|---|---|---|
| | pH 2.1 | pH 3.0 | pH 3.9 | pH 5.6 |
| 四环素 | 8.05 | 8.64 | 6.31 | 5.80 |
| 土霉素 | 8.01 | 7.61 | 6.54 | 5.68 |
| 金霉素 | 19.0 | 17.9 | 13.3 | 10.0 |
| 米诺环素 | 2.1 | 4.1 | 3.8 | 17.0 |

来源：Ikeda K，Tomida H，Yotsuyanang T. Chem. Pharm. Bull，1977，25：1067-1072.

Sheng 等（2006）研究了 pH 和表面活性剂对酮洛芬的溶解度和溶出的影响，测试了酮洛芬的溶解度和溶出速率随 pH 从 4.0 到 6.8、SDS 浓度从 0 到 0.2%的缓冲液中的提高情况，发现最大溶解度提高了 232 倍，但最大溶出速率因胶束的扩散系数较低，仅提高了 54 倍。作者进一步提出，酮洛芬在类似于小肠中的体内条件，溶解性和溶出得到显著提高，因此其吸收主要受胃排空的控制，这种行为与 BCS Ⅰ类药物相似，因此酮洛芬有可能考虑进行生物等效豁免，相似的结果在其他文章中也有报道（Granero 等，2005；Joshi 等，2006；Park 等，2006）。

### 12.4.4.3　电解质和离子强度

对于离子型表面活性剂，电解质的加入会导致胶束尺寸（聚集体数量）的增加和 CMC 值的降低，CMC 值的降低是由双电层的厚度降低所致，降低了电荷之间的作用，有利于胶束化。因此，当使用离子型表面活性剂作增溶剂时，加入电解质或增强溶液中离子强度，可以提高其增溶能力。对于非离子型表面活性剂，当测试其胶束中加入电解质对某个药物增溶的影响时，考虑溶质在胶束中的位置非常重要。因此，位于胶束内核深处的溶质，溶解度会随电解质加入所致的胶束体积增大而提高。另一方面，电解质的加入使得头部基团之间的静电排斥作用降低，会导致表面活性剂分子堆积更为紧密，并可能导致位于这一区域的极性化合物的溶解性降低。例如，随着氯化钠用量的增加，几种对羟基苯甲酸烷基酯在 SDS 胶束和水之间的分配系数会降低（Goto 等，1980），对羟基苯甲酸烷基酯溶解度的降低，也可能是胶束形状从球形变为椭球形时，伴随的表面面积降低所致，使得溶质渗透受限。电解质的加入也会导致聚集体数量或胶束分子量及其对非极性化合物增溶能力的增加，溶解度的增加和昙点的降低相平行，尽管非离子型表面活性剂在电解质的存在下，对极性化合物的增溶显得没有规律，但在 2-萘磺酸钠和聚山梨酯 80 存在的条件下，胶束/水分配系数会增加。

Shihab 等（1979）测试了电解质对呋塞米在 5%聚山梨酯 80 溶液中溶解度的影响，结果发现在有电解质存在时，表面活性剂 CMC 值会降低，胶束体积也会增加（表 12.6），实验中所有考察的电解质均增加了表面活性剂在实验浓度条件下的增溶能力。

一些羧酸盐表面活性剂，如长链脂肪酸或它们与辅酶 A 形成的阴离子酯，在 $Ca^{2+}$和 $Mg^{2+}$存在时，会形成沉淀（Constantinides 和 Steim，1986）。在测试 CMC 时，应注意避免二价离子的存在，因为不溶性表面活性剂会引起严重的伪影。过渡金属离子的存在，会催化一些聚氧乙烯表面活性剂的自氧化。Xiao（2006）研究了阴离子型表面活性剂（SDS）胶束溶液和几种类似的金属盐溶液[$Al_2(SO_4)_3$、$FeCl_3$、$CaCl_2$ 和 $MgCl_2$]之间的相互作用，除了 SDS-$MgCl_2$ 外，其余所有体系中均形成了沉淀，形成沉淀的原因依次归是电荷中和作用所致的吸附（$Al^{3+}$）、桥接作用（SDS-$FeCl_3$）和形成低溶解性的结晶产物[$Ca(DS)_2$]，沉淀物的 SEM 图可以为上述结论提供有力证据。

表 12.6　电解质对呋塞米在 50 g/L 聚山梨酯 80 中溶解度的影响

| 浓度/（mol/L） | 呋塞米在电解液中的溶解度/（mg/100 mL） | | | | |
|---|---|---|---|---|---|
| | NaCl | KCl | $MgCl_2$ | $Na_2SO_4$ | $K_2SO_4$ |
| 0.00 | 125.6 | 125.6 | 125.6 | 125.6 | 125.6 |
| 0.01 | 130.2 | 127.0 | 128.2 | 129.9 | 131.0 |
| 0.02 | 131.9 | 129.8 | 131.4 | 133.7 | 134.4 |
| 0.05 | 132.3 | 131.9 | 135.5 | 139.6 | 144.6 |
| 0.10 | 133.2 | 132.5 | 136.4 | 149.9 | 147.5 |
| 0.20 | 134.1 | 134.1 | 141.4 | 157.8 | 160.9 |

来源：Shihab F A，Ebian A R，Mustafa R M. Int. J. Pharm.，1979，4：13-20.

#### 12.4.4.4　表面活性剂和溶质的性质与浓度

Gerakis 等（1993）研究了不同表面活性剂对一些感兴趣的难溶性弱酸药物的溶解度和离子化常数的影响。研究的表面活性剂包括阳离子型的十六烷基三甲基溴化铵（CTAB）和氯化十六烷基吡啶（CPC），阴离子型的十二烷基硫酸钠（SDS），非离子型的聚山梨酯 80。选用了苯甲酸（和它的 3-甲基、3-硝基、4-叔丁基衍生物）、乙酰水杨酸和碘番酸作为模型药物。阳离子型表面活性剂 CTAB 和 CPC 增加了弱酸的离子化常数，$\Delta pK_a$ 从−0.21 降至−3.57。而阴离子型表面活性剂 SLS 对其影响甚微。非离子型表面活性剂聚山梨酯 80，则降低了离子化常数。在胶束水溶液和酸化的胶束溶液中，弱酸药物的溶解度增大。

Eda 等（1996—1997）采用压电式气体传感器方法，研究了烷醇异构体在离子型表面活性剂中的溶解情况，选用的表面活性剂为 SLS 和 CTAB，溶质为 1-烷醇、2-烷醇、3-烷醇、4-烷醇和支链、环状烷醇。烷醇由水相转入胶束的自由基变化顺序为：1-烷醇、2-烷醇、3-烷醇、4-烷醇＜支链烷醇＜环状烷醇。结果似乎证明较大的烷醇在胶束中的溶解性较差，这一结果也与疏水性原则相一致，即庞大型烷烃基团与具有同样碳原子数量的细长型烷烃基团相比，其疏水性要低，因为烷烃体积庞大时，其与水接触表面积相对较小。但是，另外关于胶束/水和正辛醇/水之间分配系数的相关性研究表明，从水相到胶束相的转化自由能和从水相到正辛醇相的转化自由能之间有很好的相关性（$r$=0.97～0.98）。这一结果证明烷醇在胶束中的溶解度只取决于烷醇的疏水性，而烷醇的分子形状对胶束增溶没有影响，因此提出了一个适用于烷醇的柔性胶束增溶模型（图 12.12）。

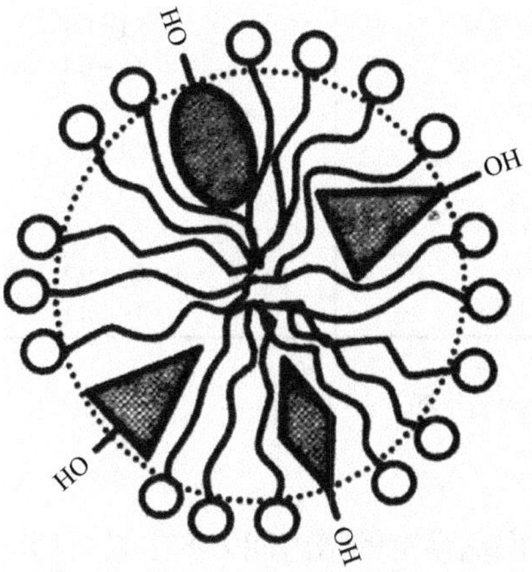


图 12.12　一种柔性胶束溶解烷醇的可能模型

（经美国化学协会授权，来源：Eda Y N，Takisawa，Shirahama K. Langmuir，1996，12：325－329.）

一些表面活性剂胶束尺寸表现出浓度依赖的增长关系，即浓度远高于CMC时胶束的尺寸要大于浓度低于CMC时的胶束的尺寸。当溶质位于胶束疏水核时，胶束增溶能力随着烷烃链长的延伸而提高，表 12.7 阐明了这一观点，并呈现了胶束增溶能力和替莫贝松在胶束和水相之间的分配系数（Ong 和 Manoukian，1988）。显然，对于聚山梨酯和苄泽系列，随着脂肪酸链长从月桂酸酯（$C_{12}$）增长到硬脂酸酯（$C_{18}$），其增溶能力和分配系数均增大。由于替莫贝松是疏水的，它有望被胶束的疏水核溶解。当表面活性剂的脂肪酸链长固定不变时，其亲水头的性质也会影响其增溶程度。因此，含有月桂酸酯的表面活性剂，增溶能力的顺序为 POE 20 山梨聚糖<蔗糖<POE 23 醚（表 12.7）。相似的，对于具棕榈酸酯或硬脂酸酯的表面活性剂，醚类表面活性剂（苄泽）的增溶能力比山梨聚糖（聚山梨酯）类和乙酯（麦泽）类更强。如 POE 40 硬脂酸酯和 POE 100 硬脂酸酯所示，POE 亲水链长对胶束的增溶能力没有影响，这进一步支持了药物是溶解在疏水核而非亲水层的事实。最终，通过比较 POE 20 油酰醚和 POE 20 硬脂酰醚的增溶能力，可以得出这样的结论：含有不饱和脂肪酸的表面活性剂增溶能力低于含饱和脂肪酸的表面活性剂，这可能是因为油酸的顺式构象可使药物包封受限，导致有效的疏水作用更少（Ong 和 Manoukian，1988）。但是，根据亲水基团的大小，在不对胶束施加结构约束的情况下，它有可能适应油酸的顺式构象结构，这一点在比较聚山梨酯 80 和聚山梨酯 60 的增溶能力时已得到了清楚的证明。如表 12.7 所示，两种表面活性剂的增溶能力没有差异，这很有可能是由庞大的山梨聚糖基团的存在所致。

虽然溶质的溶解度与其不同的物理性质相关，如摩尔体积、极性、极化度和链长，其中最频繁使用的性质是溶质的正辛醇/水分配系数（$P_{O/W}$）。已报道了一系列取代巴比妥酸的 $P_{O/W}$ 值与其被聚氧乙烯硬脂酸酯增溶的量之间的次序关系（Ismail 等，1970）。同样的，建立了一系列取代苯甲酸的正辛醇/水分配系数和聚山梨酯 20 胶束/水分配系数之间的线性关系（Tomida 等，1978）。

**表 12.7 表面活性剂胶束的增溶能力及替莫贝松在胶束水溶液中的分配系数（25℃）**

| 表面活性剂 | 增溶量/(mmol/mol) | 分配系数 |
|---|---|---|
| POE 20 山梨醇酐单月桂酸酯（聚山梨酯 20） | 3.1±0.1[①] | 5.19 |
| POE 20 山梨醇酐单棕榈酸酯（聚山梨酯 40） | 4.7±0.1 | 7.88 |
| POE 20 山梨醇酐单硬脂酸酯（聚山梨酯 60） | 5.2±0.2 | 8.58 |
| POE 20 山梨醇酐单油酸酯（聚山梨酯 80） | 5.1±0.4 | 8.43 |
| POE 23 十二烷基醚（Brij 35） | 4.7±0.4 | 7.82 |
| POE 20 十六烷基醚（Brij 58） | 7.7±1.3 | 12.8 |
| POE 20 硬脂酰醚（Brij 78） | 8.4±0.3 | 14.1 |
| POE 20 油酰醚（Brij 98） | 7.5±0.6 | 12.6 |
| POE 40 硬脂酸盐（Myrj 52） | 7.3±0.3 | 12.2 |
| POE 100 硬脂酸盐（Myrj 59） | 6.9±0.7 | 11.6 |
| 蔗糖单月桂酸酯（Crodesta SL40） | 3.9±0.1 | 6.5 |

① ±95%置信限。

来源：Ong J T，Manoukian E. Pharm. Res.，1988，5：704-708.

### 12.4.4.5 其他成分

非电解质的加入也会对表面活性剂的增溶能力产生显著影响，一些添加剂可能会增加（协同效应）或降低（拮抗效应）表面活性剂的增溶潜能。例如，发现加入单或聚羟基醇对几个化合物在不同表面活性剂作用下的溶解度有协同作用，而且这种作用随着醇链长的增加而增强。

当存在一些有机添加剂时，表面活性剂可能会产生沉淀，例如，当存在乙醇时，且浓度足够高，可能不会发生胶束化。诸如磷脂的辅料也会影响 CMC，当非离子型表面活性剂溶液中加入或掺入羟基化的添加剂后，可提高增溶效率，降低达到治疗剂量所需的增溶剂浓度。

Abdel-Rahman 等（1991）研究了表面活性剂结构、pH、温度和有机添加剂对甲氨二氮䓬增溶的影响，发现不同碳氢化合物被月桂酸钾盐溶解的体积（即增溶能力）与碳氢化合物的摩尔体积成反比。如果药物是缔合在胶束中，那么这种关系是可以理解的。除了体积外，极性和形状也是影响因素。溶解度随表面活性剂浓度的增加而增加，作为增溶剂，具有更长烃链的聚山梨酯 80 比聚山梨酯 20 增溶作用更强。在同系列表面活性剂中，延长 POE 链长会导致药物溶解量的降低。Rao 等（2006）研究了胶束化和络合对难溶药物增溶的联合作用。作者建立了数学模型，为此方法提供定量依据，该模型与两篇文献中综合溶解度小于在环糊精和表面活性剂中各溶解度之和的情况相吻合。

## 12.4.5　混合胶束

### 12.4.5.1　混合胶束增溶

表面活性剂混合物在很多实际的表面活性剂中得到了广泛应用，因为单个化合物的纯化成本很高或纯化困难，或是表面活性剂混合物经常表现出比单个表面活性剂更优的性能，混合物表现出其优势（Shiloach 和 Blankschtein，1998a，1998b，1998c）。例如，应用于皮肤护理时，因表面活性剂混合物的协同作用，可以降低表面活性剂单体总浓度（Gracia 等，1992），从而降低对皮肤的刺激作用。也可以开发表面活性剂混合物的协同作用，用于降低其在特定应用领域中的使用量，兼顾成本与环保的优势。另外，由于环境法规要求，对生产和放行新物质的限制越来越严，从法规角度来考虑，更倾向于使用已经存在的表面活性剂组合物，而非生产新的表面活性剂（Shiloach 和 Blankschtein，1998）。

由于表面活性剂混合物对亲脂性药物具有很高的增溶潜能，而且具有生理学相关性，也常应用于药物增溶（Humberstone 等，1996；Krishnadas 等，2003；Rhee，2007）。Christensen 等（2004）将混合胶束的增溶作用应用于体外脂质消化模型，用于模拟药物在体内的环境。表面活性剂混合物可以改变胶束的尺寸和形状，并能增加一些表面活性剂溶液中油的溶解量（Florence，1981；Hammad 和 Muller，1998；Sugioka 和 Moroi，1998），混合胶束可作为非膨胀的两亲性化合物如长链脂肪酸和胆盐的溶解载体。早在 1969 年，Small 等使用 NMR 研究了简单的胆盐混合胶束，发现含有甲基官能团的胆盐分子疏水性因卵磷脂的加入而受到抑制。此外，通过假设胆盐分子外周围绕了一小片碟状卵磷脂分子的碟状模型，他们发现随着卵磷脂物质的量比的增加，胶束碟状直径也会随之增加，这导致与胆盐接触的卵磷脂分子比例降低。

Naylor 等（1993）研究了卵磷脂对具牛磺胆酸钠（NaTC）的氢化可的松溶液的溶出速率和机制的调节能力。他们发现当有卵磷脂存在时，NaTC 的 CMC 值因“混合胶束更有效的增溶能力”而降低。此外，CMC 值在氢化可的松饱和时会下降更多，这意味着氢化可的松和 NaTC/卵磷脂胶束之间存在一定的相互作用。这些结果证明仅有 NaTC 的体系中，润湿作用主导溶出，而在 NaTC/卵磷脂体系中，氢化可的松的溶出主要是通过增溶而提高。

Humberstone 等（1996）采用单独（仅有 NaTC）和混合（NaTC 和卵磷脂）胶束，研究了盐酸卤泛群（Hf · HCl）的增溶和内在溶出，盐酸卤泛群是一种高度亲脂性的菲甲醇抗疟疾药，口服后卤泛群（Hf）吸收较差且不稳定。研究是基于食物会增加 Hf 在人体内 3～4 倍的口服生物利用度的事实而发起，研究了 Hf • HCl 的溶解度和内在溶出速率与胆盐浓度（NaTC，0～30 mmol/L）和胶束组成（4：1，NaTC：卵磷脂）的关系。在 NaTC 形成胶束初期（空腹），其浓度小于 5 mmol/L 时，溶解度和内在溶出速率非常低[＜15 μg/mL；＜0.01 μg/(s • $cm^2$)]，当 NaTC 浓度在典型的餐后状态时，溶解度和溶出速率大幅上升。例如，相对于空白缓冲液，在 30 mmol/L NaTC 中的溶解度提高了近 1000 倍，在混合胶束体系中，会提高更高的倍数（3000 倍）。这些数据证明 Hf • HCl 在饱腹状态下，吸收会得到改善，这很可能是因为含有胆盐的混合胶束中，药物的溶解度和溶出速率均得到提高。

#### 12.4.5.2 不同类型胶束增溶能力的比较

Hammad 和 Muller（1998）测试了氯硝西泮在胆盐/大豆磷脂酰胆碱混合胶束（BS/SPC-MM）中的溶解度，研究了氯硝西泮在不同胶束体系中的溶解度和胶束浓度的关系，氯硝西泮溶解度呈线性增加，归因于可溶解氯硝西泮的胶束种类的平行增加（Alkan-Onyuksel 等，1994）。Hammad 和 Muller（1998）也对比了 BS/SPC-MM 和其他胶束体系如普朗尼克 F-68、糖醚和胆盐的增溶能力，证明BS/SPC-MM 对氯硝西泮的增溶能力优于其他胶束体系。当胶束浓度为 10% 时，氯硝西泮在普朗尼克 F-68、胆盐、糖醚和 BS/SPC-MM 中的溶解度分别提高了 3.5、30、40 和 50 倍，这一结果表明 BS/SPC-MM 体系拥有最强的增溶能力，而普朗尼克 F-68 增溶能力最低。作者认为普朗尼克 F-68 较低的增溶能力可能是因为其半极化的胶束内核，不适合容纳氯硝西泮分子的亲脂侧，这也关系到药物与胶束的相互作用及药物在胶束中的位置朝向。而且，水有可能渗透到胶束的氧丙烯基区域，这一影响会使得这一区域过极性化，不利于增溶（Elworthy 和 Patel，1983）。此外，从普朗尼克表面活性剂结构特征可以推测其不完全胶束化，这可能是表面活性剂对药物增溶能力下降的另一原因。另一方面，药物在混合胶束可以获得更高的溶解度，也可能是因为混合胶束中同时存在荷电的栅栏层（荷电的 PC 和 BS）和亲脂性核（PC 的脂肪酸残留基团和 BS 的亲脂侧），使氯硝西泮分子与其极性、非极性区域之间的作用更强。因甘氨胆酸钠（SGC）胶束具有更小的尺寸和更强的亲水性，药物在其中的溶解度与 BS/SPC-MM 相比相对较低。Balzer（1996）研究表明，糖醚或糖苷形成不等长“蠕虫状”胶束，聚集数高，有利于增溶，但是与 BS/SPC-MM 相比，增溶能力仍相对较低，可能是因为胶束核（$C_8$～$C_{10}$）的亲脂性较低。另外，葡萄糖单元庞大的亲水性栅栏层也会抑制氯硝西泮和胶束分子之间的相互作用。

但是，仅不同胆盐、胆酸钠（SC）和 SGS 制备的混合胶束之间的增溶能力差异甚微。SC/SPC-MM 和 SGC/SPC-MM 的细微差异是由胶束尺寸的微弱差异造成的，由于两种胆盐都是三羟基胆盐，预计会形成相似的胶束。

另外，增加混合胶束中 SPC 的比例，由于形成的 BS/SPC-MM 的尺寸和亲脂性平行增加，药物的溶解度也会相应增加。研究地西泮在由 SC 和卵磷脂酰胆碱组成的混合胶束中的溶解度时，也观察到这一影响（Rosoff 和 Serajuddin，1980）。

#### 12.4.5.3 添加剂对混合胶束增溶的影响

Hammad 和 Muller（1998）研究了在混合胶束中加入具不同亲水性的醇类（如乙醇、丙醇、丁醇、戊醇、环己醇、苯甲醇和 2-苯乙醇）对氯硝西泮溶解度的影响。乙醇、丙醇、丁醇的加入提高了亲脂性，但对氯硝西泮在混合胶束中的溶解度影响甚微。而加入戊醇、环己醇、苯甲醇或 2-苯乙醇，溶解度则会呈不同程度的增加。氯硝西泮与胶束相的亲和力，随醇的亲脂性的增加而增加，因此，胶束相中会有较高浓度的醇类。

据报道，水溶性醇（甲醇到丁醇）主要溶解于水相中，根据醇的浓度会降低或增加胶束聚

集体的数量 $n$，中度溶解性的醇类（戊醇和己醇）分布在水相和胶束相之间，有可能增加聚集体的数量（ackland 等，1981）。另外，亲水性更强的醇类，会增加表面活性剂的 CMC 值，而亲脂性更强的醇类，则会降低 CMC 值（Green，1972）。尽管 CMC 的降低可能部分促进了胶束的增溶能力，但也有可能是更大尺寸胶束形成的标志。这些结果提供的依据与 Hammad 和 Muller（1998）的解释相一致。另外，据 Roe 和 Barry（1982）报道，在此研究中使用的同样浓度范围内，向不同胆盐溶液中加入 2-苯乙醇，显示胶束尺寸得到增大，随着 2-苯乙醇浓度的增加，胆盐胶束尺寸的增大与氯硝西泮在混合胶束中溶解度的增加或多或少相似。

混合胶束中醇的加入会导致混合胶束的膨胀，并因此增加它的增溶能力。尺寸的增加似乎不是造成溶解度提高的唯一因素，通过比较醇类的化学结构，发现具有芳香环结构的醇对混合胶束中氯硝西泮的增溶潜能最强。氯硝西泮在这些醇中的饱和溶解度，远高于在其他醇中的溶解度，这得出了混合胶束增溶能力受加入的醇性质的影响的结论，因此，这就可以解释为什么苄醇比戊醇更能有效地提高氯硝西泮的溶解度，尽管后者的亲脂性更强。

另一方面，2-苯乙醇和苯甲醇的结构相似，因此加入混合胶束后具有相似的增溶能力，2-苯乙醇在 5%混合胶束水溶液中的饱和溶解度约为 4%，而苯甲醇是 5%左右。从药物的角度来考虑，混合胶束中加入苯甲醇或 2-苯乙醇，提高了氯硝西泮的溶解度，这使得它们经常在用作防腐剂方面更具有优势，可能是因为可以降低混合胶束的浓度。

Marszall（1988）研究了电解质对离子型-非离子型混合胶束溶液昙点的影响，如 SDS 和 Triton X-100。结果证明，与使用单独非离子表面活性剂相比，加入浓度相当低的不同电解质，即可使混合胶束的昙点显著降低，说明在非离子型混合表面活性剂和电解质浓度很低时，影响混合表面活性剂昙点的因素主要是电子的性质。固定 SDS-Triton X-100 比例的混合胶束，其与电解质浓度呈函数关系的电荷分布变化，很大程度上取决于阳离子的价数（抗衡离子）和一定程度上的阴离子，而且与单价阳离子的类型无关。

#### 12.4.5.4　生理条件下的混合胶束

在体内，胆盐提高胆固醇分泌入胆汁中，并随后和磷脂酰胆碱溶解在混合胶束中。鞘磷脂，一种肝细胞胆管侧主要的磷脂结构，在过饱和模型系统中，去饱和的磷脂酰胆碱会抑制固体胆固醇晶体的成核。为了理解这些物理化学效应，Erpecum 和 Carey（1997）通过各种体外系统，比较了胆盐对胆固醇与天然鞘磷脂之间、胆固醇与二棕榈酰磷脂酰胆碱之间、胆固醇与卵黄磷脂酰胆碱之间相互作用的影响。亚胶束胆盐显著提高了去氢麦角固醇（一种荧光胆固醇类似物）在鞘磷脂和卵黄磷脂酰胆碱囊泡之间的双向转移，转移顺序为：牛磺胆酸盐＜牛磺熊去氧胆酸盐＜牛去氧胆酸盐。连续稀释的鞘磷脂-牛磺胆酸盐混合物（物质的量之比 1∶1，3 g/dL）的拟弹性光散射，揭示了球杆状胶束和囊泡之间温度依赖的亚稳态转变，表明这些实验条件下的相变仅在 25℃以下时才相对稳定。所有鞘磷脂和二棕榈酰磷脂酰胆碱、胆固醇或牛磺胆酸盐组成的三元相图（37℃、3 g/dL、0.15 mol/L NaCl）都是相同的。和含卵黄磷脂酰胆碱的体系相比，单相胶束区域和两相、三相含固体胆固醇结晶的区域均显著降低，而含稳定胆固醇-鞘磷脂液晶的三相区域则显著扩大。这些结果证明胆固醇对鞘磷脂的高度亲和力在胆盐存在时会消失。这些发现或许与胆固醇分泌入胆汁相关，也有可能与其在肝细胞微管腔或其周围膜内难以结晶有关。

#### 12.4.5.5　混合胶束模型

尽管混合表面活性剂被广泛使用，但仍没有从根本上在分子水平进行很好地理解。对于特殊的应用，如这些混合物经常是基于经验、实验证明或试错选择的。一个综合的、具有预测性的分子理论可能会提高我们对混合表面活性剂行为的理解。这一理论还将会有助于设计、优化新的表面活性剂化合物，减少不必要的实验，确定合适的混合物，优化它们的性能（Shiloach 和 Blankschtein，1998a）。

传统上，已使用伪相分离方法对二元表面活性剂混合物进行了建模。这种方法中胶束被视为独立的、与表面活性剂分子单体相保持平衡的无限相。因为胶束被认为是无限大的，因此这种方法不能提供关于胶束形状或尺寸的信息（Shiloach 和 Blankschtein，1998a）。根据以往研究历史，建立了两种模型，一种是基于正规溶液理论，另一种是基于分子热力学理论，以下内容将对其进行讨论。

（1）基于正规溶液理论的模型

正规溶液理论可以用来理解二元胶束混合物中的胶束化热力学，确定临界混合胶束浓度和聚集体的数量。Treiner 等（1988）使用该理论研究了正戊醇在混合表面活性剂体系中的胶束增溶行为。对于阴离子型-阳离子型表面活性剂混合物，当第二种表面活性剂加入胶束溶液中时，胶束增溶的迹象和程度发生了改变，这种行为受混合胶束中两种表面活性剂之间相互作用力的支配，应用了气体在二元液体体系中溶解度的正规溶液理论，胶束体系（阴离子+阳离子混合物）中存在强烈相互作用时，正戊醇的溶解度会降低，而当存在电荷排斥作用时，溶解度上升（正协同效应）。胶束/水分配系数的变化和胶束组成的函数关系，来自于一个具单一经验系数 $\beta$ 的正规溶液理论，该参数在所有研究的体系中均为负数。另外，$\beta$ 值的出现及其变化幅度，以及表面活性剂组分的 $K_m$ 值变化，受胶束中不同表面活性剂之间相互作用的影响。大多数情况下，混合胶束体系中极性疏水分子的 $K_m$ 值，应低于根据理想加和规律计算的 $K_m$ 值。

$$K_m = (C_m / C_w) / (V_w / V_m) \tag{12.12}$$

式中，下角 m 表示胶束相；下角 w 表示水相；$V$ 表示估计的部分摩尔体积。对于混合体系，表观分配系数或许可以表达为：

$$P = (C_m - C_w) / [C_w(C_s - C_m)] \tag{12.13}$$

式中，$C_s$ 表示表面活性剂总浓度；$C_m$ 表示单体总浓度，$C_m$ 可以根据每种表面活性剂进行计算。

$$C_m = Xf_1\text{CMC} \tag{12.14}$$

式中，$X$ 表示二元表面活性剂的胶束摩尔系数；$f$ 表示活度系数。预估 $f$ 值最简单的方式是使用正规溶液理论：

$$f = \exp(\beta x^2) \tag{12.15}$$

$\beta$ 表示相互作用系数，对于混合表面活性剂溶液，该值是根据测定的 CMC 值进行确定，因此，如图 12.13 所示，根据 $K_m$ 与 $X$ 的函数关系图，可以得到 $\beta$ 值。

Treiner 等（1990）检测了表面活性剂之间相互作用对具有较强相互作用胶束体系增溶的影响。他们基于上述所述的正规溶液理论的方法，是纯粹的热力学方法，没有考虑任何化学结构改变对混合表面活性剂增溶现象可能的影响。这一假设是，如果两种表面活性剂形成的混合胶束之间的作用力是吸引力，则该混合胶束对溶质的增溶能力应该会低于任何一种表面活性剂的增溶能力。他们发现混合胶束和水之间复杂分子的分配系数变化和胶束组成呈函数关系，并可以用仅有一个可变量（$\beta$）的公式来表示。

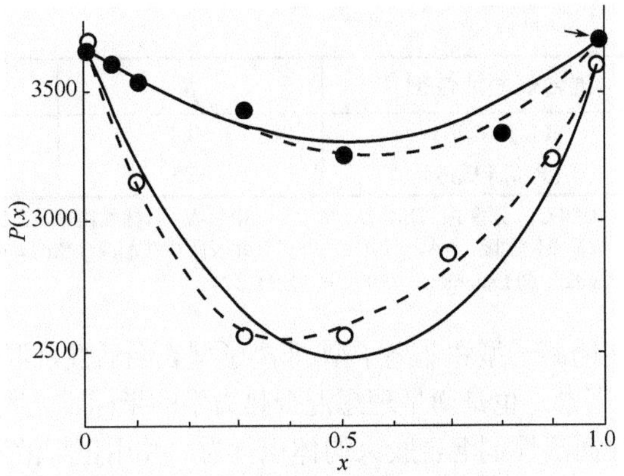


图 12.13 戊巴比妥 $P(x)$随胶束组成的变化

○—SDS+POE，实线—$\beta$=−1.4 时的式（12.15）；· ●—TTAB+POE，实线—$\beta$=−0.4 时的式（12.15）

（来源：Treiner C，Nortz M，Vaution C，et al. J. Coll. Interf. Sci.，1988，125：261-270. 已经授权）

该参数与正规溶液的二元相互作用系数的近似值密切相关。$\beta$ 值越负，混合表面活性剂胶束对溶质的增溶能力越弱。研究了一些溶质在阴离子、阴离子和非离子型表面活性剂中的胶束化，表面活性剂的烷基链长从 $C_{10}$ 到 $C_{14}$ 不等。巴比妥酸的胶束增溶与这些分子的疏水基团有关，因此极性基团对药物与混合胶束之间的相互作用没有影响。如表 12.8 所示，这些结果证明，阴离子型-阳离子型表面活性剂体系胶束粒径的增大，不会导致分配系数的增加。表 12.8 中，$\Theta N$ 表示聚集体数量的变化，$\Theta K_m$ 表示分配系数的变化，这些值的加号表示根据加法规则的正偏差，负号表示值的负偏差。对于这些混合物，溶解度与理想状态的负偏差最大，$K_m$ 值随胶束组成的变化率（$\Theta K_m$），与不同表面活性剂之间胶束内的相互作用能成函数关系。另外，还发现混合胶束对非极性溶质（烃类）溶解度的提高程度高于单独胶束。这是可以预料的，因为非极性溶质所处的混合烃核的混合焓接近于零，因此溶解度应遵循理想的混合规律。对于非极性化合物，表面活性剂聚集体数量的增加，以及结构由球形向圆柱体的改变，有利于渗入烃核的溶质的溶解。极性溶质的影响更难分析，拥有极性溶质的体系，阴离子型-非离子型混合表面活性剂的胶束聚集体数会增加，但是这一改变不是由胶束中极性溶质溶解度的改变所致，而且，结构的变化对吸附在胶束表面的极性溶质在胶束中溶解度的影响也很小。

**表 12.8 二元混合体系的胶束增溶及其他物理化学参数**

| 表面活性剂体系溶剂 | 混合表面活性剂 | $\beta$ | $\Theta N$ | $\Theta K_m$ |
|---|---|---|---|---|
| 苯 | NaPFO + NaDEC | 1.8 | + | + |
| 正戊醇 | NaPFO + NaDEC | 1.8 | + | − |
| 正辛醇 | DMLL + $C_{12}$Na | −15 | + | + |
| 正辛醇 | DMLL + $C_{14}$Br | −1 | − | − |
| 正己醇 | $C_{16}$PyCl + $NPE_{15}$ | −1.3 | NA | − |
| 正己醇 | $C_{12}$Cl + $C_{12}$Na | −25 | + | − |
| 正戊醇 | $C_{10}$Na + $C_{10}$Br | −13.2 | + | − |
| 正戊醇 | $C_{12}E_{23}$ + $C_{12}$Na | −2.6 | 0 | − |
| 正戊醇 | LiPFO + $C_{12}$Li | 2.2 | + | + |
| 正癸烷 | $C_{12}$Cl + $C_{12}$Na | −25 | + | + |
| 正己烷 | $NPE_{10}$ + $C_{16}$PyCl | −1.3 | NA | + |

续表

| 表面活性剂体系溶剂 | 混合表面活性剂 | $\beta$ | $\Theta N$ | $\Theta K_m$ |
|---|---|---|---|---|
| 正己烷 | $NPE_{10}+C_{12}Na$ | −4.8 | NA | + |
| 正己烷 | $C_{16}PyCl+C_{12}Na$ | −25 | NA | + |

注：1．NaPFO，全氟辛酸钠；NaDEC，癸酸钠；DMLL，$N^{\alpha}$, $N^{\alpha}$-二甲基-$N^{\varepsilon}$-月桂酰赖氨酸；LiPFO，全氟辛烷磺酸锂；NPE10，壬基酚聚氧乙烯醚；C16PyCl，十六烷基氯化吡啶；NA，不可用。许多二元表面活性剂混合物的$\beta$附加值已制成表格（Rosen，1978）。

2．来源：Treiner C，Nortz M. Vaution. C. Langmuir，1990，6：1211-1216.

有人研究了阴离子型-阴离子型和非离子型-非离子型表面活性剂混合时的体积变化，认为这是分子间相互作用的决定因素，也是衡量理想混合热力学的指标。尤其是，Funasaki 等（1998）研究了离子型-非离子型表面活性剂混合胶束的体积行为，并用正规溶液理论对其进行分析，发现在水中，阴离子表面活性剂如 SDS 会与 PEG 结合，而阳离子型表面活性剂（如 DTAB）则不会，很可能是由所观察到的$\Theta V_m$不同所致。对于两种表面活性剂，胶束与液体相比，其体积更小，即使是高电荷的阴离子表面活性剂混合物，如辅酶 A 的脂肪酸酯（棕榈酸、硬脂酸和油酸），也能通过正规溶液理论进行描述（Constantinides 和 Steim，1988）。棕榈酸-辅酶 A/硬脂酸-辅酶 A 混合物的混合行为呈理想状态。棕榈酸-辅酶 A/油酸-辅酶 A 混合物，虽然不呈理想行为，但是也能用非理性理论进行合理的套用。在这两种混合物中，都会选择性地发生胶束化，与单纯的脂肪酸-辅酶 A 不同的是，在混合物 CMC 以上，溶液中游离分子的浓度受混合物总浓度的强烈依赖（Constantinides 和 Steim，1988）。通过将相互作用分解为每一对可能的表面活性剂之间的成对相互作用，将正规溶液理论方法拓展到多组分表面活性剂混合物中。

尽管正规溶液理论使用广泛而且方便，但用它来描述混合表面活性剂胶束中非理想混合理论的有效性受到了质疑（Hoffmann 和 Poessnecker，1994）。正规溶液理论认为超额混合熵为零，但量热测试或结合混合物 CMC 测试的混合焓计算（Osborne-Lee 和 Schechter，1986；Foerster 等，1990）证明，在一些混合表面活性剂体系中，超额混合熵并不是零。另外，如果该理论精确地模拟了非理想混合，则与组分成函数关系的参数，应严格保持为常数。但是，参数$\beta$的计算是基于一些二元表面活性剂混合物的类型，包括阳离子型-非离子型（Desai 和 Dixit，1996）、阴离子型-非离子型（Carrion Fite，1985）、阴离子型-阴离子型（Bharadwaj 和 Ahluwalia，1996）、阴离子型-两性离子型（Bakshi 等，1993）和含有胆盐的混合物（Haque 等，1996），证明$\beta$可以随溶液组分的变化而发生显著变化。尽管$\beta$的一些变化可能归因于测试混合物 CMC 时的实验误差（Hoffmann 和 Poessnecker，1994），但$\beta$值随溶液组成的大幅度变化说明正规溶液理论不太适合于描述非理想胶束的混合行为。

尽管有这些限制，伪相分离/正规溶液理论方法仍然是分析混合胶束体系 CMC 实验测试的一种非常广泛而方便的方法。该方法概念上简单，而且能够直接用于所得 CMC 数据的分析，$\beta$值以单个数字的方式，定量地捕获了非理想性的程度，因此可以很容易比较不同的表面活性剂对（Shiloach 和 Blankschtein，1998）。

（2）基于分子热力学理论的模型

为了超越正规溶液理论，更好地理解混合表面活性剂体系行为的分子基础，建立了几种表面活性剂混合物的分子热力学理论。接下来将会介绍和讨论分子热力学理论，读者可以从 Shiloach 和 Blankschtein 1998 年发表的文章中获得结论，或从相关文章中获得更为详细的描述和讨论（Nagarajan，1985，1986；Puvvada 和 Blankschtein，1990，1992；Nargarajan 和 Ruckenstein，1991；Bergstroem 和 Eriksson，1992；Sarmoria 等，1992；Zoeller 和 Blankschtein，1995，1998；

Almgren 等，1996；Barzykin 和 Almgren，1996；Bergstroem，1996；Zoeller 等，1996；Blankschtein 等，1997；Shiloach 和 Blankschtein，1997，1998；Thomas 等，1997；Shiloach 等，1998）。

这一理论是基于对混合胶束的尺寸和组成成分分布的计算，而混合胶束的尺寸和成分分布又取决于形成的混合胶束的自由能，$g_{mic}$。混合胶束化的自由能模型为几种自由能贡献和理想混合熵的和（Puvvada 和 Blankschtein，1992；Shiloach 和 Blankschtein，1998），如图 12.14 中所示，对于每种自由能的贡献，作者仅示意性地突出了表面活性剂尾部或头部的相关特征。$g_{mic}$ 是胶束形状 sh、胶束核的次半径 $l_c$ 和混合胶束组成 $\alpha$ 的函数，可以表示为：

$$g_{mic}\cdot(\mathrm{sh}, l_c, \alpha) = g_{tr} + g_{int} + g_{pack} + g_{st} + g_{elec} + kT[\alpha\ln\alpha + (1-\alpha)\ln(1-\alpha)] \qquad (12.16)$$

式中，$k$ 是玻尔兹曼常数；$T$ 是热力学温度；其他自由能名称的含义见下文。

前三个自由能贡献仅涉及表面活性剂尾。转移贡献 $g_{tr}$，解释了两种类型的表面活性剂尾从水溶液转移至混合胶束核的自由能。图 12.14 中绘制为黑色长尾和灰色短尾，在此阶段将其建模为由两种类型尾组成的二元油混合物模型。利用碳氢化合物在水中的溶解度数据，可以计算出转移自由能随温度和相应碳氢链尾的碳原子数变化的函数（Puvvada 和 Blankschtein，1992）。

图例仅突出了和每种自由能贡献相关的表面活性剂特征。自由能贡献包括两种表面活性剂尾从溶液转移到混合胶束核，即为由黑色长链和灰色短链组成的混合油模型（$g_n$），用重虚线绘制代表胶束核的油混合物和水溶液形成的界面（$g_{int}$），将表面活性剂尾固定在胶束核/水界面，把它们包封为胶束核（$g_{pack}$），解释了表面活性剂灰色大头和黑色小头之间的空间作用，也解释了荷负电的表面活性剂头和黑色的不带电荷的表面活性剂头之间的静电作用（$g_{elec}$）（经美国化学协会授权，来源：Shiloach A，Blankschtein D. Langmuir，1998b 14：7166-7182.）。

界面贡献 $g_{int}$ 解释了代表胶束核的油混合物和水溶液之间形成界面（如图 12.14 中重虚线所示）的原因。换句话来说，它代表每个表面活性剂分子的自由能变化与胶束烃核和周围水溶液之间形成的界面相关。界面自由能与界面面积、碳氢化合物的界面张力和组成成函数关系。

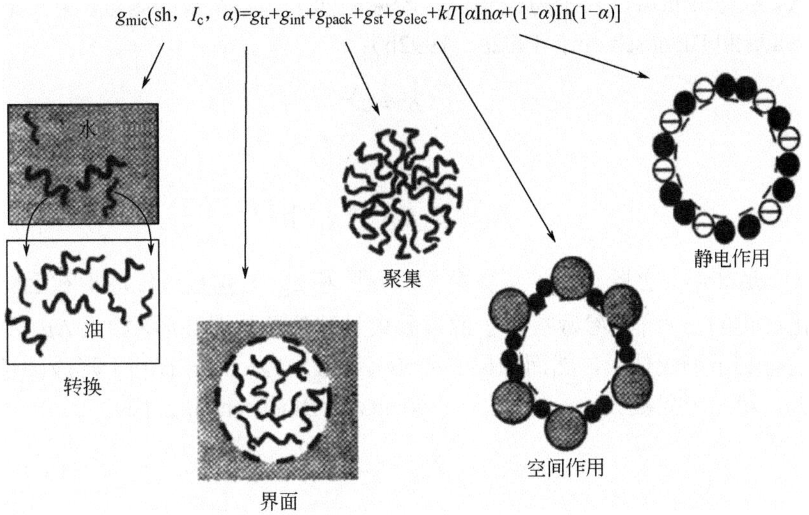


图 12.14 混合胶束化自由能中涉及的不同自由能贡献的概念图例

包封贡献 $g_{pack}$ 解释了将两种表面活性剂尾末端固定在胶束核/水界面的，并把表面活性剂尾包封在胶束核内的原因。如图 12.14 所示，如果两种表面活性剂型的尾长度不同，它们在胶束核内的包封效果可能优于具有相同长度尾部的表面活性剂，这有助于混合胶束形成中的协同作用，利用单链平均场模型，即计算邻位链对单链影响，评估了这一贡献（Szleifer 等，1987）。混合胶束中，平均场方法意味着两个不同尾在胶束核内均匀混合，$g_{pack}$ 是 $\alpha$ 的函数。通常来讲，$g_{pack}$ 是 $\alpha$ 的非线性函数，因此，它有助于非理想化特征在混合胶束中的形成。

最后两个自由能贡献仅涉及表面活性剂头，空间贡献 $g_{st}$ 解释了位于胶束界面处表面活性剂头之间的空间作用，如果两种表面活性剂的头尺寸不同，这种贡献可以在混合胶束形成过程中起到协同作用，如图 12.14 中灰色大头和黑色小头所示，空间贡献仅取决于表面活性剂头的尺寸。

表面活性剂头被视为吸附在胶束界面处的单层膜，它们的相互作用是两种表面活性剂头界面面积和组成的函数。较大的表面活性剂头拥有较高的 $g_{st}$。每分子表面活性剂的面积越小（如圆柱状胶束中），$g_{st}$ 越高；而每分子表面活性剂的面积越大（如球状胶束），则 $g_{st}$ 越低（Shiloach 和 Blankschtein，1998）。

最后，静电作用贡献 $g_{elec}$，解释了表面活性剂头之间的静电作用。例如，如果荷负电的表面活性剂头与不荷电的表面活性剂头相混合（图 12.14），不荷电的头会降低荷电头之间的静电排斥作用，因此有助于混合胶束的形成。静电作用贡献仅取决于表面活性剂头的静电特征，如电荷价和它在表面活性剂头的位置。

静电自由能 $g_{elec}$ 是计算出的将混合胶束充电至其最终表面电荷密度的可逆功。对于离子型-非离子型混合胶束，一般来说，离子型混合胶束的组成比例越高，$g_{elec}$ 越高，表面电荷的密度越大，$g_{elec}$ 也越高。如果带电的表面活性剂头紧密接触在一起，比如圆柱状胶束，则每分子表面活性剂的面积越小，$g_{elec}$ 越高；如果带电的表面活性剂头远远分离，如球状胶束，则每分子表面活性剂面积越小，$g_{elec}$ 越低。

式（12.16）中最后一项解释了一个理想的混合熵。理想的混合熵反映了庞大烃相中烃尾的随机混合。

在混合胶束的分子热力学理论中，根据计算的尺寸和组成成分分布，可以预测出混合胶束的尺寸和形状，成分分布可以表示为控制混合胶束的两个基本参数的函数，第一个参数 $K$ 可以定义为（Puvvada 和 Blankschtein，1992a，1992b）：

$$K = e^{\Delta\mu / kT} \tag{12.17}$$

其中

$$\Delta\mu = n_{sph}[g_m^{sph} - g_m^{cyl}] + kT \tag{12.18}$$

式中，$n_{sph}$ 是球形混合胶束的聚集体数量；$g_m^{sph}$ 和 $g_m^{cyl}$ 分别是最优球形和近圆柱形混合胶束混合胶束化修正的自由能。参数决定了混合胶束是球形还是圆柱形，如果 $\Delta\mu<0$（即 $K<1$），则从自由能上有利于形成球形，然而如果 $\Delta\mu>0$（即 $K>1$），则更有利于形成圆柱形，混合胶束尺寸会增大。第二个参数 $X_{cyl}$，定义为（Puvvada 和 Blankschtein，1992）：

$$X_{cyl} = e^{g_m^{cyl} / kT} \tag{12.19}$$

$$g_m^{cyl} / kT = g_{mic}^{cyl} / kT - 1 - \alpha \ln \alpha_1 - (1-\alpha)\ln(1-\alpha_1) \tag{12.20}$$

式中，$g_{mic}^{cyl}$ 是指近圆柱形混合胶束的混合胶束化自由能；$\alpha$ 是指混合胶束的组成成分；$\alpha_1$ 是指单体组成。由于 $g_m^{cyl}$ 是指将表面活性剂分子加入混合胶束中圆柱体部分，所需要消耗的自由能量度，因此，$X_{cyl}$ 可以被视为形成一个无穷大圆柱体混合胶束的 CMC。$g_m^{cyl}$ 值越小，越有利于表面活性剂分子加入混合胶束圆柱体部分，混合胶束尺寸增长越容易。$K$ 和 $X_{cyl}$ 参数的详细讨论可参考 Puvvada 和 Blankschtein 的工作（1992a，1992b）。

参考文献部分所列的 Blankschtein 的文章，详尽地讨论了混合胶束聚集体数量的预测和其他分子参数的计算，有兴趣的读者可以参考这些文章进行详细了解。

### 12.4.6　其他胶束

#### 12.4.6.1　胶束固体分散体和溶液

胶束固体分散体可以定义为含有可以快速溶解难溶药物表面活性剂的固体分散体，在水溶液中通过形成胶束防止药物的沉淀（Alden 等，1992；Sjoekvist 等，1991；Sjoekvist 等，1992；Alden 等，1993；Hwang 等，1996；Kim 等，1996；Shin 等，1996；Joshi 等，2003），也可以指含有表面活性剂的固体溶液（Sjoekvist 等，1991；Alden 等，1992；Sjoekvist，1992；Alden 等，1993；Smirnova，1996；D'Antona 等，2000）、微乳或自乳化乳剂（Kim 和 Ku，2000；Kim 等，2001；Itoh，2002；Li 等，2002；Kang 等，2004；Li 等，2005）。

研究了含有表面活性剂聚集体（胶束）的灰黄霉素 PEG 3000 固体分散体对难溶药物的增溶作用（Sjoekvist 等，1991；Alden 等，1992；Sjoekvist 等，1992；Alden 等，1993），使用的表面活性剂有 SDS、DTAB、Brij 35 和聚山梨酯 80。采用熔融方法制备了这些含有表面活性剂的固体分散体/溶液。对于含质量分数 1%和 2%的 SDS 的固体分散体可立即完全溶解。X 射线衍射揭示，当加入 2%的 SDS 时，灰黄霉素在 PEG/SDS 中即在分散体或溶液中以分子水平完全分散。研究了表面活性剂在水溶液中的增溶效率和它提高药物在 PEG 中固溶度之间的关系，获得了相应的溶出速率。

另一个聚乙二醇/表面活性剂例子中，Dannenfelser 等（2004）展示了仅有 0.17 μg/mL 水溶解度的难溶药物的固体分散体。当 PEG 3350/聚山梨酯 80 固体分散体的浓度为 40 mg/mL 时，其暴露剂量和共溶剂-表面活性剂溶液相似，并且比干燥混合物处方增加了 10 倍，因此可以作为临床试验使用的口服固体剂型。

从文献中可知，其他制备固体胶束分散体的方法有：将含药物的胶束溶液喷雾干燥至固体芯材上，或采用溶剂乳化技术制备成固体脂质纳米粒（Karmazina，1997；Burruano 等，1999；Luo 等，2006；Radomska-Soukharev 等，2006）。

El Haskouri 等（1999）以阳离子型表面活性剂（CTAB）棒状胶束为模型，通过 $S^+I^-$ 协同作用机制，研究了六边形介孔结构混合价芯氧化钒磷酸盐（$[CTA]_xVOPO_4 \cdot zH_2O$）在 ICMUV-2 固体中的形成。根据假设，导致介孔结构固体形成的驱动力是超分子有机基团和超分子非有机基团之间界面的电荷密度，$CTA^+$ 胶束和 $VOPO_4^{q-}$ 平面阴离子之间自组装过程可以认为是适当调整金属平均氧化态的结果。$S^+I^-$ 协同作用机制如图 12.15 所示，这种有趣的介孔结构层流固体对难溶性药物的传递具有重要意义。

尽管一些案例研究中有关于该主题的额外讨论，但固体胶束分散体/溶液不是本章讨论的重点内容。对这一主题有兴趣的读者可以参考本书相关章节或其他文献（介绍固体胶束特征和热力学模型的文献：Smirnova，1995，1996；Berret，1997；Fujiwara 等，1997；Marques，1997；Markina 等，1998；El Haskouri 等，1999。介绍固体胶束分散体在制药中的应用及其制备方法的文献：Fontan 等，1991；Sjoekvist 等，1991；Alden 等，1992；Sjoekvist 等，1992；Alden 等，1993；Hwang 等，1996；Kim 等，1996；Shin 等，1996；Karmazina，1997；Burruano 等，1999）。

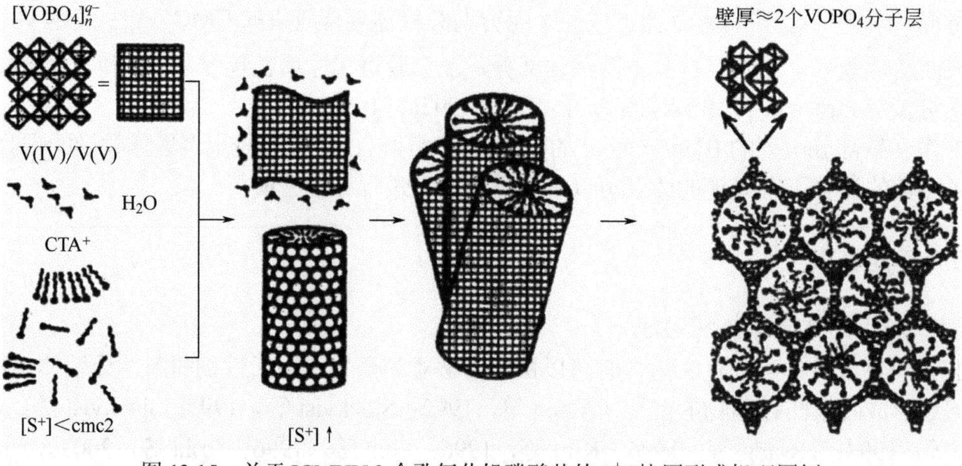


图 12.15　关于 ICMUV-2 介孔氧化钒磷酸盐的 $S^+I^-$ 协同形成机理图例

（经美国化学协会授权，来源：El Haskouri J，Roca M，Cabrera S，et al. Chem. Mater.，1999，11：1446-1454.）

#### 12.4.6.2　非水溶液体系的胶束化

一些表面活性剂在碳氢化合物和其他非极性溶剂中会经历聚集过程，表面活性剂在非水溶剂中的聚集所涉及的驱动力，必须与水体系中已经讨论的区分开来，表面活性剂相对于本体溶剂的排列朝向，与其在水中相反，因此，这些系统被称为反相胶束，这些胶束相对于本体溶剂，不会有任何明显的荷电性质（Luisi 等，1988）。

在非水溶剂中，胶束形成的重要能量来源是表面活性剂离子头和非极性溶剂分子之间不利相互作用的降低。在这些体系中，小球形胶束似乎是最易形成的，尤其是当溶剂/极性基团之间相互作用降低非常显著时（Luisi 等，1988；Huruguen 等，1991）。

反相胶束常用于油不溶物质的增溶，如蛋白质、多肽（Brown 和 Slusser，1994；Shapiro 等，1994；Ichikawa 等，1998）、脂肪酸酯、磷脂和生育酚（Nielsen，1998）。反相胶束也可用于抗肿瘤药物传递系统的建立，如柔红霉素、多柔比星、维拉帕米（多药耐药性）和金雀异黄素（多药耐药性）（Frazier 和 Karukstis，1997；Thompson 和 Karukstis，1997；Karukstis 等，1998），采用了双（2-乙基己基）琥珀酸磺酸钠（AOT）作为阴离子型反相胶束，其他以 AOT 作为反相胶束的表面活性剂进行的研究还有吡罗昔康（Andrade 和 Costa，1996）和水溶性维生素（Ihara 等，1995）。反相胶束也可用于气溶胶处方，传递蛋白质和多肽（Evans 等，1991；Evans 和 Farr，1992，1993；Brown 和 Slusser，1994），由于这一内容不在本章介绍范围内，更多关于非水溶液体系中胶束化信息，读者可参考本节或其他部分引用的相关参考文献。

## 12.5　药物传递应用

表面活性剂胶束对水难溶药物的增溶，长期以来被研究用于提高药物的溶解度，尤其是对于注射或口服途径给药的药物，另外还提出了通过胶束增溶来进一步保护不稳定药物不受环境影响。迄今为止，有几篇文章报道了大量药物与表面活性剂胶束体系的缔合，尤其是关于非离子型表面活性剂（Lawrence，1994）。但是，应用于胶束体系的药物比较受限，因为实际应用过程中，胶束的增溶能力通常都非常差。对于平均剂量为 10 mg 级别的药物，且胶束溶液浓度不超过表面活性剂的 20%，仅有高亲脂性的药物（如睾酮），才能用于这样的体系。即使它有可能将溶解度提高到有效程度，最好是表面活性剂浓度达 100 mg/g，但仍然有大量其他问题需要处理。一个潜在的问题是，由于胶束溶液的高度稀释，尤其是在注射或口服之后，药物可能会因此发生沉淀，并伴随局部刺激。但是，通过将药物溶解在二元表面活性剂-共溶剂混合体系中，可以获得较高的浓度，如 Sadimmue®注射剂（注射用环孢素浓溶液）。浓溶液可以用注射用稀释剂在注射前进行稀释，以获得需要的浓度，胶束会在混合稀释过程中形成。对于局部给药，可以通过聚合物/表面活性剂处方来实现如雌二醇等药物的控释（Barreiro-Iglesias 等，2003）。

表面活性剂也可用于纳米混悬液，Chen 等（2002）采用蒸发沉淀进入水溶液（EPAS）的方法制备了含环孢素的无定型纳米混悬液，研究了不同药物/表面活性剂比、表面活性剂种类、温度、载药量和溶剂对粒径的影响，并研究了同时适用于口服和注射给药的可接受粒径，其他关于水溶性药物纳米粒传递系统的文章还包括 Kipp（2004）、Perkins 等（2000）、Young 等（2000）和 Tyner 等的报道。

胶束溶液通常可以溶解除活性成分以外的处方中的其他添加剂，如防腐剂和甜味剂，这种助溶作用可以降低或增加药物的溶解度（Attwood 等，1994）。一种溶质对另一种溶质溶解度的影响依赖于增溶机制，药物与加入的位于胶束内的添加剂之间的竞争会导致药物溶解度的降低，一种溶质可能会引起胶束结构的重组，进而增加溶解度。例如，苯甲酸增加了对羟基苯甲酸甲酯在西土马哥溶液中的溶解度，但是二氯苯酚则会降低其溶解度（Crooks 和 Brown，1973）。氯二甲苯酚降低了对羟基苯甲酸甲酯的溶解度，对羟基苯甲酸甲酯又降低了氯二甲苯酚在西土马哥中的溶解度，当没有表面活性剂时，则不影响相互之间的溶解度。安泰酮（Glaxo），一个已上市的静脉注射麻醉药，含有类固醇混合物。加入了活性较强的麻醉药胺碘酮（9 mg/mL）和活性较低的胺碘酮醋酸酯（3 mg/mL），以提高阿法沙龙在 Cremophor EL 载体中的溶解度，根据一项类似的研究，我们假设这种效应是由胶束体积的增加所产生的。

## 12.5.1　胶束药物增溶体系的一般开发程序

处方前数据如 pH-分配系数、pH-溶解度、p$K_a$、pH-稳定性特征可以为难溶药物胶束增溶体系的开发提供非常有用的信息，因此，在处方开发前，拥有难溶药物的处方前数据是非常重要的，这部分详细信息可以参考第 9 章。接下来几个选择标准和常规方法对开发难溶药物胶束增溶体系非常有用。

### 12.5.1.1　基于毒理学特征的表面活性剂选择

药物增溶和处方开发中表面活性剂的选择首先需要考虑其毒理学特征，优选药用可接受的表面活性剂，尤其是用于已上市药物的品种，作为食物添加剂的表面活性剂也可以考虑。表面活性剂是渗透促进剂，因此还需要考虑给药途径，由于注射给药的表面活性剂有溶血潜能，因此在注射处方中应谨慎使用（Ross 等，2004）。更多的毒理学研究还需要展开。例如，用于制剂开发的食品级表面活性剂，可能需要大鼠和小鼠口服急性毒性试验、致突变评价、啮齿动物和可能的非啮齿动物 28 天口服毒性试验。还未批准用于药物或食品的表面活性剂要谨慎使用，因为所需的毒理学研究可能更为广泛。

### 12.5.1.2　基于药物在表面活性剂中的溶解度选择表面活性剂

对于液体表面活性剂，可以使用一个简单的方法来估计药物的溶解度，即将药物加入定量的液体表面活性剂中，在室温条件下边加边搅拌，直到固体药物不能再溶解为止。更精确的数据，需要使用平衡溶解度方法来测试。

对于半固体表面活性剂，可以将表面活性剂加热至熔点以上，直到完成熔融，在该温度下，药物可以加入一定量的表面活性剂中，直至固体药物不能再被溶解。当然，在实验阶段，药物在该温度条件下需要保持稳定。另外，实验也可以在表面活性剂水溶液中完成。过量的药物可以在理想的温度下持续搅拌 24～48 h 后达到平衡。药物在表面活性剂溶液中的溶解度可以采用适宜的分析方法进行测试，平衡溶解度的方法也可以用来测试难溶性药物在含固体表面活性剂水溶液中的溶解度。

在许多实例中，通过向表面活性剂溶液中加入助表面活性剂，可以提高难溶性药物的溶解度，这种溶解度的提高对混合胶束和乳剂处方的开发非常有用。

药物-表面活性剂溶液必须进行稀释性测试，以确定药物在稀释过程中是否发生沉淀。相关内容可以参考第 9 章。

#### 12.5.1.3 基于药物-表面活性剂相容性研究选择表面活性剂

表面活性剂选择过程中，必须考虑难溶性药物和表面活性剂的物理、化学相容性。药物-表面活性剂溶液研究过程中可能的物理相容性包括：沉淀/结晶、相分离和颜色变化。化学相容性主要是药物在表面活性剂溶液中的化学稳定性。只有当表面活性剂与药物的物理、化学相容性良好时，该表面活性剂才可以被考虑用于进一步的开发。

#### 12.5.1.4 原型处方

选取了几种在溶解度、相容性和毒性方面均较好的表面活性剂作为原型处方开发。一般，一个表面活性剂可以作为主要增溶剂用于原型处方，功能性辅料，如注射剂的抗氧剂、表面张力调节剂，口服制剂的甜味剂和掩味剂，可以加入原型处方。

#### 12.5.1.5 胶束溶液的常规制备过程

制备胶束溶液时，难溶性药物和亲脂性辅料可以通过在较高温度（45～60℃）条件下搅拌溶解在亲脂性表面活性剂溶液中，直到形成澄清溶液，如有必要，可以在表面活性剂中加入共溶剂来促进溶解。然后在搅拌的条件下，加入含有亲脂性辅料的水或缓冲液，加至所需要的体积。有些实例中，水溶液需要加热至表面活性剂相同温度，才能得到理想的结果。

## 12.6 表面活性剂毒性考虑

表面活性剂作为增溶剂、稳定剂、乳化剂和润湿剂，会引起毒性，破坏正常的细胞膜结构。表面活性剂毒性与其浓度直接相关，制药人员应考虑到，在具体实际应用时，应选择低于毒性浓度的水平使用。一些表面活性剂的毒性与其理化性质和与它们接触的生物细胞膜或大分子组件相关。所观察到的蛋白结合和脂质增溶与这些表面活性剂的理化性质和表面活性直接相关。一般而言，表面活性剂的毒性顺序为：非离子型＜阴离子型＜阳离子型。非离子型和阴离子型毒性相对较低，阳离子型具有中度毒性（Lieberman 等，1996）。有一篇文章报道了一些麦芽糖苷表面活性剂的溶血活性（Soederlind 和 Karlsson，2006），研究了辛基麦芽糖苷、壬基麦芽糖苷、癸基麦芽糖苷、十二烷基麦芽糖苷、十四烷基麦芽糖苷、环己基-丙基麦芽糖苷、二甲基-庚基麦芽糖苷，发现烷基麦芽糖苷随着烷基链长的增加，溶血活性增强，具支链或环状基团时，溶血活性会降低，但也提高了临界胶束浓度。在药物制剂中最有用的表面活性剂似乎是十四烷基麦芽糖苷，在临界胶束浓度时溶血活性最低。Collnot 研究了维生素 E TPGS 聚乙二醇链长对 Caco-2 细胞单层细胞膜上皮外排转运蛋白的影响（2006）。

生物标志物如 DNA、黏液、磷脂、蛋白质、溶酶体和细胞质酶已被作为毒性指标，特别是，Oberle 等（1995）以乳酸脱氢酶和黏液作为肠损伤的标志物，研究了非离子型表面活性剂聚山梨酯 80 和 Triton X-100 灌注到大鼠空肠和结肠后的毒性。另外，使用光学显微镜和扫描电镜，观察到了形态学的改变。在空肠和回肠中，均发现乳酸脱氢酶的释放，速率顺序为：1%聚山梨酯 80＜1%Triton X-100。经 Triton X-100 暴露后，空肠和回肠可观察到显著变化，说明非离子型表面活性剂聚山梨酯 80 可能可作为一种无刺激性的促进剂，但不推荐使用 Triton X-100。另外，作者总结出，单通道原位灌注模型可以用于早期的辅料和活性成分所致肠损伤评估，并同时测量药物吸收。

其他文献综述也报道了与药物制剂应用相关的表面活性剂毒性（Gloxbuber，1974）。当表面活性剂作为肠外静脉给药的分散剂或乳化剂时，由于表面活性剂载体/乳液的物理性质，其毒性问题更为复杂。例如，小液滴尺寸的乳剂被证明比大液滴尺寸的毒性更低（Doris 等，1985）。另一个复杂因素是表面活性剂的纯度，大多数商业上可获得的表面活性剂，其纯度较低，因此其毒性可能来自于表面活性杂质。但是，高纯度表面活性剂需考虑到成本问题。另外去掉一些表面活性杂质可能会对表面活性剂乳化稳定性特征产生影响。例如，无论是植物来源还是动物来源的凝集素，都是磷脂混合物，磷脂酰胆碱是凝集素的主要成分，是一种较弱的乳化剂，乳剂中加入的凝集素的稳定性很大程度上取决于凝集素的性质。尤其是一些离子型磷脂，如磷脂酸或磷脂酰丝氨酸的存在，有利于乳剂的稳定。

## 12.7　特殊应用与案例研究

表面活性剂在制药领域中应用的重要性与日俱增，在所有主要的给药途径中，都常会用到这些辅料。在特定剂型中，表面活性剂的使用水平常依赖于它在处方中所扮演的角色。在固体制剂中，可以加至小于 0.1%的水平，作为药物的润湿剂，提高药物溶出速率。在液体和半固体制剂中，表面活性剂在自乳化给药系统中的应用水平可达到 10%～40%，其除了作为药物溶剂使用外，还可以作为吸收促进剂。因此，在液体和半固体剂型中，表面活性剂可同时提高药物溶出和促进吸收。在注射剂中，表面活性剂可作为乳剂稳定剂（1%～2%）或分散剂（＜1%）。在一些案例中，可作为药物增溶剂（5%～20%）。在局部给药制剂中，表面活性剂经常使用的水平是 2%～10%，有助于制剂（凝胶、乳液、乳剂）微孔结构的形成，促进透黏膜吸收。大多数应用案例中，表面活性剂其实起到了多种功能。

Strickley（2004）对不同口服和注射制剂中的增溶辅料（包括表面活性剂）进行了全面的综述。

### 12.7.1　固体剂型

一些已上市的亲脂性药物产品，使用了各种表面活性剂，以促进药物的溶出和口服吸收。已报道了一些有趣的方法来制备亲脂性药物的固体制剂，主要是采用固体胶束分散体制备粉末状药物（Kim 等，1996；Hwang 等，1996）。根据这一方法，药物首先溶解在溶剂-表面活性剂混合物中，接下来得到的混合物被吸附在多孔性糊精上，同时溶剂被除去，形成药物粉末，从而可以填充至硬胶囊壳中，用于口服给药。与商业化的 Sandimmune®相比，含有非离子型亲水性表面活性剂和多孔性载体的固体胶束分散体，可以改善环孢素的口服吸收。固体胶束分散体与 Sandimmune®相比，个体间差异较小（Kim 等，1996；Shin 等，1996）。这种方法对其他亲脂性药物是否适用还有待确定。

### 12.7.2 半固体口服剂型

半固体制剂用于溶解亲脂性药物的研究越来越受到人们的关注，其被装入硬胶囊中通过口服给药。这些处方包含溶剂（乙醇、丙二醇、聚乙二醇）、表面活性剂和基于甘油的化合物，当用水介质或生物流体稀释时，它们会形成胶束溶液/分散液或微乳（水包油）。有研究表明，这些制剂中的环孢素与参比制剂（Sandimmune®）相比，吸收更快，且药动学特征一致性更好。药物吸收的改善可能是因为溶出的改善，导致药物的瞬间吸收（Ritschel，1996）。

### 12.7.3 液体/注射制剂

作为注射剂使用时，药物可以制备为注射溶液或浓缩物，注射用浓缩物在给药前，如静脉输液，在稀释时会形成胶束。这些药物制剂的实例也可见于几个已经上市的产品，如 Taxol®（紫杉醇）注射液，Sandimmune®注射液（注射用环孢素浓缩物）和 Vumon（替尼泊苷）注射用浓缩物。本文以 Taxol®为例，说明胶束增溶在液体/注射制剂中的应用（PDR®，1997）。

Taxol®注射液是百时美施贵宝的产品，是由 6 mg 紫杉醇、527 mg Cremophor® EL（聚氧乙烯蓖麻油）和 49.7%（体积分数）无水乙醇组成的 1 mL 注射用浓缩物。紫杉醇具有高度亲脂性，不溶于水，熔点为 216～217℃，分子量是 854。作为静脉注射液，药物分子必须为溶解的状态。Cremophor® EL 是非离子型表面活性剂，主要成分是聚乙二醇蓖麻油甘油酯，其中脂肪酸甘油酯为表面活性剂的疏水性部分，聚乙二醇为表面活性剂的亲水性部分。Cremophor® EL 是一种淡黄色、油状黏稠液体，HLB 值为 12～14。在 Taxol®处方中，Cremophor® EL 作为增溶剂使用，乙醇作为药物的稀释剂和共溶剂使用。

Taxol®的商业规格是 30 mg（5 mL）和 100 mg（16.7 mL）多剂量瓶。该注射用浓缩物在输液前，需要用合适的注射用稀释剂进行稀释。Taxol®应使用 0.9%注射用氯化钠（USP）或 5%葡萄糖（USP 或组合物）或 5%葡萄糖的林格注射液稀释，使其最终浓度为 0.3～1.2 mg/mL。药物浓缩物稀释的倍数为 5～20 倍，最终给药剂型为胶束分散液。

但是，众所周知，Cremophor® EL 能够引起过敏反应（Gelderblom，2001），因此有严重过敏反应史的患者，不应使用含有 Cremophor® EL 的 Taxol®。为了避免严重过敏反应的发生，所有需要注射 Taxol®的患者，均需预先使用皮质类固醇（如地塞米松）、苯海拉明和 $H_2$ 受体拮抗药（如西咪替丁或雷尼替丁）。显然，当使用特定的表面活性剂作为难溶性药物的增溶剂时，需要考虑不良反应和表面活性剂的毒性。

其他几种有望为 Taxol®的替代品的紫杉醇制剂正在研发（Terwogt 等，1997）。这些制剂中，开发了一种使用非 Cremophor® EL 表面活性剂的高载药量 O/W 紫杉醇乳剂，采用过滤方式进行除菌（Constantinides 等，2000，2004）。在临床前研究中，这一紫杉醇注射乳剂表现出良好的物理和化学稳定性、低毒性和至少与 Taxol®相同的疗效。

## 12.8 致谢

感谢 Negar Sadrazadeh 博士和 Panayiotis P. Constantinides 博士对本书的贡献。

## 参考文献

Abdel-Rahman, A. A., A. E. Aboutaleb, and E. M. Samy. 1991. Factors affecting chloideazepoxide solubilization by nonionic surfactants. *Bull. Pharm. Sci. Assiut University.* 14: 35–45.

Ahmad, Z., A. Shah, M. Siddiq, and H. B. Kraatz. 2014. Polymeric micelles as drug delivery vehicles. *Rsc. Adv. 4*(33): 17028–17038.

Akbuga, J. and A. Gursoy. 1987. The effect of surfactants on the solubility and tablet dissolution of furosemide. *S.T.P. Pharma.* 3: 395–399.

Alcorn, C. J., R. J. Simpson, D. Leahy, and T. J. Peters. 1991. *In vitro* studies of intestinal drug absorption. Determination of partition and distribution coefficients with brush border membrane vesicles. *Biochem. Pharmacol.* 42: 2259–2264.

Alcorn, C. J., R. J. Simpson, D. Leahy, and T. J. Peters. 1993. Partition and distribution coefficients of solutes and drugs in brush border membrane vesicles. *Biochem. Pharmacol.* 45: 1775–1782.

Alden, M., J. Tegenfeldt, and E. S. Evan. 1993. Structures formed by interactions in solid dispersions of the system polyethylene gycol-griseofulvin with charged and noncharged surfactants added. *Int. J. Pharm.* 94: 31–38.

Alden, M., J. Tegenfeldt, and E. Sjoekvist. 1992. Structures of solid dispersions in the system polyethylene gycol-griseofulvin with additions of sodium dodecyl sulfate. *Int. J. Pharm.* 83: 47–52.

Alkan-Onyuksel, H., S. Ramakrishnan, H. Chai, and M. J. Pezzuto. 1994. A mixed micellar formulation suitable for the parenteral administration of taxol. *Pharm. Res.* 11: 206–212.

Almgren, M., P. Hansson, and K. Wang. 1996. Distribution of surfactants in a nonideal mixed micellar system. Effect of a surfactant quencher on the fluorescence decay of solubilized pyrene. *Langmuir.* 12: 3855–3858.

Andrade, S. M. and S. M. B. Costa. 1996. Fluorescence studies of the drug piroxicam in reverse micelles of AOT and microemulsions of Triton X-100. *Prog. Colloid Polym. Sci.* 100: 195–200.

Andriamainty, F., J. Cizmarik, Z. Zudorova, I. Malik, and E. Sedlarova. 2007. Influence of alcohols on the critical micelle concentration of heptacainiurn chloride. Study of local anesthetics, part 171. *Pharmazie.* 62: 77–78.

Attwood, D. and A. T. Florence. 1983. *Surfactant Systems: Their Chemistry, Pharmacy and Biology*. New York: Chapman and Hall.

Attwood, D., P. H. Elworthy, and M. J. Lawrence. 1994. Effect of structural variations of non-ionic surfactants on surface properties: Surfactants with semi-polar hydrophobes. *J. Pharm. Pharmacol.* 42: 581–583.

Backland, S., K. Rundt, K. S. Birdi, and S. Dalsager. 1981. Aggregation behavior of ionic surfactant micelles in aqueous alcoholic solutions at different temperatures. *J. Coll. Interface Sci.* 79: 578–580.

Bakshi, M. S., R. Crisantino, R. De Lisi, and S. Milioto. 1993. Volume and heat capacity of sodium dodecyl sulfate-dodecyldimethylamine oxide mixed micelles. *J. Phys. Chem.* 97: 6914–6919.

Balzer, D. 1996. Zum eigenschaftsbild der alkylpolyglucoside. *Tenside Surf. Det.* 33: 102–110.

Barreiro-Iglesias, R., C. Alvarez-Lorenzo, and A. Concheiro. 2003. Controlled release of estradiol solubilized in carbopol/surfactant aggregates. *J. Cont. Rel.* 93: 319–330.

Barzykin, A. V. and M. Almgren. 1996. On the distribution of surfactants among mixed micelles. *Langmuir.* 12: 4672–4680.

Bergstroem, M. 1996. Derivation of size distributions of surfactant micelles taking into account shape, composition, and chain packing density fluctuations. *J. Coll. Interface Sci.* 181: 208–219.

Bergstroem, M. and J. C. Eriksson. 1992. Composition fluctuations promoting the formation of long rod-shaped micelles. *Langmuir.* 8: 36–42.

Berlepsch, H. V., U. Keiderling, and H. Schnablegger. 1998. Characterization of sodium sulfopropyl octadecyl maleate micelles by small-angle neutron scattering. *Langmuir.* 14: 7403–7409.

Berret, J.-F. 1997. Transient rheology of wormlike micelles. *Langmuir.* 13: 2227–2234.

Bharadwaj, S. and J. C. Ahluwalia. 1996. Mixed-surfactant system of dodecylbenzene sulfonate and alpha

olefin sulfonate: Micellar and volumetric studies. *J. Am. Oil Chem. Soc.* 73: 39–45.
Blankschtein, D., A. Shiloach, and N. Zoeller. 1997. Thermodynamic theories of micellar and vesicular systems. *Curr. Opin. Coll. Interface Sci.* 2: 294–300.
Brown, A. R. and J. G. Slusser. 1994. Propellant-driven aerosols of functional proteins as potential therapeutic agents in the respiratory tract. *Immunopharmacology.* 28: 241–257.
Buckton, G., M. Efentakis, H. Al-Hmoud, and Z. Rajan. 1991. The influence of surfactants on drug release from acrylic matrixes. *Int. J. Pharm.* 74: 169–174.
Burruano, B., M. R. Hoy, R. D. Bruce, and J. D. Higgins. 1999. Method for producing water dispersible sterol formulations. US Patent 6,110,502.
Carey, M. C. 1983. Measurement of the physical–chemical properties of bile salt solutions. In *Bile Acids in Gastroenterology*, Barbara, L., et al. (Ed.), 19 Boston, MA: MTP Press.
Carrion Fite, F. J. 1985. The formation of micelles in mixtures of sodium dodecylsulfate and ethoxylated nonylphenol with different degrees of ethoxylation. *Tenside Deterg.* 22: 225–229.
Castro, B. D., P. Gameiro, C. Guimaraes, J. L. F. C. Lima, and S. Reis. 1998. Acid/base properties of β-blockers and benzodiazepines in sodium dodecyl sulfate micelles. A spectrophotometric and potentiometric study. *J. Pharm. Sci.* 87: 356–359.
Chatterjee, S., P. K. Sen, K. Das, S. C. Bhattacharya, and R. Palepu. 2006. Mixed micellization of ionic and nonionic surfactants in aqueous solution. *J. Dispers. Sci. Technol.* 27: 751–759.
Chen, B. H., C. A. Miller, and P. R. Garrett. 1998. Rates of solubilization of triolein/fatty acid mixtures by nonionic surfactant solutions. *Langmuir.* 14: 31–41.
Chen, D. and R. Zhang. 1993. Effects of surfactants on the dissolution rate of aspirin from tablets in water. *Shenyang Yaoxueyuan Xuebao.* 10: 240–246, 292.
Chen, J., J. D. Ormes, J. D. Higgins, and L. S. Taylor, 2015. Impact of surfactants on the crystallization of aqueous suspensions of celecoxib amorphous solid dispersion spray dried particles. *Mol. Pharm.*, 12(2): 533–541.
Chen, X., T. J. Young, M. Sarkari, R. O. Williams III, and K. P. Johnston. 2002. Preparation of cyclosporine A nanoparticles by evaporative precipitation into aqueous solution. *Int. J. Pharm.* 242: 3–14.
Christensen, J. O., K. Schultz, B. Mollgaard, H. G. Kristensen, and A. Mullertz. 2004. Solubilisation of poorly water-soluble drugs during *in vitro* lipolysis of medium- and long-chain triacylglycerols. *Eur. J. Pharm. Sci.* 23: 287–296.
Collette, J. H. and L. Koo. 1975. Interaction of substituted benzoic acids with polysorbate 20 micelles. *J. Pharm. Sci.* 64: 1253–1255.
Collnot, E. M., C. Baldes, M. F. Wempe, J. Hyatt, C. M. Lehr, et al. 2006. Influence of vitamin E TPGS poly(ethylene glycol) chain length on apical efflux transporters in Caco-2 cell monolayers. *J. Control. Rel.* 111: 35–40.
Constantinides, P. P., A. Tustian, and D. R. Kessler. 2004. Tocol emulsions for drug solubilization and parenteral delivery. *Adv. Drug Del. Rev.* 56: 1243–1255.
Constantinides, P. P. and J. M. Steim. 1985. Physical properties of fatty-acyl CoA: Critical micelle concentrations and micellar size and shape. *J. Biol. Chem.* 260: 7573–7580.
Constantinides, P. P., and J. M. Steim. 1986. Solubility of palmitoyl-coenzyme A in acyltransferase assay buffers containing magnesium ions. *Arch. Biochem. Biophys.* 250: 267–270.
Constantinides, P. P. and J. M. Steim. 1988. Micellization of fatty acyl-CoA mixtures and its relevance to the fatty acyl selectivity of acyltransferases. *Arch. Biochem. Biophys.* 261: 430–436.
Constantinides, P. P., K. Lambert, A. Tustian, S. Lalji, B. Schneider, W. Ma, B. Wentzel, D. Kessler, D. Worah, and S. Q. Quay. 2000. Formulation development and antitumor activity of a filter-sterilizable emulsion of paclitaxel. *Pharm. Res.* 17: 175–182.
Crison, J. R., N. D. Weiner, and G. L. Amidon. 1997. Dissolution media for *in vitro* testing of water-insoluble drugs: Effect of surfactant purity and electrolyte on *in vitro* dissolution of carbamazepine in aqueous solutions of sodium lauryl sulfate. *J. Pharm. Sci.* 86: 384–388.
Crooks, M. J. and K. F. Brown. 1973. A note on the solubilization of preservative mixtures by cetomacrogol. *J. Pharm. Pharmacol.* 25: 281–284.
D'Antona, P., W. O. Parker, M. C. Zanirato, E. Esposito, and C. Nastruzzi. 2000. Rheologic and NMR characterization of monoglyceride-based formulations. *Biomed. Mater. Res.* 52: 40–52.
Dannenfelser, R.-M., H. He, Y. Joshi, S. Bateman, and A. T. M. Serajuddin. 2004. Development of clinical dosage forms for a poorly water soluble drug I: Application of polyethylene glycol-polysorbate 80 solid dispersion carrier system. *J. Pharm. Sci.* 93: 1165–1175.
Date, A. A. and M. S. Nagarsenker. 2007. Design and evaluation of self-nanoemulsifying drug delivery systems (SNEDDS) for cefpodoxime proxetil. *Int. J. Pharm.* 329: 166–172.

Deng, J., S. Staufenbiel, S. Hao, B. Wang, A. Dashevskiy, and R. Bodmeier. 2017. Development of a discriminative biphasic in vitro dissolution test and correlation with in vivo pharmacokinetic studies for differently formulated racecadotril granules. *J. Contr. Rel.*, 255: 202–209.

Desai, D., B. Wong, Y. Huang, Q. Ye, D. Tang, H. Guo, M. Huang, and P. Timmins. 2014. Surfactant-mediated dissolution of metformin hydrochloride tablets: Wetting effects versus ion pairs diffusivity. *J. Pharm. Sci.* 103(3): 920–926.

Desai, T. R. and S. G. Dixit. 1996. Interaction and viscous properties of aqueous solutions of mixed cationic and nonionic surfactants. *J. Coll. Interface Sci.* 177: 471–477.

Doris, S. S., J. Handgratt, and K.J. Palin. 1985. Medical and pharmaceutical applications of emulsions. In *Encyclopedia of Emulsion Technology.* Vol. 2, pp. 159–237. New York: Marcel Dekker.

Eads, C. D. and L. C. Robosky. 1999. NMR studies of binary surfactant mixture thermodynamics: Molecular size model for asymmetric activity coefficients. *Langmuir.* 15: 2661–2668.

Eda, Y., N. Takisawa, and K. Shirahama. 1996. Solubilization of 1-alkanols in ionic micelles measured by piezoeletric gas sensors. *Langmuir.* 12: 325–329.

Eda, Y., N. Takisawa, and K. Shirahama. 1997. Solubilization of isomeric alkanols in ionic micelles. *Langmuir.* 13: 2432–2435.

Efentakis, M., H. Al-Hmoud, G. Buckton, and Z. Rajan. 1991. The influence of surfactants on drug release from a hydrophobic matrix. *Int. J. Pharm.* 70: 153–158.

El Haskouri, J., M. Roca, S. Cabrera, J. Alamo, A. Beltran-Porter, D. Beltran-Porter, M. D. Marcos, and P. Amoros. 1999. Interface charge density matching as driving force for new mesostructured oxovanadium phosphates with hexagonal structure, [CTA]xVOPO4×z$H_2O$. *Chem. Mater.* 11: 1446–1454.

Elworthy, P. H. and M. S. Patel. 1983. Solubilizing capacity of a polyoxybutylene–polyoxypropylene surfactant. *J. Pharm. Pharmacol.* 35: 55–68.

Erpecum, K. J. V. and M. C. Carey. 1997. Influence of bile salts on molecular interactions between sphingomyelin and cholesterol: Relevance to bile formation and stability. *Biochem. Biophys. Acta.* 1345: 269–282.

Evans, R. M. and S. J. Farr. 1992. The development of novel, pressurized aerosols formulated as solutions. *J. Biopharm. Sci.* 3: 33–40.

Evans, R. M. and S. J. Farr. 1993. Aerosol formulations including proteins and peptides solubilized in reverse micelles and process for making the aerosol formulations. US Patent 5,230,884.

Evans, R. M., S. J. Farr, N. A. Armstrong, and S. M. Chatham. 1991. Formulation and *in vitro* evaluation of pressurized inhalation aerosols containing isotropic systems of lecithin and water. *Pharm. Res.* 8: 629–635.

Fahelelbom, K. M., R. F. Timoney, and O. I. Corrigan. 1993. Micellar solubilization of clofazimine analogues in aqueous solutions of ionic and nonionic surfactants. *Pharm. Res.* 10: 631–634.

Florence, A. T. 1981. Drug solubilization in surfactant systems. In *Techniques of Solubilization of Drugs*, S. H. Yalkowsky (Ed.). New York: Marcel Dekker.

Foerster, T., W. Von Rybinski, and M. J. Schwuger. 1990. Mixed micelle formation. *Tenside. Surf. Deterg.* 27: 254–256.

Fontan, J. E., P. Arnaud, and J. C. Chaumeil. 1991. Enhancing properties of surfactants on the release of carbamazepine from suppositories. *Int. J. Pharm.* 73: 17–21.

Frazier, A. A. and K. K. Karukstis. 1997. Investigation of competitive binding between daunomycin and verapamil or genistein in AOT reverse micelles. *Abstracts of 213th ACS National Meeting*, p. 262. Washington, DC: Amer Chemical Soc.

Friberg, S. E. and M. A. El–Nokaly. 1985. Surfactant association structures of relevance to cosmetic preparations. RIEGER, MM Surfactants in cosmetics. New York: M. Dekker, p. 488.

Fujiwara, M., T. Okano, H. Amano, H. Asano, and K. Ohbu. 1997. Phase diagram of a-sulfonated palmitic acid methyl ester sodium salt-water system. *Langmuir.* 13: 3345–3348.

Funasaki, N., S. Hada, and S. Neya. 1986. Volumetric study of intermolecular interactions in mixed micelles. *J. Phys. Chem.* 90: 5469–5473.

Gadiraju, R. R., R. I. Poust, and H. S. Huang. 1995. The effect of buffer species, pH and buffer strength on the CMC and solubility of amiodarone HCl, Poster presentation (AAPS annual meeting). Miami Beach, Florida.

Garcia, M. T., I. Ribosa, and J. Sanchez Leal. 1992. Diffusion of anionic surfactant/amphoteric surfactant mixtures through collagen. *Invest. Inf. Text. Tensioactivos.* 35: 21–27.

Gelderblom, H., J. Verweij, K. Nooter, and A. Sparreboom. 2001. Cremophor EL: The drawbacks and advantages of vehicle selection for drug formulation. *Eur. J. Cancer.* 37: 1590–1598.

Gerakis, A. M., M. A. Koupparis, and C. E. Efstathiou. 1993. Micellar acid–base potentiometric titrations of

weak acidic and/or insoluble drugs. *J. Pharm. Biomed. Anal.* 11: 33–41.
Gloxbuber, C. 1974. Toxicological properties of surfactants. *Arch. Toxicol.* 32: 245–270.
Goto, A., R. Sakura, and F. Endo. 1980. Gel filtration of solubilized systems. V. Effects of sodium chloride on micellar sodium lauryl sulfate solutions solubilizing alkylparabens. *Chem. Pharm. Bull.* 28: 14–22.
Granero, G. E., C. Ramachandran, and G. L. Amidon. 2005. Dissolution and solubility behavior of fenofibrate in sodium lauryl sulfate solutions. *Drug Dev. Ind. Pharm.* 31: 917–922.
Green, F. A. 1972. Interactions of a nonionic detergent. III. Further observations on hydrophobic interactions. *J. Coll. Interface Sci.* 41: 124–129.
Griffin, W. C. 1949. Classification of surface-active agents by "HLB." *J. Soc. Cosmet. Chem.* 1: 311–326.
Hamid, I. A. and E. L. Parrott. 1971. Effect of temperature on solubilization and hydrolytic degradation of solubilized benzocaine and hematropine. *J. Pharm. Sci.* 60: 901–906.
Hammad, M. A. and B. W. Muller. 1998. Solubility and stability of clonazepam in mixed micelles. *Int. J. Pharm.* 169: 55–64.
Hamza, Y. E. and M. Kata. 1989. Influence of certain non-ionic surfactants on solubilization and *in-vitro* availability of allopurinol. *Pharm. Ind.* 51: 1441–1444.
Haque, M. E., A. R. Das, A. K. Rakshit, and S. P. Moulik. 1996. Properties of mixed micelles of binary surfactant combinations. *Langmuir.* 12: 4084–4089.
Hoffmann, H. and G. Poessnecker. 1994. The mixing behavior of surfactants. *Langmuir.* 10: 381–389.
Humberstone, A. J., C. J. H. Porter, and W. N. Charman. 1996. A physicochemical basis for the effect of food on the absolute oral bioavailability of halofantrine. *J. Pharm. Sci.* 85: 525–529.
Humphreys, K. J. and C. T. Rhodes. 1968. Effect of temperature upon solubilization by a series of nonionic surfactants. *J. Pharm. Sci.* 57: 79–83.
Huruguen, J. P., M. Authier, J. L. Greffe, and M. P. Pileni. 1991. Percolation process induced by solubilizing cytochrome c in reverse micelles. *Langmuir.* 7: 243–249.
Hwang, S.-J., S. H. Park, and E. J. Jeong. 1996. Solid formulations for oral administration of cyclosporin A. *PCT Int. Appl.* 30. PCT/KR1996/000008.
Ichikawa, S., M. Nakajima, S. Sugiura, H. Sano, H. Nabetani, M. Seki, and S. Kosaki. 1998. *Jpn. Kokai Tokkyo Koho.* 4.
Ihara, T., N. Suzuki, T. Maeda, K. Sagara, and T. Hobo. 1995. Extraction of water-soluble vitamins from pharmaceutical preparations using AOT (sodium di-2-ethylhexylsulfosuccinate)/pentane reversed micelles. *Chem. Pharm. Bull.* 43: 626–630.
Ikeda, K., H. Tomida, and T. Yotsuyanagi. 1977. Micellar interaction of tetracycline antibiotics. *Chem. Pharm. Bull.* 25: 1067–1072.
Ismail, A. A., M. W. Gouda, and M. M. Motawi. 1970. Micellar solubilization of barbiturates. I. Solubilities of certain barbiturates in polysorbates of varying hydrophobic chain length. *J. Pharm. Sci.* 59: 220–224.
Israelachvili, J. 1994. Self-assembly in two dimensions: Surface micelles and domain formation in monolayers. *Langmuir.* 10: 3774–3781.
Itoh, K., S. Matsui, Y. Tozuka, T. Oguchi, and K. Yamamoto. 2002a. Improvement of physicochemical properties of N-4472 part I: Formulation design by using self-microemulsifying system. *Int. J. Pharm.* 238: 153–160.
Itoh, K., S. Matsui, Y. Tozuka, T. Oguchi, and K. Yamamoto. 2002b. Improvement of physicochemical properties of N-4472 part II: Characterization of N-4472 microemulsion and the enhanced oral absorption. *Int. J. Pharm.* 246: 75–83.
Jin, Q., Y. Chen, Y. Wang, and J. Ji. 2014. Zwitterionic drug nanocarriers: A biomimetic strategy for drug delivery. *Colloids Surf. B: Biointerfaces.* 124: 80–86.
Joshi, H. N., R. W. Tejwani, M. Davidovich, V. P. Sahasrabudhe, M. Jemal, M. S. Bathala, S. A. Varia, and A. T. M. Serajuddin. 2004. Bioavailability enhancement of a poorly water-soluble drug by solid dispersion in polyethylene glycol-polysorbate 80 mixture. *Int. J. Pharm.* 269: 251–258.
Joshi, V. Y. and M.R. Sawant. 2006. Study on dissolution rate enhancement of poorly water soluble drug: Contributions of solubility enhancement and relatively low micelle diffusivity. *J. Dispers. Sci. Technol.* 27: 1141–1150.
Kalekar, M. S. and S. S. Bhagwat. 2006. Dynamic behavior of surfactants in solution. *J. Dispers. Sci. Technol.* 27: 1027–1034.
Kang, B. K., J. S. Lee, S. K. Chon, S. Y. Jeong, S. H. Yuk, G. Khang, H. B. Lee, and S. H. Cho. 2004. Development of self-microemulsyfying drug delivery systems (SMEDDS) for oral bioavailability enhancement of simvastatin in beagle dogs. *Int. J. Pharm.* 274: 65–73.
Karmazina, T. V. 1997. Neutron spectroscopy for study of micelle-forming surfactants adsorbed on solid sur-

faces from aqueous solutions. *Khim. Tekhnol. Vody.* 19: 350–364.
Karukstis, K. K., E. H. Z. Thompson, J. A. Whiles, and R. J. Rosenfeld. 1998. Partitioning of daunomycin and doxorubicin in AOT reverse micelles. *Abstracts of 215th ACS National Meeting,* p. 173.
Kataoka, K., G. S. Kwon, M. Yokoyama, T. Okano, and Y. Sakurai. 1993. Block copolymer micelles as vehicles for drug delivery. *J. Cont. Rel.* 24: 119–132.
Kataoka, K., H. Togawa, A. Hareda, K. Yasugi, T. Matsumoto, and S. Katayose. 1996. Spontaneous formation of polyion complex micelles with narrow distribution from antisense oligonucleotide and cationic block copolymer in physiological saline. *Macromolecules* 29: 8556–8557.
Khaledi, M. G., J. K. Strasters, A. H. Rodgers, and E. D. Breyer. 1990. Simultaneous enhancement of separation selectivity and solvent strength in reversed-phase liquid chromatography using micelles in hydro-organic solvents. *Anal. Chem.* 62: 130–136.
Kim, C.-K., Y.-J. Cho, and Z-G. Gao. 2001. Preparation and evaluation of biphenyl dimethyl dicarboxylate microemulsions for oral delivery. *J. Cont. Rel.* 70: 149–155.
Kim, J. W., H. J. Shin, J. K. Park, and K. B. Min. 1996. Cyclosporin containing powder composition. US Patent 5,543,393.
Kim, J. Y. and Y. S. Ku. 2000. Enhanced absorption of indomethacin after oral or rectal administration of a self-emulsifying system containing indomethacin to rats. *Int. J. Pharm.* 194: 81–89.
Kipp, J. E. 2004. The role of solid nanoparticle technology in the parenteral delivery of poorly water-soluble drugs. *Int. J. Pharm.* 284: 109–122.
Kissa, E. 1994. *Fluorinated Surfactant: Synthesis, Properties and Applications.* Surfactant Science Series, Vol. 50, New York: Marcel Dekker.
Kondo, Y., M. Abe, K. Ogino, H. Uchiyama, J. F. Scamehorn, E. E. Tucker, and S. D. Christian. 1993. Solubilization of 2-phenylethanol in surfactant vesicles and micelles. *Langmuir.* 9: 899–902.
Kossena, G. A., B. J. Boyd, C. J. H. Porter, and W. N. Charman. 2003. Separation and characterization of the colloidal phases produced on digestion of common formulation lipids and assessment of their impact on the apparent solubility of selected poorly water-soluble drugs. *J. Pharm. Sci.* 92: 634–648.
Kossena, G. A., W. N. Charman, B. J. Boyd, D. E. Dunstan, and C. J. H. Porter. 2004. Probing drug solubilization patterns in the gastrointestinal tract after administration of lipid-based delivery systems: A phase diagram approach. *J. Pharm. Sci.* 93: 332–348.
Krishnadas, A., I. Rubinstein, and H. Onyuksel. 2003. Sterically stabilized phospholipid mixed micelles: *In vitro* evaluation as a novel carrier for water-insoluble drugs. *Pharm. Res.* 20: 297–302.
Kwon, G. S. and T. Okano. 1996. Polymeric micelles as new drug carriers. *Adv. Drug Del. Rev.* 16: 107–116.
Kwon, G. S. and T. Okano. 1999. Soluble self-assembled block copolymers for drug delivery. *Pharm. Res.* 16: 597–600.
Lawrence, M. J. 1994. Surfactant systems: Their use in drug delivery. *Chem. Soc. Rev.* 417–424.
Li, L., I. Nandi, and K. H. Kim. 2002. Development of an ethyl laureate-based microemulsion for rapid-onset intranasal delivery of diazepam. *Int. J. Pharm.* 237: 77–85.
Li, P., A. Ghosh, R. F. Wagner, S. Krill, Y. M. Joshi, and A. T. M. Serajuddin. 2005. Effect of combined use of nonionic surfactant on formation of oil-in-water microemulsions. *Int. J. Pharm.* 288: 27–34.
Li, P., S. E. Tabibi, and S. H. Yalkowsky. 1999. Solubilization of ionized and un-ionized Flavopiridol by ethanol and polysorbate 20. *J. Pharm. Sci.* 88: 507–509.
Lieberman, H. A., M. M. Rieger, and G. S. Banker. 1996. *Pharmaceutical Dosage Forms: Disperse Systems,* Vol. 1. New York: Marcel Dekker.
Luisi, P. L., M. Giomini, M. P. Pileni, and B. H. Robinson. 1988. Reverse micelles as hosts of proteins and small molecules. *Biochim. Biophys. Acta* 947: 209–246.
Luo, Y., D. W. Chen, L. X. Ren, X. L. Zhao, and J. Qin. 2006. Solid lipid nanoparticles for enhancing vinpocetine's oral bioavailability. *J. Control. Rel.* 114: 53–59.
Mall, S., G. Buckton, and D. A. Rawlines. 1996. Dissolution behavior of sulphonamides into sodium dodecyl sulfate micelles: A thermodynamic approach. *J. Pharm. Sci.* 85: 75–78.
Markina, Z. N., G. A. Chirova, and N. M. Zadymova. 1998. Structure-related mechanical properties of hydrogels of micelle-forming surfactants. *Coll. J.* 60: 568–572.
Marques, C. M. 1997. Bunchy Micelles. *Langmuir.* 13: 1430–1433.
Marsh, D. and M. D. King. 1986. Prediction of the critical micelle concentrations of mono- and di-acyl phospholipids. *Chem. Phys. Lipids.* 42: 271–277.
Marszall, L. 1988. Cloud point of mixed ionic-nonionic surfactant solutions in the presence of electrolytes. *Langmuir.* 4: 90–93.
McBain, M. E. L. and E. Hutchinson. 1955. *Solubilization and Related Phenomena.* New York: Academic

Press.
Meinert, H., P. Reuter, J. Mader, L. Haidmann, and H. Northoff. 1992. Syntheses, interfacial active properties and toxicity of new perfluoroalkylated surfactants. *Biomater., Artif. Cells, Immobilization Biotechnol.* 20: 115–124.
Moroi, Y., A. Otonishi, and N. Yoshida. 1999. Micelle formation of sodium 1-decanesulfonate and change of micellization temperature by excess counterion. *J. Phys. Chem. B.* 103: 8960–8964.
Mukerjee, P. 1967. Association equilibria and hydrophobic bonding. *Advan. Coll. Interface Sci.* 1: 241–275.
Mukerjee, P. 1979. Solubilization in aqueous micellar systems. In *Solution Chemistry of Surfactants.* Vol. 1, K. Mittal (Ed.), pp. 153–174. New York: Plenum Publishing Corp.
Myers, D. 1992. Micellization and association. In *Surfactant Science and Technology.* 2nd edn., D. Myers (Ed.). New York: VCH Publishers.
Mysels, K. J. and P. Mukerjee. 1979. Reporting experimental data dealing with critical micellization concentrations (CMCs) of aqueous surfactant systems. *Pure Appl. Chem.* 51: 1083–1089.
Nagarajan, R. 1985. Molecular theory for mixed micelles. *Langmuir.* 1: 331–341.
Nagarajan, R. 1986. Micellization, mixed micellization and solubilization: The role of interfacial interactions. *Adv. Coll. Interf. Sci.* 26: 205–264.
Nagarajan, R. and E. Ruckenstein. 1991. Theory of surfactant self-assembly: A predictive molecular thermodynamic approach. *Langmuir.* 7: 2934–2969.
Nagata, M., K. Matsuba, S. Hasegawa, T. Okuda, M. Harata, K. Hisada, M. Ishijima, and J. Watanabe. 1979. Pharmaceutical studies on commercial phytonadion tablets and effect of polysorbate 80 on the dissolution test. *Yakugaku Zasshi.* 99: 965–970.
Naylor, L. J., V. Bakatselou, and J. B. Dressman. 1993. Comparison of the mechanism of dissolution of hydrocortisone in simple and mixed micelle systems. *Pharm. Res.* 10: 865–870.
Nielsen, L. S. 1998. A bioadhesive drug delivery system based on liquid crystals. *PCT Int. Appl.* 176.
Nook, T., E. Doelker, and I. Bori 1988. The role of bile and biliary salts in drug absorption. *Int. J. Pharm.* 43: 119–129.
Oberle, R. L., T. J. Moore, and D. A. P. Krummel. 1995. Evaluation of mucosal damage of surfactants in rat jejunum and colon. *J. Pharm. Toxicol. Methods.* 33: 75–81.
Ong, J. T. and E. Manoukian. 1988. Micellar solubilization of timobesome acetate in aqueous and aqueous propylene glycol solutions of nonionic surfactants. *Pharm. Res.* 5: 704–708.
Osborne-Lee, I. W. and R. S. Schechter. 1986. Nonideal mixed micelles. Thermodynamic models and experimental comparisons. *ACS Symp. Ser. (Phenom. Mixed Surfactant Syst.).* 311: 30–43.
Pal, T. and N. R. Jana. 1996. Polarity dependent positional shift of probe in a micellar environment. *Langmuir.* 13: 3114–3121.
Park, S. H. and H. K. Choi. 2006. The effects of surfactants on the dissolution profiles of poorly water-soluble acidic drugs. *Int. J. Pharm.* 321: 35–41.
Pasquali, R. C., D. A. Chiappeta, and C. Bregni. 2005. Amphiphilic block copolymers and their pharmaceutical applications. *Acta Farmaceutica Bonaerense.* 24: 610–618.
Perkins, W. R., I. Ahmad, X. Li, D. J. Hirsh, G. R. Masters, C. J. Fecko, J. Lee et al. 2000. Novel therapeutic nano-particles (lipocores): Trapping poorly water soluble compounds. *Int. J. Pharm.* 200: 27–39.
Puvvada, S. and D. Blankschtein. 1990. Molecular-thermodynamic approach to predict micellization, phase behavior and phase separation of micellar solutions. I. Application to nonionic surfactants. *The Journal of chemical physics*, 92(6), pp. 3710–3724.
Puvvada, S. and D. Blankschtein. 1992a. Thermodynamic description of micellization, phase behavior, and phase separation of aqueous solutions of surfactant mixtures. *J. Phys. Chem.* 96: 5567–5579.
Puvvada, S. and D. Blankschtein. 1992b. Theoretical and experimental investigations of micellar properties of aqueous solutions containing binary mixtures of nonionic surfactants. *J. Phys. Chem.* 96: 5579–5592.
Radomska-Soukharev, A. and R. H. Mueller. 2006. Chemical stability of lipid excipients in SLN-production of test formulations, characterization and short-term stability. *Pharmazie* 61: 425–430.
Rao, V. M., M. Lin, C. K. Larive, and M. Z. Southard. 1997. A mechanistic study of griseofulvin dissolution into surfactant solutions under laminar flow conditions. *J. Pharm. Sci.* 86: 1132–1137.
Rao, V. M., M. Nerurkar, S. Pinnamaneni, F. Rinaldi, and K. Raghavan. 2006. Co-solubilization of poorly soluble drugs by micellization and complexation. *Int. J. Pharm.* 319: 98–106.
Rhee, Y. S., C. W. Park, T. Y. Nam, Y. S. Shin, E. S. Park et al. 2007. Formulation of parenteral microemulsion containing itraconazole. *Arch. Pharm. Res.* 30: 114–123.
Ritschell, W. A. 1996. Microemulsion technology in the reformulation of cyclosporine: The reason behind the

pharmacokinetic properties of neoral clinical transplantation. *Clin. Transplant.* 10: 364–373.
Roe, J. M. and B. W. Barry. 1982. Micellar properties of sodium salts of ursodeoxycholic chenodeoxycholic, deoxycholic and cholic acids. *J. Pharm. Pharmacol.* 34 (Suppl.): 24–25.
Rosen, M. J. 1978. *Surfactants and Interfacial Phenomena*, 2nd ed. New York: Wiley.
Rosoff, M. and A. T. M. Serajuddin. 1980. Solubilization of diazepam in bile salts and in sodium cholate-lecithin-water phases. *Int. J. Pharm.* 6: 137–146.
Ross, B. P., A. C. Braddy, R. P. McGeary, J. T. Blanchfield, L. Prokai, and I. Toth. 2004. Micellar aggregation and membrane partitioning of bile salts, fatty acids, sodium dodecyl sulfate, and sugar-conjugated fatty acids: Correlation with hemolytic potency and implications for drug delivery. *Mol. Pharm.* 1: 233–245.
Ruddy, S. B., B. K. Matuszewska, Y. A. Grim, D. Ostovic, and D. E. Storey. 1999. Design and characterization of a surfactant-enriched tablet formulation for oral delivery of a poorly water-soluble immunosuppressive agent. *Int. J. Pharm.* 182: 173–186.
Saket, M. 1996. Comparative evaluation of micellar solubilization and cyclodextrin inclusion complexation for meclozine hydrochloride. *Alexandria J. Pharm. Sci.* 10: 13–18.
Saket, M. 1997. Improvement of solubility and dissolution rate of meclozine hydrochloride utilizing cyclodextrins and non-ionic surfactant solutions containing cosolvents and additives. *Acta Technol. Legis Med.* 8: 33–48.
Samaha, M. W. and V. F. Naggar. 1988. Micellar properties of non-ionic surfactants in relation to their solubility parameters. *Int. J. Pharm.* 42: 1–9.
Sarmoria, C., S. Puvvada, and D. Blankschtein. 1992. Prediction of critical micelle concentrations of nonideal binary surfactant mixtures. *Langmuir.* 8: 2690–2697.
Schott, H. 1971. Hydrophilic–lipophilic balance and distribution coefficients of nonionic surfactants. *J. Pharm. Sci.* 60: 648–649.
Schott, H. 1995. Colloidal dispersions. In *Remington: The Science and Practice of Pharmacy*, Vol. 1, A. R. Gennaro (Ed.). Easton, PA: Mack Publishing Co.
Shahjahan, M. and R. P. Enever. 1992. Some parameters for the solubilization of nitrofurazone and ultraviolet light absorbers by nonionic surfactants. *Int. J. Pharm.* 82: 223–227.
Shapiro, Y., V. Gorbatyuk, A. A. Mazurov, and S. A. Andronati. 1994. Stabilization of the peptide conformation on the micellar surface. *A. V. Bogatsky Physico-Chem. Inst.* 119: 647–652.
Sheng, J. J., N. A. Kasim, R. Chandrasekharan, and G. L. Amidon. 2006. Solubilization and dissolution of insoluble weak acid, ketoprofen: Effects of pH combined with surfactant. *Eur. J. Pharm. Sci.* 29: 306–314.
Shihab, F. A., A. R. Ebian, and R. M. Mustafa. 1979. Effect of polyethyleneglycol, sodium laurylsulfate and polysorbate-80 on the solubility of furosemide. *Int. J. Pharm.* 4: 13–20.
Shiloach, A. and D. Blankschtein. 1997. Prediction of critical micelle concentrations and synergism of binary surfactant mixtures containing zwitterionic surfactants. *Langmuir.* 13: 3968–3981.
Shiloach, A. and D. Blankschtein. 1998a. Predicting micellar solution properties of binary surfactant mixtures. *Langmuir.* 14: 1618–1636.
Shiloach, A. and D. Blankschtein. 1998b. Measurement and prediction of ionic/nonionic mixed micelle formation and growth. *Langmuir.* 14: 7166–7182.
Shiloach, A. and D. Blankschtein. 1998c. Prediction of critical micelle concentrations of nonideal ternary surfactant mixtures. *Langmuir.* 14: 4105–4114.
Shiloach, A., N. Zoeller, and D. Blankschtein. 1998. Predicting surfactant solution behavior. Speeding the process with new computer programs. *Cosmet. Toiletries* 113: 75–76, 78–79.
Shin, H.-J., J.-K. Park, J.-W. Kim, E.-J. Lee, and C.-K. Kim. 1996. Preparation and bioequivalence test of new oral solid dosage form of cyclosporin A. *Proc. Int. Symp. Controlled Release Bioact. Mater.* 23: 519–520.
Sjoekvist, E., C. Nystroem, and M. Alden. 1991. Physicochemical aspects of drug release. XIII. The effects of sodium dodecyl sulfate additions on the structure and dissolution of a drug in solid dispersions. *Int. J. Pharm.* 69: 53–62.
Sjoekvist, E., C. Nystroem, M. Alden, and N. Caram-Lelham. 1992. Physicochemical aspects of drug release. XIV. The effects of some ionic and nonionic surfactants on properties of a sparingly soluble drug in solid dispersions. *Int. J. Pharm.* 79: 123–133.
Small, D. M., S. A. Penkett, and D. Chapman. 1969. Studies on simple and mixed bile salt micelles by nuclear magnetic resonance spectroscopy. *Biochim. Biophy. Acta.* 176: 178–189.
Smirnova, N. A. 1995. Thermodynamic study of micellar solution—solid surfactant equilibrium. *Fluid Phase Equilibria.* 110: 1–15.

Smirnova, N. A. 1996. Modeling of the micellar solution—solid surfactant equilibrium. *Fluid Phase Equilibria.* 117: 320–333.

Soederlind, E. and L. Karlsson. 2006. Haemolytic activity of maltopyranoside surfactants. *Eur. J. Pharm. Biopharm.* 62: 254–259.

Strickley, R. G. 2004. Solubilizing excipients in oral and injectable formulations. *Pharm. Res.* 21: 201–230.

Sugioka, H. and Y. Moroi. 1998. Micelle formation of sodium cholate and solubilization into the micelle. *Biochim. Biophy. Acta.* 1394: 99–110.

Surakitbanharn, Y., R. McCandless, J. F. Kryzyzaniak, R.-M. Dannenfelser, and S. H. Yalkowsky. 1995. Self-association of dexverapamil in aqueous solution. *J. Pharm. Sci.* 84: 720–723.

Sweetana, S. and M. J. Akers. 1996. Solubility principles and practices for parenteral drug dosage from development. *PDA J. Pharm. Sci. Technol.* 50: 330–342.

Szleifer, I., A. Ben-Shaul, and W. M. Gelbart. 1987. Statistical thermodynamics of molecular organization in mixed micelles and bilayers. *J. Chem. Phys.* 86: 7094–7109.

Tanford, C. 1980. *The Hydrophobic Effect.* New York: Wiley.

Terwogt, J. M. M., B. Nuijen, W. W. Ten Bokkel Huinink, and J. H. Beijnen. 1997. Alternative formulations of paclitaxel. *Cancer Treat. Rev.* 23: 87–95.

Thomas, H. G., A. Lomakin, D. Blankschtein, and G. B. Benedek. 1997. Growth of mixed nonionic micelles. *Langmuir.* 13: 209–218.

Thompson, E. H. Z. and K. K. Karukstis. 1997. Fluorescence studies of doxorubicin in corporation in AOT reversed micelles. *Abstracts of 213th ACS National Meeting,* San Francisco, CA, p. 261.

Tomida, H., T. Yotsuyanagi, and K. Ikeda. 1978. Solubilization of benzoic acid derivatives by polyoxyethylene lauryl ether. *Chem. Pharm. Bull.* 26: 2824–2831.

Treiner, C., M. Nortz, and C. Vaution. 1990. Micellar solubilization in strongly interacting binary surfactant systems. *Langmuir.* 6: 1211–1216.

Treiner, C., M. Nortz, C. Vaution, and F. Puisieux. 1988. Micellar solubilization in aqueous binary surfactant systems: Barbituric acids in mixed anionic + nonionic or cationic + nonionic mixtures. *J. Coll. Interf. Sci.* 125: 261–270.

Tyner, K. M., S. R. Schiffman, and E. P. Giannelis. 2004. Nanobiohybrids as delivery vehicles for camptothecin. *J. Cont. Rel.* 95: 501–514.

Wei, H., Zhuo, R. X., and Zhang, X. Z., 2013. Design and development of polymeric micelles with cleavable links for intracellular drug delivery. *Progr. Poly. Sci.* 38(3): 503–535.

Xiao, J.-L. V., W. Dong, and J. T. Zhou. 2006. Interaction mechanisms between anionic surfactant micelles and different metal ions in aqueous solutions. *J. Dispers. Sci. Technol.* 27: 1073–1077.

Young, T. J., S. Mawson, K. P. Johnston, I. B. Henriksen, G. W. Pace, and A. K. Mishra. 2000. Rapid expansion from supercritical to aqueous solution to produce submicron suspensions of water-insoluble drugs. *Biotechnol. Prog.* 16: 402–407.

Zhang, R., P. A. Marone, P. Thiyagarajan, and D. M. Tiede. 1999. Structure and molecular fluctuations of *n*-alkyl-β-d-glucopyranoside micelles determined by x-ray and neutron scattering. Langmuir. 15: 7510–7519.

Zhang, Y., Song, W., Geng, J., Chitgupi, U., Unsal, H., Federizon, J., Rzayev, J., Sukumaran, D.K., Alexandridis, P., and Lovell, J.F., 2016. Therapeutic surfactant-stripped frozen micelles. *Nat. Comm.*, 7: 11649. Doi:10.1038/ncomms11649.

Zhao, L., P. Li, and S. H. Yalkowsky. 1999. Solubilization of fluasterone. *J. Pharm. Sci.* 88: 967–969.

Zoeller, N. J., A. Shiloach, and D. Blankschtein. 1996. Predicting surfactant solution behavior. *Chemtech.* 26: 24–31.

Zoeller, N. J. and D. Blankschtein. 1995. Development of user-friendly computer programs to predict solution properties of single and mixed surfactant systems. *Ind. Eng. Chem. Res.* 34: 4150–4160.

Zoeller, N. J. and D. Blankschtein. 1998. Experimental determination of micelle shape and size in aqueous solutions of dodecyl ethoxy sulfates. *Langmuir.* 14: 7155–7165.

Zuberi, S., T. Zuberi, S. Sultana, and J. Lawrence. 1999. Characterization of a new generation of surfactants with the potential to act as drug delivery vehicles. *Abstracts of 218th ACS National Meeting,* New Orleans, LA, p. 119.

Zuberi, T., S. Sultana, and J. Lawrence. 1997. Synthesis and physico-characterization of some novel surfactants. *Abstracts of 214th ACS National Meeting,* Las Vegas, NV, p. 47.

# 第 13 章　聚合物胶束在难溶性药物传递中的应用

Rong (Ron) Liu，M. Laird Forrest，Glen S. Kwon，
Xiaobing Xiong，Zhihong (John) Zhang

## 13.1　引言

聚合物胶束在药物中的应用越来越广泛，目前，尽管聚合物胶束主要用于肿瘤药物传递系统，但也可以用于质粒 DNA（Katayose 和 Kataoka，1997，1998）、反义寡核苷酸（Kataoka 等，1996）和人体特定器官诊断试剂的传递（Torchilin，2002；Park 等，2002）。共聚物结构可以多种多样，包括无规共聚物、接枝聚合物和最为常见的嵌段聚合物（Kataoda 等，1993；Kwon 和 Okano，1996，1999；Alakahov 和 Kabanov，1998；Kwon，1998，2003；Seymour 等，1998）。新型聚合物化学实体，包括药物共价结合到胶束疏水性嵌段形成的聚合物结合物（Kataoka 等，1993；Kwon 和 Okano，1996，1999），已经成功用于临床试验（Matsumura，2004）。在所有实例中，亲水/亲油的相对平衡是通过结合使用亲水性单体和疏水性单体获得的。当溶剂与一种单元结构相溶，而与另一种单元结构不相溶时，则难溶性单元结构会形成内核，而易溶的单元结构形成外周的冠状结构（Xing 和 Mattice，1998）。

聚合物和传统的表面活性剂相比，其优势包括较低的毒性、避免被蛋白质如免疫球蛋白吸附的能力（Abuchowski 等，1977）、避免药物载体被吸附至吞噬细胞表面的能力等。否则被吸附于吞噬细胞表面的载体将会被清除掉。因此，聚合物具有延长药物体内循环时间的巨大潜力（Kwon 和 Kataoka，1995；Kwon，2003；Aliabadi 和 Lavasanifar，2006）。迄今为止，已经有几种聚合物胶束制剂用于临床前和临床研究，并有一种紫杉醇胶束制剂已经被批准用于临床。

## 13.2　共聚物分类

共聚物是指由几种不同单体单元组成的聚合物，可根据单体组成方式分为四类：无规共聚物、交替共聚物、接枝共聚物和嵌段共聚物（Nagarajan 和 Ganesh，1989；Yokoyama，1992）。如果 A 代表溶剂中可溶的单体单元，B 代表溶剂中难溶的单体单元，则四种共聚物如图 13.1 所示。为了便于讨论，A 代表水溶性单体，B 代表难溶性单体。

无规共聚物的特征是沿着主链统计的排列共聚单体重复单元。交替共聚物，如名称所示，其特征是交替排列单体。接枝共聚物由化学连接的均聚物对组成，像一把梳子。嵌段聚合物由末端连接的结构组成。

(1) 无规共聚物

```
AABAAABBABAAABBA
```

(2) 交替共聚物

```
ABABABABABABABAB
```

(3) 接枝共聚物

```
AAAAAAAAAAAAAAAAAAAA
  BB   BB
  BB   BB
  BB   BB
   B   BB
   B   B
        B
        B
```

(4) 星形共聚物

```
B
 B
  B
   B
    B
     B
AAAAAAAAAAAAAAAAAAAA
      B
       B
        B
         B
          B
           B
```

(5) 嵌段共聚物

二嵌段共聚物(AB型)

AAAAAAAAAABBBBBBBBBB

三嵌段共聚物(ABA型)

AAAAAAAAAABBBBBBBBBBAAAAAAAAAA

三嵌段共聚物(BAB型)

BBBBBBBBBBAAAAAAAAAABBBBBBBBBB

(AB)*n*嵌段共聚物[(AB)*n*多段型]

$(AAAAAAABBBBBBBBBB)_n$

图 13.1　共聚物分类

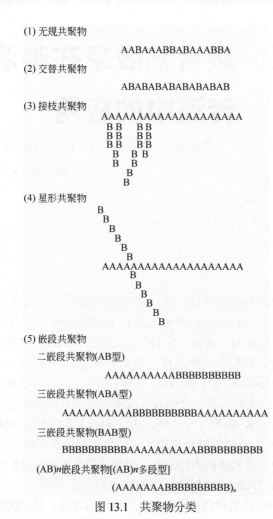

关于聚合物胶束药物制剂的研究，主要集中在两种嵌段聚合物，称为 AB 嵌段共聚物或二嵌段共聚物、ABA 或 BAB 三嵌段共聚物（Bader 等，1984；Yokoyama 等，1990，1991；Kwon 和 Okano，1996，1999；Kwon，1998，2003；Alakahov 和 Kabanov，1998）。嵌段共聚物的最常见亲水段（A）是聚氧乙烯（PEO），这种聚合物在水体系中，可以通过氢键高度水化，在空间上稳定聚合物胶束的表面。

三嵌段共聚物中，普朗尼克系列最为常见。根据 BASF 的产品信息，普朗尼克表面活性剂的命名是基于每个分子中，疏水的环氧丙烷（PO）分子量范围相对于亲水的环氧乙烷（EO）的分子量范围的百分比，字母-数字组合可以用来鉴定普朗尼克系列不同的产品。字母顺序的设计解释了产品的物理形式，“L”代表液态，“P”代表糊状，“F”代表固态。命名的数值中的第一个数字，乘以 300，表示分子中疏水部分的大概分子量；第二个（即最后一个）数字，乘以 10，表示 EO 的近似含量。例如，普朗尼克 F-68 是固体材料，其疏水部分分子量大约为 1800（6×300），其亲水部分按质量分数大约为 80%（8×10）。

普朗尼克的表面活性揭示了各表面活性剂的疏水性与亲水性之间的关系，每个产品名称中间的字母“R”表示与普朗尼克产品具有相反的结构，即 EO 亲水段被夹在 PO 段中间。在“R”前面的数字，乘以 100，代表着 PO 段的大约分子量，“R”后面的数字，乘以 10，代表着该产品 EO 段的大约含量。例如，普朗尼克 25R4 表示含 40% EO（4×10），PO 段分子量大约为 2500（25×100）。

与普通的烃类表面活性剂一样，聚合物胶束在水溶液中具有核-壳结构（Jones 和 Leroux，1999）。外壳决定胶束的稳定性和与血浆蛋白及细胞膜之间的相互作用，通常由亲水性的、非生物可降解的、具有良好生物相容性的聚合物如 PEO 组成。载体的生物分布主要取决于亲水壳的性质（Yokoyama，1998）。PEO 在胶束内核周围形成浓密的刷状结构，阻止胶束和蛋白之间的作用，如调理素可以促进单核巨噬细胞系统（MPS）的快速清除（Papisov，1995）。其他聚合物如聚（*N*-异丙烯酰胺）（PNIPA）（Cammas 等，1997；Chung 等，1999）和聚丙烯酸（Chen 等，1995；Kwon 和 Kataoka，1995；Kohori 等，1998）可以作为温度或 pH 响应的聚合物胶束，并有可能最终赋予生物黏附性能（Inoue 等，1998）。

疏水性 B 段形成胶束的内核，作为难溶性药物的贮库，避免其与水环境接触。四种主要的成核段已被广泛用于药物传递研究，包括聚环氧丙烷类（如普朗尼克）、聚（L-氨基酸）类、聚酯类和磷脂类。聚（L-氨基酸）如聚（$\beta$-苯基-L-天冬氨酸）（PBLA）（La 等，1996）提供了形成各种属性内核的能力，包括在重复段中设计氨基酸序列和通过引入取代基形成功能性氨基酸，如聚（L-天冬氨酸）-脂肪酸酯接枝物（Lavasanifar 等，2001）。虽然合成的聚（L-氨基酸）的生物可降解性还未知，但包封有阿霉素的 PEO-b-*P*(Asp)-DOX 胶束的Ⅰ期临床试验，已经证明了聚（L-氨基酸）临床应用的潜力（Matsumura 等，2004）。酯水解和无处不在的酶确保了药物载体的生物降解，因此，大量基于 PEO 和聚酯[如聚（*dl*-乳酸）（PDLLA）、聚（乳酸-羟基乙酸）（PLGA）和聚己内酯（PCL）（Connor 等，1986；Shin 等，1998；Jones 和 Leroux，1999）]的嵌段聚合物被作为药物载体进行研究。胶束的疏水内核也可以由高度疏水的小分子链组成，如烷基链（Ringsdorf 等，1991，1992；Yoshioka 等，1995）或二酰基酯[如二硬脂酰磷脂酸乙醇胺(DSPE)]（Trubestkoy 等，1995）。疏水链可以附着在聚合物的末端（Winnik 等，1995）或随机分布在聚合物结构中（Schild 和 Tirrell，1991；Ringsdorf 等，1992）（图 13.2 右）。

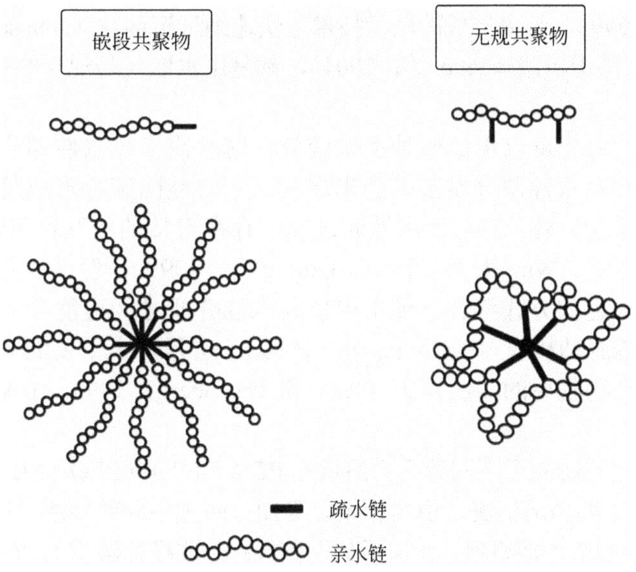


图 13.2 嵌段和无规共聚物胶束图例

（经 Elservier Ltd 授权，来源：Jones M. C. Leroux J C，Eur. J. Pharm. Biopharm. 1999，48：101–111.）

B 段可能由水溶性聚合物组成，如聚天冬氨酸 P（Asp），通过偶联的疏水药物使其具有疏水性（okoyama 等，1992，1993，1996；Nakanishi 等，2001），或由两个带相反电荷的聚离子缔合而成聚离子复核胶束（Hatada 等，1995，1998；Kataoka 等，1996）。用于与 B 段偶联的药物包括环磷酰胺、阿霉素、顺铂、芘和苯甲酸碘衍生物（Kwon 和 Kataoka，1995；Trubetskoy 等，1997；Yu 等，1998）。

正如 Jones 和 Leroux 在 1999 年的综述中所总结的那样，使用非生物降解或生物降解较差的聚合物，如聚苯乙烯（PST）（Zhao 等，1990；Zhang 等，1995）、聚甲基丙烯酸（PMMA）（Inoue 等，1998）作为 B 段的组分，提供了非常重要的性质，如玻璃化可以使胶束内核更为稳定。尽管必须指出，作为临床试验的药物载体，非生物可降解的聚合物必须是无毒的，且分子量要足够低（约小于 50000），使其可通过肾排泄途径排泄（Seymour 等，1987）。

## 13.3 热力学胶束化和增溶

聚合物胶束因两种作用力而形成，一种是使分子缔合的吸引力，另一种是抑制胶束无限增长成为肉眼可见相的排斥力（Price，1983；Astafieva 等，1993；Jones 和 Leroux，1999）。两亲性共聚物通过聚合物的不溶性单体部分，在所选择的另一单体的良溶剂中自我聚集而形成胶束结构（Kataoka 等，1993；Jones 和 Leroux，1999）。两亲性共聚物的胶束化过程，与本章中第一部分所描述的传统基于碳氢链的表面活性剂胶束化相似。

聚合物在极低浓度时仅以单链形式存在，当浓度增加至临界值时，即临界胶束浓度（CMC），聚合物链开始聚集形成胶束，使聚合物疏水段在聚合物被稀释时避免与水介质接触。在临界胶束浓度时，胶束内核仍有较大量的溶剂，与较高浓度时形成的胶束相比，形成的聚集体较为松散，尺寸相对较大（Gao 和 Eisenberg，1993）。浓度越高，越有利于形成更为紧密的胶束，胶束会呈低能态构型，剩余的溶剂会从疏水内核逐渐释放出来，导致胶束的尺寸减小（Jones 和 Leroux，1999）。胶束形成的两种技术，快速纳米沉淀法（Johnson 和 Prud'homme，2003a，2003b）和共沸透析法（Jette 等，2004），都是用水取代易混合的有机溶剂，使得两亲性嵌段聚合物胶束化。

两亲性聚合物胶束化可以形成两种类型胶束，这取决于疏水性部分是与亲水性部分随机结合，还是嫁接在亲水性部分尾部。当末端的疏水官能团缔合形成胶束时，疏水端周围固定的水簇会被排斥在核外，核与亲水性壳之间不存在直接的相互作用，而在胶束结构中，亲水性壳仍保留线性链（Winnik 等，1992；Chung 等，1999）。但是，无规聚合物会以疏水段和亲水段缠结在一起的方式缔合，使得内核与水性介质之间可能存在接触。对于这种情况，形成壳的亲水链流动相较差（Chung 等，1999），这是一个重要的问题，因为暴露的疏水核可能会导致聚合物胶束的二次聚集（Gao 和 Eisenberg，1993；Yokoyama 等，1994；La 等，1996）。

Gadelle 等（1995）研究了不同芳香类溶质在 PEO-*b*-PPO-*b*-PEO (ABA)/ PPO-*b*-PEO-PPO (BAB)三嵌段聚合物中的增溶情况。由实验结果可知有两种不同的增溶过程。为了更好地理解聚合物表面活性剂溶液的增溶机制，作出了如下假设：①非极性溶质的加入促进了聚合物表面活性剂分子的胶束化；②聚合物胶束中心核含有一些水分子；③增溶最初是水分子被溶质从胶束内核挤出的置换过程。增溶过程的详细讨论见本章下一节和药物应用部分。

## 13.3.1　胶束化和增溶模型

### 13.3.1.1　二嵌段共聚物胶束

早期的二嵌段共聚物胶束模型，溶液中独立的链被描述为蝌蚪构型，短的塌陷状态头段连接在溶剂中膨胀的尾部。每一种疏溶剂头都被假定为熔融的液体球，与其他头融合在一起，以尽量减少在难溶性溶剂中的暴露量。所形成的胶束聚集体内核为熔融球形，内核周围环绕着膨胀型尾部（Daoud 和 Cotton，1982；Kwon 和 Kataoda，1995；Marques，1997）（图 13.3）。胶束核的液态性质允许链混合，并使得组装达到一种热力学平衡状态，在此平衡状态下，可以实现内核-溶剂界面张力和链拉伸之间的平衡。在这些平衡条件下，胶束聚集体的数量理论上是可以预测的，并与实验数据有合理的一致性（Halperin，1987；Marques 等，1988）。

有证据表明，假定的胶束核液态性质并不会一直成立（Antonietti 等，1994；Marques，1997）。如果核不是熔融球形而是玻璃化的，Marques（1997）认为可能会存在两种核结构，形成的结构取决于制备方法。首先，对于在平衡溶液中（常在高温条件下）制备然后猝灭的胶束，熔融核将会经历一个玻璃化的转变，形成最终具有胶束化温度和猝灭过程的载体结构。中心玻璃化区域很可能具有均匀的缠绕玻璃化链单体密度，初始聚集体数量由猝灭前平衡溶液中发生的胶束化决定。猝灭速率越快，形成的胶束越接近初始状态。

如果胶束化过程是由具有玻璃化头的聚合物链聚集而成，则可能会产生第二种几何形状。尽管不知道溶液中单个玻璃化链的结构，链的特征弛豫时间很可能取决于塌陷小球中实际存在的溶剂量。在溶剂含量为零（塑化效果为零）、弛豫时间无穷大的极端条件下，核会具有多孔性结构（图 13.4），孔隙中充满了溶剂和聚合物尾。这种束装结构导致单体在胶束中的重新分布，并提供了确定胶束聚集数的简单几何规则。正如所讨论的，图 13.4 介绍了一个不同的胶束化情形和对胶束性质新的预测。

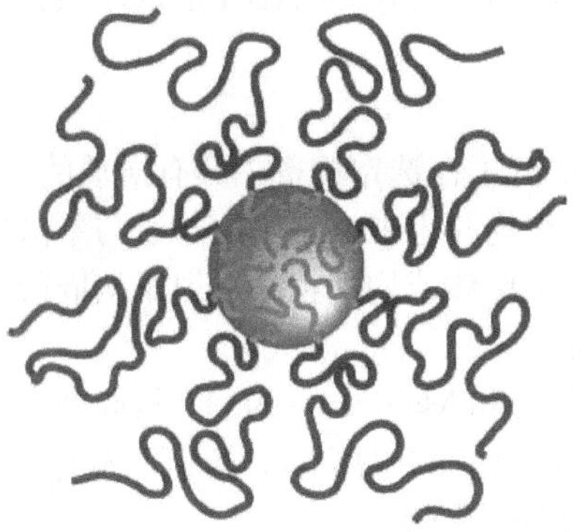

图 13.3　具熔融液态内核的二嵌段共聚物胶束结构示意（核不含溶剂或尾部单体）
（经美国化学协会授权，来源：Marques C M. Langmuir，1997，13：1430-1433.）

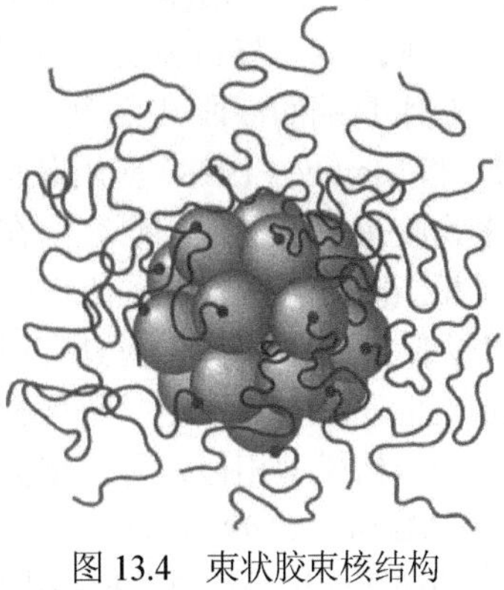

图 13.4　束状胶束核结构
允许溶剂和尾渗透进入内核区域，尾被认为与核相排斥，朝向溶剂中，以逃脱内核的束缚
经美国化学协会授权，来源：Marques C M. Langmuir，1997，13：1430-1433.）

Marques（1997）描述了束状胶束核构建的过程，是单个珠状头加入至饱和状态或聚集数达到平衡的过程。作者假定，相对于可溶性段的单体来说，固体球形头像是不可穿透的排斥性壁，由溶剂和尾部填充的空间大小、固体头的精确填充几何形状及其可变性所决定。对于无限刚性的头来说，孔隙率可以从最低的 26%提升到最高的 45%，当球形头以晶型六边形或面中心立方结构紧密排列时，孔隙率最低；当为无定型结构时，孔隙率最高。这些胶束一个特别的特征是，聚合物头实际上无法实现在中心区域与溶剂区域之间的交换。在既定瞬间，仅有表面活性剂头易被交换，这与经典的胶束相悖论，经典胶束中，所有链均是“表面活性链”，直接与溶剂发生交换。Marques（1997）的研究表明，具玻璃化头的二嵌段共聚物聚集数的计算缩放形式，与 Antonietti 等的研究结果非常吻合（1994），说明在该系统中，束状胶束是很好的模拟胶束化的选择。但是，从单组数据中提取信息时需要格外小心，因为可以引出其他解释。

在 Daoud-Cotton 模型框架下，还研究了星型聚合物在胶束中的构象（Daoud-Cotton，1982 年）。但是，这一模型假定所有链尾都位于冠状表面之外，因此忽略了链尾分布的可能（Marques，1997）。

Nagarajan 和 Ganesh（1989 年）研究了嵌段共聚物增溶，建立了小分子混合物在所选定溶剂中 AB 嵌段共聚物中的增溶理论。这一理论预测了胶束的增溶行为，其几何特征易受溶质和溶剂相溶的嵌段共聚物之间的相互作用、溶质-溶剂之间界面张力的影响。将所得的缩放比例关系和之前由聚氧乙烯/PST 组成的胶束核的实验数据进行了比较，该聚合物核对芳香烃类溶质增溶作用明显，而对脂肪族类溶质的增溶作用非常微弱。实验结果表明，与胶束核聚合物段具有较好相溶性的溶质，可以有较大程度的增溶。

#### 13.3.1.2 三嵌段共聚物胶束

（1）亲水封端嵌段共聚物

水溶性的聚氧乙烯-聚氧丙烯-聚氧乙烯（PEO-*b*-PPO-*b*-PEO）三嵌段共聚物可以聚集成由 PPO 组成核和水化的 PEO 段组成冠状结构的胶束。Hurterr 等（1993）建立了一种自洽平均场晶格理论，预测 PEO-*b*-PPO-*b*-PEO 嵌段共聚物聚集行为和萘在这些胶束中的增溶与聚合物组分子量之间的函数关系，并对比了预测和实验结果，发现胶束-水分配系数对聚合物组成的依赖不仅与疏水组分的比例有关，而且还与胶束的结构细节相关。观察到了胶束的分子量和聚合物中 PPO 的含量对萘溶解的量有强烈的影响。关于普朗尼克和其他 ABA 三嵌段共聚物更为详细的讨论见本章下一节和药物应用部分。

（2）疏水封端的嵌段共聚物

Xing 和 Mattice（1998）应用蒙特卡洛模拟技术研究了在选定溶剂中具有溶质的 BAB 型三嵌段共聚物胶束模型。他们研究了在 BAB 三嵌段共聚物胶束中，当溶质分子与不溶性嵌段部分的能量相当时，溶解的溶质在胶束中的微观图。由于单体或均聚物杂质很难从嵌段共聚物合成过程中去除，这种原位反应具有很重要的实用价值。

从他们的研究中，鉴定了两种胶束结构模型（Xing 和 Mattice，1998）。与低分子量表面活性剂体系的结构模型相似，可以根据溶质在嵌段共聚物胶束中的位置，绘制两种球形聚集体。在 Xing 和 Mattice（1998）的模拟中，溶解过程分为两个步骤。

最初的增溶作用是通过置换胶束内核的溶剂分子发生的，与传统表面活性剂不同，大量的溶剂会存在小的 BAB 三嵌段共聚物胶束内核，这一观点被 Huterr 等（1993）、Linse 和 Malmsten（1992）的研究所支持。此阶段胶束的结构与图 13.5（a）中所绘制的模型相一致，即溶质在 B 中均匀溶解。

后续的增溶是通过进一步置换胶束核中的溶质分子和将不溶性嵌段从内核中心排出而发生。如果 B 段不能伸展至膨胀的胶束的核心，溶质将会聚集在中心区域。对应的胶束结构如图 13.5（b）所示，这一结构的显著特征是有纯的溶质分子存在的区域，这可以被描述为通过在界面上放置 B 来稳定溶质微滴。随着体系中溶质的增加，胶束的结构由图 13.5（a）逐渐变为图 13.5（b）。除了加入的溶质以外，溶剂和溶质之间的不相容性越高，越有利于从第一种模型向第二种模型转变。

其他可能表现出与 BAB 型三嵌段共聚物相似的胶束化行为的聚合物包括疏水单元位于聚合物结构两端的无规共聚物（Schild 和 Tirrell，1991；Ringsdorf 等，1992；Chung 等，1999；Jones 和 Leroux，1999）和疏水段嫁接在亲水性骨架两端接枝共聚物。

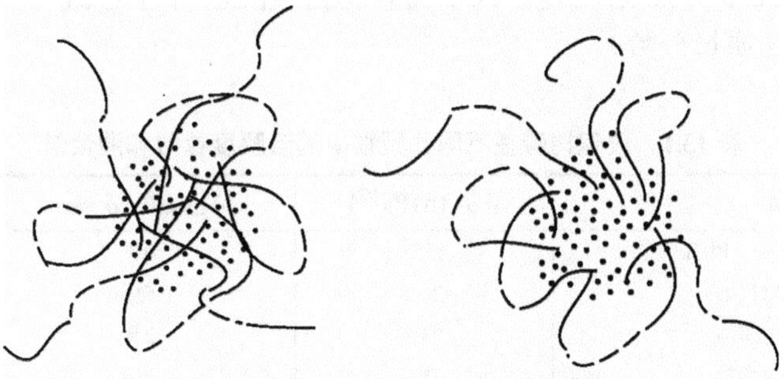


图 13.5　两种胶束结构模型

（a）I 溶解于 B 中形成均匀溶液；（b）通过位于界面上的 A 来稳定微滴状的 I

（经美国化学协会授权，来源：Xing L，Mattice W L. Langmuir，1998，14：4074-4080.）

#### 13.3.1.3　Flory-Huggins　增溶模型

Flory 于 1941 年建立了 Flory-Huggins 分析，用于预测聚合物和溶剂的相溶性，但该方法同时也在药剂学领域中被应用于预测固体药物吸水率（Hancock 和 Zografi，1993）和聚合物与拥有小分子药物的辅料之间相互作用（Lacoulonche 等，1998；Nair 等，2001）。嵌段共聚物的疏水核与药物分子之间的相互作用对药物增溶有很强的影响（Nagarajan 等，1986），而 Flory-Huggins 分析被发现可以用于胶束药物体系的溶解度预测（Liu 等，2003）。

对于易相互混合的二元混合体系（如药物分子和共聚物的疏水段），混合的吉布斯自由能（$\Delta G_{mix}$）必须是负值。

$$\Delta G_{\mathrm{mix}} = \Delta H_{\mathrm{mix}} - T\Delta S_{\mathrm{mix}} \tag{13.1}$$

$$\Delta H_{\mathrm{mix}} = \chi\varphi(1-\varphi)RT \tag{13.2}$$

因此，混合焓（$\Delta H_{mix}$）必须尽量减少溶解在胶束核心的药物；混合物熵（$\Delta S_{mix}$）取决于药物在胶束核的体积分配系数 $\varphi$，而与组分之间的色散能和黏附能无关。Flory-Huggins 溶解度参数 $\chi$，可以通过 Hildebrand 溶解度参数进行计算：

$$\chi = V_{药物}(\delta_{药物} - \delta_{共聚物})^2 \tag{13.3}$$

式中，Hildebrand 溶解度参数 $\delta_{药物}$ 和 $\delta_{共聚物}$ 分别是药物分子和共聚物疏水重复单元的内聚能密度的平方根；$V_{药物}$ 是药物分子的摩尔体积；$R$ 是理想气体常数；$T$ 是温度。Hildebrand 溶解度参数可以通过官能团贡献法计算出，总溶解度参数是范德华色散力 $\delta_d$、偶极-偶极相互作用 $\delta_p$、氢键作用 $\delta_h$ 贡献的总和。

$$\delta_{总} = [\delta_d^2 + \delta_p^2 + \delta_h^2]^{1/2} \tag{13.4}$$

$$\delta_d = \frac{\sum F_{di}}{V} \quad \delta_p = \frac{\sqrt{\sum F_{pi}^2}}{V} \quad \delta_h = \frac{\sqrt{\sum E_{hi}}}{V} \tag{13.5}$$

药物和疏水段之间的色散摩尔吸引常数 $F_{di}$、偶极-偶极相互作用 $F_{pi}$、氢键作用 $E_{hi}$、摩尔体积 $V$，可以通过 Hoftyzer-Van Krevelen 和 Fedor 提供的官能团贡献表确定（Krevelen，1990）。

Liu 等（2003）应用经典的 Flory-Huggins 溶液理论预测了疏水药物玫瑰树碱在几种嵌段共聚物中的溶解度（表 13.1）。溶液理论预测的玫瑰树碱在嵌段共聚物中溶解度顺序为：PBLA＞PCL＞PDLA＞PGA。Liu 等发现 PEO-*b*-PCL 对玫瑰树碱的包封可达 21%（质量分数），而 PDLA 最多只能包封 0.1%（质量分数）。

**表 13.1 玫瑰树碱在不同共聚物中的溶解度参数和混合焓**

| 共聚物 | $\delta_{总}$ /(MPa$^{1/2}$) | $\delta_{玫瑰树碱}-\delta_{共聚物}$ | $\Delta H_{mix}$/(MJ/m$^3$) |
|---|---|---|---|
| 聚（L-天冬氨酸苄酯）(PLBA) | 25 | 0.8 | 2.2 |
| 聚（ε-己内酯）(PCL) | 20.2 | 5.9 | 10.8 |
| 聚（*dl*-乳酸）(PDLA) | 23.3 | 2.8 | 14.3 |
| 聚（羟基乙酸）(PGA) | 28 | −1.9 | 21.7 |
| 玫瑰树碱 | 26.1 | — | — |

来源：Liu J，Xiao Y，Allen C. J. Pharm. Sci.，2003，93：132-143.

## 13.3.2 影响胶束化和增溶的因素

### 13.3.2.1 温度和浓度对胶束化的影响

在讨论温度和浓度的影响之前，先需要定义一些术语。首先，如果一种溶剂对聚合物中某种类型嵌段是热力学上的良溶剂，而对聚合物中其他类型嵌段是不良溶剂，那么该溶剂为选择性溶剂。其次，聚合物的临界胶束浓度（CMC）可以定义为：低于该浓度，聚合物只以单链形式存在；高于该浓度，聚合物以单链和胶束聚集体共同存在。临界胶束温度（CMT）可以定义为：低于该温度，聚合物只以单链形式存在；高于该温度，聚合物以单链和胶束聚集体共同存在。因此，通过监测被研究的胶束体系的适宜的特征，通常可以在浓度或温度曲线上找到相应的 CMC 或 CMT 的拐点。

所得到的 CMC 值或 CMT 值作为温度和浓度的函数，可以用来解释缔合过程中焓和熵的贡献。对于聚集数相对较大、分布范围较窄的封闭缔合机制，形成胶束的标准自由能和标准焓（$\Delta G^{\ominus}$ 和 $\Delta H^{\ominus}$，每摩尔胶束中的溶质）与 CMC 和形成时依赖的温度有关（Lindman 和 Wennerstrom，1980；Zhou 和 Chu，1994）。

$$\Delta G^{\ominus}=RT\ln(\text{CMC}) \tag{13.6}$$

$$\Delta H^{\ominus}=R[\mathrm{d}\ln(\text{CMC})/\mathrm{d}(1/T)] \tag{13.7}$$

当 CMC 单位是物质的量浓度时，在单位物质的量浓度的理想稀释溶液中，有聚合物分子和胶束两种状态，式（13.2）可以被整合为如下公式：

$$\ln(\text{CMC})\approx\Delta H^{\ominus}/RT+常数 \tag{13.8}$$

式中，$\Delta H^{\ominus}$ 在所涉及的温度区间内为常数。

在特定温度下，共聚物在水溶液中的胶束化取决于它们的浓度，因此，胶束作为药物载体的应用，面临着胶束在体液中溶解时的稳定性这个根本问题。当聚合物浓度等于或超过 CMC

时，会形成多分子胶束，这可以作为衡量胶束溶解过程中稳定性的热力学参数。温度会影响CMC 和其他热力学参数，如聚集数和胶束尺寸。Linse 和 Malmsten（1992）以普朗尼克 127 作为模型聚合物，使用凝胶渗透色谱（GPC）和文献数据研究了嵌段共聚物在水溶液中温度依赖型的胶束化过程。他们发现温度对普朗尼克胶束化有重要影响，随着温度的升高，CMC 值降低，胶束形式的聚合物分子比例增加，平均聚集数增加，胶束的流体力学半径（尺寸）增加。

Almgren 等（1992）采用静态和动态光散射（DLS）、脉冲梯度自旋回波（PGSE）核磁影像和荧光光谱检测浓度范围为 0.2%～25%、温度范围 15～60℃的普朗尼克 L-64 水溶液。DLS 的弛豫时间分布显示普朗尼克 L-64 在 21℃时以分子状态溶解，高于此温度时，则会形成胶束。在 21.0℃、25.9℃、40.0℃和 60.0℃时，计算出聚集体的数量分别是 2、4、19 和 85，随温度的上升呈平稳增加，数据与早期报道的结果相一致（McDonald 和 Wang，1974；Al-Saden 等，1982）。这些胶束在高浓度（25%）时仍维持原状，不会形成凝胶或液晶相。胶束开始形成的温度是强烈浓度依赖性的，相比之下，昙点则非常稳定，维持在 60℃。Pandya 采用静态光散射也得到了相似的结果（Pandya 等，1993）。

PSGE NMR 数据表明单体和胶束之间的转换是非常快速的，大量的聚集体仅涉及一小部分普朗尼克 L-64（Almgren 等，1992）。在低浓度时，观察到的扩散系数（$D$）随着温度的升高先上升到最大值，然后再急剧降低。$D$ 的降低归因于胶束的形成，当浓度很高时，胶束的形成始于较低的温度，急剧的降低可能是因为接近昙点时胶束-胶束之间的相互作用。

CMC 对温度或 CMT 对浓度有很明显的敏感性，在泊洛沙姆中很常见（Zhou 和 Chu，1987，1988），但很少出现在常规烷基聚乙二醇醚 $C_xEO_y$(35)中。随着温度的升高，PEO 段亲水性的降低对 $C_xEO_y$ 的 CMC 几乎没有影响。报道的 $C_{12}EO_8$ 的 CMC，在 15℃时为 $9.7\times10^{-5}$ mol/L，在 40℃时为 $5.8\times10^{-5}$ mol/L（Megufo 等，1987）。另外，EO 单元的数量对 CMC 影响很小，$C_{12}EO_5$ 的 CMC 是 $6.5\times10^{-5}$ mol/L，$C_{12}EO_8$ 的 CMC 是 $7.2\times10^{-5}$ mol/L（Megufo 等，1987）。$C_xEO_y$ 的 CMC 值的主要决定因素是烷基链长，对于泊洛沙姆，随着温度的升高，PO 段的亲水性增强和尺寸分散系数的增大，可能可以解释 CMC 的温度依赖性。

Bohorquez 等 1999 采用静态光散射和芘荧光光谱的不同表征方法（单体强度、激态原子形成和 $I_1/I_3$ 比值），也研究了温度依赖的具有重要药用价值的普朗尼克 F-127 的胶束化。所有技术对不同普朗尼克 F-127 溶液给出了本质上相同的 CMT 值，并与文献报道一致。CMT 值随着普朗尼克 F-127 浓度的增加而降低。在低于 CMT 时，可以观察到普朗尼克 F-127 溶液中芘的显著增溶现象，说明疏水分子（如难溶性药物）可以在胶束形成前大量溶解于普朗尼克 F-127。对于芘，在低于 CMT 约 1～2℃时，可以观察到增溶现象。虽然这一温差看起来较小，但它说明体内温度的变化（一般为 0.56～2.78℃）可能会影响普朗尼克 F-127 体系的行为。

研究人员考察了胶束化过程的热力学，并在低浓度和高浓度的普朗尼克 F-127 之间得到了不同的结果。在低普朗尼克 F-127 浓度范围内（最高至 50 mg/mL），$\Delta H$ 为 312 kJ/mol，$\Delta S$ 为 1.14 kJ/(mol•K)；当浓度高于 50 mg/ml 时，$\Delta H$ 为 136 kJ/mol，$\Delta S$ 为 0.54 kJ/(mol•K)。热力学中的不连续行为可能归因于聚集数随温度的变化，和/或在较高浓度时胶束化过程的变化，如 PEO 链之间的渐进缠绕。

也计算得到了普朗尼克 L-64 在水中的热力学参数，Zhou 和 Chu（1994）采用了 Pandya 等（1993）通过散射光强度测试得到的 CMT 数据和 Reddy 等（1993）通过表面张力测试得到的 CMC 数据。CMC 值在 27.0℃、34.5℃和 40.0℃时分别为 7.1 mg/mL、2.8 mg/mL 和

0.9 mg/mL。结果表明，对于普朗尼克 L-64 水溶液，来源于不同实验测试方法得到的两组胶束化数据，除了 27℃时的 CMC 数据，其他基本保持一致。根据这些结果，他们计算了胶束化过程中的标准焓，并估算当$\Delta H^{\ominus}$为(210±11) kJ/mol，40.0℃时，$\Delta G^{\ominus}$和$\Delta S^{\ominus}$分别为−21 kJ/mol 和 1.74 kJ/mol。

Beezer 等报道了 ABA 共聚物稀溶液更为广泛的研究。他们分析了普朗尼克 ABA 嵌段共聚物家族中 27 个成员的扫描微热量跃迁数据。这些数据被用来关联观察到的热力学参数转变和聚氧乙烯含量，发现相变与疏水基团聚合是非常相关的，但是与聚合物的昙点不相关。他们假定了一个螺旋状的胶体聚氧丙烯核，周围环绕了分子的溶剂化聚氧乙烯部分。在这些浓度下，温度诱导相变的过程中，聚氧乙烯核必须缔合才能产生更大的聚集体。

但是，文献中也可发现普朗尼克 CMC 值一些相矛盾的数据（Schmolka，1977；Alexandris 等，1994a，1994b）。相同的普朗尼克聚合物，报道的 CMC 值会相差 1 或 2 倍（Kabanov 等，1995）。Kabanov 等采用几个独立的方法研究了普朗尼克 F-68、普朗尼克 P-85 和普朗尼克 F-108 在水溶液中的胶束化过程，并测试了这些普朗尼克聚合物的 CMC 值。这些方法包括表面张力测试方法、荧光探针法（芘、1,6-二苯基-1,3,5-己三烯）。这些实验中，温度范围为 25～50℃，所有三种普朗尼克的 CMC 值均随着温度的增加而降低，普朗尼克 F-68、普朗尼克 P-85 和普朗尼克 F-108 的 CMC 值与 Schmolka 和 Raymond 报道的值基本保持一致（Schmolka 和 Raymond，1965），与 Zhou 和 Chu（1987，1988）、Nakashima 等（1994）得到的普朗尼克 F-68 的数据也保持一致。但是，有些 CMC 值与 Alexandris 等得到的数据不一致（1994a，1994b），Alexandris 等（1994a，1994b）测得的 CMC 值受测试过程中弛豫过程的影响（Kabanov 等，1995）。

Zhou 和 Chu（1994）研究了普朗尼克 R17R4[一种 PPO-*b*-PEO-*b*-PPO (BAB）三嵌段共聚物]在水溶液中的相变行为和缔合性质。在室温条件下，普朗尼克 17R4 [$(PO)_{14}(EO)_{24}(PO)_{14}$]即使在非常高的浓度时（0.2 mg/ml），仍以半径约为 1 nm 的单螺旋状形式存在。但是在 40℃时，光散射测量值是浓度的函数，浓度为 0.091 g/mL 时，浓度-光散射强度函数曲线出现了拐点，拐点即为 CMC。因此，BAB 三嵌段共聚物在较高温度下，在水溶液中确实以胶束形式存在，并表现出与 ABA 型三嵌段共聚物相似的温度诱导胶束化行为。在 25℃时，由于醚氧原子和水分子之间形成的氢键，会存在显著的溶质-溶剂相互作用。另外，聚合物段与段之间强烈的排斥作用也可以解释为何在室温时，即使是普朗尼克 17R4 的浓水溶液也无法形成胶束。但是在 40℃时，因温度的升高，发现溶质-溶剂之间相互作用显著提高，在稀释区域，这种强有力的吸引作用，很有可能是聚合物链内的性质，因此观察到了单个聚合物的塌陷。在较高浓度时，链内相互吸引作用变得非常重要，使得浓度超过阈值，温度为 40℃时，可以观察到自组装现象。虽然普朗尼克 17R4 仅在较窄温度范围内、较高聚合物浓度时形成缔合结构，但温度依赖的 BAB 三嵌段共聚物胶束化仍很可能对药物应用有重要意义。例如，这一性质可以作为热敏感药物载体。

普朗尼克 17R4 和普朗尼克 L-64 在化学组成上非常相似，总摩尔质量差异非常小，仅 9% 左右。因此，它们是比较链结构对相变行为和缔合性质影响的一对很好的研究对象。

通过比较普朗尼克 17R4 和普朗尼克 L-64 的胶束化热力学变量，Zhou 和 Chu（1994）得出这样的结论：两种表面活性剂胶束化都是吸热过程，这说明 CMC 随温度的升高而降低。在这两种情况下，水环境中聚环氧丙烷段的熵驱动疏水作用是胶束形成的主要原因。

对于水中的普朗尼克 17R4，中间聚氧乙烯段的环状几何结构引起的熵损失很可能会大幅度降低胶束化的驱动力，因此，胶束化自由能负值变小，在 40.0℃时约为−9 kJ/mol，而对于普朗尼克 L-64，$\Delta G^{\ominus}$为−21 kJ/mol。相应的，该温度下，普朗尼克 17R4 的临界胶束浓度（两者的倒数可以作为衡量胶束化能力的标准）显著大于普朗尼克 L-64，是普朗尼克 L-64 的 100 倍。

这些差异也体现在了两个表面活性剂的相图中[图 13.6（a）和（b）]，图 13.6（a）中，普朗尼克 17R4 溶液的昙点以空心圆表示，据一本巴斯夫公司的手册报道（1989），1%和 10%的普朗尼克 17R4 水溶液的昙点分别是 46℃、31℃[图 13.6（a）中实心圆表示]。图 13.6（a）还展示了相关的 CMT 数据（空心三角形）和 CMC 数据（实心三角形），实线代表对数据的拟合，斜坡可以用式（13.3）来解释，所得的$\Delta H^{\ominus}$为 115 kJ/mol（Zhou 和 Chu，1994）。虚线代表实线向稀溶液区域的延伸，其中假定式（13.3）中两个物理量（$\Delta H^{\ominus}$和常数）与普朗尼克 17R4 浓溶液中确定的物理量值相同。

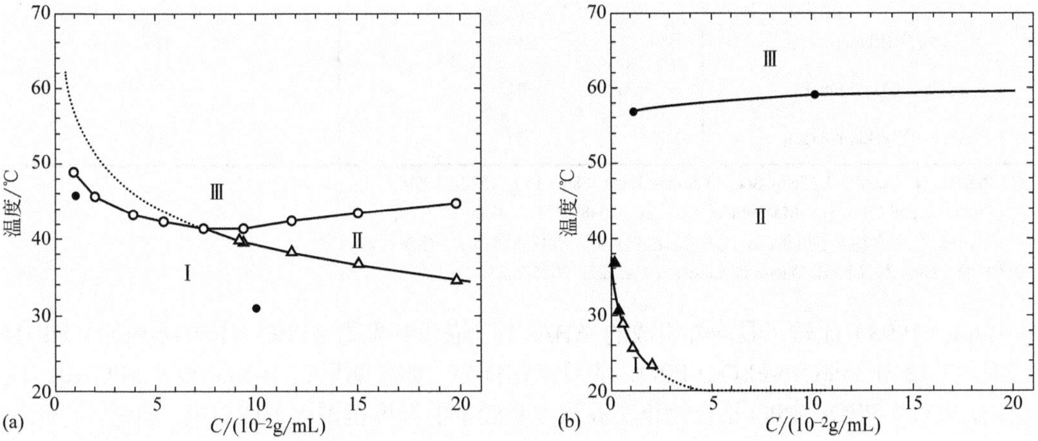


图 13.6 水中普朗尼克 17R4 的相图（a）以及水中普朗尼克 L-64 的相图（b）

图中符号和曲线的解释见正文内容（经美国化学协会授权，来源：Zhou Z，Chu B. Macromolecules，1994，27：2025–2033.）

相图中存在的三个重要区域，分别是单聚体单相区域（Ⅰ）、胶束单相区域（Ⅱ）和两者互不相溶（各向同性）的区域（Ⅲ），普朗尼克 L-64 在水中的相变行为相对简单。曲线中昙点以下，如广区域Ⅱ所示的，普朗尼克 L-64 在很大温度和浓度范围内可以形成胶束，单聚体仅存在于一个小小的受限区域，主要存在于低温的稀溶液中。其他报道也表明（Zhou 和 Chu，1988；Reddy 等，1990；Almgren 等，1991；Pandya 等，1993），随着Ⅱ区温度的上升，普朗尼克 L-64 胶束的聚集数和尺寸会增加。

普朗尼克 17R4 在水中的相变行为和它的自组装趋势与普朗尼克 L-64 有显著差异，这意味着三嵌段共聚物的嵌段结构序列对它们的溶液性能有显著影响。与普朗尼克 L-64 形成强烈对比的是，普朗尼克 17R4 单聚体区域具有较宽的浓度和温度范围。但是，普朗尼克 17R4 仅在高浓度时才能形成胶束，且温度范围较窄，呈楔形，温度范围随浓度的增加而适度扩大。另外，昙点曲线中临近中间温度（约 42℃）的位置，极大地限制了胶束区域的有效温度范围。例如，即使在最高浓度时[$C$=20×10$^{-2}$ g/mL]，有效的温度区间仅有 10℃。在稀溶液区域（如 $C$<7.5 × 10$^{-2}$ g/mL），当温度升高时，得到的是昙点曲线而不是 CMT 曲线，因此，无论选择的温度是多少，胶束都无法形成。

表 13.2 总结了链结构的影响，并详细比较了普朗尼克 17R4 和普朗尼克 L-64 胶束之间的胶束参数，包括胶束化过程的热力学变量。

表 13.2 普朗尼克 17R4 与普朗尼克 L-64 在水中形成的胶束的参数比较

| 参数 | 普朗尼克 L-64 | 普朗尼克 17R4 |
| --- | --- | --- |
| 组分 | $(EO)_{13}(PO)_{30}(EO)_{13}$ | $(PO)_{14}(EO)_{24}(PO)_{14}$ |
| HLB 值 | 15 | 7～12 |
| CMC（40℃）/(g/mL) | $9.0 \times 10^{-14}$① | $9.1 \times 10^{-2}$ |
| $M_w$/(g/mol) | $2.8 \times 10^{5}$① | 2.65 × 104 (40.0℃) |
| 聚合数 | 88 (42.5℃)② | 10 (40.0℃) |
| $A_2$/(cm$^3$ • mol/g$^2$) | 约 $6.0 \times 10^{-4}$ | 约 $6.0 \times 10^{-5}$ |
| $R_h$ /nm | (42.5℃) ② | 4.0 (40.0℃) |
| $\Delta H^\ominus$/(kJ/mol) | 210 | 115 |
| $\Delta G^\ominus$(40.0℃)/(kJ/mol) | −21 | −9 |
| $\Delta S^\ominus$(40.0℃)/[kJ/(mol•K)] | 0.74 | 0.4 |

① Reddy，N. k. et.al.，J. Chem. Soc.，Faraday Trans.，86，1569-1572，1990.

② Zhou，Z. and Chu，B.，Macromolecules，21，2548-2554，1988a.

注：1. $M_w$ 代表平均摩尔质量，$A_2$ 代表第二维里系数，$R_h$ 代表流体动力学半径。

2. 来源：Zhou Z，Chu B. Macromolecules，1994，27：2025-2023.

Linse（1993）比较了具同样组成的 ABA 型三嵌段共聚物（PEO-*b*-PPO-*b*-PEO）和 BAB 型三嵌段共聚物（PPO-*b*-PEO-*b*-PPO）的胶束化行为，如普朗尼克 P-105[$(EO)_{74}(PO)_{56}$]。他得出结论，PPO-*b*-PEO-*b*-PPO 聚合物仅在高浓度且较窄的温度范围内形成胶束。但是，普朗尼克 P-105 的 CMC 值比 PPO-*b*-PEO-*b*-PPO 低 2 倍，可以预测，PPO-*b*-PEO-*b*-PPO 会比 P-105 形成尺寸更大的胶束。更多关于 BAB 三嵌段共聚物的研究还可见其他报道（Mortensen 等，1994；Yekta 等，1995；Yang 等，1996；Zhou 等，1996）。

#### 13.3.2.2 温度和浓度对增溶的影响

在研究温度对药物在胶束体系中溶解度的影响时，胶束性质和溶质水溶解度的变化对胶束中溶质的溶解度有显著的影响。如前面章节所讨论的，CMC 值随着温度的上升而降低，符合逆向的温度-表面活性剂溶解度关系。对于 PEO 表面活性剂，表面活性剂因环氧乙烷链和水分子之间的氢键作用而具有水溶性。当温度上升时，氢键会被破坏，PEO 链的亲水性降低，所得表面活性剂溶解性下降，因此在较低浓度时，即可发生胶束化（Almgren 等，1995）。这说明溶质在更低的表面活性剂浓度时，即可溶解，因温度上升所致的 CMC 值降低，可提高溶液中每克表面活性剂的增溶能力。另外，聚合物表面活性剂胶束尺寸也会随温度的上升而快速增长。因此，通常来说，温度越高，胶束对溶质的增溶能力越强。

Lin 和 Yang（1987）发现普朗尼克随温度的上升，对地西泮的增溶能力顺序是：普朗尼克 F-68＜普朗尼克 F-88＜普朗尼克 F-108。这些结果和分配系数（$K_m$）值见表 13.3。$K_m$ 越高，胶束中包封的地西泮的量越大。不同温度下 $K_m$ 值的差异，是因溶质在胶束中的溶解度随温度上升而增加的速率比在水中要快。当有普朗尼克表面活性剂时，地西泮的溶解度随温度的升高而上升，被认为是在较高温度时，胶束的聚集数增加，导致形成尺寸更大的胶束，能够包封更多的地西泮。

**表 13.3　地西泮的增溶能力和分配系数与温度的关系**

| 普朗尼克 | 增溶能力① | | | 分配系数（$K_m$） | | |
|---|---|---|---|---|---|---|
| | 25℃ | 37℃ | 50℃ | 25℃ | 37℃ | 50℃ |
| F-68 | 0.0253 | 0.0522 | 0.1811 | 272.32 | 460.37 | 1292.76 |
| F-88 | 0.0334 | 0.1206 | 0.3167 | 358.77 | 1059.43 | 2464.44 |
| F-108 | 0.0342 | 0.3751 | 0.6771 | 367.38 | 3326.63 | 4294.74 |

① 单位：mol 地西泮/mol 普朗尼克。
来源：Lin S Y，Yang J C．Acta Pharm. Technol，1987，33：222-224.

Lin 和 Yang（1987）还计算了地西泮在不同温度的普朗尼克表面活性剂溶液中胶束增溶的热力学参数（表 13.4），对于所有体系，$\Delta G$ 为负值，说明胶束增溶是自发过程。熵的正负与胶束中溶解的分子的位置有关。观察到胶束中心包埋的分子为正值，吸附在胶束表面的分子为负值。这篇论文的研究结果表明，地西泮分子在普朗尼克 F-108 和普朗尼克 F-88 中，可以渗入胶束内核，但对于普朗尼克 F-68 和更低浓度的普朗尼克 F-88，地西泮可以吸附在胶束表面，而不会渗透至胶束内核。

**表 13.4　普朗尼克表面活性剂溶解地西泮的热力学参数**

| 温度 | 普朗尼克 F-68 | | | 普朗尼克 F-88 | | | 普朗尼克 F-108 | | |
|---|---|---|---|---|---|---|---|---|---|
| | $\Delta G$/（kcal/mol） | $\Delta H$/（kcal/mol） | $\Delta S$/（cal·mol/K） | $\Delta G$/（kcal/mol） | $\Delta H$/（kcal/mol） | $\Delta S$/（cal·mol/K） | $\Delta G$/（kcal/mol） | $\Delta H$/（kcal/mol） | $\Delta S$/（cal·mol/K） |
| 25℃ | −3.32 | −11.61 | −27.83 | −3.48 | −14.53 | −37.07 | −3.50 | −2.74 | 6.71 |
| 37℃ | −3.78 | — | — | −4.29 | — | −33.03 | −4.99 | — | 7.28 |
| 50℃ | −4.59 | — | −21.69 | −5.01 | — | −29.47 | −5.37 | — | 8.14 |

来源：Lin S. Y，Yang J C. Acta Pharm. Technol，1987，33：222-224.

Croy 和 Kwon（2004）发现，温度从 25℃上升至 37℃时，多烯抗菌剂制霉菌素在普朗尼克 F-98、普朗尼克 P-105、普朗尼克 F-127 中的分配系数会增加，而临界聚集浓度（CAC）会降低（图 13.7，表 13.5）。随着 CMC 的降低、内核尺寸的增大。聚集数的增加，制霉菌素的分配系数增大。因此，随着有效胶束核表面积的扩大，制霉菌素的溶解度提高，说明两亲性的制霉菌素在这些胶束的核-壳界面处溶解。Croy 和 Kwon 进一步研究了温度对普朗尼克胶束核极性的影响，发现极性随温度的升高而降低。虽然普朗尼克中制霉菌素在 37℃时占比增大，但在数量较少的普朗尼克 F-98 胶束中，虽然其核的极性与普朗尼克 P-105 和普朗尼克 F-127 相似，但分配占比要低很多，这说明制霉菌素的溶解度依赖于总胶束核的表面积。

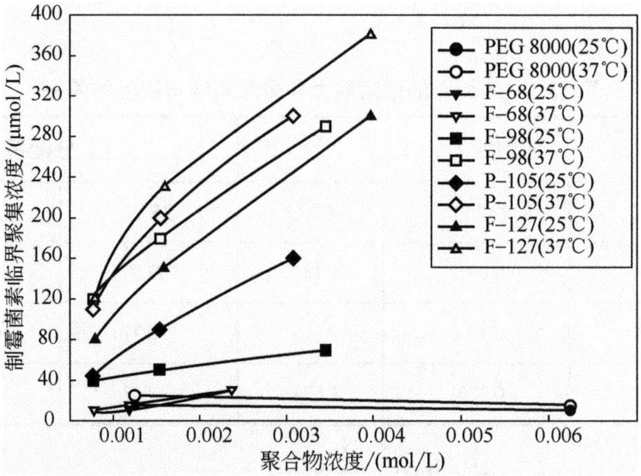


图 13.7 动态光散射数据所揭示的聚合物浓度和温度对制霉菌素临界聚集浓度的影响

（经 Elsevier Ltd 授权，来源：Croy S R，Kwon G S. J. Control. Rel.，2004，95：161-171.）

**表 13.5 制霉菌素胶束-水分配系数和普朗尼克胶束核心极性随普朗尼克类型和温度的变化**

| 普朗尼克 | 分配系数 | | 核心极性① | |
|---|---|---|---|---|
| | 25℃ | 37℃ | 25℃ | 37℃ |
| F-127 | 17±1 | 79±8 | 1.204±0.001 | 1.179±0.003 |
| P-105 | 16±5 | 73±6 | 1.214±0.003 | 1.180±0.004 |
| F-98 | N/A | 21±5 | 1.221±0.001 | 1.193±0.002 |
| F-68 | N/A | 15±5 | 1.405±0.003 | 1.332±0.001 |

① 用芘Ⅰ、Ⅲ荧光峰比值测定。

来源：Croy S R Kwon G S. J. Control. Rel.，2004，95：161-171.

### 13.3.2.3 共聚物结构对胶束化的影响

对几种共聚物的研究表明，胶束化的开始主要取决于聚合物疏水链长度，而亲水链长度对CMC的影响不太明显（Astafieva 等，1993；Gao 和 Eisenberg，1993；Kataoka 等，1993）。Astafieva（1993）测试了一系列基于苯乙烯（不溶性段）和丙烯酸钠的嵌段类聚电解质的 CMC，苯乙烯段长度大约在 300～1400 ca.之间。采用了芘荧光探针技术，并用 5 种不同方法对数据进行处理，对 1000 个单位的固定聚电解质链长聚合物的 CMC 曲线进行绘制，发现不溶性段长度由 6 ca.升为 110 ca.时，CMC 值从 $1.6\times10^{-5}$ mol/L 降低至 $5\times10^{-8}$ mol/L。相反，水溶性段长度由 300 ca.急剧上升至 1400 ca.时，CMC 值的变化却不足 2 倍。对于非常短的 PST 段，CMC 值随着不溶性段长度的增加而迅速降低，而对于更长的链（12 ca.以上），CMC 的降低则缓慢很多。

Guo 等（1999）在 5～50℃范围内，采用 FT-拉曼光谱研究了不同 EO 段和 PO 段 PEO-*b*-PPO-*b*-PEO 嵌段共聚物的温度依赖型胶束化。以四种三嵌段普朗尼克 P-103、普朗尼克 P-104、普朗尼克 P-105 和普朗尼克 F-88 和均聚物 PPO、PEO 的水溶液为研究对象。FT-拉曼光谱中，C—H 拉伸带的频率和相对强度对嵌段聚合物链的局部极性和构象非常敏感，温度的变化是胶束化的指征。

与 CMT 对应的跃迁可以在波数位移中观察到，不同嵌段共聚物的 CMT 值可以从波数-温度曲线中的第一个断裂得到。结果表明：10%普朗尼克聚合物 F-88、普朗尼克 P-105、普朗尼克 P-104 和普朗尼克 P-103 水溶液的 CMT 值分别是 29.0℃、16.5℃、16.0℃和 15.0℃。Guo 等（1999）发现普朗尼克聚合物溶液（一定聚合物浓度）的 CMT 值随 PO 段数量的增加而降低。这些结果说明具较大疏水区域的聚合物可以在较低温度时形成胶束。具较小 PPO 段的嵌段聚合物（如普朗尼克 F-88）胶束的形成会更加困难，这些结果与其他方法研究的水相聚合物的温度依赖型胶束化结果基本一致（Zhou 和 Chu，1988；Tontisakis 等，1990；Almgren 等，1991；Bahadur 等，1992）。

Chung 等（1998）研究了末端用 PIPAAms（如 PIPAAms-$C_{18}H_{35}$ 和 PIPAAms-PST）修饰的胶束溶液。结果表明，这些聚合物的最低临界溶液温度（LCST）几乎与纯的 PIPAAms 相同，LCST 是聚合物溶液相分离的温度（Heskins 和 Guillet，1968），与聚合物疏水-亲水性平衡的变化有关。相反，随机修饰的 PIPAAms [P(IPAAm-*g*-MASE)]（MASE：甲基丙烯酸硬脂酰酯）表现出 LCST 转移到较低的温度，这与疏水性摩尔分数成正比，甚至高于其 CMC。这些发现证明，超分子组装在性质上有很大的差异，当末端疏水基团通过疏水作用聚集时，疏水段周围聚集的水簇被排斥在聚集的疏水内核外，孤立的疏水胶束核不直接干扰水介质中 PIPAAm 链动力学。这种核-壳胶束结构中，胶束外壳的 PIPAAm 链仍保持可移动的线性链。因此，该结构的外层 PIPAAm 链的热敏感性质没有被改变（Winnik 等，1992；Chung 等，1998）。相反，随机修饰的 P(IPAAm-MASE)s 疏水结构的聚集使 PIPAAm 主链的某些部分纠缠在核内，同时，疏水性聚集体仍部分暴露在水中。此外，疏水性聚集体周围的 PIPAAm 链是不流动的水化环，没有自由移动的末端（图 13.8），这样的结构减缓了 PIPAAM 的相转换速率（Takei 等，1994；Matsukata 等，1996）。设计聚合物胶束作为稳定的药物载体，且外壳保留有纯线性 PIPAAm 的热敏感特性，对 PIPAAm 聚合物的末端进行修饰似乎成为设计策略的关键。

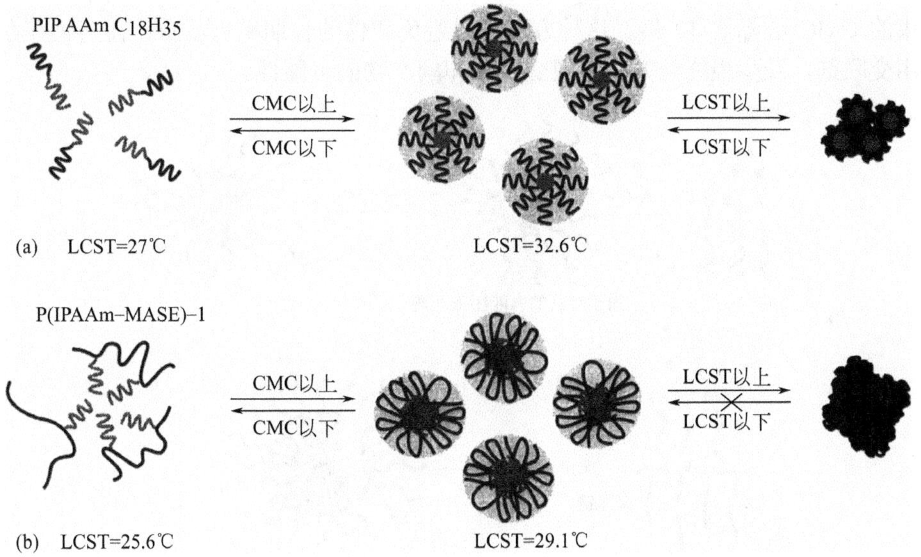


图 13.8　PIPAAm-$C_{18}H_{35}$（a）和 P(IPAAm-MASE)（b）的胶束结构和热敏感可逆性

（经 Elseriver 授权，来源：Chung J E，Yakoyama M，Aoyagi T，et al.J. Control. Rel.，1998，53：119-130.）

Adams 和 Kwon（2003）研究了取代酰基链长对 PEO-*b*-聚（*N*-己基-L-天冬酰胺）P(6-HHA) 胶束性质的影响。P（6-HA-酰基）的 CMC 和核极性随酰基链长的增加而降低（表 13.6），但是胶束的流体力学直径和相对核黏度会增加。因此，疏水链在长的酰基核的填充紧密的多，运动自由度减小，大大增加了核的黏度。进一步研究（2003）发现，修饰后的 P(6-HHA)核可以包封更多的两性霉素 B，而时间-过程溶血研究表明，核的黏度越大，释放至含盐介质中的溶血药物越多。Yokoyama 等（1998）通过将阿霉素侧链取代至 PBLA 核上，大大提高了 PEO-*b*-PBLA 胶束对阿霉素的包封能力，可以使更多的药物被物理包封在胶束内。研究表明，胶束药物传递体系的载药能力和释药行为可能受其核性质的影响。

**表 13.6 胶束核结构对 PEO-*b*-P（6-HHA）胶束核性能及药物包封的影响**

| 聚合物 | CMC/(μg/mL) | 核心极性 | 核心黏度① | 尺寸/nm | 两性霉素 B 与聚合物的物质的量之比 |
|---|---|---|---|---|---|
| PEO-*b*-PBLA，12∶25 | 18.3±0.5 | 1.55±0.01 | 0.05±0.01 | 46 | N/A |
| PEO-*b*-P（6-HHA） | 454.6±7.2 | 1.76±0.09 | 0.24±0.01 | 80 | 0.08±0.01 |
| PEO-*b*-P（6-HA-2-酰基） | 27.2±0.9 | 1.72±0.01 | 0.02±0.01 | 39 | 1.94±0.08 |
| PEO-*b*-P（6-HA-6-酰基） | 23.3±0.6 | 1.41±0.01 | 0.06±0.01 | 47 | 1.43±0.03 |
| PEO-*b*-P（6-HA-12-酰基） | 20.6±0.8 | 1.35±0.01 | 0.04±0.01 | 56 | 2.25±0.03 |
| PEO-*b*-P（6-HA-18-酰基） | 17.5±0.4 | 1.33±0.01 | 0.04±0.01 | 68 | 1.96±0.01 |

① 基于二芘准分子/单体比的相对核心黏度；SDS 胶束为 0.64±0.01。

来源：Adams M L，Kwon G S. J. Biomater. Sci. Polymer Edn.，2002，13：991-1006；Adams M L，Kwon. G.S. J. Control. Rel.，2003，81：23-32.

胶束核或壳的共价交联可以显著增加胶束的载药能力，降低其 CMC 值（Shuai 等，2004；Joralemon 等，2005），但是，这种交联的载体是否会被临床所接受尚存疑问，因为这种胶束在体内是否可以被清除还未知。另外，交联剂可能会与包封的药物进行非特异性的反应。Xu 等（2004）研究了一种有趣的交联方法，即通过形成短串状单体，将其连接在两亲性聚合物嵌段连接处（图 13.9）。当单体的长度足够短时，可以被完全排除，但与未交联的聚合物相比，交联的胶束的 CMC 会降低 10 倍。这种方法可以避免载体的长期积累，防止在药物存在的情况下，使用交联剂，减少最终处方中出现交联剂和副产物的可能性。

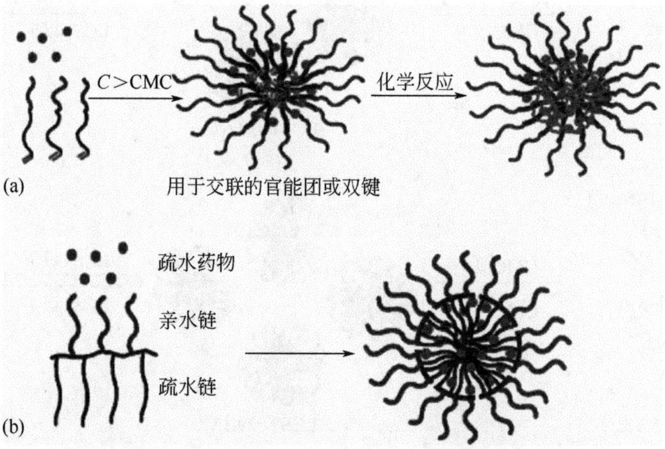


图 13.9 （a）经化学反应形成的核胶束；（b）两亲性聚合物核-表面交联胶束的形成

（经美国化学协会授权，来源：Xu P，Tang H，Li S，et al. Biomacromolecules，2004，5：1736-1744.）

### 13.3.2.4 增溶剂和添加剂对增溶效果的影响

和传统表面活性剂一样，添加剂可能会影响聚合物表面活性剂胶束化的启动，进而影响增溶。这些添加剂包括用于调节等张性的无机盐和糖，甚至包括增溶质药物本身。除了胶束化以外，这些添加剂还会影响 LCST 或 CP，设置包括胶束形成的结构。

Gadelle 等（1995）研究了在已知形成胶束的三嵌段氧乙烯共聚物（PEOn-*b*-PPOm-*b*-PEOn 或 PPOm-*b*-PEOn-*b*-PPOm）中影响芳香溶质增溶的几种因素。采用顶空气相色谱法测试了甲苯、苯、氯苯和对二甲苯在不同聚合物水溶液中的溶解度，所有聚合物中溶质的分配系数均强烈依赖于聚合物的浓度。高分子量疏水段的聚合物的增溶量最高，疏水性或分子量较低的聚合物，其增溶能力是聚合物浓度的函数。不同溶质等温线的比较表明，PPO-PEO、聚合物-水、聚合物-溶质之间的相互作用对聚合物的聚集和增溶有很大的影响。

介质组成或包载的药物对 CMC 的影响很难预测，Zhang、Jackson 和 Burt（1996a）发现 MePEO-*b*-PDLLA 胶束包载 10%的紫杉醇不会导致 CMC 的显著改变。这些研究者还证明 MePEO-*b*-PDLLA[聚(DL-乳酸)]胶束在水、0.9%生理盐水和 5%葡萄糖溶液中仍保持相同的 CMC 值，考虑到聚合物的非离子性质，这也并不奇怪。

乍一看，添加剂有望改变带电聚合物的行为，根据 Marko 和 Rabin 的理论（1992），嵌段聚电解质胶束的形成取决于荷电的聚电解质链的核-溶剂界面能和库仑排斥之间的平衡。嵌段聚电解质胶束中，静电作用是影响胶束形成的主要因素，在低盐浓度时起主导作用。根据这一理论，高电荷的双嵌段聚电解质由于沿链的强静电排斥作用，不会形成胶束。在低盐浓度下，静电作用支配着链的构象，因此也会支配聚集行为（Dan 和 Tirrell，1993），当盐浓度升高时，静电排斥作用会降低，因此聚集体数量会增加。在中等盐浓度下，随着盐的加入，胶束的聚集数不会有显著变化，胶束性质主要受聚合物核的性质影响。因此，胶束的聚集数（*N*）、CMC 值、化学势和中性两嵌段共聚物胶束的计算结果相一致。PNIPA 和丙烯酸十八酯或甲基丙烯酸形成的共聚物的 CMC 值在水和磷酸缓冲液（PBS）中相同（Jones 和 Leroux，1999）。在另一研究中，Khougaz 等（1995）研究了大范围 NaCl 盐浓度对一系列聚（苯乙烯-*b*-丙烯酸钠）（PS-*b*-PANa）嵌段聚电解质胶束性质的影响。在低盐浓度时，聚集数随着盐浓度的升高而增加。例如，PS（6）-*b*-PANa（160）中 NaCl 浓度由 0.050 mol/L 上升至 2.5 mol/L 时，*N* 值会从 11 增加至 26。相似地，对于 PS（23）-*b*-PANa（300），当 NaCl 浓度由 0.050 mol/L 上升至 2.5 mol/L 时，*N* 值则会从 90 增加至 150。当在较高的盐浓度时（大于 0.10 mol/L），胶束聚集数基本保持不变，PS(6)-*b*-PANa(89)和 PS(6)-*b*-PANa(400)的聚集数在 0.10 mol/L 和 2.5 mol/L NaCl 时基本相同。在水-甲醇-溴化锂溶剂体系中，Solb 和 Gallot（1980）也得到了类似的 *N* 对盐浓度依赖性的结果。

非离子型嵌段共聚物表面活性剂在水中的起昙行为是影响它们实际应用的一个重要因素。在水中温度升高时，PEO 链之间的相互吸引作用导致了起昙现象。换句话说，随着温度的升高，水对 PEO 的溶解性变差，这背后的分子机制一直存在争议，Karlstrom（1985）认为 PEO 链的构象平衡是一个合理的解释。

由于昙点是非离子型表面活性剂的一个独特特征，有助于决定其在不同条件下的功能和实际应用，Pandya 等（1993）广泛研究了添加剂对水溶液中普朗尼克 L-64（分子量为 2900，% PEO = 40）起昙行为的影响。

首先，他们研究了无机盐对普朗尼克 L-64 昙点的影响（图 13.10）。这些盐根据其性质增加或降低昙点，昙点的降低通常归因于盐所致的环氧乙烷（EO）链的脱水（盐析），昙点的增加则反映了 EO 链在水中的溶解（盐溶）。

盐对昙点的影响可以用溶质和溶剂的极性来解释，离子更喜欢水环境，因此它们增加了溶剂的极性，从而降低了普朗尼克 L-64 的溶解度。$CNS^-$ 和 $I^-$ 更倾向于与普朗尼克 L-64 分子缔合，增加其极性，从而增加溶解度，导致昙点升高。

除了纯无机盐的作用以外，Pandya 等（1993）还研究了两个系列的电解液，一个是阴离子尺寸增大的影响（羧酸盐：甲酸盐、乙酸盐、丙酸盐、丁酸盐、戊酸盐、己酸盐、辛酸盐），另一个是阳离子尺寸增大的影响[四烷基（甲基、乙基、丙基、丁基、戊基）铵盐离子]（图 13.11 和图 13.12）。由图 13.11 可知，羧酸盐离子越小，其昙点越低，这与无机阴离子对昙点的降低趋势相似，具有“盐析”效应。随着羧酸盐链长的增加，其对昙点的影响会降低。另一方面，较大的羧酸盐离子会导致昙点显著增加，这种昙点的增加可以用存在非常少量的离子表面活性剂来解释，这种表面活性剂可以与普朗尼克 L-64 形成混合胶束。戊酸盐、己酸盐和辛酸盐具有很长的链，它们的行为类似于离子型表面活性剂。对于四烷基铵盐离子，除了四戊基铵盐离子外，其余所有离子均观察到了昙点增加的现象，首先在低浓度时发现昙点增加，然后在较高浓度时，昙点会迅速下降（图 13.12）。四烷基铵盐离子在较低浓度下昙点的增加，一般可以认为是水和 PEO 链之间易发生相互作用所致。四戊基铵盐离子在较高浓度时，由于具有较长的戊基链，增加了溶剂（水）的疏水性，使得亲水的 PEO 链溶解性变差，从而降低昙点。图 13.12 还显示了阳离子表面活性剂三甲基溴化铵的影响，以此作为对比。

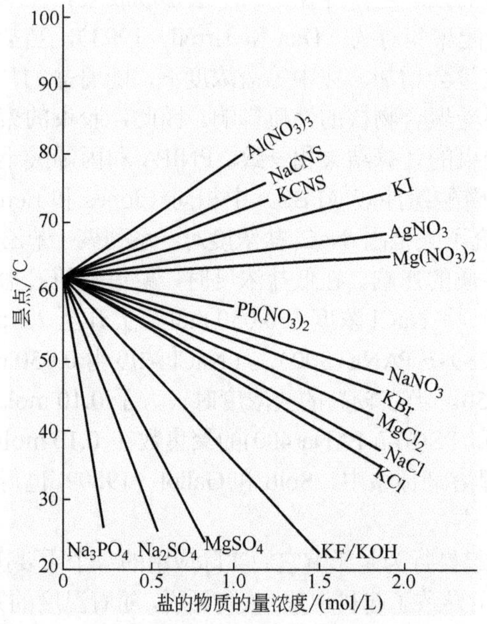


图 13.10　普朗尼克 L-64 在水性盐溶液中的昙点

（经 Taylor and Francis 授权，来源：Pandya K，Lad K，Bahadur. P. J.M.S. Pure Appl. Chem. A，1993，30：1-18.）

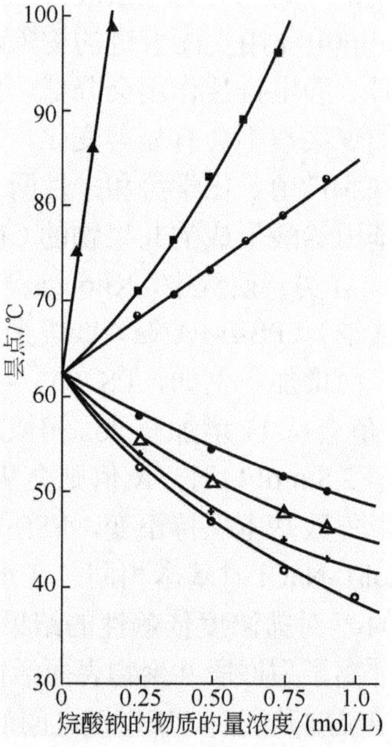


图 13.11　四烷基溴化铵存在时普朗尼克 L-64 的昙点

●— $NH_4Br$；+—$(CH_3)_4NBr$；△—$(C_2H_5)_4NBr$；○ — $(C_5H_{11})_4NBr$；▲—$C_{10}H_{23}N(CH_3)_3Br$

（经 Taylor&Francis 授权，来源：Pandya K，Lad K，Bahadur P. J.M.S Pure Appl.Chem A，1993a，30：1-18.）

SDS 对水中普朗尼克 L-64 昙点的影响如图 13.13 所示，在少量离子型表面活性剂存在的情况下，非离子型表面活性剂的昙点急剧上升，这与前人对离子型+非离子型表面活性剂体系的研究结果相一致（Vaiaulikar 和 Manohar，1985；Marshall，1988）。离子型表面活性剂与非离子型表面活性剂的结合在胶束表面产生电荷，从而引起胶束之间的排斥，提高了普朗尼克 L-64 的昙点。Almgren 等通过实验测定了 SDS 普朗尼克与-L64 胶束的结合。实验发现 SDS 对普朗尼克 L-64 胶束昙点的影响可以被加入的盐中和，在 SDS 存在的时候，普朗尼克 L-64 水溶液在 NaCl 中的昙点如图 13.14 所示，如早期所观察到的，在不加盐的情况下，SDS 存在时，昙点急剧升高。在有盐的情况下，需要高浓度的 SDS 来增加昙点，但是，正如 Carlsson 等所述的（1986），并没有观察到昙点的最小值。Marshall（1988）也对非离子型表面活性剂 Triton X-100 在存在 SDS 和盐的情况下进行了类似的研究。

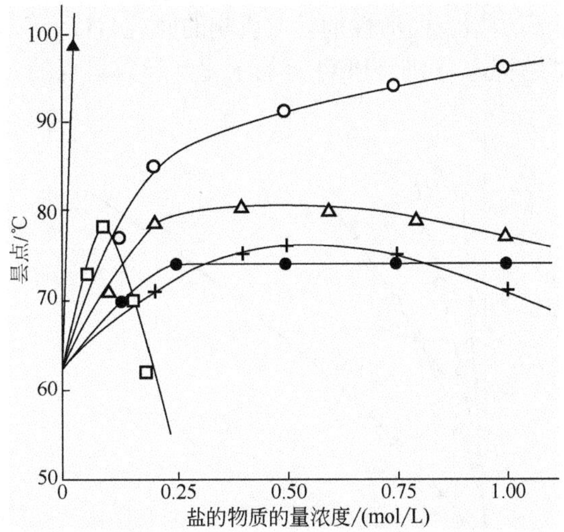


图 13.12 普朗尼克 L-64 在存在链烷酸酯钠的水中的昙点

+—甲酸钠；○—乙酸钠；△—丙酸钠；●—丁酸钠；□—戊酸钠；▲—己酸钠

（经 Taylor and Francis 授权，来源于 Pandya K，Lad K，Bahadur. P. J.M.S. Pure Appl. Chem. A，1993a，30：1-18.）

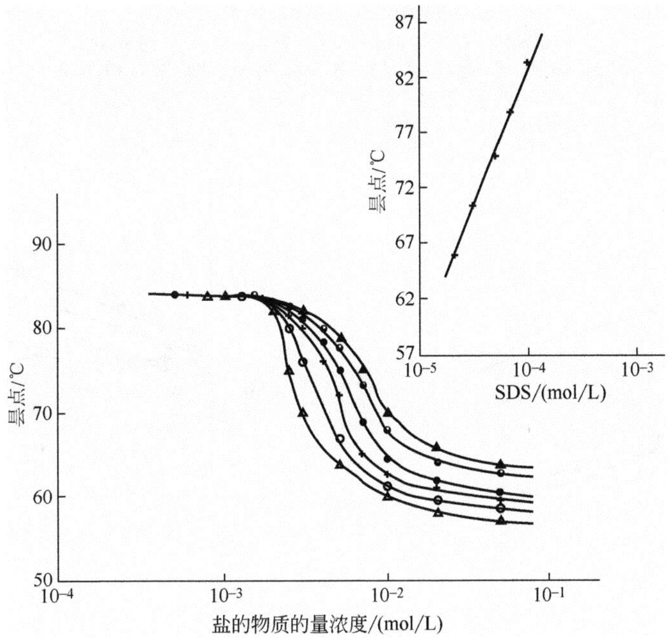


图 13.13 0.1 mol/LSDS 存在时普朗尼克 L-64 的昙点与加入的盐的物质的量浓度的函数关系

▲—KCNS；◒—KI；●—KBr；+—KCl；○—KF；△—$K_2SO_4$

（插图显示了不同浓度 SDS 存在时普朗尼克 L-64 的昙点，经 Taylor and Francis 授权，来源：Pandya K，Lad K，Bahadur P. J.M.S. Pure Appl. Chem. A，1993a，30：1-18.）

图 13.15 显示了二羧酸钠随着亚甲基基团数量增加而产生的影响（Pandya 等，1993），它们对昙点的影响与单羧酸盐相反。亚甲基链末端的两个羧基可能限制了离子进入胶束。因此，二羧酸盐降低了昙点，水杨酸钠则急剧升高了胶束的昙点。

Pandya 等（1993）研究了不同种类非电解质对昙点的影响。首先考虑了不同酰胺类化合物对昙点的影响，考察的酰胺有尿素、硫脲、乙酰胺和甲酰胺，每种都升高了昙点（图 13.16）。

已有尿素和其他酰胺对非离子型表面活性剂昙点影响的研究(Han 等，1989；Briganti 等，1991)，这些酰胺降低了水的致密结构，有利于 PEO 链的水化，导致昙点的升高。

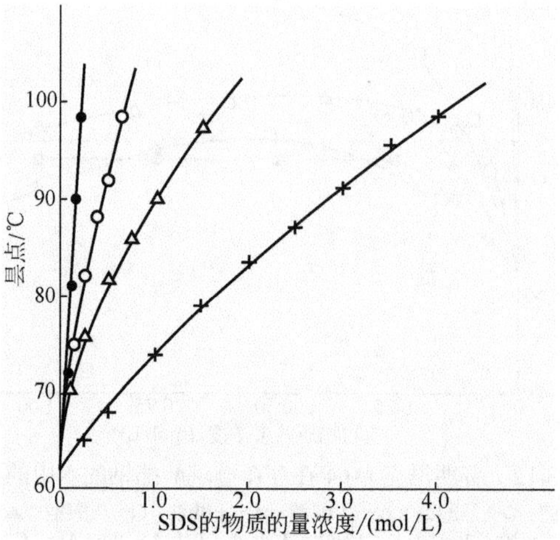


图 13.14 NaCl 存在时普朗尼克 L-64 的昙点与加入的 SDS 的物质的量浓度的函数关系

○—5 mmol/L；○— 10 mmol/L，△—25 mmol/L；+—50 mmol/L

（经 Taylor and Francis 授权，来源：Pandya K，Lad K，Bahadur P. J.M.S. Pure Appl. Chem. A ，1993a，30：1–18.）

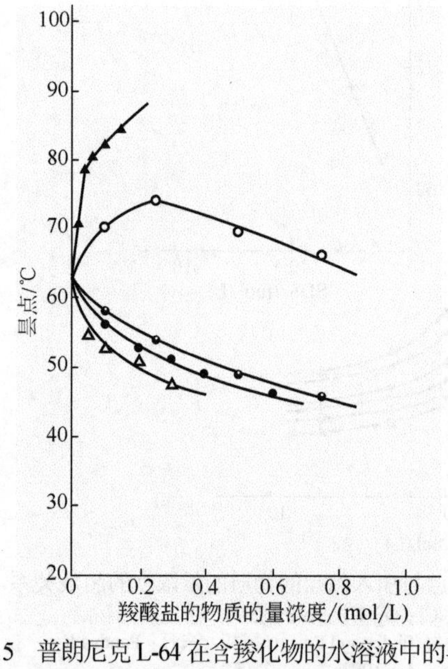


图 13.15 普朗尼克 L-64 在含羧化物的水溶液中的昙点

○—草酸钠；◒—丙二酸钠；●—琥珀酸钠；

△—己二酸钠；▲—水杨酸钠

（经 Taylor and Francis 授权，来源：Pandya K，Lad K，Bahadur P. J.M.S. Pure Appl. Chem. A，1993a，30：1-18.）

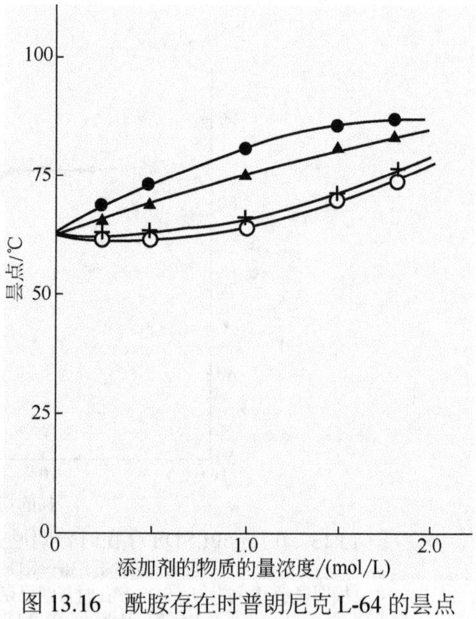


图 13.16 酰胺存在时普朗尼克 L-64 的昙点

●—酰胺；▲—尿素；+—乙酰胺；○—硫脲

（经 Taylor and Francis 授权，来源：Pandya K，Lad K，Bahadur P. J.M.S. Pure Appl. Chem.A，1993a，30：1-18.）

Pandya 等详细研究了不同羟基化合物对普朗尼克 L-64 胶束的影响。一元醇对昙点的影响如图 13.17 所示，低碳醇对昙点有轻微的升高作用，高碳醇则降低昙点，醇的碳链越长，降低作用越强。此外，这种效应会随着链上的分支或羟基从链末端的位移而减弱。醇的加入对昙点的影响可以用这样的假设解释：短链醇亲水性更强，而长链醇对普朗尼克 L-64 分子的有效吸引程度取决于醇的链长。因此，短链醇会增加溶剂极性，从而增加普朗尼克 L-64 的溶解度，升高昙点，另一方面，长链醇会倾向于与普朗尼克 L-64 分子缔合，增加聚合物的疏水性，因此水溶性也更差。

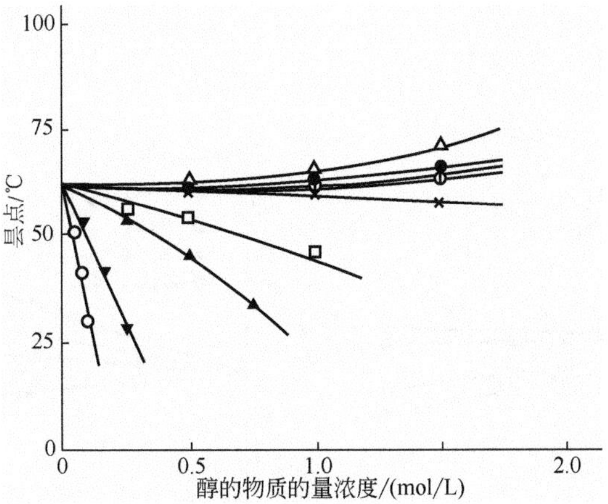


图 13.17　醇类物质存在时普朗尼克 L-64 的昙点

◒—甲醇；●—乙醇；+—正丙醇；△—2-丙醇；×—2-甲醇-2-丙醇；▲—1-丁醇；□—2-丁醇；▼—1-戊醇；○—苯酚

（经 Taylor and Francis 授权，来源：Pandya K，Lad K，Bahadur P. J.M.S. Pure Appl. Chem. A，1993，30：1-18.）

极少量的苯酚即可显著将普朗尼克 L-64 的昙点降低至室温（图 13.17）。Donbrow 和 Azaz（1976）在不同酚存在的条件下，也观察到了类似的行为，认为在特定的溶质浓度下，酚类存在时普朗尼克 L-64 昙点的急剧下降，可能是由胶束的饱和所致。酚类化合物对普朗尼克 L-64 昙点的影响可能归因于氢键的结合，有利于这些分子保留在胶束的环氧乙烷区域，并有利于这种环境下溶质分子的水性结构。

乙二醇（EG）及其低聚物、多聚物对普朗尼克 L-64 昙点的影响如图 13.18（a）所示，EG 和 DEG（二甘醇）对昙点的轻微提高作用归因于表面活性剂分子的选择性溶剂化。Ray 和 Nemethy（1971）研究了非离子型表面活性剂在水-乙二醇混合体系中胶束的形成。作者观察到了 CMC 的增加，并认为是由表面活性剂 EO 链溶剂环境在一定程度上的变化所致，另一方面，PEG 类（聚乙二醇类）降低了非离子型表面活性剂的昙点。Marshall（1988）研究了 PEG 对壬基酚聚氧乙烯醚起昙行为的影响，当加入 PEG 后，普朗尼克 L-64 的昙点降低（PEG 本身亲水性非常强，昙点＞100℃），这揭示了普朗尼克 L-64 和 PEG 之间存在相互作用，虽然这种作用可能非常微弱。

EG 及其单烷基醚取代物对昙点的影响如图 13.18（b）所示，昙点呈线性增加，顺序为：MBEEG＞MEEEG＞MMEEG（依次为丁基、乙基、甲基）。聚乙二醇及其醚对普朗尼克 L-64 昙点的升高作用，主要是因为疏水作用的减弱，虽然普朗尼克 L-64 的 PEO 基团与添加剂之间的相互作用，以及聚乙二醇醚类的自我聚集行为，尤其是单丁基醚，可能会影响浑浊现象。Marshall（1998）详细研究了聚乙二醇醚对非离子型表面活性剂的 CMC 和昙点的影响，Pandya 等（1993）研究的结果与 Marshall 对壬基酚聚氧乙烯醚的研究结果趋势相似。

图 13.18 显示了山梨醇对昙点的影响，发现随着山梨醇浓度的增加，昙点逐渐降低，一些

其他的多元醇（包括糖类，如甘露醇、葡萄糖、蔗糖、果糖等）呈现出相似的降低作用，并发现聚乙二醇（PEG）和山梨醇对聚山梨酯（一种非离子表面活性剂）的昙点有降低作用（Zatz 和 Lue，1987；Attwood 等，1989）。Sjoberg 等（1989）的研究表明，所有的糖类都会降低 PEG 的昙点，平均场理论对此进行了很好的描述，此外，他们还对糖在 PEG 溶液中对昙点降低的能力差异进行了解释。

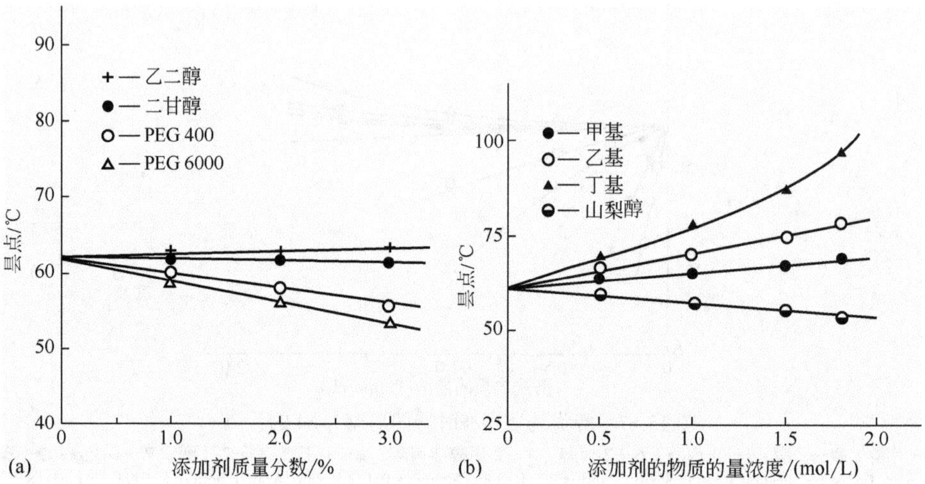


图 13.18　L-64 在添加剂存在时普朗尼克的昙点（a）及乙二醇单烷基醚存在时普朗尼克的昙点（b）

（经 Taylor and Francis 授权，来源：Pandya K，Lad K，Bahadur P.J. M. S. Pure Appl. Chem. A，1993a，30：1-18.）

### 13.3.2.5　聚合物胶束和其他胶体药物载体的比较

与其他的药物载体相比，聚合物胶束体系拥有以下几个优势（Yokoyama, 1992, 1994）：①聚合物胶束体系通过化学偶联或物理包封作用，广泛应用于药物传递；②聚合物胶束的尺寸较小。对于物理包封情况，利用疏水作用可以应用于多种药物（Kwon 等，1994），因为大多数药物的化学结构中，都具有疏水基团。

聚合物胶束的直径范围大约为 20～60 nm，小于脂质体或纳米粒。通过扩散机制，小尺寸载体有望在靶区表现出更高的血管渗透性。此外，聚合物胶束体系的直径范围被认为是合适的，可以逃逸肾排泄和网状内皮系统（RES）的非特异性捕获。

Trubetskoy 和 Torchilin（1995）在比较可形成胶束的脂质-聚合物偶联物和脂质体作为诊断试剂载体的优点时指出，PEO-脂质胶束用于诊断显影的吸引力在于其尺寸。由于脂质双分子层的曲率限制，制备小于一定最小直径（一般为 70～100 nm）的脂质体是不可能的（Enoch 和 Strittmatter，1979）。在某些诊断领域中，需要使用尺寸很小的微粒进行诊断。例如在经皮淋巴造影术中，经皮下注射后，原发性淋巴结内 PST 纳米球的摄取量随着微粒尺寸的降低显著增加，尤其是直径小于 100 nm 的纳米球（Davis 等，1993）。

聚合物表面活性剂相对于传统表面活性剂的另一个优势是潜在的更低的 CMC 值。具高 CMC 值的两亲性聚合物，因为在水环境中不稳定，稀释时易解离，可能并不适合作为药物靶向载体（Jones 和 Ler oux，1999）。必须指出的是，虽然有些聚合物具有较低的 CMC 值，例如聚氧乙烯-聚（*β*-苄基-L-天冬氨酸）嵌段共聚物（PEO-*b*-PBLA）、聚（*N*-异丙基丙烯酰胺-聚苯乙烯）（PNIPA-PST）和聚氧乙烯-聚（*ε*-己内酯）嵌段共聚物（PEO-*b*-PCL）的 CMC 在 0.00005%～0.002%，但也有一些共聚物具有更高的 CMC 值，例如泊洛沙姆，可以达到 0.01%～10%（Prasad

等，1979；Torro 和 Chung，1984；Kabanov 等，1992）。

在增溶能力方面，Gadelle 等（1995）研究表明，传统的表面活性剂胶束与聚合物表面活性剂胶束存在明显的差异，嵌段共聚物胶束的增溶与溶质浓度呈明显的函数关系，也可能与聚合物浓度有关。然而，在使用低分子量表面活性剂如 SDS、十六烷基吡啶氯（CPC）和聚氧乙烯十二烷基苯基醚（RC630）对一些芳香化合物进行增溶研究时，分配系数是溶质和表面活性剂浓度的弱函数（Gadelle 等，1995）。两种传统表面活性剂（CPC 和 RC630）的分配系数在整个溶质浓度范围内几乎保持不变，而聚合物表面活性剂（普朗尼克 P-184 和普朗尼克 P-103）的分配系数强烈依赖于芳香溶质的浓度。另一个区别是，对于一定的 PPO 单元数，溶质在聚合物中的增溶与 PEO 的含量呈强烈函数关系，这对于低分子量非离子型表面活性剂的增溶有一定的不同。在低分子量表面活性剂中，当溶质的浓度接近饱和时，增加 EO 单元数量的作用甚微。假设聚合物胶束的疏水核含有大量的水，最初的增溶作用是水被增溶物从核中置换出来的过程。另外，聚合物胶束的形成受聚合物-聚合物和水-聚合物之间相互作用的影响（Gadelle 等，1995）。相反，传统表面活性剂胶束的疏水核几乎是没有水的，其聚集过程主要依赖于界面张力。

比较共聚物和传统表面活性剂的增溶能力，可以发现二者增溶能力的不同（Gadelle 等，1995）。研究结果表明，在甲苯浓度较高时，嵌段聚合物（普朗尼克 P-103）比传统表面活性剂（CPC 和 RC630）具有更高的增溶能力。另一方面，在较低溶质浓度下，普朗尼克 P-103 的增溶程度和 CPC 相当，表明某些聚合物表面活性剂可以在增溶过程中取代传统的低分子量表面活性剂（Gadelle 等，1995）。

在生物分布方面，Zhang 等（1997）未能证实载于 MePEO-*b*-PDLLA 胶束的紫杉醇与溶于聚氧乙烯蓖麻油 EL（一种传统表面活性剂）的紫杉醇的生物分布方面有任何差异。在体外试验中，这两种制剂在含有脂蛋白的血浆和不含脂蛋白的血浆中的分布也相似（Ramaswamy 等，1997）。对于其他药物载体，其血浆半衰期和 MPS 对聚合物胶束的摄取，取决于分子量和亲水壳的密度（Hagan 等，1996）。

Weissig 等（1998）比较了表面特征与聚合物胶束相似的脂质体。脂质体的体循环时间比聚合物胶束要长，可能是因为脂质体的尺寸较大，不易从血管中渗出。聚合物胶束到达脂质体难以到达的身体区域的能力，已被 Trubetskoy 和 Torchilin（1996）证实。结果表明，经兔后足背皮下注射后，聚合物胶束在淋巴结内的聚集量比脂质体高，经淋巴结的作用后进入体循环。本章的药物应用部分，以可形成胶束的二酰基酯-聚合物偶联物为例，进行了详细的讨论。

Aliabadi 和 Lavasanifar（2006）对嵌段共聚物胶束体系中一些疏水性药物的溶解度和载药水平进行了全面的综述。嵌段共聚物中可缔合药物的多样性证明了这些体系的多功能性，这归因于嵌段共聚物中形成的核具有结构多样性（表 13.7）。

**表 13.7 嵌段共聚物胶束载药研究**

| 药物 | 游离药物溶解度 | 嵌段共聚物 | 载药量（质量分数）/% |
|---|---|---|---|
| 顺铂 | 1.2 mg/mL | PEO-*b*-P（谷氨酸） | 31～39 |
| | | PEO-*b*-P（天冬氨酸） | 49 |
| | | PEO-*b*-P（赖氨酸）-琥珀酸盐 | 5.5 |

续表

| 药物 | 游离药物溶解度 | 嵌段共聚物 | 载药量（质量分数）/% |
|---|---|---|---|
| 多柔比星 | ≤50 μg/mL | PEO-*b*-P（苄基-L-天冬氨酸） | 10～20 |
| | | PEO-*b*-P（天冬氨酸）-DOX | 18～53 |
| | | 普朗尼克 P-85 | 13 |
| 吲哚美辛 | 35 μg/mL | PEO-*b*-P（苄基-L-天冬氨酸） | 20～22 |
| | | PEO-*b*-P（*ε*-己内酯） | 42 |
| | | PEO-*b*-P（*dl*-乳酸） | 22 |
| 紫杉醇 | 1 μg/mL | PEO-*b*-P（*dl*-乳酸） | 25 |
| | | PEO-*b*-P（*ε*-己内酯） | 5～21 |
| | | PEO-*b*-P（*N*-[2-羟丙基]甲基丙烯酰胺乳酸盐） | 22 |

来源：Aliabadi H M，Lavasanifar A. Expert Opin. Drug Deliv.，2006，3：139-162.

## 13.4 聚合物胶束的制备

Aliabadi 和 Lavasanifar（2006）综述了一些载药聚合物胶束及相应的载药方法步骤的案例。聚合物胶束的形成和胶束中不溶性药物的缔合，可以通过以下方法来实现：化学偶联或经透析和乳化技术实现的物理包封方式（图 13.19）、共溶剂蒸发（图 13.20）、闪蒸纳米沉淀法、机械分散法。每种技术的描述如下。

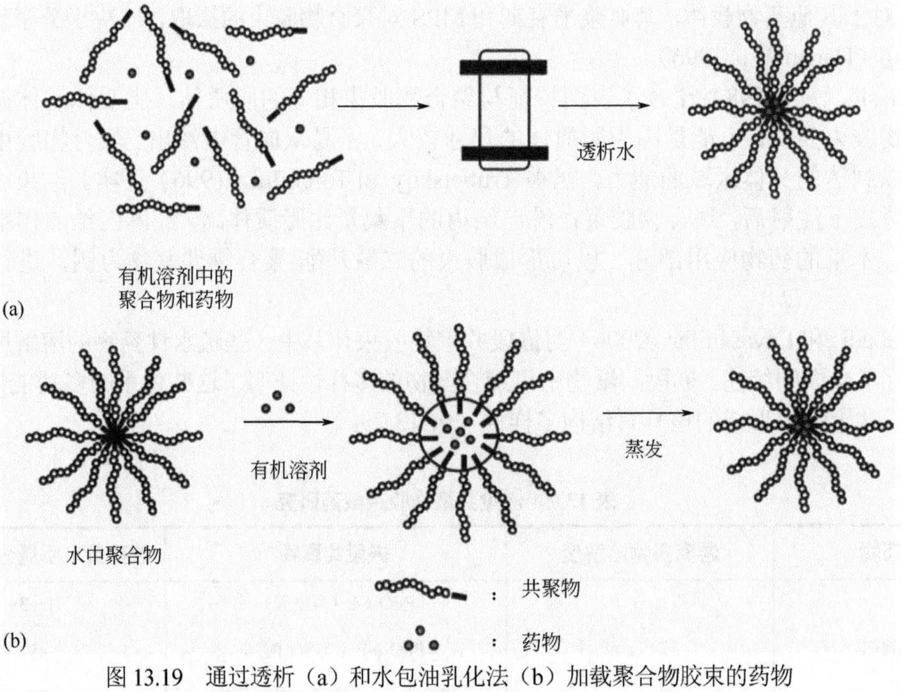


图 13.19 通过透析（a）和水包油乳化法（b）加载聚合物胶束的药物

（来源于《欧洲药典》，Jones M C，Leroux J C.Eur.J.pharm.Biopharm.，1999，48：101-111.）

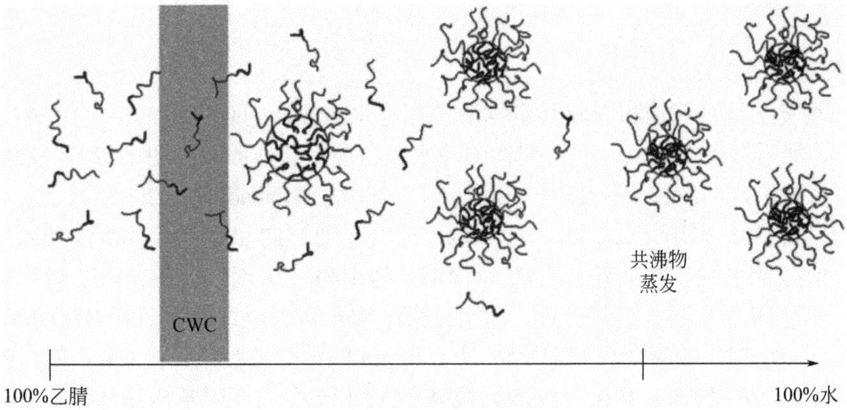


图 13.20　共溶剂蒸发载药
（经 Springer 授权，来源：Jette K K，Law D，Schmitt E A，et al. Pharm. Res.，2004，21：1184-1191.）

## 13.4.1　物理包封

### 13.4.1.1　机械分散法

在机械分散法中，难溶性药物和聚合物可以溶解在有机溶剂或混合溶剂中，然后通过旋转蒸发仪蒸发除去溶剂，进行小规模制备。薄膜法或防爆喷雾干燥法则用于大规模生产。干燥之后，进行水化，形成胶束，药物-共聚物复合物可以通过在搅拌条件下加入水溶液来形成。对于具有相对较大亲水基团比例的嵌段聚合物，这种方法是制备胶束最成功的方法，而且超声可以辅助胶束的形成。

Zhang 采用该工艺制备了载紫杉醇的两嵌段共聚物胶束（1996b）。该工艺中，将药物和共聚物溶解在乙腈（ACN）中，然后于 60℃氮吹 2 h，以除去有机溶剂，从而获得紫杉醇/PDLLA-*b*-MePEG 固体基质复合物，采用火焰电离气相色谱检测紫杉醇/共聚物基质中残留的乙腈，将固体紫杉醇/共聚物基质于约 60℃水浴条件进行预热，获得透明凝胶状样品，然后加入 60℃左右的水，并用涡旋搅拌器或玻璃棒进行搅拌，即可获得澄清的胶束溶液。

### 13.4.1.2　透析法

透析法使用了仅可溶解聚合物亲水性部分的选择性溶剂（如水），并用其取代可同时溶解药物和共聚物的溶剂[如乙醇、*N,N*-二甲基甲酰胺（DMF）、CAN]。当良溶剂被选择性溶剂取代时，聚合物的疏水部分缔合在一起形成胶束核，并将难溶性药物包封在内。将透析时间延长几天可以保证将有机溶剂充分除去（Jones 和 Leroux，1999）。

水透析法制备胶束所用的初始溶剂对聚合物胶束的稳定性有显著的影响，例如，使用 DMF 透析制备的 PEO-*b*-PBLA 胶束的平均直径较大，并具有较多数量的二级聚集体（Kataoka 等，1993）。La 等（1996）使用了几种溶剂经透析法制备了 PEO-*b*-PBLA 胶束，实验中，将 100 mg PEO-*b*-PBLA 共聚物分别溶解在 DMF、ACN、四氢呋喃（THF）、二甲基亚砜（DMSO）、*N,N*-二甲基乙酰胺（DMAc）和乙醇中，室温下搅拌过夜，然后将其置于分子多孔性透析管[截留分子量（MWCO：12000～16000）]中，用去离子水对共聚物溶液进行透析，最后冻干。以 DMAc 为溶剂、水为透析液透析所得的 PEO-*b*-PBLA 胶束的收率为 87%（质量分数）。根据胶束的数量分布，其粒径大约为 19 nm，二级聚集体数量少于总量的 0.01%，直径为 115 nm。另外，与其他方法初始溶剂制备的样品相比，以 DMAc 为初始溶剂制备的 PEO-*b*-PBLA 粒径分布范围较窄。

### 13.4.1.3 共溶剂蒸发法

共溶剂蒸发法是将药物和嵌段共聚物溶解在与水易混合的有机溶剂中，如 ACN、THF、丙酮或甲醇，然后慢慢加入水，使共聚物的疏水段自我组装成胶束（图 13.20）。最后通过蒸发的方式除去有机溶剂（Jette 等，2004；Shuai 等，2004；Aliabadi 等，2005b）。

Jette 等（2004）采用 DLS 和 $^1$H-NMR，研究了通过向 ACN 单体溶液加入水来组装成 PEG-*b*-PCL 胶束的过程。在临界含水量（CWC）为 10%～30%时，根据 PCL 段尺寸的大小组装成胶束，采用 DLS 观察了组装过程。初始胶束结构会膨胀至直径为 200～800 nm，但当水的百分比加入至 40%时，胶束会急剧塌陷为 20～60 nm 的单分散胶束。在 CWC 时，PCL 段基团的 $^1$H-NMR（$D_2O$/ACN-$d_3$）共振强度增大或减小，而 PEG 的亚甲基核磁共振强度没有发生改变（图 13.21）。

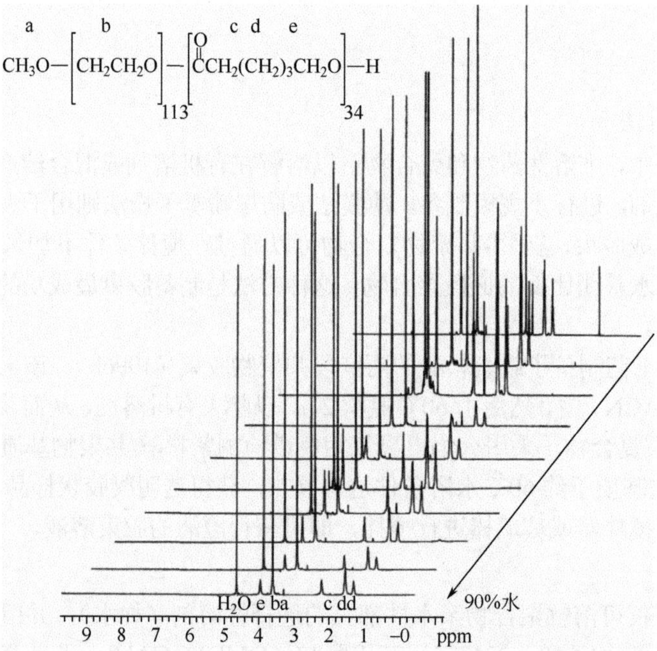


图 13.21 ACN-$d_3$ 中加入不同量 $D_2O$（0～10%）的 PEG-*b*-PCL (MW，5000：4000)$^1$H-NMR 图谱

（经 Springer 授权，来源：Jette K K，Law D，Schmitt E A，et al. Pharm. Res.，2004，21：1184-1191.）

### 13.4.1.4 闪蒸纳米沉淀法

闪蒸纳米沉淀技术是共溶剂萃取技术的一种变体，将胶束单体和药物溶解在挥发性的水易混有机溶剂中，然后在搅拌下加入水性非溶剂中，即水或缓冲液中。随着前述溶液向水性非溶剂中的加入，单体和药物达到过饱和状态，并在毫秒级别的时间尺度（约 10 ms）内自发形成核，形成纳米聚集体。聚集体会发生融合，直到刷状结构（即水化的 PEO 段）的空间位阻阻止了单分子的快速交换，从而从动态平衡的角度形成稳定状态的胶束（Johnson 和 Prud’homme，2003a）。Johnson 和 Prud’homme（2003a）将闪蒸纳米沉淀法放大至大规模生产水平，进行了详细的放大研究。

Ge 等（2002）采用闪蒸纳米沉淀法制备了包封尼莫地平的 PCL-*b*-PEO-*b*-PCL 三嵌段共聚物

胶束。将 100 mg PCL-*b*-PEO-*b*-PCL 共聚物和 10 mg 尼莫地平溶解在丙酮中，然后在适当搅拌的条件下，将有机相滴加至 50 mL 水中，通过减压除去有机溶剂，将水分散液浓缩至 20 mL，用 15 μm 微孔滤膜过滤，除去聚集体和未包封的药物。所得的胶束的直径为 89～144 nm，包封的尼莫地平为 3%～5%（质量分数）。Forrest 等（2006）使用类似的技术制备了包封西罗莫司的 PEO-*b*-PCL 胶束，所得胶束直径为 46～76 nm，西罗莫司载药量为 6%～11%（质量分数）。

#### 13.4.1.5 水包油乳化法

水包油乳化法首先制备共聚物的水溶液，用水不溶的挥发性溶剂配制药物溶液（如加入氯仿形成水包油乳液）（Jones 和 Leroux，1999），蒸发除去溶剂，即形成胶束-药物混合物。与此方法相比，透析法的优势是可以避免潜在的有毒溶剂。Kwon 等比较了透析法和水包油乳化法制备载阿霉素的 PEO-*b*-PBLA 胶束。乳化法的载药效率更高，可达 12%（质量分数），高于透析法的 8%（质量分数）（Kwon 等，1997）。

La 等（1996）采用水包油乳化法制备了载 IMC 的胶束。将不含药的 60 mg PEO-PBLA 溶于 120 mL 去离子水中，超声均质 30 s，室温剧烈搅拌条件下，将 IMC 的氯仿溶液（6 mg 溶于 1.8 mL 中）滴加至 PEO-*b*-PBLA 胶束水溶液中，氯仿在开放体系中经蒸发除去，然后采用 Amicon YM-30 超滤膜（MWCO 50000）过滤，除去未结合的 IMC 和低分子量的聚合物，然后冻干。

### 13.4.2 化学偶联

聚（乙二醇）-*b*-聚（L-氨基酸）和聚（乙二醇）-*b*-聚酯是用来偶联药物最多的嵌段共聚物（Xiong 等，2011）。Yokoyama 等（1998）在文献报道（Yokoyama 等，1994）的基础上进行一些修改，研究了聚合物胶束进行化学偶联阿霉素（ADR）的方法。Yokoyama 等采用的聚合物为聚（乙二醇）-*b*-聚（天冬氨酸）[PEG-P(Asp)]，PEG 链和 P（Asp）链的分子量分别为 12000 和 2100，将 PEG-P(Asp)溶于 DMF，然后加入盐酸阿霉素（ADR • HCl）和三乙胺（TEA）（相当于 1.3 mol ADR）。将混合物冷却至 0℃，加入 1-乙基-3-（3-二甲氨基丙基）碳二亚胺盐酸盐（EDC • HCl），激活偶联反应。0℃激活 4h 后，再次加入 EDC • HCl，再过 20 h 后，用 Spectrapor 2 透析膜对反应产物进行透析，然后在去离子水中使用 Amicon YM-30 超滤膜（MWCO 30000）过滤，采用反相色谱法，通过测试反应产物中未反应的 ADR 量，确定了 PEG-*b*-P（Asp-*g*-ADR）偶联的 ADR 含量和相应的天冬氨酸残留量，用加入的底物 ADR 的量减去未反应的量，即得偶联的 ADR 量。

药物与 PEO-*b*-聚酯的偶联通常先将聚酯末端基团功能化，然后通过与药物的反应来完成。Zhang 等将难溶性抗癌药紫杉醇连接到 PEO-*b*-PLA 的 PLA 段来增加其溶解度[图 13.22（a）]（Zhang 等，2005）。为此，首次以 MPEO-*b*-PLA 为引发剂，通过 L-丙交酯的开环聚合反应，合成了二嵌段共聚物单甲氧基-聚（环氧乙烷）-*b*-聚（丙交酯）（MPEO-*b*-PLA）。通过 MPEO-*b*-PLA 与二乙醇酸单叔丁酯反应，再用三氟乙酸（TFA）脱去保护基团叔丁基，即可将 PLA 段末端的羟基转换为羧基。然后在二环己基碳二亚胺（DCC）和二甲氨基吡啶（DMAP）存在的情况下，通过紫杉醇的羟基与聚合物的羧基成酯反应，将两者偶联起来。由于紫杉醇的空间位阻，紫杉醇的 2′-羟基比 7-羟基更易酯化，优先偶联。偶联物水解后，紫杉醇被释放出来，其细胞毒性不会有损失。

Yoo 等（2001）报道了将 PLGA 末端用对硝基苯氯甲酸酯活化后，将 DOX 偶联在 PEO-*b*-PLGA[图 13.22（b）]。含化学偶联 DOX 的胶束比物理包封 DOX 的胶束具有更强的缓释特征。有趣的是，与游离的 DOX 相比，$HepG_2$ 细胞对偶联 DOX 的胶束的细胞摄取率比游离 DOX 更高，导致其细胞毒性比游离 DOX 高。

通过在每个聚合物分子的聚酯末端引入一个功能性基团，化学载药效率最多只能为 1∶1（物质的量之比）。实验人员通过 PEO-*b*-PCL 嵌段共聚物 PCL 段的羧基与 DOX 的氨基反应，将 DOX 连接在 PCL 段上[图 13.22（c）]，在早期研究中，DOX 的偶联程度可达 1.5∶1（物质的量之比）（Mahmud 等，2008）。

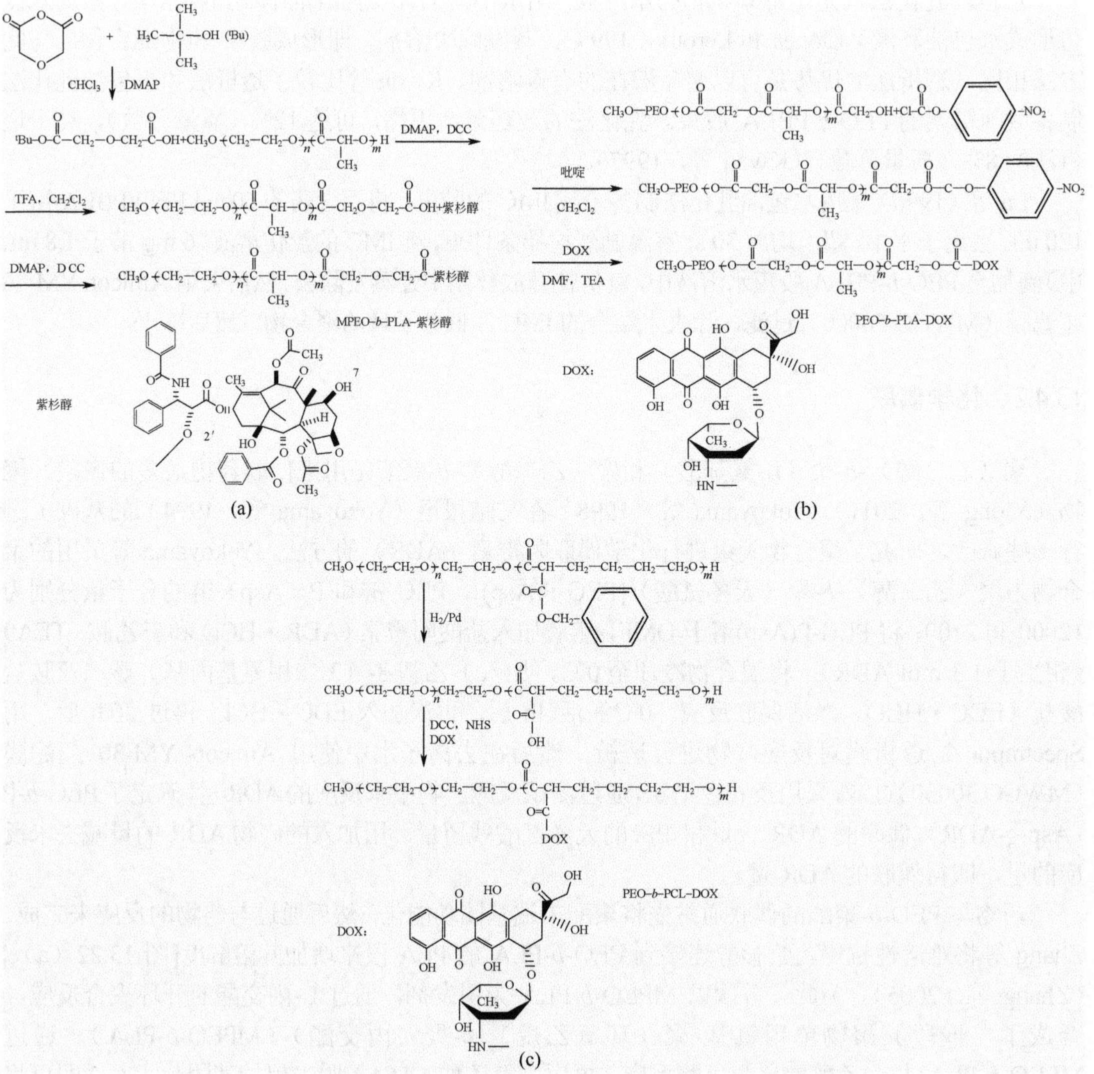


图 13.22　聚合物-药物偶联物合成

（a）PEO-*b*-PLA-紫杉醇；（b）PEO-*b*-PLA-DOX；（c）PEO-*b*-PCL-DOX

## 13.4.3　表征

### 13.4.3.1　临界胶束浓度和临界胶束温度

测试临界胶束浓度的技术有很多，理论上，人们可以利用任何物理性质，但这取决于粒子的尺寸或数量。通常，在 CMC 处或附近的不连续或突然的变化，如曲线上所代表的与浓度成函数关系的物理性质，包括表面张力、电导率、渗透压、界面张力或光散射强度，已被用来确定 CMC（Kakamura 等，1976；Astafieva 等，1993；Lieberman 等，1996）。但是，对于聚合物胶束，通常由于 CMC 值太低而难以用上述方法进行确定。光散射被广泛用于胶束的分子量、粒径、形状和聚集数测试，但是，只有当 CMC 落在光散射方法测试灵敏度范围内，才能检测到胶束化的开始，而这种情况对于水中的聚合物很少发生（Astafieva 等，1993；Jones 和 Leroux，1999）。由于共聚物的单链和胶束链组分的洗脱体积不同，因此在水性条件下，可以用 GPC 进行测试（Weissig 等，1998）。

通过表面活性剂溶液加入的荧光探针的光谱特征变化，可以确定 CMC 值。测定 CMC 首选荧光探针法（Turro 和 Chung，1984；Wilhelm 等，1991；Astafieva 等，1993），其中芘作为荧光探针应用最为广泛。芘是高度疏水的共轭芳香化合物，对周围环境的极性非常敏感（Kalyanasundaram 和 Thomas，1977）。低于 CMC 时，芘溶解在水中，为一种高极性的介质，当胶束形成后，芘优先分配于胶束的疏水核，从而经历非极性环境（Kalyanasundaram 和 Thomas，1977），因此会观察到许多变化，如荧光强度的变化、发射光谱的振动精细结构变化和激发光谱中（0，0）带的红移。从芘的荧光图谱、发射光谱的 $I_1/I_3$ 比值或激发光谱的 $I_{333}/I_{338}$ 比值与浓度的关系可以得到 CMC 值，斜率的急剧变化表明了胶束化的开始（Kalyanasundaram 和 Thomas，1977）（图 13.23），$I_1/I_3$ 比值是第一和第三高能量发射峰的强度比，固定激发波长，通过扫描发射波长，可以测得 $I_1$ 和 $I_3$ 对应的荧光强度。但是有些人对 $I_1/I_3$ 比值方法评价极性的准确性存在质疑，认为它受激发波长的影响，有可能得到错误的 CMC（Astafieva 等，1993）。因此，CMC 最好用 $I_{333}/I_{338}$ 比值来确定（Astafieva 等，1993；Shin 等，1998）。采用荧光技术测试 CMC 需要注意以下两点：第一，芘的浓度要保持在极低水平（$10^{-7}$ mol/L），以便能够准确反映胶束化过程中斜率的变化；第二，荧光光谱的逐渐变化可能归因于疏水杂质的存在或荧光探针与单个聚合物链或胶束化前聚集体的结合（Chen 等，1995）。荧光探针各向异性的变化也与胶束化的开始相关（Zhang 等，1996a，1996b）。

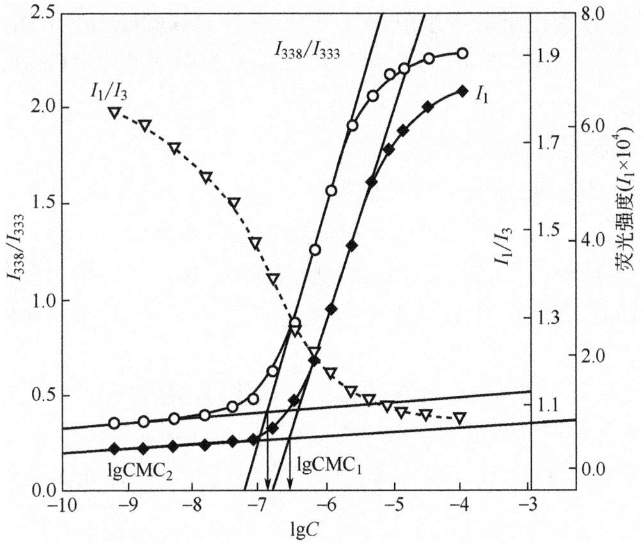


图 13.23 荧光强度 $I_1$ 及强度比 $I_1/I_3$（来自芘发射光谱）和 $I_{333}/I_{338}$ 随 PST-*b*-聚丙烯酸钠浓度变化的曲线

（$CMC_{app}$ 值用箭头表示。经美国化学会授权，来源：Astafieva I，Zhong X，Eisenberg F A. Macromolecules，1993，26：7339-7352.）

与 CMC 的测量类似，CMT 也可以通过温度/强度跃迁表示的光散射来测定，利用 Holzwarth 等（1977）和 Goldmints 等（1997）所述的碘激光温度跃迁仪可以进行温度跃迁实验。除了 CMT 以外，聚合物溶液的弛豫时间也可以通过温度跃迁实验来获得。实验在单分子-胶束的过渡区进行，如图 13.23 所示，这是平衡体系散射光强度随温度变化的函数。在快速加热后，溶液在 $T_{终点}$时会达到新的平衡，此时散射光强度的最终值会高于初始平衡状态的值 $T_{起点}$。

#### 13.4.3.2 聚集数和胶束分子量

聚合物胶束的聚集数是一个非常重要的参数，通过静态光散射和荧光猝灭技术，可以测得聚集数。虽然嵌段共聚物的光散射通常非常复杂，但是 PEO 和 PPO 之间的光学相似性可以直接评估其平均分子量，因此获得聚集数。另一方面，荧光猝灭依赖于胶束数量的确定，而胶束数量和物质总量一起决定了聚集数（Linse 和 Malmsten，1992）。

GPC 还可以同时测试胶束的分子量和聚集数，重要的是要确保聚合物胶束在尺寸排阻色谱柱中洗脱时保持完整性。色谱柱对聚合物的吸附也可能是一个问题（Yokoyama 等，1993），尤其是当浓度接近 CMC 时，胶束是由大尺寸松散聚集体组成（Jones 和 Leroux，1999）。

超速离心技术也可以通过 Svedberg 方程得到聚合物胶束的分子量（$M$）：

$$M = s^{\circ}RT / D^{\circ}(1 - v\rho) \tag{13.9}$$

式中，$s^{\circ}$ 和 $D^{\circ}$ 分别是无限稀释条件下的沉降系数和平移扩散系数；$v$ 是胶束的微分比容；$T$ 是温度；$R$ 为通用气体常数；$\rho$ 为溶剂密度。

为了在实验上获得 $s^{\circ}$ 和 $D^{\circ}$，胶束溶液的沉降系数和平移扩散系数都需要测量。胶束的沉降系数可以通过超速离心法（如配备了光电扫描装置的贝克曼离心机，光电扫描装置具单光路计和多路复用器）进行扫描测定，或者在配备有 Schliren 光学配准系统的同一设备上，使用 Schliren 模型来测定。采用准弹性光散射法，利用自聚焦（Malvern）小角激光光度计，可以测试平移扩散系数（z-average），然后对无限稀释条件下的沉降系数和平移扩散系数进行外推，即可得到 $s^{\circ}$ 和 $D^{\circ}$ 值。使用比重瓶可以测得 $v$ 值。使用 Brookhaven 型 BI-200SM 激光散射仪（Brookhaven 仪器公司），可以在 90° 散射角下进行动态光散射测量（Goldmints 等，1997），估计单分子的扩散系数。

#### 13.4.3.3 胶束粒径和粒径分布

聚合物胶束最重要的特征是具有较小的粒径（10～100 nm），除了允许载体外渗，还可以通过过滤对制剂进行除菌，并将其毛细血管栓塞的风险降至最低，这与其他较大的药物载体不同（Kwon 和 Okano，1996）。胶束的尺寸很少超过 100 nm，但取决于几个因素，包括聚合物分子量、亲水疏水链的相对比例和聚集数（Yokoyama 等，1990；Trubetskoy 和 Torchilin，1996；Shin 等，1998）。

可以通过动态光散射（DLS）直接测试胶束在水或等渗缓冲液中的直径及其多分散性。动态光散射还可以提供一些关于聚合物胶束球形的信息（Kataoka 等，1996；Nagasaki 等，1998）。有时进行超速离心研究也可以评价聚合物胶束的多分散性（Yokoyama 等，1994；Hagan 等，1996）。

微观方法如原子力显微镜（AFM）（Cammas 等，1997；Kohori 等，1998）、透射电镜（TEM）（Yu 等，1998）、扫描电镜（SEM）（Kim 等，1998）已被用来表征聚合物胶束的形状和粒径的分散性。传统的扫描电镜由于具有分辨率高、样品制备容易的优点，在胶体载体领域得到了广泛的应用。但是，用于分析的样品，需经受高真空。此外，粒子的可视化要求它们具有导电性，这点通过在其表面涂载金来实现。在测试粒径时，需要考虑涂层的厚度，厚度可达几个纳米。新型成像工具如 AFM，不需要涂载金，即可使聚合物胶束在大气压下可视化（Allemann 等，1998）。Cammas 等（1997）通过 AFM 测试表明，聚（*N*-异丙烯酰胺）-聚苯乙烯嵌段共聚物（PNIPA-*b*-PST）胶束呈盘状，高 5 nm，直径为 20 nm，与动态光散射测试的 24 nm 接近。

粒径测试可以用来研究聚合物胶束和生物介质之间的相互作用（Jones 和 Leroux，1999）。例如，人们发现 PEO-*b*-PPO-*b*-PEO 在抗体和牛血清白蛋白的存在下，仍维持原尺寸，说明聚合物胶束明显与血浆蛋白之间没有相互作用（Kabanov 等，1992）。

#### 13.4.3.4　低临界溶液温度和昙点

正如所讨论的，用于制备胶束的聚合物呈现的 LCST 可以被定义为相分离时的温度（Heskins 和 Guillet，1968）。低于 LCST 时，聚合物/胶束是可溶解的，但温度高于 LCST 时，会发生沉淀。这些胶束在高于 LCST 的温度时，因为胶束聚集体疏水部分之间的相互作用，直径会急剧上升（Kohori 等，1998）。有研究表明温度对尺寸的影响是可逆的，因为当温度低于 LCST 时，胶束的结构保持不变（Chung 等，1999）。

众所周知，聚合物如聚（*N*-异丙基丙烯酰胺）（PIPAAm）水溶液具有温度敏感（32℃）的相变（Heskins 和 Guillet，1968）。水溶性和亲水性的聚合物，在其 LCST 以下时，表现出延伸链的构象；当温度高于 LCST 时，则会经历相变，成为水不溶的疏水聚集体。PIAAm 的显著性相变发生在较窄的 LCST 温度变化范围，并且与对应的温度变化是可逆的（Chung 等，1999）。

使用光学透射率法（Chung 等，1999）甚至目测法（Pandya 等，1993）可以测得共聚物的 CP。利用紫外/可见分光光度计可以测得聚合物水溶液不同温度下的透光率，用圆形水套使样品池和对照池保持恒温状态，并监测样品池的浊度。采用目测法，将共聚物水溶液浸在玻璃管中，置于搅拌良好的加热槽中，测量不同浓度的聚合物溶液，以首次出现浑浊时的温度定义为 CP。两种测试方法，样品都必须搅拌均匀。

#### 13.4.3.5　胶束核黏度

胶束核的黏度可能会影响胶束的物理稳定性和药物的释放（Jones 和 Leroux，1999）。疏水核的特性黏度（或称微黏度），可以使用荧光探针进行测定，如双（1-吡啶基甲基）醚（Dipyme）（Winnik 等，1992）、1,2-（1,1′-二吡啶基）丙烷（Kwon 等，1993）或 1,6-二吡啶基-1,3,5-己三烯（DPH）（Kwon 等，1993）。Dipyme 对其所处的局部环境的极性和黏度变化敏感，分子内激态原子的发射程度取决于连接两个吡啶基团的链的构象变化速率，环境中的局部摩擦会引起运动阻力（Winnik 等，1992）。因此，激态原子与单体的强度比（$I_E/I_M$）提供了有关双吡啶局部环境的微黏度信息，比值小于低迁移率和固体状核相关。Winnik 等（1992）用 Dipyme 表明 PNIPA 胶束内核的微黏度与疏水基团的位置有关（随机链与端接枝链）。

DPH 的去极化也可以得到内核黏度（Ringsdorf，1991；Zhang 等，1996b）。各向异性值与 DPH 的旋转自由度直接相关，相关 DPH 区域的局部黏度越高，各向异性值将会越大（Rignsdorf，1991）。

Chung 等（1999）使用 1,3-双（1-吡啶基）丙烷（$PC_{3P}$）通过形成分子内激态原子作为局部黏度测试的敏感探针（Almeida 等，1982；Zachariasse 等，1982）。在 CMC 以上的 PIPAAm

和 PIPAAm-*b*-PBMA 溶液中 $PC_{3P}$ 荧光发射光谱随温度而变化，在 LCST 以下，PIPAAm 溶液中 $I_E/I_M$ 随着温度的升高而持续降低，这是因为聚合物链的脱水作用，导致富疏水性聚合物相中溶解的 $PC_{3P}$ 荧光探针变成刚性。但是，随着 LCST 温度的升高，$I_E/I_M$ 值会不断降低，意味着 PIPAAm 链发生了相变，而在 LCST 以上，它基本不再受温度进一步升高的影响。这表明，收缩的疏水性聚合物链的聚集所产生的微黏度抑制了 $PC_{3P}$ 的运动。另一方面，溶解在 PIPAAm-*b*-PBMA 胶束溶液中 $PC_{3P}$ 的 $I_E/I_M$ 值显著低于 PIPAAm 溶液中 $PC_{3P}$ 的 $I_E/I_M$ 值，这是由聚集的 PBMA 链核高度致密所致。

$^1$H-NMR 也提供了一些胶束核黏度的信息（Jones 和 Leroux，1999），聚合物通常溶解在 $D_2O$ 和不会形成胶束的溶剂中，并且可以检测到聚合物亲水、疏水部分的所有峰（如 $CDC_{13}$）。在 $D_2O$ 中，由于存在呈高度内黏状态的胶束，胶束内核质子运动受到限制，共聚物疏水部分的峰信号较弱（Nakamura，等，1977；Bahadur 等，1988）。

#### 13.4.3.6 溶液黏度

特性黏度提供了衡量溶液中单个粒子的流体力学体积的方法。胶束溶液的黏度可以采用乌氏黏度计在给定温度下进行测试（Astafieva 等，1993；Pandya 等，1993；Zhou 和 Chu，1994）。恒温槽温度的波动通常控制在 0.02℃以内，以便得到精确的测定结果。在设定了所需要的温度后，每种溶液在测定黏度之前，应至少恒温平衡 20 min。对相同的聚合物溶液测量多次，取平均流动时间来计算黏度值。

Pandya 等（1993）测试了普朗尼克 L-64 溶液在不同温度下存在电解质时的黏度，不同浓度的普朗尼克 L-64 水和醋酸钠（0.1～0.65 mol/L）溶液中黏度的降低呈现出线性关系，从线性关系可以推断出普朗尼克 L-64 溶液的特性黏度。

#### 13.4.3.7 聚合物胶束的稳定性和药物释放

聚合物胶束解离成单链的速率及其与血浆组分的相互作用，对药物传递的重要性如 CMC 和胶束尺寸一样。一旦聚合物胶束被注射到体内，在被传递药物到达其作用部位之前，聚合物胶束都应保持其完整性（Jones 和 Leroux，1999）。载 DOX 的聚合物胶束的高度体外稳定性与其体内对小鼠结肠癌 26 有效的抗肿瘤活性的相关（Yokoyama 等，1994）。相反的，不稳定的偶联物不能有效地被传递至肿瘤部位。

物理稳定性通常用 GPC 来评估，Yokoyama 等（1993）研究表明 PEO-*b*- P(Asp/DOX)胶束在水和 PBS 中解离速率非常慢，在兔血清和 PBS 为 1∶1 的混合体系中，解离速率会加快，但 6 h 后仍低于 30%，在此情况下，可以通过改变 DOX 的量、P（Asp）和 PEO 链长来调节稳定性。含有较长的 P(Asp/DOX)疏水链的聚合物，稳定性相对较差，而具较长的 PEO 亲水链的聚合物，其体外稳定性相对较高（Yokoyama 等，1993，1994）。由于两个脂肪酸酰基的存在增加了胶束内核聚合物链之间的疏水作用，因此脂质基团可以增加聚合物胶束的稳定性。事实上，在连续稀释的二酰基酯-聚乙二醇偶联物的色谱图中，的确未发现有解离的单个聚合物链（Trubetskoy 和 Torchilin，1995）。

Chung 等（1999）研究了温度敏感聚合物胶束的胶束稳定性，以芘和 1,3-双（1-吡啶基）丙烷（$PC_{3P}$）为荧光探针，用荧光光谱法对 PIPAAm-*b*-PBMA 胶束水溶液的疏水微环境进行表征，低浓度芘的荧光光谱拥有振动带结构，对芘环境的极性具有很强的敏感性（Dong 和 Winnik，1984）。第一波段强度（$I_1$）与第三波段强度（$I_3$）的比值（$I_1/I_3$）作为 PIPAAm-*b*-PBMA 胶束浓度的函数，进行监测（Kalyanasundaram 和 Thomas，1977），用强度比（$I_1/I_3$）或微极性比与聚合物浓度的函数关系图来研究聚合物浓度和胶束微极性之间的关系，当 PIPAAm-*b*-PBMA 浓度增加时，发现 $I_1/I_3$ 大幅减小，这表明疏水探针分配进入疏水环境。从这些图中，可以估计出 PBMA 片段疏水部分开始聚集时对应的聚合物浓度，从图中 $I_1/I_3$ 变化的中点确定的值为一个较低的浓度（20 mg/L），这为聚合物胶束的表观稳定性提供了依据，并允许它们在很稀的水环境（如体液）中使用。

La 等（1996）研究了吲哚美辛（IMC）从 IMC/聚环氧乙烷-聚（*β*-苯基-L-天冬氨酸）（IMC/PEO-*b*-PBLA）胶束中的体外释放模型。将 5 mg IMC/PEO-*b*-PBLA 胶束置于 5 mL 不同测试溶液中，然后转移至 Spctra/por 4 透析袋（截留分子量 MWCO 12 000～14 000）中，将透析袋置于 900 mL 的释放介质中，于 37℃、100 r/min 条件下搅拌，在预先设定的时间点（间隔不超过 6 h），从释放介质中提取 1 mL 的样品，并加入相同体积的新鲜介质，采用紫外导数法对样品进行测定（Nabeshima 等，1987），La 等发现 IMC 从 pH 1.2 的酸性介质中释放缓慢，释放速率为 0.58 h • μg/L，增加释放介质的碱性至 pH 6.8 时，释放速率增加至 11.29 h • μg/L。在碱性较强的条件下，IMC 的羧基会部分电离，导致 IMC 分布在胶束核-壳结构的疏水-亲水界面，因此，pH 影响了药物的胶束-水分配系数。

Soo 等（2002）研究了疏水荧光探针从 PEO-*b*- PCL 胶束中的体外释放。将胶束溶液置于透析袋（MWCO 50000）中，再将透析袋置于有去离子水不断溢出的搅拌水浴中，这使得释放环境在接近完美的漏槽条件下进行，因此探针在介质中有限的溶解度不会影响释放动力学。通过整体取出透析袋内的内容物，测试其荧光强度，即可得到释放曲线。Soo 等发现荧光探针初始阶段具突释行为，接下来是缓慢扩散释放。关于探针研究，苯并[α]芘和细胞荧光探针染料 Dil，其扩散常数为 $10^{-15}$ $cm^2/s$ 级别。

Chung 等（1999）利用 LTV 在 485 nm 处的吸光度，根据胶束的 LCST，测试了 ADR 在一段时间内从不同温度的温敏型胶束中释放的行为。ADR 从温敏型胶束中释放的结果可以参考 Chung 等（1999）在药物应用章节中关于温敏型聚合物胶束的讨论。

Savić 等（2006）报道了一种可同时用于体内和体外胶束完整性评估的方法，合成了具荧光染料的 PEO-*b*-PCL 聚合物胶束。荧光素-5-羰基叠氮二乙酸酯为荧光染料，共价吸附在 PCL 段上。在完整胶束的疏水内核，染料基本保持无荧光，但暴露在水分子中时，探针会被水解成具高度荧光活性的衍生物。Savić 等对小鼠经皮下和肌内注射胶束后，使用全身荧光成像，对其完整性进行研究，结果见本章生物药剂学相关内容。

#### 13.4.3.8 包封率

将无游离药物的胶束冻干粉溶解在能够同时溶解聚合物和药物的溶剂中，采用高效液相色谱法或特定的分光光度法，可以简单地测试聚合物胶束的药物包封率。La 等（1996）采用分光光度法测试了 PEO-*b*-PBLA 胶束中 IMC 的包封率。向胶束中加入 DMAc，破坏其结构，于 319 nm 波长处测试药物包封的量。在此分析实验中，通过紫外测试 319 nm 处的吸光度，建立了浓度为 0～100 g/mL 的 IMC 标准溶液。利用 IMC 的校准曲线，可以测得胶束中 PBLA 部分包封的 IMC 量。

Kwon 等（1997）应用反相 HPLC 测试了 PEO-*b*-PBLA 胶束中包载的多柔比星（DOX）量。用 0.10 mol/L pH7.4 的磷酸钠缓冲液将 20 mL 样品稀释至 DOX 的浓度为 10 μg/mL，设置柱温为 40℃，以 1.0 mL/min 的流速进行分离。流动相为 1%乙酸水溶液和 ACN（15%～85%，体积分数）的线性梯度混合体系，于 485 nm 波长下测试 DOX 的紫外吸光度。

通过 GPC 或 DLS 可以证明胶束中药物的缔合，因为这些方法可以检测药物存在时，所导致的胶束尺寸的增大（Kwon 等，1997；Yu 等，1998）。药物在胶束内核的位置，有时可以通过荧光猝灭实验来证明（Kwon 等，1995，1997），例如，I⁻为 DOX 的水溶性猝灭剂，不会影响胶束内缔合的药物的荧光，而是猝灭游离药物的荧光。这些实验证明，DOX 在 PEO-*b*-PBLA 冷冻干燥过程中被保留在原位置，用水复溶时，载 DOX 的聚合物重构为胶束结构（Kwon 等，1997），在此情况下，胶束内核中药物的自我聚集也会导致药物荧光强度的降低（Kwon 等，1997）。

近年来，通过测定两性霉素 B 与 PEO-*b*-PBLA 胶束缔合后溶血活性的降低，也间接确定了两性霉素 B 在聚合物中的保留和缓慢释放（Yu 等，1998）。

## 13.5　生物药剂学方面

聚合物胶束主要用于难溶性药物的传递，并通过将药物靶向传递至特定细胞或器官来提高药物的治疗效果，降低药物在正常组织中的蓄积，将其毒性降至最低，这样有时可以允许使用更高的剂量。理论上，静脉内给药时，聚合物胶束因较小的尺寸和亲水性外壳而具有较长的体循环时间，从而降低被巨噬细胞吞噬的量，其高分子量的特点可以避免肾排泄（Jones 和 Leroux，1999）（图 13.24）。事实上，在静脉注射数小时后，聚合物胶束在血浆中仍保持完整（Rolland 等，1992；Kwon 等，1994）。

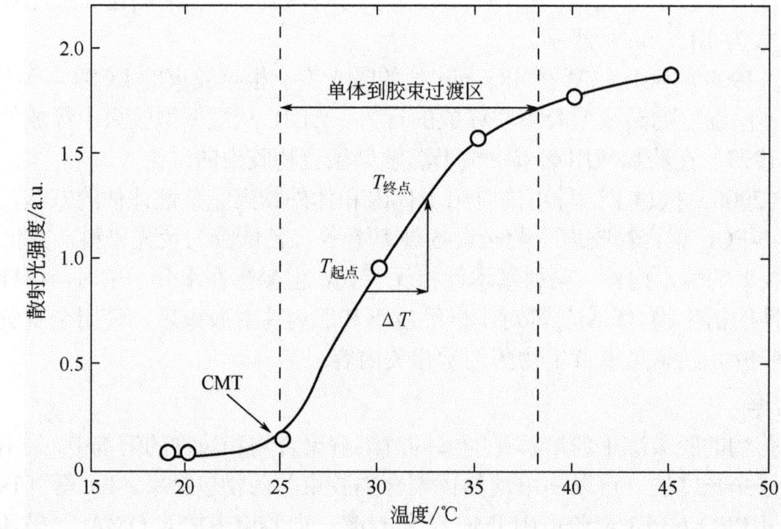


图 13.24　光散射强度随温度的变化，表现为从单分子到胶束的过渡区和典型的温度跃迁实验
（经美国化学协会授权，来源：Goldmints I，Holzwarth J F，Smith K A，et al. Langmuir，1997，13：6130-6134.）

与游离药物相比，聚合物胶束结合的药物在肿瘤部位蓄积的程度更大，可以降低其在非靶向区域（如心脏）的分布（Kwon 等，1994）。聚合物胶束在恶性或炎症组织的蓄积，可能归因于这些部位血管通透性的增加和受损的淋巴引流导致的高渗透滞留效应（EPR）（Maeda 等，1992；Jain，1997）。与正常组织相比，肿瘤组织更易渗漏，渗透选择性更差（图 13.25），存在的大孔隙会导致大分子和胶体药物载体在血管周围的聚集（Yuan 等，1994，1995）。但是，也不是总能证明生物分布格局的差异，因此，了解一个特定药用聚合物胶束在生物药剂学、药动学和毒理方面的特征，对其在药物开发过程具有非常重要的帮助。

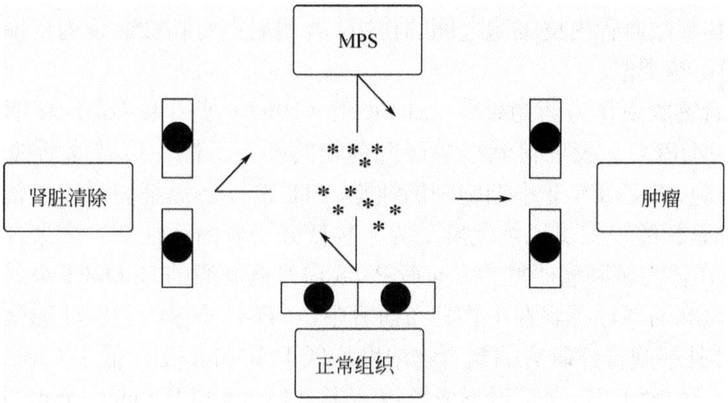


图 13.25　聚合物胶束在肿瘤部位的蓄积
（经许可，来源：Kataoka K. J. Macromol. Sci.—Pure Appl. Chem. A，1994，31：1759-1769.）

为了研究共聚物的吸附特征，Batrakova 等（1998）研究了普朗尼克聚合物对 P 糖蛋白依赖的探针罗丹明 123（R123）和非 P 糖蛋白依赖的探针罗丹明 110（R110）在 Caco-2 单细胞层中转运的影响。分别在 CMC 浓度以下和以上制备了普朗尼克 P-85 和普朗尼克 L-81，依次用来研究单分子和聚合物胶束的影响。在 CMC 以下，普朗尼克嵌段聚合物提高了 R123 在 Caco-2 单细胞层的蓄积，并抑制其外排。在这些条件下，嵌段聚合物单分子没有改变非 P 糖蛋白依赖的探针 R110 的转运，这表明单分子阻塞了 P 糖蛋白转运系统，而不是以非特异性的方式改变膜的渗透性。此外，普朗尼克 P-85 单分子对 R123 外排的抑制，也支持了它们对 Caco-2 单细胞层中 P 糖蛋白外排泵的影响。Batrakova 等（1998）还比较了普朗尼克在聚氧乙烯蓖麻油 EL 和聚山梨酯 60 的作用下，对 R124 在 Caco-2 单细胞层中蓄积的影响，结果证明，最有效的普朗尼克 P-85 和普朗尼克 L-81 诱导细胞中 R123 的水平显著高于这些洗涤剂。因此，普朗尼克聚合物可以作为 P 糖蛋白底物，可以有效促进吸收（Batrakova 等，1998）。

普朗尼克系列对 Caco-2 单细胞层中 R123 的转运很大程度上依赖于聚合物的长度。单分子的活性随聚合物疏水性的增加而上升，较长的 PO 段或较短的 EO 段，即疏水性越强的聚合物，在较低浓度下，R123 蓄积的量越高，意味着有更多的 P 糖蛋白抑制剂。但是，具有中度疏水性的聚合物会导致更高的 R123 蓄积量，并且在中等浓度下效率更高。

当浓度高于 CMC 时，胶束对细胞蓄积 R123 的影响与那些普朗尼克 P-85 单分子相比，是非常不同的（Batrakova 等，1998）。当聚合物为胶束时，在最初的 15 min 内，R123 蓄积开始迅速增加，当孵育时间超过 15 min 后，细胞中 R123 水平趋于稳定。相反，游离 R123 或 R123/普朗尼克 P-85 单分子混合物在整个孵育时间段，细胞中 R123 水平平稳上升。此外，与普朗尼克 P-85 单分子相比，普朗尼克 P-85 胶束促进了 Caco-2 单细胞层对 R123 的外排，而非抑制。

在生理条件下，普朗尼克 P-85 胶束呈现为大约 15 nm 的聚集体（Kabanov 等，1995），这些胶束的亲水性壳由 EO 链组成，核由紧密堆积的疏水性 PO 链组成。在 CMC 以上，疏水和两亲性的探针如 R123 缔合在胶束核内，从而屏蔽了外部介质。随着胶束浓度的上升，胶束内的 R123 比例增加，游离 R123 比例降低。当普朗尼克 P-85 浓度为 11 mmol/L（50 mg/mL）时，95%的 R123 缔合入普朗尼克 P-85 胶束内，仅有 5%探针仍为游离状态（Miller 等，1997）。在这些条件下，以胶束形式存在的 R123 与细胞之间的相互作用变得非常重要，事实上，普朗尼克 P-85 胶束对细胞转运的影响，之前已经被有关胶束内探针在囊泡中转运的研究所证明，与游离探针通过跨膜扩散进入细胞的方式不同（Miller 等，1997）。Miller 等（1997）研究了普朗尼克嵌段共聚物和脑微血管内皮细胞之间的作用，普朗尼克对脑微血管内皮细胞吸收的影响与对 Caco-2 细胞的影响类似。

为了评价聚合物胶束作为药物载体，Zhang 等（1997）使用聚（*dl*-丙交酯）-*b*-甲氧基聚乙二醇（PDLLA-*b*-MePEG）胶束化紫杉醇研究药物的细胞毒性、抗肿瘤活性和生物分布。将 Hs578T 乳腺癌细胞、SKMES 非小细胞肺癌细胞、HT-29 结肠癌细胞暴露于传统的紫杉醇制剂（聚氧乙烯蓖麻油紫杉醇，聚氧乙烯蓖麻油为一种低分子表面活性剂）或聚合物胶束紫杉醇中 1 h 或更长时间。在体内抗肿瘤研究中，向荷 P388 白血病肿瘤的 B6D2F1 小鼠腹腔注射紫杉醇胶束和聚氧乙烯蓖麻油紫杉醇。在生物分布研究中，CD-1 小鼠经腹腔注射紫杉醇胶束，剂量为 100 mg/kg。体外细胞毒性研究的聚合物浓度均低于 30 μmol/L，低于 CMC 值（Zhang 等，1996b）。由于单个聚合物链自身可以形成核-壳结构（Evans 和 Wennerstrom，1994），紫杉醇被认为可能与聚合物分子缔合在一起。紫杉醇聚合物胶束对肿瘤细胞株的体外细胞毒性与聚氧乙烯蓖麻油紫杉醇相似，这说明这些条件下，紫杉醇很容易被细胞利用，或者聚合物分子“结合”的紫杉醇本身是有细胞毒性的，与聚氧乙烯蓖麻油紫杉醇相比，紫杉醇聚合物胶束制剂的最大耐受剂量（MTD）增加了 5 倍。紫杉醇聚合物胶束的 MTD 较高可能是以下原因：首先，紫杉醇从聚合物胶束中分离出的速率可能慢于聚氧乙烯蓖麻油胶束；其次，PDLLA-*b*-MePEG 可能不具有与聚氧乙烯蓖麻油/乙醇相关的细胞毒性，聚合物制剂中载体的处方量比聚氧乙烯蓖麻油制剂中所需的量低 18 倍左右（Zhang 等，1997）。在体内试验中，紫杉醇聚合物胶束与聚氧乙烯蓖麻油/乙醇制剂相比，均经腹腔注射最大耐受剂量的药时，在延长荷瘤小鼠生存期和动物 20%存活时间方面，前者的作用更强。紫杉醇在每克血液、肝、肾、心脏、肺和脾中的峰浓度分别为剂量的 11%、9%、6%、4%、2%和 2%，$AUC_{0\sim12h}$值为 968 h • μg /mL。在一项研究中（Zhang 等，1997），CD2F1 小鼠经腹腔注射 22.5 mg/kg 聚氧乙烯蓖麻油紫杉醇的生物利用度是 10%左右，血浆中$AUC_{0\sim\infty}$值为 6 h • μg /mL。在另一项研究中（Innocenti 等，1995），对雌性 Swiss 小鼠腹腔注射聚氧乙烯蓖麻油紫杉醇后，$AUC_{0\sim30h}$是 113.2 h • μg /mL（剂量：18 mg/kg）或 141.9 h • μg /mL（剂量：36 mg/kg）。

Kwon 和 Kataoka（1995）总结了早前对聚氧乙烯-*b*-聚天冬氨酸-多柔比星（PEO-*b*-PAsp-DOX）偶联物（Yokoyama 等，1991）和聚氧乙烯-*b*-聚异戊二烯-*b*-聚氧乙烯（PEO-*b*-PI-*b*-PEO）（Rolland 等，1992）的药动学和体内分布的研究。对 PEO-*b*-PAsp-DOX 偶联物的糖苷基团进行碘化处理后，将其经腹腔注射入 6 周的 ddy 雌性小鼠体内，研究其药动学和体内分布（Yokoyama 等，1991）。通过对 1 h 取得的血样进行排阻色谱分析证明，PEO-*b*-PAsp-DOX 与游离 DOX 相比，其体循环时间（半衰期为 70 min 左右）相对较长，且以胶束形式循环。对于 PEO-*b*-PAsp-DOX，其分布体积为 3.6 mL；而对于游离的 DOX，其分布体积为 2000 mL。这说明 PEO-*b*-PAsp-DOX 偶联物在血液中分布很少，静脉注射 1 h 后，PEO-*b*-PAsp-DOX 偶联物在小鼠体内的分布如表 13.8 所示。与游离 DOX 相比，PEO-*b*-PAsp-DOX 偶联物在心脏、肺和肝中分布水平较低，每克器官中浓度分别为剂量的 2.9%、4.0%和 7.1%，而游离 DOX 在这些器官中的分布量依次为 3.7%、7.5%和 13.4%。相对于游离 DOX，PEO-*b*-PAsp-DOX 偶联物在药动学和体内分布方面的显著变化，被认为是由聚合物胶束的核/壳结构所致（Kwon 和 Kataoka，1995），位于壳的 PEO 抑制了静脉注射后立即发生的蛋白吸附，并抑制细胞黏附，而细胞黏附发生在药物载体被内吞前。另外，与单分子偶联物相比，胶束尺寸的增大抑制了被肾清除。有人指出，疏水分子（如疏水药物）与可溶性聚合物的共价结合促进了 RES（如肝脏）对其周围聚合物偶联物的摄取（Ambler 等，1992）。但对于 PEO-*b*-PAsp-DOX 偶联物，由于 DOX 被 PEO

屏蔽在胶束核内，导致肝脏（7.1%±1.0%）和脾脏（7.1%±1.0%）对其摄取相对较低。

**表 13.8　静脉注射 1h 后 PEO-*b*-PAsp-DOX 在体内分布**

| 器官 | 每克器官中分布量相当于剂量的百分比/% | 每克器官中的 DOX 当量/μg | 各器官分布量相当于剂量的百分比/% |
|---|---|---|---|
| 血液 | 17±2.3① | 75.5±7.8② | 32.7±3.3 |
| 肝 | 7.1±1.0 | 31.0±7.4 | 7.9±0.8 |
| 肾 | 9.6±2.2 | 41.9±9.6 | 2.7±0.8 |
| 脾 | 11.6±1.8 | 50.6±7.8 | 1.0±0 |
| 心脏 | 2.9±0.5 | 12.6±2.2 | 0.3±0 |
| 肺部 | 4.0±1.2 | 17.4±5.2 | 0.6±0.2 |
| 胃 | 5.3±1.4 | 23.1±6.1 | 1.3±0.4 |
| 小肠 | 5.8±2.1 | 25.3±9.2 | 不确定 |

① 每毫升血液中的剂量百分数。
② 每毫升血液中的量（μg）。
来源：Kwon G S，Kataodak.Adv.Drug Delivery Rev，1995，16：295-309.

在另一项研究中（Kwon 等，1993），考察了 PEO-*b*-PAsp-DOX 组成对其药动学和体内分布的影响，合成了几种不同组成的 PEO-*b*-PAsp-DOX 偶联物，并用 SEC 测试了它们的胶束化。总体来说，具有高摩尔质量 PEO 段（5000～12000 g/mol）和低摩尔质量 PAsp 段（2000 g/mol）的 PEO-*b*-PAsp-DOX 偶联物形成最稳定的胶束，而具有低摩尔质量 PEO 段（1000 g/mol）和高摩尔质量 PAsp 段（5000 g/mol）的 PEO-*b*-PAsp-DOX 偶联物形成的胶束不稳定。事实上，在 SEC 研究中，后者会有很大比例被洗脱为单分子聚合物，因此，这种 PEO-*b*-PAsp-DOX 偶联物易解离，迅速被肾清除，RES 中蓄积量较低。相比之下，其他具有高摩尔质量 PEO 段和低摩尔质量 PAsp 段的 PEO-*b*-PAsp-DOX 偶联物，具有较长的体循环时间，能够延长循环周期。当 PEO 摩尔质量为 12000 g/mol、PAsp 摩尔质量为 2100 g/mol 时，注射的 PEO-*b*-PAsp-DOX 偶联物有 10%～68%在 4～24 h 出现在血液中，其体循环时间随着 PAsp 段摩尔质量的增加而降低，同时在 RES 部位（肝、脾）的摄取量也随之增加。因此，当 PAsp-DOX 段尺寸增加时，PEO 对生物组分的屏蔽效果也会更差。

对荷瘤小鼠静脉注射 PEO-*b*-PAsp-DOX 偶联物后，评估了偶联物在小鼠体内的长循环情况，PEO-*b*-PAsp-DOX 与早前报道的血浆和体内分布特征相似（Kwon 和 Kataoka，1995）。与游离的 DOX 相比，PEO-*b*-PAsp-DOX（PEO 段摩尔质量为 12000 g/mol，PAsp 段的摩尔质量为 2100 g/mol）在实体瘤中分布水平更高，PEO-*b*-PAsp-DOX 在肿瘤中相对于心脏的分布，选择性也从 0.90 上升至 12，PEO-*b*-PAsp-DOX 偶联物在血液中分布时间较长，24 h 后仍有 7.0%的注射剂量。

长循环偶联物 PEO-*b*-PAsp-DOX 在实体瘤中的蓄积，早在动物和近期的人体研究的长循环脂质体中就已得到证明（Yuan 等，1994）。研究结果证明，实体瘤中有易渗漏的血管，使得血管中分子和药物载体能够外泄（Maeda 等，1989；Wu 等，1993；Yuan 等，1994），其尺寸可至胶体大小，与连续的内皮细胞形成对比。对于长循环脂质体，它们经外泄滞留在实体瘤内已被揭示，因此，作为缓慢释放药物的载体，如聚氧乙烯嵌段聚合物胶束，可以作为经外泄进入实体瘤内的药物贮库。最终，PEO-*b*-PAsp-DOX 偶联物的高蓄积与它们的高度抗肿瘤活性相一致，这可以通过肿瘤体积的减小和某些情况下肿瘤的完全消失来判断（Kataoka 等，1993）。Aliabadi 和 Lavasanifar（2006）对报道的阿霉素胶束制剂的药动学参数和生物分布进行了全面的综述。

Rolland 等（1992）以聚氧乙烯-*b*-聚异戊烷-*b*-聚氧乙烯（PEO-*b*-PI-*b*-PEO）胶束为例，研究

了该聚合物胶束经静脉注射后，在小鼠体内的药动学和体内分布特征。在本研究中，PEO-*b*-PI-*b*-PEO 胶束核在光引发剂的作用下，与异戊二烯双键在紫外光照射下发生交联反应。通过在胶束内核引入[$_{14}$C]苯乙烯，胶束在交联反应中被辐射标记。以这种方式交联的PEO-*b*-PI-*b*-PEO 胶束最稳定，难以解离成单分子。值得注意的是，PEO-*b*-PI-*b*-PEO 胶束尺寸为14.1～206 nm，尺寸大小取决于PEO-*b*-PI-*b*-PEO 溶解于水中的方法和测量胶束尺寸的方法（较大的尺寸可能反映了聚合物胶束的二级缔合或未完全溶解）。Allen 等测试了 PEO-*b*-PI-*b*-PEO 胶束在体内 2～24 h 的水平，以百分比表示，同时研究了长循环脂质体的数据（Allen 等，1989），PEO-*b*-PI-*b*-PEO 胶束在肝脏和脾脏中循环时间较长，摄取量较低。同时，这些数据与长循环脂质体的数据进行了比较。值得注意的是，本研究中使用的 PEO-*b*-PI-*b*-PEO 胶束直径为 100 nm，因此，目前尚不清楚除了胶束以外，PEO-*b*-PI-*b*-PEO 是否还以其他形式存在。但是，结果表明，只要胶束解离缓慢或根本不解离，它们就可以长时间循环，被 RES 摄取的量也因此较低。

尽管长循环有望成为胶束载体的基本标准，然而，在体内稳定性有限的胶束载体仍然会改变包封的药物的体内分布和药动学特征。Savić 等（2006）研究了 PEO-*b*-PCL 胶束在体内外的完整性。在动物血浆中，PEO-*b*-PCL 胶束在 1 h 后会失去 37%的完整性，在 24 h 后，会失去74%的完整性。在小鼠的研究中，Savić 等发现胶束在经肌内注射和皮下注射后，会显著失去其完整性。但是，Aliadadi 等（2005a）的研究发现，与市场上的聚氧乙烯蓖麻油制剂相比，PEO-*b*-PCL 胶束显著改变了环孢素在小鼠体内的药动学和生物分布特征（表 13.9）。虽然 $t_{1/2}$ 没有变化，但是 $AUC_{0\sim\infty}$增加了 6 倍，$V_d$减小至聚氧乙烯蓖麻油的$\frac{1}{10}$。

**表 13.9 PEO-*b*-PCL 胶束制剂和聚氧乙烯蓖麻油制剂中环孢素的小鼠药动学和生物分布（Sandimmune©，诺华制药）**

| 项目 | | 聚氧乙烯蓖麻油 | PEO-*b*-PCL 胶束 |
|---|---|---|---|
| 药动学参数 | $AUC_{0\sim24h}$(h • μg /mL) | 25.3 ± 7.64 | 167 ± 18.8 |
| | $AUC_{0\sim\infty}$ (h • μg /mL) | 32.7 ± 13.8 | 199 ± 20.9 |
| | $t_{1/2}$/h | 11.5 ± 4.58 | 9.40 ± 1.20 |
| | MRT /h | 14.4 ± 6.62 | 9.24 ± 2.06 |
| | CL/[L/(kg • h)] | 0.195 ± 0.131 | 0.0255 ± 0.00319 |
| | $V_d$ (L/kg) | 2.33 ± 0.785 | 0.232 ± 0.0425 |
| 生物分布/（h • μg /mL） | 血液 | 31.8 ± 1.59 | 118 ± 8.07 |
| | 血浆 | 29.5 ± 3.23 | 143 ± 5.61 |
| | 肾脏 | 128 ± 7.12 | 91.4 ± 6.12 |
| | 肝脏 | 176 ± 27.5 | 119 ± 8.52 |
| | 脾脏 | 188 ± 32.1 | 90.0 ± 10.1 |
| | 心脏 | 107 ± 13.8 | 155 ± 13.4 |

来源：Aliabadi H M，Mahmud A，Sharifabadi A D，et al. J. Control. Rel，2005a，104：301-311.

## 13.6 药物应用

理论上，聚合物胶束可以应用于多种药物领域，从口服给药到注射缓释和靶向传递药物，但是，到目前为止，聚合物胶束几乎只被用于注射用抗癌药物的研究，主要用于难溶性药物的传递（Jones 和 Leroux，1999）。几项体内研究表明，聚合物胶束能够提高白血病（Yokoyama 等，1990；Zhang 等，1997）和实体瘤（Yokoyama 等，1991；Zhang 等，1997）抗癌药物的治疗效果，接下来讨论具体的药物应用。

### 13.6.1　二嵌段共聚物胶束

Yu 等（1998）以抗菌药物两性霉素 B（AmB）作为模型药物，研究其从聚氧乙烯-聚苯基天冬氨酸嵌段共聚物（PEO-*b*-PBLA）胶束中的释放曲线。AmB 是一种难溶性药物，目前是由脱氧胆酸盐配制而成（Fungizone®），该处方会导致溶血，AmB 的缓释是为了避免毒副作用。另外，Yu 等还研究了冻干和复溶对胶束的影响。

制备 PEO-*b*-PBLA 胶束的步骤如下。将 PEO-*b*-PBLA 溶解在 DMF 中，然后加入 AmB，用去离子水对聚合物/药物溶液进行透析，去掉 DMF 和未包封的 AmB，透析介质的 pH 维持在 11.3，以保证未包封的 AmB 的离子化，使其易于去除。透析完成后将介质的 pH 中和至 5.6，用葡萄糖调整透析袋内胶束溶液至等渗，对冻干胶束的等渗性未进行调节。用 DMF 稀释透析袋内 PEO-*b*-PBLA 胶束，使 AmB 释放出来，然后用紫外-可见分光光度计测试 AmB 的载药量。AmB 的载药效率为 30%左右，AmB 与聚合物的物质的量之比为 0.40～1.0。

透射电镜（TEM）可以分辨聚合物胶束等纳米胶体。TEM 照片显示 PEO-*b*-PBLA 胶束为球形，这证实了早期对聚合物胶束进行的 DLS 测试。载 AmB 前后的 PEO-*b*-PBLA 胶束平均直径分别为（20.0 ± 3.9）nm 和（25.8 ± 4.2）nm，说明载药会稍微增加胶束的尺寸。PEO-*b*-PBLA 胶束的粒径分布非常窄，具有聚合物胶束的特点。

AmB 静脉注射给药的水平为 50～100 mg/mL，将 AmB 载入 PEO-*b*-PBLA 胶束后，即使 AmB 浓度达到为 10 μg/mL，其溶血活性也会急剧降低。当使用脱氧胆酸盐溶解 AmB（Fungizone®）时，AmB 的溶血活性非常强，在约 3.0 μg/mL 时，即可达到 100%溶血。无脱氧胆酸盐（具有自身的溶血活性）时，透析形成的 AmB 胶束溶血活性非常微弱，相比之下，载 AmB 的 PEO-*b*-PBLA 胶束在 3.0 μg/mL 水平时作用 5.5 h 不会引起溶血反应，而同样水平的 Fungizone® 30 min 即会发生溶血，这说明 AmB 从 PEO-*b*-PBLA 胶束中释放速率非常慢。溶血活性的缺失，也说明 AmB 是以单分子形式从 PEO-*b*-PBLA 胶束中释放，而 Fungizone®同时以聚集体和药物的单分子形式释放。

另一项关于二嵌段共聚物体外释放抗菌药物的效果和毒性的研究，也支持了载 AmB 的 PEO-*b*-PBLA 胶束无溶血活性（Yu 等，1998）。由于 AmB 的聚集状态是衡量其毒性的决定性因素，AmB 是以单分子状态载入 PEO-*b*-PBLA 胶束，根据溶血活性和半数抑菌浓度（MIC）测试结果，处方中 AmB 浓度水平可上升至 15 μg/mL。载 AmB 的 PEO-*b*-PBLA 胶束的抗菌活性要高于 Fungizone®，这或许归因于聚合物胶束的稳定作用和/或提高了 AmB 在细胞膜水平的相互作用。这些结果支持了单分子形式的 AmB 对真菌细胞的选择性强于哺乳动物细胞的研究结果。

研究发现，未载药的 PEO-*b*-PBLA 胶束，即使浓度水平达到 0.70 mg/mL，也不会引起溶血反应。PEO-*b*-PBLA 拥有极低的 CMC（Kwon 等，1993），因此，很少有单分子的 PEO-*b*-PBLA 用于脂质双分子层膜的裂解。另外，PEO-*b*-PBLA 胶束可能会缓慢分解成单体。PEO-*b*-PBLA 缺乏溶血活性，这与其他用于注射给药中作为增溶剂使用的两亲性物质形成强烈对比。胆酸钠在 0.32 mg/mL 时即可引起 100%的溶血，这归因于它对红细胞脂质双分子层膜的破坏作用。

PEO-*b*-PBLA 胶束结构的高度完整性和 AmB 的缓慢释放，可能与该胶束的固体样内核有关。PEO-*b*-PBLA 胶束核中大量苄基侧链之间的强烈二级相互作用，提高了内核的黏度，抑制胶束的破坏和 AmB 的释放（Kwon 等，1993）。对于有苯基侧链的聚苯乙烯嵌段聚合物，在 25℃时，二嵌段共聚物没有胶束间的交换（Wang 等，1992）。另一方面，洗涤剂胶束具液状核，在这种情况下，胶束之间的交换发生在微秒级别（Yu 等，1998）。

最终，经冻干后的载 AmB 的 PEO-*b*-PBLA 胶束，在几秒钟之内即可溶于水溶液中，这与 PEO-*b*-PBLA 和 AmB 的行为相反，两者直接放入水中时均不溶。TEM 显示 PEO-*b*-PBLA 胶束仍保持完整，其粒径分布证实了冻干和复溶过程中没有引起任何的二级聚集。此外，载 AmB 的 PEO-*b*-PBLA 胶束在 10 μg/mL 时没有引起溶血反应，说明 AmB 仍存在于聚合物胶束内，该载药胶束的 Amb 水平可达 5.0 μg/mL，是 AmB 溶解度的 10000 倍。因此，复溶后的冻干胶束可以允许溶液中 AmB 以高浓度水平存在，这与载阿霉素的 PEO-*b*-PBLA 胶束相同（Kwon 等，1997）。

Yu 等（1998）通过药物载入聚合物胶束，能够提高 AmB 的抗菌活性，并同时降低其溶血活性。这说明聚合物胶束能够稳定 AmB 的自氧化活性，提高其对真菌细胞膜的扰动。

## 13.6.2 三嵌段共聚物胶束

利用泊洛沙姆（普朗尼克类，一种三嵌段共聚物 PEO-*b*-PPO-*b*-PEO）对难溶性药物进行增溶，已经得到了广泛的研究。Kabanov 等（1992）设计并制备了疏水性精神药物氟哌啶醇的靶向传递系统。其他研究的药物包括托吡卡胺（一种水溶性扩瞳/睫状肌麻痹药）（Saettone 等，1988）、别嘌醇（Hamza 和 Kata，1989）、地西泮（Lin，1987）和萘普生（Suh 和 Jun，1996）。后文对每一项研究的重点做了简要总结。

Kabanov 等（1992）采用聚合物表面活性剂 PEO-*b*-PPO-*b*-PEO 嵌段共聚物如普朗尼克 P-85、普朗尼克 F-64、普朗尼克 L-68 和普朗尼克 L-101 制备了靶向载药胶束。将氟哌啶醇溶于 pH6 的普朗尼克胶束溶液，37℃孵育 1 h，药物缔合入胶束 PPO 段形成的疏水内核。研究了聚合物胶束对小分子化合物的增溶，如荧光素异硫氰酸酯（FITC）、氟哌啶醇，并采用不同技术包括荧光强度测试、超速离心和准弹性光散射对其进行表征。在大多数情况下，载有已溶解的化合物的普朗尼克胶束的直径为 12～36 nm。

为了将这些微粒载体靶向传递至特定细胞，将普朗尼克分子与特异性抗原的抗体结合，或与靶细胞受体特异性作用的蛋白配体进行偶联，然后将这些偶联物简单混合入相应的载药胶束中，溶解在普朗尼克胶束中的 FITC 显示了该胶束在动物（大鼠）体内的分布。未偶联的胶束集中在肺部。将含 FITC 的胶束与胰岛素载体偶联，可以增加 FITC 在所有组织，包括大脑中的渗透。当普朗尼克胶束与大脑神经胶质细胞抗原的抗体（α2-糖蛋白）偶联后，普朗尼克特异性地靶向大脑。当氟哌啶醇溶解在这些偶联胶束中后，其治疗效果得到显著提高。这一结果说明含普朗尼克胶束的载体为溶解的神经抑制剂提供了一种有效跨越血脑屏障的传递工具。

Saettone 等（1988）研究了泊洛沙姆或普朗尼克对托吡卡胺（一种难溶性扩瞳/睫状肌麻痹药）的增溶，用于增溶研究的聚合物包括普朗尼克 L-64、普朗尼克 P-65、普朗尼克 F-68、普朗尼克 P-75、普朗尼克 F-77、普朗尼克 P-84、普朗尼克 P-85、普朗尼克 F-87、普朗尼克 F-88 和普朗尼克 F-127。作者测量了一系列的理化性质，如托吡卡胺在聚合物溶液中的溶解度、药物在肉豆蔻酸异丙酯和聚合物溶液之间的分配系数、聚合物的 CMC 和含托吡卡胺聚合物溶液的黏度。

药物在 25℃的溶解等温线表明，药物的溶解度随着表面活性剂浓度在 40～200 mg/mL 范围内的增加而呈线性增大。当存在 200 mg/mL 的普朗尼克时，药物溶解度会显著增大，增加程度从普朗尼克 F-88 的 1.9 倍到普朗尼克 P-85 的 3.0 倍。随着表面活性剂环氧乙烷（EO）含量的增加，托吡卡胺的溶解度增大。但是，随着表面活性剂亲水性的增加（PEO 链长的延长），每个 EO 单元溶解药物的量降低。通过计算连接到表面活性剂分子 PEO 和 PPO 部分的药物的相对量，证明药物是部分连接在亲水性（PEO）外壳，一部分连接在胶束聚集体的疏水内核（PPO），根据聚合物的种类，与 PEO/PPO 结合比值为 1.17～3.13。

分别测试了托吡卡胺对家兔和人的扩瞳和睫状肌麻痹活性，发现托吡卡胺在家兔和人体内的生物利用度均没有随着胶束的增溶而降低，因此泊洛沙姆作为托吡卡胺增溶的载体，其结果是令人满意的。形成的 1.0%～1.5%的中性药物溶液，其耐受性较好，比标准滴眼液更有效。

对其他药物的增溶作用也观察到了嵌段结构的影响。Hamza 和 Kata（1989）研究了一系列表面活性剂（包括普朗尼克 F 系列）对别嘌醇的增溶作用。延长具有相同 PEO 链长的同系列聚合物的疏水核链，会导致不同浓度下药物溶解量的降低。另一方面，具有相同疏水段的系列聚合物，延长 PEO 链会导致除了最高浓度以外药物溶解量的增加。这一结论从地西泮在三种普朗尼克表面活性剂水溶液（F-108>>F-88>F-68）中的溶解度可以得到（Lin，1987）。

Suh 和 Jun（1996）研究了萘普生在普朗尼克 PF-127 胶束中的溶解度和释放与温度和 pH 的函数关系，在三种温度条件下，该药物在 pH 2 时的溶解度随普朗尼克 PF-127 浓度的增加呈线性上升。萘普生被胶束高度包封，分配系数较大，胶束增溶是自发（$\Delta G<0$）和放热（$\Delta H<0$）过程，导致有序状态较差。有普朗尼克 PF-127 存在时，萘普生在 pH 2 时呈缓释状态，且与表面活性剂的浓度呈反比。而当 pH 为 7 时，普朗尼克 PF-127 对萘普生的膜转运几乎没有影响，萘普生从普朗尼克 PF-127 凝胶中释放到肉豆蔻酸异丙酯中，与介质的 pH 相关，pH 为 6.3 时，释放最快。

### 13.6.3　温敏型聚合物胶束

为了逃避 RES 的吞噬（Matsumura 和 Maeda，1986；Maeda 等，1992），温敏型胶束因其尺寸特点，不仅能够被动地利用空间特异性，还能结合物理靶向机制，增加空间特异性，这是通过引入温敏型聚合物 PIPAAm 段来实现的。该温敏型有望在被动和刺激响应下完成双重靶向系统的多重功能，增强血管运输和药物的释放，和/或通过局部温度的变化引起栓塞。由聚合物胶束和细胞之间的疏水作用所介导的细胞对胶束吸附作用的增强，增加了聚合物胶束在恶化组织位点的选择性蓄积，同时，该策略可以实现药物的临时传递控制，药物仅在局部加热和冷却的时间段内表现出活性（Chung 等，1999）。

PIPAAm 是一种知名的温敏型聚合物，其水溶液相变温度为 32 ℃（Heskins 和 Guillet，1968）。PIPAAm 表面可以接枝疏水段，如聚苯乙烯，形成亲水/疏水可变的表面（Yamada 等，1990；Okano 等，1993，1995）。AB 型 PIPAAm 二嵌段共聚物和疏水段表现出的热效应性水溶液，可以形成多种结构的微观结构，即由可溶的 PIPAAm 段的亲水性微区和低于 LCST 时嵌入疏水段的疏水性聚集微区组成的胶束结构。胶束的疏水内核含有水不溶药物，而 PIPAAm 外壳起着稳定和温敏的作用，当温度上升至 LCST 以上时，阻止内核与其他生物成分和其他胶束相互作用的外壳的亲水性，可以在某个特定温度突然转变为疏水性（Chung 等，1999）。

为了设计一个易于可逆的温敏型胶束药物传递系统，Chung 等（1997，1999）和 Cammas 等（1997）对胶束的形成机制进行了广泛的研究，包括与亲水/疏水分子内或分子间相互作用相关的结构稳定性、温敏性和分子结构。

一般来说，将亲水性或疏水性基团缔合入 PIPAAm 链会改变 LCST（Taylor 和 Cerankowski，1975；Dong 和 Hoffman，1991；Takei 等，1993；Chen 和 Hoffman，1995）。具有亲水基团的

PIPAAm 通过增强聚合物与水之间的相互作用，稳定聚合物的溶解，使其 LCST 升高至比纯的 PIPAAm LCST 更高的温度，减缓相变现象（Dong 和 Hoffman，1991；Chen 和 Hoffman，1995），尤其是末端亲水基团的亲水性对 LCST 转变的贡献非常大（Chung 等，1997）。正如亲水性的贡献改变了 PIPAAm 的 LCST 一样，疏水性的改变也依赖于疏水基团的位置。疏水基团改变了 PIPAAm 的亲水/疏水平衡，促进了 PIPAAm 在低于纯 PIPAAm 的 LCST 温度下发生相变（Taylor 和 Cerankowski，1975；Takei 等，1993）。

但是，由位于末端的经疏水性改性的 PIPAAm 组成的超分子结构，与自由移动的线性 PIPAAm 链具有相同的 LCST 和相变动力学（Chung 等，1997）。当末端疏水基团通过疏水作用自我聚集时，疏水基团周围的水簇会被疏水基团聚集形成的内核排斥在外，孤立的疏水核不会直接干扰水性介质中 PIPAAm 链的动力学，在这种核-壳结构的胶束中，位于胶束外壳的 PIPAAm 链仍为可移动的线性链。因此，该结构中 PIPAAm 链的温敏性仍未被改变（Winnik 等，1992；Chung 等，1997）。早期也有研究表明，强疏水性修饰的末端 PIPAAm 在热刺激下发生温敏性结构改变时，形成了明显的相分离胶束结构，并保持结构稳定性（Cammas 等，1997；Chung 等，1997，1998）。

Chung 等（1999）构建了 PIPAAm-*b*-PBMA 微极性随温度变化的关系图（图 13.26）。溶液通过 LCST 表明，芘环境极性随温度的升高而增大，而溶液的微极性保持恒定，在 LCST 以下，极性较小。纯的 PIPAAm 溶液在温度升高至 LCST 以上时，极性会急剧下降，表明有芘转移到沉淀的聚合物富集相（Chung 等，1997）。另一方面，由于胶束的疏水性 PBMA 核的存在，在整个温度区域内，胶束溶液的极性都低于纯的 PIPAAm 溶液。塌陷的 PIPAAm 外壳的聚集可能会导致胶束结构的变形，增加了芘微环境在 LCST 以上的极性。当 PIPAAm 链在 LCST 以下再水化时，结构的变形会使得芘的分配发生改变，实验观察到 LCST 周围有一个小的滞后，这是由 PIPAAm 链的冷却导致的延迟（Chung 等，1997）。这些结果表明在加热过程中，聚合物胶束结构可能发生选择性改变，从而调节药物从内核的释放。

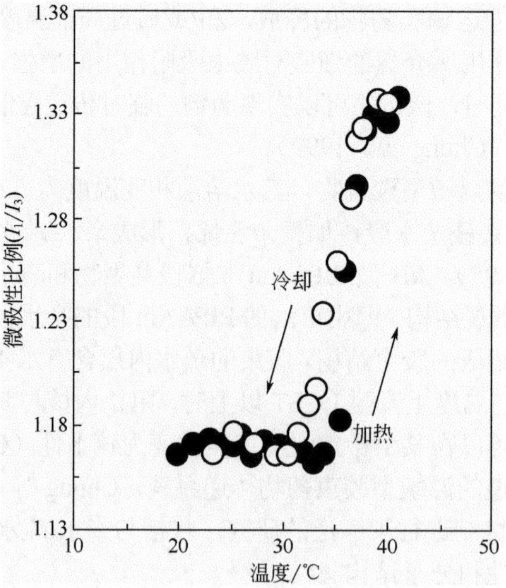


图 13.26　芘荧光谱中振动带荧光强度比值（$I_1/I_3$）与 PIPAAm-*b*-PBMA 温度的函数关系

λex = 340 nm，[芘]= $1.6\times10^{-7}$ mol/L，1℃/min，[聚合物] = 5000 mg/L

（经 Elsevier 授权，来源：Chung J E，Yokoyama M，Yamato M，et al. J. Control. Rel.，1999，62：115-127.）

在透析过程中，溶剂与聚合物和药物的相互作用、溶剂交换速率和溶液温度，显著影响了 PIPAAm-*b*-PBMA 胶束的形成和载药量。随着透析过程中有机溶剂的逐渐减少，PBMA 段自身及与疏水药物的疏水性自我聚集，是胶束形成和胶束内核载药的驱动力。因此，药物的选择和药物的包载是由药物与聚合物疏水段和溶剂之间的相互作用决定的。优化条件的控制为聚合物胶束载药条件的优化提供了重要信息。通过调节如聚合物亲水/疏水段长度、透析袋内聚合物和 ADR 的浓度、三乙胺用量和透析的温度，可以调节含 ADR 的 PIPAAm-*b*-PBMA 胶束的最佳疏水作用。选择 *N*-乙基乙酰胺作为聚合物和药物的良溶剂，在其他选择的条件下，PIPAAm（6100）-*b*-PBMA（8900）是制备胶束和载药（ADR，14.6%）最成功的聚合物。聚合物-ADR 的 *N*,*N*-二甲基甲酰胺或 DMSO 在用水透析过程中形成沉淀，孔径为 12000～14000 的透析袋（Spectra/Por）为 PIPAAm-*b*-PBMA/ADR 复合物的胶束形成提供了最佳的溶剂交换率。在 20℃左右（透析温度）获得了红色透明的胶束-ADR 溶液，该溶液与聚合物的溶解度有关，尤其是 PIPAAm 段在水中的溶解度。其他高于或低于 20℃的透析温度会导致沉淀析出。

Chung 等（1999）采用 UV 分光光度计检测了药物从胶束中的释放，ADR 从聚合物胶束中的释放随温度的变化（LCST 温度上下）而发生急剧变化（图 13.27）。当温度加热至 LCST 以上时，ADR 释放会选择性加速；而当温度低于 LCST 时，ADR 的释放速率会被抑制。温度加速的 ADR 释放与温度所致的聚合物胶束结构的变化相一致（图 13.26）。从图 13.28 可以看出，ADR 从聚合物胶束中的释放是温敏型的，胶束结构会随 LCST 温度的变化而发生相应的可逆变化。随着胶束周围 ADR 浓度的增加，当温度上升至 LCST 以上时，ADR 的初始释放被加速。此外，ADR 的释放速率只随温度变化而变化，低于 LCST 时，释放速率降低，高于 LCST 时，释放速率则会加快。

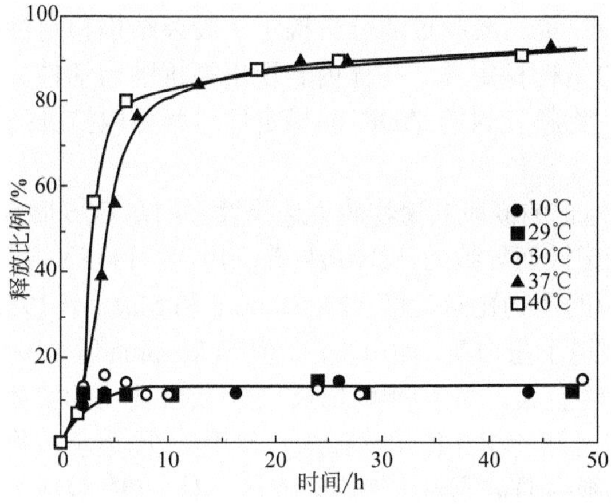


图 13.27 药物（ADR）从含有 ADR 的温敏型 PIPAAm-*b*-PBMA 胶束中的释放

（经 Elservier 授权，来源：Chung J E，Yokoyama M，Yamato M，et al.J. Control. Rel.，1999，62：115-127.）

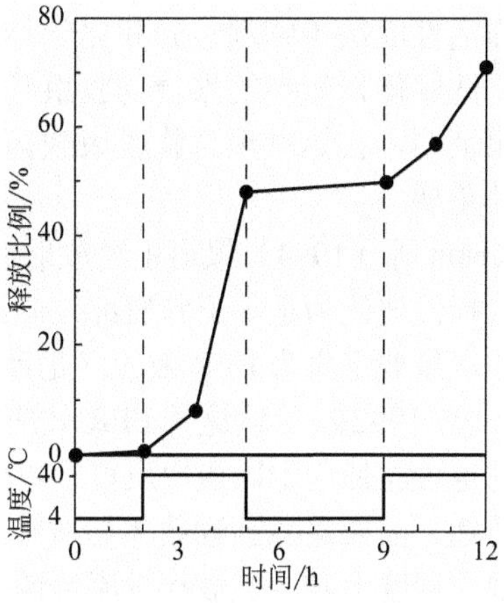


图 13.28 药物（ADR）从含有 ADR 响应温度变化 PIPAAm-*b*-PBMA 胶束的开/关释放行为

（经 Elservier 授权，来源：Chung J E，Yokoyama M，Yamato M，et al. J. Control. Rel.，1999，62：115-127.）

含 ADR 的 PIPAAm-*b*-PBMA 温敏型胶束和游离 ADR 在 29℃和 37℃的体外细胞毒性研究发现，在 37℃，载药聚合物胶束比游离 ADR 具有更高的细胞毒性，而当温度为 29℃（低于 LCST）时，其细胞毒性要低于游离 ADR。当胶束的结构发生改变（图 13.26），并且 ADR 被高于 LCST 的温度所触发的选择性释放后（图 13.27），其细胞毒性会显著增强。

### 13.6.4 聚合物-药物偶联物形成胶束

与游离药物相比，聚合物-药物偶联物形成的胶束，具有较长的循环时间、较高的药效和较低的毒性。Kwon 和 Okano（1999）总结了近期的聚合物-药物偶联物研究。聚氧乙烯-*b*-聚天冬氨酸-阿霉素（PEO-*b*-PAA-DOX）在水中可以自组装成聚合物胶束（Yokoyama 等，1990，1992），其非极性核由载 DOX 的 PAA 段组成，亲水性外壳由 PEO 段组成。DLS 测试结果表明其直径为 30 nm 左右，与脂蛋白和病毒的大小相当（Yokoyama 等，1990）。DOX 与 PEO-*b*-PAA 的结合度较高，且不会丧失聚合物的水溶性，合成的聚合物水溶性的损失往往会限制偶联药物的取代度。药物的荧光猝灭实验证明，PEO-*b*-PAA-DOX 偶联物的胶束状结构，通过胶束核内自我聚集的 DOX 紧密结合在一起（Yokoy ama 等，1992）。即使在血液中，PEO-*b*-PAA-DOX 结合物的胶束状结构也会在数小时内分解。

但是，Yokoyama 等（1994）报道化学结合和物理包封的 ADR（如 DOX）比例没有确定，形成了大量的阿霉素衍生物，并被缔合入胶束内。Yokoyama 等（1998）用改进的合成方法，定量测定了胶束核内缔合的 ADR，并分析了 ADR 的含量（包括化学结合和物理包封）对胶束稳定性和体内抗肿瘤活性的影响。Yokoyama 等（1998）使用的聚合物为聚氧乙烯-*b*-聚天冬氨酸嵌段共聚物[PEG-*b*-P(Asp）]，聚合物胶束的化合结合和物理包封方法可以参考前面的章节。

通过化学偶联和物理包封的方法使 ADR 与聚合物胶束结合，成功提高了 ADR 的抗肿瘤活性。其高体内抗肿瘤活性被认为是被物理包封的 ADR 选择性传递至实体瘤位置，因为没有物理包封 ADR 的嵌段共聚物-药物结合物在体内没有表现出任何活性。然而，ADR 的体内抗肿瘤活性取决于物理包封和化学结合的 ADR 量。凝胶过滤分析揭示了胶束结构稳定性的差异，洗脱体积较小的聚合物胶束具有较高的结构稳定性，在体内表现出高抗肿瘤活性。这些结果证明，在这种聚合物胶束载药体系中，物料包封的 ADR 的稳定性对其体内抗肿瘤活性至关重要。

Kwon 等（1994）报道了经放射性同位素标记的嵌段共聚物胶束选择性蓄积在 C26 肿瘤。这种选择性被认为是基于肿瘤部位血管的高渗透性而导致的（Dvorak 等，1979，1995）。这种独特的现象被定义为 EPR 效应，是针对实体瘤的药物靶向策略（Matsumura 和 Maeda，1986；Maeda 等，1992）。虽然这种 EPR 效应最初被报道于蛋白质，如白蛋白，但 Yokoyama 等（1998）认为它也可能使用于比蛋白质直径更大的聚合物胶束。为了利用 EPR 效应实现药物的实体瘤靶向传递，需要避免药物载体与血管内皮细胞之间的相互作用（如疏水作用），因为疏水作用可以很大程度上减少扩散和对流传递（通过细胞内通道或内皮细胞间连接）对 EPR 效应的贡献。具有 PEG（或 PEO）的聚合物胶束，其外壳被认为具有天然的基于 EPR 效应的肿瘤选择性，因为 PEG 被认为是一种惰性的聚合物，与细胞和蛋白质之间的相互作用非常微弱，已证明一些蛋白质经 PEG 修饰后，其血浆半衰期被延长（Abuchowski 等，1977；Katre 等，1987）。通过凝胶柱层析对聚合物胶束稳定性的测试表明，是聚乙二醇外壳完全屏蔽了疏水内核。因此，稳定的聚合物胶束能够更有效地抑制疏水作用，从而更有效地利用 EPR 效应。为了获得稳定的包封，可能需要大量的化学偶联和物理包封的 ADR，使疏水内核被紧密包裹（Yokoyama 等，1998）。

Yokoyama 等（1998）认为化学偶联的 ADR 在抗肿瘤活性方面没有发挥主要作用，因为仅由化学偶联 ADR 组成的聚合物胶束没有表现出任何体内活性，也没有表现出细胞毒性或仅表现出较低的细胞毒性。这种没有或是较低的活性被认为是因为 ADR 缺乏可断裂的化学键，因此没有从嵌段聚合物中释放或释放量很少，例如 Kopecek 关于四肽的研究（Patnum 和 Kopecek，1995）。然而，化学偶联的 ADR 能否表达出药理活性仍然未知。根据 Tritton 的研究（Wingard 等，1985），化学偶联的 ADR 即使不释放出游离的 ADR，也能表现出细胞毒性。另一方面，化学偶联的 ADR 被证明有助于物理包封的 ADR（未偶联的）更稳定地存在于胶束核内，因为没有物理包封的 ADR 是来源于 ADR 和 PEG-*b*-PAA 嵌段共聚物的混合（Yokoyama 等，1998）。Martin（1980）报道了柔红霉素（一种阿霉素类似物）的自我聚集体。因此，偶联的 ADR 被认为是一种很好的物理包封 ADR 的载体，可以提供两个 ADR 分子之间的相互作用和非特异性的疏水作用（Yokoyama 等，1998）。

Kwon 和 Okano（1999）补充说，合成的胶束样嵌段共聚物可能作为一种生物传递系统的功能性类似物，如低密度脂蛋白。血浆脂蛋白的一个主要功能是脂质增溶，合成的胶束样嵌段共聚物可能对水难溶药物具有类似的增溶功能，另外还可以在不造成药物过多损失的情况下，将未偶联的药物传递至实体瘤。最终，与脂蛋白相比，合成的胶束样嵌段共聚物可能更易放大生产，成本更低。

### 13.6.5　可形成胶束的二酰基酯-聚合物偶联物

Trubeskoy 和 Torchilin（1995）研究了二酰基酯-PEO 偶联物作为聚合物胶束传递治疗和诊断药物。他们是基于两亲性胶束稳定性的理论，稳定性主要取决于形成胶束核的疏水段之间的范德瓦耳斯力强度和平衡大分子的非水溶性部分的亲水段分子尺寸。与传统的两亲性聚合物胶束相比，使用脂质作为盖住 PEO 链的疏水段，可以为胶束粒子稳定性提供额外的优势，因为两个脂肪酸酰基的存在可以增加胶束核内聚合物链之间的疏水作用，疏水膜锚定越多，两亲性聚合物与脂质之间的相互作用越强（Trubetskoy 和 Torchilin，1995）。与脂质体膜结合后，以棕榈酰（$C_{16}$）脂肪酸酰基封端的亲水性聚合物比癸基衍生物（$C_{10}$）具有更好的空间保护作用。

二酰基酯-PEO 偶联物已经作为脂质体的聚合物表面修饰剂，应用于药物传递领域（Klibanov 等，1990）。通过将脂质锚插入脂质体的双分子膜，可以稳定脂质体，避免脂质体与血液中某些血浆蛋白的相互作用，从而显著延长载体的循环时间。二酰基-PEO 分子本身代表一种具有大量亲水性 PEO 部分和一小部分疏水性极强的二酰基酯部分的两亲性聚合物。通常，对于其他含 PEO 的两亲性嵌段共聚物，发现二酰基-PEO 偶联物在水溶液中能够形成胶束（Lasie 等，1991）。似乎使用 PEO-二酰基酯偶联物来代表形成胶束的两亲性聚合物会形成在生理条件下更稳定的胶态粒子，因为该两亲性聚合物具有更大的亲水段和亲脂性更强的疏水段。

PEO-脂质偶联物形成的胶束，因其尺寸特性和防止被免疫细胞吸附、吞噬的特性，具有一定的免疫逃逸能力，因此该偶联物尤其适用于一些需要靶向传递的药物。例如，由 $^{198}Au$ 纳米粒的实验可知，经皮下给药后，淋巴结从组织间隙吸附的金纳米粒最佳尺寸非常小，仅 5 nm 左右（Strand 和 Petsson，1979）。微粒的表面结构是另一个可调控其在注射部位消失和淋巴结部位吸收的因素。涂载 PEO 的微粒在经皮给药和淋巴结传递的重要性已经被涂载泊洛沙姆的聚苯乙烯乳胶微粒所证明（Moghimi 等，1994）。然而，正如其他人所指出的（Tan 等，1993），聚苯乙烯纳米球作为实际生物活性成分传递载体的潜力，仍有待确认。同时，聚合物胶束已被证明是多种疏水性物质的有效载体。合适的尺寸大小、表面涂载及高效的载药或诊断试剂能力，使得 PEO-脂质类胶束成为经皮淋巴传递的理想选择。

PEO-二酰基酯胶束的超分子结构一定程度上与含 PEO-脂质的脂质体超分子结构相似，这两种微粒都具有脂质部分，其外表面都包裹着亲水的 PEO 外壳，该外壳朝向水相。因此，可以期望类似的体内特征，包括血液中的半衰期。巨噬细胞逃逸无论对静脉注射给药还是其他给药途径，都是一个非常重要的性质。Trubetskoy 和 Torchilin（1995）呈现了一些关于载诊断试剂的两亲性聚合物胶束传递至局部淋巴管的实验结果，使用卵磷脂酰乙醇胺和甲氧基聚氧乙烯琥珀酸盐（分子量分别为 2000、5000 和 12000）的 *N*-羟基琥珀酸亚胺酯合成了一系列聚氧乙烯-磷脂酰乙醇胺（PEO-PE）偶联物（Klibanov 等，1990），基于 HPLC 的 GPC 测试表明，这些聚合物在水溶液中会形成不同尺寸的胶束，用同样的方法测试了聚合物胶束的稳定性，在连续稀释的 PEO（5000）-PE 样品中，没有观察到胶束被解离为单个聚合物链的现象。PEO-PE 胶束能够有效缔合一些难溶或两亲性的物质，例如，胶束的 HPLC 分析表明，聚合物胶束可以缔合拓扑异构酶Ⅱ抑制剂玫瑰树碱（水溶解度为 1.5 μg/mL）。但是，缔合疏水性物质的 PEO-脂质胶束中最成功的例子是不同的两亲性脂质衍生物，与只能以药物：PEO-PE 物质的量之比为 1∶25 才能成功缔合并形成胶束的玫瑰树碱不同，脂质荧光探针罗丹明-PE 与同样的胶束缔合的比例可上升至 2∶1。有人认为，作为药物载体的 PEO-脂质聚合物，最成功的治疗应用需要使用适当的疏水性前药。疏水性前药方法已经成功用于多肽药物在小肠细胞膜的跨膜转运（Yodoya 等，1994），促进重组的低密度脂蛋白经亲脂性键与药物的共价结合对抗肿瘤药物衍生物的包载（Samadi-Boboli 等，1993）。

在体内分布实验中，$^{111}$In 标记的 PEO-PE 胶束证明其在小鼠体内的半衰期可达 2.5h，与大多数的非表面修饰的粒子相比，该半衰期已经足够长了，但与含 PEO 的脂质体相比，仍偏短。可能因为以下几种原因：①与脂质体相比，颗粒的尺寸要小很多，因此可能会从血管系统中渗出；②与脂质分子（如白蛋白）具有亲和力的血浆蛋白交换两亲性。

聚合物胶束的巨噬细胞逃逸特性，不仅对静脉注射应用非常重要，对药物载体的其他给药途径也很重要。一个较好的例子是，PEO-脂质聚合物胶束的这些特性，在体内传递诊断试剂（重要的重金属）方面具有很好的应用价值。除了诊断本身的实用价值外，这一领域对药物的传递也非常重要，因为它可以以非常高的分辨率显示药物载体在体内的精确位置。螯合顺磁性金属（Ga、Mn 或 Dy 水性离子）代表了 MR 阳性造影剂设计的主流。螯合金属离子具有明显的亲水性，例如，$Ga^{3+}$与二乙烯三胺五乙酸（DTPA）的络合物中，有一个水分子直接与金属配位球结合（Lauffer，1990）。为了嵌入胶束，这种结构需要具有两亲性，早前已经开发了几种这种类型的螯合探针，用于脂质体膜结合研究[DTPA-PE（Grant 等，1989）、二乙烯三胺五乙酸硬脂酰胺、DTPA-SA（Kabalka 等，1989）、Mn 和 Gd 的两亲性酰化顺磁性复合物（Unger 等，1994）]。在这些试剂中，亲水性螯合残留基团共价结合在疏水（脂质）链上，分子的脂质部分可以锚定在胶束的脂质双层或疏水核结构上，而亲水性螯合物更多地定位于脂质表面或胶束亲水性聚合物外壳上。缔合的放射性离子螯合物会遵循体内药动学参数，包括血液半衰期和生物分布，将两亲性螯合物探针（顺磁性 Gd-DTPA-PE 和放射性 $^{111}$In-DTPA-SA）嵌入 PEO（5000）-PE 胶束，用于体内 MR 和闪烁成像。

在 Trubetskoy 和 Torchilin（1995）的实验中，将两亲性螯合物探针 Gd($^{111}$In)-DTPA-PE 和 $^{111}$In-DTPA-SA 缔合入 PEO（5000）-PE 胶束（直径 20 nm）和表面修饰的脂质体（直径

200 nm），并试图使用 γ-闪烁和 MR 成像技术，比较这些微粒制剂在兔体内经皮淋巴造影实验的成像，证明这是兔爪后背皮下淋巴管注射的 20 μCi（$7.4\times10^5$ Bq）剂量的 $^{111}$In 标记的 DTPA-SA/ PEO(5000)-PE 胶束。注射几秒后即可观察到腘窝淋巴结，对注射部位进行轻柔按摩，可以增加淋巴结的蓄积，并将标记的物质进一步沿着淋巴管通路推入胸导管。直接按摩腘窝可以挤压 $^{111}$In 标记的胶束进入全身循环，然而，很明显，没有经过按摩，胶束因颗粒较小，在原发性淋巴结中蓄积较多。有趣的是，在注射部位按摩，可以使两种微粒（胶束和脂质体）在淋巴结蓄积的差异区域平衡，相反，腘窝淋巴结按摩易清除比脂质体更小的颗粒。由于胶束颗粒的尺寸和表面性质，它们可以很容易从注射部位沿着淋巴管随淋巴流动循环到全身。考虑到原发性淋巴结可视化的简易性和快速性，可以认为，与其他淋巴造影剂不同，聚合物胶束本质上是淋巴管造影剂。它们的造影作用是基于可视化的淋巴流经不同的淋巴管，其他淋巴造影剂的作用主要取决于它们被淋巴巨噬细胞（即淋巴结巨噬细胞）的吞噬，只有当淋巴结内造影剂浓度达到一定阈值时，淋巴结才可见，而达到该阈值通常需要很长的时间。

由此可见，在体内试验中，脂质-PEO 偶联物可以成功地作为药物和诊断试剂的载体，利用不同尺寸的 PEO 段，可以控制聚合物胶束的直径。这些聚合物的疏水核中，可以缔合不同的难溶性或两亲性药物和诊断试剂。但这类药物载体将来可能作为药物的疏水性前药使用，将活性成分通过可断裂的化学键连接在疏水锚上（Trubetskoy 和 Torchilin，1995）。

## 13.7　临床试验

阿霉素和紫杉醇的嵌段共聚物胶束制剂均处于Ⅰ/Ⅱ期临床试验阶段，用于治疗晚期癌症。到目前为止，有几个聚合物胶束制剂已经进入临床前和临床试验阶段（表 13.10）。其中，Genexol-PM® 已经被批准用于乳腺癌、肺癌和卵巢癌的一线治疗药物。

**表 13.10　临床试验中的聚合物胶束传递系统**

| 商品名 | 聚合物类别 | 药物组装 | 研究阶段 | 最显著作用 | 参考 |
|---|---|---|---|---|---|
| NK-911 | PEO-*b*-PLAA | DOX/化学结合和物理吸附 | Ⅱ期临床 | 显著的药动学改善和肿瘤蓄积 | Matsumura，2008 |
| NK-105 | PEO-*b*-PLAA | 紫杉醇/物理吸附 | Ⅰ期临床 | 改善小鼠中的肿瘤蓄积和抗肿瘤活性 | Danson，2004 |
| NC-6004 | PEO-*b*-PLAA | 顺铂/形成复合物 | Ⅰ期临床 | 降低大鼠的肾毒性和神经毒性（临床前） | Hamaguchi，2005 |
| SP-1049C | Pluronic | DOX/物理吸附 | Ⅱ期临床 | 部分患者缓解 | Kim，2004 |
| PAXCEED® | PEO-*b*-poly(ester) | 紫杉醇/物理吸附 | Ⅰ/Ⅱ期临床 | 较低的毒性（小鼠）和溶解度增加（无药动学改善） | Angiotech Pharmaceuticals |
| Genexol®-PM | PEO-*b*-poly(ester) | 紫杉醇/物理吸附 | 临床使用 | MTD 增加（无药动学改善） | Zhang，2005 |
| NK012 | PEO-*b*-(Glu) | 7-乙基-10-羟基喜树碱/化学偶联 | Ⅰ期临床 | 增强和延长游离 SN-38 在肿瘤中的分布，改善小鼠中的抗肿瘤活性（临床前） | Yoo，2001 |

### 13.7.1 阿霉素

#### 13.7.1.1 NK-911

NK-911 是日本第一个成功进入人体试验的聚合物胶束，NK-911 是通过聚乙二醇-聚天冬氨酸侧链基团偶联阿霉素的聚合物偶联物[PEO-*b*-P(Asp)-DOX]。所述修饰的嵌段聚合物核用于物理包封大量的 DOX，研究揭示 PEO-*b*-P(Asp)-DOX 胶束在抗肿瘤活性中起重要作用的是物理包封的 DOX，而不是化学偶联的 DOX（Yokoyama 等，1994）。NK-911 的临床前研究显示，与商业的阿霉素制剂相比，C26 荷瘤小鼠血浆中 AUC 增加了 28.9 倍，肿瘤中 AUC 和抗肿瘤活性分别增加了 3.4 倍和 7.4 倍（Yokoyama 等，1998；Nakanishi 等，2001）。NK-911 对几个晚期肿瘤的研究表明对胶束制剂的耐受性良好，主要副作用为中度恶心和呕吐。目前，正在进行转移性胰腺癌患者的Ⅱ期临床研究，MTD 为 50 mg/m$^2$（Matsumura，2004）。

#### 13.7.1.2 SP-1049C

SP-1049C 是多柔比星的普朗尼克制剂，它使用两种普朗尼克的混合物，即普朗尼克 L-61 和普朗尼克 F-127，形成物理捕获 DOX 的混合胶束。SP-1049C 的临床前研究显示，它与游离的 DOX 相比，荷 Lewis 肺癌小鼠的血浆 AUC 增加 1.2 倍，CL 降低 1.2 倍，$V_d$降低 1.4 倍。胶束制剂和游离药物的毒性特征相似，但生物分布实验表明 SP-1049C 的脑 AUC 增加 1.6 倍，肿瘤 AUC 增加 1.7 倍（Alakahov，1999）。加拿大 SP-1049C 的Ⅰ期临床试验发现，与游离传统 DOX 相比，其终末清除率较慢，但其他药动学相似。剂量递增研究确定 SP-1049C 推荐Ⅱ期的最大耐受剂量（MTD）为 70 mg/m$^2$，剂量限制性骨髓抑制剂量为 90 mg/m$^2$。在一些难治性实体瘤患者中可观察到 SP-1049C 的活性证据（Danson 等，2004）。在无法手术的食管癌患者中实施的一项Ⅱ期临床研究中，在给药剂量为 75 mg/m$^2$ 时，观察到部分患者出现的主要副作用为血液学、中性粒细胞减少、白细胞减少、恶心、厌食、嗜睡、嗜中性粒细胞减少症、体重减轻、呕吐、黏膜炎和脱发。第 1 个周期后，一半受试者给药剂量必须降低至 55 mg/m$^2$，测量左心室射血分数显示，部分患者的心脏功能显著下降（Valle 等，2004）。

### 13.7.2 紫杉醇

#### 13.7.2.1 NK-105

迄今为止，NK-105 是紫杉醇（PAX）唯一的胶束制剂，与商业化的聚氧乙烯蓖麻油紫杉醇制剂（Taxol）相比，在临床前试验中显示出更好的药动学性质。NK-105 是一种物理包封 PAX 的 PEO-*b*-PBLA 制剂。临床前试验发现，NK105 与游离的 PAX 相比，因为低的血管渗漏量和 RES 吞噬量的减少，血浆 AUC 提高了 90 倍，通过结肠直肠造影发现，NK-105 在肿瘤的 AUC 提高了 25 倍。此外，NK-105 与游离 PAX 相比，其神经毒性也显著降低（Hamaguchi 等，2005），Ⅰ期临床试验在 2004 年 4 月展开，目前结果尚未确定。

#### 13.7.2.2 PAXCEED

Zhang 等（1996a）报道了制备载紫杉醇（PAX）的聚氧乙烯-*b*-聚（*dl*-乳酸）（PEO-*b*-PDDLA）胶束制剂 PAXCEED，将 PAX 的溶解度提高了 5000 倍，包封率为 25%。但是，临床前研究发现，PEO-*b*-PDDLA 可以使 PAX 的 AUC 降低 5.5 倍，且静脉注射后，PAX 迅速与胶束解离（Zhang 等，1997）。Leung 等（2000）通过 LNCaP 前列腺癌造影发现，经三个周期的 PAXCEED 治疗后，肿瘤尺寸减小了 91%，而且没有引起明显的副作用或致死，而传统的紫杉醇制剂在 1 天内杀死了所有的啮齿动物。在 PAXCEED 治疗重度银屑病的Ⅱ期临床中，所有患者（$n$=5）均表现出显著的反应[银屑病面积和严重程度指数（PASI）降低 60%，PAXCEED 的耐受性良好]（Ehrlich 等，2004）。PAXCEED 治疗多发性硬化症的Ⅱ期临床试验显示，患者的预后未能得到改善，治疗类风湿关节炎的Ⅱ期临床试验正在开展中（Angiotech Pharmaceuticals，2006）。

#### 13.7.2.3　Genexol-PM

Genexol-PM 是 PAX 的另一种 PEO-*b*-PDDLA 胶束制剂，与 PAXCEED 类似，在韩国被批准用于临床，也是第一个用于临床的胶束制剂。同样，Genexol-PM 对紫杉醇毒性的降低，使其临床前研究使用的剂量水平（MTD＞100 mg/kg）比紫杉醇（MTD=20 mg/mL）高得多，尽管由此得到的最大血药浓度和 AUC 相对较低（Kim 等，2001）。Genexol-PM 在卵巢癌和乳腺癌小鼠模型中，均表现出良好的抗肿瘤活性（2001），Genexol-PM 的Ⅰ期临床试验显示，21 例患者中有 3 例出现部分反应，2 例出现对 Taxol 耐药。虽然 Genexol-PM 的血浆半衰期和 AUC 低于 Taxol，但高于批准的紫杉醇白蛋白纳米粒 Abraxan（Kim 等，2004）。迄今为止的测试表明，与标准制剂相比，聚合物胶束制剂具有显著的药物和生物优势。该技术使得难溶性药物开发的可接受的处方具有更高的稳定性和生物利用度，且在控制药动学参数和药物在组织中的分布方面具有潜在的应用价值。

## 13.8　致谢

衷心感谢雅培实验室的 Long 博士对本章撰写做出的有益的讨论和宝贵的贡献。

## 参考文献

Abuchowski, A., J. R. McCoy, N. C. Palezuk, J. V. E. Es, and F. F. Davis. 1977. Effect of covalent attachment of polyethylene glycol on immunogenicity and circulating life of bovine liver catalase. *J. Biol. Chem.* 252: 3582–3586.

Adams, M. L. and G. S. Kwon. 2002. The effects of acyl chain length on the micelle properties of poly(ethylene oxide)-block-poly(*N*-hexyl-l-aspartamide)-acyl conjugates. *J. Biomater. Sci. Polym. Edn.* 13: 991–1006.

Adams, M. L. and G. S. Kwon. 2003. Relative aggregation state and hemolytic activity of amphotericin B encapsulated by poly(ethylene oxide)-block-poly(*N*-hexyl-l-aspartamide)-acyl conjugate micelles: Effects of acyl chain length. *J. Control. Rel.* 81: 23–32.

Alakahov, V., E. Klinski, S. Li, G. Pietrzynski, A. Venne, E. Batrakova, T. Bronitch, and A. Kabanov. 1999. Block copolymer-based formulation of doxorubicin. From cell screen to clinical trials. *Coll. Surf. B. Biointerf.* 16: 113–134.

Alakahov, V. Y. and A. V. Kabanov. 1998. Block copolymeric biotransport carriers as versatile vehicles for drug delivery. *Expert Opin. Investig. Drugs.* 7: 1453–1473.

Alexandris, P., V. Athanassiou, S. Fukuda, and T. A. Hatton. 1994a. Surface activity of poly(ethylene oxide-block-poly(propylene oxide)-block-poly(ethylene oxide) copolymers. *Langmuir* 10: 2604–2612.

Alexandris, P., J. F. Holzwarth, and T. A. Hatton. 1994b. Micellization of poly(ethylene oxide)-poly(propylene oxide)-poly(ethylene oxide) triblock copolymers in aqueous solutions: Thermodynamics of copolymer association. *Macromolecules* 27: 2414–2425.

Aliabadi, H. M., D. R. Brocks, and A. Lavasanifar. 2005b. Polymeric micelles for the solubilization and delivery of cyclosporine A: Pharmacokinetics and biodistribution. *Biomaterials* 26: 7251–7259.

Aliabadi, H. M. and A. Lavasanifar. 2006. Polymeric micelles for drug delivery. *Expert Opin. Drug Deliv.* 3: 139–162.

Aliabadi, H. M., A. Mahmud, A. D. Sharifabadi, and A. Lavasanifar. 2005a. Micelles of methoxy poly(ethylene oxide)-*b*-poly(ε-caprolactone) as vehicles for the solubilization and controlled delivery of cyclosporine A. *J. Control. Rel.* 104: 301–311.

Allemann, E., J. C. Leroux, and R. Gurny. 1998. Biodegradable nanoparticles of poly(lactic acid) and poly(lactic-*c*-glycolic acid) for parenteral administration. In *Pharmaceutical Dosage Forms: Disperse Systems*, Lieberman, H., Rieger, M., Banker, G. (Eds.), Vol. 3, New York, Marcel Dekker, pp. 163–193.

Allen, T. M., C. Hansen, and J. Rutledge. 1989. Liposomes with prolonged circulation times: Factors affecting uptake by reticuloendothelial and other tissues. *Biochim. Biophys. Acta.* 981: 27–35.

Almeida, L. M., W. L. C. Vaz, K. A. Zachariasse, and X. C. Madeta. 1982. Fluidity of satcoplasmic reticulum membranes investigated with dipyrenylpropane, an intramolecular excimer probe. *Biochemistry* 21: 5972–5977.

Almgren, M., J. Alsins, and P. Bahadur. 1991a. Fluorescence quenching and excimer formation to probe the micellization of a poly(ethylene oxide)-poly(propylene oxde)-poly(ethylene oxide) block copolymer, as modulated by potassium fluoride in aqueous solution. *Langmuir* 7: 446–450.

Almgren, M., P. Bahadur, M. Jansson, P. Li, W. Brown, and A. Bahadur. 1992. Static and dynamic properties of a (PEO-PPO-PEO) block copolymer in aqueous solution. *J. Coll. Interf. Sci.* 151: 157–165.

Almgren, M., W. Brown, and S. Hvidt. 1995. Self-aggregation and phase behavior of poly(ethylene oxide)-poly(propylene oxide)-poly(ethylene oxide) block copolymers in aqueous solution. *Coll. Polym. Sci.* 273: 2–15.

Almgren, M., J. Van Stam, C. Lindblad, P. Stilbs, and P. Bahadur. 1991b. Aggregation of poly(ethylene oxide)-poly(propylene oxide)-poly(ethylene oxide) triblock copolymers in the presence of sodium dodecyl sulfate in aqueous solution. *J. Phys. Chem.* 95: 5677–5684.

Al-Saden, A. A., A. T. Florence, T. K. Whatley, F. Puisieux, and C. Vautuion. 1982. Characterization of mixed nonionic surfactant micelles by photon correlation spectroscopy and viscosity. *J. Coll. Interf. Sci.* 86: 51–56.

Ambler, L. E., L. Brookman, J. Brown, P. Goddard, and K. Petrak. 1992. Soluble polymeric carriers for drug delivery. 5. Solution properties and biodistribution behavior of n-(2-hydroxypropyl)methacrylamide-co-*n*-(2-[4-hydroxy phenyl]ethyl)-acrylamidecopolymers substituted with cholesterol. *J. Bioact. Compat. Polym.* 7: 223–241.

Angiotech Pharmaceuticals, specialize in the design and manufacturing of high performance surgical knives and wound closure products. 2006. http://www.angiotech.com/.

Antonietti, M., S. Heinz, M. Schmidt, and C. Rosenauer. 1994. Determination of the micelle architecture of polystyrene/poly(4-vinylpyridine) block copolymers in dilute solution. *Macromolecules* 27: 3276–3281.

Astafieva, I., X. Zhong, and F. A. Eisenberg. 1993. Critical micellization phenomena in block polyelectrolyte solutions. *Macromolecules* 26: 7339–7352.

Attwood, D., G. Ktistic, Y. McCormick, and M. J. Story. 1989. Solubilization of indomethacin by polysorbate 80 in mixed water-sorbitol solvents. *J. Pharm. Pharmacol.* 41: 83–86.

Bader, H., H. Ringsdorf, and B. Schmidt. 1984. Water soluble polymers in medicine. *Angew. Chem.* 123/124: 457–463.

Bahadur, P., M. Almgren, M. Jansson, P. Li, W. Brown, and A. Bahadur. 1992a. Static and dynamic properties of a (PEO-PPO-PEO) block copolymer in aqueous solution. *J. Coll. Interf. Sci.* 151: 157–165.

Bahadur, P., P. Li, P. M. Almgren, and W. Brown. 1992b. Effect of potassium fluoride on the micellar behavior of Pluronic F-68 in aqueous solution. *Langmuir* 8: 1903–1907.

Bahadur, P., N. V. Sastry, and Y. K. Rao. 1988. Interaction studies of styrene-ethylene oxide block copolymers with ionic surfactants in aqueous solution. *Colloids Surf.* 29: 343–358.

BASF. 1989. Corporation brochure on pluronic and tetronic surfactants.

Batrakova, E., H. Han, V. Y. Alakhov, D. W. Miller, and A. V. Kabanov. 1998. Effects of pluronic block copolymers on drug absorption in Caco-2 cell monolayers. *Pharm. Res.* 15: 850–855.

Beezer, A. E., W. Loh, J. C. Mitchell, P. G. Royall, D. O. Smith, M. S. Tute, J. K. Armstrong. et al. 1994. An investigation of dilute aqueous solution behavior of poly(oxyethylene)+poly(oxypropylene)+poly(oxyethylene) block copolymers. *Langmuir* 10: 4001–4005.

Bohorquez, M., C. Koch, T. Trygstad, and N. Pandit. 1999. A study of the temperature-dependent micellization of Pluronic F127. *J. Coll. Interf. Sci.* 216: 34–40.

Briganti, G., S. Puvvada, and D. Blankschtein. 1991. Effect of urea on micellar properties of aqueous solutions of nonionic surfactants. *J. Phys. Chem.* 95: 8989–8995.

Cammas, S., K. Suzuki, Y. Sone, Y. Sakurai, K. Kataoka, and T. Okano. 1997. Thermoresponsive polymer nanoparticles with a core-shell micelle structure as site specific drug carriers. *J. Control. Rel.* 48: 157–164.

Carlsson, A., G. Karlstrom, and B. Lindman. 1986. Synergistic surfactant-electrolyte effect in polymer solutions. *Langmuir* 2: 536–537.

Chen, G. and A. S. Hoffman. 1995. Grafted copolymers that exhibit temperature-induced phased transitions over a wide range of pH. *Nature* 373: 49–52.

Chen, W. Y., P. Alexandridis, C. K. Su, C. S. Patrickios, W. R. Hertler, and T. A. Hatton. 1995. Effect of block size and sequence on the micellization of ABC triblock methacrylic acid polyampholytes. *Macromolecules* 28: 8604–8611.

Chung, J. E., M. Yokoyama, T. Aoyagi, Y Sakurai, and T. Okano. 1998. Effect of molecular architecture of hydrophobically modified poly(*N*-isopropylacrylamide) on the formation of thermo-responsive core-shell micellar drug carriers. *J. Control. Rel.* 53: 119–130.

Chung, J. E., M. Yokoyama, K. Suzuki, T. Aoyagi, Y. Sakurai, and T. Okano. 1997. Reversibly thermoresponsive alkyl-terminated poly(*N*-isopropylacrylamide) core-shell micellar structures. *Coll. Surf.* (*B. Biointerf.*) 9: 37–48.

Chung, J. E., M. Yokoyama, M. Yamato, T. Aoyagi, Y. Sakurai, and T. Okano. 1999. Thermo-responsive drug delivery from polymeric micelles constructed using block copolymers of poly(*N*-isopropylacrylamide) and poly(butylmethacrylate). *J. Control. Rel.* 62: 115–127.

Connor, J., N. Noriey, and L. Huang. 1986. Biodistribution of immunoliposomes. *Biochem. Biophys. Acta* 884: 474–481.

Croy, S. R. and G. S. Kwon. 2004. The effects of Pluronic block copolymers on the aggregation state of nystatin. *J. Control. Rel.* 95: 161–171.

Dan, N. and M. Tirrell. 1993. Self-assembly of block copolymers with strongly charged and a hydrophobic block in a selective, polar solvent. Micelles and adsorbed layers. *Macromolecules* 26: 4310–4315.

Danson, S., D. Ferry, V. Alakhov, J. Margison, D. Kerr, D. Jowle, M. Brampton, G. Halbert, and M. Ranson. 2004. Phase I dose escalation and pharmacokinetic study of pluronic polymer-bound doxorubicin (SP1049C) in patients with advanced cancer. *Br. J. Cancer* 90(11): 2085–2091.

Daoud, M. and J. P. Cotton. 1982. Star shaped polymers: A model for the conformation and its concentration dependence. *J. Phys.* 43: 531–538.

Davis, S. S., L. Ilium, S. M. Moghimi, M. C. Davies, C. J. H. Porter, L. S. Miur, A. Brindley. et al. 1993. Microspheres for targeting drugs to specific body sites. *J. Control. Rel.* 24: 157–163.

Donbrow, M. and E. Azaz. 1976. Solubilization of phenolic compounds in nonionic surface-active agents. II. Cloud point and phase changes in solubilization of phenol cresols, xylenols, and benzoic acid. *J. Coll. Interf. Sci.* 57: 20–27.

Dong, D. C. and M. A. Wittalk. 1984. The Py scale of solvent polarities. *Can. J. Chem.* 62: 2560–2568.

Dong, L.-C. and A. S. Hoffman. 1991. A novel approach for preparation of pH-sensitive hydrogels for enteric drug delivery. *J. Control. Rel.* 15: 141–152.

Dvorak, F., B. Lawrence, M. Detmar, and A. M. Dvorak. 1995. Vascular permeability factor/vascular endothelial growth factor, microvascular hyperpermeability, and angiogenesis. *Am. J. Pathol.* 146: 1029–1039.

Dvorak, H. F., N. S. Orenstein, A. C. Carvalho, W. H. Churchill, A. M. Dvorak, S. J. Galli, J. Feder, A. M. Bitzer, J. Rypysc, and P. Giovinco. 1979. Induction of a fibrin-gel investment: An early event in line 10 hepatocarcinoma growth mediated by tumor-secreted products. *J. Immunol.* 122: 166–174.

Enoch, H. G. and P. Strittmatter. 1979. Formation and properties of 1000-A-diameter, single bilayer phospholipid vesicles. *Proc. Natl. Acad. Sci. USA* 76: 145–148.

Ehrlich, A., S. Booher, Y. Becerra, D. L. Borris, W. D. Figg, M. L. Turner, and A. Blauvelt. 2004. Micellar paclitaxel improves severe psoriasis in a prospective phase II pilot study. *J. Am. Acad. Dermatol.* 50: 533–540.

Evans D. F. and H. Wenerstrom. 1994. *The Colloidal Domain, Where Physics, Chemistry, Biology, and Technology Meet*, New York, VCH.

Flory, P. J. 1941. Thermodynamics of high polymer solutions. *J. Chem. Phys.* 9: 660.

Forrest, M. L., C.-W. Won, A. W. Malick, and G. S. Kwon. 2006. *In vitro* release of the mTOR inhibitor rapamycin from poly(ethylene glycol)-*b*-poly(ε-caprolactone) micelles. *J. Control. Rel.* 110: 370–377.

Gadelle, F., W. J. Koros, and R. S. Schechter, 1995. Solubilization of aromatic solutes in block copolymers. *Macromolecules* 28: 4883–4892.

Gao, Z. and A. Eisenberg. 1993. A model of micellization for block copolymers in solutions. *Macromolecules* 26: 7353–7360.

Ge, H., Y. Hu, X. Jiang, D. Cheng, Y. Yuan, H. Bi, and C. Yang. 2002. Preparation, characterization, and drug release behaviors of drug nimodipine-loaded poly(ε-caprolactone)-poly(ethyleneoxide)-poly(ε-caprolactone) amphiphilic triblock copolymer micelles. *J. Pharm. Sci.* 91: 1463–1473.

Goldmints, I., J. F. Holzwarth, K. A. Smith, and T. A. Hatton. 1997. Micellar dynamics in aqueous solutions of PEO-PPO-PEO block copolymers. *Langmuir* 13: 6130–6134.

Grant, C. W. M., S. Karlik, and E. Florio. 1989. A liposomal MRI contrast agent: Phosphatidyl ethanolamine. *Magn. Res. Med.* 11: 236–243.

Guo, C., J. Wang, H. Z. Liu, and J. Y. Chen. 1999. Hydration and conformation of temperature-dependent micellization of PEO-PPO-PEO block copolymers in aqueous solutions by FT-Raman. *Langmuir* 15: 2703–2708.

Hagan, S. A., G. A. Coombes, M. C. Garnett, S. E. Dunn, M. C. Davies, L. Illum, S. S. Davis, S. E. Harding, S. Parkiss, and P. R. Gellert. 1996. Polylactide-poly(ethylene glycol) copolymers as drug delivery systems. 1. Characterization of water dispersible micelle-forming systems. *Langmuir* 12: 2153–2161.

Halperin, A. 1987. Polymeric micelles: A star model. *Macromolecules* 20: 2943–2946.

Hamaguchi, T., Y. Matsumura, M. Suzuki, K. Shimizu, R. Goda, I. Nakamura, I. Nakatomi, M. Yokoyama, K. Kataoka, and T. Kakizoe. 2005. NK105, a paclitaxel-incorporating micellar nanoparticle formulation, can extend *in vivo* antitumour activity and reduce the neurotoxicity of paclitaxel. *Br. J. Cancer.* 92: 1240–1246.

Hamza, Y. E. and M. Kata. 1989. Influence of certain hydrotropic and complexing agents on solubilization of allopurinol. *Pharm. Ind.* 51: 1159–1162.

Han, S. K., S. M. Lee, M. Kim, and H. Schott. 1989. Effect of protein denaturants on cloud point and Krafft point of nonionic surfactants. *J. Coll. Interf. Sci.* 132: 444–450.

Hancock, B. C. and G. Zografi. 1993. The use of solution theories for predicting water vapor absorption by amorphous pharmaceutical solids: A test of the Flory-Huggins and Vrentas models. *Pharm. Res.* 10: 1262–1267.

Hatada, A. and A. Kataoka. 1995. Formation of polyion complex micelles in an aqueous milieu from a pair of oppositely-charged block copolymers with poly(ethylene glycol) segments. *Macromolecules* 28: 5294–5299.

Hatada, A. and K. Kataoka. 1998. Novel polyion complex micelles entrapping enzyme molecules in the core: Preparation of narrowly-distributed micelles from lysozyme and poly(ethylene glycol)-poly(aspartic acid) block copolymer in aqueous medium. *Macromolecules* 31: 288–294.

Heskins, M. and J. E. Guillet. 1968. Solution properties of poly(*N*-isopropylacrylamide). *J. Macromol. Sci. Chem. A* 2: 1441–1455.

Holzwarth, J. F., A. Schmidt, H. Wolff, and R. Volk. 1977. Nanosecond temperature-jump technique with an iodine laser. *J. Phys. Chem.* 81: 2300–2301.

Hurterr, P. N., J. M. H. M. Scheutjens, T. A. Hatton, and T. Alan. 1993a. Molecular modeling of micelle formation and solubilization in block copolymer micelles. 1. A self-consistent mean-field lattice theory. *Macromolecules* 26: 5592–5601.

Hurterr, P. N., J. M. H. M. Scheutjens, T. A. Hatton, and T. Alan. 1993b. Molecular modeling of micelle formation and solubilization in block copolymer micelles. 2. Lattice theory for monomers with internal degrees of freedom. *Macromolecules* 26: 5030–5040.

Innocenti, F., R. Danesi, A. D. Paolo, C. Agen, D. Nardini, G. Bocci, and M. D. Tacca. 1995. Plasma and tissue disposition of paclitaxel after intraperitoneal administration in mice. *Drug Metab. Dispos.* 23: 713–717.

Inoue, T., G. Chen, K. Nakamae, and A. S. Hoffman. 1998. An AB block copolymer of oligo(methyl methacrylate) and poly(acrylic acid) for micellar delivery of hydrophobic drugs. *J. Control. Rel.* 51: 221–229.

Jain, R. K. 1997. Delivery of molecular and cellular medicine to solid tumors. *Adv. Drug Deliv. Rev.* 26: 71–90.

Jette, K. K., D. Law, E. A. Schmitt, and G. S. Kwon. 2004. Preparation and drug loading of poly(ethylene glycol)-block-poly(ε-caprolactone) micelles through the evaporation of a cosolvent azeotrope. *Pharm. Res.* 21: 1184–1191.

Johnson, B. K. and R. K. Prud'homme. 2003a. Mechanism for rapid self-assembly of block copolymer nanoparticles. *Phys. Rev. Lett.* 91: 118302.1–118302.4.

Johnson, B. K. and R. K. Prud'homme. 2003b. Chemical processing and micromixing in confined impinging jets. *AIChE J.* 49: 2264–2282.

Jones, M. C. and J. C. Leroux. 1999. Polymeric micelles—A new generation of colloidal drug carries. *Eur. J. Pharm. Biopharm.* 48: 101–111.

Joralemon, M. J., R. K. O'Reilly, C. J. Hawker, and K. L. Wooley. 2005. Shell click-crosslinked (SCC) nanoparticles: A new methodology for synthesis and orthogonal functionalization. *J. Am. Chem. Soc.* 127: 16892–16899.

Kabalka, G., E. Buonocore, K. Hubner, M. Davis, and L. Huang. 1989. Gadolinium-labeled liposomes containing paramagnetic amphipatic agents: Targeted MRI contrast agent for the liver. *Magn. Res. Med.* 8: 89–95.

Kabanov, A. V., E. V. Batrakova, N. S. Melik-Nubarov, N. A. Fedoseev, T. Y. Dorodnich, V. Y. Alakhov, V. P. Chekhonin, I. R. Nazarova, and V. A. Kabanov. 1992. A new class of drug carriers: Micelles of poly(oxyethylene)-poly(oxypropylene) block copolymers as microcontainers for drug targeting from blood in brain. *J. Control. Rel.* 22: 141–158.

Kabanov, A. V., I. R. Nazarrova, I. V. Astafieva, E. V. Batrakova, V. Y. Alakhov, A. A. Yaroslavov, and V. A. Kabanov. 1995. Micelle formation and solubilization of luorescent probes in poly(oxyethylene-*b*-*o*ypropylene-*b*-oxyethylene) solutions. *Macromolecules* 28: 2303–2314.

Kalyanasundaram, K. and J. K. Thomas. 1977. Environmental effects on vibronic band intensities in pyrene monomer fluorescence and their application in studies of micellar systems. *J. Am. Chem. Soc.* 99: 2039–2044.

Karlstrom, G. 1985. A new model for upper and lower critical solution temperatures in poly(ethylene oxide) solutions. *J. Phys. Chem.* 89: 4962–4964.

Kataoda, K., G. S. Kwon, M. Yokoyama, T. Okano, and Y. Sakurai. 1993. Block copolymer micelles as vehicles for drug delivery. *J. Control. Rel.* 24: 119–132.

Kataoka, K. 1994. Design of nanoscopic vehicles for drug targeting based on micellization of amphiphilic block copolymers. *J. Macromol. Sci.—Pure Appl. Chem. A* 31: 1759–1769.

Kataoka, K., H. Togawa, A. Hareda, K. Yasugi, T. Matsumoto, and S. Katayose. 1996. Spontaneous formation of polyion complex micelles with narrow distribution from antisense oligonucleotide and cationic block copolymer in physiological saline. *Macromolecules* 29: 8556–8557.

Katayose, S. and K. Kataoka. 1997. Water-soluble polyion complex associates of DNA and poly(ethylene glycol)-poly(l-lysine) black copolymer. *Bioconj. Chem.* 8: 702–707.

Katayose, S. and K. Kataoka. 1998. Remarkable increase in nuclease resistance of plasmid DNA through supramolecular assembly with poly(ethylene glycol)-poly(l-lysine) block copolymer. *J. Pharm. Sci.* 87: 160–163.

Katre, N. V., M. J. Knauf, and W. J. Lair. 1987. Chemical modification of recombinant interleukin 2 by polyethylene glycol increases its potency in the murine Meth A sarcoma model. *Proc. Natl. Acad. Sci. USA* 84: 1487–1491.

Khougaz, K., I. Astafieva, and A. Eisenberg. 1995. Micellization in block polyelectrolyte solutions. 3. Static light scattering characterization. *Macromolecules* 28: 7135–7147.

Kim, S. C., D. W. Kim, Y. H. Shim, J. S. Bang, H. S. Oh, S. W. Kim, and M. H. Seo. 2001. *In vivo* evaluation of polymeric micellar paclitaxel formulation: Toxicity and efficacy. *J. Control. Rel.* 53: 131136.

Kim, S. Y., I. G. Shin, Y. M. Lee, C. S. Cho, and Y. K. Sung. 1998. Methoxy poly(ethylene glycol) and ε-caprolactone amphiphilic block copolymeric micelle containing indomethacin. II. Micelle formation and drug release behaviors. *J. Control. Rel.* 51: 13–22.

Kim, T.-Y., D.-W. Kim, J.-Y. Chung, S. G. Shin, S.-C. Kim, D. S. Heo, N. K. Kim, and Y.-J. Bang. 2004. Phase I and pharmacokinetic study of Genexol-P, a Cremophor-free polymeric micelle-formulation paclitaxel with advanced malignancies. *Clin. Cancer Res.* 10: 3708–3716.

Klibanov, A. L., K. Maruyama, V. P. Torchtlin, and L. Huang. 1990. Amphipathic polyethyleneglycols effectively prolong the circulation time of liposomes. *FEBS Lett.* 268: 235–238.

Kohori, F., K. Sakai, T. Aoyagi, M. Yokoyama, Y. Sakurai, and T. Okano. 1998. Preparation and characterization of thermally responsive block copolymer micelles comprising poly(*N*-isopropylacrylamide-*b*-dl-lactide). *J. Control. Rel.* 55: 87–98.

Krevelen, D. V. 1990. Cohesive properties and solubility, In *Properties of Polym: Their Correlation with Chemical Structure*, Krevelen, D. V. (Ed.), New York, Elsevier Scientific Publication Co, pp. 189–224.

Kwon, G., M. Naito, M. Yokoyama, T. Okano, Y. Sakurai, and K. Kataoka. 1993a. Micelles based on ab block copolymers of poly(ethylene oxide) and poly(-benzyl-aspartate). *Langmuir* 9: 945–949.

Kwon, G. S. 1998. Diblock copolymer nanoparticles for drug delivery. *CRC Crit. Rev. Ther. Drug Carrier Syst.* 20: 357–512.

Kwon, G. S. 2003. Polymeric micelles for delivery of poorly water-soluble compounds. *Crit. Rev. Ther. Drug Carrier Syst.* 25: 357–403.

Kwon, G. S. and K. Kataoda. 1995. Block copolymer micelles as long-circulating drug vehicles. *Adv. Drug Delivery Rev.* 16: 295–309.

Kwon, G. S., M. Naito, K. Kataoka, M. Yokoyama, Y. Sakurai, and T. Okano. 1994a. Block copolymer micelles as vehicles for hydrophobic drugs. *Coll. Surf. B: Bioint.* 2: 429–434.

Kwon, G. S., M. Naito, M. Yokoyama, T. Okano, Y. Sakurai, and K. Kataoka. 1995. Physical entrapment of adriamycin in AB block copolymer micelles. *Pharm. Res.* 12: 192–195.

Kwon, G., M. Naito, M. Yokoyama, T. Okano, Y. Sakurai, and K. Karaoka. 1997. Block copolymer micelles for drug delivery: Loading and release of doxorubicin. *J. Control. Rel.* 48: 195–201.

Kwon, G. S. and T. Okano. 1996. Polymeric micelles as new drug carriers. *Adv. Drug Del. Rev.* 16: 107–116.

Kwon, G. S. and T. Okano. 1999. Soluble self-assembled block copolymers for drug delivery. *Pharm. Res.* 16: 597–600.

Kwon, G. S., S. Suwa, M. Yokoyama, T. Okano, Y. Sakurai, and K. Kataoka. 1994b. Enhanced tumor accumulation and prolonged circulation times of micelle-forming poly(ethylene oxide-aspartate) block copolymers-adriamycin conjugates. *J. Control. Rel.* 29: 17–23.

Kwon, G. S., M. Yokoyama, T. Okano, Y. Sakurai, and K. Kataoka. 1993b. Biodistribution of micelle-forming polymer-drug conjugates. *Pharm. Res.* 10: 970–974.

La, S. B., T. Okano, and K. Kataoka. 1996. Preparation and characterization of the micelle-forming polymeric drug indomethacin-incorporated poly(ethylene oxide)-poly(-benzyl l-aspartate) block copolymer micelles. *J. Pharm. Sci.* 85: 85–90.

Lacoulonche, F., A. Chauvet, J. Masse, M. A. Egea, and M. L. Garcia. 1998. An investigation of FB interactions with poly(ethylene glycol) 6000, poly(ethylene glycol) 4000, and poly-ε-caprolactone by thermoanalytical and spectroscopic methods and modeling. *J. Pharm. Sci.* 87: 543–551.

Lasie, D. D., M. C. Woodie, F. J. Martin, and T. Valentincic. 1991. Phase behavior of "stealth-lipid" decithin mixtures. *Period. Biol.* 93: 9287–9290.

Lavasanifar A., J. Samuel, and G. S. Kwon. 2001. The effect of alkyl core structure on micellar properties of poly(ethylene oxide)-block-poly(l-aspartamide) derivatives. *Coll. Surf. B: Bioint.* 22: 115–126.

Leung, S. Y. L., J. Jackson, H. Miyake, H. Burt, and M. E. Gleave. 2000. Polymeric micellar paclitaxel phosphorylates Bcl-2 and induces apoptotic regression of androgen-independent LNCaP prostate tumors. *Prostate* 44: 156–163.

Lieberman, H. A., M. M. Rieger, and G. S. Banker. 1996. *Pharmaceutical Dosage Forms: Disperse Systems*, Vol. 1, New York, Marcel Dekker Inc.

Lin, S. Y. 1987. Pluronic surfactants affecting diazepam solubility, compatibility, and absorption from i.v. admixture solutions. *J. Parenteral Sci. Technol.* 41: 83–87.

Lin, S. Y. and J. C. Yang. 1987. Solubility and thermodynamic parameters of diazepam in Pluronic surfactant solutions. *Acta Pharm. Technol.* 33: 222–224.

Lindman, B. and H. Wennerstrom. 1980. Micelles. Amphiphile aggregation in aqueous solution. *Top. Curr. Chem.* 87: 1–83.

Linse, P. 1993. Micellization of poly(ethylene oxide)-poly(propylene oxide) block copolymers in aqueous solution. *Macromolecules* 26: 4437–4449.

Linse, P. and M. Malmsten. 1992. Temperature-dependent micellization in aqueous block copolymer solutions. *Macromolecules* 25: 5434–5439.

Liu, J., Y. Xiao, and C. Allen. 2003. Polymer-drug compatibility: A guide to the development of delivery systems for the anticancer agent, ellipticine. *J. Pharm. Sci.* 93: 132–143.

Maeda, H. and Y. Matsushima. 1989. Tumoritropic and lymphotropic principles of macromolecular drugs. *CRC Crit. Rev. Ther. Drug Carrier Syst.* 6: 193–210.

Maeda, H., L. W. Seymour, and Y. Miyamoto. 1992. Conjugates of anticancer agents and polymers: Advantages of macromolecular therapeutics *in vivo*. *Bioconj. Chem.* 3: 351–361.

Mahmud, A., X. B. Xiong, and A. Lavasanifar. 2008. Development of novel polymeric micellar drug conjugates and nano-containers with hydrolyzable core structure for doxorubicin delivery. *Eur. J. Pharm. Biopharm.* 69(3): 923–934.

Marko, J. F. and Y. Rabin. 1992. Microphase separation of charged diblock copolymers: Melts and solutions. *Macromolecules* 25: 1503–1509.

Marques, C. M. 1997. Bunchy micelles. *Langmuir* 13: 1430–1433.

Marques, C. M., J. F. Joanny, and L. Leibler. 1988. Adsorption of block copolymers in selective solvents. *Macromolecules* 21: 1051–1059.

Marshall, L. 1988. Cloud point of mixed ionic-nonionic surfactant solutions in the presence of electrolytes. *Langmuir* 4: 90–93.

Martin, S. R. 1980. Absorption and circular dichroic spectral studies in the self-association of daunomycin. *Biopolymers* 19: 713–721.

Matsukata, M., T. Aoki, K. Sanui, N. Ogata, A. Kikuchi, Y. Sakurai, and T. Okano. 1996. Effect of molecular architecture of poly(*N* -isopropylacrylamide)-trypsin conjugates on their solution and enzymatic properties. *Bioconj. Chem.* 7: 96–101.

Matsumura, Y. 2008. Poly (amino acid) micelle nanocarriers in preclinical and clinical studies. *Adv. Drug Deliv. Rev.* 60(8): 899–914.

Matsumura, Y. and H. Maeda. 1986. A new concept for macromolecular therapeutics in cancer chemotherapy: Mechanism of tumoritropic accumulation of proteins and the antitumor agent sroaries. *Cancer Res.* 46: 6387–6392.

Matsumura, Y., T. Hamaguchi, T. Ura, K. Muro, Y. Yamada, Y. Shimada, K. Shirao. et al. 2004. Phase I clinical trial and pharmacokinetic evaluation of NK911, a micelle-encapsulated doxorubicin. *Br. J. Cancer.* 91: 1775–1781.

McDonald, C. and C. K. Wong. 1974. The effect of temperature on the micellar properties of a polyoxypropylene-polyoxyethylene polymer in water. *J. Pharm. Pharmalol.* 26: 556–557.

Megufo, K., M. Ueno, and K. Esumi. 1987. Nonionic surfactants: Physical chemistry. In *Nonionic Surfactants: Physical Chemistry*, Schick, M. J. (Ed.), Surfactant Science Series, Vol. 23, New York, Marcel Dekker, p. 109.

Miller, D. W., E. V. Batrakova, T. O. Waltner, V. Y. Alakhov, and A. V. Kabanov. 1997. Interactions of Pluronic block copolymers with brain microvessel endothelial cells: Evidence of two potential pathways for drug. *Bioconj. Chem.* 8: 649–657.

Moghimi, S. M., A. E. Hawley, N. M. Christy, T. Gray, L. Ilium, and S. S. Davis. 1994. Surface engineered nanospheres with enhanced drainage into lymphatics and uptake by macrophages of the regional lymph node. *FEBS Lett.* 344: 25–30.

Mortensen, K., W. Brown, and E. Jorgensen. 1994. Phase behavior of poly(propylene oxide)-poly(ethylene oxide)-poly(propylene oxide) triblock copolymer melt and aqueous solutions. *Macromolecules* 27: 5654–5666.

Nabeshima, Y., A. Maruyama, T. Tsuruta, and K. Kataoka. 1987. A polyamine macromonomer having controlled molecular weight—Synthesis and mechanism. *Polym. J.* 19: 593–601.

Nagarajan, R., M. Barry, and E. Ruckenstein. 1986. Unusual selectivity in solubilization by block copolymer micelles. *Langmuir* 2: 210–215.

Nagarajan, R. and K. Ganesh. 1989a. Block copolymer self-assembly in selective solvents: Theory of solubilization in spherical micelles. *Macromolecules* 22: 4312–4325.

Nagarajan, R. and K. Ganesh. 1989b. Block copolymer self-assembly in selective solvents: Spherical micelles with segregated cores. *J. Chem. Phys.* 90: 5843–5856.

Nagasaki, Y., T. Okada, C. Scholz, M. Iijima, M. Kato, and Kataoka. 1998. The reactive polymeric micelle based on an aldehyde-ended poly(-ethylene glycol)/poly(lactide) block copolymer. *Macromolecules* 31: 1473–1479.

Nair, R., N. Nyamweya, S. Gonen, L. J. Martinez-Miranda, and S. W. Hoag. 2001. Influence of various drugs on the glass transition temperature of poly(vinylpyrolidone): A thermodynamic and spectroscopic investigation. *Int. J. Pharm.* 225: 83–96.

Nakamura, K., R. Eodo, and M. Takeda. 1977. Study of molecular motion of block copolymers in solution by high-resolution proton magnetic resonance. *J. Polym. Sci. Polym. Phys. Ed.* 15: 2095–2101.

Nakanishi, T., S. Fukushima, K. Okamoto, M. Suzuki, Y. Matsumura, M. Yokoyama, T. Okano, Y. Sakurai, and K. Kataoka. 2001. Development of the polymer micelle carrier system for doxorubicin. *J. Control. Rel.* 74: 295–302.

Nakashima, K., T. Anzai, and Y. Fujimoto. 1994. Fluorescence studies on the properties of a Pluronic F68 micelles. *Langmuir* 10: 658–661.

Okano, T., N. Yamada, M. Okuhara, H. Sakai, and Y. Sakurai. 1995. Mechanism of cell detachment from temperature-modulated hydrophilie-hydrophobie polymer surfaces. *Biomaterials* 16: 297–303.

Okano, T., N. Yarnada, H. Sakai, and Y. Sakural. 1993. A novel recovery system for cultured cells using plasma-treated polystyrene dishes graphed with poly(*N* -isopropylacrylamida). *J. Biomed. Mater. Res.* 27: 1243–1251.

Pandya, K., P. Bahadur, T. N. Nagar, and A. Bahadur. 1993b. Micellar and solubilizing behavior of Pluronic L64 in water. *Coll. Surf. A: Phys. Eng.* 70: 219–227.

Pandya, K., K. Lad, and P. Bahadur. 1993a. Effect of additives on the clouding behavior of an ethylene oxide-propylene oxide block copolymer in aqueous solution. *J.M.S. Pure Appl. Chem. A* 30: 1–18.

Papisov, M. L. 1995. Modeling *in vivo* transfer of long-circulating polymers (two clases of long circulating polymers and factors affecting their transfer *in vivo*). *Adv. Drug Deliv. Rev.* 16: 127–139.

Park, J. P., J. Y. Lee, Y. S. Chang, J. M. Jeong, J. K. Chung, M. C. Lee, K. B. Park, and S. J. Lee. 2002. Radioisotope carrying polyethylene oxide-polycaprolactone copolymer micelles for targetable bone imaging. *Biomaterials* 22: 873–879.

Patnum, D. and J. Kopecek. 1995. Polymer conjugates with anticancer activity. *Adv. Polym. Sci.* 122: 55–123.

Prasad, K. N., T. T. Luong, A. T. Florence, J. Paris, C. Vaution, M. Seiller, and F. Puisieux. 1979. Surface activity and association of ABA polyoxyethylene-polyoxypropylene block copolymers in aqueous solution. *J. Coll. Interf. Sci.* 69: 225–232.

Price, C. 1983. Micelle formation by block copolymer in organic solvents. *Pure Appl. Chem.* 55: 1563–1572.

Ramaswamy, M., X. Zhang, H. M. Burt, and K. M. Wasan. 1997. Human plasma distribution of free paclitaxel and paclitaxel associated with diblock copolymers. *J. Pharm. Sci.* 86: 460–464.

Ray, A. and G. Nemethy. 1971. Micelle formation by nonionic detergents in water-ethylene glycol mixtures. *J. Phys. Chem.* 75: 809–815.

Reddy, N. K., P. J. Fordham, D. Attwood, and C. Booth. 1990. Association and surface properties of block-copoly(oxyethylene/oxypropylene) L64. *J. Chem. Soc., Faraday Trans.* 86: 1569–1572.

Ringsdorf, H., I. Simon, and F. M. Winnik. 1992. Hydrophobically-modified poly(*N* -isopropylacrylamides) in water: Probing of the microdomain composition by nonradiative energy transfer. *Macromolecules* 25: 5353–5361.

Ringsdorf, H., J. Venzmer, and F. M. Winnik. 1991. Fluorescence studies of hydrophohically modified poly (*N*- isopropylacrylamides). *Macromolecules* 24: 1678–1686.

Rolland, A., I. E. O'Mullane, P. Goddard, L. Brookman, and K. Pettrak. 1992. New macromolecular carriers for drugs, I. Preparation and characterization of poly(oxyethylene-*b*-isoprene-*b*-oxyethylene) block copolymer aggregates. *J. Appl. Polym. Sci.* 44: 1195–1203.

Saettone, M. F., B. Giannaccini, G. Delmonte, V. Campigli, G. Tota, and F. La Marca. 1988. Solubilization of tropicamide by poloxamers: Physicochemical data and activity data in rabbits and humans. *Int. J. Pharm.* 43: 67–76.

Samadi-Boboli, M., G. Favre, P. Canal, and G. Soula. 1993. Low density lipoprotein for cytotoxic drug targeting: Improved activity of elliptinium derivative against B16 melanoma in mice. *Br. J. Cancer* 68: 319–326.

Savić, R., T. Azzam, A. Eisenberg, and D. Maysinger. 2006. Assessment of the integrity of poly(caprolactone)-*b-poly*(ethylene oxide) micelles under biological conditions: A fluorogenic-based approach. *Langmuir* 22: 3570–3578.

Schild, H. G. and D. A. Tirrell. 1991. Microheterogenous solutions of amphiphilic copolymers of *N*-isopropylacrylamide, an investigation via fluorescence methods. *Lungmuir* 7: 1319–1324.

Schmolka, I. R. 1977. A review of block polymer surfactants. *J. Am. Oil Chem. Soc.* 54: 110–116.

Schmolka, I. R. and A. J. Raymond. 1965. Micelle formation of polyoxyethylene-polyoxypropylene surfactants. *J. Am. Oil Chem. Soc.* 42: 1088–1091.

Seymour, L. W., R. Duncan, J. Strohalm, and I. Kopecek. 1987. Effect of molecular weight (Mw) of N-(2-hydroxypropyl)methacrylamide copolymers on body distribution and rate of excretion after subcutaneous, intraperitoneal, and intravenous administration to rats. *J. Biomed. Mater. Res.* 21: 1341–1358.

Seymour, L. W., K. Kataoka, and A. V. Kabanov. 1998. Cationic block copolymers as self-assembling vectors for gene delivery. In *Self-Assembling Complexes for Gene Delivery from Laboratory to Clinical Trial*, Kabanov, A. V., Seymour, L. W., and Felgner, P. (Eds.), Chichester, UK, John Wiley & Sons, 219–239.

Shin, I. L., S. Y. Kim, Y. M Lee, C. S. Cho, and Y. K. Sung. 1998. Methoxy poly(ethylene glycol) ∈-caprolactone amphiphilic block copolymeric micelle containing indomethacin. I. Preparation and characterization, *J. Control. Rel.* 51: 1–11.

Shuai, X., T. Merdan, A. K. Schaper, F. Xi, and T. Kissel. 2004. Core-cross-linked polymeric micelles as paclitaxel carriers. *Bioconj. Chem.* 15: 441–448.

Sjoberg, A., G. Karlstrom, and F. Tjerneld. 1989. Effects on the cloud point of aqueous poly(ethylene glycol) solutions upon addition of low molecular weight saccharides. *Macromolecules* 22: 4512–4516.

Solb, J. and Y. Gallot. 1980. In *Polymeric Amines and Ammonium Salts*, Goethals, E. J. (Ed.), New York, Pergamon Press, pp. 205–218.

Soo, P. L., L. Luo, D. Maysinger, and A. Eisenberg. 2002. Incorporation and release of hydrophobic probes in biocompatible polycaprolactone-block-poly(ethylene oxide) micelles: Implications for drug delivery. *Langmuir* 18: 996–1004.

Strand, S.-E. and B. R. R. Petsson. 1979. Quantitative lymphoscintigraphy I: Basic concepts for optimal uptake of radiocolloids in the parasternal lymph nodes of rabbits. *J. Nucl. Med.* 20: 1038–1046.

Suh, H. and H. W. Jun. 1996. Physicochemical and release studies of naproxen in poloxamer gels. *Int. J. Pharm.* 129: 13–20.

Takei, Y. G., T. Aoki, K. Sanui, N. Ogata, T. Okano, and Y. Sakurai. 1993. Temperature-responsive bioconjugates. 2. Molecular design for temperature-modulated bioseparations. *Bioconj. Chem.* 4: 341–346.

Takei, Y. G., T. Aoki, K. Sanui, N. Ogata, Y. Sakurai, and T. Okano. 1994. Dynamic contact angle measurement of temperature-responsive surface properties for poly(*N*-isopropylacrylamide) grafted surfaces. *Macromolecules* 27: 6163–6166.

Tan, J. S., D. E. Butterfield, C. L. Voycheck, K. D. Caidwell, and J. T. Li. 1993. Surface modification of nanoparticles by PEO/PPO block copolymers to minimize interactions with blood components and prolong blood circulation in rats. *Biomaterials* 14: 823–833.

Taylor, L. D. and L. D. Cerankowski. 1975. Preparation of films exhibiting a balanced temperature dependence to permeation by aqueous solutions. *J. Polym. Sci. Poly. Chem.* 13: 2551–2570.

Tontisakis, A., R. Hilfiker, and B. Chu. 1990. Effect of xylene on micellar solutions of block-copoly(oxyethylene/oxypropylene/oxyethylene) in water. *J. Coll. Interf. Sci.* 135: 427–434.

Torchilin, V. P. 2002. PEG-based micelles as carriers of contrast agents for imaging modalities. *Adv. Drug Del. Rev.* 54: 235–252.

Trubetskoy, V. S., G. S. Gazelle, G. L. Wolf, and P. Torchilin. 1997. Block-copolymer of polyethylene glycol and polylysine as a carrier of organic iodine: Design of a long circulating particulate contrast medium for x-ray computed tomography. *J. Drug Targeting* 4: 381–388.

Trubetskoy, V. S. and V. P. Torchilin. 1995. Use of polyoxyethylene-lipid conjugates as long-circulating carriers for delivery of therapeutic and diagnostic agents. *Adv. Drug Del. Rev.* 16: 311–320.

Trubetskoy, V. S. and V. P. Torchilin. 1996. Polyethyleneglycol based micelles as carriers of therapeutic and diagnostic agents. *S.T.P. Pharma Sci.* 6: 79–86.

Turro, N. J. and C. J. Chung. 1984. Photoluminescent probes for water-water soluble polymers, pressure and temperature effect on a polyol surfactant. *Macromolecules* 17: 2123–2126.

Unger, E., T. Fritz, G. Wu, D. Shen, B. Kulik, T. New, M. Crowell, and N. Wilke. 1994. Liposomal MR contrast agents. *J. Liposome Res.* 4: 811–834.

Vaiaulikar, B. S. and C. Manohar. 1985. The mechanism of clouding in triton X-100: The effect of additives. *J. Coll. Interf. Sci.* 108: 403–406.

Valle, J. W., J. Lawrance, J. Brewer, A. Clayton, P. Corrie, V. Alakhov, and M. Ranson. 2004. A phase II, window study of SP1049C as first-line therapy in inoperable metastatic adenocarcinoma of the oesophagus. *J. Clin. Oncol.* 22: 4195.

Wang, Y., R. Ballaji, P. Quirk, W. L. Mattice. 1992. Detection of the rate of exchange between micelles formed by diblock copolymers in aqueous solution. *Polym. Bull.* 28: 333–338.

Weissig, V., C. Lizano, and V. P, Torchilin. 1998a. Micellar delivery system for dequalinium. *Proceed. Intern. Symp. Control. Rel. Bioact. Mater.* 25: 415–416.

Weissig, V., K. R. Whiteman, and V. P. Torchilin. 1998b. Accumulation of protein-loaded long-circulating micelles and liposomes in subcutaneous Lewis lung carcinoma in mice. *Pharm. Res.* 15: 1552–1556.

Wilhelm, M., C. L. Zhao, Y. Wang, R. Xu, M. A. Winnik, J. L. Mura, G. Riess, and M. D. Croucher. 1991. Poly(styrene-ethylene oxide) block copolymer micelle formation in water: A fluorescence probe study. *Macromolecules* 24: 1033–1040.

Wingard, Jr., L. B., T. R. Tritton, and K. A. Egler. 1985. Cell surface effect of adriamycin and carminomycin immobilized on cross-linked polyvinyl alcohol. *Cancer Res.* 45: 3529–3536.

Winnik, F. M., A. Adronov, and H. Kitann. 1995. Pyrene-labeled amphiphilic poly-(*N*-isopropylacrylamides) prepared by using a lipophilic radical initiator: Synthesis, solution properties in water, and interactions with liposomes. *Can. J. Chem.* 73: 2030–2040.

Winnik, F. M, A. R. Davidson, G. K. Hamer, and H. Kitano. 1992. Amphiphilic poly(*N*-isopropylacrylamide) prepared by using a lipophilic radical initiator: Synthesis and solution properties in water. *Macromolecules* 25: 1876–1880.

Wu, N. M., D. Da, T. L. Rudoll, D. Needham, A. R. Whorton, and M. W. Dehirst. 1993. Increased microvascular permeability contributes to preferential accumulation of stealth liposomes in tumor tissue. *Cancer Res.* 53: 3765–3770.

Xing, L. and W. L. Mattice. 1998. Large internal structures of micelles of triblock copolymers with small insoluble molecules in their cores. *Langmuir* 14: 4074–4080.

Xu, P., H. Tang, S. Li, J. Ren, E. V. Kirk, W. J. Murdoch, M. Radosz, and Y. Shen. 2004. Enhanced stability of core-surface cross-linked micelles fabricated from amphiphilic brush copolymers. *Biomacromolecules* 5: 1736–1744.

Yamada, N., T. Okano, H. Sakai, F, Karikusa, Y. Sawasaki, and Y. Sakurai. 1990. Thermoresponsive polymeric surfaces; Control of attachment and detachment of cultured cells. *Makromol. Chem., Rapid Cornmun.* 11: 571–576.

Yang, Y. W., Z. Yang, Z. K. Zhou, D. Attwood, and C. Booth. 1996. Association of triblock copolymers of ethylene oxide and butylene oxide in aqueous solution. A study of B*n*E*m*B*n* copolymers. *Macromolecules* 29: 670–680.

Yekta, A., B. Xu, J. Duhamel, H. Adiwidjaja, and M. A. Winnik. 1995. Fluorescence studies of associating polymers in water: Determination of the chain end aggregation number and a model for the association process. *Macromolecules* 28: 956–966.

Yodoya, E., K. Uemura, T. Tenma, T. Fujita, M. Murakami, A. Yamamoto, and S. Muranishi. 1994. Enhanced permeability of tetragastrin across the rat intestinal membrane and its reduced degradation by acylation with various fatty acids. *J. Pharmacol. Exp. Ther.* 271: 1509–1513.

Yokoyama, M. 1992. Block copolymers as drug carriers. *Crit. Rev. Ther. Drug Carrier Syst.* 9: 213–248.

Yokoyama, M. 1994. Site specific drug delivery using polymeric carriers. In *Advances in Polymeric Systems for Drug Delivery*, M. Yokoyama (ed.). Yverdon, Switzerland, Gordon & Breach Science Publishers, pp. 24–66.

Yokoyama, M. 1998. Novel passive targetable drug delivery with polymeric micelles. In *Biorelated Polymers and Gels*, Okano, T. (Ed.), San Diego, CA, Academic Press, pp. 193–229.

Yokoyama M., S. Fukushima, R. Uehara, K. Okamoto, K. Kataoka, Y. Sakurai, and T. Okano. 1998a. Characterization of physical entrapment and chemical conjugation of adriamycin in polymeric micelles and their design for *in vivo* delivery to a solid tumor. *J. Control. Rel.* 50: 79–92.

Yokoyama, M., G. S. Kwon, T. Okano, Y. Sakurai, M. Naito, and K. Kataoka. 1994a. Influencing factors on *in vitro* micelle stability of adriamycin-block copolymer conjugates. *J. Control. Rel.* 28: 59–65.

Yokoyama, M., G. S. Kwon, T. Okano, Y. Sakurai, T. Sero, and K. Kataoka. 1992. Preparation of micelle-forming polymer-drug conjugate. *Bioconj. Chem.* 3: 295–301.

Yokoyama, M., M. Miyauchi, N. Yamada, T. Okano, Y. Sakurai, K. Kataoda, and S. Inoue. 1990a. Characterization and anticancer activity of the micelle-forming polymeric anticancer drug adriamycin-conjugated poly(ethylene glycol)-poly(aspartic acid) block copolymer. *Cancer Res.* 50: 1693–1700.

Yokoyama, M., M. Miyauchi, N. Yamada, T. Okano, Y. Sakurai, K. Kataoka, and S. Inoue. 1990b. Characterization and anticancer activity of the micelle-forming polymeric anticancer drug adryamicin-conjugated poly(ethylene glycol)-poly(aspartic acid) block copolymer. *Cancer Res.* 50: 1700–1993.

Yokoyama, M., M. Miyauchi, N. Yamada, T. Okano, Y. Sakurai, K. Kataoda, and S. Inoue. 1990c. Polymer micelles as novel carrier: Adriamycin-conjugated poly(ethylene glycol)-poly(aspartic acid) block copolymer. *J. Control. Rel.* 11: 269–278.

Yokoyama, M., T. Okano, Y. Sakurai, H. Ekimoto, C. Shibazaki, and K. Kataoda. 1991. Toxicity and antitumor activity against solid tumors of micelle-forming polymeric anticancer drug and its extremely long circulation in blood. *Cancer Res.* 51: 3229–3236.

Yokoyama, M., T. Okano, Y. Sakurai, and K. Kataoka. 1994b. Improved synthesis of adriamycin-conjugated poly(ethylene oxide)-poly(aspartic acid) block copolymer and formation of unimodal micellar structure with controlled amount of physically entrapped adriamycin. *J. Control. Rel.* 32: 269–277.

Yokoyama, M., T. Okano, Y. Sakurai, S. Suwa, and K. Kataoka. 1996. Introduction of cisplatin into polymeric micelles. *J. Control. Rel.* 39: 351–356.

Yokoyama, M., A. Satoh, Y. Sakurai, T. Okano, Y. Matsumara, T. Kakizoe, and K. Kataoka. 1998b. Incorporation of water-insoluble anticancer drug into polymeric micelles and control of their particle size. *J. Control. Rel.* 55: 219–229.

Yokoyama, M., T. Sugiyama, T. Okano, Y. Sakurai, M. Naito, and K. Kataoka. 1993. Analysis of micelle formation of an adriamycin-conjugated poly(ethylene glycol)-poly(aspartic acid) block copolymer by gel permeation chromatography. *Pharm. Res.* 10: 895–899.

Yoo, H. S. and T. G. Park. 2001. Biodegradable polymeric micelles composed of doxorubicin conjugated PLGA-PEG block copolymer. *J. Control. Rel.* 70(1–2): 63–70.

Yoshioka, H., K. Nonaka, K. Fukuda, and S. Kazama. 1995. Chitosan-derived polymer-surfactants and their micellar properties. *Biosci. Biotechnol. Biochem.* 59: 1901–1904.

Yu, B. G., T. Okano, K. Kataoka, and G. Kwon. 1998a. Polymeric micelles for drug delivery: Solubilization and hemolytic activity of amphotericin B. *J. Control. Rel.* 53: 131–136.

Yu, B. G., T. Okano, K. Kataoka, S. Sardari, and G. S. Kwon. 1998b. *In vitro* dissociation and antifungal efficacy and toxicity of amphotericin B-loaded poly(ethylene oxide)-block-poly(β-benzyl l-aspartate) micelles. *J. Control. Rel.* 56: 285–291.

Yuan, F., M. Dellian, D. Fukumura, M. Leunig, D. A. Berk, V. P. Torchilin, and R. K. Jain. 1995. Vascular permeability in a human tumor xenograft: Molecular size dependence and cutoff size. *Cancer Res.* 55: 3752–3756.

Yuan, F., M. Leuning, S. K. Huang, D. A. Berk, D. Papahadjopoulcos, and R. K. Jain. 1994. Microvascular permeability and interstitial penetration of sterically-stabilized (stealth) liposomes in human tumor xenograft. *Cancer Res.* 54: 3352–3356.

Zachariasse, K. A., W. L. C. Vaz, C. Sotomayor, and W. Kuhnle 1982. Investigation of human erythrccyte ghost membrane with intramolecular excimer probes. *Biochim. Biophys. Acta* 688: 323–332.

Zatz, J. L. and R-Y. Lue. 1987. Flocculation of suspensions containing nonionic surfactants by sorbitol. *J. Pharm. Sci.*, 76: 157–160.

Zhang, L. and A. Eisenberg. 1995. Multiple morphologies of "crew-cut" aggregates of polystyrene-*b*-poly(acrylic acid) block copolymers. *Science* 268: 1728–1731.

Zhang, X., H. M. Burt, D. Von Hoff, D. Dexter, G. Mangold, D. Degen, A. M. Oktaba, and W. L. Hunter. 1997a. An investigation of the antitumour activity and biodistribution of polymeric micellar paclitaxel. *Cancer Chemother. Pharmacol.* 40: 81–86.

Zhang, X., H. M. Butt, G. Mangold, D. Dexter, D. Von Hoff, L. Mayer, and W. L. Hunter. 1997b. Anti-tumor efficacy and biodistribution of intravenous polymeric micellar paclitaxel. *Anti-Cancer Drugs* 8: 686–701.

Zhang, X., J. K. Jackson, and H. M. Burt. 1996a. Development of amphiphilic diblock copolymers as micellar carriers of paclitaxel. *Int. J. Pharm.* 132: 195–206.

Zhang, X., J. K. Jackson, and H. M. Burt. 1996b. Determination of surfactant micelle concentration by a novel fluorescence depolarization technique. *J. Biochem. Biophys. Methods* 31: 145–150.

Zhang X, and Y. Li, 2005. Synthesis and characterization of the paclitaxel/MPEG-PLA block copolymer conjugate. *Biomaterials* 26(14): 2121–2128.

Zhao, C. L., M. A. Winnik, G. Riess, and M. D. Croucher. 1990. Fluorescence probe techniques used to study micelle formation in water-soluble block copolymers. *Langmuir* 6: 514–516.

Zhou, Z. and B. Chu. 1987. Anomalous association behavior of an ethylene oxide/propylene oxide ABA block copolymer in water. *Macromolecules* 20: 3089–3091.

Zhou, Z. and B. Chu. 1988a. Anomalous micellization behavior and composition heterogeneity of a triblock ABA copolymer of (a) ethylene oxide and (b) propylene oxide in aqueous solution. *Macromolecules* 21: 2548–2554.

Zhou, Z. and B. Chu. 1988b. Light-scattering study on the association behavior of triblock polymers of ethylene oxide and propylene oxide in aqueous solution. *J. Coll. Interf. Sci.* 126: 171–180.

Zhou, Z. and B. Chu. 1994. Phase behavior and association properties of poly(oxypropylene)-poly(oxyethylene)-poly(oxypropylene) triblock copolymer in aqueous solution. *Macromolecules* 27: 2025–2033.

Zhou, Z., B. Chu, V. M. Nace, Y. W. Yang, and C. Booth. 1996. Self-assembly characteristics of BEB-type triblock copolymers. *Macromolecules* 29: 3663–3664.

# 第 14 章 脂质体增溶作用

Rong (Ron) Liu，John B. Cannon，Sophia Y. L. Paspal

## 14.1 引言

### 14.1.1 脂质体历史

40 多年前，Alec D. Bangham，一位英国医师，研究细胞膜与磷脂分子之间的联系发现了磷脂囊泡，他开始将其称之为近晶中间相或微小的脂肪泡，后来称为脂质体。他已经证明，在水中这些磷脂分子自发地形成双分子结构，疏水尾端被亲水头部隔离（Bangham 等，1965，1992）。从此之后，各个领域的科学家对脂质体进行研究，对脂质体的研究热情持续到 1989 年，发布了 20000 多篇关于脂质体的文章，涉及领域从基因转移到营养学（Ostro 和 Cullis，1989 年）。但是早期的研究主要局限于生物学家和生物物理学家。生物学家用脂质体作为模型进行离子流透过细胞膜的实验，而生物物理学家用脂质体研究磷脂在精确的控制条件下的相变行为（Ostro 和 Cullis，1989）。后来，生物药剂学科学家开始用脂质体作为很多药物的传递或靶向系统（Ostro，1992；Sharma 和 Sharma，1997）。最近，制药学科学家发现脂质体传递是个令人兴奋的技术，尤其用于传递难溶性化合物（Chen 等，1986；Lidgate 等，1988；Tasset 等，1992）。很多药物如抗癌药和抗 HIV 化合物都是不溶性水的，候选药中新药所占的比例明显提高。磷脂膜的亲脂相对于溶解脂溶性化合物提供了有利条件，因此，脂质体传递提供了一种可能性，可将那些很有前途但难溶性化合物制剂化，否则，这些化合物由于在水溶液中存在溶解度问题而无法开发用于医学（Vries 等，1996；Sharma 和 Sharma，1997）。

### 14.1.2 脂质体的体内行为

多种给药途径，包括静脉注射（IV）、肌内注射（IM）和皮下注射（SC），用于脂质体人体给药。然而，静脉注射是最常用和有效的方法。注射后，脂质体会和血液中的至少两组血清蛋白（也就是脂蛋白和细胞调理素）和细胞相互作用。取决于脂质体组成，脂蛋白可以通过从磷脂双分子层结构中去除磷脂分子来攻击和降解脂质体，这导致囊泡双分子层不稳定性，包载的药物分子释放进入血循环。囊泡表面吸附调理素，形成调理素-脂质体复合物，带着包载的药物，进入网状内皮系统（RES）的吞噬细胞内（Gregoriadis，1990）。

关于脂质体与 RES 细胞相互作用的假设机制，吸附作用、内吞作用、脂交换和融合被认为是最重要的（图 14.1，Ostro，1987）。

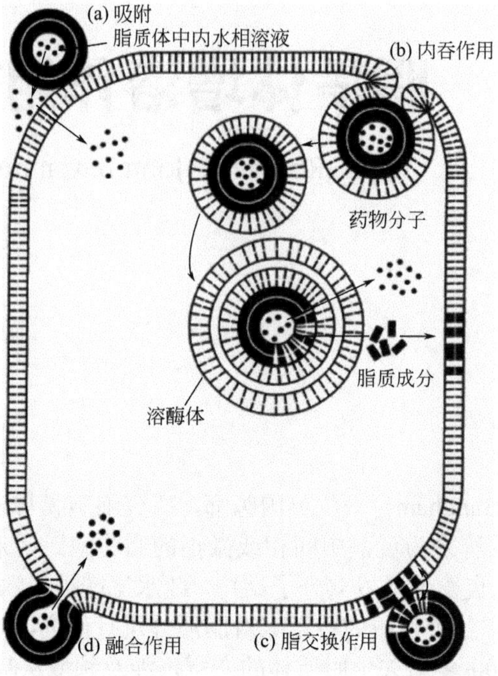


图 14.1 脂质体与细胞的相互作用机制示意

（经许可，来源：Ostro M J. Sci. Am.，1987，257：102-111.）

吸附作用机制，是在合适的条件下脂质体被吸附到任何细胞膜上，比如，通过静电吸引力。在脂质体-细胞吸附作用时，包封的药物分子缓慢释放到细胞外液体中，一些药物分子可以穿透细胞膜进入细胞。内吞作用是所有机制中最重要的机制之一（Weiner，1990），但是只有少数几种类型的细胞能有效内吞脂质体。来自骨髓的细胞，如单核细胞、巨噬细胞和其他白细胞，擅长脂质体的内吞过程。在脂质体与巨噬细胞等细胞结合的情况下，它们首先被吞噬在称为吞噬体的囊泡中，这些吞噬体与溶酶体融合，溶酶体的降解酶（如磷脂酶）降解被吞噬的脂质体。脂质体的脂质成分作为膜成分被细胞重复利用。在溶酶体环境中存活的脂质体中的任何药物分子都会被释放到细胞质中。第三种脂质体与细胞的相互作用是脂质交换，它涉及单个脂质分子从脂质体转移到细胞的质膜。由于亲脂药物分子被包裹在脂质体的脂质双层膜中，在脂质交换过程中药物分子可能渗透到细胞内。脂质体和体循环脂蛋白之间也会发生脂质交换。亲脂药物分子可以从脂质体转移到脂蛋白。最后一种相互作用是融合，可以看作是脂质体外膜插入细胞膜的过程，然而，脂质体融合被认为很少发生在体内，充其量是一个低水平的过程（Betageri等，1993）。脂质体融合的发生率可通过在脂质双分子层中添加融合物质（如肽）而增加。

脂质体的局部给药可通过肌内注射或静脉注射实现。脂质体可以留在注射部位，使局部药物浓度最大化，同时使全身水平最小化，还可能延长药物的释放（Juliano，1981）。局部注射后，较大的脂质体局部解体，它们从注射部位非常缓慢地消失。这些小囊泡最终可能通过淋巴系统进入循环，并与 RES 中的脂蛋白和细胞相互作用。其中一些最终进入注射部位附近的淋巴结，并在淋巴系统中循环。一般来说，只有一小部分脂质体被吸附到血液中，因为大部分脂质体被淋巴细胞吸收并降解以释放其内容物（Gregoriadis，1990）。

口服脂质体包裹的药物如胰岛素、葡萄糖氧化酶、筒箭毒碱、凝血因子Ⅷ和肝素已被报道。虽然脂质体很容易被胃肠道（GI）磷脂酶和胆盐消化，但据报道，被包裹的药物，尤其是难溶性药物，可以通过磷脂-胆盐-药物复合物被吸附（Gregoriadis，1990）。在这种情况下，吸收机制可能类似于其他口服脂质药物传递系统，这在第 11 章中讨论。在免疫抑制剂西罗莫司（Rapamune®）的口服液配方中，该药物被含有磷脂酰胆碱和丙二醇的磷酸 PG50 溶解（Strickley，2004）。因此，当剂型分散在水中时，脂质体很可能是瞬时形成以溶解药物。

脂质体药物在体内的分布与传统药物不同，因为脂质体具有独特的分布和消除药动学途径（Hwang，1987）。当静脉给药时，脂质体制剂作为药物储库，在血液中持续释放药物。脂质体被选择性地吸收（如肝脏、脾脏、肺、淋巴结，在较小程度上还有骨髓），像其他异物一样被吞噬细胞（如巨噬细胞）吞噬。这说明脂质体还可以作为细胞内药物传递的载体，非常适合治疗单核吞噬细胞系统的疾病，包括接受癌症治疗的免疫缺陷患者或免疫机能缺陷患者的全身真菌感染。

难溶性药物将被包封于脂质体双层结构中，在注射后不久，药物可能会被血液成分从载体中去除。在这种情况下，药物的分布将不同于脂质体。例如，丙泊酚以脂质体形式从载体中迅速释放，其分布与乳液形式的分布难以区分（Jensen 等，2008）。

### 14.1.3　脂质体作为药物载体的优势

脂质体作为药物载体的独特之处在于，它可以包封多种极性药物。亲水药物可以包埋在水腔内，亲脂药物可以包埋在脂质膜内。采用脂质体制剂可以显著增加亲脂药物的表观水溶解度，使采用高于其水溶解度的剂量给药成为可能。因此，一个稳定的难溶性药物配方常常是可以实现的，稀释后没有沉淀。脂质体药物可靶向于炎症、感染和肿瘤部位。这可能是因为在这些部位，疾病状态导致局部毛细血管内皮细胞之间的间隙增加（Bangham，1992；Ostro，1992）。与传统剂型相比，药物包封在脂质体中使靶向位点药物水平增加。该位点特异性作用在不影响药物疗效的前提下降低了药物的毒性，并已被用于改善几种类别药物的治疗效果。例如，抗真菌剂两性霉素 B 具有严重毒性，已被证明脂质体剂型对小鼠的毒性比传统剂型低 70 倍。同样，广泛应用的抗癌药物多柔比星的严重不可逆心肌病副作用也可以通过脂质体技术来降低。

### 14.1.4　上市产品和临床试验项目

随着脂质体技术的发展，已开发出越来越多的上市产品和临床试验项目。表 14.1 总结了已上市的脂质体产品，表 14.2 给出了脂质体制剂进行临床试验的代表性产品。

**表 14.1　已上市脂质体产品**

| 药物 | 商品名 | 生产厂家 | 给药途径 | 药物作用 | 状态 | 参考文献 |
|---|---|---|---|---|---|---|
| 多柔比星 | Doxil | Alza/Janssen | 静脉注射 | 治疗癌症 | 上市 | PDR（2006） |
| | Myocet | Cephalon | 静脉注射 | 治疗癌症 | 上市（EU） | Allen 和 Cullis（2013） |
| 两性霉素 B | Ambisome | Gilead /Astellas | 静脉注射 | 抗真菌 | 上市 | PDR（2006） |
| | Abelcet | Liposome Co./ Sigma-Tau | 静脉注射 | 抗真菌 | 上市 | PDR（2006） |
| | Amphotec | Alza/Three Rivers | 静脉注射 | 抗真菌 | 上市 | Dupont（2002） |
| 柔红霉素 | DaunoXome | Gilead/Galen US | 静脉注射 | 治疗癌症、卡波西肉瘤 | 上市 | Allen 和 Cullis（2013） |
| 阿糖胞苷 | DepoCyt | SkyePharma/ Sigma-Tau | 鞘内 | 治疗淋巴瘤性脑膜炎 | 上市 | PDR（2006）；Dupont（2002） |

续表

| 药物 | 商品名 | 生产厂家 | 给药途径 | 药物作用 | 状态 | 参考文献 |
|---|---|---|---|---|---|---|
| 硫酸吗啡 | Depodur | SkyePharma/Pacira | 硬膜外麻醉 | 治疗疼痛 | 上市 | PDR（2006）；Dupont（2002） |
| 维替泊芬 | Visudyne | QLT/Valeant | 静脉注射 | 治疗老年性黄斑变性 | 上市 | PDR（2006）；Dupont（2002） |
| 长春新碱 | Marquibo | Talon | 静脉注射 | 治疗白血病 | 上市 | PDR（2006）；Dupont（2002） |
| 布比卡因 | Exparel | Pacira | 手术部位 | 麻醉 | 上市 | Allen 和 Cullis（2013）；Viscusi 等（2014）；PDR（2006）；Dupont（2002） |
| 胞壁酰三肽 PE | Mepact；Junovan | IDM Pharma | 静脉注射 | 治疗骨肉瘤 | 上市（EU）新药（US） | Nardin 2006 |
| 盐酸伊立替康 | Onivyde | Merrimack Pharmaceuticals | 静脉注射 | 治疗癌症 | 上市 | PDR（2006） |
| 紫杉醇 | Lipusu | Luye Pharma | 静脉注射 | 治疗癌症 | 上市(中国) | PDR（2006） |

**表 14.2　具代表性的脂质体临床试验药物**

| 药物 | 商品名 | 开发企业 | 给药途径 | 药物作用 | 状态 | 参考文献 |
|---|---|---|---|---|---|---|
| 紫杉醇 | EndoTag | Medigene/SynCor | 静脉注射 | 治疗癌症 | Ⅲ期临床 | Schuch（2005） |
| 凝血因子Ⅷ | Kogenate | Zilip | 静脉注射 | 治疗血友病 | Ⅲ期临床 | Yoshioka 等（2006） |
| 顺铂 | Lipoplatin | Regulon | 静脉注射 | 治疗肺癌 | Ⅲ期临床 | Allen（2013） |
| 长春新碱 | Onco TCS | Inex | 静脉注射 | 治疗非霍奇金淋巴瘤 | Ⅲ期临床 | Drugs in R&D（2004） |
| 热响应多柔比星脂质体 | Thermodox | Celsion | 静脉注射 | 治疗原发性肝癌 | Ⅲ期临床 | Miller（2013） |
| 抗 MUC-1 癌症疫苗 | Stimuvax（L-BLP25） | Merck/ Oncothyreon | 静脉注射 | 治疗非小细胞肺癌 | Ⅲ期临床 | Allen（2013）；Wu 等（2011） |
| 前列地尔 | Liprostin | Endovasc | 静脉注射 | 治疗局部缺血 | Ⅲ期临床 | — |
| 阿米卡星 | Arikayce | Insmed | 吸入 | 治疗囊性纤维化 | Ⅲ期临床 | — |
| 安那霉素 | L-Annamycin | Callisto | 静脉注射 | 治疗白血病 | Ⅱ期临床 | Weltzer 等（2013） |
| 阿米卡星 | MiKasome | Gilead | 静脉注射 | 治疗耐药结核病 | Ⅱ期临床 | — |
| 勒托替康 | OSI-211（NX 211） | OSI Pharma/Gilead | 静脉注射 | 治疗卵巢癌和肺癌 | Ⅱ期临床 | Dark 等（2005） |
| 胸苷酸合成酶抑制剂 | OSI-7904L（GS7904L） | OSI Pharma/Gilead | 静脉注射 | 治疗胃癌 | Ⅱ期临床 | Sen 和 Mandal（2013） |
| 紫杉醇 | LEP-ETU | Neopharm/Insys | 静脉注射 | 治疗转移性乳腺癌 | Ⅱ期临床 | Sen 和 Mandal（2013） |
| 阿糖胞苷-柔红霉素 | CPX-351 | Celator Pharmaceuticals | 静脉注射 | 治疗急性髓性白血病 | Ⅱ期临床 | Lancet 等（2014）；Allen（2013） |
| 伊立替康-氟尿苷 | CPX-1 | Celator Pharmaceuticals | 静脉注射 | 治疗结直肠癌 | Ⅱ期临床 | Allen（2013） |
| 阿仑膦酸钠 | LABR-312 | Biorest | 静脉注射 | 治疗术后再狭窄 | Ⅱ期临床 | Banai 等（2013） |
| 转铁蛋白靶向奥沙利铂 | MBP-426 | Mebiopharm | 静脉注射 | 治疗胃癌 | Ⅱ期临床 | Allen（2013） |

续表

| 药物 | 商品名 | 开发企业 | 给药途径 | 药物作用 | 状态 | 参考文献 |
|---|---|---|---|---|---|---|
| 伊立替康（CPT-11） | MM-398 | Merrimack | 静脉注射 | 治疗胃癌和胰腺癌 | Ⅱ期临床 | Allen（2013） |
| 托泊替康 | Brakiva | Talon | 静脉注射 | 治疗复发性实体瘤 | Ⅰ期临床 | Allen（2013） |
| 长春瑞滨 | Alocrest | Talon | 静脉注射 | 治疗复发性实体瘤 | Ⅰ期临床 | Allen（2013） |
| 抗转铁蛋白靶向 p53 cDNA | SGT-53 | SynerGene | 静脉注射 | 治疗晚期实体瘤 | Ⅰ期临床 | Senzer 等（2013） |
| 多西他赛 | LEP-DT | Neopharm/Insys | 静脉注射 | 治疗转移性实体癌 | Ⅰ期临床 | Sen 和 Mandal（2013）；Deeken 等（2013） |
| 反义寡核苷酸 | LEP-rafAON | Neopharm/Insys | 静脉注射 | 治疗胰腺癌 | Ⅰ期临床 | Dritschilo 等（2006） |
| 多柔比星免疫脂质体 | MM-302 | Merrimack | 静脉注射 | 治疗 HER2 过度表达的癌症 | Ⅰ期临床 | Allen（2013） |
| 前列腺素 $E_1$ | TLC C-53 | The Liposome Company（Elan） | 静脉注射 | 治疗急性炎症和膀胱闭塞性疾病 | Ⅰ期临床（中止） | Vincent 等（2001） |

AmBisome®，两性霉素 B 脂质体制剂由 Nexstar（现为 Gilead Sciences）开发，自 1990 年以来已在 40 多个国家批准上市，并于 1997 年被美国 FDA 批准进入美国市场。一些其他形式的两性霉素 B 脂质体或两性霉素磷脂复合物已经被批准。Plaux®（Lipoalprostadil）于 1988 年在日本推出，是一种包含在脂质体制剂中的心血管和抗糖尿病药物。脂质体作为化疗药物或生物反应调节剂的药物载体，已被多家公司积极采用。DOXIL®是由 Sequus Pharmaceuticals（现为 Alza，隶属于 Johnson 和 Johnson）开发的多柔比星脂质体制剂，于 1995 年获得美国批准。DOXIL 是最成功的脂质体产品之一，使用聚乙二醇来增加循环时间，后面有相关讨论。Myocet®是一种在欧洲市场销售的非聚乙二醇脂质体多柔比星。免疫调节剂胞壁三肽磷脂酰乙醇胺的脂质体制剂已在欧洲上市，并已提交美国新药申请（NDA）。其他配方，如局部给药的米诺地尔，由 Upjohn 开发的皮肤病学剂 Taisho 于 1986 年在全球推出。碘化脂质体是一种来自 Sequus 药物公司（现在的 Alza）的诊断药物，目前还在使用。椎体素是由 QLT 光疗法公司开发的一种光动力治疗剂，它最初作为一种抗癌剂，现在作为 Visudyne®上市销售，一种治疗老年性黄斑变性的药物。柔红霉素、阿糖胞苷、硫酸吗啡和长春新碱是作为脂质体制剂进入市场的其他药物（表 14.1）。脂质体传递紫杉醇进行了很多临床试验研究，就像化疗药物多西他赛、伊立替康、勒托替康、拓扑替康和顺铂等有良好的成效。除表 14.2 所列外，已进行过临床试验的脂质体药物还有米托蒽酮（Yang 等，2014）、乳铁蛋白（Ishikado 等，2004）和维 A 酸（Bernstein 等，2002）。反义寡核苷酸如 LEP-rafAON（Dritschilo 等，2006）和 siRNA（Schultheis 等，2014）已进行临床研究。Celator 制药公司已经开发了脂质体联合疗法（Combiplex®），如伊立替康-氟脲苷和阿糖胞苷-柔红霉素。除了注射外，雾化脂质体制剂在向肺部输送药物方面也显示出一些优势，例如，两性霉素 B（Monforte 等，2009）、顺铂（Wittgen 等，2007）和喜树碱（Verschraegen 等，2004）已在雾化脂质体制剂中进行了临床研究。类似地，因为有证据表明脂质体和/或其成分增强了药物渗透到皮肤中的能力（Cevc，2004），地蒽酚的局部脂质体制剂（Saraswat 等，2007）、超氧化物歧化酶（Riedl 等，2005）、碘苷（Seth 等，2004）、维 A 酸（Patel 等，2001）和肝素（Górski 等，2005）已经在临床中进行了测试。自 1990 年以来，已经有十几个脂质体项目处于Ⅲ期/新药申请（NDA）阶段，并有许多处于Ⅰ期和Ⅱ期临床研究阶段。截至 2014 年，FDA 至少有 107 项包含脂质体的临床试验（Kraft 等，2014）。

## 14.2 脂质和脂质双分子层的分类

磷脂存在于所有活细胞中，通常占动物细胞膜的一半左右（Cevc，1992）。膜脂种类繁多的原因可能仅仅是这些两亲性结构有共同的能力，在水环境中作为双分子层排列（Paltauf 和 Hermetter，1990）。因此，与合成药物载体分子相比，使用内源性磷脂形成囊泡作为药物载体对患者的不良反应可能要小得多。

几乎所有自然形成的磷脂都是由极性头基和甘油骨架结合而成的，所述骨架被一个或两个酰基或烷基链或 *N*-酰化鞘氨醇碱取代（如神经酰胺）。因此，天然来源的磷脂可分为磷酸二甘油酯和鞘磷脂，并与之对应水解产物。这两类的基本结构如图 14.2 所示。

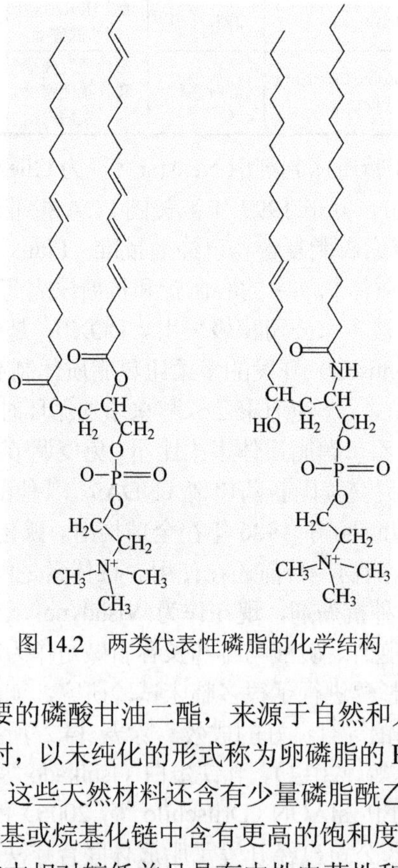


图 14.2 两类代表性磷脂的化学结构

磷脂酰胆碱（PC）是主要的磷酸甘油二酯，来源于自然和人工合成。当从植物和动物源（主要是蛋黄和大豆）中提取时，以未纯化的形式称为卵磷脂的 PC，由不同链长和不饱和度的 PC 混合而成。除非高度纯化，这些天然材料还含有少量磷脂酰乙醇胺（PE）、磷脂酰肌醇（PI）和鞘磷脂。动物源卵磷脂在酰基或烷基化链中含有更高的饱和度，而植物源卵磷脂在脂肪链中具有更高的不饱和度。由于成本相对较低并且具有中性电荷性和化学惰性，PC 通常被用作脂质体制剂的主要磷脂材料。其他磷脂通常被用于脂质体中，以产生电荷；其中包括磷脂酰丝氨酸（PS）、磷脂酰甘油（PG）、磷脂酸（PA）和 PI。PI 是大豆磷脂的主要成分。然而，PI 也有一些药理作用，因为它可能是某些信使分子的前体（Bleasdale 等，1985）。因此，含 PI 的脂质体可能不能用于肠外给药。癌症化疗药物可能是个例外，PI 的细胞毒性已被证明对肿瘤细胞具有选择性（Jett 和 Alving，1988）。更常用的是醚连接的 PC，其中醚键取代胆碱基团和甘油主链之间的酯，因此具有更强的抗水解和酶降解能力。然而，这些合成脂类可能存在一种毒性，与不能代谢醚键有关。

## 14.2.1　脂质双分子层的结构和特性

### 14.2.1.1　脂质双分子层形成机制

磷脂，由于其疏水酰基烃链和亲水极性头基是两亲性分子，亲水亲脂平衡（HLB）值一般为 4～6。因此，PC 分子在可接受的意义上不溶于水，在水介质中，它们紧密地排列成平面双分子层，以尽量减少大块水相与长烃脂肪酸链之间的不利相互作用。当薄片自身折叠形成封闭的密封囊泡时，这种相互作用就完全消除了。对比其他大多数表面活性剂的几何结构（单尾）形成胶束，它们的几何结构表面磷脂形成层状双分子层是由于双尾结构。在一定条件下，可以存在另一种形式，即反六角相（$H_{II}$），其中水被圈闭为圆柱体，被脂质极性头群包围，而尾部群包围在六角形晶格的间隙区域。这在高脂/水比（＞20%脂质）时表现突出，特别是含有不饱和脂肪酰基链的 PE（由于其头基较小）。已经通过时间分辨 X 射线衍射技术研究了层状（$L_\alpha$）至 $H_{II}$ 相变的动力学（Tate 等，1992）。$H_{II}$ 和其他相可能是磷脂水化的过渡中间体。

### 14.2.1.2　温度影响和相转变

在不同温度下，磷脂双层膜可处于不同的相态。膜的有序/无序特性方面是复杂的。例如，完全水合的二硬脂酰磷脂酰胆碱（DSPC）经历多达三次转变。两个转变是众所周知的，一个在 51℃（$\Delta H$ = 1.3 kcal/mol）的相转变和一个在 55℃（$\Delta H$ = 10.8 kcal/mol）主要的相转变。在长时间的冷藏过程中，还可以观察到 30℃左右的不可逆的亚转变（Mattai 等，1987）。预转化包括脂质双分子层的涟漪或波动（Cevc，1991）。主相变是最相关和最普遍的现象，它将膜从紧密有序的凝胶或固相转变为流动相。流动相保持一定的顺序，因此被称为液晶相，但单个分子的运动自由度（在平移运动和酰基链构象变化方面）高于凝胶相。随着温度的升高，脂肪酸链趋向于采用非全反式直链构象，如扭曲构象。这对从凝胶到液晶相的转变具有扩大链所占面积、缩短烃链总长度和减小双层厚度的作用。对于单组分体系，特别是链长为 $C_{12}$～$C_{20}$ 的饱和二酰基磷脂，其转变发生在室温以上的较窄温度范围内，熔点温度（$T_m$）随链长增加而增加。Marsh（1991）设计了 $T_m$ 与链长关系的理论表达式，解释了亚甲基基团对转变熵和焓变化的增量影响。过渡区域的详细分析揭示了强密度的波动，已经从计算机模拟表明，瞬态域形成纳米级，也就是说，流体脂质域形成凝胶相，或者凝胶相脂质形成流体相，分别在结晶温度（$T_c$）之前或之后（Mouritsen 和 Jorgensen，1993）。体积的增加与凝胶和流体结晶相关联，二肉豆蔻酰磷脂酰乙醇胺（DMPE）、二棕榈酰磷脂酰乙醇胺（DPPE）、二硬酯酰磷脂酰乙醇胺（DSPE）和二棕榈酰磷脂酰胆碱（DPPC）$\Delta V$ 分别为 15.2 mL/mol、22.5 mL/mol、30.0 mL/mol 和 27.4 mL/mol（Mason 和 O'Leary，1990）。利用差示扫描量热法和其他微量热法可以很容易地测定 $T_m$。然而，许多其他的技术，如 X 射线衍射、核磁共振光谱和荧光光谱，已经被用来研究相转变。

如果磷脂酰基链存在不饱和度，$T_m$ 一般低于室温，且转变范围较宽。对于多组分系统，主要相变在很大程度上被扩大或基本上被消除。胆固醇是最重要的分子，能够调节磷脂双分子层的流动性（在生理细胞膜和合成囊泡中均可调节），主要通过氢键和疏水吸引作用分别与磷脂头基和尾基相互作用。含有 20%（摩尔分数）以上的胆固醇时出现独特和稳定的流体的有序相，其特征是高横向（平移）扩散，但高构象有序（Mouritsen 和 Jorgensen，1993）。然而，当浓度较高时，胆固醇可能会扰乱双层膜的紧密程度。

了解磷脂膜的相变和流动性对脂质体的制备和应用都具有重要意义。脂质体膜的相行为决定了诸如渗透性、融合、聚集和蛋白质结合等性质，这些都能显著影响脂质体的稳定性及其在生物系统中的行为。此外，药物可以改变相转变温度。例如，阳离子两亲性化合物可以降低二棕榈酰磷脂酸（DPPA）脂质体的相变温度，显然是由于头基和尾基的相互作用（Haupft 和 Mohr，1985；Borchardt 等，1991）。中性疏水抗癌药物替尼泊苷可使二肉豆蔻酰磷脂酰胆碱（DMPC）和 DPPC 脂质体的主 $T_m$ 依照载药量从 1%（摩尔分数）至 5%（摩尔分数）增加而发生线性下降和变宽。替尼泊苷浓度低至 0.1%（摩尔分数）时，预转变率降低，而药物 1%（摩尔分数）时，预转变率消除（Wright 和 White，1986）。

#### 14.2.1.3 脂链结构

在凝胶相中，PC 的大头基占据了膜的 42 $Å^2$ 区域，而两条直链脂肪酸所占区域较小（约 39 $Å^2$）。因此，碳氢化合物链都被认为是相对于膜平面以 58°角度倾斜，从而头基填补额外的空间。链的流动性和向液晶的转变消除了一定程度的倾斜角度，导致链更松；因此流体双层膜将比相应的有序膜更薄（Cevc 和 Seddon，1993）。

#### 14.2.1.4 相分离

正常情况下，脂质双分子层的组分是随机均匀分布的，即使将胆固醇等非磷脂类化合物引入双分子层以获得理想的属性也是如此。然而，在某些条件下，会发生不需要的相分离现象，其中类似的组分将在双层结构中分隔成区域或域。这可导致双层膜渗漏、囊泡聚集、膜融合。因此，在设计脂质体组合物时应谨慎，并将结构上差异较大的组分数量保持在最低水平（Cevc，1992）。带电荷的脂类通常是静电的相互排斥，产生均匀的分布，但高浓度二价盐的存在可能导致带电脂类的聚集和相分离。短链和长链 PC 脂质体的混合物在凝胶态下会发生相分离（Bian 和 Roberts，1990）。

#### 14.2.1.5 膜渗透性和分配

脂质体膜，像生物膜，是半渗透性的。它们对在有机和水介质中都具有高溶解度的分子起着非常微弱的屏障作用。相反，极性溶质（如葡萄糖）和高分子量化合物通常通过完整磷脂双层膜非常缓慢。对于中性电荷小分子（如水和尿素）来说，在双层膜上的扩散速率相当快，而对于质子和羟基离子则稍微慢一些。钠离子和钾离子通过膜的速率非常慢。凝胶相双层膜的渗透性不如相应的流体双层膜，即将温度升高到 $T_m$ 以上会增加渗透性。

磷脂堆积也会影响双分子层的渗透性。在膜边界处，脂质隔间与大量水相相互作用，有限的转动和平移自由度通常表现为脂质在一个规则的二维阵列中排列，所有分子之间都采用一个固定的距离和方向。然而，堆积异常（点缺陷、线缺陷和颗粒边界）可能是由酰基链碳从反式构象转变为间扭式构象而引起的杂质造成的。因此，堆积异常导致薄膜的小暴露区域，这有利于小分子通过该区域的双层，增加渗透性。

当考虑疏水药物主要位于脂质双分子层的尾部区域，更重要的参数是药物在脂质双分子层和水相之间的分配系数。药物制剂开发的目标之一即为增加这一分配系数的数值。分配系数是一个静态参数，而双分子层的外排速率是相应的动力学参数，类似于水溶性分子的渗透系数。

#### 14.2.1.6 负电荷磷脂的性质

在带负电荷的磷脂中，有三种可能的作用力，即空间位阻、氢键和静电电荷，会调节双分子层的头基相互作用。二棕榈酰磷脂酰甘油（DPPG），具有庞大的甘油基团和 pH 7 时的去质子化磷酸盐的静电斥力，相变温度比 DPPC 低约 10℃。相反，DPPA 具有小的头基和中性 pH 的负电荷（导致氢键结合），具有较高的相对主相变温度。另一个因素是 pH 效应：在高和低 pH 时，$T_m$ 会降低，尤其是在高 pH 时，静电斥力会将头基推开。同样，酸性磷脂可以与二价阳离子（$Ca^{2+}$、$Mg^{2+}$）强烈结合，从而降低头基的静电电荷，浓缩双层膜（如增加凝胶相填充密度），从而增加

$T_m$。因此，在适当的环境温度下，阳离子的加入能够引起液晶相向凝胶相转变。

#### 14.2.1.7　含胆固醇的磷脂双分子层的性质

固醇是大多数天然膜的重要成分，胆固醇及其衍生物是动物组织中最重要、最主要的固醇。在脂质体双层膜中加入固醇可使这些膜的性质发生重大变化。胆固醇本身不形成双层结构，但具有一定程度的两亲性，可以以非常高的浓度加入磷脂膜中（胆固醇与 PC 的物质的量之比高达 2∶1）。虽然一般对实际相变温度影响不大，但它可以大幅度地扩大双层膜的相变，在某些情况下可以完全消除相变热。在胆固醇存在的情况下，双分子层在相变以上的分子运动自由度减小，而在相变以下的分子运动自由度增大。因此，胆固醇的整体作用是缓和凝胶相和流体相之间的差异。由此推论，胆固醇不仅会使含有饱和磷脂的双层膜流动性增加，而且还会增加含有不饱和磷脂的双层膜的流动性。在脂质体配方中使用胆固醇可能带来的一些好处是降低了双层膜的渗透性，粒径更小且分布更均匀，防止了相分离。胆固醇对特定的脂质体药物配方的影响必须基于专属的基础上进行评估，而且往往涉及经验实验和错误。

## 14.3　脂质体的种类和结构

脂质体可以根据其粒径（与薄层数，即双分子层数有关）和形状来表征。根据粒径对脂质体进行分类是最常见的指标。

### 14.3.1　多层囊泡

多层囊泡（MLV）通常由粒径范围广泛的小囊泡组成（100～1000 nm），每个囊泡通常由 5 个或更多的同心圆薄层组成（图 14.3）。由少量同心圆薄层组成的小囊泡有时被称为寡聚层脂质体，或包层囊泡。一般来说，寡聚层脂质体被认为是 2～5 个双分子层，粒径范围为 50～250 nm。多囊结构也可能发生，其中两个或多个脂质体以非同心圆的方式包裹在另一个较大的脂质体内。多囊脂质体比只有同心圆双分子层的多层脂质体具有更大的水相空间比例（Jain 等，2005）。一种多囊脂质体布比卡因制剂（Exparel）用于治疗手术部位的疼痛（Chahar 和 Cummings，2012）。羟喜树碱多囊脂质体的制备表明，这种结构可用于难溶性药物的缓释作用（Zhao 等，2010）。

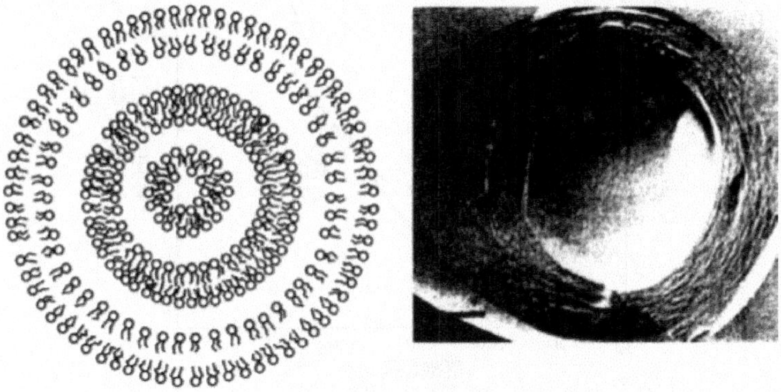

图 14.3　MLV 的图解和冷冻断裂电子显微照片
（经许可，Ostro M J，Cullis P R.Am.J.Hosp.Pharm，1989，46：1576-1587.）

### 14.3.2 小单层囊泡

小单层囊泡（SUV）被定义为那些最低限度粒径的磷脂囊泡的单层脂质体。这一限度根据水介质的离子强度和膜的脂质组成略有不同，但对于纯卵磷脂在生理盐水中约为 15 nm，对于 DPPC 脂质体约为 25 nm。因此，根据定义，这些脂质体处于或接近较低的粒径限度，它们在粒径上是一个相对均匀的群体（图 14.4）。

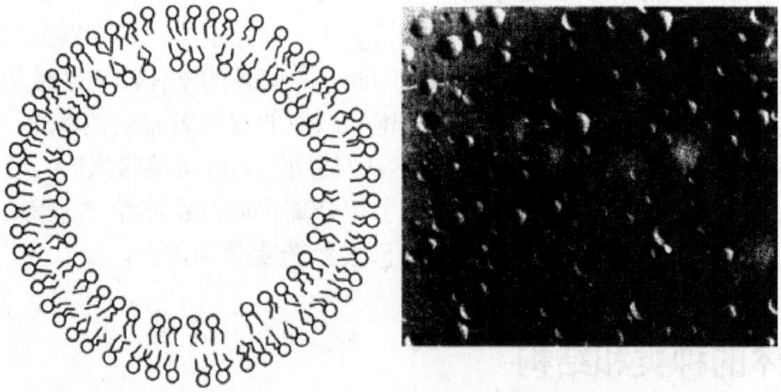

图 14.4 单个单层囊泡的图解和多个单层囊泡的冷冻断裂电子显微照片

（经许可，Ostro M J，Cullis P R.Am.J.Hosp.Pharm，1989，46：1576-1587.）

### 14.3.3 中等粒径单层囊泡

中等粒径单层囊泡（IUV）的直径约为 100 nm，如果粒径大于 100 nm，且由单层双分子层组成，则称为大单层囊泡（LUV）。对于单层囊泡，磷脂含量与囊泡表面积有关，囊泡表面积与半径的平方成正比，包载体积随半径的立方而变化。此外，由于膜的厚度有限（约 4 nm），当囊泡变得更小时，磷脂占据了更多的内部空间，从而进一步降低了它们的水相体积。因此，对于定量的脂质，大的单层脂质体比小的脂质体有更大的水相体积。这些关系如图 14.5 所示。注意这只与水溶性化合物的包封有关。

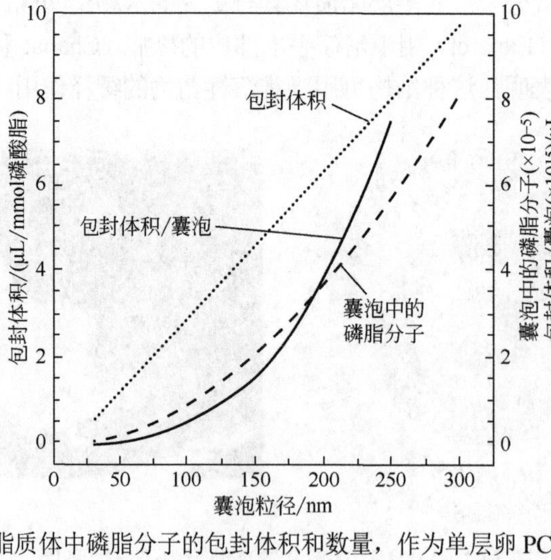


图 14.5 每个脂质体中磷脂分子的包封体积和数量，作为单层卵 PC 囊泡直径的函数

假设双层厚度为 3.7 nm，磷脂比容为 1.253 $nm^3$/分子，计算理论曲线。

（经许可，改编自 Enoch H G，Strittmatter P.Proc. Nat. Acad. Sci. USA，1979，76：145-149.）

### 14.3.4　聚合和氟化脂质体

在脂质体发展的早期，人们就认识到它们在血液中的不稳定性对某些应用不利。因此，有研究首先将聚合脂质加入脂质体双分子层中，然后通过光解等方式引发聚合，形成链间交联，稳定双分子层。最常用的可聚合脂类是尾部基团中 PC 含有丁二炔基或丁二烯基（Hupfer 等，1983；Freeman 等，1987）。相对于非聚合物脂质体，聚合物脂质体对水溶性标记分子 6-羧酸酯的渗透性显著降低，对有机溶剂和洗涤剂的耐受性增加（Hupfer 等，1983）。近年来，用 pH 为 7 的聚二乙炔脂质制备了含氨苄青霉素的 pH 敏感聚合脂质体，在酸性条件下，药物快速释放（Won 等，2013）。聚合脂质体尚未用于临床，可能是担心可聚合脂质的潜在毒性。聚合物脂质体在水不溶性药物的增溶过程中的应用价值可能有限，因为在这种情况下，从双层膜中分离出来比通过双层膜的渗透性更重要。位于脂质双分子层的药物在聚合条件下的稳定性也将受到特别关注。

一个相关的技术是使用氟化囊泡，它是由一种含有氟碳而非烃类尾基的两亲体组成。氟碳链往往比碳氢链更疏水、更具刚性，这为氟化两亲体自组装成层状体系提供了动力，这种层状体系比相应的碳氢体系组织得更好、更稳定（Riess，1994）。这导致氟化囊泡的渗透性显著降低，无论是在缓冲液中还是在人血清中。例如，当肉豆蔻酰基被 $C_6F_{13}C_6H_{12}CO$-基团取代时，DMPC 脂质体在 75℃下的 6-羧基荧光素渗透系数降低了 100 倍，或者被 $C_8F_{17}C_4H_8CO$-基团取代时，DMPC 脂质体的渗透性系数降低了 2000 倍（Riess，1994）。对于 DSPC 脂质体，当硬脂酰基被 $C_6F_{13}C_{10}H_{20}CO$-基团取代时，在 75℃缓冲液条件下 6-羧基荧光素的渗透性降低了 10 倍。这一变化改善了 37℃时的血清稳定性，在 28 h 后，DSPC 和氟化囊泡分别显示标记物丢失了 40%和 15%，循环半衰期增加了 13 倍（Riess，1994）。同样，氟化脂质体比常见的 DSPC 对洗涤剂的溶解作用更有抵抗力（Gadras 等，1999）。氟化囊泡与聚合脂质体相比，其优点在于不需要光活化就可以用传统的方法制备。氟化双分子层并不妨碍使用振摇载药技术制备囊泡，已证明阿霉素可以包载于氟化囊泡中（Frezard 等，1994）。氟化的囊泡还未用于临床，可能是因为未知的毒性。

### 14.3.5　长循环空间稳定的脂质体

近年来，人们对表面经过衍生化或修饰以延长其循环时间的脂质体产生了极大的兴趣。修饰方法有以下几种。最早将唾液酸（如神经节苷脂 GM1）加入双分子层中（Allen 和 Chonn，1987；Gabizon 和 Papahadjopoulos，1988；Allen 等，1989）。最近，聚乙二醇（PEG）衍生化的脂质体，通常通过加入 10%～20%（摩尔分数）的 PE 而制备，其中 PEG 已经与 PE 的氨基共价连接，这成为制备长循环脂质体选择的方法（包埋）（Woodle，1993）。相比常规脂质体，表面修饰可以将循环半衰期从 2 h 增加到 3 h，对于立体稳定的脂质体由于减少 RES 吸收，循环半衰期可以延长超过 24 h。比如，引入 PEG 的 DSPC 脂质体半衰期增加了 18 倍（Allen 等，1995）。将包埋标记物 67 Ga 甲磺酸去铁胺的部分氢化蛋黄 PC/胆固醇（2∶1）脂质体静脉注射到大鼠体内，24 h 后，该标记物在血液中仅占 1%，在肝脏和脾脏中占 31%。相比之下，含 0.15 mol 5000PEG-DSPE 的同样的脂质体显示 24h 后血液中含 21%标记物，肝脏和脾脏中含 10%标记物（Woodle 等，1994）。阿霉素的空间稳定脂质体，商品名为 DOXIL（表 14.1），这个静脉注射制剂显示在人体中的半衰期为 40～60 h（Woodle，1995）。一般来说，空间稳定的脂质体的清除遵循一阶对数线性消除动力学，而传统的脂质体遵循饱和型 Michaelis-Menton 动力学，具有低剂量的双相消除过程（Allen 等，1995）。也就是说，空间稳定避免了传统脂质体的 RES 饱和摄取。空间稳定脂质体的 RES 摄取明显减少，进而增加了其他靶向区域的摄取（如肿瘤）。

表面修饰改变药动学的机制尚未完全了解。主要影响可能是 PEG 或唾液酸掩盖了磷脂的表面电荷。这种掩盖被描述为空间位阻，降低了调理素（血浆蛋白）对脂质体的识别和结合，导致 RES 摄取减少。表面电荷掩盖通过 Zeta 电位测定表示：在 PC 脂质体表面加入分子量 2000 以上的 PEG 后，表面 Zeta 电位由-65 mV 变为-10 mV；相应的 PEG 聚合物包衣厚度估计为 5 nm（Woodle 等，1994）。其他因素也有助于延长循环机制，例如，PEG 赋予脂质体表面更大的亲水性（Woodle，1993）和给予聚合物链流动性（Torchilin 和 Papisov，1994）。已有综述专门回顾了可能的机制，其中表明聚乙二醇化的脂质体仍然可能发生调理作用，因此导致长循环的因素是复杂的（Moghimi 和 Szebeni，2003；Immordino 等，2006）。

使用 SSL 传递难溶性药物的价值必须视具体情况进行评估。需要考虑的因素包括靶向器官或组织、理想的半衰期，以及用白蛋白和其他血浆蛋白从脂质体中移除药物。例如，如果肝脏和脾脏是该药物的主要作用部位，SSL 的价值不大或没有价值。此外，如果白蛋白、脂蛋白和其他血浆蛋白在常规脂质体被 RES 摄取之前去除药物，药物随后与受体结合，SSL 的价值也值得怀疑。另一方面，如果延长药物循环半衰期是制剂目标，或 RES 摄取是一个不利因素，借助 SSL 传递可能是可行的选择。是使用 SSL 还是传统的脂质体应由组织靶向部位的特殊应用和知识来决定。其中一些决定应该依据现有数据及动物或临床研究的直接比较，包括药物药动学、组织分布、疗效和毒性的比较。

### 14.3.6 靶向脂质体

在脂质体发展的早期，人们已经认识到，通过选择性地结合某种细胞类型或释放到特定的器官，脂质体可能潜在地将药物传递到靶向部位。这种方法尤其吸引抗癌小分子药物的传递。免疫脂质体被广泛地研究，将单克隆抗体连接到脂质体表面（Allen 等，2002）。免疫脂质体的临床开发阶段最近才开始，可能是由于这类制剂放大工艺的复杂性。在Ⅰ期临床试验阶段，包封于 PEG 化的免疫脂质体的阿霉素在 23 例患有转移性胃癌的日本患者中具有良好的耐受性，但没有观察到客观的肿瘤反应（Matsumura 等，2004）。Merrimack 制药公司正在开发一种临床上的阿霉素免疫脂质体传递系统（MM-302；表 14.2）。这是一种阿霉素脂质体与一种靶向表达 HER2 的癌细胞的抗 HER2 scFv 抗体结合，目前正处于局部晚期/转移性乳腺癌患者的Ⅱ期临床试验阶段。另一个免疫脂质体是 SGT-53，处于临床开发阶段，它使用抗转铁蛋白受体单抗片段将包裹 p53 DNA 质粒的脂质体通过转铁蛋白糖蛋白受体靶向癌细胞（Senzer 等，2013）。

另一种靶向方法是将叶酸或转铁蛋白等分子偶联到脂质体表面；叶酸和转铁蛋白受体在癌细胞中表达程度更高，因此，这种受体靶向的脂质体有望增加癌细胞的摄取（Sapra 和 Allen，2003；Felnerova 等，2004）。MBP-426（表 14.2）为聚乙二醇化的脂质体，包裹以转铁蛋白靶向的奥沙利铂，作用于表达转铁蛋白受体的癌细胞，目前正处于Ⅱ期临床试验阶段（Suzuki 等，2008 年）。

另一种提高脂质体药物特异性释放的方法是使用 pH 和热敏脂质体。这类脂质体在酸性环境或高温下不稳定，从而在特定组织释放药物以达到目的（Simoes 等，2004；Andresen 等，2005）。Thermodox（表 14.2）是一种热反应脂质体，正处于肝癌Ⅲ期临床试验中，在 37℃以上的温度下释放药物（Miller，2013）。

### 14.3.7 其他结构

虽然严格上不属于本章的范围，但是由于它们与脂质体有相似性，一些其他传递系统值得一提。双分子囊泡结构不仅限于磷脂。比如，胆固醇琥珀酸酯囊泡被认为是一种难溶性物质的传递系统（Janoff 等，1988）。类似地，两性霉素 B/胆固醇硫酸（1∶1）复合物，两性霉素 B 胶状分散体，最初由 Sequus 制药公司开发，现在由 Three Revers 制药公司以 Amphotec®为商品名销售（Hiemenz 和 Walsh，1996；Noskin 等，1998；*AHFS Drug Information*，2006）（表 14.1）。Niosomes 是由某些非离子型表面活性剂组成的单层结构，具有制备难溶性药物的潜力。

如果药物/脂质比例很高导致脂质双分子层不稳定，将疏水性药物加入磷脂双分子层可能导致形成非双分子层。一般来说，双分子层被药物破坏稳定性的情况下，脂质/药物比会有一个临界值，低于临界值会改变结构（如胶束、混合胶束）。粒径排阻色谱法可能是测量脂质体相对量和交替结构的最好方法，并能确定脂质体配方的最佳脂质/药物比。例如，金属卟啉血红素和锡中卟啉在脂质/卟啉比小于 5∶1 时形成胶束结构（Cannon 等，1984；Cannon 等，1993）。这种非脂质体结构的形成并不妨碍其临床应用和商业开发，前提是这些结构具有良好的特征。例如，两性霉素 B 在脂质/药物比小于 5∶1 时破坏脂质体双层结构，产生不寻常的核糖样脂质复合物。DMPC/DPMP/两性霉素 B（7∶3∶1）制剂，称为两性霉素 B 脂质体复合物（ABLC®），目前以商品名 Abelcet® 销售（表 14.1）[Hiemenz 和 Walsh，1996；*Physicians Desk Reference*（PDR），2006]。

## 14.4 脂质体的制备

脂质体形成的驱动力是水与磷脂的相互作用，磷脂具有两亲水性。另一方面，亲水头基通过亲水相互作用更倾向于水相。例如，磷脂酰胆碱的两性离子基团具有约 15 个水分子与其弱结合。另一方面，脂质的疏水性烃尾部通过疏水相互作用优于相互结合。这种疏水相互作用导致脂质的化学势在水性环境到油相环境转变时降低。Tanford（1980）估计，每个亚甲基的化学势损失为 3.7 kJ/mol。由于这些相互作用，脂质与水之间的自由能变化很大，这解释了典型磷脂形成双层结构的优势。

由于磷脂是形成脂质体的主要原料，因此值得列出其处理过程中的一些预防措施。储存条件对磷脂的化学稳定性非常重要。一般来说，磷脂有两种可能的降解途径。首先，磷脂很容易发生水解作用，其次，含非饱和酰基链的磷脂容易发生氧化降解。这些降解产物被认为是杂质，显著影响脂质体的物理和化学性质。由于这些原因，脂质通常以固体的形式储存在装有惰性气体的瓶子中，如瓶子上部空间充氩气或氮气，或在低于零度的有机溶剂中，以减小水解和氧化反应的可能性。

生产脂质体系统的技术多种多样。主要有机械分散、有机溶剂稀释、透析、冷冻干燥、pH 梯度、气体-气泡形成等方法。此外，本文还将简要讨论用于肠外制剂的脂质体制备中的两个步骤，即脂质体的无菌过滤和冷冻干燥。

### 14.4.1 机械分散方法

机械分散是实验室规模制备脂质体最常用的方法。通常有两步：薄膜-水化阶段和减小粒径阶段。有些脂质体通过第一步就能制备。手摇和前体脂质体是第一步中两个最常用的方法。

超声、高压均质或高压膜挤出是常用的减小粒径的方法。

机械分散方法一般的和共同的特征如下。①脂质和亲脂药物溶解于有机溶剂中，溶剂是氯仿、二氯甲烷、甲醇、乙醇、乙醚或这些混合物。很多难溶性药物可以溶解于氯仿或二氯甲烷。仅能少量溶于氯仿或甲醇的化合物，往往容易溶于这两种溶剂的 2∶1 混合物中。②含药物或不含药物的脂质溶液通过缓慢地蒸发有机溶剂形成固体状态（烧瓶壁侧）。③将水相介质加入干燥的膜中水化，同时搅拌至脂质膜完全分散。这时候，形成了脂质双分子层。用高压均质步骤减小粒径至理想的范围。

用上面的方法很容易得到脂质双分子层结构。甚至在暴露于水介质之前，干燥膜中的脂质被认为具有这样一种倾向，即亲水区域和疏水区域以类似于它们在最终膜制剂中的构象的方式彼此分离。水化作用下，脂质会膨胀和片状剥离，通常形成 MLV。脂质膜内的水体积通常只占总膨胀体积的一小部分（约 5%～10%）。因此，这种方法对于水溶性化合物非常浪费。另一方面，如果脂溶性化合物的数量不改变膜的完整性，脂溶性化合物可以很有效地结合包封率（高达 100%）。

尽管蒸发步骤除去了有机溶剂，但是可能仍有部分会残留在最终产品中，临床产品需要考虑这个问题。已经证明可使用更安全的替代溶剂混合物如乙醇/乙酸乙酯制备脂质体（Cortesi 等，1999）。近年来，超临界流体技术是一种减少或避免使用有机溶剂的方法，促进脂质体制剂的放大生产（Bridson 等，2002；Imura 等，2003）。这在脂质体的制备中具有显著的优势，是扩大脂质体药物制剂商业应用的重要因素。

#### 14.4.1.1 手摇多层囊泡

经典的机械分散方法通常称为手动摇动，通过温和的手动搅拌使脂质从玻璃容器的壁上悬浮在水相介质中。主要的设备是旋转蒸发仪、水浴锅和一个圆形玻璃烧瓶。首先通过前面讨论的一般步骤形成药物脂质膜。通过轻轻摇动烧瓶进行水合步骤，直到形成不含可见颗粒的均匀乳白色悬浮液。悬浮液可以放置几个小时，直到溶胀过程完成。

通过这种方法制备的脂质体通常是 MLV，但囊泡内的结构高度依赖于配方。完全由中性脂质组成的 MLV 往往是非常紧密堆叠的多层组装，相邻的双层彼此紧密堆叠，它们之间的水性空间非常小。膜中带负电荷的脂类物质的存在会使膜层相互分离，并显著增加水溶性化合物包封的水体积。

手摇法对于难溶性化合物是最实用的方法。用旋转蒸发仪制备的小批量为 5 mL，放大批量可达 20 L，可制备不同的批量。手摇法的优势是提供一种简单快速的方法制备脂质体，制备的囊泡在储存过程中相对稳定。然而，该方法有几个缺点：①脂质体载药量低，因此，尽管在两亲性脂质双分子层中有利于包载难溶性化合物，但是对于水溶性化合物这不是一个好的方法；②溶质在脂质体中的分布可能是不均匀的，这在脂质体制备时引起了很大的关注；③脂质体粒径分布是不均一的，粒径大至 30 μm，小至 0.050 μm（Lichtenberg 和 Barenholz，1988）；④这个方法很难放大，比如，在成膜步骤中，厚度和最后的批量由圆底烧瓶的规格决定，膜的厚度将影响水化过程的有效性，大批量制备时，采用增大烧瓶的面积来保证形成膜达到合适的厚度是不可行的。

#### 14.4.1.2 前体脂质体

为了增加磷脂的沉积表面或制备更薄的膜，已经开发了一种方法，将脂质干燥在细小的颗粒状载体上，比如粉末状氯化钠、山梨醇、乳糖或多糖，产生一种称为前体脂质体的产品。当用旋转混合器混合的同时水合干燥粉末，磷脂膨胀，载体迅速溶解，从而在水溶液中得到 MLV

的脂质体悬浮液。

用于制备小规格的前体脂质体的方法同手摇法，但需要对旋转蒸发仪稍作调整：蒸发仪玻璃溶剂入口管的末端被拉出至一个细小的点，使脂质溶液以细小的喷雾进入烧瓶，并通过真空管将热电偶引入蒸发仪。在真空下将磷脂和药物的有机溶液喷雾到核心材料上。热电偶监测温度；一旦它下降到某一数值以下（由于蒸发），喷雾就会通过关闭阀门停止，在真空下继续干燥。当温度升高，喷雾重新开始，循环重复直到所有的溶液喷雾到核心材料上。从这个过程中，可以得出总结，有效地监测和控制脂质在载体上干燥过程中的温度，对于保证脂质组分保持干燥状态和均匀分散是很重要的。

作为核心的辅助材料，山梨醇受到了广泛的关注，这是由于其临床应用的可接受性，以及由山梨醇形成的溶液的渗透压低于小分子量的其他化合物。山梨醇颗粒由微孔基质组成，因此实际可沉积面积大于仅根据颗粒外表面计算得到的面积，约等于 33.1$m^2$/g。在大约 1g 的脂质和 5g 山梨醇的作用下，得到 6mg/$m^2$ 的覆盖量，相当于在整个表面连续涂上几层双分子层的脂质。因为水在前脂质体形式下比在玻璃壁上干燥时更容易获得脂质（其中包衣比率可能是 10 g/$m^2$），通过该方法更快速地形成脂质体，并且获得更高比例的更小囊泡。例如，由 DMPC 和 DMPG 以 7∶3 的物质的量之比用手摇法制备的平均粒径为 1.8 μm，相比之下，同样配方的前体脂质体平均粒径是 0.13 μm。通过前体脂质体粉末的水合产生的脂质体的平均粒径也随着载药量的增加而增加，并且随着带负电的脂质组分的减少而降低。

基本上任何脂质组合都可用于该方法。当用低熔点的脂质（如 PC）时，必须注意不要让温度升得过高，否则会导致粉末颗粒团聚。任何能溶解脂质的溶剂都可以使用，但是对于乙醇或甲醇，需要非常精确地调节蒸发条件以确保山梨醇在温度升高时不会发生溶解。这些条件中，维持高的真空度非常重要，这样才能快速去除溶剂。如果在氯仿或二氯甲烷中将高熔点的脂质沉积到山梨醇上，则可以在没有热电偶温度控制的情况下进行操作，从而大大降低了设置的复杂性。

尽管前体脂质体法跟手摇法有一样的一些缺点（如对亲水化合物包封率低和溶质分布不均一），但是前体脂质体有独特的优势。它针对产品稳定性问题提供了一种新的解决方法，与水相脂质体分散体有关，因为它产生了一个干燥的产品，可以储存很长时间，并在使用前可立即水化。此外，该方法制备的脂质体粒径可以通过载体类型、表面积和相对脂质载药量来控制。

基于前体脂质体的概念，类似于颗粒包衣技术的流化床法和喷雾干燥法放大生产脂质粉体是可行的。山梨醇、乳糖和其他的聚多糖被用于核心材料。使用流化床法时，包含难溶性药物的有机脂质溶液可通过喷嘴被喷雾成漂浮的粉末。同时，通过在流化床上施加真空去除有机溶剂。为了去除有机溶剂，最终脂质包衣粉末需要真空干燥过夜。一个单元 Glatt 流化床和 Strea-1 流化床（Niro-Airomatic）可用于生产相对小规模的（0.5～1 kg）核心材料。采用流化床包衣法制备了二丙酸倍氯米松脂质体；后来，采用高压均质机和冷冻干燥机生产了粒径<150 nm 的脂质体（Gala 等，2015）。类似地，喷雾干燥设备可用于放大生产干燥脂质包衣粉末。

#### 14.4.1.3 粒径减少

对于肠外给药途径，采用上述提到的方法制备的 MLV 的粒径必须足够小，才能够进行无菌过滤。减小粒径的三种方法如下：超声、高压均质和挤出。

（1）超声法减小粒径

小批量制备时超声是减小脂质体粒径的有效方法。在超声仪种类上，已经开发出了探头超声和水浴式超声。超声方法的缺点是难以对大批量材料进行均匀的超声处理，容易产生人身危害，易引起零件升温而使成分降解，易产生极限粒径的囊泡。

① 探头超声。这种类型的超声是通过将金属探头浸入液体表面以下来实现的。由于该方法高能量的输入，引起高温和操作探头时气体交换增加，具有脂质降解的高风险。因此，在任何时候有效地冷却超声容器都是有必要的。然而，在高于相转变温度 $T_c$ 的情况下进行脂质超声是可取的，囊泡会被破坏而重新形成，在低于 $T_c$ 时不会发生这种情况。对于卵磷脂（其 $T_c$ 在−15℃左右，冰浴）来说，这很容易实现，但对于饱和磷脂如 DMPC，需要维持在室温或室温以上。在这些情况下，高流速的循环水浴是有必要的。由于该方法能量输入高，可以快速、可靠地降低 MLV 的粒度。该方法可以制备出粒径小、分布均匀的 SUV 脂质体。但是，这种方法可能会引起超声波探头金属浸出的污染。

② 水浴式超声。传统的实验室水浴式超声仪通常不能给脂质体提供足够的能量来减小囊泡的粒径；只有杯脚式超声仪（如 Branson）用来制备脂质体是可行的。这个设备的优势是避免样品直接接触探头，但是只能局限于小量规模（＜100 mL）。

（2）高压均质法减小粒径

有几种均质器能够产生足够的高剪切力来产生理想的粒径分布的单层脂质体和 MLV（Mayhew 等，1984；Vidal-Naquet 等，1989）。例如，Microuidizer®是一种通过膜过滤器在非常高的压力（高达 18000 psi❶）下泵送流体的设备，然后沿着限定的微通道流动，该微通道引导两股流体以正确的角度在交互腔室中高速碰撞，因此提供非常有效的能量转移（图 14.6）。流化器中可加入大粒径的 MLV 混悬液，也可以加入水相介质的脂质浆液。在后一种情况下，有机溶剂的使用有时是不必要的。收集到的液体可以通过泵和交互腔室循环，直到获得所需粒径的囊泡。

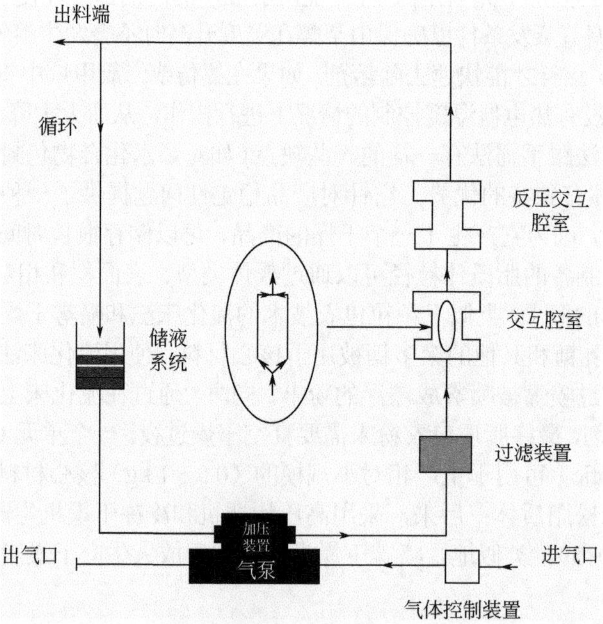


图 14.6 Microuidizer®的示意

（经许可，来源：Vuillemard JC.J.Microencapsul.，1991，8：547-562.）

微射流均质方法是非常有效的。单次通过后，不载药的囊泡粒径可减小至 0.1～0.2 μm，准确的粒径分布取决于脂质成分的性质和水化介质。通常来讲，负电性磷脂的存在有利于降低

❶ 1psi=6895Pa。

粒径，而胆固醇量的增加将会使脂质体粒径变大。药物本身的性质也会影响脂质体药物制剂的粒径分布。持续的循环时间通常会使粒径分布较窄，数值较低。但是，在一些情况下（如载阿霉素脂质体），长循环之后粒径会增加，说明药物的性质对减小粒径非常重要。

大规格的微射流均质器能够以高速率生产脂质体，如微射流化器 210EH，速率为 3.8～5.7 L/min，这意味着相对较大批量的脂质体很容易制备得到。还可获得更高速率的更大尺寸的单元（微射流化器 610），但是它的交互腔的有效性没有更小规格的高。在低脂质浓度下产生的脂质体通常在脂质体内含有非常高的水溶液比例，从而导致水溶性化合物包封率高。脂质浓度高时，均质作用对于包载难溶性药物也是有效的，而且能够处理的样品脂质比例非常高（＞20%），用其他的方法制备 MLV 很难达到。用微射流制备的脂质体通常粒径均一，能重现。微射流方法的缺点是设备维护成本高，而且在大多数情况下还需要额外的磷脂水化步骤。

使用微射流的另一个优点是可以在没有形成干燥脂质膜的步骤的情况下制备脂质体（即从干燥的脂质粉末开始）。因此这个过程可以避免使用有机溶剂。如果药物是难溶性的弱碱或弱酸，至少有两种方法不用有机溶剂制备脂质体。因为药物的溶解度是 pH 依赖性的，一种方法是将药物溶解在合适的 pH 的水溶液中，然后用含药的溶液水化磷脂。一旦磷脂被水化，脂质体混悬液能够通过微射流而产生脂质体。最后，调整水相的 pH，使药物的溶解性降低，可以将药物包裹在脂质双层膜中。另一种方法是通过将 pH 调节至药物具有高溶解度的值，用其来溶解空白脂质体中的药物。一旦药物溶解，通过将 pH 调节至药物在水相中不可溶的值，可以将药物分子包埋到脂质双层中。因为这个过程涉及改变 pH，需要考虑 pH 对药物和磷脂稳定性的影响。

用于小规模生产脂质体的相关技术是微流体技术，这样的设备如 NanoAssemblr™。例如，这个方法用于包载难溶性药物和用于制备阳离子脂质体 DNA 转染（Kastner 等，2014；Kastner 等，2015）。

有许多商业化的均质机（如 Five-Star、Manton-Gaulin、Avestin Emulsiflex 和 Rannie 均质机）也遵循类似的原理（即高剪切力和高液体压力）。这些通常用于制备乳剂，并适用大规模降低脂质体的粒径。

（3）用膜挤出的方法减小粒径

膜挤出法是另一种减小脂质体粒径的均化方法（Olson 等，1979）。这一过程可以通过挤出器来完成。挤出器是一种配备泵的机器，可以推动液体通过膜（图 14.7）。膜挤出法使用的膜称为成核聚膜，它由一层连续的聚合物膜（通常是聚碳酸酯）组成，其中通过激光和化学蚀刻等方法产生了精确直径的直孔。结果，孔径分布非常窄和精确。因为这些小孔从一边直接到另一边，所以它们对穿过薄膜的材料的阻力很低。磷脂薄层固有的柔性使脂质体能够改变其构象，使它们能够通过孔隙被挤压，因此即使尺寸大于孔径也可以通过。但是脂质体比孔径大很多时在这个过程会被破坏。经过几次膜后，脂质体的数量会减小到平均直径，略小于膜的直径，但仍有一小部分略大于孔径。膜挤出法的优点如下。

① 制备的脂质体的粒径分布是相对均匀的。

② 该方法速度快、可重现。

③ 这个方法能够处理高脂质含量的脂质体。

④ 此方法制备的脂质体包封率高。

⑤ 跟其他方法比，这个方法是相对温和和无损害的。

⑥ 该方法在减小粒径方面具有一定的灵活性，通过改变膜的不同孔径可以制备不同粒径的脂质体。

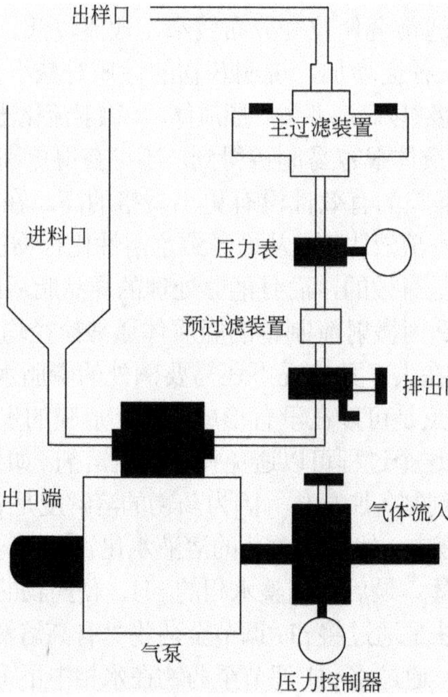


图 14.7 高压挤出装置的示意

（经许可，来源：Schneider T，Sachse A，Bossling G，et al.Int.J. Pharm.，1995，117：1-12.）

这个方法的缺点如下。

① 该过程是不连续的。

② 跟高压均质法比该法制备的批量相对小。

③ MLV 的前期准备是有必要的。

### 14.4.2 其他制备方法

#### 14.4.2.1 有机溶剂稀释法

有机溶剂稀释法已经被开发用于大规模生产难溶性化合物的脂质体。该方法是基于 Deamer 和 Bangham（1976）提出的乙醚注入法以及 Batzi 和 Korn（1973）提出的乙醇注入法。基本的步骤如下。首先，将脂类和难溶性化合物溶于水能混合的有机溶剂中（通常是乙醇）。其次，将有机溶液和具有一定张力的水相混合。最后，通过交叉流过滤将有机相透析掉。

该方法涉及的仪器是具有两个泵的动态混合装置，以及具有合适膜的交叉流过滤装置（图 14.8）。一个泵以低速用于推动有机相，另外一个快速地泵送水相。通过连续泵送有机相和水相可以制备脂质体，然后通过透析装置。这个方法可以放大生产并用于含药脂质体的 GMP 生产（Wagner 等，2006）。

这个方法的优势是：①是一种快速和简单的制备过程；②能用于制备 LUV；③产品很容易放大生产。这个方法的缺点是：①制备的脂质体的粒径可能是不均一的；②有必要去除混合物中的有机溶剂；③由于在动态搅拌过程中稀释量较大，得到的产物非常稀，可能需要进行浓缩过程。

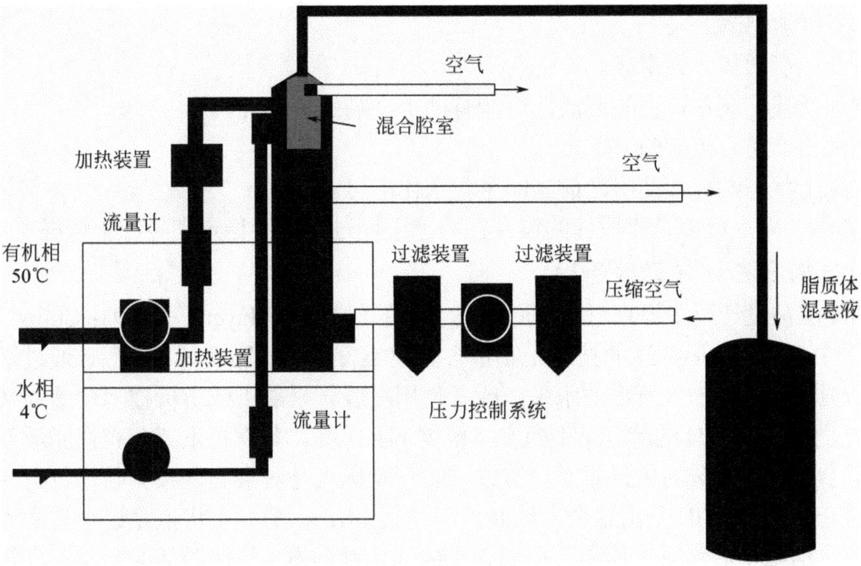


图 14.8　动态混合装置示意

（经许可，来源：Isele U，van Hoogevest P，Hilfiker R，et al.J.Pharm.Sci.，1994，83：1608-1616.）

#### 14.4.2.2　透析法

自 20 世纪 70 年代初引入透析法以来，透析法已发展成为一种制备临床使用的相对大批量的脂质体的方法（Schwendener，1986）。这个方法的一般过程是：首先，脂类混合物、药物和洗涤剂溶于有机相，有机相被蒸发形成薄膜；其次，膜被水化形成混合胶束；最后，用透析系统去除洗涤剂形成单层囊泡。常用的洗涤剂有胆酸钠、脱氧胆酸钠和一些合成洗涤剂，如辛烷基糖苷。这些都有相当高的临界胶束浓度（5～20 mmol/L），以促进它们的去除。

透析系统是低成本的，包括阀门、泵、毛细管透析筒和储液罐。透析筒的数量和类型可以是多种多样的，例如两个或更多个盒可以连续连接。可得到几种类型的一次性盒子，具有不同的总表面积、孔隙体积和超滤速率。

在透析方法中，可以调节以控制所制备的脂质体的大小和均一性的参数是：①脂类和药物浓度；②所用盒子的数量和类型；③混合胶束和透析缓冲液的流速；④清洁剂的物理化学性质。这些参数反映了混合胶束体系中洗涤剂的去除动力学。比如，增加脂质浓度通常会导致去除清洁剂速率更慢和较不均匀的脂质体。随着透析盒的膜表面和透析缓冲液流速的增加，脂质体的粒径可以保持很小。清洁剂的种类对脂质体的粒径比其他因素具有更深远的影响。

透析法适用于亲脂性药物的包封。这种方法制备的脂质体通常粒径均匀，重现性好，相比其他方法包封条件较温和。缺点包括：①对亲水性分子包封率低；②完全去除残留清洁剂是不可能的；③制备过程漫长；④放大生产困难。

#### 14.4.2.3　冷冻干燥法

冷冻干燥（或脱水-再水合）法是由 Ohsawa 等（1984）、Kirby 和 Gregoriadis（1984）开发的。这个方法先制备空白小单层囊泡，然后跟含药的水相溶液混合。混合物由常规的方法冷冻干燥。通过加入水相溶液得到脂质体，随后通过振摇，通常会产生大的 MLV。另外一种选择，如果该药物在冻干过程中存在稳定性问题，可以将含有该药物的水相溶液与预制冻干脂质产品混合，生产脂质体药物。

这个方法的优势如下。

① 制备的脂质体包封率高。

② 如前所述，制备过程的灵活性可能有助于产品的稳定性。

③ 放大生产是有可能的。

④ 以冻干状态贮存，使用之前立即重新水化即可。

这个方法的缺点可能是脂质体的粒径在冷冻干燥过程中不稳定和冷冻干燥成本高。

#### 14.4.2.4 pH 梯度法（“主动载药”）

pH 梯度法被设计用于提高可电离两性化合物的包封率（Mayer 等，1993；Cullis 等，1997）。在这种方法中，通过前面描述的技术先制备含药或不含药物的脂质体。然后，通过添加碱性试剂将外部介质的 pH 提高到所需的水平，或者使用凝胶排阻层析或透析技术用缓冲液将外部介质交换，从而生成脂质体的跨膜 pH 梯度。根据 pH 梯度，药物将重新分布在脂质双层膜上，并有可能达到接近 100%的包封效率。该方法的一个优点是对亲脂性胺类药物包封率高，如多柔比星和多巴胺。DOXIL 是由这个方法制备的（表 14.1）。另一个优点是这个技术允许药物在使用前包封，消除了后包封过程和长期储存中的稳定性问题。任何脂类或脂类混合物都可以使用，只要它们形成的脂质体能够维持稳定的跨膜 pH 梯度。然而这个技术不适用于非解离药物。

#### 14.4.2.5 气体-气泡法

气体-气泡法是由 Talsma 等（1994）开发的一种简单的方法。这个方法中，瓶底引入气体流，瓶底含有脂质微粒的水溶液分散体。在形成足够时间的气泡后，在瓶中形成脂质体。为了减少处理时间，脂类微粒的粒径通常是减小的（如通过微粉化），形成气泡过程的温度是控制在凝胶/脂类相转变温度之上的。该方法是一种简单和低成本的一步法，不需要有机溶剂或强机械力，起泡气体在生产中可回收再利用。这个方法的缺点是：①制备时间长；②粒径一般较大且不均匀；③将系统温度加热至凝胶/脂类相转变温度之上可能引起药物降解；④放大生产困难；⑤包载难溶性药物是无效的，因为它们在形成脂质体之前必须溶解在体系中。如果用气泡法制备脂质体后采用前面讨论过的减小尺寸的方法之一，粒径不均一性将会减小。

### 14.4.3 肠外制剂的无菌过滤

无菌过滤对肠外制剂是必须的。因为脂类和脂质体结构在高温下是不稳定的，常规的终端蒸汽灭菌法不适用于脂质体制剂。因此，膜的无菌过滤对于灭菌脂质体制剂是最可靠的方法。由于膜存在缺陷的可能性，建议通过起泡点试验来测试组装单元的完整性。这个测试依赖于这样一个事实，即膜被润湿后，水和空气之间的表面张力使得空气无法通过膜，直到达到一定的压力来克服表面张力。空气通过的临界压力（即气泡出现的点）与孔的大小直接相关。为使过滤装置有效，孔的大小应在限制范围内。

用于无菌过滤的膜过滤器通常是曲折的孔型膜，由相互交叉的纤维组成，提供基质，其中通道由在纤维之间进出的随机空间形成，从一侧绕出弯曲的通道到膜的其他通道。这些通道的平均直径由基质纤维的密度控制。因为通道的复杂特性，微生物和脂质体比通道直径大（通常 0.22 μm），通过这个膜时被截留，因此过滤器很容易堵塞。

### 14.4.4 脂质体的冷冻干燥

无菌过滤后，脂质体通常被冷冻干燥来延长货架期。冷冻干燥（冻干法）包含从脂质体制剂中以结冰状态低压去除水分。在冷冻步骤中，将水溶液脂质体样品灌装到瓶子中，然后将瓶子载入较大的控温板层中。板层温度降低至大约-40℃。完全冻实之后开始干燥步骤。这个步骤进一步分为两个步骤，首次干燥和二次干燥。首次干燥过程中，将板层温度升高至设定温度，冰晶以冻结状态被蒸发。二次干燥过程中，板层温度进一步提高，残留吸附水分被高真空度去除。为了保护冷冻干燥过程中脂质体的结构，在脂质体制剂中可加入冻干保护剂，如乳糖、蔗糖或海藻糖。

冻干过程的几个特点使其成为脂质体的理想选择。第一，由于干燥发生在低温条件，不稳定药物的化学降解和脂质体的聚集是最小化的。第二，所得到的产品具有很高的比表面积，这使得产品在使用前很容易再水化。第三，跟其他方法比，冷冻干燥更适合无菌操作；脂质体溶液在灌装小瓶前可立马无菌过滤。

## 14.5　脂溶性化合物的增溶机理和策略

脂质体的一个优点是可以装载各种形状和粒径的材料，不管材料的化学特性如何。与这一讨论最相关的是脂溶性化合物，它们被载入脂质体的脂双层中。因此，脂质体中包埋的药物最大量与膜成分的量成正比，但与所用脂质体的粒径无关。除了在一些情况下，包封的化合物的结构可能限制脂质体的最终粒径。理论上任何类型的脂质体都适合载脂溶性物质，但实际考虑使得一些选择比其他的更可取。MLV 是缓释的最佳选择，而 SUV 尤其适合于膜间快速转移。

对于脂溶性药物的最佳载体，最理想的是那些具有最高脂/水分配比的制剂配方。因此，MLV 和 SUV 是合适的，虽然 SUV 双层膜的高曲率可能降低其对药物分子的容纳能力。由反向蒸发法或溶剂注入法制备的 LUV 对水溶性药物是理想的，由于其更低的脂/水分配比，一般对脂溶性药物的载药能力更低。

包封难溶性药物的首选制备方法一般为上述方法中使用有机溶剂的那些。因此，首先将药物溶于合适的溶剂，再经过常规制备过程，如薄膜形成/再水化（MLV、SUV）方法、有机稀释法、喷雾干燥前体脂质体和其他方法。在处理过程中，随着脂质双分子层的形成，药物分子会自然进入双分子层。

将难溶性药物载入预先制备的脂质体是有可能的，但也可能是有问题的。将固体药物与脂质体搅拌混合的方法，需要在药物进入脂质双分子层前，先将药物溶解到大量水相溶液中。虽然平衡可能有利于这种已溶解物纳入脂质体，但整体速率将受到固有的溶出速率和化合物的水溶性的限制，因此可能不够快，不够实用。另一方面，如果药物是可电离的，并且在任何 pH 下都有明显的溶解度，那么就有可能利用前面描述的 pH 梯度法，改变 pH 使药物不被电离且不溶于水，从而进入脂质双分子层。必须注意 pH 的变化是足够平缓的，这样药物才会进入脂质双分子层，而不是变为药物沉淀。

另一个重要因素是药物分子在脂质双分子层的实际位置和方向。这些可能由药物分子的分子大小、亲油性和几何结构决定。相对来说，两亲性分子的大小和形状大致和磷脂分子相同，最有利于与磷脂的尾链平行结合和排列，类似于胆固醇。药物的极性部分与磷脂头基的氢键和/或静电吸引力将使该排列特别有利。没有极性区域的扁平分子（如芳香族化合物）可以想象为夹在脂质体膜的两个尾部基团之间。前者的一个例子是血红素（Tipping 等，1979；Ginsburg 和 Demel，1983；Cannon 等，1984），而四苯基卟啉及其类似物则表现出后者的排列（Tsuschida 等，1983；Yuasa 等，1986）。

## 14.6 脂质体的性质描述

为了确保体内载药脂质体的重现性，必须评估制剂的适当理化参数。一些关键参数，以及最常用的技术如表 14.3 所示。

**表 14.3 表征脂质体的参数和常用技术**

| 参数 | 技术 |
|---|---|
| 尺寸 | 光散射<br>分子排阻/分子筛层析<br>电子显微镜<br>超速离心<br>超滤 |
| 层数 | NMR 光谱法<br>小角 X 射线散射 |
| 包封体积 | 水溶性标记物的包封 |
| 包封率 | 分子排阻/分子筛层析<br>超滤/透析<br>超速离心 |
| 双层流动性 | 荧光探针<br>自旋标签 EPR<br>NMR 探针<br>量热法 |
| 电荷 | 微电泳<br>Zeta 电位 |

脂质体粒径可能是对制剂物理性质和外观影响最大的参数。动态和准弹性光散射技术（如马尔文和库尔特计数器），包含激光散射技术（如 Nicomp、SympatecHelos），可能是测粒径最常用的方法。它的优点是能够快速给出粒径分布的定量结果。采用流式细胞仪（荧光激活细胞分选仪）的相关技术，对微射流制备的脂质体进行了表征，结果与电镜观察很好对应（Childers 等，1989）。粒径排阻色谱法，如分子筛色谱法、凝胶渗透色谱法等，也是方便的并且能够给出定量的粒径分布结果。高效液相色谱（HPLC）柱现已商业化，因此该技术适用于需要高通量的工业实验室环境。在选择色谱柱时需要注意，以确保色谱柱的分子大小范围包含制剂的所有预期大小范围。如果产物的重要部分在柱的空隙体积中洗脱，则该技术可能对于质量控制目的而言不够灵敏。电子显微镜可以得到粒径和结构信息（如脂质双分子层数、形状），但由于样品量小仅能给出半定量信息。另外，必须注意的是，样品的制备（如冻结蚀刻、氧化）不会对脂质体的物理性质带来任何改变。超速离心法也能得到粒径分布的半定量信息，但是由于产量低、昂贵和其他的混淆因素，现在不常用。

脂质双分子层数是另一个重要的检测参数，因为它能影响载入脂质体双分子层的难溶性药物的用量。对粒径分布和制备方法的了解可以给出一些层数的线索，但是优选使用直接测量参数的技术。最常用的是电子扫描显微镜，遵循前面提到的相同预防措施。更多复杂的技术包含核磁共振（NMR）光谱法和小角度 X 射线衍射扫描法（Hauser，1993）被运用。

如果知道平均粒径和双分子层数，理论上可以估计水溶性药物的平均包封体积，其是核心内和脂质双分子层之间的封闭水性空间的总体积。这可以通过包封水溶性标记物直接测量。相对于难溶性化合物，该参数对水溶性化合物更为关键。

包封率是指载入脂质体的药物的量，通常定义为与脂质体结合的药物相对于药物总量的百分比。它也可以表示为绝对包封率，其是结合药物/脂质的物质的量比。例如，如果制备的脂质体包含 4 mmol/L 总药、3 mmol/L 结合药物、1 mmol/L 游离药物和 30 mmol/L 脂质，包封率是 75%，对应于 0.1 mol 结合的药物/1mol 脂质的绝对包封率。参数的确定通常需要从脂质体中分离游离药物。分析游离和脂质-药物分数中的药物，可以计算出包封率。对于后者，可能有必要首先用表面活性剂（如 Triton X100）破坏脂质体或者用其他合适的方法来测量精确的药物含量。游离和脂质体药物的分离通常通过分子排阻色谱法完成，使用柱洗脱空隙体积中的脂质体并保留游离药物。其他方法包括透析法、超滤法和超速离心法。在透析和超滤法中，选择膜的分子量介于药物和所得脂质体最低部分之间。必须进行控制实验，以确保没有游离药物吸附在膜上，没有脂质体物质通过膜进入超滤或透析。这也适用于超速离心法，脂质体药物离心沉底，游离药物留在上清液中。必须注意不要在上清液中残留脂质体物质（即小脂质体），以得到不准确的结果。一项研究比较了从非包封药物中分离 LUV 脂质体的几种方法。这些研究总结是：①超滤是最快的方法；②随着游离药物透析的进行，由于包封药物的平衡，透析是不合适的；③分子排阻色谱法导致脂质体被稀释，除非用微型柱；④鱼精蛋白聚集沉底法对于分离和测量游离药物是便宜和有效的方法；⑤认为密度梯度法是分离的最佳方法（Dipali 等，1996）。

难溶性药物的包封率通常是比较高的，由于药物在外水相的溶解度是有限的。在这种情况下，包封率将与药物在水相和脂质双层之间的分配系数 $P$ 有关，或者如果在特定的 pH 下与一种电离药物一起作用，实际上是分布系数 $D$。如果存在任何明显的水溶性，则分配或分布系数实际上将反映包封率的下限，因为可能有药物溶解在脂质体内的水性区域中。分配系数通常用药物的比值来表示，比值分别为脂质双分子层和缓冲层，在这种情况下，必须根据脂质重量和密度来估计药物的比值。Austin 等（1995）利用超渗法将游离药物与脂质体分离，测量了 DMPC SUV 脂质体中 4 个可电离分子作为 pH 函数的分布系数。结果和化合物已知的 $pK_a$ 值一致，非离子化物质的分配系数通常与辛醇/缓冲液分配系数在一个数量级内。然而，对于一些化合物（尤其是质子化胺）的带电物质，脂质/缓冲液中的分配曲线与辛醇/水分配系数数据不一致，因为它们分配到脂质双分子层而不是辛醇中。这不奇怪，因为带电分子被期望与磷脂头基有很好的相互作用。类似地，通过透析技术测定了卵磷脂酰胆碱脂质体的一系列类固醇在缓冲液和脂质体中的溶解度而得到膜分配系数；然后通过计算两个溶解度的比值乘以计算出的脂质与缓冲液的体积比来确定分配系数（Heap 等，1970）。其他因素也影响分配系数。例如，发现通过超滤测定的脂质体中 5-脂氧合酶抑制剂的脂质/缓冲液分配系数取决于脂质组成和浓度，配方中增加 50%胆固醇，分配系数几乎增加了两倍（Gupta 等，1996）。

双分子层流动性是影响脂质体稳定性、体内脂质体行为和其他性质的重要参数。如前所述，差示扫描量热法（如 DSC 和 mDSC）可用于确定凝胶向液晶转变的实际相变温度。或者，可以将荧光探针加入双分子层中，该双分子层具有不同的荧光特性，这取决于其环境的分子运动，因此荧光探针可以很敏感地探测出双分子层处于凝胶状态还是液晶状态。这些探针的实例有二苯乙烯基 PC（Vaukonen 等，1990）、二苯基己三烯（Diederichs 等，1992）、吲哚基标记的 PC 和咔唑标记的 PC（Gardam 和 Silvius，1990）。头基区域的运动可以用丹磺酰氯 PE（Diederichs 等，1992）监测。类似地，核磁共振探针如氚化的 PC（Davis，1983）、自旋标记电子顺磁共振（EPR）探针如硝基氧标记的脂质（Cevc 和 Seddon，1993）或 $^{13}$C-DPPS 脂质体的红外光谱（FI-IR）（Huber 等，1994）被运用于获得同样的信息。EPR 方法没有被广泛应用是因为设备昂贵，可用其他方法代替。用探针进行的实验需要在不同的温度下进行，这些温度包括储存温度和生理温度，探针的浓度必须保持在足够低的水平，以确保探针本身不会改变流动性。

脂质体表面的电荷性质对脂质体的稳定性、生物分布和细胞摄取有重要影响，并受脂质体头基组成和 pH 的控制。可用微电泳（如毛细管电泳法）或通过测量 Zeta 电位（Egorova，1994）来监测。

## 14.7 脂质体的稳定性

评估脂质体制剂配方的稳定性需要考虑很多因素。脂质体的物理特性（表 14.3 中列出的参数）在储存过程中可能会发生变化，应以适当的技术监测储存过程。另外，磷脂和其他成分也是评估的重要参数。脂质的化学降解反过来又能改变脂质体的物理性质。加速稳定性研究可能会产生误导，因为储存在所用磷脂相转变温度以上的结果不能说明室温下的结果。因此，长期条件下实时研究是有必要的（Betageri 等，1993）。下面分别讨论物理和化学稳定性。

### 14.7.1 物理稳定性

改变脂质分散体的粒径分布可能是最影响配方效率和生物分布的参数，因此，测量是最重要的。与乳剂一样，小单层脂质体可能被认为是热力学不稳定的状态。融合和内翻等过程最终将导致 SUV 制剂的粒径和脂质双分子层增加，成为 MLV 脂质体。这一过程可能需要数年时间，但仍然有必要使用适当的技术监测粒径分布，如表 14.3 所示，作为脂质体配方稳定性评估的一部分。一般来说，具有中性表面电荷的脂质体（例如，只含有 PC 的脂质体）具有最高的聚集倾向，因此需要加入少量带电荷的脂质。Crommelin（1984）发现，无论离子强度如何，由 PC/Chol/PS（10∶4∶1）组成的带负电荷的脂质体在 7 天时间内粒径稳定。然而，带正电荷的脂质体[PC/Chol/SA（10∶4∶1）]仅在离子强度较低的情况下，在同一时期内是稳定的，这说明除电荷斥力控制稳定性外，还有其他因素。由于聚集而引起的粒径变化也会改变脂质双分子层数和包封体积。双分子层的流动性也会影响脂质体粒径的稳定性（Saez 等，1985）。

监测包封率是脂质体制剂稳定性方案中包含的另一个优先级很高的方面。胆固醇的加入增加了含有饱和尾基的磷脂的双层流动性，降低了渗透性，稳定了包封率。例如，PC/chol（1∶1）脂质体中荧光标记物（6-羧基荧光素）的泄漏速率比只含有 PC 的脂质体慢 250 倍（Noda 等，1993）。药物从脂质体泄漏可由脂质体的黏度、双分子层通透性、孔隙形成和其他现象引起。脂质体表面电荷受磷脂头基化学变化的影响，应监测其稳定性。表 14.3 所列的其他参数也应作为评估物理稳定性的时间函数加以监测。

### 14.7.2 化学稳定性

水解和氧化是脂质体磷脂较容易发生的两种主要降解途径。水解攻击脂肪酰基羰基会产生游离脂肪酸和溶血磷脂（如溶血磷脂[LPC]）。水解一般遵循一级动力学，对 pH 依赖性强；最佳稳定性 pH 为 6.5 左右（Martin，1990）；产生的脂肪酸导致 pH 下降，因此需要监测 pH 稳定性。溶血磷脂的产生一般会导致双分子层流动性和渗透性的增加，因此包封率下降。例如，Hernandez-Caselles 等（1990）发现 LPC 的形成导致荧光标记物（羧基荧光素）从脂质体中释放。水解作用也能发生在较小范围的头基区域中（如 PC 将产生 PA 和胆碱）。这将引起 pH 和脂质体表面电荷的变化。

氧化途径包括不饱和尾基的过氧化，特别是亚油酸和亚麻酸。由此产生的产物（自由基、醛类等）会对药物稳定性产生严重的不良影响。脂质过氧化作用的机理是复杂的（参见第10章），通常具有滞后期的特征。该反应可由微量重金属（如铁或铜）引发，并可通过过氧化物和自由基进行传递。因此，对于制备的脂质体的氧化降解速率将依赖于多种因素，且难以预测。制备方法的影响：超声和其他高剪切过程（Lang和Vigo-Pelfrey，1993）显示会增加脂质氧化作用的速率；配方和某些减小粒径设备（如微射流）的金属部件接触也可能使它们更容易降解（Lang和Vigo-Pelfrey，1993）；脂质体的过氧化作用可以像水解作用一样导致双层膜的流动性、渗透性和包封效率的变化，因此，有必要监测并减少这种问题。

脂质氧化作用可通过几种方法监测，包括硫代巴比妥酸反应性物质（如丙二醛和其他醛）的测定，234 nm处紫外吸收的变化（由亚油酸和亚麻酸的自由基催化重排而形成的共轭二烯）以及其他方法。由于各种方法监测机制中不同点的氧化程度，实际上可能监测瞬态物质，必须注意选择最能表明制剂稳定性的方法，如有必要，选择两种不同的方法。Lang和Vigo-Pelfrey（1993）比较了作为脂质体质量控制程序的几种不同的过氧化监测方法，然而，无论是丙二醛的形成还是脂质过氧化氢的形成（通过碘量测定）都没有显示出这种相关性。任何情况下，这些程序都应被视为筛选方法，而关于辅料稳定性的最终结论应基于通过HPLC或气相色谱法对单个磷脂的测定。胆固醇也被显示容易发生过氧化（Lang和Vigo-Pelfrey，1993），因此，作为稳定性方案的一部分，还应该对含有它的配方进行胆固醇检测。如果发现配方容易发生过氧化，可以加入抗氧化剂如BHA、BHT或生育酚或者采用只含饱和磷脂的磷脂。Tris缓冲剂具有清除羟基自由基的能力，能够延缓PC脂质体的氧化（Almog等，1991）。

有证据表明，水解作用和过氧化是相互关联的。由于后一个过程通常有一个滞后阶段，水解通常开始发生。由于水解而导致的膜双层流动性和渗透性的增加可能会使磷脂尾基更容易暴露于脂质过氧化的引发剂和传播中。因此，在二花生四烯酰基PC脂质体中加入3%（摩尔分数）LPC可使丙二醛的量增加约25%（Montfort等，1987）。同样，在氮储存下的脂质体中，发现LPC的形成延缓，这表明过氧化作用使双分子层更容易水解（Hernandez-Caselles等，1990）。SUV脂质体结构由于具有较大的曲率而比MLV结构水解和过氧化作用更快（Lang和Vigo-Pelfrey，1993）。这与混合胶束中的磷脂与双层膜中的磷脂相比过氧化作用更快的结果一致（Maiorino等，1995）。降低双层流动性的化合物（例如胆固醇，以及更大范围的麦角固醇和雌二醇）可以延缓脂质过氧化反应（Wiseman等，1990）。生育酚在稳定脂质体方面具有双重作用：它不仅主要作为一种抗氧化剂，而且通过特定结合到磷脂双分子层上来稳定双分子层（Hernandez-Caselles等，1990）。这种相互作用表现为α-生育酚的羟基与磷脂的脂肪酰基羰基之间的相互作用（Urano等，1990）。

通常，脂质体不能通过冷冻和解冻来克服化学稳定性问题，因为这样会导致脂质体粒径的增加和包封率的下降。延长脂质体有效期的更好办法是冷冻干燥，使用之前重新复溶。早期该方法的尝试通常会导致脂质体粒径不可接受地增加并且包封率会降低，但是已经发现在制剂中包含双糖（如乳糖、蔗糖，特别是海藻糖）可以防止这种情况发生（Crommelin和Van Bommel，1984；Crowe等，1987；Crowe和Crowe，1992）。研究表明，双糖稳定的机理是双糖可以取代水与磷脂的头基结合，并在干燥状态下保持双分子层在液晶状态（Crowe和Crowe，1992）。如果决定使用冷冻干燥法将样品以干燥状态保存来延长脂质体制剂的货架期，则应在冷冻干燥和重新配制前后监测脂质体的粒径、脂质双分子层数、包封率、药物效力和其他参数。该方案被用于含海藻糖的血红蛋白脂质体制剂，作为血液替代品（Cliff等，1992）。

## 14.8 药物的应用

将难溶性药物传递到人体靶向部位一直是个挑战，因为这些化合物溶解度低，在水溶液环境中会沉淀出来。脂质体，作为最新的药物传递系统之一，可以有效地应对这一挑战。相比于其他难溶性药物的增溶技术，脂质体技术在很多情况下是很好的选择。在 van Bloois 等的一项研究中（1987），比较了脂质体、混合胶束和水包油（O/W）乳剂三种技术对难溶性的亲脂化合物甲磺酸阿米三嗪表观溶解度的改善。与其他两种剂型相比，脂质体对阿米三嗪具有较好的增溶性和稳定性。相对于水溶液缓冲液，可使阿米三嗪的表观溶解度提高 100 倍。脂质体除了具有溶解难溶性药物的功能外，作为药物传递系统，还可以改变药物的生物分布，从而改变药物的治疗指标。因此，脂质体技术被成功用于开发难溶性制剂。脂质体制剂中研究过的难溶性药物包括安那霉素、长春新碱、米托蒽酮和环丙沙星。癌症治疗药喜树碱及其类似物由于水溶性差和毒性作用而特别具有挑战性。因此，已经评估过很多许多喜树碱类似物的脂质体配方，如拓扑替康、勒托替康、9-硝基喜树碱、伊立替康、吉马替康（Pantazis 等，2003；Stano 等，2004；Castor，2005；Glaberman 等，2005；Zamboni，2005）。接下来将更全面地讨论其他 4 个示例。

### 14.8.1 两性霉素 B

两性霉素 B，一种多烯大环内酯类抗生素，是一种广谱抗真菌药，用于治疗系统性真菌感染（Gold 等，1955；Gallis 等，1990；Lyman 和 Walsh，1992）。在过去的 30 多年里，它一直是治疗威胁生命的侵袭性真菌感染的首选药物。两性霉素 B 在 pH 6～7 时几乎不溶于水，而在 pH 2 或 11 水中是微溶的（ca. 0.1 mg/mL）。两性霉素 B 的药理作用机制已得到很好的证实。该大环内酯主要与麦角固醇结合，麦角固醇是真菌膜中常见的固醇。与麦角固醇的反应在细胞膜中产生孔隙，使盐和其他小分子逃离真菌细胞。这种作用具有杀菌作用，是抗真菌化疗的一个显著优势（Palacios 和 Serrano，1978；Kerridge，1986）。然而，两性霉素 B 也有毒性作用，因为它与其他固醇结合，包括胆固醇、哺乳动物膜中常见的固醇（Medoff 和 Kobayashi，1980）。这导致一系列严重的副作用，例如寒战、发热、头痛、恶心、氮质血症、低血糖、低镁血症、肾毒性和输注部位的血栓性静脉炎，伴有局部组织损伤。结果，两性霉素 B 的有用性受到其狭窄治疗指数的限制。为了增加治疗指数和降低毒性作用，自 1981 年以来一直研究两性霉素 B 的脂质体制剂配方（Adler-Moore，1994）。这一多烯抗生素由于其高亲脂性而能被载入脂质双分子层中（Hiemenz 和 Walsh，1996）。

两性霉素 B 的三个脂质制剂现在处于上市销售、临床使用或者处于被世界各国批准前的进一步研究阶段（Hiemenz 和 Walsh，1996）。两性霉素 B 脂质复合物（Abelcet®，Enzon 公司开发）是由 7∶3 的物质的量之比的 DMPC 和 DMPG 与两性霉素 B 结合而形成的双层膜的核糖样结构的混悬液（图 14.9）。两性霉素 B 胶状分散体（Amphotec®，由 Sequus 开发，现在由三河制药销售）是由胆固醇硫酸盐复合物的圆盘状结构与两性霉素 B 按 1∶1 的比例组成。Ambisome®（由 Gilead Sciences 开发，现在由 Astellas Pharma US、Deerfield、Illinois 销售）是两性霉素 B 三个脂质制剂配方中唯一真正的脂质体制剂配方。在这个配方中，药物载入小单层脂质体的双分子层中的粒径范围是 45～80 nm。脂质双分子层由氢化大豆卵磷脂（HSPC）、二硬脂酰磷脂酰甘油（DSPG）、胆固醇和两性霉素 B 以 2∶0.8∶1∶0.4 的物质的量之比构成（Adler-Moore 和 Proffitt，1993）。在该制剂的开发中，测试了具有一系列不同化学组成的单层脂质体。虽然 HSPC 和氢化卵磷脂酰胆碱的性能和基本磷脂相当，但由于 HSPC 的烃链长度变化较小，所以最终选择 HSPC 作为最终配方。由于饱和磷脂具有良好的化学稳定性，因此使用氢化磷脂而不是非氢化磷脂。与胆固醇含量大于总脂质组分 25%（摩尔分数）的制剂相比，不含胆固醇或低物质的量之比的胆固醇的制剂在小鼠中表现出更大的毒性。胆固醇的存在降低了 AmBisome 中的毒性，可能是由于固醇增加了双分子层的稳定性，也可能是由于两性霉素 B 对细胞膜上胆固醇的亲和力（Papahadjopoulos 等，1973a，1973b；Medoff 等，1983）。当 DSPG：两性霉素 B 的物质的量之比小于 2∶1 或短链磷脂（如二月桂酰磷脂酰甘油）被 DSPG 代替时，在小鼠中也观察到毒性增加（Adler-Moore 和 Proffitt，1993）。

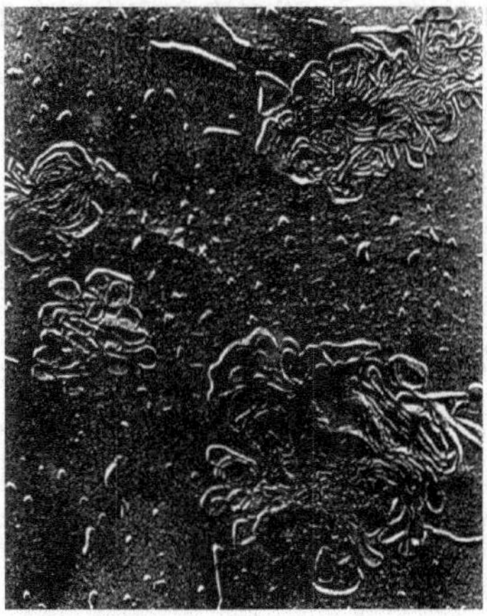

图 14.9　带状两性霉素 B 脂质复合物的冷冻断裂电子显微照片

（经许可，来源：Bangham A D.Hosp.Pract.，1992，27：51-62.）

市售产品的制备过程中，脂质、胆固醇和两性霉素 B 先溶于有机溶剂，用旋转蒸发仪制备得到干燥薄膜。薄膜被水化，采用微乳化技术（Gamble，1988）制备得到小单层脂质体。微乳化过程，使用改进的 Gaulin 均质机，型号为 15M。该改良版包括两个换热器，维持脂质溶液在选定的温度下。在操作中，溶液在均质阀区域受到非常高的剪切力，同时将溶液保持在选定的温度下。选择一段时间以允许整个脂质溶液通过均质机进行多次循环。最终产品通过无菌过滤法灭菌。微乳化过程得到的小脂质体比超声得到的脂质体毒性更低，粒径分布更均一（Adler-Moore 和 Proffitt，1993）。通过阴性染色和冷冻断裂对 AmBisome 进行电镜检查确认脂质体小的、单层的和球形的形态（Adler-Moore 和 Proffitt，1993）。

AmBisome 一种无菌冻干粉末，贮存在 25℃或以下时货架期可达 4 年。通过添加无菌水和手摇很容易重新配制。重新水化的产品的物理化学和生物性质在这段时间内不会改变。通过将 AmBisome 应用于 Sephadex G25M 色谱柱来确定与脂质体相关的药物量。所有两性霉素 B 均从该柱的脂质体组分中回收（Adler-Moore 和 Proffitt，1993）。

AmBisome 已在对照和随机临床试验中证明其有效性。有超过 150 篇关于 AmBisome 在治疗危及生命的真菌感染方面的安全性和有效性的报道。与 80%的传统两性霉素 B 制剂相比，AmBisome 的不良反应发生率较低，为 5%～10%。AmBisome 的有效剂量范围为 1～3 mg/kg，在 1 mg/kg 剂量下达到峰值，脂质体两性霉素 B 水平为 29 μg /mL，而相同剂量的常规两性霉素 B 的有效剂量是 3.6 μg /mL。与环孢素一起使用时，AmBisome 具有良好的耐受性，这是治疗器官移植患者时的一个重要考虑因素。AmBisome 可以快速给药，通常在 30～60 min 内，并且不需要预先给予患者抗组胺药或退热药的试验剂量。迄今为止，AmBisome 已被用于治疗全球 100000 多名患者。

### 14.8.2 多柔比星

多柔比星是从链霉菌属培养物中分离得到的一种细胞毒性的无烟碱化疗药物。细胞毒性作用被认为与它在 DNA 核苷酸碱基和靶细胞 RNA 之间插入的能力有关，从而抑制核苷酸复制和 DNA、RNA 聚合酶的作用。它已被用于各种恶性肿瘤和癌症的治疗，如弥漫性肿瘤病症，如急性淋巴细胞白血病、急性成髓细胞白血病、神经母细胞瘤、软组织和骨肉瘤、乳腺癌、卵巢癌、霍奇金病、恶性淋巴瘤、艾滋病相关的卡波西肉瘤和多发性骨髓瘤。然而，它具有几种副作用，最显著的是心脏毒性，这显著限制了其剂量。心脏毒性作用包括累积剂量相关的充血性心力衰竭，左心室射血部分和组织学变化（Rahman 等，2007）。因此，已成功研究了脂质体以改善多柔比星的心脏毒性作用，以增强肿瘤细胞而非心脏组织的优先摄取。心脏组织中的血管具有紧密的毛细血管连接，而肿瘤中的血管允许脂质体等更多的物质进入肿瘤，这增强了肿瘤对脂质体包裹的化学治疗剂的摄取（Green 和 Rose，2006）。早在 20 世纪 80 年代，多柔比星脂质体首次在临床上进行了测试（Rahman 等，1990）。Doxil（US；Caelyx®，EU），一种长循环（PEG 化的）多柔比星脂质体制剂，在 1995 年获批用于卡波西肉瘤，1999 年用于卵巢癌。非 PEG 化的脂质体制剂，Myocet，2000 年在欧洲获批（Barenholz，2012；Allen 和 Cullis，2013）。Doxil 在Ⅲ期临床研究中显示出跟常规多柔比星相似的疗效，但是安全性更好，秃发、骨髓抑制、恶心和呕吐的发生率更低，在较高的累积剂量下心脏毒性发病率显著更低（$P<0.001$）（Rivera，2003）。脂质体包封作用对多柔比星的药动学特性有较大影响，有助于提高多柔比星的治疗指标。游离多柔比星、非聚乙二醇化的多柔比星脂质体和聚乙二醇化的多柔比星脂质体的半衰期分别为 30 h、16 h 和 74 h，分布体积分别为 900 L/m$^2$、34 L/m$^2$ 和 1.9 L/m$^2$（Macpherson 和 Evans，2009）。

Doxil 是通过前面讨论的主动载药技术制备的，其允许在脂质体中高载药量。该药物实际上沉淀在脂质体内，这增加了脂质体内的载药量和保留时间（Allen 和 Cullis，2013）。Doxil 已成为治疗卵巢癌、艾滋病相关的卡波西肉瘤、多发性骨髓瘤和乳腺癌最广泛的药物之一。由于制备问题，2011 年药品供应短缺，FDA 允许临时使用替代形式（Berger 等，2014），并最终批准了 Doxil 的替代生产基地以缓解短缺。

### 14.8.3 紫杉醇

紫杉醇是一种从短叶红豆杉树皮中分离出来的天然二萜产品，对晚期卵巢癌和乳腺癌具有临床活性。它在治疗其他恶性肿瘤，如头部、肺部和颈部癌症中的应用正在探索中。紫杉醇是一类新型抗肿瘤药物（Rowinsky 等，1990；Huizing 等，1995）。紫杉醇独特的作用机制包括稳定异常微管（Schiff 等，1979），从而通过有丝分裂干扰肿瘤细胞进展，阻止细胞复制（DeBrabander 等，1981）。尽管该药物具有强大的抗肿瘤活性，但由于其水溶性较差，给制剂科学家带来了相当大的挑战。其不包含任何功能性的电离基团（Wani 等，1971）。由于这个原因，改变 pH、形成盐或添加带电络合剂都不能改善溶解度。目前的临床剂型——Taxol®，由 0.3～1.2 mg/mL 紫杉醇分散在等量的乙醇和聚乙氧基化蓖麻油（Cremophor EL®）混合物中构成（Meerum 等，1997）。该制剂配方涉及许多问题，包括稳定性、过滤要求、使用非增塑溶液容器和给药装置。此外，一些副作用，如严重的超敏反应，被认为与配方有关。该制剂的不良反应被认为是与使用 Cremophor EL®作为载体有关（Lorenz 等，1977；Liebmann 等，1994）。

为了消除由辅料引起的副作用，提高紫杉醇的抗肿瘤活性，对脂质体配方进行了研究（Sharma 等，1993；Straubinger 等，1993；Sharma 和 Straubinger，1994）。使用脂质体作为水不溶性紫杉醇的载体的基本原理与两性霉素 B 的相似。评估了多达 300 个脂质体配方。初步结果表明，使用 PC 作为主要脂质比任何其他脂质能载入更高浓度的紫杉醇。但是，只含有 PC 的配方是高度聚集的，加入带负电荷的脂质 PG 可降低聚集。基于稳定性结果选择 PC：PG（物质的量之比）为 9：1，如含水溶液脂质体制剂的紫杉醇晶型所示（Sharma 和 Straubinger，1994）。

紫杉醇脂质体制剂的生产过程类似于两性霉素 B。然而，由于紫杉醇溶解度非常低，涉及几种不同的过程。第一，用叔丁醇溶解脂质-药物薄膜。第二，溶液冻干 24 h。用缓冲液（NaCl：Tes：EDTA 为 14 mmol/L：10 mmol/L：0.1 mmol/L）水化冻干粉末。第三，在减小粒径过程中，使用超声法，将 MLV 混悬液在氩气下于水浴超声仪中 20℃超声处理 30 min。在该方法的基础上，得到粒径范围为 25～50 nm 的 SUV。如反相 HPLC 方法所示，紫杉醇脂质体在 4℃和 20℃下稳定超过 3 个月。已经证明脂质体制剂能够增加人卵巢肿瘤模型中紫杉醇的治疗指数（Sharma 等，1997）。产业化的紫杉醇脂质体制剂，EndoTAG®（MediGene），目前处于Ⅲ期临床试验阶段，另一个 LEP-ETU（Neopharma/Insys）处于Ⅱ期临床试验阶段（表 14.2）。

### 14.8.4 维替泊芬（BPDMA）

已知卟啉化合物作为光敏剂用于治疗和诊断恶性肿瘤细胞（Kessel，1983）。卟啉具有定位于恶性肿瘤组织的自然倾向，辐射时吸收特定波长的光，从而提供了通过荧光位置检测肿瘤的方法。维替泊芬是一种卟啉，属于苯并卟啉衍生物。它在生理 pH 下是难溶性化合物，需要昂贵且复杂的合成方法来生产。在初步研究的基础上，该化合物也不溶于药学上可接受的水-有机共溶剂混合物、水性聚合物溶液和表面活性剂/胶束溶液。然而，该光敏剂仍然可以使用脂质体以适合肠外给药的形式溶解（Liu，1998）。

以 DMPC 为主要中性脂质，以蛋来源 PG 作为带负电荷的脂质，并结合药物已经开发出了稳定的维替泊芬脂质体制剂（Liu，1998）。磷脂与光敏剂的物质的量之比应≥7：1，才能得到稳定的脂质体配方，粒径为 150～300 nm，维替泊芬包封率几乎接近 100%。脂质体的制备过程（包含将脂质和维替泊芬溶解于有机溶剂，选择蒸发器形成薄膜、水化薄膜、均质粒径）类似于 AmBisome 的制备。然而，有几个特点是制备维替泊芬脂质体制剂独特的。首先，用于水化药物-脂质薄膜的介质是双糖溶液，如蔗糖，可作为低温保护剂和促进水化过程。其次，水化过程温度应低于 30℃，且最好低于光敏剂-磷脂混合物玻璃化转变温度，因为在较高温度下，相分离和膜缺陷部分增加，导致光敏剂从脂质体中泄漏。在所开发的方法的基础上，所设计的制剂通常产生粒径小于 300 nm 的脂质体，其具有高的过滤性。用这个方法能大批量生产。体外研究显示维替泊芬是快速地从脂质体制剂中转移到血清蛋白中，从而提供了向细胞传递的机制（Chowdhary，2003）。目前，这个维替泊芬脂质体制剂正处于癌症临床试验中，并已经作为 Visudyne 上市，用于治疗老年性黄斑变性。静脉注射后，用激光治疗视网膜受影响区域并阻止退化过程。

## 14.9 结论和前景

随着 50 多年前脂质体在药物传递领域研究的开始，人们高度乐观地认为脂质体将提供一种可以成功应用于各种药物问题的传递系统。回顾过去，现在很清楚，脂质体不会像最初希望的那样为所有的传递问题提供“灵丹妙药”。然而，在过去的30年中，将两性霉素B、多柔比星、柔红霉素和维替泊芬的脂质体制剂引入市场，以及最近进入癌症高级临床试验的多种产品（表14.2）已证明该技术可能成为解决所选药物分子输送问题的重要商机。特别是，当配制水溶性差的物质时，尤其是肠外给药时，应始终考虑将脂质体作为可能的方法。与其他用于难溶性药物的载体如共溶剂、胶束和乳剂相比，脂质体由于磷脂的低毒性而成为一种有吸引力的替代品。难溶性正日益成为药物开发领域新候选药物的主要特征。因此，脂质体在医药产品中的应用有可能成为药物制剂越来越重要的工具，并会有更多的脂质体技术制备的产品在未来几年进入市场。

## 缩写词

| | |
|---|---|
| CMA | 临界胶束浓度 |
| DLPC | 二月桂酰磷脂酰胆碱 |
| DMPC | 二肉豆蔻酰磷脂酰胆碱 |
| DMPE | 二肉豆蔻酰磷脂酰乙醇胺 |
| DMPG | 二肉豆蔻酰磷脂酰甘油 |
| DOPC | 二油酰磷脂酰胆碱 |
| DPPA | 二棕榈酰基磷脂酸 |
| DPPC | 二棕榈酸磷脂酰胆碱 |
| DPPG | 二棕榈酸磷脂酰甘油 |
| DPPE | 二棕榈酰基磷脂酰乙醇胺 |
| PSPC | 1-棕榈酰基-2-硬酯酰基卵磷脂 |
| DSC | 差示扫描量热法 |
| mDSC | 调制式差示扫描量热仪 |
| DSPE | 二硬酯酰基磷脂酰乙醇胺 |
| DSPG | 二硬酯酰基磷脂酰甘油 |
| EPR | 电子顺磁共振 |
| HLB | 亲水亲油平衡值 |
| HPLC | 高效液相色谱 |
| HSPC | 氢化大豆磷脂 |
| IUV | 中等粒径单层囊泡 |
| LPC | 溶血磷脂 |
| LUV | 大单层囊泡 |
| MLV | 多层囊泡 |
| NMR | 核磁共振 |
| PA | 磷酸 |
| PC | 磷脂酰胆碱 |
| PE | 磷脂酰乙醇胺 |
| PEG | 聚乙二醇 |

PG 磷脂酰甘油
PI 磷脂酰肌醇
PS 磷脂酰丝氨酸
RES 网状内皮系统
REV 反相蒸发囊泡
SPLV 稳定的多层囊泡
SSL 空间稳定的脂质体
SUV 小单层囊泡

## 参考文献


Adler-Moore, J. (1994). AmBisome targeting to fungal infections. *Bone Marrow Transplant.*, 14 (Suppl.): 3–7.

Adler-Moore, J. P. and R. T. Proffitt. (1993). Development, characterization, efficacy, and mode of action of AmBiSome, a unilamellar liposomal formulation of Amphotericin B. *J. Liposome Res.*, 3: 429–450.

AHFS Drug Information (2006). American Society of Health-System Pharmacist, Bethesda, MD.

Allen, T. M. and A. Chonn. (1987). Large unilamellar liposomes with low uptake into the reticuloendothelial system. *FEBS Lett.*, 223: 42–46.

Allen T. M. and P. R. Cullis. (2013). Liposomal drug delivery systems: From concept to clinical applications. *Advan. Drug Deliv. Rev.*, 65: 36–48.

Allen, T. M., C. Hansen, and J. Rutledge. (1989). Liposomes with prolonged circulation times: Factors affecting uptake by reticuloendothelial and other tissues. *Biochim. Biophys. Acta*, 981: 27–35.

Allen, T. M., C. B. Hansen, and D. E. Lopes de Menezes. (1995). Pharmacokinetics of long-circulating liposomes. *Adv. Drug Deliv. Rev.*, 16: 267–284.

Allen, T. M., P. Sapra, E. Moase, J. Moreira, and D. Iden. (2002). Adventures in targeting. *J. Liposome Res.* 12: 5–12.

Almog, R., R. Forward, and C. Samsonoff. (1991). Stability of sonicated aqueous suspensions of phospholipids under air. *Chem. Phys. Lipid.*, 60: 93–99.

Andresen, T. L., L. Thomas, S. S. Jensen, and K. Jørgensen. (2005). Advanced strategies in liposomal cancer therapy: Problems and prospects of active and tumor specific drug release. *Prog. Lipid. Res.*, 44: 68–97.

Austin, R. P., A. M. Davis, and C. N. Manners. (1995). Partitioning of ionizing molecules between aqueous buffers and phospholipid vesicles. *J. Pharm. Sci.*, 84: 1180–1183.

Banai, S., A. Finkelstein, Y. Almagor, A. Assali, Y. Hasin, U. Rosenschein, P. Apruzzese et al. (2013). Targeted anti-inflammatory systemic therapy for restenosis: The Biorest Liposomal Alendronate with Stenting Study (BLAST) - A double blind, randomized clinical trial. *Am. Heart. J.*, 165: 234–240.

Bangham, A. D. (1992). Liposomes: Realizing their promise. *Hosp. Pract.*, 27: 51–62.

Bangham, A. D., M. M. Standish, and J. C. Watkins. (1965). Diffusion of univalent ions across the lamellae of swollen phospholipids. *J. Mol. Biol.*, 13: 238–252.

Barenholz, Y. (2012). Doxil® - The first FDA-approved nanodrug: Lessons learned. *J Control. Rel.*, 160: 117–134.

Batzi, S. and E. D. Korn. (1973). Single bilayer liposomes prepared without sonication. *Biochim. Biophys. Acta*, 298: 1015–1019.

Berger, J. L., A. Smith, K. K. Zorn, P. Sukumvanich, A. B. Olawaiye, J. Kelley, and T. C. Krivak. (2014). Outcomes analysis of an alternative formulation of PEGylated liposomal doxorubicin in recurrent epithelial ovarian carcinoma during the drug shortage era. *Onco. Targets Ther.*, 7: 1409–1413.

Bernstein, Z. P., A. Khan, K. C. Miller, D. W. Northfelt, G. Lopez-Berestein, and P. S. Gill. (2002). A multicenter phase II study of the intravenous administration of liposomal tretinoin in patients with acquired immunodeficiency syndrome-associated Kaposi's sarcoma. *Cancer*, 95: 2555–2561.

Betageri, G. V., S. A. Jenkins, and D. L. Parsons. (1993). *Liposome Drug Delivery Systems*, Technomic Publishing Company, Lancaster, UK, pp. 65–88.

Bian, J. and M. F. Roberts. (1990). Phase separation in short-chain lecithin/gel state long-chain lecithin aggregates. *Biochemistry*, 29: 7928–7935.

Bleasdale, J. E., J. Eichberg, and H. Hauser (1985). *Inositol and Phosphoinositides Metabolism and Regulation*, Human Press Inc., Clifton, NJ.
Borchardt, K., D. Heber, M. Klingmuller, K. Mohr, and B. Muller. (1991). The ability of cationic amphiphilic compounds to depress the transition temperature of DPPA liposomes depends on the spatial arrangement of the lipophilic moiety. *Biochem. Pharmacol.*, 42: S61–S65.
Bridson, R. H., B. Al-Duri, R. C. D. Santos, S. M. McAllister, J. Robertson, and H. O. Alpar. (2002). The preparation of liposomes using supercritical fluid technology. *J. Pharm. Pharmacol.*, 54 (Suppl.): S51.
Cannon, J. B., F. S. Kuo, R. F. Pasternack, N. M. Wong, and U. Muller-Eberhard. (1984). Kinetics of the interaction of hemin liposomes with heme binding proteins. *Biochemistry*, 23: 3715–3721.
Cannon, J. B., C. Martin, G. S. Drummond, and A. Kappas. (1993). Targeted delivery of a heme oxygenase inhibitor with a lyophilized liposomal tin mesoporphyrin formulation. *Pharm. Res.*, 10: 715–721.
Castor, T. P. (2005). Phospholipid nanosomes. *Curr. Drug Deliv.*, 2: 329–340.
Cevc, G. (1991). Polymorphism of the bilayer membranes in the ordered phase and the molecular origin of the lipid pretransition and rippled lamellae. *Biochimica et Biophysica Acta*, 1062: 59–69.
Cevc, G. (1992). Lipid properties as a basis for membrane modeling and rational liposome design. In *Liposome Technology*, Gregoriadis, G. (Ed.), Vol. I, CRC Press, Boca Raton, FL, pp. 1–36.
Cevc, G. (2004). Lipid vesicles and other colloids as drug carriers on the skin. *Adv. Drug Deliv. Rev.*, 56: 675–711.
Cevc, G. and J. M. Seddon. (1993). Physical characterization. In *Phospholipids Handbook*, Cevc, G. (Ed.), Marcel Dekker, New York, pp. 351–401.
Chahar, P. and K. C. Cummings. (2012). Liposomal bupivacaine: A review of a new bupivacaine formulation. *J. Pain Res.*, 5: 257–264.
Chen, T., J. M. Lausier, and C. T. Rhodes. (1986). Possible strategies for the formulation of antineoplastic drugs. *Drug Dev. Ind. Pharm.*, 12: 1041–1106.
Childers, N. K., S. M. Michalek, J. H. Eldridge, F. R. Denys, A. K. Berry, and J. R. McGhee. (1989). Characterization of liposome suspensions by flow cytometry *J. Immunol. Methods*, 119: 135–143.
Chowdhary, R. K., I. Shariff, and D. Dolphin. (2003). Drug release characteristics of lipid based benzoporphyrin derivative. *J. Pharm. Pharm. Sci.*, 6: 13–19.
Cliff, R. O., F. Ligler, B. Goins, P. M. Hoffmann, H. Spielberg, and A. S. Rudolph. (1992). Liposome encapsulated hemoglobin: Long-term storage stability and in vivo characterization. *Biomat. Artif. Cells Immob. Biotechnol.*, 20: 619–626.
Cortesi, B., E. Esposito, S. Gambarin, P. Telloli, E. Menegatti, and C. Nastruzzi. (1999). Preparation of liposomes by reverse-phase evaporation using alternative organic solvents. *J. Microencapsul.*, 16: 251–256.
Crommelin, D. J. A. (1984). Influence of lipid composition and ionic strength on the physical stability of liposomes. *J. Pharm. Sci.*, 73: 1559–1563.
Crommelin, D. J. A. and H. Schreier. (1994). Liposomes. In *Colloidal Drug Delivery Systems*, Kreuter, J. (Ed.), Marcel Dekker, New York, pp. 73–190.
Crommelin, D. J. A. and E. M. G. Van Bommel. (1984). Stability of liposomes on storage: Freeze-dried, frozen or as an aqueous dispersion. *Pharm. Res.*, 1: 159–163.
Crowe, J. H., L. M. Crowe, J. F., Carpenter, and A. Wistrom. (1987). Stabilization of dry phospholipid bilayers and proteins by sugars. *Biochem. J.*, 242: 1–10.
Crowe, L. M. and J. H. Crowe, (1992). Stabilization of dry liposomes by carbohydrates. *Dev. Biol. Stand.*, 74: 285–294.
Cullis, P. R., M. J. Hope, M. B. Bally, T. D. Madden, L. D. Mayer, and D. B. Fenske. (1997). Influence of pH gradients on the transbilayer transport of drugs, lipids, peptides and metal ions into large unilamellar vesicles. *Biochim. Biophys. Acta*, 1331: 187–211.
Dark, G. G., A. H. Calvert, R. Grimshaw, C. Poole, K. Swenerton, S. Kaye, R. Coleman et al. (2005). Randomized trial of two intravenous schedules of the topoisomerase I inhibitor liposomal lurtotecan in women with relapsed epithelial ovarian cancer: A trial of the national cancer institute of Canada clinical trials group. *J. Clin. Oncol.*, 23: 1859–1866.
Davis, J. H. (1983). The description of membrane lipid conformation, order and dynamics by 2H-NMR. *Biochim. Biophys. Acta*, 737: 117–171.
Deamer, D. and A. D. Bangham. (1976). Large volume liposomes by an ether vaporization method. *Biochim. Biophys. Acta*, 443: 629–634.
DeBrabander, M. G., R. Nuydens, R. Willebrods, and J. Demay. (1981). Taxol induces the assembly of free microtubules in living cells and blocks the organizing capacity of centrosomes and kinetochores. *Proc. Natl. Acad. Sci.*, 78: 5608–5612.
Deeken, J. F., R. Slack, G. J. Weiss, R. K. Ramanathan, M. J. Pishvaian, J. Hwang, and K. Lewandowski et al.

(2013). A phase I study of liposomal-encapsulated docetaxel (LEDT) in patients with advanced solid tumor malignancies. *Cancer Chemother. Pharmacol.*, 71: 627–633.

Diederichs, J. E., W. Mehnert, J. S. Lucks, and R. H. Muller. (1992). Microviscosity measurements for the optimization of liposome and emulsion formulations. *Congr. Int. Technol. Pharm. USA*, 5: 138–147.

Dipali, S. R., S. B. Kulkari, and G. V. Betageri. (1996). Comparative study of separation of non-encapsulated drug from unilamellar liposomes by various methods. *J. Pharm. Pharmacol.*, 48: 1112–1115.

Dritschilo, A., C. H. Huang, C. M. Rudin, J. Marshall, B. Collins, J. L. Dul, and C. Zhang et al. (2006). Phase I study of liposome encapsulated craf antisense oligodeoxyribonucleotide infusion in combination with radiation therapy in patients with advanced malignancies. *Clin. Cancer Res.*, 12: 1251–1259.

Drugs, R. D. (2004). Vincristine liposomal—INEX: Lipid-encapsulated vincristine, Onco TCS, transmembrane carrier system—vincristine, vincacine, vincristine sulfate liposomes for injection, *VSLI.* 5(2): 119–123.

Dupont, B. (2002). Overview of the lipid formulations of amphotericin B. *J. Antimicrob. Chemother.* 49 (Suppl 1): 31–36.

Egorova, E. M. (1994). The validity of the Smoluchowski equation in electrophoretic studies of lipid membranes. *Electrophoresis*, 15: 1125–1131.

Enoch, H. G. and P. Strittmatter. (1979). Formation and properties of 1000 Angstrom-diameter, single-bilayer phospholipid vesicles. *Proc. Nat. Acad. Sci. USA*, 76: 145–149.

Felnerova, D., J. F. Viret, R. Glück, and C. Moser. (2004). Liposomes and virosomes as delivery systems for antigens, nucleic acids and drugs. *Curr. Opin. Biotechnol.*, 15: 518–529.

Freeman, F. J., J. A. Hayward, and D. Chapman. (1987). Permeability studies on liposomes formed from polymerizable diactylenic phospholipids and their potential applications as drug delivery systems. *Biochim. Biophys. Acta*, 924: 341–451.

Frezard, F., C. Santella, M. J. Montisci, P. Vierling, and J. G. Riess. (1994). Fluorinated PC-based liposomes: $H^+/Na^+$ permeability, active doxorubicin encapsulation and stability in human serum. *Biochim. Biophys. Acta*, 1194: 61–68.

Gabizon, A. and D. Papahadjopoulos. (1988). Liposome formulations with prolonged circulation time in blood and enhanced uptake by tumors. *Proc. Natl. Acad. Sci. USA*, 85: 6949–6953.

Gadras, C., C. Santaella, and P. Vierling. (1999). Improved stability of highly fluorinated phospholipid-based vesicles in the presence of bile salts. *J. Control. Rel.*, 57: 29–34.

Gala, R. P., I. Khan, A. M. Elhissi, and M. A. Alhnan. (2015). A comprehensive production method of self-cryoprotected nanoliposome powders. *Int. J. Pharm.*, 486: 153–158.

Gallis, H. A., R. H. Drew, and W. W. Pickard. (1990). Amphotericin B: 30 years of clinical experience. *Rev. Infect. Dis.*, 12: 308–329.

Gamble, R. C. (1988). Method for preparing small vesicles using microemulsification, US Patent 4,753,788.

Gardam, M. A. and J. R. Silvius. (1990). Interactions of different lipid species in multicomponent membranes. *Biochem. Soc. Trans.*, 18: 831–835.

Ginsburg, H. and R. A. Demel. (1983). The effect of ferriprotoporphyrin IX and chloroquine on phospholipid monolayers and the possible implications to antimalarial activity. *Biochim. Biophys. Acta*, 732: 316–319.

Glaberman, U., I. Rabinowitz, and C. F. Verschraegen. (2005). Alternative administration of camptothecin analogues. *Expert Opin. Drug Deliv.*, 2: 323–333.

Gold, W., H. A. Stout, J. F. Pagona, and R. Donovick. (1955). Amphotericins A and B, antifungal antibiotics produced by a streptomycete. I. In vitro studies. *Antibiot. Ann.*, 3: 579–586.

Górski, G., P. Szopiński, J. Michalak, A. Marianowska, M. Borkowski, M. Geremek, and M. Trochimczuk et al. (2005). Liposomal heparin spray: A new formula in adjunctive treatment of superficial venous thrombosis. *Angiology*, 56: 9–17.

Green, A. E. and P. G. Rose. (2006). Pegylated liposomal doxorubicin in ovarian cancer. *Int. J. Nanomedicine.*, 1: 229–239.

Gregoriadis, G. (1990). Biological behavior of liposomes. In *Phospholipids*, Hanin, I., and Papeu, G. (Eds.), Plenum Press, New York, pp. 123–132.

Gupta, P., J. Cannon, and A. Adjei. (1996). Liposomal formulations of ABT-077: In vitro characterization studies. *Int. J. Pharm.*, 140: 119–129.

Haupft, R. and K. Mohr. (1985). Influence of cationic amphiphilic drugs on the phase transition temperature of phospholipids with different polar headgroups. *Biochim. Biophys. Acta*, 814: 156–162.

Hauser, H. (1993). Phospholipid vesicles. In *Phospholipids Handbook*, Cevc, G. (Ed.), Marcel Dekker, New York, pp. 603–637.

Heap, R. B., A. M. Symons, and J. C. Watkins. (1970). Steroids and their interactions with phospholipids:

Solubility distribution coefficient and effect on potassium permeability of liposomes. *Biochim. Biophys. Acta*, 218: 482–495.

Hernandez-Caselles, T., J. Villalain, and J. C. Gomez-Fernadez. (1990). Stability of liposomes on long term storage. *J. Pharm. Pharmacol.*, 42: 397–400.

Hiemenz, J. W. and T. J. Walsh. (1996). Lipid formulations of amphotericin B: Recent progress and future directions. *Clin. Infect. Dis.*, 22 (Suppl 2): S133–144.

Huber, W., H. H. Mantsch, F. Paltauf, and H. Hauser. (1994). Conformation of phosphatidyl serine in bilayers as studied by FT-IR spectroscopy. *Biochemistry*, 33: 320–326.

Huizing, M. T., V. H. Sewberath Misser, and R. C. Pieters. (1995). Taxanes: A new class of antitumor agents. *Cancer Invest.*, 13: 381–404.

Hupfer, B., H. Rinsdorf, and H. Schupp. (1983). Liposomes form polymerizable lipids. *Chem. Phys. Lipid.*, 33: 355–374.

Hwang, K. J. (1987). Liposome pharmacokinetics. In *Liposome: From Biophysics to Therapeutics*, Ostro, M. J. (Ed.), Marcel Dekker, New York, pp. 109–156.

Immordino, M. L., F. Dosio, and L. Cattel. (2006). Stealth liposomes: Review of the basic science, rationale, and clinical applications, existing and potential. *Inter. J. Nanomed.*, 1: 297–315.

Imura, T., K. Otake, S. Hashimoto, T. Gotoh, M. Yuasa, S. Yokoyama, H. Sakai, J. F. Rathman, and M. Abe. (2003). Preparation and physicochemical properties of various soybean lecithin liposomes using supercritical reverse phase evaporation method. *Coll. Surf. B—Biointerf.*, 27: 133–140.

Isele, U., P. van Hoogevest, R. Hilfiker, H. Capraro, K. Schieweck, and H. Leuenberger. (1994). Large-scale production of liposomes containing monomeric zinc phthalocyanine by controlled dilution of organic solvents. *J. Pharm. Sci.*, 83: 1608–1616.

Ishikado, A., H. Imanaka, M. Kotani, A. Fujita, Y. Mitsuishi, T. Kanemitsu, Y. Tamura, and T. Makino. (2004). Liposomal lactoferrin induced significant increase of the interferon-alpha (IFNalpha) producibility in healthy volunteers. *Biofactors*, 21: 69–72.

Jain, S. K., R. K. Jain, M. K. Chourasia, A. K. Jain, K. B. Chalasani, V. Soni, and A. Jain. (2005). Design and development of multivesicular liposomal depot delivery system for controlled systemic delivery of acyclovir sodium. *AAPS Pharm. Sci. Tech.*, 6: E35–E40.

Janoff, A. S., C. L. Kurtz, R. L. Jablonski, S. R. Minchey, L. T. Boni, S. M. Gruner, P. R. Cullis, L. D. Mayer, and M. J. Hope. (1988). Characterization of cholesterol hemisuccinate and alpha-tocopherol hemisuccinate vesicles. *Biochim. Biophys. Acta*, 941: 165–175.

Jensen, G. M., C. S. Ashvar, S. W. Bunte, C. D. Barzak, T. H. Bunch, R. L. Fahrner, and N. Hu et al. (2008). A liposomal dispersion formulation of propofol: Formulation, pharmacokinetics, stability, and identification of an oxidative degradant. *Theor. Chem. Acc.*, 119: 291–296.

Jett, M. and C. R. Alving. (1988). Phospholipase A2 substrates: A novel approach to cancer chemotherapy. In *Liposomes as Drug Carriers*, Gregoriadis, G. (Ed.), Wiley, Chichester, UK, pp. 419–429.

Juliano, R. L. (1981). Pharmacokinetics of liposome-encapsulated drugs. In *Liposomes: From Physical Structure to Therapeutic Applications*, Knight, C. G. (Ed.), Elsevier, Amsterdam, the Netherlands, pp. 391–407.

Kastner, E., R. Kaur, D. Lowry, B. Moghaddam, A. Wilkinson, and Y. Perrie. (2014). High throughput manufacturing of size-tuned liposomes by a new microfluidics method using enhanced statistical tools for characterization. *Int. J. Pharm.*, 477: 361–368.

Kastner, E., V. Verma, D. Lowry, and Y. Perrie. (2015). Microfluidic controlled manufacture of liposomes for the solubilisation of a poorly water soluble drug. *Int. J. Pharm.*, 485: 122–130.

Kerridge, D. (1986). Mode of action of clinically important antifungal drugs. *Adv. Microb. Physiol.*, 27: 1–72.

Kessel, D. (1983). *Porphyrin Photosensitization*, Plenum Press, New York.

Kirby, C. J. and G. Gredgoriadis. (1984). A simple procedure for preparing liposomes capable of high encapsulation efficiency under mild conditions. In *Liposome Technology*, Gregoriadis, G. (Ed.), Vol. I, CRC Press, Boca Raton, FL.

Kraft, J. C., J. P. Freeling, Z. Wang, and R. J. Y. Ho. (2014). Emerging research and clinical development trends of liposome and lipid nanoparticle drug delivery systems. *J. Pharm. Sci.*, 103: 29–52.

Lancet, J. E., J. E. Cortes, D. E. Hogge, M. S. Tallman, T. J. Kovacsovics, L. E. Damon, and R. Komrokji et al. (2014). Phase 2 trial of CPX351, a fixed 5:1 molar ratio of cytarabine/daunorubicin, vs cytarabine/daunorubicin in older adults with untreated AML. *Blood.*, 123: 3239–3246.

Lang, J. K. and C. Vigo-Pelfrey, (1993). Quality control of liposome lipids with special emphasis on peroxidation of phospholipids and cholesterol. *Chem. Phys. Lipid.*, 64: 19–29.

Lichtenberg, D. and Y. Barenholz, (1988). Liposome preparation, characterization, and preservation. *Methods Biochem. Anal.*, 33: 337–462.

Lidgate, D. M., P. L. Felgner, J. S. Fleitman, J. Whatley, and R. C. Fu. (1988). In vitro and in vivo studies evaluating a liposome system for drug solubilization. *Pharm. Res.*, 5: 759–764.

Liebmann, J., J. Cook, and C. Lipschultz. (1994). The influence of Cremophor EL on the cell cycle effects of paclitaxel (Taxol.) in human tumor cell lines. *Cancer Chemother. Pharmacol.*, 33: 331–339.

Liu, R. (1998). Methods of making liposomes containing hydro-monobenzoporphyrin photosensitizer. QLT photo therapeutics, US Patent 5,707,608.

Lorenz, W., H. J. Reimann, and A. Schmal. (1977). Histamine release in dogs by Cremophor EL and its derivatives. *Agents Act.*, 7: 63–67.

Lyman, C. A. and T. J. Walsh, (1992). Systemically administered antifungal agents. A review of their clinical pharmacology and therapeutic applications. *Drugs*, 44: 9–35.

Macpherson, I. R. and T. J. Evans, (2009). New approaches in the management of advanced breast cancer role of combination treatment with liposomal doxorubicin. *Breast Cancer*, 1: 1–18.

Maiorino, M., A. Zamburlini, A. Roveri, and F. Ursini. (1995). Copper-induced lipid peroxidation in liposomes, micelles, and LDL: Which is the role of Vitamin E.? *Free Radic. Biol. Med.*, 18: 67–74.

Marsh, D. (1991). Analysis of the chain length dependence of lipid phase transition temperatures. *Biochim. Biophys. Acta*, 1062: 1–6.

Martin, F. J. (1990). Pharmaceutical manufacturing of liposomes. In *Specialized Drug Delivery Systems: Manufacturing and Production Technology*, Tyle, P. (Ed.), Marcel Dekker, New York, pp. 267–316.

Mason, J. T. and T. J. O'Leary, (1990). Effects of head group methylation and acyl chain length on the volume of melting of phosphatidyl ethanolamines. *Biophys. J.*, 58: 277–281.

Matsumura, Y., M. Gotoh, K. Muro, Y. Yamada, K. Shirao, Y. Shimada, and M. Okuwa et al. (2004). Phase I and pharmacokinetic study of MCC-465, a doxorubicin (DXR) encapsulated in PEG immunoliposome, in patients with metastatic stomach cancer. *Annal. Oncol.*, 15: 517–525.

Mattai, J., P. K. Sripada, and G. G. Shipley. (1987). Mixed-chain PC bilayers: Structure and properties. *Biochemistry*, 26: 3287–3297.

Mayer, L. D., T. D. Madden, M. B. Bally, and P. R. Cullis. (1993). pH-gradient-mediated drug entrapment in liposomes. In *Liposome Technology*, Gregoriadis, G. (Ed.), Vol. II, CRC Press, Boca Raton, FL, pp. 27–44.

Mayhew, E., R. Lazo, W. J. Vail, J. King, and A. M. Green. (1984). Characterization of liposomes prepared using a microemulsifier. *Biochim. Biophys. Acta*, 775: 169–174.

Medoff, G., J. Brajtburg, G. S. Kobayashi, and J. Bolard. (1983). Antifungal agents useful in therapy of systemic fungal infections. *Ann. Rev. Pharmacol. Toxicol.*, 23: 303.

Medoff, G. and G. S. Kobayashi. (1980). Strategies in the treatment of systemic fungal infections. *N. Engl. J. Med.*, 302: 145–155.

Meerum, T. J. M., B. Nuijen, B. H. W. W. Ten, and J. H. Beijnen. (1997). Alternative formulations of paclitaxel. *Cancer Treat. Rev.*, 23: 87–95.

Miller, A. D. (2013). Lipid-based nanoparticles in cancer diagnosis and therapy. *J. Drug Deliv.*, 2013. Article ID 165981: http://dx.doi.org/10.1155/2013/16598.

Moghimi, S. M. and J. Szebeni. (2003). Stealth liposomes and long circulating nanoparticles: Critical issues in pharmacokinetics, opsonization and protein-binding properties. *Prog. Lipid Res.*, 42: 463–478.

Monforte, V., P. Ussetti, J. Gavaldà, C. Bravo, R. Laporta, O. Len, C. L. García-Gallo et al. (2009). Feasibility, tolerability, and outcomes of nebulized liposomal amphotericin B for Aspergillus infection prevention in lung transplantation. *J. Heart Lung Transplant.*, 29: 523–530.

Montfort, A., K. Bezstartosi, M. M. J. Groh, and T. J. A. Metsa-Ketala. (1987). The influence of the lipid composition on the degree of lipid peroxidation of liposomes. *Biochem. Int.*, 15: 525–543.

Mouritsen, O. G. and K. Jorgensen. (1993). Dynamical order and disorder in lipid bilayers. *Chem. Phys. Lipid.*, 73: 3–25.

Nardin, A., M. L. Lefebvre, K. Labroquère, O. Faure, and J. P. Abastado. (2006). Liposomal muramyl tripeptide phosphatidylethanolamine: Targeting and activating macrophages for adjuvant treatment of osteosarcoma. *Curr. Canc. Drug Targ.*, 6: 123–133.

Noda, H., M. Hurono, N. Ohishi, and K. Yagi. (1993). Stabilization of egg PC liposomes by the insertion of sulfatide. *Biochim. Biophys. Acta*, 1153: 127–131.

Noskin, G. A., L. Pietrelli, G. Coffey, M. Gurwith, and L. J. Liang. (1998). Amphotericin B colloidal dispersion for treatment of candidemia in immunocompromised patients. *Clin. Infect. Dis.*, 26: 461–467.

Ohsawa, T., H. Miura, and K. Harada. (1984). A novel method for preparing liposome with a high capacity to encapsulate proteinous drugs: Freeze-drying method. *Chem. Parm. Bull.*, 32: 2442–2445.

Olson, F., C. A. Hunt, F. C. Szoka, W. J. Vial, and D. Papahadjopoulos. (1979). Preparation of liposomes of defined size distribution by extrusion through polycarbonate membranes. *Biochim. Biophys. Acta*, 557: 9–23.

Ostro, M. J. (1987). Liposomes. *Sci. Am.*, 257: 102–111.

Ostro, M. J. (1992). Drug delivery via liposomes. *Drug Ther.*, 10: 61–65.

Ostro, M. J. and P. R. Cullis. (1989). Use of liposomes as injectable drug delivery systems. *Am. J. Hosp. Pharm.*, 46: 1576–1587.

Palacios, J. and R. Serrano. (1978). Proton permeability induced by polyene antibiotics. A plausible mechanism for their inhibition of maltose fermentation in yeast. *FEBS Lett.*, 91: 198–201.

Paltauf, F. and A. Hermetter. (1990). Phospholipids-natural, semisynthetic, and synthetic. In *Phospholipids*, Hanin, I. and Pepeu, G. (Eds.), Plenum Press, New York, pp. 1–12.

Pantazis, P., Z. Han, K. Balan, Y. Wang, and J. H. Wyche. (2003). Camptothecin and 9-nitrocamptothecin (9NC) as anti-cancer, anti-HIV and cell-differentiation agents. *Anticancer Res.*, 23: 3623–3638.

Papahadjopoulos, D., M. Cowden, and H. Kimelberg. (1973a). Role of cholesterol in membranes. Effects of phospholipid-protein interactions, membrane permeability and enzymatic activity. *Biochim. Biophys. Acta*, 330: 8.

Papahadjopoulos, D., K. Jacobson, S. Nir, and T. Isac. (1973b). Phase transitions in phospholipid vesicles. Fluorescence polarization and permeability measurements concerning the effect of temperature and cholesterol. *Biochimica et Biophysica Acta*, 311: 330.

Patel, V. B., A. Misra, and Y. S. Marfatia. (2001). Clinical assessment of the combination therapy with liposomal gels of tretinoin and benzoyl peroxide in acne. *AAPS Pharm. Sci. Tech.*, 2(3): 1–5.

*Physician's Desk Reference* (PDR) (2006). PDR staff (eds.). Thomson PDR, Montvale, NJ, http://www.pdr.net/.

Rahman, A., J. Treat, J. K. Roh, L. A. Potkul, W. G. Alvord, D. Forst, and P. V. Woolley. (1990). A phase I clinical trial and pharmacokinetic evaluation of liposome-encapsulated doxorubicin. *J. Clin. Oncol.*, 8: 1093–1100.

Rahman, A. M., S. W. Yusuf, and M. S. Ewer. (2007). Anthracycline-induced cardiotoxicity and the cardiac-sparing effect of liposomal formulation. *Int. J. Nanomed.*, 2: 567–583.

Riedl, C. R., P. Sternig, G. Gallé, F. Langmann, B. Vcelar, K. Vorauer, and A. Wagner et al. (2005). Liposomal recombinant human superoxide dismutase for the treatment of Peyronie's disease: A randomized placebo controlled double blind prospective clinical study. *Eur. Urol.*, 48: 656–661.

Riess, J. G. (1994). Fluorinated vesicles. *J. Drug Target*, 2: 455–468.

Rivera, E. (2003). Liposomal anthracyclines in metastatic breast cancer: Clinical update. *Oncologist*, 8 (Suppl 2): 3–9.

Rowinsky, E. K., L. A. Cazenave, and R. C. Donehower. (1990). Taxol—a novel investigational antimicrotubule agent. *J. Natl. Cancer Inst.*, 82: 1247–1259.

Saez, R., F. Goni, and A. Alonso. (1985). The effect of bilayer order and fluidity on detergent-induced liposome fusion. *FEBS Lett.*, 179: 311–315.

Sapra, P. and T. M. Allen. (2003). Ligand-targeted liposomal anticancer drugs. *Prog. Lipid Res.*, 42: 439–462.

Saraswat, A., l. R. Agarwa, O. P. Katare, I. Kaur, and B. Kumar. (2007). A randomized, double-blind, vehicle-controlled study of a novel liposomal dithranol formulation in psoriasis. *J. Dermatolog. Treat.*, 18: 40–45.

Schiff, P. B., J. Fant, and S. B. Horwitz. (1979). Promotion of microtubule assembly in vitro by taxol. *Nature*, 277: 665–667.

Schneider, T., A. Sachse, G. Bossling, and M. Brandl. (1995). Generation of contrast-carrying liposomes of defined size with a new continuous high pressure extrusion method. *Int. J. Pharm.*, 117: 1–12.

Schuch, G. (2005). EndoTAG-1 MediGene. *Curr. Opin. Investig. Drugs*, 6: 1259–1265.

Schultheis, B., D. Strumberg, A. Santel, C. Vank, F. Gebhardt, O. Keil, and C. Lange et al. (2014). First-in-human phase I study of the liposomal RNA interference therapeutic Atu027 in patients with advanced solid tumors. *J. Clin. Oncol.*, 32: 4141–4148.

Schwendener, R. A. (1986). The preparation of large volumes of homogeneous, sterile liposomes containing various lipophilic cytostatic drugs by the use of a capillary dialyzer. *Cancer Drug Deliv.*, 3: 123–129.

Sen, K. and M. Mandal. (2013). Second generation liposomal cancer therapeutics: Transition from laboratory to clinic. *Int. J. Pharm.*, 448: 28–43.

Senzer, N., J. Nemunaitis, D. Nemunaitis, C. Bedell, G. Edelman, M. Barve, and R. Nunan et al. (2013). Phase I study of a systemically delivered p53 nanoparticle in advanced solid tumors. *Mol. Ther.*, 21: 1096–1103.

Seth, A. K., A. Misra, and D. Umrigar. (2004). Topical liposomal gel of idoxuridine for the treatment of herpes simplex: Pharmaceutical and clinical implications. *Pharm. Dev. Technol.*, 9: 277–289.

Sharma, A., E. Mayhew, L. Bolcsak, and C. Cavanaugh. (1997). Activity of paclitaxel liposome formulation against human ovarian tumor xenografts. *Int. J. Cancer*, 71: 103–107.

Sharma, A., E. Mayhew, and R. M. Straubinger. (1993). Antitumor effect of taxol-containing liposomes in a taxol-resistant murine tumor model. *Cancer Res.*, 53: 5877–5881.

Sharma, A. and U. S. Sharma. (1997). Liposome in drug delivery—progress and limitations. *Int. J. Pharm.*, 154: 123–140.

Sharma, A. and R. M. Straubinger. (1994). Novel taxol formulations: Preparations and characterization of taxol-containing liposomes. *Pharm. Res.*, 11: 889–896.

Simoes, S., J. N. Moreira, C. Fonseca, N. Düzgünes, and M. C. P. de Lima. (2004). On the formulation of pH-sensitive liposomes with long circulation times. *Adv. Drug. Deliv. Rev.*, 56: 947–965.

Stano, P., S. Bufali, C. Pisano, F. Bucci, M. Barbarino, M. Santaniello, P. Carminati, and L. Luisi-Pier. (2004). Novel camptothecin analogue (gimatecan)-containing liposomes prepared by the ethanol injection method. *J. Liposome Res.*, 14: 87–109.

Straubinger, R. M., A. Sharma, and M. Murray. (1993). Novel taxol formulations: Taxol-containing liposomes. *J. Natl. Cancer Inst. Monogr.*, 15: 69–78.

Strickley, R. G. (2004). Solubilizing excipients in oral and injectable formulations. *Pharm. Res.*, 21: 201–230.

Suzuki, R., T. Takizawa, Y. Kuwata, M. Mutoh, N. Ishiguro, N. Utoguchi, and A. Shinohara et al. (2008). Effective anti-tumor activity of oxaliplatin encapsulated in transferrin-PEG-liposome. *Int. J. Pharm.*, 346: 143–150.

Talsma, H., M. J. Vansteenbergen, J. C. H. Borchert, and D. J .A. Crommelin. (1994). A novel technique for the one-step preparation of liposomes and nonionic surfactant vesicles without the use of organic solvents. *J. Pharm. Sci.*, 83: 276–280.

Tanford, C. (1980). *The Hydrophobic Effect: Formation of Micelles and Biological Membranes*, John Wiley & Sons, New York.

Tasset, C., V. Preat, and M. Roland. (1992). Galenical formulations of amphotericin B. *J. Pharm. Belg.*, 47: 523–536.

Tate, M. W., E. Shyamsunder, S. M. Gruner, and K. L. D'Amico. (1992). Kinetics of the lamellar-inverse hexagonal phase transition determined by time resolved X-ray diffraction. *Biochemistry*, 31: 1081–1092.

Tipping, E., B. Ketterer, and L. Christodoulides. (1979). Interactions of small molecules with phospholipid bilayers. Binding to egg phosphatidylcholine of some organic anions (bromosulphophthalein, oestrone sulphate, haem and bilirubin) that bind to ligandin and aminoazo-dye-binding protein A. *Biochem. J.*, 180: 327–337.

Torchilin, V. P. and M. I. Papisov. (1994). Why do polyethylene glycol-coated liposomes circulate so long? *J. Liposome Res.*, 4: 725–739.

Tsuschida, E., H. Nishide, M. Sekine, and A. Yamagishi. (1983). Liposomal heme as oxygen carrier under semi-physiological conditions. Orientation study of heme embedded in a phospholipid bilayer by an electrooptical method. *Biochim. Biophys. Acta*, 734: 274–278.

Urano, S., M. Kitahara, Y. Kato, Y. Hasegawa, and M. Matsuo. (1990). Membrane stabilizing effect of Vitamin E: Existence of a hydrogen bond between alpha-tocopherol and phospholipids in bilayer membranes. *J. Nutr. Sci. Vitaminol.*, 36: 513–519.

Van Bloois, L., D. D. Dekker, and D. J. A. Crommelin. (1987). Solubilization of lipophilic drugs by amphiphiles: Improvement of the apparent solubility of almitrine bismesylate by liposomes, mixed micelles and O/W emulsions. *Acta Pharm. Technol.*, 33: 136–139.

Vaukonen, M., M. Sassaroli, P. Somerhraju, and J. Eisinger. (1990). Dipyrenylphosphatidyl cholines as membrane fluidity probes *Biophys. J.*, 57: 291–300.

Verschraegen, C. F., B. E. Gilbert, E. Loyer, A. Huaringa, G. Walsh, R. A. Newman, and V. Knight. (2004). Clinical evaluation of the delivery and safety of aerosolized liposomal 9-nitro-20(s) camptothecin in patients with advanced pulmonary malignancies. *Clin. Cancer Res.*, 10: 2319–2326.

Vidal-Naquet, A., J. L. Goosage, T. P. Sullivan, J. W. Haynes, B. H. Giruth, R. L. Beissinger, L. R. Seghal, and A. L. Rosen. (1989). Liposome-encapsulated hemoglobin as an artificial red blood cell: Characterization and scale-up. *Biomat. Artif. Cells Artif. Organs*, 17: 531–552.

Vincent, J. L., R. Brase, F. Santman, P. M. Suter, A. McLuckie, J. F. Dhainaut, Y. Park, and J. Karmel. (2001). A multicentre, double-blind, placebo-controlled study of liposomal prostaglandin E1 (TLC C53) in patients with acute respiratory distress syndrome. *Inten. Care Med.*, 27: 1578–1583.

Viscusi, E. R., R. Sinatra, E. Onel, and S. L. Ramamoorthy. (2014). The safety of liposome bupivacaine, a

novel local analgesic formulation. *Clin. J. Pain.*, 30: 102–110.
Vries, J. D. J., K. P. Flora, A. Bult, and J. H. Beijnen. (1996). Pharmaceutical development of investigational anticancer agents for parenteral use—a review. *Drug Dev. Indust. Pharm.*, 22: 475–494.
Vuillemard, J. C. (1991). Recent advances in the large-scale production of lipid vesicles for use in food products: Microfluidization. *J. Microencapsul.*, 8: 547–562.
Wagner, A., M. Platzgummer, G. Kreismayr, H. Quendler, G. Stiegler, B. Ferko, and G. Vecera et al. (2006). GMP production of liposomes: A new industrial approach. *J. Liposome Res.*, 16: 311–319.
Wani, M. C., H. L. Taylor, and M. E. Wall. (1971). Plant antitumor agents. VI. The isolation and structure of taxol, a novel antileukemic and antitumor agent from *Taxus brevifolia*. *J. Am. Chem. Soc.*, 93: 2325–2327.
Weiner, A. (1990). Chemistry and biology of immunotargeted liposomes. In *Targeted Therapeutic Systems*, Tyle, P. and Ram, B. (Eds.), Marcel Decker, New York, pp. 305–336.
Wetzler, M., D. A. Thomas, E. S. Wang, R. Shepard, L. A. Ford, T. L. Heffner, and S. Parekh et al. (2013). Phase I/II trial of nanomolecular liposomal annamycin in adult patients with relapsed/refractory acute lymphoblastic leukemia. *Clin. Lymphoma Myeloma Leukemia*, 13: 430–434.
Wiseman, H., M. Cannon, R. V. Arnstein, and B. Halliwell. (1990). Mechanism of inhibition of lipid peroxidation by tamoxifen and 4-hydroxytamoxifen introduced into liposomes. *FEBS Lett.*, 274: 107–110.
Wittgen, B. P., P. W. Kunst, K. van der Born, A. W. van Wijk, W. Perkins, F. G. Pilkiewicz, and R. Perez-Soler et al. (2007). Phase I study of aerosolized SLIT cisplatin in the treatment of patients with carcinoma of the lung. *Clin. Cancer Res.*, 13: 2414–2421.
Won, S. H., J. U. Lee, and S. J. Sim. (2013). Fluorogenic pH-sensitive polydiacetylene (PDA) liposomes as a drug carrier. *J. Nanosci. Nanotechnol.*, 13: 3792–3800.
Woodle, M. C. (1993). Surface-modified liposomes: Assessment and characterization for decreased stability and prolonged blood circulation. *Chem. Phys. Lipid.*, 64: 249–262.
Woodle, M. C. (1995). Sterically stabilized liposome therapeutics. *Adv. Drug Deliv. Rev.*, 16: 249–265.
Woodle, M. C., M. S. Newman, and J. A. Cohn. (1994). Sterically stabilized liposomes: Physical and biological properties. *J. Drug Target*, 2: 397–403.
Wright, S. E. and J. C. White. (1986). Teniposide-induced changes in the physical properties of phosphatidyl choline liposomes. *Biochem. Pharmacol.*, 16: 2731–2735.
Wu, Y. L. K. Park, R. A. Soo, Y. Sun, K. Tyroller, D. Wages, and G. Ely et al. (2011). Inspire: A phase III study of the BLP25 liposome vaccine (L-BLP25) in Asian patients with unresectable stage III non-small cell lung cancer. *BMC Cancer*, 11: 430.
Yang, J., Y. Shi, C. Li, L. Gui, X. Zhao, P. Liu, and X. Han et al. (2014). Phase I clinical trial of pegylated liposomal mitoxantrone plm60s: Pharmacokinetics, toxicity and preliminary efficacy. *Cancer Chemother. Pharmacol.*, 74: 637–646.
Yoshioka, A., K. Fukutake, J. Takamatsu, and A. Shirahata. (2006). Clinical evaluation of recombinant factor VIII preparation (Kogenate) in previously treated patients with hemophilia A: Descriptive meta-analysis of post-marketing study data. *Int. J. Hematol.*, 84: 158–165.
Yuasa, M., K. Aiba, Y. Ogata, H. Nishide, and E. Tsuchida. (1986). Structure of the liposome composed of lipid-heme and phospholipids. *Biochim. Biophys. Acta*, 860: 558–565.
Zamboni, W. C. (2005). Liposomal, nanoparticle, and conjugated formulations of anticancer agents. *Clin. Cancer Res.*, 11: 8230–8234.
Zhao, Y., J. Liu, X. Sun, Z. R. Zhang, and T. Gong. (2010). Sustained release of hydroxycamptothecin after subcutaneous administration using a novel phospholipid complex-DepoFoam technology. *Drug Dev. Ind. Pharm.*, 36: 823–831.

# 第 15 章 成盐药物

Steven H. Neau，Nikhil C. Loka

## 15.1 引言

在制剂开发或其体内动态研究过程中，药物在水中固有溶解度较低，达不到所需的溶液浓度，尤其是溶解度小于 10 mg/mL，则可能存在生物利用度或吸收问题（Greene，1979）。若配制成液体制剂的药物带有可电离基团，则调节药物溶解的 pH 可提高溶解度。因为溶质离子与水的离子和偶极子之间存在强烈的相互作用，可改善药物分子的大疏水基团带来的不良影响。然而，要形成可电离的酸性或碱性药物，可能需要极端的 pH 条件，而这种极端条件有可能是超出可接受的生理极限，或容易出现稳定性问题（Anderson，1985；Ansel 等，1995）。一般而言，药物的水溶性受极化率、亲脂性和电子排列的限制（Bergström 等，2007），通过提高极化率从而达到在水中所需的溶解度，盐是这类药物的典型代表（Motola 和 Agharkar，1984）。成盐药物为一种可电离的药物，存在于带反离子的中性复合物中（Patel 等，2009）。药物通过成盐，其化学稳定性、生产、加工和应用等方面可以得到改善，然而其药动学特征会发生改变（Patel 等，2009）。此外，由于药物的固态特性对溶解度和稳定性有一定的影响，某些特定盐的形成也将受限（Ando 和 Radebaugh，2000；Huang 和 Tong，2004）。

批准在美国使用的药物中，盐类约占一半（Patel 等，2009；Thackaberry，2012）。药物分子上的可电离官能团与电性相反的离子、盐中的反离子或者水的偶极子存在着静电作用或者库仑引力作用。通过结晶成盐可以保留该吸引作用（Bhattachar 等，2006）。药物的盐形式通常在水性介质中比非离子化形式更可溶，但是并非所有不带电荷的药物经成盐后均改善其在水中的溶解度。其中普鲁卡因青霉素为难溶性盐的一个经典的例子（Amidon，1981）。虽然如此，药物成盐依然是一种简单且有成本效益的方法，提高溶解度从而提高可电离药物的口服生物利用度（Berge 等，1977；Gould，1986；Serajuddin，2007；Elder 等，2013）。盐的晶体性质还可以使其加工性能得到改善，并有助于剂型开发，但在筛选过程中必须考虑其固态性质如结晶度、结晶习性、粒度、流动性、熔点、熔化焓、吸湿性，以及溶剂化物形成或多晶型变化的可能性等（Berge 等，1977；Gould，1986；Huang 和 Tong，2004；Serajuddin，2007；Guerrieri 等，2010；Elder 等，2013）。

关于盐的物理形态，必须考虑以下问题（Serajuddin 和 Pudipeddi，2002）。盐可能为无定型，即使是晶体形式，也可能属于多晶型。David 等（2012）报道苄胺盐可能是多晶型的，而环己胺盐和叔丁胺盐具有良好的物理化学性质，不太可能经历多晶型转变，可能是由于缺乏 π-π 堆积体系。Aakeröy 等（2007）报道，约 45%的 *N*-杂环羧酸盐具有一定的形成溶剂化物的倾向。结晶或重结晶时可能形成水合物或溶剂化物，需要研究温度和湿度对其的影响。一般而言，无水物和非溶剂化物可溶性较好，但水合物和溶剂化物更稳定，只是在各溶剂中溶解度更小（Davies，2001）。药物盐的特定反离子会影响熔点、溶解度、溶出速率和吸湿性（Huang 和 Tong，

2004）。不同候选的固体形态盐的物理和化学稳定性最终将决定药物的最佳形式。

Miller 和 Heller（1975）指出，同一药物的不同盐的药理作用一般都相似，差异一般在于不同的盐表现出不同的理化性质，并最终影响吸收和生物利用度。通常低于 20%的低生物利用度引起剂量-剂量差异，导致不同的药物水平、药理作用和副作用（Schoenwald，2002）。Wagner（1961）指出，尽管由相同药物的盐引起的生物反应可能没有定性差异，但反应强度可能与给药后的时间有显著差异。Nelson（1957）指出，药物从特定剂型的溶出速率很大程度上决定了其在血液中的出现率，以及达到最大浓度的时间和幅度。由于盐的形成可以将溶解度提高几个数量级，这种提高药物溶解度的方法对溶出速率的提高起到重要的影响作用（Serajuddin，2007），如能斯特方程（Nernst 1904；Elder 等，2013）所描述的：

$$\frac{dC}{dt}=\frac{DA(C_s-C_b)}{h} \tag{15.1}$$

式中，$dC/dt$ 是溶出速率；$D$ 是药物在溶剂体系中的扩散系数；$A$ 是固体药物与溶剂体系的接触面积；$h$ 是固液界面处的滞留溶剂的厚度；$C_s$ 是药物在溶剂体系中的溶解度；$C_b$ 是在 $t$ 时刻溶液主体中药物的浓度，如果与溶解度相比溶液主体中药物的浓度非常低，该参数可忽略不计，以简化等式。

被动扩散是最常见的药物吸收机制，溶出速率取决于药物溶解的浓度，而药物溶解的浓度则受其理化性质的影响（Amidon 等，1995）。尽管同样的药物的不同形式的盐的生物利用度相似，但药动学曲线可能反映不同的盐理化性质的差异（Patel 等，2009）。Bighley 等（1995）总结了不同的成盐药物对生物利用度和药动学的影响。理化性质包括但不限于吸湿性（尤其是在潮湿条件下晶体的物理稳定性）、化学稳定性、溶解度等（Morris 等，1994），其影响不仅在药动学行为和毒性特征方面（Thackaberry，2012），而且在工艺生产中具有重要的意义。Li 等（2005）认为在盐的筛选中，生物药剂学性质，即溶解度和溶出速率，与物理化学性质如结晶度、吸湿性和化学稳定性同样重要。盐的形成被认为是提高难溶性药物生物利用度最实用的方法（Huang 和 Tong，2004）。

琥珀酸美托洛尔和富马酸美托洛尔，血浆中的最大药物浓度（$C_{max}$）和血浆药物浓度-时间曲线下的面积在统计学上是等效的（置信区间：90%），表明体内动态相似（Sandberg 等，1993）。非诺洛芬钙盐给药后的血药浓度达到峰值需要的时间比非诺洛芬钠盐的要长（Rubin 等，1971），归因于钙盐的溶出速率较慢，然而，两者生物利用度和测定的分布和消除参数相似。当两种或多种盐形式表现出相似的固态特征时，建议进行药动学研究以选择合适的盐（Saxena 等，2009）。

## 15.2 无机盐

盐的溶解度很大程度上取决于成盐的反离子。反离子的疏水性和盐的熔点都在盐的溶解度中起重要作用（Anderson 和 Conradi，1985）。反离子的疏水性更多反映在熔点和熔化焓中，因为疏水性反离子更可能存在于范德华力这种较弱的分子间键。晶格能、溶剂化能、同离子效应、水合状态等因素同样影响成盐药物的溶解度（Serajuddin 和 Pudipeddi，2002）。晶格和水化能随着阳离子或阴离子电荷的增加而增加，且应随着电荷密度的增加而增加。

制备带无机反离子的盐的最常用方法是将弱碱药物置于无机酸的环境，或将弱酸药物置于所需反离子的氢氧化物环境。无机酸包括磷酸、硫酸、硝酸或盐酸（Dittert 等，1964）。Anderson 和 Flora（1996）指出，该酸的 p$K_a$ 应低于药物通过质子化形成的共轭酸的 p$K_a$。Wells（1988）、Tong 和 Whitesell（1998）建议 p$K_a$ 之间的差异至少为两个单位。

钠是酸性药物盐最常见的反离子。目前该成盐模式成功地用于制备无定型的呋塞米以达到药用目的（Nielsen 等，2013）。目前上市的双氯芬酸有三种不同的盐形式，即其钠、钾和二乙胺盐。母体药物溶解度很低（约 0.02 mg/mL），需要成盐。经形成三种盐，溶解度均得到有效提高，其中钠盐和钾盐的溶解度分别为 9.7 mg/mL 和 4.6 mg/mL（Kumar 等，2007）。

弱酸性药物对氨基水杨酸（PAS）可以钠、钙或钾盐形式获得。其中，非离子化形式的水溶解度为 1g/600mL，钾盐的为 1g/10mL，钙盐的为 1g/7mL，钠盐的为 1g/2mL。由于难溶性非离子形式的 PAS 难以通过胃肠道吸收，因此通过成盐能够提高母体药物的口服生物利用度（Wan 等，1974）。然而，若将三种盐分别制备成片剂，而每种片剂的药物生物利用度是可比的。以往采用钠盐研究非诺洛芬的抗炎特性，后来换成钙盐是因为钙盐比钠盐更稳定（Rubin 等，1971）。在某些处方中钠盐变成无定型并颜色变深。因此，反离子影响溶解度，但同时也可能影响该盐的化学稳定性。在处方前研究中，必须在筛选出最终需要的盐之前考虑其稳定性和潜在的处方问题。

磷酸盐和磺酸盐型在形成碱性药物中较为有效。然而，盐酸盐是目前碱性药物最常见的选择，远远超过硫酸盐（Berge 等，1977）。药物的溴化物盐和碘化物盐并不常见，因为它们的卤化物反离子不具有药理学上的惰性，并且成本昂贵。氟离子一般仅以其无机形式出现，应用于龋齿的预防（Miller 和 Heller，1975）。

由于应用疏水性有机反离子削弱了晶格强度，因此形成无定型的可能性增加。Black 等（2007）报道了采用有机酸和无机酸制备的 25 种不同的麻黄碱盐。采用有机酸制备的大多数盐在性质上是暂时或永久的无定型的。某些有机盐的重结晶现象一般为物理稳定性的问题，不适合作为药物应用（Black 等，2007）。因此，形成聚合物来使得这种无定型处于稳定状态以克服重结晶的问题（Kesisoglou 和 Wu，2008）。

## 15.3 有机盐

曾经一度认为通过选择本身更亲水的反离子可以提高盐的溶解度。但对于双氯芬酸，反离子中羟基数量的增加并不能说明溶解度与反离子亲水性之间的这种关系（Fini 等，1996；Parshad 等，2004）。实际上，反离子极性的降低能够通过降低晶格能的强度来提高苄胺衍生物的溶解度，熔点的降低正反映了这一点（Parshad 等，2004）。选择有机物质与药物反应以产生有机盐有可能更具优势，如降低毒性，且比无机反离子更有效提高水溶性。氨苯蝶啶（2,4,7-三氨基-6-苯基哌啶）是一种利尿剂，尽管有三个氨基（图 15.1），但均是一价键。大多数制备经典盐的试验均失败。然而，乙酸与三酰胺形成盐，具有比磷酸盐、硫酸盐、硝酸盐或盐酸盐更高的溶解度（Dittert 等，1964）。对氨基水杨酸的铵盐和乙醇胺盐比其钾盐、钠盐、钙盐或镁盐也显示出更好的水溶性（Forbes 等，1995）。

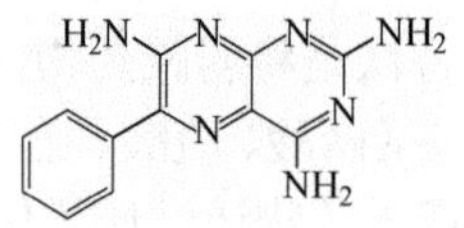

图 15.1　氨苯蝶啶的化学结构式

如表 15.1 所示，制备抗疟药 α-（2-哌啶基）-β-3,6-双（三氟甲基）-9-菲三甲醇的盐酸盐使其在水中的溶解度增加一倍。为了研究有机反离子改善水溶性的能力，研究者制备了抗疟剂的多种有机酸盐。结果表明，选择合适的盐有助于提高药物溶解度。例如，乳酸盐的溶解度约为盐酸盐的 200 倍（Agharkar 等，1976），原因在于晶格能的降低，且乳酸盐的熔点相对于盐酸盐要低（Motola 和 Agharkar，1984）。将用无机反离子形成的盐的理化性质与用有机反离子形成的盐的理化性质进行比较的其他研究也证明了这一点（Creasey 和 Green，1959）。但尚未对熔化焓进行研究以支持这一假设。

**表15.1　抗疟药 α-（2-哌啶基）-β-3,6-双（三氟甲基）-9-菲三甲醇不同盐的熔点和溶解度**

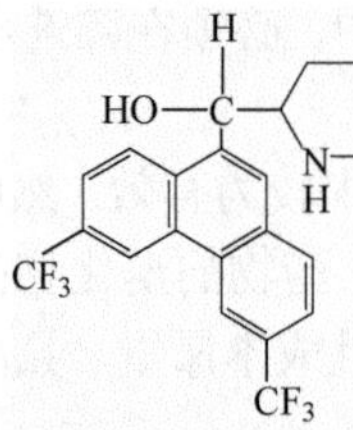

| 化合物及其盐 | 熔点/℃ | 溶解度/（mg/L①） |
|---|---|---|
| 游离碱 | 215 | 7 |
| 盐酸盐 | 331 | 12 |
| *dl*-乳酸盐 | 172（熔化时分解） | 1800 |
| *l*-乳酸盐 | 192（熔化时分解） | 900 |
| 2-羟基-1-磺酸盐 | 250（熔化时分解） | 620 |
| 甲磺酸盐 | 290（熔化时分解） | 300 |
| 硫酸盐 | 270（熔化时分解） | 20 |

① 在 25℃水中的表观溶解度。

来源：Agharkar S，Lindenbaum S，Higuchi T.Enhancement of solubility of drug salts by hydrophilic counterions：Properties of organic salts of an antimalarial drug. J. Pharm. Sci.，1976，65：747-749.已经授权。

另外，Surov 等（2015）报道，与抗生素的盐酸盐相比，环丙沙星的己二酸盐、马来酸盐和富马酸盐在酸性 pH 下的溶解度较低。原因在于水合物的形成以及水合物的类型导致的晶格能的差异。当使用甲烷二磺酸盐、乙二磺酸盐或樟脑磺酸盐作为反离子时，形成产物分别为甲磺酸盐、乙二磺酸盐或樟脑酸盐（Miller 和 Heller，1975）。Miller 和 Heller（1975）总结得出，与单羧酸反应生成的产物通常难溶于水，而草酸上的二羧酸本身具有毒性，若某个羧酸基团仍可自由解离，则形成的产物是水溶性的（Miller 和 Heller，1975）。上市产品中含二羧酸和三羧酸主要包括有柠檬酸、酒石酸、琥珀酸和谷氨酸（Berge 等，1977；Fiese 和 Hagen，1986）。

成盐药物的水溶性为盐形成中的反离子的酸碱强度和水溶性的函数（Nelson，1957）。例如，由于含氢氧根反离子，胆碱本身具有强碱性，并且可以容易地制备酸性药物的胆碱盐。作为季铵的胆碱阳离子对 pH 对溶解度的影响不敏感，并具有很好的水溶性。短链（直至 $C_{16}$）单烷基季铵（带有一个烷基链和三个甲基的氮）和具有更长链的乙氧基化季铵化合物一般都可溶于水，而大多数二烷基和三烷基季铵化合物最多是能在水中分散（Juczyk 等，1991）。当氮原子带有四个脂族基团时，阳离子可溶于水，除非两个或多个基团含有不少于 8 个碳原子（Shibe 和 Hanson，1964）。

萘普生和托美汀各自形成胆碱盐后溶解度显著提高，甚至比钠盐的溶解度更高。萘普生胆碱盐的水溶解度是萘普生的 6700 倍，几乎是萘普生钠的两倍。托美汀的胆碱盐几乎是母体药物溶解度的 8000 倍，几乎是其钠盐的 5 倍（Murti，1993）。表 15.2 解释了熔点和熔化焓均受到胆碱盐形成的影响，事实上，胆碱盐的热稳定性更好。

**表15.2　萘普生及其盐与托美汀及其盐的热力学性能和溶解性**

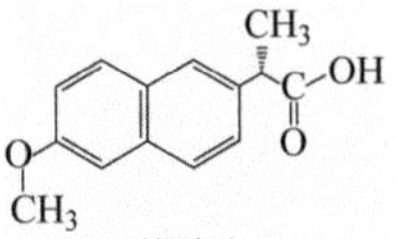

萘普生

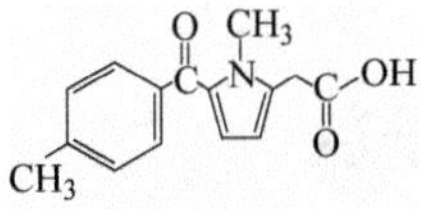

托美汀

| 化合物及其盐 | 熔点/℃ | 熔融焓/(kJ/mol) | 溶解度/(mg/mL)① |
|---|---|---|---|
| 萘普生 | 157 | 24.8 | 0.07 |
| 萘普生钠 | 261（熔化时分解） | 35.8（熔化时分解） | 266 |
| 萘普生胆碱盐 | 146 | 30.2 | 472 |
| 托美汀 | 162（熔化时分解） | 47.2（熔化时分解） | 0.10 |
| 托美汀钠 | 314（熔化时分解） | 54.7（熔化时分解） | 163 |
| 托美汀胆碱盐 | 143 | 19.7 | 795 |

① 在 25℃水中的表观溶解度。

来源：Murti S K. On the preparation and characterization of water-soluble choline salts of carboxylic acid drugs，Ph.D. Dissertation，University of Missouri-Kansas City，Kansas City，1993. 经作者许可转载。

有报道介绍丹曲林和氯代苯乙烯的季铵盐的制备方法，并介绍了有机阳离子对水溶性的影响（Ellis 等，1980）。据推断，由于每种药物中的乙内酰脲部分具有弱酸性的，因此需要引入强碱生成盐。因此，13 种不同的季铵化合物作为碱参与反应。酸碱反应迅速进行，盐产物经重结晶稳定析出。氯达洛能的四种盐的水中溶解度为氯达洛能钠的 2～100 倍。在丹曲林的 11 种盐中，苄基三甲基铵盐的溶解度与丹曲林钠相当。其余 10 种盐中，其中某几种的溶解度可达到钠盐的 1000 倍。经口服给药，15 种盐中的 12 种证实具有肌肉松弛活性。

三羟甲基氨基甲烷（THAM）用于与含羧基的药物形成盐。Gu 和 Strickley（1987）报道，对于酮咯酸以及两种在研中的非甾体抗炎药，THAM 盐的溶解度高于母体酸的溶解度约四个数量级。然而，萘普生的 THAM 盐的溶解度高于母体酸三个数量级，且比其钠盐的溶解度低一个数量级。

选择适当有机反离子可降低成盐药物的毒性。有证据表明水杨酸盐可能经慢性给药过程在体内累积，如果肾功能指标低于正常值，则累积的量会更高（Lasslo 等，1959）。人体肠道中吸收酒石酸盐的特性和程度存有疑点（Underhill 等，1931；Pratt 和 Swartout，1933），但据报道，几种酒石酸盐具有导泻的活性，这与肠道大量吸收药物相悖（Lasslo 等，1959）。

由于食品和饮料中常见的化学成分普遍认为无毒，因此药物引入天然产物如胆碱（Duesel 等，1954）、抗坏血酸（Alves 等，1958）和泛酸（Keller 等，1956a，1956b；Osterberg 等，1957）的盐也在情理之中，这些无机盐制备的药物也证实了成盐后的毒性低于母体药物或同种药物的其他无机盐。用二氢链霉素与可溶性氨基酸盐制备的一系列氨基盐产物显示，每种盐的急性毒性均低于硫酸盐或葡糖醛酸盐（Alves 等，1958）。天冬氨酸是人体的必需氨基酸之一，其电离形式属于典型的二羧酸根离子，天冬氨酸用作红霉素盐中的反离子，成盐后药物的水溶性为母体药物的五倍（Fabrizio，1973；Merck Index，1983）。且实验证明其具有低毒性、良好的相溶性和持久的活性（Fabrizio，1973）。喹啉和吖啶类抗疟药可形成磷酸盐，可获得比母体药物更好的耐受性和治疗效果（Miller 和 Heller，1975）。如果某种盐型因其溶解度很高而无法分离，则可以通过原位成盐来获得所需的水溶性。这可通过使用适当的酸或碱来调节 pH 同时配制药物溶液来实现（Motola 和 Agharkar，1984；Tong 和 Whitesell，1998）。即使在无法分离所期望的盐的条件下，原位成盐法也是有效的制备方法。该法对于注射剂的研究可能较具吸引力，但制剂研究者必须意识到，该方法下成盐的产品未有被分离，其溶解度尚未确定。

## 15.4 聚合物和高分子盐

早期研究表明，阳离子药物与溶液中水溶性聚电解质之间的相互作用被表征为不仅来自 Donnan 平衡，而且存在着其他相互作用，并且难以严格定义（Kennon 和 Higuchi，1956）。尽管这种相互作用并不强烈，但这种结合方式比较广泛。结果表明，聚丙烯酸酯中存在的一半羧酸盐基团可以结合阳离子药物（Kennon 和 Higuchi，1957）。但是，有两个明显的缺点：①来自溶解盐的离子可以与药物有效竞争结合位点；②某些阴离子聚电解质-阳离子药物复合物是完全不溶的，会形成可见沉淀或聚集物（Kennon 和 Higuchi，1957）。难溶性聚合物盐通常用于持续释放制剂，包括毛果芸香碱的藻酸盐（Loucas 和 Haddad，1972）。具有酸性酚基团的单宁酸和具有羧酸基团的果胶酸已用于制备地尔硫䓬的微溶盐（Shah，1992）。虽然可以合理地假设形成的一些配合物在溶液中以离子状态存在，但由于形成沉淀，因此无法用聚电解质改善难溶性药物的溶解度。

大分子和胶体颗粒对淋巴系统具有特殊的亲和力，并通过胸导管返回血管隔室（Málek 等，1958）。亲水性大分子及胶体颗粒的应用已被研究，发现其可用于抗生素的缓慢传递。这类体系中淋巴系统中含高浓度的盐，毕竟淋巴通道是进入血管隔室的唯一途径。在这种情况下，形成缓释效应的原因不是盐的低溶解度，而是缓慢吸收。Málek 等（1958）也报道了大分子盐的形成显著降低了抗生素的急性毒性。例如，大鼠和小鼠的急性毒性试验中，Streptolymphin（链霉素的大分子盐）的 $LD_{50}$ 增加 5 倍，而 Neolymphin（新霉素的大分子盐）的 $LD_{50}$ 增加 10 倍（Málek 等，1958）。

## 15.5 盐的筛选过程

盐的筛选方法应使用最少量的药物材料获得最多的信息。选择最佳的成盐药物不仅只是简单地选择具有最高溶解度的盐，而是需要考虑到盐候选物的物理化学性质（Elder 等，2013）。该方法在测试中通过分析淘汰不适合的候选物（Ware 和 Lu，2004）。试验包括 X 射线粉末衍射和差示扫描量热法，以评估结晶度、熔点、熔化焓和多晶型。粒度测定、表面积估算、吸湿性分析以及可能考察的蒸汽吸附分析可以预测候选物的水分吸附的敏感性和水合物形成的可能性。最终，盐在水性介质中（包括水和在各种 pH 下缓冲水性介质）的溶解度是至关重要的。此外也有考察粉末盐的体积和振实密度来预测压缩性（Ware 和 Lu，2004）。

几篇关于在药物开发初期选择药物最佳成盐形式的重要文献表明（Berge 等，1977；Gould，1986；Morris 等，1994；Bighley 等，1995），针对新候选药物，成盐的变化可能需要重复进行多项研究，其中一些试验花费时间多，资源方面成本高昂，包括毒理学、制剂和稳定性研究。能够以最少的工作量提供更多盐溶解度信息的方法将会大大受益。

Gould（1986）描述的药物盐的筛选方法均基于各个成盐药物的熔点、溶解度、稳定性和润湿性等。是否属于优良特性仅为其次，且这通常取决于工艺条件，以及所需的生物学性能和剂型。理想状态下，盐应该是化学稳定的、吸湿不明显、不影响工艺操作且容易溶解（Gould，1986）。

Morris 等（1994）指出，如果盐的筛选过程是每个候选物均经获得各种类型的参数结果后再决定是否进行下一步研究，则该筛选方法有待改进。通过只需较少的时间或试验淘汰得到不适合的候选物，不需进行深一步的研究，以节省研发时间及精力。

Morris 等（1994）基于盐的筛选过程中的试验提出了分段试验方案，在每组后续试验中逐渐进行更耗时耗力的试验。试验设定了需要研究的参数和每个标准的可接受性限度。第一步试验，测试每种结晶盐形式的吸湿性。高水分吸附可能给工艺生产带来困难，如真密度或流动性性质的变化。因此，已经确定具有吸湿性的成盐候选物不需进行下一步研究。第二步试验，采用 X 射线粉末衍射和热分析研究了极端湿度环境下晶体结构的变化。该试验证实任何多态或伪多态变化的倾向。此外，还包括研究盐的水溶性，评估溶出行为或生物利用度问题，以及评估制备成液体制剂的可行性。通过第二步的成盐候选物则进行第三步试验，即加速的热稳定性和光稳定性试验。与辅料相容性试验也可以在该步进行。经逐步筛选的试验可以减少更多的候选物均进行耗时耗力的试验。据报道，这种盐的筛选过程试验需要 4～6 周才可完成。

有报道提出仅需较少药物的量，即可使用 96 孔板作为制备曲唑酮的盐的方法。曲唑酮是一种弱碱性药物，含有 13 种不同的酸（Ware 和 Lu，2004）。曲唑酮以碱形式溶解在丙酮中，然后加入酸性丙酮溶液中，除了水中的柠檬酸以及酒石酸以及二甲基亚砜中的双羟萘酸。最终，每孔仅加入 5mg 曲唑酮碱。蒸发溶剂促进盐的沉淀。加入石油醚以洗去过量的酸，并在必要时用作非溶剂以促使形成盐沉淀。如今自动化系统成为盐的高通量筛选实验的手段（Ware 和 Lu，2004；Kumar 等，2007）。

此外，微流控平台成为进一步减少样品用量从而完成盐的形成和筛选研究的手段（Thorson 等，2011）。通过将活性物质与潜在的反离子的物质混合，在各种溶剂中诱导和促进成核和颗粒生长。经明场和偏振光显微镜观察经该过程形成的晶体，并通过拉曼光谱进一步表征筛选出五种麻黄碱盐和四种萘普生盐。

Shanker 等（1994）首次报道了原位药物盐选择过程。原位盐的溶解度与合成盐的溶解度之间呈良好相关性，但该技术的细节尚未公布。Tong 和 Whitesell（1998）提出了一种无需制备盐则可进行药物原位盐筛选的技术。该技术可直接证明盐的难溶性，可以节省时间和资源。此外，制剂科学家从最小量的化合物中获得最大量的信息。该筛选技术步骤为：①选择要研究的酸；②使用对应的酸的 0.1mol/L 溶液进行溶解度研究；③对溶解度研究中获得的固体残余物进行表征；④计算盐的溶度积和溶解度。选择的酸的 p$K_a$ 应比碱性药物的共轭酸的 p$K_a$ 低至少 2 个 pH 单位。然后在恒温振荡水浴中将碱溶于 500μL 或 1mL 各个酸的 0.1mol/L 溶液中。因此，药物与含有过量的反离子的溶液处于平衡状态。由于同离子效应对该盐的溶解度的影响，不可能直接得到准确溶解度。通过溶度积可估算盐的水溶解度，该盐为药物与各酸反应生成的产物。以下对溶液是否达到饱和的方法进行描述。在 1 周后和 2 周后抽取溶液，过滤，并测定药物含量。溶解度信息对注射制剂的缓冲液的选择具有参考意义。例如，如果磷酸盐或柠檬酸盐的溶解度均较低，则盐酸盐可能与磷酸盐或柠檬酸盐缓冲液不相溶。溶解度研究中的残留固体通过高温显微镜、X 射线粉末衍射和差示扫描量热法或热重分析来表征，以确保存在于溶液的固体已经从药物的碱形式变为其盐形式。

Bowker（2002）就盐的筛选和优化方法进行多方面讨论。讨论中提出的问题包括反离子的选择、制备方法的放大、选择何种盐型继续开发，以及成盐的局限性。Stahl（2003）讨论了制备盐实际需要考虑的因素。成盐药物不能在完全电离的条件下分离出来。因此，使用抑制解离的有机溶剂分别溶解形成盐的碱和酸。两种溶液混合，如果药物盐不能沉淀，则使用过饱和法获得。诸如冷却混合物、溶剂蒸发法或缓慢添加可混溶的反溶剂等技术可促进过饱和并促使形成盐的沉淀物。

原位盐的溶解产物和溶解度计算如下。溶解度研究中沉淀的药物的量 B，单位为 g，通过引入 MW，即药物碱形式的摩尔质量，可得 $B_p$，即沉淀药物的碱形式的物质的量：

$$B_p = \frac{B}{MW} \tag{15.2}$$

沉淀药物的物质的量的计算如下：

$$B_p = B_i - (B_s V) \tag{15.3}$$

$B_i$（单位：mol）为加入的固体碱的量；假设药物为碱形式，因为酸形式的摩尔质量与碱形式相差 1 g/mol；$B_s$（单位：mol/L）为酸溶液中药物的浓度；$V$（单位：L）为溶液的体积。假设饱和溶液中的沉淀物仅由酸碱相互作用（即 $A^-BH^+$）形成的 1∶1 盐组成，剩余的溶液中残留的酸的物质的量浓度以$[A_s]$表示，计算如下：

$$[A_s]=[A]-\frac{B_p}{V} \tag{15.4}$$

[A]为酸的原始浓度（单位：mol/L）。已知酸的酸解离常数和饱和溶液的 pH，可以计算残留在溶液中的离子化形式的酸浓度：

$$[A_s]=[A_{离子化}]+[AH_s] \tag{15.5}$$

$[AH_s]$为溶液中酸的不带电的酸形式。酸解离常数计算如下：

$$K_a = \frac{[H^+][A_{离子化}]}{[AH_s]} \tag{15.6}$$

由式（15.6）可得：

$$\frac{[AH_s]K_a}{[H^+]} = [A_{离子化}] \tag{15.7}$$

代入式（15.5）：

$$\frac{([A_s][A_{离子化}])K_a}{[H^+]} = [A_{离子化}] \tag{15.8}$$

以$[A_{离子化}]$作为通项：

$$\frac{[A_s]K_a}{[H^+]}=[A_{离子化}]+\frac{[A_{离子化}]K_a}{[H^+]} \tag{15.9}$$

分离溶液中电离形式的酸的物质的量浓度：

$$\frac{[A_s]K_a}{[H^+]}=[A_{离子化}]\left(1+\frac{K_a}{[H^+]}\right) \tag{15.10}$$

$$[A_s]K_a=[A_{离子化}]\left([H^+]+\frac{[H^+]K_a}{[H^+]}\right) \tag{15.11}$$

$$[A_s]K_a=[A_{离子化}]\left([H^+]+K_a\right) \tag{15.12}$$

$$\frac{[A_s]K_a}{([H^+]+K_a)}=[A_{离子化}] \tag{15.13}$$

以 1∶1 盐形成的一元酸，HA 和质子化形式的碱，带电形式的有机化合物的固有溶解度取决于其溶度积 $K_{sp}$：

$$K_{sp}=[BH^+][A^-]\gamma_+\gamma_- \tag{15.14}$$

其中活度系数$\gamma_i$，表示溶液中离子含量对每种离子活性的影响，进而影响实际溶液中的物质的量浓度。对于 AaBb 类型的盐，读者可以直接对该参数进行深入讨论。

确认酸溶液中碱性药物的物质的量浓度，可以计算盐形式的溶度积：

$$K_{sp}=[A_{离子化}][BH_s^+] \tag{15.15}$$

溶度积限制了饱和溶液中离子所达到的浓度。1∶1 形成的盐，其摩尔溶解度$S_{盐}$为：

$$S_{盐}=[A^-BH^+]=[A_{离子化}]=[BH_s^+]=\sqrt{K_{sp}} \tag{15.16}$$

盐的摩尔溶解度是溶度积的平方。盐的溶解度（mg/mL）通过下式计算可得：

$$MW_{盐}S_{盐}=MW_{盐}\sqrt{K_{sp}} \tag{15.17}$$

其中$MW_{盐}$为药物的特定盐的摩尔质量。

然而，溶度积之间的关系取决于盐中阳离子和阴离子的化学计量。对于 $a$∶$b$ 盐，例如 $A_aB_b$，离子 A 上的电荷应为$+b$，离子 B 上的电荷应为$-a$。每种 $A_aB_b$ 盐溶解时电离出 $a$ 分子量的 A 和 $b$ 分子量的 B：

$$A_aB_b \longleftrightarrow aA^{b+}+bB^{a-} \tag{15.18}$$

对于这种 $a$∶$b$ 盐的饱和溶液，假设盐的摩尔溶解度为 $S_{盐}$，则有 $a(S_{盐})$（单位：mol/L）和 $b(S_{盐})$（单位：mol/L），且$[B]=\frac{b}{a}[A]$。溶度积也反映了式（15.17）中呈现的盐的化学计量关系，式（15.14）变为：

$$K_{sp}=[A]^a[B]^b \tag{15.19}$$

将 B 离子比 A 离子的相对物质的量浓度代入式（15.18）中可得：

$$K_{sp}=[A]^a\left(\frac{b}{a}[A]\right)^b \tag{15.20}$$

重排，得 A 的浓度：

$$[A]=\sqrt[a+b]{\frac{K_{sp}}{(b/a)^b}} \tag{15.21}$$

由于 $S_{盐}$等于(1/a)[A]或(1/$b$)[B]，由式（15.20）可得：

$$S_{盐}=(1/a)[A]=(1/a)\sqrt[a+b]{\frac{K_{sp}}{(b/a)^b}} \tag{15.22}$$

将（1/$a$）置于平方根号内计算，得：

$$S_{盐}=\sqrt[a+b]{\frac{K_{sp}}{(a)^{a+b}(b/a)^b}}=\sqrt[a+b]{\frac{K_{sp}}{(a)^a(b)^b}} \tag{15.23}$$

$$K_{sp}=a^a b^b (S_{盐})^{a+b} \tag{15.24}$$

## 15.6 溶解度的预测

大量的报道证明预测反离子变化而导致的溶解度变化并不容易。甚至是相同药物的无机盐的溶解度的大小顺序也是不易预测。对氨基水杨酸盐的摩尔溶解度由大到小的顺序为 $Na^+$>$Ca^{2+}$>$K^+$，而萘普生的摩尔溶解度由大到小的顺序为 $K^+$>$Na^+$>$Mg^{2+}$>$Ca^{2+}$（Chowhan，1978）。而值得注意的是，对氨基水杨酸盐的溶解度的顺序为 $K^+$>$Na^+$>$Ca^{2+}$（低水合物）>$Ca^{2+}$（三水合物）= $Mg^{2+}$（Forbes 等，1995）。Chowhan（1978）也研究了 7-甲基亚磺酰基盐和 7-甲硫基-2-黄蒽酮羧酸盐的溶解度，发现溶解度降低的顺序分别为 $K^+$>$Na^+$>$Ca^{2+}$>$Mg^{2+}$，$Na^+$>$K^+$>$Ca^{2+}$ = $Mg^{2+}$。然而，通常来说，一价阳离子盐比二价阳离子盐更易溶于水。

固态结构可以极大地影响氯氮䓬盐的理化性质（Singh 等，1992）。单晶结构显示，甲磺酸盐（Singh 等，1992）、甲苯磺酸盐（Singh 等，1992）和盐酸盐（Hernstadt 等，1979）的碱基能够通过氢键形成二聚物结晶，即氮氧键上的氧与仲胺上的氢的键合。而硫酸盐不遵循这种模式，因为反离子本身能够在二聚化位点与碱键形成氢键（Singh 等，1992）。氯氮䓬盐药物的固态结构差异如何导致不同的物理化学行为，尚未完全确定。

Dittert（1964）等运用相溶解度方法计算，证明弱酸和弱碱药物的溶解度对 pH 的敏感性。Kramer 和 Flynn（1972）提出了计算有机盐酸盐水溶解度的方程式。在低 pH 条件下，溶解度 $S$ 是有机碱的浓度[B]和质子化形式的固有溶解度$[BH^+]_0$之和，如下式所示：

$$S_{pH<pH_{max}} = [B] + [BH^+]_o = [BH^+]_o \left( \frac{K_{a,BH^+}}{[H^+]} + 1 \right) \qquad (15.25)$$

其中质子化形式具有酸解离常数 $K_{a,BH^+}$。质子的活性根据溶解介质的 pH 和离子强度改变，并且呈相关性，因为质子的物质的量浓度可预估水性介质中质子的活性。形成合适的盐可以增加电离态的固有溶解度。pH＜$pH_{max}$，强调了 pH 存在最大值，低于该最大 pH 时，溶解度以质子化形式的固有溶解度保持基本恒定，并受 $K_{sp}$ 的限制。

在讨论二元药物时，Lakkaraju 等（1997）提出了单价盐形式的溶解度计算。随着 pH 进一步降至远低于 $pH_{max}$ 的值，通过在溶液中形成二价盐可以进一步提高溶解度。$S$ 计算如下：

$$S_{pH<pH_{max}} = [B] + [BH^+]_o + [BH^{++}] \quad \text{（二元药物）} \qquad (15.26)$$

由于该 pH 范围内[B]相对于 $[BH^+]_o$ 可忽略不计，因此该方程为：

$$S_{pH<pH_{max}} = [BH^+]_o + [BH^{++}] \quad \text{（二元药物）} \qquad (15.27)$$

代入 $K_{a_2}$ 到 $[BH^{++}]$ 计算可得：

$$S_{pH<pH_{max}} = [BH^+]_o + \frac{[H^+][BH^+]}{K_{a_2}} = [BH^+]_o \left( 1 + \frac{[H^+]}{K_{a_2}} \right) \qquad (15.28)$$

单个 $pH_{max}$ 由式（15.25）得出，而第二个 $pH_{max}$ 低于第一个的 $pH_{max}$ 时适合由式（15.26）得出。二价盐形成对溶解度的影响以抗肿瘤剂 2-（4-氨基苯基）苯并噻唑的赖氨酸衍生物为例，其 $pK_{a_1}$ 约为 7.5，$pK_{a_2}$ 约为 10.2。赖氨酸的反离子的去质子化性质在 pH 5.0 下溶解度高于 53mg/mL，而在 pH 6.3 溶解度下降至 7.0 mg/mL，并且在 pH 7.4 下降至 0.39 mg/mL。当 pH 将衍生物限制在单个质子化位点时，溶解度则小于 0.075 mg/mL（Hutchinson 等，2002）。

由 Chowhan（1978）实验所得的萘普生及其钠、钾、钙和镁盐的 pH 溶解度曲线发现，在低于 $pK_a$ 的 pH 下，溶解度主要受限于非离子态的溶解度，随着 pH 的降低，电离态的影响逐渐减少。实际上，成盐药物可以仅通过以电离态构成溶液中药物的主要部分来改善水溶性。该羧酸的每种盐具有特征性 pH 最大值（即 $pH_{max}$），高于该 pH 最大值，盐的溶解度由离子态的溶解度决定。有人认为，这是电离和非电离物质同时达到饱和时的 pH（Ledwidge 和 Corrigan，1998）。

Chowhan（1978）提出了描述弱酸及其盐的溶解度随 pH 变化的方程式。在低 pH 条件下，非离子态限制了溶解度，其可以表示为不带电荷形式的固有溶解度 $[HA]_o$ 与盐形式的可变浓度 $[A^-]$ 之和：

$$S_{pH<pH_{max}} = [HA] + [A^-] = [HA]_o \left( 1 + \frac{K_a}{[H^+]} \right) \qquad (15.29)$$

其中 $K_a$ 为酸解离常数。这种情况下，$pH_{max}$ 指的是 pH 高于该 pH 时，溶解度基本上以酸的盐形式的固有溶解度 $[A^-]_o$ 保持恒定。在更高的 pH 下，盐形式的固有溶解度 $[A^-]_o$ 由两种形式的溶解度进行计算：

$$S_{pH<pH_{max}}=[HA]+[A^-]=[A^-]_o\left(\frac{[H^+]}{K_a}+1\right) \quad (15.30)$$

实际上，式（15.29）和式（15.30）分别作为独立的曲线，并且两条曲线的叠加形成弱酸的 pH-溶解度曲线。图 15.2 描述的是 p$K_a$ 为 7.7 的弱酸，弱酸形式时($[HA]_o$)固有溶解度为 0.064 mol/L，而成盐后($[A^-]$)的固有溶解度为 3.8 mol/L。圆圈标记的曲线由式（15.29）计算的溶解度所得，方形标记的近似水平的曲线由式（15.30）计算所得。pH-溶解度曲线用连续曲线表示，并反映了在 $pH_{max}$ 以下的有机酸的溶解度由非电离态的固有溶解度决定。尽管盐中反离子的改性对曲线的弯曲部分不会有改变，但盐溶解性经提高，盐的固有溶解度决定了在高于 $pH_{max}$ 条件下溶解度同样提高。

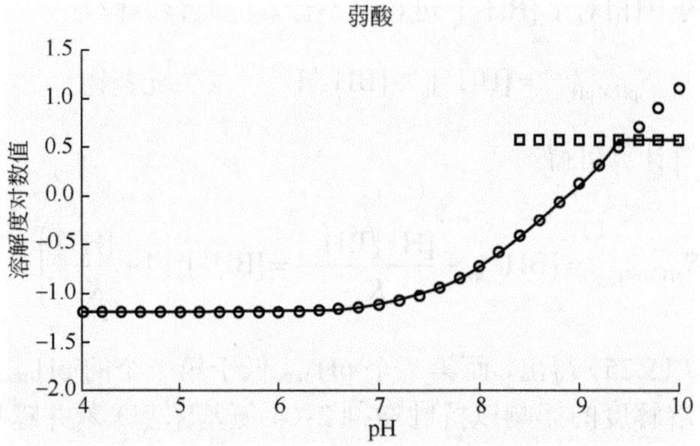


图 15.2　pH 对弱酸及其盐的溶解度的影响

有机碱及其盐的曲线的叠加形成的曲线，基本上与有机酸的互为镜像，如图 15.3 所示，$[B]_o$ 为 0.016 mol/L，$[BH^+]_o$ 为 1.6 mol/L，$BH^+$ 的 p$K_a$ 值为 6.8。圆圈标记的曲线由式（15.25）所得，方块标记的曲线表示电离碱的溶解度的对数。连续曲线为该弱碱的溶解度曲线。

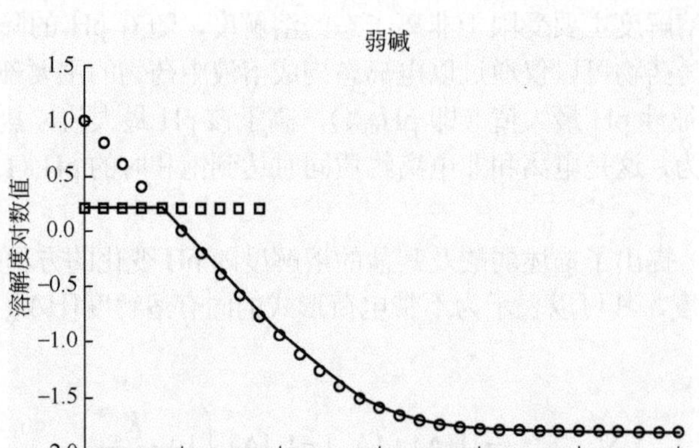


图 15.3　pH 对弱碱及其盐的溶解度的影响

弱酸盐的阴离子 $A^-$ 的固有溶解度由溶度积 $K_{sp}$ 决定：

$$K_{sp} = [M^+]\gamma_+[A^-]\gamma_- \tag{15.31}$$

其中，$\gamma$ 表示与物质的量浓度相关的活度系数，+和–分别表示阳离子和阴离子。反离子 M 和溶度积对该盐的固有溶解度的影响如下所示：

$$[A^-]_o = \frac{K_{sp}}{[M^+]\gamma_+\gamma_-} \tag{15.32}$$

活度系数可解释溶剂和溶剂系统的离子强度引起的影响。(活度系数用物质的量浓度而不是活性来描述非理想情况。然而，为了使得等式尽可能简单，则使用物质的量浓度代替带活度系数的物质的量浓度。)对于 $A_mB_n$ 盐，可以对其参数进行更详尽地讨论(Amis，1983)。式(15.32)揭示了同离子效应可以显著影响已成盐药物的溶解度。溶液中或胃环境中的氯离子限制了盐酸盐的溶解度（Lin 等，1972；Miyazaki 等，1975；Miyazaki 等，1980；Surajeddin 和 Jarowski，1985）。不使用氯化物作为反离子制备的盐不受胃液中的氯离子同离子效应的影响，除非由于氯离子的量过多而将盐形式转化为盐酸盐形式（Li 等，2005）从而从介质中析出。同理，钠离子可以通过同离子效应来限制药物钠盐的溶解度和溶出速率（Serajuddin 等，1987；Ledwidge 和 Corrigan，1998）。

在某些情况下，$pH_{max}$ 附近预测的 pH 曲线会出现正偏差或负偏差。由自缔合导致的药物过饱和会导致与预测曲线对比呈正偏差。自缔合，甚至可能是形成胶束，均可以使溶解度得到改善（Ledwidge 和 Corrigan，1998）。尽管过饱和是一种热力学不稳定的状态，但晶核的形成和随后的晶体生长属于动力学过程（Ledwidge 和 Corrigan，1998），可能不会观察到迅速析晶的现象。出现偏差的其他原因还有离子效应或溶解度较低的多晶型或溶剂化形式的沉淀，这可导致溶解度明显降低（Ledwidge 和 Corrigan，1998）。

Anderson 和 Conradi（1985）报道，由于游离酸的沉淀，以低于由溶度积得出的溶解度的浓度制备盐溶液可能不成功。这种情况更可能出现在弱酸与弱碱反应形成的盐中。为了进一步解释这种现象，提出“化学计量溶解度”，即羧酸的 1∶1 盐的最大浓度，表示可以溶解在纯水中而不沉淀游离酸的浓度。当将非常少量的弱羧酸盐和弱有机胺盐加入纯水中时，盐完全溶解且 pH 由下式计算：

$$pH = \frac{1}{2}(pK_{a_1} + pK_{a_2}) \tag{15.33}$$

其中 $K_{a_1}$ 和 $K_{a_2}$ 分别为酸和质子化碱的酸解离常数，适用于溶液中游离羧酸达到其溶解度的情况。在达到酸的溶解度时，该溶液中 1∶1 盐的浓度为化学计量溶解度，因为在游离酸沉淀不形成的情况下不能继续溶解。对于中等溶解度的盐，化学计量溶解度等于由式（15.29）计算出溶解度，质子的活性由式（15.33）两端负数的反对数给出：

$$a_{H^+} = 10^{-\frac{1}{2}(pK_{a_1} + pK_{a_2})} \tag{15.34}$$

如果加入另外的盐得出总物质的量浓度 $C_总$，使得游离酸沉淀，则溶液的 pH 由于溶液中的质子除去而增加。通过质量平衡和电荷平衡方程，得到质子活度的表达式：

$$a_{H^+} = \frac{K_{a,1}[HA]_o + \sqrt{(K_{a_1}[HA]_o)^2 + 4C_总 K_{a_1} K_{a_2}[HA]_o}}{2C_总} \tag{15.35}$$

这表示随着盐的增加，质子活性降低。该等式的 pH 可用式（15.29）计算化学计量溶解度。

由于引入更多的盐，过量的盐存在于固相中，并且溶液的组成保持不变。因此，在不引入其他来源（包括分子复合物形式）的阳离子或阴离子的情况下，pH 保持恒定且阳离子和阴离子活度的乘积等于溶度积，如式（15.31）所示（Amis，1983）。此时，更多的盐不会进一步溶解，盐浓度代表该成盐药物的溶解度。为了确认已经达到盐溶解度，应该证明（Anderson 和 Conradi，1985）固体盐相与溶液达到平衡，并不含不带电的沉淀物。

值得注意的是，通过选择更亲水的反离子也可以实现更高的溶解度。但这忽略了反离子极性增强后晶体中可能发生更强相互作用的可能性，而实际上晶体相互作用的增加可能是降低溶解度的主要因素（Anderson，1985）。在水性介质中溶解需要能量促使阳离子和阴离子产生水合作用，随后释放晶格能，可由式（15.36）表示（Chowhan，1978）：

$$\Delta G_{\text{solution}} = \Delta G_{\text{hx}^-} + \Delta G_{\text{hc}^+} - \Delta G_{\text{lattice}} \tag{15.36}$$

式中，$\Delta G_{\text{solution}}$ 表示在水溶液中溶解固体的过程吉布斯自由能的变化；$\Delta G_{\text{hx}^-}$ 表示阴离子水合的吉布斯自由能的变化；$\Delta G_{\text{hc}^+}$ 表示阳离子水合的吉布斯自由能的变化；$\Delta G_{\text{lattice}}$ 表示形成晶格时吉布斯自由能的变化。对于一价有机盐，增加阳离子半径，阴离子半径保持不变，可降低水合作用和晶格能（Chowhan，1978）。溶解度的差异取决于这些能量变化的相对大小。例如，对于盐，若水合能的降低程度大于晶格能降低程度，可导致溶解度降低（Amis，1983）；若晶格能的降低程度远大于水合能的降低程度，可导致溶解度增加。这个概念在盐的优化中可以体现，使得熔点降低并随后实现溶解度的改善。

反离子的相对大小在溶解度中起重要作用。Amis（1983）针对 1∶1 形式盐概述了以下法则（其中包括大多数盐形式的药物）：

① 对于含有小阳离子和小阴离子的盐，相同的阴离子下，用较大半径的阳离子增加了盐的溶解度。相同的阳离子下，用较大半径的阴离子增加了盐的溶解度。

② 对于由小阳离子和大阴离子组成的盐，相同的阴离子下，增加阳离子半径会降低溶解度。相同阳离子下，随着阴离子半径的增加，溶解度增加。

③ 对于具有大阳离子和小阴离子的盐，相同的阴离子下，增加阳离子半径会增加溶解度，但是相同的阳离子下，增加阴离子半径会降低溶解度。

④ 对于大阳离子和大阴离子盐，离子半径的增加对溶解度几乎没有影响。

一般情况下，离子尺寸的差异越大，溶解度的提高就越大。在大阳离子和大阴离子的情况下，盐可能为难溶性，并且药物反离子的半径减小将有利于溶解度的提高。

## 15.7 处方因素的考虑

盐的筛选通常将合成方法的便利性和产率作为筛选依据（Gould，1986）。然而，原料药的成本、结晶难易度、稳定性和物理因素如吸湿性和流动特性同样不能忽视（Miller 和 Heller，1975）。而毒理学家考察药物及其共轭酸或碱的慢性毒性试验和急性毒性试验的给药剂量（Gould，1986）。锂的碳酸盐优于柠檬酸盐、硫酸盐、单谷氨酸盐和乙酸盐的原因之一是碳酸根阴离子相比以上其他离子具有具低当量，使得盐具有最高的锂单位重量比（Greene，1975），达到胶囊或片剂的最小质量要求。

成盐影响药物的理化性质，从而影响其可利用性和制剂特性。因此，处方前研究必须对认为适合临床试验的每种盐的理化性质进行多项评估。研究应包括吸湿性、溶出速率和在适当溶剂体系中的平衡溶解度等。在处方前研究和处方研究过程中，需要对适于进入临床研究的每个盐进行详尽的理化性质评估。这些研究不仅包括吸湿性、溶出速率，还要包括在适当溶剂中的平衡溶解度。成盐药物的化学和物理稳定性同样需要考虑。因此，需要对单独盐以及其与辅料共存下进行系统研究，从热稳定性、光敏性、溶液稳定性和 pH 对溶液稳定性的影响各方面进行考察。例如，考察氯化钠对 5-羟色胺能激动剂 2,3,4,5-四氢-8-（甲基磺酰基）-1H-3-苯并吖庚因-7-醇盐溶解性的影响（Rajagopalan 等，1989），分别制备该药物的乙酸盐、盐酸盐和甲磺酸盐，并进行表征。尽管甲磺酸盐具有最高的溶解度（441.3 mg/mL），但往水溶液中加入氯化钠后溶解度显著降低。溶液中高浓度的氯离子促使激动剂的盐酸盐形式沉淀，其溶解度仅为 1.0 mg/mL。因此，该药物的肠外给药制剂不能使用氯化钠作为渗透剂或者使用盐水溶液作为临床使用的稀释剂，但可以选择甘露醇作为渗透剂或者 5%葡萄糖作为稀释剂（Rajagopalan 等，1989）。

在选择用于口服给药的片剂的药物之前，需要对盐的物理性质进行考察，药物用量可能仅需 10～15 g（Graffner 等，1985）。物理性质考察包括粒度、颗粒形状、粉末的表面积、表面颜色、溶解度、亲脂性、吸湿性和光稳定性等，此外还需评估与辅料的理化相互作用。例如，根据力-位移曲线的结果，可发现(*S*)-(−)-*N*-[(1-乙基-2-吡咯烷基)甲基]-2-羟基-3,5-二乙基-6-甲氧基水杨酰胺的盐酸盐、甲磺酸盐、草酸盐和酒石酸盐的压实性质具有明显的差异（Graffner 等，1985）。其中，草酸盐和甲磺酸盐表现出更高的弹性，而甲磺酸盐则不形成连贯的压块。结果表明，尽管甲磺酸盐比草酸盐吸湿要严重，但均具有可逆的水吸附性。由于草酸盐具有更大的表面积，因此无法用暴露的表面积来解释差异。

根据降解机理，不同类型的盐可赋予不同的稳定性特征。例如，吸湿性的差异将在很大程度上影响经水解降解的药物的盐的选择。同时，吸湿会对制剂工艺以及物料流动性有一定的影响（Morris 等，1994）。例如，氯化锂过于容易吸湿而不适合做成片剂（Greene，1975）。

pH 对盐溶解度的影响已在前一节中讨论。由于成盐药物涉及电离形式的问题，因此 $pK_a$ 将在很大程度上决定不带电药物的沉淀形成率。水性介质的 pH 对药物溶解度至关重要（Amidon，1981；Anderson 和 Conradi，1985）。因此，成盐药物的生物利用度将取决于在具有高浓度离子型药物的储备液中非离子型药物的吸收速率。介质的 pH 和母体药物的 $pK_a$ 决定溶液中离子型和非离子型浓度的比例，公式如下：

$$\frac{[A^-]}{[HA]} = 10^{pH - pK_a} \tag{15.37}$$

以及

$$\frac{[B]}{[BH^+]} = 10^{pH - pK_a} \tag{15.38}$$

式（15.37）和式（15.38）分别适用于酸性和碱性药物。当非离子型药物被吸收时，其浓度下降，已电离的药物通过接受或释放质子而形成非离子型，以增加非离子型的浓度，从而重新建立两种形式之间的平衡。

对于许多难溶性药物来说，溶出速率最能反映盐的生物利用度（Juncher 和 Raaschou，1957；Berge 等，1977）。实际上，溶解度可能仅在影响溶出速率的情况下影响药物吸收。但由于吸收是一种动态过程，如果吸收速率过快，但吸收的药物在介质中不能较快地溶解，则溶解度可能成为吸收过程中的受限因素。在这种情况下，溶出速率至关重要，因为可以确定有效吸收率（Berge 等，1977）。

所幸的是，大多数情况下，在同样的 pH 条件，经严格筛选的成盐药物具有比相应的母体药物更快的溶出速率。这种溶出现象可以根据控制溶出速率的参数来解释，如 Brunner（1904）提出的扩散层模型中所见：

$$\frac{\mathrm{d}M}{\mathrm{d}t}=\frac{DS}{h}(C_\mathrm{s}-C_\mathrm{b}) \tag{15.39}$$

式中，$\mathrm{d}M/\mathrm{d}t$ 是指溶出速率，表示药物从具有一定表面积（$S$）的固体制剂中，在特定时间（$t$）时溶出的量（$M$）；$D$ 为常数，表示药物在介质中具有扩散性；$C_\mathrm{s}$ 为溶解介质中药物的溶解度；$C_\mathrm{b}$ 为在时间 $t$ 时介质中的药物浓度；$h$ 是指固体表面处的滞留扩散介质层的厚度，其中药物以恒定状态溶出时浓度可达到 $C_\mathrm{s}$。实际上，最好将 $C_\mathrm{s}$ 视为药物在扩散层中的溶解度，原因是 $C_\mathrm{s}$ 可能为其控制溶出速率的扩散层中最大浓度。然而，根据式（15.39）可知，如果溶解介质中的溶解度增加，则溶出速率也会增加。

溶解的固体通过弱酸与弱碱反应形成盐，可能在滞留层中的介质起到对自身的缓冲作用（Benet，1973）。盐的阳离子和阴离子在固体表面的滞留层中作为缓冲组分来改变溶出速率，使得滞留层与溶出介质的 pH 不同，反过来有效地增加或减少 $C_\mathrm{s}$（Berge 等，1977）。这也是非甾体类抗炎药（包括阿氯芬酸、双氯芬酸、芬布芬、布洛芬和萘普生）盐溶出速率不同的根本原因（Fini 等，1985）。成盐均能够提高溶出速率，并且对于每种药物，阳离子促进溶解的作用程度是：钠＞*N*-2-羟乙基哌嗪＞*N*-甲基葡萄糖胺＞精氨酸。在弱碱盐的情况下，溶解取决于可影响固体表面微环境的 pH 的反离子的酸度。

从乙酰水杨酸铝（Levy 和 Sahli，1962）、苄非他明双羟萘酸盐（Higuchi 和 Hamlin，1963）和妥拉磺脲（Higuchi 等，1965）这三种药物的片剂可观察到，固体表面上沉积不溶性颗粒或薄膜，对药物溶出速率造成影响。作为反离子源的弱酸，双羟萘酸的沉淀减缓了苄非他明在酸性介质中从含弱酸性盐的颗粒中的释放速率（Higuchi 和 Hamlin，1963），并对此作出数学分析，并应用于解释从苄非他明双羟萘酸盐颗粒中药物的释放行为。当固体表面形成酸性物质层，溶出速率可以说基本上降至与难溶性酸的溶出速率水平相当（Higuchi 等，1965）。

胆碱盐的形成改善了萘普生和托美汀的热稳定性。林可霉素的盐酸盐或环己基氨基磺酸盐的稳定性研究表明，环己基氨基磺酸盐反离子使得抗生素热稳定性提高，并且水溶性不受影响（Neville 和 Ethier，1971；Neville 等，1971）。

## 15.8 总结

总的来说，筛选并制备合适的盐可以改善难溶性药物的水溶性。制剂科学家需确定成盐后的物理化学性质，并评估在加工和储存过程中其可能遇到的环境和化学条件的敏感性。此外，药物成盐还有可能降低其毒性并改变其药理活性。因此，建议在处方前研究的早期筛选合适的盐，以便根据其物理化学性质对那些被认为合适的候选物进行临床评估。读者可以阅读目前有关用于包括肠外营养等的医药产品的成盐药物的综述（Berge 等，1977；Motola 和 Agharkar，1984；Fiese 和 Hagen，1986；Bighley 等，1995；Wermuth 和 Stahl，2002；Paulekuhn 等，2007；Serajuddin 2007；Guerrieri 等，2010；Thackaberry，2012）。

## 参考文献


Aakeröy, C. B., M. B. Fasulo, and J. Desper. 2007. Cocrystal or salt: Does it really matter? *Mol. Pharm.* 4: 317–322.

Agharkar, S., S. Lindenbaum, and T. Higuchi. 1976. Enhancement of solubility of drug salts by hydrophilic counterions: Properties of organic salts of an antimalarial drug. *J. Pharm. Sci.* 65: 747–749.

Alves, F. A., M. G. C. A. N. Graca, and H. L. Baptista. 1958. A new class of antibiotic salts of reduced toxicity. *Nature* 181: 182–183.

Amidon, G. L. 1981. Drug derivatization as a means of solubilization: Physicochemical and biochemical strategies. In *Techniques of Solubilization of Drugs*, Yalkowsky, S. H. (Ed.), pp. 183–211. New York: Marcel Dekker.

Amidon, G. L., H. Lennernas, V. P. Shah, and J. R. Crison. 1995. A theoretical basis for a biopharmaceutics drug classification: The correlation of in vitro drug product dissolution and in vivo bioavailability. *Pharm. Res.* 12: 413–420.

Amis, E. S. 1983. Solubility. In *Treatise on Analytical Chemistry, Part 1. Theory and Practice*, Vol. 3, Kolthoff, I. M. and Elving, P. J. (Eds.), pp. 151–267. New York: Wiley.

Anderson, B. D. 1985. Prodrugs for improved formulation properties. In *Design of Prodrugs*, Bundgaard, H. (Ed.), pp. 243–269. New York: Elsevier Science.

Anderson, B. D. and R. A. Conradi. 1985. Predictive relationships in the water solubility of salts of a nonsteroidal anti-inflammatory drug. *J. Pharm. Sci.* 74: 815–820.

Anderson, B. D. and K. P. Flora. 1996. Preparation of water soluble compounds through salt formation. In *The Practice of Medicinal Chemistry*, Wermuth, C. G. (Ed.), pp. 739–754. London: Academic Press.

Ando, H. Y. and G. W. Radebaugh. 2000. Preformulation. In *Remington, the Science and Practice of Pharmacy*, 20th ed., Gennaro, A. R. (Ed.), pp. 700–720. Philadelphia, PA: Lippincott, Williams & Wilkins.

Ansel, H. C., N. G. Popovich, and L. V. Allen. 1995. *Pharmaceutical Dosage Forms and Drug Delivery Systems*, 6th ed., pp. 108–109. Philadelphia, PA: Williams and Wilkins.

Benet, L. Z. 1973. Biopharmaceutics as a basis for the design of drug products. In *Drug Design*, Vol. 4, Ariens, E. J. (Ed.), pp. 1–35. New York: Academic Press.

Berge, S. M., L. D. Bighley, and D. C. Monkhouse. 1977. Pharmaceutical salts. *J. Pharm. Sci.* 66: 1–19.

Bighley, L. D., S. M. Berge, and D. C. Monkhouse. 1995. Salt forms of drugs and absorption. In *Encyclopedia of Pharmaceutical Technology*, Vol. 13, Swarbrick, J. and Boylan, J. C. (Eds.), pp. 453–499. New York: Marcel Dekker.

Bergström, C. A. S., C. M. Wassvik, K. Johansson, and I. Hubatsch. 2007. Poorly soluble marketed drugs display solvation limitation limited solubility. *J. Med. Chem.* 50: 5858–5862.

Bhattachar, S. N., L. A. Deschenes, and J. A. Wesley. 2006. Solubility: It's not just for physical chemists. *Drug Discov. Today* 11: 1012–1018.

Black, S. N., E. A. Collier, R. J. Davey, and R. J. Roberts. 2007. Structure, solubility, screening, and synthesis of molecular salts. *J. Pharm. Sci.* 96: 1053–1068.

Bowker, M. J. 2002. A procedure for salt selection and optimization. In *Handbook of Pharmaceutical Salts: Properties, Selection, and Use*, Stahl, P. H. and Wermuth, C. G. (Eds.), pp. 161–189. New York: Wiley-VCH.

Brunner, E. 1904. Reaktiongeschwindigkeit in heterogenen systemen. *Z. Phys. Chem.* 47: 56–102.

Chowhan, Z. T. 1978. pH-solubility profiles of organic carboxylic acids and their salts. *J. Pharm. Sci.* 67: 1257–1260.

Creasey, N. H. and A. L. Green. 1959. 2-Hydroxyiminomethyl-*N*-methylpyridinium methanesulfphonate

(P2S), an antidote to organophosphorus poisoning. Its preparation, estimation and stability. *J. Pharm. Pharmacol.* 11: 485–490.

David, S. E., P. Timmins, and B. R. Conway. 2012. Impact of the counterion on the solubility and physicochemical properties of salts of carboxylic acid salts. *Drug Dev. Ind. Pharm.* 38: 93–103.

Davies, G. 2001. Changing the salt, changing the drug. *Pharm. J.* 266: 322–323.

Dittert, L. W., T. Higuchi, and D. R. Reese. 1964. Phase solubility technique in studying the formation of complex salts of triamterene. *J. Pharm. Sci.* 53: 1325–1328.

Duesel, B. F., H. Berman, and R. J. Schachter. 1954. Substituted xanthines. I. Preparation and properties of some choline theophyllinates. *J. Am. Pharm. Assoc., Sci. Ed.* 43: 619–622.

Elder, D. P., R. Holm, and H. Lopez de Diego. 2013. Use of pharmaceutical salts and cocrystals to address the issue of poor solubility. *Int. J. Pharm.* 453: 88–100.

Ellis, K. O., R. L. White, G. C. Wright, and F. L. Wessels. 1980. Synthesis and skeletal muscle relaxant activity of quaternary ammonium salts of dantrolene and clodanolene. *J. Pharm. Sci.* 69: 327–331.

Fabrizio, G. 1973. Erythromycin aspartate salt. U.S. Patent 3,764,595.

Fiese, E. F. and T. A. Hagen. 1986. Preformulation. In *The Theory and Practice of Industrial Pharmacy*, Lachman, L., Lieberman, H. A., and Kanig, J. L. (Eds.), pp. 171–196. Philadelphia, PA: Lea & Febiger.

Fini, A., G. Feroci, and G. Fazio. 1996. Effects of the counterions on the properties of diclofenac salts. *Int. J. Pharm. Adv.* 1: 269–284.

Fini, A., V. Zecchi, and A. Tartarini. 1985. Dissolution profiles of NSAID carboxylic acids and their salts with different counterions. *Pharm. Acta Helv.* 60: 58–62.

Forbes, R. T., P. York, and J. R. Davidson. 1995. Dissolution kinetics and solubilities of *p*-aminosalicylic acid and its salts. *Int. J. Pharm.* 126: 199–208.

Gould, P. L. 1986. Salt selection of basic drugs. *Int. J. Pharm.* 33: 201–217.

Graffner, C., M. E. Johansson, M. Nicklasson, and H. Nyqvist. 1985. Preformulation studies in a drug development program for tablet formulations. *J. Pharm. Sci.* 74: 16–20.

Greene, D. S. 1979. Preformulation. In *Modern Pharmaceutics*, Banker, G. S. and Rhodes, C. T. (Eds.), pp. 211–225. New York: Marcel Dekker.

Greene, R. J. 1975. Clinical pharmaceutical aspects of lithium therapy. *Drug Intell. Clin. Pharm.* 9: 17–25.

Gu, L. and R. G. Strickley. 1987. Preformulation salt selection. Physical property comparisons of the tris(hydroxymethyl)aminomethane (THAM) salts of four analgesic/antiinflammatory agents with the sodium salts and the free acids. *Pharm. Res.* 4: 255–257.

Guerrieri, P., A. C. F. Rumondor, T. Li, and L. S. Taylor. 2010. Analysis of relationships between solid-state properties, counterion, and developability of pharmaceutical salts. *AAPS Pharm. Sci. Tech.* 11: 1212–1222.

Herrnstadt, C., D. Mootz, and H. Wunderlich. 1979. Protonation sites of organic bases with several nitrogen functions: Crystal structures of salts of chlordiazepoxide, dihydralazine, and phenformin. *J. Chem. Soc., Perkin Trans.* 2: 735–740.

Higuchi, W. I. and W. E. Hamlin. 1963. Release of drug from a self-coating surface. *J. Pharm. Sci.* 52: 575–579.

Higuchi, W. I., N. A. Mir, A. P. Parker, and W. E. Hamlin. 1965. Dissolution kinetics of a weak acid, 1,1-hexamethylene *p*-tolylsulfonylsemicarbazide, and its sodium salt. *J. Pharm. Sci.* 54: 8–11.

Huang, L.-F. and W.-Q. Tong. 2004. Impact of solid state properties on developability assessment of drug candidates. *Adv. Drug Del. Rev.* 56: 321–334.

Hutchinson, I., S. A. Jennings, B. R. Vishnuvajjala, A. D. Westwell, and M. F. G. Stevens. 2002. Antitumor benzothiazoles. 16. Synthesis and pharmaceutical properties of antitumor 2-(4-aminophenyl)benzothiazole amino acid prodrugs. *J. Med. Chem.* 45: 744–747.

Juczyk, M. F., D. R. Berger, and G. R. Damaso. 1991. Quaternary ammonium salt: Applications in hair conditioners. *Cosmet. Toiletries* 106: 63–68.

Juncher, H. and F. Raaschou. 1957. The solubility of oral preparations of penicillin V. *Antibiot. Med. Clin. Ther.* 4: 497–507.

Keller, H., W. Krüpe, H. Sous, and H. Mückter. 1956a. Versuche zur toxizitätsminderung basicher *Streptomyces*-antibiotica. *Arzneim. Forsch.* 6: 61–66.

Keller, H., W. Krüpe, H. Sous, and H. Mückter. 1956b. The pantothenates of streptomycin, viomycin, and neomycin: New and less toxic salts. In *Antibiotics Annual, 1955–1956*, Welch, H. and Marti-Ibañez, F. (Eds.), pp. 35–38. New York: Medical Encyclopedia.

Kennon, L. and T. Higuchi. 1956. Interaction studies of cationic drugs with anionic polyelectrolytes. I. Sodium carboxymethylcellulose. *J. Am. Pharm. Assoc., Sci. Ed.* 45: 157–160.

Kennon, L. and T. Higuchi. 1957. Interaction studies of cationic drugs with anionic polyelectrolytes. II. Polyacrylic and styrene polymers. *J. Am. Pharm. Assoc., Sci. Ed.* 46: 21–27.

Kesisoglou, F. and Y. Wu. 2008. Understanding the effect of API properties on bioavailability through absorption modeling. *AAPS J.* 10: 516–525.

Khankari, R. K. and D. J. W. Grant. 1995. Pharmaceutical hydrates. *Thermochim. Acta* 248: 61–79.

Kramer, S. F. and G. L. Flynn. 1972. Solubility of organic hydrochlorides. *J. Pharm. Sci.* 61: 1896–1904.

Kumar, L., A. Amin, and A. K. Bansal. 2007. An overview of automated systems relevant in pharmaceutical salt screening. *Drug Discov. Today.* 12: 1046–1053.

Lakkaraju, A., H. Joshi, S. Varia, and A. T. M. Serajuddin. 1997. pH-solubility relationship of avitriptan, a dibasic compound, as a function of counterion. *Pharm. Res.* 14: S–228.

Lasslo, A., C. C. Pfeiffer, and P. D. Waller. 1959. Salts of *p*-acetamidobenzoic acid. *J. Am. Pharm. Assoc., Sci. Ed.* 48: 345–347.

Ledwidge, M. T. and O. I Corrigan. 1998. Effects of surface active characteristics and solid state forms on the pH solubility profiles of drug-salt systems. *Int. J. Pharm.* 174: 187–200.

Levy, G. and B. A. Sahli. 1962. Comparison of the gastrointestinal absorption of aluminum acetylsalicylate and acetylsalicylic acid in man. *J. Pharm. Sci.* 51: 58–62.

Li, S., S.-M. Wong, S. Sethia, H. Almoazen, Y. M. Joshi, and A. T. M. Serajuddin. 2005. Investigation of solubility and dissolution of a free base and two different salt forms as a function of pH. *Pharm. Res.* 22: 628–635.

Lin, S.-L., L. Lachman, C. J. Swartz, and C. F. Huebner. 1972. Preformulation investigation. I. Relation of salt forms and biological activity of an experimental antihypertensive. *J. Pharm. Sci.* 61: 1418–1422.

Loucas, S. P. and H. M. Haddad. 1972. Solid-state ophthalmic dosage systems in effecting prolonged release of pilocarpine in the cul-de-sac. *J. Pharm. Sci.* 61: 985–986.

Málek, P., J. Kolc, M. Herold, and J. Hoffman. 1958. Lymphotrophic antibiotics—"Antibiolymphins," In *Antibiotics Annual, 1957–1958*, Welch, H. and Marti-Ibañez, F. (Eds.), pp. 546–551. New York: Medical Encyclopedia.

Miller, L. C. and W. H. Heller. 1975. Physical and chemical considerations in the choice of drug products. In *Drugs of Choice 1974–1975*, Modell, W. C. (Ed.), pp. 20–29. St. Louis, MO: Mosby.

Miyazaki, S., M. Nakano, and T. Arita. 1975. A comparison of solubility characteristics of free bases and hydrochloride salts of tetracycline antibiotics in hydrochloric acid solutions. *Chem. Pharm. Bull.* 23: 1197–1204.

Miyazaki, S., M. Oshiba, and T. Nadai. 1980. Unusual solubility and dissolution behavior of pharmaceutical hydrochloride salts in chloride-containing media. *Int. J. Pharm.* 6: 77–85.

Morris, K. R., M. G. Fakes, A. B. Thakur, A. W. Newman, A. K. Singh, J. J. Venit, C. J. Spagnuolo, and A. T. M. Serajuddin. 1994. An integrated approach to the selection of optimal salt form for a new drug candidate. *Int. J. Pharm.* 105: 209–217.

Motola, S. and S. Agharkar. 1984. Preformulation research of parenteral medications. In *Pharmaceutical Dosage Forms: Parenteral Medications*, Vol. 1, Avis, K. E., Lachman, L., and Lieberman, H. E. (Eds.), pp. 89–138. New York: Marcel Dekker.

Murti, S. K. 1993. On the preparation and characterization of water-soluble choline salts of carboxylic acid drugs, PhD dissertation, University of Missouri–Kansas City.

Nelson, E. 1957. Solution rate of theophylline salts and effects from oral administration. *J. Am. Pharm. Assoc., Sci. Ed.* 46: 607–614.

Neville G. A. and J. C. Ethier. 1971. Preparation and characterization of lincomycin cyclamate. *J. Pharm. Sci.* 60: 497–499.

Neville, G. A., J. C. Ethier, N. F. H. Bright, and R. H. Lake. 1971. Characterization of some lincomycin and cyclamate salts by thermal analysis and infrared spectroscopy. *J. Assoc. Off. Anal. Chem.* 54: 1200–1210.

Nielsen, L. H., S. Gordon, R. Holm, A. Selen, T. Rades, and A. Mullertz. 2013. Preparation of an amorphous sodium furosemide salt improves solubility and dissolution rate and leads to a faster Tmax after oral dosing to rats. *Eur. J. Pharm. Biopharm.* 85(3 Pt B): 942–951.

Osterberg, A. C., J. J. Olsen, N. N. Yuda, C. E. Rauh, H. G. Parr, and L. W. Will. 1957. Cochlear, vestibular, and acute toxicity studies of streptomycin and dihydrostreptomycin pantothenate salts, In *Antibiotics Annual, 1956–1957*, Welch, H. and Marti-Ibañez, F. (Eds.), pp. 564–573. New York: Medical Encyclopedia.

Parshad H., K. Frydenvang, T. Liljefors, H. O. Sorensen, and C. Larsen, 2004. Aqueous solubility study of salts of benzylamine derivatives and p-substituted benzoic acid derivatives using X-ray crystallographic analysis. *Int. J. Pharm.* 269: 157–168.

Patel, A., S. A. Jones, A. Ferro, and N. Patel. 2009. Pharmaceutical salts: A formulation trick or a clinical conundrum? *Brit. J. Cardiol.* 16: 281–286.

Paulekuhn, G. S., J. B. Dressman, and C. Saal. 2007. Trends in active pharmaceutical ingredient salt selection based on analysis of the orange book database. *J. Med. Chem.* 50: 6665–6672.

Pratt, O. B. and H. O. Swartout. 1933. Tartrate metabolism. *J. Lab. Clin. Med.* 18: 366–370.
Rajagopalan, N., C. M. Dicken, L. J. Ravin, C. S. Randall, and R. Krupinski-Olsen. 1989. Solubility properties of the serotonergic agonist 2,3,4,5-tetrahydro-8-(methylsulfonyl)-1H-3-benzazepin-7-ol. *Drug Dev. Ind. Pharm.* 15: 489–497.
Ravin, L. J. and G. W. Radebaugh. 1990. Preformulation. In *Remington's Pharmaceutical Sciences*, 18th ed., Gennaro, A. R. (Ed.), pp. 1435–1450. Easton, PA: Mack Publishing.
Rubin, A., B. E. Rodda, P. Warrick, A. Ridolfo, and C. M. Gruber. 1971. Physiological disposition of fenoprofen in man. I. Pharmacokinetic comparison of calcium and sodium salts administered orally. *J. Pharm. Sci.* 60: 1797–1801.
Sandberg, A., B. Abrahamsson, A. Svenheden, B. Olofsson, and R. Bergstrand. 1993. Steady-state bioavailability and day-to-day variability of a multiple-unit (CR/ZOK) and a single-unit (OROS) delivery system of metoprolol after once-daily dosing. *Pharm. Res.* 10: 28–34.
Saxena, V., R. Panicucci, Y. Joshi, and S. Garad. 2009. Developability assessment in pharmaceutical industry: An integrated group approach for selecting developable candidates. *J. Pharm. Sci.* 98: 1962–1979.
Schoenwald, R. D. 2002. *Pharmacokinetics in Drug Discovery and Development*, Boca Raton, FL: CRC Press.
Serajuddin, A. T. M. 2007. Salt formation to improve drug solubility. *Adv. Drug Del. Rev.* 59: 603–616.
Serajuddin, A. T. M. and C. I. Jarowski. 1985. Effect of diffusion layer pH and solubility on the dissolution rate of pharmaceutical bases and their hydrochloride salts. I. Phenazopyridine. *J. Pharm. Sci.* 74: 142–147.
Serajuddin, A. T. M. and M. Pudipeddi. 2002. Salt-selection strategies. In *Handbook of Pharmaceutical Salts: Properties, Selection and Use*, Stahl, P. H. and Wermuth, C. G. (Eds.), pp. 135–160. New York: Wiley-VCH.
Serajuddin, A. T. M., P.-C. Sheen, and M. A. Augustine. 1987. Common ion effect on solubility and dissolution rate of the sodium salt of an organic acid. *J. Pharm. Pharmacol.* 39: 587–591.
Shah, K. P. 1992. Use of sparingly soluble salts to prepare oral sustained release suspensions. PhD dissertation, University of Missouri–Kansas City.
Shanker, R. M., K. V. Carola, P. J. Baltusis, R. T. Brophy, and T. A. Hatfield. 1994. Selection of appropriate salt form(s) for new drug candidates. *Pharm. Res.* 11:S–236.
Shibe, W. J. and D. H. Hanson. 1964. New approach to quaternary ammonium compounds. *Soap Chem. Spec.* 40: 83–89.
Singh, D., P. York, L. Shields, and P. V. Marshall. 1992. Structural and physicochemical characterization of chlordiazepoxide salts. Poster presentation at the AAPS Seventh Annual Meeting and Exposition, San Antonio, TX, November 16.
Stahl, P. H. 2003. Preparation of water-soluble compounds through salt formation. In *The Practice of Medicinal Chemistry*, 2nd ed., Wermuth, C. G. (Ed.), pp. 601–615. New York: Academic Press.
Surov, A. O., A. A. Manin, A. P. Voronin, K. V. Drozd, A. A. Simagina, A. V. Churakov, and G. L. Perlovich. 2015. Pharmaceutical salts of ciprofloxacin with dicarboxylic acids. *Eur. J. Pharm. Sci.* 77: 112–121.
Thackaberry, E. A. 2012. Non-clinical toxicological considerations for pharmaceutical salt selection. *Expert Opin. Drug Metab. Toxicol.* 8: 1419–1433.
Thorson, M. R., S. Goyal, B. R. Schudel, C. F. Zukoski, G. G. Z. Zhang, Y. Gong, and P. J. A. Kenis. 2011. A microfluidic platform for pharmaceutical salt screening. *Lab Chip* 11: 3829–3837.
Tong, W.-Q. and G. Whitesell. 1998. *In situ* salt screening—A useful technique for discovery support and preformulation studies. *Pharm. Dev. Technol.* 3: 215–223.
Underhill, F. P., F. I. Peterman, T. C. Jaleski, and C. S. Leonard. 1931. Studies on the metabolism of tartrates. III. The behavior of tartrates in the human body. *J. Pharmacol. Exp. Therap.* 43: 381–398.
Wagner, J. G. 1961. Biopharmaceutics: Absorption aspects. *J. Pharm. Sci.* 50: 359–387.
Wan, S. H., P. J. Pentikainen, and D. L. Azarnoff. 1974. Bioavailability of aminosalicylic acid and its various salts in humans. III. Absorption from tablets. *J. Pharm. Sci.* 63: 708–711.
Ware, E. C. and D. R. Lu. 2004. An automated approach to salt selection for new unique trazodone salts. *Pharm Res.* 21: 177–184.
Wells, J. I. 1988. *Pharmaceutical Preformulation: The Physicochemical Properties of Drug Substances.* Chichester, UK: Ellis Horwood.
Wermuth, C. G. and P. H. Stahl. 2002. Selected procedures for the preparation of pharmaceutically acceptable salts. In *Handbook of Pharmaceutical Salts: Properties, Selection, and Use*, Stahl, P. H. and Wermuth, C. G. (Eds.), pp. 249–263. New York: Wiley-VCH.
Windholz, M., S. Budavari, R. F. Blumetti, and E. S. Otterbein. 1983. *Merck Index*, 10th ed., p. 532. Rahway, NJ: Merck.

# 第 16 章 改善水溶性的前体药物

Steven H. Neau，Nikhil C. Loka，Kalyan K. Saripella

## 16.1 引言

Adrien Albert 定义的前体药物（简称前药）是一种在发挥药理作用前必须经过生物转化的化合物（Albert，1958，1964）。此处定义的前体药物为具有共价结合的非活性基团（前基团）的药物，这些前基团可提供或增强某种药物所需的物理化学特性。前药在给药后，前基团必须是可除去的，且生成母体药物（Stella 等，1985；Kumar 和 Singh，2013）。前药通常是没有药理活性的，服用后需经过酶或化学反应除去无活性的部分，才可返回具活性的母体药物（Ettmayer 等，2004；Stella 等，2007；Rautio 等，2008；Huttunen 等，2011）。前药技术应用的成功是显然易见的，据统计，2008 年获批准的小分子化合物中，有 33%是前体药物（Rautio，2010，Stella，2010；Huttunen 等，2011）。

实现母体药物转化的化学反应或酶往往可指导或限制前体药物前基团的选择。例如，酯酶存在于整个身体中，可用于前药中酯官能团的水解（Andurkar，2007；Bai 等，2014），因此可应用于含有羧酸或醇基的药物中（Colaizzi 和 Pitlick，1982）。通过酶将前药再转化为母体药物需要该酶能够催化切割前体-药物的连接。前药，特别是那些用于肠外的前药，应该在水性介质中拥有较长的保质期，并且在生理条件下能够快速地再转化为母体药物（Lallemand 等，2005b）。体内化学逆转应该表现出比完成这种逆转的生物化学途径更少的个体间变异性（Notari，1985）。

在对母体药物进行化学改性后，预计物理化学性质会发生变化，包括溶解性、稳定性，有时还会发生感官特性（Stella，1975；Stinchcomb 等，1995；Peng 等，2010；Domião 等，2014）。基于属性的药物设计的出现提供了许多方法来设计和开发前药以实现比母体药物更好的特征（van de Waterbeemd 等，2001）。然而，通过影响吸收、分布、代谢和排泄，生成前药的修饰可以正面或负面地影响母体药物的药动学（Notari，1973；Stella，1975；Huttunen 等，2011）。例如，水溶性的改善可以提高生物利用度；某些促进剂的使用可以显著提高溶液的稳定性（Sinkula，1977）。前药方法对生物药剂学性质的影响已有综述专门报道（Sinkula，1975；Sinkula 和 Yalkowsky，1975；Sinkula，1977；Peng 等，2010；Domião 等，2014），后面将对其进行简要讨论。

为了利用前药方法，药物必须具有可衍生化的官能团用来共价结合前基团。目前已证明可用于生成生物可降解衍生物的官能团数量相当多，典型官能团包括酯类、硫酯、酰胺、缩醛和缩酮（Charton，1977，1985）。同样重要的是，前药必须以适当的速率和时间还原药物（Krise 等，1999），以便将完整的母体药物输送到作用部位。因此，前药的药物转化可以在吸收之前进行，如在胃肠道的肠酶催化的酯或肽键的水解（Simmons 等，1995）；吸收期间，如皮肤中

（Roy 和 Manoukian，1994）或刷状缘膜（Schmidt 等，1972；Hirano 等，1977）发现的酯酶水解；吸收后，例如利用血浆中的磷酸单酯酶（Melby 和 St. Cyr，1961）；甚至在作用部位，例如，利用*β*-葡萄糖醛酸苷酶在肿瘤组织中再转化（Watanabe 等，1981），这取决于前药开发的目标（Bundgaard，1985a）。如果设计前药的目的是改善在水中的溶解度，以使药物以注射的形式使用，则应在注射后尽快将其转化为母体药物。前药的转化率必须达到母体药物的浓度高于作用部位的最低有效水平（Stella，1975）。在血液循环中发现的任何前药都被认为是没有药理活性的药物（Bundgaard，1985a）。理想的前药应在所需的溶出介质中具有足够的溶解度、化学稳定性，以提供产品的适当保存期限，以及在体内快速转化为母体药物的能力。合适的前药和前体本身也必须证明是无毒的（Cho 等，1986）。

虽然前药的使用已被证明是解决溶解度问题的一种便利的方法，但是有些人认为这种方法是"绝望的行为"，只有当药物候选药物的问题是不可克服的时候才采用（Huttunen 等，2011）。阻碍制药行业大力采用这种方法的关键问题之一是 FDA 要求提交证据证明药物和前药候选物都是安全、有效且耐受性良好的（Stella 等，2007；Pevarello，2009；Kratochvil，2010；Sofia，2014）。前药方法存在潜在风险，如在阿昔洛韦 *S*-酰基硫代乙基酯化的情况下，前药可能具有比母体化合物更大的毒性（Hecker 和 Erion，2008；Huttunen 和 Rautio，2011）。然而，已经报道了具有降低毒性和相同或改善功效的前药（Nudelman 等，2001；Huo 等，2015；Kaul 等，2015；Phillips 等，2015）。使用前药方法，现在应该可以适当地改变候选药物的物理化学性质，以获得所需的吸收、分布、代谢和排泄特征（Huttunen 等，2011）。事实上，有人建议在临床前研究中尽早考虑前药形式，因为与寻找具有所需性质的新化学实体相比，修改已有候选药物的性质更容易（Huttunen 等，2011）。

虽然生成前药的确有其他目的，但本章重点介绍用于提高在水中溶解度的生成前药的改良方法。可以发现，在微小的化学修饰后可以观察到物理化学性质的显著变化。成功的前药设计应该包括可能的最简单的化学修饰，仍然可以实现所需的性质修改（Anderson，1985）。随着在药物设计中分子模拟预测溶解度和高通量筛选的出现，已可以辨别导致溶解性差的官能团，通过取代或更换这些官能团，在不影响母体功效或毒性的前提下，增加药物的溶解度。

## 16.2 亲水官能团修饰

增加水溶性的常用策略是引入离子或可离子化的基团。增加带有羟基的药物水溶性的常用酯是半琥珀酸酯、磷酸酯、二烷基氨基乙酸酯和氨基酸酯。对于具有羧酸基团的药物，与胆碱或*β*-二甲基氨基乙醇的醇羟基形成酯，或与*α*-氨基酸的氨基形成酰胺，可成功制备具有较强溶解度的前药（Amidon，1981）。

磷酸基团被认为是增加溶解度最常用的前体。例如，克林霉素盐酸盐的溶解度为 3 mg/mL，而克林霉素-2-磷酸盐的溶解度超过 150 mg/mL，并且在体内水解，反应半衰期仅为 10 min（Amidon 等，1977）。在紫杉醇的 2'-或 7-位的单磷酸酯衍生物的二钠盐生成的前药的溶解度大于 10 mg/mL，而母体药物的溶解度为 0.25 μg/mL（Vyas 等，1993）。恩他卡朋是 3,4-二羟基-5-硝基苄基衍生物，是儿茶酚-*O*-甲基转移酶的有效抑制剂。当恩他卡朋与无水吡啶中的三氯氧磷反应生成其磷酸盐前药时，水溶性在 pH 1.2 和 pH 7.4 时分别增加超过 1700 倍和 20 倍

（Leppanen 等，2000）。此外，前药表现出对化学水解的稳定性（在 pH 7.4 下 $t_{1/2}$ 为 2227 h）和由于肝脏匀浆中的酶催化水解而导致的母体药物的定量释放。用 2-花生四烯基甘油醚（即诺拉丁醚）的单磷酸酯和二磷酸酯可见溶解度最显著的改善，其中磷酸酯的溶解度增加超过 40000 倍，在化学稳定性方面表现出各种缓冲系统中高的化学稳定性，并通过酶水解快速转化为母体化合物（Juntunen 等，2003）。

磷酸酯具有化学稳定性（Flynn 和 Lamb，1970）和生物可降解性（Amidon 等，1977；Amidon，1981）等理想属性。有证据表明可溶性磷酸酯被酶水解成体内的活性剂（Melby 和 St. Cyr，1961；Hare 等，1975；Amidon 等，1977；Miyabo 等，1981；Varia 和 Stella，1984a，1984b；Leppanen 等，2000）。例如，Melby 和 St. Cyr（1961）注意到血浆中存在大量的磷酸单酯酶。在这之前也报道了刷状缘膜中碱性磷酸酶的存在（Schmidt 等，1972；Hirano 等，1977）。结果，磷酸酯前药可以快速地生物活化，如甲泼尼龙（Mollmann 等，1989）。

磷酸酯通常是水溶性的，并且足够稳定，可以制备具有实用保质期的溶液（Flynn 和 Lamb，1970；Hong 和 Szulczewski，1984；Kwee 和 Stolk，1984；Varia 等，1984b）。相反，空间位阻的仲醇和叔醇的磷酸单酯生物转化速率缓慢（Williams 和 Naylor，1971；Kearney 和 Stella，1992；Sadafi 等，1993）。在醇和磷酸基团之间加入间隔基团能够提高空间位阻醇的生物转化速率（Sadafi 等，1993）。然而，在去磷酸化时，间隔基团还必须降解或代谢以再生母体药物（Varia 等，1984b）。已经制备了环孢素的前药，其中与肌氨酸-丝氨酸-（酰氧基）烷氧基羰基连接的离子化磷酸基团提供了前体的增溶组分（Lallemand 等，2005b）。以磷酸酯为基础的口服前药的问题是，一旦酶再生母体药物，可能超过母体药物的溶解度，导致母体药物发生沉淀，这取决于过饱和水平、药物剂量和母体药物的溶解度，以及前药本身或其切割的前体可能的增溶水平（Heimbach 等，2003）。

认识到核苷的三磷酸酯是活性形式，发现它们不良的化学稳定性和高离子状态，有效地阻止了它们的口服生物利用度（Pradere 等，2014）。在磷酸盐部分上具有保护基团的单磷酸酯的制备使得能够渗透肠壁（Sofia，2013），在细胞内酶促或化学反应除去保护基团。一旦母体单磷酸酯转化，细胞核苷一磷酸激酶可将单磷酸酯改性为活性形式（van Rompay 等，2000）。

琥珀酸酯的使用也构成了增溶的常用策略。它们的化学稳定性不太令人满意，并且生物不稳定性不如磷酸单酯好。琥珀酸酯通常不是酯酶的良好底物（Amidon 等，1977；Bundgaard，1987），这些前药可以与水解速率相当的速率从体内消除，或者它们可能在酯水解之前经历其他代谢途径（Melby 和 St. Cyr，1961；Melby 和 Silber，1981）。与琥珀酸酯（Melby 和 St.Cyr，1961）相比，静脉注射（IV）或肌内注射（IM）磷酸酯后，皮质类固醇的血液水平更高。对乙酰氨基酚和 3-羟甲基苯妥英的琥珀酸酯经历了体内缓慢和不完全的水解（Williams 等，1983）。氯霉素的琥珀酸酯似乎也经历缓慢的、可变的生物转化（Kauffman 等，1980；Burke 等，1982；Ambrose，1984；Kramer 等，1984），为氯霉素给药添加了额外的和不可预测的因素（Glazko 等，1977；Strebel 等，1980）。一种例外是类姜黄素的琥珀酸酯，其在磷酸盐缓冲液中比姜黄素本身更稳定，在人血浆中易于水解，并具有抗癌活性（Wichitnithad 等，2011）。

琥珀酸酯用作衍生物的实例，其表现出低于最佳的 pH-水解速率行为，因为它们在水中的反应性增加，这是末端羧酸官能团水解的分子内催化作用的结果（Anderson 和 Taphouse，1981；Anderson 等，1984；Damen 等，2000）。由于分子内催化效应对几何因素和分离相互作用基团的距离非常敏感（Anderson 和 Conradi，1987），因此通过改变烷基链长度容易控制末端官能团的分子内催化。对于甲泼尼龙的 21-羟基的己二酸酯，没有观察到分子内催化。减少琥珀酸或丙二酸的链长导致在 pH 接近 5 时速率分别增加 100 倍和 7700 倍。

有理由认为，苹果酸是前药形成中琥珀酸的合适替代品，因为其额外的羟基可通过与羰基形成分子内氢键来改善酯的稳定性（Damen 等，2000）。预计该氢键会导致构象刚性，这也会延迟水解。通过将泰素（通用名紫杉醇）与受保护的苹果酸[（*S*）-1,2-*O*-异亚丙基-苹果酸]缩合，然后脱保护，制备 2'-甘油紫杉醇。如果受保护的苹果酸过量，在基本相同的反应条件下可制备 2',7-二羟甲基紫杉醇。通过与受保护的苹果酸反应由浆果赤霉素Ⅲ合成 7-甘油紫杉醇，然后使用噁唑烷方法引入侧链（Damen 等，1998）。这三种衍生物在水中溶解度是紫杉醇的 20～60 倍。由于通过高效液相色谱（HPLC）没有检测到释放的紫杉醇，因此认为在 37℃下，它们在 pH 7.4 的磷酸盐缓冲液中 48 h 稳定。当在人血浆中孵育时，母体药物从 2'-甲基衍生物释放，但不从 7-甲基或 2',7-二甲苯基衍生物释放。这并不奇怪，因为许多 2'-酰基紫杉醇衍生物可快速地水解成紫杉醇（Mellado 等，1984；Magri 和 Kingston，1988），而 7-酯衍生物不与酯酶相互作用（Vyas 等，1993）。具有前瞻性 2'-甲基前药形式的水解速率被认为是有希望的，并且与母体药物相比显示出相似的活性（Damen 等，2000）。值得注意的是，2'-羟基的衍生化导致药理学活性的丧失（Deutsch 等，1989；Mathew 等，1992）。因此，2'-甲基衍生物是三种中唯一可被认为是前药的衍生物。

可以使用带有醇或酚羟基团的药物制备硫酸酯前药，已经用于制备稳定的皮质类固醇可注射制剂（Sinkula，1975）。不幸的是，存在这些酯在体内耐水解并且不构成合适的前药的实例（Miyabo 等，1981；Williams 等，1983）。例如，静脉内给予地塞米松-21-硫酸盐在血浆或尿液中基本上不提供母体地塞米松，而是在尿液中以原型排泄（Miyabo 等，1981）。除了改善其在水中的溶解度之外，口服泼尼松龙-21-硫酸盐前药作为其钠盐实现了母体糖皮质激素的结肠特异性传递（Doh 等，2003）。证明前药在 pH 1.2 和 pH 6.8 缓冲液以及胃和小肠的内容物中是化学稳定的。当与盲肠内容物一起孵育时，前药在 10 h 内降低至其原始量的 9.6%，可能是由于来自细菌的硫酸酯酶的水解作用促使释放泼尼松龙。

两种独立的方法用于制备紫杉醇的磺酸盐前药（Zhao 等，1991）。如上所述，与其他紫杉醇前药反应一样，2'-位是结合前体的优选位置。第一种方法是使用混合酸酐法在四氢呋喃中制备 2'-琥珀酰衍生物的酰胺衍生物与牛磺酸的有机可溶性四丁基铵盐或其 3-氨基-1-磺酸基丙酸的同系物，通过离子交换将四丁基铵盐转化为钠盐。第二种方法是通过混合酸酐法制备 2'-丙烯酰基紫杉醇，然后利用亚硫酸氢钠在异丙醇水溶液中的 Michael 反应中的亲核性。加入 $\alpha,\beta$-不饱和酯的 Michael 反应很容易得到所需的磺酸钠衍生物。

改变前体酸度或碱度的简单方法是选择其他酸性或碱性更强的可电离的官能团。利于酯类前药的增溶，其制剂 pH 应在 3.5～5 之间，是含有磺酸（$pK_a<2$）或叔胺（$pK_a>8$）官能团。如果溶解度是唯一的考虑因素，那么含季铵的部分，如前面提到的胆碱酯，也是水溶性衍生物的极佳选择（Anderson 和 Conradi，1987）。

制备有效的非甾体抗炎药双氯芬酸的吗啉代烷基酯（参见图 16.1 的化学结构），并对溶解度和水解反应速率进行表征（Tammara 等，1994）。烷基在双氯芬酸的羧酸和吗啉部分之间提供间隔基，其是质子化的位点以产生离子化的前药。研究中包括由两个、三个和四个亚甲基组成的烷基，并且发现增加链长改善了 pH 7.4 磷酸盐缓冲液的稳定性，但降低了模拟胃液中的稳定性。在每种情况下，在模拟胃液和 pH 7.4 磷酸盐缓冲液中溶解度提高至少 2000 倍。正辛醇和 pH 7.4 磷酸盐缓冲液之间的实验分配系数表明，衍生化也显著改善了亲脂性。虽然在固态下稳定，但模拟胃液或 pH 7.4 磷酸盐缓冲液中的水解速率表明这些前药可以仅配制成干混合物，在使用前作为溶液重构。

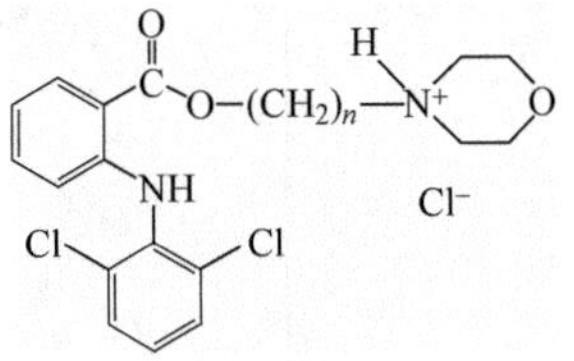

图 16.1 双氯芬酸的水溶性吗啉代烷基酯前药的化学结构（下标 *n* 等于 2、3 或 4）

Bundgaard 和 Nielsen（1987，1988）利用形成亲水性但不一定可电离的乙二醇酰胺酯，生成含羧酸制剂的前体药物，包括非甾体抗炎药。酯类对酶水解具有较高的敏感性，在水介质中具有较高的稳定性。*N,N*-二取代的 2-羟基乙酰胺是在 pH 7.4 磷酸盐缓冲液中于 37℃下在 80% 人血浆中易于裂解的前基团。酰胺氮上的两个取代基是血浆酶快速水解最重要的结构特征，但也正是这些取代基可以很容易地达到所需的溶解度或亲脂性。当使用呋塞米时，人血浆中的水解速率较慢（Mørk 等，1990）。作者认为，这些呋塞米酯邻位的呋喃氨基可能是酶促方法的空间位阻。有趣的是，萘普生酯表现出不同的溶解度和亲脂性特征，在人血浆中的水解半衰期均小于 2 min（Bundgaard 和 Nielsen，1988）。初步研究还表明，萘普生的乙酰胺酯在口服给药后被完全吸收，但在血浆中仅检测到母体药物（Bundgaard 和 Nielsen，1987）。

紫杉醇前药中的水溶性中间体通过与嗜热菌素区域选择性催化的 2'-羟基上的己二酸二乙烯酯的转酰基反应制备，因为紫杉醇上没有其他羟基被酯化（Khmelnitsky 等，1997）。然后使用南极假丝酵母脂肪酶在含有 1%水的乙腈中水解该中间体的乙烯基，生成紫杉醇-2'-己二酸（表 16.1）。又或者将中间体用作酰基供体在乙腈中与葡萄糖干燥反应，再次由南极假丝酵母脂肪酶催化，产生紫杉醇-2'-己二酰基葡萄糖。由于这种酶在这种酯交换反应中对单糖的伯醇显示出高度选择性，可推断葡萄糖在伯醇上衍生化（Therisod 和 Klibanov，1986；Martin 等，1992）。紫杉醇-2'-己二酰基葡萄糖和紫杉醇-2'-己二酸溶解度可显著增强，这两个化合物溶解度分别是紫杉醇本身（<4 μg/ mL）的 58 倍和 1625 倍（Khmelnitsky 等，1997）。

**表 16.1 紫杉醇及其反应物形式和南极假丝酵母脂肪酶催化反应的可能产物**

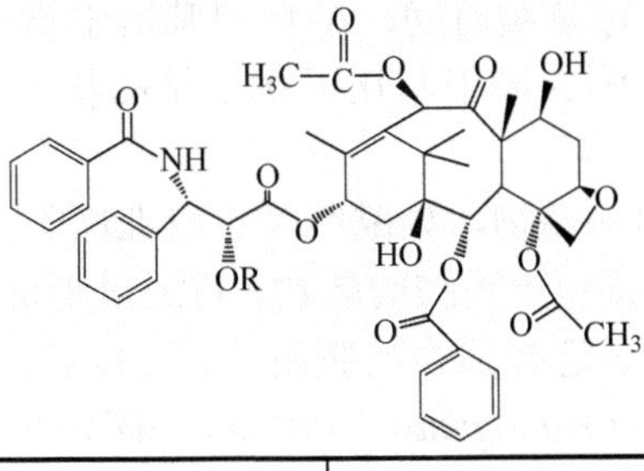

| 物质 | R 基团 |
|---|---|
| 紫杉醇 | H— |
| 改性紫杉醇作为反应物 | $H_2C{=}CH_2{-}O{-}C(=O){-}(CH_2)_4{-}C(=O){-}$ |

续表

| 物质 | R—基团 |
|---|---|
| 潜在的己二酸产物 | 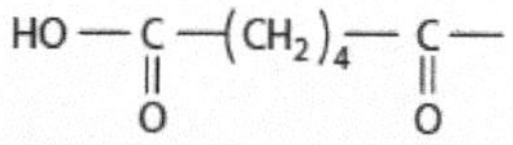 |
| 潜在的脂肪葡萄糖产物 | 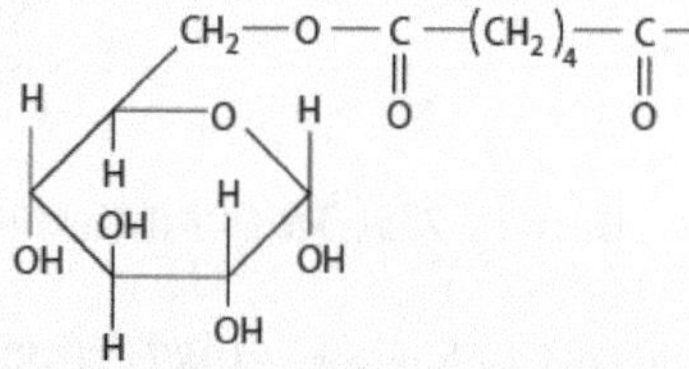 |

由于前体对酸性条件的敏感性可以有效地提高药物对实体瘤的靶向性（Niethammer 等，2001），酸敏感的紫杉醇前药也因此已被开发。2′-和 7-羟基可与 2,2′-二甲基-1,3-二氧杂环戊烷-4-氯甲酸甲醇（即氯甲酸缩酮）缩合形成双功能碳酸盐中间体。将中间体水解以除去 2′-碳酸盐，打开缩醛环形成 7-（2,3′-二羟丙基羰氧基）紫杉醇。据报道，具有亲水性官能团的紫杉醇碳酸盐更易溶于水，并对微管蛋白呈惰性（Nicolaou 等，1993）。该前药在酸性条件下通过碳酸盐的水解裂解而活化，生成紫杉醇、二氧化碳和二羟基丙醇。通过在室温水中超声处理 15 min 来测试前药溶解度，并且证明其溶解度是 $8.7\times10^{-4}$ mol/L，是紫杉醇溶解度（$1.5\times10^{-5}$ mol/L）的 58 倍。此外，发现前药在其提出的静脉注射剂中，在环境温度下化学稳定性至少保持 24 h，48 h 后降解小于 5%（Niethammer 等，2001）。最近对酸敏感性抗癌药物-聚合物偶联物的综述包括对大分子给药系统开发和研究的进展进行了讨论，范围从简单的聚合物-药物偶联物到位点特异性抗体靶向偶联物（Ulbrich 和 Subr，2004）。

用甲基取代酸性 NH 质子不是生产前体药物的可行方法，因为其为永久性修饰，且可显著影响母体化合物的药理学特性（Bansai 等，1981b）。建议通过与甲醛的简单反应将 NH 质子替换为羟甲基。羟甲基容易在水中裂解，生成甲醛（Alexander 等，1988）。（通过母体化合物与适当的醛反应，可在该位点定位相似的官能团。）当然，羟甲基为通过与含羧酸的前基团反应开发酯前体药物提供了机会，酯水解后，羟甲基在水性介质中迅速水解，生成母体药物和甲醛。使用前体药物预期的低水平甲醛毒性似乎不是问题，因为匹氨西林和乌洛托品（均作为安全药物上市）在给药时也释放甲醛（Bansai 等，1981b）。然而，甲醛毒性取决于剂量、给药频率和治疗持续时间。*N*-羟甲基衍生物通常表现出较高的水溶性和溶出速率，归因于较低的熔点，因为羟甲基化干扰了结晶状态下氮的氢键结合能力（Bansai 等，1981a，1981b）。

对于具有酸性 NH 官能团的药物，如酰胺类、酰亚胺类、氨基甲酸酯类、乙内酰脲类和尿素衍生物，以及含有脂肪胺和芳香胺的药物，可通过形成 *N*-曼尼希碱的方式开发水溶性衍生物，如图 16.2 所示，通过选择适当的胺组分，可以获得具有所需不稳定性、亲脂性、溶解度和溶出速率的前体药物（Bundgaard，1985a）。碱不依赖于酶水解，因此在存在或不存在人血浆的溶液中观察到相同的分解率（Johansen 和 Bundgaard，1981a；Bundgaard 和 Johansen，1982）。由仲胺制备的 *N*-曼尼希碱的盐形式具有较高的溶解度；由伯胺制备的 *N*-曼尼希碱即使以盐形式存在也未显示溶解度改善。这归因于分子内氢键结合的可能性，如图 16.3 所示。

$R-CONH_2 + CH_2O + HNR^1R^2 \longrightarrow R-CONH-CH_2-NR^1R^2 + H_2O$

图16.2　制备 N-曼尼希碱前药的示意

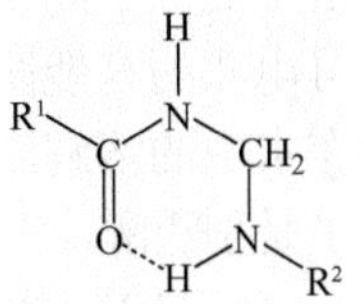

图16.3　与 N-曼尼希碱的潜在分子内氢键结合

以四环素和吡咯烷的 N-曼尼希碱，即氢吡四环素为例，其在中性水溶液中定量地返回四环素，在37℃下半衰期为 40 min（Vej-Hansen 和 Bundgaard，1979；Johansen 和 Bundgaard，1981a）。其他例子还包括，通过生成 N-曼尼希碱的盐酸盐，制备了溶解度高达母体药物 2800 倍的卡马西平水溶性前体药物，用于肠外给药（Bundgaard 等，1982）。制备了茶碱的 N-曼尼希碱和 5-氟尿嘧啶的吗啉代 N-曼尼希碱，用于经皮给药。这些前体药物的水溶性和脂溶性都明显增强，可能是由晶格能量降低所致，这也反映在前体药物会有较低的熔点（Sloan 等，1984）。在选择用于经口给药的 pH 2.6、10 mmol/L 柠檬酸盐缓冲液中，苯甲酰胺的 N-曼尼希碱 PC190723 的溶解度约为母体药物的 100 倍（Kaul 等，2013）。在生理 pH 下，N-曼尼希碱表现为前体药物，转化半衰期为 18.2 min。小鼠静脉给药可计算前体药物及其母体药物的消除半衰期分别为 0.26 h 和 0.96 h，表明前体药物在体内迅速转化。此外，N-曼尼希碱表现出口服生物利用度和广泛分布。在甲氧西林敏感性金黄色葡萄球菌或耐甲氧西林金黄色葡萄球菌全身感染的小鼠模型中，经口给予前体药物证明有效，而母体 PC190723 无效（Kaul 等，2013）。

各种酰胺、酰亚胺、乙内酰脲和尿嘧啶，以及三环和 N-杂环胺的 N-酰基氧烷基化，已被用于生成有前景的前体药物（Bodor，1981；Bundgaard，1982，1986）。这些前体药物类型可通过中间体 N-羟烷基衍生物的酯化获得，或者更常见的是通过 NH-酸性药物与 α-酰氧烷基卤化物反应获得（Bundgaard 和 Johansen，1984）。通过选择合适的衍生物酰基部分，有可能改变药物再生率、溶解度和亲脂性。一般而言，衍生物在水性介质中稳定，但在体内容易通过酶介导的水解裂解。最常见的酰氧基甲基衍生物是由于使用羟甲基基团作为氮和酰基之间的连接而产生甲醛作为水解产物的衍生物。假定药物再生过程为两步，第一步为酯的酶裂解（图16.4），第二步为 N-羟烷基衍生物分解为相应的醛和 NH-酸性母体药物。因此，酶水解步骤是控制药物再生速率的唯一机会。来自羧酸和涉及的 $R^3$ 基团的空间位阻和电子因素可减缓酶水解。

$R^1R^2N-\overset{R^3}{\underset{}{CH}}-O-\overset{O}{\underset{}{C}}-R^4 \xrightarrow[H_2O]{酶催化} R^1R^2N-\overset{R^3}{\underset{}{CH}}-OH + HO-\overset{O}{\underset{}{C}}-R^4$

↓快

$R^1R^2NH + CHO\text{-}R^3$

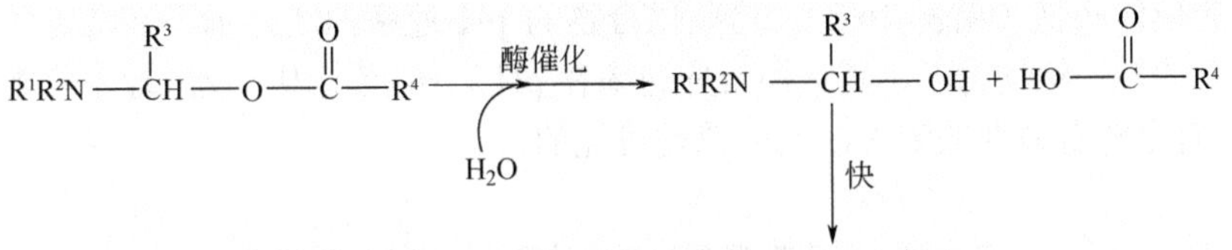

图16.4　通过两步工艺从 N-曼尼希碱前体药物再生药物

通过该方法制备的成功前体药物示例为氯唑沙宗 N-（N',N'-二甲基甘氨酰氧基甲基）衍生物的盐酸盐（Johansen 和 Bundgaard，1981b），其可将母体药物的溶解度提高 1000 倍。苯妥英的 N-酰氧基甲基衍生物，其中酰基带有氨基基团，相对于母体药物，溶解度大大提高（Varia 等，1984a）。溶解度和亲脂性可通过酰基部分的亲水性或疏水性进行修饰。N-酰基氧基烷基化也可以减少晶格中的分子间氢键结合。应该注意的是，苯妥英的酰基羟甲基前体药物的形成，其中酰基没有可电离的官能团，也应该引起晶体中氢键结合减少，实际上这些前体药物具有较低的熔点，但在水中的溶解度也较低（Stella 等，1998）。

第二个例子是别嘌醇，一种难溶性药物，由于其高熔点，也难溶于有机溶剂（Merck Index，1983；Bundgaard 和 Falch，1985b）。研究发现，一个分子的 $N_1$—H 与另一个分子的 $N_8$ 之间，以及一个分子的 $N_3$ 与另一个分子的 $N_9$—H 基团的氢之间存在氢键（Prusiner 和 Sundaralingam，1972）。*N*-酰基氧甲基化可阻断分子间氢键结合，随后可降低熔点并增加水溶性和亲脂性（Bundgaard 和 Falch，1985a，1985b；Bundgaard 等，1990）。特别是，*N*,*N*-二甲基和 *N*,*N*-二乙基甘氨酰氧基甲基衍生物显示出溶解度显著增强，并提供了比母体药物更大的分配系数。

布比卡因的 *N*-丁酰氧基甲基衍生物表现出超过 1g/mL 的 pH 非依赖性溶解度，即与母体药物的基础形式相比，水溶性增加了 10000 倍（Nielsen 等，2005）。在 pH 0.1～9.8 范围内，37℃ 下的化学水解遵循一级动力学，pH 稳定性曲线呈 U 形。在中性至微碱性 pH 条件下，水解不仅产生了布比卡因，还产生了芳香酰亚胺，认为其由涉及酯羰基碳上酰胺氮原子亲核进攻的分子内酰基转移形成。由于本报告中描述的这种前体药物和其他衍生物是血浆酶的不良底物，作者检测并证实了它们对胰酶的敏感性。前体药物在胃内环境中具有足够的稳定性，作者注意到其可能增强 $pK_a \leqslant 6$ 的叔胺的口服生物利用度，并且固有溶解度在微摩尔范围内。

制备含叔胺基团药物的水溶性前体药物的新技术涉及胺与二叔丁基氯甲基磷酸酯之间的亲核取代反应，导致形成季铵盐（Krise 等，1999c）。在酸性条件下，使用三氟乙酸很容易除去叔丁基，得到游离磷酸形式的 *N*-膦酰氧甲基前体药物。随后可转化为所需的盐形式。研究中包括奎尼丁、桂利嗪、洛沙平和胺碘酮（Krise 等，1999b，1999c）。前体药物将经历两步生物逆转过程。限速步骤为碱性磷酸酶催化的去磷酸化（Krise 等，1999a），随后 *N*-羟甲基中间体自发分解，生成母体药物。洛沙平的膦酰氧甲基前体药物的形成使其溶解度提高了 15000 倍，并在中性 pH 下提供了化学稳定的衍生物。Krise 等（1999a）预计，在 pH 7.4 和 25℃条件下，洛沙平肠外制剂的有效期可接近 2 年。

苯妥英是一种具有低水溶性和低脂溶性的药物。已经合成的一类脂质结合物，通过采用甘油三酯与 3-羟甲基苯妥英共价结合到 2 位，或使用甘油酯的 1 位与琥珀酸作为 3-羟甲基苯妥英的连接剂来提高口服生物利用度（Scriba，1993）。羟甲基苯妥英本身作为前体药物，在生理 pH 的水溶液中分解，生成苯妥英和甲醛。甘油三酯的脱酰基衍生物显示溶解度改善，并证明是人酶水解的最佳底物（见表 16.2）。这些化合物的 pH 速率曲线显示了在特定酸和特定碱催化水解中典型的拟一级动力学，其最小反应速率在 pH 3～6 范围内。反应速率常数表明，在该 pH 范围内具有足够有效期的溶液制剂应该是可能的。

**表 16.2　苯妥英-脂质结合物的理化性质和水解速率**

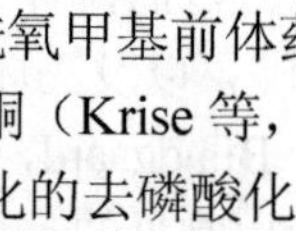


| R | 熔点/℃ | 苯妥英等价物 | 水溶性/（mg/mL） | 人体血浆中水解半衰期/min |
|---|---|---|---|---|
| H— | 295 | 1 | 0.03 | — |

续表

| R | 熔点/℃ | 苯妥英等价物 | 水溶性/（mg/mL） | 人体血浆中水解半衰期/min |
|---|---|---|---|---|
| 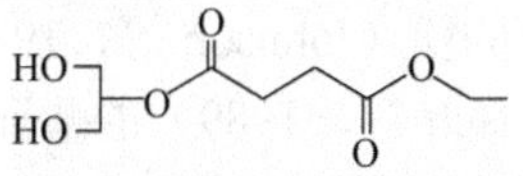 | —① | 0.55 | 2.26 | 371 |
| 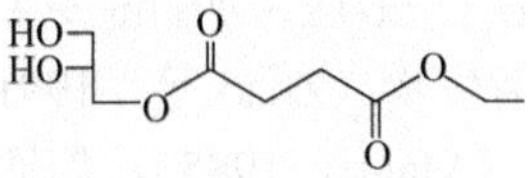 | —① | 0.55 | 2.16 | —② |
| 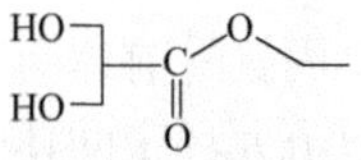 | 116 | 0.66 | 2.38 | 112 |

① 这两种结合物为无法结晶的吸湿性泡沫。
② 在水解研究中未考虑该偶联物。
来源：经 Springer Science & Business Media 许可，Scriba GKE.Pharm.Res.，1993，10：1181-1186.

为含有羟基或NH-酸性基团的药物开发了一种新型前体药物类型（Bundgaard 等，1989，1991）。对于涉及NH-酸性基团的情况，药物必须首先转化为 *N*-羟甲基衍生物，以提供可用于进一步衍生化的醇基。在前基团中，可电离胺通过苯环与用于酯衍生化的羧酸基团分离。为使胺 p$K_a$ 值大于 6，通过亚甲基将氨基与苯环分离，在最简单的情况下生成氨甲基苯甲酸。值得注意的是，4-（氨甲基）苯甲酸已被用作抗纤溶药物，表明该特定裂解的前基团无药理学活性。研究了其他烷基化胺，因为 *N*-取代的 4-（氨基甲基）苯甲酸，如 4-（*N,N*-二甲基氨基甲基）苯甲酸，不具有抗纤溶或胰蛋白酶抑制作用。在苯环的 3 位或 4 位具有氨基甲基或另一个氨基的前体药物显示出作为有用的前体药物的希望，因为它们能够提高药物在水介质中的溶解度和稳定性。在 pH 3～5 范围内达到了最大稳定性，在该范围内获得了长达 14 年的有效期。在 37℃、pH 7.4 的磷酸盐缓冲液中，获得了超过 200 h 的半衰期。在 37℃下存在 80%人血浆的情况下，前体药物易于水解，以定量产生母体药物。

一些研究表明，溶解度和前基团的亲水性之间可能并不总是存在相关性。例如，在一系列前列腺素衍生物中掺入极性氢键取代基，导致结晶相互作用力和水合力的增加，因此在水中的溶解度没有增加（Anderson 和 Conradi，1980）。由于前基团的亲水性增加，预测溶解度的增加被认为是不可靠的（Anderson 和 Conradi，1987）。

使用可电离的酸或碱官能团以实现水溶性增强的前体药物部分，其中 pH 对溶解度曲线的影响是明显的。已经合成了半合成表面活性剂 24,25-二氢夫西地酸的 13 种衍生物，并表征了其溶解度（Lee 等，1992）。使用含有羧酸、磷酸盐、硫酸盐以及伯胺、叔胺和季铵的前基团制备衍生物。与预期相同，当 pH 升高时，羧酸和磷酸盐有助于增溶作用；除季铵外，胺在 pH 降低时改善了溶解度。在研究的 pH 范围内，硫酸盐和季铵发生电离，未观察到 pH 修饰导致的溶解度增强。

## 16.3　氨基酸修饰

氨基酸酯被推荐为可能有用的前体（Kovach 等，1975；Amidon 等，1977），因为它们提供羧基与醇或酚反应形成酯前药，可电离的胺作为侧基，以及某些氨基酸中可能产生另一个可电离的侧基。一般而言，含有氨基酸或相关短链脂肪族氨基酸的酯类可被血浆酶快速水解（Bundgaard 等，1984b），由于刷状缘膜中存在氨基酸和肽转运蛋白，因此具有小肠吸收增强的潜在优势（Majumdar 等，2004；Dobson 和 Kell，2008）。不幸的是，一些氨基酸前体药物在水溶液中的稳定性较差，对乙酰氨基酚（Kovach 等，1975）、氢化可的松（Johnson 等，1985：Fleisher 等，1986）、甲硝唑（Bundgaard 等，1984a）和紫杉醇（Deutsch 等，1989）的酯证明了这一点。这些酯在水介质中不稳定的一个原因是质子化 *α*-胺的强吸电子效应，使酯键易受亲核攻击（Bundgaard 等，1989；Zhao 等，1991）。2′-*β*-丙氨酰紫杉醇衍生物（Zhao 等，1991）稳定性的提高支持了这一观点，尽管其结构与 2′-甘氨酰衍生物相似（Magri，1985），但通过将质子化胺的位置进一步移动一碳，可将其影响降至最低。溴己新的 *β*-丙氨酰前体药物也观察到溶解度和稳定性改善（Aggarwal 和 Gupta，2012）。由于 2'-酰基通过五元环中间体的分子内置换，认为 *γ*-氨基丁酰基紫杉醇衍生物是不稳定的（Zhao 等，1991）。因此，在甘氨酰、*β*-丙氨酰和 *γ*-氨基丁酰基衍生物中，*β*-丙氨酰衍生物被证明是最稳定的，因为它能够使这两种效应最小化（Zhao 等，1991）。用雌二醇的氨基酸酯前药再次观察到这种情况，其中 3-*N*,*N*,*N*-三甲基氨基丁基酯碘化物比 3-*N*,*N*-二甲基氨基丁基酯盐酸盐更稳定（假一级的半衰期），在 pH 7.4 下，反应分别为 34 h 和 5.6 min，在 37℃下 0.05 mol/L 磷酸盐缓冲液，因为前者不能使促进氮参与形成稳定的水解过渡态（Al-Ghananeem 等，2002）。甚至环状氨基酸也被成功用作启动子（Altomare 等，2003）。

消除质子化 *α*-胺影响的另一种方法是在前体的肽组分中使用氨基酸（Lallemand 等，2005a，2005b），包括在环孢素前药的前体中的二肽肌氨酸-丝氨酸或肌氨酸-赖氨酸，其中侧链中的磷酸酯或质子化胺提供增溶部分而不是氨基酸的 *α*-胺。制备伯氨喹啉的苯丙氨酸丙氨酸-前药以改善药动学特征。该前体药物成功预防疟疾，并证明其细胞毒性较低，并且比母体药物引起的溶血更少（Devanco 等，2014）。

氨基酸结合了低毒性和广泛的其他特性。例如，在柔红霉素的氨基酸和二肽前体药物中，证实 L-亮氨酸衍生物的毒性比柔红霉素低 4 倍，但对小鼠 L-1210 白血病的效力相同（Baurain 等，1980）。一般而言，亲水性、酸性和碱性氨基酸产生的毒性衍生物少于疏水性更强的氨基酸，如丙氨酸和亮氨酸。这些氨基酸衍生物的毒性和治疗指数变化归因于组织分布、细胞摄取率和细胞内定位模式的差异（Jones，1985）。当共价键模拟肽键时，通过蛋白酶活性进行生物恢复非常有效（Amidon 等，1977）。抗肿瘤苯并噻唑类的 L-赖氨酰和 L-丙氨酰酰胺前体药物在 pH 约为 5 的酸性水中具有溶解度，在 pH 4.5 缓冲液中于 25 ℃时具有化学稳定性，在体内转化为游离碱（Hutchinson 等，2002）。

阿昔洛韦因其理化性质差，难以用于眼部和皮肤给药。Colla 等（1983）已经描述了高度水溶性的前体药物，包括被证明可能可用于溶液制剂开发的氨基酸酯。在抑制单纯疱疹病毒 1 型或 2 型方面，酯类与母体药物的活性相当或略低。抗病毒活性表明酯类易于水解以再生母体药物。

Shen 等（2009a）报道了腺嘌呤 9-*β*-D-阿拉伯呋喃糖苷（阿糖腺苷）的 5'-*O*-D-和 L-氨基酸衍生物的制备，且作为前药使用。另外，也制备了 5'-*O*-D-和 L-氨基酸甲酯氨基磷酸酯衍生物。他们报告说有些人对痘病毒同样或更有效。令人感兴趣的是，与阿糖腺苷本身相比，其增强培养细胞的摄取。阿糖腺苷 5'-*O*-缬氨酰酯的进一步研究主要集中在其合成和物理化学性质上（Shen 等，2009b）。

当制备对乙酰氨基酚的氨基酸酯前体药物时（Kovach 等，1975；Pitman，1976），甘氨酸酯的氢溴酸盐显示在水中溶解度增强，但 β-天冬氨酸酯的盐酸盐显示溶解度低于母体化合物。溶解度增强是由于盐的形成，而母体药物是弱酸性苯酚，在溶液中基本上表现为中性分子。β-天冬氨酸酯的溶解度降低是由于末端羧酸的电离，其与质子化胺形成两性离子。两性离子也表现为具有整体中性特征的分子，如在水性介质中通常观察到的两性离子，但其较大的分子导致溶解度降低。

Bundgaard 等（1984a，1984b）制备了 8 种甲硝唑氨基酸酯，然后评估了它们在肠外剂型中的应用潜力。通过生成每种酯的 α-胺的盐酸盐，它们在每种情况下溶解度都能大于 0.2 g/L，但是对酶水解的敏感性变化很大。他们认为 N,N-二甲基甘氨酸酯是最有希望的候选物，基于其良好的溶解度（大于 0.5 g/L），其体内快速水解速率（半衰期为 12 min）比在生理温度下磷酸盐缓冲液中快（半衰期为 250 min），而且它可以合成和纯化（Bundgaard 等，1984b）。不理想的是，由于该溶液不稳定，该前药只能作为配方使用，在使用前需进行配液，重新溶解方可使用。

当将增溶促进方法应用于拟经口给药的药物时，水溶解度的期望增加可与肠壁水分配系数的显著降低相结合，从而降低有效膜通透性（Amidon 等，1980）。如果通过化学或酶的方法在肠腔中迅速转化为难溶性药物，则前药形成导致的膜通透性降低不会产生任何后果。然而，驱动药物扩散传输的浓度梯度将受到其低溶解度的限制。Amidon 等描述了新策略。制备难溶性化合物的衍生物，这些化合物是小肠内壁黏膜细胞刷状边缘区域酶的底物（Amidon 等，1980；Fleisher 等，1985）。在启动子裂解后，更多的非极性母体药物将被定位在紧邻其具有高分配系数的膜的位置。理论上，这种膜对母体药物来说是非极性的。雌酮赖氨酸和对硝基苯胺赖氨酸不仅溶解度提高，而且肠黏膜通透性比母体药物提高 5～10 倍。

已经证明使用氨基酸（如赖氨酸或其类似物，β-氨基己酸）作为增溶前体是特别有效（Radhakrishnan，1977）。表 16.3 显示雌酮酯的水溶解度比母体药物高 3～5 个数量级。它们也是消化酶的优良底物（Radhakrishnan，1977）。除了广泛选择可能的氨基酸（或类似物）前体以获得所需的物理性质之外，生化还原比化学还原具有潜在优势，因为前药在制剂中可以是化学稳定的，但在给药时是生化不稳定的。

**表 16.3　雌酮和雌酮酯前药的溶解度**

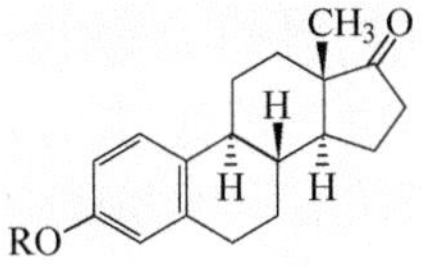


| 化合物 | 溶解度/（mol/L） | 参考文献 |
|---|---|---|
| 雌酮 | $2.96\times10^{-6}$ | Hurwitz 和 Lin（1977） |
| 雌酮-3′-氨基己酸 | 0.005 | Amidon（1981） |
| 雌酮-3′-氨基酸酯 | 0.03 | Amidon（1981）① |

①Amidon G L. Drug derivatization as a means of solubilization：Physicochemical and biochemical strategies. // Yalkowsky S H. Techniques of Solubilization of Drugs. New York：Marcel Dekker，1981，203.

维生素 K（Takata 等，1995a）和维生素 E（Takata 等，1995b）的氨基烷羧酸酯前体药物在水中表现出相当大的溶解度，并且对肝酯酶水解高度敏感。维生素 E 前体药物包括一级（甘氨酸）、二级（肌氨酸）和三级氨基乙酸（N,N-二甲基甘氨酸）酯衍生物。使用 N,N-二甲基甘氨酸制备了 Menahydroquinone-4 的单酯和二酯（见表 16.4），以改善母体化合物的溶解度和酯酶不稳定性（Takata 等，1995a）。在与体内发现的相似的条件下裂解再生 Menahydroquinone-4，这可以用表观一级动力学来描述，证实它们是真正的前体药物。体外和体内水解速率之间的巨大差异表明，可制备稳定的溶液剂型，给药时可能发生快速生物转化。

**表 16.4 Menahydroquinone-4 酯前药溶解度、分配系数和水解半衰期**

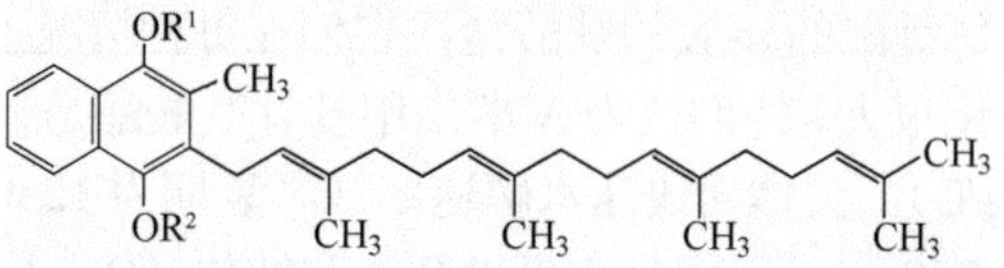


| 衍生物 | 溶解度/（mmol/L①） | lg*P*② | 大鼠血浆水解半衰期/min | 缓冲液水解半衰期③/min |
|---|---|---|---|---|
| $R^1$：$(CH_3)_2NCH_2CO$—<br>$R^2$：H— | 24 | 4.56 | 3.01 | 3410 |
| $R^1$：H—<br>$R^2$：$(CH_3)_2NCH_2CO$— | 5.7 | 4.67 | 2.90 | 2350 |
| $R^1$：$(CH_3)_2NCH_2CO$—<br>$R^2$：$(CH_3)_2NCH_2CO$— | ～50 | 3.66 | 15.0 | 1390 |

① 室温下前体药物盐酸盐的溶解度。
② 1-辛醇与 pH 7.4 磷酸盐缓冲液之间分配系数的对数。
③ 37℃下 pH 7.4 的磷酸盐缓冲液。
来源：已经许可，Takata J，Karube Y，Hanada M，et al.Vitamin K prodrugs. 1. Synthesis of amino acid esters of menahydroquinone-4 and enzymatic reconversion to an active form. Pharm.Res.，1995a，12：18-23.

胺的 *N*-酰化提供酰胺前体药物的应用有限，因为酰胺在体内通常相对稳定（Bundgaard，1987）。然而，由氨基酸形成的某些酰胺可能容易发生酶裂解。例如多巴胺、左旋多巴和磺胺甲噁唑的 *γ*-谷氨酰衍生物，可被 *γ*-谷氨酰转肽酶水解。基于 *γ*-谷氨酰衍生物在肾脏中的优先生物活化作用，建议将其用作肾脏特异性前体药物（Wilk 等，1978；Orlowski 等，1979）。已证明苯佐卡因的各种氨基酸衍生物具有高度水溶性，不仅在人血清中发现的酶的作用下快速裂解，而且在某些蛋白水解酶的作用下快速裂解（Zlojkowska 等，1982）。制备 5-氟尿嘧啶的二肽前体药物，比较对化学和酶水解的敏感性（Nichifor 和 Schacht，1997）。研究发现，稳定性取决于 *N* 端氨基酸、*C* 端取代甘氨酸的构型（以旋光度表征）以及二肽上是否存在取代基。化学水解速率随着 *N* 端氨基酸疏水性的增加而降低。具有游离羧基末端基团的二肽的水解速率远低于乙酯形式的二肽。化学稳定性最低的前体药物衍生物具有氨基和乙酯末端基团的二肽，这是由于其内部环化为化学上不稳定的二酮哌嗪。同时对这些前体药物对氨肽酶和内肽酶活性的敏感性进行测试。氨肽酶催化水解速率以右旋二肽为高，*N* 端氨基酸依次为 Ala＞Leu＞Phe＞Gly。内肽酶活性对左旋二肽较高，在 *N* 端依次为 Ala＞Gly＞Phe≈Leu。*C* 端存在游离羧基而不是乙酯末端基团，对氨肽酶活性影响不大，但抑制了内肽酶活性。

## 16.4 疏水官能团修饰

物质在固态下，高熔点反映其高晶格能，同时高熔点及高熔化焓导致物质在溶剂中的溶解度较差，尤其是氢键作用往往使物质具有高熔点特性，并且能够在结晶状态下固定空间构型。目前，利用前药提高溶解度的方法是通过干扰晶格中药物分子间的较强作用力，以降低其熔点和熔化焓。

利用前药提高溶解度的应用之一就是阿糖腺苷前药的制备。由于阿糖腺苷在晶格中存在分子间氢键，因此具有 260℃的高熔点（Windholz 等，1983），从而导致阿糖腺苷的溶解度只有 0.5 mg/mL。然而，当 5'-羟基的酯化反应消除了这种分子间相互作用的潜能时，使得阿糖腺苷的熔点降低（Repta 等，1975）。通过使用亲脂性较弱的酰基，例如甲酰基，可制备出溶解度明显提高的阿糖腺苷前药，同时 5'-甲酸酯在人血液中迅速水解，可能适用于注射给药（Repta 等，1975）。左旋多巴乙酯被证实是一种高水溶性的左旋多巴前药，可能是它具有更高的浓度梯度和更高的分配系数，因此具有更快的生物跨膜吸收速率（Djaldetti 等，2002）；虽然较长的烷基链长度可以导致较低的熔点（Stinchcomb 等，1995），但由于烷基链长度的增加可能导致亲脂性提高，从而抵消了熔点较低所带来的溶解度改善。

研究发现，同一种前药溶解度和亲脂性改善实例很多。如由于母体化合物具备较差的代谢特性，因此制备了抗病毒药物 6-甲氧嘌呤阿拉伯糖苷的二酯和三酯前药（Jones 等，1992）。通过测量尿液中的母药，可发现三乙酸酯能够提高其在大鼠体内的生物利用度；而长链脂肪族或芳香族三酯等这些衍生物的生物利用度降低的根本原因是溶解度较低。二酯类药物，特别是二乙酸酯类，由于具有较高的溶解度和分配系数，因此显著提高了体系的生物利用度。通过对熔点和熔化焓的研究，可确定这种改善是由于阻碍了结晶态中的氢键作用，从而导致晶格能降低。

5-氟尿嘧啶的 $N_1$ 和 $N_3$ 位点均可用于酰化反应，制备出的各种 $N_1$-或 $N_3$-酰基衍生物在缓冲溶液中很容易水解，因此可定量获得母药（Buur 和 Bundgaard，1984a，1984b）。通过研究发现 $N_1$-酰基衍生物具有高度的不稳定性而 $N_3$-酰基衍生物更稳定，原因是封闭了 $N_3$ 位点，从而降低了在晶格中氢键作用的可能性，进而导致其熔点降低、溶解度提高（表 16.5）。在 *N*-酰基衍生物中，酰基的选择性可影响药物在接近体内条件下的水解速率，以及溶解性、亲脂性等理化特性。因此，通过将烷基羧甲基氯与 5-氟尿嘧啶在 1-甲基吡咯烷酮和乙腈体系中反应，从而制备了 5-氟尿嘧啶的 1-烷基羰基氧基甲基前药（Taylor 和 Sloan，1998）。这些前药中只有 1-乙酰氧基甲基-5-氟尿嘧啶和 1-丙酰氧基甲基-5-氟尿嘧啶这两种比母药更易溶于水。烷基链越长，溶解度越低，前药酯类作用的水解导致 5-氟尿嘧啶的不稳定 1-羟甲基衍生物形成，同时由于甲醛的快速消耗而转换为母药。

**表 16.5　*N*-酰化对 5-氟尿嘧啶熔点、溶解度、分配系数、水解速率的影响**

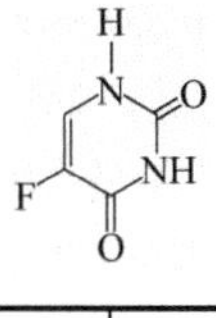

| 药物或衍生物 | 熔点/℃ | 溶解度/（mol/L①） | lg*P*② | 缓冲液水解半衰期/min | 80%血浆水解半衰期/min |
|---|---|---|---|---|---|
| 5-氟尿嘧啶（5-FU） | 280 | 0.085 | −0.83 | — | — |
| 3-乙酰基-5-FU | 116 | 0.249 | −0.34 | 43 | 4.6 |
| 3-丙酰基-5-FU | 113 | 0.190 | 0.19 | 50 | 20 |
| 3-丁酰基-5-FU | 132 | — | 0.67 | 58 | 28 |
| 3-苯甲酰基-5-FU | 172 | 0.006 | 0.80 | 2900 | 110 |

① 在 pH 4.0 醋酸盐缓冲液中的溶解度。

② 1-辛醇与 pH 4.0 醋酸盐缓冲液之间的分配系数。

来源：经 Elsevier 许可，Buur A，Bundgaard H. Prodrugs of 5-fuorouracil. I. Hydrolysis kineticsvand physicochemical properties of various *N*-acyl derivatives of 5-fuorouracil.Int.J.Pharm.，1984a，21：349-364. Buur A，Bundgaard H. Prodrugs of-fuorouracil. II. Hydrolysis kinetics，bioactivation，solubility and lipophilicity of N-alkoxycarbonyl derivatives of 5-fuorouracil. Arch Pharm Chem.Sci.Ed，1984b，12：37-44.

噻苯达唑的生物可逆性衍生物（表 16.6）是由苯并咪唑部分的 *N*-酰化反应生成的（Nielsen 等，1992），与母药相比其在水中的溶解度增加了 12 倍。由于这些衍生物具有良好的溶解性、亲脂性和化学稳定性，并且易于酶解，因此成为有前景的前药。

**表 16.6 酰基对噻苯达唑熔点、溶解度、配分系数、水解速率的影响**

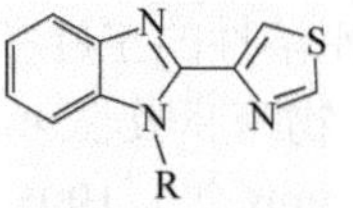

| 药物或酯的官能团（R） | 熔点/℃ | 溶解度①/（mmol/L） | lg*P*② | 缓冲液中的水解半衰期/min | 在 80%血浆中的水解半衰期/min |
|---|---|---|---|---|---|
| —H | 304 | 0.094 | 2.47 | — | — |
| $—COOCH_3$ | 123 | 0.77 | 2.05 | 1620 | 8 |
| $—COOCH_2CH_3$ | 84 | 1.2 | 2.51 | 2940 | 24 |
| $—COOCH_2CH_2CH_3$ | 68 | 0.30 | 2.98 | 3240 | 24 |
| $—COOCH_2CH(CH_3)_2$ | 72 | 0.067 | 3.46 | 3420 | 22 |

① 21℃下在 0.02 mol/L、pH 6.0 磷酸盐缓冲液中的溶解度。

② 21℃下 1-辛醇与 0.02 mol/L、pH 6.0 磷酸盐缓冲液之间的分配系数。

来源：Nielsen L S，Bundgaard H，Falch E. Acta Pharm. Nord.，1992，4：43-49

通过在环外的氨基上构建亲脂性的取代基，制备了 2',3'-二脱氧胞苷的高水溶性亲脂前药（Kerr 和 Kalman，1992）。可推断，$NH_2$ 基团作为两个分子间氢键的供体，此氨基基团的去除可提高其在水中的溶解度。将母药与过量的二甲基甲酰胺缩醛缩合，使 $N_4$-基团发生衍生化形成 *N*,*N*-二甲基、*N*,*N*-二乙基、*N*,*N*-二丙基和 *N*,*N*-二异丙基氨基的亚甲基衍生物。此外，Kerr 和 Kalman 还研究了哌啶、吗啉和吡咯烷酮的亚甲基衍生物。由于母药通过涉及 *N*-甲酰中间体的自发一级水解再生，因此二异丙基类衍生物可能是最好的候选药物，在 37℃、pH 7.4 磷酸盐缓冲液（47.5 h）中，其溶解度至少提高了三倍，并且它的半衰期最长。虽通过稀释后人体血清的半衰期与磷酸盐缓冲液的半衰期相同或更长，表明酶催化反应不太可能释放出母药，但事实上，作者观察到随着血清含量的增加，半衰期延长，他们认为这是药物与血清蛋白进行结合，避免了药物的水解。

每一种 *N*-烷氧羰基甲苯达唑前药在 pH 5.0 的乙酸盐缓冲液中溶解度均有提高，是母药溶解度的 20 倍（Nielsen 等，1994）。有趣的是，研究发现在药物的载体基团中没有可电离的官能团，而溶解度较高的原因是苯并咪唑分子中的 NH 质子被烷氧羰基取代，导致晶格能降低。同时上述实例再次证实，熔点的极大降低反映了其晶格能的降低。

## 16.5 聚合物和大分子修饰

以共价键连接药物与聚合物或高分子作为载体的前药具有以下优点：①延长药理作用；②减少副作用或毒性；③更高效地给药以减少所需药物的剂量；④完成特定位点的给药；⑤增加药物的溶解度（Filipovic-Grcic 等，1995；Smith 等，2014）。水溶性聚合物作为前药载体，极具吸引力，因为许多聚合物具有生物相容性（Liu 等，2008；Wu 等，2013），如聚合物-药物共聚物可以提高溶解度（DiMeo 等，2015），同时可通过阻止酶对母体化合物的作用，进而延长药物的半衰期（Caprariis 等，1994）。大分子作为药物的载体，可改变药物的组织定位，其定位方式在很大程度上取决于大分子本身的特性（Sezaki 和 Hashida，1984）。水溶性的线性多糖特别适合作为药物载体，由于它们自身具有良好的溶解性，因此适合注射给药，也有助于制备前药（Molteni，1982）。然而文献报道，已知高分子量的乙烯基聚合物可在体内累积，因此目前的研究尚未考虑高分子量的乙烯基聚合物（Schacht 等，1984）。但是生物可降解的聚合物备受关注，如线性多糖或生物可降解的乙烯基聚合物。

右旋糖酐因其良好的理化性质和药理耐受性而被选为载体（Schacht 等，1984；Sezaki 和 Hashida，1984；Sezaki，1989）。以不同取代度（DS）制备了右旋糖酐-萘啶酸酯，并将其作为结肠特异性前药形式（Lee 等，2001）。前药在水中的溶解度依赖于 DS（每 100 mg 右旋糖苷-萘啶酸酯中萘啶酸的含量），分别用 57.6 mg/mL、0.53 mg/mL、0.03 mg/mL 的右旋糖酐，DS 分别为 7、19、32。右旋糖酐前药在 pH 1.2 盐酸缓冲液或 pH 6.8 磷酸盐缓冲液中孵育 6 h 后未检出萘啶酸。前药在组织匀浆和小肠内容物中孵育后，并未检出萘啶酸。然而，当 DS 为 7 或 17 的右旋糖酐前药在 37℃大鼠盲肠内容物中孵育时，24 h 内分别释放出 41%或 32%的萘啶酸。

一些氨基酸，包括苯丙氨酸、甘氨酸和亮氨酸，以及二肽、甘氨酰甘氨酸、二羧酸、琥珀酸，均可用作连接甲硝唑与右旋糖酐主链的间隔物（Vermeersch 等，1990），制备具有体外稳定性和体内抗滴虫活性的水溶性酯前药。甲泼尼龙或地塞米松与右旋糖酐通过琥珀酸或戊二酸间隔物相连接，用于潜在的结肠特异性给药（McLeod 等，1993）。小肠内容物在孵育过程中释放药物较少，而盲肠和结肠内容物释放速率较快。由于这类药物在 37℃下、pH 6.8 的磷酸盐缓冲液中水解速率低，选择性酶介导的水解作用，以及在人结肠中较长的停留时间，都表明这些前药确实具有很好的靶向传递糖皮质激素的潜力。

以琥珀酸为连接剂，将 5-碘-2'-脱氧尿苷（IDU）添加到 D 型或 L 型聚乳酸（PLA）中，制备了一种高分子前药（Rimoli 等，1999）。IDU 装载量与羧基端一致（约为 0.024 mEq/g 的 PLA）。该共轭物在 pH 7.4 磷酸盐缓冲液中水解性能稳定，但在含有酯酶的生物介质中易发生酶解。

环糊精已显示出作为聚合物载体的潜力。通过回流 5-氨基水杨酸（5-ASA）和甲酸 30 min，加入冷蒸馏水，生成 5-甲酰基氨基水杨酸（5-fASA）（Zou 等，2005）。将 5-fASA 溶于 DMF 中，加入羰基二咪唑。缓慢将 α-环糊精、β-环糊精、γ-环糊精溶解在 DMSO，然后补加三乙胺。将混合物搅拌 24 h，然后用过量的盐酸或丙酮沉淀含有 5-甲酰基的前药。通过将甲酰基水解得到的沉淀制备了 5-ASA-环糊精前药。环糊精与 5-ASA 的比例为 1∶10 的前药，在 37℃，pH 1.2、6.8 和 7.5 条件下，化学稳定性为 6 h。与 5-ASA 本身的溶解性（1.0 g/L）相比，1∶1 或 1∶2 比例的前药在 25℃ 0.05 mol/L 乙酸溶液中的溶解度（91.8～720 g/L）要高很多，但这种低载药量会导致患者正常使用时，需较大的给药量。将大鼠胃肠道各区域内容物与前药孵育后，5-ASA 在小肠内缓慢释放，而在盲肠或结肠混合物中释放更快，符合预期。

由于透明质酸（HA）受体在移植人乳腺上皮细胞和其他癌症中过度表达（Culty 等，1992），在抗肿瘤药物上添加 HA 可以提高癌细胞的选择性。除了提高药物在水中的溶解度外，将这些药物与生物聚合物偶联，通常在化学稳定性、局部给药和控释方面具有优势（Maeda 等，1992）。HA 是一种线性多糖，含有交替的葡萄糖醛酸和 *N*-乙酰氨基葡萄糖残基（见图 16.5）。它是细胞外基质、关节滑膜液和软骨支架的糖胺聚糖成分之一（Laurent 等，1995），且无免疫特性，是开发生物相容性和生物降解药物传递系统的优良聚合物（Freed 等，1994；Prestwich 等，1998；

Vercruysse 和 Prestwich，1998）。Luo 和 Prestwich（1999）报道了药物-HA 偶联物的制备，其中 HA 用己二酰二肼（ADH）修饰，再与紫杉醇-2'-琥珀酸 NHS 酯偶联，使得前药能够以多种形式装载 ADH 和紫杉醇（表 16.7）。

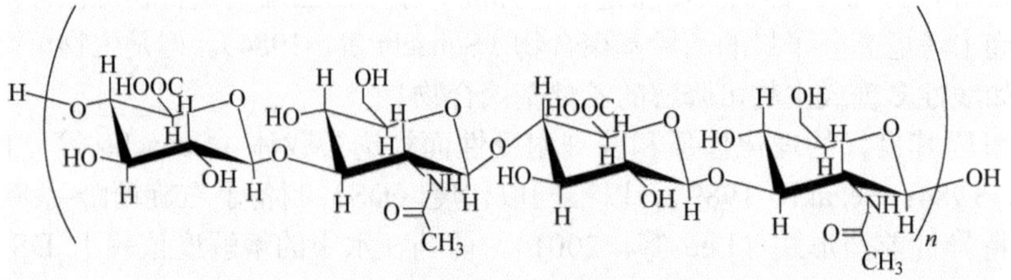

图 16.5　透明质酸

**表 16.7　紫杉醇的 2'-半胱氨酸 NHS 中间体及其 HA 前药形式**

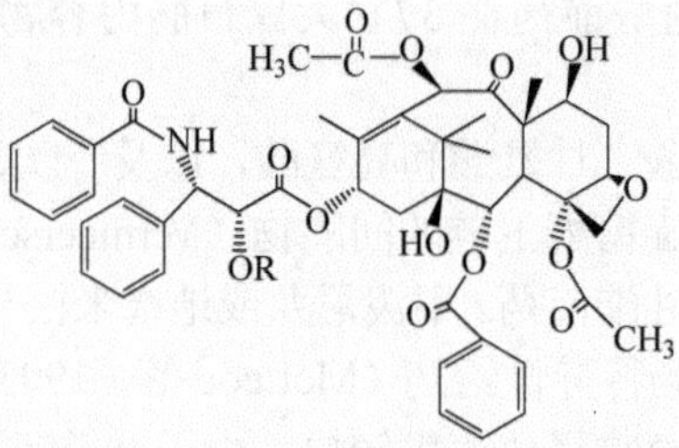

| 化合物 | R 基团 |
| --- | --- |
| 紫杉醇 | H— |
| 2'-琥珀酸 NHS 中间体 | 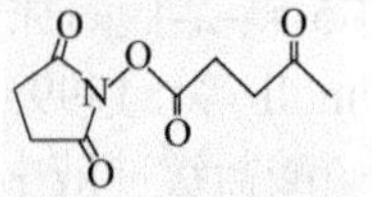 |
| 透明质酸加合物 | 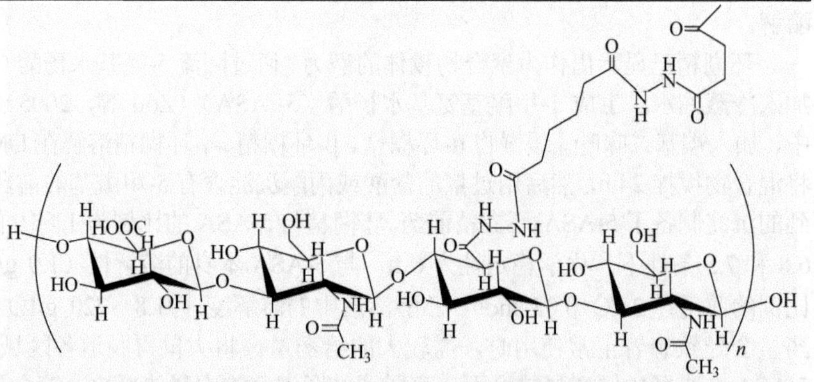 |

*N*-（2-羟丙基）甲基丙烯酰胺（HPMA）用于制备靶向药物载体的可溶性聚合物-药物偶联物的应有已有一段历史（Rihova 等，1986；Duncan 等，1987；Kopecek，1991；Kopecek 等，2000；Vartikovski 等，2001；Wohl 等，2014；Smith 等，2015）。目前至少有 5 个聚合物-药物偶联物作为抗癌药物进入Ⅰ/Ⅱ期临床试验，HPMA 作为聚合物参与其中（Duncan 等，2001）。它们是 HPMA-多柔比星、HPMA-紫杉醇、HPMA-喜树碱、HPMA-铂酸盐共聚物，其中 HPMA-多柔比星偶联物也包含半乳糖胺。半乳糖胺常被用于靶向肝脏（Duncan 等，1986），以治疗原

发性和继发性肝癌（Duncan 等，2001）。

当制备利巴韦林的聚合物前药时，试验了聚合物载体抑制一氧化氮的作用，探寻降低此药物溶血性的证据。目前该聚合物可能干扰一氧化氮合酶的抑制作用（以利巴韦林抗炎作用为治疗基础）已备受关注，且证实利巴韦林具有严重副作用（Guo 等，2015）。因此，目前的研究方向主要集中在 HPMA（Wohl 等，2014）、PVP（Kryger 等，2014）、聚甲基丙烯酸（PMAA，Wohl 等，2014）和聚丙烯酸（PAA，Kryger 等，2013，2014；Wohl 等，2014）等方面。虽然 HPMA 的毒性最低，但 HPMA 和 PAA 均降低了细胞毒性。PVP 是这些研究中唯一一种阻断一氧化氮合酶抑制的聚合物。PAA 无溶血作用（Kryger 等，2013，2014），但被证实是上述高分子前药中最有效的。

在药物共价修饰的水溶性合成高分子材料中，聚乙二醇（PEG）因其生物相容性好、无抗原性和毒性而受到人们的青睐（Weiner 和 Zilkha，1973；Zalipsky 等，1983；Dal Pozzo 和 Acquasaliente，1992；Li 等，2014）。此外，这些聚合物可溶于水和有机溶剂（Weiner 和 Zilkha，1973），同时可以特定分子量进行商业化生产（Cecchi 等，1981）。然而，PEG 前药有两个明显的缺点。作为醇羟基来源的 PEG 与酯类在 *α* 位点形成一个吸电子基团，这会导致酯键的快速化学水解（Chung 和 Cho，2004）；同时前药中的 PEG 组分是不可生物降解的（Zalipsky 等，1983），这限制了这些前药的给药途径。

Mattarei 等（2015）将只有 3、4 或 6 个重复单元的短链 PEG 用于制备白藜芦醇的 *N*-单取代甲氧基低聚（乙二醇）氨基甲酸酯前药。使用低聚乙二醇取代聚乙二醇，具有低分子量、高载药能力的特点，为 PEG 衍生物提供了理想的理化特性。低聚乙二醇链较短，虽不能被生物降解，但也可在传统给药途径中发挥作用。

在各种低分子量 PEG 末端羟基与药物羧基之间生成酯，使制备吲哚美辛（Caprariis 等，1994）和布洛芬（Cecchi 等，1981）的前药成为可能。研究发现，吲哚美辛前药在等渗 pH 7.4 磷酸盐缓冲液、80%的人体血浆中表现出快速的再转化能力。在没有酶参与的情况下，pH 为 2 或 7.4 的缓冲液中，水解速率比有酶参与的情况下慢约 200 倍。对猪酯酶的初步试验表明，酶解反应可能是由酯酶催化的，水解可以直接使母药再生。四乙烯乙二醇布洛芬衍生物是一种难溶于水的黏性油。然而，一个由大约 45 个单体组成，分子量为 2000 的 PEG 在其两端酯化后，仍可以自由溶解。

紫杉醇 PEG 衍生物（Greenwald 等，1996；Nam 等，2014）、喜树碱 PEG 衍生物（Greenwald 等，1998）和多柔比星 PEG 衍生物（Rodrigues 等，1999）早已成功制备。有研究者指出，PEG 分子量必须够大，以便循环半衰期大于水解半衰期（Greenwald 等，1996）。就喜树碱衍生物而言，分子量≥20000 的 PEG 允许双功能 PEG 在主药两端进行衍生化，其仍然溶于水（Greenwald 等，1998）。多柔比星-聚乙二醇前药的合成是在水介质中由三种不同的具有马来酰亚胺衍生物结构的多柔比星，分别与分子量 20000 的 *α*-聚乙二醇（mPEG）-硫代丙酸酰胺、分子量 20000 的 *α*,*ω*-双硫代丙酸酰胺聚乙二醇和分子量 70000 的 *α*-叔丁氧基-聚乙二醇-硫代丙酸酰胺进行制备的。巯基以快速、选择性的方式键合到马来酰亚胺基团的双键上，形成稳定的硫醚键（Rodrigues 等，1999）。研究表明分子量 70000 的 PEG 的衍生物在 pH 7.4 的缓冲液中具有良好的化学稳定性，在培养基中经过 48 h 后药物释放量低于 10%，然而，在 pH 5.0 时释放速率却更快，这一现象表明该衍生物在酸性条件下具有极易降解的敏感特性。

他克莫司是一种有效的免疫抑制剂，但由于其水溶性差，故以二环己基碳二亚胺为基础，以二甲氨基吡啶作为偶联剂，使用碘乙酸将该药物的 24-、32-或 24-和 32-位同时进行初级酰化，使该药物与 mPEG 发生衍生化（Chung 和 Cho，2004）。三种碘乙酸酯分离后，中间酯与分子量 5000 的 mPEG-SH 在碳酸氢钠存在下反应，制得前药。实验证实这些衍生物可溶于水，并且可通过肝脏匀浆转化为他克莫司。在肝脏匀浆中，其半衰期约为 10 min，表明该类药物具有作为免疫抑制剂前药的潜力。同时，在 37℃下 pH 7.4 的磷酸盐缓冲液中半衰期为 20 h，说明该产品具有足够的化学稳定性，可在水中简单溶解而无需关注其化学降解。

*N*-羟甲基苯妥英钠本身是一种前药，如前所述，它通过单功能和多功能聚乙二醇末端的离子化与非离子化基团连接（Dal Pozzo 和 Acquasaliente，1992）。在这六种衍生物中，*N*-羟甲基苯妥英钠通过琥珀酸与 PEG 的末端羟基相连，而 PEG 链的另一端是羟基、甲氧基、琥珀酸钠或更复杂的二羧基二钠盐。每一种前药，除了只有三个单体单元的甲氧基封端聚乙二醇的衍生物外，其余都能自由、快速地溶于各种比例的水，并且在室温条件下水中的稳定性可达一个月。然而该药在未稀释的血浆中，由于其水解速率过快，而未能进行表征。在 10%的稀释血浆中其半衰期呈拟合一级动力学，约为 3 h，而在等渗的磷酸盐缓冲液中半衰期为 150 h，表明上述前药具备更优的体内/体外转化比率。

为提高难溶性药物萘普生的溶解度和生物利用度，制备了一系列零代聚酰胺树突状前药（Freeman 等，2005）。树突状大分子是具有多个端基的支链分子，通常药物分子与树突状大分子的端基共价结合（De Groot 等，2003）。与萘普生联用的树突状分子（G0）即 PAMAM 通过形成酰胺键进行连接（图 16.6），也可以通过乳酸或二甘醇连接至树突状分子上，然后将萘普生与连接剂的游离醇羟基进行酯化，从而形成这种前药。在这三种情况下，水溶性树突状分子提供了一种比萘普生更亲水的前药形式。通过在 37℃条件下，pH 1.2 盐酸缓冲液、pH 7.4 磷酸缓冲液、pH 8.5 硼酸缓冲液和 80%的人血浆中对前药进行水解，研究表明，在缓冲体系中，这三种前药在 48 h 内具有良好的化学稳定性。在血浆系统中，萘普生通过拟合一级动力学，从每个酯类前药中释放出来，其从乳酸酯中释放缓慢，24 h 内仅释放了 25%，而从二甘醇酯中释放时，半衰期仅为 51 min。另直接将酰氨基与萘普生连接，其产物由于对酶催化水解具有高稳定性，因此认为其不适合作为前药。

De Groot 等（2003）提出了关于典型树突状分子前药的两个问题。首先，每一个药物分子都必须从末端基团中独立分裂出来才能被释放。其次，树突状分子本身通常不会完全降解。为解决此问题，开发了一种“级联释放树突状分子”的方法，当树突状分子经历单一的诱发因素时，它会完全且快速地分解成组成单元，与此同时诱导与末端基团结合的药物分子释放。此外，诱发因素甚至可以用于特定位点的释放。这些级联释放树突状大分子具有两代或两代以上的可自我清除的分支连接体，此连接体被激活时，可释放多个离去基团。树突状分子和任何连接体部分之间键的断裂也会导致母药的释放，使其恢复活性。此概念用下述实验得以证实，即使用双释放硝基二醇（图 16.7），其中硝基用于掩蔽氨基，即当自我清除功能被激活时，硝基可还原为氨基，同时被 4-硝基苯基氯甲酸盐活化，然后生成双（4-硝基苯基碳酸酯）衍生物，进而与难溶性紫杉醇的两等价物偶联，最终制得所需的树状体。在 0℃时，紫杉醇以最活跃的 2′-羟基与碳酸根反应。在温和条件下，使用锌和乙酸使硝基功能降低时，起始树突状分子完全消失并且释放紫杉醇，上述结果已通过薄层层析研究得到证实。质子核磁共振也确认了此结果，证明了紫杉醇分子完全释放。虽然紫杉醇衍生物的核磁共振光谱复杂，但在树突状分子中紫杉醇的 2′-H 信号表明羟基已键合至烷氧甲酰基，此信号为重要的区分信号（$\delta$= 5.46 ppm）。同时在树突状分子分解过程中，上述信号完全消失，与之对应的 2′-H 紫杉醇本身的信号（$\delta$= 4.74 ppm）出现。

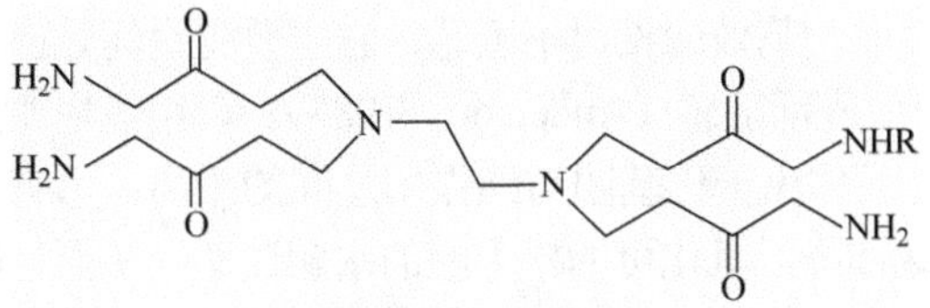

图 16.6 通过酰胺键连接的树突状分子(G0)PAMAM

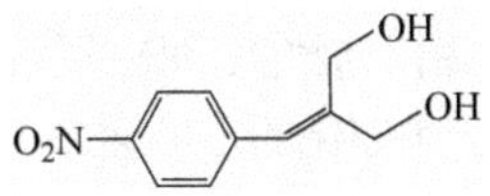

图 16.7 用于前药树状分子形成基础的双释放硝基二醇

## 16.6 载体前药的化学和酶促不稳定性

大多数前药是无生物学活性的（Sinkula 和 Yalkowsky，1975），因此，前药设计中的一个重要特征就是通过修饰使其对裂解敏感，即通过化学或酶促方法使其裂解，进而恢复母药的药理活性。因多种载药前体的非酶促水解模型已建立，故预测其体外降解特性成为可能（Charton，1977）。但药物通常太复杂，即使在体外条件下也可能无法预测实际水解速率，因此建议通过能量测量来预测体外反应特性（Charton，1977）。此方法用于对前药载体的初步筛选，同时要求此前药载体可在血液中快速酶解（Notari，1985），同时也用于同源系列化合物中化学或酶促不稳定性间的相互作用。除非进行详尽的动物或人体药动学研究，否则很难确切地证明前药确实在体内快速和定量地转化为母药（Cho 等，1986）。因此在筛选一系列前药时，体外研究结果对确定最优候选物的进一步研究至关重要。

Anderson 和 Conradi（1987）指出，“药物和水溶性载体以生物可逆方式偶联，可能确实构成水溶性前药的合成，但这不是前药设计的宗旨。前药设计需要优化其理化性质，以便更好地优化其给药的有效性。”如果用于注射，前药在体外应具有足够的稳定性，以便使其开发成为一种即用注射液。例如，以二羧酸半酯形式存在的前药，具有一个缺点，即在较优溶液稳定性的 pH 条件下，前药溶解性通常受限（Anderson 等，1985）。

在溶液中不稳定的水溶性前药，可制备为冻干剂，需在使用前复溶，但这大大增加了生产成本，并且给临床使用带来了不便。理想情况下，水溶液中的水溶性前药在室温下的货架期应为 2 年或更长，在这种情况下，体外的半衰期至少为 13 年。如果设计前药的唯一目的是提高母药的溶解度，那么体内的生物转化应该是极其快速的。假定 90% 以上的前药在注射后 30 min 内转化为母药，体内半衰期应为 10 min 或更短，因此设计的理想水溶性药物体内/体外降解比率需接近 106，那么只有酶催化才能实现（Anderson 和 Conradi，1987）。

在设计溶液稳定性前药时，有三个基本原则：① pH-溶解行为是溶液稳定性的重要因素；②考虑相邻取代基对水解速率的影响可以优化 pH-降解速率曲线；③在前药中形成胶束可有利于改善其稳定性和溶解性，并阻止难溶性降解物产生（Anderson，1985；Anderson 和 Conradi，1987）。许多前药设计问题要求同时满足三个原则，以达到必要的稳定性改善程度。

第一项原则中，制剂 pH 对酸或碱催化反应速率具有较大影响，尤其是水解速率。上述有关 pH 对具有不同离子化基团的前药溶解度影响的讨论，简单地说明了 pH 和可离子化基团的选择如何对溶解度起关键作用。然而，还必须考虑前药的溶液稳定性。若要求前药在较优溶液稳定性条件下具有高的溶解性，则前药载体基团的 $pK_a$ 应远离其降解速率最小的 pH。例如，对于 pH 最低为 3.5～5 的前药，建议研究者选择含有磺酸盐或铵盐的前药载体，其对应 $pK_a$ 分别约为 1.5 和 9.0（Anderson，1985）。

第二项原则中，一方面发现酸催化水解对极性取代基效应相对不敏感，它主要受空间效应的影响；另一方面，羟基催化反应对空间效应和电子效应都敏感（Anderson，1985）。以甲泼尼龙酯为例，通过使用非极性空间位阻效应，增加一次性载体离子化基团与酯作用之间的距离，可有效降低羟基-离子化催化的水解速率。使用空间位阻载体降低氢化可的松半酯的水解速率，从而证明其比氢化可的松半琥珀酸酯更稳定（Garrett 和 Royer，1962）。然而，由于酶水解明显受到空间效应的阻碍，加之前药的目的是提高溶解度和转化速率，故不应刻意增加空间位阻（Anderson，1985）。

甲泼尼龙的二羧酸半酯在水溶液中呈胶束，阐明了第三个原则（Anderson 等，1983）。上述自稳定过程不足为奇，因前药是两亲性的表面活性剂类化合物，同时增加链长会降低其临界胶束浓度并提高稳定性。胶束前药方法的主要优点是可使微溶性、难溶性药物溶解。胶束主要由表面活性剂类前药构成，为母药分子发挥效用的理想环境，归因于母药分子作为胶束的疏水区域。Anderson（1985）也指出，由于体内水解会破坏前药的表面活性剂性能，因此与更稳定的商业表面活性剂相比，它们应该具有更好的耐受性。

由于酶系统在前药生物降解中的重要性，Liederer 和 Borchardt（2006）提出了一系列可用于代谢酯类前药转化为母药的酶。有关靶向酶系统的前药设计已被详细讨论（Sinkula 和 Yalkowsky，1975；Amidon 等，1977；Radhakrishnan，1977；Banerjee 和 Amidon，1985；Fleisher 等，1985；Liederer 和 Borchardt，2006；Rautio 等，2008；Huttunen 和 Rautio，2011；Bai 等，2014）。此外，这些酶通常可能有利于癌症的靶向，如中枢神经系统、结肠、眼、肾脏、肝脏、皮肤或肠壁中的转运蛋白，并用于催化前药分子转化为母药（表 16.8）。同时已报道了酶系统的动力学和结合专属性、催化反应的类型、酶的分布和浓度以及酶在细胞生物化学中的作用（Notari，1973，1985）。

**表 16.8 通过靶向酶特异性传递至系统或器官**

| 系统或器官 | 参考文献 |
|---|---|
| 癌症 | Niculescu-Duvaz 等（1998）；de Groot 等（2003）；Bagshawe 等（2004）；Dachs 等（2005）；Sharma 等（2005）；Rautio 等（2008）；Huttunen 和 Rautio（2011）；Zawilska 等（2013） |
| 中枢神经系统 | Anderson（1996）；Rautio 等（2008）；Huttunen 和 Rautio（2011）；Zawilska 等（2013） |
| 结肠 | Friend 和 Chang（1985）；McLeod 等（1993，1994）；Sinha 和 Kumria（2001）；Rautio 等（2008）；Huttunen 和 Rautio（2011） |
| 眼 | Järvinen 和 Järvinen（1996）；Rautio 等（2008） |
| 肾脏 | Wilk 等（1978）；Orlowski 等（1979）；Hwang 和 Elfarra（1989）；Huttunen 和 Rautio（2011）；Zhou 等（2014） |
| 肝脏 | Erion 等，2004，2005，2006；Kumpulainen，等，2006；Rautio 等，2008；Huttunen 和 Rautio，2011；Guo 等，2015 |
| 皮肤 | Sloan 和 Wasdo（2003）；Majumdar 和 Sloan（2006）；Sloan 等（2006）；Rautio 等（2008） |
| 肠壁转运蛋白 | Han 和 Amidon（2000）；Heimbach 等（2003）；Rautio 等（2008）；Zawilska 等（2013） |

## 16.7 延展阅读

从许多关于前药的综述和讨论（Harper，1959；Harper，1962；Albert，1964；Ariens，1966；Digenis 和 Swintowsky，1975；Stella，1975；Sinkula，1975；Sinkula，1977；Anderson，1980；Ettmayer 等，2004；Huttunen 等，2011）以及前文引用的几本书中，读者会发现，这些内容尽管从不同的角度探讨前药话题，但确实存在一些重复的讨论。综述涵盖了酯和酰胺类前药（Digenis 和 Swintowsky，1975；Huttunen 和 Rautio，2011）、抗生素前药（Notari，1973）、核苷酸前药（Jones 和 Bischofberger，1994），或者其他各种前药类型（Sinkula，1975；Bodor，1981；Bodor，1982；Bundgaard，1982，1985b；Huttunen 和 Rautio，2011）。读者可关注有关

前药的综述和讨论，其中这些前药设计多为多种官能团修饰（Bundgaard，1982，1985a，1986，1987；Rautio 等，2008）或制备（Sinkula，1975；Anderson 等，1985；Anderson 和 Conradi，1987；Rautio 等，2008；Huttunen 与 Rautio，2011）。

## 参考文献


Aggarwal, A. K. and M. Gupta. 2012. Solubility and solution stability studies of different amino acid prodrugs of bromhexine. *Drug Dev. Ind. Pharm.* 38: 1319–1327.

Albert, A. 1958. Chemical aspects of selective toxicity. *Nature* 182: 421–423.

Albert, A. 1964. *Selective Toxicity*, pp. 57–63. New York: Wiley.

Alexander, J., R. Cargill, S. R. Michelson, and H. Schwam. 1988. (Acyloxy)alkyl carbamates as novel bioreversible prodrugs for amines: Increased permeation through biological membranes. *J. Med. Chem.* 31: 318–322.

Al-Ghananeem, A. M., A. A. Traboulsi, L. W. Dittert, and A. A. Hussain. 2002. Targeted brain delivery of 17β-estradiol via nasally administered water soluble prodrugs. *AAPS PharmSciTech* 3: E5.

Altomare, C., G. Trapani, A. Latrofa, M. Serra, G. Biggio, and G. Liso. 2003. Highly water-soluble derivatives of the anesthetic agent propofol: *In vitro* and *in vivo* evaluation of cyclic amino acid esters. *Eur. J. Pharm. Sci.* 20: 17–26.

Ambrose, P. J. 1984. Clinical pharmacokinetics of chloramphenicol and chloramphenicol succinate. *Clin. Pharmacokin.* 9: 222–238.

Amidon, G. L. 1981. Drug derivatization as a means of solubilization: Physicochemical and biochemical strategies. In *Techniques of Solubilization of Drugs*, Yalkowsky, S. H. (Ed.), pp. 183–211. New York: Marcel Dekker.

Amidon, G. L., G. D. Leesman, and R. L. Elliott. 1980. Improving intestinal absorption of water-insoluble compounds: A membrane metabolism strategy. *J. Pharm. Sci.* 69: 1363–1368.

Amidon, G. L., R. S. Pearlman, and G. D. Leesman. 1977. Design of prodrugs through consideration of enzyme-substrate specificities. In *Design of Biopharmaceutical Properties through Prodrugs and Analogs*, Roche, E. B. (Ed.), pp. 281–315. Washington, DC: American Pharmaceutical Association.

Anderson, B. D. 1980. Thermodynamic considerations in physical property improvement through prodrugs. In *Physical Chemical Properties of Drugs*, Yalkowsky, S. H., Sinkula, A. A., and Valvani, S. C. (Eds.), pp. 231–266. New York: Marcel Dekker.

Anderson, B. D. 1985. Prodrugs for improved formulation properties. In *Design of Prodrugs*, Bundgaard, H. (Ed.), pp. 243–269. New York: Elsevier Science.

Anderson, B. D. 1996. Prodrugs for improved CNS delivery. *Adv. Drug Del. Rev.* 19: 171–202.

Anderson, B. D. and R. A. Conradi. 1980. Prostaglandin prodrugs. VI. Structure–thermodynamic activity and structure–aqueous solubility relationships. *J. Pharm. Sci.* 69: 424–430.

Anderson, B. D. and R. A. Conradi. 1987. Application of physical organic concepts to *in vitro* and *in vivo* lability design of water soluble prodrugs. In *Bioreversible Carriers in Drug Design: Theory and Application*, Roche, E. B. (Ed.), pp. 121–163. New York: Pergamon Press.

Anderson, B. D., R. A. Conradi, and K. Johnson. 1983. Influence of premicellar and micellar association on the reactivity of methylprednisolone 21-hemiesters in aqueous solution. *J. Pharm. Sci.* 72: 448–454.

Anderson, B. D., R. A. Conradi, and K. E. Knuth. 1985. Strategies in the design of solution-stable, water-soluble prodrugs. I. A physical-organic approach to pro-moiety selection for 21-esters of corticosteroids. *J. Pharm. Sci.* 74: 365–374.

Anderson, B. D., R. A. Conradi, and W. J. Lambert. 1984. Carboxyl group catalysis of acyl transfer reactions in corticosteroid 17- and 21-monoesters. *J. Pharm. Sci.* 73: 604–611.

Anderson, B. D. and V. Taphouse. 1981. Initial rate studies of hydrolysis and acyl migration in methylprednisolone 21-hemisuccinate and 17-hemisuccinate. *J. Pharm. Sci.* 70: 181–186.

Andurkar, S. V. 2007. Chemical modifications and drug delivery. In *Gibaldi's Drug Delivery Systems in Pharmaceutical Care*, Desai, A. and Lee, M. (Eds.), pp. 123–134. Bethesda, MD: American Society of Health-Care Pharmacists.

Ariens, E. J. 1966. Molecular pharmacology, a basis for drug design. *Progr. Drug Res.* 10: 429–529.

Bagshawe, K. D., S. K. Sharma, and R. H. Begent. 2004. Antibody-directed enzyme prodrug therapy (ADEPT) for cancer. *Exp. Opin. Biol. Ther.* 4: 1777–1789.

Bai, A., Z. M. Szulc, J. Bielawski, J. S. Pierce, B. Rembiesa, S. Terzieva, C. Mao, et al. 2014. Targeting (cellular) lysosomal acid ceramidase by B13: Design, synthesis and evaluation of novel DMG-B13 ester prodrugs. *Bioorg. Med. Chem.* 22: 6933–6944.

Banerjee, P. K. and G. L. Amidon. 1985. Design of prodrugs based on enzyme-substrate specificity. In *Design of Prodrugs*, Bundgaard, H. (Ed.), pp. 93–134. New York: Elsevier Science.

Bansai, P. C., I. H. Pitman, and T. Higuchi. 1981a. *N*-Hydroxymethyl derivatives of nitrogen heterocycles as possible prodrugs. II. Possible prodrugs of allopurinol, glutethimide, and phenobarbital. *J. Pharm. Sci.* 70: 855–857.

Bansai, P. C., I. H. Pitman, J. N. S. Tam, M. Mertes, and J. J. Kaminski. 1981b. *N*-Hydroxymethyl derivatives of nitrogen heterocycles as possible prodrugs. I. *N*-Hydroxymethylation of uracils. *J. Pharm. Sci.* 70: 850–854.

Baurain, R., M. Masquelier, D. Deprez-De Campeneere, and A. Trouet. 1980. Amino acid and dipeptide derivatives of daunorubicin. 2. Cellular pharmacology and antitumor activity on L1210 leukemia cells *in vitro* and *in vivo*. *J. Med. Chem.* 23: 1171–1174.

Bentley, A., M. Butters, S. P. Green, W. J. Learmonth, J. A. MacRae, M. C. Morland, G. O'Connor, and J. Skuse. 2002. The discovery and process development of a commercial route to the water soluble prodrug, fosfluconazole. *Org. Proc Res. Dev.* 6: 109–112.

Bodor, N. 1981. Novel approaches in prodrug design. *Drugs Future* 6: 165–182.

Bodor, N. 1982. Novel approaches in prodrug design. In *Optimization of Drug Delivery*, Bundgaard, H., Hansen, A. B., and Kofod, H. (Eds.), pp. 156–174. Copenhagen: Munksgaard.

Bundgaard, H. 1982. Novel bioreversible derivatives of amides, imides, ureides, amines and other chemical entities not readily derivatizable. In *Optimization of Drug Delivery*, Bundgaard, H., Hansen, A. B., and Kofod, H. (Eds.), pp. 178–197. Copenhagen: Munksgaard.

Bundgaard, H. 1985a. Design of prodrugs: Bioreversible derivatives for various functional groups and chemical entities. In *Design of Prodrugs*, Bundgaard, H. (Ed.), pp. 1–92. New York: Elsevier Science.

Bundgaard, H. 1985b. Formation of prodrugs of amines, amides, ureides, and imides. In *Methods in Enzymology*, Vol. 112, Part A, Widder, K. J. and Gree, R. (Eds.), pp. 347–359. New York: Academic Press.

Bundgaard, H. 1986. Design of prodrugs: Bioreversible derivatives for various function groups and chemical entities. In *Design of Prodrugs*, Bundgaard, H. (Ed.), pp. 1–92. Amsterdam: Elsevier Biomedical Press.

Bundgaard, H. 1987. Design of bioreversible drug derivatives and the utility of the double prodrug concept. In *Bioreversible Carriers in Drug Design: Theory and Application*, Roche, E. B. (Ed.), pp. 13–94. New York: Pergamon Press.

Bundgaard, H. and E. Falch. 1985a. Allopurinol prodrugs. II. Synthesis, hydrolysis kinetics and physicochemical properties of various *N*-acyloxymethyl allopurinol derivatives. *Int. J. Pharm.* 24: 307–325.

Bundgaard, H. and E. Falch. 1985b. Allopurinol prodrugs. III. Water-soluble *N*-acyloxymethyl allopurinol derivatives for rectal or parenteral use. *Int. J. Pharm.* 25: 27–39.

Bundgaard, H., E. Falch, and E. Jensen. 1989. A novel solution-stable, water-soluble prodrug type for drugs containing a hydroxyl or an NH-acidic group. *J. Med. Chem.* 32: 2503–2507.

Bundgaard, H., E. Jensen, and E. Falch. 1991. Water-soluble, solution-stable, and biolabile *N*-substituted (aminomethyl)benzoate ester prodrugs of acyclovir. *Pharm. Res.* 8: 1087–1093.

Bundgaard, H., E. Jensen, E. Falch, and S. B. Pedersen. 1990. Allopurinol prodrugs. V. Water-soluble *N*-substituted (aminomethyl)benzoyloxymethyl allopurinol derivatives for parenteral or rectal delivery. *Int. J. Pharm.* 64: 75–87.

Bundgaard, H. and M. Johansen. 1982. Kinetics of hydrolysis of plafibride (An ureide *N*-Mannich base with platelet antiaggregant activity) in aqueous solution and in plasma. *Arch. Pharm. Chem., Sci. Ed.* 10: 139–145.

Bundgaard, H. and M. Johansen. 1984. Hydrolysis of *N*-(α-hydroxyalkyl)benzamide and other *N*-(α-hydroxyalkyl)amide derivatives: Implications for the design of *N*-acyloxyalkyl-type prodrugs. *Int. J. Pharm.* 22: 45–56.

Bundgaard, H., M. Johansen, V. Stella, and M. Cortese. 1982. Pro-drugs as drug delivery systems. XXI. Preparation, physicochemical properties and bioavailability of a novel water-soluble pro-drug type for carbamazepine. *Int. J. Pharm.* 10: 181–192.

Bundgaard, H., C. Larsen, and E. Arnold. 1984a. Prodrugs as drug delivery systems. XXVII. Chemical stability and bioavailability of a water-soluble prodrug of metronidazole for parenteral administration. *Int. J. Pharm.* 18: 79–87.

Bundgaard, H., C. Larsen, and P. Thorbek. 1984b. Prodrugs as drug delivery systems. XXVI. Preparation and enzymatic hydrolysis of various water-soluble amino acid esters of metronidazole. *Int. J. Pharm.* 18: 67–77.

Bundgaard, H. and N. M. Nielsen. 1987. Esters of *N*,*N*-disubstituted 2-hydroxyacetamides as a novel highly biolabile prodrug type for carboxylic acid agents. *J. Med. Chem.* 30: 451–454.

Bundgaard, H. and N. M. Nielsen. 1988. Glycolamide esters as a novel biolabile prodrug type for non-steroidal anti-inflammatory carboxylic acid drugs. *Int. J. Pharm.* 43: 101–110.

Burke, J. T., W. A. Wargin, R. J. Sherertz, K. L. Sanders, M. R. Blum, and F. A. Sarubbi. 1982. Pharmacokinetics of intravenous chloramphenicol sodium succinate in adult patients with normal renal and hepatic function. *J. Pharm. Biopharm.* 10: 601–614.

Buur, A. and H. Bundgaard. 1984a. Prodrugs of 5-fluorouracil. I. Hydrolysis kinetics and physicochemical properties of various *N*-acyl derivatives of 5-fluorouracil. *Int. J. Pharm.* 21: 349–364.

Buur, A. and H. Bundgaard. 1984b. Prodrugs of 5-fluorouracil. II. Hydrolysis kinetics, bioactivation, solubility and lipophilicity of *N*-alkoxycarbonyl derivatives of 5-fluorouracil. *Arch. Pharm. Chem. Sci. Ed.* 12: 37–44.

Caprariis, P. D., F. Palagiano, F. Bonina, L. Montenegro, M. D'Amico, and F. Rossi. 1994. Synthesis and pharmacological evaluation of oligoethylene ester derivatives as indomethacin oral prodrugs. *J. Pharm. Sci.* 83: 1578–1581.

Cecchi, R., L. Rusconi, M. C. Tanzi, F. Danusso, and P. J. Ferruti. 1981. Synthesis and pharmacological evaluation of poly(oxyethylene) derivatives of 4-isobutylphenyl-2-propionic acid (ibuprofen). *J. Med. Chem.* 24: 622–625.

Charton, M. 1977. The prediction of chemical lability through substituent effects. In *Design of Biopharmaceutical Properties through Prodrugs and Analogs*, Roche, E. B. (Ed.), pp. 228–280. Washington, DC: American Pharmaceutical Association.

Charton, M. 1985. Prodrug lability prediction through the use of substituent effects. In *Methods in Enzymology*, Vol. 112, Part A, Widder, K. J. and Gree, R. (Eds.), pp. 323–340. New York: Academic Press.

Cho, M. J., V. H. Sethy, and L. C. Haynes. 1986. Sequentially labile water-soluble prodrugs of alprazolam. *J. Med. Chem.* 29: 1346–1350.

Chung, Y. and H. Cho. 2004. Preparation of highly water soluble tacrolimus derivatives: Poly(ethylene glycol) esters as potential prodrugs. *Arch. Pharm. Res.* 27: 878–883.

Colaizzi, J. L. and W. H. Pitlick. 1982. Oral drug-delivery systems for prescription pharmacy. In *Pharmaceutics and Pharmacy Practice*, Banker, G. S. and Chalmers, R. K. (Eds.), pp. 184–237. Philadelphia, PA: J. B. Lippincott.

Colla, L., E. De Clercq, R. Busson, and H. Vanderhaeghe. 1983. Synthesis and antiviral activity of water-soluble esters of acyclovir [9-[(2-hydroxyehtoxy)methyl]guanine]. *J. Med. Chem.* 26: 602–604.

Culty, M., H. A. Nguyen, and C. B. Underhill. 1992. The hyaluronan receptor (CD44) participates in the uptake and degradation of hyaluronan. *J. Cell Biol.* 116: 1055–1062.

Dachs, G. H., J. Tupper, G. M. Tozer. 2005. From bench to bedside for gene-directed enzyme prodrug therapy of cancer. *Anticancer Drugs* 16: 349–359.

Dal Pozzo, A. and M. Acquasaliente. 1992. New highly water-soluble phenytoin prodrugs. *Int. J. Pharm.* 81: 263–265.

Damen, E. W. P., L. Braamer, and H. W. Scheeren. 1998. Lanthanide trifluoromethanesulfonate catalysed selective acylation of 10-deacetylbaccatin III. *Tetrahedron Lett.* 39: 6081–6082.

Damen, E. W. P., P. H. G. Wiegerinck, L. Braamer, D. Sperling, D. de Vos, and H. W. Scheeren. 2000. Paclitaxel esters of malic acid as prodrugs with improved water solubility. *Bioorg. Med. Chem.* 8: 427–432.

de Groot, F. M. H., A. Carsten, R. Koekkoek, P. H. Beusker, and H. W. Scheeren. 2003. Cascade-release dendrimers liberate all end groups upon a single triggering event in the dendritic core. *Angew. Chem. Int. Ed.* 42: 4490–4494.

Deutsch, M., J. A. Glinski, M. Hernandez, R. D. Haugwitz, V. L. Narayanan, M. Suffness, and L. H. Zalkow. 1989. Synthesis of congeners and prodrugs. 3. Water-soluble prodrugs of taxol with potent antitumor activity. *J. Med. Chem.* 32: 788–792.

Devanço, M. G., A. C. Aguiar, L. A. Dos Santos, E. C. Padilha, M. L. Campos, C. R. de Andrade, L. M. da Fonseca, et al. 2014. Evaluation of antimalarial activity and toxicity of a new primaquine prodrug. *PLoS One* 9: e105217.

Digenis, G. A. and J. V. Swintowsky. 1975. Drug latentiation. *Handbook Exp. Pharmacol.* 28: 86–112.

Di Meo, C., F. Cilurzo, M. Licciardi, C. Scialabba, R. Sabia, D. Paolino, D. Capitani, et al. 2015. Polyapartamide-doxorubicin conjugate as potential prodrug for anticancer therapy. *Pharm. Res.* 32: 1557–1569.

Djaldetti, R., R. Inzelberg, N. Giladi, A. D. Korczyn, Y. Peretz-Aharon, M. J. Rabey, Y. Herishano, S. Honigman, S. Badarny, and E. Melamed. 2002. Oral solution of levodopa ethylester for treatment of response fluctuations in patients with advanced Parkinson's disease. *Mov. Disord.* 17: 297–302.

Dobson, P. D. and D. B. Kell. 2008. Carrier-mediated cellular uptake of pharmaceutical drugs: An exception or the rule? *Nat. Rev. Drug Discov.* 7: 205–220.

Doh, M. J., Y. J. Jung, I. Kim, H. S. Kong, and Y. M. Kim. 2003. Synthesis and *in vitro* properties of prednisolone 21-sulfate sodium as a colon-specific prodrug of prednisolone. *Arch. Pharm. Res.* 26: 258–263.

Domião, M. C., K. F. Pasqualoto, M. C. Polli, and R. P. Filho. 2014. To be drug or prodrug: Structure-property exploratory approach regarding oral bioavailability. *J. Pharm. Pharm. Sci.* 17: 532–540.

Duncan, R., S. Gac-Breton, R. Keane, R. Musila, Y. N. Sat, R. Satchi, and F. Searle. 2001. Polymer-drug conjugates, PDEPT and PELT: Basic principles for design and transfer from the laboratory to clinic. *J. Control. Rel.* 74: 135–146.

Duncan, R., P. Kopeckova-Rejmanova, J. Strohalm, I. Hume, H. C. Cable, J. Pohl, J. B. Lloyd, and J. Kopecek. 1987. Anticancer agents coupled to *N*-(2-hydroxypropyl)methacrylamide copolymers. I. Evaluation of daunomycin and puromycin conjugates *in vitro*. *Br. J. Cancer* 55: 165–174.

Duncan, R., L. C. Seymour, L. Scarlett, J. B. Lloyd, P. Rejmanova, and J. Kopecek. 1986. Fate of *N*-(2-hydroxypropyl)methacrylamide copolymers with pendent galactosamine residues after intravenous administration to rats. *Biochim. Biophys. Acta* 880: 62–71.

Erion, M. D., D. A. Bullough, C. C. Lin, and Z. Hong. 2006. HepDirect prodrugs for targeting nucleotide-based antiviral drugs to the liver. *Curr. Opin. Investig. Drugs.* 7: 109–117.

Erion, M. D., K. R. Reddy, S. H. Boyer, M. C. Matelich, J. Gomez-Galeno, R. H. Lemus, B. G. Ugarkar, T. J. Colby, J. Schanzer, and P. D. van Poelje. 2004. Design, synthesis, and characterization of a series of cytochrome P(450) 3A-activated prodrugs (HepDirect prodrugs) useful for targeting phosph(on)ate-based drugs to the liver. *J. Am. Chem. Soc.* 126: 5154–5163.

Erion, M. D., P. D. van Poelje, D. A. Mackenna, T. J. Colby, A. C. Montag, J. M. Fujitaki, D. L. Linemeyer, and D. A. Bullough. 2005. Liver-targeted drug delivery using HepDirect prodrugs. *J. Pharmacol. Exp. Ther.* 312: 554–560.

Ettmayer, P., G. L. Amidon, B. Clement, and B. Testa. 2004. Lessons learned from marketed and investigational prodrugs. *J. Med. Chem.* 47: 2393–2404.

Filipovic-Grcic, J., D. Maysinger, B. Zorc, and I. Jalsenjak. 1995. Macromolecular prodrugs. IV. Alginate-chitosan microspheres of PHEA-l-dopa adduct. *Int. J. Pharm.* 116: 39–44.

Fleisher, D., K. C. Johnson, B. H. Stewart, and G. L. Amidon. 1986. Oral absorption of 21-corticosteroid esters: A function of aqueous stability and intestinal enzyme activity and distribution. *J. Pharm. Sci.* 75: 934–939.

Fleisher, D., B. H. Stewart, and G. L. Amidon. 1985. Design of prodrugs for improved gastrointestinal absorption by intestinal enzyme targeting. In *Methods in Enzymology*, Vol. 112, Part A, Widder, K. J. and Gree, R. (Eds.), pp. 360–381. New York: Academic Press.

Flynn, G. L. and D. J. Lamb. 1970. Factors influencing solvolysis of corticosteroid-21-phosphate esters. *J. Pharm. Sci.* 59: 1433–1438.

Freed, L. E., G. Vunjak-Novakovic, R. J. Biron, D. B. Eagles, D. C. Lesnoy, S. K. Barlow, and R. Langer. 1994. Biodegradable polymer scaffolds for tissue engineering. *Bio/Technol.* 12: 689–693.

Friend, D. R. and G. W. Chang. 1985. Drug glycosides: Potential prodrugs for colon-specific drug delivery. *J. Med. Chem.* 28: 51–57.

Garrett, E. R. and M. E. Royer. 1962. Prediction of stability in pharmaceutical preparations XI. *J. Pharm. Sci.* 51: 451–455.

Glazko, A. J., W. A. Dill, A. W. Kinkel, J. R. Goulet, W. J. Holloway, and R. A. Buchanan. 1977. Absorption and excretion of parenteral doses of chloramphenicol sodium succinate (CMS) in comparison with peroral doses of chloramphenicol (CM). *Clin. Pharm. Ther.* 21: 104.

Greenwald, R. B., C. W. Gilbert, A. Pendri, C. D. Conover, J. Xia, and A. Martinez. 1996. Drug delivery systems: Water soluble taxol 2′-poly(ethylene glycol) ester prodrugs and *in vivo* effectiveness. *J. Med. Chem.* 39: 424–431.

Greenwald, R. B., A. Pendri, C. D. Conover, Y. H. Choe, C. W. Gilbert, A. Martinez, J. Xia, H. Wu, and M. Hsue. 1998. Camptothecin-20-PEG ester transport forms: The effect of spacer group on antitumor activity. *Bioorg. Med. Chem.* 6: 551–562.

Guo, H., S. Sun, Z. Yang, X. Tang, and Y. Wang. 2015. Strategies for ribavirin prodrugs and delivery systems for reducing the side-effect hemolysis and enhancing their therapeutic effect. *J. Control. Release.* 209: 27–36.

Han, H.-K. and G. L. Amidon. 2000. Targeted prodrug design to optimize drug delivery. *AAPS PharmSci.* 2: Article 6.

Hare, L. E., K. C. Yeh, C. A. Ditzler, F. G. McMahon, and D. E. Duggan. 1975. Bioavailability of dexamethasone. II. Dexamethasone phosphate. *Clin. Pharm. Ther.* 18: 330–337.

Harper, N. J. 1959. Drug latentiation. *J. Med. Pharm. Chem.* 1: 467–500.

Harper, N. J. 1962. Drug latentiation. *Prog. Drug Res.* 4: 221–294.

Hecker, S. J. and M. D. Erion. 2008. Prodrugs of phosphates and phosphonates. *J. Med. Chem.* 51: 2328–2345.

Heimbach, T., D. M. Oh, L. Y. Li, N. Rodriguez-Hornedo, G. Garcia, and D. Fleisher. 2003. Enzyme-mediated precipitation of parent drugs from their phosphate prodrugs. *Int. J. Pharm.* 261: 81–92.

Hirano, K., M. Sugiura, K. Miki, S. Iino, H. Suzuki, and T. Uda. 1977. Characterization of tissue-specific isoenzyme of alkaline phosphatase from human placenta and intestine. *Chem. Pharm. Bull. (Tokyo).* 25: 2524–2529.

Hong, W.-H. and D. H. Szulczewski. 1984. Stability of vidarabine-5′-phosphate in aqueous solutions. *J. Parent.Sci. Technol.* 38: 60–64.

Huo, M., Q. Zhu, Q. Wu, T. Yin, L. Wang, L. Yin, and J. Zhou. 2015. Somatostatin receptor-mediated specific delivery of paclitaxel prodrugs for efficient cancer therapy. *J. Pharm. Sci.*104: 2018–2028.

Hurwitz, A. R. and S. T. Liu. 1977. Determination of aqueous solubility and p$K_a$ values of estrogens. *J. Pharm.Sci.* 66: 624–627.

Hutchinson, I., S. A. Jennings, B. R. Vishnuvajjala, A. D. Westwell, and M. F. G. Stevens. 2002. Antitumor benzothiazoles. 16. Synthesis and pharmaceutical properties of antitumor 2-(4-aminophenyl)benzothiazole amino acid prodrugs. *J. Med. Chem.* 45: 744–747.

Huttunen, K. M. and J. Rautio. 2011. Prodrugs—An efficient way to breach delivery and targeting barriers. *Curr. Top. Med. Chem.* 11: 2265–2287.

Huttunen, K. M., H. Raunio, and J. Rautio. 2011. Prodrugs—From serendipity to rational design. *Pharm. Rev.* 63: 750–771.

Hwang, I. Y. and A. A. Elfarra. 1989. Cysteine S-conjugates may act as kidney-selective prodrugs: Formation of 6-mercaptopurine by the renal metabolism of S-(6-purinyl)L-cysteine. *J. Pharm. Exp. Ther.* 251: 448–454.

Järvinen, T. and K. J. Järvinen. 1996. Prodrugs for improved ocular drug delivery. *Adv. Drug Del. Rev.* 19: 203–224.

Johnson, K., G. L. Amidon, and S. Pogany. 1985. Solution kinetics of a water-soluble hydrocortisone prodrug: Hydrocortisone-21-lysinate. *J. Pharm. Sci.* 74: 87–89.

Johansen, M. and H. Bundgaard. 1981a. Decomposition of rolitetracycline and other *N*-Mannich bases and of *N*-hydroxymethyl derivatives in the presence of plasma. *Arch. Pharm. Chem. Sci. Ed.* 9: 40–42.

Johansen, M. and H. Bundgaard. 1981b. Pro-drugs as drug delivery systems. XVI. Novel water-soluble prodrug types for chlorzoxazone by esterification of the *N*-hydroxymethyl derivative. *Arch. Pharm. Chem. Sci. Ed.* 9: 43–54.

Jones, G. 1985. Decreased toxicity and adverse reactions via prodrugs. In *Design of Prodrugs*, Bundgaard, H. (Ed.), pp. 199–241. New York: Elsevier Science.

Jones, R. J. and N. Bischofberger. 1995. Minireview: Nucleotide prodrugs. *Antiviral Res.* 27: 1–17.

Jones, L. A., A. R. Moorman, S. D. Chamberlain, P. de Miranda, D. J. Reynolds, C. L. Burns, and T. A. Krenistky. 1992. Di- and triester prodrugs of the Varicella-Zoster antiviral agent 6-methoxypurine arabinoside. *J. Med. Chem.* 35: 56–63.

Juntunen, J., J. Vepsalainen, R. Niemi, K. Laine, and T. Järvinen. 2003. Synthesis, *in vitro* evaluation, and intraocular pressure effects of water-soluble prodrugs of endocannabinoid noladin ether. *J. Med. Chem.* 46: 5083–5086.

Kauffman, R. E., J. N. Miceli, L. Strebel, J. A. Buckley, A. K. Done, and A. S. Dajani. 1980. Pharmacokinetics of chloramphenicol (CAP) and chloramphenicol-succinate (CAP-Succ) in infants and children. *Clin. Pharm. Ther.* 27: 288–289.

Kaul, M., L. Mark, Y. Zhang, A. K. Parhi, E. J. LaVoie, and D. S. Pilch. 2013. An FtsZ-targeting prodrug with oral anti-staphylococcal efficacy *in vivo*. *Antimicrob. Agents Chemother.* 57: 5860–5869.

Kaul, M., L. Mark, Y. Zhang, A. K. Parhi, Y. L. Lyu, J. Pawlak, S. Saravolatz. et al. 2015. TA709, an FtsZ-targeting benzamide prodrug with improved pharmacokinetics and enhanced in vivo efficacy against methicillin-resistant staphylococcus aureus. *Antimicrob. Agents Chemother.* 59: 4845–4855.

Kearney, A. S. and V. J. Stella. 1992. The *in vitro* enzymatic labilities of chemically distinct phosphomonoesters prodrugs. *Pharm. Res.* 9: 497–503.

Kerr, S. G. and T. I. Kalman. 1992. Highly water-soluble lipophilic prodrugs of the anti-HIV nucleoside analogue 2′,3′-dideoxycytidine and its 3′-fluoro derivative. *J. Med. Chem.* 35: 1996–2001.

Khmelnitsky, Y. L., C. Budde, J. M. Arnold, A. Usyatinsky, D. S. Clark, and J. S. Dordick. 1997. Synthesis of water-soluble paclitaxel derivatives by enzymatic acylation. *J. Am. Chem. Soc.* 119: 11554–11555.

Kopecek, J. 1991. Targetable polymeric anticancer drugs. Temporal control of drug activity. *Ann. NY Acad. Sci.* 618: 335–344.

Kopecek, J., P. Kopeckova, T. Minko, and Z. Lu. 2000. HPMA copolymer-anticancer drug conjugates: Design, activity, and mechanism of action. *Eur. J. Pharm. Biopharm.* 50: 61–81.

Kovach, I. M., I. H. Pittman, and T. Higuchi. 1975. Amino acid esters of phenolic drugs as potentially useful prodrugs. *J. Pharm. Sci.* 64: 1070–1071.

Kramer, W. G., E. R. Rensimer, C. D. Ericson, and L. K. Pickering. 1984. Comparative bioavailability of intravenous and oral chloramphenicol in adults. *J. Clin. Pharm.* 24: 181–186.

Krise, J. P., W. N. Charman, S. A. Charman, and V. J. Stella. 1999a. A novel prodrug approach for tertiary amines. 3. In vivo evaluation of two N-phophonooxymethyl prodrugs in rats and dogs. *J. Pharm. Sci.* 88: 928–932.

Krise, J. P., S. Narisawa, and V. J. Stella. 1999b. A novel prodrug approach for tertiary amines. 2. Physicochemical and *in vitro* enzymatic evaluation of selected *N*-phosphonooxymethyl prodrugs. *J. Pharm. Sci.* 88: 922–927.

Krise, J. P., J. Zygmunt, G. I. Georg, and V. J. Stella. 1999c. Novel prodrug approach for tertiary amines: Synthesis and preliminary evaluation of *N*-phosphonooxymethyl prodrugs. *J. Med. Chem.* 42: 3094–3100.

Kryger, M. B., A. A. Smith, B. M. Wohl, and A. N. Zelikin. 2014. Macromolecular prodrugs for controlled delivery of ribavirin. *Macromol. Biosci.* 14: 173–185.

Kryger, M. B., B. M. Wohl, A. A. Smith, and A. N. Zelikin. 2013. Macromolecular prodrugs of ribavirin combat side effects and toxicity with no loss of activity of the drug. *Chem. Commun.* 49: 2643–2645.

Kumar, P. and C. Singh. 2013. A study on solubility enhancement methods for poorly water soluble drugs. *Am. J. Pharmacol. Sci.* 1: 67–73.

Kumpulainen, H., N. Mähönen, M. L. Laitinen, M. Jaurakkajarvi, H. Raunio, R. O. Juvonen, J. Vepsäläinen, T. Järvinen, and J. Rautio. 2006. Evaluation of hydroxyimine as cytochrome P450-selective prodrug structure. *J. Med. Chem.* 49: 1207–1211.

Kwee, K. S. L. and L. M. L. Stolk. 1984. Formulation of a stable vidarabine phosphate injection, *Pharm. Weekblad, Sci. Ed.* 6: 101–104.

Lallemand, F., O. Felt-Baeyens, S. Rudaz, A. R. Hamel, F. Hubler, R. Wenger, M. Mutter, K. Besseghir, and R. Gurny. 2005a. Conversion of cyclosporine A prodrugs in human tears vs. rabbits tears. *Eur. J. Pharm. Biopharm.* 59: 51–56.

Lallemand, F., P. Perottet, O. Felt-Baeyens, W. Kloeti, F. Philippoz, J. Marfurt, K. Besseghir, and R. Gurny. 2005b. A water-soluble prodrug of cyclosporine A for ocular application: A stability study. *Eur. J. Pharm. Sci.* 26: 124–129.

Laurent, T. C., U. B. G. Laurent, and J. R. E. Fraser. 1995. Functions of hyaluronan. *Ann. Rheum. Dis.* 54: 429–432.

Lee, J. S., Y. J. Jung, M. J. Doh, and Y. M. Kim. 2001. Synthesis and properties of dextran-nalidixic acid ester as a colon-specific prodrug of nalidixic acid. *Drug Dev. Ind. Pharm.* 27: 331–336.

Lee, W. A., H. F.-L. Lu, P. W. Maffuid, M. T. Botet, P. A. Baldwin, T. A. Benkert, and C. K. Klingbeil. 1992. The synthesis, characterization and biological testing of a novel class of mucosal permeation enhancers. *J. Control. Rel.* 22: 223–237.

Leppanen, J., J. Huuskonen, J. Savolainen, T. Nevalainen, H. Taipale, J. Vepsalainen, J. Gynther, and T. Järvinen. 2000. Synthesis of a water-soluble prodrug of entacapone. *Bioorg. Med. Chem. Lett.* 10: 1967–1969.

Li, M., Z. Liang, X. Sun, T. Gong, and Z. Zhang. 2014. A polymeric prodrug of 5-fluorouracil-1-acetic acid using a multi-hydroxyl polyethylene glycol derivative as the drug carrier. *PLoS One* 9: e112888.

Liederer, B. M. and R. T. Borchardt. 2006. Enzymes involved in the bioconversion of ester-based prodrugs. *J. Pharm. Sci.* 95: 1177–1195.

Liu, Z., J. T. Robinson, X. Sun, and H. Dai. 2008. PEGylated nanographene oxide for delivery of water-insoluble cancer drugs. *J. Am. Chem. Soc.* 130: 10876–10877.

Luo, Y. and G. D. Prestwich. 1999. Synthesis and selective cytotoxicity of a hyaluronic acid-antitumor bioconjugate. *Bioconjugate Chem.* 10: 755–763.

Maeda, H., L. Seymour, and Y. Miyamoto. 1992. Conjugates of antitumor agents and polymers: Advantages of macromolecular therapeutics *in vivo*. *Bioconjugate Chem.* 3: 351–362.

Magri, N. F. 1985. Modified taxols as anticancer agents. PhD dissertation, Virginia Polytechnic Institute and State University, Blacksburg.

Magri, N. F. and D. G. I. Kingston. 1988. Modified taxols. 4. Synthesis and biological activity of taxols modified in the side chain. *J. Nat. Prod.* 51: 298–306.

Majumdar, S., S. Duvvuri, and A. K. Mitra. 2004. Membrane transporter/receptor-targeted prodrug design: Strategies for human and veterinary drug develoment. *Adv. Drug Deliv. Rev.* 56: 1437–1452.

Majumdar, S. and K. B. Sloan. 2006. Synthesis, hydrolysis and dermal delivery of N-alkyl-N-alkyloxycarbonylaminomethyl (NANAOCAM) derivatives of phenol, imide and thiol containing drugs. *Bioorg. Med. Chem. Lett.* 16: 3590–3594.

Martin, B. D., S. A. Ampofo, R. J. Linhardt, and J. S. Dordick. 1992. Biocatalytic synthesis of sugar-containing polyacrylate-based hydrogels. *Macromolecules* 25: 7081–7085.

Mathew, A. E., M. R. Mejillano, J. P. Nath, R. H. Himes, and V. J. Stella. 1992. Synthesis and evaluation of some water-soluble prodrugs and derivatives of taxol with antitumor activity. *J. Med. Chem.* 35: 145–151.

Mattarei, A., M. Azzolini, M. Zoratti, L. Biasutto, and C. Paradisi. 2015. N-Monosubstituted methoxy-oligo(ethylene glycol) carbamate ester prodrugs of resveratrol. *Molecules* 20: 16085–16102.

May, D. E. and C. J. Kratochvil. 2010. Attention-deficit hyperactivity disorder: Recent advances in paediatric pharmacotherapy. *Drugs* 70: 15–40.

McLeod, A. D., D. R. Friend, and T. N. Tozier. 1993. Synthesis and chemical stability of glucocorticoid-dextran esters: Potential prodrugs for colon-specific delivery. *Int. J. Pharm.* 92: 105–114.

McLeod, A. D., D. R. Friend, and T. N. Tozier. 1994. Synthesis and chemical stability of glucocorticoid-dextran conjugates as potential prodrugs for colon-specific delivery: Hydrolysis in rat gastrointestinal tract contents. *J. Pharm. Sci.* 83: 1284–1288.

Melby, J. C. and R. H. Silber. 1981. Clinical pharmacology of water-soluble corticosteroid esters. *Am. Pract.Digest* 12: 156–161.

Melby, J. C. and M. St. Cyr. 1961. Comparative studies on absorption and metabolic disposal of water-soluble corticosteroid esters. *Metabolism* 10: 75–82.

Mellado, W. F., N. F. Magri, D. G. I. Kingston, R. Garcia-Arenas, G. A. Orr, and S. B. Horwitz. 1984. Preparation and biological activity of taxol acetates. *Biochem. Biophys. Res. Commun.* 124: 329–336.

Miyabo, S., T. Nakamura, S. Kuwazima, and S. Kishida. 1981. A comparison of the bioavailability and potency of dexamethasone phosphate and sulphate in man. *Eur. J. Clin. Pharmacol.* 20: 277–282.

Mollmann, H., P. Rhodewald, J. Barth, M. Verho, and H. Derendorf. 1989. Pharmacokinetics and dose linearity testing of methylprednisolone phosphate. *Biopharm. Drug Dispos.* 10: 453–464.

Molteni, L. 1982. Effects of the polysaccharidic carrier on the kinetic fate of drugs linked to dextran and inulin in macromolecular compounds. In *Optimization of Drug Delivery*, Bundgaard, H., Hansen, A. B., and Kofod, H., (Eds.), pp. 285–300. Copenhagen: Munksgaard.

Mørk, N., H. Bundgaard, M. Shalmi, and S. Christensen. 1990. Furosemide prodrugs: Synthesis, enzymatic hydrolysis and solubility of various furosemide esters. *Int. J. Pharm.* 60: 163–169.

Nichifor, M. and E. H. Schacht. 1997. Chemical and enzymatic hydrolysis of dipeptide derivatives of 5-fluorouracil. *J. Control. Rel.* 47: 271–281.

Nicolaou, K. C., C. Riemer, M. A. Kerr, D. Rideout, and W. Wrasidlo. 1993. Design, synthesis and biological activity of protaxols. *Nature* 364: 464–466.

Niculescu-Duvaz, I., R. Spooner, R. Marai, and C. J. Springer. 1998. Gene-directed enzyme prodrug therapy of cancer. *Bioconjug. Chem.* 9: 4–22.

Nielsen, A. B., A. Buur, and C. Larsen. 2005. Bioreversible quaternary *N*-acyloxymethyl derivatives of the tertiary amines bupivacaine and lidocaine—synthesis, aqueous solubility and stability in buffer, human plasma and simulated intestinal fluid. *Eur. J. Pharm. Sci.* 24: 433–440.

Nielsen, L. S., H. Bundgaard, and E. Falch. 1992. Prodrugs of thiabendazole with increased water-solubility. *Acta Pharm. Nord.* 4: 43–49.

Nielsen, L. S., F. Sløk, and H. Bundgaard. 1994. *N*-Alkoxycarbonyl prodrugs of mebendazole with increased water solubility. *Int. J. Pharm.* 102: 231–239.

Niethammer, A., G. Gaedicke, H. N. Lode, and W. Wrasidlo. 2001. Synthesis and preclinical characterization of a paclitaxel prodrug with improved antitumor activity and water solubility. *Bioconjugate Chem.* 12: 414–420.

Notari, R. E. 1973. Pharmacokinetics and molecular modification: Implications in drug design and evaluation. *J. Pharm. Sci.* 62: 865–881.

Notari, R. E. 1985. Theory and practice of prodrug kinetics. In *Methods in Enzymology*, Vol. 112, Part A, Widder, K. J. and Gree, R. (Eds.), pp. 309–323. New York: Academic Press.

Nudelman, A., E. Gnizi, Y. Katz, R. Azulai, M. Cohen-Ohana, R. Zhuk, S. R. Sampson et al. 2001. *Eur. J. Med. Chem.* 36: 63–74.

Orlowski, M., H. Mizoguchi, and S. Wilk. 1979. *N*-Acyl-γ-glutamyl derivatives of sulfamethoxazole as models of kidney-selective prodrugs. *J. Pharm. Exp. Ther.* 212: 167–172.

Peng, C., C. Liu, and X. Tang. 2010. Determination of physicochemical properties and degradation kinetics of triamcinolone acetonide palmitate in vitro. *Drug Dev. Ind. Pharm.* 36: 1469–1476.

Pevarello, P. 2009. Recent drug approvals from the US FDA and EMEA: What the future holds. *Future Med. Chem.* 1: 35–48.

Phillips, A. M. F., F., Noqueira, F. Murtinheira, and M. T. Barros. 2015. Synthesis and antimalarial evaluation of prodrugs of novel fosmidomycin analogues. *Bioorg. Med. Chem. Lett.* 25: 2112–2116.

Pitman, I. H. 1976. Three chemical approaches towards the solubilisation of drugs: Control of enantiomer composition, salt selection, and pro-drug formation. *Austr. J. Pharm. Sci.* NS5:17–19.

Pradere, U., E. C. Garnier-Amblard, S. J. Coats, F. Amblard, and R. F. Schinazi. 2014. Synthesis of nucleoside phosphate and phosphonate prodrugs. *Chem. Rev.* 114: 9154–9218.

Prestwich, G. D., D. M. Marecak, J. F. Marecek, K. P. Vercruysse, and M. R. Ziebell. 1998. Chemical modification of hyaluronic acid for drug delivery, biomaterials, and biochemical probes. In *The Chemistry, Biology, and Medical Applications of Hyaluronan and Its Derivatives*, Laurent, T. C. (Ed.), pp. 43–65. London: Portland Press.

Prusiner, P. and M. Sundaralingam. 1972. Stereochemistry of nucleic acids and their constituents XXIX. Crystal and molecular structure of allopurinol, a potent inhibitor of xanthine oxidase. *Acta Cryst.* B28: 2148–2152.

Radhakrishnan, A. N. 1977. Intestinal dipeptidases and dipeptide transport in the monkey and in man. In *Peptide Transport and Hydrolysis*, Ciba Foundation Symposium, pp. 37–59. New York: Elsevier Science.

Rautio, J. 2010. Prodrug strategies in drug design. In *Prodrugs and Targeted Delivery: Towards Better ADME Properties*, Rautio, J. (Ed.), pp. 1–30, Weinheim, Germany: Wiley-VCH Verlag GmbH.

Rautio, J., H. Kumpulainen, T. Heimbach, R. Oliyai, D. Oh, T. Järvinen, and J. Savolainen. 2008. Prodrugs: Design and clinical applications. *Nat. Rev. Drug Discov.* 7: 255–270.

Repta, A. J., B. J. Rawson, R. D. Shaffer, K. B. Sloan, N. Bodor, and T. Higuchi. 1975. Rational development of a soluble prodrug of a cytotoxic nucleoside: Preparation and properties of arabinosyladenine 5′-formate. *J. Pharm. Sci.* 64: 392–396.

Rihova, B., J. Kopecek, P. Kopeckova-Rejmanova, J. Strohalm, D. Plocova, and H. Semoradova. 1986. Bioaffinity therapy with antibodies and drugs bound to soluble synthetic polymers. *J. Chromatogr.* 376: 221–233.

Rimoli, M. G., L. Avallone, P. de Caprariis, A. Galeone, F. Forni, and M. A. Vandelli. 1999. Synthesis and characterization of poly(*d,l*-lactic acid)-idoxuridine conjugate. *J. Control. Rel.* 58: 61–68.

Rodrigues, P. C. A., U. Beyer, P. Schumacher, T. Roth, H. H. Fiebig, C. Unger, L. Messori, et al. 1999. Acid-sensitive polyethylene glycol conjugates of doxorubicin: Preparation, *in vitro* efficacy and intracellular distribution. *Bioorg. Med. Chem.* 7: 2517–2524.

Roy, S. D. and E. Manoukian. 1994. Permeability of ketorolac acid and its ester analogs (prodrug) through human cadaver skin. *J. Pharm. Sci.* 83: 1548–1553.

Sadafi, M., R. Oliyai, and V. J. Stella. 1993. Phosphoryloxymethyl carbamates and carbonates—Novel water-soluble prodrugs for amines and hindered alcohols. *Pharm. Res.* 10: 1350–1355.

Schacht, E., L. Ruys, J. Vermeersch, and J. P. Remon. 1984. Polymer-drug combinations: Synthesis and characterization of modified polysaccharides containing procainamide moieties. *J. Control. Rel.* 1: 33–46.

Schmidt, U., U. C. Dubach, I. Bieder, and B. Funk. 1972. Alkaline phosphatase: A marker enzyme for brush border membrane. *Experientia* 28: 385–386.

Scriba, G. K. E. 1993. Phenytoin-lipid conjugates: Chemical, plasma esterase-mediated, and pancreatic lipase-mediated hydrolysis *in vitro*. *Pharm. Res.* 10: 1181–1186.

Sezaki, H. 1989. Biopharmaceutical aspects of a chemical approach to drug delivery: Macromolecule-drug conjugates. *Yakugaku Zasshi* 109: 611–621.

Sezaki, H. and M. Hashida. 1984. Macromolecule-drug conjugates in targeted cancer chemotherapy. *CRC Crit.Rev. Ther. Drug Carrier Syst.* 1: 1–38.

Sharma, S. K., K. D. Bagshawe, and R. H. Begent. 2004. Antibody-directed enzyme prodrug therapy (ADEPT) for cancer. *Curr. Opin. Investig. Drugs* 6: 611–615.

Shen, W., J. S. Kim, P. E. Kish, J. Zhang, S. Mitchell, B. G. Gentry, J. M. Breitenbach, J. C. Drach, and J. Hilfinger. 2009a. Design and synthesis of vidarabine prodrugs as antiviral agents. *Bioorg. Med. Chem. Lett.* 19: 792–796.

Shen, W., J. S. Kim, S. Mitchell, P. Kish, P. Kijek, and J. Hilfinger. 2009b. 5′-O-D-valyl ara A, a potential prodrug for improving oral bioavailability of the antiviral agent vidarabine. *Nucleos. Nucleot. Nucleic Acids*. 28: 43–55.

Simmons, D. M., G. A. Portmann, and V. R. Chandran. 1995. Danazol amino acid prodrugs *in vitro* and *in situ* biopharmaceutical evaluation. *Drug Dev. Ind. Pharm.* 21: 687–708.

Sinha, V. R. and R. Kumria. 2001. Colonic drug delivery: Prodrug approach. *Pharm. Res.* 18: 557–564.

Sinkula, A. A. 1975. Prodrug approach in drug design. In *Annual Reports in Medicinal Chemistry*, Vol. 10, Heinzelman, R. V. (Ed.), pp. 306–316. New York: Academic Press.

Sinkula, A. A. 1977. Perspective on prodrugs and analogs in drug design. In *Design of Biopharmaceutical Properties through Prodrugs and Analogs*, Roche, E. B. (Ed.), pp. 1–17. Washington, DC: American Pharmaceutical Association.

Sinkula, A. A. and S. H. Yalkowsky. 1975. Rationale for design of biologically reversible drug derivatives: Prodrugs. *J. Pharm. Sci.* 64: 181–210.

Sloan, K. B., S. A. M. Koch, and K. G. Siver. 1984. Mannich base derivatives of theophylline and 5-fluorouracil: Syntheses, properties and topical delivery characteristics. *Int. J. Pharm.* 21: 251–264.

Sloan, K. B. and S. Wasdo. 2003. Designing for topical delivery: Prodrugs can make the difference. *Med. Res. Rev.* 23: 763–793.

Sloan, K. B., S. Wasdo, and J. Rautio. 2006. Design for optimized topical delivery: Prodrugs and a paradigm change. *Pharm. Res.* 23: 2729–2747.

Smith, A. A., B. M. Wohl, M. B. Kryger, N. Hedermann, C. Guerrero-Sanchez, A. Postma, A. N. Zelikin. 2014. Macromolecular prodrugs of ribavirin: Concerted efforts of the carrier and the drug. *Adv. Healthc. Mater.* 3: 1404–1407.

Smith, A. A. A., K. Zuwala, M. B. L. Kryger, B. M. Wohl, C. Guerrero-Sanchez, M. Tolstrup, A. Postma, and A. N. Zelikin. 2015. Macromolecular prodrugs of ribavirin: Towards a treatment for co-infection with HIV and HCV. *Chem. Sci.* 6: 264–269.

Sofia, M. J. 2013. Nucleotide prodrugs for the treatment of HCV infection. *Adv. Pharm.* 67: 39–73.

Sofia, M. J. 2014. Beyond sofosbuvir: What opportunity exists for a better nucleoside/nucleotide to treat hepatitis C? *Antiviral Res.* 107: 119–124.

Stella, V. 1975. Pro-drugs: An overview and definition. In *Pro-drugs as Novel Drug Delivery Systems*, Higuchi, T. and Stella, V. (Eds.), pp. 1–115. Washington, DC: American Chemical Society.

Stella, V. J. 2007. A case for prodrugs. In *Prodrugs: Challenges and Rewards: Parts 1 and 2*, Stella, V., Borchardt, R. Hageman, M., Oliya, R., Maag, H., and Tilley, J. (Eds.), pp. 3–33. New York: Springer Science + Business Media.

Stella, V. J. 2010. Prodrugs: Some thoughts and current issues. *J. Pharm. Sci.* 99: 4755–4765.

Stella, V. J., W. N. A. Charman, and V. H. Naringrekar. 1985. Prodrugs: Do they have advantages in clinical practice? *Drugs* 29: 455–473.

Stella, V. J., S. Martodihardjo, K. Terada, and V. M. Rao. 1998. Some relationships between the physical properties of various 3-acyloxymethyl prodrugs of phenytoin to structure: Potential *in vivo* performance implications. *J. Pharm. Sci.* 87: 1235–1241.

Stinchcomb, A. L., R. Dua, A. Paliwal, R. W. Woodard, and G. L. Flynn. 1995. A solubility and related physicochemical property comparison of buprenorphine and its 3-alkyl esters. *Pharm. Res.* 12: 1526–1529.

Strebel, L., J. Miceli, R. Kauffman, R. Poland, A. Dajani, and A. Done. 1980. Pharmacokinetics of chloramphenicol (CAP) and chloramphenicol-succinate (CAP-Succ) in infants and children. *Clin. Pharmacol. Ther.* 27: 288–289.

Takata, J., Y. Karube, M. Hanada, K. Matsunaga, Y. Matsushima, T. Sendo, and T. Aoyama. 1995a. Vitamin K prodrugs. 1. Synthesis of amino acid esters of menahydroquinone-4 and enzymatic reconversion to an active form. *Pharm. Res.* 12: 18–23.

Takata, J., Y. Karube, Y. Nagata, and Y. Matsushima. 1995b. Water-soluble prodrugs of vitamin E. 1. Preparation and enzymatic hydrolysis of aminoalkanecarboxylic acid esters of d-α-tocopherol. *J. Pharm. Sci.* 84: 96–100.

Tammara, V. K., M. M. Narurkar, A. M. Crider, and M. A. Khan. 1994. Morpholinoalkyl ester prodrugs of diclofenac: Synthesis, *in vitro* and *in vivo* evaluation. *J. Pharm. Sci.* 83: 644–648.

Taylor, H. E. and K. B. Sloan. 1998. 1-Alkyloxymethyl prodrugs of 5-fluorouracil (5-FU): Synthesis, physicochemical properties, and topical delivery of 5-FU. *J. Pharm. Sci.* 87: 15–20.

Therisod, M. and A. M. Klibanov. 1986. Facile enzymatic preparation of monoacylated sugars in pyridine. *J. Am. Chem. Soc.* 108: 5638–5640.

Ulbrich, K. and V. Subr. 2004. Polymeric anticancer drugs with pH-controlled activation. *Adv. Drug Deliv. Rev.* 56: 1023–1050.

van de Waterbeemd H., D. A. Smith, K. Beamont, and D. K. Walker. 2001. Property-based design: Optimization of drug absorption and pharmacokinetics. *J. Med. Chem.* 44: 1313–1333.

van Rompay, A. R., M. Johansson, and A. Karlsson. 2000. Phosphorylation of nucleosides and nucleoside analogs by mammalian nucleoside monophosphate kinases. *Pharmacol. Ther.* 87: 189–198.

Varia, S., S. Schuller, K. B. Sloan, and V. J. Stella. 1984a. Phenytoin prodrugs. III. Water-soluble prodrugs for oral and/or parenteral use. *J. Pharm. Sci.* 73: 1068–1073.

Varia, S. A., S. Schuller, and V. J. Stella. 1984b. Phenytoin prodrugs. IV. Hydrolysis of various 3-(hydroxymethyl)phenytoin esters. *J. Pharm. Sci.* 73: 1074–1080.

Varia, S. A. and V. J. Stella. 1984. Phenytoin prodrugs. VI. *In vivo* evaluation of a phosphate ester prodrug of phenytoin after parenteral administration to rats. *J. Pharm. Sci.* 73: 1087–1090.

Vartikovski, L., Z. R. Lu, K. Mitchell, I. de Aos, and J. Kopecek. 2001. Water-soluble HPMA copolymer-wortmannin conjugate retains phosphoinositide 3-kinase inhibitory activity *in vitro* and *in vivo*. *J. Control. Rel.* 74: 275–281.

Vej-Hansen, B. and H. Bundgaard. 1979. Kinetics of degradation of rolitetracycline in aqueous solutions and reconstituted formulation. *Arch. Pharm. Chem. Sci. Ed.* 7: 65–77.

Vercruysse, K. P. and G. D. Prestwich. 1998. Hyaluronate derivatives in drug delivery. *Crit. Rev. Ther. Drug Carrier Syst.* 15: 513–555.

Vermeersch, H., J. P. Remon, D. Permentier, and E. Schacht. 1990. *In vitro* antitrichomonal activity of water-soluble prodrug esters of metronidazole. *Int. J. Pharm.* 60: 253–260.

Vyas, D. M., H. Wong, A. R. Crosswell, A. M. Casazza, J. O. Knipe, S. W. Mamber, and T. W. Doyle. 1993. Synthesis and antitumor evaluation of water soluble taxol phosphates. *Bioorg. Med. Chem. Lett.* 3: 1357–1360.

Watanabe, K. A., A. Matsuda, M. J. Halat, D. H. Hollenberg, J. S. Nisselbaum, and J. J. Fox. 1981. Nucleosides. 114. 5′-*O*-Glucuronides of 5-fluorouridine and 5-fluorocytidine. Masked precursors of anticancer nucleosides. *J. Med. Chem.* 24: 893–897.

Weiner, B.-Z. and A. Zilkha. 1973. Polyethylene glycol derivatives of procaine. *J. Med. Chem.* 16: 573–574.

Wichitnithad, W., U. Nimmannit, S. Wacharasindhu, P. Rojsitthisak. 2011. Synthesis, characterization and biological evaluation of succinate prodrugs of curcuminoids for colon cancer treatment. *Molecules* 16: 1888–1900.

Wilk, S., H. Mizoguchi, and M. Orlowski. 1978. γ-Glutamyl dopa: A kidney-specific dopamine precursor. *J. Pharm. Exp. Ther.* 206: 227–232.

Williams, A. and R. A. Naylor. 1971. Evidence for *SN* 2(P) mechanism in the phosphorylation of alkaline phosphatase by substrate. *J. Chem. Soc. B* 1973–1979.

Williams, D. B., S. A. Varia, V. J. Stella, and I. H. Pitman. 1983. Evaluation of the prodrug potential of the sulfate esters of acetaminophen and 3-hydroxymethyl-phenytoin. *Int. J. Pharm.* 14: 113–120.

Windholz, M., S. Budavari, R. F. Blumetti, and E. S. Otterbein. (Eds.). 1983. *Merck Index*, 10th ed. Rahway, NJ: Merck.

Wohl, B. M., A. A. Smith, B. E. Jensen, A. N. Zelikin. 2014. Macromolecular (pro)drugs with concurrent direct activity against the hepatitis C virus and inflammation. *J. Control. Release.* 196: 197–207.

Wu, D. C., C. R. Cammarata, H. J. Park, B. T. Rhodes, and C. M. Ofner, 2013. Preparation, drug release, and cell growth inhibition of a gelatin: Doxorubicin conjugate. *Pharm. Res.* 30: 2087–2096.

Zalipsky, S., C. Gilon, and A. Zilkha. 1983. Attachment of drugs to polyethylene glycols. *Eur. Polym. J.* 19: 1177–1183.

Zawilska, J. B., J. Wojcieszak, and A. B. Olejniczak. 2013. Prodrugs: A challenge for the drug development. *Pharmacol. Rep.* 65: 1–14.

Zhao, Z., D. G. I. Kingston, and A. R. Crosswell. 1991. Modified taxols. 6. Preparation of water soluble prodrugs of taxol. *J. Nat. Prod.* 54: 1607–1611.

Zhou, P., X. Sun, and Z. Zhang. 2014. Kidney-targeted drug delivery systems. *Acta Pharm. Sinica B.* 4: 37–42.

Zlojkowska, Z., H. J. Krasuka, and J. Pachecka. 1982. Enzymatic hydrolysis of amino acid derivatives of benzocaine. *Xenobiotica* 12: 359–364.

Zou, M. J., G. Cheng, H. Okamoto, X. H. Hao, F. An, F. D. Cui, and K. Danjo. 2005. Colon-specific drug delivery systems based on cyclodextrin prodrugs: *In vitro* evaluation of 5-aminosalicylic acid from its cyclodextrin conjugates. *World J. Gastroenterol.* 11: 7457–7460.

# 第 17 章　减小粒径与药物增溶

Robert W. Lee，James McShane，J. Michael Shaw，Ray W. Wood，
Dinesh B. Shenoy，Xiang（Lisa）Li，Zhanguo Yue

## 17.1　引言

随着工业上对小粒径药物原料的需求不断增加，纳米技术和纳米技术产品开发成为一个快速发展的新领域。较小的粒径使粒子性质发生改变，有助于创造先进的材料。特别是在医药和生物技术行业，纳米工程已经成为一门新兴学科，影响每一个细分的专业领域。粒径减小（或通常称为微粉化）为制剂研究员解决难溶性活性药物成分（API）固有的产品开发障碍提供了重要机遇。

在用于口服给药制剂的情况下，难溶性 API 通常具有不充分或高度可变的药物吸收速率和/或程度（有时是由于胃中食物的作用，即进食/禁食变异性）。在制剂前 API 的粒度减小将显著增加药物在肠道环境中的接触比表面积，进而提高药物在肠道环境中的溶出速率。因此，对于溶出速率限制药物吸收的难溶性 API，粒径减小可以显著改善药物吸收的速率和程度，从而满足药物的生物利用度要求。

在用于静脉注射给药的情况下，API 粒子减小到纳米尺寸，使其可制备成无菌的水性分散体。实际上，粒度减小方法已经发展到可以实现 API 纳米晶体的程度。这种尺寸减小方法提供了一种替代传统的有用制剂，确保药物在静脉注射给药前溶解。它减轻了与使用高浓度的水溶性共溶剂和表面活性剂来溶解药物相关的潜在问题。

此外，粒径尺寸减小技术还可以增强难溶性 API 向呼吸道的传递。具体来说，气溶胶颗粒的空气动力学直径应在 1～5 μm 范围内。对于较大的颗粒，沉积主要发生在咽喉后部，这可能导致全身吸收和副作用。

本章将为用粒径尺寸减小技术来解决难溶性 API 制剂问题提供理论基础。还介绍各种可用于减小粒径大小的方法，并将概述每种方法的可行性和局限性。最后将举几个实例，说明纳米粒径尺寸减小技术已成功地应用于改善 API 较差的水溶性。这些实例包括口服和肠外给药。

## 17.2　理论

原料药的许多理化性质会受到尺寸缩小的影响，在解决与溶解度限制有关的问题时需要考虑这些性质的改变。很明显，溶出速率及其对粒径减小的依赖性是这些关键特性之一（Ross 和 Morrison，1988；Rabinow，2004；Kocbek 等，2006）。例如，水溶性较差的口服原料药的溶出度随粒径减小而增加，使溶液中有更多的药物，并可在胃肠道转运过程中被吸收（Chaumeil，1998；Merisko-Liversidge 等，2003；Patravale 等，2004；Pouton，2006）。在静脉

给药的情况下，溶出速率将在很大程度上决定分子动力学，从而确定药物在分子水平上与药物受体相互作用的可行性。因此，溶出现象及其对粒径的依赖关系对于理解粒径减小对药物应用的价值至关重要（Setnikar，1977；Rasenack 和 Muller，2002；Merisko-Liversidge 等，2003；Mosharraf 和 Nystrom，2003）。本节将重点讨论和回顾晶体原料药的溶解、晶体生长和溶解度的理论知识，并重点讨论这些特性如何受到粒径减小的影响（Noyes 和 Whitney，1897；Brunner 和 Tolloczko，1900；Nernst，1904；Hixson 和 Crowell，1931；Tawashi，1968；Anderson，1980；Cammarata 等，1980；Valvani 和 Yalkowsky，1980；Braun，1983；Greco Macie 和 Grant，1986；Zipp 和 Rodriguez-Hornedo，1989；Abdou，1990；Grant 和 Higuchi，1990；Sokoloski，1990；Grant 和 Chow，1991；Ragnarsson 等，1992；Canselier，1993；Lu 等，1993；Yao 和 Laradji，1993；Yonezawa，1994，1995；Lindfors 等，2006a，2006b）。此外，还将讨论晶体原料药粒径降低与提高生物利用径的相关性（Moschwitzer 和 Muller，2006）。

### 17.2.1 溶解现象

药物的溶出速率通常是通过实验来确定的。但有大量的理论和定量结构活性关系（QSAR）模型（Grant 和 Higuchi，1990）可用于溶出速率的估计。任意时刻溶质的质量（$m$）可表示为：

$$m = Vc_t \tag{17.1}$$

式中，$V$ 是体系溶液的体积，$c_t$ 是 $t$ 时刻溶质的浓度。它遵循的方程如下：

$$\frac{\mathrm{d}m}{\mathrm{d}t} = V\left(\frac{\mathrm{d}c_t}{\mathrm{d}t}\right) \tag{17.2}$$

式中，$\mathrm{d}m/\mathrm{d}t$ 是溶出速率。

如果假定某一固体材料已完全润湿，则其溶出速率与该溶解固体的比表面积（$S$）严格成比例，即

$$\frac{\mathrm{d}m}{\mathrm{d}t} \propto S \tag{17.3}$$

溶出度对特定表面积的依赖关系是寻求通过减小粒径来提高难溶性药物生物利用度的基础。

单位表面积的溶出速率称为本征溶出速率或质量通量（$J$），表示为：

$$J = \left(\frac{\mathrm{d}m}{\mathrm{d}t}\right)\left(\frac{1}{S}\right) \tag{17.4}$$

所观察到的溶出速率可以认为是由转运过程和表面反应过程共同组成的。在这种情况下，观察到的速率常数（$k_1$）可以表示为：

$$\frac{1}{k_1} = \frac{1}{k_\mathrm{T}} + \frac{1}{k_\mathrm{R}} \tag{17.5}$$

式中，$k_\mathrm{T}$ 是描述转运现象的速率常数，$k_\mathrm{R}$ 是反应速率常数。式（17.5）可以重写为：

$$k_1 = \frac{k_\mathrm{T} k_\mathrm{R}}{k_\mathrm{T} + k_\mathrm{R}} \tag{17.6}$$

当转运速率受限制时，$k_\mathrm{T} \ll k_\mathrm{R}$，式（17.5）及式（17.6）可简化为：

$$k_1 \sim k_T \tag{17.7}$$

当表面反应速率受限时，$k_R \ll k_T$，式（17.5）及式（17.6）简化为：

$$k_1 \sim k_R \tag{17.8}$$

解释溶质溶出速率的两个最简单的理论是界面屏障模型和扩散层模型(图 17.1 和图 17.2)。

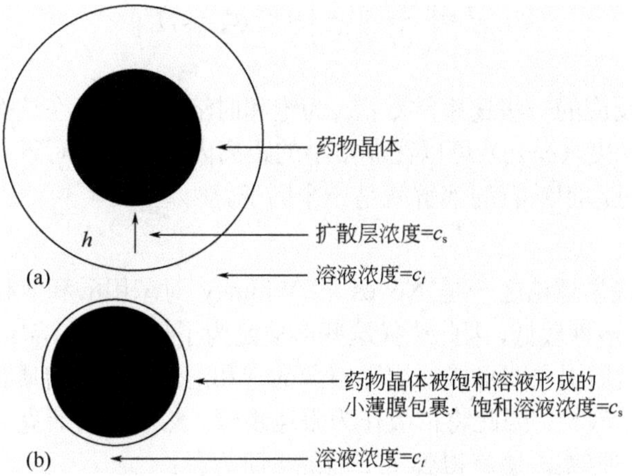


图 17.1 （a）溶解扩散层模型；（b）溶解界面屏障模型。

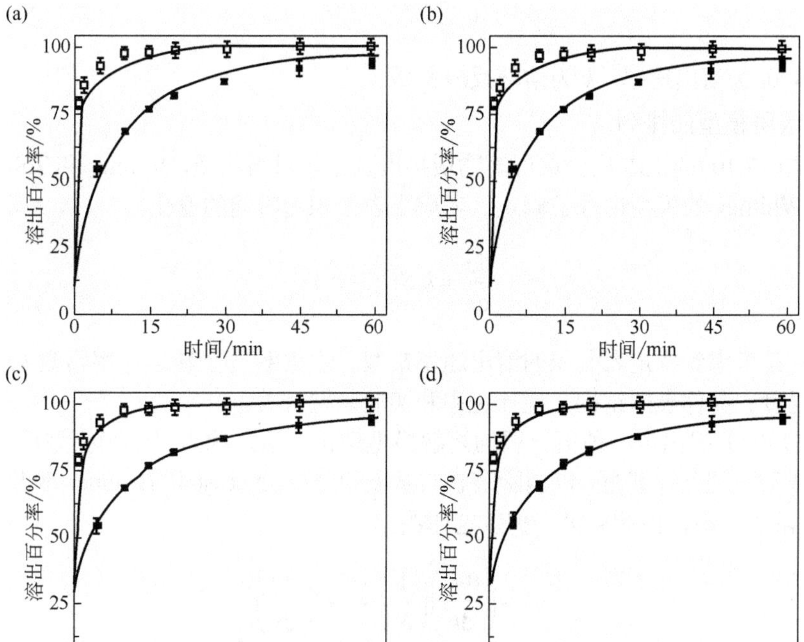


图 17.2　细（空心）和粗（实心）氢化可的松的溶出曲线

采用无时间依赖性扩散层厚度的球面几何（a）、（b）和无时间依赖性扩散层厚度的圆柱几何（c）、（d）绘制模拟曲线。误差区间表示为 95% CI（$n=3$）

（摘自 Lu A T K，Frisella M E，John son K C. Pharm. Res.，1993，10：1308-1314. 获 Kluwer Academic Plenum Publishers 许可）

这两种理论都做了以下两个假设：

① 固液界面中间包含一个间隔层，即与固体密切接触的一层薄膜（$h$）饱和溶液。

② 假定溶液相混合良好，在任意给定时刻，体系中溶解固体的浓度为 $c_t$。

#### 17.2.1.1 界面屏障模型

根据该模型，溶质与溶剂的表面反应控制了溶出速率（$J$）。如果这个反应是一级反应，那么

$$J = \left(\frac{\mathrm{d}m}{\mathrm{d}t}\right)\left(\frac{1}{S}\right) = k_{\mathrm{R}}(c_{\mathrm{s}} - c_t) \tag{17.9}$$

式中，$k_{\mathrm{R}}$ 为界面反应的一级速率常数；$c_{\mathrm{s}}$ 为饱和时溶质浓度。在这个模型中，转运没有限速；因此，溶质浓度梯度（$c_{\mathrm{s}}$-$c_{\mathrm{t}}$）可以在非常小的距离内相当大。对于有机基质，界面屏障模型应用的情况并不多见。胆结石的溶解就是一个例子。

#### 17.2.1.2 扩散层模型

描述溶解现象的最早理论之一是 Noyes 和 Whitney 对苯甲酸和氯化铅在水中溶解的研究（1897）。由于溶质的水溶性较低，因此选择这些溶质是为了尽量减小溶质溶解时表面积的变化。如前所述，假设在溶质周围立即形成一层无限薄的饱和溶液，然后溶质扩散到溶液中。由于第一步与第二步相比速率较快，因此将扩散作为限速步骤。然后利用菲克第二扩散定律和溶质浓度梯度模拟溶质的溶出速率。这就得到了下面的一阶方程：

$$\frac{\mathrm{d}c}{\mathrm{d}t} = k\ (c_{\mathrm{s}} - c_t) \tag{17.10}$$

式中，$\mathrm{d}c/\mathrm{d}t$ 为溶出速率；$k$ 为溶液反应常数。

#### 17.2.1.3 扩散层模型的排列

为了将式（17.10）的范围从少量可溶物质扩展到更多可溶物质，Brunner 和 Tolloczko（1900）对 Noyes 和 Whitney 的模型进行了修正，考虑了表面积随时间的变化。

$$\frac{\mathrm{d}c}{\mathrm{d}t} = k_1 S(c_{\mathrm{s}} - c_t) \tag{17.11}$$

式中，$k_1$ 是考虑到特定表面积的溶出速率常数。注意 $k_1$ 等于转运速率常数 $k_{\mathrm{T}}$。同时指出，溶出速率与温度、晶体表面结构、搅拌速率和实验装置有关。

Nernst（1904）提出了一种更一般的溶解模型理论方法，称为“薄膜模型理论”，Brunner（1904）在此基础上进行了扩展，以消除溶解常数 $k$ 的分量。Nernst 和 Brunner 都做了以下假设：

① 内在溶出速率，由菲克第一扩散定律决定：

$$J = \left(\frac{\mathrm{d}m}{\mathrm{d}t}\right)\left(\frac{1}{S}\right) = -D\left(\frac{\mathrm{d}c}{\mathrm{d}x}\right) \tag{17.12}$$

式中，$\mathrm{d}c/\mathrm{d}x$ 为溶质浓度梯度；$D$ 为扩散系数。

② 扩散层内浓度梯度为常数，因此，

$$\frac{\mathrm{d}c}{\mathrm{d}x} = \frac{(c_t - c_{\mathrm{s}})}{h} \tag{17.13}$$

式中，$h$ 为停滞扩散层厚度。

将式（17.13）代入式（17.12），得到：

$$J=\left(\frac{\mathrm{d}m}{\mathrm{d}t}\right)\left(\frac{1}{S}\right)=D\frac{(c_\mathrm{s}-c_t)}{h} \quad (17.14)$$

这就得到了下面的方程：

$$\frac{\mathrm{d}c}{\mathrm{d}t}=k_2\left(\frac{DS}{Vh}\right)(c_\mathrm{s}-c_t) \quad (17.15)$$

$k_2$ 是特性溶出速率常数。

#### 17.2.1.4 漏槽条件

漏槽条件指的是一种特殊情况，其中基本上没有溶质的堆积，这被认为是药物从胃肠道吸收的情况。对于这种特殊情况有两种解释，式（17.9）中描述的浓度梯度（$c_\mathrm{s}$-$c_t$）在任何条件下都不受速率限制，如果保持溶质表面积不变，溶质的溶出速率将遵循零级动力学。通过确保溶质浓度不超过其溶解度的 5%～10%，可以在体外模拟体内的沉降条件。实际上，这是通过使用大量释放介质或在严格控制的条件下不断补充释放介质来实现的。沉降的条件下，$c_\mathrm{s}\gg c_t$，式（17.15）可以写成以下情况：

$$\left(\frac{\mathrm{d}c}{\mathrm{d}t}\right)_{t\to 0}=k_2\left(\frac{DS}{Vh}\right)c_\mathrm{s} \quad (17.16)$$

由于 $D$、$c_\mathrm{s}$ 和 $k_2$ 是给定溶质的常数，它们可以合并成 $k_3$，式（17.16）可以进一步简化为：

$$\frac{\mathrm{d}c}{\mathrm{d}t}=k_3\left(\frac{S}{Vh}\right) \quad (17.17)$$

假设溶质表面积（$S$）和释放介质体积（$V$）保持不变，则式（17.17）可改写为：

$$\frac{\mathrm{d}c}{\mathrm{d}t}=k_3 \quad (17.18)$$

这解释了在沉降条件下遵循零级动力学。

#### 17.2.1.5 希克森和克罗威尔的立方根定律

为了考虑溶解过程中表面积变化的情况，如溶质晶体和传统固体剂型，希克森（Hixson）和克罗威尔（Crowell）发展了立方根定律。他们不是根据溶质浓度的变化率来建模，而是试图用溶质质量的变化率来描述溶解。这是通过将式（17.11）的两边乘以溶解介质的体积（$V$）来实现的。

$$\frac{\mathrm{d}w}{\mathrm{d}t}=K_2S(c_\mathrm{s}-c_t) \quad (17.19)$$

式中，$\mathrm{d}w/\mathrm{d}t$ 为溶质质量变化率；$K_2$=$k_1V$，$w$ 为 $t$ 时刻未溶解晶体的质量。注意，在这个方程中，表面积（$S$）不再是常数，而是变量。

如果药物晶体在溶解时的形状没有变化，那么它的表面积变化是体积（$V$）的三分之二次

方，即

$$S \propto V^{2/3} \tag{17.20}$$

由于 $V = w/d$，其中 $d$ 为溶质密度，则

$$S = k_4 w^{2/3} \tag{17.21}$$

其中 $k_4$ 考虑了溶质的密度，并包含一个依赖于晶体形态的形状常数。式（17.19）中 $S$ 被替：

$$\frac{\mathrm{d}w}{\mathrm{d}t} = k_2 k_4 w^{2/3}(c_\mathrm{s} - c_t) \tag{17.22}$$

对于浓度变化可以忽略的特殊情况，（$c_\mathrm{s} - c_t$）为常数，因此溶出速率仅依赖于表面积，式（17.19）可改写为：

$$\frac{\mathrm{d}w}{\mathrm{d}t} = k_3 w^{2/3} \tag{17.23}$$

由于溶质浓度的变化是可以忽略的，$w$ 可以近似为 $w_0$，即在零时刻未溶解溶质晶体的质量。当溶质的初始量小于溶解度的 1/20 时，这是一个合理的近似。式（17.23）在此条件下积分得到立方根定律，可以写成：

$$K_4 t = {w_0}^{1/3} - w^{1/3} \tag{17.24}$$

在初始溶质质量接近产生饱和溶液所需要的量（$w_\mathrm{s}$）的条件下，即 $w_\mathrm{s} = w_0$ 时，Hixson 和 Crowell 推导出负三分之二定律，公式如下：

$$K_5 t = V(w^{-2/3} - {w_0}^{-2/3}) \tag{17.25}$$

#### 17.2.1.6 非漏槽条件下单分散体系的溶解（z 定律）

Yonezawa 等（1994，1995）在 Nernst 方程的基础上推导出一个模型来描述单分散体系的溶出速率，该体系可以解释各种初始溶质的浓度，只要小于使溶液饱和所需的浓度。推导了非漏槽条件下的 z 定律方程。z 定律方程的一般形式可以表示为：

$$\left(\frac{M}{M_0}\right)^z = 1 - z k_z c_\mathrm{s} S t \tag{17.26}$$

式中，$M_0$ 为单分散体系的初始溶质的量；$M$ 为 $t$ 时刻的溶质的量；$z =$（$1/3 - M_0/M_\mathrm{s}$）；$M_\mathrm{s}$ 为饱和溶质的量；$k_z$ 为溶出速率常数。当 $M_0$ 极小时得到立方根定律方程，当 $M_0 = M_\mathrm{s}$ 时得到负三分之二定律。

#### 17.2.1.7 粒度对溶出速率的影响：多分散体系的溶解

Lu 等（1993）对 Noyes Whitney-type 方程进行了改进，该方程包含一个随时间变化的扩散层，并考虑了非球面粒子的几何因素。利用对数正态概率密度函数模拟了初始粒径分布。最精确的模拟是假设圆柱几何形状和不随时间变化的扩散层厚度分别为细（计算平均粒径 10.9 μm）和粗（计算平均粒径 38.7 μm）的氢化可的松。细和粗氢化可的松的溶解过程如图 17.2 所示。

#### 17.2.1.8　其他影响溶解的因素

① 通过决定药物浓度梯度（$c_s$-$c_t$）的放大倍数，药物的溶解度将影响药物的溶出速率。

② 晶体形态决定了溶出速率沿不同的晶体学轴。这种溶解各向异性可以在所有晶体中发现，除了各向同性的立方晶体。

③ 晶体缺陷会影响晶格能。这些缺陷，包括位移导致表面能增加，可能是改善水溶性差的晶体物质溶解性能的主要因素。

④ 多晶型是溶质分子以一种以上的形式结晶。多晶型分子具有不同的能量，极有可能产生不同的溶解和溶解度曲线。具有更强热力学活性的多晶型比更稳定的多晶型溶解得更快，这一特性已被用于制药工业，试图提高血液中不溶性或难溶性药物的治疗效果。在某些情况下，新的晶型在尺寸缩小过程中被观察到。

⑤ 杂质（包括表面活性剂、水合物、溶剂化物、络合物和反应性添加剂）通过改变晶体的特性或干扰溶质从晶体到本体溶液的界面输运，可以大大提高溶出速率。

⑥ 理化性质，如密度、黏度和润湿性，会影响聚集性质（絮凝、漂浮和团聚），这些性质反过来又通过扰乱有效的比表面积而影响溶出。

### 17.2.2　溶解度

原料药的水溶性在药物制剂中起着至关重要的作用。如果给定的药物充分溶于水并在溶液中稳定，则制剂应以直接的方式制备。然而，如果药物在水性介质中不溶或微溶，这就对制剂的开发提出更大的挑战。这类制剂需要添加增溶剂或有机共溶剂。颗粒尺寸也影响化合物本身的溶解度，因为体系的自由能随着颗粒尺寸的减小而增加。

比表面积定义为表面积除以体积，随着颗粒尺寸的减小而显著增加。图 17.3 显示了球形颗粒的比表面积与粒径的函数。溶解度定义为两种或多种物质自发形成均相溶液的能力，其中一种物质与另一种物质不发生化学反应（Mader，1971）。可以进一步将溶解度分类为宏观和微观溶解度（Braun，1983）。下面将讨论这两个术语。注意溶质在溶剂中的平衡溶解度与粒径无关，胶体这种非平衡系统除外。

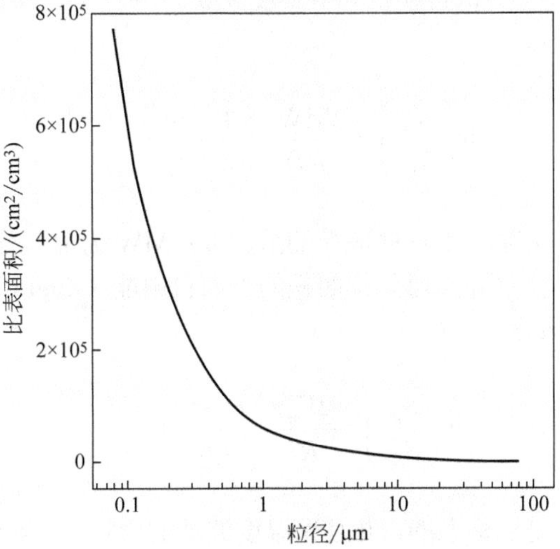


图 17.3　比表面积与粒径的函数

#### 17.2.2.1 宏观溶解度

宏观溶解度通常被认为是粒度分散到几微米的热力学溶解行为。早期就给出了溶解度的广泛定义。我们更关注的是对溶解度的更具体定义，其是指溶液的饱和浓度，即在给定条件下溶解溶质的最大量。在热力学方面，一个重要的考虑因素是固体溶解度和相位之间的关系，吉布斯定义的相位是系统的一部分，这个系统本身在物理和化学上是均匀的。根据吉布斯的说法，相仅适用于界面分子数量相对于大量分子数量可忽略不计的情况，也就是说，如果界面能量与体积的化学势相比可忽略不计，以致在混合相中 $\gamma_S=\gamma_L$。

#### 17.2.2.2 微观溶解度

微观溶解度是指胶体体系的溶解度，它不是严格限定的，受多种因素的影响。在胶体体系中，界面分子的数量相对于本体分子的数量是不可忽略的。该属性是胶体系统特殊性质的基础。胶体体系是不稳定的，其粒径分布和溶解度不断变化。可以假设这样一个体系的溶解度平衡快速建立，所得到的平衡溶解度存在于最小的固体颗粒中。然而如前所述，这些体系并不稳定，最小的颗粒优先溶解，基于较大的粒径分布产生新的平衡，而溶解度相应较低[奥斯特瓦尔德（Ostwald）熟化]。只要达到平衡的时间长于药品的有效期，颗粒熟化的缓慢速率就变得无关紧要。

前面给出的宏观系统的溶解行为可以用 Gibbs-Kelvin 方程来描述：

$$\ln\left(\frac{S_r}{S_\infty}\right)=\frac{2V_\mathrm{m}\gamma}{RT} \tag{17.27}$$

式中，$S_r$ 是半径为 $r$ 的晶体的溶解度；$S_\infty$是无限大晶体的溶解度；$V_\mathrm{m}$ 是溶质的摩尔体积；$\gamma$ 是晶体与溶液接触的表面能（界面张力）；$R$ 是气体常数；$T$ 是热力学温度。

$r<1\ \mu\mathrm{m}$ 的颗粒相较大的颗粒具有更大的溶解度。溶解度的这种差异可归因于与较大颗粒相比，精细颗粒具有更大的比表面积和更高的表面自由能。存在较小颗粒在较大颗粒上溶解和重结晶的趋势。其理论见式（17.27），称为 Ostwald 熟化。这将导致粒径分布向更大尺寸的转变，直到达到系统的平衡溶解度。

#### 17.2.2.3 Ostwald-Freundlich 方程

Ostwald（1900）第一个尝试将粒径和溶解度关联。1909 年，弗伦德里希（Freundlich）修订了该方程，并将其写成：

$$\ln\left(\frac{S_{r1}}{S_{r2}}\right)=\frac{2\mathrm{MW}\gamma}{RTr}\left(\frac{1}{r_1}-\frac{1}{r_2}\right) \tag{17.28}$$

式中，$S_{r1}$ 和 $S_{r2}$ 是半径为 $r_1$ 和 $r_2$ 的颗粒的溶解度；MW 为溶质分子量；$r$ 为晶体密度。表 17.1 列出了一些常见固体空气界面每单位面积的表面自由能（Zogra 等 1990）。式（17.28）可以用溶质的摩尔体积 $V_\mathrm{m}$ 表示：

$$\ln\left(\frac{S_{r1}}{S_{r2}}\right)=\frac{2V_\mathrm{m}\gamma}{RT}\left(\frac{r_2-r_1}{r_1r_2}\right) \tag{17.29}$$

根据定义，上述系统是亚稳态的，并且受温度波动的影响。影响溶解度的另外两个因素是晶体形态变化以及通过机械应力（研磨）在颗粒上产生更高能量的表面。

表 17.1　不同极性固体的 $\gamma_{sv}$ 值

| 固体 | $\gamma_{sv}$/(dyn①/cm) |
| --- | --- |
| 特氟龙 | 19.0 |
| 石蜡 | 25.5 |
| 聚乙烯 | 37.6 |
| 聚甲基丙烯酸甲酯 | 45.4 |
| 尼龙 | 50.8 |
| 吲哚美辛 | 61.8 |
| 灰黄霉素 | 62.2 |
| 氢化可的松 | 68.7 |
| 氯化钠 | 155 |
| 硫化铜 | 1300 |

① $1\text{dyn}=10^{-5}\text{N}$。

### 17.2.3　晶体生长

在粒径尺寸减小之后，在药品的有效期内保持尺寸稳定至关重要；否则，将无法实现与粒径尺寸减小相关的有益特性。因此，了解晶体生长现象对于成功的药物制剂至关重要。

药物晶体是通过液态或半固态物质的相变而成长为固态晶体。该过程可以描述为三个不连续的步骤。

① 过饱和的实现。

② 晶核形成。

③ 晶体生长。

在本章中，我们的讨论的重点是步骤③。本节包括对前两步的简要描述，然后对晶体生长进行更深入的讨论。

#### 17.2.3.1　过饱和现象

“过饱和”一词是 1788 年创造的，后来被用来定义过饱和的溶液。过饱和状态可以通过冷却、蒸发或由两个均相之间的化学反应而得到。此外，在药物溶液的情况下，可通过以下方式溶解达到过饱和。

① 一种亚稳态且热力学能更高的多晶型药物。

② 一种无定型的药物。

③ 通过机械手段使晶体变为亚稳态，从而增加了表面的自由能。

过饱和的定义如下：

$$\sigma=\left(\frac{c_t-c_{\mathrm{S}}}{c_{\mathrm{S}}}\right) \tag{17.30}$$

$\sigma$ 是过饱和度。

虽然过饱和体系可能会在相当长的一段时间内保持这种状态，但它最终会通过过量溶质的结晶而达到热力学平衡。

### 17.2.3.2 成核

这一现象尚未得到充分证实；然而，它可以被描述为溶质的微小颗粒的形成，这些颗粒作为从过饱和溶液中溶质进一步沉积的核。其可能机制是药物分子 X 的双分子加成：

$$X + X \rightleftharpoons X_2 \tag{17.31}$$

$$X_2 + X \rightleftharpoons X_3 \tag{17.32}$$

$$X_{(n-1)} + X \rightleftharpoons X_n \tag{17.33}$$

当 $X_n$ 达到一个阈值时，就产生了一个原子核。由于溶质分子在溶液中的运动，形成了含有不同数量分子的簇。这些生长中的晶体可能会重新溶解或进一步生长，当达到临界尺寸时，它们的溶解度等于过饱和溶液的溶解度（$S_r$）。这种过程由 17.22 给出的 Gibbs-Kelvin 方程[式（17.27）]和 Ostwald-Freundlich 方程[式（17.28）]描述。

前面所描述的系统是由位阻亚稳态引起的，并受温度变化的影响。溶质晶体的溶解度会受到温度作用的影响，因为这些温度作用会产生一段不饱和期和一段过饱和期。这些波动增强细颗粒的溶解，同时伴随大颗粒的生长。这种晶体化过程是由热力学驱动的，可以用经典自由能变化方程来描述：

$$\Delta G^{\ominus} = -RT\ln C\gamma_a \tag{17.34}$$

式中，$\Delta G^{\ominus}$是相对于溶液中药物的标准状态，溶解药物的摩尔自由能；$\gamma_a$是溶解溶质的活度系数；$C$ 是溶液中药物的浓度（在存在溶解现象的情况下类似于 $c_t$）。对于稀释溶液，$\gamma_a$是 1。式（17.34）的一种解释是溶液中药物浓度越高，建立平衡状态的驱动力越大。成核现象的研究是非常重要的，因为实验上很难产生一个不含干扰成核过程的杂质的系统。

### 17.2.3.3 晶体生长

晶体生长过程被认为有 3 个步骤。

① 药物分子从本体溶液向固-晶界面扩散。

② 将药物分子结合到晶格中，同时释放出结晶热。

③ 将结晶热导入本体溶液。

这些步骤都是由温度、搅拌速率、杂质的存在、过饱和程度和分子在溶液中的扩散速率决定的，后者又取决于体系的黏度。

晶体生长速率定义为单位时间内线性尺寸的变化，其表达式为：

$$G = \frac{dL}{dt} \tag{17.35}$$

式中，$G$ 为线性增长率；$L$ 为晶体长度；$t$ 为时间。描述晶体生长的模型有四种，它们都是基于下面某一步被认为是限速的：

① 溶质在大量溶液相内转运到晶体表面。

② 生长单元均匀地附着在分子尺度上粗糙的表面上（如溶质分子）。

③ 表面上二维团簇的成核，它的扩张和合并形成新的层。

④ 由螺旋晶格位错产生的层的扩展，作为连续的能层。

#### 17.2.3.4　扩散控制晶体生长理论

如果在晶体表面迅速建立平衡而不受速率限制，则晶体的形成过程将由溶质转运控制，而溶质转运与穿过停滞层的溶质凝聚梯度（$c_t$−$c_S$）成正比。晶体生长速率可以用菲克扩散定律表示：

$$G=\left[\frac{DV_m(c_t-c_S)}{h}\right] \tag{17.36}$$

方程各参数在前面关于溶解现象一节中提出。注意，描述扩散控制晶体生长的方程的形式类似于描述溶解现象的方程，只是与溶质浓度梯度方向相反。结果表明，在搅拌良好的溶液中，扩散层的厚度 $h$ 基本不存在，并且与生长晶体表面接触的溶液大部分不是饱和的，而是过饱和的。这意味着至少存在两种机制，边界层扩散和侵入分子的重组，使其进入生长晶格的适当方向。正如 Greco Macie 和 Grant（1986）所指出的，分子机制比两阶段过程更为复杂。然而，这种晶体生长理论的有用之处在于能够使用扩散和传质方程测量和表示晶体生长速率。

#### 17.2.3.5　吸附层理论

另外三种模型在机理上有所不同，但它们有共同的假设。从整体溶液到达晶体界面的分子保留了足够的能量，使它们能够在晶体表面迁移。平衡是建立在大量溶液和松散吸附层之间的分子表面，类似于溶解的界面障碍模型。这些分子最终会以这样的方式集成到晶格中，从而使系统的自由能最小化，也就是说，引力最大。聚集点和表面结构是区别这三种模型的地方，现在将更详细地讨论。

（1）生长单元均匀附着机理

该机理是指分子在分子尺度粗糙的晶体表面上逐层吸附分子的不连续过程。这种表面粗糙度为溶质分子的附着提供了更多的核。晶体生长速率与驱动力成正比：

$$G=k_5c_t\ln\left(\frac{c_t}{c_S}\right) \tag{17.37}$$

其中

$$k_5=D\frac{V_m}{d} \tag{17.38}$$

式中，$k_5$ 是一个常数，它决定了给定系统的最大生长速率；$d$ 是分子直径。这种晶体生长的机制产生了圆形的晶体表面。

（2）二维团簇成核机制

在晶体表面光滑的情况下，可以通过二维团簇成核机制或螺旋生长机制来生长。对于二维团簇成核，生长是通过分子附着在原子核表面的边缘而发生的。在理想的条件下，晶体表面上的生长步骤将穿过晶体表面，直到该特定层完成为止。在另一层开始之前，必须通过表面成核形成结晶中心。该机制的晶体生长速率与驱动力呈指数关系：

$$G=k_6c_t^{1/3}\left[\ln\left(\frac{c_t}{c_S}\right)\right]^{5/6}\exp\left[-\left(\frac{\pi\gamma^2}{3(k_Bt)^2}\right)\ln\left(\frac{c_t}{c_S}\right)\right] \tag{17.39}$$

其中

$$k_6 = \left(\frac{2\pi}{3}\right)^{\frac{1}{3}}\left[\frac{2D_S n_S V_m}{\lambda\alpha}\right] \quad (17.40)$$

式中，$k_B$为玻尔兹曼常数；$D_S$为表面扩散系数；$n_S$是溶质表面密度；$\lambda$是平均扩散距离；$\alpha$是晶格间距。

（3）螺旋生长机制

描述光滑晶体表面下晶体生长的另一种模型是螺旋生长机制。螺旋晶格的存在是一个连续的过程。因此，表面成核是不必要的，晶体可以生长，就像覆盖了扭结。在这些条件下不会有光滑表面，在特定的过饱和水平下，生长速率达到了理论上的最大值。这个模型是Burton等（1951）开发的。它描述了晶体生长的原位化过程，在此过程中，晶体生长是通过在一系列等距的弯折位点上添加生长单元来实现的。后续螺旋的曲率与后续螺旋的间距和过饱和程度有关。

$$G = k_7 c_1\left[\ln\left(\frac{c_l}{c_S}\right)\right]^2 \quad (17.41)$$

其中

$$k_7 = \frac{0.05DK_B T}{\gamma} \quad (17.42)$$

利用适当的实验条件，结合前面所述的四种模型，可以对实验数据作出合理的解释。以茶碱一水合物为例，采用Rodriguez-Hornedo和Wu（1991）的方法对其晶体生长动力学进行了研究。结论是，茶碱一水合物的晶体生长受表面反应机制的控制，而非溶质在体中的扩散。此外，他们发现数据是由螺旋位错模型和抛物线定律描述的，他们的结论是介导的生长机制，而不是表面成核机制。

#### 17.2.3.6 杂质与晶体生长

在结晶前或结晶过程中向体系中添加外源试剂（分散剂、生长抑制剂、表面活性剂等）会对成核过程和分子向生长晶体表面扩散产生深远的影响或干扰。极少量的添加剂可以吸附到生长的晶格中，并通过以下任何一种或几种机制的组合改变晶体表面的特征。

① 改变制剂的性质[即表面张力、离子强度或宏观溶解度（$c_S$）]。

② 改变固-液界面吸附层，影响生长单元的整合。

③ 在晶体表面进行选择性吸附，起到阻挡作用。

④ 被吸附到生长晶体上，破坏表面生长层。

⑤ 吸附在晶体表面的扭结处，使粗糙的表面变厚。

⑥ 改变晶体表面的表面能，从而改变其溶剂化程度。

由于药物中的许多不良变化都是由成核和晶体生长引起的，杂质（有意或无意地添加）可以调节或抑制这些过程。这可能会抑制悬浮液、乳剂和软膏中的晶体生长，也可能抑制晶型转变。

## 17.3 减小粒径的方法

在制药工业中，颗粒粒径减小和脱聚技术的应用已有很长的历史，之前已经对这些技术及其理论进行了广泛的综述（Parrot，1974；Chaumeil，1998；Merisko-Liversidge 等，2003；Patravale 等，2004；Rabinow，2004；Rasenack 和 Muller，2004；Moschwitzer 和 Muller，2006）。本章关注的粒径减小方法是机械粉碎的过程，并且能够将药物粒径减小到超细范围（粒径<10 μm）。

颗粒尺寸的减小可以通过两种方法来实现。

① 沉淀法。沉淀物质在适当的溶剂中溶解。

② 机械法。使用不同种类的设备（研磨机）引入机械力，这些设备通常用于制药业。

有许多研磨技术/设备可用于将药物颗粒降低到超细范围内（Moschwitzer 和 Muller，2006）。所有的技术都可以分为两大类：干磨（颗粒在干燥状态下尺寸减小）和湿磨（颗粒悬浮在液体介质中尺寸减小）。简要讨论 4 种技术（气体粉碎研磨、球磨、介质研磨和微射流）。除了这些技术，现代方法如在微粉化过程中使用超临界流体越来越受欢迎。这类技术中应用最广泛的包括超临界溶液快速膨胀法（RESS）、超临界抗溶剂法（SAS）和饱和气体溶液颗粒法（PGSS）。这些技术不在本章的讨论范围。

### 17.3.1　气流粉碎研磨

这是一种干磨技术，代表了最有效、可扩展和工业上最流行的尺寸减小技术之一。颗粒减小的主要方式是通过颗粒与颗粒的碰撞，而金属与产品的接触对颗粒减小的贡献有限。一种气流粉碎研磨机，也称为空气射流研磨机或空气分级研磨机，由一个圆形研磨室组成，药物被送入其中。空气以高速通过磨室外围的若干射流进入磨室。射流的孔是协同的，利于药物围绕腔体中心旋转。通过药物颗粒之间的碰撞，药物的粉碎主要发生在射流出口附近。药物颗粒通过连接到接收容器的出口从其中心的研磨室中出来。研磨室的几何形状、出口的位置和射流的排列使药物颗粒在研磨室内呈螺旋状运动。离心作用使较大的颗粒向室外壁移动，而较细颗粒向中心移动并通过室出口。给定磨机的颗粒粉碎程度是加料速率和喷嘴压力的函数。提高喷嘴压力和降低加料速率从而实现更明显的颗粒尺寸的减小效果。

空气射流研磨机能够产生相当数量的超细颗粒，易获得 1～30 μm 大小范围的颗粒。空气射流研磨机的产率可以达到 10～100 kg/h（McDonald，1971）。

从制药加工的角度来看，气流粉碎研磨具有几个优势：①它是一种高效、有效的一步研磨和分级操作；②它是一种简单直接的设计，没有可移动部件，可以很容易地拆开进行清洗和消毒；③研磨过程不会将任何污染物（介质、润滑剂等）混入产品中；④在微粉化过程中不存在显著的产热现象，所以适用于热敏化合物的研磨；⑤此外，研磨后的产品直接排放到接收容器中，避免了与从研磨机中接收产品相关的处理程序。

目前，气流粉碎研磨除适用于制药行业外，还应用于农药、炭黑、陶瓷、化妆品、颜料、贵金属、推进剂、树脂、调色剂等材料。

### 17.3.2　球磨

球磨机是由一个圆柱形容器和一个用于添加和排出药物材料和研磨介质的端口组成。所述容器绕主轴旋转，使研磨介质随容器壁向上移动并向下层叠。研磨介质的级联作用通过级联效应引起的磨损、冲击和压缩影响颗粒尺寸的减小。球磨操作可以在干燥条件下进行，也可以在潮湿条件下使用合适的介质进行。超细粉碎球磨机的典型工作参数如下。

- 介质比例：容器容积的 50%。
- 材料比例：容器容积的 25%。
- 转速：临界转速的 50%～85%。

临界转速是由于旋转容器所施加的向心力使研磨介质停止级联的速率。临界转速可以用下面的关系来估计（Lantz，1990）：

$$临界转速（r/min）=54\div\sqrt{r_{ft}} \tag{17.43}$$

式中，$r_{ft}$为容器直径，单位为英尺❶。

随着转速的降低，相对于冲击和压缩，磨损对颗粒尺寸的减小起着更大的作用，以长时间为代价产生更细的磨料。

影响球磨机加工的研磨介质的一些特性是形状、密度、尺寸和硬度。增加研磨介质的密度和硬度，可以提高颗粒减小速率和程度。减小介质尺寸有利于提高颗粒尺寸减小的速率和程度。用于产生超细产品的研磨介质通常为球形，由陶瓷、尖晶石或钢组成。最终产品的尺寸取决于所使用研磨介质的尺寸（较小的球尺寸导致最终产品直径较小）。球磨机有不同的复杂的机型，如珍珠磨机、珠磨机、砂磨机，其所使用的研磨介质正如它的名字一样（Stehr 和 Schewdes，1983；Stehr，1988；Czekai 和 Seaman，1999；Muller 等，1999；Blanton 等，2002）。球磨机可以批量操作，也可以采用连续加样方式，这使得球磨成为一种对特殊应用有优势的技术，可获得 100 μm～5 mm 的粒径。

在表面活性剂或水溶性聚合物存在的水中对水溶性较差的化合物进行球磨，将其适用性扩展到亚微米范围（Ikekawa，1971），可以实现粒径低于 200 nm 的粒径分布。图 17.4 显示了在球磨机中加工的类固醇水分散体的粒径分布。以 1 mm 硅化锆微球为研磨介质稳定剂，以 50%的临界转速将甾体与聚乙烯醇进行研磨。图 17.5 显示了在湿球磨机中粉碎到亚微米尺寸的类固醇晶体的扫描电镜图。

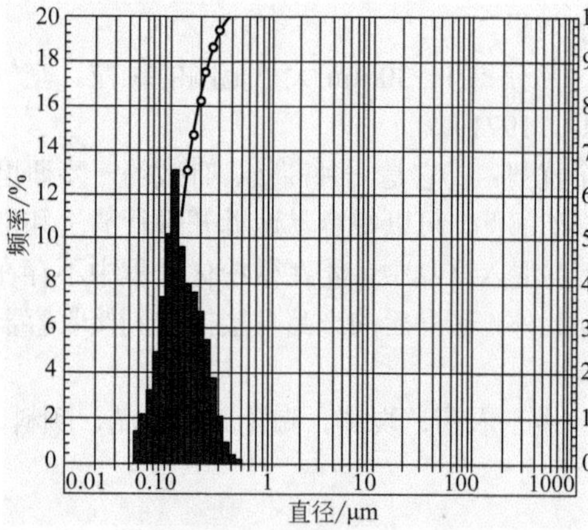


图 17.4 在湿球磨机中处理的类固醇的粒径分布（用光散射法测定）

（数据来源：NanoSystems，Elan Drug Technologies，a member of the Elan Corporation，plc.）

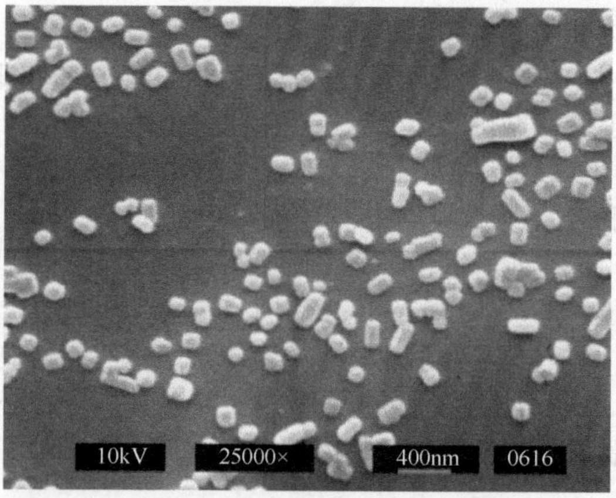


图 17.5 湿球磨机粉碎类固醇晶体至亚微米尺寸的扫描电镜图

（纳米系统产生的数据，Elan 药物技术，Elan 公司成员）

❶ 1 英尺=0.3048 米。

### 17.3.3　介质研磨

介质研磨，也称为搅拌球研磨，是一种经典的湿法研磨技术，其中在合适的液体介质（水/非水）中充分浓缩的固体分散体经受传统的球磨操作（Merisko-Liversidge 等，2003；Patravale 等，2004）。介质研磨机设计为水平或垂直方向，外圆研磨室包含与其主轴重合的轴，沿轴安装几个磁盘。介质研磨中装有研磨介质，大约占其体积的 80%。研磨介质一般为近似为球形的玻璃、陶瓷、锆或塑料，直径 0.2～4 mm。轴以大约 20000 r/min 的转速高速旋转，物料的悬浮物被泵入研磨室，以减小悬浮物的尺寸。

颗粒粉碎是由旋转圆盘和研磨介质产生的剪切作用而发生的。

用于悬浮颗粒的液体介质具有特殊的用途，如通过各种物理化学相互作用（静电、疏水等）对新形成的颗粒进行润滑和涂层（Verhoff 等，2003；Moschwitzer 和 Muller，2006）。

### 17.3.4　微射流

微射流是一个涉及高压流体处理器的过程，该处理器提供独特的功能，包括用于分散、乳剂和脂质体的纳米粒的粒径减小。Microfluidizer®处理器克服了传统加工技术的限制，利用高压流体在精确倾斜的微通道中以超高速率碰撞。剪切力和冲击力共同作用于产品上，产生了比任何其他方法都要多的单分散体和乳液。

悬浮在液体介质中的材料的颗粒尺寸减小可受 Microfluidizer®处理器（Microfluidics Corp.Newton，MA，http://www.microfuidicscorp.com/processors.html）。微射流处理器的原理如图 17.6 所示。在一个 Microfluidizer®处理器中，一个液体流向是分岔的，分岔的两个流向在压力高达 40000 psi 时相互碰撞。悬浮在液体中的颗粒在剪切力和空化力的作用下变小了。悬浮液可以用 Microfluidizer®处理器制备，平均粒径在微米到亚微米之间。

Microfluidizer®高剪切处理器技术广泛应用于医药、生物技术、数码油墨、微电子、食品、化工、个人护理等行业。

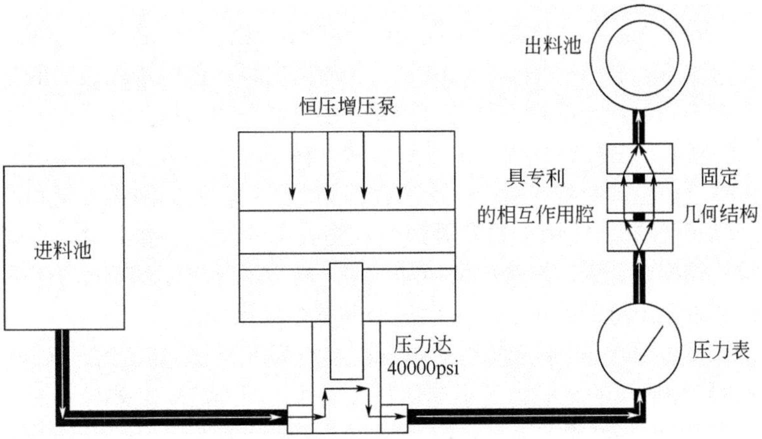


图 17.6　Microfluidizer®材料处理器示意

（来源：Innovation through Microfluidizer® *Processor Technology*，MFIC 公司，Newton，MA，2005．经过许可）

## 17.4 稳定性

颗粒尺寸的减小包括在微粉化过程中分散的能量供给，以及更小颗粒形成新表面。随着表面积的大幅增加，新形成的粒子需要被稳定下来，防止由颗粒间相互作用引起的后续聚集，并保持它们作为单个纳米实体的存在。

如果不采取稳定颗粒的措施，超细颗粒的粒径分布可能会自发地增大。颗粒粒径的增长可以通过团聚或晶体生长来实现。这种颗粒粒径的增加将导致有效表面积的减少，从而降低溶出速率，潜在地降低药物的生物利用度。

静电斥力和立体空间稳定是两种有效的稳定粒子团聚的机制。静电稳定的分散体需要一个表面电荷和相应的双层电。通常情况下，分散在水中的粒子由于溶液中阴离子的优先吸附而获得负的表面电荷。可电离基团，$RCOOH + H_2O \longrightarrow RCOO^- + H_3O^+$和$R_3N + H_2O \longrightarrow R_3NH^+ + OH^-$，可能导致正负（±）表面电荷。一般情况下，双电层的稳定程度随表面电位和厚度的增加而增加。表面电位可通过改变介质的pH或吸附到带电物质（如离子型表面活性剂）粒子表面而改变。通过降低介质的离子强度，可以增加电双层的厚度。图 17.7 为电解质浓度对静电稳定分散体相互作用势的影响。

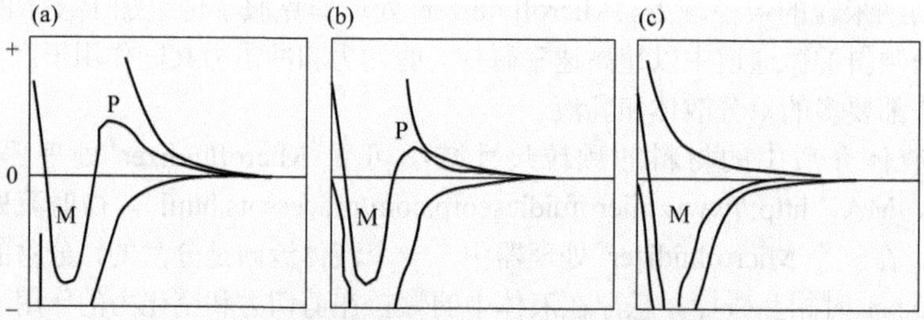


图 17.7　电解质浓度对静电稳定分散体相互作用势的影响

(a) 在低电解质浓度下，高势垒P可以防止粒子团聚；(b) 随着电解质浓度的降低，势垒降低；(c) 当电解质浓度较高时，势垒消失，颗粒团聚（来源：Meyers D. Surfaces，Interfaces，and Colloids. New York：VCH Publishers，Inc.，1991.获 John Wiley & Sons，Inc.授权）

分散体也可以通过立体空间稳定来提高稳定性。空间稳定是通过将聚合物部分吸附到颗粒表面来实现的。一般来说，聚合物的两亲性是很重要的，这样分子的一部分对粒子表面有亲和性，而其他部分对水有亲和性。图 17.8 说明了立体稳定聚合物对颗粒表面的吸附。吸附在这两种粒子上的聚合物随着粒子的接近而相互渗透。吸附聚合物的相互渗透限制了聚合物链的结构，从而导致熵的降低。这种相互渗透也导致了两种粒子之间溶液的局部渗透压的增加。当水进入干涉空间以抵消能量并将粒子分开，产生排斥力。药物辅料如泊洛沙姆和聚乙烯吡咯烷酮（PVP）已被发现是有效并广泛用于稳定难溶性药物胶态分散体。静电力与空间阻力一起作用可能有助于颗粒立体稳定分散。聚合电解质如明胶，其中两种机制都有助于分散稳定。聚合电解质可以增加粒子表面附近的静电势，并通过空间势垒提供稳定。

原料药分散体的晶体生长可能通过 Ostwald 熟化发生（见 17.2.2.2 微观溶解度）。通过Ostwald 熟化促进粒径增长的驱动力是小晶体和大晶体之间的溶解度差异。晶体生长调节剂可以抑制 Ostwald 熟化。这些物质在晶体-溶液界面具有很强的吸附作用，并抑制附加分子在晶格上的沉积。PVP、酪蛋白和聚乙烯醇等物质已被证明是晶体生长的抑制剂。图 17.9 为 PVP 对磺胺噻唑悬浮液溶出和结晶的抑制作用。

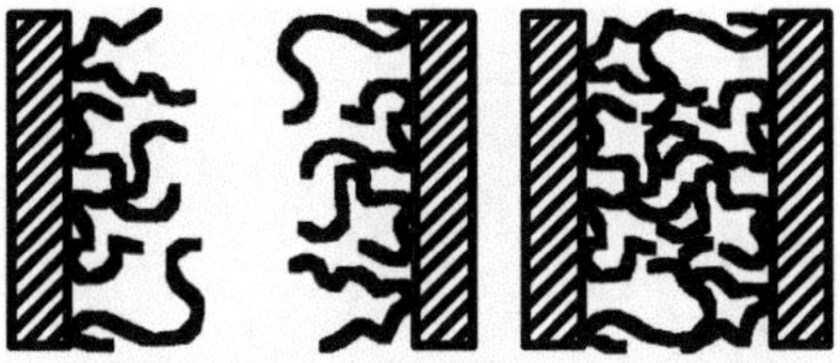


图 17.8 聚合物在固液界面吸附的示意（通过空间势垒抑制颗粒凝聚）

(a) 吸附在两个粒子表面的聚合物；(b) 由于渗透和熵现象，粒子表面接近时吸附层的相互渗透在能量上是不利的

（来源：Meyers D. Surfaces，Interfaces，and Colloids. New Youk：VCH Publishers，Inc.，1991.获 John Wiley & Sons，Inc.授权）

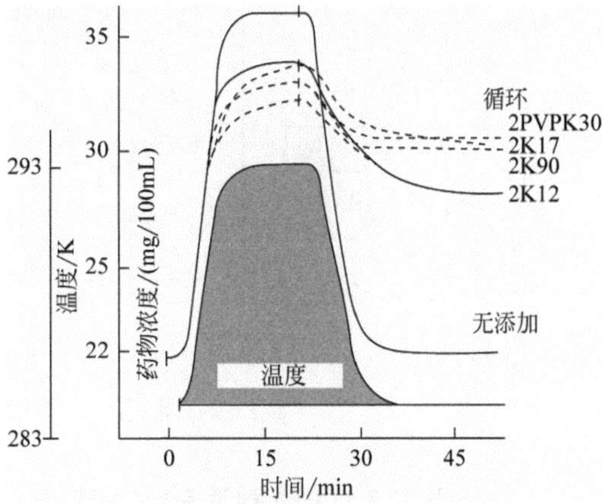


图 17.9 PVP 抑制磺胺噻唑酮的溶解和再结晶

通过 2%磺胺噻唑悬浮液的温度循环研究了 PVP 对溶解度和再结晶的影响

（来源：Ziller K H，Rupprecht H H. Pharm. Ind.，1990，52：1017-1022. 经授权）

## 17.5 药物粒径减小技术的应用

### 17.5.1 口服和肠内给药的应用

有许多例子表明，尺寸减小技术已应用于难溶性化合物，以增加其溶出速率和改善口服后的生物利用度（Levy 等，1963；Hintz 和 Johnson，1989；Chaumeil，1998；Rasenack 和 Muller，2002；Kayser 等，2003；Kocbek 等，2006；Pouton，2006）。减小尺寸，特别是在亚微米尺寸范围，是改善水溶性差化合物口服吸收的一种有效方法。如图 17.10 所示，随着粒径的减小，固体溶出度的增加，溶液中可吸收的药物更多。因此，未吸收药物的比例随着整体生物利用度的增加而降低。由于纳米颗粒的直径一般小于 1000 nm，并且在体内的团聚由于颗粒的稳定而被减到最小，因此纳米颗粒提供了可用于溶解的较大表面积。表 17.2 显示了几种达那唑口服制剂的绝对口服生物利用度：纳米颗粒分散体、可溶性环糊精口服制剂和常规混悬液。达那唑是一种水溶性较差的化合物（10 μg/mL），其口服生物利用度受溶出度的限制。结果表明，达那唑晶体的尺寸从传统的 10 μm 悬浮液减小到小于 200 nm 的纳米颗粒分散体，其绝对生物利用度增加了约 16 倍（Liversidge 和 Cundy，1995）。口服苯妥英钠纳米颗粒分散体的研究表明，与水悬浮液中微粉化药物相比，健康受试者对药物吸收增加了近三倍（Wood 等，1995）。对于抗炎药萘普生，已经在大鼠中证实其颗粒粒径从 20～30 μm 减小到 270 nm，结果表明口服给药后胃刺激减少以及吸收率增加 4 倍（Liversidge 和 Conzentino，1995）。此外，在人体临床试验中，萘普生纳米颗粒口服悬浮液起作用的时间在不到 20 min 内达到了显著的血药浓度（$t_{90}$），比市场上大颗粒的制剂作用时间快 12 倍（图 17.11）。

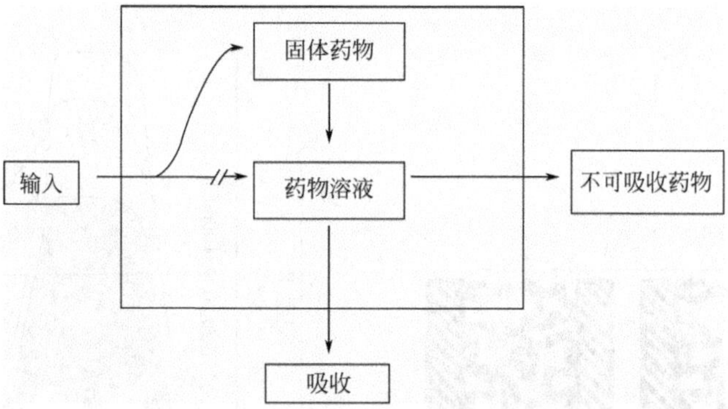


图 17.10　药物在胃肠道吸收图解

**表 17.2　口服和静脉给予达那唑制剂对禁食雄性比格犬的药动学参数（$n=5$）**

| 制剂 | $C_{max}$/（μg/mL） | $t_{max}$/h | AUC[①]/（h·μg/mL） | 绝对生物利用度 |
|---|---|---|---|---|
| 环糊精口服 | 3.94±0.14 | 1.2±0.2 | 20.4±1.9 | 106.7±12.3 |
| 纳米颗粒分散 | 3.01±0.80 | 1.5±0.3 | 16.5±3.2 | 82.3±10.1 |
| 传统的分散 | 0.20±0.06 | 1.7±0.4 | 1.0±0.4 | 5.1±1.0 |
| 环糊精静脉注射 | | | 19.8±0.6 | 100 |

① 根据 NONLIN 84 AUC 值归一化为 20 mg/kg 剂量。

来源：由 Elan Corporation，plc 成员之一的 NanoSystems，Elan Drug Technologies 生成数据

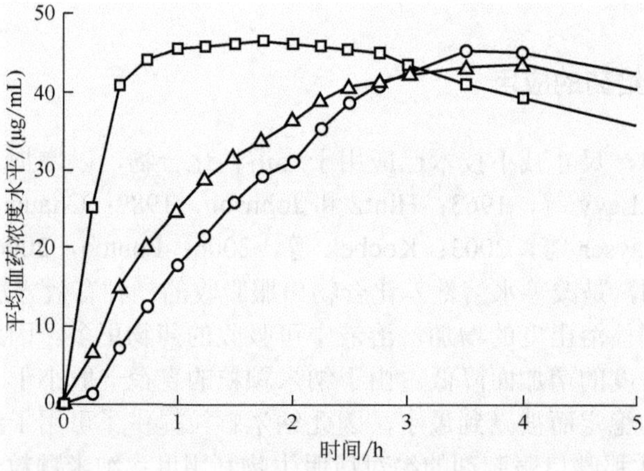


图 17.11　制剂对萘普生（500 mg）人体吸收的影响；临床试验平均血药浓度数据（$n=23$）

血浆中萘普生水平随时间变化，其中（△）为萘普生纳米晶分散体（naproxen NanoCrystal®），（□）为萘普生混悬液（Naproxyn®），（○）为 Anaprox®片

（由 Elan Corporation，plc 成员之一的 NanoSystems，Elan Drug Technologies 生成数据）

纳米粒技术提供了稳定的固体-液体分散的药物，颗粒粒径一般小于 1000 nm，从而使一个理想的介质气溶胶输送难溶性药物到鼻腔或肺区域（Ostrander 等，1999；Jacobs 和 Muller，2002；Rasenack 等，2003；Irngartinger 等，2004；Hernandez-Trejo 等，2005；Gonda，2006）。相对于微米大小的颗粒，纳米粒气溶胶的表面积可以显著增加。例如，50 μL 喷雾覆盖 0.5 mg/mL 浓度的药物，颗粒粒径约 5 μm 粒子的表面积 0.095 $cm^2$，但颗粒粒径 0.2 μm 粒子表面积增加为 1493 $cm^2$。使用级联撞击器的雾化研究平均粒径为 260 nm 的二丙酸倍氯米松的纳米颗粒分散体，与粒径为 10.5 μm 的二丙酸倍氯米松的水性悬浮液进行比较（Ruddy 和 Eickhoff，1996；

Wiedmann 等，1996）。将级联冲击器获得的二丙酸倍氯米松的累积质量分数记录为冲击器阶段截止直径（即以 μm 为单位的气溶胶粒径）的函数。大约 80%的数据表明纳米颗粒分散体制剂达到撞击器可以在<2.5 μm 成为可吸入气溶胶粒子。相比之下，较大的微粉化二丙酸倍氯米松悬浮液制剂，也就是说平均直径 10.5 μm，显示只有不到 40%的粒子在小于 2.5 μm 雾滴粒子粒径之下，快速下降只有 10% 的雾滴粒子直径大约为 1.25 μm。总之，与微粉化悬浮液相比，纳米颗粒尺寸的减小提高了二丙酸倍氯米松的雾化传递效率。

将原料药粒度降低到纳米级也可以消除食物对某些水不溶性药物的影响。例如，当与食物一起服用时，非诺贝特的吸收会增加。微粉化制剂的非诺贝特，与禁食条件相比，在进食时吸收增加约 35%；但是，当在禁食或非禁食条件下服用纳米制剂的单剂量非诺贝特时，测量的血浆中非诺贝特的 $C_{max}$ 和 AUC 没有显著差异（约 95%）。

### 17.5.2　静脉注射应用

药物水溶性差严重限制了原料药应用于静脉注射。用药的安全性是需要考察的，特别是在血管内给药。药物沉淀、血管阻塞或肝脏过度吸收沉淀药物的风险可能对肝功能导致不良影响。为了避免不良影响发生，难溶性原料药通常加入共溶剂和表面活性剂，或与给药载体如聚合物颗粒（Rao 和 Geckeler，2011；Yue，2011）、脂质体（Allen 和 Cullis，2013）或纳米乳（Solanki 等，2012）组成的递药系统静脉注射。纳米粒为静脉注射难溶性药物提供了替代方案，显著降低安全给药对水溶性的要求并允许直接静脉注射给药（Peters 等，2000；Moschwitzer 等，2004；Aramwit 等，2006）。

以往原料药晶体主要用于与肌内注射和皮下注射相关的肠外应用，以及含有微粉原料药混悬液的局部应用。表 17.3 列出了用于肠外混悬液给药的市售药物。许多市售药利用药物颗粒尺寸减小以促进给药后的溶解。水溶性较差的纳米晶药物能用于静脉注射在很大程度上取决于对纳米晶的全面了解：

① 纳米粒大小和形状。
② 稳定剂提供的表面特性。
③ 溶解动力学。

**表 17.3　市售的注射给药混悬液①**

| 药物名称 | 商品名 | 给药途径（剂量） |
|---|---|---|
| 金硫葡糖 | Solganal® | IM（50 mg/mL） |
| 倍他米松（磷酸钠和醋酸盐） | Celestone®，Soluspan® | IM（6 mg/mL） |
| 棕榈胆磷 | Exosurf Neonatal® | IT（13.5 mg/mL） |
| 醋酸可的松 | Cortone® | IM（50 mg/mL） |
| 曲安奈德二乙酸酯 | Artisocort® Forte | IM（40 mg/mL） |
| 曲安奈德己糖胺 | Aristospan® | IL（5 mg/mL）；IA（20 mg/mL） |
| 贝拉克坦 | Survanta® | IT（25 mg/mL） |
| 醋酸地塞米松 | Decadron-LA® | IM（8 mg/mL） |
| 醋酸甲泼尼龙 | Depo-Medrol® | IM、IS、IL、ST（20 mg/mL、40 mg/mL 和 80 mg/mL） |
| 醋酸甲羟孕酮 | Depo-Provera® | IM（400 mg/mL） |
| 醋酸氢化可的松 | Hydrocortone | IA、IL（25 mg/ mL）；ST（50 mg/mL） |
| 胰岛素，锌混悬液（来源于猪或人） | Humulin® L、Humulin®U、Humulin®R、N Iletin®I 和 N Iletin®II，Lente®，Illetin®，Novolin® L、Novolin® N、Novolin®R | SC（100 U/mL） |
| 泼尼松龙 | Hydeltra-T.B.A.® | IA、IL 和 ST（20 mg/mL） |

① 参考文献中列出的混悬液，Physicians Desk Reference 1996.不包括眼用、耳用或鼻用混悬液。

注：IA =关节内注射；IL =病灶内注射；ST =软组织注射；IM =肌内注射；IT =吸入给药；SC =皮下注射；IS =关节液注射。

通过尺寸减小技术实现的纳米颗粒尺寸一直是使用湿磨粉碎工艺来实现小于 500 nm 亚微米粒径的热点（Liversidge 等，1992；Kondo 等，1993）。对于难溶性药物，从大晶体药物到纳米晶体药物的尺寸缩小过程如图 17.12 的扫描电镜图所示，这些药物用于癌症治疗（Merisko-Liversidge 等，1996）。显微图显示了各种不同晶体习性和形态的微晶药物的尺寸减小过程。非粉碎技术如控制沉淀技术，也提供了药物颗粒的特征晶体形态的制备（Chan 和 Gonda，1994）。

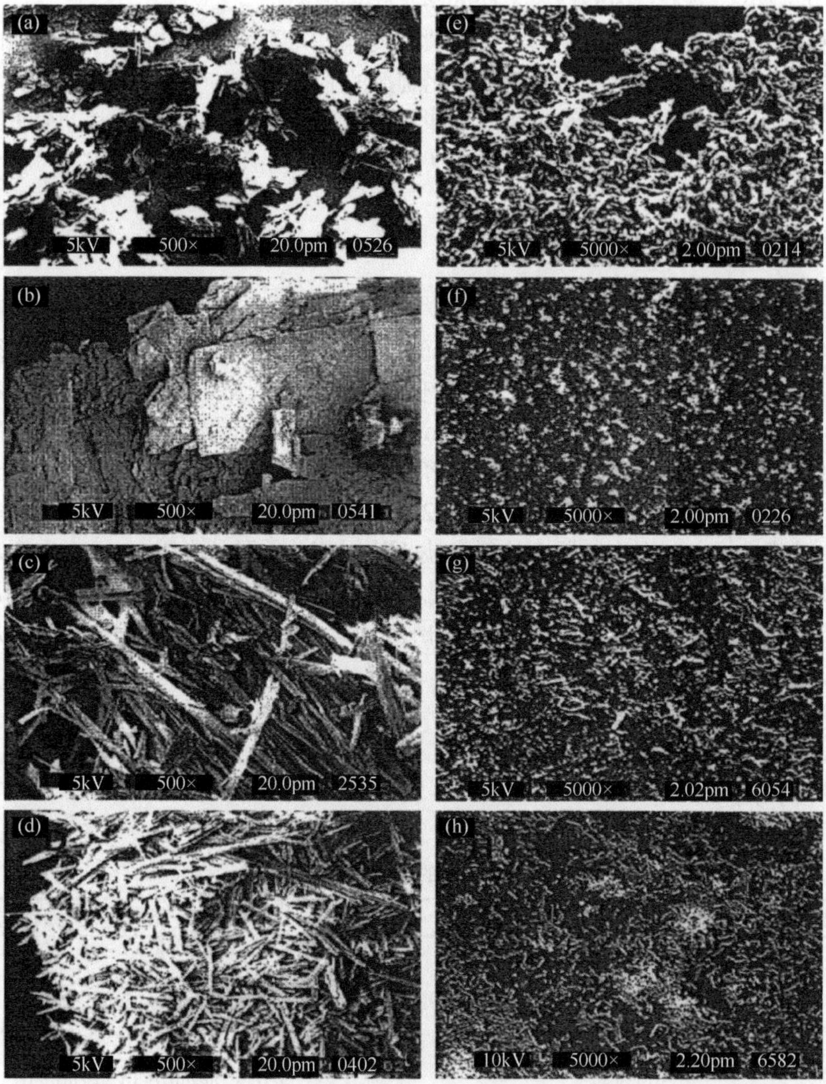


图 17.12 湿法粉碎制备的细胞毒性抗癌药物纳米晶悬浮液的扫描电镜分析

未研磨的药物图左侧为 500 倍放大图：(a) 哌泊舒凡，(b) 喜树碱，(c) 依托泊苷，(d) 紫杉醇。相应的纳米晶悬浮液在 5000 放大倍数下，由图的右侧显示：(e) 纳米硫磷，(f) 纳米喜树碱，(g) 纳米甜菊糖，(h) 纳米紫杉醇

（来源：Merisko-Liversidge E，Sarpotdar P，Bruno J，et al. Pharm. Res.，1996，13：272-278.经许可）

静脉注射的纳米粒和微粒可以迅速被血液中的网状内皮器官（主要是肝脏）清除（Juliano，1988；Wattendorf 和 Merkle，2008）。通常大于 4～7 μm 的单个或凝聚的大微粒也可能被捕获在肺毛细血管内（Gesler 和 Garvin，1973）。此外，在特定的动物物种如犬中，微粒和/或相关的表面活性剂稳定剂材料可导致血流动力学参数的显著变化（Garavilla 等，1996）。通常将粒

径减小到小于 200 nm 范围可以延长纳米粒在血液中的循环时间，所以目的是制备平均直径小于 100 nm 的相对均匀的纳米粒（Tomlinson，1987；Mayer 等，1989；Forssen 和 Ross，1994）。与尺寸减小相结合，采用稳定剂稳定纳米粒表面，例如选择非离子型表面活性剂，其有助于粒子的生物分布远离网状内皮器官如肝、脾和骨髓（Illum 等，1987；Troster 等，1990）。例如，一些非晶型脂质体和聚合物基质纳米粒表面连接了 6～10 个单元的聚乙二醇链，导致药物在血液循环中半衰期延长，显著改变药动学曲线，并向组织分布（Allen，1994；Gref 等，1994）。药物颗粒避免或延长网状上皮细胞巨噬细胞捕获的能力被认为是一种类似于“调理作用”的过程，通过补体蛋白片段减少颗粒表面的相互作用，因此减少了药物颗粒被这些器官的识别/摄取（Borchard 和 Kreuter，1993）。纳米晶粒的表面稳定性和尺寸的生物学意义如图 17.13 所示。在兔体内研究含有难溶于水的三碘化 X 射线纳米粒制剂吸收情况（Ruddy 等，1995）。选择非离子型表面活性剂普朗尼克 F-108，对 X 射线试剂晶体核尺寸较小（约 90 nm）或尺寸较大（约 200 nm）的纳米粒进行稳定。诊断 X 射线试剂的较小尺寸颗粒使得兔心脏心室中的血液隔室能够成像长达 2 h，其平均强度远高于在 10 min 内强度开始衰减的粒径更大的 200 nm 纳米粒。

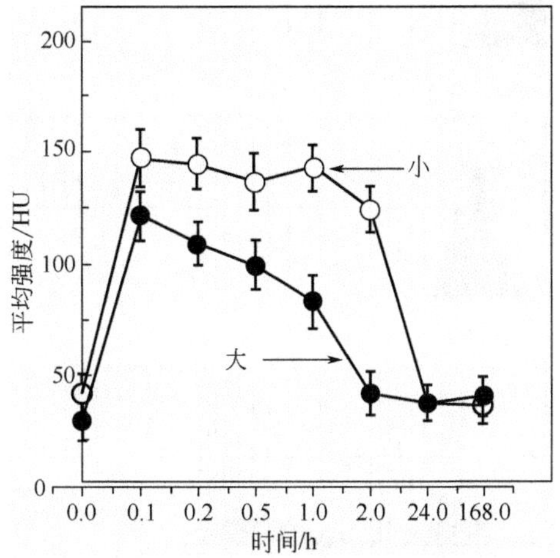


图 17.13　静脉注射加有普朗尼克 F-108 以及三碘化 X 射线造影剂的 90nm（s）或 190nm（l）纳米晶体颗粒，对兔心脏心室中的血管进行计算机断层扫描血管造影
该制剂在家兔耳后静脉注射后的时间显示
[参考文献中的介绍：Wolf 和 Gazelle（1993）；Liversidge 等（1994）；Ruddy 等（1995）。由 Elan Corporation，plc 成员之一的 NanoSystems，Elan Drug Technologies 生成数据]

在进行人体临床研究之前，静脉注射的所有制剂必须符合严格的无菌保证指南（USP 26-NF 21，2003）。纳米颗粒面临独特的挑战，因此在早期阶段就研究确定灭菌条件（Akers 等，1987；Marino，1993；Schwarz 等，1994）或利用屏障技术的无菌工艺（Wilkins，1995）。理想情况下，在使用蒸汽灭菌、无菌过滤、防腐剂、冷冻干燥、γ 射线以及与无菌填充相关的程序的步骤中，纳米微粒制剂的物理化学特性应该受到最小化改变。粒径尺寸减小达到 200～300 nm 可能是相对常规的（Liversidge 等，1992；Liversidge 和 Cundy，1995），但该粒度范围不适合通过 0.2 μm 滤膜进行无菌过滤。为了通过湿磨工艺获得小于 100 nm 的纳米晶体颗粒，根据药物性质优化研磨设计，选择表面活性剂稳定剂和新型研磨介质。此外，可能需要超速离心技术来分离出直径小于 100 nm 的单分散亚群纳米颗粒。毛细管流体动力学分馏分析是一种监测纳米颗粒分散体超离心前后粒径变化的有效分析工具。中位数约 100 nm 或更小，且 90%小于 200 nm

的纳米颗粒可以通过 0.2 μm 无菌过滤器且回收率较高，并且已经被证明用于许多疾病的治疗和诊断成像剂（Zheng 和 Bosch，1995）。

蒸汽灭菌通常作为热稳定注射产品终端灭菌的首选方法（PDR，2007）。纳米晶体和其他混悬颗粒在加热过程中存在特殊的问题，如溶解/再结晶导致颗粒尺寸增长(Harwood 等，1993)。此外，由于表面活性剂稳定剂用于纳米颗粒表面稳定化，因此在制剂中使用的表面活性剂的“浊点”具有高于在高压灭菌期间使用的约 121℃。前面描述的非离子型聚氧乙烯基多元表面活性剂由于自缔合和水合水的损失而浑浊，并在一定温度以上沉淀，称为“浊点”(Hunter，1992)。在用于终端蒸汽灭菌过程的纳米颗粒制剂中，关键是在制剂中添加赋形剂以提高表面活性剂的“浊点”。这种“浊点”的提升避免了纳米颗粒的聚集，并导致颗粒尺寸的变化较小（Na 和 Rajagopalan，1994）。图 17.14 所示的现象是使用了浊点修饰剂十二烷基硫酸钠，其浓度为 0.01%。

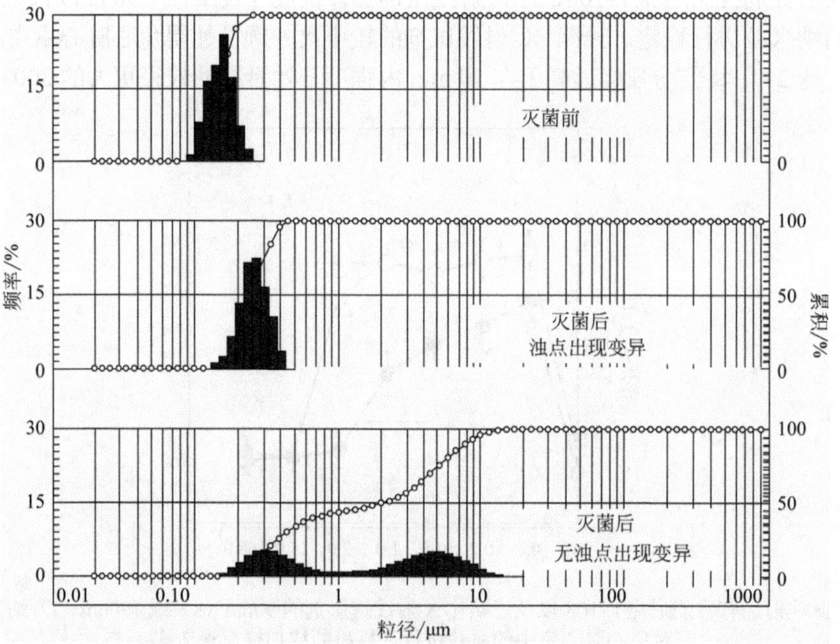


图 17.14　专利治疗药物普朗尼克 F-68，稳定剂制剂的纳米晶体分散体在 122℃蒸汽灭菌前后的粒径分布

灭菌周期暴露时间为 12.5 min。在少量（0.01%）或无十二烷基硫酸钠作为浊点改性剂的情况下进行研究。使用 Horiba LA-910 激光散射粒径分布分析仪测量粒径

（来源：Na G C，Rajagopalan N. Use of nonionic cloud-point modifiers to minimize nanoparticle aggregation during sterilization. US Patent 1994，5：346，702.）

**表 17.4　FDA 批准的纳米晶产品**

| 商品名 | 活性成分 | 批准日期 | 剂型/用途 | 公司 |
|---|---|---|---|---|
| Rapamune | 西罗莫司 | 2000 年 8 月 25 日 | 片剂；口服 | Pf Prism Cv |
| Tricor | 非诺贝特 | 2004 年 11 月 5 日 | 片剂；口服 | Abbvie |
| Megace Es | 甲地孕酮 | 2005 年 7 月 5 日 | 混悬液；口服 | Endo Pharms Inc |
| Emend | 福沙吡坦二甲葡胺 | 2008 年 1 月 25 日 | 粉针剂；静脉注射 | Merck |
| Invega Sustenna | 帕利哌酮棕榈酸酯 | 2009 年 7 月 31 日 | 混悬液，缓释；肌内注射 | Janssen Pharms |
| Invega Trinza | 帕利哌酮棕榈酸酯 | 2015 年 5 月 18 日 | 混悬液，缓释；肌内注射 | Janssen Pharms |

总而言之，减小静脉注射颗粒粒径的目标是提供一个可接受的粒径范围，在预期的治疗效果、安全性和制剂保质期之间保持平衡。在制备生物相容性和可接受的纳米制剂的微粉化过程

中，水溶性较差的晶体原料药正成为越来越好的候选者。

### 17.5.3　商品化应用

在微粉化技术的探索中投入了大量实验资源。这些努力已经产生了一些商业上成功的产品，这些产品基于有效的颗粒尺寸减小原则，用于改善难溶性药物的口服生物利用度和/或减少进食和禁食状态下口服生物利用度的变化。采用专有研磨工艺（加上空间稳定技术）的先进药物传递技术是 Elan Drug Technologies 的 NanoCrystal®技术，现在由 Alkermes 拥有（http://www.alkermes.com/）；Skye Pharma 的不溶性药物传递（IDD®）技术（www.skyepharma.com/solubilization_idd.html）；Eurand 的 Biorise®技术（www.eurand.com）；Baxter BioPharma Solutions 的 NanoEdge®技术（www. baxterbiopharmasolutions.com）。纳米晶技术已成为纳米制剂技术的领跑者，并已建立了技术平台，并成功开发了 6 个已药美国上市许可的产品。此外，SKYPHARMA AG 也推出了自己的纳米技术产品 Triglide®。FDA 批准的纳米晶产品见表 17.4。

## 参考文献


Abdou, H. M. (1990) Dissolution, In *Remington's Pharmaceutical Sciences* (Gennaro, A. R., Ed.), pp. 589–602, Mack Publishing, Easton, PA.

Akers, M. J., A. L. Fites, and R. L. Robison. (1987) Formulation design and development of parenteral suspensions, *J. Parenter. Sci. Technol.*, 41: 88–96.

Allen, T. M. (1994) Long circulating (sterically stabilized) liposomes for targeted drug delivery, *TIPS*, 15: 215–220.

Allen, T. M. and P. R. Cullis. (2013) Liposomal drug delivery systems: From concept to clinical applications, *Adv. Drug Delivery Rev.*, 65: 36–48.

Anderson, B. D. (1980) Thermodynamic considerations in physical property improvement through prodrugs, In *Medicinal Research Series, Vol. 10: Physical Chemical Properties of Drugs* (Yalkowsky, S. H., Sinkula, A. A., and Valvani, S. C., Eds.), pp. 231–266, Marcel Dekker, New York.

Aramwit, P., T. Kerdcharoen, and H. Qi. (2006) *In vitro* plasma compatibility study of a nanosuspension formulation, *PDA J. Pharm. Sci. Technol.*, 60: 211–217.

Blanton, T. N., D. K. Chatterjee, and D. Majumdar. (2002) Process for milling compounds, US Patent 6,491,239.

Borchard, G. and J. Kreuter. (1993) Interaction of serum components with poly(methyl methacrylate) nanoparticles and the resulting body distribution after intravenous injection in rats, *J. Drug Target.*, 1: 15–93.

Braun, H. (1983) Particle size and solubility of disperse dyes, *Rev. Prog. Coloration*, 13: 62–72.

Brunner, E. (1904) Reaktionsgeschwindigkeit in heterogenen Systemen, *Z. Phys. Chem.*, 47: 56–102.

Brunner, L. and S. Tolloczko. (1900) Uber die Auflosungsgeschwindigkeit fester Korper, *Z. Phys. Chem.*, 35: 283–290.

Burton, W. K., N. Cabrera, and F. C. Frank. (1951) The growth of crystals and the equilibrium structure of their surfaces, *Phil. Trans. Roy. Soc.*, 243A: 299–358.

Cammarata, A., J. H. Collett, and E. Tobin. (1980) Simultaneous determination of the solubility parameter, δ, and molar volume, V, for some para-substituted acetanilides in water, In *Medicinal Research Series, Vol. 10: Physical Chemical Properties of Drugs* (Yalkowsky, S. H., Sinkula, A. A., and Valvani, S. C., Eds.), pp. 267–276, Marcel Dekker, New York.

Canselier, J. P. (1993) The effects of surfactants on crystallization phenomena, *J. Disp. Sci. Technol.*, 14: 625–644.

Chan, H. K. and I. Gonda. (1994) Shape modification of drug particles by crystallization, *Proceedings of First International Particle Technology Forum*, Vol. 3, pp. 174–179, August 17–19, 1994, American Institute of Chemical Engineers, Denver, NY.

Chaumeil, J. C. (1998) Micronization: A method of improving the bioavailability of poorly soluble drugs, *Methods Find. Exp. Clin. Pharmacol.*, 20: 211–215.

Czekai, D. A. and L. P. Seaman. (1999) Method of grinding pharmaceutical substances, US Patent 5,862,999.

Forssen, E. A. and M. E. Ross. (1994) Daunoxome registered treatment of solid tumors: preclinical and clinical investigations, *J. Liposome Res.*, 4: 481–512.

Garavilla, L. D., N. Peltier, and E. Merisko-Liversidge. (1996) Controlling the acute hemodynamic effects associated with IV administration of particulate drug dispersions in dogs, *Drug Dev. Res.*, 37: 86–96.

Gesler, R. M. and P. J. Garvin. (1973) The biological effects of polystyrene latex particles administered intravenously to rats, a collaborative study, *Bull. Parent. Drug Assoc.*, 27: 101–113.

Gonda, I. (2006) Systemic delivery of drugs to humans via inhalation, *J. Aerosol. Med.*, 19: 47–53.

Grant, D. J. W. and A. H. L. Chow. (1991) Crystal modifications in acetaminophen by growth from aqueous solutions containing *p*-acetoxyacetanilide, a synthetic impurity, *AIChE Symp. Ser.*, 284: 33–37.

Grant, D. J. W. and T. Higuchi. (1990) Solubility behavior of organic compounds, In *Techniques of Chemistry, Vol. XXI* (Saunders, W. H. and Weissberger, A. Eds.), Wiley-Interscience Publication, New York.

Greco Macie, C. M. and D. J. W. Grant. (1986) Crystal growth in pharmaceutical formulation, *Pharm. Int.*, 233–237.

Gref, R., Y. Minamitake, M. T. Peracchia, V. Trubetskoy, V. Torchilin, and R. Langer. (1994) Biodegradable long-circulating polymeric nanospheres, *Science*, 263(5153): 1600–1603.

Harwood, R. J., J. B. Portnoff, and E. W. Sunbery. (1993) The processing of small volume parenterals and related sterile products, In *Pharmaceutical Dosage Forms: Parenteral Medications* (Avis, K. E., Lieberman, H. A., and Lachman, L., Eds.), Vol. 2, pp. 42–51, Marcel Dekker, New York.

Hernandez-Trejo, N., O. Kayser, H. Steckel, and R. H. Muller. (2005) Characterization of nebulized buparvaquone nanosuspensions—effect of nebulization technology, *J. Drug Target*, 13: 499–507.

Hintz, R. J. and K. C. Johnson. (1989) The effect of particle size distribution on dissolution rate and oral absorption, *Int. J. Pharm.*, 51: 9–17.

Hixson, A. W. and J. H. Crowell. (1931) Dependence of reaction velocity upon surface and agitation, *Ind. Eng. Chem.*, 23: 923–931.

Hunter, R. J. (1992) *Foundations of Colloid Science*, Vol. I, pp. 570–571, Oxford University Press, Oxford.

Ikekawa, A., K. Imagawa, T. Omori, and N. Kaneniwa. (1971) Influence of physicochemical properties on ball-milling of pharmaceutical powders, *Chem. Pharm. Bull.*, 19: 1027–1031.

Illum, L., S. S. Davis, R. H. Muller, E. Mak, and P. West. (1987) The organ distribution and circulation time of intravenously injected colloidal carriers sterically stabilized with a block copolymer-polyoxamine 908, *Life Sci.*, 40: 367–374.

Irngartinger, M., V. Camuglia, M. Damm, J. Goede, and H. W. Frijlink. (2004) Pulmonary delivery of therapeutic peptides via dry powder inhalation: Effects of micronisation and manufacturing, *Eur. J. Pharm. Biopharm.*, 58: 7–14.

Jacobs, C. and R. H. Muller. (2002) Production and characterization of a budesonide nanosuspension for pulmonary administration, *Pharm. Res.*, 19: 189–194.

Juliano, R. L. (1988) Factors affecting the clearance kinetics and tissue distribution of liposomes, microspheres and emulsions, *Adv. Drug Deliv. Rev.*, 2: 31–54.

Kayser, O., C. Olbrich, V. Yardley, A. F. Kiderlen, and S. L. Croft. (2003) Formulation of amphotericin B as nanosuspension for oral administration, *Int. J. Pharm.*, 254: 73–75.

Kocbek, P., S. Baumgartner, and J. Kristl. (2006) Preparation and evaluation of nanosuspensions for enhancing the dissolution of poorly soluble drugs, *Int. J. Pharm.*, 312: 179–186.

Kondo, N., T. Iwao, H. Masuda, K. Yamanouchi, Y. Ishihara, N. Yamada, T. Haga, Y. Ogawa, and K. Yokoyama. (1993) Improved oral absorption of a poorly water-soluble drug, HO-221, by wet-bead milling producing particles in submicron region, *Chem. Pharm. Bull.*, 41: 737–740.

Lantz, R. J. (1990) Size reduction. In *Pharmaceutical Dosage Forms: Tablets, Vol. 2* (Lieberman, H. A., Lachman, L., and Schwartz, J. B., Eds.), pp. 107–200, Marcel Dekker, New York.

Levy, G., J. M. Antkowiak, J. A. Procknal, and D. C. White. (1963) Effect of certain tablet formulation factors on dissolution rate of the active ingredient. II. Granule size, starch concentration, and compression pressure, *J. Pharm. Sci.*, 52: 1047–1051.

Lindfors, L., S. Forssen, P. Skantze, U. Skantze, A. Zackrisson, and U. Olsson. (2006a) Amorphous drug nanosuspensions. 2. Experimental determination of bulk monomer concentrations, *Langmuir*, 22: 911–916.

Lindfors, L., P. Skantze, U. Skantze, M. Rasmusson, A. Zackrisson, and U. Olsson. (2006b) Amorphous drug nanosuspensions. 1. Inhibition of ostwald ripening, *Langmuir*, 22: 906–910.

Liversidge, G. G. and P. Conzentino, (1995) Drug particle size reduction for decreasing gastric irritancy and enhancing absorption of naproxen in rats, *Int. J. Pharm.*, 125(2): 309–313.

Liversidge, G. G., E. R. Cooper, J. M. Shaw, and McIntire, G. L. (1994) X-ray contrast compositions useful in medical imaging, US Patent 5,318,767.

Liversidge, G. G. and K. C. Cundy. (1995) Particle size reduction for improvement of oral bioavailability of hydrophobic drugs: I. Absolute oral bioavailability of nanocrystalline danazol in beagle dogs, *Int. J. Pharm.* 125: 91–97.

Liversidge, G. G., K. C. Cundy, J. F. Bishop, and D. A. Czekai. (1992) Surface modified drug nanoparticles, US Patent 5,145,684.

Lu, A. T. K., M. E. Frisella, and K. C. Johnson. (1993) Dissolution modeling: Factors affecting the dissolution rates of polydisperse powders, *Pharm. Res.*, 10: 1308–1314.

Mader, G. (1971) Determination of solubility, In *Physical Methods in Chemistry Part V* (Weissberger, A. and Bryant, W., Eds.), p. 259, Wiley-Interscience Publication, New York.

Marino, F. J. (1993) Pharmaceutical suspensions, Chapter 8, In *Pharmaceutical Dosage Forms: Parenteral Medications* (Avis, K. E., Lieberman, H. A., and Lachman, L., Eds.), Vol. 2, pp. 187–189, Marcel Dekker, New York.

Mayer, L. D., L. C. Tai, S. C. Ko, D. Masin, R. S. Ginsberg, P. R. Cullis, and M. B. Bally. (1989) Influence of vesicle size, lipid composition, and drug-to-lipid ratio on the biological activity of liposomal doxorubicin in mice, *Cancer Res.*, 49: 5922–5930.

McDonald, D. P. (1971) Micronization, *Manuf. Chem. Aerosol News*, 42: 39–40.

Merisko-Liversidge, E., G. G. Liversidge, and E. R. Cooper. (2003) Nanosizing: A formulation approach for poorly-water-soluble compounds, *Eur. J. Pharm. Sci.*, 18: 113–120.

Merisko-Liversidge, E., P. Sarpotdar, J. Bruno, S. Hajj, L. Wei, N. Peltier, J. Rake, et al. (1996) Formulation and antitumor activity evaluation of nanocrystalline suspensions of poorly soluble anticancer drugs, *Pharm. Res.*, 13: 272–278.

Meyers, D. (1991) *Surfaces, Interfaces, and Colloids*, VCH Publishers, New York.

Microfluidics (2005) *Innovation through Microfluidizer® Processor Technology*, MFIC Corporation, Newton, MA.

Moschwitzer, J., G. Achleitner, H. Pomper, and R. H. Muller. (2004) Development of an intravenously injectable chemically stable aqueous omeprazole formulation using nanosuspension technology, *Eur. J. Pharm. Biopharm.*, 58: 615–619.

Moschwitzer, J. and R. H. Muller. (2006) New method for the effective production of ultrafine drug nanocrystals, *J. Nanosci. Nanotechnol.*, 6: 3145–3153.

Mosharraf, M. and C. Nystrom. (2003) Apparent solubility of drugs in partially crystalline systems, *Drug Dev. Ind. Pharm.*, 29: 603–622.

Muller, R. H., R. Becker, B. Kruss, and K. Peters. (1999) Pharmaceutical nanosuspensions for medicament administration as systems with increased saturation solubility and rate of solution, US Patent 5,858,410.

Na, G. C. and N. Rajagopalan. (1994) Use of non-ionic cloud point modifiers to minimize nanoparticle aggregation during sterilization, US Patent 5,346,702.

Nernst, W. (1904) Theorie der Reaktionsgeschwindigkeit in heterogenen Systemen, *Z. Phys. Chem.*, 47: 52–55.

Noyes, A. A. and W. R. Whitney. (1897) The rate of solution of solid substances in their own solutions, *J. Am. Chem. Soc.*, 19: 930–934.

Ostrander, K. D., H. W. Bosch, and D. M. Bondanza. (1999) An *in vitro* assessment of a nanocrystal beclomethasone dipropionate colloidal dispersion via ultrasonic nebulization, *Eur. J. Pharm. Biopharm.*, 48: 207–215.

Ostwald, W. (1900) Über die vermeintliche Isomerie des rotten und gelben Quecksilberoxyds und die Oberflăchenspannung fester Körper, *Z. Phys. Chem.*, 34: 495–503.

Parrot, E. L. (1974) Milling of pharmaceutical solids, *J. Pharm. Sci.*, 63: 813–829.

Patravale, V. B., A. A. Date, and R. M. Kulkarni. (2004) Nanosuspensions: A promising drug delivery strategy, *J. Pharm. Pharmacol.*, 56: 827–840.

PDR (2007) Physicians' desk reference, 61st ed., *Product Information on Injectables*, pp. 401–3534, Thompson PDR, Montvale, NJ.

Peters, K., S. Leitzke, J. E. Diederichs, K. Borner, H. Hahn, R. H. Muller, and S. Ehlers. (2000) Preparation of a clofazimine nanosuspension for intravenous use and evaluation of its therapeutic efficacy in murine mycobacterium avium infection, *J. Antimicrob. Chemother.*, 45: 77–83.

Pouton, C. W. (2006) Formulation of poorly water-soluble drugs for oral administration: Physicochemical and physiological issues and the lipid formulation classification system, *Eur. J. Pharm. Sci.*, 29: 278–287.

Rao, J. P. and K. E. Geckeler. (2011) Polymer nanoparticles: Preparation techniques and size-control parameters, *Prog. Polym. Sci.*, 36: 887–913.

Rabinow, B. E. (2004) Nanosuspensions in drug delivery, *Nat. Rev. Drug Discov.*, 3: 785–796.

Ragnarsson, G., A. Sandberg, M. O. Johansson, B. Lindstedt, and J. Sjogren. (1992) *In vitro* release charac-

teristics of a membrane-coated pellet formulation—influence of drug solubility and particle size, *Int. J. Pharm.*, 79: 223–232.
Rasenack, N. and B. W. Muller. (2002) Dissolution rate enhancement by *in situ* micronization of poorly water-soluble drugs, *Pharm. Res.*, 19: 1894–1900.
Rasenack, N. and B. W. Muller. (2004) Micron-size drug particles: Common and novel micronization techniques, *Pharm. Dev. Technol.*, 9: 1–13.
Rasenack, N., H. Steckel, and B. W. Muller. (2003) Micronization of anti-inflammatory drugs for pulmonary delivery by a controlled crystallization process, *J. Pharm. Sci.*, 92: 35–44.
Rodriguez-Hornedo, N. and H.-J. Wu. (1991) Crystal growth kinetics of theophylline monohydrate, *Pharm. Res.*, 8(5): 643–648.
Ross, S. and I. D. Morrison. (1988) *Colloidal Systems and Interfaces*, John Wiley & Sons, New York.
Ruddy, S. B. and W. M. Eickhoff. (1996) Isolation of ultra small particles, US Patent Number 5,503,723.
Ruddy, S. B., E. Merisko-Liversidge, S. M. Wong, W. M. Eickhoff, M. E. Roberts, G. G. Liversidge, N. Peltier, et al. (1995) *Conference on Pharmaceutical Science and Technology*, Fine Particle Society Meetings, August 24, Chicago, IL.
Schwarz, C., W. Mahnert, J. S. Lucks, and R. H. Muller. (1994) Solid lipid nanoparticles (SLN) for controlled drug delivery I. Production, characterization and sterilization, *J. Control. Rel.*, 30: 83–96.
Setnikar, I. (1977) Micronization in pharmaceutics and in specifications of pharmacopoeas, *Boll. Chim. Farm.*, 116: 393–401.
Solanki, S. S., B. Barkar, R. K. Dhanwani. (2012) Microemulsion drug delivery system: For bioavailability enhancement of ampelopsin (2012) *ISRN Pharmaceutics*, 2012
Sokoloski, T. D. (1990) Solutions and phase equilibria, In *Remington's Pharmaceutical Sciences* (Gennaro, A. R., Ed.), pp. 207–227, Mack Publishing, Easton, PA.
Stehr, N. (1988) Recent developments in stirred ball milling, *Int. J. Mineral Process.*, 22: 431–444.
Stehr, N. and J. Schewdes. (1983) Investigation of the grinding behavior of a stirred ball mill, *Ger. Chem. Eng.*, 6: 337–343.
Tawashi, R. (1968) The dissolution rates of crystalline drugs, *J. Mond. Pharm.*, 4: 371–379.
Tomlinson, E. (1987) Biological opportunities for site-specific drug delivery using particulate carriers, Chap. 2, In *Drug Delivery Carriers* (Johnson, P. and Lloyd-Jones, J. G., Eds.), pp. 32–66, Ellis Horwood, Chichester, England.
Troster, S. D., U. Muller, and J. Kreuter. (1990) Modification of the body distribution of poly(methylmethacrylate) nanoparticles in rats by coating with surfactants, *Int. J. Pharm.*, 61: 85–100.
USP 26/NF 21 (2003) *The United States Pharmacopeia*, pp. 1963–1966, United States Pharmacopeial Convention, Rockville, MD.
Valvani, S. C. and S. H. Yalkowsky. (1980) Solubility and partitioning in drug design, In *Medicinal Research Series, Vol. 10: Physical Chemical Properties of Drugs* (Yalkowsky, S. H., Sinkula, A. A., and Valvani, S. C., Eds.), pp. 201–230, Marcel Dekker, New York and Basel.
Verhoff, F. H., R. A. Snow, and G. W. Pace. (2003) Media milling, US Patent 6,604,698.
Wattendorf, U. and H. P. Merkle. (2008) PEGylation as a tool for the biomedical engineering of surface modified microparticles, *J. Pharm. Sci.* 97: 4655–4669.
Wiedmann, T. S., R. W. Wood, and L. Decastro. (1996) Aerosols containing beclomethasone nanoparticle dispersions, WO/1996/025919, PCT/US1996/002347.
Wilkins, J. (1995) Aseptic filling in a rigid isolator at evans medical, Chap. 15, In *Isolator Technology* (Wagner, C. M. and Akers, J. E., Eds.), pp. 293–301, Interpharm Press, Inc, Buffalo Grove, IL.
Wolf, G. L. and G. S. Gazelle. (1993) Current status of radiographic contrast media, *Invest. Radiol.*, 28: S2–S4.
Wood, R. W., W. Clemente, H. Lambert, and J. McShane. (1995) *Single Dose Pharmacokinetic Comparison of Oral Phenytoin Administered as a Novel Nanocrystal Dispersion*, Dilantin-125 Suspension or Dilantin Kapseals, 24th Annual Meeting ACCP.
Yao, J. H. and M. Laradji. (1993) Dynamics of ostwald ripening in the presence of surfactants, *Phys. Rev. E.*, 47: 2695–2701.
Yonezawa, Y., S. Kawase, M. Sasaki, I. Shinohara, and H. Sunada. (1995) Dissolution of solid dosage form. V. New form equations for non-sink dissolution of a monodisperse system, *Chem. Pharm. Bull*, 43: 304–310.
Yonezawa, Y., I. Shinohara, M. Sasaki, A. Otsuka, and H. Sunada. (1994) Dissolution of solid dosage form. IV. Equation for non-sink dissolution of a monodisperse system, *Chem. Pharm. Bull*, 42: 349–353.
Yue, Z., W. Wei, P. Lv, H. Yue, L. Wang, Z. Su, and G. Ma. (2011) Surface charge affects cellular uptake and intracellular trafficking of chitosan-based nanoparticles, *Biomacromolecules*, 12: 2440–2446.
Zheng, J. and H. W. Bosch. (1995) Sterile filtration of nanoparticulate drug formulations, *37th Annual Int.*

*Industrial Pharmaceutical Research and Development Conference*, June 5–9, Merrimac, WI.

Ziller, K. H. and H. H. Rupprecht. (1990) Control of crystal growth in drug suspensions, *Pharm. Ind.*, 52: 1017–1022.

Zipp, G. L. and N. Rodriguez-Hornedo. (1989) Determination of crystal growth kinetics from desupersaturation measurements, *Int. J. Pharm.*, 51: 147–156.

Zografi, G., H. Schott, and J. Swarbrick. (1990) Disperse systems, In *Remington's Pharmaceutical Sciences* (Gennaro, A. R., Ed.), pp. 257–309, Mack Publishing, Easton, PA.

# 第18章 难溶性药物固体分散体开发

Madhav Vasanthavada，Simerdeep Singh Gupta，
Wei-Qin（Tony）Tong，Abu T. M. Serajuddin

## 18.1 引言

### 18.1.1 固体分散体

Sekiguchi 等（1961，1964）最早于 1961 年提出固体分散体概念，用于提高难溶性药物的吸收。其指出，药物与水溶性载体物理混合熔融形成低共熔混合物后，一旦载体溶解，药物以非常细小分散状态在水中析出。Goldberg 等（1966a，1966b）证明，部分药物可能以分子形态分散于骨架中，形成固态溶液。而其他研究人员（Mayersohn 和 Gibaldi，1966；Chiou 和 Riegelman，1969）的报道中认为药物以无定型状态镶嵌于骨架中。基于以上理论考虑，Chiou 和 Riegelma（1971）将固体分散体定义为"一种或多种活性成分分散于惰性辅料或骨架而形成的分散体，其中活性成分可能以微晶、溶解状态或无定型状态存在。"与传统胶囊或片剂制剂相比，固体分散体的优势示意图见图 18.1（Serajuddin，1999）。

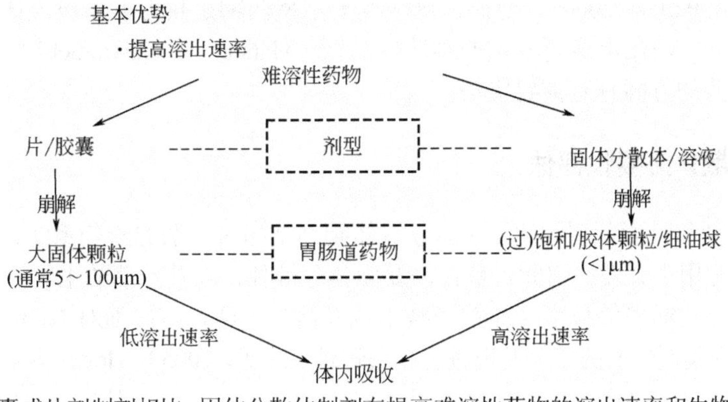


图 18.1　与传统胶囊或片剂制剂相比，固体分散体制剂在提高难溶性药物的溶出速率和生物利用度方面的优势
（来源：Serajuddin A TM. J Pharm Sci，1999，88:1058–1066. 经许可）

粒径的减小可以增加有效表面积，因此往往可提高难溶性药物的溶出速率。然而，出于实际目的，对于胶囊或片剂剂型，难以将药物的粒度降低至 2～5 μm 以下。因为对于此类剂型，较大的粒径通常更适合于制剂处方开发、生产过程中的操作。然而，固体分散体在与胃肠道（GI）液体接触后可立即溶解一部分药物，产生饱和或过饱和溶液，以快速吸收，过量药物可在胃肠道液体中以极细的分散状态沉淀。与使用结晶原料药的传统片剂或胶囊制剂相比，这些特性通常可显著改善固体分散体的药物吸收。Leuner 和 Dressman 对应用固体分散体提高水溶性差的

药物的溶出速率和口服生物利用度的文献进行了综述（2000）。

### 18.1.2 固体分散体的重要性

尽管固体分散技术已经被研究了超过半个世纪，但自20世纪90年代初以来，由于组合化学和高通量筛选在药物发现中的广泛应用，推动了难溶性新化学实体（NCE）(Pudipeddi 2006）的选择，因此固体分散技术在药物开发中的应用地位越发突出。溶解度低于10 μg/mL的NCE直到20世纪80年代后期才被发现，当时上市的两种溶解度低于10 μg/mL的化合物为洛伐他汀和辛伐他汀（Serajuddin等，1991)，溶解度约为7 μg/mL。在此期间，认为溶解度极差的大多数化合物，如泼尼松龙、苯妥英、洋地黄毒苷、地高辛、灰黄霉素、氯噻酮等，溶解度在10～100 μg/mL之间。然而，根据作者的经验，在现有探索的产品管线出现的化合物中，几乎三分之一的溶解度小于10 μg/mL，三分之二的化合物的溶解度小于100 μg/mL。通常的策略，例如粒度减小、成盐、在有机溶剂中溶解等，并不总是能成功实现对这类化合物的增加溶解度和提高吸收的预期效果。通过常规方法可实现的粒度减小一定程度上存在实际局限性，这限制了该技术的有效性。成盐则需要药效基团上的电离官能团，对于酸性或碱性非常弱的化合物可能并不适用。即使形成了盐，由于pH介导的药物初始溶解后在胃肠道（GIT）中沉淀，可能无法达到预期的吸收增强效果（Serajuddin 等，1986)。增溶体系通常为液体，依赖于胶束或溶剂/共溶剂增溶技术，形成水包油乳剂、调节pH或使用络合剂。然而，这些制剂的有效性可能受限制于其无法将整个药物剂量溶解于适合口服给药的单个明胶胶囊体积中。当上述策略均失败时，固体分散体制剂可能由于其无需将药物完全溶解在骨架当中，可以为难溶性药物提供高效口服制剂方案。

除了上述提到的有效制剂选择，还可以将药物制备成无定型态从而提高难溶性药物的溶出速率（Hancock和Parks，2000)。然而，这一类无定型药物是热力学不稳定体系，在特定的温湿度条件下可能会重新结晶成更稳定的难溶性晶型（Matsuda和Kawaguchi，1986)。固体分散体在稳定无定型药物方面具有重要优势。

### 18.1.3 固体分散体必要性评估

与传统的片剂和胶囊剂型相比，固体分散体制剂是相对复杂的给药系统，需要投入更多的时间、精力和资源用于开发。因此，是否需要固体分散体，以及预期的生物利用度提高程度是否可以通过其他相对简单的技术（如粒径减小或成盐）实现，应仔细对NCE的生物药剂学特性以及这些与体内制剂性能的相关发现进行相关评估（Li等，2005)。Horter和Dressman（1977)。将难溶性药物定义为单次给药后药物在胃肠道溶液中的溶解时间超过胃肠道吸收区域的正常通过时间。因此，难溶性化合物的吸收具有剂量依赖性，并受到其在胃肠道溶液中的溶出速率和溶解度控制。当药物粒径或表面积保持不变，剂量中可被吸收的部分将随剂量的增加而减少。相反的，当剂量大小保持不变，剂量中可被吸收的部分将随粒径的减小或颗粒表面积的增加而增加。如果确定通过将降低药物粒径至约2～5 μm（在标准生产能力范围内）药物剂量能被完全吸收，则对于传统片剂或胶囊剂型仍然可行。但是，如果确定必须将粒度降低至亚微米范围，则固体分散体可作为可行的替代方法。使用GastroPlus®（SimulationsPlus，Lancaster，California）等软件包进行计算机模拟吸收，已证明粒径减小对药物吸收的影响的决定性作用（Dannenfelser等，2004)。

### 18.1.4 固体分散体发展面临的挑战

尽管固体分散体在难溶性药物开发中具有重要性和潜在优势，但在商业化药物剂型开发中的应用有限。通过回顾关于固体分散体的文献，Serajuddin（1999）在 1999 年报道称，在该技术（Gris-PEG®，Novartis；Cesamet®，Lilly）上市的前 40 年中，仅有两种固体分散体产品进入市场。阻碍固体分散体商业开发的各种问题包括：①无法将实验室处方放大到生产规模批量；②难以控制理化性质；③难以以片剂或胶囊剂作为固体分散体处方的药物传递方式；④药物和/或处方本身的物理和化学性质不稳定性（Serajuddin，1999）。此外，对固体分散体原理的基本知识也不足以产生成功的产品。在本章中，将讨论固体分散体开发的基础理论，再尝试对用于难溶性药物固体分散体处方的实际制备方法进行讨论。

## 18.2 药物固体分散体的物理化学基础理论

由于药物和载体共同存在于固体分散体中，所以通常会产生以下问题：

固体分散体如何形成，与物理混合物有何不同，什么是固态溶液，为何固体分散体和固态溶液的溶出速率显著高于相应的物理混合物？这些问题的答案对于理解药物固体分散体物理化学基础理论非常重要。

### 18.2.1 固体分散体与物理混合物

如本章所述，物理混合物是通过传统混合技术获得的两种组分的简单混合物。另外，固体分散体是一种物理混合物，在其形成过程中，部分或完全以分子水平的混合。这种分子混合可提高药物表面积，进而提高溶出速率。在某些情况下，固体分散体的形成可能导致药物转化为无定型状态，因其更高的热力学活性而具备更高的溶出速率。在固体分散体中发生的分子混合，实际上不可能通过制备物理混合物的传统研磨和混合技术来实现，因此固体分散技术是分子混合的首选方法。此外，当选择合适的聚合物时，固体分散技术可以通过提高药物的玻璃化转变温度（$T_g$）而使药物的分子迁移率最小化，从而改善药物的物理稳定性。然而，固体分散体是复杂的体系，有诸多因素影响其形成和理化性质，这些因素将在以下章节进行更详细的讨论。

### 18.2.2 固体分散体的结构

了解固体分散体的结构，特别是药物如何存在于载体基质中，对于理解固体分散体的性能至关重要。当制备固体分散体时，例如，通过固化 A 和 B 两个组分形成的共熔物，这些组分在其熔融状态下可能完全混溶，但在固化时，药物可能以分子态保留在固体载体中，或以单独的无定型态或结晶相沉淀。通常，它是上述三种情形的组合。如果药物转化为无定型态，将产生更高的溶出速率。然而，储存期间任何后续的无定型态转化为其晶型均可能导致溶出速率减慢，从而导致生物利用度降低。此外，由于结晶是一种高度可变的现象，可能难以预测有效期内批次不合格和产品性能降低的情况。因此，了解控制固体分散体结构的热力学和动力学因素以及其如何有助于开发更好的产品是非常重要的。

药物与聚合物之间形成固体分散体所涉及的核心步骤如下。

① 通过熔化、溶解于溶剂或共溶剂或升华等工艺将药物和聚合物从固态转变为液体或液体样状态。而这一工艺并不常用。

② 将各组分在流体状态下混合。

③ 通过凝结、溶剂挥发、升华混合物冷凝等过程，将流体混合物转变为固相。

尽管上述内容对固体分散体的形成高度简化，但其可作为当前对控制固体分散体形成的热力学方面讨论的基础。物理混合物与固体分散体的区别在于前者不会经历上述步骤，因此其组分处于原本的物理状态。当物理混合物转化为固体分散体时，其理化性质将与物理混合物有所不同，这取决于步骤②和③，即药物-聚合物分子混合的程度（或分子可混合度）和流体混合物的固化速率。上述步骤的表现可能通常取决于所用载体。可接受的固体分散体可能在一种载体上可以形成，但在另一种载体上则不能形成。此时会提出如下问题：不同混合物的表现为什么不同？混合工艺以及随后将流体混合物转化成固体形态的过程中会发生什么？固体分散体中药物的物理结构由什么决定？

## 18.2.3 固体分散体中混溶和相分离的热力学观点

在固体分散体形成的第一阶段，系统吸收能量以克服药物-药物和聚合物-聚合物的相互作用。在此过程中，系统消耗的能量可以通过量热法进行测定，例如，通过测量熔化热、溶解热、升华热或上述两种过程的组合（例如，当药物溶解在熔融聚合物中时）。在第二阶段，由于组分的流体性质，相对容易发生药物-聚合物的混合。然而，如下文所述，两个组分的分子混合只有在其混合自由能（$\Theta G_m$）为负值时才会发生。显然，对于涉及三元相（如增塑剂、表面活性剂、共溶剂等）的体系，混合现象将变得更加复杂，超出了目前的讨论范围。假设混合完全，药物在固体分散体中的结构将取决于凝结或去除溶剂或凝结的速率。在发生冷凝的系统中，取决于流体混合物的冷却速率是否小于药物的结晶速率，可能沉淀出结晶药物或部分结晶药物。类似地，在具有常用共溶剂的系统中（例如喷雾干燥或SCF工艺），去除溶剂可能引起混溶溶液中的相分离。

### 18.2.3.1 混合自由能（$\Theta G_m$）

药物和聚合物相互混合明显的标准之一是混合自由能为负值。使用 Flory-Huggins 模型（Flory，1953）可以确定特定药物-聚合物比例下，特定药物是否能与聚合物混溶。Flory-Huggins 模型已广泛应用于研究聚合物在小分子有机溶剂中的溶解行为。如果将有机溶剂视作药物，则该模型可外推至药物固体分散体。由于该模型更适用于浓缩聚合物溶液，因此可能很适用于了解药物固体分散体中的混合行为。

每摩尔药物-聚合物混合物的混合自由能计算如下：

$$\Theta G_m = RT[n_{药物}\ln\varphi_{药物} + n_{聚合物}\ln\varphi_{聚合物} + n_{药物}\varphi_{聚合物}\chi_{药物-聚合物}] \qquad (18.1)$$

式中，$n_{药物}$ 及 $n_{聚合物}$ 分别代表药物及聚合物的物质的量；$\varphi_{药物}$ 及 $\varphi_{聚合物}$ 分别为药物和聚合物所占体积分数；$R$ 为气体常数；$T$ 为热力学温度；$\chi_{药物-聚合物}$ 为 Flory-Huggins 相互作用参数，用于解释分散药物和聚合物分子的能量。采用 Hilderbrand 溶解度参数经试验可测定相互作用参数 $\chi_{药物-聚合物}$，如下（Hilderbrand 和 Scott 1950）：

$$\chi_{药物-聚合物} = \frac{V}{RT^2}(\delta_{药物} - \delta_{聚合物}) \qquad (18.2)$$

式中，$V$ 为聚合物所占体积；$\delta_{药物}$ 和 $\delta_{聚合物}$ 分别代表药物和聚合物的 Hilderbrand 溶解度参数。药物和聚合物的溶解度参数越接近，相互作用参数越小，药物-聚合物的混溶性越好。此处应当注意的是，$\chi_{药物-聚合物}$ 不受药物-聚合物比例变化的影响，适用于极弱药物-聚合物相互作用的混合物。对于具有较强特定相互作用（例如氢键）的混合物，式（18.1）变得更加复杂。感兴趣的读者可参考 Coleman 等在这方面的工作（1991）。

混合自由能也可使用式（18.3）进行描述，该公式由式（18.1）中的项重新排列和组合得到。

$$\Theta G_{\mathrm{m}} = \Theta H_{\mathrm{m}} - T\Theta S_{\mathrm{m}} \tag{18.3}$$

式中，$\Theta H_{\mathrm{m}}$ 为混合焓；$\Theta S_{\mathrm{m}}$ 为混合熵；$T$ 为热力学温度。根据式（18.3），可推断出两个组分之间的混合受混合熵和混合焓的竞争效应控制，且焓降低而混合熵增加有利于混合。换言之，当产物的自由能小于反应物的自由能时，则可混合。

#### 18.2.3.2　混合焓（$\Theta H_{\mathrm{m}}$）

混合焓通常是指混合过程中获得或损失的净能量，它是以下情况的最终结果。

① 药物-药物和聚合物-聚合物相互作用的消失对混合焓产生正向影响。

② 药物-聚合物相互作用的产生对混合焓产生的负面影响。

因此，如果在键形成过程中释放热量（即放热过程），则更有利于混合。

$$\left|\Theta H_{药物-药物}\right| + \left|\Theta H_{聚合物-聚合物}\right| < \left|2\Theta H_{药物-聚合物}\right| \tag{18.4}$$

当 $\Theta H_{\mathrm{m}} < 0$，焓的变化有利于混合。

#### 18.2.3.3　混合熵（$\Theta S_{\mathrm{m}}$）

混合熵是指当两种成分混合时获得或失去的无序程度。例如，当混合两个大分子如蛋白质和聚合物时，混合后蛋白质和聚合物可用的确证数量将显著少于纯蛋白质和纯聚合物可用的确证数量。这导致 $\Theta S_{\mathrm{m}} < 0$，不利于混合。除非蛋白质和聚合物之间存在强特异性相互作用，可引起放热混合（即 $\Theta H_{\mathrm{m}} < 0$），足以覆盖给定温度下熵的降低，否则不可能发生蛋白质和聚合物的分子混合。另一方面，在由小分子和聚合物组成的典型药物固体分散体中，混合主要是由分散在聚合物基质中的药物的可用排列增加而导致的熵的大幅增加（$\Theta S_{\mathrm{m}} > 0$）造成。如果药物浓度增加至足以使药物-药物相互作用超过药物-聚合物相互作用或使混合熵增加的水平，则可能出现两相分离，其中两种组分均为无定型或一种为结晶（药物）而另一种为无定型。同样地，如果储存期间存在足够的分子迁移率，则药物-药物相互作用和结晶的驱动力，例如可以克服驱动混合的熵屏障，则系统可以相分离。

了解药物组成对固体分散体相溶性的影响的方法之一是计算混合自由能（$\Theta G_{\mathrm{m}}$）的变化，并对聚合物体积分数（$\varphi_{聚合物}$）作图，如图 18.2 所示。

然而，应该注意的是，混合的自由能以及氢键相互作用的强度取决于温度。因此，尽管药物-聚合物混合物在其流体状态下是可混溶的，但其最终可能由于分子迁移率和热力学驱动力发生相分离。这种现象往往是物理不稳定的根本原因，不稳定的后果将在后续进行讨论。在药物体系中加入了第三种试剂以促进混溶。例如，在聚乙烯吡咯烷酮（PVP）和吲哚美辛的固体分散体中加入柠檬酸，可增强药物和聚合物之间的混溶性（Liu 和 Zogra，1998）。然而，三元试剂也可诱导已混溶的固体分散体发生相分离，例如，在 PVP 乙酸乙酯和伊曲康唑的固体分散体中加入 Myrj 52 可导致相分离（Wang 等，2005）。

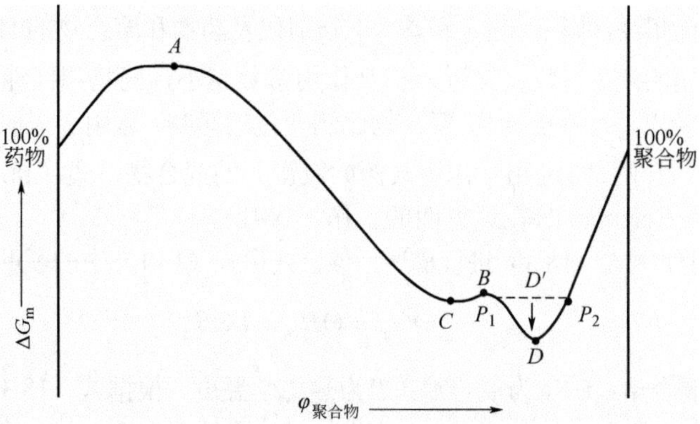


图 18.2 混合自由能（$\Theta G_m$）的变化对聚合物体积分数（$\varphi_{聚合物}$）的函数图

对药物-聚合物混合物性进行假设描述。在由 A 点给出的组成中，当 $\Theta G_m>0$ 时不会发生药物-聚合物混合。在 B 点时，虽然会发生药物-聚合物混合，但是可能会将相分离至 C 点和 D 点，因为在这些点组分的自由能比 B 点的低。在 D 点混合物的自由能比具有相同组成的混合物的任何其他点低。如果系统的相分离成两个点（例如 $P_1$ 和 $P_2$），则组分加权自由能（由 D′点给出）高于 D 点，因此系统将在热力学上恢复为 D 点描述的组分

（来源：Coleman M M，Graf J F，Painter P C.Specific Interactions and the Miscibility of Polymer Blends. Lancaster. PA：Technomic Publishing Company，1991.）

# 18.3 固体分散体的分类

图 18.3 展示了根据所得分散体的固态结构分类的各类型固体分散体的示意图。以下将对特定类型的固体分散体进行讨论。

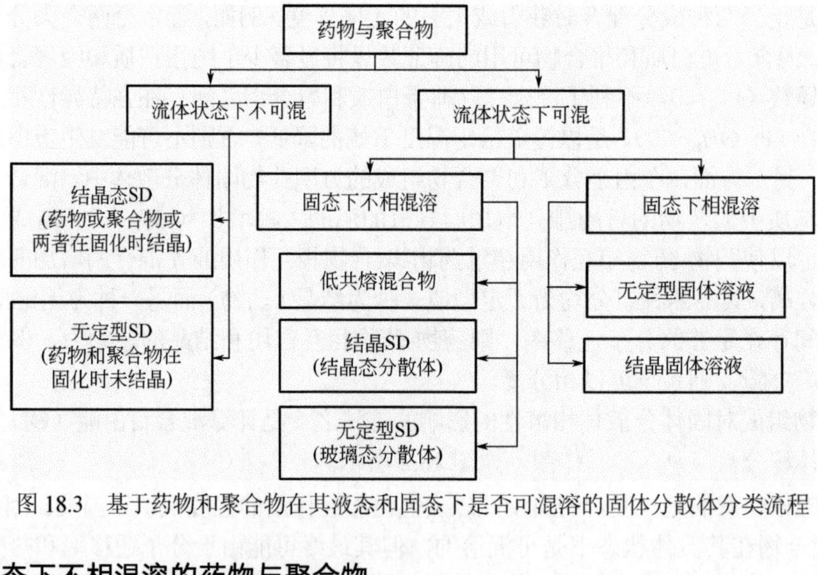


图 18.3 基于药物和聚合物在其液态和固态下是否可混溶的固体分散体分类流程

## 18.3.1 液态下不相混溶的药物与聚合物

如果药物和聚合物在其液态下不混溶，则它们很可能不会在液态混合物凝固时表现出混溶。此类系统可视为与其相应的物理混合物相似，虽然与物理混合物相比溶出性能有所提高，这种溶解度的提高可能是由药物和/或聚合物形态的物理转化（即固态→液态）、药物-聚合物的

紧密接触混合、表面积增加而引起的。混合物的固化速率和药物、聚合物或两者的结晶速率可影响结晶或无定型固体分散体的形成。

## 18.3.2　液态下相混溶的药物与聚合物

如果药物和聚合物在其流体状态下可混溶，则正如在“18.2.3 固体分散体中混溶和相分离的热力学观点”中所讨论的，混合物在固化过程中是否相分离会影响固体分散体的结构。

### 18.3.2.1　低共熔混合物

当药物和聚合物在熔融状态下可混溶时可形成低共熔混合物，但冷却时，它们作为两个不同的组分结晶，混溶作用几乎可忽略不计。如图 18.4 所示，当药物（A）和载体（B）以 *Y* 点定义的共熔组成形式混合熔融时，混合物的熔点低于单一药物或单一载体的熔点。虽然一些研究人员声称低共熔是两种组分紧密而惰性的物理混合物，但另一些研究人员则声称低共熔混合物熔点的降低正是药物和载体之间分子相互作用的直接证据。在低共熔成分（*Y*）下，药物和载体均以极细的状态分散，使药物的表面积增大，溶出速率加快。虽然不是每种载体都能与每种药物形成低共熔混合物，但聚乙二醇（PEG）、尿素和聚氧乙烯-聚氧丙烯（Pluronic®）等载体已被证明可与许多难溶性药物形成低共熔混合物以提高其溶出速率（Leuner 和 Dressman，2000）。

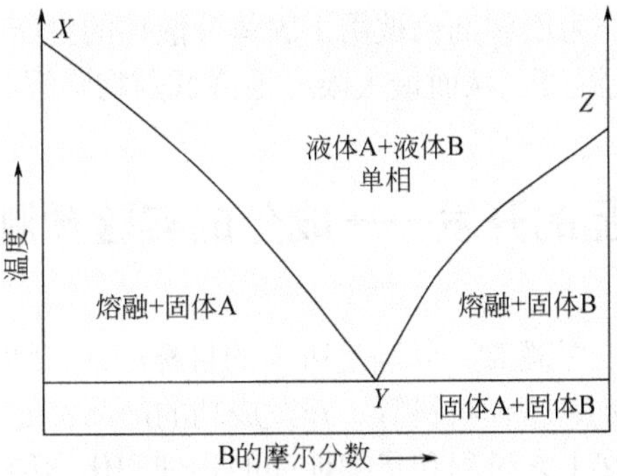


图 18.4　简单低共熔体系相图

在低于曲线 *XY* 或 *YZ* 的温度下，固体 A（药物）或固体 B（载体）首先分别从熔融混合物中凝固。在低共熔成分 *Y* 时，药物和载体同时凝固为分散细小的晶体混合物

### 18.3.2.2　结晶性固体分散体

当药物-聚合物混溶混合物中药物结晶的速率大于药物-聚合物流体混合物凝固的速率时，即形成结晶性固体分散物（或混悬物）。这类结晶性固体分散体可能与“18.3.1 液态下不相混溶的药物与聚合物”中所描述的在液态下不相混溶的药物-聚合物不同。

### 18.3.2.3　无定型固体分散体

如果药物-聚合物液体混合物以不允许药物结晶的速率冷却，则药物在动力学上被捕获在其无定型或“固液”状态中。尽管这类系统因具有较高的热力学活性而具有溶出优势，但也存在转变为更稳定且溶解度较差晶型的风险。

### 18.3.2.4　固态溶液

固态溶液是一种可在其液体以及固体状态下混溶的固体分散体。大多数药物固态溶液是无定型的，该性质可通过研究其在单一玻璃化转变温度（$T_g$）中的组成依赖性变化来表征。当结晶药物滞留在结晶聚合物载体内时，可能产生结晶固体溶液。在冶金学中主要采用结晶固态溶液（如合金），但也不能排除其在药物固体分散体中的可能性。通过晶体包合和晶体掺杂技术已可将难溶性药物整合到载体分子中（Vishweshwar 等，2006），尽管该技术的应用尚未在药品开发中得到广泛应用。已证明无定型固态溶液（也称为无定型分子分散）可提高难溶性药物的溶出度。由于药物分子分散在载体基质中，其有效表面积显著增加，因此溶出速率增加。在非洛地平-PVP 固体分散体中，非洛地平与 PVP 之间的氢键相互作用可促进药物溶出（Karavas 等，2006）。固态溶液还可通过最大程度降低分子迁移来抑制药物结晶，从而改善无定型药物的物理稳定性（Yoshioka 等，1995）。

### 18.3.3 多组分固体分散体

向两种组分的固体分散体中加入了第三种试剂，以提高药物溶出速率或克服生产或稳定性问题。表面活性剂加入固体分散体中，可提高难溶性药物的溶出速率（Aungs 等，1977）。它们也可被用于改善药物和聚合物之间的互溶性，或者抑制药物在储存过程中的结晶（Urbanetz，2006）。在一项研究中，通过加入 5%（质量分数）的十二烷基硫酸钠（SDS），灰黄霉素在 PEG 6000 中的混溶性从 3%（质量分数）增加到 40%（质量分数）（Wulff 等，1996）。Pluronic® F-68 用于提高硝苯地平 PEG 基质固体分散的固溶度和溶出速率（Mehta 等，2002）。在热熔挤出（HME）技术中，以三元剂作为增塑剂已被用于固体分散体的生产。通过这些成分降低挤出药物-聚合物混合物所需的工艺温度，从而最大限度地降低药物降解的可能。

## 18.4 固体分散体产品的开发——成分的实验预测

固体分散体可通过不同方式配制，以满足所需的目标产品特性。其处方可包括一种或多种聚合物、增塑剂、表面活性剂、缓释材料等。开发成功的产品，处方开发人员应同时关注以下内容：①产品的预期性能；②工艺过程和货架期间的物理和化学稳定性；③商业化生产的简便性。使用适当的辅料配制产品可以满足以上这三个要求。虽然多家公司销售多种规格的此类辅料，但由于辅料物理化学性质的微弱变化可能对产品性能产生不利的影响，选择合适的成分优化产品处方对于处方开发人员仍然是较大的挑战。因此，找到最合适的处方对于获得满足以上三点开发要求的产品至关重要。

根据文献已记载的理论预测方法，可对可能与 API 形成固体分散体的潜在合适的成分进行归纳。其中一个广为人知的便是 Hildebrand 溶解度参数。该参数是基于计算成分的摩尔蒸发能和摩尔体积（Greenhalgh，1991；Hancock，1997）。Greenhalgh 及其合作者使用布洛芬和多种糖类作为模型组合，并研究了它们的混溶性，建立其与溶解度参数差异的相关性。其研究表明，Hildebrand 参数可预测固体分散体组分之间可能存在的不相容性。Hansen 在 Hildebrand 溶解度参数基础上引入极性和氢键因素并推导出 Hansen 溶解度参数（Hansen，1996，2004）。Hansen 溶解度参数对固体分散体组分的混溶性更具预测性。尽管溶解度参数计算为成功制备固体分散体产品提供了良好的辅料选择方向，但考虑到产品的长期稳定性和可加工性，这些参数仍缺乏实践意义。处方开发人员可找到一个较好的目标区域来选择聚合物或其他辅料，但他们仍然必须使用处于该范围内的所有聚合物来制备产品。此外，溶解度参数计算并不能很好地提示可保持产品稳定的载体浓度。固体分散体中使用的载体是结构大而复杂的高分子聚合物，而 Hansen 和 Hildebrand 的溶解度参数则是基于药物在小分子和溶剂中的溶解度，因此这些模型并不能很好地预测药物与高分子的相容性。Surikutchi 等（2013）在他们的综述中试图解释这种错误的概念。他们得出结论，即使溶解度参数的概念在理论上是有意义的，但有关聚合物中不同结构基团的可用数据有限，可能导致错误的计算。

Parikh 等（2015）引入了系统的实验方法用以预测固体分散体的相容性和长期稳定性。他们以伊曲康唑为模型药物，使用不同浓度的不同主链聚合物（甲基丙烯酸酯、吡咯烷酮和纤维素）对其进行溶解和包衣。将薄膜铸塑（200 μm）的固体分散体放置于 40℃/75% RH 条件下，通过 DSC 和 P-XRD 分析检测物理分离的 API 而证明其不稳定性。使用该技术，可以在很短的时间内筛选大量的聚合物以发现稳定的组合。该技术也可能可对其他处方助剂进行筛选，如表面活性剂，以获得具有良好分散性能的处方。总之，在组分的 Hansen 溶解度参数值与其实际结果之间未发现任何直接相关性。诸如薄膜铸塑等实验技术在固体分散体的开发中具有高效和决定性作用。在更进一步的实验应用中，还可通过薄膜铸塑法制备 API、聚合物和表面活性剂的混合物。Gumaste 等（2016）构建了伊曲康唑-泊洛沙姆 188 与 Soluplus®和 HPMC-AS 的三元相图，以确定物理稳定的组合。这种技术是向产品开发方向迈进的一步，人们可以在很短的时间内得到使产品稳定的比率，然后通过喷雾干燥或热熔挤出制备所需的固体分散体。也可使用相同的薄膜铸塑法检测产品的分散性和溶出度，以评价体外性能。

Serajuddin 等在其 4 篇系列报道中，总结了可能影响固体分散体性能和生产的聚合物特性（Gupta 等，2014，2016；Meena 等，2014；Parikh 等，2014）。其团队进行了物理、热力和黏弹性分析，旨在为处方开发人员提供有用信息以开发固体分散体。他们在该数据库中定义了一些聚合物的关键性质，如玻璃化转变温度、熔体黏度、$\tan\delta$ 和分子量。这些性质为处方开发人员开发预期产品提供了信息，尤其是当采用热熔挤出工艺时。聚合物的黏弹性不仅有助于预测挤出温度和剪切速率，而且可提供 API 在聚合物中混溶性的信息。Gupta 等（2014）证明了使用流变学预测热熔挤出 Soluplus®中卡马西平的挤出温度和相容性。他们报告黏度范围为 1000～10 000 Pa・s 是热熔挤出的理想选择，随着温度升高聚合物的黏度下降。当混合物中存在 API 时，黏度下降更显著，且具有浓度依赖性。该研究不仅可用于估计生产稳定固体分散体的加工温度，还可用于确定可混溶的浓度。

## 18.5　固体分散体的制备

如 Serajuddin 在 1999 发表的综述中所述，开发固体分散体的主要障之一是缺乏可商业化放大生产的技术。在过去的十年中，固体分散体的商业化规模生产受到了广泛的关注，现已有技术都可用于大规模生产。在选择合适的技术时，必须考虑以下因素。

① 原料物理化学性质。

② 易于放大生产，相关成本可控。

③ 产品质量属性的重现性。

④ 知识产权及自由使用权。

Karanth 等（2006）对固体分散体生产中可能使用的各种方法进行了概括。本节中，对具有商业化规模生产固体分散体潜力的技术进行概述。

### 18.5.1 热熔挤出

热熔挤出（HME）工艺是在受控条件下，将原辅料强制通过模孔，将其转化为形状和密度均匀产品的过程（Breitenbach，2002）。HME 涉及利用热量将原辅料转化为均匀混合的物质，即固体分散体。HME 在聚合物和食品工业中的应用广泛，已有多篇关于 HME 工艺在生产各种固体和半固体剂型的药物中的应用的报道（Choksi，2004）。

HME 使用热熔挤出机进行操作。如图 18.5 所示，热熔挤出机包括一个用于进料的进料口、一个加热腔和一个出口。加热腔用于输送和混合物料的挤出螺杆组成，而出口由用于定型挤出物的挤出模孔构成。通常，原料药和其他辅料的物理混合物以一定的进料速率加入挤出机的加热腔中。当物理混合物通过加热的螺杆，被转化成“流体样状态”时，通过挤出机螺杆的高剪切作用将其均匀混合。将紧密混合的热团块（即固体分散体）通过模孔挤出。挤出的绳状热物料可通过模塑或额外的配件，称压延辊（Breitenbach，1999）。精确切割成单位计量规格。或者，可将其冷却、整粒、填充胶囊或压制成片剂。市场上有不同尺寸的热熔挤出机，小到使用 5g 物料的台式挤出机，大到可高达 120 kg/h 的商业化规模生产挤出机。

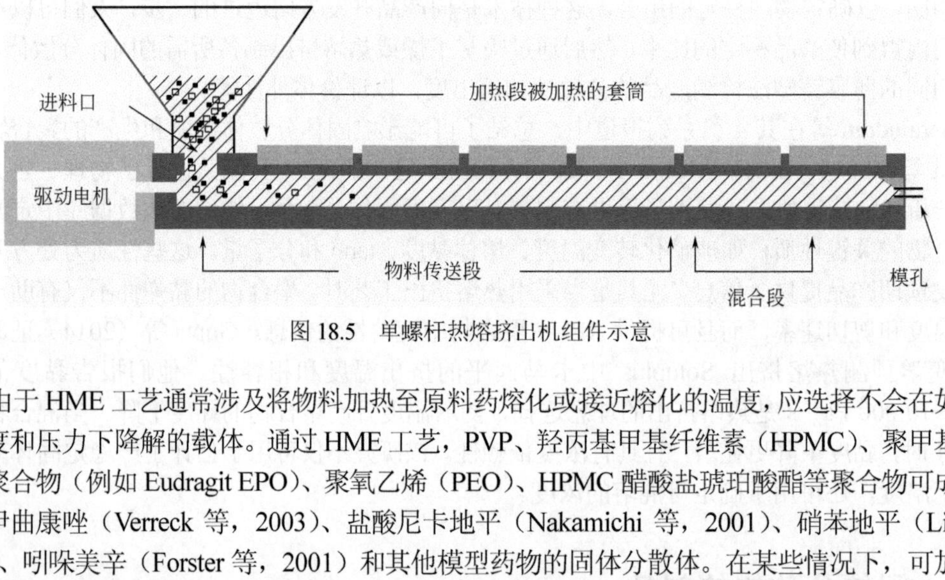


图 18.5 单螺杆热熔挤出机组件示意

由于 HME 工艺通常涉及将物料加热至原料药熔化或接近熔化的温度，应选择不会在如此高的温度和压力下降解的载体。通过 HME 工艺，PVP、羟丙基甲基纤维素（HPMC）、聚甲基丙烯酸酯聚合物（例如 Eudragit EPO）、聚氧乙烯（PEO）、HPMC 醋酸盐琥珀酸酯等聚合物可成功地形成伊曲康唑（Verreck 等，2003）、盐酸尼卡地平（Nakamichi 等，2001）、硝苯地平（Li 等，2006）、吲哚美辛（Forster 等，2001）和其他模型药物的固体分散体。在某些情况下，可加入如 PEG 6000、Gelucire 44/14 和蔗糖酯 WE15 等作为增塑剂，以降低加工温度（Hulsmann 等，2000）。

例如，产品开发早期，原料药数量有限，选择适宜的载体的同时尽量减少原料药的消耗量至关重要。在一项研究中，作者通过使用极少量成分评估热熔挤出的适用性并确定工艺条件，表征了模型药物吲哚美辛以及各种聚合物和增塑剂的流变学和热力学性质（Chokshi 等，2005）。在另一项研究中，在 1 kg 批量条件下进行实验设计，使用实验室规模挤出机优化热熔挤出处方。通过改变伊曲康唑与羟丙基-β-环糊精（HP-β-CD）和 HPMC 三元混合物的处方组成，研究者开发了一种澄清、玻璃化挤出物（Rambali 等，2003）。

采用双螺杆挤出机生产以 HPMC、Eudragit E100 或 Eudragit E100/PVPVA 64 混合物（70%/30%，质量比）作为载体的伊曲康唑固体分散体的临床试验样品（Six 等，2005）。以固定速率 1 kg/h、挤出机螺杆转速 300 r/min 以及最高的工艺温度（185℃）进行进料。对挤出物进行冷却、整粒并灌装至 00 号胶囊中用于 100 mg 剂量的伊曲康唑临床试验。研究结果显示，对于 HPMC 处方，8 位健康志愿者血浆药物浓度的平均曲线下面积（AUC）与对照产品（Sporanox®）相当，但使用 Eudragit 100 和 Eudragit E100-PVPVA64 混合物时，AUC 较低。由此作者得出结论，HME 可成功应用于临床试验样品的生产。

### 18.5.2　热熔胶囊填充

热熔胶囊填充通常适用于含有固体载体（熔化温度 40～70℃）的处方。这类载体的蜡质性质限制了其粉碎整粒成更小的颗粒、填充到胶囊中或压制成片剂的可行性。采用热熔胶囊填充技术，将此类蜡状载体熔化后，直接填充至胶囊中，在胶囊中固化。将原料药溶于熔融载体中，从而消除任何含量均匀度的问题。

Rowley（2004）对于在明胶硬胶囊中填充液体和半固体技术的各种进展进行了综述报道。脂质载体和辅料，例如 PEG、聚氧乙烯-聚氧丙烯（泊洛沙姆）、聚氧乙烯、Gelucires®、脂质表面活性剂等非常适用于该技术。从实验型台式规模到商业化规模的设备现均可获得。

以连续工艺方式，向明胶硬胶囊中定量填充熔融物料，随后对已填充的胶囊进行捆扎或密封。捆扎即通过在胶囊帽-胶囊接合界面喷涂熔融明胶，而密封则是通过涂洒水-醇混合物进行。显然需要完整的胶囊密封，以避免在有效储存期间发生泄漏，同时也确保溶出过程中一致的胶囊崩解时间。胶囊填充机应具一定性能以确保在生产过程的流畅运行。这些性能包括如下。

① 填充前保持药物处于熔融状态的能力。

② 精确的填充液体体积范围为 0.1～1.0 mL。

③ 监测系统，当检测到模具中无胶囊体时停止填充内容物。

例如，在一项研究中，采用 Qualifill 半自动胶囊填充机或 H&H 胶囊填充机证明了该胶囊填充工艺的成功放大（Robinson，2001）。在 50～52℃的灌装温度下将 265 mg 的 Gelucire 50/12 或 Precirol（由棕榈酸的甘油单酯、甘油二酯和甘油三酯组成的蜡）灌装至 2 号胶囊中。通过 Qualifill 胶囊填充机得到的胶囊其填充重量十分均匀，相对标准偏差低于 1%。

### 18.5.3　喷雾干燥

喷雾干燥是将原料药和载体溶液以细液滴形式喷入温度、湿度和气流条件受控的腔室内进行挥发干燥的过程。许多难溶性药物可通过喷雾干燥来提高其药物溶出速率（Sethia 和 Squillante，2003；Ambike 等，2005）。在喷雾干燥工艺中通常使用有机溶剂，因为其易于蒸发且对许多难溶性药物具有良好的溶解能力。固体分散体的形态以及药物溶出和稳定性均可能受到设备工艺参数和几何形状的影响。例如，可在喷雾干燥过程中通过改变喷雾干燥液体中溶质的浓度和液滴大小控制喷雾干燥固体分散体的粒度（Elversson，2003）。

### 18.5.4　超临界流体技术

超临界流体（SCF）技术已成功应用于药物、聚合物/生物材料和化合物的颗粒设计工程中（Jung 和 Perrut，2001）。SCF 是存在于其临界点以上的物质，该临界点可定义为物质的液态和气态共存时的温度和压力条件。当液体被加热时，其密度持续降低，同时形成的蒸汽密度持续增加。在临界点处，液体和气体的密度相等，并且没有如图 18.6 所示的相界面。在临界点以上，即在超临界区域，流体具有气体典型的渗透能力和液体典型的溶解能力。

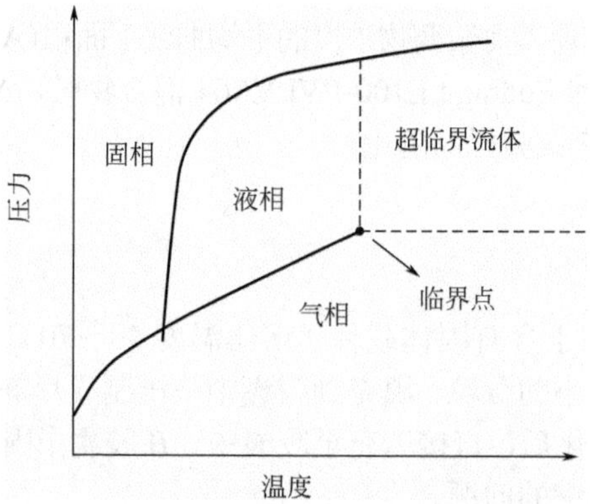


图 18.6 假定化合物的超临界区域

实线代表固-液、液-气和固-气相之间的相边界。超临界区域为虚线所指示的区域

由于具有相对较低的临界点（304 K 和 7.38 Mbar[1]）（易于实现），并且流体能够溶解大多数化合物，超临界 $CO_2$ 等 SCF 已广泛用于制药领域。SCF 工艺的一个应用是超临界溶液的快速扩散（RESS）（Subramanian 等，1997）。在 RESS 工艺中，SCF 通过固体溶质床（即提取器）扩散，如图 18.7 所示。当流体通过该床扩散时，固体溶质在其中溶解。然后将流体溶液在单独的室内减压。固体的沉淀方法取决于液体扩散前后的热力学条件以及所用设备的几何形状等因素（Palakodaty 和 York，1999）。通过固体分散体的形成（Sethia，2002；Gong 等，2005）、微米或纳米颗粒的形成（Turk 等，2002）和晶体掺杂或固态溶液的形成等技术（Vemavarapu，2002），RESS 已应用于提高难溶性化合物的溶出速率。采用该技术对原料药，如吲哚美辛、硝本地平、氨基甲酸乙酯、萘普生和尼群地平进行处理，所制备制剂的物理化学性质具有高度可重现性（Ting 等，1993；Knez 等，1995；Subramanian 等，1997）。作为无需要使用有机溶剂的连续工艺，RESS 工艺在固体分散体商业化生产应用中是有价值的。

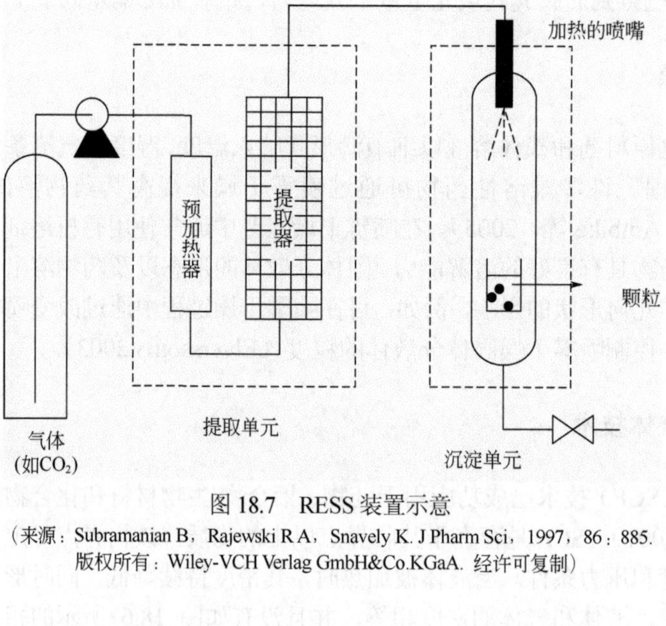


图 18.7 RESS 装置示意

（来源：Subramanian B，Rajewski R A，Snavely K. J Pharm Sci，1997，86：885.
版权所有：Wiley-VCH Verlag GmbH&Co.KGaA. 经许可复制）

[1] 1 bar=$10^5$Pa。

SCF 还可结合有机溶剂，以生产所需形态和属性的微粒（Foster 等，2003）。SCF 的一个内在限制因素是其不能溶解中度至高度极性的化合物。而这类化合物可以很容易地溶于适当的有机溶剂中，所以 SCF 可以用作反溶剂沉淀固体。该过程被称为“溶液增强分散的超临界流体”（SEDS）。根据溶液和 SCF 相互引入和混合的方法，其不同的应用如下：

（1）气体反溶剂（GAS）或超临界反溶剂（SAS）重结晶

在该过程中，将 SCF 灌装至一个腔体中，然后加入一批溶液。SCF 渗入溶液并在其中扩散，因此降低了溶剂能力并沉淀形成微粒固体混合物。在一项研究中，采用 GAS 技术制备非洛地平在 HPMC 和表面活性剂（如泊洛沙姆 188、泊洛沙姆 107 和聚氧乙烯氢化蓖麻油）中的固体分散体。所制的固体分散体平均粒径 200～250 nm，与通过传统溶剂蒸发制备的固体分散体相比，其水溶性更高，溶出速率相似（Won 等，2005）。

（2）气溶胶溶剂提取系统（ASES）

通过雾化喷嘴将溶液喷入充满 SCF 的腔室内。溶液在喷洒成的小液滴溶剂内扩散，因此形成过饱和状态和固体沉淀形式的细小颗粒。

（3）压缩反溶剂（PCA）沉淀

PCA 与 GAS 工艺的区别在于前者将压缩的反溶剂加入喷雾溶液中，实现更高的质量转移速率和结晶效率（Fusaro 等，2005）。在一项研究中，作者分别采用 PCA 和常规喷雾干燥工艺，使用超临界 $CO_2$ 作为反溶剂，从苯妥英和 PVP K30 的丙酮或丙酮/乙醇混合物溶液中制备固体分散体。固有溶出速率比较显示，与喷雾干燥固体分散体相比，采用 PCA 技术制备的固体分散体溶出速率高 68%（Muhrer 等，2006）。另外也通过控制 GAS 和 PCA 技术的工艺参数，以获得所需形态和晶型的药物活性成分（Edwards 等，2001；Jahrmer 等，2005；Muhrer 等，2006）。

### 18.5.5　熔融

热熔挤出已是一种可行的商业化生产技术，但其应用可能受药物的热不稳定性所限制。尽管可增加挤出剪切速率以降低大多数聚合物的黏度，但高温和较长停留时间可能对产品不利。McGinity 及其合作者引入了一种名为 Kinetisol® 分散体的熔融技术，该技术是利用 DisperSol Technologies，LLC（Austin，TX）特定的混合容器（Compounder）（DiNunzio 等，2010b，2010c），在非常短的时间内加热并冲击剪切以形成固体分散体。将药物和聚合物的预混合物加入混合容器中，对最大转速、喷射温度和处理时间等工艺参数进行研究。采用伊曲康唑和 Kollidon® L100-55 的所有批次均在不超过 177℃和 14.1 s 条件下生产。卸料后对物料进行猝灭、研磨。根据该研究，他们得出结论，不使用增塑剂并且在非常短时间内制备成固体分散体是有可能的。在随后的工作中也证明了采用该技术生产对温度敏感的化合物氢化可的松是可行的（DiNunzio，等 2010a）。

## 18.6　固体分散体产品案例

如表 18.1 中总结所示，FDA 已批准的基于固体分散技术的产品约 17 种。以下将对其中的几个例子进行讨论。

表 18.1 FDA 已批准的固体分散体产品

| 商品名 | 有效成分 | 批准日期 | 载体材料 | 生产方法 |
|---|---|---|---|---|
| Gris-PEG | 灰黄霉素 | 1975 年 4 月 16 日 | PEG | 热熔 |
| Isoptin | 盐酸维拉帕米 | 1982 年 3 月 8 日（已终止） | HPC/HPMC | 热熔挤出 |
| Cesamet | 大麻隆 | 1985 年 12 月 26 日 | PVP | — |
| Sporanox | 伊曲康唑 | 1992 年 11 月 9 日 | HPMC | 喷雾干燥 |
| Prograf | 他克莫司 | 1994 年 4 月 8 日 | HPMC | 喷雾干燥 |
| Rezulin | 曲格列酮 | 1997 年 1 月 27 日 | PVP | 热熔挤出 |
| Afeditab CR | 硝苯地平 | 2000 年 3 月 10 日 | 泊洛沙姆/PVP | 热熔封装 |
| Kaletra | 洛匹那韦；利托那韦 | 2000 年 9 月 15 日 | PVP/VA | 热熔挤出 |
| Fenoglide | 非诺贝特 | 2007 年 8 月 10 日 | PEG/泊洛沙姆 | 热熔封装 |
| Intelence | 依曲韦林 | 2008 年 1 月 18 日 | HPMC | 喷雾干燥 |
| Norvir | 利托那韦 | 2010 年 2 月 10 日 | PVP/VA | 热熔挤出 |
| Zortress | 依维莫司 | 2010 年 4 月 20 日 | HPMC | 喷雾干燥 |
| Onmel | 伊曲康唑 | 2010 年 4 月 29 日 | HPMC | 热熔挤出 |
| Incivek | 特拉匹韦 | 2011 年 5 月 23 日（已终止） | HPMCAS | 喷雾干燥 |
| Zelboraf | 维罗非尼 | 2011 年 8 月 17 日 | HPMCAS | 共沉淀 |
| Kalydeco | 依伐卡托 | 2012 年 1 月 31 日 | HPMCAS | 喷雾干燥 |
| Noxafil | 泊沙康唑 | 2013 年 11 月 25 日 | HPMCAS | 热熔挤出 |

### 18.6.1 表面活性剂和脂质基质固体分散体

熔融法和溶剂蒸发法是实验室规模制备固体分散体的最常用技术。如 Serajuddin（1999）所报道的，这些方法在商业化生产规模下具有实际局限性。即使是前文所描述的 HME、喷雾干燥和 SCF 技术等，也存在诸多挑战。例如，药物和/或载体可能在热熔挤出所需的高温下不稳定，可能无法获得足以溶解相对疏水的药物和相对亲水的载体的共同溶剂用于喷雾干燥，而 SCF 技术在大多数情况下则可能不具有适用性和成本效率。室温下固体的表面活性和自乳化辅料的引入代表了固体分散体商业发展的一个突破性进展。文献报道，使用这些新型辅料的处方不仅可增加难溶性药物的溶出速率，还可能以熔融状态直接填充至硬明胶胶囊中，因此无需研磨、混合、筛分等其他单元操作。Vasanthavada 和 Serajuddin（2007）近期对表面活性剂和表面活性脂质在固体分散体开发中的应用进行了综述。他们认为，未来难溶性药物的生物可利用剂型开发中，这类固体分散体系统将继续发挥主要作用。本节描述了一些固体分散体系统的优点与所用载体的关系。

#### 18.6.1.1 Gelucires®

Gelucire® 44/14（GattefosséCorp., St. Priest，France）是甘油基和 PEG 1500 长链脂肪酸酯的混合物，在《欧洲药典》中被列为月桂基聚乙二醇甘油酯，在《美国药典》中收录为月桂酰聚氧甘油酯。它是一种自乳化辅料，在环境温度下为蜡状和半固体状；商品名中后缀 44 和 14 分别代表其熔点和亲水-亲脂平衡（HLB）。其作为固体分散体载体已得到广泛的研究。Serajuddin

等（1988）将药物分别溶于熔融 PEG 1000、PEG 1450、PEG 8000 或 Gelucire® 44/14 中，然后将熔融溶液灌装至 0 号明胶硬胶囊中（每个胶囊含 100 mg REV5901 和 450 mg 辅料），制备难溶性碱性药物 REV5901 的不同固体分散体处方。当处方在环境温度下凝固时，掺入辅料基质中的药物以分子形式分散（溶液）或无定型状态存在。当在 900 mL 人工胃液（USP，不含酶）的漏槽条件下检测处方溶出度时，发现所有以 PEG 为载体的固体分散体均不完全溶出，而以 Gelucire® 44/14 为载体的固体分散体则可完全溶出（图 18.8）。即使采用水作为溶出介质（药物几乎不溶于水），以 Gelucire® 44/14 为载体的固体分散体仍可在该介质中完全溶出释放药物，形成以细小、亚稳态油状小液滴形式存在的游离药物的乳白色分散物，而未观察到任何以 PEG 为载体的制剂在水中有类似的药物释放。本研究证明了表面活性载体对于药物从固体分散体中释放的优势。许多不同的研究者报告了 Gelucire® 44/14 和其他表面活性剂的相似优点（Aungst 等，1977；Al-Razzak 等，1997；Barker 等，2003；Nulifer 等，2003；Vippagunta 等，2003；He 等，2005；Soliman 与 Kohn，2005）。

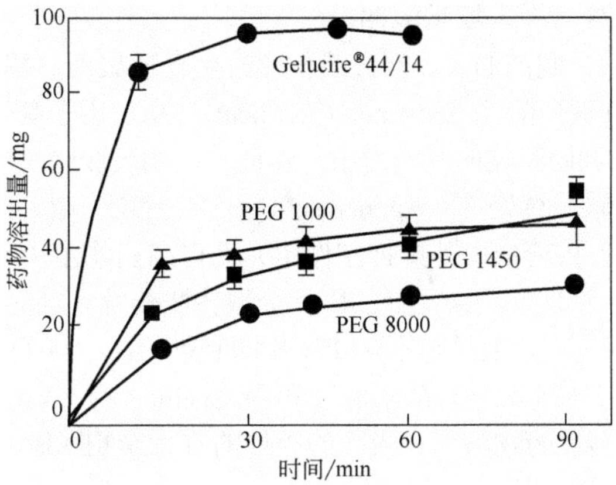


图 18.8　各种聚乙二醇（PEG）和 Gelucire® 44/14 固体分散体处方中 REV5901 在 0.1 mol/L HCl 中的药物溶出量

（来源：Serajuddin A T M，Shen P C，Mufson D，et al. J. Pharm. Sci.，1988，77：414-417. 已经授权）

### 18.6.1.2　PEG-聚山梨酯 80 混合物

如先前所报告的，当药物溶于熔融 PEG，直接填充至明胶硬胶囊中并固化时，这种以 PEG 为载体的固体分散体药物释放可能不完全。Serajuddin 等（1990）证明，可通过在 PEG 中加入聚山梨酯 80 克服该缺点。由 PEG 和聚山梨酯 80 混合物制备的固体分散体处方，其制剂性能与 Gelucire® 44/14 相似。该系统的另一个优点是尽管聚山梨酯 80 在室温下是液态的，但当与 PEG 混合时会形成半固体基质（图 18.9），因为聚山梨酯 80 被嵌入 PEG 固体结构的无定型区中（Morris 等，1992）。

Joshi 等（2004）证明，以 PEG-聚山梨酯 80（3∶1）混合物制备的固体分散体弱碱性药物在犬体内的生物利用度比含有微粉化原料药（与乳糖和微晶纤维素混合）的胶囊高 21 倍。同样地，Dannenfelser 等（2004）报道，高渗透性、难溶性（25℃下水中溶解度约 0.17 μg/mL）中性化合物以 PEG 3350-聚山梨酯 80（3∶1）为载体所制备的固体分散体在犬体内的生物利用度较其常规微粉化胶囊处方高 10 倍。其他报告也证实，PEG-聚山梨酯混合物中药物的溶出度（Veiga 等，1993b）和生物利用度（Sheen 等，1995）得到提高。

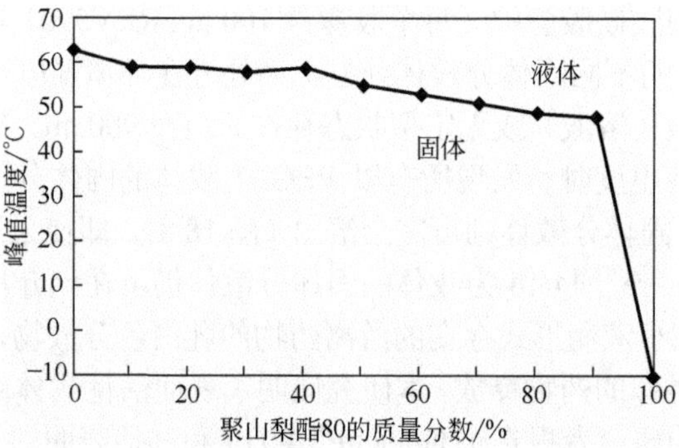


图 18.9 PEG 8000 与聚山梨酯 80 混合物的相行为

含有高达 90%聚山梨酯 80 的 PEG 8000 混合物在室温下保持固态。

（来源：Morris K R，Knipp G T，Serajuddin A T M. J. Pharm. Sci.，1992，81：1185-1188. 已经授权）

### 18.6.1.3 生育酚聚乙二醇 1000 琥珀酸酯

可用于制备固体分散体制剂的表面活性载体还有生育酚聚乙二醇 1000 琥珀酸酯（TPGS）或 D-α-生育酚 PEG 1000 琥珀酸酯（Eastman Chemical，TN）。由于其熔点相对较低（约 40℃），TPGS 可以熔融形式填充到硬和软明胶胶囊中；然而，硬明胶胶囊可能需要条带密封以防止内容物泄漏。在 Aprenavir 软胶囊处方（Agenerase®，GSK，NC）中，就是利用 TPGS 增加溶解度和渗透性（辅料介导的 P-糖蛋白外排抑制作用）而提高药物生物利用度（Yu 等，1999）。Koo 等（2000）报道，一种抗疟药卤泛群的固体分散体比传统片剂的生物利用度高 5～7 倍。在大鼠中进行的另一项研究中，通过与不含 TPGS 的制剂相比，与 TPGS 联合给药生物利用度提高了 4～6 倍，证实了 TPGS 对紫杉醇溶解度和渗透性的影响（Varma 等，2005）。其他研究者也报道了 TPGS 对难溶性药物溶出和吸收的类似的有利影响（Boudreaux 等，1993；Sokol 等，1993；Chang 等，1996；Wu，1998）。

### 18.6.1.4 嵌段共聚物

嵌段共聚物在难溶性药物的固体分散体处方中的应用也越来越受关注（Suni 和 Cho，1997；Ho 等，2000；Passerini 等，2003；Chen 等，2004；Yin 等，2005）。已有不同等级的嵌段共聚物可供商业化使用，如泊洛沙姆（Pluronics®）。可将药物溶于熔化的嵌段聚合物中，并将该液体灌装于明胶硬胶囊中；冷却至室温后熔融物凝固。Yin 等（2005）报道了一项工艺，其将难溶性药物 BMS-347070 和嵌段共聚物普朗尼克 F-127 溶于丙酮或二氯甲烷中，再经喷雾干燥，在结晶、水溶性基质内形成纳米级结晶原料药分散体。该工艺是基于假设普朗尼克 F-127 的 PEO 部分结晶，而辅料的聚丙烯氧化物部分仍保持无定型，形成了尺寸限制区使原料药在其中形成物理性质稳定的纳米晶。

### 18.6.1.5 甘油酯类

甘油单酯和甘油二酯的触变凝胶（TPGS）已被用作固体分散物的载体。在难溶性药物溴丙胺太林的硬明胶胶囊处方开发中，首先将原料药溶于 Miglyol 829 中，然后通过加入胶体二氧化硅增加填充材料的黏度，将溶液转化为半固体形式。在另一项研究中，胶态二氧化硅被用作油性混合物（辛酸/癸酸二酯，Captex 200）、表面活性剂（聚山梨酯 80）和共表面活性剂（$C_8$/$C_{10}$ 甘油单酯和甘油二酯，Capmul MCM）的增稠剂（Patil 等，2004）。

### 18.6.2　PVP 和基于纤维素的固体分散体

水溶性合成聚合物如聚乙烯吡咯烷酮（PVP），纤维素聚合物如 HPMC，已普遍用于提高难溶性药物的溶出速率。PVP 不仅广泛用于提高药物溶出速率（Bates 1969；Simonelli 等，1969；Itai 等，1985；Tantishaiyakul 等，1999），还用于抑制固体分散体中无定型药物的结晶（Simonelli 等，1969；Doherty 和 York，1989；Yoshioka 等，1995）。一项研究（Perng 等，1998）中，由于在处方中加入表面活性剂也并未能提高其溶出速率，因此使用了 PEG 8000 或 PVP 制备 SB-210661 固体分散体。随后在 25℃/60% RH 条件下存放该固体分散体 1 年后，PVP 分散体的溶出曲线未发生明显改变，而 PEG 分散体的药物溶出曲线降低了50%。进一步特征比较结论显示，PVP 能够通过氢键保留药物的无定型结构，而基于 PEG 的固体分散体中不含该结构。

HPMC 也常用于提高药物溶出速率。在一项研究中，使用 HPMC 提高阿苯达唑（一种难溶性药物）的溶出速率及在比格犬体内的生物利用度（Kohri 等，1999）。在另一项研究中，与甲基纤维素和羟丙基纤维素（HPC）制备的固体分散体相比，HPMC 与硝苯地平的固体分散体显示出更高的硝苯地平溶出速率（Sugimoto 等，1982）。HPMC、HPC 和 PVP 对 RS-8359 的过饱和溶液析晶具有抑制作用，纤维素聚合物的抑制作用优于 PVP。有研究者假设这些聚合物不仅通过增加溶液黏度，还通过与溶解的药物相互作用抑制结晶（Usui 等，1991）。最近，已证明醋酸羟丙基甲基纤维素琥珀酸酯（HPMC AS）在溶液和固体状态下均具有较优的抑制药物结晶的能力（Shanker，2005）。HPMC AS 提供的功能使其能够与药物发生疏水作用、氢键和电子相互作用。与 PVP 和 HPMC 不同，HPMC AS 表现出最小的吸水趋势和相对较高的 $T_g$。在一项研究中，作者比较了 PVP、HPMC、羟丙基甲基纤维素邻苯二甲酸酯和 HPMC AS 等聚合物抑制硝苯地平从其过饱和溶液（pH 6.8）中结晶的能力（图 18.10）（Tanno 等，2004）。HPMC AS 在维持药物过饱和溶液状态方面明显表现出优越的性能。对于吸收受溶解度限制的药物，该过饱和溶液状态可提高其药物吸收（Shanker，2005）。

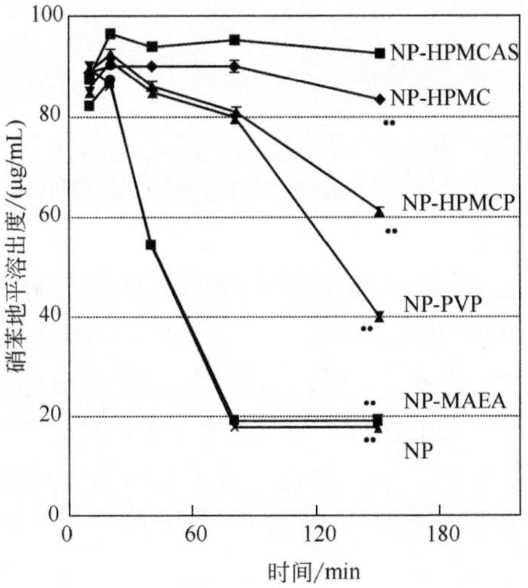


图 18.10　聚合物对硝苯地平（NP）从 pH6.8 过饱和溶液中重结晶的抑制作用

HPMCAS—醋酸羟丙基甲基纤维素琥珀酸酯；HPMC—羟丙基甲基纤维素；HPMCP—羟丙基甲基纤维素邻苯二甲酸酯；PVP—聚乙烯吡咯烷酮；MAEA—甲基丙烯酸-丙烯酸乙酯共聚物

（来源：Tanno F，Nishiyama Y，Kokubo H，et al. Drug. Dev. Ind. Pharm.，2004，30:13. 已经授权）

## 18.7 固体分散体的表征

本节将介绍多种表征原料和固体分散体固态性质的技术。大多数情况下，采用常规方法(如压片、填充胶囊等）将固体分散体加工制备成最终剂型，在此不讨论此类最终剂型的表征。

### 18.7.1 调制差示扫描量热法

差示扫描量热法（DSC），通过将样品在可能发生转变的温度范围内进行加热，检测其受热时吸收或释放的热量，以此检测系统中的物理化学转化。将从已知质量的样品所吸收或释放的热量与空参照盘的进行比较。调制差示扫描量热法（mDSC）是一种高级技术版的 DSC，其使用软件中内置的数学功能改善了信号质量。通过使用低至 10～20 mg 的样品量进行检测，量热法可提供有价值的信息以评价分散体的结构。然而，DSC 的一个缺点是该方法本质上具有破坏性，并且可能存在某些人工产物。例如，当使用 DSC 分析溶于 PEG 6000 中的奥索地平和灰黄霉素固体分散体的结构时，药物熔融的吸热峰被破坏了，归因于当样品在 DSC 中加热时，药物溶解于熔融载体中（Veiga 等，1993a）。

### 18.7.2 X 射线粉末衍射法

X 射线粉末衍射法（PXRD）是一种非样品损伤技术，可测量样品量低至 200 mg 的药物和/或聚合物衍射图。当晶体物质因其结构的周期性散射 X 射线时，便会出现可检出的衍射现象。每种晶体成分均具有特定的 X 射线谱图，这是其特定晶体堆积方式所引发的。固体分散体的 X 射线衍射图通常可显示晶体结构损失和晶体堆积变化（即多晶型现象或晶体固态溶液的形成）。X 射线的一个主要缺点是无法区分无定型组分，因为无定型材料会产生检测晕轮。现有多种 X 射线衍射的高级版本可用，例如广角 X 射线散射、配备相对湿度控制的 X 射线、高温 X 射线等，使固态表征更为容易。

### 18.7.3 热台显微镜法

热台显微镜（HSM）法是一种有价值的技术手段，通常作为 DSC 检测的补充，提供对固体分散体结构的目视评估。相比于无定型固体分散体，此法更适合于结晶性固体分散物，因为前者缺乏目视检测所需的双折射。

虽然热分析可能通过将药物溶于熔融聚合物而破坏固态分散体中药物的物理结构，但 HSM 可通过表征低熔点聚合物中低至约 2%（质量分数）的结晶性药物测定药物的物理结构。在一项研究中，成功应用 HSM 检测了 PEG 基质中的结晶非洛地平和橙皮苷，而 DSC 则无法检出（Bikiaris 等，2005）。对于分散在低熔点聚合物中的药物，热分析在表征方面的缺点也可以通过使用微热分析（μTA）克服，μTA 技术结合了显微镜和热分析，可以局部加热混合物，仅使药物熔化，而不熔化较低熔点的辅料（Galop，2005）。

### 18.7.4 热刺激电流法

热刺激电流法（TSC）是一项非常灵敏的技术，通过记录电场中分子定向移动产生的电流来检测分子的迁移率。通过将分子加热至超过其转变温度的温度并使该分子或其极性基团进入高压电场以获得热激退极化电流。通过将材料快速冷却至温度极低（其中分子运动可忽略不计），在动力学上冷冻分子定向运动。然后在没有电场的条件下逐步加热冷冻物质，极性基团失去排列方向或松弛，并产生退极化电流而检测到分子的迁移率。TSC 在研究 sub-$T_g$ 条件下的弱 $T_g$、药物-聚合物混溶性和分子迁移率方面具有重要意义。在一项研究中，使用 TSC 和常规 DSC 测定了无定型化学物质 LAB687 及其 PVP K30 固体分散体的分子迁移率。使用 DSC 表征药物-聚合物混溶性较为复杂，但是使用 TSC 表征其混溶性和 $T_g$ 则更为容易（Shmeis 等，2004）。在另一项研究中，采用 TSC 表征 PVP K30 的分子运动，且可在低于 $T_g$ 的温度下检测到分子迁移率（图 18.11）（Vasanthavada 等，2002）。另一方面，mDSC 无法检测到任何此类 sub-$T_g$ 分子运动。

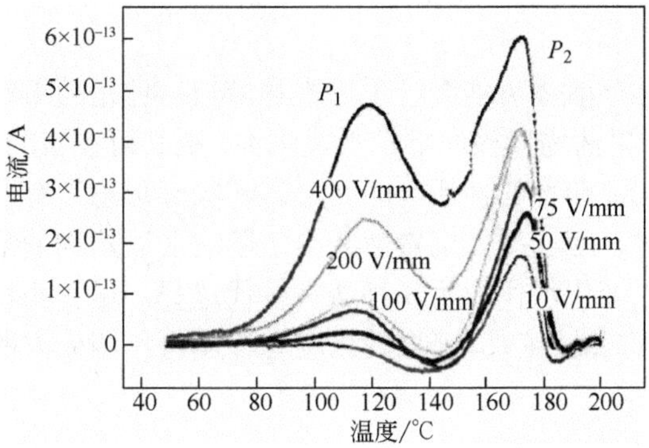


图 18.11　PVP K30 的热激退极化电流显示两个不同的整体弛豫峰

[$P_1$ 为 β-弛豫峰（代表低于 $T_g$ 的分子运动），$P_2$ 为 α-弛豫峰（代表在 $T_g$ 处的迁移率）]

### 18.7.5　光谱法

傅里叶红外光谱（FTIR）和核磁共振（NMR）常用于表征固体分散体中药物-聚合物的相互作用。利用 FTIR 来比较固体分散体及其相应物理混合物的光谱。当涉及相互作用的官能团波数下降时，可以认为发生了特殊的相互作用，例如形成氢键。在一项研究中，PVP-吲哚美辛和吲哚美辛二聚体形成之间的氢键相互作用可利用 FTIR 进行区分。分子分散 PVP 的存在能够破坏二聚体的形成并抑制药物结晶（Taylor，1997）。固态 NMR 也在探索原料药结构和动态特性以及研究药物-聚合物相互作用方面具有价值。在一项研究中，固态 NMR 可检测 Eudragit RL-100 与布洛芬游离酸和钠盐固体分散体中的混合程度。研究发现，与布洛芬钠盐相比，游离酸与聚合物具有更强的相互作用（Geppi 等，2005）。同样，通过表征药物-聚合物相互作用，可确定酮洛芬和 PEO 混合物中药物-聚合物的混溶性（Schachter 等，2004）。

## 18.8　药物释放

固体分散体的药物释放机制非常复杂，很大程度上取决于分散在载体基质中药物的性质（Craig，2002）。由于这种复杂性，开发生物相关的体外溶出度试验方法变得更加困难。生理因素的变异性以及剂型变异性使得建立体外-体内相关性（IVIVC）相当复杂。

为了评价固体分散物的体内性能，Serajuddin（1998）及 Dannenfelser 等（2004）开发了一种分散性试验。该试验不仅测定药物的溶出速率，还测定溶出介质中释放但未溶解的药物的粒度。假设药物最初并未从固体分散体中完全溶解，但未溶解的药物颗粒如果分散良好，则可在胃肠道运输期间溶解，并提高生物利用度。一项研究中（Joshi 等，2004），在 PEG 3350 与聚山梨酯 80 的混合物中制备弱碱性、难溶性药物的固体分散体。在固体分散体的体外溶出试验期间，观察到部分药物快速溶解，未溶解的剩余药物以亚微米颗粒分散。含微粉化药物（5～10 μm）的胶囊溶出度也未显示出完全的体外释放。然而，当与含有微粉化药物的胶囊制剂和药物在 PEG 400、聚山梨酯 80、水中的口服液在犬中的生物利用度进行对比时，溶液、固体分散体、胶囊剂的比值为 60∶36∶1.7。固体分散体的生物利用度比微粉化药物高 21 倍，这与药物在体内溶出过程中，以固体分散体亚微米颗粒分散的药物粒度和以胶囊微粉化药物的粒度之间的差异有关。

在某些情况下，固体分散体可能会产生过饱和溶液，但是随着时间的推移，药物会从过饱和溶液中沉淀出来。如果药物以极细颗粒形式沉淀，则其可在胃肠道运输过程中重新溶解，从而提高生物利用度。沉淀药物的性质（即其形态和物理形态）有助于固体分散体的体内性能评估。选择溶出介质时，应选择人工胃液或人工肠液（以药物的溶解能力较低者为准）检测释放药物的粒度，或以纯化水作为第 3 种适宜替代选择。尽管药物无法在该溶出介质中溶解，但释放药物（未过滤的混悬液或乳剂）的浓度和粒度可预测处方的体内性能（Dannenfelser 等，2004）。

## 18.9 稳定性评价

开发固体分散体时，必须保证其化学和物理稳定性。由于药物或以分子形式分散，或与载体充分混合，故它们之间可能存在较大的化学相互作用。导致相转化的任何物理不稳定性可能对剂型性能产生不良影响，包括溶出速率和口服生物利用度变化。

### 18.9.1 化学稳定性

采用诸如 Serajuddin 等（1999）所开发的适当原辅料相容性筛选技术，以确定药物与载体或处方中使用的其他辅料与药物之间的潜在不相容性。当制备固体分散体的制备工艺需要较高的温度时，如熔融挤出和热熔胶囊填充，可对该方法进行改良，将药物和辅料混合物在适当的高温下暴露一定时间。当其中一种组分在高温下转化为液体时，则可能无需向混合物中加入水便可进行充分混合。

固体分散体遇到的一个常见的化学稳定性问题是辅料降解后形成的反应中间体（例如过氧化物）（Chen 和 Hao，1998；Johnson 等，1994）。例如，鸟嘌呤衍生物的降解归因于 PEG 400 氧化产生的甲醛（Bindra 等，1994）。由于聚氧乙烯表面活性剂在强制降解条件下发生氧化，也可形成了过氧化物和甲醛（Frontin 等，1995；Bergh 等，1998a，1998b），这两种物质均可导致胶囊壳中的明胶交联，进而导致溶出速率减慢（Chen 等，1998）。这些情况表明，在强制降解稳定性研究期间，不仅需要仔细监测药物的稳定性，还需要仔细监测固体分散体所用载体的稳定性，以确保产品在有效期内充分的药物稳定性和性能的可重现性。

### 18.9.2　物理稳定性

改善固体分散体的物理不稳定性一直以来是讨论的主题（Chiou 与 Riegelman，1971；Ford，1986）。固体分散体中的物理不稳定性通常表现为药物溶出速率的降低；该降低主要由储存期间的药物结晶所造成（Chiou，1977）。如 18.2.2 固体分散体的结构中所讨论的，固体分散体制备过程中药物与聚合物可完全以液态混溶，然而一旦固化，药物可转化为不同形态，例如过饱和固态溶液相、明显的无定型相、结晶相，或由这两种或多种状态的组合。随后过饱和及无定型相可能转化为热力学稳定、水溶性差的结晶相，导致药物溶出速率降低。当药物受潮时，由于分子迁移率提高，药物结晶更为显著（Guillaume 和 Guyot-Hermann，1992；Suzuki 和 Sunada，1998）。Liu 等（2006）证明了包装在铝-聚乙烯复合袋内并在 30℃/60% RH（6 个月）和 25℃/60% RH（1 年）条件下储存时，处方中硬脂酸聚氧乙烯固体分散体的环孢素在水中的溶出速率保持不变。然而，当在 40℃/75% RH 条件下储存 1 个月后，45 min 时间点的释放率由 87%降至 5%。溶出度的降低归因于药物结晶和粉末结块的形成。

以稳定无定型系统为最终目标，数位研究者研究了纯无定型药物及其药物固体分散体的结构和动力学性质。Yoshioka 等（1995）证明，当存在以分子形式混合的 PVP 时，可抑制吲哚美辛结晶。他们推测药物稳定机制是：①在预期储存温度下，通过升高混合物的 $T_g$（即反增塑作用）使混合物的分子迁移率最小化；②通过特定的药物-聚合物相互作用抑制药物结晶，如氢键。其他几位研究人员已描述了聚合物的稳定能力，包括降低分子迁移率（Hancock 与 Shamblin，2001）、降低自由体积（Shamblin 等，1988）、升高玻璃化转变温度（Craig 等 1994）、药物-药物相互作用的干扰（Taylor 与 Zogra，1997）和药物-聚合物相互作用的形成（Khougaz 等，2000）。

尽管上述发现对于无定型药物和辅料的可混溶混合物稳定性提供了更好的理解，但是药物结晶的可能性仍然存在，并且对此类系统中药物结晶的时间尺度（即有效期）的预测仍然不明确。由于固体分散体中无定型药物的温度与分子迁移率之间的关系较为复杂，所以很难预测该时间尺度。例如，在液态时，在接近 $T_g$ 的温度下，直径小于 10 Å 的分子只需要几秒钟或几分钟就可以重新调整排列；但是，在低于 $T_g$ 的温度下，重新调整排列可能需要数百小时（Chang 等，1994）。除了单纯无定型组分的分子迁移率之外，在预测药物结晶的时间尺度时，还应考虑聚合物对无定型药物晶体成核的分子迁移率和动力学的影响（Marsac 等，2006）。因此，由于时间和温度波动对老化系统中焓和熵的复杂影响、水分对相分离和结晶的影响、黏度变化对成核和晶体生长速率的影响，以及理化性质的变异性，有效期的预测变得更为复杂。但是，在过去几年中，已有多项研究通过外推温度高于 $T_g$ 时无定型相的分子松弛时间常数，预测在低于 $T_g$ 下无定型材料的结晶（Zhou 等，2002；Johari 等，2005；Bhugra 等，2006；Gunawan 等，2006；Zhou 等，2007）。很显然，这对开发物理稳定的固体分散体非常有价值。

## 18.10　固溶度评估

根据吸湿性，无定型的可混溶固体分散体可吸收水分，润滑或增塑固体分散体并增强其分子迁移率。该增塑作用通常表现为 $T_g$ 降低。当存在水分的情况下，药物相互作用（即负焓）足以覆盖破坏药物-聚合物和药物-水-聚合物相互作用，并且任何正熵效应都可以导致相分离和药物结晶。在这种情况下，确定聚合物中药物的浓度至关重要，即固溶度限度，低于该限度时，不会发生相分离或结晶。

定量 PXRD 和热分析法已被应用于测定药物在聚合物载体中的固溶度（Vasanthavada 等，2004，2005；Weuts 等，2005）。固体分散体中相分离时，将导致富含药物的相和富含聚合物的相形成。通过限制分子迁移率或通过与药物相互作用，富含聚合物的相可保留基质内的一部分药物。可通过测量聚合物富集相的 $T_g$，估算仍包封在聚合物内的药物部分。在富含聚合物相的 $T_g$ 与纯聚合物的 $T_g$ 相似的情况下，则假定相分离完全。在其他情况下，$T_g$ 值的差异可能是由聚合物中的药物混溶导致。可利用 mDSC 测定 $T_g$ 的此类变化，以确定药物在聚合物中的固溶度。如图 18.12 所示，在 4 天和 34 天样品中观察到海藻糖与葡聚糖固体分散体发生相分离。但是，如与纯葡聚糖的 $T_g$ 相比，富含葡聚糖相的 $T_g$ 值明显较低，说明海藻糖的某些组分仍与葡聚糖混溶。50℃/75% RH 条件下测定的海藻糖固体溶解度为 12%（质量分数）。在另一项研究中，将灰黄霉素-PVP 和吲哚洛芬-PVP 固体分散体储存于 40℃/70% RH 条件下，测定长达 3 个月的 $T_g$ 变化（图 18.13）。灰黄霉素-PVP 系统未显示任何混溶性，而 13%（质量分数）的吲哚洛芬可与 PVP 混溶。如实验结果所示，认为吲哚洛芬与 PVP 之间存在氢键相互作用，而灰黄霉素-PVP 分散体中无该相互作用可提高固溶度。对洛哌丁胺的两个片段化分子 F1 和 F2 的固体分散体而言，在水分存在的条件下也发现聚合物类似的性能可抑制药物结晶。由于分子迁移率增加并且缺乏药物-聚合物氢键作用，F1 在 52%RH 条件下从其固体分散体中结晶，相似条件下 F2 在其固体分散体中保持稳定则是由于药物-聚合物氢键作用（Weuts 等，2005）。

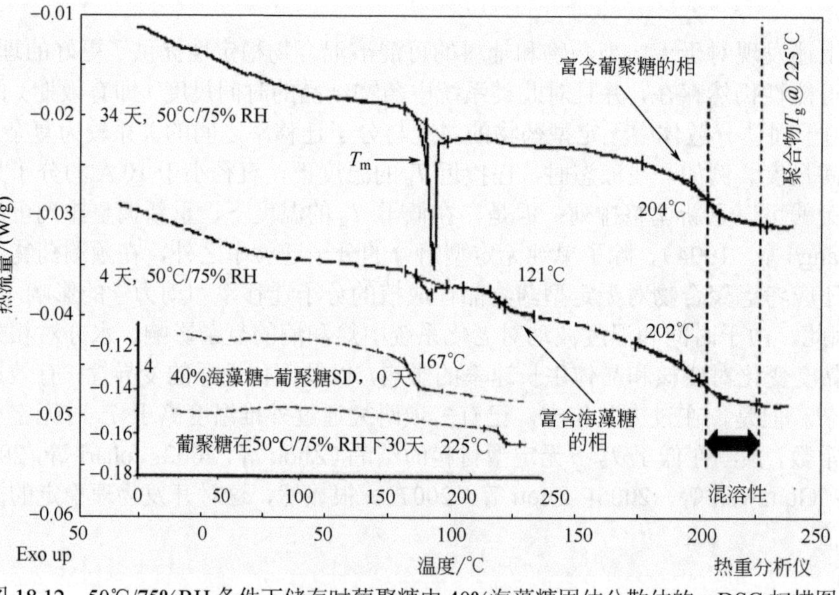


图 18.12　50℃/75%RH 条件下储存时葡聚糖中 40%海藻糖固体分散体的 mDSC 扫描图

在 4 天和 34 天样品中观察到相分离，如两个 $T_g$ 和海藻糖的脱水（$T_m$）所示。富含右旋糖酐相的 $T_g$ 保持在低于纯右旋糖酐 $T_g$ 约 20℃（插图），表明在 50℃/75% RH 下海藻糖可溶于右旋糖酐

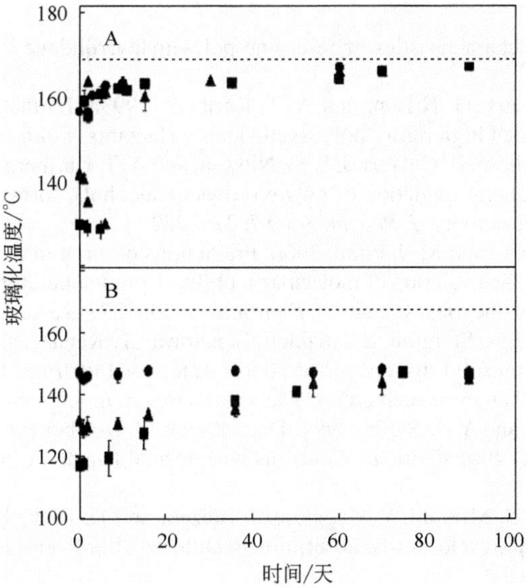


图 18.13 40℃/70% RH 条件下储存时 PVP 与（A）灰黄霉素和（B）吲哚洛芬固体分散体的 $T_g$ 变化
[质量分数 30%（■）、质量分数 20%（▲）和质量分数 10%（●）]

不同载药量固体分散体的 $T_g$ 值相似，表明均为完全饱和相。即使在 90 天后固体分散体的 $T_g$ 仍低于 PVP 的 $T_g$（虚线），表明具有固溶度

## 18.11 总结

随着近年来进入药物开发管线的难溶性化合物逐渐增加，已引发人们使用多种不同的制剂方法来提高此类化合物的口服生物利用度。从成盐、络合和纳米技术到胶束溶解、微乳和脂质增溶，每种制剂制备方法均有其特有的优点和局限性。在许多情况下，固体分散体确切地证明了其在提高药物溶出速率和吸收方面的优势。本章提供了来自文献的各种案例，以强调使用固体分散体的需求，并对固体分散体开发的原因、时机及如何开发进行了讨论。加深理解固体分散体的物理稳定性和延长药物在胃肠道液体中保持过饱和状态的能力，是促进未来固体分散体应用的两个主要驱动因素。然而，对固体分散体中药物物理稳定性的关注仍然是该技术常规应用的关键限制因素。随着材料学和聚合物工程的进展以及对决定剂型选择的生物药剂学性质的进一步了解，固体分散体技术将被广泛用于开发难溶性药物的口服制剂。

## 参考文献


Al-Razzak, L. A., L. Dias, D. Kaul, and S. Ghosh. 1997. Lipid based systems for oral delivery: Physiological mechanistic and product development perspectives. *Paper presented at the AAPS Annual Meeting*, Boston, MA. November 2–6, 1997.

Ambike, A. A., K. R. Mahadik, and A. Paradkar. 2005. Spray-dried amorphous solid dispersions of simvastatin, a low Tg drug: *In vitro* and *in vivo* evaluations. *Pharm. Res.* 22: 990–998.

Aungst, B. J., N. H. Nguyen, N. J. Rogers, S. M. Rowe, M. A. Hussain, S. J. White, and L. Shum. 1977. Ampiphilic vehicles improve the oral bioavailability of a poorly soluble HIV protease inhibitor at high doses. *Int. J. Pharm.* 156: 79–88.

Barker, S. A., S. P. Yap, K. H. Yuen, C. P. McCoy, J. R. Murphy, and D. Q. M. Craig. 2003. An investigation into the structure and bioavailability of α-tocopherol dispersions in Gelucire 44/14. *J. Controlled*

*Release* 91: 477–488.
Bates, T. R. 1969. Dissolution characteristics of reserpine-polyvinylpyrrolidone co-precipitates. *J. Pharm. Pharmacol.* 21: 710–712.
Bergh, M., K. Magnusson, J. Lars, G. Nilson, and A. T. Karlberg. 1998a. Formation of formaldehyde and peroxides by air oxidation of high purity polyoxyethylene surfactants. *Contact Dermatitis* 39: 14–20.
Bergh, M., L. P. Shao, G. Hagelthorn, E. Gafvert, J. L. G. Nilsson, and A. T. Karlberg. 1998b. Contact allergens from surfactants. Atmospheric oxidation of polyoxyethylene alcohols, formation of ethoxylated aldehydes, and their allergenic activity. *J. Pharm. Sci.* 87: 276–282.
Bhugra, C., R. Shmeis, S. L. Krill, and M. J. Pikal. 2006. Predictions of onset of crystallization from experimental relaxation times I—correlation of molecular mobility from temperatures above the glass transition to temperatures below the glass transition. *Pharm. Res.* 23: 2277–2290.
Bikiaris, D., G. Z. Papageorgiou, A. Stergiou, E. Pavlidou, E. Karavas, F. Kanaze, and M. Georgarakis. 2005. Physicochemical studies on solid dispersions of poorly water-soluble drugs. Evaluation of capabilities and limitations of thermal analysis techniques. *Thermochimica Acta* 439: 58–67.
Bindra, D. S., T. D. Williams, and V. J. Stella. 1994. Degradation of O-6-benzylguanine in aqueous polyethylene glycol 400 (PEG 400) solutions: Concerns with formaldehyde in PEG 400. *Pharm. Res.* 11: 1060–1064.
Boudreaux, J. P., D. H. Hayes, S. Mizrahi, P. Maggiore, J. Blazek, and D. Dick. 1993. Use of watersoluble liquid Vitamin E to enhance cyclosporine absorption in children after liver transplant. *Transplant Proc.* 25: 1875–1881.
Breitenbach, J. 2002. Melt extrusion: From process to drug delivery technology. *Eur. J. Pharm. Biopharm.* 54: 107–117.
Breitenbach, J., W. Schrof, and J. Neumann. 1999. Confocal Raman spectroscopy: Analytical approach to solid dispersion and mapping of drugs. *Pharm. Res.* 16: 1109–1113.
Chang, I., F. Fujara, B. Geil, G. Heuberger, T. Mangel, and H. J. Sillescu. 1994. Translational and rotational molecular motion in supercooled liquids studies by NMR and forced Rayleigh scattering. *J. Non Crys. Solids* 172: 248–255.
Chang, T., L. Z. Benet, and M. F. Hebert. 1996. The effect of water-soluble vitamin E on cyclosporine pharmacokinetics in healthy volunteers. *Clin. Pharmacol. Ther.* 59: 297–303.
Chen, G. L. and W. H. Hao. 1998. Factors affecting zero-order release kinetics of porous gelatin capsules. *Drug Dev. Ind. Pharm.* 24: 557–562.
Chen, Y., G. G. Z. Zhang, J. Neilly, K. Marsh, D. Mawhinney, and Y. D. Sanzgiri. 2004. Enhancing the bioavailability of ABT-963 using solid dispersion containing Pluronic F-68. *Int. J. Pharm.* 286: 69–80.
Chiou, W. L. 1977. Pharmaceutical applications of solid dispersions: X-ray diffraction and aqueous solubility studies on griseofulvin-poly(ethylene glycol) 6000 systems. *J. Pharm. Sci.* 66: 989–991.
Chiou, W. L. and S. Riegelman. 1969. Preparation and dissolution characteristics of several fast-release solid dispersions of griseofulvin. *J. Pharm. Sci.* 58: 1505–1509.
Chiou, W. L. and S. Riegelman. 1971. Pharmaceutical application of solid dispersion systems. *J. Pharm. Sci.* 60: 1281–1302.
Chokshi, R. J., H. K. Sandhu, R. M. Iyer, N. H. Shah, A. W. Malick, and H. Zia. 2005. Characterization of physico-mechanical properties of indomethacin and polymers to assess their suitability for hot-melt extrusion process as a means to manufacture solid dispersion/solution. *J. Pharm. Sci.* 94: 2463–2474.
Choksi, R. and H. Zia. 2004. Hot-melt extrusion technique: A review. *Iran J. Pharm. Res.* 3: 107–117.
Coleman, M. M., J. F. Graf, and P. C. Painter. 1991. *Specific Interactions and the Miscibility of Polymer Blends.* Lancaster, PA: Technomic Publishing Company.
Craig, D. Q. M. 2002. The mechanism of drug release from solid dispersions in water-soluble polymers. *Int. J. Pharm.* 231: 131–144.
Craig, D. Q. M., P. G. Royall, V. L. Kett, and M. L. Hopton. 1999. The relevance of the amorphous state to pharmaceutical dosage forms: Glassy drugs and freeze dried systems. *Int. J. Pharm.* 179: 179–207.
Dannenfelser, R. M., H. He, Y. Joshi, S. Bateman, and A. T. M. Serajuddin. 2004. Development of clinical dosage forms for a poorly water soluble drug I: Application of polyethylene glycol-polysorbate 80 solid dispersion carrier system. *J. Pharm. Sci.* 93: 1165–1175.
DiNunzio, J.C., C. Brough, J. R. Hughey, D. A. Miller, R. O. Williams, and J. W. McGinity. 2010a. Fusion production of solid dispersions containing a heat-sensitive active ingredient by hot melt extrusion and KinetisolR dispersing. *Eur. J. Pharm. Biopharm.* 74: 340–351.
DiNunzio, J. C., C. Brough, D. A. Miller, R. O. Williams, and J. W. McGinity. 2010b. Applications of KinetiSolR dispersing for the production of plasticizer free amorphous solid dispersions. *Eur. J. Pharm.*

*Sci.* 40: 179–187.

DiNunzio, J. C., C. Brough, D. A. Miller, R. O. Williams, and J. W. McGinity. 2010c. Fusion processing of itraconazole solid dispersions by KinetiSolR dispersing: a comparative study to hot melt extrusion. *J. Pharm. Sci.* 99: 1239–1253.

Doherty, C. and P. York. 1989. Accelerated stability of an x-ray amorphous furesemide polyvinyl pyrrolidone solid dispersions. *Drug Dev. Ind. Pharm.* 15: 1969–1987.

Edwards, A. D., B. Y. Shekunov, A. Kordikowski, R. T. Forbes, and P. York. 2001. Crystallization of pure anhydrous polymorphs of carbamezapine by solution enhanced dispersion with supercritical fluids (SEDS). *J. Pharm. Sci.* 90: 1115–1124.

Elversson, J., A. Millqvist-Fureby, G. Alderborn, and U. Elofsson. 2003. Droplet and particle size relationship and shell thickness of inhalable lactose particles during spray drying. *J. Pharm. Sci.* 92: 900–910.

Flory, P. J. 1953. *Principles of Polymer Chemistry.* New York: Cornell University Press.

Ford, J. L. 1986. The current status of solid dispersions. *Pharm. Acta Helv.* 61: 69–88.

Forster, A., J. Hempenstall, and T. Rades. 2001. Characterization of glass solutions of poorly watersoluble drugs produced by melt extrusion with hydrophilic amorphous polymers. *J. Pharm. Pharmacol.* 53: 303–315.

Foster, N., R. Mammucari, F. Dehghani, A. Barrett, K. Bezanehtak, E. Coen, G. Çombes, L. Meure et al. 2003. Processing pharmaceutical compounds using dense gas technology. *Ind. Eng. Chem. Pres.* 42: 6476–6493.

Frontini, R. and J. B. Mielck. 1995. Formation of formaldehyde in polyethyleneglycol and in poloxamer under stress conditions. *Int. J. Pharm.* 114: 121–123.

Fusaro, F. M., M. Hanchen, M. Mazzotti, G. Muhrer, and B. Subramaniam. 2005. Dense gas anti-solvent precipitation: A comparative investigation of the GAS and PCA techniques. *Ind. Eng. Chem. Res.* 44: 1502–1509.

Galop, M. 2005. Study of pharmaceutical solid dispersions by microthermal analysis. *Pharm. Res.* 22: 293–302.

Geppi, M., S. Guccione, G. Mollica, R. Pignatello, and C. A. Veracini. 2005. Molecular properties of ibuprofen and its solid dispersions with Eudragit RL 100 studies by solid-state nuclear magnetic resonance. *Pharm. Res.* 22: 1544–1555.

Goldberg, A. H., M. Gibaldi, and J. L. Kanig. 1966a. Increasing dissolution rates and gastrointestinal absorption of drugs via solid solutions and eutectic mixtures. II. Experimental evaluation of eutectic mixture: Urea-acetaminophen system. *J. Pharm. Sci.* 55: 482–487.

Goldberg, A. H., M. Gibaldi, and J. L. Kanig. 1966b. Increasing dissolution rates and gastrointestinal absorption of drugs via solid solutions and eutectic mixtures. III. Experimental evaluation of griseofulvin-succinic acid solution. *J. Pharm. Sci.* 55: 487–492.

Gong, K., R. Viboonkiat, I. U. Rehman, G. Buckton, and J. A. Darr. 2005. Formation and characterization of porous indomethacin-PVP coprecipitates prepared using solvent-free supercritical fluid processing. *J. Pharm. Sci.* 2583–2590.

Greenhalgh, D. J., A. C. Williams, P. Timmins, and P. York. 1999. Solubility parameters as predictors of miscibility in solid dispersions. *J. Pharm. Sci.* 88: 1182–1190.

Guillaume, F. and A. M. Guyot-Hermann. 1992. Elaboration and physical study of an oxodipine solid dispersion in order to formulate tablets. *Drug Dev. Ind. Pharm.* 18: 811–829.

Gumaste, S.G., S. S. Gupta, and A. T. Serajuddin. 2016. Investigation of polymer-surfactant and polymer-drug-surfactant miscibility for solid dispersion. *AAPS J.* 18: 1131–1143.

Gunawan, L., G. P. Johari, and R. M. Shanker. 2006. Sructural relaxation of acetaminophen glass. *Pharm. Res.* 23: 967–979.

Gupta, S.S., A. Meena, T. Parikh, and A. T. Serajuddin. 2014. Investigation of thermal and viscoelastic properties of polymers relevant to hot melt extrusion, I: Polyvinylpyrrolidone and related polymers. *J. Excip. Food Chem.* 5: 32–45.

Gupta, S.S., N. Solanki, and A. T. Serajuddin. 2016. Investigation of thermal and viscoelastic properties of polymers relevant to hot melt extrusion, IV: Affinisol™ HPMC HME polymers. *AAPS Pharm. Sci. Tech.* 17: 148–157.

Gupta, S.S., T. Parikh, A.K. Meena, N. Mahajan, I. Vitez, and A.T. Serajuddin. 2015. Effect of carbamazepine on viscoelastic properties and hot melt extrudability of SoluplusR. *Int. J. Pharm.* 478: 232–239.

Hancock, B. C. and M. Parks. 2000. What is the true solubility advantage for amorphous pharmaceuticals? *Pharm. Res.* 17: 397–404.

Hancock, B. C. and S. L. Shamblin. 2001. Molecular mobility of amorphous pharmaceuticals determined using differential scanning calorimetry. *Thermochimica Acta.* 380: 95–107.

Hancock, B. C., P. York, and R. C. Rowe. 1997. The use of solubility parameters in pharmaceutical dosage form design. *Int. J. Pharm.* 148: 1–21.

Hansen, C. M. 1969. The universality of the solubility parameter. *Ind. Eng. Chem. Pro. RD* 8: 2–11.

Hansen, C. M. 2004. 50 Years with solubility parameters—past and future. *Pro. Org. Coat* 51: 77–84.

He, Y., J. L. H. Johnson, and S. H. Yalkowsky. 2005. Oral formulation of a novel antiviral agent, PG301029, in a mixture of Gelucire 44/14 and DMA (2:1, wt/wt). *AAPS PharmSci. Tech.* 6: 1–5.

Hilderbrand, J. and R. Scott. 1950. *The Solubility of Non-Electrolytes*, 3rd ed. New York: Reinhold.

Ho, H. O., C. N. Chen, and M. T. Sheu. 2000. Influence of pluronic F-68 on dissolution and biavailability characteristics of multiple-layer pellets of nifedipine for controlled release delivery. *J. Control Release* 68: 433–440.

Horter, D. and J. B. Dressman. 1997. Influence of physicochemical properties on dissolution of drugs in the gastrointestinal tract. *Adv. Drug. Delivery Rev.* 25: 3–14.

Hulsmann, S., T. Backensfeld, S. Keitel, and R. Bodmeier. 2000. Melt extrusion—an alternative method for enhancing the dissolution rate of 17-estradiol hemihydrate. *Eur. J. Pharm. Biopharm.* 49: 237–242.

Itai, S., M. Nemoto, S. Kouchiwa, H. Murayama, and T. Nagai. 1985. Influence of wetting factors on the dissolution behavior of flufenamic acid. *Chem. Pharm. Bull.* 33: 5464–5473.

Jarmer, D. J., C. S. Lengsfeld, K. S. Anseth, and T. W. Randolph. 2005. Supercritical fluid crystallization of griseofulvin: Crystal habit modification with a selective growth inhibitor. *J. Pharm. Sci.* 94: 2688–2702.

Johari, G. P., S. Kim, and R. M. Shanker. 2005. Dielectric studies of molecular motions in amorphous solid and ultraviscous acetaminophen. *J. Pharm. Sci.* 94: 2207–2223.

Johnson, D. M. and W. F. Taylor. 1984. Degradation of feprostalene in polyethylene glycol 400 solution. *J. Pharm. Sci.* 73: 1414–1417.

Joshi, H. N., R. W. Tejwani, M. Davidovich, V. P. Sahasrabudhe, M. Jemal, M. S. Bathala, S. A. Varia, and A. T. M. Serajuddin. 2004. Bioavailability enhancement of a poorly water-soluble drug by solid dispersion in polyethylene glycol-polysorbate 80 mixture. *Int. J. Pharm.* 269: 251–258.

Jung, J. and M. Perrut. 2001. Particle design using supercritical fluids: Literature and patent survey. *J. Supercrit. Fluids* 20: 179–219.

Karanth, H., V. S. Shenoy, and R. P. Murthy. 2006. Industrially feasible alternative approaches in the manufacture of solid dispersions: A technical report. *AAPS Pharm. Sci. Tech.* 7: 87–96.

Karavas, E., G. Ktistis, A. Xenakis, and E. Georgarakis. 2006. Effect of hydrogen bonding interactions on the release mechanism of felodipine from nanodispersions with polyvinylpyrrolidone. *Eur. J. Pharm. Biopharm.* 63: 103–114.

Khoo, S. M., C. J. H. Porter, and W. N. Charman. 2000. The formulation of halofantrine as either non-solubilising PEG6000 or solubilising lipid based solid dispersion: Physical stability and absolute bioavailability assessment. *Int. J. Pharm.* 205: 65–78.

Khougaz, K. and S. D. Clas. 2000. Crystallization inhibition in solid dispersions of MK-0591 and poly(vinylpyrrolidone) polymer. *J. Pharm. Sci.* 89: 1325–1334.

Knez, Z., M. Skerget, P. Sencar-Bozic, and A. Rizner. 1995. Solubility of nifedipine and nitrendipine in supercritical CO2. *J. Chem. Eng. Data.* 40: 216–220.

Kohri, N., Y. Yamayoshi, H. Xin, K. Iseki, N. Sato, S. Todo, and K. Miyazaki. 1999. Improving the oral bioavailability of albendazole in rabbits by the solid dispersion technique. *J. Pharm. Pharmacol.* 51: 159–164.

Leuner, C. and J. Dressman. 2000. Improving drug solubility for oral delivery using solid dispersions. *Eur. J. Pharm. Biopharm.* 50: 47–60.

Li, L., O. Abu Baker, and Z. J. Shao. 2006. Characterization of poly(ethyleneoxide) as a drug carrier in hotmelt extrusion. *Drug Dev. Ind. Pharm.* 32: 991–1002.

Li, S., H. He, L. J. Parthiban, H. Yin, and A. T. M. Serajuddin. 2005. IV-IVC considerations in the development of immediate-release oral dosage form. *J. Pharm. Sci.* 94: 1396–1417.

Liu, C., J. Wu, B. Shi, Y. Zhang, T. Gao, and Y. Pei. 2006. Enhancing the bioavailability of cyclosporine A using solid dispersion containing polyoxyethylene (40) stearate. *Drug Dev. Ind. Pharm.* 32: 115–123.

Liu, Q. and G. Zografi. 1998. Phase behavior of binary and ternary amorphous mixtures containing indomethacin, citric acid, and PVP. *Pharm. Res.* 15: 1202–1206.

Marsac, P. J., H. Konno, and L. S. Taylor. 2006. A comparison of the physical stability of amorphous felodipine and nifedipine systems. *Pharm. Res.* 23: 2306–2316.

Matsuda, Y. and S. Kawaguchi. 1986. Physicochemical characterization of oxyphenbutazone and solidstate stability of its amorphous form under various temperature and humidity conditions. *Chem. Pharm. Bull.* 34: 1289–1298.

Mayersohn, M. and M. Gibaldi. 1966. New method of solid dispersion for increasing dissolution rates. *J. Pharm. Sci.* 55: 1323–1324.

Meena, A., T. Parikh, S. S. Gupta, and A. T. Serajuddin. 2014. Investigation of thermal and viscoelastic properties of polymers relevant to hot melt extrusion, II: Cellulosic polymers. *J. Excip. Food Chem.* 5: 46–55.

Mehta, K. A., M. S. Kislalioglu, W. Phuapradit, W. A. Malik, and N. H. Shah. 2002. Multi-unit controlled release systems of nifedipine and nifedipine: PluronicR F-68 solid dispersion. *Drug Dev. Ind. Pharm.* 28: 275–285.

Morris, K. R., G. T. Knipp, and A. T. M. Serajuddin. 1992. Structural properties of poly(ethylene glycol)-polysorbate 80 mixture, a solid dispersion vehicle. *J. Pharm. Sci.* 81: 1185–1188.

Muhrer, G., U. Meier, F. Fusaro, S. Albano, and M. Mazzotti. 2006. Use of compressed gas precipitation to enhance the dissolution behavior of a poorly water-soluble drug: Generation of drug microparticles and drug-polymer solid dispersions. *Int. J. Pham.* 308: 69–83.

Nakamichi, K., H. Yasuura, H. Fukui, M. Oka, and S. Izumi. 2001. Evaluation of a floating dosage form of nicardipine hydrochloride and hydroxypropylmethylcellulose acetate succinate prepared using a twin-screw extruder. *Int. J. Pharm.* 218: 103–112.

Nilufer, Y., K. Aysegul, O. Yalcin, S. Ayhan, A. O. Sibel, and B. Tamer. 2003. Enhanced bioavailability of piroxicam using Gelucire 44/14 and Labrasol: *In vitro* and *in vivo* evaluation. *Eur. J. Pharm. Biopharm.* 235: 247–265.

Palakodaty, S. and P. York. 1999. Phase behavioral effects on particle formation process using supercritical fluids. *Pharm. Res.* 16: 976–985.

Parikh, T., S. S. Gupta, A. Meena, and A. T. Serajuddin. 2014. Investigation of thermal and viscoelastic properties of polymers relevant to hot melt extrusion, III: Polymethacrylates and polymethacrylic acid based polymers. *J. Excip. Food Chem* 5: 56–64.

Parikh, T., S. S. Gupta, A. K. Meena, I. Vitez, N. Mahajan, and A. Serajuddin. 2015. Application of filmcasting technique to investigate drug–polymer miscibility in solid dispersion and hot-melt extrudate. *J. Pharm. Sci.* 104: 2142–2152.

Passerini, N., B. Albertini, and M. L. Gonzalez-Rodriguez. 2002. Preparation and characterization of ibuprofen-poloxamer 188 granules obtained by melt granulation. *Eur. J. Pharm. Sci.* 15: 71–78.

Patil, P., J. Joshi, and P. Paradkar. 2004. Effect of formulation variables on preparation and evaluation of gelled self-emulsifying drug delivery systems (SEDDS) of ketoprofen. *AAPS Pharm. Sci. Tech.* 5: 1–8.

Perng, C. Y., A. S. Kearney, K. Patel, N. R. Palepu, and G. Zuber. 1998. Investigation of formulation approaches to improve the dissolution of SB-210661, a poorly water soluble 5-lipoxygenase inhibitor. *Int. J. Pharm.* 176: 31–38.

Pudipeddi, M., A. T. M. Serajuddin, and D. Mufson. 2006. Integrated drug product development—From lead candidate selection to life-cycle management. In *The Process of New Drug Discovery and Development*, C. G. Smith and J. T. O'Donnell (Eds.), 2nd ed. 15–51. New York: Informa Healthcare.

Rambali, B., G. Verreck, L. Baert, and D. L. Massart. 2003. Itraconazole formulation studies of the melt extrusion process with mixture design. *Drug Dev. Ind. Pharm.* 29: 641–652.

Robinson, L. 2001. Physical characterization and scale-up manufacture of Gelucire 50/13 based capsule formulations. *Bulletin Technique Gattefosse* 97: 97–111.

Rowley, G. 2004. Filling of liquids and semi-solids into hard two-piece capsules. In *Pharmaceutical Capsules*, F. Podczeck, and B. E. Jones (Eds.). 2nd ed. 169–194. Abingdon, OX: The Batch Press.

Schachter, D. M., J. Xiong, and G. C. Tirol. 2004. Solid-state NMR perspective of drug-polymer solid solutions: A model system based on poly (ethyleneoxide). *Int. J. Pharm.* 281: 89–101.

Sekiguchi, K. and N. Obi. 1961. Studies on absorption of eutectic mixture. I. A comparison of the behavior of eutectic mixture of sulfathiazole and that of ordinary sulfathiazole in man. *Chem. Pharm. Bull.* 9: 866–872.

Sekiguchi, K., N. Obi, and Y. Ueda. 1964. Studies on absorption of eutectic mixture. II. Absorption of fused conglomerates of chloramphenicol and urea in rabbits. *Chem. Pharm. Bull.* 12: 134–144.

Serajuddin, A. T. M. 1999. Solid dispersion of poorly water-soluble drugs: Early promises, subsequent problems, and recent breakthroughs. *J. Pharm. Sci.* 88: 1058–1066.

Serajuddin, A. T. M., P. C. Sheen, and M. A. Augustine. 1986. Preformulation study of a poorly watersoluble drug, α-pentyl-3-(2-quinolinylmethoxy) benzenemethanol: Selection of base for dosage form design. *J. Pharm. Sci.* 75: 492–496.

Serajuddin, A. T. M., P. C. Sheen PC, and M. A. Augustine. 1990. Improved dissolution of a poorly water-soluble drug from solid dispersions in poly(ethylene glycol)-polysorbate 80 mixtures. *J. Pharm. Sci.* 79: 463–464.

Serajuddin, A. T. M., P. C. Sheen, D. Mufson. D. F. Bernstein, and M. A. Augustine. 1988. Effect of vehicle amphiphilicity on the dissolution and bioavailability of a poorly water-soluble drugs from solid dispersions. *J. Pharm. Sci.* 77: 414–417.

Serajuddin, A. T. M., A. B. Thakur, R. N. Ghoshal, M. G. Fakes, S. A. Ranadive, K. R. Morris, and S. A. Varia. 1999. Selection of dosage form composition through drug-excipient compatibility testing. *J. Pharm. Sci.* 88: 696–704.

Serajuddin, A. T. M., S. Ranadive, and E. M. Mahoney. 1991. Relative lipophilicities, solubilities and structure-pharmacological considerations of HMG-CoA reductase inhibitors pravastatin, mevastatin, lovastatin and simvastatin. *J. Pharm. Sci.* 80: 830–834.

Sethia, S. and E. Squillante. 2002. Physicochemical characterization of solid dispersions of carbamazepine formulated by supercritical carbon dioxide and conventional solvent evaporation method. *J. Pharm. Sci.* 91: 1948–1957.

Sethia, S. and E. Squillante. 2003. Solid dispersions: Revival with greater possibilities and applications in oral drug delivery. *Crit. Rev. Ther. Drug Carrier Syst.* 20: 215–247.

Shamblin, S. L., L. S. Taylor, and G. Zografi. 1998. Mixing behavior of colyophilized binary systems. *J. Pharm. Sci.* 87: 694–701.

Shanker, R. M. 2005. Current concepts in the science of solid dispersion, *2nd Annual Simonelli Conference in Pharmaceutical Sciences*, June 9, Long Island University, Brookville, NY.

Sheen, P. C., V. K. Khetarpal, C. M. Cariola, and C. E. Rowlings. Formulation studies of a poorly watersoluble drug in solid dispersions to improve bioavailability. *Int. J. Pharm.* 18: 221–227.

Shin, S. C. and C. W. Cho. 1997. Physicochemical characterization of piroxicam-poloxamer solid dispersion. *Pharm. Dev. Technol.* 2: 403–407.

Shmeis, R. A., Z. Wang, and S. L. Krill. 2004. A mechanistic investigation of an amorphous pharmaceutical and its solid dispersion, Part I: A comparative analysis by thermally stimulated depolarization current and differential scanning calorimetry. *Pharm. Res.* 21: 2025–2030.

Simonelli, A. P., S. C. Mehta, and W. I. Higuchi. 1969. Dissolution rates of high energy polyvinylpyrrolidone (PVP)-sulfathiazole coprecipitates. *J. Pharm. Sci.* 58: 538–549.

Simonelli, A. P., S. C. Mehta, and W. I. Higuchi. 1970. Inhibition of sulfathiazole crystal growth by polyvinylpyrrolidone. *J. Pharm. Sci.* 59: 633–638.

Six, K., T. Daems, J. D. Hoon, A. V. Hecken, M. Depre, M. P. Bouche, P. Prinsen et al. 2005. Clinical study of solid dispersions of itraconazole prepared by hot-stage extrusion. *Eur. J. Pharm. Sci.* 24: 179–186.

Sokol, R. J., N. Butler-Simon, C. Connor, J. E. Heui, F. R. Sinatra, F. J. Suchy, M. B. Heyman, J. Perrault, R. J. Rothbaum, and J. Levy. 1993. Multicenter trial of d-α-Tocopheryl Polyethylene Glycol 1000 succinate for treatment of Vitamin E deficiency in children with chronic choleostasis, *Gastroenterology* 104: 1727–1735.

Soliman, M. S. and M. A. Khan. 2005. Preparation and *in vitro* characterization of a semi solid dispersion of flurbiprofen with Gelucire 44/14 and Labrasol. *Pharmazie* 60: 288–293.

Subramanian, B., R. A. Rajewski, and K. Snavely. 1997. Pharmaceutical processing with supercritical carbon dioxide. *J. Pharm. Sci.* 86: 885–890.

Sugimoto, I., K. Sasaki, A. Kuchiki, T. Ishihara, and H. Nakagawa. 1982. Stability and bioavailability of nifedipine in fine granules. *Chem. Pharm. Bull.* 30: 4479–4488.

Surikutchi, B. T., S. P. Patil, G. Shete, S. Patel, and A. K. Bansal. 2013. Drug-excipient behavior in polymeric amorphous solid dispersions. *J. Excip. Food Chem.* 4: 70–94.

Suzuki, H. and H. Sunada. 1998. Some factors influencing the dissolution of solid dispersions with nicotinamide and hydroxypropylmethylcellulose as combined carriers. *Chem. Pharm. Bull.* 46: 1015–1020.

Tanno, F., Y. Nishiyama, H. Kokubo, and S. Obara. 2004. Evaluation of hypromellose acetate succinate (HPMC AS) as a carrier in solid dispersions. *Drug Dev. Ind. Pharm.* 30: 9–17.

Tantishaiyakul, V., N. Kaewnopparat, and S. Ingkatawornwong. 1999. Properties of solid dispersions of piroxicam in polyvinylpyrrolidone. *Int. J. Pharm.* 181: 143–151.

Taylor, L. S. and G. Zografi. 1997. Spectroscopic characterization of interactions between PVP and indomethacin in amorphous molecular dispersions. *Pharm. Res.* 14: 1691–1698.

Ting, S. S. T., S. J. Macnaughtn, D. L. Tomasko, and N. R. Foster. 1993. Solubility of naproxen in supercritical carbon dioxide with and without cosolvents. *Ind. Eng. Chem. Res.* 32: 1471–1481.

Turk, M., B. Helfgen, P. Hils, R. Lietzow, and K. Schaber. 2002. Micronization of pharmaceutical substances by rapid expansion of supercritical solutions (RESS): Experiments and modeling. *Part.Part. Syst. Char* 19: 327–335.

Urbanetz, N. 2006. Stabilization of solid dispersions of nimodipine and polyethylene glycol 2000. *Eur. J. Pharm. Sci.* 28: 67–76.

Usui, F., K. Maeda, A. Kusai, K. Nishimura, and K. Yamamoto. 1991. Inhibitory effects of water-soluble polymers on precipitation of RS-8359. *Int. J. Pharm.* 154: 59–66.

Varma, M. V. and R. Panchagnula. 2005. Enhanced oral paclitaxel absorption with Vitamin E-TPGS: Effect on solubility and permeability *in vitro, in situ* and *in vivo. Eur. J. Pharm. Sci.* 25: 445–453.

Vasanthavada, M. and A. T. M. Serajuddin. Lipid-based self-emulsifying solid dispersions. In *Lipid- Based Formulations for Oral Drug Delivery: Enhancing the Bioavailability of Poorly Water-Soluble Drugs*, D. J. Hauss (Ed.). pp. 149–183. New York: Informa Healthcare.

Vasanthavada, M., W. Tong, Y. Joshi, and M. S. Kislalioglu. 2004. Phase behavior of amorphous molecular dispersions I: Determination of the degree and mechanism of solid solubility. *Pharm. Res.* 21: 1598–1606.

Vasanthavada, M., W. Tong, Y. Joshi, and M. S. Kislalioglu. 2005. Phase behavior of amorphous molecular dispersions II: Role of hydrogen bonding in solid solubility and phase separation kinetics. *Pharm. Res.* 22: 440–448.

Vasanthavada, M., Z. Wang, Y. Joshi, and M. S. Kislalioglu. 2002. Comparison of the utility of thermally stimulated current and modulated differential scanning calorimeter to study sub-glass transition molecular motions of poly (vinylpyrrolidone). *Paper Presented at AAPS Annual Meeting*, Toronto, ON, October 8, 2002.

Veiga, M. D., M. J. Bernard, and C. Escobar. 1993a. Thermal behavior of drugs from binary and ternary systems. *Int. J. Pharm.* 89: 119–124.

Veiga, M. D., C. Escobar, and M. J. Bernard. 1993b. Dissolution behavior of drugs from binary and ternary systems. *Int. J. Pharm.* 93: 215–220.

Vemavarapu, C., M. J. Mollan, and T. E. Needham. 2002. Crystal doping aided by rapid expansion of supercritical solutions. *AAPS Pharm. Sci. Tech.* 3: 1–15.

Verreck, G., K. Six, G. Van den Mooter, L. Baert, J. Peeters, and M. E. Brewster. 2003. Characterization of solid dispersions of itraconazole and hydroxypropylmethylcellulose prepared by melt extrusion— part I. *Int. J. Pharm.* 251: 165–174.

Vippagunta, S. R., K. A. Maul, S. Tallavajhala, and D. J. W. Grant. 2002. Solid-state characterization of nifedipine solid dispersions. *Int. J. Pharm.* 236: 111–123.

Vishweshwar, R., J. A. Mc. Mahon, J. A. Bis, and M. J. Zaworotko. 2006. Pharmaceutical co-crystals. *J. Pharm. Sci.* 95: 499–514.

Wang, X., A. Michoel, and G. Van den Mooter. 2005. Solid state characteristics of ternary solid dispersions composed of PVP VA64, Myrj 52 and itraconazole. *Int. J. Pharm.* 303: 54–61.

Weuts, I., D. Kempen, A. Decorte, G. Verreck, J. Peeters, M. Brewster, and G. Van den Mooter. 2005. Physical stability of the amorphous state of loperamide and two fragment molecules in solid dispersions with the polymers PVP-K30 and PVP-VA64. *Eur. J. Pharm. Sci.* 25: 313–320.

Won, D. H., M. S. Kim, S. Lee, J. S. Park, and S. J. Hwang. 2005. Improved physicochemical characteristics of felodipine solid dispersion particles by supercritical anti-solvent precipitation process. *Int. J. Pharm.* 301: 199–208.

Wu, S. H., 1998. Vitamin E TPGS as a vehicle for drug delivery system. Paper presented at AAPS short course *Formulation with Lipids*, Parsippany, NJ, June 3, 1998.

Wulff, M., M. Alden, and D. Q. M. Craig. 1996. An investigation into the critical surfactant concentration for solid solubility of hydrophobic drug in different polyethylene glycols. *Int. J. Pharm.* 142: 189–198.

Yin, S. X., M. Franchini, J. L. Chen, A. Hsieh, S. Jen, T. Lee, M. Hussain, and R. Smith. 2005. Bioavailability enhancement of a COX-2 inhibitor, BMS-347070, from nanocrystalline dispersion prepared by spray-drying. *J. Pharm. Sci.* 94: 1598–1607.

Yoshioka, M., B. C. Hancock, and G. Zografi. 1995. Inhibition of indomethacin crystallization in poly(vinylpyrrolidone) coprecipitates. *J. Pharm. Sci.* 84: 983–986.

Yu, L., A. Bridgers, J. Polli, A. Vickers, S. Long, A. Roy, R. Winnike, and M. Coffin. 1999. Vitamin-E TPGS increases absorption flux of an HIV protease inhibitor by enhancing its solubility and permeability. *Pharm. Res.* 16: 1812–1817.

Zhou, D., D. J. W. Grant, G. G. Z. Zhang, D. Law, and E. A. Schmitt. 2007. A calorimetric investigation of thermodynamic and molecular mobility contributions to the physical stability of two pharmaceutical glasses. *J. Pharm. Sci.* 96: 71–83.

Zhou, D. G., G. Z. Zhang, D. Law, D. J. W. Grant, and E. A. Schmitt. 2002. Physical stability of amorphous pharmaceuticals: Importance of configurational thermodynamic quantities and molecular mobility. *J. Pharm. Sci.* 91: 1863–1872.

# 第19章 药物固态的改变：多晶型、溶剂化物和无定型态

Paul B. Myrdal[1]，Stephen J. Franklin，Michael J. Jozwiakowski

## 19.1 引言

在理想溶剂中，药物的最大溶解度系指在给定的温度与压力条件下，固相在特定的溶剂系统中达到平衡的能力。溶解度是固体在溶剂中溶解的平衡常数，其取决于溶质与溶剂相互作用强度和溶质之间的相互作用强度。通过改变药物的固体形态影响溶质分子之间的相互作用，从而改变药物的溶解度和溶解性质。

对于同样的分子结构而言，具有较高自由能的晶体的溶解度显著高于低自由能晶体。最低能量的固体状态，有利于加强溶质分子之间的相互作用从而降低分子的逃逸能力，因此，在同等体系条件下，低自由能晶体溶解在溶剂中的分子更少。一般通过开发药物的多晶型、溶剂化物、水合物和无定型等方法，以改变难溶性药物溶解的热力学驱动力以及增加其表观溶解度。

传统的增溶技术，如 pH 调节、共溶剂系统、乳化、胶束化和络合等，通过改变溶剂环境的性质实现增溶效果。对药物的固态的改变可以为任何系统提供溶解度的瞬时变化，然而，由于溶剂和药物的化学形式是恒定的，因此系统最终将恢复到最低能态的固体与溶剂的平衡状态，以及其最小的溶解度。在受控温度下，通过显微镜观察晶体在溶剂中的转化趋势，进而得到晶体的生长和溶解情况，并以此来判断多晶型药物的相对物理稳定性。由于晶体与溶剂接触后发生转变的速率非常快，所以通常不会制备亚稳态固体的溶液或者混悬液。在某些特定条件下，某些具有高能垒、缓慢的逆转动力学的体系或有添加延迟结晶的赋形剂的体系可以减缓这种转化速率。

这项技术最实际的用途是改变干剂型中的固相，使其中的分子迁移率大大降低。在市售处方规定的时间范围内，亚稳态固体并不会发生物理转化，与亚稳态固相系统相容的剂型有片剂、胶囊、冻干粉末、颗粒和其他固体剂型。大多数情况下，短暂地暴露在胃肠道中，并不会导致亚稳态固体在实现所预期增强效果之前转变成低溶解度的晶型。但是长时间贮存之后，由于吸水所致的转化和固态的转化所带来的问题是不确定的。制备亚稳态固相时必须考虑在达到预期的增溶效果和患者使用之前就恢复到低溶解度的形态的可能性之间取得平衡。这涉及对相图的理解（哪种晶型在哪种条件下物理稳定）和影响转化动力学的物理原理。

本章将探讨在配方中使用亚稳态固体以获得溶解性或溶出速率优势的理论和实际考虑。并且提出通过实验识别药物的潜在固体形态并且阐明潜在的优势和劣势。本章还列举了具体的实例来解释可预期的增强程度，以及多晶型药物、溶剂化物和无定型形式固体这几种类型在实施时的特殊考虑因素。

---

[1] 编者注：Paul B. Myrdal 博士，在英文版第三版出版后不久，因癌症病逝（2018 年 5 月 19 日），在此谨致深切哀悼！

## 19.2　理论及实践的考量因素

### 19.2.1　药物固态的重要性

#### 19.2.1.1　固态对溶解度影响的起源

当药物化学家发现具有所需药理作用的新化学实体（NCE）时，构效关系可以被用来筛选具有生物活性的物质。水中的溶解度、分配系数、结晶度、熔点、粒度和吸湿性，这些制剂研究人员所关心的问题在不同的备选化合物中有所不同。因为在评估化合物的生物活性时，通常都是在较低浓度下通过靶酶结合实验来估计生物活性的，并不会进行溶解度的优化。如果选择可电离的候选药物，则游离酸/碱形式与盐形式的选择再次涉及许多可能的物理性质。通过选择盐来改变溶解度在本书的第 18 章以及 Morris（1994）、Stahl 和 Wermuth（2002）、Stahl 和 Sutter（2006）等的综述中有所论述。在许多情况下，所选择的盐或酸/碱可以形成各种可能的排列结晶，每种排列都可能具有不同的物理性质。这包括多晶型物、溶剂化物或非晶体（无定型）形式。因此，选择用于开发的固相是制药科学家做出的第三个决定，其对 NCE 的最终物理性质（包括溶解度）具有重大影响。在一个经典的研发项目中，备选化合物的数量在每一个阶段都会减少。

- 第一阶段：筛选最佳化学结构（100～1000）。
- 第二阶段：筛选酸/碱/盐形式（3～25）。
- 第三阶段：筛选固态晶型用于研发（1～3）。

每一阶段都会产生由于晶格发生变化而具有不同溶解度的分子。其中第三阶段是化学特性和粒子特性不发生变化的唯一阶段。

Yalkowsky（1981）已经计算出水中溶解度关于疏水性（lg*P*）和晶格能的函数。Jain 和 Yalkowsky（2001）、Jain 和 Yalkowsky（2001）提出了一种新的一般溶解度方程，其中非电解质的摩尔溶解度 $\lg S_{\mathrm{w}}$ 可通过以下方法估算：

$$\lg S_{\mathrm{w}} = -0.01(\mathrm{mp} - 25℃) - C\lg P + 0.5 \tag{19.1}$$

mp 是化合物的熔点，$C\lg P$ 是计算的 lg*P*。虽然一般溶解度方程包含一系列假设以促进易用性和一般适用性，但是它清楚地表明了药物的溶解度取决于溶质分子之间的相互作用强度（通过药物的熔点）和溶质与溶剂分子之间的相互作用强度（通过 lg*P*）。最近 Jain 等（2006）已经证明一般溶解度方程也可用于弱电解质。

对溶质分子之间相互作用的研究需要进一步观察熔点和熔化热，这两者都是将固态分子凝聚在一起的力的函数，这些都与同系列化合物的溶解度有关。这是因为晶格能的破坏是晶体中分子溶解到溶剂中的先决条件。Grant 和 Higuchi（1990）在他们关于有机化合物溶解度的书中总结了二苯乙内酰脲衍生物和取代的蝶啶的相关性。Wells（1988）指出，在一系列羟基取代苯酚中，高熔点对位（对苯二酚）的溶解度远低于邻位或间位衍生物。Morelock 等在一系列逆转录酶抑制剂中（1994）将熔点和保留时间与水溶性相关联。他们发现这可以用来筛选具有最佳生物活性的药物并且可以指导下一步的合成。因为从根本上来说，这种溶解度的变化是由溶质之间的相互作用力的差异引起的，所以相同的影响因素可以应用到药物的盐形式或者药物的固态晶型。Wells（1988）已经证明核黄素多晶型与熔点具有相似的逆相关性。晶型Ⅲ在 180～185℃熔化，在水中溶解度大于 1000 mg/mL。晶型Ⅰ和晶体Ⅱ在 270～290℃熔化，溶解度小于 100 mg/mL。

通过改变药物的固相来改变溶解度，成功与否取决于疏水性（lg*P*）或晶格能哪个因素支配水溶性行为。当分子过于亲脂而不具有足够的水溶性时，共溶剂、前药或乳液可有效提高溶解度。在这种情况下改变固态可能对其溶解度几乎没有影响，因为差的水溶性是由分子亲油性决定的。相反，如果低溶解度的原因是晶格的稳定性，则共溶剂和乳液没有太大影响。当药物具有低 lg*P* 和高熔点（＞250℃）时，可能需要破坏晶格以增加有效溶解度。这可以通过改变晶型（多晶型物或溶剂化物/水合物），或通过产生无定型状态并使其稳定至自发结晶来完成。改变药物盐形式的作用将在第 15 章中讨论，Berge 等也对此进行了综述（1977）。

#### 19.2.1.2　历史视角和定义

几十年来，固态对药物溶解度的影响已为人所知，Haleblian 和 McCrone（1969）、Shefter 和 Higuchi（1963）以及 Higuchi 等（1963）的文章已成为该领域进一步研究的基础。Shefter（1981）、Abdou（1989）、Byrn（1982）、Wall（1986）、Fiese 和 Hagen（1986）、Brittain（1995）、Huang 和 Tong（2004）、Pudipeddi 和 Serajuddin（2005）和 Mao 等（2005）的研究，总结了多晶型晶体或溶剂化物形成对药物溶解度的影响。对于相同化学结构存在不同的内部晶体排列被称为多晶型。Verma 和 Krishna（1966）观察到绝大多数物质似乎能够具有多种固态。Kuhnert-Brandstatter 对类固醇和巴比妥类药物（如 Haleblian 和 McCrone，1969 所阐述）的研究似乎表明具有多个官能团的简单有机药物分子可以排列成许多晶体-排列结构。McCrone 等（1987）、Carstensen（1993）和 Byrn（1982）总结了 7 种不同的晶体系统，这 7 种不同的晶体系统是通过轴的长度和每个晶格内的角度区分的。陈等（2005）通过对特定化合物的持续评估来说明多晶型形式是难以捉摸的。实际上，许多药物结晶成多种多晶型，特别是单斜晶型、三斜晶型或斜方晶型（Wall，1986；Borka 和 Haleblian，1990；Giron，1995）。这种相对常见的固体形式多样性使得制剂科学家可以利用物理性质的变化而进一步开发。

一般地，在药物的所有固态形式中稳态固体的溶解度最低、自由能最小，具有相同组成的所有其他相在该温度和压力下称为亚稳态形式。实际操作中，可以通过提高转变成稳态的能垒来达到检测和制备亚稳态的目的。如果自由能差小（导致小的驱动力）或者转化需要显著的键断裂、分子运动和键形成，这种规律会尤为明显。

- 溶剂化物。如果晶体在限定位置和化学计量的晶格结构内含有溶剂分子，则这些被称为溶剂化物（如果溶剂是水，则为水合物）。术语伪多晶型物在历史上已被使用，但不是特定的，并且如果组合物是已知的则应该避免使用。在大多数情况下，溶剂化晶型的药物在该溶剂中是溶解性最小的晶型（例如，水合物是水中的低能晶型）。对于额外的混合步骤，溶剂化物比非溶剂化物更容易溶于不同组成成分的溶剂中（Shefter 和 Higuchi，1963）。本章后面“19.4 药物的溶剂化物和水合物形式”部分还将介绍在制药领域内出现的溶剂化物的类型及它们的特征属性。
- 无定型态。在分子排列成晶格之前就生成固体可以制备药学领域内需要的大多数药物的无定型形式。非晶体固体具有一些较短的有序排列但是缺乏较长的周期性和结晶分子之间有规则的分子键合。它们的合成与性质会由于结晶形式的不同而不同，这些在无定型药物部分将会进行详细讨论。一般来说，无定型药物是高能量低密度的固体，它可以产生比结晶固体大得多的瞬时溶出速率。
- 液晶。是一种中间状态，液晶晶体中的分子可以经历第二相转变为中间相，这使它们可以在 1～2 个方向上具有迁移性。液晶晶体具有双折射性但同时又像液体一样具有流动性。在液晶吸收水分后就会形成迁移率较高的溶致液晶；当加热温度超过转变温度时就可以破坏热致液晶的结构。可以形成液晶的药物有色甘酸钠（Cox 等，1971）、HMG-CoA 还原酶抑制剂 SQ33600（Brittain 等，1995）和白三烯 D4 拮抗剂 L-660711（Vadas 等，1991）。

- 晶癖。当药物在不同溶剂中在不改变内部结构的前提下发生重结晶时，晶体的习性和外部形状（晶癖）可能会发生变化。晶体的习性受添加剂、冷却速率、搅拌程度和饱和度的影响（Byrn，1982；Byrn 等，1999）。晶体的习性会影响体积性质，如密度和流动性（Carstensen，1993），或影响在纯化过程中过滤晶体的能力。Chow 和 Grant（1988）已经表明，通过掺入添加剂改变长宽比，对乙酰氨基酚的溶出速率可以改变 2～3 倍。通常，晶体习性对溶解度的影响是短暂的，并且与粒度减小技术差不多。

总之，大多数药物是以结晶形式开发的，具有最大的物理和化学稳定性，因此在重结晶过程中它们的纯度可以提高。研发人员可以通过对潜在多晶型药物的了解开发出具有先决条件稳定性的亚稳态晶型并且提高它的溶出速率，使其成为理想的市售药物。与水合形式相比，无水化合物通常具有更快的溶出速率和更高的溶解度。由于溶剂的潜在毒性，其他溶剂化物不常用于药物系统，但可提供额外的溶解度增强。无定型形式具有最高的自由能，能最大限度地提高溶解度，但是最难以稳定以防止转变成稳定的晶型。本章的其余部分描述了每种固态的优点和缺点，并列举了药物文献中关于固体形式的改变导致溶解度增加的许多实例。

#### 19.2.1.3 处方前筛选期研究药物固态的方法

在初步选择候选药物及其盐形式（如果适用）后，可以着手筛选可用于开发的固态。Balbach 和 Korn（2004）就如何筛选只具有少量材料的备选药物提出了建议。在没有这一程序的条件下，当一些溶解性较小的相发生沉淀时可能会偶然发现新的晶体结构，或者是在放大期间药物发生外观的改变。如果在已经完成了充足的处方、分析和毒理工作后，再需要开始改变固态形式，就会推迟项目的进展。如果新发现的形式是更加稳定的形式，则重现出亚稳态形式可能更难。Carstensen（1993）指出，地西泮片剂研发过程，因在临床试验开始后而发现了更稳定的多晶型物的结晶而变得复杂。利托那韦是早期未鉴定的多晶型药物突然出现的典型例子。Bauer 等（2001）描述了 Norvir 胶囊在不知道其浓度过饱和于稳定晶型条件下被生产出来。直到几个批次的产品都没有通过溶出测试，才检测出新的多晶型。

Byrn 等（1995）提供了用于表征药物固体的战略方法，特别强调了监管方面的考虑。国际协调会议（ICH，2000）和 FDA（2004）也就如何解决药物多态性问题向业界提供了指导。一般而言，在早期开发阶段有用的信息包括如下。

① 该药物存在的固相数目。
② 这些固相的相对物理和化学稳定性。
③ 每种固相在相关介质中的溶解度。
④ 加工过程中亚稳态形式的稳定性。
⑤ 如果需要，可以稳定无定型或亚稳态的方法。

与此同时，另一方面需要考虑的是新晶型的专利性，即这种新晶体与原专利相比具有的优势。Byrn 和 Pfeiffer（1992）在药物专利文献中列出了超过 350 种晶体形式，这些专利文献在稳定性、配方、溶解度、生物利用度、纯度、吸湿性、制备/合成、回收和防止沉淀方面具有优势。最近，关于药物固态性质的专利申请量大大增加。例如，关于多晶型药物的专利从 2003 年到 2006 年增加了 300 个。实际上，制药行业已经发现围绕固态性质的专利对于产品生命周期管理是有利的。Cabri 等（2007）将头孢地尼作为一个有趣的案例研究，并概述了仿制药制造商用来规避创新药固态专利地位的策略。

通过改变溶剂体系、温度、沉淀方法和过饱和水平的重结晶实验可以得到不同的晶型。沉淀方法可包括缓慢蒸发溶剂、添加抗溶剂或在高温下饱和然后再冷却。实验的关键是选择用于研究的溶剂系统。由于水具有生理意义，所以溶剂的选择中必须包括水。此外，水倾向于在低水平下“污染”其他溶剂，这通常是在产品储存期间遇到的问题。在某些条件下，应检查用于药物合成和纯化方案的常用重结晶溶剂和在合成过程的最后步骤中使用的任何溶剂，包括共沸物和含有少量混溶水的溶剂。表 19.1（Wells，1988；Byrn 和 Pfeiffer，1992；Byrn 等，1995；Andersen，2000；Miller 等，2005）为已知产生不同结晶形式的溶剂的推荐列表。一般来说，较为谨慎的选择是氢键供体溶剂、氢键受体溶剂、非质子溶剂、碳氢化合物和氯碳溶剂。

**表 19.1　鉴别不同晶型常用溶剂的部分清单**

| 水 | 甲醇 |
|---|---|
| 乙醇 | 异丙醇 |
| 丙酮 | 乙腈 |
| 乙酸乙酯 | 己烷 |
| 二甲基甲酰胺 | 二氯甲烷 |
| 二乙醚 | 冰醋酸 |

注：其他用于最后一步合成的溶剂，也包括上述溶剂的水复合溶剂。

上述系统中分离得到的各种固相形式需要进行各种技术表征，如热台显微镜、偏振光显微镜、DSC、TGA、XRD、IR、FT-拉曼光谱和固态 NMR。相关讨论见 Brittain（1999）、Byrn 等（1999）、Bugay（2001）、Carstensen（2001）、Stephenson 等（2001）、Rodriguez-Spong 等（2004）和 Shah 等（2006）发表的综述。新分离得到的固相溶解度也需要研究，包括其在水相及药剂学相关的其他溶剂/水体系。对于无水物及各种水合物来说，组成与水蒸气压间的对应关系也需要研究。如果转变为稳态的速率快，固有溶出测试可以用来预测新药物晶型的相对溶解度。

用于鉴定新固相的方法一部分取决于研究者的专业知识和设备的可用性，一部分取决于固相的性质。Haleblian 和 McCrone（1969）已经证明了偏振光显微镜和热台显微镜可以用来研究固体形态与温度之间的相位关系。Byrn（1982）、Wall（1986）和 Suryanarayanan（1989）指出，只有 XRD 和单晶 X 射线研究能够明确地、唯一地识别固相，因为其他方法都依赖于固态的性质，而这些性质不一定会因为晶格结构的改变而发生改变。如果新物质是溶剂化物，则需要额外的技术来鉴定结晶溶剂及其化学计量。DSC 已广泛用于多晶型研究，因为熔点通常是新结晶形式的首要指标（Giron，1995）。其他现象如固态转变和失水吸热通常可从热分析图中辨别出来。Lindenbaum 和 McGraw（1985）已经证明了溶液量热法如何用于指定药物多晶型之间的相对焓差异。因为一种技术可能无法完全区分不同的形式，所以需要用一系列的技术来阐明新晶体的性质。例如，两种多晶形式的盐酸阿米洛利二水合物不能通过 IR 光谱或微观形态来区分（Jozwiakowski 等，1993），但是通过 XRD 可以容易地鉴定。如果鉴定出是可能需要的或者是具有最佳药理作用的亚稳态形式，则需要进一步研究确定该形式的相对稳定性和适当的储存条件以防止转化（Vippagunta 等，2001）。当稳定的晶型可以达到预期的效果时，就不应该继续使用亚稳态晶型；因为在这种情况下亚稳态潜在的益处并不能抵消在患者用药之前亚稳态就会发生转化的这一种风险。因为压片、研磨、造粒和冻干都可以在合成和制剂之间改变药物的固态，所以还需要研究产品制造过程中的应力。在某些情况下，即使是亚稳定性药物，给予适当的预防措施，例如一些抗性包装或者稳定赋形剂，可以使药物保持在最佳形式。一旦知道这些性质中的一部分，就可以基于治疗需要对是否继续开发亚稳态固体做出合理的决定。

### 19.2.1.4　固态决定的理化性质

一旦确定了不同的固相，就可以比较它们的物理性质，找到最适合药物产品开发的形式。

Verma 和 Krishna（1966）介绍了常见物质的多态形式，并且说明了它们的物理性质是完全不同的。立方形的碳（金刚石）坚硬、致密（3.5 g/mL）、色泽清晰且为不良导体。相反，相同元素（石墨）的六边形是柔软的、较不致密（2.2 g/mL）、外观暗淡并且导电性良好。不同固体形式的光学性质可以改变它们的颜色；四方形的碘化汞为红色，斜方形的碘化汞为黄色。一个典型的例子是 ROY（5-甲基-2-[（2-硝基苯基）氨基]-3-噻吩甲腈），它有三种多晶型，很容易用红色、橙色和黄色来识别（Stephenson 等，1995）。

药物物质往往是具有多个氢键位点的较大有机分子，特别容易产生不同的结晶排列，这会产生不同的物理性质。表 19.2 列出了在文献中引用的固态形式的药物的理化性质。其中一些药物在研发过程中具有很大的优势。盐酸塞利洛尔的晶型Ⅰ比晶型Ⅱ吸湿性低（Narurkar 等，1988）。在相同的压力下，A 型的氯磺丙脲压成的片剂硬度大于 C 型压成的片剂（Matsumoto 等，1991）。苯巴比妥也具有不同压缩性的结晶形式（Shell，1963）。甲泼尼龙的两种多晶型物在暴露于相同的温度和储存湿度时具有不同的化学稳定性特征（Munshi 和 Simonelli，1970）。晶体尺寸和形状可改变悬浮液的过滤性或可注射性，并影响片剂和胶囊的重量均匀性。

**表 19.2　药物固态形式影响的理化性质**

| 溶出速率 | 溶解度 |
| --- | --- |
| 化学稳定性 | 生物利用度 |
| 熔点 | 流动性 |
| 粒径/形状 | 压缩性 |
| 吸收性 | 密度 |
| 可过滤性 | 悬浮液黏度 |
| 片剂硬度 | 颜色 |

虽然在不同的固态之间有很多其他的物理性质的差别，但其中最主要的还是亚稳态较高的自由能这一性质。较高的能量状态是晶格能量降低的结果，在亚稳态固体中会产生更大的分子迁移率和热力学逃逸趋势。从而产生更快的溶出速率和更高的溶解度，这在药物的处方研发和药效上会有很大的提高。对于一些水溶性较差的药物，它的口服吸收是受到溶解度限制的，所以对于这类药物，使用亚稳态固相可以更明显地提高生物利用度。

## 19.2.2　亚稳态固体的优势

### 19.2.2.1　溶出速率的提高

将固体溶解到溶剂中的 Noyes-Whitney 方程（Noyes 和 Whitney，1897）可用于计算药物浓度（$C$）随时间（$t$）增加的速率：

$$\frac{\mathrm{d}C}{\mathrm{d}t}=AK(C_\mathrm{s}-C_\mathrm{b}) \tag{19.2}$$

式中，$A$ 代表暴露在溶剂中溶质的表面积；$C_\mathrm{s}$ 是饱和浓度或溶解度；$K$ 是扩散常数，其包括溶质的扩散系数、未搅拌的扩散层的厚度和溶剂的体积。已经建立的旋转模具方法，例如 Wood 的模具设备，其在溶解实验的初始阶段保持恒定的表面积。在漏槽条件下，$C_\mathrm{s} \gg C_\mathrm{b}$，并且具有固定的表面积（$A$），那么就可以获得固有溶出速率[IDR，单位：mg/（min • cm$^2$）]。IDR 与溶解度成正比，也就是说 IDR 取决于药物在溶出介质中的固有溶出特性，而不是溶出方法：

$$\mathrm{IDR} \approx K(C_s) \tag{19.3}$$

固态形式的改变可以通过改变表面积项或者溶解度项来改变溶出速率。不同晶型之间的粒径差异和形状差异都会引起表面积的变化。不同的晶体习性和形状可以改变暴露的表面积而不改变中值粒度测量，因为这些通常是通过假定球形的方法来计算的。Abdou（1989）回顾了结晶态对药物溶出速率的影响，以及它如何促成各种形式的生物等效性。

不同晶型之间溶解度的差异通过影响溶液浓度和饱和溶解度（$C_s$-$C$）的差值来改变溶出的驱动力。Hamin 等（1965）证明在 37℃下溶解度 0.01～10 mg/mL 的许多药用化合物的溶出速率与溶解度有很大的关系。Nicklasson 和 Brodin（1984）已经表明，使用共溶剂混合物可使难溶性药物建立起良好的溶出速率和溶解度的关系。

大多数亚稳态固体改善溶出速率的作用是暂时的，与溶剂平衡后的过量固体最终都会转变成为最低能量固体。图 19.1（Jozwiakowski 和 Connors，1985）说明了亚稳态固体和稳定固体的典型溶出曲线。在图 19.1 中，β-环糊精溶出曲线在 40℃蒸馏水中测量并以摩尔为单位（其中分子量差异影响不大）。室温下稳定形式在水中的浓度（十二水合物）逐渐增加至其溶解度的极限（0.0298 mol/L）。亚稳态形式（来自烘箱干燥的无水化合物）在前 10 min 显示出快速的初始溶出速率，在小于 30 min 时达到峰值，然后随着过量固体转化为水合形式而下降至溶解度极限，显微镜观察证实了这一点。亚稳态和稳定的多晶型也有相同的现象，例如，甲丙氨酯的晶型Ⅰ和晶型Ⅱ（Clements 和 Popli，1973）和盐酸吉哌隆的晶型Ⅰ和晶型Ⅱ（Behme 等，1985）。最终都会达到相同的溶解平衡，无论平衡的反应方向及不同药物的这种转变动力学可能大相径庭。

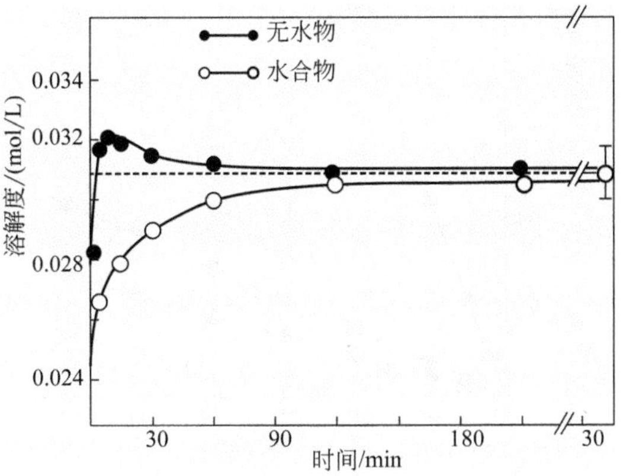


图 19.1　无水和水合 β-环糊精在 40℃水中的溶出速率

（来源：Jozwiakowski M J，Connors K A.Carbohydrate Res.，1985，143：51-59. 经 Elsevier Science 许可）

溶出速率改善通常以 IDR 或初始速率的变化为特征。因为在许多情况下，亚稳态的优势会随着时间逐渐减少。表 19.3 列举了一些药学文献中的数据，表明通过改变药物的固态可以使溶出速率增加。对于一些多晶型药物和溶剂化物，它们可以将溶出速率提高 2～3 倍，但是对于亚稳态药物来说一般会提高 20%～50%的溶出速率。其他多晶型物可以产生相似的溶出速率，例如替加氟（Uchida 等，1993）、达舒平（Gunning 等，1976）或盐酸阿米洛利二水合物（Jozwiakowski 等，1993）。Stagner 和 Guillory（1979）的数据表明，无定型药物对溶出速率有更大的提高，图 19.2 显示了 37℃下在 pH 6.5 磷酸盐缓冲液中不同类型异戊酸的 IDR 图。这种具有更多溶解度增强效果的影响在于无定型药物向晶体转变的不稳定性，所以应该仔细研究每一种体系从而评价它的发展前景。

**表 19.3 药物初始溶出速率与固体状态变化的比较**

| 药物 | 固体形态 | 相对速率 | 参考文献 |
|---|---|---|---|
| 磺胺噻唑 | Ⅱ | 2.3 | Lagas 和 Lerk（1981） |
| | Ⅰ | 1.6 | |
| | Ⅲ | 1.0 | |
| 替加氟 | α | 1.0 | Uchida 等（1993） |
| | β | 1.2 | |
| | γ | 1.0 | |
| 二氟尼柳 | Ⅰ | 1.4 | Martinez-Oharriz 等（1994） |
| | Ⅱ | 1.4 | |
| | Ⅲ | 1.3 | |
| | Ⅳ | 1.0 | |
| 碘番酸 | 非晶化 | 9.5 | Stagner 和 Guillory（1979） |
| | Ⅱ | 1.6 | |
| | Ⅰ | 1.0 | |

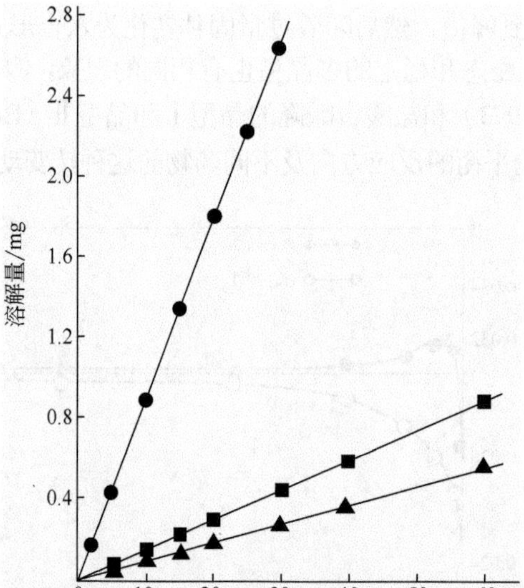


图 19.2 37℃下，pH 6.5 磷酸盐缓冲液中Ⅰ型（▲）、Ⅱ型（■）和无定型（●）碘丙醇的 IDR

（来源：Stagner W C，Guillory J K. J. Pharm. Sci.，1979，68：1005-100. 经美国制药协会许可）

溶出速率的提高有利于生产那些需要较高溶解度原料药的肠内给药或者口服给药药物。对于口服固体制剂，初始溶出速率的提高可以改变血药浓度并且提高药效。与体外测定条件不同，药物在胃肠道内几乎不会达到饱和浓度，因为体内有大量的液体并且会迅速稀释到血液当中。尽管这些固体倾向于恢复到悬浮液中溶解度较低的形式，但这种漏槽效应会增加生物利用度。Shibata 等（1983）已经证明溶出速率更高的西咪替丁比热力学稳定形式的西咪替丁在治疗大鼠溃疡上有更好的效果。Haleblian 和 McCrone（1969）报告了应用在大鼠肾上腺皮质萎缩的多种固体形式的氟泼尼龙。将体外溶出速率加倍（从 α-一水合物变为晶型Ⅰ）能够提高 50%的药物效果。Fukuoka 等（1987）指出无定型吲哚美辛比结晶型药物的溶出速率更高，并且在兔子的口服给药实验中具有更强的生物活性。显然，亚稳态固体可以改善难溶性药物的溶出速率，并且这种效果具有治疗意义。

#### 19.2.2.2　溶解度的提高

亚稳态固体形式的溶解度可以从溶出速率曲线中的最大值估算（Shefter 和 Higuchi，1963），这种测定方法的准确性取决于转化速率和溶出速率。对于无水茶碱和水合茶碱，在水中的曲线如图 19.1 所示，它的实际溶解度可能是被错误估计的。在这个案例中曲线的峰值的意义是亚稳态的溶出速率与亚稳态转化成稳定形态这两者之间达到稳定状态。Behme 等（1985）通过该方法估计了盐酸吉哌隆多晶型物的溶解度。Chauvet 等（1992）预估了 1 h 后一种抗焦虑药的多晶型物的溶解度，并绘制了 30～58℃的线性 van't Hoff 图。Suleiman 和 Najib（1989）在 8 h 后测量了格列本脲多晶型物和溶剂化物的溶解度。Kaneniwa 等（1985）发现吲哚美辛的 α 和 γ 形式 8 h 后在各自的溶出时间曲线上达到平台期，并据此提供了它们溶解度的准确估计。Ghodbane 和 McCauley（1990）在 24～72 h 对 MK571 的研究中没有看到任何转化，从而能够准确测定两种形式在异丙醇和甲基乙基酮中的溶解度。Gerber 等（1991）发现 7 天内在水或者乙醇中，环戊噻嗪没有转化为更稳定的形式。Hoelgaard 和 Moller（1983）报道，甲苯咪唑苯甲酸盐无水物在 16～30℃的温度范围内没有任何转化为稳定的一水合物，它的溶解度可在 48 h 后测定。

当亚稳态形式的溶解基本完成并且系统在转化为稳态固态之前达到假平衡状态时，从溶出速率曲线中的平台得到的溶解度值，是相当准确的。那些基于这些曲线中的峰值估计溶解度，或通过拟合指数函数来估计在没有转化的情况下可能达到的平台来估计溶解度，这些仅应被认为是亚稳态形式溶解度的估计值。通过比较两种形式的初始溶出速率，可以更准确地估计这些系统中的定量增益。在大多数情况下，必须通过这些技术估算无定型形式的溶解度，因为它们在与溶剂接触时会快速结晶。

维生素核黄素以两种多晶形式存在；Ⅱ型核黄素是高度水溶性的化合物，而具有高熔点的Ⅰ型核黄素水溶性较差（Goyan 和 Day，1970）。更易溶的核黄素形式提高了溶解度，因此它获得了一项专利。从那以后，文献中引用了许多相同药物晶体形式之间导致溶解度差异的例子（Biles，1962）。Shefter（1981）在固态操作溶解的综述中列举一份关于亚稳态多晶型药物的简短清单，它们的溶解度均大于其相应的稳定晶型。在大多数情况下，溶解度会增加 50%～100%，但是氯霉素棕榈酸酯的溶解度增加 3.6 倍，Su-1777DB 溶解度的增加更为显著（增加了 4.2 倍）。Wells（1988）报道了水合作用对氨苄西林和格鲁米特的溶解度的影响。氨苄青霉素的三水合物形式的溶解度仅为无水物的 0.75 倍，并且格鲁米特的水合物的溶解度仅为其在水中的无水物的溶解度的 0.62 倍。在这些情况下使用无水化合物可以瞬时提高溶出速率，这样会加大吸收。还有许多等能多晶型物没有表现出溶解度的差异（Jozwiakowski 等，1993；Carstensen 和 Franchini，1995）。在后一种情况下，盐酸阿米洛利二水合物晶型 A 和晶型 B 在 0.15% NaCl 中 5～45℃的温度范围内统计学上并没有溶解度差异。鉴于各种药物的不同性质，固相之间的溶解度差异应在药物开发过程的早期通过实验确定，以确定任何可能有用的形式。

Higuchi 等（1963）在甲泼尼龙多晶型物的研究中指出，无论溶剂如何，多晶型物之间的溶解度比应保持恒定。只要符合亨利定律，这就成立。因为当溶解度的温度依赖性表示为比率时，溶剂依赖性项被取消。结果表明，当活度系数为 1.0（稀溶液）时，溶解度比（$S_1/S_2$）仅取决于转变的焓变（$\Delta H_{1,2}$）、气体常数（$R$）和温度（$T$）：

$$\frac{d\ln(S_1/S_2)}{dT}=\frac{\Delta H_{1,2}}{RT^2} \tag{19.4}$$

药物的晶型Ⅰ和晶型Ⅱ的溶解度在水、癸醇和十二烷醇中显著变化。然而，数据显示，溶解度比率与溶剂无关，但取决于温度。如图 19.3 所示，是多晶型药物在水中的溶解度，当其中两种形式具有相同的物理稳定性时，两种多晶型物的斜率差异（表明熔化焓的差异）可用于计算转变温度。亚稳态的特性和溶解度增加的程度都是以选择的不同的温度来做比较的。

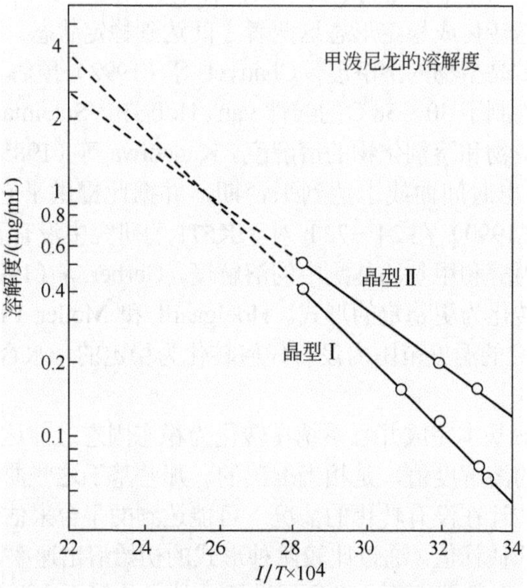


图 19.3　甲泼尼龙多晶型物的溶解度与温度的关系

（来源 Higuchi W I，Lau P K，Higuchi T，et al. J. Pharm. Sci.，1963，52:150-153.已经美国制药协会许可）

在给定温度下两种晶型的溶剂之间的溶解度比率恒定的这种特性不适用于溶剂化/非溶剂化对，因为其中由溶剂化物的释放引起的额外影响会使计算复杂化。

### 19.2.2.3　生物利用度提高

溶出速率或者溶解度的提高使得难溶性药物的处方开发变得容易，但改变固态的真正价值在于通过提高口服生物利用度来改善药物的治疗活性。溶解度的提高并不会提高所有难吸收药物的生物利用度。生物利用度问题可能与快速代谢、肠道降解、肠道通透性差或水溶性差有关（Aungst，1993）。可以通过常规方法研究代谢和化学降解。肠道通透性可通过体外模型评估，例如 Caco-2 细胞渗透性模型（Gan 等，1994）。针对由疏水性导致的水溶性较差的药物，其药物的渗透性是合理的，然而药物的吸收受到了溶出速率的限制。Kaplan（1972）已经提出 IDR 大于 1 mg/（min • $cm^2$）通常表明药物在口服吸收中的溶出速率不受限制。当溶出速率小于 1 mg/（min • $cm^2$）时说明溶出较慢，且中间速率是临界值。最近，将≤0.1 mg/mL 的溶解度作为判定溶出速率是预测口服吸收效率的黄金法则（Dressman 等，1985）。

为了使同一分子的不同固相具有最大的溶解度，在肠道中转化为溶解度低的固相的转化速率应该比吸收速率小。在大多数情况下对于难溶性药物来说，溶出速率或者溶解度的提高会大幅提高口服生物利用度。熔点差异小于 1℃的多晶型物不太可能具有显示生物利用度差异所需的能量差异，但是非常大的熔点差异可能增加转变为稳定形式的速率。通常，在溶解度或者溶出速率上存在 50%的差异时，足以在口服给药中产生体内的差异。

Aguiar 已经研究了各种氯霉素棕榈酸酯多晶型物的生物利用度（Aguiar 等，1967；Aguiar 和 Zelmer，1969）。他们发现晶型 B 百分比（与晶型 A 的混合物）与氯霉素人体血清峰值水平之间存在线性相关性（图 19.4）。晶型 B 在 30℃时的溶解度大约是晶型 A 的两倍。即使粒径较大，晶型 B 也比晶型 A 在血液中的浓度更高，这正说明了固态形式对于药物吸收的重要性。溶剂化药物也有类似的效果。Abdou（1989）总结了 Poole 等的工作，该研究表明无水氨苄西林与氨苄西林三水合物相比，在人体血液中浓度更高。

许多文献报道称当改变固态形式后，会大幅提高动物体内的生物利用度。Kato 和 Kohetsu（1981）表明，异戊巴比妥晶型Ⅱ在体内的吸收速率比晶型Ⅰ更快。在 37℃下的溶出速率实验表明与晶型Ⅰ相比，晶型Ⅱ体外溶出速率快 1.6 倍。Yokoyama 等（1981）发现晶型Ⅲ在兔体内的生物利用度是晶型Ⅰ的 1.5 倍。根据 Kuroda 等的研究，晶型Ⅲ的溶解度是晶型Ⅰ的 6～7 倍。Kokubu 等（1987）研究了西咪替丁的不同晶型在抑制大鼠溃疡中的治疗效果。药动学研究发现，晶型 C 的生物利用度是晶型 A 和晶型 B 的 1.4～1.5 倍。如表 19.4 所示，晶型 C 对应激性溃疡有更好的保护作用。晶型 C 与晶型 A、晶型 B、晶型 D 相比优势明显，晶型 A、晶型 B、晶型 D 基本等效。

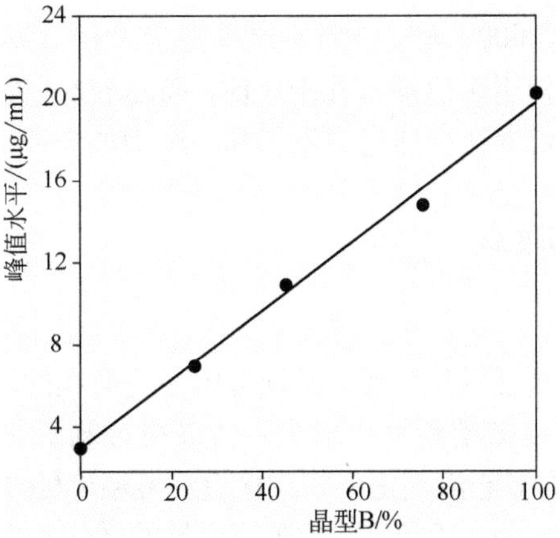


图 19.4　血清中氯霉素的峰值水平与晶型 B（棕榈酸酯）百分比的函数关系

（重新绘制自 Aguiar A J，Krc J，Kinkel A W，et al. J. Pharm. Sci.，1967，56:847-853.已经美国制药协会许可）

**表 19.4　四种晶型西咪替丁（12.5 mg/kg）对大鼠溃疡抑制作用的比较**

| 治疗 | 平均溃疡面积/$mm^2$ | 抑制率/% |
|---|---|---|
| 对照 | 22.3±4.3 | 0 |
| 晶型 A | 6.9±2.1 | 69.1±25.3 |
| 晶型 B | 8.7±4.8 | 60.8±31.1 |
| 晶型 C | 2.8±1.7 | 87.4±26.7 |
| 晶型 D | 8.0±2.6 | 64.1±25.7 |

来源：摘自 Kokubu H，Morimoto K，Ishida T，et al.Int.J.Pharm，.1987，35：181-183.已经许可。

也有其他研究证明晶型上的差别并不总会引起生物利用度上的差别。Gunning 等

（1976）发表了其中一种药物丙吡胺的实验结果，其两种形式（晶型Ⅰ和晶型Ⅱ）的溶出速率是相似的。两种晶型的相同胶囊制剂在健康人志愿者的生物利用度研究中也没有显示出差异。Umeda 等（1984）报道了苯氧呋喃的情况，尽管晶型Ⅰ的溶解度是晶型Ⅱ的 1.5 倍，但是这两种形式在兔的生物利用度方面并没有显著差异。不同固态的生物利用度差异需要通过体内试验研究来验证，在没有提高生物利用度优势的情况下，基于考虑稳定性的原因优先开发更加稳定的形态。

无定型形式的药物是一种提高难溶性药物口服生物利用度的有效方法。由于无定型药物的更高的自由能状态，它们比其他晶型的药物具有更高的溶解度和更快的溶出速率。如果药物的溶解度或者溶出限制了药物在胃肠道内的吸收，则改善这些性质就可以提高它们的生物利用度。Kim 等（2008）发现，与结晶形式相比，通过反溶剂方法制备的无定型形式的阿托伐他汀钙在 37℃下的固有溶出速率和在水中的表观溶解度增加了 3.4 倍。用喷雾干燥法制备的无定型阿托伐他汀固体可以观察到类似的结果。这些溶出度和表观溶解度的增加足以使大鼠的生物利用度提高 2～4 倍。

由于无定型固体固有的物理不稳定性，大多数体内研究利用含有聚合物赋形剂的无定型固体分散体来稳定无定型状态。Miller 等（2007）证明，与大鼠中的结晶形式相比，硝基咪唑-羟丙基甲基纤维素（HPMC）无定型固体分散体（1∶1）的生物利用度提高了 2.48 倍。Zerrouk 等（2001）发现卡马西平-PEG 6000 无定型固体分散体（1∶1）在兔中的生物利用度提高了 1.26 倍。无定型固体分散技术的使用可追溯到几十年前，Sugimoto 等（1980）证明硝苯地平-PVP 无定型固体分散体（1∶3）使得在狗体内的生物利用度增加 2.92 倍。

## 19.2.3 开发亚稳态药物的难点

### 19.2.3.1 溶液介导的转化

与亚稳态固体的溶解度增强效果相反，必须考虑一些潜在的缺点。在大多数情况下，由于过量固体会快速转化为稳定（低溶解度）形式，所以很难制备亚稳态固体的悬浮液。Shefter 和 Higuchi（1963）表明，许多非溶剂化形式在接近环境温度的几小时内在水悬浮液中转化为水合形式。Haleblian 和 McCrone（1969）关于溶液介导的转化给出了一般规则。由于更大的驱动力，溶解度差异越大，转化速率就越快。另外，较高的扩散速率和溶出速率会导致更快的转化速率，在介质中较高的溶解度也会产生同样的效果。

Hoelgaard 和 Moller（1983）指出，两种形式之间的相对自由能差异将决定转化率。在甲硝唑苯甲酸盐体系中的无水物和一水合物研究中，转变温度（两种形式的自由能相等）为 38℃。在这种情况下，在较低温度时会更容易转化为一水合物，这是因为当温度距离转化温度越远，晶体之间的溶解度差异就越大，转化就变得更容易。Borka（1971）研究了溶液介导的氯霉素棕榈酸酯晶型的转化。从熔融体中获得的无定型药物在 2 min 后就会转变成稳定的 α 晶型。即使在温度循环至 45℃之后，β 型水悬浮液也不会转变成 α 型。转化很容易发生在异丙醇中，而异丙醇是药物的更好溶剂。这就说明了溶解度在确定转化率中的作用。

Clements 和 Popli（1973）总结了文献中药物化合物溶出过程中的转化时间。他们研究发现甲丙氨酯会在 168 h 之后转变成Ⅰ型化合物。除了氯霉素棕榈酸酯的例子之外，其他大部分系统的转化时间为 300 s（茶碱）至 24 h（氨苄西林），甲丙氨酯的转化时间比大多数系统都长得多。这个时间对于口服给予亚稳态形式药物的治疗优势已经足够长了，但是对于上市这些混悬液还需要保证足够的物理稳定性的时间来说还是不够长。

当亚稳态固体溶解时，溶液相对于稳定形式变得过饱和。过饱和的程度是形成稳定晶核的重要因素。相转变的稳定晶型的重结晶发生于过量固体相中分子重排或者过饱和溶液中分子重排。结晶过程包括成核、晶体生长和 Ostwald 熟化（小晶体的溶解和较大晶体的生长）。成核可以是自发的（均匀的）或由外来颗粒诱导（异质的）。Rodriguez-Hornedo 等（1992）在研究茶碱无水物-一水合物体系时得出结论，它的转化是溶剂介导的，一水合物晶体的生长速率取决于过饱和度。无水晶体可当作一水合物的异质成核位点，并且从动力学方程中可以看出两种形式的相对溶出速率。

Kaneniwa 等（1988）通过 DSC 和 XRD 研究了保泰松 β 型在乙醇中于 4℃转化为 α 型。反应在 4 天内基本完成。Kaneniwa 等（1985）也研究了吲哚美辛多晶型在乙醇中的转化动力学，并将数据拟合到九种不同的动力学模型中。该数据最符合 Avrami 方程，可以假定为二维核增长。其中 α 型向 γ 型的转化是温度的函数，活化能为 14.2 kcal/mol。

目前已经用过很多方法来阻止溶液介导的转化，但是成功的很少。Ebian 等（1973）使用黏度诱导剂如甘油、简单糖浆和羧甲基纤维素来减缓晶型Ⅱ的磺胺异构体转化为晶型Ⅲ。其他结构相关的磺酰胺和一些表面活性剂也能够降低转化率。Otsuka 等（1994）发现 0.5%明胶在溶出试验中减缓了苯巴比妥晶型的转化。Wall（1986）指出，聚乙烯吡咯烷酮（PVP）、甲基纤维素和蔗糖已被用于减缓磺胺甲噁唑在溶液中向半水合物的转化。Shefter（1981）列出了其他通过各种机制延缓相变的材料。除了上面列出的材料，还包括阿拉伯胶、果胶、海藻酸钠、表面活性剂和化学上类似的材料。在任何情况下，这些试剂都不能完全抑制转变，但是快速转变的延迟可以允许在新制备的悬浮液或固体形式中实际使用亚稳固体。

#### 19.2.3.2　制备过程中的固态转化

由于固态中的分子迁移率有限，从亚稳态到稳态的固-固转变不如溶液介导的转化。这些转变的机制通常是现有固体内稳定相的成核和生长。成核通常开始于较高自由能的位置，例如晶体缺陷或无序区域，然后转化过程在晶体上扩散。当两种形式之间的能量差异更大时，转化更可能发生。外力（在研磨期间产生的热量或在压缩期间压力变化）和赋形剂的存在可以改变亚稳态固体固态转变的趋势。

Byrn（1982）指出固态的晶型变换需要 3 个步骤。

① 分子松散（通过与晶格分离成核）。

② 固溶体形成。

③ 产品分离（新阶段的结晶）。

对于去溶剂化反应，还涉及溶剂化晶体当中溶剂分子与药物分子之间化学键的破坏。固体药物在粉碎或者压片的过程中可以在分子中创造缺口并且提供可克服反应障碍所需的能量，从而加速分子的松散过程。Florence 和 Salole（1976）表明，地高辛、雌二醇和螺内酯的粉碎诱导了这些晶体中无定型区域的形成。甚至片剂或胶囊制剂中的赋形剂也可通过该机制产生作用。York（1983）发现，研磨导致蔗糖、乳糖和微晶纤维素的结晶度降低。

加工过程中的压力可以引发固态形式不形成无定型区域而直接转化成稳定形式。关于固态变化的文献表明，研磨、压片、流化床造粒、喷雾干燥和加热都可以在处方加工过程中转变成稳定形式。表 19.5 总结了一些已经观察过的药物以及引起其转变的过程。如果要开发亚稳态以利用其更高的自由能，则应研究预期的加工和储存条件对药物物理稳定性的影响。

**表 19.5　药品加工过程中固态变化的实例**

| 药物 | 工艺 | 参考文献 |
|---|---|---|
| 巴比妥 | 研磨 | Chan 和 Doelker（1985） |
| 咖啡因 | 研磨/压片 | Chan 和 Doelker（1985） |
| 氯丙烷 | 研磨 | Chan 和 Doelker（1985） |
| 苯甲酰磺胺 | 研磨 | Chan 和 Doelker（1985） |
| 磺胺 | 研磨 | Wall（1986） |
| 克霉唑 | 研磨 | Wall（1986） |
| 地高辛 | 研磨 | Wall（1986） |
| 盐酸阿米洛利 | 研磨/压片 | Jozwiakowski 等（1993） |
| 头孢氨苄 | 研磨 | Matsumoto 等（1991） |
| 福司地尔 | 研磨 | Takahashi 等（1985） |
| 吲哚美辛 | 压片 | Matsumoto 等（1991） |
| 吡罗昔康 | 压片 | Ghan 和 Lalla（1992） |
| 盐酸马普替林 | 压片 | Chan 和 Doelker（1985） |
| 二磷酸氯喹 | 压片 | Bjaen 等（1993） |
| 氯霉素棕榈酸酯 | 研磨 | Kaneniwa 和 Otsuka（1985） |
| 盐酸雷尼替丁 | 研磨 | Chieng 等（2006） |
| 水杨酸钠 | 喷雾干燥 | York（1983） |
| 卡马西平 | 流化床 | Everz 和 Mielck（1992） |
| 氯霉素棕榈酸酯 | 加热 | DeVilliers（1991） |

减小粒径通常也可以引起固相的转变。这可以通过以下几种方法规避。将药物结晶到所需要的粒径大小，在研磨机上装上冷却装置或者通过调节进料速率来调节研磨时间。在球磨期间，盐酸阿米洛利二水合物从晶型 B 转化为晶型 A，但在空气冲击微粉化期间没有转化，因其具有较短的接触时间（Jozwiakowski 等，1993）。

压片过程可导致许多药物的转化，特别是压片停留时间较长、压力较大和本身晶体有缺口的药物。仅对药物本身进行压片研究是最差情况的研究，当在实际处方中加入一些辅料后会减缓这种压片的影响。胶囊填充几乎不会用到压力，这取决于生产的规模和仪器的设计，可以在压力会引起转变产生问题时使用此方法。Jozwiakowski 等（1993）使用定量 XRD 方法计算了在不同压力和停留时间下盐酸阿米洛利晶型 B 转化为晶型 A 的百分比。对于这种药物，压力比停留时间具有更大的影响，如表 19.6 所示。转化率是压力的函数，但在相同压力下停留时间增加四倍对转化没有额外的影响。正如所料，在最高压力下稳定形式（晶型 A）没有变化。

**表 19.6　盐酸阿米洛利二水合物多晶型在压缩过程中的转变**

| 初始形态 | 压片参数（压力/时间） | 转化率/% |
|---|---|---|
| B | 1100 psi/30 s | 6 |
| B | 3000 psi/30 s | 41 |
| B | 3000 psi/2 min | 35 |
| B | 12000 psi/2 min | 69 |
| A | 12000 psi/2 min | 0 |

在高剪切混合器或流化床中的水溶液制粒可以引起水合物形成，随后的干燥可以引起去溶剂化。当使用这两种方法时，卡马西平通过二水合物中间体从一种无水物（晶型Ⅲ）转化为另一种（晶型Ⅰ）（Everz 和 Mielck，1992）。干燥热也可以导致一种形式转化为另一种形式，可参见 DeVilliers 等（1991）对氯霉素棕榈酸酯的研究。

#### 19.2.3.3　亚稳态形式的物理化学稳定性差异

使用亚稳态固体形式的另一个潜在缺点是它比低能量晶体形式的化学和物理稳定性更低。Haleblian 和 McCrone（1969）报道了一种皮质类固醇，当两种晶型中的一种用于制剂时，它在水悬浮液中对光更加敏感。Haleblian（1975）提供了维生素 $B_{12}$ 的辅酶形式的数据，其具有光敏无水物、光敏水合物（晶型 B）和光稳定水合物（晶型 A）。Byrn（1982）研究了四种结晶形式的氢化可的松叔丁酸乙酯。晶型Ⅰ和晶型Ⅱ在晶格中含有乙醇，晶型Ⅲ和晶型Ⅳ是非溶剂化的。晶型Ⅰ是唯一在紫外光存在下发现氧化的形式。

无定型形式因为它们密度较小并且具有较大的分子迁移率，所以通常比它们的结晶对应物具有更高的反应活性。Haleblian 和 McCrone（1969）指出，在钠盐和钾盐中，青霉素晶体形式比无定型形式更稳定。Chan 和 Becker（1988）研究了结晶和无定型（冻干）形式的糖肽（一种佐剂肽类似物）。在 80℃和 76% RH 下 4 天后，通过高效液相色谱（HPLC）仅发现 5%的无定型肽。在相同的储存条件下，更稳定的结晶形式仍剩余 83%。Pikal 等（1978）表明，头孢噻吩钠的化学稳定性与结晶度相关（结晶形式更稳定）。Pikal 已经为该药物类的其他药物提供了类似的数据。头孢孟多酯和头孢他啶五水合物都是在结晶状态下更加稳定。

多晶型物之间也可能存在物理稳定性差异，因为吸湿性是固态存在状态相关的一种性质。在没有受控湿度的环境中，非溶剂化形式特别容易形成水合物。Herman 等（1988）发现，茶碱颗粒的释放速率受到无水物向一水合物转变的影响。Matsuda 和 Tatsumi（1989）指出Ⅱ型呋塞米对热和水分的稳定性高于Ⅲ型。无定型羟基保泰松（Matsuda 和 Kawaguchi，1986）和无水盐酸阿米洛利（Jozwiakowski 等，1993）在没有受到中等至高湿度的保护时也易于转化为水合形式。并非所有药物都容易吸水并转化为水合形式，拉米夫定在高达 95% RH 的条件下不能转化为 0.2 水合物（Jozwiakowski 等，1996）。

溶剂化形式可在高温或低湿度（水合物）下去溶剂化。Byrn（1982）总结了咖啡因、胸腺嘧啶、茶碱、非诺洛芬和其他药物水合物的去溶剂化反应。已经发现影响该反应的因素是晶体缺陷的出现、晶体堆积排列中隧道的尺寸，以及药物与其结晶溶剂之间的氢键强度。对于这些脱水反应，可能需要适当的包装和适当的预防措施来消除或减小问题的程度。

## 19.3　多晶型药物的特殊因素

### 19.3.1　多晶型药物的热力学稳定性

与溶剂化物/非溶剂化物不同，多晶型物在固态下具有相同的组成并且在溶解时产生相同的溶液（低于最不溶的多晶型物的溶解度）。这导致药物多晶型物对之间的某些热力学关系不适用于溶剂化药物。Giron（1995）、Haleblian 和 McCrone（1969）描述了由单向和对映多晶型产生的不同相图。当非溶液的焓不同时，如果绘制两种晶型的自由能（或自由能的量度，例如蒸气压或溶解度）与温度的关系曲线，则曲线将因斜率的差异而相交。该交点是理论转变温度（$T_{tr}$），它是恒定压力下系统的常数。如果温度是固定的，并且关于压力绘制自由能，则将定位恒定的转变压力。这是由于吉布斯相位规则产生的，该规则规定了给定数量的相（$P$）和组分（$C$）的自由度（$F$）：

$$F = C - P + 2 \tag{19.5}$$

一对多晶型由一个成分（药物）的两个阶段组成，这意味着只有一个自由度（Verma 和 Krishna，1966）。

互变多晶型物的转变温度低于其熔融温度（图 19.5），这意味着稳定的改性取决于参考温度。该温度代表两种多晶型物的溶解度相等的点，并且一种多晶型物在该温度以上具有更高的溶解度，另一种多晶型物在该温度以下具有更高的溶解度。这些转化一般都是可逆的，但是一般会受到动力学上的限制或者超出了研究的温度范围。Haleblian 和 McCrone（1969）警告说，由于缺乏观察到的转变点，因此不能忽视对应关系。如果晶体习性不同，可以通过显微镜检查转变，或者如果可以在转化前测量亚稳态形式的溶解度，则通过溶解度-温度曲线检查。

单变多晶型物的理论转变点高于熔融温度（图 19.5）；一种形式总是更稳定，另一种形式更易溶。较高熔点的形式是最不易溶的，并且向这种形式的转变是不可逆的，相反，对映转变通常是可逆的，并且有时可以通过升高和降低 $T_{tr}$ 附近的温度在热台显微镜下在两个方向上观察到。一般而言，尽管对称性并不罕见，但是大多数药物多态关系倾向于单向性。制剂人员必须明确在什么温度下需要增加亚稳态形式的浓度[通常在室温下（20～25℃）或在37℃时在胃肠道中更快溶解]。

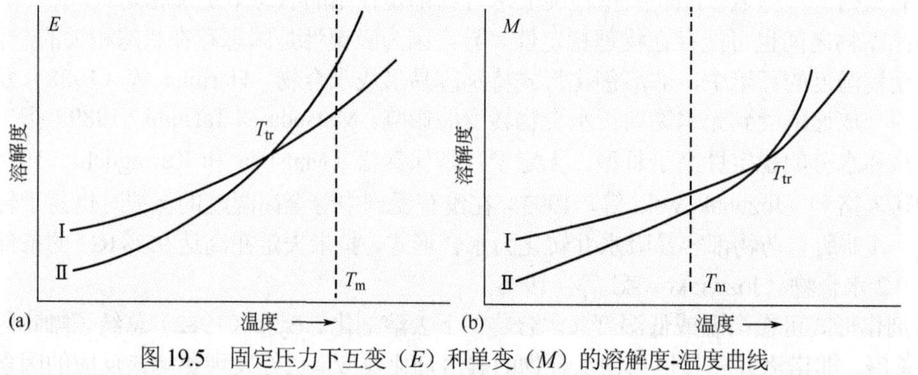


图 19.5　固定压力下互变（E）和单变（M）的溶解度-温度曲线

Giron（1995）回顾了 Burger 首次发表的多晶型热力学的一般规则。如果晶型Ⅰ是较高熔点形式而晶型Ⅱ是较低熔点形式，则晶型Ⅰ的溶解度将高于 $T_{tr}$，并且对于对映体对，晶型Ⅱ的溶解度将高于 $T_{tr}$。如果对映体是单向的，则晶型Ⅰ的密度会更大一些，或者它们是对应的，那么晶型Ⅰ的密度就会小一些。对于单变体系，晶型Ⅰ的熔化热将超过晶型Ⅱ；对于互变体系，则相反。最后，如果形式是单向的，那么从晶型Ⅱ到晶型Ⅰ的过渡将是放热的，反之则是吸热的。

两种多晶型物之间的过渡自由能（$\Delta G_{tr}$）可以表示为它们溶解度比的函数（Aguiar 和 Zelmer，1969；Grant 和 Higuchi，1990）：

$$\Delta G_{tr} = RT \ln\left[\frac{C_{s晶型Ⅰ}}{C_{s晶型Ⅱ}}\right] \tag{19.6}$$

式中，$R$ 是气体常数；$T$ 是热力学温度。焓差（$\Delta H_{tr}$）可以从每种晶型的相应 van't Hoff 图的斜率计算，而熵差（$\Delta S_{tr}$）可以从这两个值计算：

$$\Delta S_{tr} = \left[\frac{\Delta H_{tr} - \Delta G_{tr}}{T}\right] \tag{19.7}$$

如果遵循亨利定律（对于难溶性药物，可以通过稀溶液中的物质的量浓度来估算活性），可得到式（19.8）：

$$\frac{\mathrm{d}\ln(C_{\mathrm{sI}}/C_{\mathrm{sII}})}{\mathrm{d}(1/T)} = -\frac{\Delta H_{\mathrm{tr}}}{R} \tag{19.8}$$

规定两种多晶型物的溶解度比（$C_{\mathrm{sI}}/C_{\mathrm{sII}}$）取决于它们在给定温度下的焓差，而不是溶剂。在转变温度下，两种形式处于平衡状态，溶解度相等，$\Delta G_{\mathrm{tr}}=0$。在这些条件下，转变焓与过渡温度的转变熵有关（Grant 和 Higuchi，1990）：

$$\Delta H_{\mathrm{tr}} = T\Delta S_{\mathrm{tr}} \tag{19.9}$$

Behme 和 Brooke（1991）得出了一个方程式，用于估算给定温度下两种多晶型物的溶解度比，可以使用 DSC 数据来表明每种形式的熔化焓（$\Delta H_{\mathrm{f}}$）和熔化温度（$T_{\mathrm{m}}$）。转化过程的自由能或者溶解度比的自然对数再乘以 $RT$[式（19.6）]通过式（19.10）计算的每种晶型的溶解度估计值之间的差异来估算：

$$RT\ln C_{\mathrm{s}} = \frac{\Delta H_{\mathrm{f}}(T_{\mathrm{m}} - T)}{T_{\mathrm{m}}} \tag{19.10}$$

在 71℃下计算单位比值（转变温度的估计值），与两种形式的 van't Hoff 图（溶解度的对数值 vs. 1/$T$）的值非常接近，其在图形上相交于 73℃。

Mao 等（2005）已经开发了类似的热力学溶解度关系，基于有限的实验数据详细讨论了关于适当假设和模型。

## 19.3.2　关于多晶型药物溶解度提高的文献实例

表 19.7 列出了来自药物文献的大量数据，其中记录了许多不同溶解度的多晶型药物。在一些文章中，在多个平衡温度下列举了一些多晶型药物的溶解度。在这种情况下，我们使用最接近室温的溶解度值。在表 19.7 中，只有阿西美辛、醋酸己脲、环戊噻嗪和氯羟柳胺的溶解度比（亚稳态形式与稳定形式）是大于 3.0 的。一般来说，溶解度比最低溶解度晶型提高 25%～100%。这使得转变自由能（$\Delta G_{\mathrm{tr}}$）为 132～410 cal/mol[式（19.6）]。虽然溶剂的溶解度在溶剂与溶剂之间变化很大，但溶解度的提高程度不会，因为溶解度比与溶剂一致性无关[式（19.8）]。因此，对于给定的多晶型物对的预期溶解度的提高程度可以通过测量每种形式的溶液的焓来估算，并从该差异来计算转移的焓。由于溶液中的转化速率太快不能直接测定亚稳态晶型的溶解度时，可以通过这种方法测定其溶解度。

**表 19.7　药物多晶型增加溶解度的文献实例**

| 药物 | 溶剂与温度 | 多晶型与溶解度 | | 比例 | 参考文献 |
|---|---|---|---|---|---|
| 乙酰胺 | 蒸馏水 | Ⅰ | 27 μg/mL | Ⅱ/Ⅰ=1.2 | Kuroda 等（1978） |
| | 37℃ | Ⅱ | 32 μg/mL | | |

续表

| 药物 | 溶剂与温度 | 多晶型与溶解度 | | 比例 | 参考文献 |
|---|---|---|---|---|---|
| 乙酰胺 | 0.1 mol/L HCl<br>30℃ | Ⅴ<br>Ⅳ<br>Ⅲ<br>Ⅰ | 31.4 μg/mL<br>16.3 μg/mL<br>10.4 μg/mL<br>8.4 μg/mL | Ⅴ/Ⅰ=3.7<br>Ⅳ/Ⅰ=1.9<br>Ⅲ/Ⅰ=1.2 | Graf 等（1984） |
| 阿西美辛 | 丁醇<br>20℃ | Ⅰ<br>Ⅱ<br>Ⅳ<br>Ⅴ<br>Ⅲ | 9.18 mmol/L<br>15.33 mmol/L<br>19.00 mmol/L<br>25.65 mmol/L<br>43.44 mmol/L | Ⅱ/Ⅰ=1.7<br>Ⅳ/Ⅰ=2.1<br>Ⅴ/Ⅰ=2.8<br>Ⅲ/Ⅰ=4.7 | Bruger 和 Lettenbichler（1993） |
| 阿苯达唑 | 甲醇<br>25℃ | Ⅰ<br>Ⅱ | 1.45 mg/mL<br>0.72 mg/mL | Ⅰ/Ⅱ=2.0 | Pranzon 等（2010） |
| 金诺芬 | 25% aq. PEG 200<br>37℃ | A<br>B | 0.55 mg/mL<br>1.35 mg/mL | B/A=2.5 | Lindenbaum 等（1985） |
| 苯噁洛芬 | pH 7 磷酸盐缓冲液<br>25℃ | Ⅰ<br>Ⅱ | 230 μg/mL<br>150 μg/mL | Ⅰ/Ⅱ=1.5 | Umeda 等（1984） |
| 盐酸丁螺环酮 | 异丙醇<br>25℃<br>55℃ | Ⅰ<br>Ⅱ<br>Ⅰ<br>Ⅱ | 0.5 g/100 g<br>0.84 g/100 g<br>4.77 g/100 g<br>12.49 g/100 g | Ⅱ/Ⅰ=1.7<br><br>Ⅱ/Ⅰ=2.6 | Sheikhzadeh 等（2007） |
| 卡马西平 | 2-丙醇<br>26℃ | Ⅰ<br>Ⅱ | 11.16 mg/mL<br>9.27 mg/mL | Ⅰ/Ⅱ=1.2 | Behme 和 Brooke（1991） |
| 姜黄素 | 乙醇<br>25℃ | Ⅰ<br>Ⅲ | 6.05 g/kg<br>6.48 g/kg | Ⅲ/Ⅰ=1.1 | Liu 等（2015） |
| 环戊噻嗪 | 蒸馏水<br>37℃ | Ⅱ<br>Ⅰ<br>Ⅲ | 61.8 μg/mL<br>34.7 μg/mL<br>17.2 μg/mL | Ⅱ/Ⅲ=3.6<br>Ⅰ/Ⅲ=2.0 | Gerber 等（1991） |
| 盐酸地芬诺辛 | 1%酒石酸水溶液 37℃ | Ⅰ<br>Ⅱ | 4.5 mg/100 mL<br>3.1 mg/100 mL | Ⅰ/Ⅱ=1.5 | Walking 等（1979） |
| 依托泊苷 | 水<br>25℃ | Ⅱ<br>Ⅱ | 221.0 μg/mL<br>114.5 μg/mL | Ⅱ/Ⅰ=1.9 | Shah 等（1999） |
| 呋塞米 | pH 5 醋酸缓冲液<br>37℃ | Ⅱ<br>Ⅰ | 57.1 mg/100 mL<br>35.2 mg/100 mL | Ⅱ/Ⅰ=1.6 | Doherty 和 York（1988） |
| 盐酸吉哌隆 | 正戊醇<br>20℃ | Ⅱ<br>Ⅰ | 10.01 mg/mL<br>3.79 mg/mL | Ⅱ/Ⅰ=2.6 | Behme 等（1985） |
| 格列本脲 | 蒸馏水<br>37℃ | Ⅱ<br>Ⅰ | 1.06 mg/100 mL<br>0.66 mg/100 mL | Ⅱ/Ⅰ=1.6 | Suleiman 和 Najib（1989） |
| 甘氨酸 | 去离子水<br>5℃<br>25℃<br><br>50℃ | α<br>γ<br>α<br>γ<br>α<br>γ | 141.1 g/kg<br>127.2 g/kg<br>226.8 g/kg<br>202.1 g/kg<br>354.2 g/kg<br>375.6 g/kg | α/γ=1.1<br><br>α/γ=1.1<br><br>α/γ=0.9 | Yang 等（2008） |
| 吲哚美辛 | 蒸馏水<br>35℃ | α<br>γ | 0.87 mg/100 mL<br>0.69 mg/100 mL | α/γ=1.3 | Kaneniwa 等（1985） |
| 氯诺昔康 | 蒸馏水<br>25℃ | Ⅰ<br>Ⅱ | 4.96 μg/mL<br>15.15 μg/mL | Ⅱ/Ⅰ=3.1 | Zhang 等（2013） |

续表

| 药物 | 溶剂与温度 | 多晶型 | 溶解度 | 比例 | 参考文献 |
|---|---|---|---|---|---|
| 盐酸甲氟喹 | 蒸馏水<br>37℃ | E<br>D | 5.1 mg/mL<br>4.3 mg/mL | E/D=1.2 | Kitamura 等（1994） |
| 甲氧基苯甲酸酯 | 蒸馏水<br>25℃ | Ⅱ<br>Ⅰ | 6.2 mg/mL<br>3.3 mg/mL | Ⅱ/Ⅰ=1.9 | Clements 和 Popli（1973） |
| MK571（白三烯治疗） | 异丙醇<br>25℃<br>甲基乙基酮<br>25℃ | Ⅱ<br>Ⅰ<br>Ⅱ<br>Ⅰ | 0.390 mg/mL<br>0.228 mg/mL<br>2.40 mg/mL<br>1.24 mg/mL | Ⅱ/Ⅰ=1.7<br><br>Ⅱ/Ⅰ=1.9 | Ghodbane 和 McCauley（1990） |
| 尼美舒利 | pH 7<br>37℃ | Ⅱ<br>Ⅰ | 16.4 mg/L<br>71.0 mg/L | Ⅱ/Ⅰ=4.3 | Sanphui 等（2011） |
| 尼莫地平 | 蒸馏水<br>25℃ | Ⅰ<br>Ⅱ | 221.0 μg/mL<br>114.5 μg/mL | Ⅰ/Ⅱ=2.0 | Grunenberg 等（1995） |
| 氯羟柳胺 | 0.1%聚山梨酯 80 水溶液<br>25℃ | Ⅲ<br>Ⅱ<br>Ⅰ | 109 mg/L<br>73 mg/L<br>28 mg/L | Ⅲ/Ⅰ=3.9<br>Ⅱ/Ⅰ=2.6 | Pearson 和 Varney（1973） |
| 苯基丁氮酮 | pH 7 磷酸缓冲液<br>36℃ | Ⅰ<br>Ⅱ<br>Ⅲ<br>Ⅳ | 288.7 mg/100 mL<br>79.9 mg/100 mL<br>33.6 mg/100 mL<br>213.0 mg/100 mL | Ⅰ/Ⅳ=1.4<br>Ⅱ/Ⅳ=1.3<br>Ⅲ/Ⅳ=1.1 | Ibrahim 等（1977） |
| 苯巴比妥 | 蒸馏水<br>25℃ | Ⅱ-Ba<br>Ⅱ<br>Ⅲ-Cy | 1.39 mg/mL<br>1.28 mg/mL<br>1.17 mg/mL | Ⅱ-Ba/Ⅲ-Cy=1.2<br>Ⅱ/Ⅲ-Cy=1.1 | Kato 等（1984） |
| 苯基丁氮酮 | pH 1.2<br>37℃ | B<br>A | 13.3 mg/100 mL<br>8.3 mg/100 mL | B/A=1.6 | Chikaraishi 等（1994） |
| 利托那米 | 乙醇-水（99∶1）<br>5℃ | Ⅰ<br>Ⅱ | 90 mg/mL<br>19 mg/mL | Ⅰ/Ⅱ=4.7 | Bauer 等（2001） |
| 磺胺 | 乙醇<br>39～40℃ | 正交晶<br>单斜晶 | 21.4 g/1000 g<br>14.0 g/1000 g | O/M=1.5 | Carstensen（1993） |
| 磺胺噻脲 | 乙醇-水（95∶5）<br>24℃ | Ⅰ<br>Ⅱ | 8.15 g/1000 g<br>14.2 g/1000 g | Ⅱ/Ⅰ=1.7 | Milosovich（1964） |
| 甲苯磺丁脲 | 蒸馏水<br>37℃<br>Octanol<br>30℃ | Ⅰ<br>Ⅲ<br>Ⅰ<br>Ⅲ | 14.61 mg/100 mL<br>13.03 mg/100 mL<br>23.54 mg/mL<br>19.33 mg/mL | Ⅰ/Ⅲ=1.1<br><br>Ⅰ/Ⅲ=1.2 | Rowe 和 Anderson（1984） |

Pudipeddi 和 Serajuddin（2005）总结了 55 种不同的药物 81 个溶解度比。他们的结果与此处给出的结果相似，表明大多数药物溶解度比在 1～2 之间（84%），然而，仍然有 9%的药物溶解度比大于 3。虽然溶解度的相对提高并不明显，但是对于受到溶出速率限制吸收度的难溶性药物，这些溶解度差异对治疗效果就很重要。

## 19.4　药物的溶剂化物和水合物形式

### 19.4.1　溶剂化物的种类和表征方法

来自结晶溶剂的分子可以在合成过程中掺入药物的晶格中。这些溶剂分子会与药物分子发生氢键结合，填充单元晶格中的空间，并促进最紧密的堆积布置。当药物吸收大气中的水蒸气或在加工过程中暴露于水中或悬浮在水中时，就会形成水合物。

通常通过它们与非溶剂化形式的物理性质差异来发现溶剂化物。Buxton 等（1988）报道了一种吸湿性和一种非吸湿性的半胱氨酸盐酸盐。干燥失重或 TGA 等技术可以检测加热样品时的一般重量损失。当水是溶剂时可以通过 Karl Fisher 法来检测含量，当溶剂为有机溶剂时，则可通过气相检测法测量放出的气体。DSC 热分析图通常在熔化之前由于溶剂分子的损失而显示吸热（Giron，1995）。通过在加热期间检查硅油下的样品，可以使用热台显微镜来观察该溶剂损失。药物的非溶剂化和溶剂化形式之间的熔点、溶解度、压片行为、溶出速率、晶体习性、密度和吸湿性也存在差异。Khankari 和 Grant（1995）已经总结了药物水合物的表征方法和受水合物形成影响的物理性质。

单晶 X 射线分析通常可用于定位晶格中以化学计量比或非化学计量比存在的溶剂分子。Byrn（1982）将溶剂化物分类为多晶型（去溶剂化为新的 XRD 模式）或假多晶型（去溶剂化为类似的 X 射线粉末模式）。非化学计量溶剂化物具有相同 X 射线粉末图的原因通常在于晶体中存在"通道"，该"通道"可以基于蒸气压吸收不同量的水。SQ33600（Brittain 等，1995）和色甘酸钠（Cox 等，1971）是这类溶剂化物的实例。

大多数表征的溶剂化物是按照化学计量比的，其中水或有机溶剂与药物分子以固定的比例存在。Suleiman 和 Najib（1989）分离出格列本脲的两种非溶剂化多晶型物，戊醇溶剂化物和甲苯溶剂化物。Matsuda 和 Tatsum（1989）发现呋塞米可以与二甲基甲酰胺或二噁烷形成溶剂化物。Haleblian 和 McCrone（1969）研究了类固醇的固体形式，发现两种一水合物——氟泼尼龙、泼尼松龙的单乙醇和半血清溶剂化物，以及两种单乙醇盐和氢化可的松的二氯甲酸溶剂化物的溶出速率不同。已报道与药物形成溶剂化物的其他溶剂包括甲基乙基酮、丙醇、己烷、二甲基亚砜、乙腈和吡啶。但是由于潜在的毒性问题，这些溶剂都不能在实际中用于人体治疗剂的溶解度增强。

在市售药物中，按照化学计量比的水合物是影响溶解度的最重要的溶剂化物。半水合物、一水合物和二水合物是掺入药物晶格中的最常见的化学计量比的。Pfeiffer 等（1970）已经证明了如何从不同水活度的溶剂系统中分离出不同的头孢菌素水合物。头孢氨苄具有在不同的相对湿度条件下是稳定的一水合物和二水合物形式。头孢唑啉具有一水合物、倍半水合物（1.5 mol 水）和五水合物形式（Byrn 和 Pfeiffer，1992）。Jozwiakowski 等（1996）发现拉米夫定可以形成 0.2 水合物，其中晶格中的五个拉米夫定分子中只有一个与水分子相关。一种药物可以制备多种溶剂化物。Stephenson 等（1994）已经表明，Dithromycin 可以以至少九种溶剂化物形式结晶，包括环己烷三溶剂化物和三水合乙腈。Stephenson 等（1998）描述了同构去溶剂化物的形成。它是一种保持了三维结构的去溶剂化物，但是具有相对于母体溶剂化物更高能态的晶格。同构去溶剂化物的形成可导致吸湿性的增加或降低固体的化学稳定性。与母体溶剂化物相比，同构去溶剂化物的特征在于 X 射线衍射图案的相似性，但物理性质可能在两者之间不同。Byrn 等（1995）也强调，某些药物的去溶剂化形式具有与非溶剂化药物不同的独特性质。

### 19.4.2 溶剂化物溶解度的热力学评价

Shefter 和 Higuchi（1963）首先解释了溶剂化药物在水中溶解的热力学。水合形式在水中的溶解度是一种特殊情况，遵循以下关系：

$$D[x\mathrm{H_2O}]_{\text{固体}} \xleftrightarrow{K_s} C_{\text{液体}} + x\mathrm{H_2O} \tag{19.11}$$

式中，$D[x\mathrm{H_2O}]_{\text{固体}}$ 代表固体水合药物；$C_{\text{液体}}$ 是水溶液中已溶解药物的浓度；$K_s$ 是系统的溶解度平衡常数。水合物通常比无水化合物在水中的溶解度更低，因为水合物的自由能与在水中溶解形式的化合物的自由能更加接近。通过测量给定温度下水合形式和无水形式的溶解度，可以计算出自由能差（$\Delta G$）：

$$\Delta G = RT\ln\left[\frac{K_{s\text{水合}}}{K_{s\text{无水}}}\right] \tag{19.12}$$

当有机溶剂的溶剂化物溶解在水中时：

$$D[n\mathrm{B}]_{\text{固体}} \xleftrightarrow{K_{sp}} D_{\text{液体}} + n\mathrm{B}_{\text{液体}} \tag{19.13}$$

$D[n\mathrm{B}]_{\text{固体}}$ 代表药物 $D$ 的固体溶剂化物，每分子 $D$ 含有 $n$ 分子溶剂 B，$D_{\text{液体}}$ 和 $n\mathrm{B}_{\text{液体}}$ 代表水中独立溶解的物质，$K_{sp}$ 是控制溶剂化物溶解的溶解度项。通常，式（19.12）说明溶剂化的自由能高于类似的非溶剂化溶解度平衡，导致有机溶剂在水中的溶剂化物的溶解度更高。

Grant 和 Higuchi（1990）在其关于有机化合物溶解度的书中讨论了溶剂化物的溶液行为。在一般情况下，水合形式比无水物更稳定（溶解性更小）。当溶剂化物由可与水混溶的非水溶剂形成时，溶剂溶解到水中的自由能降低了水的活性并增加了溶剂化物的表观溶解度。其中一个例子咖啡因水合物在水中的溶解度低于无水物，但溶解度顺序在乙醇中是相反的。

Shefter 和 Higuchi（1963）用茶碱（水合物和无水物）、谷氨酰胺（水合物和无水物）、胆固醇（水合物和无水物）和琥珀酰磺胺噻唑（戊醇溶剂化物、水合物和无水物）的数据说明了溶剂化物的溶解度提高。在后一种情况下，溶出速率曲线如图 19.1，无水物形式（4 mg/mL）比水合物（1 mg/mL）在更高浓度达到峰值，然后降低至与水合物相同的水平说明无水化合物转变成水合药物。此外，戊醇溶剂化物曲线在这种类似转化之前达到峰值 8 mg/mL（是其水合物溶解度的 8 倍）。VanTonder 等（2004）也发现氯硝柳胺的无水物的溶解度和溶出速率明显高于两种一水合物形式的溶解度和溶出速率。药物在水中的瞬时较高溶解度是由于溶剂与水混合的负自由能，这导致溶液的更负自由能。

与多态形式一样，溶剂化药物的温度依赖性可以通过 van't Hoff 图与非溶剂化药物进行比较。当溶解度的对数关于 $1/T$（$T$ 以 K 为单位）作图时，曲线的交点表示转变温度，其中溶剂化物的溶解度等于非溶剂化物的溶解度。通过这种方式，茶碱的转变温度为 73℃，谷氨酰亚胺的转变温度为 52℃。当温度高于转变温度时，无水化合物不仅具有更高的溶解度并且物理性质更加稳定。在转变温度下，结合到晶体中的溶剂分子的熵损失通过有利的焓变确切地补偿。Abdallah 和 El-Fattah（1984）使用这种方法确定磺胺甲噁唑的转变温度，其水合物转变温度为 70.5℃。与多晶体系一样，对于给定的焓差，与转变温度差得越远，两种形式之间的表观溶解度差异就越大。表 19.8 为 Abdallah 和 El-Fattah（1984）用磺胺甲噁唑实例说明了这一点的数据。

**表 19.8 无水磺胺甲噁唑（A）和水合物（H）在 0.1 mol/L HCl 中的溶解度与温度的关系**

| 温度/℃ | 溶解度（A）/（mg/100 mL） | 溶解度（H）/（mg/100 mL） | 比率（A/H） |
|---|---|---|---|
| 25 | 119.3 | 97.5 | 1.224 |
| 30 | 143.5 | 120 | 1.196 |

续表

| 温度/℃ | 溶解度（A）/（mg/100 mL） | 溶解度（H）/（mg/100 mL） | 比率（A/H） |
|---|---|---|---|
| 44 | 271 | 234 | 1.158 |
| 51 | 335 | 300 | 1.117 |
| 70.5 | | | |

注：1．外推热力学转变温度。

2．来源：Abdallah O，El-Fattah S A. Pharm. Ind.，1984，46：970-971.

### 19.4.3 溶剂化物对溶解度影响的文献实例

有许多药物的例子表明水合物的溶出速率、溶解度以及吸收度都比无水化合物低。Stoltz 等（1989）研究了羟基保泰松粉在 37℃蒸馏水中的溶出速率。对于无水化合物来说溶解 50%的粉末只需要 0.75 min，而对于水合物来说需要 22.9 min。当压成薄片测试，无水化合物的 IDR 是一水合物的 1.63 倍。Haleblian 和 McCrone（1969）报道称，氟泼尼龙的颗粒溶出率取决于药物的水合状态。β-一水合物比 α-一水合物快 10%溶解，但无水晶型Ⅰ比 α-一水合物快 1.6 倍，晶型Ⅲ比 α-一水合物快 1.4 倍，晶型Ⅱ比 α-一水合物快 1.3 倍。

Poole 等（1968）将氨苄西林无水物和三水合物做成 250 mg 剂量的悬浮液或胶囊剂给予人受试者。根据血液水平对时间曲线下的面积测量，无水物具有更高的生物利用度。在悬浮液中，面积比（无水物/三水合物）为 1.21，在胶囊剂中该比例约为 1.17。该曲线的峰值也存在于早期的无水化合物。这是基于在 37℃下水中溶解度提高 20%（无水物为 10 mg/mL，三水合物为 8 mg/mL）。在犬体内的差异更明显，无水物的悬浮液的 AUC 是三水合物形式的悬浮液的 1.6 倍。

表 19.9 列举了许多具有活性的药物的溶剂化和非溶剂化形式之间不同的平衡溶解度。葡萄糖酸钙（Suryanarayanan 和 Mitchell，1986）和格列本脲（Suleiman 和 Najib，1989）的实例表明，无水物/水合物和溶剂化/非溶剂化的溶解度差异可能比多晶型物更加明显。由于大多数溶剂化物形式不能用于人体治疗，因此该方面知识的最实际用途是对于干的固体制剂尽可能使用无水物。但是当无水物的吸湿性高并且在制造、包装和储存期间不能充分控制向水合物的转化时，就必须要对其进行改进。

**表 19.9 药物溶剂化物与非溶剂化物溶解度差异的文献实例**

| 药物 | 溶剂与温度 | 晶型与溶解度 | 比例 | 参考文献 |
|---|---|---|---|---|
| 氨苄西林 | 水25℃ | 无水合物：11.3 mg/mL<br>三水合物：7.8 mg/mL | A/T=1.4 | Zhu 和 Grant（1996） |
| 葡萄糖酸钙 | 蒸馏水 22℃ | 无水合物：1.3 mol<br>Ⅰ（3.5 水合物）：0.07 mol | A/I=18.6 | Suryanarayanan 和 Mitchell（1986） |
| 卡马西平 | 水 25℃ | 无水合物：0.379 mg/mL<br>二水合物：0.125 mg/mL | A/T=3.0 | Murphy 等（2002） |
| DMHP（铁螯合剂） | 蒸馏水 25℃ | DMHP 无水合物：0.109 mol/L<br>DMHP 甲酸盐：0.894 mol/L | F/A=8.2 | Ghosh 和 Grant（1995） |
| 氟康唑 | 水25℃ | 无水合物：4.29 mg/mL<br>一水合物：3.56 mg/mL | A/M=1.2 | Alkhamis（2002） |
| 呋塞米 | 水[①]37℃ | 二噁烷溶剂化物（X）：25.9 μg/mL<br>DMF 溶剂化物（D）：24.7 μg/mL<br>甲酸水合物：19.8 μg/mL | X/A=1.3<br>D/A=1.2 | Matsuda 和 Tatsumi（1990） |

续表

| 药物 | 溶剂与温度 | 晶型与溶解度 | 比例 | 参考文献 |
|---|---|---|---|---|
| 格列本脲 | 蒸馏水 37℃ | 戊醇溶剂化物：33.7 mg/100 mL<br>甲苯溶剂化物：2.5 mg/100 mL<br>甲醛溶剂化物：1.06 mg/100 mL | P/Ⅱ=31.8<br>T/Ⅱ=2.4 | Suleiman 和 Najib（1989） |
| 拉米夫定 | 蒸馏水 25℃<br>乙醇 25℃ | Ⅰ（0.2 水合物）：84.9 mg/mL<br>Ⅱ（无水合物）：98.1 mg/mL<br>Ⅰ（0.2 水合物）：18.5 mg/mL<br>Ⅱ（无水合物）：11.4 mg/mL | Ⅱ/Ⅰ=1.2<br>Ⅰ/Ⅱ=1.6 | Jozwiakowski 等（1996） |
| 杨梅素 | 水 23℃ | Ⅰ（一水合物）：0.5 μg/mL<br>ⅠA（无水合物）：3.2 μg/mL<br>Ⅱ（一水合物）：0.6 μg/mL<br>ⅡA（无水合物）：0.7 μg/mL | ⅠA/Ⅰ=6.4<br>ⅡA/Ⅱ=1.2 | Franklin 和 Myrdal（2015） |
| 氯硝柳胺 | 水 25℃ | 无水合物：13.32 μg/mL<br>一水合物：（$H_A$）：0.95 μg/mL<br>一水合物：（$H_B$）：0.61 μg/mL | A/$H_A$=14.0<br>A/$H_B$=21.8 | Van Tonder 等（2004） |
| 硝苯地平 | 水 30℃ | 无水合物：5.42 μg/mL<br>二水合物：3.01 μg/mL | A/D=1.8 | Boje 等（1988） |
| 盐酸帕罗西汀 | 蒸馏水 0℃ | Ⅰ（半水合物）：4.9 mg/mL<br>Ⅱ（无水合物）：8.2 mg/mL | Ⅱ/Ⅰ=1.7 | Buxton 等（1988） |
| 吡罗昔康 | 0.1 mol/L HCl 25℃<br>0.1 mol/L HCl 30℃ | A（无水合物）：11.90 mg/L<br>B（一水合物）：12.30 mg/L<br>A（无水合物）：10.58 mg/L<br>B（一水合物）：14.64 mg/L | B/A=1.0<br>B/A=1.4 | Kozjek 等（1985） |
| 磺酸甲噁唑 | 0.1 mol/L HCl 25℃ | A（无水合物）：119.3 mg/100 mL<br>B（一水合物）：97.5 mg/100 mL | A/B=1.2 | Abdallah 和 El-Fattah（1984） |
| 茶碱 | pH 6 磷酸缓冲液 25℃ | 无水合物：12 mg/mL<br>一水合物：6 mg/mL | A/M=2.0 | Rodriguez-Hornedo 等（1992） |

① 从缓冲的 pH 溶液中推断本征溶解度。

吡罗昔康（Kozjek 等，1985）是一个非常有趣的例子，其转变温度为 25℃。在生理学相关温度下，黄色一水合物三斜晶形式实际上比白色单斜晶针状形式更易溶解。无水针状还显示出溶液的负焓（溶解度随温度升高而降低），这与大多数有机化合物相比是不寻常的。

拉米夫定是水合物在非水溶剂中作用的一个例子（Jozwiakowski 等，1996）。在 25℃的蒸馏水中，无水游离碱（晶型Ⅱ）的溶解度是 0.2 水合物（晶型Ⅰ）的 1.2 倍。在 25℃的乙醇中，水合物的含量是无水物的 1.6 倍。当晶型Ⅰ是最稳定的固相时，发现在乙醇-水混合物中的最大溶解度为乙醇中水的 40%～60%。过渡组合物为乙醇含有 18%～20%的水；在含水量超过 20%的二元混合物中，仅发现水合物处于平衡状态，并且水含量低于 18%时，在平衡状态下仅发现无水物。

## 19.5　无定型（非晶）形式的实用性

### 19.5.1　制备无定型药物的方法

通过防止晶格形成（快速凝固或相分离）或通过破坏现有晶体结构（加工能量或去溶剂化）形成无定型药物。已经引用了地高辛、螺内酯、乳糖和其他固体在加工过程中形成无定型部位的实例。

通过这些技术生产部分无序固体通常会产生介于纯结晶相和无定型相之间性质的中间体。Florence 和 Salole（1976）发现，通过研磨可以在地高辛样品中产生部分无定型，从而导致表观溶解度增加 7%～118%，这取决于类型和粉碎。

小批量的 NCE 通常在开发过程的早期以无定型形式生产，此时大量药物合成仍在进行中。在此阶段从溶液中快速沉淀以获得高产率通常比最佳结晶更重要。Huang 等（1991）已经指出，在早期研究阶段，药物的物理性质包括结晶度，会在批次之间发生很大变化。发现抗精神病药 CI-936 作为无定型形式时犬口服吸收可达 90%以上，但是作为结晶形式时吸收差且不可预测。无定型形式的 IDR 是结晶形式批次的 1.4～4.4 倍。在 pH 7.5 的磷酸盐缓冲液中这种差别更明显，其中无定型形式的粉末溶出速率是最慢的结晶批次的 10 倍。

合成无定型药物通常包括从溶液中冻干或从挥发性溶剂中喷雾干燥两种方法。如果药物在熔化期间不分解，则冷却熔融体也可以产生非晶形式。与冷冻干燥相似，Overhoff 等（2007）解释了超快速冷冻（URF）过程。在该方法中，将 API 和聚合物的溶液在冷的固体表面上进行冷冻冻干。将此方法应用到达那唑上，可以生产出具有高表面积和高溶出速率的无定型形式药物。可能需要使用亚稳态无定型形式以达到难溶性药物的固体口服剂型的最佳性能。市售片剂配方中使用的头孢呋辛酯（USP）是无定型形式。USP 测试表明在偏光显微镜下缺乏双折射。许多抗生素和肽的冻干制剂在市场上销售都是用于注射，因为在干燥制剂中限制了稳定剂和防腐剂，导致无定型在固体重构时迅速溶解。

### 19.5.2　无定型药物提高溶解度的实例

无定型药物比其相应的结晶形式密度小，这种更大的自由体积会产生更高的分子运动性和更高的自由能，这是一些无定型药物所表现出的增强的溶出速率、溶解度和生物利用度的基础。无定型固体的重结晶、更大的吸湿性和更强反应活性可能会使开发出稳定的制剂处方变得困难。无定型固体的吸水是由于它具有可以将水吸收入分子内部的能力，而不像致密一些的结晶分子只是在其表面吸附水分。Ward 和 Schultz（1995）表明，在碾磨沙丁胺醇硫酸盐样品中，即使紊乱程度的微小增加也会引起药物水吸附的显著变化。Saleki-Gerhardt 等（1995）表明在棉子糖五水合物中无定型形式的占比与吸收水的重量百分比之间具有线性相关性。Burger 和 Ratz（1990）发现无定型四环素可吸收 20%的水，而结晶形式的吸水量则为 2%。无定型形式在紫外线下比结晶形式更容易降解，并且这种情况在水分含量高时更明显。

尽管无定型形式在与溶剂接触时倾向于快速结晶，但固体形式通常显示出增强的溶出速率和瞬时溶解度增加，这可以转化为更高的生物利用度。Otsuka 和 Kaneniwa（1983）研究了头孢氨苄结晶型和无定型形式的溶解度。非结晶药物在水中 10℃时的最大溶解度约为 60 mg/mL，而结晶药物的溶解度为 10～11 mg/mL。在 35℃时由于无定型药物具有更快的结晶速率，所以溶解度的差异就不会这么明显。Chikaraishi 等（1996）研究了溶液介导的无定型形式的吡咯烷酮向结晶形式的相变并且探究了温度对溶解度和转化率的影响。在 45℃下，无定型固体的表观溶解度是结晶形式的 1.5 倍。而在 30℃时无定型溶解度的增强是结晶形式的 2 倍，这就说明了与 30℃相比无定型固体转化为结晶形式可以在 45℃下更快地发生。Imaizumi 等（1980）表明，无定型吲哚美辛的溶出度高于结晶形式，但是 2 h 之后由无定型的结晶导致两者溶解度相当。Fukuoka 等（1987）估计在磷酸盐缓冲液（pH 7.2）中无定型形式的初始溶出速率是结晶形式（γ 改性）的四倍。这样的溶解度差异导致在兔体内吲哚美辛口服和直肠吸收均有增加，血液水平关于时间曲线的最大峰值也有所增加。

无定型溶解度增强的量通常远大于亚稳多晶型物或无水/水合物体系溶解度增强的量。Stagger 和 Guillory（1979）在 37℃下，pH 6.5 的含水缓冲液中比较了无定型碘酸与其结晶形式的 IDR。如图 19.2 所示，无定型形式的溶出速率比结晶状态快一个数量级。Higuchi 等（1963）估计，无定型甲泼尼龙的溶解度约为晶型 Ⅰ 的 20 倍。Doherty 和 York（1989）发现，PVP 稳定的呋塞米无定型固体是其结晶药物溶出速率的 31～36 倍。Mullins 和 Macek（1960）发现无定型新生霉素游离酸的溶解度是在 25℃下 0.1 mol/L HCl 中结晶游离酸的 10 倍。当将水溶性的钙盐和结晶型的游离酸分别以 12.5 mg/kg 的悬浮液的方式给犬体内用药后，可发现对于水溶性更高的钙盐可以在血液中检测出相应的含量，但是对于结晶型的游离酸并未检测到有口服吸收。

Hancock 和 Parks（2000）对利用非晶态的理论和实践方面进行了批判性的评估。理论上通过使用无定型物，溶解度的增加预计在 10～1600 倍。然而，溶解度的提高也说明非常有利于结晶，这样的结果会导致实现的增益明显减少。

### 19.5.3　无定型药物的物理稳定性

从前面的部分可以明显看出，无定型形式在提高难溶性药物的口服生物利用度方面具有显著优势。亚稳态固相可以提供高能量状态和高溶解度，但是在给定的条件下又会转变成能量低的形式。无定型药物的商业开发受到了限制，主要原因在于很难做到预测和保持无定型药物的物理性质，来保证在患者使用时能够获得药物活性增强的益处。

非晶固体中分子的分子运动性与储存温度与玻璃化转变温度（$T_g$）有关。玻璃化转变是二阶相变其热容量的变化，由 DSC 热分析图上基线的变化证明。传统观点认为无定型物质在 $T_g$ 以下是玻璃化和脆性的，而在 $T_g$ 以上是橡胶状和可移动的。Hancock 等（1995）通过弛豫时间实验表明，一些分子迁移率可以发生在比吲哚美辛和蔗糖无定型固体的 $T_g$ 低 50℃的温度下。实际上，通常需要低于 $T_g$ 50℃的储存温度来完全稳定无定型固体以防止它自发结晶（Yoshioka 等，1995）。

Giron（1995）指出已经报道了许多药物的相对稳定的无定型形式的药物，例如氨苄西林、杆菌肽、倍他米松、红霉素、盐酸丙咪嗪、吲哚美辛、制霉菌素、羟基保泰松、利福平、琥珀酰磺胺噻唑和盐酸四环素。表 19.10 列出了从文献中获得的药用化合物（药物和赋形剂）的玻璃化转变温度。Fukuoka 等（1989）报道，这些系统中的大多数遵循一般规则来预测无法通过热分析测量的玻璃化转变温度。如果熔融温度单位以 K 表示，则 $T_g$ 可估计为 $T_m$ 的 70%～80%。然后该玻璃化转变温度可用于预测无定型固体的物理稳定性。

加热已知玻璃化转变温度（$T_g$）和熔融温度（$T_m$）的无定型固体时的预期结晶温度（$T_c$）由式（19.14）给出：

$$T_c \approx T_g + [(T_m - T_g)/2] \qquad (19.14)$$

对于等温储存的无定型化合物，由于黏度的增加，结晶时间通常随着温度的升高而降低（Saleki-Gerhardt 和 Zografi，1994）。两种无定型化合物的混合物将表现出两种原始组分之间的单一玻璃化转变温度（Hancock 和 Zografi，1994）。如果两个分量的密度相等，则新值是倒数值的加权平均值（Fox 方程）：

$$(1/T_g)_{mix} = (w_1/T_{g1}) + (w_1/T_{g2}) \qquad (19.15)$$

表 19.10 药用化合物的玻璃化转变温度

| 药用化合物 | 玻璃化转变温度/℃ | 参考文献 |
|---|---|---|
| 阿司匹林 | -30 | Fukuoka 等（1989） |
| 谷氨酰胺 | 0 | Ford（1987） |
| 甲基睾酮 | -3 | Fukuoka 等（1989） |
| 山梨醇 | -3 | Hancock 和Zografi（1994） |
| 黄体酮 | 6 | Fukuoka 等（1989） |
| 阿托品 | 8 | Fukuoka 等（1989） |
| 氯霉素 | 28 | Ford（1987） |
| 吲哚美辛 | 47 | Hancock 等（1995） |
| 苯巴比妥 | 48 | Fukuoka 等（1989） |
| 磺胺噻唑 | 61 | Fukuoka 等（1989） |
| 乳糖 | 74 | Saleki-Gerhardt 和Zografi（1994） |
| 蔗糖 | 77 | Hancock 等（1995） |
| 灰黄霉素 | 89 | Ford（1987） |

当一种物质可以降低另一种物质的玻璃化转变温度时，那么它被称为增塑剂。水的玻璃化转变温度为-138℃（Sugisaki 等，1968），它已经足够低，可以使制药系统增塑。期望的效果是赋形剂的含水量使材料增塑从而可以增强压缩性。若无意中将水引入含有无定型药物的亚稳系统时，它可以将玻璃化转变温度降低到结晶倾向更高的范围内。表 19.11（Saleki-Gerhardt 和Zografi，1994）显示了少量吸收的水如何通过将玻璃化转变温度降低接近室温来改变无定型蔗糖的物理稳定。由于加工过程中产生能量从而产生部分无定型化合物后，几乎所有测量的含水量都集中在非晶区域，这可以显著放大这种效应。化学不稳定性和无定型形式的结晶就是通过该机理吸收少量大气水而引起的。Matsuda 和 Kawaguchi（1986）发现无定型羟基保泰松在暴露于环境湿度时结晶得更快。在这种情况下，它在较低湿度下结晶为无水物，在中等至高湿度下结晶为半水合物或一水合物。Strydom 等（2009）用无定型形式的司他夫定证明了这种转化。在相对较低的相对湿度（＞30%）下观察到从无定型到水合物的转变。此外，在更高的温度（100℃）下的稳定性研究表明，无定型固体在水分存在下转化为Ⅲ（水合物）或在没有水分的情况下形成Ⅱ（无水）。

表 19.11 无定型蔗糖的玻璃化转变温度与水分的关系

| 吸水率（质量分数）/% | 玻璃化转变温度/℃ |
|---|---|
| 0.00 | 74 |
| 0.99 | 60 |
| 1.47 | 58 |
| 1.98 | 50 |
| 3.13 | 32 |

来源：Saleki-Gerhardt A，Zogra fi，G. Pharm. Res.，1994，11：1166-1173.

为了销售口服可用的无定型固体剂型，药物必须保持非晶态以保持产品的保质期并且可以达到预期的吸收效果。一般来说，当温度比 $T_g$ 低 50℃时可以抑制分子迁移，如果应用这条规则的话，则这意味着药物体系的 $T_g$ 应该超过 70～80℃。对于固体剂型，可以加入具有较高玻璃化转变温度的赋形剂，这样可以增加抗塑化效果。这就是为什么含有无定型药物和 PVP（$T_g$＝280℃）的共沉淀物通常在物理上足够稳定以用于剂型。Yoshioka 等（1995）表明，添加20% PVP 可以抑制吲哚美辛结晶，原因在于玻璃化转变温度从 50℃升高到 66℃，结晶温度从97℃升高到 135℃。Fukuoka 等（1989）应用相同的原理使用水杨苷（$T_g$ =60℃）稳定苯巴比妥

（$T_g$ = 48℃）和使用苯巴比妥稳定安替比林（$T_g$=-17℃）。

小分子的共无定型二元混合物是增加药物溶解度并且同时改善无定型状态稳定性的策略。Löbmann 等（2011）研究了萘普生和 γ-吲哚美辛的物质的量之比为 2∶1、1∶1 和 1∶2 的共无定型组合。根据固有溶出度测试结果，与结晶 γ-吲哚美辛相比，无定型吲哚美辛的溶出速率增加，并且其共无定型态显示出进一步增加。用萘普生观察到可得到类似的结果，并且发现萘普生可以与 γ-吲哚美辛组合制成不是纯物质的无定型。有趣的是，1∶1 共无定型混合物可以同步释放这两种药物。将共无定型系统在 4℃和 25℃的干燥条件下储存 21 天，然后以 1∶1 混合物保持无定型状态。Löbmann 等（2012）也研究了辛伐他汀和格列吡嗪的共无定型混合物。与单独的无定型形式相比，共无定型混合物再次显示出良好的稳定性，然而，确定良好的稳定性是格列吡嗪充当抗增塑剂而不是两种化合物的分子相互作用的结果。Allesø、Chieng 等已经进行了对于共无定型系统类似的研究。Allesø（2009）等证明西咪替丁和萘普生的无定型混合物提高了两种药物的溶出速率。Chieng 等（2009）发现吲哚美辛和雷尼替丁的混合物产生了高度稳定的无定型二元混合物。

将黏结剂添加到悬浮液中以延迟结晶，其方式与它们用于防止结晶成更稳定的多晶型的方式大致相同。Mullins 和 Macek（1960）发现无定型新生霉素的悬浮液在 37℃下持续 22 天，在 25℃下持续 6 个月，然后再转化为结晶化合物。通过在悬浮液中加入 1%甲基纤维素，它们能够在 37℃下将延迟结晶时间延长至 1 年以上，在室温下储存时可制成可行的药物产品。利用聚合物改善溶解性和物理稳定性的无定型配方仍然易于在固体分散体中重结晶。Yang 等（2010）开发了一种数值模型来预测依法韦仑-PVP 系统的重结晶动力学。

一些药物由于具有许多侧链从而阻止了填充剂填充到晶格当中，因此只存在仅以非晶态分离的药物物质。在这种情况下可以通过对药物施加压力来证明其不易于结晶，这样可以使后期开发中结晶的危险最小化。通常的情况是药物物质可以形成低能量的稳定的晶体形式，但这同时可能是其水溶性差的一个重要因素。使用任何无定型药物都需要研究和应用上述原理，以便在生产和患者使用之间不会发生剂型的结晶。

## 19.6　使用亚稳态固体制备难溶性药物制剂的策略

使用可替换的固态形式（结晶多晶型物、结晶溶剂化物或无定型态）是提高难溶性药物溶出速率、表观溶解度或口服生物利用度的可行方法。由于具有转化为更稳定形式的可能性，只有在应用最低能量晶型不能获得足够的溶解度时才使用这些亚稳态固体。该技术对于固体剂型最有用，相对于溶液剂型，固体剂型转化为更稳定的晶型的机会大大降低。如果考虑应用这项技术的话，则第一步就应当充分表征药物的潜在晶体形式和其无定型形式的玻璃化转变温度。Byrn 等（1995）提出的决策树可以帮助确定预先制定研究的类型，以充分解决每种形式的相纯度和稳定性条件。如果亚稳态形式可以提高对疗效很重要的溶解度，则应进行压力测试以了解转化所需的速率和条件。应检查储存温度/湿度、初始含水量和加工变量，以确保所选择的固体形式可以可靠地制成稳定的剂型。如果存在稳定的水合物并且这种形式是可接受的，那么还应当用于防止剂型遇到水时的物理变化。如果需要，可以研究稳定亚稳态形式以防止稳定晶型结晶的方法。如果这些实验表明不能防止亚稳态形式在产品保质期内转化，则最好利用本书中的一种或多种其他技术来提高溶解度。

# 参考文献


Abdallah, O. and S. A. El-Fattah. (1984). Thermodynamic properties of two forms of sulfamethoxazole, *Pharm. Ind.*, 46: 970–971.

Abdou, H. M. (1989). *Dissolution, Bioavailability, and Bioequivalence*, pp. 53–72, Mack Printing Company, Easton, PA.

Aguiar, A. J. and J. E. Zelmer. (1969). Dissolution behavior of polymorphs of chloramphenicol palmitate and mefenamic acid, *J. Pharm. Sci.*, 58: 983–987.

Aguiar, A. J., J. Krc, A. W. Kinkel, and J. C. Samyn. (1967). Effect of polymorphism on the absorption of chloramphenicol from chloramphenicol palmitate, *J. Pharm. Sci.*, 56: 847–853.

Alkhamis, K. A., A. A. Obaidat, and A. F. Nuseirat. (2002). Solid-state characterization of Fluconazole, *Pharm. Dev. Technol.*, 7: 491–503.

Allesø, M., N. Chieng, S. Rehder, J. Rantanen, T. Rades, and J. Aaltonen. (2009). Enhanced dissolution rate and synchronized release of drugs in binary systems through formulation: Amorphous naproxen-cimetidine mixtures prepared by mechanical activation, *J. Controlled Release.*, 136: 45–53.

Andersen, N. G. (2000). *Practical Process Research and Development*, Academic Press, New York.

Aungst, B. J. (1993). Novel formulation strategies for improving oral bioavailability of drugs with poor membrane penetration or presystemic metabolism, *J. Pharm. Sci.*, 82: 979–987.

Balbach, S. and C. Korn. (2004). Pharmaceutical evaluation of early development candidates "the 100 mg-approach," *Int. J. Pharm.*, 275: 1–12.

Bauer, J., S. Spanton, R. Henry, J. Quick, W. Dziki, W. Porter, and J. Morris. (2001). Ritonavir: An extraordinary example of conformational polymorphism, *Pharm. Res.*, 18: 859–866.

Behme, R. J. and D. Brooke. (1991). Heat of fusion measurement of a low melting polymorph of carbamazepine that undergoes multiple-phase changes during differential scanning calorimetry, *J. Pharm. Sci.*, 80: 986–990.

Behme, J., D. Brooke, R. F. Farney, and T. T. Kensler. (1985). Characterization of polymorphism of gepirone HCl, *J. Pharm. Sci.*, 74: 1041–1046.

Berge, S. M., L. D. Bighley, and D. C. Monkhouse. (1977). Pharmaceutical salts, *J. Pharm. Sci.*, 66: 1–19.

Biles, J. A. (1962). Crystallography. Part II, *J. Pharm. Sci.*, 51: 601–617.

Bjaen, A., K. Nord, S. Furuseth, T. Agren, H. Tonnesen, and J. Karlsen. (1993). Polymorphism of chloroquine diphosphate, *Int. J. Pharm.*, 92: 183–189.

Boje, K. M., M. Sak, and H.-L. Fung. (1988). Complexation of nifedipine with substituted phenolic ligands, *Pharm. Res.*, 5: 655–659.

Borka, L. (1971). The stability of chloramphenicol palmitate polymorphs, *Acta Pharm. Suecica*, 8: 365–372.

Borka, L. and J. K. Haleblian. (1990). Crystal polymorphism of pharmaceuticals, *Acta Pharm. Jugosl.*, 40: 71–94.

Brittain, H. G. (1995). *Physical Characterization of Pharmaceutical Solids*, Marcel Dekker, New York.

Brittain, H. G. (1999). *Polymorphism in Pharmaceutical Solids*, Marcel Dekker, New York.

Brittain, H. G., S. A. Ranadive, and A. T. M. Serajuddin. (1995). Effect of humidity-dependent changes in crystal structure on the solid-state fluorescence properties of a new HMG-CoA reductase inhibitor, *Pharm. Res.*, 12: 556–559.

Burger, A. and A. Lettenbichler. (1993). Polymorphism and pseudopolymorphism of acemetacin, *Pharmazie*, 48: 262–272.

Bugay, D. E. (2001). Characterization of the solid-state: Spectroscopic techniques, *Adv. Drug Del. Rev.*, 48: 3–65.

Burger, A. and A. W. Ratz. (1990). Physical and chemical stability of amorphous and crystalline tetracycline hydrochloride, *Sci. Pharm.*, 58: 69–75.

Buxton, P. C., I. R. Lynch, and J. M. Roe. (1988). Solid-state forms of paroxetine hydrochloride, *Int. J. Pharm.*, 42: 135–143.

Byrn, S. R. (1982). *Solid-State Chemistry of Drugs*, Academic Press, New York.

Byrn, S. R. and R. R. Pfeiffer, (1992). *Pharmaceutical Solids Short Course*, SSCI, Inc., Washington, DC, October 27–28.

Byrn, S., R. Pfeiffer, M. Ganey, C. Hoiberg, and G. Poochikian. (1995). Pharmaceutical solids: A strategic approach to regulatory considerations, *Pharm. Res.*, 12: 945–954.

Byrn, S., R. Pfeiffer, and J. G. Stowell. (1999). *Solid-State Chemistry of Drugs*, 2nd ed., SSCI, West Lafayette, IN.

Cabri, W., P. Ghetti, G. Pozzi, and M. Alpegiani. (2007). Polymorphisms and patent, market, and legal battles: Cefdinir case study, *Org. Process Res. Dev.*, 11: 64–72.

Carstensen, J. T. (1993). *Pharmaceutical Principles of Solid Dosage Forms*, Technomic Publishing Co., Lancaster, PA, pp. 133–149.

Carstensen, J. T. (2001). *Advanced Pharmaceutical Solids*, Marcel Dekker, New York.

Carstensen, J. T. and M. K. Franchini. (1995). Isoenergetic polymorphs, *Drug Dev. Ind. Pharm.*, 21: 523–536.

Chan, H. and E. Doelker. (1985). Polymorphic transformation of some drugs under compression, *Drug Dev. Ind. Pharm.*, 11: 315–332.

Chan, T. W. and A. Becker. (1988). Formulation of vaccine adjuvant muramyldipeptides (MDP). 1. Characterization of amorphous and crystalline forms of a muramyldipeptide analogue, *Pharm. Res.*, 5: 523–527.

Chauvet, A., J. Masse, J.-P. Ribet, D. Bigg, J.-M. Autin, J.-L. Maurel, J.-F. Patoiseau, and J. Jaud.(1992). Characterization of polymorphs and solvates of 3-amino-1-(*m*-trifluoromethylphenyl)-6-methyl-1H-pyridazin-4-one, *J. Pharm. Sci.*, 81: 836–841.

Chen, S., I. A. Guzei, and L. Yu. (2005). New polymorphs of ROY and new record for coexisting polymorphs o solvated structures, *J. Am. Chem. Soc.*, 127: 9881–9885.

Chieng, N., J. Aaltonen, D. Saville, and T. Rades. (2009). Physical characterization and stability of amorphous indomethacin and ranitidine hydrochloride binary systems prepared by mechanical activation, *Eur. J. Pharm. Biopharm.*, 71: 47–54.

Chieng, N., Z. Zujovic, G. Bowmaker, T. Rades, and D. Saville. (2006). Effect of milling conditions on the solid-state conversion of ranitidine hydrochloride form I, *Int. J. Pharm. Sci.*, 327: 36–44.

Chikaraishi, Y., M. Otsuka, and Y. Matsuda. (1996). Dissolution phenomenon of the piretanide amorphous form involving phase change, *Chem. Pharm. Bull.*, 44: 2111–2115.

Chikaraishi, Y., A. Sano, T. Tsujiyama, M. Otsuka, and Y. Matsuda. (1994). Preparation of piretanide polymorphs and their physicochemical properties and dissolution behaviors, *Chem. Pharm. Bull.*, 42: 1123–1128.

Chow, A. H. L. and D. J. W. Grant. (1988). Modification of acetaminophen crystals. III. Influence of initial supersaturation during solution-phase growth on crystal properties in the presence and absence of *p*-acetoxyacetanilide, *Int. J. Pharm.*, 42: 123–133.

Clements, J. A. and S. D. Popli. (1973). The preparation and properties of crystal modifications of meprobamate, *Can. J. Pharm. Sci.*, 8: 88–92.

Cox, J. S. G., G. D. Woodard, and W. C. McCrone. (1971). Solid-state chemistry of cromolyn sodium (disodium cromoglycate), *J. Pharm. Sci.*, 60: 1458–1465.

DeVilliers, M., J. van der Watt, and A. Lotter. (1991). The interconversion of the polymorphic forms of chloramphenicol palmitate (CAP) as a function of environmental temperature, *Drug Dev. Ind. Pharm.*, 17: 1295–1303.

Doherty, C. and P. York. (1988). Frusemide crystal forms: Solid state and physicochemical analyses, *Int. J. Pharm.*, 47: 141–155.

Doherty, C. and P. York. (1989). Accelerated stability of an x-ray amorphous frusemide-PVP solid dispersion, *Drug Dev. Ind. Pharm.*, 15: 1969–1987.

Dressman, J. B., G. L. Amidon, and D. Fleisher. (1985). Absorption potential: estimating the fraction absorbed for orally administered compounds, *J. Pharm. Sci.*, 74: 588–589.

Ebian, A. R., M. A. Moustafa, S. A. Khalil, and M. M. Motawi. (1973). Effect of additives on the kinetics of interconversion of sulfamethoxydiazine crystal forms, *J. Pharm. Pharmacol.*, 25: 13–20.

Everz, L. and J. Mielck. (1992). Water-induced physical transformation of a crystalline drug in a fluidized bed: pseudopolymorphism—polymorphism of carbamazepine, *Eur. J. Pharm. Biopharm.*, 38: 28S.

Fiese, E. F. and T. A. Hagen. (1986). Preformulation, in *The Theory and Practice of Industrial Pharmacy* (L. Lachman, H. A. Lieberman, and J. L. Kanig, Eds.), Lea and Febiger, Philadelphia, PA, pp. 171–196.

Florence, A. T. and E. G. Salole. (1976). Changes in crystallinity and solubility on comminution of digoxin and observations on spironolactone and estradiol, *J. Pharm. Pharmacol.*, 28: 637–642.

FDA (2004). *Guidance for Industry: ANDAs: Pharmaceutical Solid Polymorphism: Chemistry, Manufacturing and Controls Information*, CDER, Rockville, MD.

Ford, J. L. (1987). The use of thermal analysis in the study of solid dispersions, *Drug Dev. Ind. Pharm.*, 13: 1741–1777.

Franklin, S. J., and P. B. Myrdal. (2015). Solid-state and solution characterization of myricetin, *AAPS Pharm. Sci. Tech.*, 16: 1400–1408.

Fukuoka, E., M. Makita, and S. Yamamura. (1987). Glassy state of pharmaceuticals. II. Bioinequivalence of glassy and crystalline indomethacin, *Chem. Pharm. Bull.*, 35: 2943–2948.

Fukuoka, E., M. Makita, and S. Yamamura. (1989). Glassy state of pharmaceuticals. III. Thermal properties and stability of glassy pharmaceuticals and their binary glass systems, *Chem. Pharm. Bull.*, 37: 1047–1050.
Gan, L., C. Eads, T. Niederer, A. Bridgers, S. Yanni, P. Hsyu, F. Pritchard, and D. Thakker. (1994). Use of CACO-2 cells as an *in vitro* intestinal absorption and metabolism model, *Drug Dev. Ind. Pharm.*, 20: 615–631.
Gerber, J. J., J. G. van der Watt, and A. P. Lotter. (1991). Physical characterisation of solid forms of cyclopenthiazide, *Int. J. Pharm.*, 73: 137–145.
Ghan, G. and J. Lalla. (1992). Effect of compressional forces on piroxicam polymorphs, *J. Pharm. Pharmacol.*, 44: 678–681.
Ghodbane, S. and J. A. McCauley. (1990). Study of the polymorphism of MK571 by DSC, TG, XRPD and solubility measurements, *Int. J. Pharm.*, 59: 281–286.
Ghosh, S. and D. J. W. Grant. (1995). Determination of the solubilities of crystalline solids in solvent media that induce phase changes: solubilities of 1,2-dialkyl-3-hydroxy-4-pyridones and their formic acid solvates in formic acid and water, *Int. J. Pharm.*, 114: 185–196.
Giron, D. (1995). Thermal analysis and calorimetric methods in the characterization of polymorphs and solvates, *Thermochim. Acta*, 248: 1–59.
Goyan, J. E. and R. L. Day. (1970). Solution dosage forms, in *Prescription Pharmacy*, 2nd ed. (J. B. Sprowls, Ed.), J. B. Lippincott Co., Philadelphia, PA, pp. 163–166.
Graf, E., C. Beyer, and O. Abdallah. (1984). On the polymorphism of acetohexamide, *Pharm. Ind.*, 46: 955–959.
Grant, D. J. W. and T. Higuchi. (1990). *Solubility Behavior of Organic Compounds*, John Wiley & Sons, New York, pp. 22–27.
Grunenberg, A., B. Keil, and J.-O. Henck. (1995). Polymorphism in binary mixtures, as exemplified by nimodipine, *Int. J. Pharm.*, 118: 11–21.
Gunning, S. R., M. Freeman, and J. A. Stead. (1976). Polymorphism of disopyramide, *J. Pharm. Pharmacol.*, 28: 758–761.
Haleblian, J. K. (1975). Characterization of habits and crystalline modification of solids and their pharmaceutical applications, *J. Pharm. Sci.*, 64: 1269–1288.
Haleblian, J. and W. McCrone. (1969). Pharmaceutical applications of polymorphism, *J. Pharm. Sci.*, 58: 911–929.
Hamlin, W. E., J. I. Northam, and J. G. Wagner. (1965). Relationship between *in vitro* dissolution rates and solubilities of numerous compounds representative of various chemical species, *J. Pharm. Sci.*, 54: 1651–1653.
Hancock, B. C. and M. Parks. (2000). What is the true solubility advantage for amorphous pharmaceuticals? *Pharm. Res.*, 17: 397–403.
Hancock, B. C., S. L. Shamblin, and G. Zografi. (1995). Molecular mobility of amorphous pharmaceutical solids below their glass transition temperatures, *Pharm. Res.*, 12: 799–806.
Hancock, B. C. and G. Zografi. (1994). The relationship between the glass transition temperature and water content of amorphous pharmaceutical solids, *Pharm. Res.*, 11: 471–477.
Herman, J., J. P. Remon, N. Visavarungroj, J. B. Schwartz, and G. H. Klinger. (1988). Formation of theophylline monohydrate during the pelletization of microcrystalline cellulose—anhydrous theophylline blends, *Int. J. Pharm.*, 42: 15–18.
Higuchi, W. I., P. K. Lau, T. Higuchi, and J. W. Shell. (1963). Polymorphism and drug availability–solubility relationships in the methylprednisolone system, *J. Pharm. Sci.*, 52: 150–153.
Hoelgaard, A. and N. Moller. (1983). Hydrate formation of metronidazole benzoate in aqueous suspensions, *Int. J. Pharm.*, 15: 213–221.
Huang, H.-P., K. S. Murthy, and I. Ghebre-Sellassie. (1991). Effect of the crystallization process and solid state storage on the physico-chemical properties of scale-up lots of CI-936, *Drug Dev. Ind. Pharm.*, 17: 2411–2438.
Huang, L.-F. and W.-Q. Tong. (2004). Impact of solid state properties on developability assessment of drug candidates, *Adv. Drug Rev.*, 56: 321–334.
Ibrahim, H. G., F. Pisano, and A. Bruno. (1977). Polymorphism of phenylbutazone: properties and compressional behavior of crystals, *J. Pharm. Sci.*, 66: 669–673.
Imaizumi, H., N. Nambu, and T. Nagai. (1980). Stability and several physical properties of amorphous and crystalline forms of indomethacin, *Chem. Pharm. Bull.*, 28: 2565–2569.
International Conference on Harmonisation (2000). Guidance for industry, *Q6A Specifications: Test*

*Procedures and Acceptance Criteria for New Drug Substances and New Drug Products: Chemical Substances*. Geneva.

Jain, N. and S. H. Yalkowsky. (2001). Estimation of the aqueous solubility. I. Application to organic nonelectrolytes, *J. Pharm. Sci.*, 90: 234–252.

Jain, N., G. Yang, S. G. Machatha, and S. H. Yalkowsky. (2006). Estimation of the aqueous solubility weak electrolytes, *Int. J. Pharm.*, 319: 169–171.

Jozwiakowski, M. J. and K. A. Connors. (1985). Aqueous solubility behavior of three cyclodextrins, *Carbohydrate Res.*, 143: 51–59.

Jozwiakowski, M. J., N.-A. T. Nguyen, J. M. Sisco, and C. W. Spancake. (1996). Solubility behavior of lamivudine crystal forms in recrystallization solvents, *J. Pharm. Sci.*, 85: 193–199.

Jozwiakowski, M. J., S. O. Williams, and R. D. Hathaway. (1993). Relative physical stability of the solid forms of amiloride HCl, *Int. J. Pharm.*, 91: 195–207.

Kaneniwa, N., J.-I. Ichikawa, and T. Matsumoto. (1988). Preparation of phenylbutazone polymorphs and their transformation in solution, *Chem. Pharm. Bull.*, 36: 1063–1073.

Kaneniwa, N. and M. Otsuka. (1985). Effect of grinding on the transformations of polymorphs of chloramphenicol palmitate, *Chem. Pharm. Bull.*, 33: 1660–1668.

Kaneniwa, N., M. Otsuka, and T. Hayashi. (1985). Physicochemical characterization of indomethacin polymorphs and the transformation kinetics in ethanol, *Chem. Pharm. Bull.*, 33: 3447–3455.

Kaplan, S. A. (1972). Biopharmaceutical considerations in drug formulation design and evaluation, *Drug Metab. Rev.*, 1: 15–34.

Kato, Y. and M. Kohetsu. (1981). Relationship between polymorphism and bioavailability of amobarbital in the rabbit, *Chem. Pharm. Bull.*, 29: 268–272.

Kato, Y., Y. Okamoto, S. Nagasawa, and I. Ishihara (1984). New polymorphic forms of phenobarbital, *Chem. Pharm. Bull.*, 32: 4170–4174.

Khankari, R. K. and D. J. W. Grant. (1995). Pharmaceutical hydrates, *Thermochim. Acta*, 248: 61–79.

Kim, J. S., M. S. Kim, H. J. Park, S. J. Jin, S. Lee, and S. J. Hwang. (2008). Physicochemical properties and oral bioavailability of amorphous atorvastin hemi-calcium using spray drying and SAS process, *Int. J. Pharm.*, 359: 211–219.

Kitamura, S., Chang, L.-C., and J. K. Guillory. (1994). Polymorphism of mefloquine hydrochloride, *Int. J. Pharm.*, 101: 127–144.

Kokubu, H., Morimoto, K., T. Ishida, M. Inoue, and K. Morisaka. (1987). Bioavailability and inhibitory effect for stress ulcer of cimetidine polymorphs in rats, *Int. J. Pharm.*, 35: 181–183.

Kozjek, F., L. Golic, P. Zupet, E. Palka, P. Vodopivec, and M. Japelj. (1985). Physico-chemical properties and bioavailability of two crystal forms of piroxicam, *Acta Pharm. Jugosl.*, 35: 275–281.

Kuroda, T., T. Yokoyama, T. Umeda, A. Matsuzawa, K. Kuroda, and S. Asada. (1982). Studies on drug nonequivalence. XI. Pharmacokinetics of 6-mercaptopurine polymorphs in rabbits, *Chem. Pharm. Bull.*, 30: 3728–3733.

Kuroda, T., T. Yokoyama, T. Umeda, and Y. Takagishi. (1978). Studies on drug nonequivalence. VI. Physicochemical studies on polymorphism of acetohexamide, *Chem. Pharm. Bull.*, 26: 2565–2568.

Lagas, M. and C. F. Lerk (1981). The polymorphism of sulphathiazole, *Int. J. Pharm.*, 8: 14–24.

Lindenbaum, S. and S. E. McGraw. (1985). The identification and characterization of polymorphism in drugs by solution calorimetry, *Pharm. Manufact.*, 2: 27–30.

Löbmann, K., R. Laitinen, H. Grohganz, K. C. Gordon, C. Strachan, and T. Rades. (2011). Coamorphous drug systems: Enhanced physical stability and dissolution rate of indomethacin and naproxen, *Mol. Pharmaceutics.*, 8: 1919–1928.

Löbmann, K., C. Strachan, H. Grohganz, T. Rades, and O. Korhonen. (2012). Coamorphous simvastatin and glipizide combinations show improved physical stability without evidence of intermolecular interactions, *Eur. J. Pharm. Biopharm.*, 81: 159–169.

Lindenbaum, S., E. S. Rattie, G. E. Zuber, M. E. Miller, and L. J. Ravin. (1985). Polymorphism of auranofin, *Int. J. Pharm.*, 26: 123–132.

Liu, J., M. Svard, P. Hippen, and A. C. Rasmuson. (2015). Solubility and crystal nucleation in organic solvents of two polymorphs of curcumin, *J. Pharm. Sci.*, 104: 2183–2189.

Mao, C., R. Pinal, and K. R. Morris. (2005). A quantitative model to evaluate solubility relationship of polymorphs from their thermal properties, *Pharm. Res.*, 22: 1149–1157.

Martinez-Oharriz, M. C., C. Martin, M. M. Goni, C. Rodriguez-Espinosa, M. C. Tros de Ilarduya-Apaolaza, and M. Sanchez. (1994). Polymorphism of diflunisal: Isolation and solid-state characteristics of a new crystal form, *J. Pharm. Sci.*, 83: 174–177.

Matsuda, Y. and S. Kawaguchi. (1986). Physicochemical characterization of oxyphenbutazone and solid-state stability of its amorphous form under various temperature and humidity conditions, *Chem. Pharm. Bull.*, 34: 1289–1298.

Matsuda, Y. and E. Tatsumi. (1989). Physicochemical characterization of furosemide polymorphs and their evaluation of stability against some environmental factors, *J. Pharmacobio-Dyn.*, 12:s-38.

Matsumoto, T., N. Kaneniwa, S. Higuchi, and M. Otsuka. (1991). Effects of temperature and pressure during compression on polymorphic transformation and crushing strength of chlorpropamide tablets, *J. Pharm. Pharmacol.*, 43: 74–78.

McCrone, W. C., L. B. McCrone, and J. G. Delly. (1987). *Polarized Light Microscopy*, McCrone Research Institute, Chicago, IL, pp. 108–124.

Miller, D. A., J. T. McConville, W. Yang, R. O. Williams III, J. W. McGinity. (2007). Hot-melt extrusion for enhanced delivery of drug particles, *J. Pharm. Sci.*, 96: 361–376.

Miller, J. M., B. M. Collman, L. R. Greene, D. J. W. Grant, and A. C. Blackburn. (2005). Identifying the stable polymorph early in the drug discovery-development process, *Pharm. Dev. Tech.*, 10: 291–297.

Milosovich, G. (1964). Determination of solubility of a metastable polymorph, *J. Pharm. Sci.*, 53: 484–487.

Morelock, M. M., L. L. Choi, G. L. Bell, and J. L. Wright. (1994). Estimation and correlation of drug water solubility with pharmacological parameters required for biological activity, *J. Pharm. Sci.*, 83: 948–951.

Morris, K. G., M. G. Fakes, A. B. Thakur, A. W. Newman, A. K. Singh, J. J. Venit, C. J. Spagnuolo, and A. T. M. Serajuddin. (1994). An integrated approach to the selection of optimal salt form for a new drug candidate, *Int. J. Pharm.*, 105: 209–217.

Mullins, J. D. and T. J. Macek. (1960). Some pharmaceutical properties of novobiocin, *J. Pharm. Sci.*, 49: 245– 248.

Munshi, M. and A. Simonelli. (1970). Presented at the American Pharmaceutical Association Academy of Pharmaceutical Sciences Meeting, Washington, DC.

Murphy, D., F. Rodriguez-Cintron, B. Langevin, R. C. Kelly, and N. Rodriguez-Hornedo. (2002). Solution-mediated phase transformation of anhydrous to dihydrate carbamazepine and the effect of lattice disorder, *Int. J. Pharm.*, 246: 121–134.

Narurkar, A., A. Purkaystha, P. Sheen, and M. Augustine. (1988). Hygroscopicity of celiprol hydrochloride polymorphs, *Drug Dev. Ind. Pharm.*, 14: 465–474.

Nicklasson, M. and A. Brodin. (1984). The relationship between intrinsic dissolution rates and solubilities in the water–ethanol binary system, *Int. J. Pharm.*, 18: 149–156.

Noyes, A. A. and W. R. Whitney. (1897). The rate of solution of solid substances in their own solutions, *J. Am. Chem. Soc.*, 19: 930–934.

Otsuka, M. and N. Kaneniwa. (1983). Hygroscopicity and solubility of noncrystalline cephalexin, *Chem. Pharm. Bull.*, 31: 230–236.

Otsuka, M., M. Onoe, and Y.Matsuda. (1994). Physicochemical characterization of phenobarbital polymorphs and their pharmaceutical properties, *Drug Dev. Ind. Pharm.*, 20: 1453–1470.

Overhoff, K. A., J. D. Engstrom, B. Chen, B. D. Scherzer, T. E. Milner, K. P. Johnston, and R. O. Williams III. (2007). Novel ultra-rapid freezing particle engineering process for enhancement of dissolution rates of poorly water-soluble drugs. *Eur. J. Pharm. Biopharm.*, 65: 57–67.

Pearson, J. T. and G. Varney. (1973). The anomalous behavior of some oxyclozanide polymorphs, *J. Pharm. Pharmacol.*, 25: 62P–70P.

Pfeiffer, R. R., K. S. Yang, and M. A. Tucker. (1970). Crystal pseudopolymorphism of cephaloglycin and cephalexin, *J. Pharm. Sci.*, 59: 1809–1814.

Pikal, M. J., A. L. Lukes, J. E. Lang, and K. Gaines. (1978). Quantitative crystallinity determinations for β-lactam antibiotics by solution calorimetry: Correlations with stability, *J. Pharm. Sci.*, 67: 767–773.

Poole, J. W., G. Owen, J. Silverio, J. N. Freyhof, and S. B. Rosenman. (1968). Physicochemical factors influencing the absorption of the anhydrous and trihydrate forms of ampicillin, *Curr. Therap. Res.*, 10: 292.

Pranzo, M. B., D. Cruickshank, M. Coruzzi, M. R. Caira, and R. Bettini. (2010). Enantiotropically related albendazole polymorphs, *J. Pham. Sci.*, 99: 3731–3742.

Pudipeddi, M. and A. T. M. Serajuddin. (2005). Trends in solubility of polymorphs. *J. Pharm. Sci.*, 94: 929–939.

Rodriguez-Hornedo, N., D. Lechuga-Ballesteros, and H.-J. Wu. (1992). Phase transition and heterogeneous/epitaxial nucleation of hydrated and anhydrous theophylline crystals, *Int. J. Pharm.*, 85: 149–162.

Rodriguez-Spong, B., C. P. Price, A. Jayasankar, A. J. Matzger, and N. Rodriguez-Hornedo. (2004). General principals of pharmaceutical solid polymorphism: a supramolecular perspective, *Adv. Drug Del. Rev.*,

56: 241–274.
Rowe, E. L. and B. D. Anderson. (1984). Thermodynamic studies of tolbutamide polymorphs, *J. Pharm. Sci.*, 73: 1673–1675.
Saleki-Gerhardt, A., J. G. Stowell, S. R. Byrn, and G. Zografi. (1995). Hydration and dehydration of crystalline and amorphous forms of raffinose, *J. Pharm. Sci.*, 84: 318–323.
Saleki-Gerhardt, A. and G. Zografi. (1994). Non-isothermal and isothermal crystallization of sucrose from the amorphous state, *Pharm. Res.*, 11: 1166–1173.
Sanphui, P., B. Sarma, and A. Nangia. (2011). Phase transformation in conformational polymorphs of nimesulide, *J. Pharm. Sci.*, 100: 2287–2299.
Shah, B., V. K. Kakumanu, and A. Bansal. (2006). Analytical techniques for quantification of amorphous/crystalline phases in pharmaceutical solids, *Pharm. Sci.*, 95: 1641–1665.
Shah, J. C., J. R. Chen, and D. Chow. (1999). Metastable polymorph of etoposide with higher dissolution rate, *Drug. Dev. Ind. Pharm.*, 25: 63–67.
Shefter, E. (1981). Solubilization by solid-state manipulation, in *Techniques of Solubilization of Drugs* (S. H. Yalkowsky, Ed.), pp. 159–182, Marcel Dekker, New York.
Shefter, E. and T. Higuchi. (1963). Dissolution behavior of crystalline solvated and nonsolvated forms of some pharmaceuticals, *J. Pharm. Sci.*, 52: 781–791.
Sheikhzadeh, M., S. Rohani, M. Taffish, and S. Murad. (2007). Solubility analysis of buspirone hydrochloride polymorphs: Measurements and prediction, *Int. J. Pharm.*, 338: 55–63.
Shell, J. W. (1963). X-ray and crystallographic applications in pharmaceutical research III. Crystal habit quantitation, *J. Pharm. Sci.*, 52: 100–102.
Shibata, M., H. Kokubu, K. Morimoto, K. Morisaka, T. Ishida, and M. Inoue. (1983). X-ray structural studies and physicochemical properties of cimetidine polymorphism, *J. Pharm. Sci.*, 72: 1436–1442.
Stagner, W. C. and J. K. Guillory. (1979). Physical characterization of solid iopanoic acid forms, *J. Pharm. Sci.*, 68: 1005–1009.
Stahl, P. H. and B. Sutter. (2006). Salt selection, in *Polymorphism in the Pharmaceutical Industry* (R. Hilfiker, Ed.), Wiley-VCH, Weinheim, Germany.
Stahl, P. H. and C. G. Wermuth. (2002). *Handbook of Pharmaceutical Salts; Properties, Selection, and Use*, Wiley-VCH, Zurich, Switzerland.
Stephenson, G. A., T. B. Borchardt, S. R. Byrn, J. Bowyer, C. A. Bunnell, S. V. Snorek, and L. Yu. (1995). Conformational and color polymorphism of 5-methyl-2-[(2-nitrophenyl)amino]-3-thiophenecarbonitrile, *J. Pharm. Sci.*, 84: 1385–1386.
Stephenson, G. A., R. A. Forbes, and S. M. Reutzel-Edens. (2001). Characterization of the solid state: quantitative issues, *Adv. Drug Del. Rev.*, 8: 67–90.
Stephenson, G. A., E. G. Groleau, R. L. Kleemann, W. Xu, and D. R. Rigsbee. (1998). Formation of isomorphic desolvates: Creating a molecular vacuum, *J. Pharm. Sci.*, 87: 536–542.
Stephenson, G. A., Stowell, J. G. Toma, P. H. Dorman, D. E. Greene, J. R. and Byrn, S. R. (1994). Solid-state analysis of polymorphic, isomorphic, and solvated forms of dithromycin, *J. Am. Chem. Soc.*, 116: 1–9.
Stoltz, M., Caira, M. R. Lotter, A. P. and van der Watt, J. G. (1989). Physical and structural comparison of oxyphenbutazone monohydrate and anhydrate, *J. Pharm. Sci.*, 78: 758–763.
Strydom, S., W. Liebenberg, L. Yu, and M. de Villiers. (2009). The effect of temperature and moisture on the amorphous-to-crystalline transformation of stavudine, *Int. J. Pharm.*, 379: 72–81.
Sugimoto, I., Kuchiki, A. Nakagawa, H. Tohgo, K. Kondo, S. Iwane, I. Takahashi, K. (1980). Dissolution and absorption of nifedipine from nifedipine-polyvinylpyrrolidone coprecipitate, *Drug. Dev. Ind. Pharm.*, 6: 137–160.
Sugisaki, M., H. Suga, and S. Seki. (1968). Calorimetric study of the glassy state. 4. Heat capacities of glassy water and cubic ice, *Bull. Chem. Soc. Jap.*, 41: 2591–2599.
Suleiman, M. S. and N. M. Najib. (1989). Isolation and physicochemical characterization of solid forms of glibenclamide, *Int. J. Pharm.*, 50: 103–109.
Suryanarayanan, R. (1989). Determination of the relative amounts of anhydrous carbamazepine and carbamazepine dihydrate in a mixture by powder x-ray diffractometry, *Pharm. Res.*, 6: 1017–1024.
Suryanarayanan, R. and A. G. Mitchell. (1986). Phase transitions of calcium gluceptate, *Int. J. Pharm.*, 32: 213–221.
Takahashi, Y., K. Nakashima, T. Ishihara, H. Nakagawa, and I. Sugimoto. (1985). Polymorphism of fostedil: characterization and polymorphic change by mechanical treatments, *Drug Dev. Ind. Pharm.*, 11: 1543–1563.
Uchida, T., E. Yonemochi, T. Oguchi, K. Terada, K. Yamamoto, and Y. Nakai. (1993). Polymorphism of tega-

fur: Physicochemical properties of four polymorphs, *Chem. Pharm. Bull.*, 41: 1632–1635.
Umeda, T., A. Matsuzawa, N. Ohnishi, T. Yokoyama, K. Kuroda, and T. Kuroda. (1984). Physico-chemical properties and bioavailability of benoxaprofen polymorphs, *Chem. Pharm. Bull.*, 32: 1637–1640.
Vadas, E. B., P. Toma, and G. Zografi. (1991). Solid-state phase transitions initiated by water vapor sorption of crystalline L-660,711, a leukotriene D4 receptor antagonist, *Pharm. Res.*, 8: 148–155.
Van Tonder, E. C., T. S. P. Maleka, W. Liebenberg, M. Song, D. E. Wurster, and M. M. de Villiers. (2004). Preparation and physicochemical properties of niclosamide anhydrate and two monohydrates, *Int. J. Pharm.*, 269: 417–432.
Verma, A. R. and P. Krishna. (1966). *Polymorphism and Polytypism in Crystals*, John Wiley & Sons, New York, pp. 1–60.
Vippagunta, S. R., H. G. Brittain, and D. J. W. Grant. (2001). Crystalline solids, *Adv. Drug Del. Rev.*, 48: 3–26.
Walkling, W. D., H. Almond, V. Paragamian, N. H. Batuyios, J. A. Meschino, and J. B. Appino. (1979). Difenoxin hydrochloride polymorphism, *Int. J. Pharm.*, 4: 39–46.
Wall, G. M. (1986). Pharmaceutical applications of drug crystal studies, *Pharm. Manufact.*, 3: 33–42.
Ward, G. H. and R. K. Schultz. (1995). Process-induced crystallinity changes in albuterol sulfate and its effect on powder physical stability, *Pharm. Res.*, 12: 773–779.
Wells, J. I. (1988). *Pharmaceutical Preformulation: The Physicochemical Properties of Drug Substances*, Ellis Horwood Ltd., Chichester, UK, 94–95.
Yalkowsky, S. H. (1981). *Techniques of Solubilization of Drugs*, pp. 1–14, Marcel Dekker, New York.
Yang, J., K. Grey, and J. Doney. (2010). An improved kinetics approach to describe the physical stability of amorphous solids, *Int. J. Pharm.*, 384: 24–31.
Yang, X., X. Wang, and C. B. Ching. (2008). Solubility of form $\alpha$ and form $\gamma$ of glycine in aqueous solutions, *J. Chem. Eng. Data.*, 53: 1133–1137.
Yokoyama, T., T. Umeda, K. Kuroda, T. Kuroda, and S. Asada. (1981). Studies on drug nonequivalence. X. Bioavailability of 6-mercaptopurine polymorphs, *Chem. Pharm. Bull.*, 29: 194–199.
York, P. (1983). Solid-state properties of powders in the formulation and processing of solid dosage forms, *Int. J. Pharm.*, 14: 1–28.
Yoshioka, M., B. Hancock, and G. Zografi. (1995). Inhibition of indomethacin crystallization in poly (vinyl-pyrrolidone) coprecipitates, *J. Pharm. Sci.*, 84: 983–986.
Zerrouk, N., C. Chemtob, P. Arnaud, S. Toscani, J. Dugue. (2001). In vitro and in vivo evaluation of carbamazepine-PEG 6000 solid dispersions, *Int. J. Pharm.*, 225: 49–62.
Zhang, J., X. Tan, J. Gao, W. Fan, Y. Gao, and S. Qian. (2013). Characterization of two polymorphs of lornoxicam, *J. Pharm. Pharmacol.*, 65: 44–52.
Zhu, H., and D. J. W. Grant. (1996) Influence of water activity in organic solvent plus water mixtures on the nature of the crystallizing drug phase. 2. ampicillin, *Int. J. Pharm.*, 139: 33–43.

# 第20章 药物微粉化技术——ICH Q8和建立知识的金字塔

Hans Leuenberger，Silvia Kocova El-Arini，Gabriele Betz

用合成的方法得到且进入开发阶段的新近发现的药物中大部分为疏水性物质，具有非常低的水溶性，对于市场商业化而言，此类药物的处方开发可能导致生物利用度波动、生物不等效，甚至临床试验失败，因此增溶系统被用于提高这些药物的湿润性并增加溶解度。药物衍生化，使用共溶剂、表面活性剂、分散剂和络合剂等增溶策略均在文献（Yalkowski，1981）中有报道。采用亲水性基质的药物-辅料系统也被广泛研究，并有大量文献报道。例如药物-聚合物基质的研究学者描述了使用渗透阈值以解析上述系统中临界渗透阈值的变化。基质中的渗透阈值能够用于确认药物和聚合物的比例范围，从而达到预期的释放行为（Leuenberger 和 Kocova El-Arini，2000）。颗粒减小技术可大大提高药物的溶出表面积，提高水不溶性药物的生物利用度。由于纳米科学的进步，现在已有可能生产出具有特殊物理性质的纳米粒子，以改善水不溶性化合物的溶解行为（Rocco，2000）。

## 20.1 知识的金字塔和路线图

开发一种难溶性药物的制剂产品需要付出极大的努力，以确保产品质量稳定，即产品能够达到预期的治疗效果。

为防止非耐用性处方到达开发过程的终点，FDA 发布了过程分析技术或 PAT（http://www.fda.gov/cder/OPS/PAT.htm），随后公布了 2004 白皮书：创新或停滞：以确认研发过程中的 3 个需要提高的领域（http://www.fda.gov/oc/initiatives/criticalpath/whitepaper.html），分别是评估安全性、证明医疗效用和产业化。

PAT 代表了 21 世纪质量保证的概念，专注于为产品设计创建科学性的决策基础，目的为设计产品质量而不是通过去除坏的检测项目来检测产品质量。图 20.1（Hussain，2002）阐明了成就产品和工艺质量金字塔的步骤。在知识金字塔的底端，为提高现阶段工艺水平，2005 年，Leuenberger 和 Lanz 提出了一个“路线图”，能够以最快的方式达到金字塔的顶端。“路线图”包括：在复杂的处方和工艺中使用多变量方法，通过使用人工神经网络利用人工智能，应用渗透理论以挑战“混沌”系统中的临界现象，采用新型的工艺技术，以及将物理化学定律转换为对应的药物颗粒技术定律。路线图中，一些对于到达金字塔顶端有用的方面将通过案例予以说明。

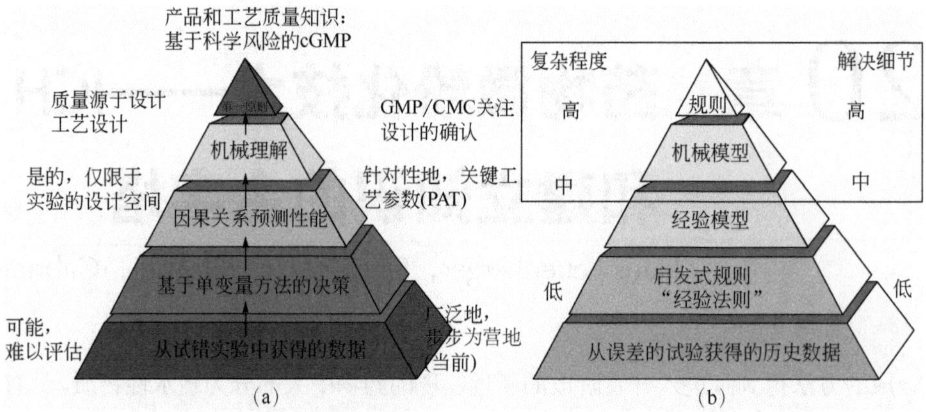


图 20.1（a）产品和工艺质量知识（Hussain A S. FDA）；（b）产品开发知识金字塔
[Hussain A S. Pharmaceutical Process Scale- Up.M. Levin（Ed.）.New York：Marcel Dekker，2002.]

## 20.2 ICH Q8 指导原则

ICH Q8 为一系列药物开发指导原则，旨在设计高质量产品及其生产过程，以期持续提供符合预期性能的产品。ICH Q8 适用于药物产品的所有组分，归纳如下。

- “原料药”。能够影响药品性质和生产可行性的原料药物理化学和生物学性质。药物相互之间的相容性及药物与辅料间的相容性。
- “辅料”。应建立辅料的作用、功能、生产可行性以及与其他辅料的相容性。
- “药物制剂”。处方开发：应提供处方设计的演变过程，包括从实验设计中获得的关键性或相互作用的属性信息和耐用的处方信息。耐用的处方是处方开发的最终目标。
- “生产工艺研究”（MPD）。指在不同的操作条件、不同的规模或不同的设备下能够可靠地生产出预期质量的产品的能力。生产工艺研究应确认任何应监控或控制的关键工艺参数（如制粒终点）以确保产品到达预期质量[Q8 Pharmaceutical Development. ICH Step 4. EMEA - European Medicines Agency，London 14 Nov. 2005（EMEA/CHMP/167068/2004）]。

从 ICH Q8 指导原则中可清晰地看到，耐用的处方和工艺开发应依据科学的方法，且应扩展到产品开发的所有领域。

本章中，我们遵循 ICH Q8 的建议，提出了一个方法学的框架，并改进了能够到达金字塔顶端的研究工具。

## 20.3 实施 ICH Q8 的建议

### 20.3.1 耐用处方和工艺开发的科学方法

#### 20.3.1.1 “初始即正确”理念

“初始即正确”理念的应用是制药行业的主要目标，并且得到了 FDA 的充分支持（Leuenberger 等，2013）。其目标是将每年因药品处方和工艺不当而造成全球数十亿美元损失的失败案例降到最低（Benson 和 McCabe，2004）。此目标只有通过严格的“初始即正确”理念的实施才能达到，即从Ⅰ期临床开始实施此概念。然而，只有在制药行业设计首个药物传递系统模拟载体时采用汽车和飞行工业的工作流程才是可行的。用 F-CAD（处方-计算机辅助设计）或其他合适的软件平台进行的虚拟处方设计尚未得到广泛的应用，但将成为当前数字革命的一部分（Leuenberger 和 Leuenberger，2016）。

为实施汽车和飞机工业的工作流程，采用先进的工具如 F-CAD（下文将全面讨论）是首要条件（Leuenberger 等，2010；Leuenberger 等，2009；Leuenberger 等，2011；Kimura，2012；Puchkov 和 Leuenberger，2011；Puchkov 等，2013）。F-CAD 是 ICH Q8（R2）概念直观的延伸拓展，可被视为最基本的原理方法[金字塔顶端，图 20.1（a）]。事实上，ICH Q8 指导原则提出了在处方设计空间中，通过采用实验设计例如 $2^n$（$n$=2 或以上参数）的中心复合设计来研究关键性参数（$n$=2 或以上）。$2^n$ 设计的结果或多或少与真实函数 $f(x_1, x_2, \cdots, x_n)$ 的切线行为相对应，而中心复合设计的结果，通过添加一个二次项，对应于真实函数 $f(x_1, x_2, \cdots, x_n)$ 的近似值的延伸。实际上，处方设计空间中，在特定工作点 $f(0,0)$，通过泰勒级数累积至第二级，两参数 $x_1$，$x_2$ 的中心复合设计结果：$f(x_1, x_2)=b_0+b_1x_1+b_2x_2+b_{12}x_1x_2+b_{11}x_1^2+b_{22}x_2^2$，可被视为一个真实函数 $f(x_1, x_2)$ 的近似值。

$$f(0,0)=b_0,$$

$$b_1=\frac{\partial f(x_1,x_2)}{\partial x_1}\quad（一阶导数）$$

$$b_2=\frac{\partial f(x_1,x_2)}{\partial x_2}\quad（一阶导数）$$

$$b_{12}=\frac{1}{2}\frac{\partial\partial f(x_1,x_2)}{\partial x_1\partial x_2}\quad（二阶导数）$$

$$b_{11}=\frac{1}{2}\frac{\partial\partial f(x_1,x_2)}{\partial x_1,\partial x_1}\quad（二阶导数）$$

$$b_{22}=\frac{1}{2}\frac{\partial\partial f(x_1,x_2)}{\partial x_2,\partial x_2}\quad（二阶导数）$$

教材中很容易找到，在 $f(x=0)$ 对真实函数 $f(x)=e^x$ 进行泰勒展开式的一个简单例子，即只有一个变量 $x$：

$$e^x=1+\frac{x}{1!}+\frac{x^2}{2!}+\frac{x^3}{3!}+,\cdots,-\infty<x<\infty$$

很明显，真实函数 $e^x=1+\frac{x}{1!}+\frac{x^2}{2!}$ 有两项是二阶近似，且只在 $f(x=0)=1$ 的设计空间内精确，即 $b_0$ 及其邻域。因此，按照 ICH Q8 指导原则进行实验设计，可以得到一个近似于真实函数的虚拟数学函数工具，在一定程度上可以替代更为先进的 F-CAD 工具。换句话说，如果可节省实验工作的 F-CAD 不适用，作为实验设计的数学模型评价（总结方程）可以使用。不论如何，未来将使用虚拟工具，如 F-CAD 或类似的工具，然而，需谨记，想要让制药产业成功地应用汽车和飞机行业的产品开发方法，仅使用 F-CAD 或类似的工具是不够的。协调制药技术设备减少规模化问题是必要的，最后但同样重要的是严格地实施处方设计空间。根据 ICH Q8（http://www.ich.org），处方设计可由 $c$（组成）和 $p$（制药工艺）两个矢量组成（图 20.2）。

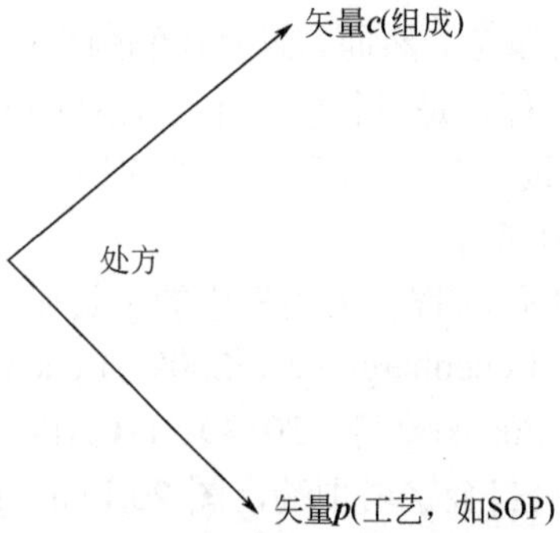


图 20.2 由矢量 $\boldsymbol{c}$（组成）和矢量 $\boldsymbol{p}$（制药工艺）构成的处方设计空间简化图（二维投影）

处方设计空间可以通过设定产品（中间产品如颗粒，或者终产品如胶囊或片剂等）质量标准的合理限度促进“初始即正确”概念的应用。基于此，为了能使用所有数据，药品开发工作从起始至注册阶段使用相同的处方设计空间非常重要。因此，经典的工作流程，即在Ⅰ期临床和Ⅱ期临床使用简单的胶囊处方，而在Ⅲc 期临床开发用于Ⅲ期临床、注册申报和Ⅳ期临床的最终上市片剂处方，应被“初始即正确”的工作流程所取代，也就是从Ⅰ期临床开始就采用用于上市的片剂处方进行开发研究（表 20.1）（Leuenberger 等，2013）。

**表 20.1 传统工作流程与“初始即正确”工作流程**

| 传统工作流程 | “初始即正确”工作流程 |
|---|---|
| Ⅰ期临床：开发替代剂型，即：简单；胶囊 | Ⅰ期临床：开发准备上市的剂型 |
| 胶囊重新开发为生物等效性实验用片剂 | 小规模生产 |
| 放大实验 | 放大实验（计算机辅助） |
| 上市终产品的大规模生产 | 上市终产品的大规模生产 |
| 2σ 质量控制 | 6σ 质量控制 |

来源：Leuenberger H，Puchkov M，Schneider B. Swiss Pharma，2013，35，4-16.

### 20.3.1.2 处方设计空间

通过实验设计，可有效说明处方设计空间。而实验设计中待评价的因素的多少取决于设计者的原料药知识储备和经验积累。设计者需要清楚地知道哪些辅料与原料药具有化学相容性，并基于此设计适当的因素实验，以便选择正确的辅料，并通过相互作用使原料药稳定。（原料药-辅料测试项目，Leuenberger 和 Becher，1975）。原料药应被视为主要的创新点，像一颗宝石，需要通过选择合适的辅料进行切割和抛光，并通过良好的生物利用度和耐用的配方显示其光芒。因此，在处方前研究中，不仅需要进行原料药-辅料化学相容性研究，同时还需要进行原料药-辅料药学相容性研究，以便选择最优辅料并获得化学与药学方面均耐用的制剂处方。为达到此目的，有必要使用高速压片设备如 Presster 设备的机械模拟器测试片剂处方组成耐用性（Leuenberger，2013）以及制备Ⅰ期临床和Ⅱ期临床样品（Leuenberger，2015）。

正如下文中描述，在山德士（现在诺华）的前实验室中开展的（Leuenberger，1978）案例研究中表明，在Ⅰ期临床（或多或少）采用最终上市片剂处方需要大量的人力资源和充足的原料。为找出一最佳处方，需选择一中心复合设计，如图 20.3 所示，包含 3 个因素，因此使用正交设计很重要，这样才有可能在后期评估一个额外的因素，这个因素被认为是相同处方设计空间中的一个关键因素。

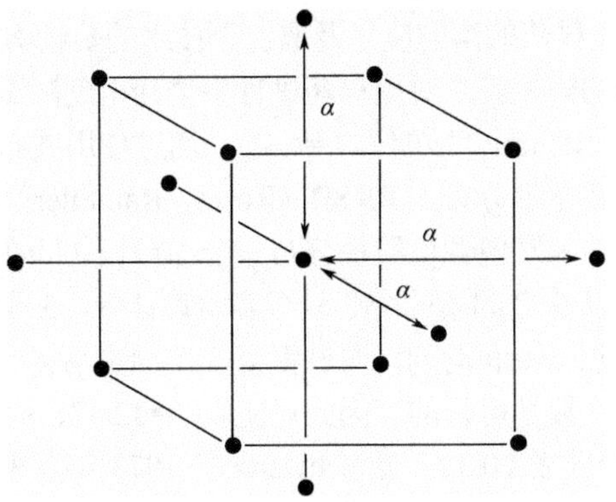


图 20.3　3 因素的中心复合设计

[Leuenberger H.Pharmazeutische Technologie.Sucker H，Speiser P（Eds.）.Stuttgart，Germany：Thieme，1978.]

位于设计空间中心的实验点通常会进行 1～3 次重复实验，以获得实验统计误差的预估值。中心距离 $\alpha$ 依赖于实验因素个数 $n$ 和混杂个数 $p$：

$$\alpha=\sqrt{\frac{\sqrt{2^{n-p}(2^{n-p}+2n+1)}}{2}-2^{n-p-1}}$$

当 $n$=3，$p$=0 时，$\alpha$=1.215（表 20.2）。混杂个数 $p$ 对于节省资金和时间至关重要。假设在一原料药-辅料化学相容性实验中，采用 $n$=5，$p$=1 的 $2n-p$ 的因子设计，可由 16 个实验替代 32 个实验，确定 4 种辅料与原料药间的 4 倍相互作用的水分替代效果。

**表 20.2　中心复合设计。$n$=3，中心点（0，0，0）无重复，每个因素有 5 个编码级别：$-\alpha$，−1，0+1，$+\alpha$。当 $n$=3，$p$=0 时，$\alpha$=1.215**

| 编号 | $x_1$ | $x_2$ | $x_3$ | 编号 | $x_1$ | $x_2$ | $x_3$ |
|---|---|---|---|---|---|---|---|
| 1 | −1 | −1 | −1 | 9 | $-\alpha$ | 0 | 0 |
| 2 | 1 | −1 | −1 | 10 | $\alpha$ | 0 | 0 |
| 3 | −1 | 1 | −1 | 11 | 0 | $-\alpha$ | 0 |
| 4 | 1 | 1 | −1 | 12 | 0 | $\alpha$ | 0 |
| 5 | −1 | −1 | 1 | 13 | 0 | 0 | $-\alpha$ |
| 6 | 1 | −1 | 1 | 14 | 0 | 0 | $\alpha$ |
| 7 | −1 | 1 | 1 | 15 | 0 | 0 | 0 |

来源：Leuenberger H. Pharmazeutische Technologie.Sucker H，Fuchs P，Speiser P（Eds.）.Stuttgart，Germany Thieme，1978.

一正交中心复合设计中，当因素个数 $n$=2，编码级别为$-\alpha$=−1 和$+\alpha$=+1 时，将产生一 3 水平−1,0,+1，9 实验的 3×3 设计。为节省时间和金钱，即为了评估两个以上的变量，两个因素中的每一个都定义为两个因素的比值（Leuenberger 等，2013）。

#### 20.3.1.3　案例分析：片剂处方及其处方设计空间

本文案例分析的主要目的是：考虑到生物药剂学和技术问题如生物利用度和技术耐用性，如何设计合理的时间和最优的片剂处方，如理想的崩解时间、完美的原料药溶出曲线、足够的硬度和脆碎度、必要的处理以及需要对片剂进行包衣等。众所周知，我们不可能测试每一批产品的生物利用度、有效性和副作用，因此根据原料药的药理学曲线，需提前做出选择，即原料药是否应以快速或缓释速率释放。辅料的选择取决于化学药物-辅料相容性方案中生物药剂学方面（生物药剂学分类体系）的结果，如原料药的溶解度以及取决于技术的药物-辅料筛选方案的结果。本案例中，使用无水咖啡因作为药物模型。未对原料药进行生物利用度测试，测定了其崩解时间，并以释放 63%原料药的时间点 $t$（以 min 为单位，$t$=$t_{63\%}$），通过使用威布尔分布线性化处理后的曲线来表征原料药的溶出曲线。威布尔分布或 RRSB（Rosin，Rammler，Sperling，Bennet）分布常被用来描述粒径分布。然而，并未发现颗粒粒径分布与全部颗粒（即在片剂崩解成颗粒后）的溶出曲线之间的相关性。假设在以 5 个因素的中心复合实验设计中，5 个因素分别为 $x_1$=填充剂、$x_2$=压力、$x_3$=崩解剂、$x_4$=黏合剂、$x_5$=润滑剂，通过将第 5 个因素与 $x_5$=$x_1x_2x_3x_4$ 这种不太可能的 4 次相互作用混杂，来减少实验次数是可行的。因此对应于 $\alpha$=1.547、$n$=5、$p$=1（混杂）的中心复合实验设计，共需要 27 个实验（表 20.3）。受 Schwartz 等 1973 年发表的一篇文章的启发，此案例的研究结果（图 20.4～图 20.6）发表于 1978 年（Leuenberger 和 Guitard，1978）。

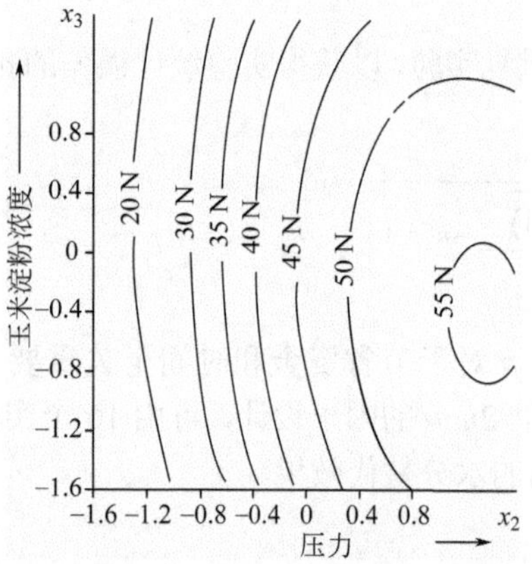


图 20.4 等值线图：片剂硬度 $H$（N）作为压力和玉米淀粉浓度的函数

（来源：Leuenberger H，Guitard P.3rd Int. Meeting of Pharm. Physicians，Brussels，1978.）

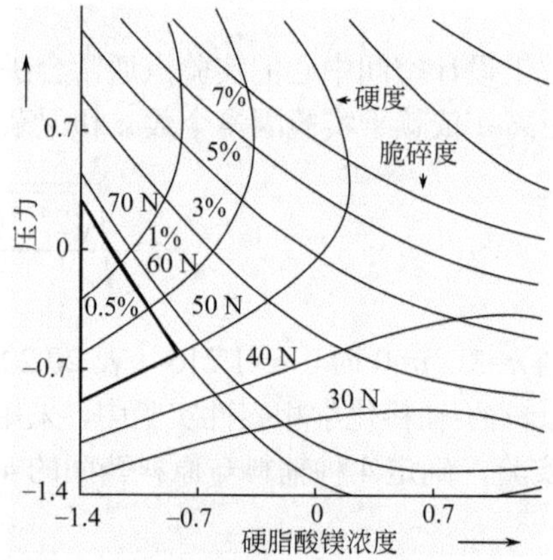


图 20.5 压力和硬脂酸镁浓度的函数的片剂硬度 $H$（N）和脆碎性 $F$（%）的等值线图

在相同的设计空间显示合适处方的可接受的范围为 $H$>50 N，$F$<0.5%

（来源：Leuenberger H，Guitard P.3rd Int. Meeting of Pharm. Physicians，Brussels，1978.）

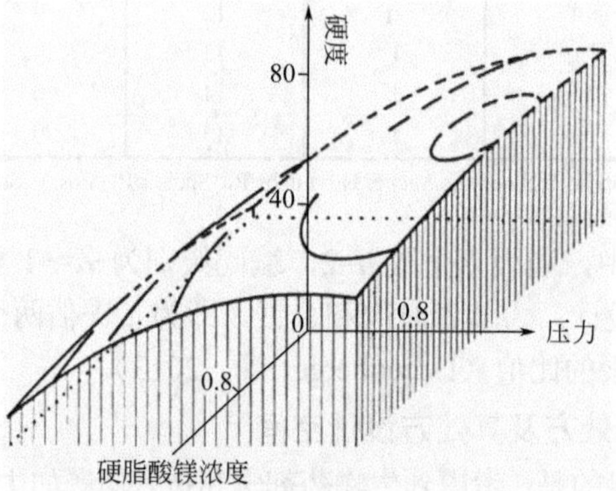


图 20.6 压力和硬脂酸镁浓度的函数的片剂硬度（N）的三维图

[来源：Leuenberger H. Pharmazeutische Technologie.Sucker H. Fuchs P，Speiser P (Eds.). Stuttgart，Germany：Thieme，1978.]

图 20.6 的曲线图为处方设计空间评价的结果，此结果的最优描述见表 20.3，表中给出了 5 个因素 $x_1$，$x_2$，…，$x_5$ 的中心复合实验设计。因素的选择取决于片剂处方中各因素的关键程度。

**表 20.3　处方设计空间中 5 个因素的中心复合实验设计**

| 片剂处方编号 | 因素 | | | | |
|---|---|---|---|---|---|
| | $x_1$ | $x_2$ | $x_3$ | $x_4$ | $x_5$ |
| 1 | −1 | −1 | −1 | −1 | +1 |
| 2 | +1 | −1 | −1 | −1 | −1 |
| 3 | −1 | +1 | −1 | −1 | −1 |
| 4 | +1 | +1 | −1 | −1 | +1 |
| 5 | −1 | −1 | +1 | −1 | −1 |
| 6 | +1 | −1 | +1 | −1 | +1 |
| 7 | −1 | +1 | +1 | −1 | +1 |
| 8 | +1 | +1 | +1 | −1 | −1 |
| 9 | −1 | −1 | −1 | +1 | −1 |
| 10 | +1 | −1 | −1 | +1 | +1 |
| 11 | −1 | +1 | −1 | +1 | +1 |
| 12 | +1 | +1 | −1 | +1 | −1 |
| 13 | −1 | −1 | +1 | +1 | +1 |
| 14 | +1 | −1 | +1 | +1 | −1 |
| 15 | −1 | +1 | +1 | +1 | −1 |
| 16 | +1 | +1 | +1 | +1 | +1 |
| 17 | $-\alpha$ | 0 | 0 | 0 | 0 |
| 18 | $+\alpha$ | 0 | 0 | 0 | 0 |
| 19 | 0 | $-\alpha$ | 0 | 0 | 0 |
| 20 | 0 | $+\alpha$ | 0 | 0 | 0 |
| 21 | 0 | 0 | $-\alpha$ | 0 | 0 |
| 22 | 0 | 0 | $+\alpha$ | 0 | 0 |
| 23 | 0 | 0 | 0 | $-\alpha$ | 0 |
| 24 | 0 | 0 | 0 | $+\alpha$ | 0 |
| 25 | 0 | 0 | 0 | 0 | $-\alpha$ |
| 26 | 0 | 0 | 0 | 0 | $+\alpha$ |
| 27 | 0 | 0 | 0 | 0 | 0 |

来源：Leuenberger H. Pharmazeutische Technologie. Sucker H，Fuchs P，Speiser P（Eds.）. Stuttgart，Germany：Thieme，1978.

为充分探索处方的设计空间，需在实验室中制备 27 种处方，并测定其质量性能，如溶出曲线、崩解时间、片剂硬度和脆碎度等。同时可建立每一片剂性能的总结方程，通过二次方程描述片剂质量 $Y= b_0+b_1x_1+$，…，$b_5x_5+b_{12}x_1x_2$，…，$b_{45}x_4x_5+b_{11}x_1^2+b_{22}x_2^2+$，…，$b_{55}x_5^2$。表 20.4 为表示片剂性能分析的不同回归系数 $b_0$，$b_1$，…，$b_{12}$，…，$b_{11}$，…，$b_{55}$。

**表 20.4　二次模型方程的回归系数（RC）$b_0$，$b_1$，…，$b_5$，$b_{11}$，$b_{12}$，…，$b_{55}$，并作为片剂硬度、崩解时间、脆碎度和 63%原料药溶解时间的真实行为的一次近似值**

| 回归系数（RC） | 硬度/N | 崩解时间/s | 脆碎度/% | $t_{63\%}$/min |
|---|---|---|---|---|
| $b_0$ | 46.36 | 555.6 | 2.18 | 18.8 |
| $b_1$ | 1.13 | 20.0 | 0.06 | 0.204 |
| $b_2$ | 13.36 | 153.0 | −0.11 | 4.56 |
| $b_3$ | −0.08 | −34.5 | 0.001 | −2.13 |
| $b_4$ | 3.52 | 123.8 | −0.766 | 4.51 |
| $b_5$ | −6.76 | 85.1 | 0.210 | 8.25 |
| $b_{11}$ | 0.23 | −7.6 | −0.479 | −1.90 |
| $b_{12}$ | 1.50 | 27.8 | 0.041 | −0.743 |

续表

| 回归系数（RC） | 硬度/N | 崩解时间/s | 脆碎度/% | $t_{63\%}$/min |
|---|---|---|---|---|
| $b_{13}$ | 0.04 | −47.6 | −0.131 | −2.70 |
| $b_{14}$ | 0.28 | −2.8 | −0.034 | 1.53 |
| $b_{15}$ | 0.06 | 46.7 | −0.052 | 0.954 |
| $b_{22}$ | −5.08 | −1.9 | −0.135 | 0.377 |
| $b_{23}$ | −1.19 | −24.2 | 0.109 | 1.07 |
| $b_{24}$ | 2.01 | −40.7 | −0.083 | −1.55 |
| $b_{25}$ | −5.24 | −1.4 | 0.062 | 0.225 |
| $b_{33}$ | −2.14 | 2.9 | −0.78 | 0.874 |
| $b_{34}$ | −1.10 | 8.7 | −0.12 | −0.986 |
| $b_{35}$ | 0.94 | −6.6 | −0.05 | −0.539 |
| $b_{44}$ | 0.11 | −43.9 | 0.97 | −2.74 |
| $b_{45}$ | −0.21 | 7.9 | 0.07 | 2.90 |
| $b_{55}$ | 2.41 | −36.6 | −0.82 | −0.689 |

来源：Leuenberger H. Pharmazeutische Technologie. Sucker H，Fuchsm P，Speiser P（Eds.）. Stuttgart，Germany：Thieme，1978.

表 20.5 显示了对硬度值的良好预测，其实验值和计算值之间的差异可以忽略不计，即残余值在−1.9～+1.4 N 之间振荡。27 个值中，14 个值低于 0，13 个值高于 0，因此没有明显的系统趋势。

**表 20.5　27 种处方的片剂硬度计算值与实验值**

| 处方 | 硬度（计算值）/N | 硬度（实验值）/N | 差值（实验值-计算值）/N |
|---|---|---|---|
| 1 | 22.62 | 22.90 | 0.28 |
| 2 | 26.84 | 26.70 | −0.16 |
| 3 | 59.84 | 59.60 | −0.24 |
| 4 | 40.10 | 40.20 | 0.10 |
| 5 | 29.71 | 30.00 | 0.29 |
| 6 | 28.87 | 29.50 | 0.63 |
| 7 | 35.67 | 36.20 | 0.53 |
| 8 | 63.32 | 63.40 | 0.08 |
| 9 | 33.48 | 32.80 | −0.69 |
| 10 | 26.74 | 26.40 | −0.34 |
| 11 | 47.64 | 47.20 | −0.44 |
| 12 | 76.58 | 77.60 | −0.98 |
| 13 | 29.81 | 29.90 | 0.09 |
| 14 | 30.16 | 29.80 | −0.36 |
| 15 | 67.36 | 66.90 | −0.47 |
| 16 | 49.62 | 49.50 | −0.12 |
| 17 | 45.17 | 45.40 | 0.23 |
| 18 | 48.67 | 49.10 | 0.43 |
| 19 | 13.52 | 13.40 | −0.08 |
| 20 | 54.88 | 55.60 | 0.72 |
| 21 | 41.37 | 42.70 | 1.33 |
| 22 | 41.11 | 40.50 | −0.61 |
| 23 | 41.18 | 40.00 | −1.18 |
| 24 | 52.09 | 54.00 | 1.91 |
| 25 | 62.60 | 64.00 | 1.40 |
| 26 | 41.67 | 41.00 | −0.67 |
| 27 | 46.36 | 44.50 | −1.86 |

注：1．二次模型显示实验值和计算值之间具有很好的拟合性。

2．来源 Leuenberger H. Pharmazeutische Technologie. Sucker H，Fuchsm P，Speiser P（Eds.）. Stuttgart，Germany：Thieme，1978.

### 20.3.1.4　处方设计空间和渗透理论的关键性评价

参考 ICH Q8，对原研厂家和仿制药企业而言，处方设计空间的探索研究是固体制剂系统的、可持续性发展的重要一步。ICH Q8（R2）行业指南着重强调了实验设计的使用。临界浓度的存在是指导原则中唯一未提及的一点，这是逾渗理论应用的结果（Leuenberger 等，1989；Bonny 和 Leuenberger，1993）。接近临界浓度时，与片剂处方质量相关的性质，如溶出曲线（Luginbuehl 和 Leuenberger，1994）、崩解时间（Leuenberger 等，1989a）等会发生显著变化。图 20.7 展示了在临界浓度下，即在流化床中制备的乳糖-玉米淀粉混合物中玉米淀粉的临界阈值时，由玉米淀粉和乳糖组成的颗粒的粒径分布的重要变化。在这种情况下，需牢记渗透理论的影响，因为处方设计空间中生成的网格分辨率不足以检测临界浓度或渗透阈值的影响（Kimura，2012）。

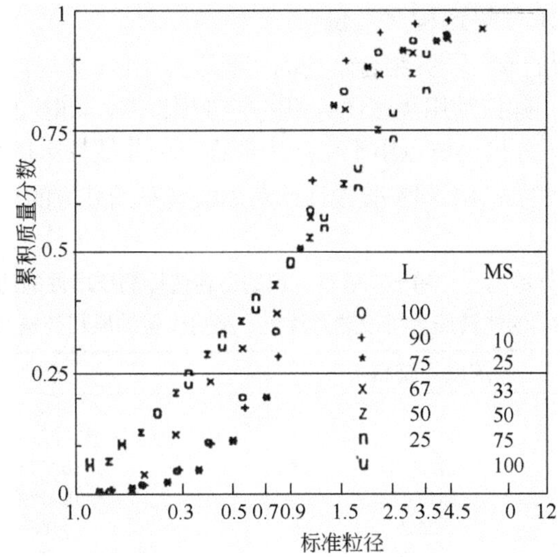


图 20.7　$P$=0.62 时，不同比例的二元乳糖（L）/玉米淀粉（MS）混合体系的累积粒径分布[粒径与浓度比（渗透效果！）密切相关]

（来源：Leuenberger H，Holman H，Usteri M，et al. Boll. Chem. Farm.，1989a，128：54-61.）

使用实验设计是不采用“试错”方法浪费时间的先决条件，而“试错”方法往往是劣质处方和重大财产损失的根源。对原研公司而言，在产品早期开发阶段缺乏足够数量的原料药是在进行处方设计空间大量研究工作时的一个问题，此外原料药化学质量（如溶剂残留、副产物）等在早前仍然有可能发生变化。同时需谨记，在这种早期开发阶段，少量可用的原料是非常昂贵的，在使用早期标准的原料药进行处方设计空间大量研究工作中，高额的投资可能存在风险。因为Ⅰ期临床和Ⅱ期临床时小化学分子的失败率可高达 92%（Leuenberger 和 Leuenberger，2016；Lowe，2014），因此制剂的待上市用处方通常会转移至Ⅱc 期临床。假设为仿制药公司，则有足够适用的原料药做上述研究。

如制药行业采用汽车和飞机行业的工作流程，就可大大地节省开支。因此，药物传递载体的首个原型已经可以开发、优化、经电脑模拟测试，以及使用少量为Ⅰ期临床试验准备的原料药进行生产，即严格遵循“初始即正确”的概念和工作流程。采用汽车和飞机行业的工作流程需要对已建立的工作单位和部门进行重大重组，这也可能是迄今尚未实施此步骤的原因。此外，制药行业似乎还没有准备好使用和信任现有的 CINCAP 的 F-CAD 技术（Puchkov 和

Leuenberger，2011）。在此背景下，需谨记，F-CAD 的结果仅适用于经计算机模拟的处方，且此处方在实验室处方设计空间中得到验证。因此，经计算机模拟的处方经校验和验证成为一采用独立冲压机生产的片剂处方，其结果仅适用于此处方的设计空间，表 20.3 列述设计空间的中心复合设计，以及隐藏因素，包括了用于生产中间产品的实验室标准操作规程（SOP），用于测定原料药的缓冲液类型、离子强度的溶出曲线的仪器设备。因此经验证的计算机模拟结果不适用于在生产部门使用旋转压片机生产片剂，也不适用于在大型设备上使用不同的 SOP 生产如颗粒类的中间产品。为达到此目的，设备的协调是一个首要条件，此内容在 Leuenberger 和 Leuenberger 2016 年发表的文章中有涉及。如前文所述，除再建立一种化学性的原料药-辅料程序以避免已上市的片剂处方中原料药发生化学降解外，建立一种技术性的原料药-辅料相容性程序以避免不良处方也是有优势的（Leuenberger，2013）。

#### 20.3.1.5 原料药-辅料技术性筛选程序实例

表 20.6 展示了筛选新的原料药并结合辅料的实验设计示例，这些辅料必须首先经过化学相容性测试。对于此筛选测试，建议使用高速压片机的机械模拟器，如图 20.8 所示压片机（Presster）（www.mcc-online.com）。压片机还可以用于生产Ⅰ期临床和Ⅱ期临床试验用样品，甚至是高活性的原料药（Levin，2015）样品。不同实验设计的对乙酰氨基酚处方的选择结果如表 20.7 所示。

**表 20.6 一个因子设计的例子：用于功能性辅料的最佳选择的技术性的药物-辅料筛选程序。根据生产部门的旋转压片机设置压片机，采用少量的原料药进行机械模拟**

| 因子 | 水平 | 浓度（辅料） | 原料药（API） |
|---|---|---|---|
| | | | 原料药规格：<br>10%（质量分数）40%（质量分数）70%（质量分数） |
| A（质量分数）/% | -1 | 乳糖（%） | 71+10API41+40 API11+70API |
| （滤膜 +API） | +1 | 甘露糖（%） | 71+10API41+40 API11+70API |
| B | -1 | 硬脂酸 | 1%（质量分数） |
| （润滑剂） | +1 | 硬脂酸镁 | 1%（质量分数） |
| C | -1 | 玉米淀粉 | 15%（质量分数） |
| （崩解剂） | +1 | 微晶纤维素（Sanaq®burst①） | 15%（质量分数） |
| D | -1 | PVP | 3%（质量分数） |
| （黏合剂） | +1 | HPC | 3%（质量分数） |
| E | -1 | 低速 | |
| （压片机压片速率） | +1 | 高速 | |

① 来自 Pharmatrans Sanaq Ltd，Basel，Switzerland.

来源：Leuenberger H. Process Scale-Up in the Pharmaceutical Industry，workshop，Cologne，October 14-16，2015.

图 20.8 压片设备

[来源：压片机，测量控制公司（MCC）生产销售]

表 20.7　用压片机进行工艺筛选的结果

| 结果 | D1.2 | D1.3 | D1.4 | D2.2 | D2.3 | D2.4 |
|---|---|---|---|---|---|---|
| 上冲 $_{Peak}$/kN | **58.9** | 37.1 | 13.1 | 39.7 | 19.1 | 5.5 |
| 下冲 $_{Peak}$/kN | **55.5** | 37 | 14.1 | 39 | 19.8 | 6.2 |
| 排片 $_{Ejecti}$/N | 134.2 | 78.8 | 121 | **2095.7** | **1306.3** | 493.8 |
| 出片/N | 2.1 | 1.6 | 1.3 | 1.1 | 0.9 | 0.8 |
| 质量/mg | 504.9 | 506.2 | 506.4 | 504.7 | 505.2 | 504.3 |
| 厚度/mm | 4.52 | 4.58 | 4.8 | 3.64 | 3.82 | 4.27 |
| 硬度/N | **>300** | **>300** | **>300** | 144 | 91 | **19** |
| 崩解时间/s | 454 | 426 | 174 | 35 | 12 | 6 |

来源：Leuenberger H. Process Scale-Up in the Pharmaceutical Industry，workshop，Cologne，October 14-16，2015.

技术性筛选程序使用压片机作为工具来预估出现压片问题的可能性，比如压片卡在模具内导致高推片力（模具润滑问题）或卡在冲头表面（高脱模力）。在功能辅料的优化选择方面，为化学性药物-辅料相容性实验提供了有价值的补充。

### 20.3.1.6　压片速率效应

图 20.9 和图 20.10 分别为低速（实线）10800 片/h 和高速（虚线）108000 片/h 时，压片速率对片剂硬度和崩解时间的影响。如发现片剂处方对压片速率不明显，相应的实线和虚线的硬度相同，崩解时间分别将位于处方设计空间的同一位置。本研究采用正交 2×3×3 因子设计，对应了 3 水平(−1,0,+1)和 2 因子(A 和 B)的中心复合设计，3 水平与组分、因子 C=2 水平(−1,+1)压片速率，分别为低速（灰实线）和高速（灰点线）。为节省 3×3 组分实验设计的时间和资金，在实验设计中，为容纳更多物质，选用了“辅助物质”的比例分别为 A 和 B，而不是单一辅料（表 20.8）。

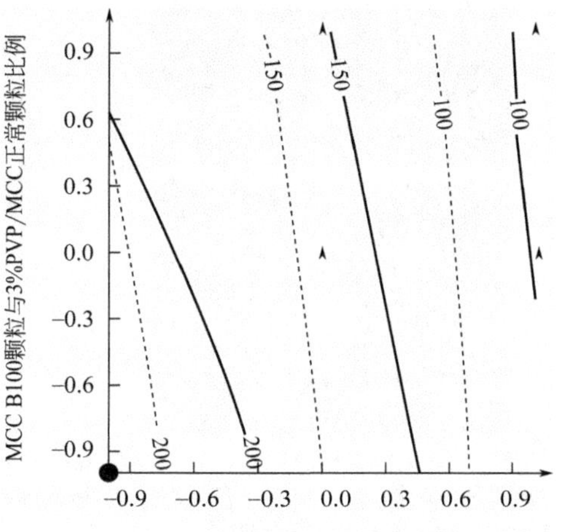


图 20.9　MCC B100 颗粒与 3%PVP/MCC 正常颗粒比例和对乙酰氨基酚/乳糖比例函数，显示压片速率的影响
（来源：Leuenberger H. 9th Scientic and Technical Forum，Basel，Switzerland，2013. 会议材料）

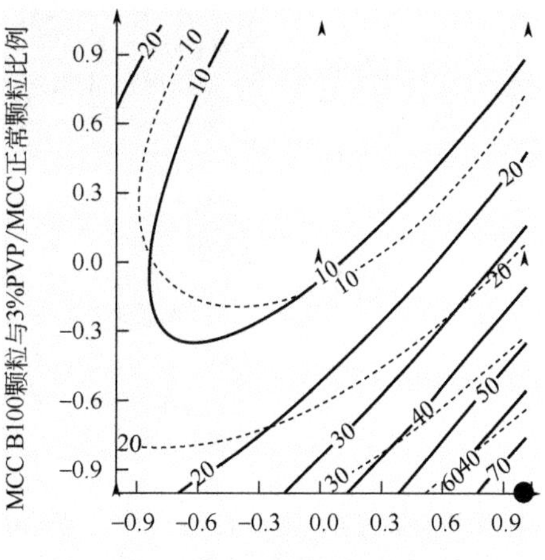


图 20.10　片剂崩解时间（s）与组分和压片速率的关系（图 20.9）
（来源：Leuenberger H. 9th Scientific and Technical Forum，Basel，Switzerland，2013.）

表 20.8 因子 A 和 B 的中心复合设计，因子 A=对乙酰氨基酚/乳糖比例、因子 B=颗粒的 MCC Burst 100/MCC 常规比例，保持片剂重量（500 mg）和润滑剂用量（0.5%硬脂酸镁）不变

| 编码的变量 | | 非编码的变量 | |
|---|---|---|---|
| A | B | 比例：对乙酰氨基酚/乳糖 | 比例：颗粒的 MCC Burst 100/MCC 常规 |
| 0 | −1 | 200 mg P/200 mg L | 25 mg MCCbPVP/75 mg MCC |
| 0 | 1 | 200 mg P/200 mg L | 75 mg MCCbPVP/25 mg MCC |
| 1 | 0 | 300 mg P/100 mg L | 50 mg MCCbPVP/50 mg MCC |
| −1 | 1 | 100 mg P/300 mg L | 75 mg MCCbPVP/25 mg MCC |
| 0 | 0 | 200 mg P/200 mg L | 50 mg MCCbPVP/50 mg MCC |
| 1 | −1 | 300 mg P/100 mg L | 25 mg MCCbPVP/75 mg MCC |
| −1 | −1 | 100 mg P/300 mg L | 25 mg MCCbPVP/75 mg MCC |
| 1 | 1 | 300 mg P/100 mg L | 75 mg MCCbPVP/25 mg MCC |
| −1 | 0 | 100 mg P/300 mg L | 50 mgMCCbPVP/50 mg MCC |

来源：Leuenberger H.9th Scienti c and Technical Forum，Basel，Switzerland，2013，23-24.

### 20.3.1.7 F-CAD（处方-计算机辅助设计）

F-CAD 的应用使“初始即正确”概念和工作流程得到了严格的实施，即首次经计算机模拟药物传递载体的开发和测试，并为临床Ⅰ期生产已准备上市的片剂处方产品（表 20.1）。

Cincap 的 F-CAD 是基于元胞自动机（CA）方法（Puchkov 和 Leuenberger，2011；Puchkov 等，2013）。元胞自动机采用电脑模拟实验室的标准操作规程（SOP），例如原料药与辅料颗粒的混合、颗粒生长、颗粒的压缩以及制粒等规程，能够测试相应片剂处方中原料药的溶出曲线。因此，用计算机模拟代替昂贵的实验室工作能够节省大量的资金。此方法有利于通过采用临床Ⅰ期片剂样品以及 6σ 质量进行处方设计空间的探索（图 20.11）。为充分发挥此方法的优势，需协调设备和生产过程（Leuenberger 和 Leuenberger，2016）。

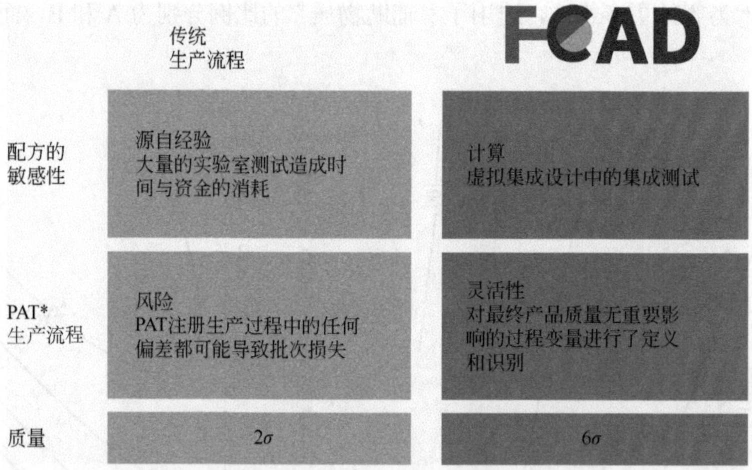


图 20.11 根据汽车和飞机行业工作流程制定的 F-CAD 方法与现有工作流程的比较，传统工作流程可得到 2σ 平均质量的最终上市剂型；而由于严格的执行“初始即正确”概念，F-CAD 有可能达到 6σ 质量

PAT 生产过程涉及一种科学的方法和过程分析技术（PAT）工具，用于过程优化

[来源：Leuenberger H，Lanz M. Adv.Powder Technol.，2005，16：1-36，2005.]

### 20.3.2 元胞自动机（CA）：基本原则方法

CA 方法，逼真地模拟现实中发生的事情。因此，模拟的结果有一个非常高的可信度。其

可信度高于任一个基于过去相似处方获得内控数据的专业系统。得益于首次模拟结果可以用首次的实验室片剂处方结果进行校准，使得对描述 API 和辅料的理化性质的模拟参数进行必要的“微调”变得可行，并使后续在既定处方设计空间内的模拟批次的结果是可信的。因此，没有必要通过实验室实验对处方设计空间的所有方面都进行探索和验证。

为了简单起见，我们只讨论了三种最重要组分的物理化学行为，即原料药的溶解、受膨胀能力限制而阻碍溶解的赋形剂，以及亲水性赋形剂（如 MCC），它们在一段时间后显示出快速的吸水性，类似于分散二氧化硅。有趣的是，对于一个组分的物理化学描述，例如水溶性原料药，需要一个一维的参数 $c_1$，它依赖于原料药的动态溶解度（内在溶出速率的斜率）。参数 $c_1$ 是使用 CA 方法分解 API 单元所需的迭代次数在 0 时刻的估计值。因此，高 $c_1$ 值意味着低水溶性药物。对于具有膨胀能力的赋形剂，需要一个附加参数 $c_2$ 来描述膨胀过程。通常，每个组分不需要超过两个参数。片剂的孔隙，即空隙空间也需要 $c_1$ 值，即对于亲水性片剂空隙，此 $c_1$ 值为 0。此外，对于更精确的模拟计算，建议注意具有较差润湿性片剂处方的疏水孔隙，其 $c_1>0$。

### 20.3.2.1　调节溶出过程的扩散方程

为简便起见，下面的讨论仅限于描述溶解过程的微分方程的一维情况，它与菲克定律相同，为一维热方程：

$$\frac{\partial}{\partial t}T(\mathbf{r},t)=\kappa\frac{\partial^2}{\partial x^2}T(\mathbf{r},t) \tag{20.1}$$

行 1，含有（$i$-1），（$i$），（$i$+1）列

| | | |
|---|---|---|
| $T_{i-1}$ | $T_i$ | $T_{i+1}$ |

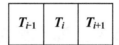

想象一张纸，它的行数为 1，2，…，25，列数从 A 到 Q。行数 1 可能代表一根由大小相等的立方体 A 到 Q 组成的细金属棒，可以近距离接触，热量很容易传导。在 $t$ =0 时，具有温度 $T_i$ 的立方体（$i$）与最近的相邻立方体 H（位置 $i$-1）和 J（位置 $i$+1）紧密接触，而与其他立方体一样，J（位置 $i$+1）的温度要低得多。由于在 $t$=（$t$+$\Delta t$）时刻的热扩散，最近的相邻立方体分别达到 $T_{i-1}$、$T_{i+1}$ 的温度，然后在这张假想的纸的下一行中描述。因此，通过一维微分方程[式（20.1）]的 CA 规则集的了解，就可以逐步计算出散热的时间演化，即逐行计算。要为微分方程[式（20.1）]找到一个合适的 CA 规则，需要知道邻域以及热量在每个时间步骤中是如何传递的，这也是 Stephan Wolfram 首先用规则集 182 描述的，可以在 Wolfram（2002）的文章中找到（图 20.12）。

| 111 | 110 | 101 | 100 | 011 | 010 | 001 | 000 |
|---|---|---|---|---|---|---|---|
| 1 | 0 | 1 | 1 | 0 | 1 | 1 | 0 |

图 20.12　在二进制代码中，一维热方程的 CA 规则集=规则 182=10110110

（来源：Leuenberger. Process scale-up in the pharmaceutical industry，workshop，Cologne，2015，14-16.）

此 CA 规则有很多优点，因为它有机会使用布尔逻辑，也就是说，只需要整数值 0 和 1，就可以加快计算速度，得到优异的扩散方程的近似值。用时域有限差分（FDTD）方法求解式（20.1），首先得到 FDTD 代码 10210-110，此代码可用 CA 代码 150 mod2 做近似，结果不太理想。图 20.12 的 CA182 规则说明了从行（$n$）到行（$n+1$）的热量的传递，此传递取决于邻域并可以用如下表示：如果中央点的两个相邻点被占据=>111，下一行的中央点也将被占据（图 20.13）。

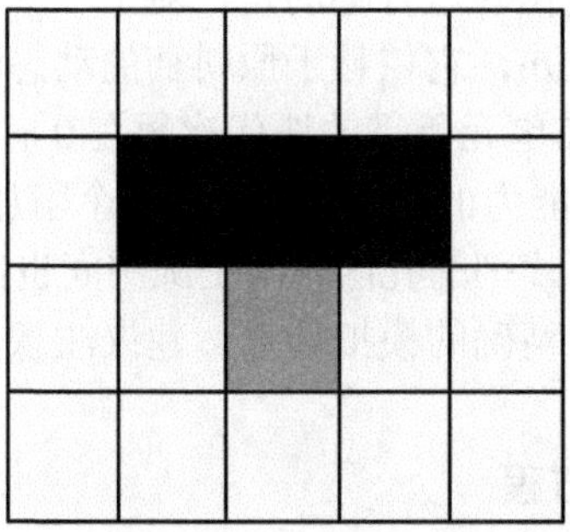

图 20.13　行（$n$+1）中央点：如果行 $n$ 中心点的两个相邻位置均被占据，就可以很好地理解热量将从行 $n$ 转移至行（$n$+1）

图 20.14 说明了在 111=>1,000=>0,101=>1,010 =>1 的所有可能构型下，从第 $n$ 行到第 $n$+1 行之间的传热情况，此种状况可以理解。邻域 110&011=>0,100&001=>1 的结果是 182 规则的结果，182 规则导致原始假想网格表的如下模式（图 20.15）。

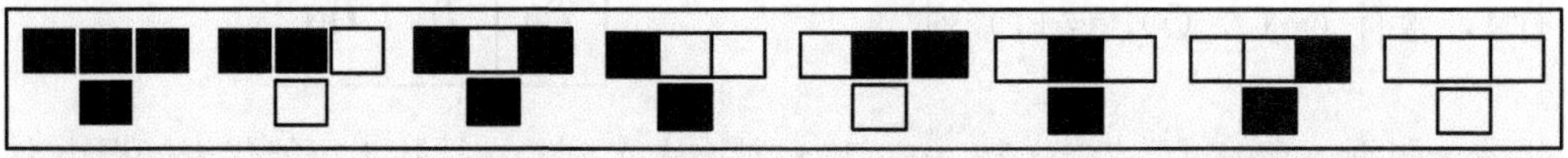


图 20.14　行 $n$ 更新成为行（$n$+1）的效果取决于行 $n$ 的环境，即行（$n$+1）的第一个元素被占据（=黑=数值=1）和最后一个元素（最右边的图）将保持不被占据（=空白=数值=0）

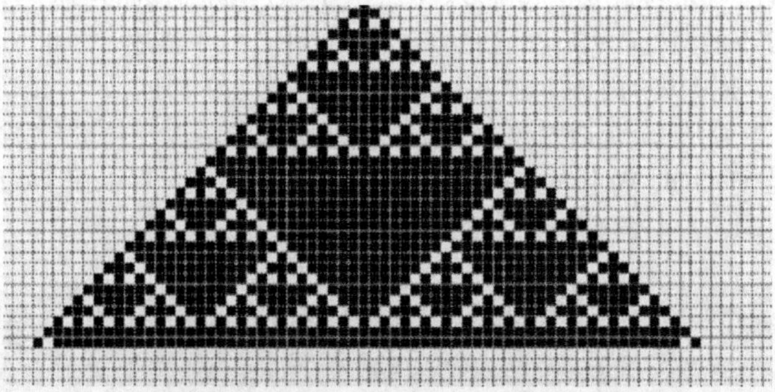

图 20.15　牢记 182 规则 32 次迭代后的一维元胞自动机模式，该迭代等同于环境的更新，环境的更新则表示一维扩散方程的时间演化

（来源：Puchkov M，Tschirky D，Leuenberger H．Series in Biomedicine，2013.）

重要的是要考虑到随着迭代步骤数量的增加（图 20.15），将获得一个扩散方程越来越好的近似值（图 20.16）。

图 20.16 显示了某一固定量的热量是如何随着时间的推移通过热量更新过程从一个点向其临近的单元传递的。与此同时，固定的热量被收集并以单独的；累积；曲线的形式呈现在图 20.16 中，而对于 API，它对应的是接受者体内溶解和收集的 API 的溶解部分（质量而不是传热）。在时间 $t$=0 时位于位置 6 的热金属线的温度为 100℃（可以是高于环境温度的任何温度，即可以在 0 时等于 100%）。在时间（$t+\Delta t$）时，位置 6 的温度从 100%下降到 70%，在时间（$t+2\Delta t$）时下降到大约 42%，即每个“更新步骤与数字 $j$ =1，2，3…（见图 20.16，$x$=收集的累积热量有关的时间轴）”发生在（$t+j\Delta t$）时刻，即在 $t\rightarrow\infty$之后达到温度与环境的平衡，即 100%的余热被收集，相应的 100%的 API 溶解。

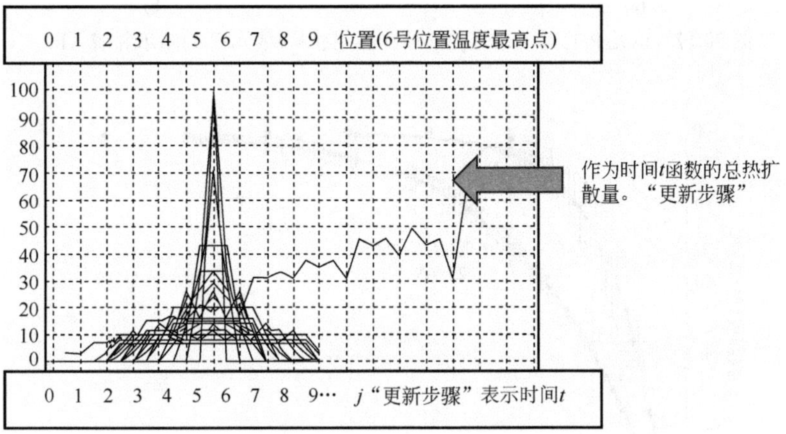


图 20.16　通过更新程序，用一维 CA182 规则对扩散方程进行数值求解

中心点温度 $T$ 随迭代次数的增加而降低，且显示向位置 6 的邻域呈对称的热扩散；热传递量也如图所示，为时间演化=$x$ 轴从 $t$=0 到 $t$=$j$“更新步骤”

（来源：Puchkov M，Tschirky D，Leuenberger H．Series in Biomedicine，2013.）

F-CAD 使用的是 3D-CA 方法：在每次迭代步骤中，分别“更新片剂处方中 API 位点的集合”，计算 API 的溶解量，并以累计方式绘制 API 溶解量以显示其溶解情况。在一维中进行计算时，期望得到一个线性函数（比较图 20.16）。在此情况下，分辨率、模型的整体精度分别取决于溶解 100% API 的迭代次数，此迭代次数由 F-CAD 技术在 3D 中的参数 $c_1$ 来处理。分辨率也明显取决于网格的大小。因此，在 3D 中，需要尽可能多地将片剂体积细分为单元立方体用于代表细颗粒，单元立方体簇代表粗颗粒或致密颗粒或孔隙单元立方体代表孔隙。为此，F-CAD 使用片剂设计模块首先定义片剂的形状和体积，然后使用离散器模块将该体积细分为大量的单元立方体。单元立方体的数量越多，精度就越高。因此，单元格的合理数量至少在 100 万个范围内。另一个重点是分别在 3D 中定义 2D 中单元立方体的环境（图 20.17）。

F-CAD 在 3D 中使用摩尔邻域，这意味着中心单元 C 被 26 个最临近的单元立方体包围。选择摩尔邻域来描述溶解过程是有道理的，因为实际上溶解是从粒子的边缘开始的。图 20.18 显示了两种咖啡因片剂的溶出情况。

模拟的计算显示（图 20.18 中的溶解曲线）误差限比实验确定的误差点要小（Leuenberger 等，2009）。模拟计算的误差限与这样一个事实有关：咖啡因颗粒在片剂内是随机排列的，因为不可能每次都将 API 颗粒分布在相同的位置。因此，如果含有更多的 API 粒子位于离表面更近的地方，API 的溶出速率就会更快。

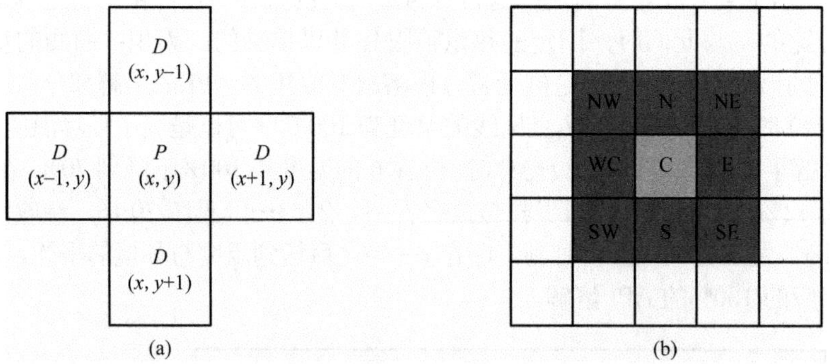


图 20.17　单元 P 的冯·诺依曼邻域（a）及中心单元 C 的摩尔邻域（b）

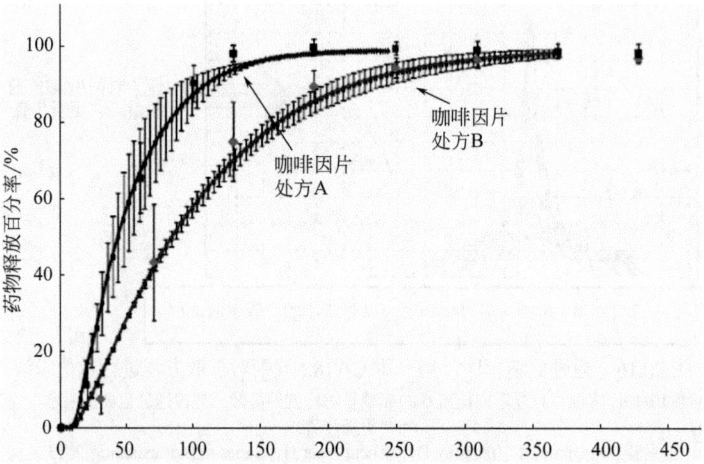


图 20.18　两种不同咖啡因片剂的溶出曲线[时间轴表示更新的数量，即时间演化（图 20.16）]

（来源：Krausbauer E.Contribution to a science based expert system，PhD thesis，University of Basel，Faculty of Science，http://edoc.unibas.ch/diss/DissB_8879，2009.）

综上所述，最重要的是对处方设计空间的严谨诠释（图 20.2），对“初始即正确”概念的严谨诠释，以及在工艺开发中对渗透理论的运用。为了严格落实“初始即正确”的概念，制药行业需要适应汽车和飞机行业的工作流程，用于开发和测试首个模拟的药物传递载体。应用基本原则方法来获取产品和工艺知识，正如图 20.1 所示可以帮助到达知识金字塔的顶端。

### 20.3.3　制药行业工艺放大——设备协调

工艺放大需要遵循 ICH Q8（R2）的指导原则，并且应该在与知识金字塔的复杂等级一致的水平上进行处理[图 20.1（b）]。虽然这句话不言自明，但在实践中却很难实现。在Ⅰ期临床和Ⅱ期临床使用含有指定成分的简单服务剂型时，需要特别注意，因为这限制了Ⅲ期临床处方设计空间的自由度（Leuenberger 和 Leuenberger，2016）。正如前面提到的，“初始即正确”概念的目标是减少由糟糕的制药工艺和处方造成的失败。在很大程度上，这一概念在汽车和飞机工业中得到了实现，即根据“初始即正确”的方法设计和测试模拟原型，并制造出功能齐全的车辆。然而，就制药行业而言，仅仅使用 F-CAD 等软件平台来设计和测试药物传递载体是不够的。如果忽略了工艺放大问题，在早期开发阶段使用 F-CAD 的所有努力都不能防止失败。

为此目的，比起单独应用 F-CAD 平台来解决处方不良的问题，协调设备和工艺将节省更多的资金（Leuenberger，2015）。换句话说，在Ⅰ期临床和制剂直至注册申报的整个开发过程，如果所有的模拟和实验室实验保持在同一配方设计空间内，整体分析是必要的，只有在此情况下，才可能对所选择的的特定处方的知识做出贡献。理想情况下，作为路线图的一部分，在Ⅰ期临床和Ⅱ期临床的早期开发阶段收集的所有数据也应该对知识有所帮助。在此背景下，需要深入讨论连续制粒生产线的应用。文献中收载了大量关于全连续制粒的科学研究（Dhenge 等，2013；Jarvinen 等，2012；Vervaet 和 Remon，2005；Swanborough，2008；Parikh，2016），行业中也有实施这一概念的趋势（Lee 等，2015）。然而，在早期开发阶段，没有足够的 API 可用来开发和引入全连续制粒生产线。因此，只有半连续的制粒生产线，例如 Glatt Multicell™ 概念，才在所有临床阶段的设备协调概念中进行讨论。

在放大阶段，工艺的协调必须与 PAT 设备的大量使用相结合（Leuenberger 和 Leuenberger，2016）。在这种背景下，与山德士（诺华公司）的 Marcel Durrenberger 工程部一起开发的 PAT 能耗设备，能够考虑粒径分布的变化和主要材料水分含量的变化，以控制湿法团聚过程（Leuenberger，1982a）。这种设备可以考虑作为内部参考处理的主要材料的特定性能。压片工艺的湿法结块过程的协调，意味着高速压片机的设置可以在每批之间保持恒定。能达到这种可能是因为批次间颗粒大小的变化保持在最小（表 20.9）。没有 PAT 能耗设备，机器的设置需在每批间进行调整以使最终片剂的性能如硬度和崩解时间等一致。

**表 20.9　“湿法团聚”和“高速压片”工艺协调，得益于与 MCC 公司类似的智能 PAT 能耗设备**

| 模式类型 | 90～710 μm 产量质量分数/% | 粒径＜710 μm 质量分数/% | 粒径＜90 μm 质量分数/% |
|---|---|---|---|
| 经典模式（无 PAT 设备）($n$=20) | 81.03 ± 2.42 | 88.30 ± 2.05 | 6.80 ± 0.51 |
| 自动模式（有 PAT 设备） | 91.45 ± 0.36 | 96.80 ± 0.31 | 5.40 ± 0.35 |

来源：Leuenberger H. Pharm. Acta Helv.，1982a，37：72-82.

后续工序的协调，如“湿法团聚工序”和“压片工序”的协调，与开发部门和生产部门之间设备的协调同样重要，“20.3.1.5 原料药-辅料技术性筛选程序实例”一节对此做了说明。

#### 20.3.3.1　第四维度放大和 Glatt Multicell™ 概念

在经典放大工艺中，设备的尺寸 $x$、$y$、$z$ 发生的变化，工艺时间保持不变。在第四维的放大中，设备的尺寸保持不变，工艺过程在时间上进行重复，时间就变成了第四维度。Glatt Multicell™ 从第四维度的角度对工艺放大进行了诠释。对于早期开发和放大生产之间生产工艺的协调，较为理想的是从两个部门内设备的安装开始。仅仅在生产部门使用 Glatt Multicell™，却不在研发部门使用 Glatt Multicell™ 是完全错误的，因为使用其他设备所开发的小试处方工艺需要进行调整才能适应生产中使用的 Glatt Multicell™ 设备，这一点在 Leuenberger 作为 Glatt 的顾问期间，已经在罗氏（Basel）和辉瑞（Freiburg，德国）得到了证实。只有这种半连续工艺过程可以为放大工艺问题提供真正的解决方案，因为它在小试和放大生产过程中使用了相同的设备（Leuenberger，2001；Betz 等，2003，Werani 等，2004）。该设备是根据瑞士巴塞尔大学 Schade（1992）和 Dörr（1996）博士项目的成果开发，需要将使用相同设备的开发和生产部门的工作流程整合在一起。

“准连续”生产线需要在特别设计的高剪切混合器/造粒机中生产小批量产品（该制粒机由

Glatt AG Pratteln 申请专利，发明人为 H.Leuenberger）。此造粒机与一个连续多单元流化床干燥机（Glatt Multicell®）相连。在特制的高剪切搅拌机中加入一定量的处方粉末，充分搅拌均匀。随后，根据功率消耗测定的结果，不断地添加造粒液体至固定量，从而使粉末颗粒化。湿颗粒通过筛网排到多室流化床干燥装置的第一个单元内，以避免任何结块的形成。因此，颗粒的准连续生产可以描述为一列最小批次的列车，像包裹一样经过干燥混合、造粒和干燥。多室干燥器一般由三个不同空气温度的干燥单元组成，即在第一个干燥单元中颗粒在高温下干燥，如60℃，在最后一个干燥单元中可使用环境空气的温度和湿度达到平衡条件。如果需要，可以添加更多的单元。这样用于质量控制一批产品是由一个固定数量的 *n* 小批组成，且混合/造粒和干燥步骤中严格的过程控制提供了极好颗粒准连续生产的“批”记录以及提供了极好的工艺和设备连续验证的机会。

固定值和工艺的重现性是准连续造粒的重要特性。众所周知，某些处方以小批量的形式显示出良好的压缩特性，但在批量变大时就无法保持这种特性。为了检查颗粒批次的压缩力/硬度曲线，从两种处方中选择不同的亚批，并使用不同的压缩力压缩成药片（图 20.19 和图 20.20）。从理论上看，小批量的产品质量不会因重复加工而发生变化。

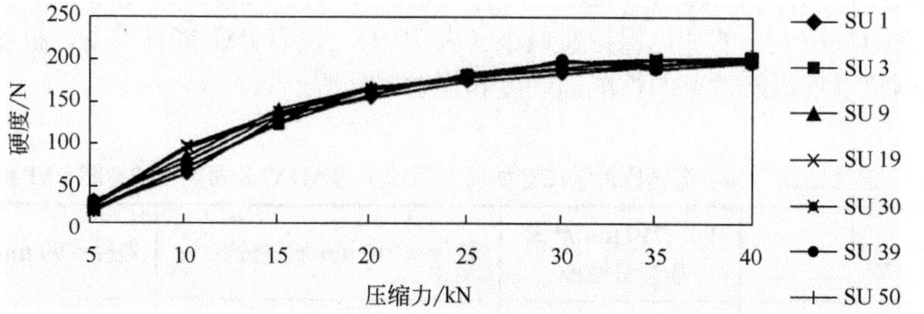


图 20.19 压缩力-硬度曲线（处方 1）

（来源：Betz G，Junker B，Leuenberger H. Pharmaceutical Development and Technology，2003，8：289-297.）

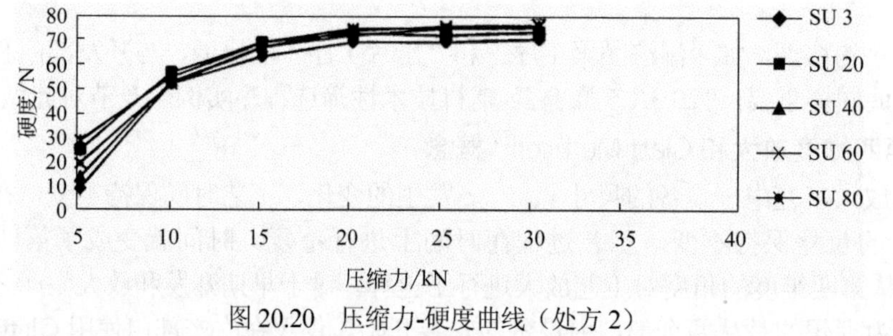


图 20.20 压缩力-硬度曲线（处方 2）

（来源：Betz G，Junker B，Leuenberger H.Pharmaceutical Development and Technology，2003，8：289-297.）

### 20.3.4 ICH Q8——鉴定关键物料属性和工艺参数

ICH Q8 指导原则强调了找出与产品质量相关的关键物料和工艺参数的重要性，PAT 强调了关键工艺控制（图 20.1），将在下述案例研究中说明。

#### 20.3.4.1 关键物料属性——案例研究（卡马西平）

在购买原料药时，通常会检测其是否含有降解产物以及降解产物水平。然而，对许多原料药来说，确定其关键属性也是必需的，这些属性可能由于制造技术的不同而有所不同，如果不加以监测，就可能导致处方失败。此外，必须采用特殊的实验来检测这些属性，从而根据监测情况进行应用。在本案例研究中，给出了一个利用圆盘固有溶出速率（DIDR）曲线的斜率来识别难溶性药物卡马西平（CBZ）溶出特性变化的例子（Sehic 等，2010）。卡马西平在溶出度测试时经历溶液介导的相变，从一种多晶型到另一种多晶型的相变动力学可能不同（Rodriguez-Hornado 等，2004）。市售的卡马西平是以无水型Ⅲ存在，此型态在室温下稳定（Rustichelli 等，2000），但在溶液中，二水合物型态最稳定。三个商业样品（A、B 和 P）的 DIDR 曲线出现了弯曲，导致两种不同的斜坡：初始斜坡（描述无水相的溶解）和最终斜坡（表示二水相的溶解）。初始溶出时间 20 min 的单因素方差分析实验显示，CBZ A、CBZ B 和 CBZ P 之间差异具有统计学意义，但整体 120 min 间比较的差异不显著。这说明初始卡马西平物料的可变性表现在溶解的初始阶段，即无水-二水转化发生的阶段（见表 20.10）。由表 20.10 还可以看出，正如预期，由无水试样制备的二水合物（Da，Db，Dp）的 DIDR 曲线并没有出现拐点。

**相变动力学**　对每个曲线的片段进行非线性模型拟合（Systat 软件公司，美国），无水卡马西平转变为二水物所需的时间为 15～25 min。Kobayashi 等（2000）及 Ono 等（2002）报道，固有溶出测试的 5～10 min 后发生转变。本工作中发现的差异可以归属于所使用的原材料不同。利用 Ono 等（2002）的方法，使用以下方程，从分段图中计算溶出参数：

$$\frac{\mathrm{d}C}{\mathrm{d}t}=k_{\mathrm{t}}C_{\mathrm{SH}} \tag{20.2}$$

$$\left(\frac{\mathrm{d}C}{\mathrm{d}t}\right)_{t=0}=k_{\mathrm{t}}C_{\mathrm{SA}} \tag{20.3}$$

$$b=\frac{k_{\mathrm{t}}(C_{\mathrm{SA}}-C_{\mathrm{SH}})}{k_{\mathrm{r}}} \tag{20.4}$$

式中，$C$ 为原溶液中卡马西平的浓度，μg/mL；$t$ 为时间，min；$k_{\mathrm{t}}$ 为转运过程中的速率常数，min；$k_{\mathrm{r}}$ 为相变过程中的速率常数，min；$C_{\mathrm{SH}}$ 为二水合物的饱和浓度，μg/mL；$C_{\mathrm{SA}}$ 为无水型态的饱和浓度，μg/mL；$b$ 为无水型态溶出曲线线性部分外推得到的截距。由上述方程计算出参数 $k_{\mathrm{t}}$、$k_{\mathrm{r}}$ 和 $C_{\mathrm{SA}}$。利用平衡溶解度测定得到的各二水合物的溶解度值（$C_{\mathrm{SH}}$），根据二水合物曲线的斜率计算 $k_{\mathrm{t}}$ 或转运过程的速率常数。由式（20.2）利用初始段斜率的估计值计算得到 $C_{\mathrm{SA}}$，由式（20.2）计算 $k_{\mathrm{t}}$ 值。最后一段的截距由式（20.4）计算得到。结果如表 20.10 所示，除相变时间点的差异外，还观察到了相变过程速率常数（$k_{\mathrm{r}}$）值的变化。最高的 $k_{\mathrm{r}}$ 值意味着样品具有从无水到二水型态转变最快的能力，从而得到最高的 IDR。在所有检测样品中，CBZB 的 $k_{\mathrm{r}}$ 值最高，CBZ P 的 $k_{\mathrm{r}}$ 值最低。考虑这些情况，内在溶出参数和转变速率之间的联系是可以预期的，并可以帮助确定每个待检查卡马西平的动力学转变，最终通过在处方前研究阶段验证这些参数可以帮助预测其在最终处方中的行为。

**表 20.10　无水 CBZ（A、B、P）的溶出参数和相应的二水合物形态**

| 样品（$n$=3） | 初始斜率/[μg/（mL·min）] | 最终斜率/[μg/（mL·min）] | 截距/（μg/mL） | $k_{\mathrm{t}}$/min | $k_{\mathrm{r}}$/min |
|---|---|---|---|---|---|
| A | 0.141 ± 0.002 | 0.098 ± 0.002 | 0.925 ± 0.130 | | 0.0649 ± 0.016 |
| B | 0.152 ± 0.002 | 0.090 ± 0.001 | 0.870 ± 0.084 | | 0.0811 ± 0.008 |

续表

| 样品（$n$=3） | 初始斜率/[μg/（mL·min）] | 最终斜率/[μg/（mL·min）] | 截距/（μg/mL） | $k_t$/min | $k_r$/min |
|---|---|---|---|---|---|
| P | 0.148±0.002 | 0.107±0.001 | 1.137±0.068 | | 0.0583±0.002 |
| Da | | 0.082±0.000 | 0.084±0.014 | 0.00029 | |
| Db | | 0.082±0.001 | 0.126±0.029 | 0.00030 | |
| Dp | | 0.082±0.001 | 0.129±0.032 | 0.00030 | |

来源：Sehic S，Betz G，Hadzidedic S，et al. Int，J. Pharm.，2010，386：77-90.

固有溶解度参数被用于评估样品的溶解度。计算溶解度排名为 CBZ B＞CBZ P＞CBZ A，与型态Ⅲ文献数据一致（Kobayashi 等，2000），但比实验获得平衡溶解度（72 h 后测量）高，因为在溶解度测量时，卡马西平由无水状态的转变为卡马西平二水合物。

固有溶出速率是利用式（20.5）计算每个曲线初始部分得到（Kobayashi 等，2000；Sethia 等，2004）：

$$\mathrm{IDR}=\frac{C}{t}\cdot\frac{V}{S}=k\cdot C_{\mathrm{s}} \tag{20.5}$$

式中，$S$ 为片剂的表面积，cm$^2$；$V$ 为测试溶液的体积，mL；$k$ 为代表溶解度的固有释放速率常数，mg/mL。

所得结果的排序与报道的预估值一致，即 IDR CBZ B（77.45±2.04）μg/（min·cm$^2$）＞IDR CBZ P（73.92±2.00）μg/（min·cm$^2$）＞IDR CBZ A（69.11±1.96）μg/（min·cm$^2$）。二水合物的 IDR 值几乎是相同的[在 22.43～23.09 μg/（min·cm$^2$）之间]。

综上所述，值得注意的是，当用单一值来描述样品的固有溶出速率时，其差异相对较小，而当用一组动力学参数来描述样品的内在溶解行为时，其差异就变得重要了。考虑到卡马西平在 USP 中治疗指标狭窄，且溶出度的可接受标准也很窄，不同卡马西平原料之间从无水物转化为二水合物时的动力学差异是非常重要的信息。因此，相变点和相变动力学可被视为关键参数，应按药品 Q8 指导原则进行研究和监测。

#### 20.3.4.2 关键工艺参数

湿法团聚工艺是制粒和药物粉末压片最常用的工艺。传统的湿法团聚使用高剪切混合造粒机与流化床干燥机或流化床造粒机-干燥机相结合。创新的半连续工艺，如上文描述的 Glatt Multicell$^{\mathrm{TM}}$生产线，也使用高剪切混合器-造粒机结合流化床干燥器。

为了设计湿法团聚工艺以限制或消除产品的可变性，需要对关键工艺参数采用机械方法。关键工艺参数是必须控制在设计空间内（即在预定的限度内）的工艺参数，以保证产品的性能。

#### 20.3.4.3 能耗曲线

在高剪切和流化床制粒机中，粒度的增大和减小是一个动态平衡过程。由于加入制粒液体，使平衡移动从而生产更大尺寸的粒度。在高剪切制粒机中，可以通过测定能耗曲线来监测添加制粒液体的效果，而在流化床制粒机中则不能如此。

组成为 10%的淀粉、86%乳糖和 4%（质量分数）PVP 的能耗曲线如图 20.21 所示，呈现不同的阶段：$S_2$ 由于淀粉的膨胀引起的滞后时间，即没有形成颗粒，因为雾化液体无法生成颗粒粉末间的液体桥梁；$S_2$～$S_3$ 之间形成液体桥梁；$S_3$～$S_4$ 生成药物颗粒（临近 $S_3$ 时生成低密度颗粒，而临近 $S_4$ 时生成高密度颗粒）；$S_4$ 以上系统过湿（不可逆点）。从图 20.21 中可以明显看出，没有出现制粒终点的迹象。但在制粒过程中所使用的制粒液体的量可能因处方不同而有所不同，为了计算不同组成中相应的制粒液体的量，无量纲制粒液体（π）被采用。该术语定义了粉体床内颗粒间空隙的饱和程度，并由制粒液体的量（*S*，单位 L）衍生而来。能耗曲线作为定义不同成分的 *S* 值的分析工具是有益的。这使得颗粒生长动力学能够被无偏见地分析，因为批次是作为无量纲项的函数进行分析的（Leuenberger，1982a；Betz 等，2004）。对于一个耐用的处方，颗粒的分布不应因批次而异，关键因素是正确的造粒液体的量和类型。原材料（原料药和添加剂）的变化可以通过基于能耗曲线的过程控制来补偿。由于没有制粒终点，制粒过程可以通过能耗曲线第二阶段 s 形上升拐点来控制，而能耗曲线是由多项式函数的计算机程序计算得到的。图 20.22 中的峰值（=能耗曲线的一阶导数）描述了在平台阶段开始时，润湿的粉末层具有一定的黏结性。这是粉末质量提供的一个信号，具有可自我修正的性质，因为它出现在略微粗糙的起始物料的一个更早期的时间，或略微精细物料的晚期阶段，同时它考虑了主要物料的初始含水量，这取决于季节性影响。因此，能耗曲线的一阶导数可用于制粒液用量微调的过程控制。

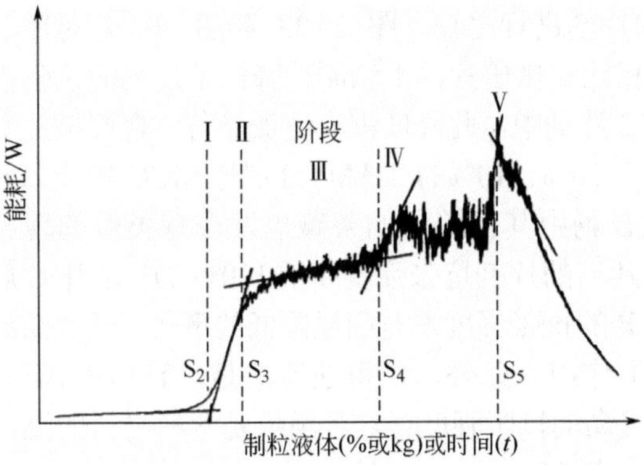


图 20.21　能耗曲线的分配图

（来源：Leuenberger H，Bier H P. Acta Pharm. Techn.，1979，7：41-44.）

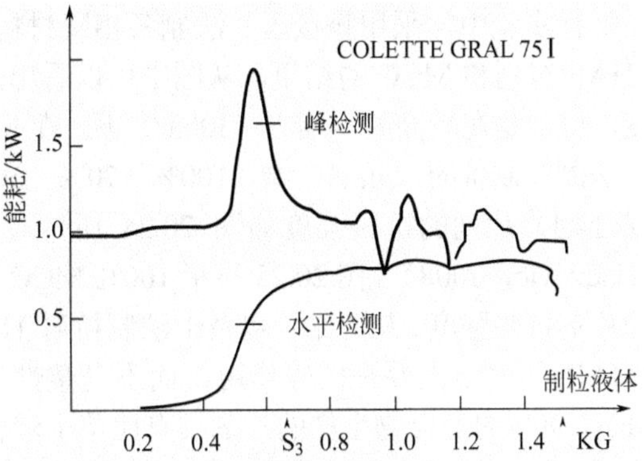


图 20.22　峰值或水平检测方法有助于找到合适的制粒液体的用量

（来源：Leuenberger H. Pharm. Acta Helv.，1982a，57：72-82.）

## 20.4　粉体系统

建立知识金字塔对构建粉体系统的坚实框架至关重要。由于大多数药物传递系统都涉及粉末，因此处方科学家所面临的挑战可能是粉末技术领域中最艰巨的。药物粉末技术包括了许多领域（如处理、储存、流动、压缩等），在这些领域，粉末的关键性能必须得到明确定义，才能开发出耐用的处方和生产工艺。

许多用于制药的粉末是混合物。它们要么由一种不同大小的材料组成，如磨碎的药物，要么由不同的材料组成，如片剂和胶囊的颗粒，其中可能包括药物和一些辅料。最终产品（如药片）的性能在很大程度上取决于粉末在压缩或剪应力作用下的行为。粉末可以分为“简单”或“复杂”，这取决于单一的参数，如内摩擦角，是否可以描述它们在正常应力下的行为。乳糖、碳酸钙和青霉素被描述为简单粉末，即内摩擦角与包装密度无关。药物制剂表现为复杂的粉末，由于当粉末混合在一起时，颗粒间相互作用的力发生了变化，用一个参数描述它们的行为变得更加困难（Kocova El-Arini 和 Pilpel，1974）。Leuenberger 提出了一个压缩性和压实性参数预估的模型，可用于表征材料的塑性或脆性。它的应用可以扩展到单一粉末以及粉末混合物（Leuenberger，1982b）。获得这些参数的值，可以在塑性和破碎度之间保持良好的平衡，从而帮助设计出耐用的片剂处方。

### 20.4.1 案例研究（干法制粒）

本研究利用可压缩性和压实性参数对干法制粒机生产的片剂进行抗张强度监测（Hadzovic等，2011）。干法制粒适用于活性成分对水分和高温敏感或在压片过程中容易黏着的物料。然而，干法制粒工艺会导致药片的抗张强度较差（例如与直接压片相比）（Herting 和 Kleinebudde，2008），且干法制粒工艺导致可压性变差也是此工艺对处方性能影响的一个例子。将药物与辅料混合通常是改善片剂性能的方法，但通常无法从单个材料的可压性来预测由二元混合物压缩而成的片剂的强度。在本案例中，我们研究了无水茶碱粉末（THAP）、无水茶碱细粉（THAFP）、一水合物（THMO）和微晶纤维素（MCC）的混合物经干法制粒后压成的片剂的抗张强度。在平行实验中，采用直接压片法制备相同材料的片剂进行比较。图 20.23 和图 20.24 对比了THAP 级别和 MCC 的结果，从图中可以看出，相比直接压片，干法制粒降低了片剂的抗张强度，特别是在较高的压缩力（30bar）下。在 MCC 片剂中，此降低程度更加显著。直接压片和干法制粒制备的二元混合物（100%、70%、50%、30%、10%的 THAP 分别与 MCC 组成二元混合物）片剂的抗张强度如图 20.24 所示。混合物中其他等级的茶碱也发现有类似的现象（Hadzovic，2008）。图 20.25 显示 100% MCC 压片后的片剂抗张强度高于 100% THAP 压片后的片剂抗张强度。从此结果以及干法制粒后 THAP 的抗张强度没有明显降低的事实，可以推测THAP 的固结主要是破碎作用，而不是塑性变形作用。此外，值得注意的是，THAP 10%+MCC 90%的混合物生产的片剂具有比单个辅料更高的抗张强度。这种现象是两种材料的混合物的特征，它们通过不同的机制进行固化（Garr 和 Rubinstein，1991）。正如本研究所示，MCC作为一种极具塑性的材料，在压片过程中对片剂的机械强度起着重要的作用，而茶碱在压片过程中被认为是部分破碎的。这表明通过干法制粒工艺寻找最佳的处方组合是至关重要的，干法制粒工艺应在可塑性和破碎性间保持良好平衡。

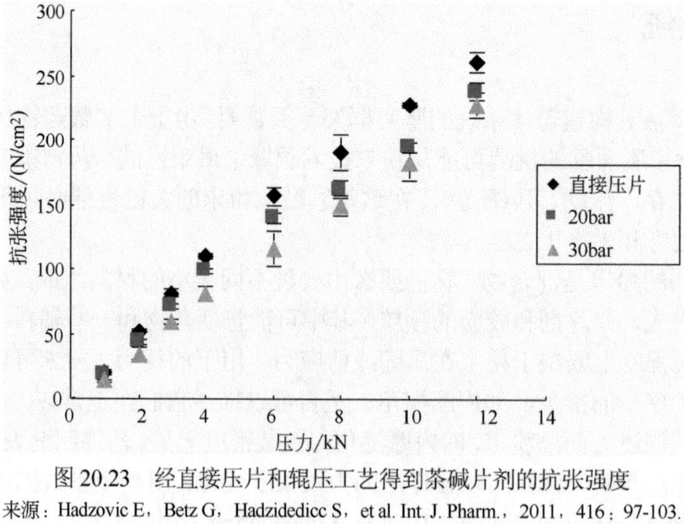


图 20.23 经直接压片和辊压工艺得到茶碱片剂的抗张强度

（来源：Hadzovic E，Betz G，Hadzidedicc S，et al. Int. J. Pharm.，2011，416：97-103.）

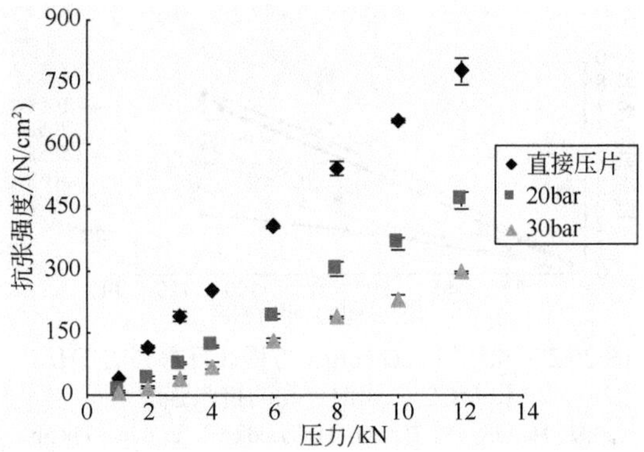


图 20.24　采用直接压片和辊压工艺得到 MCC 片剂的抗张强度

（来源：Hadzovic E，Betz G，Hadzidedicc S，et al. Int. J. Pharm.，2011，416：97-103.）

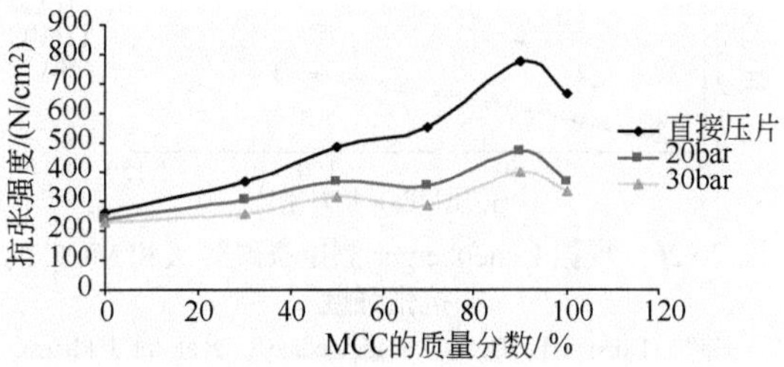


图 20.25　茶碱的抗张强度：经直接压片和干法制粒 MCC 二元混合物

（来源：Hadzovic E，Betz G，Hadzidedicc S，et al. Int. J. Pharm.，2011，416：97-103.）

为建立茶碱和 MCC 的压缩性与片剂抗张强度间的联系，使用如下所示的 Leuenberger 方程，方程中在特定形成压力 $\sigma$ 下的径向抗张强度 $\sigma_t$ 是对片剂的压片压力和相对密度 $\rho$（$\rho$=1−$\varepsilon$, $\varepsilon$ 为孔隙率）的作图。

$$\sigma_t = \sigma_{t_{\max}}(1 - e^{-\gamma\sigma\rho})$$

Leuenberger 方程中的参数 $\sigma_{t\max}$ 是指压实过程中理论最大可能的抗张强度，其孔隙率等于零，$\gamma$ 是压缩敏感性，是一个描述压缩性常数。低 $\sigma_{t_{\max}}$ 值的物料显示相对差的可压性，即使在较高的压力下，也不会超过此值。高 $\gamma$ 值意味着在低压缩压力下可以达到最大的抗张强度（Leuenberger，1982b）。图 20.26 和表 20.11 分别为根据 Leuenberger 方程得到的曲线图和计算参数。从图 20.26 中可以看出，与 MCC 相比，茶碱在较低的压力下会达到最大抗张强度平台期，即需要施加较高的压力才能达到 MCC 的最大抗张强度。MCC 表现出比茶碱更高的 $\sigma_{t_{\max}}$ 值，MCC 片剂比茶碱表现出更高的抗张强度（图 20.23 和图 20.24），与上述结果一致。

根据压力敏感参数，茶碱比 MCC 更快达到最大抗张强度。茶碱粉末的压力敏感性参数 $\gamma$ 介于（8.9±0.0）×$10^{-3}$～（12.7±0.0）×$10^{-3}$ $MPa^{-1}$。MCC 的 $\gamma$ 值低得多，为（2.5±0.0）×$10^{-3}$ $MPa^{-1}$。图 20.27 中可以观察到，在这项研究调查的压力范围内，尽管 MCC 最大抗张强度高于二元混合物，但具有较高压力敏感值的 10%药物和 90% MCC 的混合物，比 MCC 更早达到最大抗张强度。这是因为 MCC 曲线更线性，需要更高的压力才能到达平台期。

**表 20.11　经直接压片和辊压成型的 THAP、THAFP、THMO 和 MCC 的压力敏感参数 $\gamma$、最大抗张强度 $\sigma_{t_{\max}}$**

| $n$=3 ± s.d. | $\gamma$/×$10^{-3}$ $MPa^{-1}$ | $\sigma_{t_{\max}}$/MPa | $r^2$ |
|---|---|---|---|
| THAP 粉末 | 8.91 ± 0.1 | 3.22 ± 0.1 | 0.999 |
| THAP 20 bar | 7.82 ± 0.1 | 3,94 ± 0.0 | 0.999 |
| THAP 30 bar | 8.25 ± 0.2 | 2.80 ± 0,1 | 0.998 |
| THAFP 粉末 | 11.78 ± 0.0 | 3.97 ± 0.1 | 0.999 |
| THAFP 20 bar | 7.33 ± 0.3 | 3.74 ± 0.1 | 0.998 |
| THMO 粉末 | 12.79 ± 0.0 | 3.25 ± 0.0 | 0.999 |
| THMO 20 bar | 11.37 ± 0.4 | 2.11 ± 0.0. | 0.997 |
| MCC 粉末 | 2.45 ± 0.0 | 29.99 ± 1.8 | 0.998 |
| MCC 20 bar | 5.90 ± 0.2 | 7.52 ± 0.1 | 0.999 |

来源：Hadzovic E，Betz G，Hadzidedicc S，et al.，Int. J. Pharm.，2011，416：97-103.

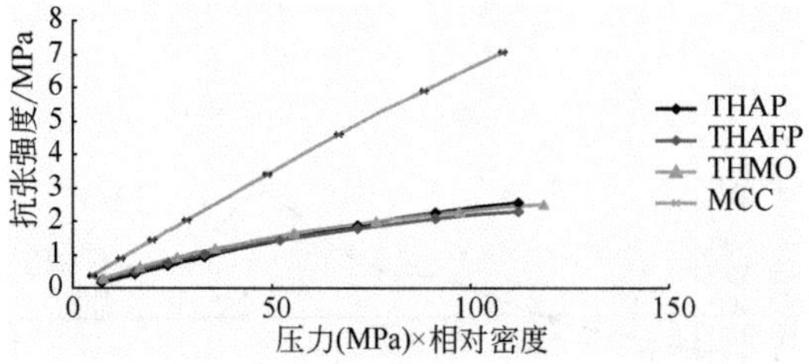


图 20.26 根据 Leuenberger 测定茶碱等级和 MCC 的抗张强度

（来源：Hadzovic E，Betz G，Hadzidedicc S，et al. Int. J. Pharm.，2011，416：97-103.）

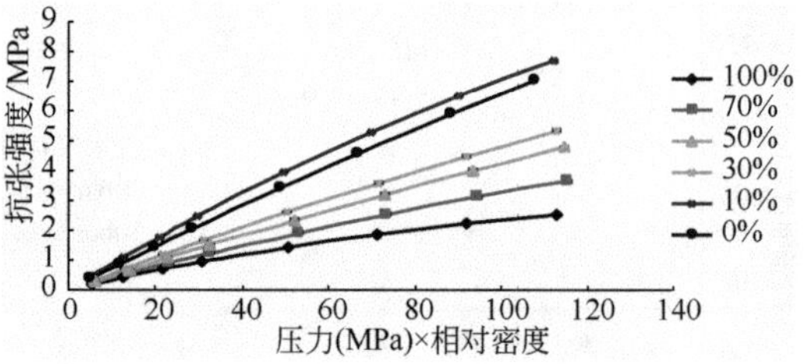


图 20.27 根据 Leuenberger 方程计算得到的 THAP 和 MCC 二元混合物的抗张强度

（来源：Hadzovic E，Betz G，Hadzidedicc S，et al.Int.J.Pharm.，2011，416：97-103.）

从表 20.11 中可以看出，干法制粒对茶碱的压缩性和可压性没有明显的影响，但 MCC 的情况并非如此。当致密体孔隙率为零时，其最大抗张强度将大大降低，同时由于压力敏感性的提高，在较低的压力下也能达到抗张强度。

综上所述，随着二元混合物中 MCC 含量的增加，直接压片法制备的片剂与辊压法制备的片剂的抗张强度的差异更加显著。从 Leuenberger 方程得到的参数来看，茶碱更容易被压缩，而 MCC 更容易压实。研究结果表明，在辊压成型过程中，辅料的选择以及药物内辅料的配比对辊压成型效果有重要影响。

最后应该强调，作为知识金字塔一部分的 PAT 计划和 Q8 指导原则，以及基本原理方法造就了知识金字塔的顶端，提高制药行业性能至 6$\sigma$ 值是有可能的。这对于开发新药物非常重要，因为越来越多的药物具有极低的水溶性，给耐用的剂型开发带来了巨大的挑战。

## 参考文献


Benson, R. S. and J. D. J. McCabe. (2004). From good manufacturing practice to good manufacturing performance. *Pharm. Eng.*, 24 (4).

Bonny, J. D. and H. Leuenberger. (1993). Matrix type controlled release systems II: Percolation effects in non swellable matrices. *Pharm. Acta Helv.*, 68: 25–33.

Betz, G., P. Junker Bürgin, and H. Leuenberger. (2003). Batch and continuous processing in the production of pharmaceutical granules. *Pharm. Dev. Technol.*, 8(3): 289–297.

Betz, G., P. Junker Bürgin, and H. Leuenberger. (2004). Power consumption measurement and temperature recording during granulation. *Int. J. Pharm.*, 272: 137–149.

Dhenge, R. M., K. Washino, J. J. Cartwright, M. J. Hounslow, and A. D. Salman. (2013). Twin screw granulation using conveying screws: Effects of viscosity of granulation liquids and flow of powders. *Powder Technol.*, 238: 77–90.

Dörr, B. (1996). *Entwicklung einer Anlage zur quasikontinuierlichen Feuchtgranulierung und Mehrkammer-Wirbelschichttrocknung von pharmazeutischen Granulaten*, dissertation Universitat Basel.

Dörr, B. and H. Leuenberger. (1998). Development of a quasi-continuous production line—A concept to avoid scale-up problems. *European Symposium on Process Technologies in Pharmaceutical and Nutritional Sciences*, PARTEC 98 Nurnberg, Germany (Leuenberger, H. Ed) pp. 247–256.

Garr, J. S. M. and M. H. Rubinstein. (1991). The effect of rate of force application on the properties of microcrystalline cellulose and dibasic calcium phosphate mixtures. *Int. J. Pharm.* 73 (1): 75–80.

Hadzovic, E. (2008). *Roller Compaction of Theophylline*, PhD thesis, University of Basel, Switzerland.

Herting, M. G. and P. Kleinebudde. (2008). Studies on the reduction of tensile strength of tablets after roll compaction/dry granulation. *Eur. J. Pharm. Biopharm.*, 70: 372–379.

Hadzovic, E., G. Betz, S. Hadzidediic, S. Kocova El-Arini, and H. Leuenberger. (2011). Investigation of compressibility and compactibility parameters of roller compacted theophylline and its binary mixtures. *Int.*

*J. Pharm.*, 416: 97–103.

Hussain, A. S. (2002). *Pharmaceutical Process Scale–Up*, M. Levin (Ed.), New York: Marcel Dekker.

ICH Harmonized Tripartite Guideline: Pharmaceutical Development Q8 (R2), Current Step 4 version: http://www.ich.org/fileadmin/Public_Web_Site/ICH_Products/Guidelines/Quality/Q8_R1/Step4/Q8_R2_Guideline.pdf.

Jarvinen, K., M. Toiviainen, M. Jarvinen, and M. Jutti. (2012). Continuous wet granulation process: Granule properties and in-line process monitoring. *American Pharmaceutical Review*, www.americanpharmaceuticalreview.com.

Kimura, G. (2012). Design of pharmaceutical tablet formulation for a low water-soluble drug; search for the critical concentration of starch based disintegrant applying percolation theory and F-CAD (Formulation–Computer Aided Design), Faculty of Science, University of Basel, Switzerland, downloaded from: http://edoc.unibas.ch/diss/DissB_9886.

Kocova ElArini, S. and N. Pilpel. (1974). Shearing and tensile tests on mixtures of pharmaceutical powders. *J. Pharm. Pharmac.*, 26, 11P–15P.

Kobayashi, Y., S. Ito, S. Itai, and K. Yamamoto. (2000). Physicochemical properties and bioavailability of carbamazepine polymorphs and dihydrate. *Int. J. Pharm.*, 193: 137–146

Krausbauer, E. (2009). Contribution to a science based expert system, PhD thesis, University of Basel, Switzerland, Faculty of Science, http://edoc.unibas.ch/diss/DissB_8879.

Krueger, C., M. Thommes, and P. Kleinebudde. (2010). "MCC Sanaq Burst"—A new type of cellulose and its suitability to prepare fast disintegrating pellets. *J. Pharm. Innov.*, 5: 45–57.

Lee, S. L., T. F. O'Connor, X. Yang, C. N. Cruz, S. Chatterjee, R. D. Madurawe, C. M. V. Moore, L. X. Yu, and J. Woodcock. (2015). Modernizing pharmaceutical manufacturing: From batch to continuous production. *J Pharm Innov.*, 10: 191–199.

Leuenberger, H. and W. Becher. (1975). A factorial design for compatibility studies in preformulation work. *Pharm. Acta. Helv.* 50: 88–91.

Leuenberger, H. (1978). Versuchsplanung und Optimierstrategien in *Pharmazeutische Technologie*, H. Sucker, P. Fuchs, and P. Speiser., (Eds.) Stuttgart, Germany: Georg Thieme Verlag, pp. 64–77.

Leuenberger, H. and P. Guitard. (1978). Delivery systems for patient compliance. In *Pharmaceutical Medicine, the Future*, H. Lahon, R. K. Rondel, and K. Kratochvil, (Ed.), 3rd International Meeting of Pharmaceutical Physicians, Brussels, Belgium, October 4–7, pp. 358–372.

Leuenberger, H. and H. P. Bier. (1979). Bestimmung der optimalen Menge Granulierflüssigkeit durch Messung der elektrischen Leistungsaufnahme eines Planetenmischers. *Acta Pharm. Techn.*, 7: 41–44.

Leuenberger, H. (1982a). Granulation–new techniques. *Pharm. Acta Helv.*, 37: 72–82.

Leuenberger, H. (1982b). The compressibility and compactibility of powder systems. *Int. J. Pharma.*, 12 (1): 41–55.

Leuenberger, H., L. Holman, M. Usteri, and S. Winzap. (1989a). Percolation theory, fractal geometry, and dosage form design. *Pharm. Acta Helv.*, 64: 34–39.

Leuenberger, H., L. Holman, M. Usteri, G. Imanidis, and S. Winzap. (1989b). Monitoring the granulation process: Granulate growth, fractal dimensionality and percolation threshold. *Boll. Chem. Pharm.* 128: 54–61.

Leuenberger, H. and S. Kocova El-Arini. (2000). Solubilization systems—The impact of percolation theory and fractal geometry. In *Water-Insoluble Drug Formulation*, Liu, R. (Ed.), Denver, CO: Interpharm Press, pp. 569–608.

Leuenberger, H. (2001). New trends in the production of pharm. Granules: Batch versus continuous processing. *Eur. J. Pharm. Biopharm.*, 52(3): 289–296.

Leuenberger, H. and M. Lanz. (2005). Pharmaceutical powder technology-from art to science: The challenge of FDA's PAT initiative. *Adv. Powder Technol.*, 16: 1–36.

Leuenberger, H., S. Kocova El-Arini, and G. Betz. (2008). Pharmaceutical powder technology—Building the pyramid of knowledge. In *Water-Insoluble Drug Formulation*, 2nd ed., Liu, R. (Ed.), Boca Raton, FL: CRC Press.

Leuenberger, H., M. N. Leuenberger, and M. Puchkov. (2009). Implementing virtual R & D reality in industry: *In silico* design and testing of solid dosage forms. *Swiss Pharma*, 31(7–8): 18–24.

Leuenberger, H., M. N. Leuenberger, and M. Puchkov. (2010). Right, First Time: Computer-aided scale-up for manufacturing solid dosage forms with a shorter time to market. *Swiss Pharma*, 32(7–8), 3–13.

Leuenberger, H., M. N. Leuenberger, and M. Puchkov. (2011). Virtual scale-up of manufacturing solid dosage forms. In *Pharmaceutical Process Scale-up*, 3rd ed., Levin, M. (Ed.). New York and London: Informa Healthcare, Chapter 17.

Leuenberger, H., M. Puchkov, and B. Schneider. (2013). Right. First Time concept and workflow. *Swiss Pharma*, 35: 4–16.
Leuenberger, H. (2013). *Galenical drug-excipient screening program for the development of robust* Six-sigma *quality tablet formulations*, presentation at Pharmatrans Sanaq Forum, 9th Scientific and Technical Forum Basel, Basel, Switzerland. May 23–24.
Leuenberger, H., M. Puchkov, U. Cueni, and G. Sivaraman. (2013). *Virtual Tablet Design*.
Leuenberger, H. (2015). Process Scale-Up in the Pharmaceutical Industry, workshop organized by FlemingEurope. Cologne.
Leuenberger, H. and M. N. Leuenberger. (2016). Impact of the digital revolution on the future of formulation sciences. *Europ. J. Pharm. Sci.*, 87: 100–111.
Levin, M. (2015). Measurement Control Cooperation, New Jersey, personal communication.
Lowe, D. (2014). A new look at clinical attrition, in the pipeline, posted January 10, 2014. http://pipeline.corante.com/archives/2014/01/10/a_new_look_at_clinical_attrition.php, downloaded May 31, 2015.
Luginbuehl, R. and H. Leuenberger. (1994). Use of percolation theory to interpret water uptake, disintegration time and intrinsic dissolution rate of tablets consisting of binary mixtures. *Pharm. Acta. Helv.*, 69: 127–134.
Ono, M., Y. Tozuka, T. Oguchi, S. Yamamura, and K. Yamamoto. (2002). Effects of dehydration temperature on water vapor adsorption and dissolution behavior of carbamazepine. *Int. J. Pharm.*, 239: 1–12.
Parikh, D. M. (2016). Continuous Granulation Technology Trends, Contract Pharma, online features downloaded from: http://www.contractpharma.com/issues/2016-06-01/view_features/continuous-granulation-technology-trends#sthash.mOkMtQvY.dpuf.
Puchkov, M. and H. Leuenberger. (2011). Computer-aided design of pharmaceutical formulations, F-CAD software and a mathematical concept. *Glatt Times*, Nr. 31: 2–6.
Puchkov, M., D. Tschirky, and H. Leuenberger. (2013). 3D Cellular Automata in Computer-aided Design of Pharmaceutical Formulations: Mathematical Concept and F-CAD software in "Formulation Tools for Pharmaceutical Development," Aguilar, J. (Ed.), Woodhead Publishing Series in Biomedicine.
Presster, manufactured and distributed by Measurement Control Corporation, www. mcc-online.com, downloaded October, 14 (2015).
Rocco, M. C. (Ed.). (2000). *Nanotechnology Research Directions: IWGN Workshop Report*, Dordrecht, the Netherlands: Kluwer Academic, p. 360.
Rodriguez-Hornedo, N. and D. Murphy. (2004). Surfactant-facilitated crystallization of dihydrate carbamezapine during dissolution of anhydrous polymorph. *J. Pharm. Sci.*, 93: 449–460.
Rustichelli, C., G. Gamberini, V. Ferioli, M. C. Gamberini, R. Ficarra, and S. Tommasini. (2000). Solid-state study of polymorphic drugs: Carbamezapine. *J. Pharm. Biomed. Anal.*, 23: 41–54.
Schade A. (1992). *Herstellung von pharmazeutischen Granulaten in einem kombinierten Feuchtgranulations und Mehrkammer-Wirbelschichttrocknungsverfahren*, dissertation, Universitat Basel, Switzerland.
Sehic, S., G. Betz, S. Hadzidedic, S. K. El-Arini, and H. Leuenberger. (2010). Investigation of intrinsic dissolution behavior of different carbamezapine samples. *Int. J. Pharm.*, 386: 77–90.
Sethia, S. and E. Squillante. (2004). Solid dispersion of carbamezapine in PVP K30 by conventional solvent evaporation and supercritical methods. *Int. J. Pharm.*, 272: 1–10.
Schwartz, J. B., J. R. Flamholz and R. H. Press. (1973). Computer optimization of pharmaceutical formulations I, General procedure. *J. Pharm. Sci.*, 62 (7): 1165–1170.
Swanborough, A. (2008). Benefits of continuous granulation for pharmaceutical research, development and manufacture. Thermo Fisher Scientific, UK, Application Note LR-63.
Vervaet, C. and J. P. Remon. (2005). Continuous granulation in the pharmaceutical industry, *Chem. Eng. Sci.*, 60(14): 3949–3957.
Werani, J., M. Grünberg, C. Ober, and H. Leuenberger. (2004). Semi-continuous granulation—The process of choice for the production of pharmaceutical granules? *Powder Technol.*, 140: 163–168.
Wolfram, S. (2002). *A New Kind of Science*, Champaign, IL: Wolfram Media, pp. 1–1197.
Yalkowsky, S. H. (Ed.). (1981). *Techniques of Solubilization of Drugs* (Drugs and the Pharmaceutical Sciences Series), 12, New York: Marcel Dekker.

# 第21章 软胶囊的开发

S. Esmail Tabibi，Shanker L. Gupta，Liangran Guo

明胶软胶囊（soft gelatin capsule）又称软胶囊（softgel），是一种由软质囊材和液态/半液态填充物组成的固体胶囊。与其他传统剂型相比，如片剂和硬胶囊，软胶囊具有更多优点（Cole 等，2008）。在 Jones 和 Francis（2000）的一篇综述中对消费者的调查结果显示，和其他剂型相比，软胶囊具有更广泛的可接受性。实际上，制药公司为了管理药品生命周期或提高消费者的接受度，将已上市的固体制剂改良成软胶囊的情况并不稀奇。许多发表的研究表明，软胶囊可以提高药物的生物利用度或吸收速率（Stella 等，1978；Agrosi 等，2000；Zaghloul 等，2002；Zuniga 等，2004；Proietti 等，2014；Benza 等，2011；Lissy 等，2010；Savio 等，1998；Sullivan 等，1986）。

药剂学家最终将面临一项任务：采用软胶囊技术，又称 softgel 或 liquigel™ 技术，将液体制剂中的油或油溶性药物制备成固体剂型。在常见的口服剂型中，研发人员必须获得辅料和加工技术，从而能够进行系统的处方和工艺研究，最终生产出良好、稳定的剂型。另一方面，软胶囊技术由于其本身的特性，需要专业的加工技术，以至于研究者将依赖他人开发的软胶囊壳体处方，进行囊材-内容物的相容性研究；最后，将合适处方药物作为内容物封装在相容性好的软明胶壳中。

由于软胶囊的生产成本高，研发人员不可能对软胶囊的处方、工艺开发的所有阶段进行研究。然而，基于这种剂型的独特优势和性能，研发人员应熟悉软胶囊开发和制备过程中的整体技术。

软胶囊已经在制药行业中得到了广泛的应用和普及，主要作为人和动物用药，常用剂型有：口服剂，直肠和阴道用栓剂，一次性眼用、耳用或局部使用的制剂，直肠软膏。本章内容不涉及它们在化妆品中的应用。

市面上来自于不同厂商的软胶囊，可能具有多种形状、尺寸和颜色。表 21.1 中，列出了几种具有代表性的形状和尺寸。本章概述了软胶囊的制备方法、内容药物处方、囊壳组成、质量控制程序、稳定性和保质期检测，并对一些软胶囊产品实例进行了讨论。

**表 21.1 常用软胶囊的形状及对应尺寸**

| 球形 | | 橄榄形 | | 圆柱形 | | 管形 | | 栓形 | |
|---|---|---|---|---|---|---|---|---|---|
| 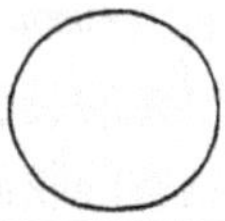 | | 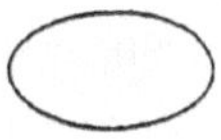 | |  | |  | |  | |
| 胶囊号 | 最佳装量（最小）① | 胶囊号 | 最佳装量（最小） | 胶囊号 | 最佳装量（最小） | 胶囊号 | 最佳装量（最小） | 胶囊号 | 最佳装量（最小） |
| | | 2 | 2.3 | | | | | | |
| 3 | 3.0 | 3 | 3.0 | | | | | | |

续表

| 球形 | | 橄榄形 | | 圆柱形 | | 管形 | | 栓形 | |
|---|---|---|---|---|---|---|---|---|---|
| 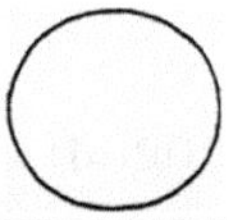 | |  | |  | |  | |  | |
| 胶囊号 | 最佳装量（最小）① | 胶囊号 | 最佳装量（最小） | 胶囊号 | 最佳装量（最小） | 胶囊号 | 最佳装量（最小） | 胶囊号 | 最佳装量（最小） |
| 4 | 4.0 | 4 | 4.0 | 3 | 3.0 | 3 | 3.0 | | |
| 5 | 5.0 | 5 | 5.0 | 4 | 4.0 | 4 | 4.0 | | |
| 6 | 6.0 | 6 | 6.0 | 5 | 5.0 | 5 | 5.0 | | |
| 7 | 7.0 | $7\frac{1}{2}$ | 7.5 | 6 | 6.0 | 6 | 6.0 | 10 | 10.0 |
| 9 | 9.0 | 10 | 10.0 | 8 | 8.0 | 8 | 8.0 | 17 | 17.0 |
| 15 | 15.0 | 12 | 12.0 | $7\frac{1}{2}$ | 9.5 | 17.5 | $17\frac{1}{2}$ | 40 | 40.0 |
| 20 | 20.0 | 16 | 16.0 | 11 | 11.0 | 30 | 32.0 | 80 | 80.0 |
| 40 | 40.0 | 20 | 20.0 | 12 | 12.0 | 45 | 45.0 | | |
| 50 | 50.0 | 30 | 30.0 | 14 | 14.0 | 65 | 65.0 | | |
| 80 | 65.0 | 40 | 40.0 | 16 | 16.0 | 90 | 90.0 | | |
| 90 | 80.0 | 60 | 60.0 | 20 | 20.0 | 120 | 120.0 | | |
| | | 80 | 80.0 | | | | | | |
| | | 85 | 85.0 | | | | | | |

① 最小值为 0.0616 mL。

# 21.1 生产方法

## 21.1.1 加工设备

软胶囊生产所用的各种设备的优、缺点，不在本章讨论。一些文献（Gullapalli，2010；Reich，2004；Stanley，1986；Reddy 等，2013）在软胶囊处方和工艺开发方面进行了详细介绍，下面简要介绍各种加工技术。

## 21.1.2 平模压制工艺

最初，软胶囊是采用平模压制工艺制备的。具体方法是：先将制备囊壳的明胶软材放置在含有若干囊状腔室的平板模具上，通过真空将明胶膜吸入腔内形成胶囊囊腔；然后将药物处方填充到胶囊囊腔内，用另一层明胶膜将其覆盖，或将原先的明胶膜折叠覆盖在已填充的胶囊囊腔上；最后，用顶层钢板压封并切割囊壳，最终形成软胶囊。一般情况下，这样制备的胶囊有一面是平的。这种制备方法最主要的问题是：含量均一性差、耗损量大，并且劳力/资金密集。因此，这些设备和方法已不再使用。

## 21.1.3 滚模压制工艺

Ebert（1997）认为，Robert P. Scherer 在 1933 年就发明并完善了滚模压制工艺，几乎解决了平模压制工艺存在的所有问题，能生产出均匀性好和精密度高的软胶囊。滚模压制工艺是首个可以连续生产软胶囊的工艺，它具有两个反向旋转的外表面，里面包含可以进行精确加工和对齐的模具腔。当滚模反向旋转时，模具上的每个模孔可压制出囊腔。图 21.1 为滚模压制工艺的原理图。

该工艺完全自动化，生产出的胶囊形状和规格多样。在生产过程中，先采用处方软材制备两条明胶带，同时，将液态或凝胶状的药物注入两个滚模之间的明胶带中，注入药液的压力使明胶带膨胀并充满模孔。此时，滚模继续旋转所产生的机械压力将两个装满药液的囊袋进行压合、密封，并切割成完整的胶囊。精密而极其微小的滚模间隙，要求设备能被持续润滑，以避免一些很细微的物料堆积。润滑油应该是公认安全（generally recognized as safe，GRAS）的材料。新制备好的软胶囊应立即采用挥发溶剂进行洗涤，以去除软胶囊表面的润滑油。随后，软胶囊将被转移至托盘内，用干燥箱进行干燥；可选用鼓风或减压条件，在相对湿度为 20%～30%、温度为 21～24℃下控制空气进行干燥（Stanley，1986）。该干燥过程也可以采用红外干燥以加快干燥进程。干燥后的胶囊壳依然含有 6%～10%水分，这部分水分来源于明胶成膜处方。干燥后的软胶囊被转移至检测站，经过尺寸、颜色和包装等必要的质量测试后进行放行取样。如果需要的话，可以在表面处理部门通过热烙印或油墨印刷来标记商标。所有这些步骤都可以通过在每个步骤使用适当的设备集成到连续操作中。图 21.2 描述了整个过程的示意图。

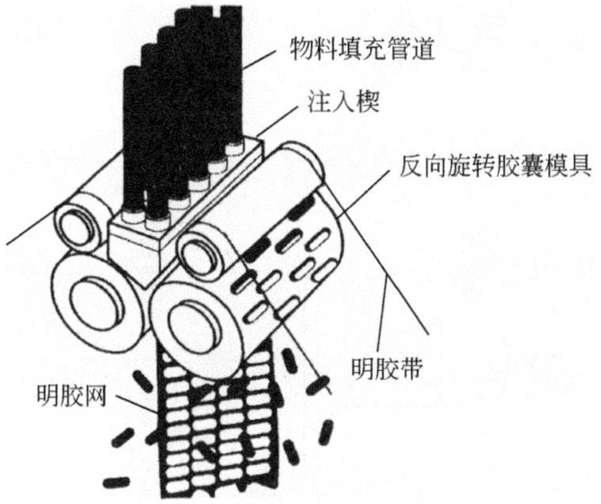


图 21.1　滚模压制工艺原理

（Courtesy of Banner Pharmacaps，Inc.）

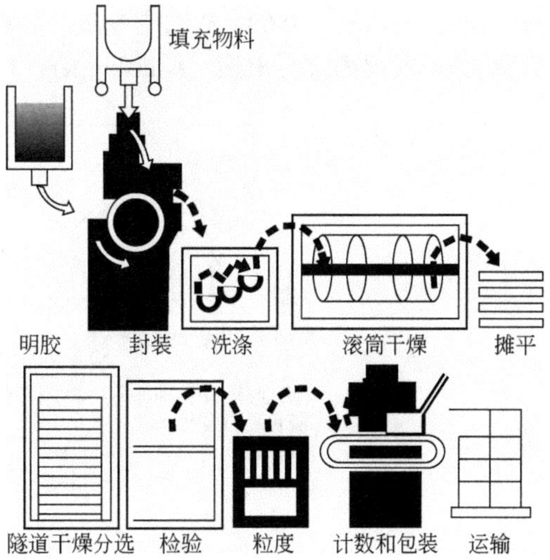


图 21.2　生产工艺流程

从制备囊壳、物料填充到成品计数和包装，每一步的工艺都采用了最先进的设备

（Banner Pharmacaps，Inc.）

随着滚模压制工艺的成功，诺顿公司（Norton Company）于 1949 年宣布开发了另一种连续软胶囊制备技术，称为往复模切工艺（reciprocating die process）。

### 21.1.4　Accogel 工艺

虽然滚模压制工艺和往复模切工艺都能够生产含油性液体和糊剂的软胶囊，但将粉体和软胶囊结合是通过 Accogel 工艺（Augsburger，1996）实现的。在 1949 年，莱德利实验室（Lederle Laboratories）发明了一种能够连续生产含颗粒和粉末的旋转工艺。简单地说，这个过程包括一个测量辊，它在真空下将填充物料保持在腔室中，然后直接在弹性明胶带的正上方旋转。通过真空将明胶带吸入胶囊模具的腔室内，测量辊将填充材料注入模辊上的胶囊状明胶腔室中，旋转模具将另一块弹性明胶覆盖腔室上并进行压合。两个旋转模在压合过程中产生的压力使两片明胶进行密封和切割，最后形成完整的软胶囊。

### 21.1.5 无缝滴制工艺

真正意义上的一体无缝软胶囊，是由 Globex Mark Ⅱ胶囊灌装机生产的软胶囊，且该设备不需要任何模具。图 21.3 为其工作原理示意图。在工艺过程中，熔融的明胶流体以恒定的流速通过同心外管，采用精密计量泵将物料从同心内管泵出。该方法经常被称作"冒泡法"（bubble method），所制备的无缝球形软胶囊被称作"珍珠"（pearl）。该过程利用孔口处的脉动机制，迫使泵出的流体被间歇性、稳定的非混溶冷却油切割，形成尺寸均一的管状复合液滴。根据界面物理学的基本原理：液体因表面张力而具有形成球形液滴的倾向；因此，管状液滴最终形成球形。冷却油迅速将成型的胶囊从脉动喷嘴中带走，使明胶缓慢凝结，并自动将整体无缝的软胶囊从系统内排出（Rakucevicz，1986；Augsburger，1996）。冷却后凝固的明胶以一层均匀的外壳包裹药物内核。与前面方法不同的是，干燥步骤包含了冷却、使明胶壳凝结的操作（Rakucevicz，1986）。从油中分离的胶囊必须经过挥发溶剂的洗涤和脱脂，然后将其铺展在合适的干燥器内进行干燥（Augsburger，1986；Rakucevicz，1996）。

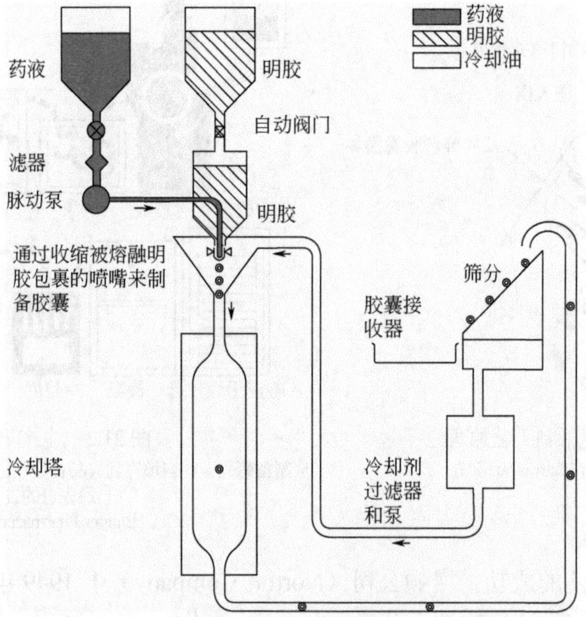


图 21.3 Globex Mark Ⅱ胶囊灌装机工作原理示意

(Courtesy of Kinematic & Control Corp.)

## 21.2 处方的考虑因素

在软胶囊开发的过程中，一个需要考虑的重要因素是填充物料的处方组成，无论是溶液、悬浮液还是固体。软胶囊的填充物可以有多种形式，如固体、固液混合物、悬浮液、溶液或混合溶液等。因此，根据药物分子的物理化学特性，精心开发特定填充物处方是至关重要的。一个最佳的处方，应该是采用最小的体积或重量使胶囊体积尽可能减小，以方便患者服用和发挥药物的最大疗效。常见商业化软胶囊产品的内容物和囊壳组成分别见表 21.2 和表 21.3。

**表 21.2　商业化软胶囊产品的内容物组成**

<table>
<tr><th colspan="2" rowspan="2">商品名</th><th rowspan="2">通用名或有效成分</th><th colspan="4">内容物组成</th></tr>
<tr><th>油</th><th>水溶性溶剂</th><th>其他成分</th><th>表面活性剂</th></tr>
<tr><td colspan="2">Aueasol A</td><td>视黄醇（维生素 A）</td><td></td><td></td><td></td><td>聚山梨酯 80</td></tr>
<tr><td colspan="2">Depakene</td><td>丙戊酸</td><td>玉米油</td><td></td><td></td><td></td></tr>
<tr><td colspan="2">Vepesid</td><td>依托泊苷（VP-16）</td><td></td><td>聚乙二醇 400</td><td>柠檬酸、水</td><td></td></tr>
<tr><td colspan="2">Lanoxcaps</td><td>地高辛</td><td></td><td>丙二醇、聚乙二醇 400 和乙醇</td><td></td><td></td></tr>
<tr><td colspan="2">Zantac</td><td>盐酸雷尼替丁</td><td>椰子油和甘油三酯</td><td></td><td></td><td></td></tr>
<tr><td colspan="2">Oxsoralen-Ultra</td><td>甲氧沙林</td><td colspan="4">内容物处方不详</td></tr>
<tr><td rowspan="2">Adalat</td><td>10 mg</td><td rowspan="2">硝苯地平</td><td rowspan="2">薄荷油</td><td rowspan="2">聚乙二醇 400</td><td>糖精钠</td><td></td></tr>
<tr><td>20 mg</td><td></td><td></td></tr>
<tr><td colspan="2">Norvir</td><td>利托那韦</td><td>三辛酸/三癸酸甘油酯</td><td>丙二醇和乙醇</td><td>柠檬酸</td><td>聚甘油酯，聚山梨酯 80</td></tr>
<tr><td colspan="2">Nimotop</td><td>尼莫地平</td><td>薄荷油</td><td>聚乙二醇 400</td><td></td><td></td></tr>
<tr><td colspan="2">Unisom SleepGel</td><td>盐酸苯海拉明</td><td></td><td>聚乙二醇和聚乙二醇[①]</td><td></td><td></td></tr>
<tr><td rowspan="2">Procardia</td><td>10 mg</td><td rowspan="2">硝苯地平</td><td rowspan="2">薄荷油</td><td rowspan="2">聚乙二醇 400、甘油</td><td>糖精钠</td><td></td></tr>
<tr><td>20 mg</td><td></td><td></td></tr>
<tr><td rowspan="3">Accutane</td><td>10 mg</td><td rowspan="3">异维 A 酸</td><td rowspan="3">豆油、蜂蜡、氢化豆油和蔬菜油</td><td rowspan="3"></td><td rowspan="3">乙二胺四乙酸钠和丁羟茴醚</td><td rowspan="3"></td></tr>
<tr><td>20 mg</td></tr>
<tr><td>40 mg</td></tr>
<tr><td rowspan="3">Marinol</td><td>2.5 mg</td><td rowspan="3">屈大麻酚（δ-9-TCH）</td><td rowspan="3">芝麻油</td><td rowspan="3"></td><td rowspan="3"></td><td rowspan="3"></td></tr>
<tr><td>5 mg</td></tr>
<tr><td>10 mg</td></tr>
<tr><td rowspan="3">Sandimmune</td><td>25 mg</td><td rowspan="3">环孢素</td><td rowspan="3">玉米油<br>Labrafil M2125 CS</td><td rowspan="3">乙醇</td><td rowspan="3"></td><td rowspan="3"></td></tr>
<tr><td>50 mg</td></tr>
<tr><td>100 mg</td></tr>
<tr><td colspan="2">Chromogen</td><td>硫酸亚铁、抗坏血酸、氰钴胺和胃干燥物</td><td colspan="4">内容物处方不详</td></tr>
<tr><td colspan="2">Doxidan Liqui-Gels</td><td>鼠李蒽酚和多库酯钠</td><td></td><td>聚乙二醇[①]</td><td></td><td></td></tr>
<tr><td colspan="2">Surfak</td><td>多库酯钙</td><td>玉米油</td><td></td><td></td><td></td></tr>
<tr><td colspan="2">Ginsana</td><td>山参提取物</td><td>葵花油、蜂蜡</td><td></td><td></td><td>卵磷脂、叶绿素</td></tr>
<tr><td colspan="2">Veasnid</td><td>海藻素</td><td>蜂蜡、氢化植物油、氢化大豆油片和大豆油</td><td></td><td>依地酸二钠和丁羟茴醚</td><td></td></tr>
<tr><td colspan="2">Correctol Stool Sofiner</td><td>月桂酸钠</td><td></td><td>聚乙二醇 400 和丙二醇</td><td></td><td></td></tr>
</table>

续表

| 商品名 | | 通用名或有效成分 | 内容物组成 | | | |
|---|---|---|---|---|---|---|
| | | | 油 | 水溶性溶剂 | 其他成分 | 表面活性剂 |
| Neoral | 25 mg | 环孢素 | 玉米油 | 乙二醇和乙醇 | DL-（α）-生育酚 | 聚氧乙烯 40 氢化蓖麻油 |
| | 100 mg | | | | | |
| PhosChol 900 | | 磷脂酰胆碱 | 内容物处方不详 | | | |
| Nytol | | 盐酸苯海拉明 | | 聚乙二醇① | | |
| Protegra | | 抗氧化维生素和矿物质补充剂 | 棉籽油、大豆油、蜂蜡 | | 磷酸钙 | |
| Alka-Seltzer Plus | | 各种止痛药和减充血剂 | | 聚乙二醇① | 醋酸钾和聚维酮 | |
| One-A-Day Antioxidant Plus | | 抗氧化维生素和矿物质补充剂 | 大豆油、蜂蜡、部分氢化植物油 | | | 卵磷脂 |
| One-A-Day Garlic | | 大蒜油浸渍剂 | | | 木糖 | |
| Vicks DayQuil | | 各种止痛药和减充血剂 | | 丙二醇和聚乙二醇① | 聚维酮 | |
| Vicks DayQuil | | 各种止痛药和减充血剂加琥珀酸多西拉敏 | | 丙二醇和聚乙二醇① | 聚维酮 | |
| Phazyme-125 | | 二甲硅油 | 大豆油、黄蜡、氢化大豆油和植物油 | | | 卵磷脂和聚山梨酯 80 |
| Robitussin Night-Time Cold | | 对乙酰氨基酚、盐酸伪麻黄碱、氢溴酸右美沙芬和琥珀酸多西拉敏 | | 丙二醇和聚乙二醇① | 聚维酮、醋酸钠 | 山梨醇酐① |
| Robitussin Severe | | 愈创木酚和盐酸伪麻黄碱 | | 丙二醇和聚乙二醇① | 聚维酮、醋酸钠 | 山梨醇酐① |
| Robitussin C&C LiquiGels | | 愈创木酚、盐酸伪麻黄碱、氢溴酸右美沙芬 | | 丙二醇和聚乙二醇① | 聚维酮、醋酸钠 | 山梨醇酐① |
| Robitussin C&C Flu | | 对乙酰氨基酚、愈创木酚、盐酸伪麻黄碱、氢溴酸右美沙芬 | | 丙二醇和聚乙二醇① | 聚维酮、醋酸钠 | 山梨醇酐① |
| Dimetapp Liqui-Gels | | 马来酸溴苯那敏、盐酸苯丙醇胺 | | 丙二醇和聚乙二醇① | 聚维酮、醋酸钠 | 山梨醇酐① |
| Dimetapp C&C Liqui-Gels | | 马来酸溴苯那敏、盐酸苯丙醇胺、氢溴酸右美沙芬 | | 丙二醇和聚乙二醇① | 聚维酮、醋酸钠 | 山梨醇酐① |
| Gas-X | | 二甲基硅酮 | | | | |
| Sleepinal | | 盐酸苯海拉明 | | 丙二醇和聚乙二醇 400 | 聚维酮 | |
| Unique E | | 混合生育酚 | | | | |
| SuperEPA | | ω-3 | | | | |
| Benadryl Day-Free | | 盐酸苯海拉明 | | | | |
| Nutr-E-Sol | | 维生素 E | | | | |
| Breath Plus | | 欧芹籽油、薄荷油、维生素 E 和 β-胡萝卜素 | 葵花籽油 | | 叶绿素 | |
| CoQuinone | | 辅酶 $Q_{10}$ | α-硫辛酸 | 其余的成分和囊壳的成分不详 | | |
| KALETRA | | 洛匹那韦和利托那韦 | 油酸 | 油酸丙二醇 | | 聚氧乙烯 35 蓖麻油 |
| TARGRETIN® | | 贝沙罗汀 | | 聚乙二醇 400 | 聚维酮丁羟茴醚 | 聚山梨酯 20 |
| Rocaltrol | 0.25 mg | 钙三醇=合成维生素 D | 椰子油的压裂甘油三酯 | | 椰子油丁羟茴醚和丁羟甲苯 | |
| | 0.5 mg | | | | | |

续表

| 商品名 | | 通用名或有效成分 | 内容物组成 | | | |
|---|---|---|---|---|---|---|
| | | | 油 | 水溶性溶剂 | 其他成分 | 表面活性剂 |
| Prometrium® | 100 mg | 微粉化黄体酮 | 花生油 | | | 卵磷脂 |
| | 200 mg | | | | | |
| Chromagen® | | Ferroche®（铁元素）② Ester-C®③、维生素 $B_{12}$（氰钴胺）、干燥胃液 | 大豆油、黄蜂蜡 | | | 卵磷脂 |
| Chromagen®FA | | Ferroche®（铁元素）② Ester-C®③、维生素 $B_{12}$（氰钴胺）、叶酸 | 大豆油、黄蜂蜡 | | | 卵磷脂 |
| Hectorol® | 0.5 μg | 度骨化醇④ | 椰子油的分离甘油三酯 | 乙醇 | 丁羟茴醚 | |
| | 2.5 μg | | | | | |
| Agenerase | 50 mg | 安泼那韦 | D-α-生育酚聚乙二醇 1000 琥珀酸酯（TPGS） | 聚乙二醇 400 和丙二醇 | | |
| | 150 mg | | | | | |
| Primacare® | | ω-3 脂肪酸、亚油酸、亚麻酸、胆钙化醇、DL-α-生育酚和碳酸钙 | 天然蜡和天然油 | | | 其他成分 |
| Primacare® One | | ω-3 脂肪酸、亚油酸、亚麻酸、叶酸、盐酸吡哆醇、Ester-C®③、胆钙化醇、DL-α-生育酚、碳酸钙羰基铁 | 植物酥油、大豆油、黄蜂蜡 | | | 卵磷脂 |
| Amnesteem® | 10 mg | 异维 A 酸 | 黄蜡、氢化植物油和大豆油 | | 丁羟茴醚和依地酸二钠 | |
| | 20 mg | | | | | |
| | 40 mg | | | | | |
| Fortovase® | | 沙奎那韦 | 中链甘油单酯和甘油二酯 | | 聚维酮和 DL-α-生育酚 | |
| Avodat™ | | 度他雄胺 | 辛酸/癸酸甘油单酯和甘油二酯 | | 丁羟甲苯 | |
| CM Plex | | 专有脂肪酸混合物 | | | | |
| Nephrocaps® | | 抗坏血酸、叶酸、烟酰胺、硝酸硫胺、核黄素、盐酸吡哆醇 | | | | |
| Quikgels® | | 盐酸苯海拉明 | | 聚乙二醇① | | |
| Maximun Strength Gas Aid | | 二甲基硅酮 | 薄荷油 | | | |
| Benadryl®Dye-Free Allergy Liqui-Gels® | | 盐酸苯海拉明 | | 聚乙二醇 400 | | |
| Maximum Strength Unisom Sleepgels® | | 盐酸苯海拉明 | | 聚乙二醇 400 和丙二醇 | 聚醋酸乙烯酯 | |
| Vicks Nyquil LiquiCaps, Multi-symptom Cold/Flu Relief | | 对乙酰氨基酚、氢溴酸右美沙芬、琥珀酸多西拉敏和盐酸伪麻黄碱 | | 聚乙二醇和丙二醇 | 聚维酮 | |
| Vicks DayQuil Multi-Symptom Cold/Flu Relief Liquicap® | | 对乙酰氨基酚、氢溴酸右美沙芬、盐酸伪麻黄碱 | | 聚乙二醇和丙二醇 | 聚维酮 | |
| Alka-Seltzer Plus Cold Liqui-Gels | | 对乙酰氨基酚、马来酸氯苯那敏和盐酸伪麻黄碱 | | 聚乙二醇和丙二醇 | 聚醋酸钠、聚醋酸乙烯酯、邻苯二甲酸钾 | |
| Alka-Seltzer Plus Cold&Cough Liqui-Gels | | 对乙酰氨基酚、氢溴酸右美沙芬、琥珀酸多西拉敏和盐酸伪麻黄碱 | | 聚乙二醇和丙二醇 | 聚维酮、聚醋酸乙烯酯、邻苯二甲酸酯、醋酸钾 | |

续表

| 商品名 | | 通用名或有效成分 | 内容物组成 | | | |
|---|---|---|---|---|---|---|
| | | | 油 | 水溶性溶剂 | 其他成分 | 表面活性剂 |
| Phillip's® Liqui-Gels® | | 月桂酸钠 | | 聚乙二醇和丙二醇 | 尼泊金甲酯、尼泊金丙酯和虫胶 | |
| Dulcolax® | | 月桂酸钠 | | 聚乙二醇和丙二醇 | | |
| Ultra Strength PHAXYME® | | 二甲基硅酮 | | | | |
| Gas-X Extra Strength | | 二甲基硅酮 | | | | |
| Gas-X Maximun Strength | | 二甲基硅酮 | | | | |
| Gas-X with Maalox Extra Strength | | 二甲基硅酮与碳酸钙 | | | | |
| Optimum Omega（pharmanex）Epa and Dha Fish Oils | | 海洋浓缩油脂 D-α-生育酚和脱臭大蒜油 | | | | |
| Hytrin | 1 mg | 盐酸特拉唑嗪 | 矿物油 | 丙二醇 | 聚维酮 | |
| | 2 mg | | | | | |
| | 5 mg | | | | | |
| | 10 mg | | | | | |
| Alkyrol | 250 mg | 烷基甘油 | | | | |
| | 500 mg | | | | | |

① 类型未提供。

② Ferrochel®（甘氨酸二亚铁螯合物）是美国犹他州克利 Albion International，Inc.，的注册商标。

③ Ester-C®是一种专利药品级材料，由抗坏血酸钙和苏氨酸钙组成，Ester-C®是 Zila Nutraccuticals，Inc.的许可商标。

④ 合成维生素 $D_2$ 类似物。

来源：修订自 Physicians'Desk Reference，medical Economics Company，Inc.，Montvale，NJ，2006.

**表 21.3　商业化软胶囊产品的囊壳组成**

| 商品名 | 通用名或有效成分 | 囊壳组成 | | | | | | | | |
|---|---|---|---|---|---|---|---|---|---|---|
| | | 羟基苯甲酸酯类 | | 明胶 | 甘油 | 颜色 | | | 其他成分 | |
| | | 甲酯 | 丙酯 | | | FD&C 号 | 其他 | $TiO_2$ | | |
| Aquasol A | 视黄醇（维生素 A） | X | X | X | X | Red#40 | | | 乙基香兰素 | |
| Depakene | 丙戊酸 | X | X | X | X | Yellow#6 | 氧化铁 | X | | |
| VePesid | 依托泊苷（VP-16） | X | X | X | X | | 氧化铁 | X | 山梨醇 | |
| Lanoxicaps | 地高辛 | X | X | X | X | Blue#1 | | | 山梨醇 | |
| Zantac | 盐酸雷尼替丁 | X（?） | X（?） | | | Yellow#6<br>Blue#1<br>Red#40 | | X | 山梨醇 | |
| Oxsoralen-Ultra | 甲氧沙林 | 囊壳组成不明 | | | | | | | | |
| Adalat | 硝苯地平 | | | X | X | Yellow #6 | 氧化铁 | | | 惰性成分 |
| Norvir | 利托那韦 | 囊壳组成不明 | | | | | | | | |
| Nimotop | 尼莫地平 | | | X | X | | | X | | |
| Unisom SleepGel | 盐酸苯海拉明 | | | X | X | Blue#1 | | X | 山梨醇 | 药用釉料 |
| Procardia | 硝苯地平 | | | | | Yellow#6 | 氧化铁 | | | 惰性成分 |

续表

| 商品名 | | 通用名或有效成分 | 囊壳组成 | | | | | | | | |
|---|---|---|---|---|---|---|---|---|---|---|---|
| | | | 羟基苯甲酸酯类 | | 明胶 | 甘油 | 颜色 | | | 其他成分 | |
| | | | 甲酯 | 丙酯 | | | FD&C 号 | 其他 | $TiO_2$ | | |
| Accutane | 10 mg | 异维 A 酸 | X | X | X | X | | 氧化铁 | X | | |
| | 20 mg | | | | | | Red#3<br>Blue#1 | | X | | |
| | 40 mg | | | | | | Yellow#6 和 #10 | | X | | |
| Marinol | 2.5 mg | 屈大麻酚（δ-9-TCH） | X | X | X | X | | | X | | |
| | 5 mg | | | | | | Yellow#6 | | | | |
| | 10 mg | | | | | | Yellow#6 | | | | |
| Sandimmune | 25mg 和 100 mg | 环孢素 | | | X | X | | Red<br>氧化铁 | X | 山梨醇 | |
| | 50 mg | | | | | | | Yellow<br>氧化铁 | | | |
| Chromogen | | 硫酸亚铁、抗坏血酸、氰钴胺和胃干燥物 | 囊壳组成不明 | | | | | | | | |
| Doxidan liquid-Gels | | 鼠李蒽酚和多库酯钠 | | | X | X | Red#40<br>Blue#1 | | X | 山梨醇 | |
| Surfak | | 多库酯钙 | X | X | X | X | Red#40<br>Blue#1 | | X | 山梨醇 | 其他成分 |
| Atromid-S | | 氯贝丁酯 | | | X | | Blue#1<br>Red#40<br>Red#28<br>Yellow#6 | D&C<br>Red#28<br>Red#30<br>Yellow#10 | | | |
| Ginsana | | 山参提取物 | | | X | X | | | | | 叶绿素 |
| Vesanoid | | 海藻素 | X | X | X | X | | Red 和<br>yellow<br>氧化铁 | X | | |
| Correctol Stool Softner | | 月桂酸钠 | X | X | | | Yellow#6<br>Red#40 | D&C<br>Red#33 | | 山梨醇 | |
| PhosChol 900 | | 磷脂酰胆碱 | 囊壳组成不明 | | | | | | | | |
| Nytol | | 盐酸苯海拉明 | | | X | X | | | | 山梨醇 | 可食用油墨 |
| Protegra | | 抗氧化维生素和矿物质补充剂 | | | X | X | Red#40<br>Blue#1 | | X | | 可食用油墨（?） |
| Alka-Seltzer Puls | | 各种止痛药和减充血剂 | | | X | X | | 人造色 | X | 山梨醇 | |
| One-A-Day Antioxidant Plus | | 抗氧化维生素和矿物质补充剂 | | | X | X | Yellow#5 | 人造色 | X | | |
| One-A-Day Garlic | | 大蒜油浸渍剂 | | | X | X | | | | 山梨醇 | |
| Vicks DayQuil | | 各种止痛药和减充血剂 | | | X | X | Red#40<br>Yellow#6 | | | 山梨醇 | |
| Vicks DayQuil | | 各种止痛药和减充血剂加琥珀酸多西拉明 | | | X | X | Yellow#10<br>Blue#1 | | | 山梨醇（?） | |
| Phazyme-125 | | 二甲硅油 | X | X | X | X | Red#40 | | X | | |
| Robitussin Night-Time Cold | | 对乙酰氨基酚、盐酸伪麻黄碱、氢溴酸右美沙芬、和琥珀酸多西拉明 | | | X | X | Greeb#3<br>Yellow#6 | D&C<br>Green#5 和<br>Yellow#10 | X | 甘露醇、山梨醇 | 药用釉料 |

续表

| 商品名 | | 通用名或有效成分 | 囊壳组成 | | | | | | | | |
|---|---|---|---|---|---|---|---|---|---|---|---|
| | | | 羟基苯甲酸酯类 | | 明胶 | 甘油 | 颜色 | | | 其他成分 | |
| | | | 甲酯 | 丙酯 | | | FD&C 号 | 其他 | $TiO_2$ | | |
| Robitussin Severe | | 愈创木酚和盐酸伪麻黄碱 | | | X | X | Green#3 | | X | 甘露醇、山梨醇 | 药用釉料 |
| Robitussin C&C Liqui-Gels | | 愈创木酚、盐酸伪麻黄碱、氢溴酸右美沙芬 | | | X | X | Blue#1<br>Red#40 | | X | 甘露醇、山梨醇 | 药用釉料 |
| Robitussin C&C Flu | | 对乙酰氨基酚、愈创木酚、盐酸伪麻黄碱、氢溴酸右美沙芬 | | | X | X | Red#40<br>Yellow#10 | | | 甘露醇、山梨醇 | |
| Dimetapp Liqui-Gels | | 马来酸溴苯那敏、盐酸苯丙醇胺 | | | X | X | Red#33 | | | 甘露醇、山梨醇 | 药用釉料 |
| Dimetapp C&C Liqui-Gels | | 马来酸溴苯那敏、盐酸苯丙醇胺、氢溴酸右美沙芬 | | | X | X | Red#40 | | | 甘露醇、山梨醇 | 药用釉料 |
| Chromogen Forte | | 富马酸亚铁、抗坏血酸、叶酸和氰钴胺 | 囊壳组成不明 | | | | | | | | |
| Chromogen FA | | 富马酸亚铁、抗坏血酸、叶酸和氰钴胺 | 囊壳组成不明 | | | | | | | | |
| Neoral | | 环孢素 | | | X | X | | 黑色氧化铁 | X | | 其他成分 |
| Gas-X | | 二甲基硅酮 | | | X | X | Blue#1<br>Red#40<br>Yellow#10 | | X | 山梨醇 | 蛋白油 |
| Correctol Stool Softner | | 月桂酸钠 | | | X | X | Yellow#6<br>Red#40 | D&C Red#33 | | 山梨醇 | |
| Sleepinal | | 盐酸苯海拉明 | | | X | X | Blue#1（?）<br>Green#3（?） | D&C Yellow#10 | | 山梨醇 | |
| Unique E | | 混合生育酚 | 囊壳组成不明 | | | | | | | | |
| Nutr-E-Sol | | ω-3 | 囊壳组成不明 | | | | | | | | |
| SuperEPA | | 盐酸苯海拉明 | 囊壳组成不明 | | | | | | | | |
| Benadryl Day-Free | | 维生素 E | | | X | X | | | | 山梨醇 | |
| Breath Plus | | 欧芹籽油、薄荷油、维生素 E 和 β-胡萝卜素 | 囊壳组成不明 | | | | | | | | |
| CoQuinone | | 辅酶 $Q_{10}$ | 囊壳组成不明 | | | | | | | | |
| KALETRA | | 洛匹那韦和利托那韦 | | | X | X | Yellow # 6 | | X | 山梨醇 | 水 |
| TARGRETIN® | | 贝沙罗汀 | | | X | X | | | X | 山梨醇 | |
| Rocaltrol | 0.25 mg | 钙三醇=合成维生素 D | X | X | X | X | Yellow # 6 | | X | | |
| | 0.5 mg | | | | | | Yellow # 6<br>Red # 3 | | | | |
| Prometrium® | 100 mg | 微粉化黄体酮 | | | X | X | Yellow # 10<br>Red # 40 | | X | | |
| | 200 mg | | | | | | Yellow # 6<br>Yellow # 10 | | | | |

续表

| 商品名 | | 通用名或有效成分 | 囊壳组成 | | | | | | | | |
|---|---|---|---|---|---|---|---|---|---|---|---|
| | | | 羟基苯甲酸酯类 | | 明胶 | 甘油 | 颜色 | | | 其他成分 | |
| | | | 甲酯 | 丙酯 | | | FD&C 号 | 其他 | $TiO_2$ | | |
| Chromagen® | | Ferroche®（铁元素）② Ester-C®③，维生素 $B_{12}$（氰钴胺）、干燥胃液 | X | X | X | X | Yellow # 6<br>Red # 40<br>Blue# 1 | | X | | |
| Chromagen®FA | | Ferroche®（铁元素）② Ester-C®③、维生素 $B_{12}$（氰钴胺）、叶酸 | X | X | X | X | Yellow # 6<br>Red # 40<br>Blue # 1 | | X | | 黑色氧化铁 |
| Chromogen ®FORTE | | Ferroche®（铁元素）② Ester-C®③、富马酸亚铁、维生素 $B_{12}$（氰钴胺）、叶酸 | X | X | X | X | Yellow # 6<br>Red # 40<br>Blue # 1 | | X | | |
| Hectorol® | 0.5 μg | 度骨化醇④ | | | X | X | Yellow # 10 | | X | | |
| | 2.5 μg | | | | | | Yellow # 10<br>Red # 40 | | | | |
| Agenerase | 50 mg | 安泼那韦 | | | X | X | | | X | 山梨醇与山梨醇酐溶液 | |
| | 150 mg | | | | | | | | | | |
| Primacare® One | | ω-3 脂肪酸、亚油酸、亚麻酸、叶酸、盐酸吡哆醇、Ester-C®③、胆钙化醇、DL-α-生育酚、碳酸钙羰基铁 | X | X | X | X | Blue # 1 | Red # 33 | X | | |
| Amnesteem® | 10 mg | 异维 A 酸 | | | X | X | | | | | 红氧化铁膏与黑色墨水 |
| | 20 mg | | | | | | | | X | | 红氧化铁膏、黄氧化铁膏、黑墨水 |
| | 40 mg | | | | | | | | X | | |
| Fortovase® | | 沙奎那韦 | | | X | X | | | X | | 红黄氧化铁 |
| Avodat™ | | 度他雄胺 | | | X | X | | | | | 氧化铁（黄色） |
| CM Plex | | 专有脂肪酸混合物 | 囊壳组成不明 | | | | | | | | |
| Nephrocaps® | | 抗坏血酸、叶酸、烟酰胺、硝酸硫胺、核黄素、盐酸吡哆醇 | 囊壳组成不明 | | | | | | | | |
| Quikgels® | | 盐酸苯海拉明 | | | X | X | Red # 40<br>Blue # 1 | | X | 山梨醇 | |
| Maximun Strength Gas Aid | | 二甲基硅酮 | | | X | X | Red # 40<br>Blue # 1 | | X | | |
| Benadryl® Dye-Free Allergy Liqui-Gels | | 盐酸苯海拉明 | | | X | X | | | | 山梨醇 | |
| Maximum Strength Unisom Sleepgels® | | 盐酸苯海拉明 | | | X | X | Blue # 1 | | X | 山梨醇 | |
| Vicks Nyquil LiquiCaps，Multi-Symptom Cold/Flu Relief | | 对乙酰氨基酚、氢溴酸右美沙芬、琥珀酸多西拉敏和盐酸伪麻黄碱 | | | X | X | Blue # 1 | | X | 山梨醇 | |

续表

| 商品名 | 通用名或有效成分 | 囊壳组成 | | | | | | | | |
|---|---|---|---|---|---|---|---|---|---|---|
| | | 羟基苯甲酸酯类 | | 明胶 | 甘油 | 颜色 | | | 其他成分 | |
| | | 甲酯 | 丙酯 | | | FD&C 号 | 其他 | $TiO_2$ | | |
| Vicks DayQuil Multi-Symptom Cold/Flu Relief Liquicap® | 对乙酰氨基酚、氢溴酸右美沙芬、盐酸伪麻黄碱 | | | X | X | Yellow # 6 Red # 40 | | X | 山梨醇 | |
| Alka-Seltzer Plus Cold Liqui-Gels | 对乙酰氨基酚、马来酸氯苯那敏和盐酸伪麻黄碱 | | | X | X | Red # 40 | | X | 山梨醇 | |
| Alka-Seltzer Plus Cold&Cough Liqui-Gels | 对乙酰氨基酚、马来酸氯苯那敏、氢溴酸右美沙芬和盐酸伪麻黄碱 | | | X | X | Blue # 1 | Red # 33 | X | 山梨醇 | |
| Alka-Seltzer Plus Night-Time Cold Liqui-Gels | 对乙酰氨基酚、氢溴酸右美沙芬、琥珀酸多西拉敏和盐酸伪麻黄碱 | | | X | X | Blue # 1 | Yellow # 10 | X | 山梨醇 | |
| Phillip's® Liqui-Gets® | 月桂酸钠 | X | X | X | X | Blue # 2 | | X | 山梨醇 | |
| Dulcolax® | 月桂酸钠 | | | X | X | Red # 40, Yellow # 6 | Yellow # 10 | | 山梨醇 | |
| Ultra Strength PHAXYME® | 二甲基硅酮 | | | X | X | Yellow # 6 | | | | |
| Gas-X Extra Strength | 二甲基硅酮 | | | X | X | Blue # 1 Red # 40 | Yellow # 10 | X | 山梨醇 | |
| Gas-X Maximun Strength | 二甲基硅酮 | | | X | X | Blue # 1 Red # 40 | | | 山梨醇 | |
| Gas-X with Maalox Extra Strength | 二甲基硅酮与碳酸钙 | | | X | X | Blue # 1 | Red # 28 | X | 山梨醇 | $SiO_2$ |
| Optimum Omega（pharmanex）Epa and Dha Fish Oils | 海洋浓缩油脂 D-α-生育酚和脱臭大蒜油 | 囊壳组成不明 | | | | | | | | |
| Hytrin 1 mg | 盐酸特拉唑嗪 | X | X | X | X | | 氧化铁 | X | | 香兰素 |
| Hytrin 2 mg | | | | | | | D&C Yellow #10 | | | |
| Hytrin 5 mg | | | | | | Red #40 | D&C Red #28 | | | |
| Hytrin 10 mg | | | | | | Blue#1 | | | | |
| Alkyrol 250 mg / 500 mg | 烷基甘油 | 囊壳组成不明 | | | | | | | | |

① 类型未提供。
② Ferrochel®（甘氨酸二亚铁螯合物）是美国犹他州克利 Albion International，Inc.，的注册商标。
③ Ester-C®是一种专利药品级材料，由抗坏血酸钙和苏氨酸钙组成，Ester-C®是 Zila Nutraccuticals，Inc.的许可商标。
④ 合成维生素 $D_2$ 类似物。

注：1.（？）表示该成分可能存在于壳成分中。
2. 来源：修订自 Physicians'Desk Reference，medical EconomicsCompany，Inc.，Montvale，NJ，2006.

目前康德乐公司网站上（www.cardinal.com），展示了多种含植物成分的新胶囊壳的配方。Stroud 等（2006）在演讲中表示，他们已成功采用传统软胶囊包封技术，将对乙酰氨基酚和布洛芬的半固体制剂封装在含多糖成分的软胶囊壳中。在另一项研究中，Tindal 和 Asgarzadeh（2006）采用特殊的生产工艺制备了小规模批次软胶囊，减小了在大规模批次制备工艺中出现的药物损失。最近，美国 FDA 批准了口服软胶囊 Rayaldee®的新药申请（NDA）。Rayaldee®胶囊含有维生素 $D_3$ 类似物，用于治疗成人继发性甲状旁腺功能亢进，其胶囊壳中含有变性淀粉。

Stella 等（1978）报道了一种含疏水性胺类的抗疟化合物制剂，是一种以油酸作为溶剂的软胶囊制剂。他们初步测定了药物在油酸中的溶解度，结果表明，药物在油酸的溶解度可达 23%（质量分数）。该研究采用交叉实验设计（Stella 等，1978）对比格犬进行平均曲线下面积（AUC）分析，发现硬胶囊剂的 AUC 仅为软胶囊剂的 16%（±10%）。这意味着与标准硬胶囊相比，这种油酸软胶囊显著提高该抗疟药物的生物利用度。在美国国家癌症研究所（NCI），大部分处于开发阶段的药物分子本身是疏水性的（Vishnuvajjala 等，1994）。这些分子的溶解度和稳定性，都需要在考虑剂型之前予以确定。以 NSC338720（Penclomedine）为例，该药物在多种软胶囊载体中的溶解度详见列表 21.4。

**表 21.4　Penclomedine 在各种载体中的溶解度（25℃）**

| 载体 | 溶解度/（mg/mL） |
|---|---|
| 0.1 mol/L HCl | <1 |
| 0.1 mol/L NaOH | <1 |
| 乙酸盐缓冲液（pH 4） | <1 |
| 碳酸盐缓冲液（pH 9） | <1 |
| 玉米油 | 174 |
| Neobee M-5① | 224 |
| 橄榄油 | 163 |
| 三丁酸甘油酯 | 289 |
| 花生油 | 165 |
| 红花油 | 186 |
| 大豆油 | 177 |
| 1%聚山梨酯的大豆油 | 172 |
| 葵花油 | 177 |
| 三辛酸甘油酯 | 230 |
| 水 | <1 |

① 一种分馏的椰子油。

由表 21.4 可见，合适的药物载体应是水不溶性液体，诸如：植物油（玉米油和花生油）、长链甘油三酯（三辛酸甘油酯）和中链甘油三酸酯（Neobee M-5）。Penclomedine 在这些水不溶性载体中的溶解度是 150～200 mg/mL，这对于既定尺寸的胶囊来说，可以用最少的药物载体来溶解最多的药物。采用上述代表性载体来制备最小规模批次的软胶囊，如玉米油、三辛酸甘油酯、含或不含聚山梨酯 80 的 NeobeeM-5，并加速温度条件研究其稳定性。在软胶囊制备或贮存过程中，可能有水从胶囊壳向腔室内迁移，从而形成一种含水和有机溶剂的混合物，导致难溶性药物在胶囊腔体内沉淀析出。因此，有时需要添加表面活性剂来帮助活性药物溶解，这样也有助于促使油溶液在胃肠道中乳化，提高了活性药物的口服生物利用度（Kwong 等，1994）。

另一个需要考虑的重要因素是药物在 35～40℃的稳定性。由于软胶囊的工艺要求，在包封过程中填充物料可能被加热超过 35℃。图 21.4 显示了 Penclomedine 在中试规模的稳定性。

数据表明，该药在多种载体中具有良好的稳定性。以 Neobee 油为载体制备了人体Ⅰ期临床批次的软胶囊，发现 Penclomedine 在受控的室温条件下具有 3 年的稳定性。

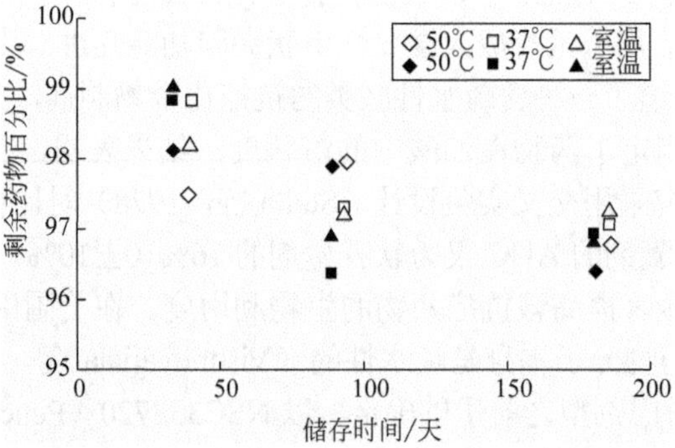


图 21.4 Penclomedine 浓溶液（200 mg/mL）在 Neobee M-5 中的长期稳定性

实心符号表示在载体溶液中增加了 0.5%的聚山梨酯 80；空心符号表示未添加聚山梨酯 80

NCI 发展治疗项目（http://dtp. nci.nih.gov）也开展了一项类似的研究，活性成分是一种硫代氨基甲酸盐的抗艾滋病药物 NSC 629243。这种分子的水溶性极差（<1 mg/mL），需要通过溶解度实验寻找适合的填充物料。根据稳定性数据，选择芝麻油（64 mg/mL）和 Miglyol®（椰子油，BP；140 mg/mL）做深入研究。以芝麻油为例，评价抗氧化剂，如 BHA /BHT 混合物和三种不同浓度的巯基乙酸（0.1%、0.5%、1.0%，体积分数）对药物的保护能力（Strickley 和 Anderson，1993）。同时，在表面活性剂和抗氧化剂存在的情况下，对 Miglyol®处方也进行了抗氧化能力的研究。研究表明，和芝麻油处方相比，Miglyol®的处方药物在高温环境中并未发生任何降解。另外，在软胶囊中分别对 Miglyol®和含有 1.0%（体积分数）巯基乙酸抗氧化剂的芝麻油进行深入的稳定性研究：在 6 个月的加速稳定性实验中，Miglyol®处方显示出比芝麻油更好的稳定性，可能是因为它是饱和脂肪酸，提高了抗氧化能力。

将疏水性药物溶解于与水互溶的有机溶剂也是有可能的，比如：含有 CAI（NSC 609974）的聚乙二醇 400（Vishnuvajjala 等，1994）；Gelucire 44/14®（一种含甘油和聚乙二醇 1500 脂肪酸酯的专有溶剂）；含有多种比例中链甘油三酯的共溶剂混合物；聚氧乙烯蓖麻油（Cremophor EL®）；聚乙二醇甘油酯（如上市制剂抗艾滋病病毒蛋白酶抑制剂利托那韦；PDR 2006）。然而，其中一些辅料会导致软胶囊壳（含水量 10%～20%）内的水向胶囊腔室迁移，从而导致活性药物沉淀析出。Serajuddin、Sheen 和 Augustine（1986）报道，软胶囊壳中水的迁移最终会导致难溶性药物定向结晶化。

乙醇是一种常用的共溶剂，用于疏水药物的溶解。但在软胶囊的制备过程中，却不能轻易使用乙醇，因为乙醇容易快速渗透穿过软明胶薄膜（Moreton 和 Armstrong，1995）。乙醇扩散速率快，足以让软胶囊在干燥工艺中损失大部分乙醇。Moreton 和 Armstrong（1998）在另一个研究中发现，改变塑化明胶的成分可以改变乙醇在明胶中的扩散系数。他们发现，用更高的多元醇（木糖醇或山梨醇）取代甘油，可以显著降低乙醇的扩散系数；在含水量最少的薄膜中，最多可以降低 5～10 倍的扩散量。

最难以制备成软胶囊的药物成分是水溶性小分子、酸性和碱性化合物。这些成分容易导致胶囊壳中的水迁移至腔体内，并使药物渗透至胶囊壳内，决定胶囊壳的含水量。Armstrong、James 和 Pugh（1984）研究了四种不同溶质的水溶性，以及它们从肉豆蔻酸异丙酯处方到胶囊壳的相对迁移率。他们发现，一旦增加了药物的水溶性，活性药物进入胶囊壳的比例也增加了。Patel 等（1989a，1989b，1992）发现，在酸性和碱性化合物存在的情况下，在软胶囊内添加相应的碱性和酸性化合物去中和它们也是可行的，最终会在水溶性溶剂（如聚乙二醇）中产生相应的盐和酯。

在所有上述案例中，很明显，软胶囊的制备（如胶囊干燥）和长期储存的过程，必须要注意软胶囊的填充物与明胶壳之间存在的动态平衡。这类制剂的填充物有可能扩散至壳中，并且水也可能从胶囊壳渗透到胶囊腔内。

此外，还需要考虑抗氧化剂的使用。因为软明胶壳是透氧的，会导致氧敏感性药物的氧化。但是，氧化的风险应在药物处方制定前得到确认。在一项评估不同处方和环境参数对明胶膜透氧性影响的研究中，Hom、Veresh 和 Ebert（1975）得出相对湿度和增塑剂浓度对透氧性影响最大的结论。由 40%～50%甘油制成的明胶膜，其透氧性随环境相对湿度的增加而增加。在室温环境下，相对湿度由 47%提高到 80%时，氧气的渗透性提高了 10 倍。因此，建议将软胶囊储存在阴凉干燥的地方，以获得最大的稳定性。

## 21.3 控制和检测

中控和最终产品的质量控制，对于任何剂型的整体呈现都是至关重要的，软胶囊的生产也不例外。

### 21.3.1 中控

一些中控，诸如密封性检测、壳厚检测、填充重量、壳重量，都需要在灌封工序中进行，以确定每批产品的质量情况和实施纠正性措施的必要性（Stanley，1986）。重量差异、填充重量的确定（计算总重和空胶囊壳的重量差异）和壳层厚度的测量是中控的关键测试。

### 21.3.2 批放行检测

每批次的质量控制放行检测可以被划分成物理、化学和微生物学检测。很明显，一些检测是产品特有的，比如化学检测；而另外几个检测是根据剂型的性质而执行的，比如软胶囊壳的微生物检测。其中一些检测方法仅供参考，因为每个软胶囊制造商有自己专业的设备和培训来定期执行这些检测。

外观描述可以作为批与批之间变化的指标，也可以在稳定性研究期间作为定性指示，比如暗淡与明亮、光滑与粗糙或多斑等特点。渗漏检测用以指示软胶囊的完整性，通常以渗漏百分率来表示。真空泄漏检测用来指示密封强度，这通常是一个预测压力检测。在这个检测中，完整的软胶囊在室温条件下的真空中放置 4 h，并测定泄漏胶囊的数量。根据泄漏胶囊的比例，来决定该批次产品是否合格。

软胶囊的另一个常规物理检测是硬度检测。这种检测通常是由受过训练的人员进行的，他们用手指轻轻地按压最终产品，然后将感受结果与适当的对照品进行比较。这是一个定性的检测，需要依赖检测者的训练和经验来判断。Vemuri（1984）使用商业万能检测机进行机械强度检测，发现存储在聚苯乙烯容器 20 周以上的软胶囊，其机械强度在储存期内不断降低，这与变形力的降低有关。此外，储存在聚苯乙烯容器中的产品获得的水分是储存在玻璃容器中产品的五倍。水分的增加可以导致胶囊的硬度降低或黏性增加。当将检测仪器获得的数据与感官评价进行对比分析，得到的相关系数较差。因此，建议避免感官评价，应使用适当的机械仪器，来测量刚生产的和保质期内软胶囊的硬度。

Hakata 等（1981，1994）研究了温度对软胶囊壳物理、化学性质的影响，得出的结论是：软胶囊储存在 40℃的崩解速率要比在 25℃储存时慢得多，崩解时间的延长与壳层凝胶强度的增加有关。其他研究者（Khalil，等，1974；Baes，1981；Lalla 和 Bhat，1995）发现，当软胶囊储存在极端温度下，无论是高或低，其溶出特性会随明胶结构的变化，或活性药物与胶囊壳的相互作用而发生改变。根据 Shah 等（1992）的报告，通过合理选择填充物料处方和壳处方，可以避免明胶结构的改变。他们将 12.5%的甘油与 PEG 400 添加到填充组合物中，并使用甘油和山梨醇作为外壳组合物的增塑剂，可以显著提高在长期储存过程中胶囊壳的弹性。

由于明胶本身易被微生物降解，因此大多数软胶囊的外壳成分都含有苯甲酸酯作为防腐剂。Wild 等（1993）证明，软胶囊含有较低的水分，不支持微生物活动或生长。因此，他们的建议是，软胶囊作为口服和局部应用的剂型，可以在没有防腐剂苯甲酸酯的情况下进行配制。

除了明胶壳的弹性和微生物挑战试验外，还可以根据特定产品的药典要求来进行崩解和溶出试验。崩解试验对软胶囊的含义可能和片剂的定义不同，由于软胶囊壳不具有任何药物，而且大部分处方成分的物理形态是液态的，我们的经验是将崩解定义为成分泄漏的时间。崩解试验终点可根据药物载体的水混溶性进行设定，崩解终点既可以是溶出介质表面出现油液，也可以是因软胶囊载体的水不混溶性而出现的浑浊介质。

除了《美国药典》（USP）规定的溶出方法外，还应了解其他可用于测定溶出度和将溶出度与体内生物利用度相关联的方法。其中一种方法是 Takahashi 等（1994，1995）报道的旋转透析池法；他们将旋转透析池法与《日本药局方》（JP）中的桨法相比，《日本药局方》的桨法与《美国药典》的方法相似，发现旋转透析池法的结果和给定模型药物（布洛芬）的体内血液浓度具有更好的相关性。

## 参考文献


Agrosi, M., S. Mischiatti, P. C. Harrasser, and D. Savio. 2000. Oral bioavailability of active principles from herbal products in humans. A study on Hypericum perforatum extracts using the soft gelatin capsule technology. *Phytomedicine*, 7(6): 455–462.

Armstrong, N. A., K. C. James, and W. K. L. Pugh. 1984. Drug migration into soft gelatin capsule shells and its effect on *in vitro* availability. *J. Pharm. and Pharm.*, 36: 361–365.

Augsburger, L. L. 1996. Hard and soft shell capsules, in *Modern Pharmaceutics*, 3rd ed. (G. S. Banker and C. T. Rhodes, Eds.), New York: Marcel Decker, pp. 395–440.

Baes, E. A. 1981. Soft shell capsules. *Manuf. Chem.*, 52: 33–34.

Benza, H. I. and W. L. L. Munyendo. 2011. A review of progress and challenges in soft gelatin capsules formulations for oral administration. *Int. J. Pharm. Sci. Rev. and Res.*, 10: 20–24.

Cole, E. T., D. Cadé, and H. Benameur. 2008. Challenges and opportunities in the encapsulation of liquid and semi-solid formulations into capsules for oral administration. *Adv. Drug Del. Rev.*, 60: 747–756.

Developmental Therapeutics Program, National Cancer Institute, National Institutes of Health, http://dtp.nci.nih.gov.

Ebert, W. R. 1977. Soft elastic gelatin capsules: A unique dosage form. *Pharm. Tech.*, 1(10): 44.
Gullapalli, R. P. 2010. Soft gelatin capsules (softgels). *J. Pharm. Sci.*, 99: 4107–4148.
Hakata, T., H. Sato, Y. Watanabe, and M. Matsumoto. 1994. Effect of storage temperature on the physicochemical properties of soft gelatin capsule shells. *Chem. Pharm. Bull.*, 42: 1496–1500.
Hakata, T., K. Yasuda, and H. Okano. 1981. Effect of storage temperature on disintegration time of soft gelatin capsules. *Arch. Pr. Pharm., Yaku.*, 41: 276–281.
Hom, F. S., S. A. Veresh, and W. R. Ebert. 1975. Soft gelatin capsules. 2. Oxygen permeability study of capsule shells. *J. Pharm. Sci.*, 64: 851–857.
Jones, W. J. and J. J. Francis. 2000. Softgels: Consumer perceptions and market impact relative to other oral dosage forms. *Adv. Ther.*, 17(5): 213–221.
Khalil, S. A. H., L. M. M. Ali, and A. M. M. A. Khalek. 1974. Effects of aging and relative humidity on drug release. Part 1. Chloramphenicol capsules. *Pharm. Technol.*, 29: 36–37.
Kwong, E. C., P. L. Lamarche, G. R. Down, S. A. McClintock, and M. L. Cotton. 1994. Formulation assessment of MK-886, a poorly water-soluble drug, in the beagle dog. *Int. J. Pharm.*, 103: 259–265.
Lalla, J. K. and S. U. Bhat. 1995. Protracted disintegration of hematinic capsules in soft gelatin shells. Part 1. Gelatin-mineral interactions. *Ind. Drugs*, 32: 320–327.
Lissy, M., R. Scallion, D. D. Stiff, and K. Moore. 2010. Pharmacokinetic comparison of an oral diclofenac potassium liquid-filled soft gelatin capsule with a diclofenac potassium tablet. *Exp. Op. Pharm.*, 11: 701–708.
Moreton, R. C. and N. A. Armstrong. 1995. Design and use of an apparatus for measuring diffusion through glycerogelatin films. *Int. J. Pharm.*, 122: 79–89.
Moreton, R. C. and N. A. Armstrong. 1998. The effect of film composition on the diffusion of ethanol through soft gelatin films. *Int. J. Pharm.*, 161: 123–131.
Patel, M. S., F. S. Morton, and H. Seager. 1989a. Advances in softgel formulation technology. Part 1. *Man. Chem.*, 60: 26–28.
Patel, M. S., F. S. Morton, and H. Seager. 1989b. Softgel technology. *Man. Chem.*, 60: 47.
Patel, M. S., F. S. Morton, H. Seager, and D. Howard. 1992. Factors affecting the chemical stability of carboxylic acid drugs in enhanced solubility system (ESS) softgel formulations based on polyethylene glycol (PEG). *Drug Dev. Ind. Pharm.*, 18: 1–19.
Proietti, S., G. Carlomagno, S. Dinicola, and M. Bizzarri. 2014. Soft gel capsules improve melatonin's bioavailability in humans. *Ex. Op. Dr. Met. & Tox.*, 10: 1193–1198.
Rakucewicz, J. 1986. *Soft Elastic Gelatin Capsule Manufacturing: The Globex Story.* Dear Park, NY: Kinematics & Control Corp.
Reddy, G., M. Muthukumaran, and B. Krishnamoorthy. 2013. Soft gelatin capsules-present and future prospective as a pharmaceutical dosage forms—A review. *Int. J. Adv. Pharm. Gen Res.*, 1: 20–29.
Reich, G. 2004. Formulation and physical properties of soft capsules, in *Pharmaceutical Capsules*, 2nd ed. (F. Podczek and B. E. Jones Eds.), London: Pharmaceutical Press, pp. 201–212.
Savio, D., P. C. Harrasser, and G. Basso. 1998. Softgel capsule technology as an enhancer device for the absorption of natural principles in humans. A bioavailability cross-over randomised study on silybin. *Arz.-Fors.*, 48: 1104–1106.
Serajuddin, A. T. M., P. C. Sheen, and M. A. Augustine. 1986. Water migration from soft gelatin capsule shell to fill material and its effect on drug solubility. *J. Pharm. Sci.*, 75: 62–64.
Shah, N. H., D. Stiel, M. H. Infeld, A. S. Railkar, and M. Patrawala. 1992. Elasticity of soft gelatin capsules containing polyethylene glycol 400-quantitation and resolution. *Pharm. Tech.*, 16: 126.
Stanley, J. P. 1986. Capsules part two, soft gelatin capsules, in *The Theory and Practice of Industrial Pharmacy*, 3rd ed. (L. Lochman, H. A. Leiberman, and J. L. Kanig, Eds.), Philadelphia, PA: Lea & Febiger, pp. 398–412.
Stella, V., J. Haslam, N. Yata, H. Okada, and S. Lindebaum. 1978. Enhancement of bioavailability of a hydrophobic amine antimalarial by formulation with oleic acid in a soft gelatin capsule. *J. Pharm. Sci.*, 67(10): 1375–1377.
Strickley, R. and B. Anderson. 1993. Solubilization and stabilization of an anti-HIV thiocarbamate, NSC 629243, for parenteral delivery using extemporaneous emulsions. *Pharm. Res.*, 10: 1076–1082.
Stroud, N., K. Tanner, R. Shelley, E. Youngblood, D. Kiyali, and S. McKee. 2006. Development of novel, soft capsules containing semi-solid fill formulations. AAPS Annual Meeting & Expectation, San Antonio, TX, poster presentation.
Sullivan, T. J., J. L. Walter, R. F. Kouba, and D. C. Maiwald. 1986. Bioavailability of a new oral methoxsalen formulation: A serum concentration and photosensitivity response study. *Arch. Derm.*, 122: 768–771.

Takahashi, M., M. Mochizuki, K. Wada, T. Itoh, and M. Goto. 1994. Studies on dissolution tests of soft gelatin capsules. Part 5. Rotating dialysis cell method. *Chem. Pharm. Bull.*, 42: 1672–1675.

Takahashi, M., H. Yuasa, Y. Kanaya, and M. Uchiyama. 1995. Studies on dissolution tests for soft gelatin capsules by the rotating dialysis cell (RDC) method. Part 6. Preparation and evaluation of ibuprofen soft gelatin capsule. *Chem. Pharm. Bull.*, 43: 1398–1401.

Thomson, P. D. R. 2006. *Physicians' Desk Reference*. Montvale, NJ: Thomson Publishing.

Tindal, S. and F. Asgarzadeh. 2006. Laboratory scale softgel encapsulation (Mini-cap). *AAPS Poster Presentation*.

Vemuri, S. 1984. Measurement of soft elastic gelatin capsule firmness with a universal testing machine. *Drug Dev. In. Pharm.*, 10: 409–423.

Vishnuvajjala, B. R., E. Tabibi, D. Lednicer, and R. Varma. 1994. *NCI Investigational Drugs, Pharmaceutical Data*. Bethesda, MD: Pharmaceutical Resources Branch, National Cancer Institute, National Institutes of Health.

Wild, F., D. Vidon, and P. Metziger. 1993. Survival of microorganisms in a soft gelatin capsule shell with and without parabens. *STP Pharm. Sci.*, 3: 346–350.

Zaghloul, A. A., B. Gurley, M. Khan, H. Bhagavan, R. Chopra, and I. Reddy. 2002. Bioavailability assessments of oral coenzyme Q10 formulations in dogs. *Drug Dev. In. Pharm.*, 28(10): 1195–1200.

Zuniga, Z. R., C. L. Phillips, D. Shugars, J. A. Lyon, S. J. Peroutka, J. Swarbrick, and C. Bon. 2004. Analgesic safety and efficacy of diclofenac sodium softgels on postoperative third molar extraction pain. *J. Oral and Max. Surg.*, 62(7): 806–815.

# 第22章 用于难溶性药物的口服缓释给药技术

Shaoling Li，Nuo（Nolan）Wang，Rong（Ron）Liu，
Zhanguo Yue，Zhihong（John）Zhang，Wei（William）Li

## 22.1 引言

在过去的几十年中，随着药物开发的日益复杂，导致对包括缓释和控释剂型在内的调整释放传递系统（调释制剂）的潜在附加值有了更多的认识。调释制剂有许多优势，例如通过减少给药频率来改善患者依从性，通过降低血药浓度峰谷波动来提高疗效和安全性，以及通过增强药物的吸收、增加药物在靶点或靶点附近的释放来提高治疗效果和有效性等。随着高通量筛选所发现的不溶性或难溶性化合物数量不断增加，将难溶性药物开发成调释制剂正成为实现药物效用最大化的重要产品开发策略。此外，无论是对于刚申请上市的新药还是已经被应用于临床治疗的药物，这些调释制剂的开发策略均可作为延长药物分子生命周期的有效工具。在这方面，通过开发这样一种药物传递产品，可以实现市场上已有的速释制剂满足不了的治疗需求，从而创造更大的市场价值。

由于 80%以上的候选药物传统上是为口服给药而开发的，因此本章将重点讨论关于难溶性化合物口服调释传递系统设计的理论、传递技术、实例和未来前景。图 22.1 说明了应用缓释或控释剂型的一个典型临床优势，即通过降低峰值血浆药物浓度来改善安全性和患者依从性，同时在血液中提供延长的有效药物水平。使其保持在达到治疗有效性、但低于引起不良副作用的水平。

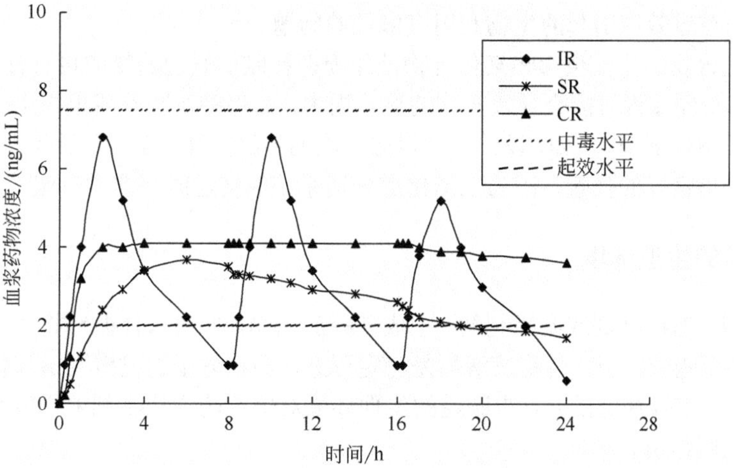


图 22.1 速释（IR）、缓释（SR）和控释（CR）口服剂型 A 典型的血浆药物浓度曲线之间的差异

在口服调释制剂产品的初始设计中，许多参数通常决定了其可行性，因此需要进行严格评估。这些重要参数包括如下。

① 药物的理化性质。

② 速释给药情况下药物的生物药剂学和药动学信息。

③ 影响吸收的生理因素，如胃肠道转运时间、胃排空时间、胃肠道容量、表面积、pH、酶代谢和特异性吸收位点。

④ 理想的治疗效果和药动学特性。

## 22.2 影响难溶性药物口服调释给药系统设计和性能的因素

### 22.2.1 化合物性质

药物的理化性质，例如电离常数（p$K_a$）、水溶性、分配系数（lg$P$）和化学稳定性显著影响剂型设计。由于药物优先以非解离形式转运穿过生物脂质膜，因此药物性质如 p$K_a$、溶解度和胃肠道的生理环境之间的关系具有重要意义。通常，药物溶解度的性质是设计调释制剂的最重要因素之一，因为它限制了可用的释放机制的选择。在一些情况下，某些传递平台比其他传递平台更适合于低溶解度药物的给药。增溶技术的应用使得将水溶性差的药物开发成调释制剂成为可能，并且可以在设计这样的传递系统时提供更多选择和路径。

生物半衰期（$t_{1/2}$）是定量描述药物体内消除速率的重要生物药剂学参数，并且是调释制剂设计中考虑的标准之一。为了将治疗药物的血药浓度长时间维持在某一水平，药物吸收速率必须与药物消除速率相差不大，这与药物的半衰期相关。通常，半衰期非常短、分布容积非常高的药物在体内会被迅速清除，使得延长释放时间和行为变得困难。另一方面，根据定义，具有较长半衰期的化合物则能在体内长时间维持其血药浓度水平。通常，$t_{1/2}$ 短于 2 h 或长于 8 h 的化合物不是缓释剂型的良好候选化合物。然而，在一些独特的病例中，对于 $t_{1/2}$ 超过 8 h 的药物，仍可考虑开发成口服控释/缓释剂型，因为这些化合物的控释制剂仍可降低 $C_{max}$，从而消除与 $C_{max}$ 相关的副作用。对于半衰期短（<2 h）的化合物，结合速释和控释的改良释放剂型设计可以减轻由首过效应引起的生物利用度偏低的问题。

吸收窗和化合物的特征也影响某化合物被作为调释制剂候选药物的可行性。在药物被吸收之前，肠道内的酶促过程可能会导致药物的显著损失，而那些在肠腔或组织中代谢不良的化合物可能不适用于调释剂型。例如，设计一种日服一次的零级控释产品，需要药物在下消化道（包括升结肠）表现出良好的吸收，因为上消化道传递系统的转运时间非常有限。

### 22.2.2 胃肠道的生理环境

从口服剂型（速释制剂或调释制剂）中成功释放药物，并进入体循环将取决于几个关键因素：将药物传递至吸收部位，药物溶解后是稳定形态，药物分子通过胃肠道膜转运后将药物传递到其作用部位。值得注意的是，胃肠道的生理环境对确定药物从制剂中释放后的溶解状态和生物利用度起重要作用。

生物药剂学分类系统（BCS）是一种药物开发工具，它可以通过药物的溶出度、溶解度和肠道通透性这三个药物的基本因素来评估固体口服制剂吸收药物的速率和程度。溶出是指药物释放、溶解并准备被吸收的过程。渗透性是指药物分子通过生物膜进入体循环中的能力。根据 BCS 的定义，药物可以分为四类。BCS Ⅰ类是指高溶解性、高渗透性的药物，BCS Ⅱ类是指低溶解性、高渗透性的药物，BCS Ⅲ类是指高溶解性、低渗透性的药物，BCS Ⅳ类是指低溶解性、低渗透性的药物。对于本章讨论的难溶性药物（通常为 BCS Ⅱ类化合物），药物的溶出和溶解将严重限制口服药物的吸收。

当制剂暴露于胃肠道液中时，胃肠道液的成分和性质决定了药物的溶出速率和溶解程度，从而决定药物的吸收。胃肠道液的一个重要的性质是 pH，因为大多数药物是弱酸性或是弱碱性，药物在通过胃肠道膜转运之前都在胃肠道液中，因此，pH 对难溶性药物的整体吸收过程有较大影响。胃肠道液的 pH 变化很大，从胃中的强酸性（pH 1）到小肠中的中性（pH 6～7）再到大肠中某些部位的弱碱性（pH 8）。根据 Noyes-Whitney 关系式，酸性和碱性化合物的水溶性和在制剂中的溶出速率具有典型的 pH 依赖性。流体的 pH 对非解离型药物的影响较小。例如，酸性药物在碱性介质中最易溶解，因此可以推断其在肠液中的溶出速率比在胃液中更快。此外，由于药物吸收的主要部位是小肠，难溶性碱性药物需要溶解在酸性胃液中，并停留在肠道环境的溶液中，才能很好地被小肠吸收。然而，在某些情况下，难溶性药物可以被制成特殊的制剂并在体内传递，并在胃肠道中保持稳定的溶液或过饱和形式，从而使较大比例药物能够被吸收，从而具有较好的生物利用度。

溶出速率是吸收部位的药物浓度的函数，其与药物的饱和溶解度成正比。对于弱酸性药物，随着 pH 的增加药物溶解的程度和速率增加，这反过来可以显著影响药物的吸收行为。

$$AH \xleftrightarrow{K_a} A^- + H^+$$

$$K_a = \frac{[A^-][H^+]}{[AH]} \tag{22.1}$$

在给定的 pH 下，药物在边界层中的饱和溶解度为：

$$C_h = [AH] + [A^-] \tag{22.2}$$

当药物完全非离子化地溶解在水溶液中时，药物饱和溶解度为 $C_s = [AH]$。因此

$$C_h = C_s\left(1 + \frac{K_a}{[H^+]}\right) \tag{22.3}$$

然而，对于弱碱性药物，溶出速率随着 pH 的增加而降低。

$$BH^+ \xleftrightarrow{K_b} B + H^+$$

$$K_b = \frac{[B][H^+]}{[AH^+]} \tag{22.4}$$

类似地，在给定的 pH 下

$$C_h = [BH^+] + [B] \tag{22.5}$$

当药物完全非离子化地溶解在水溶液中时，药物的饱和溶解度 $C_s = [B]$，因此

$$C_h = C_s\left(1+\frac{[H]}{K_b}\right) \tag{22.6}$$

理想情况下，可解离的化合物从缓释产品中释放的速率应根据不同消化道的生理 pH 变化而进行规划。因此，从理论上讲，在药物释放和作用的整个过程中，被吸收的物质（不带电）的量和血浆药物浓度可以保持大致恒定。

另一个可能影响溶解度和溶出速率，从而影响难溶性化合物吸收的重要因素是胃肠道液体的量。胃肠道内含有多种物质，如胆盐、酶和黏蛋白。胆盐具有表面活性，因此可能提高难溶性药物的吸收速率或吸收程度。因此，在高脂餐后难溶性化合物灰黄霉素（GF）的吸收增加可能是由胆盐分泌到肠中而带来的增溶作用所致（Crounse 1961；Kraml 等，1962）。

## 22.2.3 体内外评价

合理开发药物传递系统是需要花费大量的时间和金钱的。处方的开发和优化需要一个循序渐进的过程，即在进行体内研究前，先在体外筛选和评估处方。

药物的释放或溶出速率被认为是最重要的体外特征之一，因为 BCS Ⅱ类化合物的体内吸收会受到这些参数的显著影响。鉴定具有区分性和预测性的体外溶出度/药物释放测试方法对口服固体制剂的开发具有重要的经济意义。使用体外溶出试验预测体内性能以及与体内吸收曲线相关的能力[即建立体外-体内相关性（IVIVC）]是工业界一直在努力进行的一项工作，其最终目标是验证可用于多种目的的体外测试和 IVIVC 模型（Skelly 等，1990；Food and Drug Administration 1997a，1997b；Yu 等，1998；Sunkara 和 Chilukuri，2003），包括如下。

① 促进剂型的筛选，监测和优化。

② 提供产品质量控制和过程控制。

③ 在配方和工艺有微小变化时，或在生产设备、方法或地点发生变化时，协助做出某些监管决定和判断。

在过去的十年中，使用体外溶出度或药物释放速率测试作为基于完善的 IVIVC 的口服固体剂型的体内吸收特性和 PK 行为的指标已变得越来越可靠（Hwang 等，1995；Food and Drug Administration，1997b；Modi 等，2000）。特别是应用 IVIVC 研究来支持注册申报越来越流行。因此，美国 FDA 发布了关于 IVIVC 开发、评价和应用于缓释口服剂型的行业指南（Food and Drug Administration，1997）。

### 22.2.3.1 体外研究方法

几种已知的体外溶出/释放速率测试方法已被报道用于评估调释制剂的体外性能。产品体外溶出度试验方法的选择通常取决于剂型的类型和/或设计。这些常用的测试方法概括如下。

① USP 装置 1（篮法）。适用于胶囊剂、悬浮或者崩解缓慢的剂型。

② USP 装置 2（桨法）。适用于片剂。

③ USP 装置 3（往复筒法）。适用于微丸剂型。

④ USP 装置 4（流通池法）。适用于难溶性药物。

⑤ USP 装置 5（往复架法）。适用于渗透控制剂型。

除了选择适用的溶出装置外，溶出介质是产生体内-体外相关性的另一个关键因素。除了药典中的溶出介质外，已有报道适当选择和使用生物相关溶出介质来模拟胃肠道条件也有好处，特别是对于难溶性药物（Galia 等，1998；Nicolaides 等，1999；Dressman 和 Reppas，2000；Sunesen 等，2005；Vertzoni 等，2005；Schamp 等，2006；Wei 和 Löbenberg，2006）。常用的溶出介质有：

① 去离子水。

② 生理 pH 范围内的缓冲液（1～7.5）。

③ 模拟胃液和模拟肠液（SGF 和 SIF）。

④ 含表面活性剂的溶出介质。

⑤ 生物相关介质，如 FaSSIF 和 FeSSIF，模拟餐前和餐后胃和肠道内容物的组成。

#### 22.2.3.2　体内研究方法

体内评价通常在动物模型中进行，以获得有关该剂型体内吸收特性和药动学过程的初步信息。实验动物的选择与许多因素有关，包括方便性、研究历史、对模型的熟悉程度以及所选物种与人在胃肠道和其他生理因素方面的相似性。对于口服调释制剂，由于动物和人在胃肠道解剖和生理上的差异，选择合适的动物模型并非易事。由于犬科的上消化道解剖和生理结构与人相似，因此已被广泛用作评估口服调释制剂的口服吸收和药动学分布过程的动物模型。虽然如此，但应该谨慎地评估从犬和其他动物上得到的调释制剂的研究结果，因为犬通常显示出较短的胃肠道转运时间，这意味着这些数据在转化为人的体内表现时有一定的风险（Uchida 等，1986；Dressman 和 Yamada，1991；Kararli，1995）。

体内研究对评价和论证口服调释制剂的药动学和药效学性能至关重要。评估调释制剂所需的研究包括单次和多次剂量评估，以及在餐前和餐后条件下的随机、交叉研究。在某些情况下，可能需要更多的研究来了解和确定导致食物效应的原因。

## 22.3　难溶性药物的口服调释制剂的设计：模型、理论和实例

迄今为止，与难溶性药物的口服调释制剂开发相关的挑战尚未得到系统的研究和讨论。在许多情况下，药物的理化特性及其对胃肠道条件的敏感性使其更难以获得所需的吸收和药动学过程。这是开发难溶性药物的调释制剂的一个关注要点。

几种已知的基于释放机理的方法，例如溶出控制、扩散和/或侵蚀控制、溶出和扩散控制的组合以及渗透控制系统，已被广泛用于水溶性化合物的持续释放或控制释放。这些模型原则上也可结合增溶技术用于设计难溶性药物的调释系统。

在制药工业中已经探索和广泛实践了许多配方方法来改善难溶性化合物的传递，特别是在速释剂型的开发方面。这些药物传递方法基于下列各种技术。

（1）根据 Noyes-Whitney 公式[式（22.7）]，增加药物溶出速率可以增加药物的饱和溶解度

① 减小粒径（微粉化和纳米化）。

② 制备固体分散体或固体溶液。

③ 成盐和制备多晶型物。

④ 使用共溶剂。

⑤ 辅料络合（如环糊精）。

⑥ 其他传递技术。

（2）通过以下方式实现药物的持续增溶

① 使用脂质传递系统。

② 使用表面活性剂形成胶束。

③ 其他技术。

当考虑使用特定的控释或缓释剂型来传递一种难溶性药物时，药物的增溶作用以及将药物在整个胃肠道中，特别是在吸收部位处保持溶液状态的能力已成为两项重要的标准。这种传递系统的另一个重要特征是能够同时在整个胃肠道释放药物和增溶剂。

### 22.3.1 控释系统

对于难溶性药物，由于其溶出速率缓慢的特性，很明显应该选择溶出控制系统来实现持续的药物释放。从理论上讲，稳态下的溶解过程可以用 Noyes-Whitney 公式来描述，如式（22.7）所示。化合物的溶出速率是表面积、饱和溶解度和扩散层厚度的函数。因此，可以通过更改这些参数来控制药物释放速率。

$$\frac{\mathrm{d}C}{\mathrm{d}t}=\frac{D\times A(C_\mathrm{s}-C_t)}{h\times V} \tag{22.7}$$

式中，$\mathrm{d}C/\mathrm{d}t$ 是溶出速率；$D$ 是扩散系数；$A$ 是药物的表面积；$C_\mathrm{s}$ 是药物的饱和溶解度；$C_t$ 是 $t$ 时刻药物的浓度；$h$ 是扩散层厚度；$V$ 是体积。

近年来，纳米技术在解决难溶性化合物的传递问题方面受到了广泛的关注。NanoCrystal®（Elan Drug Delivery，Inc.，King of Prussia，PA）分散体是原料药的小晶体，其特征是粒径集中在亚微米区域，通常直径小于 400 nm。这些分散体是通过高能湿法研磨生产的（Elan Pharmaceutical，2004），并通过稳定剂的表面吸附作用而稳定，防止团聚，并已在口服剂型中用于生产缓释产品。

另外，可以通过高压均质化、微沉淀或分散相技术，将难溶性药物分散在可溶性载体中形成微米或亚微米颗粒从而制备纳米药物传递颗粒，如脂质纳米颗粒或纳米结构的脂质分散体。在这些情况下，药物释放可以通过适当选择可溶载体和控制最终产品的颗粒大小来控制（Elan Pharmaceutical，2004；Saffie-Siebert 等，2005）。以难溶性化合物乙酸胆固醇（CA）、GF 和醋酸甲地孕酮（MA）为例，采用超临界二氧化碳萃取水包油乳化液的内相，得到了微细颗粒。利用超临界流体萃取方法，可以始终如一地生产出通过光散射技术测量的平均体积直径在 100～1000 nm 之间的粒子。研究表明，乳液液滴大小、药物溶液浓度和乳液中有机溶剂的含量是控制粒径的主要参数。X 射线粉末衍射结果表明 GF 和 MA 纳米粒子是结晶的，比微粉化粉末的溶出速率提高了 5～10 倍。理论计算表明，溶出度主要受表面动力学系数和所产生颗粒的比表面积决定。通过适当控制纳米颗粒的大小，可以控制和改变药物的释放速率。

### 22.3.2 扩散和溶蚀系统

扩散控制系统通常基于药物通过惰性膜或药物载体的扩散。难溶性药物的持续或控制释放是通过基质扩散系统实现的。在该系统中，药物均匀地溶解或分散在基质中，并添加提高溶解性的赋形剂，如脂质、表面活性剂和/或可解离药物的反离子。载药基质的物理形式可以是液体、半固体或固体，制成的剂型可以是软胶囊或硬胶囊，也可以是片剂。

#### 22.3.2.1　骨架系统

在典型的扩散控制的骨架系统中，骨架外层中的药物首先暴露于溶液介质中并溶解，然后从骨架中扩散出来，如图 22.2 所示。该过程在块状介质和溶质之间的界面处继续，并逐渐向内部移动。在这种途径中，药物在骨架中的溶出速率必须比溶解药物的扩散速率快得多。扩散控制系统药物释放速率可以用时间的平方根进行数学描述，如式（22.8）所示，该公式已被广泛应用于药物释放数据的分析和模型的拟合。零级释放不能用扩散控制骨架系统来实现。

$$M = kt^{1/2} \tag{22.8}$$

式中，$M$ 是释放的药物量；$k$ 是将各种影响因素结合在一起的常数，例如骨架中的药物浓度、骨架的孔隙率等。

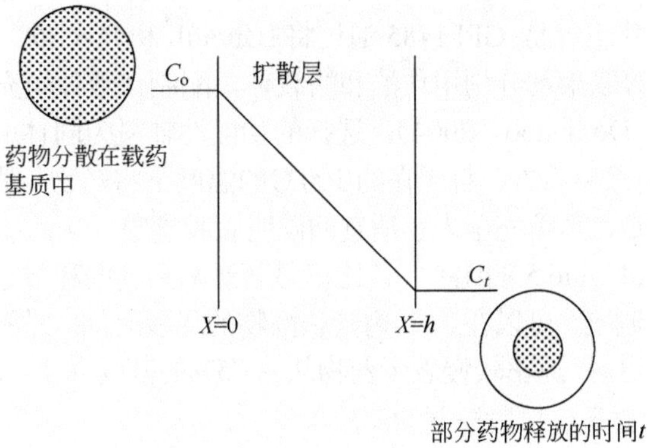


图 22.2　扩散控制骨架系统的示意

扩散过程通常由菲克定律控制[式（22.9）]。

$$J = -D\frac{\mathrm{d}C}{\mathrm{d}X} \tag{22.9}$$

式中，$J$ 是通量；$D$ 是药物的扩散系数；$\mathrm{d}C/\mathrm{d}X$ 指浓度梯度。

对于含有溶解药物的骨架体系，分数释放 $M/M_\infty$ 可以用式（22.10）（Good 和 Lee，1984）来描述。

$$\frac{M}{M_\infty} = \left(\frac{4}{\ell}\right)\left[\frac{Dt}{\pi}\right]^{1/2} \tag{22.10}$$

式中，$M$ 为 $t$ 时刻释放的药物量；$M_\infty$ 是释放的药物总量；$\ell$ 是骨架的厚度；$D$ 为药物在骨架中的扩散系数。

对于含有分散药物的体系，单位体积载药量大于药物在骨架中的溶解度，药物释放速率可用 Higuchi 公式[式（22.11）]（Higuchi，1961）表示。

$$M = [C_s(2A - C_s)Dt]^{1/2} \tag{22.11}$$

式中，$C_s$ 为药物在基质中的溶解度；$A$ 是单位体积的载药量。

式（22.11）是基于以下假设得出的：①存在伪稳态；②与平均扩散距离相比，药物颗粒较小；③扩散系数是常数；④在外部介质中存在理想的吸收条件；⑤药物仅通过扩散释放；⑥骨架中的药物浓度大于药物在聚合物中的溶解度；⑦药物与骨架之间没有相互作用。在 $A \gg C_s$ 的情况下，式（22.11）简化为：

$$M = [2DAC_s t]^{1/2} \tag{22.12}$$

因此，释放的药物量与 $t$、$A$、$D$ 和 $C_s$ 的平方根成正比。在某些情况下，扩散并不是药物释放的唯一途径。随着聚合物和其他功能赋形剂的松弛，释放基质的侵蚀也有助于药物的整体释放。下面讨论的是扩散和侵蚀控制的基质输送系统的例子。

（1）充液硬明胶缓释胶囊

GPI 1485 是一种实验性神经免疫亲合配体，用于治疗帕金森病和前列腺切除术后勃起功能障碍。该化合物生物半衰期短，这使其成为缓释产品的理想选择。有可能简化给药方案，提高患者的依从性，并使终止治疗更容易。GPI 1485 通过将 Labrafil®和 Precirol® A to 5（Gattefossé Corp., Paramus，New Jersey）等赋形剂分别用作油和蜡载体，配制在液体填充硬明胶胶囊中，作为主要的药物增溶剂和载体（Dordunoo，2004）。选择的功能性辅料为固体或半固体，能溶解难溶性化合物 GPI 1485，并具有缓释特性。首先在约 100℃的温度下将药物与脂质熔化并溶解，然后将熔融的材料冷却至约 75℃，再填充至大小适宜的硬明胶胶囊中，从而制备出传递系统。表 22.1 收集了 Labrafil®与 Precirol® A to 5 的比率，该比率显著影响药物的释放速率。使用包含 75%药物和 25%Precirol® A to 5 的制剂，可以在 24 h 内延长药物的释放时间。时间的平方根图显示出药物释放前 9 h 的线性关系，随后，速率较慢表示药物从由 75%的药物和 1∶1 的 Labrafil®和 Precirol® A to 5 配制的胶囊中的释放是受扩散控制的。

**表 22.1　GPI 1485、Labrafil®和 Precirol® A to 5 的成分对 80%药物释放所需时间的影响（$t_{80\%}$）**

| 组成/%（GPI 1485/Labrafil®/Precirol® A to 5） | $t_{80\%}$/h |
|---|---|
| 100∶0∶0 | 1.0 |
| 75∶25∶0 | 4.5 |
| 75∶20∶5 | 8.0 |
| 75∶12.5∶12.5 | 8.3 |
| 75∶5∶25 | 22.0 |
| 75∶0∶25 | >24.0 |

来源：Dordunoo S K. Bull. Techn. Gattefossé，2004，29，29-39.

通过将难溶性药物（例如硝苯地平、萘普生或阿昔洛韦）掺入包含：①形成芯的颗粒中，制得由 Supernus Pharmaceuticals（马里兰州罗克维尔，原 Shire Laboratories，Inc.）发明的专有骨架传递系统，由疏水性材料或疏水性乳液或分散体制成；②包含亲水性/疏水性材料作为芯和每个后续层之间的界面的交替层。药物通过扩散和侵蚀以及由于界面的表面活性而增强的溶解作用而从系统中释放出来（Belenduik 等，1995；Supernus Pharmaceuticals，2006）。疏水材料可以选自中链或长链羧酸，例如癸酸、油酸和月桂酸；或来自一组羧酸酯，例如甘油单硬脂酸酯、甘油单酸酯和甘油二酸酯；或选自长链羧酸醇，例如月桂酸醇和辛酸醇。可以选择表面活性剂，例如维生素 E、TPGS、聚山梨酯 60 或聚山梨酯 80，并用于形成胶体乳液。可以在 70～80℃下加热或熔融具有疏水性成分和亲水性成分的药物，然后在喷雾干燥或“造粒”柱中将其冷却至形成珠子。乳液核/珠可以进一步在流化床设备中涂覆，或者用含表面活性剂的疏水溶液和药物在疏水材料中的稳定乳液或分散体涂覆，以提供多层药物传递系统。可以将多层颗粒填充到硬明胶胶囊中以产生最终剂型，或者可以通过掺入其他片剂辅料，如崩解剂和润滑剂将其进一步加工成固体片剂。根据药物的性质，特别是药物在骨架系统中的扩散系数，可以通过改变功能性辅料的组成来控制药物的释放速率。图 22.3 显示了这种传递系统（Supernus Pharmaceuticals，2006）的典型药物释放情况。

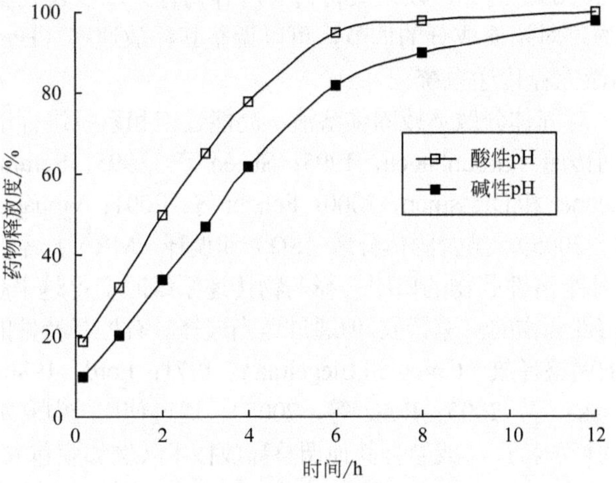


图 22.3　基于缓释脂质骨架系统的难溶性药物的药物释放情况

（修改自 Technical/Technology Date Sheet published，Supernus Pharmaceuticals，2006.）

（2）控释微粒

非洛地平是一种难溶性药物，它与各种脂溶性辅料如硬脂酸、十六醇、巴西棕榈蜡和 Precirol® A to 5，通过喷雾冷却法形成固体分散微粒（Savolainen 等，2002a，2002b，2003）。将药物与赋形剂混合并熔化，然后将熔化的混合物通过特殊构造的气动喷嘴喷入装有冷却剂的容器或装有干冰的浴中，温度为-50℃，雾化空气温度为 400℃，压力约 7 bar。所制得的微粒主要为球形，平均直径为 25～35 μm，可以与其他片剂辅料一起加工制成固体片剂。研究表明，可以通过选择脂质载体来控制药物释放，如图 22.4 所示。

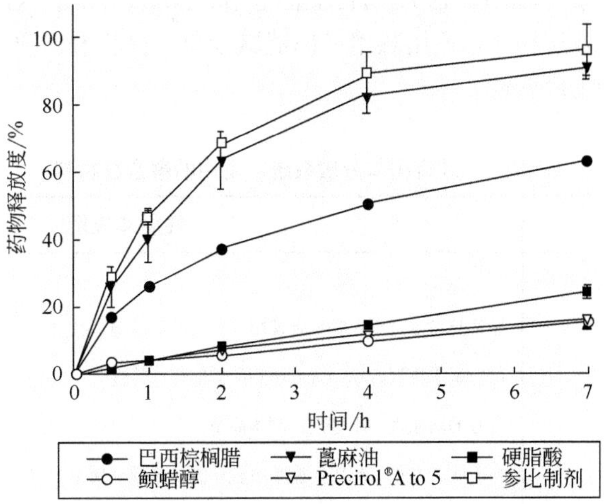


图 22.4　比较非洛地平在不同亲脂材料中的释放情况

（改编自：Savolainen M，Khoo C，Glad H，et al. Int. J. Pharm.，2002，244：151.）

（3）基于软明胶的控释胶囊

由 Banner Pharmacaps（High Point，NC）开发的 Versatrol$^{TM}$ 控释软凝胶技术使用标准软凝胶外壳结合脂质辅助药物传递，以增强对难溶性化合物的吸收。根据活性分子的理化性质，选择乳液或悬浮液作为基质，实现药物释放的多种模式，其药物的释放主要是通过扩散控制（Banner Pharmacaps，2006）。例如，以蜡质材料为内容物骨架，以软胶囊为填充载体，来控制微溶性药物的释放。通过对蜡质成分的调节，可以调整其释放速率（Hassan 等，2003）。

（4）固体分散/溶液控释传递系统

在过去的十年中，对固体分散体或固体溶液、高能过饱和系统进行了广泛的研究，并被广泛用于难溶性化合物的传递（Gruenhagen，1995；Sheen 等，1995；Serajuddin，1999；Erkoboni 和 Andersen，2000；Leuner 和 Dressman，2000；Forster 等，2001；Vippagunta 等，2002；Verreck 等，2003；Chokshi 等，2005）。结合固体分散（SD）和调释（MR）技术，一种新颖的溶出度和/或扩散调节方法在设计难溶性药物的口服缓释药物传递系统时变得越来越有吸引力。尽管 SD 技术已被广泛用于难溶性药物的快速释放，但通过适当选择具有控释特性的聚合物材料的类型和数量，可以实现制剂的调整释放（Chiou 和 Eiegelman，1971；Ford，1986；Craig，1990，2002；Serajuddin，1999；Tanaka 等，2005；Reitz 等，2008）。通过使用控制释放速率的聚合材料直接改变固体分散体基质的释放特性，或结合其他调整释放技术（例如膜包衣），可以获得所需的药物释放曲线。这种结合固体分散技术的缓释剂型既包含了可在体内快速释放的速释部分，又包含了可在随后逐步连续释放后续剂量的调释部分，从而在较长时间内维持血浆药物浓度。

为了改善难溶性药物的释放特性，可以使用疏水性聚合物和难溶于水或溶解较慢的载体。根据药物分子的理化特征，可以将可溶性聚合物材料加入疏水性基质中，以调节难溶性药物的释放。表 22.2 总结了在改良释放固体分散体系中作为控制速率的骨架基质常用的高分子材料。研究表明，羟丙基甲基纤维素（HPMC）是固体分散体系中作为药物载体和助悬剂的辅料选择之一。甲基丙烯酸酯共聚物，如 Eudragit RL®和 Eudragit RS®，已被广泛用作片剂包衣和缓释制剂中的药物释放抑制剂。该聚合物的膨胀性和渗透性、pH 无关或依赖的性质以及加工的灵活性使其在设计 MR-SD 给药系统中得到广泛应用（Mehta 等，2001；Wagner 和 McGinity，2002）。固体分散体系的制备采用了热熔挤出、喷雾干燥、高压均质等多种技术，而热熔挤出是最常用的技术之一（Wagenaar 和 Müller，1994；Hülsmann 等，2000，2001；Ghebremeskel 等，2006；Wu 等，2009）。与其他方法相比，使用热熔挤出能减少单元操作和改善含量均匀性，生产过程可做到无水工艺，减少生产时间。

**表 22.2　改良固体分散系统中常用的聚合物材料**

| 聚合物材料 | 性质和应用 |
|---|---|
| 疏水材料 | |
| 乙基纤维素 | 通常与亲水性聚合物结合使用以获得所需的释放特性 |
| 醋酸丁酸纤维素 | 可与亲水性聚合物结合以达到所需的释放特性 |
| 甲基丙烯酸酯共聚物 | 良好的溶胀性、渗透性，制备简单 |
| 双硬脂酸甘油酯 | 与表面活性剂一起用于脂基自乳化固体分散基质中 |
| 巴西棕榈蜡 | 可在较低温度下加工 |

续表

| 聚合物材料 | 性质和应用 |
|---|---|
| 疏水材料 | |
| 邻苯二甲酸醋酸纤维素 | 具有 pH 依赖性，用于骨架和/或薄膜包衣中以调节释放 |
| 聚乙烯醇 | 具有缓释特性，成膜性好，用于骨架和/或薄膜包衣中以调节释放 |
| 亲水材料 | |
| 羟丙基甲基纤维素 | 根据所用分子量/黏度的不同，具有不同的胶凝特性，可抑制重结晶 |
| 羟丙基纤维素 | 多种胶凝特性，可与疏水性高分子材料结合以实现释放特性 |
| 海藻酸钠 | 具有良好的胶凝性能和交联性能 |
| 卡波姆 | 用于控制药物释放的高效凝胶基质形成剂 |
| 聚氧乙烯 | 根据分子量和黏度的不同，凝胶特性也不同 |

吲哚美辛（IDM）是一种难溶性药物，可与生物相容性好、非溶胀性丙烯酸聚合物[例如 Eudragit RD 100、Eudragit L 100、Eudragit S 或 Eudragit RS 或 RL（Degussa GmbH，Bennigsenplatz，Düsseldorf）]通过热处理或热熔挤出工艺制备成调释骨架系统制剂（Azarmi 等，2002；Zhu 等，2006）。研究表明，在热熔挤出后，IDM 在 Eudragit RD 100 颗粒中从晶体形式转变为无定型形式。热处理有助于形成具有连续骨架结构的固体溶液。改变药物与聚合物的比例会影响药物释放特性。加入增塑剂，例如普朗尼克 F-68（BASF，Florham Park，NJ），该增塑剂还具有表面活性剂的作用，降低了固体溶液/固体分散体骨架的玻璃化转变温度，并提高了药物释放速率。生产条件（例如加热/熔化温度和保持时间）可能会影响所得骨架的特性，从而影响药物释放特性。所述热熔挤出物可进一步制备成胶囊填充颗粒或固体片剂。图 22.5 为温度对 Eudragit RS 基质中 IDM 药物释放的影响。

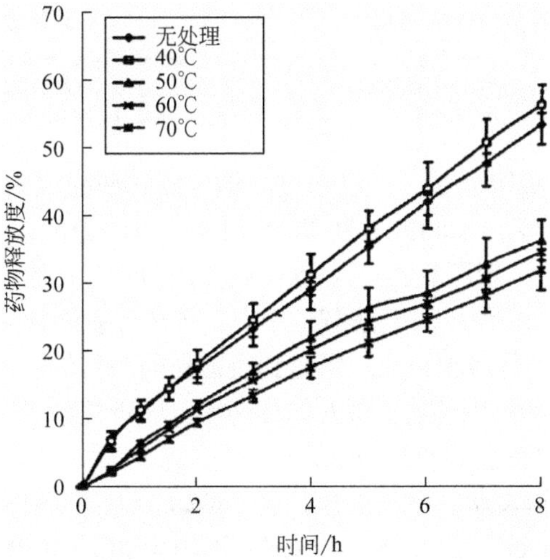


图 22.5　热处理温度对吲哚美辛从 Eudragit RS 基质中释放的影响

（改编自：Azarmi S，Farid J，Nokhodchi A，et al. Int. J. Pharm.，2002，246:171.）

Huslmant 等（2000，2001）评估了通过热熔挤出法制备的固体分散体系中，使用聚乙二醇 6000、聚乙烯吡咯烷酮或乙烯基吡咯烷酮-乙酸乙烯酯共聚物作为载体，月桂酸聚乙二醇甘油酯 44/14 作为功能性辅料，以提高难溶性药物 17-雌二醇半水合物的溶解度和溶出速率。Ghebremeskel 等（2006）研究了使用聚乙烯吡咯烷酮 K30、共聚维酮 S630 和羟丙基甲基纤维素 E5 作为聚合物载体，并加入了表面活性剂如聚山梨酯 80 和多库酯钠作为增塑剂，通过热熔挤出制备的各种固体分散体系的性能。通过使用热熔挤出和滚圆工艺，Young 及其同事证明了用多种聚合物材料和其他功能性辅料一起能成功制备茶碱控释剂型。在一项研究中，将茶碱（30%）与丙烯酸共聚物尤特奇 4135F（48%）、微晶纤维素（15%）和聚乙二醇 8000（7%）混合，制备固体分散剂颗粒并实现持续释放特性（Young 等，2002）。在另一项研究中，各种茶碱改良释放固体分散体系统包括茶碱（20%）、雅克宜、甲基丙烯酸共聚物（60%）、柠檬酸三乙酯（15%）和可选的胶凝聚合物羟丙基甲基纤维素 K4M（5%）或卡波姆 974P（5%），制备后评估其药物释放特性（Young 等，2005）。分别评估了胶凝聚合物、羟丙基甲基纤维素 K4M 和卡波姆 974P 对茶碱释放特性的影响。研究表明，辅料混合物在加工过程中是物理和化学稳定的，所得剂型具有 pH 依赖性。含有羟丙基甲基纤维素或卡波姆的热熔挤出基质会影响热加工剂型的药物释放机理和动力学。在 5%或更低的浓度下，卡波姆在延长茶碱从 SD 基质片中释放的持续时间比 HPMC 更有效。图 22.6 和图 22.7 分别显示了羟丙基甲基纤维素和卡波姆对热熔挤出的雅克宜片中茶碱释放特性的影响。

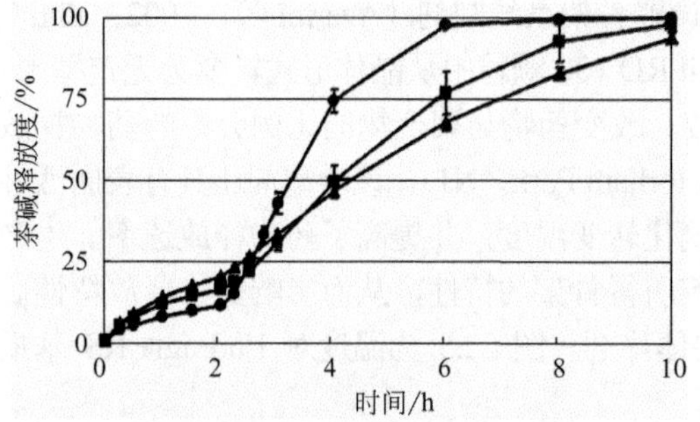

图 22.6 羟丙基甲基纤维素 K4M 对热熔挤出的雅克宜片中茶碱释放特性的影响

●——2%；■——2.5%；▲——5%

桨法，在 0.1 mol/L HCl 中 2 h，然后在 pH 6.8 PBS 中 8 h，900 mL，37℃，50 r/min，$n=6$

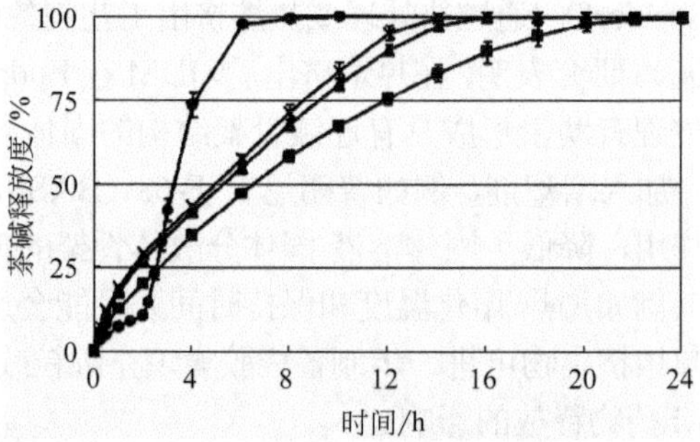

图 22.7 卡波姆 974P 对热熔挤出的雅克宜片中茶碱释放特性的影响

●——0%；■——2.5%；▲——5%；X——10%

桨法，在 0.1 mol/L HCl 中 2 h，然后在 pH 6.8 PBS 中 22 h，900 mL，37℃，50 r/min，$n=6$

Young 等（2007）用实例证明了可以通过固体分散和薄膜包衣控制释放来提高溶解度/溶出速率。作者研究了用聚合物 Eudragit L 30 D-55 对愈创甘油醚的热熔挤出颗粒进行薄膜包衣，以获得 pH 依赖性释放曲线。聚环氧乙烷（Polyox 或 PEO）与其他功能性赋形剂混合，通过热熔挤出制备固体分散基质，并使用滚圆法制备小丸。将含有愈创甘油醚的固体分散微丸在流化床中用甲基丙烯酸共聚物进行薄膜包衣，以达到改善释药的目的。研究表明，在挤出粉末共混物中加入乙基纤维素可以降低并稳定了微丸的释药率。该研究还表明，薄膜包衣是获得热熔挤出小丸具有 pH 依赖性释放特性的有效方法。

电纺丝是一种制备难溶性药物吡罗西康控释（CR）无定型固体分散体（SD）体系和聚合物纳米纤维的新技术（Paaver 等，2015）。该研究中，HPMC K100M premium CR 作为纳米纤维中的非晶态稳定聚合物载体。作者评估了各种药物聚合物（PRX/HPMC）的比例，从 1∶1 到 4∶1。研究结果表明，电纺丝控释固体分散体纳米纤维表现出短暂的滞后时间，无突释呈现零级线性释放动力学行为。

图 22.8 说明了典型难溶性药物改性固体分散（MR-SD）给药系统的研制过程。

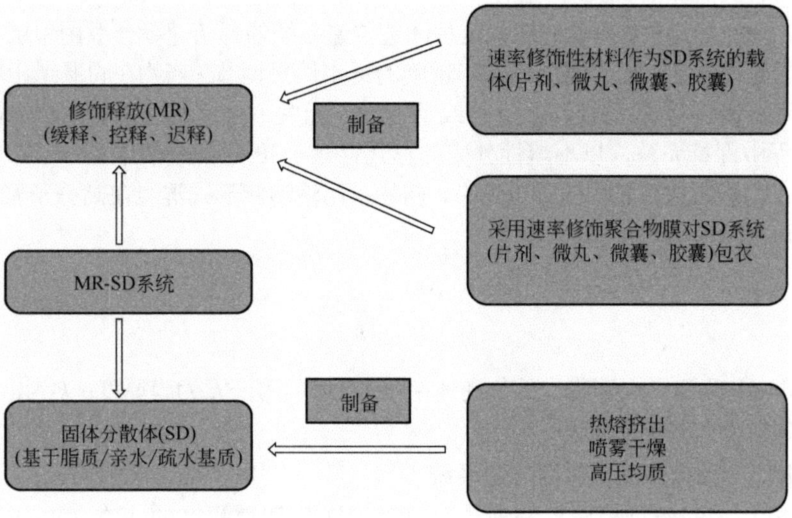


图 22.8　典型难溶性药物改性固体分散（MR-SD）给药系统的研制

#### 22.3.2.2　膜储库系统

难溶性药物的持续或控制释放可以通过另一种扩散控制系统实现：储库。此类系统包含药物核心以及周边控制或改变药物释放速率的聚合物膜。由于药物释放动力学可以通过改变用于速率控制膜的聚合物材料的特性来控制，因此可以通过设计实现零级释放曲线。对于简单的板状系统，用数学方法[式（22.13）]描述了药物从这样一个释放系统中释放的过程，并将随着系统的几何形状而变化（Higuchi，1961；Baker 等，1974；Flynn 等，1974；Good 和 Lee，1984）。

$$\frac{\mathrm{d}M_t}{\mathrm{d}t}=\frac{ADK\Delta C}{d} \tag{22.13}$$

式中，$\mathrm{d}M_t/\mathrm{d}t$ 表示 $t$ 时刻的稳态释放速率；$A$ 是储库系统的表面积；$D$ 是扩散系数；$K$ 是系数；$\Delta C$ 是指膜两侧浓度差；$d$ 是指扩散层厚度。

在一个采用控释膜包衣的固体溶液小丸储库基质系统的例子中，包含了：①一种疏水的长链脂肪酸或酯类物质；②表明活性剂；③一种治疗剂，在室温下混合形成的固体溶液（Burnside 等，2004）。在这个实例中，模型化合物阿昔洛韦与增溶剂 Labrasol 以及其他辅料如 Compritol 888（Gattefossé Corp.，Paramus，New Jersey）和滑石粉，采用热熔喷雾制备粒径分布大约 150～300 μm 的颗粒或小丸。通过改变药物与增溶剂的比例和/或改变工艺参数，可以控制微丸的尺寸。进一步用含有尤特奇 L30D（Eudragit L30D）、醋酸羟丙基甲基纤维素琥珀酸酯（HPMCAS）的添加剂的可控制药物释放的聚合物溶液对含阿昔洛韦的微丸进行包衣，通过调整包衣配方的组成，可以控制释放速率。

### 22.3.3　渗透控制系统

从原理上讲，渗透控制系统是由膜扩散控制机制来控制的。药物以渗透压原理经半透膜上的小孔被“泵出”，通过调节半透膜（例如醋酸纤维素膜）的水通透性可以调节药物的释放速率（Theeuwes，1975，1980）。渗透控制的传递系统不仅能够提供长时间的零级释放，还可以设计成迟释、脉冲和速释等释药行为。这种渗透传递系统的释药速率一般由单层含药片芯的渗透压、或多层片芯中推动层渗透压以及半透膜的透水性来调节。药物在胃肠道中释放速率的控制与服药姿势、pH、胃肠道蠕动、进食或禁食条件无关。传递系统中的生物惰性成分在通过胃肠道的过程中保持完整，以不溶性外壳的形式存在于粪便中并排出。式（22.14）可以描述或预测药物在这种渗透系统中的释放速率，药物以溶液溶解形式混悬在高分子聚合物中，以熔融或混悬的形式从中传递出来。

$$\frac{\mathrm{d}M}{\mathrm{d}t}=\frac{A}{h}k\pi C \tag{22.14}$$

式中，d*M*/d*t* 为溶质（药物）的传递速率；*A* 为膜面积；*h* 为膜厚度；*k* 为常数；*π* 为渗透压；*C* 是药物在分配物中的浓度。

#### 22.3.3.1 OROS® Push-Pull™ 药物传递系统

使用多层片芯的药物输送系统理论上可以输送任何溶解度的药物（Wong 等，1986；Theeuwes 等，1991）。OROS® Push-Pull™ 给药系统基本上由两层组成：第一层包含药物、渗透活性的亲水聚合物和其他的赋形剂；第二层经常称为“推动层”，包含亲水性膨胀聚合物、另一种渗透活性物质，以及赋形剂，如图 22.9 所示。难溶性化合物可以通过 OROS® Push-Pull™ 给药系统给药，方法是将药物以微粉形式或热熔材料的形式混悬在聚合物基体中。

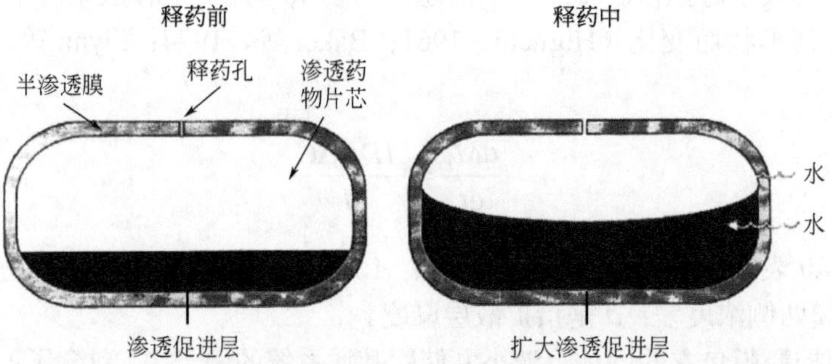


图 22.9 OROS® Push-Pull™ 双层释药系统释药前和释药中的横截面

OROS® Push-Pull™ 药物传递技术成功地应用于硝苯地平缓释片的制备。硝苯地平是一种难溶性的钙通道阻滞剂。Procardia XL®片剂是由 ALZA 公司开发的一种每日一次的硝苯地平产品，作为一种抗高血压药物由辉瑞公司上市销售（Wong 等，1988，2003）。硝苯地平的消除半衰期约为 2 h，口服吸收与剂量成正比。由于其较差的水溶性和 BCSⅡ类药物的特性，该化合物通常被微粉化，以增加比表面积，从而提高溶出速率，使药物能够吸收。硝苯地平控释渗透泵系统，由渗透活性药芯片和半透膜组成。药芯本身分为两层：①包含 20%（质量分数）硝苯地平、71%分子量为 200000 的聚环氧乙烷、2%氯化钾、5%羟丙基甲基纤维素和 2%硬脂酸镁的活性药物层；②由 68.7%分子量为 5000000 的聚环氧乙烷、29.3%氯化钠和 2%硬脂酸镁组成的渗透推进层。采用湿法制粒法制备药物层和推动层颗粒。然后采用 95%醋酸纤维素（含有 38.9%乙酰基）和 5%聚乙二醇 4000 作为促渗剂对压制的双层片芯进行包衣。药物层的释药孔是由激光穿越半透膜形成的，孔径 0.26 mm。Procardia XL®片剂设计 24 h 内以恒定速率释放药物，如图 22.10 所示。

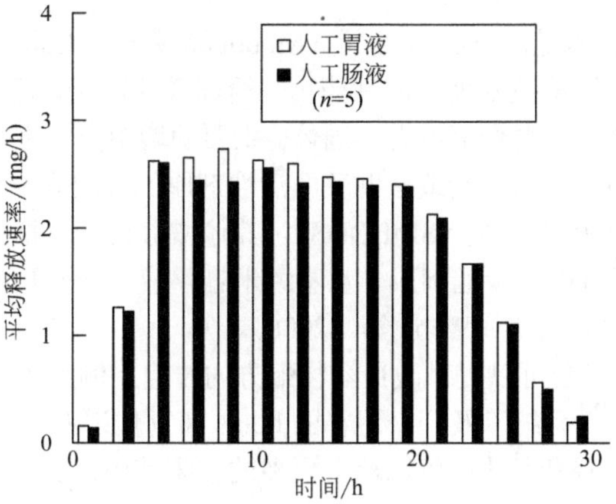


图 22.10　零级释放曲线，释放时间为 24h，不受溶出介质 pH 影响
（来源：Wong P，Gupta S SK，Stewart B E. Modified-Release Drug Delivery Technology，Rathbone M J，et al. Osmotically Controlled Tablets.New York：Marcel Dekker，Inc.，2003：107.）

临床研究表明，单次给药 60 mg 后，全天血药浓度水平稳定，而速释片的血药浓度快速消除（20 mg 硝苯地平，每日 3 次），如图 22.11 所示。研究还表明，该产品耐受性良好，安全性也有所提高。

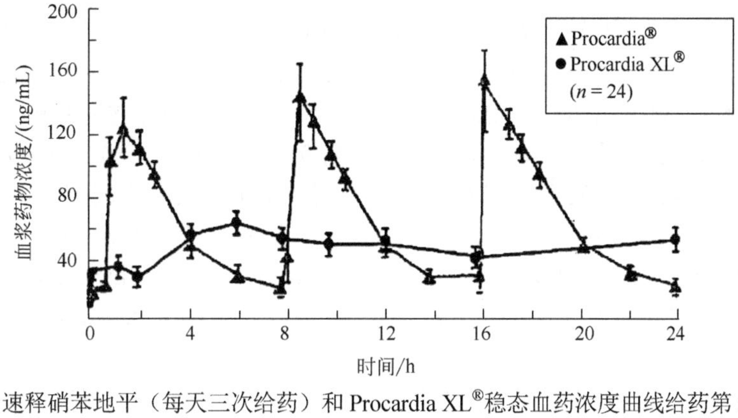


图 22.11　速释硝苯地平（每天三次给药）和 Procardia XL®稳态血药浓度曲线给药第 5 天的对比
（来源：Wong P，Gupta S SK，Stewart B E. Modified-Release Drug Delivery Technology，Rathbone M J，et al. Osmotically Controlled Tablets. New York：Marcel Dekker，Inc.，2003：107.）

#### 22.3.3.2　OROS® Push-Stick™药物传递系统

OROS® Push-Stick™ 技术旨在以可控的速率释放高剂量的水溶性差或缓慢溶解的药物（Wong 等，2003；Cruz 等，2005）。给药系统是由两层组成，通常是以半透膜包裹胶囊型片剂的形式存在，但是该给药系统相比 OROS®Push-Pull™ 体系，具有更大的释药孔，以用来传递混悬在亲水聚合物中的难溶性药物。基于药物的理化性质，可以在片剂和半透膜之间包裹一层底衣，以便于药物以最佳的形式传递。此外，润湿剂和/或增溶剂，如十二烷基硫酸钠（SDS）、泊洛沙姆 188 和泊洛沙姆 407 等（BASF，Florham Park，NJ）可以用来提高溶出速率，进而促进口服吸收。含有 85%布洛芬的 OROS® Push-Stick™ 给药系统的制备方法与 OROS® Push-Pull™ 相似：药物与推进层辅料制粒、压片以及包衣（Cruz 等，2005）。

#### 22.3.3.3 L-OROS®药物传递系统

L-OROS®药物传递技术是由 ALZA 公司（Mountain View，California）发明的一种专利控释给药系统，结合了药物增溶技术使难溶性药物的给药成为可能，可以控释给药 12～24 h。提高溶解度的配方可以是溶液、混悬液或者半固体。主要的增溶方法之一是将药物溶解在一个以磷脂为载体的配方中，用表面活性剂或者助表面活性剂原位形成乳剂或者微乳，也叫作自乳化（SEF）或者自微乳化药物传递系统（SMEDDS）。其他增溶技术包括使用特定的聚合物来稳定纳米尺寸的药物颗粒，其可进一步配制成非水基纳米悬浮液并将药物配制成高能过饱和传递系统，例如固体溶液和固体分散体（Wong 等，2006）。

多种 L-OROS®传递平台可以提供改良药物配方的传递，例如 L-OROS® HARDCAP™ 系统、L-OROS® SOFTCAP™ 系统以及一个迟释的 bolus 药物传递系统（Wong 等，1995，2003）。这种给药系统通过不同的释药行为，可以获得更多的临床使用优势，如将药物连续或迟释传递到胃肠道中的特异性靶点。除了缓释功能，还可以通过包肠溶衣的方式来实现 L-OROS®药物传递系统的迟释给药，以防止药物在胃中释放而受到 pH 的影响，从而将药物传递到胃肠道中特殊靶点。

#### 22.3.3.4 L-OROS® SOFTCAP™ 传递系统

该系统的设计旨在以液体配方的形式传递难溶性药物。L-OROS® SOFTCAP™ 系统由一个明胶软胶囊组成，其中包含由被阻隔层、渗透推动层和半透膜包裹的液体药物配方，如图 22.12 所示。释药孔穿透外三层，但不透过明胶壳。口服给药时，水渗透通过控释膜，激活推动层产生渗透压并使之膨胀，使体系内静水压力增大，进而迫使液体内容物穿过水化的明胶胶囊壳，从释药孔释放出来（Wong 等，1995；Dong 等，2001）。这些成分和辅料，需要在化学和物理上与明胶胶囊相容，包括脂类、表面活性剂和药物溶剂，以帮助药物溶解和/或分散。一些材料也可以保护药物免受酶的降解。典型的液体制剂包括自乳化（SEF）、自微乳化药物传递系统（SMEDDS）、自组装胶束配方（SAMF）以及其他基于脂质的给药配方。关于 L-OROS® SOFTCAP™ 的制备技术、体外筛选、体内评价以及功能辅料的作用等方面的信息已被药学工作者广泛研究和报道（Constantinides 等，1996；Khoo 等，1998；Charman，2000；Kommuru 等，2001；Porter 和 Charman，2001a，2001b；Boyd 等，2003；Kataoka 等，2003；Porter 等，2004；Strickley，2004；Sek 等，2006）。

含有愈创甘油醚（200 mg）的商业化明胶软胶囊产品证明了 L-OROS® SOFTCAP™ 传递技术的稳健性。该系统通过三层包衣来实现药物制剂的控释释放。第一层是由液态乳胶基质悬浮液构成的内部屏障，该悬浮液形成不透水膜，以减少药物释放过程中明胶壳的水化。第二层是由亲水性混悬聚合物和渗透剂（如氯化钠和成膜聚合物）组成的渗透压层，混悬在由水和乙醇组成的包衣溶剂混合物中。第三层是通常以醋酸纤维素（CA）为主要成分的控释膜，并可以根据需要添加致孔剂。最后通过机械或激光穿过三层包衣层，不穿透明胶壳来制备释药孔。该研究表明，这种传递系统在 12～24 h 内提供了稳定的零级速率释放愈创甘油醚（图 22.13）（Li 等，2001）。

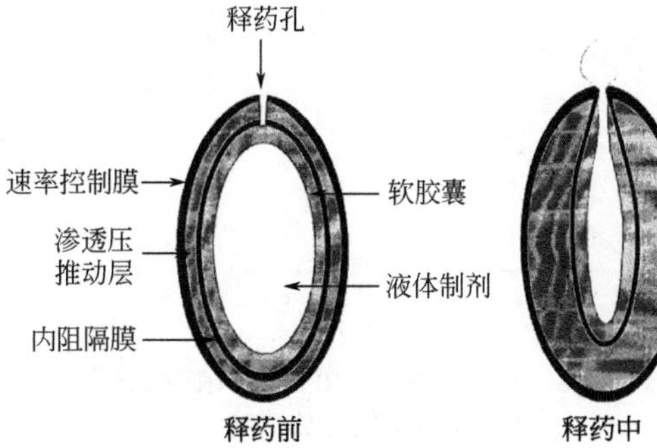


图 22.12　L-OROS® SOFTCAP™ 结构图，释药前和释药中的横截面

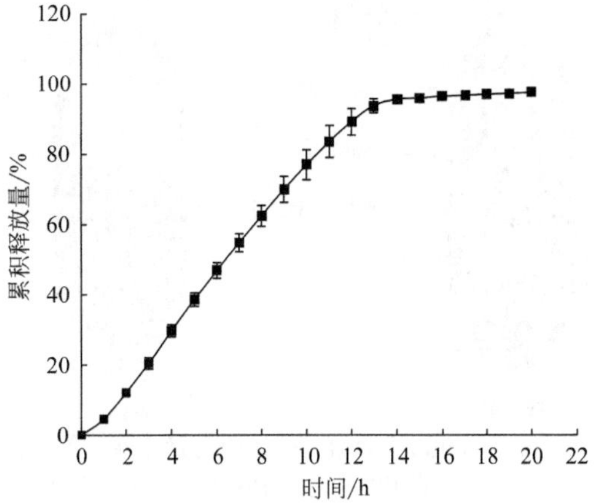


图 22.13　L-OROS® SOFTCAP™ 输送系统中愈创甘油醚的控释曲线

（摘自 Li S et al.L-OROS® SOFTCAP™：Robustness，Reproducibility，and Stability，published poster，Annual AAPS Meeting，2001.）

### 22.3.3.5　L-OROS® HARDCAP™ 传递系统

该系统旨在提供液体药物配方，特别是为了适应更黏稠的配方，如悬浮液和半固体配方，并允许更高的载药量（Wong 等，1995，2003，2006；Dong 等，2001，2004）。该设计使用明胶硬胶囊作为药物制剂载体，通常包含屏障层，以将含液室与推动层分离。阻隔层采用与液体药物配方和推动层相容的惰性材料配制而成，推动层主要由分子量为 5000000 的聚环氧乙烷组成。该传递系统周围包裹有半透膜，并在含药一侧用激光制备了释药孔，如图 22.14 所示。

醋酸甲地孕酮（MA），一种广泛用于子宫内膜癌和乳腺癌的保守治疗的孕激素，以固体剂型口服给药。在处方无显著改善的情况下，由于其亲脂性特性，该药物水溶性差，生物利用度很低（Farinha 等，2000；Alakhov 等，2004；Shekunov 等，2006）。结合纳米粒子工程技术提高药物溶出速率和渗透控制传递概念，可以实现 MA 的控释传递，增强口服吸收（Dong 等，2004；Wong 等，2006）。利用高能湿法研磨技术，首先将药物晶体纳米化，使其平均粒径小于 1 μm。在通过冷冻干燥工艺除去水时，将冷冻干燥的粉末混悬在含有脂质（如癸酸）和表面活性剂（如 Cremophor EL）以一定比例混合的非水基液体载体中。将混悬液填充到明胶硬胶囊体中。将包括胶囊体的液体部分与阻隔层和推动层组装，并进一步用半透膜包衣，最后以激光在含药一侧制备释药孔。该传递系统提供的药物混悬液制剂能以恒定速率持续释放 4～24 h。

黄体酮是另一种水溶性较差的类固醇，采用自乳化液体配方，通过 L-OROS® HARDCAP™ 传递系统能够以零级释放速率给药超过 12 h。图 22.15 显示了 L-OROS® HARDCAP™ 传递系统中黄体酮的典型零级释放情况。

### 22.3.3.6　其他渗透控制的传递系统

基于 OROS® 控释传递原理的长期科学研究基础，其他的渗透控制的传递系统也已经被提出，再加上日益增长的为难于制剂化的候选化合物提供生物可利用剂型的需求，其中一些创新的想法在难溶性药物的控释方面已经成为现实。

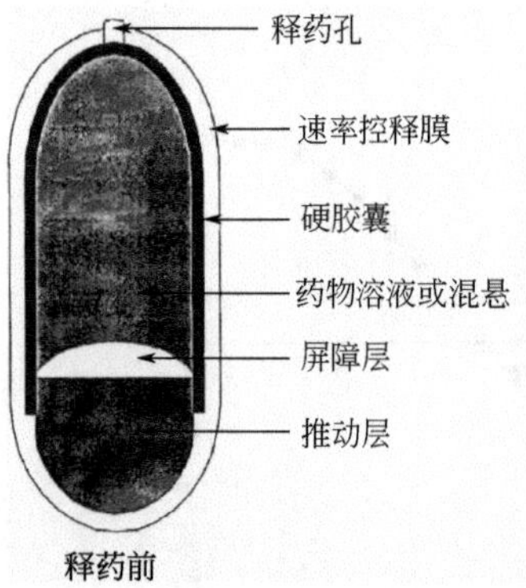

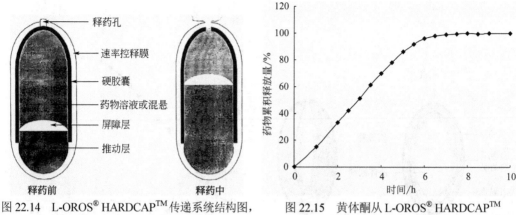


图 22.14 L-OROS® HARDCAP™ 传递系统结构图，释药前和释药中的横截面

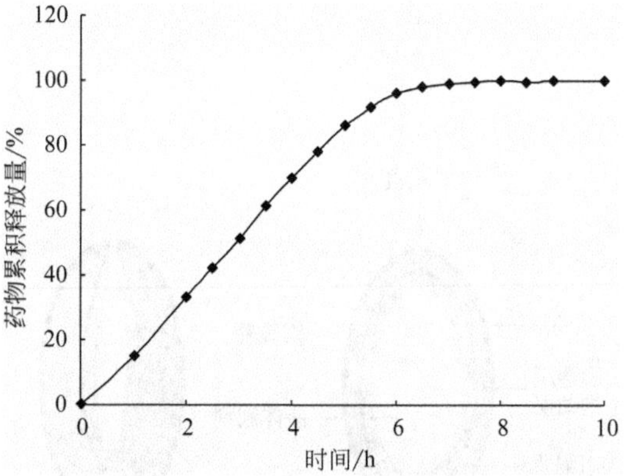


图 22.15 黄体酮从 L-OROS® HARDCAP™ 传递系统中的释放情况
（改编自 Delivery Times. ALZA Corp. Vol. II，2004，2.）

（1）EnSoTrol®渗透药物传递系统

EnSoTrol®是由 Supernus Pharmaceuticals（Shire Laboratories，Inc 的前身）发明并拥有专利的渗透控制传递系统。其包含被半透膜包裹的具有渗透性和吸湿剂的可溶性片芯，以及一个释药孔，从而可以将增溶后的药物释放出来（Rudnic 等，2000，2004；Flanner 等，2005；Supernus Pharmaceuticals，2006）。可溶性片芯含有非膨胀性增溶剂，例如表面活性剂聚山梨酯 60 或聚山梨酯 80 等，以及含有聚乙烯基团的表面活性剂和环糊精等抑制晶体形成的材料。在配方中加入吸湿剂可以在片芯中形成通道或小孔，从而促进水分子在片芯内的运动并形成一个可以增加表面积的网状结构，使药物能够扩散并释放出来。典型的吸湿剂包括但不限于微粉硅胶、SDS、低分子量聚乙烯吡咯烷酮和聚乙二醇（PEG）。口服给药时，胃肠道内容物中的流体通过膜吸收进入片芯促使药物溶解。然后通过激光钻孔的释药孔将片芯中溶解的内容物释放出来。药物的释放主要由渗透压为驱动力，并由通过半透膜的水通量调节。EnSoTrol®系统典型的药物释放曲线如图 22.16 所示。

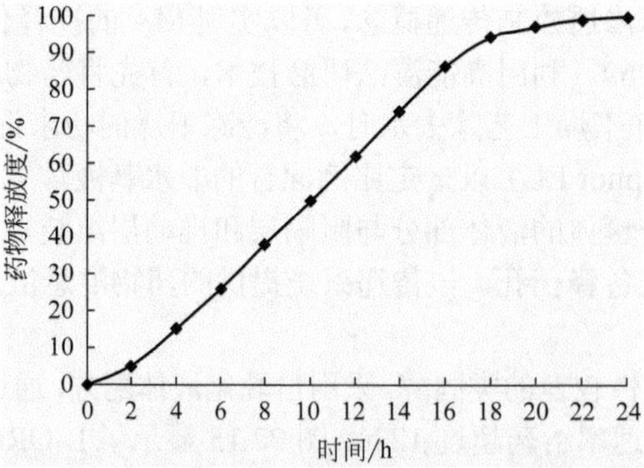


图 22.16 EnSoTrol®渗透药物传递系统释放曲线
（改编自由 Supernus Pharmaceuticals 发表的 Technical Data Sheet，2006）

如前所述，硝苯地平是一种用于治疗高血压的难溶性药物。其处方由非膨胀性增溶剂 PEG 8000 和十二烷基硫酸钠（SDS），以及作为吸湿剂的微粉硅胶组成。RTM 和渗透剂，木糖醇、山梨糖醇以及乳糖采用湿法制粒形成药核。润滑剂如硬脂酸镁被用来防止黏冲以增加压片

工序的可操作性。然后将该片剂置于包衣机或流化床中用主要由醋酸纤维素组成的溶液包衣以形成半透性控释衣膜。最后采用激光打孔的方法，制备释药孔。

（2）溶解度调节药物传递系统

默克（Merck & Co.，Inc.，Rahway，New Jersey）拥有专利的一种溶解度调节控释系统包括含有药物的核心和若干可以调节药物溶解度的控释单元，其中包含络合剂或表面活性剂；它们分散在单独的基质中，或者被含有一种或多种致孔剂的水不溶性包衣所包裹（McClelland 和 Zentner，1990），然后在核心外以半透膜包衣，以调节药物的释放。

辛伐他汀是一种 HMG CoA 还原酶抑制剂，在降低人体血液胆固醇水平方面非常有效，既无酸性也无碱性官能团。在 20℃下，其溶解度为 30 μg/mL，属于难溶性药物。溶解度调节控制传递系统首先制备十二烷基硫酸钠表面活性剂颗粒来调节药物的溶解度。在流化床中使用乳糖和 SDS 以 1∶1 的比例制粒，并包上微孔层，使得 SDS 能够在一段时间内连续释放。接下来，用湿法制粒的方法，将药物与控释 SDS（C.R.SDS 颗粒）和其他赋形剂混合，以进一步形成含药物的颗粒。然后使用压片机将干燥的颗粒压制成片剂。将含有溶解在丙酮/甲醇溶剂混合物中的醋酸纤维素丁酸盐 318-20 和致孔剂（溶解在水/甲醇溶剂混合物中的山梨糖醇）的包衣液在片芯上形成足够厚度的膜，以确保辛伐他汀连续释放 4～24 h。

（3）固体分散体的渗透控制释放

通过使用固体溶液或固体分散制备技术结合渗透控制释放概念，也可以实现难溶性药物的控制释放（Appel 等，2004）。这些传递系统由具有渗透活性物质的核心和固体分散体形式的药物组成。固体分散体混合物的主要部分以无定型的形式存在，并使用可解离和不可解离的纤维素聚合物[例如羧甲基纤维素（CMC）及其钠盐、邻苯二甲酸羟丙基甲基纤维素（HPMCP）或 HPMCAS]使其稳定存在。将允许水透过的膜包裹到含药物的片芯上，并至少制备一个允许药物释放的释药孔。药物的无定型固体分散体可通过各种技术制备，例如热熔混合/挤出，使用溶剂的喷雾干燥以及喷雾包衣等。

使用溶剂（丙酮）喷雾干燥法将溶解度约为 1 mg/mL 的难溶性糖原磷酸化酶抑制剂制备成含 10%（质量分数）药物和 90%（质量分数）HPMCAS 的固体分散体。通过 X 射线粉末衍射分析显示所得的平均直径为 5～20 μm 的固体分散体颗粒基本上是无定型的。通过与其他片剂赋形剂如微晶纤维素、分子量为 600000 的聚环氧乙烷和润滑剂混合，进一步制备固体分散体颗粒。将它们压制成含有 30%固体分散体的片剂。然后用包含醋酸纤维素和 PEG 3350（70%∶30%，质量比）的水可渗透膜材料包衣，包衣材料的溶剂为丙酮-水（68%∶22%，质量比）。包衣后的片芯通过机械或激光的方法制备用于药物释放的释药孔。研究表明，与未处理的晶体药物渗透泵控释片相比，含有固体分散体的渗透泵控释片释放后，溶液中累计药物的总量增加了 10 倍，如表 22.3 所示。

**表 22.3　含固体分散体的渗透缓释片与未处理过的晶体药物的渗透缓释片药物释放量的比较**

| 时间/h | 药物浓度/（μg/mL） | |
|---|---|---|
| | 固体分散体 | 晶体药物 |
| 0 | 0 | 0 |
| 1 | 1.3 | 0 |
| 2 | 12.8 | 1.8 |
| 4 | 46.5 | 4.9 |
| 8 | 82.7 | 7.5 |
| 19.5 | 55.9 | 7.9 |

来源：Appel L E，Curatolo W J，Herbig S M，et al. Controlled release by extrusion of solid amorphous dispersions of drugs. US Patent 6706283，2004.

### 22.3.4 生物黏附缓释和控释药物传递系统

生物黏附药物传递系统是指通过黏附到身体的生理表面来传递药物的系统。本节所讨论的生物黏附缓释和控释药物传递系统，主要是黏膜黏附药物传递系统。黏膜黏附药物传递系一般用于眼、口腔和鼻腔等部位局部给药以及通过胃肠道全身传递药物（Mathiowitz 等，1999）。生物黏合剂已越来越多地用于口服缓控释的药物传递系统中。生物黏合剂缓释/控释给药系统可以通过剂型与黏膜表面的密切接触来提高药物的生物利用度，因此可以通过延长胃肠道中的停留时间来延长作用时间（Park 和 Robinson，1984）。

人的消化道由一层黏液构成，黏液是由构成上皮细胞的细胞合成的。黏液主要由水、交联黏蛋白、电解质（无机盐和碳水化合物）和其他物质组成，具体取决于位置（Marriott 和 Gregory，1990）。黏蛋白是一种高分子量的糖蛋白，其蛋白骨架被共价结合的寡糖侧链所覆盖（Longer 等，1985）。黏蛋白大分子通过黏蛋白侧链间的非共价键合形成凝胶状黏液层（Bansil 等，1995）。这些寡糖侧链被唾液酸终止，在 pH＞3 环境中，唾液酸使黏蛋白带负电荷（Bansil 等，1995）。黏液凝胶层不断被更换，胃肠道黏液层的估计周转时间为 6～48 h（Marriott 和 Hughes，1990；Khanvilkar 等，2001）。

黏附给药系统采用天然和合成聚合物作为生物黏附剂。表 22.4 总结了用于黏附药物传递系统的聚合物。这些聚合物中的大多数是亲水的并且具有相似的机制，提供了它们的黏膜生物黏附特性。这些性质包括亲水性（低水性表面接触角）、富含氢键基团如羟基和羧基（与黏膜表面结合），以及聚合物链柔韧性（黏膜表面的扩散和相互渗透）。最常见的生物黏合剂聚合物是合成聚丙烯酸（PAA）、聚甲基丙烯酸（PMA）、聚甲基丙烯酸甲酯（PMMA）和天然聚合物如壳聚糖和透明质酸（Ch'ng 等，1985；Park 和 Robinson，1987；Lehr 等，1992；Henriksen 等，1996；Pritchard 等，1996）。通过将碳水化合物或聚乙二醇等黏附促进剂接枝到这些聚合物上，提高了这些材料的生物黏附性能（Garcia-Gonzalez 等，1993；De Ascentiis 等，1995；Shojaei 和 Li，1995；Serra 等，2006）。这种修饰产生了许多 PAA、PMA、PMMA 和壳聚糖衍生物（表 22.4），用于黏附药物的传递。大多数聚合物改性通过改善润湿、吸附、渗透和缠结来增强聚合物与黏膜表面的黏附。近年来，含硫醇基团的生物黏附聚合物得到了广泛的应用（Bernkop-Schnurch 等，1999；Marschütz 和 Bernkop-Schnürch，2002）。这些硫醇化聚合物（硫醇化合物）具有很强的黏膜黏附性能，因为它们能够在黏液凝胶层的硫醇聚合物和富含半胱氨酸的亚结构域之间形成二硫键（Marschütz 和 Bernkop-Schnürch，2002；Roldo 等，2004）。与非硫代壳聚糖相比，硫代壳聚糖和 PAA 等噻吩类化合物的黏接性能分别提高了近 20 倍和 140 倍（Clausen 和 Bernkop-Schnürch，2000；Kast 等，2003）。

**表 22.4 用于生物黏附药物传递的聚合物研究**

| 生物黏附聚合物 |
|---|
| **基于聚丙烯聚合物** |
| • 聚丙烯 |
| • 聚卡波非（聚丙烯与二乙烯基乙二醇共聚物） |
| • 低聚（甲基丙烯酸甲酯）和聚丙烯共聚物 |
| • 聚丙烯和聚乙二醇单醚单甲基丙烯酸酯共聚物（PAA-CO-PEG） |
| • 聚丙烯/壳聚糖混合物 |
| • 普朗尼克-g-聚丙烯酸共聚物 |
| **基于甲基丙烯酸甲酯聚合物** |
| • 甲基丙烯酸甲酯 |
| • 甲基丙烯酸甲酯接枝淀粉 |

续表

| 生物黏附聚合物 |
| --- |
| **基于甲基丙烯酸聚合物** |
| • 甲基丙烯酸 |
| • 聚（甲基丙烯酸接枝乙二醇） |
| **硫醇化物** |
| • 聚卡波非半胱氨酸 |
| • 壳聚糖硫代乙醇酸 |
| • 半胱氨酸 |
| **球状体** |
| • 聚（富马酸-癸二酸）（p[FA:SA]） |
| • 富马酸酐低聚物 |
| • 接枝的丁二烯马来酸酐（L-DOPA-BMA） |
| **天然聚合物** |
| • 壳聚糖 |
| • 透明质酸 |
| • 凝集素 |
| • 果胶 |
| • 黄芪胶 |
| **其他聚合物** |
| • 醋酸酐及其衍生物 |
| • 羧甲基纤维素钠 |
| • 聚乙烯醇 |
| • 聚乙烯吡咯烷酮 |
| • 羟丙基纤维素 |
| • 聚（甲基乙烯基醚 - 马来酸酐） |
| • 聚（甲基乙烯基醚 - 马来酸） |
| • 聚苯乙烯 |

聚合物如何以及为何黏附于黏膜表面是一个具有重大研究意义的课题。Peppas 与 Sahlin（1996）对该主题进行了广泛的讨论（1996）。但人们普遍认为，聚合物与黏膜表面的黏附是与黏膜表面润湿有关的几个过程的结果（Kaelbe 和 Moacanin，1977）：聚合物与糖蛋白网络之间的电子转移（Derjaguin 等，1977），聚合物黏膜表面之间的吸附（氢键和范德华力）（Kinloch，2001），聚合物扩散（渗透）（Voyutskii，1963）。在此基础上，开发了许多具有更好生物黏附性能的新型聚合物衍生物。

尽管在过去的几十年中已经广泛研究了生物黏附药物传递系统，但是直到近些年它才被用于传递难溶性药物。Spherazole ™ CR（Spherics Pharmaceuticals，Inc.，Mansfield，MA），已被用于控制生物药剂学分类系统（BCS）Ⅱ类难溶性药物伊曲康唑的释放（Jacob，2005，2006；Jacob 等，2005）。

典型的 Spherazole™ CR 系统是一种由夹层结构组成的片剂，如图 22.17 所示。这一系统是按照以下步骤进行制备的：将难溶于水的药物伊曲康唑层压在微晶纤维素上，以尤特奇 E100 为黏合剂，形成颗粒状。将颗粒与喷雾干燥的乳糖、羟丙基甲基纤维素和硬脂酸镁混合以形成混合物。混合物被压制成内芯层。内芯层夹在由聚（富马酸-癸二酸）酸酐（p[FA:SA] 20:80）与尤特奇 RS PO 和柠檬酸压缩而成的两个外层生物胶层之间。

Spherazole™ CR 片剂设计旨在胃中停留超过 6 h，以提供更高的生物利用度，减少与速释剂型的 $C_{max}$ 高度相关的副作用，并降低变异系数（CV%）。Spherazole™ CR 片剂配方已通过与 Sporanox®胶囊（Janssen，Beerse，比利时）在 8 名健康志愿者的体内进行了研究，临床方案为三交叉随机设计。与 Sporanox®胶囊相比，Spherazole™ CR 片剂提高了生物利用度，降低了 $C_{max}$，延长了 $t_{max}$（图 22.18）。结果还显示了 Spherazole™ CR 片剂与 Sporanox®胶囊相比，变异性显著降低（图 22.19）。

图 22.17 Spherazole$^{TM}$ CR 生物黏附药物传递系统的示意（横截面图）

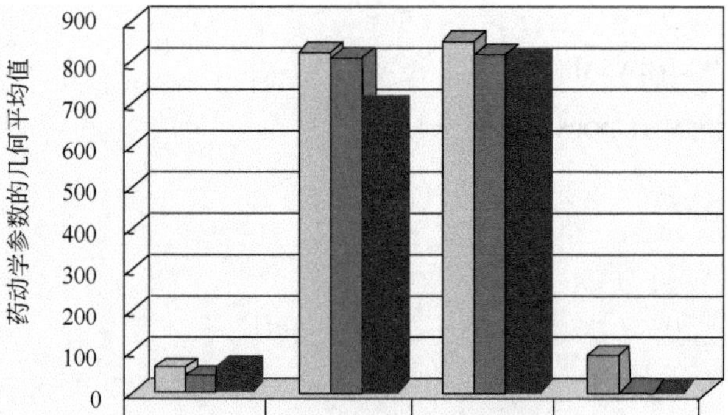


| | $C_{max}$/(ng/mL) | AUC $_{0\sim t}$/(h • ng/mL) | AUC$_{0\sim\infty}$/(h • ng/mL) | $t_{max}$/h |
|---|---|---|---|---|
| Spherazole$^{Tm}$ CR A | 61.25 | 821.87 | 858.64 | 91.30 |
| Spherazole$^{Tm}$ CR B | 43.38 | 818.32 | 823.47 | 8.00 |
| Sporanox® | 65.88 | 695.17 | 610.98 | 7.88 |

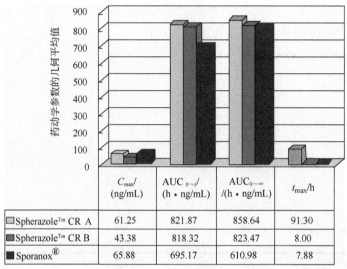

图 22.18 与 Sporanox® IR 胶囊相比，100 mg Spherazole$^{TM}$ CR 片剂的药动学参数

A 型和 B 型在控制速率的赋形剂水平上存在差异

来源：Jacob J. Gastroretentive，bioadhesive drug delivery system for controlled release of itraconazole：pharmacokin-etics of Spherazole$^{TM}$ CR in healthy human volunteers. Controlled Release Society 34th Annual Meeting and Exposition，2006.）

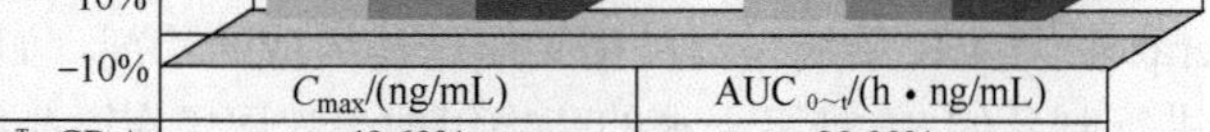


| | $C_{max}$/(ng/mL) | AUC $_{0\sim t}$/(h • ng/mL) |
|---|---|---|
| Spherazole$^{Tm}$ CR A | 49.60% | 80.00% |
| Spherazole$^{Tm}$ CR B | 84.00% | 89.40% |
| Sporanox® | 85.30% | 122.40% |

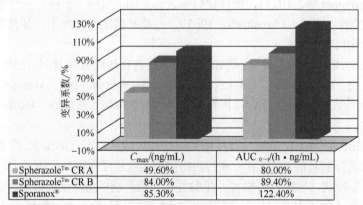

图 22.19 Sporanox®胶囊和 100 mg Spherazole$^{TM}$ CR 片剂的 $C_{max}$ 和 AUC$_{0\sim t}$ 的变异系数（CV%）对比

A 型和 B 型在控制速率的赋形剂水平上存在差异

（来源：Jacob J.Gastroretentive，bioadhesive drug delivery sys tem for controlled release of itraconazole：pharmacokinetics of Spherazole$^{TM}$ CR in healthy human volunteers. Controlled Release Society 34th Annual Meeting and Exposition，2006.）

## 22.4 展望

鉴于大量不溶或难溶性以及其他代谢和酶不稳定等药物的研发挑战，制药行业一直在寻求

克服这些限制的解决方案，以开发出创新、临床安全和患者顺应好的产品。如前所述，在治疗指标、药物经济学和患者依从性方面，调释给药产品具有巨大的优势。此外，调释给药产品可延长市场寿命，被认为是具有治疗效果的新化合物最重要的生命周期管理策略之一。

研究和开发用于难溶性药物的调释口服剂型的未来重点之一是进行系统研究以解决与功能参数相关的挑战，特别是化合物的理化性质、胃肠道生理环境和对剂型设计有重大影响的因素。对于本章已讨论过的这些适用于难溶性药物的各种给药系统，还应努力提高其耐用性和传递能力，并持续了解其给药机制和产品的体内外性能。

## 22.5　致谢

感谢 M. Brewster 博士和 L. Dong 博士对本章内容的严谨审阅和建议。

## 参考文献

Alakhov, V., G. Pietrzynski, K. Patel, A. Kabanov, L. Bromberg, and T. A. Hatton. (2004). Pluronic block copolymers and Pluronic poly(acrylic acid) microgels in oral delivery of megestrol acetate, *J. Pharm. Pharmacol.*, 56: 1233.

Appel, L. E., W. J. Curatolo, S. M. Herbig, J. A. Nightingale, and A. G. Thombre. (2004). Controlled release by extrusion of solid amorphous dispersions of drugs, US Patent 6706283.

Azarmi, S., J. Farid, A. Nokhodchi, S. M. Bahari-Saravi, and H. Valizadeh. (2002). Thermal treating as a tool for sustained release of indomethacin from Eudragit RS and RL matrices, *Int. J. Pharm.*, 246: 171.

Baker, R. W. and H. K. Lonsdale. (1974). In *Controlled Release of Biologically Active Agents*, A. C. Tanquary, and R. E. Lacey, (Eds.). Advances in Experimental Medicine and Biological Series, No. 47; New York: Plenum Press, 1974, p. 15.

Banner Pharmacaps. (2006). Technologies, Technical Data Sheet.

Bansil, R., E. Stanley, and J. T. LaMont. (1995). Mucin biophysics, *Ann. Rev. Physiol.*, 57: 635.

Belenduik, G. W., E. M Rudnic, and J. A. McCarty. (1995). Multilamellar drug delivery systems, US patent 5447729.

Bernkop-Schnurch, A., V. Schwarz, and S. Steininger. (1999). Polymers with thiol groups; a new generation of mucoadhesive polymers? *Pharm. Res.*, 16: 876.

Boyd, B. J., C. J. Porter, and W. N. Charman. (2003). Using the polymer partitioning method to probe the thermodynamic activity of poorly water-soluble drugs solubilized in model lipid digestion products, *J. Pharm. Sci.*, 92: 1262.

Burnside, B. A., C. M. McGuinness, E. M. Rudnic, R. A. Couch, X. Guo, and A. K. Tustian. (2004). Solid solution beadlet, US Patent, 669267.

Ch'ng, H. S., H. Park, P. Kelly, and J. R. Robinson. (1985). Bioadhesive polymers as platforms for oral controlled drug delivery II: Synthesis and evaluation of some swelling, water-insoluble bioadhesive polymers, *J. Pharm. Sci.*, 74: 399.

Charman, W. N. (2000). Lipids, lipophilic drugs, and oral drug delivery—some emerging concepts, *J. Pharm. Sci.*, 89: 967.

Chiou, W. L. and S. Eiegelman. (1971). Pharmaceutical application of solid dispersions, *J. Pharm. Sci.* 60: 1281–302.

Chokshi, R. J., H. K. Sandhu, R. M. Iyer, N. H. Shah, A. W. Malick, and H. Zia. (2005). Characterization of physico-mechanical properties of indomethacin and polymers to assess their suitability for hot-melt extrusion process as a means to manufacture solid dispersion/solution, *J. Pharm. Sci.*, 94: 2463.

Clausen, A. E. and A. Bernkop-Schnurch. (2000). *In vitro* evaluation of the permeation-enhancing effect of thiolated polycarbophil, *J. Pharm. Sci.*, 89: 1253–1261.

Constantinides, P. P., G. Welzel, H. Ellens, P. L. Smith, S. Sturgis, S. H. Yiv, and A. B. Owen. (1996). Water-in-oil microemulsions containing medium-chain fatty acids/salts: Formulation and intestinal absorption

enhancement evaluation, *Pharm. Res.*, 13: 210.
Craig, D. Q. M. (1990). Polyethylene glycols and drug release, *Drug Dev. Ind. Pharm.*, 16: 2501–2526.
Craig, D. Q. M. (2002). The mechanism of drug release from solid dispersions in water-soluble polymers, *Int. J. Pharm.*, 231: 131–44.
Crounse, R. G. (1961). Human pharmacology of griseofulvin. The effect of fat intake on gastrointestinal absorption, *J. Invest. Dermatol.*, 37: 529.
Cruz, E., S. Li, A. D. Ayer, B. J. Pollock, G. C. Ruhlmann, C. Garcia, A. M. Wong, and L. G. Hamel. (2005). Oros Push-Stick for controlled delivery of active agents, US Patent Application 20050089570.
De Ascentiis, A., C. N. Bowman, P. Colombo, and N. A. Peppas. (1995). Mucoadhesion of poly(2-hydroxyethyl-methacrylate) is improved when linear poly(ethylene oxide) chains are added to the polymer network, *J. Control Release*, 33: 197.
Derjaguin, B. V., Y. P. Toporov, V. M. Muller, and I. N. Aleinikova. (1977). On the relationship between the electrostatic and the molecular component of the adhesion of elastic particles to a solid surface, *J. Colloid. Interface Sci.*, 58: 528.
Dong, L., K. Shafi, P. Wong, and J. Wan. (2001). L-OROS® SOFTCAP™ for controlled release of nonaqueous liquid formulations, *Drug Deliv. Technol.*, 2: 1.
Dong, L., K. Shafi, A. Yum, P. Wong, C. Dong Liang, and S. L. Wong Patrick. (2004). Controlled release capsule for delivery of liquid formulation, US patent application 20040058000.
Dong, L., P. Wong, and S. Espinal. (2001). L-OROS® HARDCAP™: A new osmotic delivery system for controlled release of liquid formulation, poster presentation, 28th International Symposium of Controlled Release of Bioactive Materials, San Diego, CA.
Dordunoo, S. K. (2004). Sustained release liquid filled hard gelatin capsules in drug discovery and development: A small pharmaceutical company's perspectives, *Bull. Techn. Gattefossé*, 29: 29–39.
Dressman, J. B. and C. Reppas. (2000). *In vitro–in vivo* correlations for lipophilic, poorly water-soluble drugs, *Eur. J. Pharm. Sci.*, 2: S73.
Dressman, J. B. and K. Yamada. (1991). Animal models for oral drug absorption. In *Pharmaceutical Bioequivalence*, P. G. Welling, F. L. Tse, and S. Dighe, (Eds.), New York: Marcel Dekker, p. 235.
Elan Pharmaceutical. (2004). NanoCrystal Technologies, Technical Data Sheet.
Erkoboni, D. and R. Andersen. (2000). Improved aqueous solubility pharmaceutical formulations, PCT Patent Application WO 0056726.
Farinha, A., A. Bica, and P. Tavares. (2000). Improved bioavailability of a micronized megestrol acetate tablet, *Drug Dev. Ind. Pharm.*, 26: 567.
Flanner, H. H., L. C. McKnight, and B. A. Burnside. (2005). System for osmotic delivery of pharmaceutical active agents, US Patent 6838093.
Flynn, G. L., S. H. Yalkowsky, and T. J. Roseman. (1974). Mass transport phenomena and models: Theoretical concepts, *J. Pharm. Sci.*, 63: 479.
Food and Drug Administration. (1997a). *Guidance for Industry*, Extended-release oral dosage forms: Development, evaluation, and application of *in vitro/in vivo* correlations.
Food and Drug Administration. (1997b). *Guidance for Industry*, SUPAC-MR: Modified release solid oral dosage forms: Scale-up and post-approval changes: Chemistry, manufacturing and controls, *in vitro* dissolution testing, and *in vivo* bioequivalence documentation.
Ford, J. L. (1986). The current status of solid dispersions, *Pharm. Acta Helv.*, 61: 69–88.
Forster, A., J. Hempenstall, and T. Rades. (2001). Characterization of glass solutions of poorly water-soluble drugs produced by melt extrusion with hydrophilic amorphous polymers, *J. Pharm. Pharmacol.*, 53: 303.
Galia, E., E. Nicolaides, D. Horter, R. Lobenberg, C. Reppas, and J. B. Dressman. (1998). Evaluation of various dissolution media for predicting *in vivo* performance of Class I and II drugs, *Pharm. Res.*, 15: 698.
Garcia-Gonzalez, N., I. W. Kellaway, H. Blanco-Fuente, S. Anguiano-Igea, B. Delgado-Charro, F. J. Otero-Espinar, and J. Blanco-Mendez. (1993). Design and evaluation of buccoadhesive metoclopramide hydrogels composed of poly(acrylic acid) cross linked with sucrose, *Int. J. Pharm.*, 100: 65.
Ghebremeskel, N. A., C. Vemavarapu, and M. Lodaya. (2006). Use of surfactants as plasticizers in preparing solid dispersions of poorly water soluble API: Stability testing of selected solid dispersions, *Phar. Res.*, 23: 1928–1936.
Good, W. R., and P. I. Lee. (1984). Sustained-release delivery systems. In *Medical Applications of Controlled Release*, R. S. Langer, and D. L. Wise, (Eds.), Boca Raton, FL: CRC Press, pp. 1–10.
Gruenhagen, H. H. (1995). Melt extrusion technology, *Pharm. Manuf. Int.*, 2: 167.

Hassan, E., N. Chidambaram, and M. Price. (2003). Soft gelatin capsule as a drug delivery system: I controlled release profiles of theophylline, *Proceedings*, CRS 30th Annual Meeting, Glasgow, Scotland.

Henriksen, I., K. L. Green, J. D. Smart, G. Smistad, and J. Karlsen. (1996). Bioadhesion of hydrated chitosans: An *in vitro* and *in vivo* study, *Int. J. Pharm.*, 145: 231.

Higuchi, T. (1961). Rate of release of medicaments from ointment bases containing drugs in suspension, *J. Pharm. Sci.*, 50: 874.

Hulsmann, S., T. Backensfeld, and R. Bodmeier. (2001). Stability of extruded 17 ss-estradiol solid dispersions, *Pharm. Dev. Technol.*, 6: 223–229.

Hulsmann, S., T. Backensfeld, S. Keitel, and R. Bodmeier. (2000). Melt extrusion—An alternative method for enhancing the dissolution rate of 17β-estradiol hemihydrate, *Eur. J. Pharm. Biopharm.*, 49: 237–242.

Hwang, S. S., J. Gorsline, J. Louie, D. Dye, D. Guinta, and L. Hamel. (1995). *In vitro* and *in vivo* evaluation of a once-daily controlled release pseudoephedrine product, *J. Clin. Pharmacol.*, 35: 259.

Jacob, J. (2005). *Pharmacokinetics of bioadhesive, gastroretentive, controlled release tablets of itraconazole: (Spherazole CR) in beagle dog model*, Controlled Release Society 33rd Annual Meeting and Exposition, Vienna, Austria.

Jacob, J. (2006). *Gastroretentive, bioadhesive drug delivery system for controlled release of itraconazole: pharmacokinetics of Spherazole™ CR in healthy human volunteers*, Controlled Release Society 34th Annual Meeting and Exposition, Long Beach, California.

Jacob, J., M. Bassett, M. Schestopol, E. Mathlowitz, A. Nangia, B. Carter,, P. Moslemy, Z. E. Shaked, D. Enscore, and C. Sikes. (November 10, 2005). Polymeric drug delivery system for hydrophobic drugs, US patent application 20050249799.

Kaelbe, D. H. and J. Moacanin. (1977). A surface analysis of bioadhesion, *Polymer*, 18: 475.

Kararli, T. T. (1995). Comparison of the gastrointestinal anatomy, physiology, and biochemistry of humans and commonly used laboratory animals, *Biopharm. Drug Dispos.*, 16: 351.

Kast, C. E., D. Guggi, N. Langoth, and A. Bernkop-Schnurch. (2003). Development and *in vivo* evaluation of an oral delivery system for low molecular weight heparin based on thiolated polycarbophil, *Pharm. Res.*, 20: 931.

Kataoka, M., Y. Masaoka, Y. Yamazaki, T. Sakane, H. Sezaki, and S. Yamashita. (2003). *In vitro* system to evaluate oral absorption of poorly water-soluble drugs: Simultaneous analysis on dissolution and permeation of drugs. *Pharm. Res.*, 20: 1674.

Khanvilkar, K., M. D. Donovan, and D. R. Flanagan. (2001). Drug transfer through mucus, *Adv. Drug Deliv. Rev.*, 48: 173.

Khoo, S. M., A. J. Humberstone, C. J. Porter, G. A. Edwards, and W. N. Charman. (1998). Formulation design and bioavailability assessment of lipidic self-emulsifying formulations of halofantrine, *Int. J. Pharm.*, 167: 155.

Kinloch, A. J. (2001). *Adhesion and Adhesives Science and Technology*, 1st ed., Springer.

Kommuru, T. R., B. Gurley, M. A. Khan, and I. K. Reddy. (2001). Self-emulsifying drug delivery systems (SEDDS) of coenzyme Q10: Formulation development and bioavailability assessment, *Int. J. Pharm.*, 212: 233.

Kraml, M., J. Dubuc, and D. Beall. (1962). Gastrointestinal absorption of griseofulvin. I Effect of particle size, addition of surfactants and corn oil on the level of griseofulvin in the serum of rats, *Can. J. Biochem. Physiol.*, 40: 1449.

Lehr, C. M., J. A. Bouwstra, E. H. Schacht, and H. E. Junginger. (1992). *In vitro* evaluation of mucoadhesive properties of chitosan and some other natural polymers, *Int. J. Pharm.*, 78: 43.

Leuner, C. and J. Dressman. (2000). Improving drug solubility for oral delivery using solid dispersion, *Eur. J. Pharm. Biopharm.*, 50: 47.

Li, S. et al. (November 2001). L-OROS® SOFTCAP™: Robustness, reproducibility, and stability, published poster, Annual AAPS Meeting, Denver, Colorado.

Longer, M. A., H. S. Ch'ng, and J. R. Robinson. (1985). Bioadhesive polymers as platforms for oral controlled drug delivery. III. Oral delivery of chlorothiazide using a bioadhesive polymer, *J. Pharm. Sci.*, 74: 406.

Marriott, C. and N. P. Gregory. (1990). Mucus physiology and pathology. In *Bioadhesive Drug Delivery Systems*, Lenaerts, V. and Gurny, R. (Eds.), Boca Raton, FL: CRC Press, p. 1.

Marriott, C. and D. R. L. Hughes. (1990). Mucus physiology and pathology. In *Bioadhesion—Possibilities and Future Trends*, Gurny, R. and Junginger, H. E. (Eds.), Stuttgart, Germany: Wissenschaftliche Verlagsgesellschaft mbH, p. 29.

Marschutz, M. K. and A. Bernkop-Schnurch. (2002). Thiolated polymers: Self-crosslinking properties

of thiolated 450 kDa poly(acrylic acid) and their influence on mucoadhesion, *Eur. J. Pharm. Sci.*, 15: 387.
Mathiowitz E., D. E. Chickering III, and C. M. Lehr. (1999). *Bioadhesive Drug Delivery Systems: Fundamentals, novel approaches, and development*, New York: CRC Press, p. 477.
McClelland, G. A. and G. M. Zentner. (1990). Solubility modulated drug delivery system, US Patent 4946686.
Mehta, K. A., M. S. Kislaloglu, W. Phuapradit, A. W. Malick, and N. H. Shah. (2001). Release performance of a poorly soluble drug from a novel Eudragit-based multi-unite erosion matrix, *Int. J. Pharm.*, 213: 7–12.
Modi, N. B., A. Lam, E. Lindemulder, B. Wang, and S. K. Gupta. (2000). Application of *in vitro–in vivo* correlation (IVIVC) in setting formulation release specifications, *Biopharm. Drug Dispos.*, 21: 321.
Nicolaides, E., E. Galia, C. Efthymiopoulos, J. B. Dressman, and C. Reppas. (1999). Forecasting the *in vivo* performance of four low solubility drugs from their *in vitro* dissolution data, *Pharm. Res.*, 16: 1876.
Paaver, U., J. Heinamaki, I. Laidmae, A. Lust, J. Kozlova, E. Sillaste, K. Kirsimae, P. Veski, and K. Kogermann. (2015). Electrospun nanofibers as a potential controlled-release solid dispersion system for poorly water-soluble drugs, *Int. J. Pharm.*, 479: 252–260.
Park K. and J. R. Robinson. (1984). Bioadhesives as platforms for oral controlled drug delivery. *Int. J. Pharm.*, 19: 107.
Park, H. and J. R. Robinson. (1987). Mechanisms of mucoadhesion of poly (acrylic acid) hydrogels, *Pharm. Res.*, 4: 457.
Peppas, N. A. and J. J. Sahlin. (1996). Hydrogels as mucoadhesive and bioadhesive materials: A review, *Biomaterials*, 17: 1553.
Porter, C. J. and W. N. Charman. (2001a). *In vitro* assessment of oral lipid based formulations, *Adv. Drug Deliv. Rev.*, 50: S127.
Porter, C. J. and W. N. Charman. (2001b). Lipid-based formulations for oral administration: Opportunities for bioavailability enhancement and lipoprotein targeting for lipophilic drugs, *J. Recept. Signal Transduct. Res.*, 21: 215.
Porter, C. J., A. M. Kaukonen, A. Taillardat-Bertschinger, B. J. Boyd, J. M. O'Connor, G. A. Edwards, and W. N. Charman. (2004). Use of *in vitro* lipid digestion data to explain the *in vivo* performance of triglyceride-based oral lipid formulations of poorly water-soluble drugs: Studies with halofantrine, *J. Pharm. Sci.*, 93: 1110.
Pritchard, K., A. B. Lansley, G. P. Martin, M. Helliwell, C. Marriott, and L. M. Benedetti. (1996). Evaluation of the bioadhesive properties of hyaluronan derivatives: Detachment weight and mucociliary transport rate studies, *Int. J. Pharm.*, 129: 137.
Reitz, C., C. Strachan, and P. Kleinebudde. (2008). Solid lipid extrudates as sustained-release matrices: The effect of surface structure on drug release properties, *European J. Pharm. Sci.*, 35: 335–343.
Roldo, M., M. Hornof, P. Caliceti, and A. Bernkop-Schnurch. (2004). Mucoadhesive thiolated chitosans as platforms for oral controlled drug delivery: synthesis and *in vitro* evaluation, *Eur. J. Pharm. Biopharm.*, 57: 115.
Rudnic, E. M., B. A. Burnside, H. H. Flanner, S. E. Wassink, R. A. Couch, and J. E. Pinkett. (2000). Osmotic drug delivery system, US Patent 6110498.
Rudnic, E. M., B. A. Burnside, H. H. Flanner, S. E. Wassink, R. A. Couch, and J. E. Pinkett. (2004). Osmotic drug delivery system, US Patent 6814979.
Saffie-Siebert, R., J. Ogden, and M. Parry-Billings. (2005). Nanotechnology approaches to solving the problems of poorly water-soluble drugs, *Drug Discov. World Summer*, 6: 71.
Savolainen, M. et al. (2002a). *Evaluation of controlled-release microparticles prepared by spray chilling*, poster publication, AAPS Annual Meeting, Toronto, Canada.
Savolainen, M., J. Herder, C. Khoo, K. Lovqvist, C. Dahlqvist, H. Glad, and A. M. Juppo. (2003). Evaluation of polar lipid-hydrophilic polymer microparticles, *Int. J. Pharm.*, 262: 47.
Savolainen, M., C. Khoo, H. Glad, C. Dahlqvist, and A. M. Juppo. (2002b). Evaluation of controlled-release polar lipid microparticles, *Int. J. Pharm.*, 244: 151.
Schamp, K., S. A. Schreder, and J. Dressman. (2006). Development of an *in vitro/in vivo* correlation for lipid formulations of EMD 50733, a poorly soluble, lipophilic drug substance, *Eur. J. Pharm. Biopharm.*, 62: 227.
Sek, L., B. J. Boyd, W. N. Charman, and C. J. Porter. (2006). Examination of the impact of a range of pluronic surfactants on the *in vitro* solubilization behavior and oral bioavailability of lipidic formulations of atovaquone, *J. Pharm. Pharmacol.*, 58: 809.

Serajuddin, A. T. M. (1999). Solid dispersion of poorly water-soluble drugs: Early promises, subsequent problems, and recent breakthroughs, *J. Pharm. Sci.*, 88: 1058–1066.

Serra, L., J. Domenech, and N. A. Peppas. (2006). Design of poly(ethylene glycol)-tethered copolymers as novel mucoadhesive drug delivery systems, *Eur. J. Pharm. Biopharm.*, 63: 11.

Sheen, P. C., V. K. Khetarpal, C. M. Cariola, and C. E. Rowlings. (1995). Formulation of a poorly watersoluble drug in solid dispersions to improve bioavailability, *Int. J. Pharm.*, 118: 221.

Shekunov, B. Y., P. Chattopadhyay, J. Seitzinger, and R. Huff. (2006). Nanoparticles of poorly watersoluble drugs prepared by supercritical fluid extraction of emulsions, *Pharm. Res.*, 23: 196.

Shojaei, A. H. and X. Li. (1995). Novel copolymers of acrylic acid and poly ethylene glycol monomethylether monomethacrylate for buccal mucoadhesion: Preparation and surface characterization, *Pharm. Res.*, 12: S210.

Skelly, J. P., G. L. Amidon, W. H. Barr, L. Z. Benet, J. E. Carter, J. R. Robinson, V. P. Shah, and A. Yacobi. (1990). *In vitro* and *in vivo* testing and correlation for oral controlled/modified-release dosage forms, *Pharm. Res.*, 7: 975.

Strickley, R. G. (2004). Solubilizing excipients in oral and injectable formulations, *Pharm. Res.*, 21: 201.

Sunesen, V. H., B. L. Pedersen, H. G. Kristensen, and A. Mullertz. (2005). *In vivo–in vitro* correlations for a poorly soluble drug, danazol, using the flow-through dissolution method with biorelevant dissolution media, *Eur. J. Pharm. Sci.*, 24: 305.

Sunkara, G. and D. Chilukuri. (2003). IVIVC: An important tool in the development of drug delivery systems, *Drug. Del. Tech.*, 3: 52.

Supernus Pharmaceuticals (formerly Shire Laboratories). (2006). Technologies, Technical Data Sheet.

Tanaka, N., K. Imai, K. Okimoto, S. Ueda, Y. Tokunaga, A. Ohike, R. Ibuki, K. Higaki, and T. Kimura. (2005). Development of novel sustained-release system, disintegration-controlled matrix tablet (DCMT) with solid dispersion granules of nilvadipine, *J. Control Release*, 108: 386–395.

Theeuwes, F. (1975). Elementary osmotic pump, *J. Pharm. Sci.*, 64: 1987.

Theeuwes, F. (1980). Osmotic drug delivery. In *Controlled Release Technologies: Methods, Theory and Applications*, Kydonieus, A. F. (Ed.), Boca Raton, FL: CRC Press, p. 195.

Theeuwes, F., P. Wong, and S. Yum. (1991). Drug delivery and therapeutic systems. In *Encyclopedia of Pharmaceutical Technology*, Swarbrick, J. and Boylan, J. (Eds.), Vol. 4, New York: Marcel Dekker, pp. 303–348.

Uchida, T., M. Kawata, and S. Goto. (1986). *In vivo* evaluation of ethyl cellulose microcapsules containing ampicillin using rabbits, beagle dogs and humans, *J. Pharmacobiodyn.*, 9: 631.

Verreck, G., K. Six, G. Van den Mooter, L. Baert, J. Peeters, and M. E. Brewster. (2003). Characterization of solid dispersions of itraconazole and hydroxypropylmethylcellulose prepared by melt extrusion—Part I, *Int. J. Pharm.*, 251: 165.

Vertzoni, M., J. Dressman, J. Butler, J. Hempenstall, and C. Reppas. (2005). Simulation of fasting gastric conditions and its importance for the *in vivo* dissolution of lipophilic compounds, *Eur. J. Pharm. Biopharm.*, 60: 413.

Vippagunta, S. R., K. A. Maul, S. Tallavajhala, and D. J. Grant. (2002). Solid-state characterization of nifedipine solid dispersions, *Int. J. Pharm.*, 236: 111.

Voyutskii, S. S. (1963). *Autohesion and Adhesion of High Polymers*, New York: Interscience.

Wagenaar, B. W. and B. W. Muller. (1994). Piroxicam release from spray-dried biodegradable microspheres, *Biomaterials*, 15: 49–53.

Wagner, K. G. and J. W. McGinity. (2002). Influence of chloride ion exchange on the permeability and drug release of Eudragit RS 30D films, *J. Control Release*, 82: 385–397.

Wei, H. and R. Lobenberg. (2006). Biorelevant dissolution media as a predictive tool for glyburide a class II drug, *Eur. J. Pharm. Sci.*, 29: 45.

Wong, P., B. Barclay, J. C. Deter, and F. Theeuwes. (1986). Osmotic device with dual thermodynamic activity, US Patent 4612008.

Wong, P., B. Barclay, J. Deters, and F. Theeuwes. (1988). Osmotic device for administering certain drugs, US Patent 4765989.

Wong, P., L. C. Dong, R. Zhao, and C. Pollock-Dove. (2006). Controlled release nanoparticle active agent formulation dosage forms and methods, US Patent Application 20060057206.

Wong, P. S., S. K. Gupta, and B. E. Stewart. (2003). Osmotically controlled tablets. In *Modified-Release Drug Delivery Technology*, Rathbone, M. J. et al. (Eds.), New York: Marcel Dekker, p. 107.

Wong, P. S., F. Theeuwes, B. L. Barclay, and M. H. Dealey. (1995). Osmotic dosage system for liquid drug delivery, US Patent 5413572.

Wu, K., J. Li, W. Wang, and D. A. Winstead. (2009). Formation and characterization of solid dispersions of piroxicam and polyvinylpyrrolidone using spray drying and precipitation with compressed antisolvent, *J. Pharm. Sci.*, 98: 2422–2431.

Young, C. R., M. Crowley, C. Dietzsch, and J. W. McGinity. (2007). Physicochemical properties of filmcoated melt-extruded pellets, *J. Microencapsul.*, 24: 57–71.

Young, C. R., C. Dietzsch, M. Cerea, T. Farrell, K. A. Fegely, A. Rajabi-Siahboomi, and J. W. McGinity. (2005). Physicochemical characterization and mechanisms of release of theophylline from meltextruded dosage forms based on a methacrylic acid copolymer, *Int. J. Pharm.*, 301: 112–120.

Young, C. R., J. J. Koleng, and J. W. McGinity. (2002). Production of spherical pellets by a hot-melt extrusion and spheronization process, *Int. J. Pharm.*, 242: 87–92.

Yu, K., M. Gebert, S. A. Altaf, D. Wong, and D. R. Friend. (1998). Optimization of sustained-release diltiazem formulations in man by use of *in vitro*/*in vivo* correlation, *J. Pharm. Pharmacol.*, 50: 845.

Zhu, Y., N. H. Shah, A. Waseem Malick, M. H. Infeld, and J. W. McGinity. (2006). Controlled release of a poorly water-soluble drug from hot-melt extrudates containing acrylic polymers, *Drug. Dev. Ind. Pharm.*, 32: 569.

# 第 23 章 难溶性药物的产业化开发

Nitin P. Pathak，Richard (Ruey-ching) Hwang，Xiaohong Qi

## 23.1 引言

制药公司在新药的开发过程中投入巨大。最近的数据表明，药品研发的总体支出正在稳步增长而新药的批准量正在下降（Venugopal，2002；Med Ad News，2003）。2004 年，美国 FDA 每批准一个新分子实体，医药企业需要平均花费 12.5 亿美元（PAREXEL，2005/2006）。统计数据显示，当前世界医药市场的价值估计为 5500 亿美元，2005 年全球制药行业的研发支出为 530 亿美元（PAREXEL，2005/2006）。除了不断增长的研发支出外，制药行业在当前的商业环境中也面临着严峻的挑战（表 23.1）。为了应对当前的商业竞争并运营一个有效的全球药物研发机构，这就要求药物研发不仅需要精益求精，控制成本和提高效率也同等重要。

**表 23.1 制药企业面临的主要挑战**

| |
|---|
| 新药发现和开发的时间和资源要求 |
| 来自仿制药和其他原研药的竞争 |
| 研发成本 |
| 专利周期 |
| 价格控制 |
| 政府法规 |
| 注册要求 |
| 健康管理 |
| 可行性新技术的成本 |

当一个药物失去专利保护时，其销售额就会急剧下降。这是一个经过很多案例，充分研究的事实。如原研药物 Lovenox、Prozac、Diflucan、Cipro、Claritin 等，专利到期后的前 6 个月内就失去了约 80%的市场份额。最近，对成功的原研药物的专利挑战已经成为从事新药开发和研发的处方药制药公司所面对的常见环境压力和激烈的行业竞争现象。药品进口（例如互联网药店）的法规管控和各种市场的价格控制是迫使处方药制药公司改变药物发现和研发方式的驱动因素。最近撤销的曾经批准的 COX-2 选择性药物表明药品批准监管部门对未来药品的监管审查将越来越严格。

图 23.1 显示了药物分子的发现和研发及注册顺序与 FDA 要求的注册时间表之间的相关性。发现并成功商业化上市一个新药需要数十年时间。处方药制药公司必须在严格的监管要求下进行开发和研发工作，以证明新药物的安全性和有效性。在当前的产业环境中，成功将新药推向市场所需的时间和资源消耗是不可持续的。上述处方药制药公司面临的外部环境压力从而推动了药物发现和开发过程的变革。

对新药进行系统评估是一个耗费时间和资源的过程，需要不断地进行知识更新。药品的发现和最终商业化上市的成功率非常低。药物分子在研究进展上升到Ⅲ和Ⅳ阶段之前，在早期临床阶段（Ⅰ期和Ⅱ期）的消耗率很高。在特定治疗类别中成功发现和开发药物分子的可能性也取决于该类别中观察和积累的历史成功率和消耗。因此，在早期阶段大力投资开发药物的放大生产工艺是不可取的。

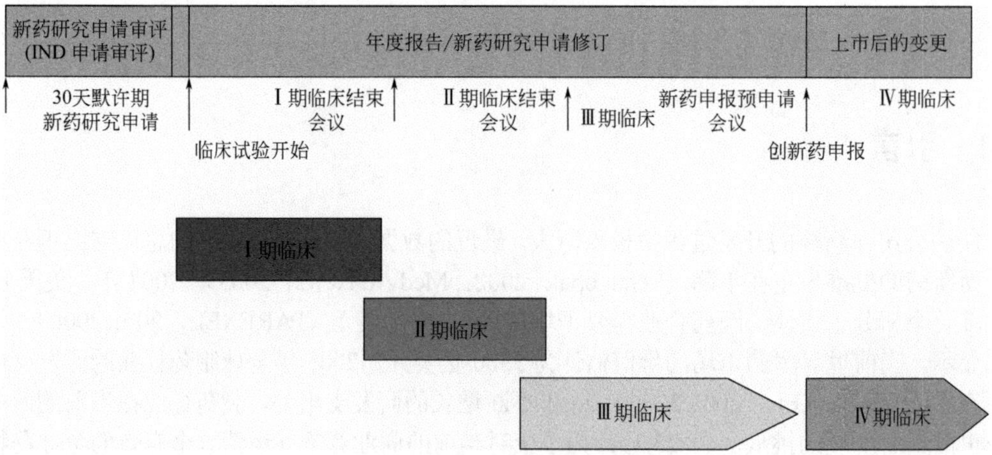


图 23.1　新化学实体批准的监管过程

通常，处方药制药公司在开发难溶性药物产品时遇到的挑战主要围绕以下因素。

① 活性药物成分（API）开发和可商业化的合成途径的优化。

② 在治疗指数和减轻目标疾病状态所需的有效剂量的前提下，确认治疗剂量。

③ 开发具有市场价值的药品生产过程的前期时间和资源投资相对较低。

由于化合物的水溶性有限，API 粒径的微小变化可能使制剂的溶出速率变慢，并且增加剂量可能导致给药后溶解不完全。改变溶出特性可使口服后药物的系统暴露量低于预期。当原料药工艺或投加量发生变化时，必须进行适当的风险分析。对难溶性药物至关重要的原因是，用于生物药剂学分类系统（BCS）Ⅰ类化合物的处方和工艺变化的桥接试验，不能同样用于难溶性药物。

表 23.2 列出了药品生产在探索阶段和完全开发阶段的共同挑战。在早期开发阶段的原料药合成路线以及对大规模批量原料药生产的合成路线的最终优化，对可接受的市场品牌药物产品的开发构成了许多挑战。结晶形态、原料药密度、粒径以及环境健康和安全要求的演变对开发药品生产过程的理解提出了额外的挑战。形态和粒径的变化直接影响粉末流动性和其他关键药物产品属性，比如溶出。堆密度的变化直接影响设备的规模和对能成功开发药品的工艺的选择。例如，如果 API 的密度降低，则可能需要大容量混合机、制粒机等。类似地，如果可行的工艺是涉及流化床技术的湿法制粒工艺，那么对于低密度 API，可能需要对工艺进行修改以确保在工艺最开始时就能够快速润湿含有 API 的混合物料，以保证湿法制粒工艺的均匀性，防止造粒过程中出现过多的细粉导致粉末流动不好和/或黏冲问题。这通常采用低流速的流化气体快速润湿物料来实现。显而易见，如果在开始时就采用高风量制粒，则底物粉末倾向于积聚在粉末补集袋中，导致制粒过程中产生过多细粉。但是，如果 API 的堆积密度高，则需要高风量。必须根据粉末特性调节进气量，以加工具有不同粉末特性的 API。或者，药物制剂科学家可能需要用挤出制粒工艺替换流化床造粒工艺。药物制剂科学家必须根据不同 API 的性质来开发和优化适合的生产工艺。

表 23.2　药物产品生产的挑战

| 探索阶段（Ⅰ期临床与Ⅱ期临床） | 开发阶段（Ⅲ期临床与Ⅳ期临床） |
|---|---|
| 药物分子剂量未知 | 原料药放大活性对形态有影响 |
| 原料药形态不断发生变化 | 药品配方及生产工艺的优化 |
| 原料药合成路线未确定（合成步骤数未优化） | 关键工艺参数及其对关键药品属性的影响未明确 |
| 对药品生产过程了解甚少 | 临床制造工艺的研究与商业化规模生产的对接 |
| 未建立药品生产过程控制 | 药品的商业规模和放大规模挑战 |
| 损耗率高 | |

随着越来越多的安全性和有效性临床数据的出现，治疗剂量不断变化。在健康人志愿者的Ⅰ期临床研究期间，建立了可接受的剂量范围。药物在人体内的吸收、分布、代谢和排泄（ADME）方面的药动学特征也被建立。该剂量范围的初始数据提供了可能的治疗剂量的线索。关于这个药物的制剂处方和工艺开发的潜在可行性方案，药物制剂学家在这些信息的基础上会形成一个概念。在预期患者群体的Ⅱ期临床药效试验期间，进行治疗剂量范围研究，确定最大耐受剂量，并评估最小有效剂量。这些临床试验的结果通常对有效剂量选择有显著影响。在该阶段的剂量变化也影响制剂处方组成和生产工艺。制剂科学家可能遇到的一些复杂挑战是在 API 优化过程中获得的低密度 API 和Ⅱ期临床研究中确定的高有效剂量要求。在这种情况下，制剂科学家必须重新思考处方和生产工艺的策略能够在合理的工艺时间内成功制造出优质的药品。在安全性、最大程度的有效性的基础上，为公司带来了更大压力，要么实现市场上的潜力项目，要么终止项目。

在开发的早期阶段，药品生产与临床供应要求紧密相关。药品以最小的需求量和定制的形式生产。相反，在后期药物开发中，药品需求量增加。在这个阶段，临床供应需求和药品生产过程变得更加明确，药品生产的批量要求更大。图 23.2 说明了临床药品在早期和后期开发中的要求，重点是生产要求。

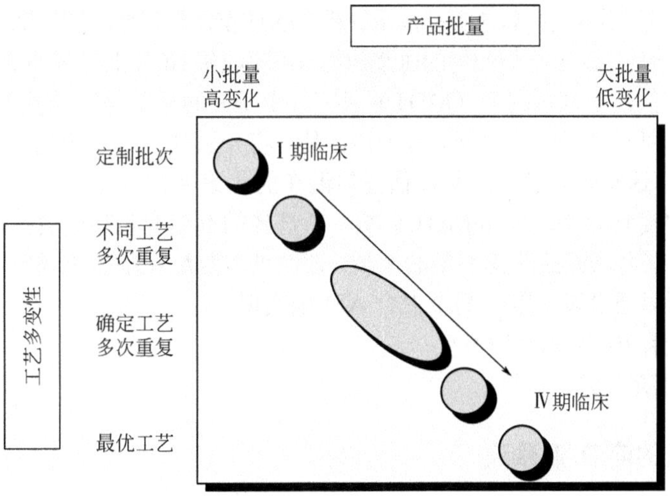


图 23.2　不同开发阶段的临床供应要求

“质量源于设计”（QbD）概念的发展极大地推动了药品质量监管从经验过程转变为更科学和基于风险控制的方法。根据ICH Q8指南，QbD是一种前瞻性和系统性的基于风险控制的药物开发方法，从预定目标开始，强调基于合理的科学和质量风险管理的产品、工艺理解和工艺控制（Yu，2008）。

QbD的元素由以下参数组成。

① 目标产品质量概况（QTPP）。包括剂型、给药系统、剂量等。它是对预期要上市销售的药品的质量特征的预期性总结，涉及药品的给药剂量和包装容器系统，以及影响药动学特性药物属性（例如溶出度、空气动力学性能）和产品质量的质量标准（例如无菌、纯度、稳定性和药物释放）。

② 关键质量属性（CQA）。包括物理、化学、生物或微生物特性或包括成品药在内的输出物料的特性。来自QTPP和/或先前知识的潜在药物产品CQA用于指导产品开发和工艺开发，它们应在适当的限度、范围或分布范围内，以确保所需的产品质量。

③ 关键物料属性（CMA）。包括输入物料的物理、化学、生物或微生物特性或特征。CMA应在适当的限度、范围或分布范围内，以确保原料药、辅料或过程物料的质量。

④ 关键工艺参数（CPP）。在生产前或生产过程中监测的工艺参数会显著影响最终产品的外观、杂质和收率。

本章将重点介绍技术并提供范例，以全面了解新型难溶性药物固体制剂处方和工艺开发。

## 23.2 Ⅰ期临床阶段，难溶性新化学实体在药物生产方面的策略

通常，药物开发早期阶段的目标是尽量减少资源投入并简化新化学实体（NCE）的评估。剂型和生产工艺支持最小的目标要求即可。因此，在此阶段，建议使用最少的资源尽可能快地筛选出尽可能多的NCE。为了成功实现这一目标，企业需要为难溶性药物的开发专门设计一套能够符合药品生产质量管理规范（GMP）要求的开发方案。

在Ⅰ期临床研究阶段，给予每个健康志愿者单剂量的研究药物。该研究可能有或者没有安慰剂对照组。起始剂量通常是显著低于预期有效剂量[即没有显著的不良反应水平（NOEL）×安全边际]。只有在确定没有观察到不良反应后才提高剂量。新剂量通常给予不同的志愿者。提高剂量直到出现不良反应为止。在给药后通过检测药物的血浆药物浓度来收集NCE上的药动学ADME数据。

下一阶段的评估是多剂量耐受（MDT）研究。本研究的目的是评估药效学和药动学效应，并收集观察到的任何不良反应的数据。对于该评估，将一系列剂量的药物与安慰剂一起给予健康受试者7～14 d。这些研究的目的是评估任何潜在的代谢饱和情况。

为了完成前面提到的单剂量和MDT研究，所选择的剂型应包括研究持续时间内所需的剂量范围，以及能根据需求灵活改变剂量的剂型。即时处方复配在临床上是一种能提供灵活剂量给药的方法。这可以通过以下剂型简单混合API来实现。

① 现配现用溶液/悬浮液（EPS）。

② API直接填充胶囊。

### 23.2.1 现配现用的溶液/混悬液

生物药剂学性质如溶解度和渗透性差是阻碍NCE生物利用度的主要问题（Venkatesh和

Lipper，2000）。相对而言，NCE 的总吸收率受其溶解度的影响比其渗透性更大（Hörter 和 Dressman，2001）。EPS 是支持Ⅰ期临床研究目标的最简单的给药方法。将难溶性药物定量地在瓶子或其他合适的容器中单独称重。这些预先称重确定剂量的药物在临床中重新配制（使用方案中指定的适当体系）并立即给药。这种体系组合物可以溶解药物或形成药物混悬液。这种给药方式在临床上也可以通过稀释以实现患者所需的较低剂量。这通常在药物溶解在某种体系中形成溶液或混悬液的情况下进行。在这种方法中使用的体系包括无菌注射用水、右旋糖酐溶液或纯化水。稀释的聚山梨酯 80 溶液和水最常用作复配溶液。当研究化合物具有 pH 依赖性溶解度曲线时，也可以使用缓冲系统来配制给药溶液。API 的溶解性的提高可以通过使用多种技术如共溶剂（Yalkowsky 和 Roseman，1981a，1981b）或复合物形成（Gupta 和 Cannon，2000）来实现。可用于实现增溶的常用溶剂是乙醇（USP）、丙二醇（USP）、聚乙二醇（USP，分子量 200 和 600）和甘油（USP）。这些溶剂被 FDA 认为是“公认安全”的（GRAS）并且可与水混溶。制剂中的可接受的使用水平可在非活性成分指南中找到（FDA，2006）。

如果 NCE 存在有颜色、味苦等情况，用于临床研究的 EPS 安慰剂可能存在更多挑战。在大多数情况下，单独的溶剂体系可以作为安慰剂。当这种方式不可行时，可以使用矫味剂、缓冲盐和着色剂来解决这些问题。该方法的优点在于不需要为临床药剂师做额外说明就可以制备复配用的含药溶液/混悬液。

复配后立即给予 NCE 的制剂有助于避免进行广泛的制剂稳定性研究。通常，确保溶液/混悬液（复配后的）在 12 h 内稳定即可。GMP 批次的 API 的常规稳定性数据即可支持申报要求。GMP 生产中要求 API 的称配工艺更简单。分析仅对称配分装在瓶子里的 API 做鉴别确认即可。工艺过程中通过监测单个制剂的填充重量，可以确保该方法的含量均匀性。总体而言，该方法符合精益制造原则，缩短了临床给药的周期时间。

对于需要进行 MDT 研究的难溶性药物，其剂量要求可能会达到数千瓶。如果研发公司不希望投入更多资源研发不同的溶液型制剂，那么可以使用自动高精度分装技术分装大批量的含药瓶子（Hariharan 等，2003；Autodose 和 Powdernium，2005）。该技术使得采用水基载体来复配整瓶溶液，并且使采用整瓶溶液来进行给药变得简单。

### 23.2.2　活性药物成分直接填充胶囊

胶囊剂在难溶性药物的早期临床试验中具有明显的优势。NCE 表现出有颜色和味道的问题以及多剂量的问题可以很容易通过分装在不同的不透明的胶囊中解决。过去，该剂型的使用受到限制是因为制剂的前期开发工作存在某些方面的问题以及能够将 API 在一个较宽的范围内准确填充在胶囊中的技术还没有出现。

胶囊壳型号通常用固定的体积来标准化，用于分装 API 或粉末混合物（Rudnic 和 Schwartz，2000；Capsugel，2006）。胶囊型号的选择取决于 NCE 的剂量和堆密度。一般来说，如果剂量在合理范围内，可以直接使用手动、半自动或全自动高速胶囊填充机将 API 直接分装到胶囊中。

粉末填充胶囊技术的最新进展降低了这一门槛，今天的技术如 Xcelodose™ 和自动剂量高精度分装技术（Hariharan 等，2003；Autodose 和 Powdernium，2005）为这种剂型提供了新的机会。这些技术可将 NCE 精确分配到胶囊壳中，在Ⅰ期临床试验的分配剂量方面具有很大的灵活性。使用这种方法可以最大程度地减少稳定性研究和与制剂组分相互作用的可能性。但是，证明 API 与胶囊壳相容性的稳定性数据还是必要的。胶囊壳的交联反应和计量分装中的陷阱

（特别是低剂量，例如 5 mg 或更少的剂量分装）是潜在的问题，但胶囊壳材料的进步（例如 Capsugel 和 Shionogi 提供的羟丙基甲基纤维素胶囊壳）减少了这种担忧。使用该技术的经验表明，为了在低剂量下实现准确性，可能必须在产量上妥协。这些机器的产量还取决于粉末的流动特性。在由于粉体的流动差而导致该技术分配不均的情况下，替代方法是需要在制剂工作中使用一种或两种辅料来改善 API 的流动性（Mouro 等，2006）。在这种情况下，有必要通过常规的含量均匀度检测以确定胶囊剂可接受的含量均匀度范围。该技术提供的总体独特优势是减少了分析资源，减少了制剂要求，最小化了 GMP 制造资源，并为每个生产的胶囊提供了完善的文件。

## 23.3 Ⅱ期临床阶段，难溶性新化学实体在药物生产方面的策略

Ⅱ期临床研究的目的是获得目标患者群体的疗效证据并评估短期安全性。有两种类型的Ⅱ期临床研究：①Ⅱ期临床早期研究（或疗效验证），侧重于有效性的确认；②Ⅱ期临床中后期研究（剂量爬坡）。在Ⅱ期临床中后期研究期间，确定治疗剂量范围和给药方案，并确定最小有效剂量和最大耐受剂量。

对于临床供应管理，确定临床用样品的剂量可以适应方案的低剂量和高剂量是一项挑战。患者依从性是开发临床剂型的关键因素。例如，如果只有最小剂量可用，给药次数就会增加，这可能会导致患者依从性差。类似地，如果选择更高的临床剂型，这可能导致给药方案的限制。临床计划研究者必须在可能的最低和最高剂量之间取得平衡，以确保这些可用于处方和生产的临床样品能够满足临床患者的依从性。

用于制备难溶性药物口服剂型的典型方法如下。

① 用表面活性剂和/或 pH 调节剂配制，以改善化合物的水溶性和润湿性。

② 引入微粉化或纳米技术，以最大限度地从制剂中溶出药物。

③ 利用备选化合物的无定型态。

Ⅱ期临床及以后期对临床样品需求和预测的不断研究，在设计制剂和生产放大中起着战略性的关键作用。Ⅱ期临床的分子数据提示定制的重复批次，批量大小通常略有修改。给药量和溶解度比是决定制剂策略的重要因素。前面给出的前两种方法的组合是确定剂型的最佳途径。

在这一发展阶段，Huang（2005）推荐了一种开发片剂和胶囊制剂的常规方法。该方法使制剂标准化，使用少量的组分供科学家来选择，用于改善和调整其 API 并快速开发临床用的剂型。Huang 推荐使用可溶性和不溶性的惰性稀释剂和常用的崩解剂如交联聚维酮、交联羧甲基纤维素钠、羧甲基淀粉钠和碳酸钙的制剂组合物。对于润滑剂来说，Huang 推荐使用 0.5%的硬脂酸镁，或者对其他润滑剂进行单独的筛选研究，如硬脂酸（1%）、氢化植物油（Lubritab，2%）和硬脂酰富马酸钠（1%）。建议选择使用助流剂，并选择胶态二氧化硅作为助流剂成分。对 API 材料的特性（例如塑性、脆性等）的理解也有助于选择合适的常规处方。在这个开发阶段，这些制剂的使用具有一些明显的优点。标准的制造工艺也可以应用于这些标准化处方。可以通过两种加工方法评估制剂工艺，即干法制粒和湿法制粒（图 23.3 和图 23.4）。对安慰剂在两种加工技术下的表现过程的理解，为制剂的最佳加工技术提供了指示。对工艺的进一步理解所需的开发时间相对较低。

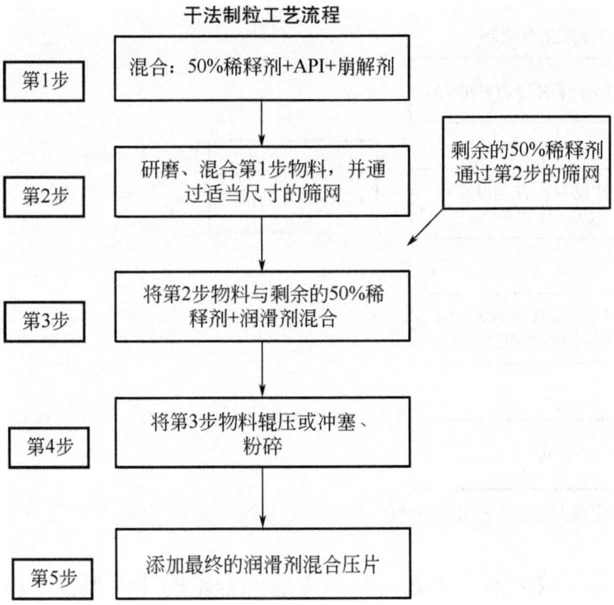


图 23.3 干法制粒工艺流程示例

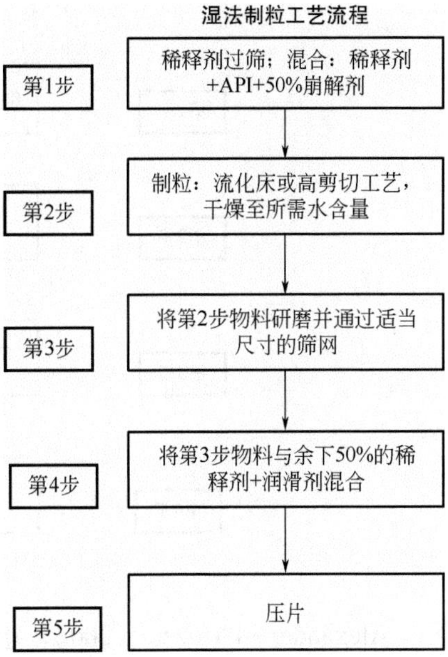


图 23.4 湿法制粒工艺流程示例

如果常规制剂组合物和优选的良好的工艺被充分理解，那么加入 API 并生产临床样品的风险是比较低的。API 载药量将是影响制剂临床样品生产的唯一因素。如果制剂中的载药量高（即＞10%），则它影响生产工艺的可能性更大。了解 API 特性（即形态、密度、流动性、粒径、压缩性、黏性等）可以帮助评估这种风险和影响。如果载药量非常低（即＜1%），则优选湿法制粒以确保含量均匀性。表 23.3 提出了两个常见的风险因素，即制剂的剂量和载药量的变化，可能对临床样品生产环境造成挑战。还提到了作者建议的降低风险的技术，以确保质量合规性。研发过程的工艺和批量生产的工艺差别很大，在研发阶段没有工艺验证的过程。因此，确保药品质量的责任完全取决于生产过程中的控制和对原料药在生产过程中常规配方的良好理解。尽管可以使用专业技术来管理某些风险，但最好将它们视为根据具体情况考虑这些选项的长期策略。

**表 23.3 Ⅱ期临床阶段标准化处方生产的挑战**

| 因素 | 生产挑战 | 建议降低风险的方法 |
|---|---|---|
| 低剂量（<1 mg 或载药量低于 1%） | 含量均匀度 | 加强过程控制：如采用分段取样、过程分析技术（PAT）和混合均匀取样。通过优化原料药特性评估溶出的改变，然后评估专用技术[热熔挤出（HME）、喷雾干燥分散、固体分散等]以实现长期解决方案 |
| 高剂量（载药量>10%） | 生产过程中工艺可实现的潜在风险 | 在生产前对原料药的性质进行潜在影响的评估，然后评估专用技术[双螺杆湿法造粒（TSWG）、挤压、固体分散等]的工艺以实现长期解决方案 |

图 23.3～图 23.5 说明了通常用于制造片剂的湿法制粒和干法制粒技术中的逐步工艺流程。对于胶囊剂，该过程往往更简单，通常是干法制粒的前 3 个步骤，然后封装在适当尺寸的胶囊壳中。根据批量大小，可以使用手动填充（例如 Bonapace）、半自动填充机（例如 Capsugel Ultra 8）或自动填充机（Zanasi，Macofar 等）进行制造。

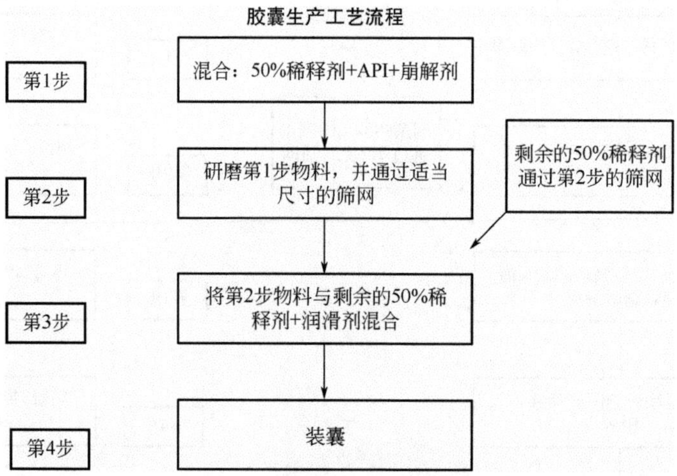

图 23.5　胶囊填充工艺流程示例

Alexander 和 Muzzio（2002）建议，为了放大混合工艺，必须考虑混合罐的几何形状、总转数、填充体积和总混合时间。理论上，混合均匀性是通过 3 种基本上独立的机制实现的：①对流，由于混合机的旋转，导致大颗粒在流动方向上移动；②分散，考虑由于碰撞或粒子间运动引起的粒子的随机运动，并且通常平行于旋转轴；③剪切，指从大的团块中分离颗粒。在大多数翻滚混合操作中，剪切作用相对最小，除非使用混合增强搅拌棒。

Rekhi 和 Sidwell（2005）解释了整粒过程中粒径减小的理论。物料在整粒过程中受到 4 种力中的一种或多种：①剪切（剪切力）；②压缩（压碎力）；③撞击（直接、高速碰撞力）；④张力（拉长或拉开颗粒的力）。整粒过程中的裂解发生在颗粒中的最弱点。粒径减小后颗粒的特性主要取决于所用整粒机的类型、叶轮类型和转速、筛网尺寸和厚度。整粒机的选择又取决于材料的特性和分类。材料可以按照莫氏规则分为硬质、软质、纤维状和中间质。重要的材料特性是韧性、脆性、磨蚀性、黏性/黏附性、熔点、凝聚倾向、水分含量、可燃性、毒性和反应性。在高能量或低能量整粒机之间进行选择时，必须考虑这些性能。在低能量整粒机中，粒径减小主要通过剪切和一些磨损来实现，而在高能量整粒机中，通过快速移动的叶轮/叶片和被研磨的粉末之间的高速冲击来实现尺寸减小。有时，对团聚物进行湿磨，以增加表面积、促进干燥效率并改善粒径均匀性和颗粒形成。

制粒是凝聚过程，通过添加黏合剂溶液，可在粉末混合物中实现明显的颗粒生长。本单元操作旨在确保含量均匀性、改善混合流动性、提供窄粒径分布和使材料致密化。对于难溶性化合物，湿法制粒过程可以改善化合物的固有溶出速率。实现制粒的机理包括粉末混合、在溶液或液体中添加黏合剂、粉末物质的润湿和成核、颗粒的生长、粉末致密化及颗粒的磨损和破碎。将得到的湿软材进一步干燥并在下游加工成最终的剂型（图 23.4）。Gokhale 等（2005）将制粒过程分类为：①低剪切制粒机（带混合增强搅拌棒的 PK 搅拌器、行星式搅拌器、螺杆搅拌器等）；②中剪切制粒机（带离心盘的流化床造粒）；③高剪切（HS）制粒机（ULTIMAPROTM 和 GMXTM）。影响颗粒质量的工艺变量是：①粉末混合量；②叶轮转速；③黏合剂的添加方法和速率；④剪切速率；⑤造粒时间。

对于该单元操作也需要考虑工艺因素，例如对特定混合物的黏合剂要求。这在很大程度上取决于混合特性，但理论上液体需求通常接近饱和。饱和度要求很大程度上取决于混合物的组成。Lipps 和 Sakr（1994）在他们的研究中得出结论，不溶性物料如磷酸氢钙（DCP）和一些级别的乳糖可以在 100%液体饱和度以下进行颗粒化。药物和载药量的物理特性、黏合剂的类型、黏合剂溶剂、辅料的类型和数量在整体颗粒特征中起关键作用。

重要的是要认识到利用湿法制粒技术处理水溶性和难溶性 API 的差异。此外，混合物中药物的浓度也是需要重点考虑的因素。水溶性药物可能在造粒和干燥过程中具有溶解并重结晶的倾向。因此，在这种情况下制粒机的体积成为开发过程中的关键参数。这对于难溶性化合物也很重要，因为溶解的化合物应结晶成水溶性低于原始形式的最稳定的晶型。对于难溶性药物，在满足含量均匀性前提下控制颗粒生长和符合溶出曲线都具有挑战性。Chowhan（1998）研究了 API 的物理性质对湿法制粒过程和所得颗粒化的影响。观察到 API 的颗粒形状的变化从球形结构到板型结构，导致颗粒的压缩性降低。总而言之，对于湿法制粒过程，研究人员必须了解各种制剂、工艺和设备变量，以及影响固体剂型下游加工的所有变量的相互作用和影响。

对于流化床工艺中颗粒的干燥过程、进风温度、空气中的含水量、空气流量和速率、雾化气压、液体喷雾速率、产品温度和排风温度是决定干燥效率的关键过程变量。用于干燥湿法制粒颗粒的不同技术的实例包括托盘干燥、流化床干燥、微波干燥和射频干燥。重要的是要认识到除水的机制和原理因工艺而异。托盘干燥是从静态床中除去水分的最慢过程。这也可能导致药物迁移到表面并具有重结晶的可能性（O'Connor 和 Schwartz，1985）。流化床干燥往往是一个非常有效的工艺。然而，由于空气在湿软材中快速流过，该方法会导致干燥颗粒中存在密度损失。这可能导致片剂的尺寸趋于增加，从而影响高剂量药物。

Schwartz（2002）建议对压片工艺进行特殊考虑。通过塑性变形挤压物料的压片速率、润滑剂在强制加料器中的过度混合、长时间压片过程中的热量积累、材料磨蚀性和冲模的保护都是需要考虑的重要变量。加压时间、压片和推片力是在压片过程中需要监测的其他工艺参数。

研究者们成功地利用共溶剂法开发了软胶囊剂（Tabibi 和 Gupta，2000）。当新化学实体在特定浓度下溶解时，软胶囊可以成为首选剂型。一旦开发出药物的共溶剂系统，通常可以相对容易地实现该方法向商业规模的扩大。无论是小规模还是大规模，填充软胶囊的设备都是容易获得的。然而，在该方法中遇到的挑战是在特定的胶囊体积中，在共溶剂系统中保证足够的溶解度和稳定性。该剂型还限制了作为辅共溶剂的水量。

随着制剂科学家参与制剂处方和工艺开发活动，工艺过程控制对制造过程中的质量控制起着重要作用。现行版 GMP 规定，必须存在工艺过程控制，以确保药品的批次均匀性和质量（21 CFR 211.110 和 EU GMP 指南附件 13）。在药品生产过程中，实施工艺过程控制以监控和控制关键工艺参数。由于对探索性临床批次只能进行有限的工艺验证，因此工艺过程中控制在确保每个生产批次满足其所有方面具有更高的重要性。工艺过程控制取决于先前对特定剂型、制剂特性、制造过程复杂性和批量大小的经验。

工艺过程控制有两种类型：①生产中的工艺过程监控；②中间体物料的工艺过程检测。监控定义为在生产过程中进行的定期检查，以确保工艺符合预定范围，并在必要时在进一步处理之前调整工艺参数。工艺过程监控的一个例子是机器调整，以确保片剂重量或胶囊填充重量保持在指定范围内。工艺过程中检测，可以定义为在生产过程中执行的 GMP 测试，以通过在下一步工艺之前确保符合指定的目标范围来评估关键生产步骤的性能。生产过程中检测的一个例子是在胶囊填充或压片之前确认混合均匀性以符合目标可接受范围。表 23.4 列出了作者对片剂和胶囊剂的常见工艺过程中监控和检测的建议实例。

表 23.4 片剂和胶囊剂型的常见工艺过程中监控和监测的建议实例

| 工艺单元 | 过程监控 | 过程检测 |
|---|---|---|
| 混合 | | 混合均匀性 |
| 压片 | 外观<br>碎脆度<br>硬度<br>重量变化<br>厚度 | 分段取样与检测 |
| 制粒 | | |
| 干法制粒 | 固化率<br>厚度 | 符合目标固化率范围 |
| 湿法制粒 | 水分评估<br>颗粒大小 | 干燥终点目标（水分测试）<br>筛分分析 |
| 装胶囊 | 外观<br>重量变化 | 混合均匀性<br>分段取样与检测 |

混合均匀度测试旨在证明混合单元操作中的含量均匀度和成分的充分混合。然而，研究已经证明，人们不能仅仅依赖于这种保证，因为在压片和/或胶囊填充过程中下游处理中可能会发生 API 分离。在这些过程中的产品混合物可能在制造过程中受到机器振动，从而有可能影响药品的整体质量。分段取样和检测可以证明在整个胶囊填充或压片过程中都可以保持质量（批次均匀性）良好。分段取样的定义是通过在压片或填充操作中从特定目标位置/时间点收集具有代表性的样本，以预定的时间间隔对剂量单位进行取样和测试的过程，这些样本极有可能在测试结果中产生极端的高点和低点结果（FDA，2003b；Boehm 等，2003）。下游工艺过程中的分段取样和测试有助于证明在整个制造过程中均质性。

FDA 关于分段取样的行业指南（2004）就如何测试和评估常规生产批次提供了建议。建议将分段取样数据与粉末混合物数据和最终产品数据相关联，以评估含量均匀度并在生产过程中进行监控。该指导文件详细描述了在生产过程中展示质量控制的抽样计划和推荐。

补充工艺过程中质量保证的另一种方法是应用工艺过程分析技术（PAT）。配备 PAT 的药物生产过程的多变量分析，或过程监控和实时产品测试，可以更好地评估和理解工艺过程参数对产品质量属性的影响。

通过这种方法获得的优势可能包括以下内容。

① 基于多个变量的相关性而非单个变量的结果的标准。

② 基于曲线拟合因子而非单一结果限制的限度。

③ 消除了一些用于产品放行的最终产品测试。

④ 实现对生产过程非常透彻的理解。

⑤ 通过产品生命周期中不断获得的新知识完善模型。

PAT 可以描述为一种系统，用于通过及时测量（即在生产过程中）原材料和生产中的材料以及工艺过程的关键质量和性能属性来设计、分析和控制生产，目的是确保最终产品的质量合格（FDA，2004）。重要的是要注意，PAT 的术语分析被广泛地看待成，包括风险分析，以及以集成的方式进行的化学、物理、微生物和数学测试（FDA，2003a，2004）。这种方法的理念是在生产过程的每个步骤中将质量融入产品中。FDA 指导原则（FDA，2004）指出，PAT 的目的是增强对生产过程的理解和控制，以支持“良好的产品质量不是来源于检测，而是建立或来自于对产品内在的设计。”的观念。该指导原则进一步描述了工艺过程理解的概念，包括：①识别和解释所有关键变量来源；②管理工艺过程变量；③通过为所用材料、工艺参数、生产环境和其他条件建立的设计空间准确可靠地预测产品质量属性（FDA，2003a，2004）。

PAT 应用程序的优点是可以通过在线、中控和线上应用 PAT 工具实现生产过程的实时控制。在线检测可以定义为侵入性和非侵入性检测，其中样品不从生产线中移除。在线检测的一个例子是将红外传感器放置在紧邻的位置（例如在传送带上）以测量工艺过程中间体中的含量均匀度。类似地，在工艺流程中插入温度探针以测量不同位置的物料温度也是在线测量的一个例子。将样品从工艺流程中通过物理移除并在附近检测分析的过程称为中控检测。在生产过程中通常进行中控检测。在中控检测室内进行的水分检测以确定干燥周期的进展是中控监测一个很好的例子。最后，线上检测涉及的样品从最初的生产过程中转移、分析并返回到工艺流程中。线上检测变得越来越普遍。例如，现在可以使用工具来测量颗粒的粒度，其中部分颗粒流样品被转移，用于测量、快速分析，然后直接重新引入工艺流程中。

PAT 工具为生产企业提供了连续执行质量验证的能力。这些技术提供实时反馈，以增强工艺过程的智能化和可控性。检测结果通常是非破坏性的，并提供关于产品的关键属性是否在可接受的工作范围内的反馈。实时测量和反馈提供了识别和纠正问题的机会，从而有效地降低了质量事故的风险。目前有多种技术可用于提供实时质量评估。这些技术基于以下分析技术原理：近红外、中红外、拉曼光谱、紫外-可见分析、声发射光谱、粒度检测、荧光、显微镜、色谱和质谱。重要的是要认识到 PAT 工具在充当针对测量产品和工艺过程识别的关键性能参数指标的手段。研究人员必须通过对每个工艺过程的系统评估以及对所需质量属性（例如溶出度、含量均匀度等）的影响来确定关键工艺参数。一旦确定，合理的方法是仅监控那些重要的关键工艺参数。

为了成功应用 PAT 以增加对工艺和产品理解，以下三个指南是有用的。

① 指定药品质量属性。

②了解影响质量属性的参数。

③ 仔细选择能够验证这些参数的测量系统。

表 23.5 给出了 PAT 应用于监控和检测目前生产上可用的片剂和胶囊剂型的关键质量属性。干燥循环期间的温度测量、在线粒度分析和混合操作期间的含量均匀度是可能影响产品整体质量的关键测量的一些示例。PAT 工具已成功应用于这些情况。

**表 23.5　PAT 在片剂、胶囊剂型过程在线监控和检测中的应用**

| 操作单元 | 过程监控 | PAT 应用 | 过程检测 | PAT 应用 |
|---|---|---|---|---|
| 混合 | 外观 | 中控目测 | 混合均匀度 | 在线检测工具 |
| 压片 | 碎脆度<br>硬度<br>重量变化<br>厚度 | 中控执行<br>中控执行<br>在线或中控执行<br>中控执行 | 分段取样和测试 | 在分析实验室离线检测 |
| 制粒<br>干法制粒<br>湿法制粒 | <br>固化率<br>水分监控 | <br>中控执行<br>干燥终点目标（水分测试）和干燥周期 | <br>固化率达到目标范围<br>干燥周期在线测量工具 | <br>中控检测 |
| 装胶囊 | 外观<br>重量变化 | 中控目测<br>在线或中控执行 | 分段取样和测试 | 在分析实验室离线检测 |

在这些PAT工具中，近红外光谱（NIR）在制药工业中引起了极大的关注。它是一种快速、无破坏的分析技术，无需大量样品准备。NIR已在《美国药典》和《欧洲药典》中有描述。它是生产工艺中最常用的装置，已被用于原料和中间体的鉴定和表征、剂型生产的分析，以及基于在线、中控或线上光谱测量预测一个或多个工艺流程或终产品的变量（Corredor等，2015）。表23.6列出了在不同工艺操作单元中使用NIR的示例。

**表23.6 NIR在不同工艺操作单元中的应用示例**

| 操作单元 | 示例 |
|---|---|
| 粉末混合 | 混合均匀性监测（Corredor等，2015） |
| 冷冻干燥 | 含水量分析（Kauppinen等，2014） |
| 压片 | 含量均匀度（Sulub等，2008） |
| 热熔挤出 | 螺杆设计与载药（Islam等，2014） |
| 流化床制粒 | 含水量确定、粒径分布、堆密度（Burggraeve等，2013） |
| 流化床包衣 | 包衣膜厚度（Burggraeve等，2013） |

## 23.4 Ⅲ期和Ⅳ期临床阶段，难溶性新化学实体在药物生产方面的策略

Ⅱ期临床阶段通常以与剂量-药物的反应特征和给药方案（即给药频率）相关的结果作为结论。这些研究的阳性结果的疗效证明为Ⅲ期临床试验奠定了基础。

Ⅲ期临床研究的目的是证明在大量患者群体中的疗效，并深入了解安全性。在此阶段开始进行长期研究，以证明安全性并为商业化的市场定位和价格提供支持。这些研究通常是安慰剂对照组跟常规的在预期的治疗水平下的一个或两个剂量同时研究。这些研究设计包括来自不同性别和不同种族的患者群体。通过利用1～3年的时间来评估长期安全性，以揭示任何意外的副作用。Ⅲ期临床试验成功完成后，公司向FDA提交新药申请（NDA），以获得上市许可。另一组重要的临床研究，通常与Ⅰ期和Ⅲ期临床平行进行，即大剂量反应和药效评估研究。这些研究的目的是评估与常用市售药物潜在的药物相互作用。除此之外，还在儿童和老年人群体中研究了药物的进一步药动学和药效学。一旦申请公司获得FDA批准，药物就会进入上市后的Ⅳ期临床试验。Ⅳ期临床试验的目的是评估潜在的新适应证和批准后的市场供应。

从Ⅱ期临床到Ⅲ期临床的药品生产的过渡是一个非常关键的步骤，因为处方研究人员和工艺研究人员正在努力优化处方组分和工艺。处方和工艺齐头并进。随着制剂进一步优化，临床供应要求倾向于从定制批次转移到重复批次。在这个阶段所需的临床用量随着安慰剂双盲试验研究的匹配要求而急剧增加。制剂人员倾向于研究常规制剂以评估放大可行性。通常，更大批量的常规制剂支持从Ⅱ期临床到Ⅲ期临床的初始过渡。确定Ⅱ期临床和Ⅲ期临床阶段制剂/工艺的生物利用度也是同样重要的；否则，可能需要重新制定新的给药策略。研发公司也会开始制定策略，以作为弥补在短时间内开发出可靠制剂的差距。与此同时，研发公司开始研究如何管理批次失败的风险并避免代价高昂的示范批次。

我们都熟悉利用单独的工艺过程完成各部分的关键处理的批处理操作模式。批次是指通过

使用一个或多个设备在有限的时间内对一定数量的输入物料进行一系列有序处理活动的过程所产生的有限数量的成品。批次一词还表示“特定数量的药物或其他材料，旨在规定的范围内具有统一的特性和质量，并在同一制造周期内根据一个生产顺序生产”（国际测量与控制学会，1995；FDA，2017）。Tom 和 Kovacs（1998）指出以批生产模式生产的药品取决于三个因素：①生产指令或工艺顺序；②所用材料的数量和质量；③执行每个单元操作时使用的操作参数。这三个因素中的任何一个的变化都可能改变产生的产品质量。与连续工艺不同，在批生产过程中延长运行时间不会产生额外的产品。

这些分批生产模式中的离散单元工艺具有特定的目的和意图：以特定且始终如一的控制方式生产药品。每个工艺步骤都为制剂增加了价值，促进了原材料转化为合格的药品成品。公司获得 FDA 批准的方式是通过系统的实验设计优化每个单元工艺，并证明如果关键变量控制在指定范围内，可以始终如一地获得高质量的产品。为了获得 FDA 批准，研发公司必须在许多批量范围内（例如十分之一规模、商业规模等）证明单元工艺的优化。通常，最简单的制剂的生产仍然需要 5～6 个单元操作。通过优化每个单元操作来演示不同规模的受控过程变得非常耗时，需要大量资源。每个公司和整个行业需要重新思考如何调整工艺流程以摆脱传统操作模式，并探索在 21 世纪能够简化工艺流程的优化方法。

当前，制药企业不仅应考虑通过发现和开发新药物方面的创新来创造价值，而且还应寻求将药物更快、更经济地推向市场的方法。持续增长的价值必须来自新产品的创新、加快上市速度（从而以利用创新的优势拥有更长、更有用的专利寿命），以及能够开发与研究和商业规模无关的工艺流程。科技的实用性和进步为制药公司提高和转变其发展模式提供了机会。总而言之，成本、技术进步、更严格的质量和法规要求、效率和功效要求、竞争激烈的多元化市场、昂贵的专利诉讼以及新兴经济体中的全球竞争，正在驱动单元操作的整合并简化生产过程。

连续工艺可以被定义为一种工艺方法，其中原料以先进先出（FIFO）为基础不断地输入处理系统中。经处理的材料经过一致的工艺参数操作（例如混合速率、温度、恒定剪切力等）来进行产品配方的操作，保证在一段时间内连续成功地制造优质药品。在此范例中，批量大小与规模无关，实际上取决于工艺运行的持续时间。连续工艺系统已在液体制造领域建立了完善的体系，特别设计用于大批量生产线。固体剂型的连续生产仍然是具有挑战性的。如果观察干法制粒和湿法制粒过程中的单个工艺操作（表 23.7），许多工艺虽然在批量设置中进行，但可以符合连续生产的定义（Lodaya 和 Mollan，2004）。连续工艺的另一个挑战是在启动和关闭期间确保质量和工艺控制。对于持续运行的大部分时间里，该工艺保持稳定状态。如果批量很小，在启动和关闭期间记录固定数量的废弃物可能是很重要的。

使用批生产模式和连续生产模式之间的一个明显区别是，在批生产中，设备的规模通常随批量大小而变化。这反过来又导致设备表面积与体积的变化，并且可能对加工材料的工艺和中间体质量产生显著影响。研发阶段和商业化设备的几何形状不尽相同，这进一步增加了成功放大生产规模的不确定性。在这种情况下工艺理解研究需要大量的时间和资源。另外，对于连续操作设备，设备的尺寸不会显著改变，因此不太容易影响质量。

显然，通过单元操作的集成和自动化进行连续处理的优点很多。它们包括规模独立性、单位质量的一致处理、FIFO 理念、通过应用 PAT 工具获得的实时过程性能数据以展示质量、最大限度地减少浪费、快速开发工艺，以及使用先前应用的处理方法获得的与产品相关的知识。这些优势最终将带来规模经济，并有助于实现盈利。

**表 23.7　操作单元与设备中批生产与连续生产的比较**

| 操作单元 | 流程 | 分离/连续操作单元 |
|---|---|---|
| 混合 | PK 搅拌机 | 批生产流程 |
| 干法或湿法制粒 | IBC 混合机 | 批生产流程 |
| | HS 颗粒研磨 | 批生产流程 |
| | 螺杆混合机 | 连续生产流程 |
| | 双螺杆湿法造粒机 | 连续生产流程 |
| 研磨 | 高剪切粉碎机（Fitz milling） | 连续生产流程 |
| | 低剪切粉碎机（Quadro Comil） | 连续生产流程 |
| 干燥 | 流化床干燥 | 批生产或半连续生产流程 |
| | 厢式干燥器 | 批生产流程 |
| | 对流隧道式干燥机 | 连续生产流程 |
| | 射频隧道式烘干机 | 连续生产流程 |
| 干法制粒 | 滚压（TF Mini、Gertis 等） | 连续生产流程 |
| | 预压 | 连续生产流程 |
| 压片 | 旋转压片 | 连续生产流程 |
| 装胶囊 | 自动封装（Macofar、Zanasi 等） | 连续生产流程 |
| | Ultra 8 | 批生产流程 |
| | Autodose®/Xcelodose™ | 连续生产流程 |
| | Bonapace | 批生产流程 |

来源：Foster A，Hempenstall J，Tucker I，et al. Int. J. Pharm.，2001，226：147.

在工艺自动化和集成中实现理想愿景的挑战是开发一种具有灵活性，并且具有足够的响应能力以集成方式管理流程变化的系统。另一个挑战是如何有效地处理材料的特性和整合到综合连续生产管理的能力。最后，在整个制造过程中从开始到完成的质量控制也带来了自身的挑战。

许多组织和科学家致力于开发连续生产系统，整合多个单元操作以使工艺放大的影响最小化（Gamlen 和 Eardly，1986；Lindberg 等，1987；Lindberg，1988；Bonde，1998；Dorr 和 Leuenberger，1998；Silke 等，1999；Pathak 等，2000；Keleb 等，2001；Leuenberger，2001；Ghebre-Sellassie 等，2002）。这种系统在最小化规模放大影响方面提供了明显的优势，并且在实际商业需求的基础上允许运行工艺的灵活性。与精益制造原则相一致，这可以被视为批量生产的推动系统，而不是按库存生产的方法，因为批量大小可以根据市场需求进行定制。以下是为便于以连续方式制造药物产品而实施的概念的一些实例。

## 23.4.1 GLATT MULTICELL™ 单元

1994 年，Glatt 开发了半连续湿法造粒生产线的概念。该概念利用了在研究环境中生产 5～9 kg 规模的制粒过程中获得的知识，并提供了在一系列流化床干燥机中连续地干燥微型批次的能力。原型由连续步骤中的 HS 制粒、过筛和干燥组成。干燥在温度梯度下完成，第一个干燥器在较高温度（～60℃）下操作，第三个在环境温度和湿度条件下操作。微型批次一次加工一次并转移到干燥器中进行进一步处理。如果需要，可以在系统中添加额外的干燥器。

HS 制粒机设计允许高压喷浆和配料系统，与传统的制粒机相比，该配料系统能够将高能量引入制粒机。该设计允许连续清洁制粒机壁并且能够自排放。在该系统中，将该批次物料的数量引入制粒机中，混合并制粒。在排放到三个连续的干燥机中之前，需将制粒的物料湿整粒。干燥器以典型的流化床原理运行，并且干燥在连续步骤中完成以达到所需的水分含量。

该系统的优势在于优化的研发规模批次即可用于制造一系列小批量产品以满足商业生产要求。该系统的这一方面可以最大限度地减少申报审批之前所需的昂贵的按比例放大研究相关的浪费。该制粒工艺具有一定的可重复性，可在较小规模上观察到更好的控制，并且是一种自清洁系统。干燥以温和的方式完成，以适应温度敏感的药物。

除了这些优点外，这种半连续湿法制粒生产系统也面临一些问题。该系统可能无法满足具有不同物理性质（例如密度）的材料。另外，制粒和连续干燥步骤的时间安排需要相当同步，以实现工艺转接、自动化、连续操作而没有任何懈怠。当然，任何系统组件中的设备故障都可能在工艺的各个阶段危及整批物料的质量。

## 23.4.2 双螺杆制粒

### 23.4.2.1 双螺杆湿法制粒

双螺杆挤出（TSE）技术广泛用于塑料和食品工业，以保证产品的连续制造。Ghebre-Sellassie 等（2002）和 Keleb 等（2001）将该技术引入药品连续生产中。商业上可获得的 TSE 提供了有效连续操作模式所需的极大灵活性。这种系统的原理图如图 23.6 所示。

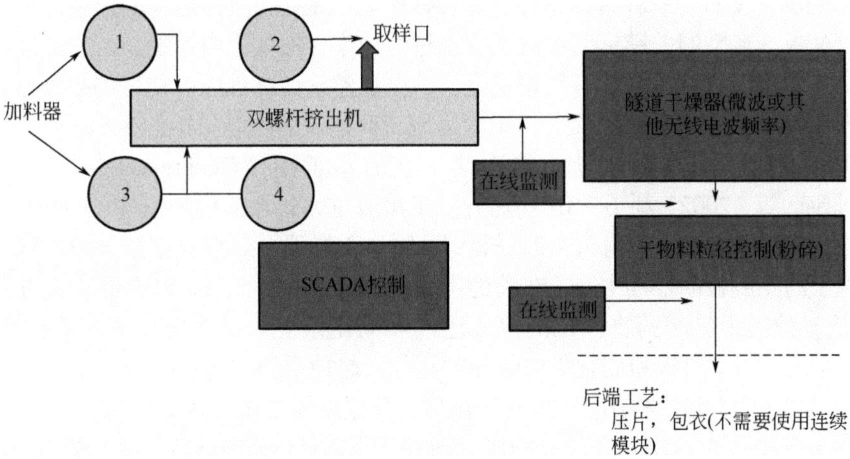


图 23.6 基于连续生产药物颗粒的工艺流程示意

（来自 Ghebre-Sellassie I，Mollan Jr M J，Pathak N，et al. U.S.Patent 6499984B1，2002）

双螺杆挤出机具有以下优点，以促进湿法制粒过程中的可扩展性和稳定性。

① 挤压、分配和分散混合的模块化螺杆设计。

② 高效的制粒终点判定。

③ 单位质量的材料的处理一致性。

④ 在任何处理期间保持持续处理稳定状态。

⑤ 停留时间短，限制材料在强剪切作用下的暴露时间。

⑥ 高效的设计，以促进废物最小化。

⑦ 使用 FIFO 原理操作。

⑧ 自清洁系统。

⑨ 工艺优化中的灵活性。

典型的 TSE 系统包括一个将干粉引入挤出机的进料口、一个将粉末紧密混合的混合区和一个将制粒带入下一步工艺的出料区。通常，还在靠近进料口的位置加入黏合剂以保证充分混合黏合剂和最佳的制粒状态。螺杆设计的优化是研究的关键部分。螺杆设计根据制剂工艺要求进行优化。

分散混合被定义为形态学领域的分解（Manas-Zloczower，1994）。如果制剂中的活性成分需要分解成更小尺寸的颗粒，则螺杆设计需要包括用于分散混合的模块化元件。另一方面，分散混合被认为是达到工艺混合均匀性要求的一种手段。在这种类型的混合中，占比少的组分（通常为活性 API）要均匀地分布在所有物料中。为了实现所需的含量均匀度，螺杆设计必须包括有助于 API 分布的模块化元件。螺杆设计成为工艺开发的关键部分。对于具有低含药量的制剂，该设计将在有利于分布混合的螺杆元件中占主导地位。如果该工艺需要将 API 分解成更小的颗粒，则该设计将在分散元件中占主导地位。制剂和工艺研究者通常采取平衡的方法来实现整体质量目标。

典型的螺杆设计是利用功能性螺杆元件（分散和分配类型）和输送螺杆元件构造，使物料在 TSE 中向前移动，同时使物料组分有效混合。通过仔细选择间距连续较小的输送元件来实现物料的密实化。研究者有效地利用了该技术，通过对低堆密度 API 的颗粒进行致密化，开发了大剂量片剂（Shah，2005）。

Lodaya 等（2003）描述了双螺杆湿法制粒（TSWG）工艺的典型工艺描述和工艺参数。TSE 过程中的独立变量是螺杆设计或配置、螺杆转速、温度和液体进料的位置。造粒特性高度依赖于螺杆配置。典型的关键工艺参数是粉末进料速率、液体进料速率、工艺温度，挤出机的电动机扭矩是监控过程一致性的有用信息之一。作者建议该过程应以稳定的扭矩运行。任何给定进料速率、螺杆设计和转速的最大扭矩应为制造商建议的限制扭矩的 80%或以下。

图 23.6 说明了本发明中描述的连续工艺的示意图（Ghebre-Sellassie 等，2002）。Ghebre-Sellassie 等（2002）利用 TSE 功能开发了集成重力式加料机的原型（Pathak 等，2000），TSE、液体加料器、湿整粒、输送和调平装置、隧道干燥器（射频或微波干燥原理）和干整粒操作，实现了药物制粒的连续生产。在关键步骤应用过程分析工具，以确保关键过程参数得到控制。这是一种用于生产药物颗粒的单程连续自动化系统。该系统集成了监控和数据评估（SCADA）系统，用于监视和控制集成单元的运行。这种系统的药物产量可以达到每小时几千克到 50 kg。然后可以根据需要进一步润滑颗粒，并根据需要压片或装胶囊。

多个重力式加料器（Pathak 等，2000）可准确无误地计量原料（特别是比例）进入进料器的入口。TSE（具有优化的螺杆设计）用于在引入 TSE 中的黏合剂进料的帮助下进行混合和湿法制粒。初始螺杆速率保持较低，以快速确定 TSE 中单元混合物的载水能力。缓慢地提高螺杆速率，同时增加进料器的计量速率，以实现所需的造粒。一旦达到稳定状态，在整个工艺运行中保持传输量。湿颗粒通过合适尺寸的筛网进行整粒，并放在烘干机传送带上。射频或微波干燥有助于沿制粒床深度去除水分。放置在烘干机各个位置的传感器有助于监控烘干周期的进度。PAT 工具监控干燥循环期间的入口和出口水分。还以类似的方式监控含量均匀度。任何不符合质量的问题都会通过 SCADA 系统反馈，并且材料会立即作为废物丢弃，直到进行自动调整以控制质量。

### 23.4.3 热熔挤出

已发表许多制剂方法用来增加药物分子的溶解度。众所周知，与相同药物的结晶形式相比，药物的无定型态具有更高的溶解度、更高的溶出速率和更高的生物利用度。Alvarez-Núnez 和 Leonard（2004）在这种技术的基础上，采用 HME，对挤出物进行熔融挤出，以制得熔融挤出的固体分散体（MSD）。将药物化合物和与药物具有强相互作用的聚合物的混合物加热直至获得均匀的液体（很可能聚合物首先开始熔化，并且药物分子分散到聚合物基质中）。将混合物快速冷却至室温，得到作为无定型相存在的固体药物分散体。与结晶形式相比，观察到本来难溶的药物的溶出速率显著增加。此外，在评估长期储存的稳定性时，观察到无定型-晶体转化的程度取决于药物与聚合物的比例和所用聚合物的类型。

HME 技术还可以利用 TSE 以一致的方式处理材料。TSE 在受控温度环境中提供单位质量的处理。固体分散体、固体溶液、共晶体、玻璃化溶液和悬浮液均可在受控温度环境中以连续方式进行处理。TSE 能够将 API 溶解在聚合物基质中，并在分子水平上实现混合。TSE 的管道可实现一致的温度控制。这些模块单元集成了加热和冷却系统，可将温度保持在所需范围内。使挤出物通过模口得到所需形状（例如条状、管状等），将其快速冷却至室温，并进一步加工成最终的药物产品。研发的关键点在于聚合物的选择和挤出工艺参数。聚合物的选择包括药物-聚合物相互作用和潜在聚合物和最终产物的玻璃化转变温度（$T_g$）（Foster 等，2001；Alvarez-Núnez 等，2002；Alvarez-Núnez 和 Leonard，2004）。挤出工艺参数包括双螺杆设计、挤出温度和螺杆转速。基于药物/聚合物的熔点、API 在聚合物中的溶解度和聚合物 $T_g$ 值来选择挤出温度。

## 23.5　工艺优化

工艺开发过程与制剂开发过程密切相关。制剂开发目标包括了解 API 固态性质、初步生物活性和原辅料相容性研究的处方前工作。制剂开发过程还包括建立对临床和商业产品所需的物理和化学特性的理解、体外溶出、处方变化的生物利用度、关键质量属性或规格、处方的优化、开发特定的检测步骤和方法，以及开发清洁方法和检测方法。

工艺开发的目标是开发符合产品的工艺过程，遵循现行的药品生产管理规范（GMP）。确定影响产品质量属性的关键过程变量或参数，并依次开发工艺中间体标准和检测方法。然后确定用于制造特定批量药品的工艺设备系列。完成工艺开发的关键步骤包括：①优选工艺流程图的布局，用于标识处方中的添加顺序；②工艺流程中的关键工艺参数的挑战，通过测量对产品质量属性的响应来确定工作范围和警报范围；③进行工艺表征研究以证明工艺控制合理。产品质量属性反映在一系列可以检测的指标（例如混合均匀度、含量均匀度、粒径分布、溶出曲线等），并且关键工艺参数定义为那些为符合上述质量要求而需要控制的参数。表 23.8 列出了湿法制粒工艺的质量属性和工艺参数。

Chao 等（1993）描述了通过工艺过程理解进行工艺优化的系统方法。他们建议开发一个包含 4 个基本步骤的流程摘要。

① 工艺流程图。

② 变量和响应值。

③ 因果图。

④ 影响矩阵。

第一步主要是制定计划并描述工艺步骤。对于流程图中的每步操作，将显示输入和输出以及所需质量属性和工艺变量或参数的列表。一旦制订了整个流程图，将使用一种系统的方法来评估工艺参数对产品属性的影响。这是通过按照 1～10 的等级对所需属性进行排名来执行的，其中 10 对于客户和监管机构非常重要，1 对于工艺理解的角度非常重要。通过这种练习，关键产品属性被确定为关键点，以衡量各种工艺参数的影响。

**表 23.8 湿法制粒工艺的质量属性和潜在工艺参数**

| 步骤 | 工艺 | 产品质量属性 | 检测（单位） | 工艺参数（变量） | 基本原理 |
|---|---|---|---|---|---|
| 1 | 混合 | 混合均匀性<br>效能<br>收率<br>比体积 | 分析技术（% rsd）<br>% 理论<br>kg<br>mL/g | 混合机转速<br>时间/转数<br>添加顺序<br>负载比例 | 影响最终产品质量 |
| 2 | 研磨 | 粒径分布<br>收率<br>比体积<br>外观 | 筛分分析（粒度）<br>堆密度<br>振实密度<br>kg<br>mL/g<br>Visual | 研磨速率<br>筛孔径<br>筛类型<br>加料速率 | 影响溶出和下游加工；工艺理解 |
| 3 | 制粒 | 混合均匀性<br>比体积<br>粒径分布<br>表面积<br>收率 | 分析技术（%rsd）<br>mL/g<br>d50、d90 等<br>$m^2/g$<br>kg | 造粒液<br>添加速率，混合荷载<br>湿混时间<br>造粒剂用量<br>搅拌桨转速<br>切割刀转速 | 影响最终产品质量 |
| 4 | 干燥 | 密度<br>干燥终点<br>处理量<br>颗粒流动性<br>分离指数<br>收率<br>晶型 | 密度<br>含水量（% LOD）<br>收率（kg）/单位时间<br>% rsd<br>kg<br>PXRD | 加载量<br>初始温度<br>干燥循环曲线<br>空气流量/湿度<br>干燥时间<br>冷却时间 | 影响最终药品质量和下游加工 |
| 5 | 研磨 | 粒径分布<br>研磨结块<br>收率<br>含量均匀度 | 筛分分析（粒径）<br>堆密度<br>振实密度<br>堆积<br>kg<br>分析技术（%rsd） | 研磨速率<br>筛径<br>筛网类型<br>进料速率<br>搅拌机转速 | 影响溶出和下游加工；工艺理解 |
| 6 | 混合 | 效能<br>收率<br>比体积<br>混合均匀度 | %理论<br>kg<br>mL/g<br>分析技术（% rsd） | 时间/转数<br>添加顺序<br>负载比例<br>搅拌机转速 | 影响产品最终质量 |
| 7 | 润滑 | 效能<br>收率<br>比体积<br>粉末流动性 | % 理论<br>kg<br>mL/g | 时间/转数<br>添加顺序<br>负载比例 | 影响产品最终质量 |

续表

| 步骤 | 工艺 | 产品质量属性 | 检测（单位） | 工艺参数（变量） | 基本原理 |
|---|---|---|---|---|---|
| 8 | 压片 | 硬度 | 片剂硬度仪（kPa/kN） | 预压力或厚度 | 影响最终产品质量 |
| | | 重量差异 | 天平（mg） | 预压力或厚度<br>主压力或厚度 | |
| | | 碎脆度 | % | 加料速率 | |
| | | 厚度 | 英寸 | 穿透深度 | |
| | | 崩解 | 时间 | 压片速率 | |
| | | 溶出 | USP%Q（min） | | |
| 9 | 包衣膜 | 外观 | 目视缺陷率（AQL 测试） | 增重 | 影响最终药品质量和监管要求 |
| | | 检验 | 分析测试（mg/g 或% LC） | 进风口与出风口温度 | |
| | | 含水量 | KF（%） | 喷液速率 | |
| | | 机械完整性 | 缺陷率 | 进气湿度 | |
| | | 微生物限度 | FU/g | 雾化空气压力 | |
| 10 | 成片 | 含量均匀度 | 分析技术（% rsd） | | 产品最终要求 |
| | | 含量 | 分析技术（mg/g） | | |
| | | 纯度 | 分析技术（%杂质） | | |
| | | 崩解 | 时间 | | |
| | | 溶出度 | USP %Q（min） | | |
| | | 外观 | | | |
| | | 脆碎度 | | | |

因果图（FDA，1987；Chao 等，1993）提供了另一种以图形方式表示主要工艺步骤的方式，该方式可能会影响关键产品质量属性。例如，在湿法制粒步骤中，投料量、叶轮转速和持续时间以及黏合剂体积/添加速率可能对总含量均匀性和溶出曲线有影响，这对于难溶性药物的剂型至关重要。整个过程的因果图为可能影响共同质量属性（例如含量均匀性）的各种关键参数提供了指南和全面理解。然而，重要的是要理解并非所有参数都会对期望的质量属性产生重大影响。工艺优化的下一步是确定哪个参数最能影响质量属性，以及控制参数的可接受范围，以便不断地满足质量属性的要求。执行此系统分析以开发影响矩阵，并将变量与响应值之间的关系强度定义为强（S）、中（M）、弱（W）或无（N）。这样的矩阵的构造识别出对期望的质量属性具有最大影响的那些变量。研究者可以用实验设计和数据统计分析来确定关键工艺参数并对生产工艺有充分的了解。

无论是批生产或连续生产，这些研究都是申报资料的重要组成部分。

## 23.6　展望

众所周知，用于难溶性药物的固体制剂的生产在临床和商业环境中可能具有挑战性。作者试图说明这些挑战，并提出符合法规指南和精益生产原则的药物开发范例。虽然重点主要集中在固体剂型上，但这些原则可广泛应用于其他制剂技术，并有助于构建通用的开发平台。知识是我们行业创新的一个来源，并与其他领域的发展相结合，激励行业领导者不断创造新的价值。

产品和工艺从研究到商业化的无缝转移是存在创新空间的领域。在当前的工业环境中，研发公司必须明智地投资并开发优质药品，以加快产品上市速度，使患者受益并维持自身业务。

## 23.7 致谢

感谢辉瑞全球研发部的 Mark Aills 在编写本章时给予的宝贵意见和建议。

## 参考文献

Alexander, A. W. and F. J. Muzzio, 2002. Batch size increase in dry blending and mixing. In *Pharmaceutical Process Scale-Up*, M. Levine (Ed.), New York: Marcel Dekker, vol. 118, pp. 115–132.

Alvarez-Núnez, F. A. and M. R. Leonard, 2004. Formulation of a poorly soluble drug using hot melt extrusion. The amorphous state as an alternative. *Am. Pharm. Rev.* 7(4), 88–92.

Alvarez-Núnez, F. A., M. R. Leonard, and L. F. Crawford, 2002. Glass transition temperature measurement as predictors of the physical stability of a poorly soluble pharmaceutical agent formulated as solid dispersion. AAPS, Toronto, ON.

Autodose, S. A. and M.T.M. Powdernium, 2005. Expert high-precision powder dispensing technology. https://www.drugdiscoveryonline.com/doc/powdernium-new-technology-for-high-precision-0001

Boehm, G., J. Clark, J. Dietrick, L. Foust, B. Garth, C. Jon, D. John et al. 2003. The use of stratified sampling of blend and dosage units to demonstrate adequacy of mix for powder blends. *PDA J. Pharm. Sci. Technol.* 57, 59–74.

Bonde, M., 1998. Continuous granulation. In *Handbook of Pharmaceutical Granulation Technology*, D. M. Parikh (Ed.), New York: Marcel Dekker, pp. 369–386.

Burggraeve, A., T. Monteyne, C. Vervaet, J. P. Remon, and T. De Beer, 2013. Process analytical tools for monitoring, understanding, and control of pharmaceutical fluidized bed granulation: A review. *Eur. J Pharm. Biopharm.* 83(1), 2–15.

Capsugel, 2006. Capsule sizes and capacities. http://www.capsugel.com/products/vcaps_chart.php

Chao, A. Y., F. F. John, R. F. Johnson, and P. V. Doehren, 1993. Prospective process validation in pharmaceutical process validation. *Drugs Pharm. Sci.* 129, 7–30.

Chowhan, Z. T., 1998. Aspects of granulation scale-up in high shear mixers. *Pharm. Technol.* 12, 26–44.

Corredor, C. C., R. Lozano, X. Bu, R. McCann, J. Dougherty, T. Stevens, D. Both, and P. Shah, 2015. Analytical method quality by design for an on-line near-infrared method to monitor blend potency and uniformity. *J. Pharm. Innov.* 10(1), 47–55.

Dorr, B. and H. Leuenberger, 1998. Development of a quasi-continuous production line—A concept to avoid scale-up problems. Preprints First European Symposium on Process Technologies in Pharmaceutical and Nutritional Sciences, PARTEC 98 Nurnberg, pp. 247–256.

Food and Drug Administration, 1987, May. *Guidelines on General Principles of Process Validation*. Rockville, MD: Division of Manufacturing and Product Quality (HFN-320), Center for Drugs and Biologics.

Food and Drug Administration, 2003a, August. *Guidance for Industry PAT—A Framework for Innovative Pharmaceutical Manufacturing and Quality Assurance*.

Food and Drug Administration, 2003b, October. *Guidelines for the Industry on Powder Blends and Finished Dosage Units—Stratified In-Process Dosage Unit Sampling and Assessment*. Washington, DC: US Department of Health and Human Services, Center for Drug Evaluation and Research (CDER).

Food and Drug Administration, 2004, September. *Guidelines for the Industry on PAT—A Framework for Innovative Pharmaceutical Development, Manufacturing, and Quality Assurance*. Washington, DC: US Department of Health and Human Services, Center for Drug Evaluation and Research (CDER).

Food and Drug Administration, 2006. *Inactive Ingredient Guide*. http://www.accessdata.fda.gov/scripts/cder/iig/index.cfm

Food and Drug Administration, 2017, April. Code of Federal Regulations, Title 21 CFR, Washington, DC.

Foster, A., J. Hempenstall, I. Tucker, and T. Rades, 2001. Selection of excipients for melt extrusion with two poorly water-soluble drugs by solubility parameter calculation and thermal analysis. *Int. J. Pharm.* 226, 147.

Gamlen, M. and C. Eardly, 1986. Continuous granulation using a Baker Perkins MP50 (Multipurpose) extruder. *Drug Dev. Ind. Pharm.* 12, 1710–1713.

Ghebre-Sellassie, I., M. J. Mollan Jr, N. Pathak, M. Lodaya, and M. Fessehaie, 2002. Continuous production of pharmaceutical granulation. U.S. Patent 6,499,984B1.

Gokhale, R., Y. Sun, and A. J. Shukla, 2005. High-shear granulation. In *Handbook of Pharmaceutical Granulation Technology* 2nd ed., D. M. Parikh (Ed.), Boca Raton, FL: Taylor & Francis Group, vol. 154, pp. 191–228.

Gupta, P. K. and J. B. Cannon, 2000. Emulsion and microemulsions for drug solubilization and delivery. In *Water-Insoluble Drug Formulation*, R. Liu (Ed.), Boca Raton, FL: Interpharm/CRC, pp. 169–212.

Gurvinder Singh, R. and R. Sidwell, 2005. Sizing of granulation. In *Handbook of Pharmaceutical Granulation Technology* 2nd ed., D. M. Parikh (Ed.), Boca Raton, FL: Taylor & Francis Group, vol. 154, pp. 491–512.

Hariharan, M., L. D. Ganorkar, G. E. Amidon, A. Cavallo, P. Gatti, M. J. Hageman, I. Choo, J. L. Miller, and U. J. Shah, 2003. Reducing the time to develop and manufacture formulation for first oral dose in humans. *Pharm. Technol.* 27(10), 68–84.

Hörter, D. and J. B. Dressman, 2001. Influence of physicochemical properties on dissolution of drugs in the gastrointestinal tract. *Adv. Drug Deliv. Rev.* 46, 75.

Huang, L. F., 2005, July. Formulation strategies and practices used for water-insoluble drug candidates at early phases of drug development. Pharmaceutical Education Associates Meeting on Water-Insoluble Drug Delivery Conference, Philadelphia, PA.

International Society for Measurement and Control, 1995. Batch control part I: Models and terminology, ISA-S88.01.

Islam, M. T., M. Maniruzzaman, S. A. Halsey, B. Z. Chowdhry, and D. Douroumis, 2014. Development of sustained-release formulations processed by hot-melt extrusion by using a quality-by-design approach. *Drug Deliv. Transl. Res.* 4(4), 377–387.

Kauppinen, A., M. Toiviainen, M. Lehtonen, K. Järvinen, J. Paaso, M. Juuti, and J. Ketolainen, 2014. Validation of a multipoint near-infrared spectroscopy method for in-line moisture content analysis during freeze-drying. *J. Pharm. Biomed. Anal.* 95, 229–237.

Keleb, E. I., A. Vermeire, C. Vervaet, and J. P. Remon, 2001. Cold extrusion as a single-step granulation and tabletting process. *Eur. J. Pharm. Biopharm.* 52, 359–368.

Lee, M. J., D. Y. Seo, H. E. Lee, I. C. Wang, W. S. Kim, M. Y. Jeong, and G. J. Choi, 2011. In line NIR quantification of film thickness on pharmaceutical pellets during a fluid bed coating process. *Int. J. Pharmaceut.* 403(1), 66–72.

Leuenberger, H., 2001. New trends in the production of pharmaceutical granules: Batch versus continuous processing. *Eur. J. Pharm. Biopharm.* 52, 289–296.

Lindberg, N. O., 1988. Some experiences of continuous wet granulation. *Acta Pharm. Suec.* 25, 239–246.

Lindberg, N. O., C. Turfvesson, and L. Olbjer, 1987. Extrusion of an effervescent granulation with a twin screw extruder. *Drug Dev. Ind. Pharm.* 13, 1891–1913.

Lipps, D. and A. M. Sakr, 1994. Characterization of wet granulation process parameters using response surface methodology. 1. Top-spray fluidized bed. *J. Pharm. Sci.* 83, 937.

Lodaya, M. and M. Jr. Mollan, 2004. Continuous processing in pharmaceutical manufacturing. *Am. Pharm. Rev.* 7, 70–75.

Lodaya, M., M. Mollan, and I. Ghebre-Sellassie, 2003. Twin-screw wet granulation. In *Pharmaceutical Extrusion Technology*, I. Ghebre-Sellassie and C. Martin (Eds.), New York: Marcel Dekker, pp. 323–343.

Manas-Zloczower, I., 1994. Dispersive mixing of solid additives. In *Mixing and Continuous Compounding of Polymers*, I. Manas-Zloczower and Z. Tadmor (Eds.), Munich: Carl Hanser Verlag, pp. 55–83.

Med Ad News, February 2003. New Medicines: 78 new medicines approved: Despite fears of an FDA slowdown, the regulatory agency cleared more new medicines for marketing in 2002 than in 2001. (10th Annual Report).

Mouro, D., M. Deanna, N. Robert, M. Bruce, K. Harry, and S. Umang, 2006. Enhancement of XcelodoseTM capsule-filling capabilities using roller compaction. *Pharm. Technol.* 30.

O'Connor, R. E. and J. B. Schwartz, 1985. Spheronization II Drug release from drug-diluent mixtures. *Drug Dev. Ind. Pharm.* 11, 1837–1857.

PAREXEL, 2005/2006. *Pharmaceutical R&D Statistical Sourcebook*, M. P. Mathieu (Ed.), Comparative R&D spending, sales, and product launch trends worldwide: A2005 Analysis, p. 6.

Pathak, N. P., M. Lodaya, M. Moll, I. Ghebre-Sellassie, and C. Conrad, 2000. Performance characteristics of loss-in-weight dry feeders: November 2000, AAPS 2000 Annual Meeting, Indianapolis, IN.

Reich, G. 2005. Near-infrared spectroscopy and imaging: Basic principles and pharmaceutical applications. *Adv. Drug Deliv. Rev.* 57(8), 1109–1143.

Rudnic, E. M. and J. B. Schwartz, 2000. *Oral Solid Dosage Forms in Remington—The Science and Practice of Pharmacy*, 20th ed., Eaton, PA: Mack Publishing, pp. 858–893.

Schwartz, J. B, 2002. Scale-up of the compaction and tablet process. In *Pharmaceutical Process Scale-Up*, M. Levine (Ed.), New York: Marcel Dekker, vol. 118, pp. 221–237.

Shah, U., 2005. Use of modified twin screw extruder. *Pharm. Technol.* 29, 52–66.

Silke, G., A. Knoch, and G. Lee, 1999. Continuous wet granulation using fluidized-bed techniques: I. Examination of powder mixing kinetics and preliminary granulation experiments. *Eur. J. Pharm. Biopharm.* 48, 189–197.

Sulub, Y., R. LoBrutto, R. Vivilecchia, and B. W. Wabuyele, 2008. Content uniformity determination of pharmaceutical tablets using five near-infrared reflectance spectrometers: A process analytical technology (PAT) approach using robust multivariate calibration transfer algorithms. *Analytica Chimica Acta* 611(2), 143–150.

Tabibi, E. S. and S. L. Gupta, 2000. Soft gelatin capsules development. In *Water-Insoluble Drug Formulation*, R. Liu (Ed.), Boca Raton, FL: Interpharm/CRC, pp. 609–633.

Tom, T. H. and K. S. Kovacs, 1998. Batch process automation. In *Automation and Validation of Information in Pharmaceutical Processing*, J. F. deSpautz (Ed.), New York: Marcel Dekker, vol. 90, pp. 417–432.

Venkatesh, S. and R. A. Lipper, 2000. The role of the development scientist in compound lead selection and optimization. *J. Pharm. Sci.* 89, 145.

Venugopal, P. V., 2002, June 3. WIPO Conference on the Intellectual Property and Economic Development, Geneva, Switzerland.

Xcelodose™ precision micro-filling system. https://www.pharmaceuticalonline.com/doc/xcelodose-s-precision-powder-micro-filling-sy-0001

Yalkowsky, S. H. and T. J. Roseman, 1981a. Solubilization of drugs by cosolvents. *J. Pharm. Sci.* 70, 91–134.

Yalkowsky, S. H. and T. J. Roseman, 1981b. *Solubilization of Drugs by Cosolvents; Techniques of Solubilization of Drugs*, S. H. Yalkowsky (Ed.), New York: Marcel Dekker.

Yu, L. X., 2008. Pharmaceutical quality by design: Product and process development, understanding, and control. *Pharm. Res.* 25(4), 781–791.